U0233818

聚氨酯弹性体

手册

第二版

山西省化工研究所　组织编写

刘厚钧　主编

化学工业出版社

·北京·

本书在对聚氨酯弹性体原料、聚氨酯化学、聚集态结构、性能与结构关系等基本理论进行介绍的基础上，重点对浇注型、混炼型、热塑性聚氨酯弹性体的合成、牌号、性能、加工工艺、应用，水性聚氨酯的生产、牌号、改性、应用，微孔弹性体的生产工艺、性能及应用等进行了介绍，最后对主要原料、预聚物和弹性体的分析方法等进行简单论述。

本书注重理论和实际的结合，深入浅出地将原理与工艺、结构与性能融合在一起，可供从事聚氨酯弹性体研发、生产及应用的技术人员参考。

图书在版编目（CIP）数据

聚氨酯弹性体手册/刘厚钧主编 . —2 版 . —北京：
化学工业出版社，2012.5（2021.10重印）
ISBN 978-7-122-13704-3

Ⅰ . 聚… Ⅱ . 刘… Ⅲ . 聚氨酯-弹性体-手册
Ⅳ . TQ323.8-62

中国版本图书馆 CIP 数据核字（2012）第 034904 号

责任编辑：赵卫娟　宋向雁　　　　　　　文字编辑：冯国庆
责任校对：陈　静　　　　　　　　　　　装帧设计：关　飞

出版发行：化学工业出版社（北京市东城区青年湖南街 13 号　邮政编码 100011）
印　　装：北京虎彩文化传播有限公司
787mm×1092mm　1/16　印张 31¾　字数 852 千字　　2021 年 10 月北京第 2 版第 5 次印刷

购书咨询：010-64518888　　　　　　　　　售后服务：010-64518899
网　　址：http：//www.cip.com.cn
凡购买本书，如有缺损质量问题，本社销售中心负责调换。

定　　价：198.00 元

《聚氨酯弹性体手册》（第二版）
编写委员会

主　任：温卫东

副主任：刘厚钧　贾林才

委　员（按姓氏笔画排序）：

刘　树　　刘厚钧　　刘凉冰　　李　汾　　李公民

李汉清　　李振柱　　张旭琴　　郁为民　　郑凤云

宫　涛　　赵雨花　　贾林才　　温卫东

序

由山西省化工研究所组织技术骨干编写的第一版《聚氨酯弹性体手册》自 2001 年 1 月出版，已过去了整整 10 年。这 10 年也是我国聚氨酯工业飞速发展的时期，各种新的原材料、助剂进入市场，新的设备和新的工艺不断地得到开发和应用。鉴于此，业界读者热盼全面反映聚氨酯弹性体最新进展的专著问世。

应化学工业出版社之邀，山西省化工研究所组织第一版的作者对原版的《聚氨酯弹性体手册》进行了修订。在第一版的总体框架和基础上尽其所能将涉及聚氨酯弹性体的原材料、助剂、生产工艺、设备、应用技术等方面的新成就、新进步编入新的手册中。在章节上，第二版增加了"防护与环境"一章，完善了附录内容，对部分章节进行了删减和扩充。

第一版作者绝大部分已入古稀之年，有的已经作古，他们是我国聚氨酯弹性体发展的奠基者、开拓者和见证人，他们能克服种种困难，将自己多年积累的实践经验和心得体会倾注于该手册，实属难能可贵，可敬可佩。

期冀该书的出版发行能对我国聚氨酯弹性体的发展和技术进步起到积极的作用。

温卫东

2012 年 3 月

第一版序

  山西省化工研究所从事聚氨酯合成材料及其制品的研发已有近 40 年的历史,在聚氨酯合成材料尤其是聚氨酯弹性体的配方设计、合成工艺、加工成型、分析测试等方面积累了丰富的实践经验,完成了多项科研成果,创新了不少实用技术并开发出一系列国民经济各部门急需的新产品,为我国聚氨酯工业的兴起和发展做出了不可磨灭的贡献。

  在这世纪之交,千年更迭之际,应化学工业出版社之邀,我们组织所内聚氨酯研究领域的技术骨干,竭尽我们的所知所能编写了这部《聚氨酯弹性体手册》,该书理论联系实际,资料翔实,数据可靠,既有广泛的实用性,又有一定的理论参考价值。它是广大科技人员心血的结晶、集体智慧的凝聚和多年经验的总结,也是我们山西省化工研究所奉献给全国聚氨酯行业同行们的一份珍贵礼物。

  在此书出版之际,我作为山西省化工研究所的现任所长,乐为之序,以示我对参与该书编写的我的同事们的衷心感谢和热烈祝贺。

安孟学

二〇〇〇年十月二十六日

第二版前言

聚氨酯的发展走过了 70 多年的里程。由于该类合成材料综合性能出众，而且几乎能用高分子材料的所有加工方法成型，所以应用广泛，发展十分迅速。1998 年全球聚氨酯的消费量还只有 770 万吨，到了 2010 年，达到 1690 万吨，12 年年均增长约 7%。而同期我国聚氨酯的消费量由 77 万吨，约占全球的 10%，迅速攀升到约 500 万吨，约相当于全球的 30%，年均增长率超过 18%。我国经济的高速增长给我国聚氨酯工业的发展带来了难得的机遇。但是，到世纪之交我国聚氨酯的主要原料仍然基本依赖进口，MDI 和 TDI 的扩建及升级改造困难重重，氨纶等聚氨酯的主要原料 PTMG 国内还不能工业生产，浇注用聚氨酯预聚物生产和销售还没有形成市场规模。现在这一被动局面已基本改变。我国不仅已成为全球第一大聚氨酯生产大国，而且是全球聚氨酯主要原料生产大国。无疑，反映近十年来这些巨大变化和进步成为《聚氨酯弹性体手册》再版的主要原因。

山西省化工研究所（原化工部太原化工研究所）自 1964 年成立以来，一直秉承原化工部指示精神，把聚氨酯弹性体和三大合成材料加工助剂作为我所研究开发的两大方向。1985 年由我所组织编写，化学工业出版社出版发行的《聚氨酯弹性体》一书问世。15 年之后，山西省化工研究所应化学工业出版社之约又组织编写了《聚氨酯弹性体手册》，该书自 2001 年 1 月出版发行后，深受业内人士欢迎和读者好评。之后又先后印刷过两次，各地书店早已销售告罄。为了满足读者需求，山西省化工研究所遵照化学工业出版社关于该手册再版的建议和指导精神，迅速成立了以所长温卫东同志为主任的编委会，并拟订了编写计划和要求。虽然该手册原作者中有宫涛、赵雨花和张旭琴三位同志荣调先后离开研究所，但原版作者都乐意继续承担任务，并立即开展工作。

第二版不仅增加了近十多年来聚氨酯弹性体领域取得的新进展、新成就，而且主要原料和预聚物的国产品牌成为该书推介的重点。同时，删节了与书名关系不大的部分内容，并再次对保留内容进行了认真修改补充。力争做到概念清楚，重点突出，表述深入浅出，尽量避免各章节内容重复，使该手册第二版在系统性、实用性和准确性方面明显提高，成为业内技术人员手头必备的参考书。但因水平所限，不足之处仍在所难免，恳望读者不吝指正。

刘厚钧

2012 年 3 月

第一版前言

聚氨酯的发展走过了 60 多年的里程，由于该类合成材料综合性能出众，而且几乎能用高分子材料的所有加工方法成型，所以应用广泛，发展十分迅速。1998 年全世界聚氨酯的消费量达到 770 万吨，过去 5 年其年均增长率几乎比同期世界 GDP 的年均增长率快了 1 倍，而其中尤以聚氨酯弹性体增长最快。我国聚氨酯的研究和开发比国外晚了约 20 年，但改革开放以来发展迅猛，产量节节上升，1997 年总产量达到 56 万吨，1982 年至 1997 年 15 年间的年均增长率达到 28%，是全球增长最快的地区。而且预计今后仍将保持 15%～17%的高增长率。

为适应这一强劲的发展势头，我们应化学工业出版社之邀，组织编写了这本《聚氨酯弹性体手册》。该书的编写宗旨是：

● 综合国外的文献资料，结合国内的科研和生产实践，力求全面地反映国内外聚氨酯弹性体发展的情况和水平；

● 对专业技术和理论的阐述力求概念清楚，文字简练，便于理解；

● 较多地介绍了国外大公司的产品牌号、规格、性能、加工和应用，以期扩大读者视野，促进我国产品质量的提高和升级；

● 以数据图表为主，为读者提供大量需要而手头一般难以找到的参考资料和数据。

为了顺利完成本手册的编写工作，我们专门成立了编委会。参加编写的主要成员均长期从事聚氨酯弹性体研究开发，在掌握大量文献资料的基础上，结合自己多年的实践和体会，力求使手册内容在系统性、实用性和准确性方面有所进步。本书初稿完成后，由教授级高工刘厚钧同志对全书进行了统编和审定工作。由于编写时间短促和水平所限，错漏之处在所难免，欢迎读者指正。

编者

二〇〇〇年十月

目　　录

第1章　概述 ……………… 刘厚钧 1
1.1　引言 ………………………… 1
1.2　发展与现状 ………………… 1
1.3　结构特征 …………………… 6
1.4　合成与加工方法 …………… 7
参考文献 ………………………… 8
第2章　原料和配合剂 …… 刘厚钧 9
2.1　低聚物多元醇 ……………… 9
　2.1.1　聚酯多元醇 ……………… 9
　2.1.2　聚醚多元醇 …………… 14
　2.1.3　其他低聚物多元醇 …… 22
2.2　蓖麻油 ……………………… 24
2.3　端氨基聚醚 ………………… 25
　2.3.1　脂肪族端氨基聚醚 …… 25
　2.3.2　芳香族端氨基聚醚 …… 26
2.4　多异氰酸酯 ………………… 26
　2.4.1　合成方法 ……………… 27
　2.4.2　重要的多异氰酸酯 …… 28
2.5　扩链交联剂 ………………… 38
　2.5.1　二胺 …………………… 39
　2.5.2　小分子多元醇和醇胺 … 45
2.6　配合剂 ……………………… 48
　2.6.1　催化剂 ………………… 48
　2.6.2　水解稳定剂 …………… 52
　2.6.3　阻燃剂 ………………… 54
　2.6.4　溶剂 …………………… 55
　2.6.5　脱模剂 ………………… 57
　2.6.6　着色剂 ………………… 57
　2.6.7　填充剂 ………………… 58
　2.6.8　防霉剂 ………………… 59
　2.6.9　抗静电剂 ……………… 59
　2.6.10　抗氧剂和光稳定剂 …… 59
　2.6.11　增塑剂 ……………… 60
　2.6.12　其他配合剂 ………… 61
参考文献 ………………………… 61
第3章　聚氨酯化学 ……… 刘厚钧 63
3.1　与活泼氢化合物的反应 …… 63
　3.1.1　与醇的反应 …………… 63
　3.1.2　与胺的反应 …………… 63

3.1.3　与水的反应 ……………… 64
3.1.4　与酚的反应 ……………… 64
3.1.5　与羧酸、酸酐的反应 …… 64
3.1.6　与酰胺的反应 …………… 65
3.1.7　与环氧化合物的反应 …… 65
3.1.8　与脲的反应 ……………… 65
3.1.9　与氨基甲酸酯的反应 …… 66
3.2　交联反应 …………………… 66
　3.2.1　硫黄的交联反应 ……… 66
　3.2.2　过氧化物的交联反应 … 66
　3.2.3　甲醛的交联反应 ……… 68
3.3　异氰酸酯的聚合反应 ……… 68
　3.3.1　加聚反应 ……………… 68
　3.3.2　异氰酸酯的缩聚反应 … 69
3.4　反应历程 …………………… 70
　3.4.1　NCO基的电子结构 …… 70
　3.4.2　异氰酸酯与活泼氢化合物的反应 … 70
3.5　反应速率 …………………… 71
　3.5.1　化学结构对反应速率的影响 ……… 72
　3.5.2　催化剂对反应速率的影响 ……… 78
　3.5.3　溶剂对反应速率的影响 … 81
参考文献 ………………………… 81
第4章　聚氨酯弹性体性能与结构的
　　　　关系 ……………… 刘厚钧 82
4.1　影响性能的结构因素 ……… 82
　4.1.1　分子量和交联点分子量的影响 … 82
　4.1.2　主链分子结构的影响 … 82
　4.1.3　侧基和交联的影响 …… 83
　4.1.4　氢键的影响 …………… 83
　4.1.5　物理结构的影响 ……… 83
4.2　力学性能与结构的关系 …… 84
4.3　耐热性能与结构的关系 …… 86
4.4　低温性能与结构的关系 …… 88
4.5　耐水性能与结构的关系 …… 88
4.6　其他性能与结构的关系 …… 89
　4.6.1　耐油性和耐化学药品性 … 89
　4.6.2　介电性能 ……………… 90
　4.6.3　回弹性、阻尼性和内生热 … 90
　4.6.4　光稳定性 ……………… 90
参考文献 ………………………… 91

第5章 聚氨酯弹性体的聚集态
结构 ·············· 刘树，刘凉冰 92
5.1 TPU 的氢键 ······················ 93
　5.1.1 概况 ····················· 94
　5.1.2 影响因素 ················· 94
　5.1.3 氢键的作用 ··············· 99
5.2 TPU 的结晶 ····················· 101
　5.2.1 微相结构 ················· 101
　5.2.2 软段相的结晶 ············· 103
　5.2.3 硬段相的结晶 ············· 104
5.3 TPU 的取向行为 ················· 108
　5.3.1 结构因素的影响 ··········· 108
　5.3.2 外界因素的影响 ··········· 110
　5.3.3 取向的结果 ··············· 111
　5.3.4 结论 ····················· 112
5.4 TPU 的聚集态 ··················· 113
　5.4.1 微相结构 ················· 113
　5.4.2 硬段相形态 ··············· 115
　5.4.3 影响因素 ················· 117
　5.4.4 形态参数 ················· 121
　5.4.5 形态与性能 ··············· 124
参考文献 ···························· 136

第6章 聚氨酯弹性体的特性与应用
·············· 刘厚钧 138
6.1 聚氨酯弹性体的特性 ············· 138
　6.1.1 硬度 ····················· 138
　6.1.2 力学性能 ················· 138
　6.1.3 耐油和耐药品性能 ········· 145
　6.1.4 耐水性能 ················· 148
　6.1.5 耐热和耐氧化性能 ········· 150
　6.1.6 低温性能 ················· 151
　6.1.7 吸振性能 ················· 151
　6.1.8 电性能 ··················· 152
　6.1.9 耐辐射性能 ··············· 153
　6.1.10 耐霉菌性能 ·············· 154
　6.1.11 生物医学性能 ············ 154
6.2 聚氨酯弹性体的应用 ············· 154
　6.2.1 浇注类制品 ··············· 155
　6.2.2 注射、挤出、模压和压延制品 ··· 156
　6.2.3 涂覆和黏合制品 ··········· 156
　6.2.4 发泡制品 ················· 156
　6.2.5 聚氨酯弹性纤维——氨纶 ··· 156
　6.2.6 水性聚氨酯 ··············· 156
参考文献 ···························· 156

第7章 聚氨酯化学计算 ······ 刘厚钧 158
7.1 化学量计算 ····················· 158

7.1.1 当量 ······················· 158
7.1.2 胺值 ······················· 160
7.1.3 异氰酸酯指数 ··············· 160
7.1.4 分子量 ····················· 160
7.1.5 交联度 ····················· 162
7.2 配方计算 ······················· 163
　7.2.1 聚酯配方计算 ············· 163
　7.2.2 聚醚和聚内酯配方计算 ····· 164
　7.2.3 端异氰酸酯（基）预聚物配方
　　　　计算 ····················· 165
　7.2.4 成品胶配方计算 ··········· 167
参考文献 ···························· 169

第8章 浇注型聚氨酯弹性体
·············· 贾林才，赵雨花 170
8.1 概述 ··························· 170
8.2 原料及配合剂 ··················· 170
8.3 分类 ··························· 171
8.4 合成方法 ······················· 171
　8.4.1 预聚物法 ················· 171
　8.4.2 半预聚物法 ··············· 171
　8.4.3 一步法 ··················· 172
8.5 生产工艺 ······················· 172
　8.5.1 低聚物多元醇脱水 ········· 173
　8.5.2 预聚物合成 ··············· 173
　8.5.3 制品生产 ················· 178
　8.5.4 一步法配方及其制品 ······· 182
　8.5.5 影响产（制）品性能的因素 ··· 182
　8.5.6 主要生产设备 ············· 204
　8.5.7 典型产（制）品 ··········· 213
8.6 预聚物品种规格介绍 ············· 225
　8.6.1 山西省化工研究所 ········· 225
　8.6.2 山东东大一诺威聚氨酯有限
　　　　公司 ····················· 226
　8.6.3 日本聚氨酯公司 ··········· 230
　8.6.4 法国博雷公司 ············· 235
　8.6.5 德国拜耳公司 ············· 242
　8.6.6 美国科聚亚公司 ··········· 243
　8.6.7 意大利科意公司 ··········· 249
　8.6.8 美国 Mobay 公司 ········· 251
　8.6.9 美国 UCC 公司 ··········· 252
　8.6.10 美国 Conap 公司 ········· 253
8.7 封闭型聚氨酯 ··················· 253
　8.7.1 封闭型 PU 的特点 ········· 254
　8.7.2 封闭型 PU 的制备 ········· 254
　8.7.3 封闭剂的选择 ············· 255
　8.7.4 封闭型 PU 的配方设计 ····· 255

8.8 CPU 与金属的黏合 ……………… 256
8.9 CPU 的着色 …………………………… 257
8.10 模具设计 ……………………………… 257
　8.10.1 模具设计的要求 …………… 258
　8.10.2 模具材料 …………………… 258
　8.10.3 分型面的选择 ……………… 259
参考文献 ……………………………………… 260

第9章　混炼型聚氨酯弹性体
　　　　　　　　李公民，郁为民　262
9.1 生胶的合成 …………………………… 262
　9.1.1 主要原材料 ………………… 262
　9.1.2 生胶的合成方法 …………… 263
　9.1.3 合成工艺 …………………… 264
　9.1.4 生胶的贮存 ………………… 264
9.2 加工成型工艺 ………………………… 264
9.3 混炼型聚氨酯弹性体硫化体系 …… 265
　9.3.1 异氰酸酯硫化体系 ………… 265
　9.3.2 过氧化物硫化体系 ………… 267
　9.3.3 硫黄硫化体系 ……………… 269
9.4 影响 MPU 性能的因素 …………… 270
　9.4.1 低聚物多元醇结构及分子量的
　　　　影响 ………………………… 270
　9.4.2 异氰酸酯结构和用量的影响 … 271
　9.4.3 异氰酸酯指数的影响 ……… 271
　9.4.4 扩链剂的影响 ……………… 272
　9.4.5 硫化点位置的影响 ………… 272
　9.4.6 硫化体系的影响 …………… 272
　9.4.7 填充剂的影响 ……………… 273
9.5 MPU 的主要特性及应用 ………… 273
9.6 MPU 品种牌号介绍 ……………… 274
　9.6.1 Urepan …………………… 274
　9.6.2 Genthane S、SR ………… 275
　9.6.3 Vibrathane ……………… 275
　9.6.4 Elastothane ……………… 276
　9.6.5 Adiprene C、CM ………… 277
　9.6.6 HA-1 ……………………… 278
　9.6.7 HA-5 ……………………… 279
　9.6.8 南京-S胶 ………………… 280
　9.6.9 广州 UR101 ……………… 280
参考文献 ……………………………………… 281

第10章　热塑性聚氨酯弹性体
　　　　　　　　刘树，刘凉冰　282
10.1 绪论 ………………………………… 282
10.2 TPU 的合成工艺 ………………… 284
　10.2.1 合成 TPU 的原料 ………… 284
　10.2.2 合成 TPU 的基础反应 …… 286

10.2.3 TPU 的结构参数 …………… 288
10.2.4 TPU 配方的计算 …………… 290
10.2.5 TPU 的合成方法 …………… 292
10.3 TPU 的性能 ……………………… 298
　10.3.1 力学性能 …………………… 299
　10.3.2 物理性能 …………………… 314
　10.3.3 环境介质性能 ……………… 324
10.4 TPU 的加工工艺 ………………… 348
　10.4.1 TPU 颗粒的熔融加工 …… 348
　10.4.2 TPU 的溶液加工 ………… 360
10.5 TPU 的应用 ……………………… 363
　10.5.1 工业方面 …………………… 363
　10.5.2 医疗卫生 …………………… 364
　10.5.3 体育用品 …………………… 365
　10.5.4 生活用品 …………………… 365
　10.5.5 军用物资 …………………… 365
　10.5.6 其他行业 …………………… 366
10.6 TPU 的品种牌号 ………………… 366
　10.6.1 Estane …………………… 366
　10.6.2 Pellethane ……………… 367
　10.6.3 Irogran ………………… 368
　10.6.4 Desmopan ……………… 369
　10.6.5 Texin …………………… 371
　10.6.6 Elastollan ……………… 372
　10.6.7 Pearlthane ……………… 374
　10.6.8 WHT …………………… 375
参考文献 ……………………………………… 376

第11章　水性聚氨酯
　　　　…………… 李汉清，赵雨花　379
11.1 概述 ………………………………… 379
11.2 原料 ………………………………… 380
　11.2.1 软段 ………………………… 380
　11.2.2 硬段 ………………………… 380
　11.2.3 中和剂 ……………………… 380
　11.2.4 溶剂 ………………………… 380
　11.2.5 其他辅助材料 ……………… 380
11.3 合成方法 …………………………… 382
　11.3.1 溶液法 ……………………… 383
　11.3.2 预聚物混合法 ……………… 383
　11.3.3 熔体分散缩合法 …………… 383
　11.3.4 酮亚胺-酮连氮法 ………… 384
　11.3.5 直接分散法和倒相分散法 … 384
　11.3.6 阳离子型水性聚氨酯的合成 … 384
　11.3.7 阴离子型水性聚氨酯的合成 … 385
　11.3.8 两性离子型水性聚氨酯的合成 … 386
　11.3.9 非离子型水性聚氨酯的合成 … 387

11.3.10 水性聚氨酯的交联 ………… 388
11.4 生产工艺 ……………………… 390
  11.4.1 生产工艺流程 …………… 390
  11.4.2 水性聚氨酯的合成工艺 … 390
  11.4.3 影响因素 ………………… 390
11.5 水性聚氨酯分散液的物理化学 392
  11.5.1 分散液的形成、粒子尺寸和分散
     液的稳定性 ……………… 392
  11.5.2 产品组成的统计分布 …… 394
  11.5.3 离子浓度对粒子数目的影响 … 395
  11.5.4 离子型水性聚氨酯中分散粒子的
     结构和边界层 …………… 395
11.6 WPU 的结构与性能的关系 … 396
  11.6.1 WPU 的结构 …………… 396
  11.6.2 WPU 的性能 …………… 398
  11.6.3 影响 WPU 性能的因素 … 402
11.7 WPU 的品种牌号和性能 …… 411
11.8 水性聚氨酯的改性 …………… 414
  11.8.1 共混改性 ………………… 414
  11.8.2 共聚改性 ………………… 414
  11.8.3 有机硅改性 ……………… 417
  11.8.4 纳米改性 ………………… 417
11.9 WPU 的应用 ………………… 417
  11.9.1 鞋用胶黏剂 ……………… 417
  11.9.2 真空吸塑胶 ……………… 418
  11.9.3 复膜用胶黏剂 …………… 419
  11.9.4 在纺织工业的应用 ……… 419
  11.9.5 在 PVC 手套生产中的应用 … 419
  11.9.6 在皮革涂饰剂方面的应用 … 419
11.10 发展现状及趋势 …………… 420
  11.10.1 国内水性聚氨酯生产企业简况及
     市场消费情况统计 ……… 420
  11.10.2 发展趋势 ……………… 421
参考文献 …………………………… 421

第 12 章 微孔聚氨酯弹性体
  ………… 宫涛，李汾，张旭琴 423
12.1 概述 …………………………… 423
  12.1.1 加工方法分类 …………… 423
  12.1.2 微孔弹性体的性能 ……… 423
  12.1.3 微孔弹性体的应用 ……… 424
12.2 RIM 聚氨酯 ………………… 424
  12.2.1 定义 ……………………… 424
  12.2.2 发展沿革 ………………… 424
  12.2.3 RIM 技术特点 …………… 425
  12.2.4 原材料 …………………… 426
  12.2.5 RIM 工艺及特性 ………… 430

12.2.6 RIM 材料的性能 ………… 432
12.3 聚氨酯鞋底 …………………… 436
  12.3.1 概述 ……………………… 436
  12.3.2 原材料 …………………… 437
  12.3.3 生产工艺 ………………… 439
  12.3.4 产品与性能 ……………… 440
12.4 其他典型制品 ………………… 443
  12.4.1 减震制品 ………………… 443
  12.4.2 空气滤清器 ……………… 444
  12.4.3 自结皮实芯轮胎 ………… 445
  12.4.4 低密度密封条 …………… 445
参考文献 …………………………… 445

第 13 章 主要原料、预聚物和弹性体的
  分析 ……… 李振柱，郑凤云 447
13.1 概述 …………………………… 447
13.2 异氰酸酯 ……………………… 447
  13.2.1 纯度与 NCO 含量 ……… 447
  13.2.2 总氯 ……………………… 449
  13.2.3 水解氯 …………………… 449
  13.2.4 酸度 ……………………… 449
  13.2.5 异构比 …………………… 450
  13.2.6 其他分析项目 …………… 452
13.3 聚醚多元醇 …………………… 452
  13.3.1 酸值 ……………………… 453
  13.3.2 羟值 ……………………… 453
  13.3.3 过氧化物 ………………… 456
  13.3.4 其他分析项目 …………… 456
13.4 聚酯多元醇（PES） ………… 456
  13.4.1 酸值 ……………………… 457
  13.4.2 羟值 ……………………… 458
  13.4.3 反应指数 ………………… 460
  13.4.4 水解稳定性 ……………… 460
  13.4.5 其他分析项目 …………… 460
13.5 端异氰酸酯预聚物 …………… 461
  13.5.1 异氰酸酯基含量 ………… 461
  13.5.2 游离异氰酸酯含量 ……… 462
13.6 聚氨酯弹性体 ………………… 463
  13.6.1 初步检验和试验 ………… 463
  13.6.2 红外光谱分析 …………… 464
  13.6.3 色谱法 …………………… 471
  13.6.4 热分析 …………………… 471
  13.6.5 核磁共振谱分析 ………… 472
  13.6.6 PU 水解及其水解产物的分离和
     鉴定 ……………………… 475
  13.6.7 溶剂和添加剂的分析 …… 477
参考文献 …………………………… 478

第 14 章　防护与环境 ………… 刘厚钧　481

14.1　异氰酸酯的防护 ……………… 481

14.2　其他有害物质的防护 ………… 483

　14.2.1　二胺 ……………… 483

　14.2.2　有机溶剂 ……………… 484

　14.2.3　重金属 ……………… 484

14.3　聚氨酯弹性体废品及边角料 ………… 484

参考文献 ……………………… 485

附录 ……………………………… 刘厚钧　486

附录 1　常用分析测试方法标准号 ………… 486

附录 2　硫化橡胶主要物性测试方法要点

　（整理） ……………………… 487

附录 3　部分常用计量单位与 SI 单位换算

　关系 ……………………… 487

附录 4　聚氨酯文献常用英文略语 ………… 488

附录 5　聚氨酯文献常用专业英语词汇 …… 491

第1章 概　　述

刘厚钧

1.1　引言

所谓弹性体是指玻璃化温度低于室温，扯断伸长率＞50％，外力撤除后复原性比较好的高分子材料。而玻璃化温度高于室温的高分子材料称为塑料。在弹性体中，扯断伸长率较大（＞200％），100％定伸应力较小，弹性较好的可称为橡胶。所以，弹性体是比橡胶更为广泛的一类高分子材料，当然这种区别是相对的。实际上在各国标准中，弹性体和橡胶两词的定义并无明确区别，在一定程度上是可以通用的。

聚氨酯弹性体是弹性体中比较特殊的一大类，其原材料品种繁多，配方多种多样，可调范围很大。聚氨酯弹性体硬度范围很宽，低至邵尔 A10 以下的低模量橡胶，高至邵尔 D90 的高抗冲击弹性材料，弹性模量可高达数百兆帕，大大超出了其他橡胶的弹性模量（0.2～10MPa）。所以聚氨酯弹性体的性能范围很宽，它的硬度和弹性模量范围下限超出了橡胶，上限几乎覆盖塑料。除了传统的 CPU、TPU、MPU 材料外，氨纶、防水和铺装材、微孔弹性体、PU 革树脂、软泡和大部分胶黏剂等 PU 材料，从其实体物性来看，都可归属于弹性体范畴，只是产品成型工艺和应用不同而已。

聚氨酯弹性体制品的加工方法多种多样。有的采用普通橡胶加工设备成型，有的采用热塑性塑料加工设备成型，有的采用液体浇注成型。除了这三种传统的加工成型方法以外，随着合成工艺和加工应用技术的不断改进和发展，20 世纪 70 年代以后，反应注射模塑（RIM）和喷涂聚脲等新的加工成型技术相继问世。聚氨酯弹性体的研究开发，使橡胶和塑料加工的差别进一步缩小。同时在应用方面，橡胶、塑料、涂料、胶黏剂相互交叉，在改性方面互相依靠，使橡胶、塑料、涂料等多种材料的加工工艺逐渐结合起来。

1.2　发展与现状

聚氨酯的发展经历了 70 多年，如果从异氰酸酯的合成算起，几乎还要往前推一个世纪。早在 1849 年德国化学家伍尔兹（Wurtz）就制得了脂族异氰酸酯。1850 年德国化学家霍夫曼（A. W. Hoffman）合成了苯基异氰酸酯。但是，直到 1937 年后德国法本公司（I. G. Farben，Bayer）的奥托·拜尔（Otto Bayer）博士才首先将异氰酸酯用于聚氨酯合成。他用六亚甲基二异氰酸酯（HDI）和 1,4-丁二醇反应制得了被命名为 Igmid-U 的聚氨酯纤维。并用甲苯二异氰酸酯和各种多元醇反应得到了聚氨酯弹性体。1942 年德国化学家皮廷（H. Piten）首先报道了被称为 "i-Rubber" 的异氰酸酯橡胶。该种橡胶是由聚己二酸多元醇酯和二异氰酸酯合成的，具有氨基甲酸酯交联结构。据称，同年英国 ICI 公司采用聚酯和 MDI 制得了被命名为瓦尔卡普伦-A（Vulcaprene-A）的混炼型聚氨酯橡胶。聚氨酯的工业化也是从德国首先开始的。1941～1942 年 Bayer 公司开始中试生产 TDI，并建立了月产 10 吨的装置，生产硬泡、涂料和胶黏剂等聚氨酯产品。1947 年开发了首台生产聚氨酯泡沫塑料的机器。1950 年后开始生产混炼型聚氨酯（MPU）和浇注型聚氨酯（CPU），商品牌号为 Vulkollan。所以，可以说德国为世界聚氨酯的发展奠定了化学和工业的基础。

美国在 20 世纪 40 年代初期就开始异氰酸酯和聚氨酯合成研究，并取得了进展，但应用开发没有引起重视。直到第二次世界大战结束，美国对德国的技术和情报进行考察后，这一新领域才引起美国科学家和企业家的极大兴趣。从此加快了开发步伐，并不断取得丰硕成果。1952 年固特异（Goodyear）、纳赫（Lackhead）和杜邦（Du Pont）三家公司合作实现了 TDI 的商品化，为聚氨酯的开发创造了条件。1953 年实现了软质聚氨酯泡沫塑料生产。次年便开始用一步法生产软泡，以取代床垫和坐垫中的乳胶泡沫。随后，Goodyear 公司研制成功异氰酸酯硫化的聚氨酯混炼胶 Chemiqun®-SL。1954 年和 1959 年 Du Pont 公司相继推出了四氢呋喃聚醚型混炼胶 Adiprene®-B 和浇注胶 Adiprene®-L，并逐渐用 CPU 替代硬质橡胶。在此期间，通用（General）轮胎与橡胶公司开发出另一种混炼胶 Genthane®-S。1959 年四氢呋喃聚醚和 MDI 进入市场。随后，MDI 型混炼胶、浇注胶和热塑胶实现了商品化。1960 年古德里奇（Goodrich）首先实现了热塑性聚氨酯（TPU）的工业生产，其商品牌号为 Ethane®。1961 年 Mobay 公司实现了半热塑性聚氨酯的商品化，其牌号为 Texin®。20 世纪 60 年代初该公司还首先开发出 MDI 型预聚物及其浇注胶，其商品牌号为 Multrathane®-F。随着 MDI 和 CFC 的问市，用模塑发泡生产整皮泡沫制品的技术开发成功，加快了聚氨酯微孔弹性体的开发和应用。总之，到了 20 世纪 60 年代，美国从原料生产到聚氨酯及其制品的开发与加工逐渐形成了一个完整的工业体系，并在世界聚氨酯工业中取得了领先地位。

日本聚氨酯工业主要是通过技术引进和与外国公司合资发展起来的。20 世纪 60 年代初开始生产聚氨酯。1990 年日本聚氨酯消费量达到 62.5 万吨。之后，年消费量不仅没有增长，反而在下降。1996 年降至 40.62 万吨。后缓慢增长。1998～2005 年日本年消费量徘徊于 60 万吨上下。2004 年为 61.7 万吨，比 1998 年仅增加了 2%。

20 世纪 70 年代后，聚氨酯的研究开发进入了以高性能、高效率、低污染和节能为目标的新时期，环保安全和绿色技术成为当今社会经济发展的主流，也是聚氨酯材料研发的重点，并不断取得重大技术进步。其中在聚氨酯弹性体领域最引人注目的成就如下。

① 1970 年开始采用液体注射模塑（LIM）和反应注射成型（RIM）生产聚氨酯微孔弹性体制品。1974 年美国开始大量采用 RIM 技术生产汽车保险杠和内饰件等大型聚氨酯制品，并于 1980 年后相继开发成功玻璃纤维增强反应注射模塑（RRIM）和结构反应注射模塑技术（SRIM）。这是能量消耗最低的工艺技术之一，扩大了聚氨酯弹性体的应用领域和 MDI 在弹性体领域的应用。

② 20 世纪 70 年代初 Bayer 公司首先将水性聚氨酯（WPU）用于皮革涂饰剂，并实现了商品化。水性聚氨酯不燃、无毒、无污染、节能、环保，现在 WPU 的研究开发和应用已扩展到鞋用胶黏剂、合成革、人造革和涂料等领域。

③ 碳化二亚胺和异氰脲酸酯改性的异氰酸酯用于聚氨酯新产品开发，以其优异的耐水解、耐热、阻燃等性能赢得了市场，促进了聚氨酯的发展。

④ 美国 Du Pont 公司和 Uniroyal 等公司实现了对苯二异氰酸酯（PPDI）及其弹性体的商品化。用 PPDI 合成的弹性体，其动态力学性能和耐热性能比 NDI 型的 CPU（Vulkollan®）还要好。近年来 NDI、PPDI 型聚氨酯弹性体已成功应用于汽车和高铁减振等领域。

⑤ 美国 ARCO 公司和德国的 Bayer 公司采用新型 DMC（MMC）催化剂开发成功低不饱和值（0.005mmol/g 以下）聚醚（PPG）系列产品。该类产品的一元醇含量极低，分子量分布窄，能赋予聚氨酯产品良好的物理机械性能和加工成型性能。该工艺节能、降耗、环保、生产效率高，是 20 世纪 60 年代以来 PPG 生产技术的重大突破。我国大型聚醚生产企业已采用国产高效催化剂生产低不饱和度聚醚。在此基础上为了克服间歇法生产效率低等弊端，我国在

研究连续法合成 DMC 基聚醚多元醇新工艺上取得突破，2007 年上海高桥石化聚氨酯事业部率先实现了 DMC 基聚醚连续化工业生产。该工艺可解决小分子起始剂诱导难度大的问题，大大提高了生产效率，降低了能耗。此外，近年国外用过氧化氢氧化丙烯直接生产环氧丙烷（HP-PO 法）已实现工业化。与原有氯醇法相比，废水可减少 70%，能耗降低 35%，投资还可减少25%，是环氧丙烷生产技术的重大进步。

⑥ 低游离 TDI 含量的预聚物进入市场。据 Uniroyal 公司报道，20 世纪 60 年代这种预聚物中游离 TDI 的含量约为 0.5%，90 年代已降至 0.1% 以下。这种预聚物结构规整，气味小，毒性低，贮存稳定，与 MOCA 混合时黏度增长较慢，凝胶时间较长，而脱模时间缩短，成品率高，制品的动态力学性能显著提高。此外近年来 Bayer 还推出了贮存期为半年的 NDI 预聚物，解决了 NDI 预聚物必须现产现用的弊端。

⑦ 一些新的胺类硫化剂进入市场。如美国 Ethyl 公司和 Lonza 公司分别开发了芳族二胺：3,5-二乙基甲苯二胺（DETDA）、3,5-二甲硫基甲苯二胺（DMTDA）和 4,4′-亚甲基双（3-氯-2,6-二乙基苯胺）(M-CDEA)，Polaroid 公司开发了 Polacure-740M。这些芳胺毒性低，无致癌之嫌，可赋予制品较好的性能，为新产品新技术的开发提供了更多的选择。另据报道，间苯二酚双（β-羟乙基）醚（HER）用作 MDI 预聚物硫化剂制备 CPU 弹性体，其工艺性能和最终产品性能比其异构体 HQEE 更具优势，并已在 Idespec 化学公司工业生产。近年苏州市湘园特种精细化工公司也开发生产商品牌号为 XYlink 的新型扩链剂系列产品。

⑧ 20 世纪 70 年代 Bayer 等公司推出了无溶剂喷涂聚氨酯弹性体技术。在此基础上，Texaco（即现在的 Huntsman）公司于 20 世纪 80 年代中期开发成功喷涂聚脲弹性体技术。与前者相比，该材料不含催化剂，能快速凝胶固化，对水分不敏感，施工时不受环境湿度和温度的影响，可一次喷涂成型。涂层性能与组成类似的聚氨酯相比，耐介质、耐热老化更具优势。该技术弥补了原有聚氨酯弹性体难以在立面、斜面、曲面施工成型的不足。它集塑料、橡胶、涂料、玻璃钢诸多功能于一身，突破了传统环保涂料技术的局限，具有广阔的应用前景。1995年开始，我国青岛海洋化工研究院在黄微波教授的带领下，开展了该技术的研究开发。2002年，江苏省化工研究所研制成功端氨基聚醚。后来与扬州晨化科技集团有限公司合作生产。但聚脲技术对喷涂设备的要求非常高，是该技术推广应用的关键。

⑨ 德国 Bayer 和法国 Rhodia 已采用新型气相光气化法制 HDI 和 IPDI。2007 年 BMC（拜耳材料科技公司）在德国首先建成 3 万吨新型气相光气化生产 TDI 装置，2010 年 Bayer 在上海建 30 万吨气相光气化生产 TDI 装置。该法可大幅度降低溶剂和能量消耗，节省投资。

⑩ 20 世纪 90 年代日本日清纺公司实现了熔纺氨纶生产技术。与干法纺氨纶相比，生产过程不需溶剂，是一种最为经济、对环境友善的氨纶生产技术。

⑪ 用旋转法浇注成型胶辊。这种成型方法称为 Ribbon Flow（带状流）技术。它是在高速旋转离心成型片材、管道衬里和齿型胶带的基础上发展起来的。它不需要胶辊模具和高温加热。通过电脑控制，使辊芯旋转速度、浇注速度和固化速率协调一致，可成型不同大小的胶辊。后加工量少，节省能量，生产效率高，生产成本降低。

⑫ 生物基多元醇的开发和应用不断取得实质性进展。目前我国的技术已处国际领先水平。北京化工大学在国内率先开发植物油基聚醚多元醇，并与山东莱州金田化工公司合作，建成了万吨级生产装置。

除此之外，20 世纪 70 年代以来在聚氨酯弹性体改性及应用方面，如 IPN（互穿聚合物网络）技术、纳米技术、液晶聚氨酯、形状记忆聚氨酯、汽车轮胎胎面胶和生物医学等领域的应用都取得了新成就，在此就不一一介绍了。

世界对聚氨酯需求不断扩大，增长速度比预计的还要快。1956 年全球聚氨酯的总产量还只有 3600t，1967 年达到 27 万吨，年均增长率约 20％。1975～1979 年上半年受世界经济衰退和二次能源危机的影响，不仅没有增长，反而下降了 1.5％。1983 年下半年恢复增长。1984 年达到 330 万吨，1996 年上升到 686 万吨，12 年间年均增长率超过 6％。其中北美约 229.5 万吨，欧洲约 240 万吨，亚太（含日本）约 200 万吨。在此期间美国和欧洲的市场增速减慢，趋于 GDP 增长线。而亚太地区的消费呈强劲增长趋势，超过 GDP 增长。到 2005 年全球聚氨酯的产量达到 1375 万吨，1996～2005 年的年均增长率上升到 8％。2010 年全球聚氨酯的产量达到约 1690 万吨，这 5 年的年均增长率为 4.2％。其中增长最快的是亚太地区，尤其是中国。2005～2010 年中国聚氨酯消费量年均增长率达到 15％，远高于 GDP 增长。中国已成为全球最大的聚氨酯生产国（约占全球的 30％），形成了中国、欧洲、北美三足鼎立的格局。而且可以预见，几年之后，中国聚氨酯的产量和消费量将遥遥领先于世界各国。表 1-1 列出了全球聚氨酯产量增长的数据和各地区所占的份额，可供参考。

表 1-1 全球聚氨酯产量增长的数据和各地区所占的份额

项　　目	1956 年	1975 年	1983 年	1990 年	1996 年	2000 年	2005 年	2010 年[①]	2012 年[①]
全球产量/万吨	0.36	200	300	500	686	992	1375	1690	1870
产量分布/％									
亚太地区[②]					22		14	14	12
欧洲					35		27	26	28
北美洲		41.6(美国)	27.4(美国)	29.6(美国)	33		28	20	15
南美洲							3	3	4
中东、非洲							6	7	7
中国					7	9	21	30	34

① 为预计数据。

② 不包括中国。

聚氨酯产品仍以泡沫塑料为主，占总产量的 55％～60％。而非泡聚氨酯（CASE）占 35％以上，是增长最快的产品。胶黏剂所占份额很小，且不断下降。因为大量使用的胶黏剂和兼具黏合剂功能的鞋用聚氨酯胶黏剂、合成革、人造革、涂料等都属 CASE 产品，不在胶黏剂之列。表 1-2 列出相关数据可供参考。

表 1-2 全球聚氨酯产品类别及份额

产品类型	2000 年		2005 年		2007 年		2012 年（预计值）	
	产量/万吨	份额/％	产量/万吨	份额/％	产量/万吨	份额/％	产量/万吨	份额/％
软泡	367.0	37.0	494.4	36.0	510.0	32.0	579.0	32.0
硬泡	229.0	23.1	342.3	24.9	372.0	23.4	445.0	23.8
CASE	348.5	35.1	479.2	34.9	667.0	41.9	793.0	42.4
黏合剂	47.6	4.8	59.2	4.3	40.0	2.5	30.0	1.6
总计	992.1		1375.1		1589.0		1847.0	

我国聚氨酯研究开发是新中国成立后起步的，至改革开放前约 30 年基本上是靠自力更生，在闭关自守的环境下进行的。虽然在 20 世纪 60 年代中期也引进了三套产能各为 3000t 的聚氨酯连续发泡装置，但所用原材料和技术大都是本国的。总体来说，不论从聚氨酯原料的品种和质量，聚氨酯生产加工技术，产品的质量和数量以及聚氨酯研究开发水平，我国远远落后于发达国家，基本上没有形成规模生产，没有实现全系统工业化。1977 年，全国聚氨酯的年生产能力仅 1.1 万吨，实际产量不到 5000t。之后，我国聚氨酯的发展才步入自力更生和引进外国先进技术相结合的正确轨道。从 20 世纪 80 年代初开始，不断从国外引进原料和聚氨酯制品的生产技术，并开始进行合作和技术交流。1984 年，烟台合成革厂分别从大日本油墨和日本聚

氨酯公司引进的 3200t/年聚酯多元醇、300 万平方米/年聚氨酯合成革和 1 万吨/年 MDI 装置相继投产。沈阳石油化工总厂、天津石化三厂、上海高桥石化三厂、锦西化工总厂等企业引进环氧丙烷聚醚装置，于 1987 年后陆续投产。兰州银光化学材料厂从德国 BASF 公司引进 2 万吨/年 TDI 装置于 1992 年投产。天津市塑料制品厂于 20 世纪 80 年代先后引进平顶发泡、垂直发泡、火焰复合、夹芯板材、汽车模塑坐垫、鞋底和保温套管等 8 条生产线，形成了年产 1 万吨聚氨酯制品的生产能力。1984 年之后，南京橡胶厂、山西省化工研究所等单位先后引进了 10 多台浇注机和多台卧式离心成型机以及其他聚氨酯及制品生产加工设备。随着国外原材料和生产技术的进口，大大加快了我国聚氨酯的发展，提高了我国聚氨酯研究开发和工业化的整体水平。1990 年我国聚氨酯的消费量达到 11.7 万吨，1993 年上升到 27 万吨，1997 年猛增到 56 万吨，已超过当年日本的产量。7 年间年均增长率达到 25%。之后发展速度未减，2000 年达到 90 万吨，2010 年猛增到约 600 万吨。

我国经济的高速发展给我国聚氨酯工业的发展带来了难得的机遇。但是，到了世纪之交，我国聚氨酯的主要原料 MDI 和 TDI 的产量仍远远不能满足国内需求，MDI 和 TDI 基本依赖进口的局面没有改变。氨纶的主要原料 PTMG 国内还没有工业生产，国产聚氨酯预聚物的生产和销售还没有形成市场规模。这些严重制约了聚氨酯工业的发展，成为影响我国聚氨酯工业发展中的最大瓶颈。在此情况下，烟台万华 1 万吨 MDI 装置亟待扩建和升级，而外国不卖给我国技术。20 世纪 90 年代，甘肃白银、山西太原、河北沧州和上海先后引进的 4 套共 7 万吨产能的 TDI 生产装置也问题重重，不能正常运转。在此严峻关头，他们没有退缩和等待，而是坚定信心，迎难而上，决心走自主研发创新之路。烟台万华攻克了道道技术难关，终于掌握了年产 10 万吨以上 MDI 生产的核心技术，成为继德国、美国、日本三国之后第四个拥有 MDI 生产技术自主知识产权的国家。他们在宁波大榭岛新建的 16 万吨装置于 2005 年投产。在烟台扩建的 12 万吨 MDI 装置于 2006 年投产。2009 年底甘肃银光化工集团有限公司也终于有了自己 10 万吨 TDI 的生产技术。同年，我国 PTMG 的产能达到 23.5 万吨，产量 12 万吨。2010 年山东淄博东大一诺威聚氨酯公司生产的聚氨酯预聚物和铺装材料产销量达到 3 万吨，占据了国内大部分市场。在此背景下，许多外国大公司也不愿失掉我国这个大市场，纷纷来中国合作建厂。2006 年 BASF、Huntsman 和上海华恒集团合资在上海漕泾新建 24 万吨 MDI 装置和 16 万吨 TDI 装置投产。2008 年 Bayer（中国）公司在上海漕泾独资新建 35 万吨 MDI 和 16 万吨 TDI 装置投产，并准备上 2 万吨 HDI 生产装置。到 2008 年我国 MDI 的产能达到 109 万吨，产量 50.3 万吨，当年消费量 81.4 万吨，自给率上升到 60% 以上。TDI 产能达到 39 万吨，产量 22 万吨，当年消费量 39.4 万吨，自给率超过 55%，改变了长期依赖进口的被动局面。加上未来 5 年还将新建产能 85 万吨，届时我国异氰酸酯的产能将达到 234 万吨，基本可以满足国内需求，并有望成为全球最大的异氰酸酯生产和消费大国。表 1-3 收集了部分数据可供参考。

2005 年我国聚氨酯产量为 226.7 万吨。其中软泡 60 万吨，占 26.5%。硬泡 55 万吨，占 24.3%，软硬泡共占 50.8%，低于全球的比例。此外 CPU 6 万吨，占 2.65%。TPU 12 万吨，占 5.3%。防水和铺装材 10 万吨，占 4.42%。氨纶 16 万吨，占 7.1%。鞋底原液 20 万吨，占 8.84%。合成革浆料 19.5 万吨（干树脂），占 8.62%。涂料 11.7 万吨（干树脂），占 5.2%。胶黏剂和密封胶 8 万吨（干树脂），占 3.54%，详见表 1-4。

我国聚氨酯产品种类的分布，泡沫占的比重约 50%，低于全球平均水平（约 60%），而与百姓生活密切相关的行业，如服装、革制品、制鞋等产业所消费聚氨酯的比重比发达国家要大得多。我国人口多，是劳动密集型产业高度集中的国家，是全球日用品加工大国。庞大的需求无疑会大大促进我国氨纶、PU 革、鞋底原液、鞋用 PU 胶黏剂的快速增长。2009 年我国氨纶的产能达到 34 万吨，约占世界的 60%。

表 1-3　我国聚氨酯产量及主要原料产能产量消费量

单位：万吨/年

项目	1976 年	1985 年	1995 年	2000 年	2003 年	2005 年	2008 年	2010 年
PU 产量	0.5	4.8	11.4	90.0	160.0	226.2	360.0	600.0(含溶剂)
聚醚(PPG)								
产能		1.5	18.0			98.0	150.0	193.0
产量		0.6	9.0			70.4	94.0	
消费量					50.2	88.9	110.0	150.0
TDI								
产能	0.2	0.2	5.0	4.5	4.5	12.5	39.0	75.0
产量	0.22	0.22	0.9	1.35	4.4	6.4	22.0	
消费量				21.4	30.0	36.0	39.4	43(2009 年)
MDI								
产能	0.3	1.3	1.3	2.3		27.0	109.0	139.0
产量	0.3		2.0			10.4	50.3	
消费量			7.4	18.0	36.2	49.0	81.4	100.0(2009 年)
PTMG								
产能				2.0	13.5	15.5		23.5(2009 年)
产量								12(2009 年)
消费量						10.7		22(2009 年)

表 1-4　2005～2010 年我国聚氨酯主要产品消费量　　　单位：万吨/年

项　　目	2005 年	2006 年	2007 年	2008 年	2009 年	2010 年	2005～2010 年均增长率/%
软泡	60.0	73.1	75.5	93.0	105.0	127.0	16.0
硬泡	55.0	75.1	81.4	94.0	104.8	115.0	16.0
CPU	6.0	6.4	7.3	6.6	7.5	9.4	9.4
TPU	12.0	10.8	11.5	13.0	14.8	15.4	5.2
防水及铺装材料	10.0	11.2	13.2	14.5	15.8	18.4	13.0
氨纶	16.0	15.2	19.2	18.5	22.8	26.3	10.4
鞋底原液	20.0	24.4	25.9	26.5	29.8	33.4	10.8
合成革浆料[①]	65.0	95.8	114.1	117.9	127.6	132.0	15.7
涂料[①]	35.0	64.3	80.0	82.0	90.0	95.0	22.0
胶黏剂/密封胶[①]	21.0	23.2	25.9	26.3	30.6	32.4	9.9
合计	300.0(226.3 干胶)	399.5	454.0	492.3	548.7	604.3	

① 含溶剂。

1.3　结构特征

聚氨酯化学结构的特征是其大分子主链中含有重复的氨基甲酸酯链段。

$$-R'-O-\overset{O}{\overset{\|}{C}}-\overset{H}{\overset{|}{N}}-R-\overset{H}{\overset{|}{N}}-\overset{O}{\overset{\|}{C}}-O-$$

聚氨酯大分子主链是由玻璃化温度低于室温的柔性链段（亦称软链段或软段）和玻璃化温度高于室温的刚性链段（亦称硬链段或硬段）嵌段而成。低聚物多元醇（如聚醚、聚酯等）构成软链段，二异氰酸酯和小分子扩链剂（如二醇和二胺）构成硬链段。在聚氨酯弹性体分子结构中，软链段占的比例比较大，为 50%～90%，硬链段占 10%～50%。由于硬链段的极性强，相互引力大，硬链段和软链段在热力学上具有自发分离的倾向，即不相容性。所以硬链段容易聚集在一起，形成许多微区（domain），分布于软段相中。这种现象叫微相分离。微相分离是聚氨酯弹性体物理结构的特征。聚氨酯弹性体的物性不仅与化学结构有关，而且与微相分离的程度有关。这一点在分析聚氨酯弹性体物性与结构的关系时必须考虑，在生产实践中应予以重视。

1.4　合成与加工方法

聚氨酯的合成方法是以化学反应为基础的，有一步法和两步法之分。所谓一步法就是将全部的原料一次混合反应或化学反应过程连续完成，生成聚氨酯产（制）品的方法。两步法又称预聚物法或预聚体法，是将低聚物多元醇和多异氰酸酯先反应生成分子量比较低的预聚物，然后再加入扩链剂与预聚物反应生成聚氨酯产（制）品。通常的预聚物由低聚物多元醇（如聚酯、聚醚）与过量的二异氰酸酯反应制备。其中易挥发的游离二异氰酸酯含量都要求比较低。如果二异氰酸酯的当量数大大超过多元醇的当量数（为 2 倍以上），那么大量的二异氰酸酯无处反应，只能以游离状态存在于预聚物中，危害人体健康。但是不易挥发的异氰酸酯（如MDI）制备的预聚物允许存在较多的游离异氰酸酯，这种预聚物实际上是预聚物和二异氰酸酯的一种混合物。制备这种预聚物的目的主要是为了降低预聚物的黏度，以便在第二步反应中使预聚物组分和扩链交联剂的黏度及体积比较接近，以提高计量的准确性和混合效果。为了有别于游离二异氰酸酯含量较低的预聚物，可将这种高游离异氰酸酯含量的预聚物称为半预聚物或半预聚体。用半预聚物合成聚氨酯产（制）品的方法可称为半预聚物法或半预聚体法。

聚氨酯弹性体按其制品加工方法可分为浇注型、热塑型和混炼型聚氨酯三大类。随着聚氨酯应用领域的扩大和加工技术的不断进步，20 世纪 70 年代以后，与上述三种传统加工方法不同的反应注射成型（RIM）、水性聚氨酯、氨纶生产和喷涂聚脲弹性体成型等技术先后问世，并形成了各自完整的工艺和产品体系。

CPU 在加工成型前为黏性液体，故有"液体橡胶"之称。CPU 弹性体一般是交联型聚合物，由液体经反应变成固体后就是最终的制品。它可以用一步法或两步法生产。其制品成型可以加压硫化，又可常压硫化；既可热硫化，又可室温固化；既可手工浇注，又可用浇注机连续浇注成型。所以浇注成型工艺的多样性为大中型弹性体制品的生产提供了诸多方便。TPU 和MPU 在制品加工前均为固体，可称为"固体橡胶"。TPU 和 MPU 常用一步法生产，但要变成制品还要经过一步或几步工艺过程才能完成。TPU 是将低聚物多元醇、二异氰酸酯（如MDI）和小分子二醇经计量、混合进入双螺杆反应器反应，经挤出、切粒和干燥，进行连续化生产。TPU 的数均分子量在 30000 以上，硬度较高（邵尔 A65～邵尔 D85），用塑料加工设备生产制品。全热塑 TPU 还可用热熔涂覆，或配成 DMF、丁酮等有机溶液，用浸渍或涂覆法生产 PU 革，或用作胶黏剂。MPU 生胶与全热塑 TPU 相似，亦为端羟基线型聚合物。但分子量较低（20000～30000），软链段含量较高，可塑性大。MPU 生胶可用间歇法或连续化生产，用通用橡胶加工设备加工制品。TPU 和 MPU 的模压制品都需在加热和加压下成型，这就给模具制造提出了很高的要求。所以，一般来说 TPU 和 MPU 只适宜于加工中小模压制品。其中 TPU 偏重于较硬（邵尔 A70 以上）的制品，MPU 偏重于较软（邵尔 A80 以下）的制品。RIM 聚氨酯弹性体是将低黏度、高活性的物料用高压计量泵输送到一个容积很小的混合头冲击碰撞混合后，注入模腔并快速反应，固化成型。RIM 工艺主要用于生产中低密度自结皮聚氨酯微孔弹性体制品和基本无泡的弹性体制品。物料系统和模具的温度较低（30～65℃），能量消耗少，生产效率高。因此 RIM 制品加工既不同于 TPU 注射成型，也有别于 CPU 制品加工。喷涂聚脲与一般的涂料不同，它是无溶剂、双组分快速反应体系。它的物料体系类似于浇注的液体橡胶，但脲基含量高，氨酯含量低。活性高，凝胶快，能快速固化成型。喷涂设备类似于 RIM 设备，但不需要模具，技术要求更高。所以，喷涂聚脲技术从物料体系和成型方法上弥补了上述方法的不足，解决了上述方法无法和难以加工成型的难题。RIM 和喷涂聚脲产品是交联型聚合物，在成型制品前也是液体。从这个意义上说，也可叫液体橡胶或液体弹性体。但它们的吐出压力比浇注机要高得多。此外，非泡聚氨酯弹性体还具有良好的机加工性能。

参 考 文 献

[1] Sanders J H，Frish KC. Polyurethanes. Interscience Publishers，1964.

[2] 福田喜祥. 特殊合成ゴム10讲. 日本ゴム协会，1970.

[3] Buist J M 等著. 聚氨酯发展. 吕槊贤译，南京：南京化工学院出版社，1986.

[4] 刘厚钧. 聚氨酯弹性体讲座（连载一）. 聚氨酯工业，1987（4）：53-57.

[5] 李明. 近年来国外聚氨酯泡沫塑料工业进展概况. 聚氨酯工业，1992（4）.

[6] 叶青萱. 水系聚氨酯胶粘剂. 聚氨酯工业，1993（2）.

[7] 刘大华主编. 合成橡胶工业手册. 北京：化学工业出版社，1993.

[8] 李俊贤. 反应注射成型技术及材料（连载一）. 聚氨酯工业. 1995（4）.

[9] 刘德源. 环氧丙烷系列产品国内市场概况. 见：中国聚氨酯工业协会第九次年会论文集. 郑州：[出版者不详]，1998.

[10] 董志传. 国内外异氰酸酯发展近况与展望. 见：中国聚氨酯工业协会第九次年会论文集. 郑州：[出版者不详]，1998.

[11] 方秀华，温和平. 聚氨酯泡沫塑料发展近况. 聚氨酯工业，1998（4）.

[12] 胡忠伟. 国内外聚氨酯工业发展近况. 聚氨酯工业，1999（1）.

[13] 翁汉元. 1999年亚洲聚氨酯技术国际会议综述. 聚氨酯工业，1999（4）.

[14] 黄微波. 喷涂聚脲弹性体技术. 北京：化学工业出版社，2006.

[15] 张杰，翁汉元，吕国会等. 中国聚氨酯工业现状及未来发展展望. 见：中国聚氨酯工业协会第十三次年会论文集. 上海：[出版者不详]，2006.

[16] 张杰. 低碳经济-聚氨酯产业发展的历史机遇. 见：中国聚氨酯行业资讯大全，2009.

[17] 翁汉元. 中国聚氨酯工业现状和十二五发展规划建议. 见：中国聚氨酯工业协会第五届二次理事扩大会议文件汇编，2011.

[18] 宫涛，李汾，刘菁. 聚氨酯弹性体的进展. 见：中国聚氨酯工业协会第十五次年会论文集. 上海：[出版者不详]，2010.

[19] 张月. 聚醚多元醇国内外市场供应格局及生产技术. 见：中国聚氨酯工业协会第十五次年会论文集. 上海：[出版者不详]，2010.

第2章 原料和配合剂

刘厚钧

聚氨酯弹性体用的原料主要有三大类，即低聚物多元醇、多异氰酸酯和扩链交联剂。除此之外，有时为了提高反应速率，改善加工性能及制品性能，降低成本等目的，还需加入某些配合剂。

2.1 低聚物多元醇

聚氨酯弹性体用的低聚物多元醇平均官能度较低，通常为 2 或 2～3。分子量为400～6000，但常用的为 1000～3000。主要品种有聚酯多元醇、聚醚多元醇，其次还有聚丁二烯多元醇、聚碳酸酯多元醇和聚合物多元醇等。

2.1.1 聚酯多元醇

2.1.1.1 醇酸聚酯多元醇

醇酸聚酯多元醇简称聚酯，是聚氨酯弹性体最重要的原料中间体之一，它是由二元羧酸和多元醇缩聚而成的。最常用的二元羧酸是己二酸，最常用的多元醇有乙二醇、1,2-丙二醇、1,4-丁二醇、二乙二醇、新戊二醇。此外，一些特殊聚酯还用 2-甲基丙二醇、1,6-己二醇、三羟甲基丙烷、甘油等多元醇。由于可用的多元醇品种多，所以聚酯的分子结构多种多样，品种牌号也比较多。用偶数碳原子和不带侧基的二元醇如 1,4-丁二醇、1,6-己二醇和己二酸制得的聚酯结晶性较高，主要用于要求初黏强度高的聚氨酯胶黏剂及高强度弹性体。由带侧基和醚键的二醇制得的聚酯具有较好的柔韧性和低温性能。为了得到端羟基聚酯，必须用过量的多元醇与二元羧酸反应。以聚己二酸和二元醇为例，其缩聚反应式可表示如下：

$$n\text{HOOC(CH}_2)_4\text{COOH} + (n+1)\text{HO—R—OH} \longrightarrow \text{HO—R—O} \overset{\text{O}}{\underset{}{\text{C}}} \text{(CH}_2)_4 \overset{\text{O}}{\underset{}{\text{C}}} \text{—O—R—O} \!\!\!-\!\!\!_n\text{H} + 2n\text{H}_2\text{O}$$

醇的过量范围为 5%～20%（摩尔分数），视多元醇种类、聚酯分子量和工艺条件等因素而定。酯化反应是可逆平衡反应，所以，必须不断除去反应生成的水，使反应向生成聚酯的方向进行。

一般采用间歇法生产聚酯。其反应过程大体可分为酯化反应和酯交换反应两个阶段。生产装置大同小异，主要设备包括缩合釜、分馏冷凝器、冷凝器、计量罐、真空系统、加热冷却系统和控制系统。整个系统的气密性要求十分严格。缩合釜搅拌轴可采用端面机械密封。加料顺序为先加多元醇和配合剂，后加己二酸，然后充氮。酯化反应从加热升温开始到 220～225℃后约 1h 基本完成。此阶段主要是常压脱水过程，生成低分子聚酯和缩合水。当升到 135℃ 左右时酯化反应最激烈，生成大量缩合水。由于缩合水的蒸发会产生大量气泡，用 1,4-丁二醇和 1,6-己二醇为原料时起泡尤为激烈。此时应及时调节加热功率，控制冷凝器出水速度，防止大量水蒸气将大量小分子多元醇带出分馏冷凝器。激烈反应过后，维持适宜的出水速度，逐渐将反应温度升到 220～225℃。当酸值降至 30mg KOH/g 左右或出水量约等于理论出水量时，由于混合物中的羧酸很少，酯化难以继续进行，出水基本停止，酯化反应阶段基本结束。此时将分馏冷凝器的冷却水放掉或停止通冷却水。同时启动真空泵，逐渐提高真空度，以维持适宜的馏出物流出速度，到酸值降至合格为止。也可用通氮气带出水的方法降低酸值。此阶段主要发生酯交换反应，生成新的酯和新的多元醇，同时还有少量的缩合水生成。反应后期保持高真空是十分必要的，否则高温反应时间延长，酸值难以降低，会影响聚酯质量。在酯交换阶段，计量罐中的收集物主要是小分子多元醇和少量缩合水，其量约等于多元醇的过剩量。聚酯酸值一般控制在 0.5mg KOH/g 以下。然后将聚酯温度冷却至 $100\sim120$℃，停止抽真空，必要时可加入微量磷酸调节聚酯与异氰酸酯的反应活性。并趁热过滤除去固体杂质，装桶密封即为产品。酯化反应不需要催化剂。但为了降低酸值，缩短反应时间，可添加有机锡、钛酸四丁酯等类催化剂，但这些催化剂都可能对聚氨酯的降解产生不良影响。

聚酯的质量除了羟值、酸值、外观（色度）、黏度、水分含量等指标外，与异氰酸酯的反应活性也是至关重要的指标。在合成预聚物时，聚酯中的铁化合物不仅催化主反应，也催化副反应生成脲基甲酸酯。反应激烈，温度上升快，预聚物黏度大，贮存稳定性不好，难以脱泡，制品硬度低，弹性差。因此除了缩合釜、分馏冷凝器、冷凝器、计量罐等与物料和产品接触的设备要用不锈钢制造外，原料己二酸中的铁含量不应超过 0.5×10^{-6}，越低越好，必须严格把关。

酯化阶段收集的缩合水中含有很少量的低分子多元醇，可通过生化处理排放。酯交换阶段收集的含水的小分子多元醇，通过醇含量测定后，可再用于聚酯生产。表 2-1 列出了日本聚氨酯工业公司己二酸系聚酯的牌号及规格供参考。

表 2-1　日本聚氨酯公司弹性体用聚酯多元醇牌号及规格

产品牌号	主要质量指标					组合-分子量	主要用途		日本消防法	
	外观	酸值/(mg KOH/g)	羟值/(mg KOH/g)	固含量/%	黏度(75℃)/mPa·s		胶黏剂	弹性体	危险品	危险等级
NIPPOLIAN 4002	白色固体	≤2.0	107～117	100	150～200	EA-1000	○	○	非危险品	—
NIPPOLIAN 4040	白色固体	≤1.5	52～60	100	450～650	EA-2000	○	○	非危险品	—
NIPPOLIAN 4009	白色固体	≤2.0	107～117	100	160～210	BA-1000	○	○	非危险品	—
NIPPOLIAN 4010	白色固体	≤1.5	52～60	100	600～900	BA-2000	○	○	非危险品	—
NIPPOLIAN 3027	白色固体	≤1.0	43～49	100	1000～1200	BA-2500	○	○	非危险品	—
NIPPOLIAN 164	白色固体	≤1.0	106～116	100	120～170	HA-1000	○	○	非危险品	—
NIPPOLIAN 4073	白色固体	≤1.0	52～60	100	350～650	HA-2000	○	○	非危险品	—
NIPPOLIAN 136	白色固体	≤0.6	40～46	100	870～1190	HA-2600	○	○	非危险品	—
NIPPOLIAN 150	淡黄色液体	≤0.8	107～117	100	100～180	DEA-1000	○	○	4-4	Ⅲ
NIPPOLIAN 152	淡黄色液体	0.2～1.0	53～59	100	400～550	DEA-2000	○	○	4-4	Ⅲ
NIPPOLIAN 1004	淡黄色液体	≤2.0	39～47	100	600～900	DEA-2600	○	○	4-4	Ⅲ
NIPPOLIAN 141	黄色液体	≤2.0	102～108	100	160～240	EA/BA-1100	○	○	4-4	Ⅲ
NIPPOLIAN 4042	白色固体	≤1.5	51～61	100	600～800	EA/BA-2000	○	○	非危险品	—
NIPPOLIAN 163	淡黄色液体	≤1.0	42～48	100	850～1150	EA/BA-2500	○	○	4-4	Ⅲ
NIPPOLIAN 5018	白色固体	≤0.8	52～60	100	470～620	EA/DEA-2000	○	○	非危险品	—
NIPPOLIAN 5035	白色固体	≤0.8	42～49	100	760～930	EA/DEA-2500	○	○	非危险品	—

注：○表示适用。

我国聚酯的年产量估计有数 10 万吨。主要用于合成革、鞋底原液、CPU、TPU、鞋用聚氨酯胶黏剂等。我国生产聚酯的工厂有数十家。烟台合成革厂 20 世纪 80 年代初从大日本油墨公司引进的 3200t/a 的聚酯装置，有两台 20m³ 的缩合釜，生产 14 种牌号的己二酸系列聚酯，主要用于本厂生产聚氨酯合成革、鞋底原液和人造革树脂等产品。该厂聚酯的品种牌号详见表

2-2。此外，聚酯生产较大的厂家还有浙江华峰新材料股份有限公司、烟台华大化学工业公司、青岛新宇田化工公司、高鼎化学（昆山）有限公司（台资）、长兴化学工业（广东）股份有限公司、广东番亿聚氨酯有限公司、上海优酯化学品有限公司、旭川化学（苏州）有限公司、辽阳科森化工创造有限公司、无锡新鑫聚氨酯有限公司等。台湾高鼎化学（昆山）有限公司产聚酯型号及规格见表 2-3，浙江华峰新材料股份有限公司产聚酯型号及规格见表 2-4。

表 2-2　烟台合成革厂聚酯牌号及物性

项　　目	色度（APHA）	羟值/(mg KOH/g)	酸值/(mg KOH/g)	水分/%	黏度（75℃）/mPa·s	熔点/℃	平均分子量	原料组合	用途
CDX-218	<180	53.5~58.5	0.4±0.1	<0.025	400~700	45~50	2000	AA,EG,PG	弹性体等
CMA-44-600	<180	185~205	0.1~1.0	<0.03	50~100	30~40	580	AA,1,4-BG	弹性体等
CMA-1024	<180	106~118	0.1~0.8	<0.03	100~200	35~45	1000	AA,EG	弹性体等
CMA-1044	<180	106~118	0.1~0.8	<0.03	100~250	35~45	1000	AA,1,4-BG	弹性体等
MX-355	<180	106~118	0.1~0.8	<0.03	100~300	20~30	1000	AA,1,4-BG,EG	弹性体等
MX-785	<180	71~79	0.1~0.8	<0.03	200~500	20~30	1540	AA,1,4-BG,EG	弹性体等
MX-706	<180	71~79	0.1~0.8	<0.03	200~500	<5	1500	AA,EG,DEG	弹性体等
CMA-654	<180	71~79	0.1~0.8	<0.03	300~600	20~40	1500	AA,NPG,1,6-HG	弹性体等
MX-2325	<180	57~63	0.1~0.8	<0.03	1000~1600	<0	2000	AA,DEG,TMP,TPP,BHT	弹性体等
CMA-24	<180	53~59	0.1~0.8	<0.03	400~700	40~50	2000	AA,EG	弹性体等
CMA-44	<180	53~59	0.1~0.8	<0.03	450~750	40~50	2000	AA,1,4-BG	弹性体等
CMA-244	<180	53~59	0.1~0.8	<0.03	500~800	25~35	2000	AA,EG,1,4-BG	弹性体等
CMA-254	<180	53~59	0.1~0.8	<0.03	500~800	30~40	2000	AA,EG,DEG	弹性体等
MX-2016	<180	53~59	0.1~0.8	<0.03	500~800	<5	2000	AA,EG,DEG	弹性体等

表 2-3　台湾高鼎化学（昆山）有限公司产聚酯型号及规格

型号	原料组合	平均分子量	羟值/(mg KOH/g)	熔点/℃	酸值/(mg KOH/g)	色度（APHA）	水分/%	黏度（75℃）/mPa·s
YA-7210	AA,EG	1000	100±5	45~50	≤0.5	≤100	≤0.02	170~230
YA-7220	AA,EG	2000	56±5	55~60	≤0.5	≤100	≤0.02	600~750
YA-7410	AA,BG	1000	112±5	45~50	≤0.5	≤70	≤0.02	100~250
YA-7120	AA,BG	2000	56±5	55~60	≤0.5	≤70	≤0.02	900~1050
YA-7130	AA,BG	3000	38±3	60~65	≤0.5	≤70	≤0.02	100~1250
YA-7130M(鞋胶用)	AA,BG	3000	38±3	60~65	≤0.5	≤70	≤0.02	100~1250
YA-7130HM(鞋胶用)	AA,BG	3000	38±3	60~65	≤0.5	≤70	≤0.02	100~1250
YA-7720	AA,BG,EG	2000	56±3	25~30	≤0.5	≤70	≤0.02	800~950
YA-2520	AA,EG,DEG	2000	56±3	25~30	≤0.5	≤100	≤0.02	600~750

表 2-4　浙江华峰新材料股份有限公司产聚酯型号及规格

型　　号	平均分子量	羟值/(mg KOH/g)	酸值/(mg KOH/g)	水分/%	色度（APHA）	黏度（75℃）/mPa·s	原料组合	用　　途
JF-PE-2811	3000	35~40	≤0.5	≤0.03	≤100	—	AA/BG	胶黏剂、TPU
JF-PE-2710	3000	35~40	≤0.5	≤0.03	≤100	—	AA/BG	胶黏剂、TPU
JF-PE-3500	3500	32~37	≤0.5	≤0.03	≤100	—	AA/BG	胶黏剂、TPU
JF-PE-1020	2000	52~60	≤0.5	≤0.03	≤100	—	AA/EG	涂料、胶黏剂、革用树脂、弹性体

型　　号	平均分子量	羟值/(mg KOH/g)	酸值/(mg KOH/g)	水分/%	色度(APHA)	黏度(75℃)/mPa·s	原料组合	用　　途
JF-PE-1030	3000	35～40	≤0.5	≤0.03	≤100	1300	AA/EG	涂料、胶黏剂、革用树脂、弹性体
JF-PE-3010	1000	110～115	≤0.5	≤0.03	≤100	200	AA/BG	涂料、胶黏剂、革用树脂、TPU
JF-PE-3010T	1000	110～115	≤0.5	≤0.03	≤100	—	AA/BG	涂料、胶黏剂、革用树脂、TPU
JF-PE-3020	2000	52～60	≤0.5	≤0.03	≤100	—	AA/BG	涂料、胶黏剂、革用树脂、TPU
JF-PE-3030	3000	35～40	≤0.5	≤0.03	≤100	—	AA/BG	胶黏剂、TPU
JF-PE-3006	600	185～190	≤0.5	≤0.03	≤100	—	AA/BG	涂料、胶黏剂、革用树脂、TPU
JF-PE-1310	1000	107～117	≤0.5	≤0.03	≤100	200	AA/EG/BG	涂料、胶黏剂、革用树脂、TPU
JF-PE-1320	2000	52～60	≤0.5	≤0.03	≤100	800	AA/EG/BG	涂料、胶黏剂、弹性体、鞋料
JF-PE-1330	3000	35～40	≤0.5	≤0.03	≤100	2000	AA/EG/BG	涂料、革用树脂、弹性体、鞋料
JF-PE-1420	2000	52～60	≤0.5	≤0.03	≤100	500	AA/EG/DEG	涂料、革用树脂、弹性体、鞋料
JF-PE-1415	1500	71～79	≤0.5	≤0.03	≤100	300	AA/EG/DEG	涂料、革用树脂、弹性体、鞋料
JF-PE-1220	2000	52～60	≤0.5	≤0.03	≤100	500	AA/EG/PG	涂料、革用树脂、弹性体、胶黏剂
JF-PE-95	3000	35～40	≤0.5	≤0.03	≤100	—	AA/EG/BG	涂料、革用树脂、弹性体

聚酯多元醇的英文缩写第一个字母 P 代表"聚合"，最后一个字母代表己二酸（AA），中间字母 E 代表乙二醇，B 代表 1,4-丁二醇（BDO），D 代表二乙二醇（DEG），H 代表 1,6-己二醇（HDO），N 代表新戊二醇（NPG），M 代表二甲基丙二醇（MPD），T 代表三羟甲基丙烷（TMP）。英文后面的字母代表分子量。

2.1.1.2　聚 ε-己内酯多元醇

聚 ε-己内酯多元醇简称聚己内酯（PCL），是 20 世纪 50 年代中期由美国 UCC 公司开发的，60 年代初用于聚氨酯合成。它是在起始剂和催化剂存在下由 ε-己内酯开环聚合制得的。常用的催化剂有四丁基钛酸酯、四异丙基钛酸酯、辛酸亚锡等。聚合反应在氮气保护下进行，反应温度约 175℃，反应时间 5～7h，然后在 120～160℃ 和 133.3～666.6Pa 余压下抽出未反应的单体，即得产品，收率接近 100%，聚合反应式如下：

$$\text{HO—R—OH} + n\underset{\underset{\text{O}}{\big|}}{\text{CH}_2\text{CH}_2\text{CH}_2\text{CH}_2\text{CH}_2\text{C}} \xrightarrow[175℃]{\text{催化剂}} \text{HO—R—O}\underset{}{\text{C—(CH}_2)_5\overset{\text{O}}{}}]_n\text{H}$$

UCC 公司生产的聚 ε-己内酯多元醇商品牌号为 Niax Polyol，有 4 种分子量。日本大赛璐公司的 PCL 产品牌号为 Placcel，其技术指标分别见表 2-5～表 2-7。

表 2-5　UCC 公司聚 ε-己内酯二醇技术指标

性　　能	商品牌号			
	Niax Polyol-D510	Niax Polyol-D520	Niax Polyol-D540	Niax Polyol-D560
平均分子量	530	830	1250	2000
羟值/(mg KOH/g)	210±10	135±7	90±5	56±3
酸值/(mg KOH/g)	0.3	0.3	0.3	0.3
熔点/℃	30～40	35～45	40～50	45～55
密度(40℃)/(g/cm³)	1.083	1.083	1.082	1.081
黏度(40℃)/mPa·s	70	130	230	500
水分/%	<0.03	<0.03	<0.03	<0.03
色度(APHA)	<100	<100	<100	<100

表 2-6 日本大赛璐化学工业公司 PCL 二醇技术指标[①]

Placcel 牌号	平均分子量	羟值/(mg KOH/g)	酸值/(mg KOH/g)	熔点/℃	黏度(75℃)/mPa·s	常温状态	起始剂
205	530	212±5	<1.0	30~40	30~50	糊状	DEG
205H	530	212±5	<1.0	—	880(25℃)	液状至糊状	
205U	530	212±5	<0.2	—	300(25℃)	液状	DEG
205BA	500	220±10	100~120	—	—	糊状	DMPA
L205AL	500	224±5	<1.0	13~16	700~800(25℃)	液状	
208	830	135±5	<1.0	35~45	90~110	蜡状	
L208AL	830	135±5	<1.0	14~18	1600~1800(25℃)	液状	
210	1000	114±5	<1.0	46~48	110~130	蜡状	
210CP	1000	111~120	<0.5	—	150~190(60℃)	糊状	NPG
210N	1000	112±5	<1.0	32~37	80~100	蜡状	
212	1250	90±4	<1.0	48~50	140~200	蜡状	EG
L212AL	1250	90±3	<1.0	19~22	3000~4000(25℃)	液状	
220	2000	56±3	<1.0	53~55	330~400	蜡状	
220CPB	2000	56±3	<0.1	53~55	200~300	蜡状	
220NPI	2000	56±3	<1.0	34~44	450~550	蜡状	
220N	2000	56±3	<1.0	48~51	210~270	蜡状	EG
L220AL	2000	56±3	<1.0	0~5	8200~8700(25℃)	液状	
230	3000	36~39	<1.0	55~58	770~870	蜡状	EG
230CP	3000	36~39	<0.5	—	400~600	蜡状	NPG
240	4000	26~31	<1.0	55~58	1450~1650	蜡状	EG
240CP	4000	26~31	<0.5	—	800~1000	蜡状	NPG

① PlacceL 205 U 为低黏度、低酸值产品，205H 耐水性比 205 好；Placcel 210CP、220CPB、230CP 和 240CP 具有低酸值，改善了耐水性。220NPI 为低结晶性产品。后缀 N 代表窄分子量分布产品。L205AL、L208AL、L212AL、L220AL、L220PM、L230AL 等为液化的聚己内酯产品，L220PM、L230AL 暂缺指标。210、210N、220 和 220N 的分子量分布（$\overline{M}_w/\overline{M}_n$）分别为 1.88、1.34、2.00、1.24。

Placcel 205BA、210BA 和 220BA 是以二羟甲基丙酸为起始剂得到的含 COOH 基 PCL，可直接用于生产水性聚氨酯。用分子量分布很窄的聚 ε-己内酯制得的聚氨酯弹性体，其耐磨性、回弹性和压缩永久变形得到改善，适于制造轮胎、胶轮和复印机清洁刮片等。

表 2-7 日本大赛璐化学工业公司 PCL 三醇技术指标[①]

Placcel 牌号	平均分子量	羟值/(mg KOH/g)	酸值/(mg KOH/g)	熔点/℃	黏度(75℃)/mPa·s	常温状态	起始剂
303	300	530~550	<1.5	—	1600~1900	液状	TMP
305	550	300~310	<1.0	—	1100~1600	液状	TMP
308	850	190~200	<1.5	20~30	1350~1550	糊状	TMP
312	1250	130~140	<1.0	33~37	145(75℃)	蜡状	TMP
L312AL	1250	128~138	<1.0	14~17	3500~5000	液状至糊状	—
320	2000	79~89	<1.0	40~45	—	蜡状	TMP
L320AL	2000	81~87	<1.0	17~20	10~15Pa·s	液状至糊状	—
L320ML	2000	55~63	<1.0	—	270(70% MIBK)	溶液	—
L330AL	3000	55~59	<1.0	—	20~30 Pa·s	液状	—

① L312AL、L320AL、L320ML 和 L330AL 结构不详。

2.1.1.3 聚碳酸酯多元醇

聚碳酸酯多元醇（PCDL）的分子结构如下：

$$\mathrm{HO-RO \mathord{\left[C \atop O \right]} O-R-O \mathord{]_n} H}$$

可用酯交换法合成，如用低分子二醇与碳酸二苯酯或碳酸二甲酯进行酯交换反应制得：

$$(n+1)\mathrm{HO-R-OH} + n\mathrm{R'-O} \overset{O}{\underset{}{-C}} \mathrm{-OR'} \rightleftharpoons \mathrm{HO-R-O \mathord{\left[C \atop O \right]} O-R-O \mathord{]_n} H} + 2n\mathrm{R'-OH}$$

式中，R′代表苯基或甲基。用聚碳酸酯二醇制得的聚氨酯弹性体具有优良的耐天候和耐水解性能。表 2-8 和表 2-9 分别列出了日本大赛璐公司和北京盛唐化工公司产聚碳酸酯二醇的牌号及规格供参考。

表 2-8　日本大赛璐公司聚碳酸酯二醇的牌号及规格[①]

Placcel 牌号	平均分子量	羟值/(mg KOH/g)	酸值/(mg KOH/g)	黏度(25℃)/mPa·s	熔点/℃	水分/%	常温状态
CD205	500	215～235	<0.1	150～350(60℃)	25～35	≤0.1	蜡状
CD210	1000	107～117	<0.1	750～950(60℃)	40～48	≤0.1	蜡状
CD220	2000	51～61	<1.0	4～6 Pa·s(60℃)	47～53	≤0.1	蜡状
CD205PL	500	215～235	<1.0	100～300	—	≤0.1	液态
CD210PL	1000	107～117	<1.0	700～1000	—	≤0.1	液态
CD220PL	2000	51～61	<1.0	3000～7000	—	≤0.1	液态
CD205HL	500	215～235	<1.0	400～700	—	≤0.05	液态
CD210HL	1000	107～117	<1.0	3000～4500	—	≤0.1	液态
CD220HL	2000	51～61	<1.0	20～40 Pa·s	—	≤0.1	液态

① 色度均不大于 200。牌号的后面 PL 表示为低模量（柔软型）产品，HL 表示高模量（硬型）产品。

表 2-9　北京盛唐化工公司产聚碳酸酯二醇的牌号及规格

牌　　号	平均分子量	羟值/(mg KOH/g)	酸值/(mg KOH/g)	熔点/℃	常温状态
ST-602	2000	56±3	≤0.05	40～50	固态
ST-615	1500	75±3	≤0.05	40～50	固态
ST-610	1000	112±3	≤0.05	47～50	固态
ST-602EL	2000	56±3	≤0.05	≤-5	液态

2.1.2　聚醚多元醇

聚醚多元醇简称聚醚，也叫聚烷醚或聚氧化烯烃，是在含活泼氢化合物作为起始剂和催化剂存在下由环氧化合物开环聚合制得的。常用的环氧化合物有环氧丙烷、四氢呋喃、环氧乙烷等。由一种环氧化合物单体合成的聚醚叫均聚醚，由两种和两种以上的环氧化合物合成的聚醚叫共聚醚。根据加料顺序和配比的不同，可生成无规共聚醚和有序分布或无序分布的嵌段共聚醚。

2.1.2.1　聚氧化丙烯多元醇

聚氧化丙烯多元醇（包括氧化乙烯封端的活性聚醚和聚醚链上氧化乙烯有序和无序分布的聚醚）是聚氨酯工业用量最多的原料中间体。该类聚醚主要用于生产聚氨酯泡沫。其用量占聚氨酯用低聚物多元醇总量的一半以上，人们常说的聚醚或 PPG 是专指这类聚醚而言的。这类聚醚是在起始剂和催化剂存在下由环氧丙烷（或与部分环氧乙烷）开环聚合生产的。常用的起始剂有小分子多元醇、多元胺及醇胺等。软质泡沫塑料用聚醚主要采用三元醇起始剂（如甘油、TMP），硬泡用聚醚主要采用三个以上羟基的多元醇起始剂（如三乙醇胺、季戊四醇、山梨醇、甘露醇、蔗糖等）。弹性体用聚醚主要采用二元醇起始剂，如丙二醇等。聚醚的官能度是由起始剂的官能度或活泼氢个数决定的。

工业上普遍采用氢氧化钾为催化剂，在起始剂存在下，由 1,2-环氧丙烷按阴离子聚合机理进行开环聚合。第一步由起始剂与强碱生成阴离子。因 1,2-环氧丙烷为三元环结构，极性强，张力大，很容易被打开，迅速加成到起始剂分子上。链的增长是通过阴离子电荷的传递进行的，再通过质子交换或在加聚反应完成后加入水或酸，将该电荷中和。聚合历程可表示如下。

链引发：
$$R-OH+B^{\ominus} \longrightarrow R-O^{\ominus}+BH$$

链增长：
$$R-O^{\ominus}+nH_2C \overset{O}{\diagdown} CH-CH_3 \longrightarrow R \overset{CH_3}{\underset{}{}} O-CH_2-CH \overset{}{\underset{n}{}} O^{\ominus}$$

链终止：
$$R \overset{CH_3}{\underset{}{}} O-CH_2-CH \overset{}{\underset{n}{}} O^{\ominus}+BH \longrightarrow R \overset{CH_3}{\underset{}{}} O-CH_2-CH \overset{}{\underset{n}{}} OH+B^{\ominus}$$

若起始剂为 1,2-丙二醇，则最终生成聚丙二醇：

$$HO-\overset{CH_3}{\underset{}{CH}}-CH_2-OH+n CH_2 \overset{O}{\diagdown} CH-CH_3 \xrightarrow{KOH} HO-\overset{CH_3}{\underset{}{CH}}-CH_2 \overset{}{\underset{n}{}} O-CH_2-\overset{CH_3}{\underset{}{CH}} \overset{}{\underset{n}{}} OH$$

聚醚的品种很多，但弹性体用的品种规格不多，常用的几种聚丙二醇参见表 2-10。

表 2-10 聚丙二醇物性指标

规格	官能度	羟值/(mg KOH/g)	酸值/(mg KOH/g) ≤	平均分子量	pH 值	水分/%	相对密度 ≤	色度(APHA) ≤	不饱和值/(mmol/g) ≤
PPG-400	2	270~290	0.05	约 400	6~8	0.05	1.008	50	—
PPG-700	2	155~165	0.05	约 700	6~7	0.05	1.006	50	0.01
PPG-1000	2	109~115	0.05	约 1000	5~8	0.05	1.005	50	0.01
PPG-1500	2	72~78	0.05	约 1500	5~8	0.05	1.003	50	0.03
PPG-2000	2	54~58	0.05	约 2000	5~8	0.05	1.003	50	0.04
PPG-3000	2	36~40	0.05	约 3000	5~8	0.05	1.002	50	0.1

环氧丙烷用碱催化聚合生成的聚醚，端羟基几乎都是仲羟基，反应活性比伯羟基低。此外，碱性催化剂容易引发环氧丙烷异构化反应，生成烯丙醇或丙烯醇。它们都只有一个羟基，如同一元醇起始剂，必然导致分子链的一端为羟基，而另一端为烯丙基或丙烯基的单羟基聚醚的生成。所以在碱性催化剂存在下，由 1,2-环氧丙烷生产的聚醚中都存在单羟基聚醚分子：

$$HO-R-OH+(x+y)CH_2 \overset{O}{\diagdown} CH-CH_3 \xrightarrow{KOH} HO \overset{CH_3}{\underset{}{}} CH-CH_2-O \overset{}{\underset{x}{}} R \overset{CH_3}{\underset{}{}} O-CH_2-CH \overset{}{\underset{y}{}} OH$$

碱性催化剂的异构化作用 ↓

$$H_2C=CH-CH_2-OH \xrightarrow{z CH_2 \overset{O}{\diagdown} CH-CH_3} H_2C=CH-CH_2-O \overset{CH_3}{\underset{}{}} CH_2-CH-O \overset{}{\underset{z}{}} H$$

这种单羟基聚醚的含量用每克聚醚中单羟基聚醚的毫摩尔数表示，相当于聚醚的不饱和值（mmol/g）。聚醚的实际官能度（f）要小于标称官能度，可由聚醚的羟值和不饱和值进行计算：

$$f=\cfrac{\cfrac{羟值}{56.1}}{\left(\cfrac{羟值}{56.1}-不饱和值\right) \times \cfrac{1}{f_n}+不饱和值}$$

式中　f——聚醚的实际官能度；

　　　f_n——聚醚的标称官能度。

羟值用 mg KOH/g 表示，不饱和值用 mmol/g 表示。

聚醚的分子量越大，这种单羟基聚醚的含量越高。而且单羟基聚醚的生成必然影响聚醚链的增长。所以采用碱性催化剂很难制得高分子量聚醚。如聚丙二醇的分子量以 4000 为限，聚丙三醇的分子量一般以 6500 为限。这些单羟基聚醚分子对聚醚二醇的影响最大，它的存在如同链终止剂，势必阻碍与二异氰酸酯的链增长反应，影响最终产品的性能。

为了降低聚醚中一元醇（即单羟基聚醚）的含量，提高聚氨酯产品的性能，20 世纪美国的 Arco 和德国的 Bayer 等公司进行了大量的研究开发工作，取得了成功。这一技术最初是由美国通用轮胎公司（General Tire Inc.）开发出来的。他们采用双金属氰化物（DMC），如六氰钴酸锌为催化剂，使环氧丙烷的加成反应大大快于异构化反应，从而制得了低不饱和值的聚醚。其不饱和值降至 0.02mmol/g 以下，这种聚醚可称为第二代聚醚，或 DMC 聚醚。但是这种 DMC 聚醚对聚氨酯的物理性能和加工性能的改善仍不理想。1995 年 Arco 公司推出了第三代催化剂，大大地促进了环氧丙烷的加成反应，制得了不饱和值仅为 0.005mmol/g 的聚醚，其商品牌号为 Acclaim。Acclaim 聚醚的特点是在具备高分子量（2000～8000）的同时，具有极低一元醇含量。而且分子量分布很窄，分布系数 M_w/M_n 接近 1，黏度低，贮存稳定性好，具有良好的工艺操作性能，可赋予聚氨酯优良的强伸性能和高回弹性能。这是自 20 世纪 60 年代以来聚醚生产技术的重大突破，给传统的 PPG 工业带来了新的希望。这种新技术大大简化了聚醚后处理工艺，特别适宜于生产高分子量的聚丙二醇。这种聚醚已推向聚氨酯弹性体市场，包括胶黏剂、弹性体、涂料和密封胶，即西方国家俗称的"CASE"领域。表 2-11 列出了普通聚醚（PPG2000）、DMC 聚醚和 Acclaim 聚醚不饱和值或一元醇含量和实际官能度，表 2-12 列出了这三代聚醚的物化性质，可供参考。

表 2-11 Acclaim 聚醚与普通聚醚、DMC 聚醚不饱和值等质量指标比较

规格项目		不饱和值或一元醇含量/(mmol/g)	一元醇含量计算值(摩尔分数)/%	实际官能度 f（官能度计算值）
$\overline{M}_n$2000 二元醇	普通 PPG-2000	0.03	8	1.92
	Acclaim-2200	0.005	1	1.99
$\overline{M}_n$4000 二元醇	普通 PPG-4000	0.09	30	1.70
	DMC-4000	0.02	8	1.92
	Acclaim-4200	0.005	2	1.98
$\overline{M}_n$8000 二元醇	Acclaim-8200	0.005	4	1.96

表 2-12 普通聚醚、DMC 聚醚和 Acclaim 聚醚物性比较

性能		普通聚醚		DMC 聚醚	Acclaim 聚醚				
		PPG-2025	4000PPG-4025		2200	4200	8200	6300	3201
平均分子量		2000	4000	4000	2000	4000	8000	6000	3000
标称官能度		2	2	2	2	2	2	3	2
黏度/mPa·s	20℃	520	1685	1135	465	1225	4215	1900	775
	40℃	175	575	395	160	415	1405	585	280
羟值/(mg KOH/g)		56	28	28	56	28	14	28	37
不饱和度/(mmol/g)		0.025	0.085	0.017	0.005	0.005	0.005	0.005	0.005
酸值/(mg KOH/g)		0.010	0.017	0.035	0.02	0.018	0.02	0.02	0.018
水分/%		0.035	0.035	0.03	0.025	0.025	0.025	0.025	0.025
色度(APHA,50℃)		30	50	50	20	20	20	20	20

聚醚的规格很多，主要用于软泡和硬泡。用于弹性体的是聚醚二醇和部分聚醚三醇。表 2-13 和表 2-14 列出了山东蓝星东大化学工业公司生产的聚氨酯弹性体用聚醚产品的规格，供参考。

表 2-13　普通聚醚多元醇

牌号	官能度	羟值/(mg KOH/g)	酸值/(mg KOH/g)	水分/%	pH 值	不饱和值/(mmol/g)	伯羟基含量/%	黏度(25℃)/mPa·s	钾含量/%	色度(APHA)
DL-400	2	270～290	≤0.05	≤0.05	5～7	—	—	60～80	≤0.0005	≤50
DL-1000	2	108～115	≤0.05	≤0.05	5～8	—	—	120～180	≤0.0003	≤50
DL-2000	2	54～58	≤0.05	≤0.05	5～8	≤0.05	—	270～370	≤0.0003	≤50
MN-3050	3	54～58	≤0.05	≤0.05	5～7	≤0.05	—	400～600	≤0.0003	≤50
EP-330N	3	32～36	≤0.05	≤0.05	5～7	≤0.07	≥75	800～1000	≤0.0003	≤50

表 2-14　低不饱和值聚醚多元醇

牌　号	官能度	羟值/(mg KOH/g)	酸值/(mg KOH/g)	水分/%	pH 值	不饱和值/(mmol/g)	黏度(25℃)/mPa·s	色度(APHA)
DL-1000D	2	108～115	≤0.05	≤0.02	5～8	—	120～180	≤50
DL-2000D	2	54～58	≤0.05	≤0.02	5～8	≤0.01	270～370	≤50
DL-3000D	2	36～39	≤0.05	≤0.05	5～8	≤0.01	500～600	≤50
DL-4000D	2	26.5～29.5	≤0.05	≤0.02	5～8	≤0.01	800～1000	≤50
MN-3050D	3	54～58	≤0.05	≤0.05	5～7	≤0.01	400～700	≤50

　　国外生产聚醚的大公司主要有美国的 Dow 化学公司和 Acro 公司、德国的 Bayer 公司、BASF 公司、英国的 Shell 公司等。2005 年世界聚醚的总消费量约为 337 万吨,2010 年达到 452 万吨。我国 20 世纪 70 年代开始建造聚醚生产装置,但都比较小,最大装置的生产能力 3000t/a,最大的聚合釜 5m³。到 1984 年聚醚生产能力只有 1.5 万吨/年,实际产量约 6000t,主要是硬质泡沫用聚醚。20 世纪 80 年代中期开始从国外引进聚醚生产技术。沈阳石油化工总厂首先从意大利普利斯公司引进了 1 万吨产能的聚醚生产装置,于 1987 年投产。随后金陵石化二厂、天津石化总厂、锦西化工总厂、山东东大化工集团、上海高桥石化三厂、九江化工厂、浙江太平洋公司从日本三井东亚、旭奥林和美国 Dow 化学公司引进万吨级聚醚生产装置于 20 世纪 90 年代初陆续投产,生产能力总计为 11.8 万吨。经改扩建后 1998 年生产能力达到 21.3 万吨,2006 年上升到 127.5 万吨,2010 年达到 193 万吨(表 2-15)。生产聚醚的企业有

表 2-15　我国聚醚多元醇产能分布　　　　　　　　　单位:万吨/年

生产厂家	2006 年	2010 年	地　　址
中石化上海高桥石油化工公司聚氨酯事业部	16.0	20.0	上海
山东蓝星东大化学工业(集团)公司	10.0	16.0	淄博
山东德信联邦化学工业有限公司	8.0	13.0	淄博
上海抚佳精细化工有限公司	—	8.0	上海
锦化化工(集团)有限公司	12.0	12.0	葫芦岛
中石化天津石化聚氨酯事业部	8.0	10.0	天津
江苏钟山化工有限公司	6.0	10.0	南京
南京金浦锦湖化工有限公司	—	8.0	南京
浙江太平洋化学有限公司(美国陶氏子公司)	5.0	5.0	宁波
镇江市东昌石油化工厂	5.0	5.0	江苏镇江
南通绿源新材料有限公司	4.0	6.0	江苏南通
南京红宝丽股份有限公司	3.0	8.0	南京
天津大沽化工有限公司	5.0	8.0	天津
浙江绍兴恒丰聚氨酯实业有限公司	6.0	10.0	浙江绍兴
常熟一统聚氨酯制品有限公司	5.0	5.0	江苏常熟
沈阳金碧兰化工有限公司	4.0	4.0	沈阳
福建湄洲湾氯碱工业有限公司	5.0	6.0	福建湄洲
河北亚东集团公司	2.0	7.0	石家庄
广东惠州海洋石油集团	13.5	23.0	广东惠州
其他	10.0	10.0	
合计	127.5	194.0	

30多家，产能在万吨以上的有近20家。此外，20世纪90年代中国科学院山西煤化所和天津石化三厂合作，上海高桥石化三厂和黎明化工研究院合作开展了低不饱和值聚醚的研究开发，聚醚的不饱和值可降到0.02～0.005mmol/g，并在各大聚醚厂实现了低不饱和值聚醚的生产。

以上企业生产的聚醚品种规格大体相同，但牌号有些不同，产品质量差异不大。

2.1.2.2　聚四氢呋喃多元醇

聚四氢呋喃多元醇简称聚四氢呋喃（PTHF），又称聚四亚甲基二醇（PTMG或PTG）、聚四亚甲基醚二醇（PTMEG）、聚1,4-氧四亚甲基二醇（POTMG，PTMO）、聚丁二醇（PBG）。它是由四氢呋喃开环聚合制得的聚醚二醇，基分子结构如下：

$$HO \underset{}{\overset{}{\left[\!\!\left[CH_2CH_2CH_2CH_2-O\right]\!\!\right]_n}} H$$

四氢呋喃开环聚合是1937由H. Meerwein发现的，1959年Du Pont公司实现了该产品的商品化。

四氢呋喃为五元环结构，环的张力小，开环聚合倾向不大，通常只能在强酸或Lewis酸催化下进行阳离子聚合。四氢呋喃开环聚合是以环状锌离子作为主链增长源而进行的。然后通过水解反应，生成PTMG。环状锌离子是比较稳定的。整个反应过程可表示如下。

（1）链引发

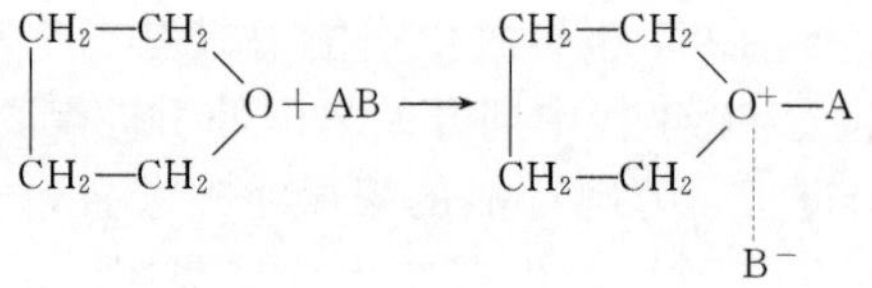

（2）链增长

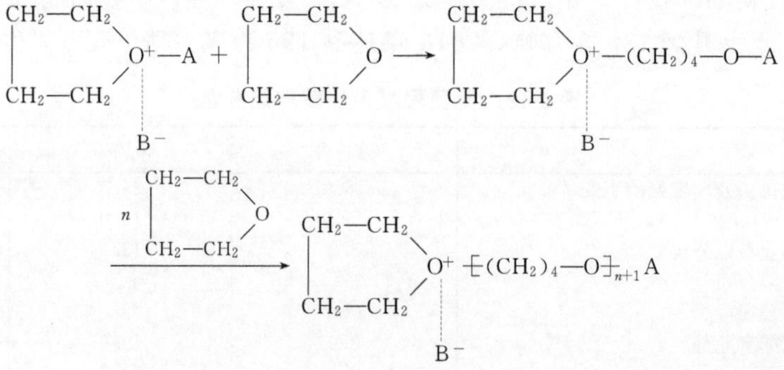

（3）链转移

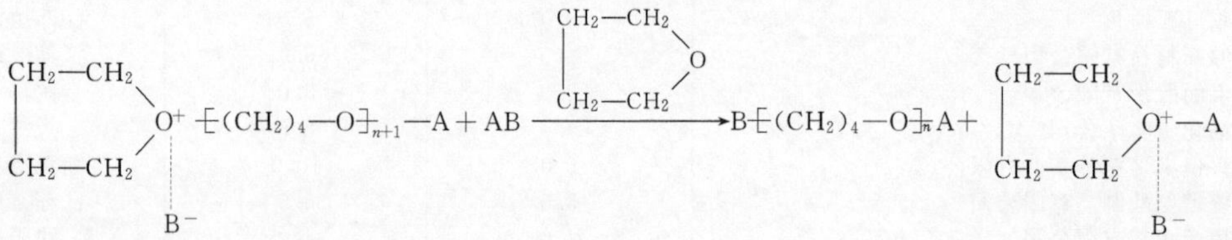

（4）水解生成目的产物

$$B \overset{}{\left[\!\!\left[(CH_2)_4-O\right]\!\!\right]_n} A + H_2O \longrightarrow HO \overset{}{\left[\!\!\left[(CH_2)_4-O\right]\!\!\right]_n} H + AB$$

选择催化剂时，必须考虑能获得适宜的反应速率，末端容易水解以完全转变为羟基，与原料 THF 及生成物 PTMG 的骨架没有反应性，与 PTMG 易分离而不致使精制工艺复杂化。工业生产 PTMG 的过程可用图 2-1 表示。

采用的催化剂体系有均相和非均相催化两类。前者主要有三种：乙酸酐-高氯酸、氟磺酸和发烟硫酸。此三种方法虽有多处改进，但都存在设备腐蚀、"三废"污染严重等问题，且最终产品中金属离子残留量较多。同时催化剂在工艺过程中被破坏，无法回收再使用，所以生产成本较高。非均相催化体系是 20 世纪

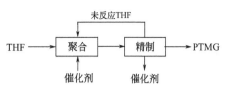

图 2-1　PTMG 生产过程示意

80 年代中期开发的，其中日本旭化成公司于 1987 年开发成功的杂多酸是一类非常有效的催化体系。杂多酸是钼、钨和钒中至少一种氧化物与 P、Si、As、Ge、Ti、Ce 等其他元素的含氧酸缩合而成的含氧酸的总称。它是以磷或硅等元素为中心原子，以过渡金属元素为杂原子组成配合物，适合于连续化生产，催化剂可重复使用，腐蚀性低，省去了水洗过程，环境污染小，分子量分布窄，产品质量高。

醚键氧原子相邻的碳原子易被空气氧化，也易受紫外线攻击。所以 PTMG 产品中需添加抗氧剂（如抗氧剂-264），添加量约 250mg/kg。此外，还需防潮，注意密封保存。

现在国外生产 PTMG 的公司主要有德国 BASF，美国 Du Pont，日本三菱化成、保土谷、旭化成等公司。2000 年全球产能 28.1 万吨，产量为 20.3 万吨。2005 年产能 56.1 万吨（其中我国 13.5 万吨），产量约 40 万吨。

PTMG 主要应用于氨纶、TPU、共聚酯-醚（COPEs）和 CPU 等。以 2005 年为例，氨纶占 39.1%，TPU 占 33%，共聚酯-醚占 20.7%，CPU 等占 7.2%。

目前 PTMG 没有统一规格标准，但不同公司生产的产品区别不大。其中 Du Pont 公司生产的 PTMG 商品名为 Terathane®，其规格具有代表性，见表 2-16。表 2-17 和表 2-18 分别列出了 BASF 和保土谷两家公司产 PTMG 的规格及质量指标供参考。

我国 PTMG 的研究开发较晚。20 世纪 80 年代开始山西省化工研究所、河南省化学研究所、大连理工大学化工学院、南开大学、广州化学研究所等单位相继开展了研究工作。其中河南省化学研究所和大连理工大学化工学院都开展了杂多酸催化体系的研究，并取得了较好结果。但是，到 2002 年前我国还没有建成 PTMG 工业生产装置。直到 2002 年济南圣泉集团公司引进俄罗斯技术，建成国内首套 5000t/年 PTMG 装置，才结束我国无 PTMG 生产的历史。之后，山西三维集团等公司相继引进国外技术，建成多套 PTMG 生产装置。到 2003 年 PTMG 的生产能力达到 13.65 万吨，超过美国，成为世界第一大 PTMG 产能大国。2010 年产能达到 26.6 万吨，见表 2-19。表 2-20 列出了山西三维集团公司生产的 PTMG 产品规格，供参考。

表 2-16　Du Pont 公司 PTMG 规格和质量指标

性　能	牌　号			
	PTMG-650	PTMG-1000	PTMG-2000	PTMG-2900
平均分子量	600～700	950～1050	1900～2100	2825～2975
羟值/(mg KOH/g)	160～187	107～118	53～59	37～40
酸值/(mg KOH/g)	<0.05	<0.05	<0.05	<0.05
黏度(40℃)/mPa·s	100～200	260～320	950～1450	3200～4200
密度(40℃)/(g/cm³)	0.978	0.974	0.972	0.97
凝固点/℃	11～19	25～33	28～40	30～43
色度(APHA)	<50	<40	<40	<50
折射率(n_D^{25})	1.462	1.463～1.465	1.460	1.464
闪点(开口杯)/℃	>260	>260	>260	>260

表 2-17　BASF 公司 PTMG 规格及质量指标

牌　号	平均分子量	羟值/(mg KOH/g)	色度(APHA)	酸值/(mg KOH/g)	水分/%
POLY THF 250	250±25	408～499	≤50	≤0.05	≤0.03
POLY THF 650	650±25	166～180	≤50	≤0.05	≤0.03
POLY THF 1000	1000±25	109～115	≤50	≤0.05	≤0.03
POLY THF 2000	2000±50	54～58	≤50	≤0.05	≤0.03
POLY THF 2900	2900±100	37～40	≤50	≤0.05	≤0.03
POLY THF 4500	4500±200	24～26	≤50	≤0.05	≤0.03

表 2-18　保土谷公司 PTMG 规格及质量指标[①]

牌　号	平均分子量	羟值/(mg KOH/g)	酸值/(mg KOH/g)	水分/%	色度(APHA)
PTG-650	603～701	173±3	<0.051	<0.02	<50
PTG-850	802～891	133±7	<0.051	<0.02	<50
PTG-1000	959～1049	112±5	<0.051	<0.02	<50
PTG-1300	1275～1369	—	<0.051	<0.02	<50
PTG-1500	1457～1581	74±3	<0.051	<0.02	<50
PTG-1800	1726～1901	66±3	<0.051	<0.02	<50
PTG-2000	1901～2117	56±3	<0.051	<0.02	<50
PTG-3000	2877～3206	37±2	<0.051	<0.02	<50
PTG-650SN	603～701	173±13		<0.02	<50
PTG-850SN	802～891	133±7		<0.02	<50
PTG-1000SN	959～1049	112±5		<0.02	<50
PTG-1200SN	1200～1247	85±3		<0.02	<50
PTG-1400SN	1350～1450	80±3		<0.02	<50
PTG-2000SN	1901～2117	56±3		<0.02	<50

① 商品牌号为グレ-ド，SN 表示窄分子量分布产品。

表 2-19　我国 PTMG 产能分布

企业名称	2010 年产能/(万吨/年)	地址
济南圣泉股份有限公司	0.5	济南
山西三维股份有限公司	3.0	山西洪通
大连大化(江苏)有限公司	4.0	江苏仪征
BASF(上海)有限公司	6.0	上海
中国国际太仓兴国实业有限公司	2.0	江苏太仓
中石油前廓炼油厂	2.0	吉林省松原市
日本三菱(宁波)公司	2.5	宁波
杭州青云控股集团杭州三隆新材料有限公司	2.0	杭州萧山
四川天华股份有限公司	4.6	四川泸州
合计	26.6	

表 2-20　山西三维集团公司 PTMG 产品规格[①]

牌　号	平均分子量	羟值/(mg KOH/g)	酸值/(mg KOH/g)	色度(APHA)
250	250±15	423～478	≤0.02	≤10
650	650±15	169～177	≤0.02	≤10
1000	1000±15	111～114	≤0.02	≤10
1400	1400±20	79～81	≤0.02	≤10
1800	1810±15	61.5～62.5	≤0.02	≤10
2000	1990±15	56～57	≤0.02	≤10
3000	3000±15	37.2～37.6	≤0.02	≤10

① 相同指标：水分≤0.05%，剩余皂化值≤0.08，过氧化物(以 H_2O_2 计)≤2mg/kg，抗氧剂(250±50) mg/kg。

PTMG 在隔绝氧气下贮存稳定。如在氮气保护下 55℃ 以下可至少稳定贮存一年。长期接触空气可导致氧化和降解，致色泽变黄，过氧化物和酸值增加，严重影响产品质量。PTMG 在水中溶解度小于 1%，也不溶于脂肪烃。由于分子中醚氧原子的存在增加了它在甲苯、氯苯、二氯甲烷及醇、酮、酯等极性溶剂中的溶解性。PTMG 有吸湿性，真空脱水时料温不宜超过 120℃。

2.1.2.3　共聚醚多元醇

共聚醚多元醇简称共聚醚。环氧化合物既能自聚也能相互共聚，生成无规共聚醚和分布有序的嵌段共聚醚。其中使用较多的是环氧乙烷封端的、高伯羟基含量的聚氧化丙烯醚多元醇、环氧乙烷嵌段含量较高的亲水性聚氧化丙烯醚多元醇和四氢呋喃-环氧丙烷二元共聚醚多元醇。前两种共聚醚与前述的聚氧化丙烯醚生产工艺相近，亦可归口于聚氧化丙烯醚类中。在此不再赘述。四氢呋喃-环氧丙烷（THF-PO）共聚醚可采用三氟化硼乙醚络合物或三氟化硼四氢呋喃络合物或 SbCl$_5$ 等作催化剂，按阳离子聚合历程进行聚合，其化学反应可简单表示如下：

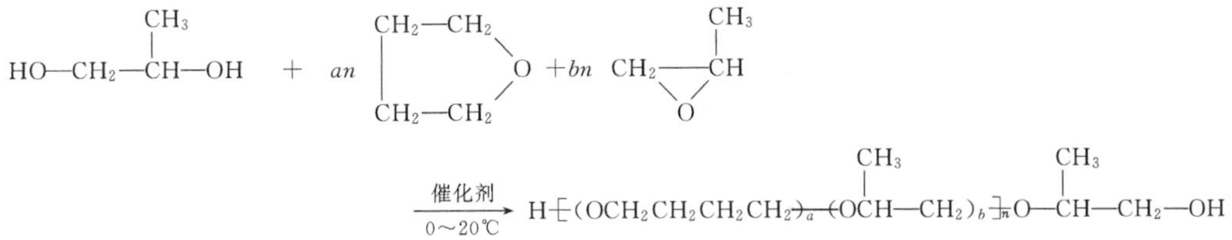

四氢呋喃-环氧丙烷在起始剂和催化剂（SbCl$_5$）存在下的共聚反应历程可表示如下。

（1）THF 和 SbCl$_5$ 生成络合物

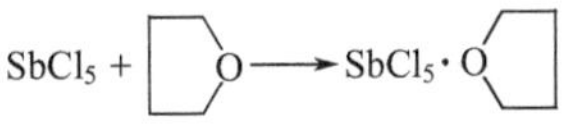

（THF-SbCl$_5$络合物）

（2）链引发

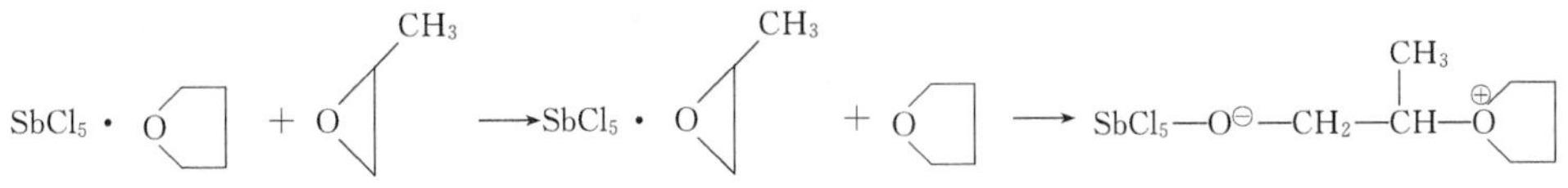

（锌离子）

（3）链增长

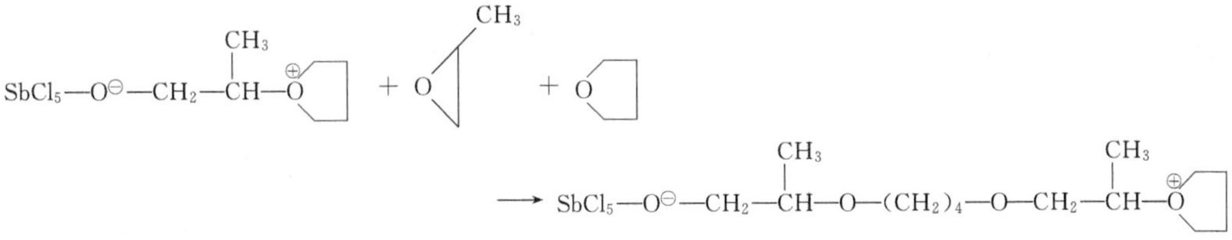

（4）链终止

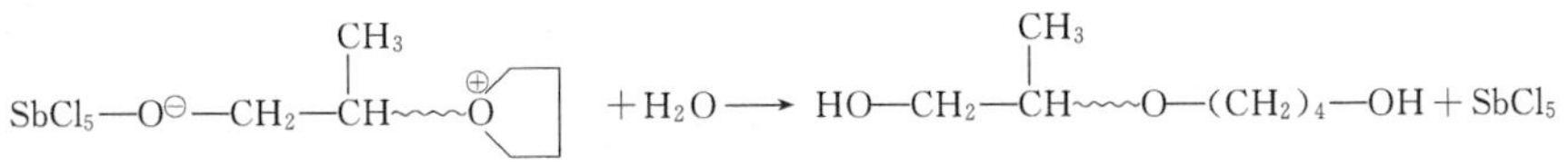

THF-PO 共聚醚在日本等国家有工业化生产，三井东亚开发了该共聚醚-TDI 系列预聚物，其商品牌号为ハイプレン-U。该预聚物常温下为液体，黏度较低。用二胺扩链，胶料流动性好，凝胶较慢，使用方便。制得的聚氨酯制品其力学性能、耐水和电气绝缘性能、透声性能、耐霉菌性能都比较好，特别适宜于灌封包覆制品的浇注成型。国内 THF-PO 共聚醚生产规模很小，山西省化工研究所和扬州合成化工厂批量生产 THF-PO 共聚醚二醇，规格见表 2-21。此外，还有四氢呋喃和环氧乙烷二元共聚醚及四氢呋喃与环氧丙烷、环氧乙烷三元共聚醚。聚醚链中引入氧化乙烯结构可改善低温弹性。

表 2-21 四氢呋喃-环氧丙烷共聚醚二醇的产品规格[①]

牌 号	平均分子量	羟值/(mg KOH/g)	酸值/(mg KOH/g)	水分/%	双键值/(mmol/g)
Ng210	1000±100	102~104	≤0.2	≤0.2	≤0.04
Ng215	1500±100	70~80	≤0.2	≤0.2	≤0.04
Ng220	2000±100	52~60	≤0.2	≤0.2	≤0.04
PTC-215	1500±100	70~80	≤0.1	≤0.3	≤0.04
PTC-220	2000±100	52~60	≤0.1	≤0.3	≤0.04

① PTC 系列为山西省化工研究所产品，Ng 系列为江苏扬州合成化工厂产品。

2.1.3 其他低聚物多元醇

除了前面介绍的几类低聚物多元醇外，还有聚烯烃多元醇、聚丙烯酸酯多元醇、聚合物多元醇等。

2.1.3.1 聚烯烃多元醇

聚烯烃多元醇是 20 世纪 60 年代开始发展起来的。美国 Sincloir Research 公司最先研制开发，之后 Arco 公司做了更多的工作。聚烯烃多元醇主要有聚丁二烯多元醇、丁二烯与丙烯腈或苯乙烯共聚物多元醇。聚丁二烯多元醇又称端羟基聚丁二烯（HTPB）或简称丁羟。端羟基丁二烯-丙烯腈共聚物（HTBN）简称丁腈羟。端羟基丁二烯-苯乙烯共聚物（HTBS）简称丁苯羟。它们的分子结构式如下：

$$HO\text{—}[CH_2CH\text{=}CHCH_2]_a\text{—}OH\text{（端羟基聚丁二烯）}$$
$$HO\text{—}[CH_2CH\text{=}CHCH_2]_a\text{—}[CH_2\text{—}CH]_b\text{—}OH\text{（端羟基丁二烯-丙烯腈共聚物）}$$
$$|$$
$$CN$$
$$HO\text{—}[CH_2CH\text{=}CHCH_2]_a\text{—}[CHCH_2]_b\text{—}OH\text{（端羟基丁二烯-苯乙烯共聚物）}$$

丁羟和丁腈羟的合成可以 H_2O_2 为引发剂，醇类作溶剂，用相应的单体按自由基反应历程进行聚合，反应温度 100~130℃，聚合时间 4~8h。然后除去溶剂和未反应的单体，制得液体丁羟或丁腈羟等共聚物。分子量可通过引发剂的量调节。因为丁羟和丁腈羟等聚烯烃多元醇不含普通聚氨酯的醚键或酯基，极性较小，所以弹性、耐水解和电绝缘性能明显改善，而强伸性能明显降低。洛阳黎明化工研究院、兰州化学工业公司化工研究院、淄博齐龙化工有限公司生产这类产品，主要用于 CPU、PU 胶黏剂、密封胶及涂料等，表 2-22 和表 2-23 分别列出了国外和部分国内产品的规格供参考。

表 2-22 国外聚丁二烯多元醇的品种和性能

商品名	Polybd R-15m	Polybd R-15m	Polybd CS-15	Polybd CN-15	Nisso PB	Polybd R-45HT
制造商	Sinclair Reserch inc.	ARCO	ARCO	ARCO	日本曹达（株）	ARCO,日本出光石油化学（株）
聚合方法	自由基	自由基	自由基	自由基	阴离子	自由基
平均分子量	2700~3000	2500~2800	2800~3600	3300~4400	1000~3000	2800 左右
官能度	—	2.2~2.6	2.2~2.4	2.2~2.4	2	2.2~2.4
黏度(30℃)/mPa·s	22±5	5±1	22.5±5.0	50±10	—	5±1
水分/%	≤0.05	≤0.05	≤0.05	≤0.05	≤0.05	≤0.05
含共聚单体量/%	—	—	25 苯乙烯	15 丙烯腈	—	—
微观结构/%						
1,4-顺式	20	20	20	20		20
1,4-反式	60	60	60	60	5~10	60
1,2-乙烯基	20	20	20	20	85~90	20
碘值	395	389	335	345	—	398

表 2-23　黎明化工研究院产聚丁二烯多元醇规格

性　能	规　格				
	Ⅰ 型	Ⅱ 型	Ⅲ 型	Ⅳ 型	Ⅴ 型
羟值/(mmol/g)	0.40～0.53	0.54～0.64	0.65～0.70	0.71～0.95	0.95～2.00
数均分子量	2500～5000	2000～4300	1800～3500	1600～3300	1500～3000
黏度(4℃)/mPa·s	≤1500	≤950	≤650	≤550	≤450
水分/%	≤0.10	≤0.10	≤0.10	≤0.10	≤0.15
过氧化物(以 H_2O_2 计)/%	≤0.05	≤0.05	≤0.08	≤0.10	≤0.10

2.1.3.2　聚丙烯酸酯多元醇

聚丙烯酸酯多元醇由含羟基的丙烯酸酯或烯丙醇与不含羟基的丙烯酸酯合成。羟基一般为无规分布，黏度较大。聚丙烯酸酯多元醇主要用于制备耐光、耐候性聚氨酯涂料。Lyondell 化学公司生产的商品牌号为 Acryflow 系列聚丙烯酸酯多元醇物性见表 2-24。

表 2-24　Lyondell 化学公司生产的聚丙烯酸酯多元醇产品典型物性[①]

项　目	数　据					
Acryflow 牌号	A90	A140	M100	P60	P90	P120
羟值(固态)/(mg KOH/g)	90	140	105	60	90	125
羟值(供应形式)/(mg KOH/g)	63	98	84	60	90	125
羟基当量(固态)	623	401	534	900	623	430
羟基官能度	4.4	7.0	4.5	2.4	5.6	6.0
数均分子量	2200	2500	2400	2200	2900	2600
重均分子量	6000	6000	5900	4700	7000	5700
分散系数(M_w/M_n)	2.6	2.4	2.5	2.1	2.4	2.2
T_g(实测)/℃	55	52	5	-52	-44	-40
固含量/%	70	70	80	100	100	100
溶　剂	乙酸乙酯			无		
密度/(g/cm³)	1.030	1.037	1.010	1.020	1.050	1.050
色度(APHA)	25	40	20	30	30	60
黏度(供应形式)/Pa·s	5.7	8	8	9～10	30	35
羟基单体	AA	AA	AP1.0	AP1.0	AP1.0	AP1.0
闪点(闭杯)/℃	34	34	31	约 163	＞93	约 121

① 密度和黏度是 25℃的数据。酸值＜1mg KOH/g。这些聚丙烯酸酯多元醇不溶于水。P60 是开发中的产品。表中数据仅是从 2004 年资料摘录的参考值，该公司其他资料中官能度、分子量及其分散系数等数据可能与本表相差较大。

2.1.3.3　聚合物多元醇

聚合物多元醇（POP）也称接枝聚合物多元醇，或接枝多元醇或共聚物多元醇，可归属于共聚醚，称接枝共聚醚。但它们的组成、结构和合成工艺与前面介绍的共聚醚不同，它的另一种单体不是环氧化物，而是乙烯基类单体。即它是在引发剂存在下，由母体聚氧化丙烯醚多元醇与乙烯基单体进行自由基接枝聚合而生成的，它们不在聚醚主链结构上。常用的引发剂有偶氮二异丁腈、过氧化苯甲酰等。母体聚醚分子量都比较高（3000～6000），而且大都是氧化乙烯封端的高伯羟基含量（80%～85%）的活性聚醚，因为氧化乙烯接枝效果更好。一般以甘油为起始剂，也可用二官能度 PPG 为起始剂。如美国 UCC 公司首推牌号为 Niax24-32 的 POP，用于弹性体，其母体聚醚分子量 2800，官能度为 2。最常用的乙烯基类单体有丙烯腈（AN）、苯乙烯等。接枝效率与母体聚醚的分子量有关。分子量越大，接枝效率越高。接枝量大时，需要母体聚醚主链引入一定数量的不饱和双键，如烯丙基甘油醚和顺丁烯二酸酐等，或外加不饱和双键组分，以提高接枝效率。聚合物多元醇中乙烯基单体含量即固体含量为 5%～45%。以丙烯腈接枝的共聚物多元醇为例，其反应过程是通过链转移实现的。R 表示游离基引发剂。

$$\dot{R}+ \fbox{$CH_2CH\!-\!O$}_n \longrightarrow R\!-\!H + \fbox{$\dot{C}HCH\!-\!O$}_n \xrightarrow{m(H_2C=CHCN)} \fbox{$CHCH\!-\!O$}_{m-1} CH_2\dot{C}HCN$$

聚合物多元醇和其他聚醚掺混主要用于高回弹聚氨酯泡沫，也可用于非泡沫聚氨酯弹性体。聚合物多元醇中含的这些刚性接枝共聚物类似有机"填料"的作用，可提高聚氨酯制品的硬度、承载能力、弹性、阻燃性能、耐油性能和加工性能，减小体积收缩率。我国各大聚醚厂都生产聚合物多元醇产品。表 2-25 列出天津石化三厂产聚合物多元醇的牌号及技术指标，供参考。

表 2-25　天津石化三厂 POP 产品规格

商品牌号	羟值/(mg KOH/g)	水分/% ≤	黏度(40℃)/mPa·s ≤	pH 值
TPOP31-28	26～30	0.05	5000	7～10
TPOP36-28	25～29	0.05	3500	6～9
TPOP36-42	40～45	0.05	2500	6～9
TPOP36-45	39～44	0.05	2500	6～9

2.2　蓖麻油

蓖麻油不属于合成的缩聚物，也不属于低聚物多元醇，但从其分子量和羟基当量看，与低聚物多元醇相似。从分子结构看比聚酯含的酯基要少，不含醚基。它是从蓖麻油子中提炼出来的，是植物油多元醇中的重要成员。主要成分是脂肪酸三甘油酯。脂肪酸中 90% 是蓖麻油酸（9-烯基-12-羟基十八酸），还有 10% 是不含羟基的油酸和亚油酸。其结构式为：

$$\begin{array}{l} CH_2\!-\!O\!-\!\overset{\displaystyle O}{\overset{\|}{C}}\!-\!R \\ CH\!-\!O\!-\!\overset{\displaystyle O}{\overset{\|}{C}}\!-\!R \\ CH_2\!-\!O\!-\!\overset{\displaystyle O}{\overset{\|}{C}}\!-\!R \end{array}$$

其中　　　　　　　$R = -(CH_2)_7-CH=CHCH_2-\overset{\displaystyle OH}{\overset{\displaystyle |}{CH}}-(CH_2)_5-CH_3$

蓖麻油的羟值约 163mg KOH/g（国标工业一级品＞140mg KOH/g），酸值为 1.35mg KOH/g（国标工业一级品≤2mg KOH/g，二级品≤4mg KOH/g），羟基含量约 4.94%，羟基当量约 345，熔点 -10～18℃，黏度约 575mPa·s（25℃），相对密度 0.950～0.974（15℃）。按上述脂肪酸的组成计算，可以认为蓖麻油是含 70% 三羟基和 30% 二羟基的物质，平均官能度为 2.7，是仲羟基多元醇化合物。蓖麻油除广泛用于聚氨酯涂料工业外，也常用于中低模量聚氨酯弹性体，不仅可降低成本和密度，而且可改善弹性体的声学性能和水解稳定性。

2.3 端氨基聚醚

端氨基聚醚或称聚醚多胺，与小分子多胺不同，它不是由单一结构小分子组成的，而是由许多不同结构的聚醚分子组成。按照与氨基相连的烃基的性质不同，这类二胺也可分为脂肪族多胺和芳香族多胺两类。端氨基聚酯的开发和应用报道的还不多。这里只介绍端氨基聚醚。

2.3.1 脂肪族端氨基聚醚

脂肪族端氨基聚醚于 20 世纪 70 年代美国 Texaco（今 Huntsman）公司开发成功，其商品牌号为 Jeffamine®。当时主要用作环氧树脂的增韧剂。到 80 年代才逐渐用于快速反应的聚氨酯（脲）体系。由于它与异氰酸酯的反应活性极高，为喷涂聚脲弹性体的开发提供了应时原料。目前已商品化的主要是端氨基聚氧化丙烯醚，即人们常说的端氨基聚醚。它是由聚氧化丙烯醚多元醇通过高温催化加氨加氢制备的。而且常采用氧化乙烯封端的活性聚氧化丙烯醚或氧化丙烯和氧化乙烯共聚醚为原料，以得到活性更高的伯氨基聚醚。喷涂聚脲弹性体用的端氨基聚醚是两个和三个氨基的聚醚，其化学结构如下：

$$H_2N-C_2H_4O\left(CH-CH_2-O\right)_n CH_2CH-OC_2H_4-NH_2$$
$$\underset{CH_3}{|}\underset{CH_3}{|}$$

（以 1,2-丙二醇为起始剂的端氨基聚醚）

$$H_2C\underset{}{\overset{CH_3}{|}}\left(OCH_2CH\right)_x O-C_2H_4-NH_2$$
$$CH_3CH_2-C-CH_2\left(OCH_2-C\right)_y O-C_2H_4-NH_2$$
$$H_2C\left(OCH_2CH\right)_z O-C_2H_4-NH_2$$
$$\underset{CH_3}{|}$$

（以 TMP 为起始剂的端氨基聚醚）

江苏省化工研究所于 2002 年开发成功端氨基聚醚，并与扬州晨化科技集团公司合作生产该系列产品。表 2-26 和表 2-27 分别列出了 Huntsman 公司和扬州晨化科技集团公司产端氨基聚醚的技术指标，可供参考。

表 2-26 Huntsman 公司生产的端氨基聚醚物性[①]

Jeffamine® 牌号	色度 (APHA)	总胺 /(mmol/g)	伯氨基 /(mmol/g)	伯氨率 /%	黏度(25℃) /mPa·s	相对密度 (20℃)	官能度	平均分子量
D-230	30	8.45	8.3	≥97	9	0.948	2	230
D-400	50	4.4	4.3	≥97	21	0.970	2	400
D-2000	100	1.0	0.97	≥97	247	0.996	2	2000
D-4000	40	0.48	0.47	—	—	—	2	4000
ED-600	40	3.19	3.13	—	—	—	2	600
XTJ-502(ED-2003)	50	0.95	0.93	≥90	134(50℃)	1.08(50℃)	2	2000
T-403	30	6.4	6.1	≥90	70	0.981	3	440
T-3000	50	0.95	0.94	≥97	367	1.04	3	3000
T-5000	50	0.53	0.52	—	819	1.00	3	5000

① D-230 的 LD_{50}＝2880mg/kg，ED-600 和 XTJ-502 为 EO-PO 共聚醚二胺，PO/EO 分别为 3.6/9 和 5.0/39.5。

表 2-27　国产端氨基聚醚的性能[①]

牌号	黏度(25℃)/mPa·s	相对密度(20℃)	色泽(HAZEN)	活性氢当量	特　性	用　途
CGA-D230	5～50	0.95	≤30	60	色浅,黏度低,中温固化,柔软性好	涂料、浇注胶、胶黏剂、复合材料
CGA-D400	20～100	0.97	≤30	115	使涂料增加柔软性、耐磨性和抗冲击性	涂料、浇注胶、胶黏剂
CGA-T403	50～100	0.98	≤100	81	三官能团,硬度高,耐候性和耐热性好	灌封胶、胶黏剂
CGA-D2000	200～500	0.99	≤100	514	与其他固化剂配合,赋予更好的柔韧性	环氧树脂增韧剂、聚脲
CGA-T5000	600～800	1.0	≤100	850	是一种 PU 用活性扩链剂,由于具有脂肪族长链结构,可降低 PU 硬度,提高环氧树脂的韧性	环氧树脂增韧剂、聚脲

① D230、D400、D2000 官能度为 2,T403 和 T5000 官能度为 3。一个氨基有两个活性氢。

2.3.2　芳香族端氨基聚醚

关于芳香族端氨基聚醚的报道不多。苏州市湘园特种精细化工有限公司近年开发并生产系列聚四亚甲基二醇双（对氨基苯甲酸酯）有三个规格产品,化学结构如下,技术指标见表 2-28。

$$H_2N-\!\!\!\bigcirc\!\!\!-C\overset{O}{\|}-O+CH_2CH_2CH_2CH_2O\frac{}{\ }_n\!C\overset{O}{\|}-\!\!\!\bigcirc\!\!\!-NH_2$$

表 2-28　聚四亚甲基二醇双（对氨基苯甲酸酯）的技术指标

性能	型　号		
	Xylink P-250	Xylink P-650	Xylink P1000
外观	浅琥珀色蜡状固体	浅棕色透明液体	浅琥珀色透明液体
分子量	488	888	1238
熔点/℃	56	凝固点 0℃ 以下	18～21
黏度/mPa·s	<400(80℃)	<2500(40℃)	<3000(40℃)
密度/(g/cm³)	1.04～1.1(40℃)	1.0～1.05(40℃)	1.01～1.06(30℃)
水分/%	≤0.15	≤0.15	≤0.15

2.4　多异氰酸酯

多异氰酸酯品种也不少,但产量最大的只有两种,即甲苯二异氰酸酯（TDI）和二苯基甲烷二异氰酸酯（包括 PAPI 和 MDI）,约占总产能的 90%,都是 1930 年由 Bayer 公司首先合成的,分别于 20 世纪 50 年代初和末实现了工业生产。TDI 的应用和发展比 MDI 早,在相当一个时期消耗量大于 MDI。但 MDI 以诸多方面的优势,发展很快,后来居上。到 1984 年,世界 MDI（含 PAPI）的生产能力和产量开始超过 TDI。到 2005 年,MDI 的需求量达到 333 万吨,TDI 为 156 万吨,MDI 超过 TDI 一倍多。2010 年分别达到 419 万吨和 191 万吨,年均增长率分别约为 5% 和 4%,MDI 增长仍快于 TDI。小品种多异氰酸酯有 1,5-萘二异氰酸酯（NDI）、六亚甲基二异氰酸酯（HDI）、异佛尔酮二异氰酸酯（IPDI）、三苯基甲烷三异氰酸酯（TTI）、苯二亚甲基二异氰酸酯（XDI）、对苯二异氰酸酯（PPDI）、3,3′-二甲基联苯二异氰酸酯（TODI）、2,4,4-三甲基-1,6-六亚甲基二异氰酸酯（TMHDI）、氢化 XDI、氢化 MDI 和 4,4′,4″-硫代磷酸三苯基三异氰酸酯（TPTI）等。

2.4.1　合成方法

异氰酸酯的发现已有一个多世纪了，早在 1849 年德国化学家伍尔兹（A. Wurtz）用硫酸烷基酯与氰酸钾反应制得了异氰酸酯。

$$R_2SO_4 + 2KCNO \longrightarrow 2RNCO + K_2SO_4$$

现在合成异氰酸酯的方法有 20 多种，可分为光气化法和非光气化法两类。但具有工业生产价值的方法不多，至今广泛采用的工业生产方法仍是伯胺光气化法。

光气化的化学反应是 1884 年由德国化学家亨切尔（W. Hentschel）发现的。

$$RNH_2 + COCl_2 \longrightarrow 2RNCO + 2HCl$$
（伯胺）（光气）

伯胺一步光气化法制备异氰酸酯收率很低，现在工业上大多采用冷光气化和热光气化两步或两段光气化法。冷光气化是在较低温度（<80℃）下使伯胺和光气发生如下反应，主要生成氨基甲酰氯和伯胺的盐酸盐。

$$
\left.
\begin{array}{l}
RNH_2 + COCl_2 \longrightarrow RNHCOCl + HCl \\
\qquad\qquad\qquad\text{（氨基甲酰氯）} \\
RNH_2 + HCl \longrightarrow RNH_2 \cdot HCl \\
\qquad\qquad\qquad\text{（伯胺盐酸盐）}
\end{array}
\right\}\text{主要反应}
$$

$$RNH_2 + RNHCOCl \longrightarrow RNH_2 \cdot HCl + RNCO$$
$$RNH_2 + RNCO \longrightarrow RNHCONHR$$
（脲衍生物）

热光气化是将冷光气化的产物加热到 $100 \sim 200℃$ 继续通入过量的光气，使氨基甲酰氯、伯胺的盐酸盐和脲分解生成异氰酸酯。

$$
\left.
\begin{array}{l}
RNHCOCl \longrightarrow RNCO + HCl \\
RNH_2 \cdot HCl + COCl \longrightarrow RNCO + 3HCl
\end{array}
\right\}\text{主要反应}
$$
$$RNH_2 \cdot HCl + RNCO \longrightarrow RNHCONHR + HCl$$
$$RNHCONHR + COCl_2 \longrightarrow 2RNCO + 2HCl + \text{焦油状物质}$$

光气化法生产多异氰酸酯一般是将相应的胺溶解于溶剂，在常压或略高的压力下进行液相光气化。光气化反应可以是连续的，也可以是间歇的。反应分两阶段进行，即冷光气化阶段和热光气化阶段。常用的溶剂是邻二氯苯和氯苯。用该法生产 TDI 的收率为 $90\% \sim 96\%$。光气化也可以在 $0.3 \sim 2MPa$ 的压力或更高的压力下进行。加压光气化法的优点是反应速率快，反应容器小。但高压工艺会带来不少技术问题。气相光气化法是一种特殊的工艺方法，仅适用于原料胺可以气化但不分解的场合。现在国外已有新型气相光气化法制 TDI 的技术，溶剂量可减少 80%，能耗降低 50%，该技术必将为 TDI 生产带来革命性的变化。

伯胺光气化后得到的产物还需要通过回收氯化氢，蒸出未反应的光气和溶剂，并将粗品异氰酸酯进行蒸馏提纯。剩余的残渣仍含部分多异氰酸酯及脲等生成物，可在防水材等方面得到利用。

除了光气化法外，其他合成异氰酸酯的方法均为非光气化法。其中较有开发价值的是羰基法、异氰酸酯与烯烃反应合成法和金属氰酸盐等方法。羰基法是直接用硝基化合物与 CO 在高温高压下，以贵重金属（如铑、钯等）作催化剂合成异氰酸酯：

$$R{-}NO_2 + CO \xrightarrow[\text{加热、加压}]{\text{催化剂}} RNCO + CO_2$$

该法是 1963 年由美国 ACC 公司首先提出的，日本三井东亚和美国 Arco 公司等都在开发这项技术。该法省去了剧毒光气，工艺过程大大简化，但要消耗大量贵重金属催化剂，且难以回收，所以至今仍处于试验开发阶段，力求提高收率，解决催化剂回收等技术难题。

2.4.2 重要的多异氰酸酯
2.4.2.1 甲苯二异氰酸酯

甲苯二异氰酸酯（TDI）是以甲苯为基本原料，用硝酸和硫酸的混合物进行硝化生成二硝基甲苯，然后溶于甲醇中，在雷尼（Raney）镍催化剂和 15～20MPa 的氢气压力下进行加氢还原生成甲苯二胺（TDA），再经光气化制得的。

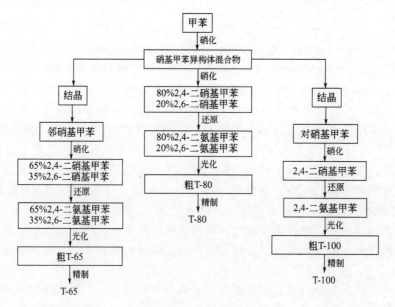

甲苯硝化的第一阶段生成邻位、对位、间位三种硝基甲苯异构体混合物，且其含量分别为 55%～60%、35%～40% 和 2%～5%。异构体的含量几乎不受反应条件的影响。将上述单硝基甲苯混合物进一步硝化生成 2,4-二硝基甲苯和 2,6-二硝基甲苯，其比例约为 80/20，再经还原和光气化制得 80/20TDI（T-80）。如单硝基甲苯混合物先经结晶分离出纯的邻位和对位单硝基苯，再分别进行第二次硝化和还原、光气化，可制得 65/35TDI（T-65）和纯 2,4-TDI（T-100）。生产过程可用图 2-2 表示。此外，可利用 2,4-TDI 凝固点较高，用 T-80 冷冻结晶分离部分 T-100，剩余部分用作 T-65。

图 2-2 TDI 生产过程示意

TDI 产品中 T-80 占绝大部分，主要用于聚氨酯软泡，约占软质泡沫塑料产量的 31.5%；其次是聚氨酯涂料、胶黏剂和铺装材、防水材等弹性体。T-100 产量不多，主要用于生产聚氨酯预聚物。T-65 基本上不生产，被 T-80 替代。TDI 的规格和物性汇集于表 2-29，以供参考。此外，TDI 的二聚体是常用的异氰酸酯硫化剂。德国 Bayer 公司的商品牌号为 Desmodur® TT。其质量指标见表 2-30。

表 2-29 TDI 的规格、物性和质量指标

性能		规格		
		T-100	T-80	T-65
分子量		174.2	174.2	174.2
密度(20℃)/(g/cm³)		1.22	1.22	1.22
沸点/℃		251	251	251
折射率(n_D^{25})		1.5654	1.5654	1.5654
蒸气压(20℃)/Pa		约 1.33	约 1.33	约 1.33
闪点/℃		127	127	127
燃点/℃		600	600	600
分解温度/℃		287	287	287
比热容(20℃)/[J/(g·K)]		1.54	1.55	1.57
蒸发热(150)/(J/g)		341	341	341
含量/%		99.5	99.6	99.5
2,4-体含量/%		≥97.5	80±2	65±2
2,6-体含量/%		≤2.5	20±2	35±2
凝固点/℃		>20	12.0～13.4	5.7～6.5
黏度(25℃)/mPa·s		3	3	3
色度(APHA)	≤	20	20	20
总氯量/%	≤	0.01	0.01	0.01
水解氯/%	≤	0.01	0.01	0.01
酸度(以 HCl 计)/%	≤	0.004	0.01	0.01

表 2-30 2,4-TDI 二聚体（Desmodur-TT）质量指标

项 目	指 标	项 目	指 标	项 目	指 标
分子量	348	NCO/%	>24	熔点/℃	>145
含量/%	>99	杂质/%	<1	分解温度/℃	150
游离 TDI/%	<0.5	相对密度(20℃)	1.48	外观	白色结晶粉末

国外生产 TDI 的公司主要有德国 Bayer、BASF，日本的三井东亚、武田药品，美国 Dow 化学，法国利安德（Lyondell）等。我国银光化学工业公司从德国 BASF 公司引进配套的年产 2 万吨 TDI 装置已于 1992 年投产。随后，太原化工厂、上海吴淞化工厂和河北沧州大化集团有限公司引进共 5 万吨/年 TDI 装置相继投产。2005 年经扩建后我国 TDI 的产能达到 12 万吨，2010 年上升至 75 万吨。我国 TDI 产能分布见表 2-31。

表 2-31 2005 年和 2010 年我国 TDI 产能分布 单位：万吨/年

公司名称	地址	2005 年产能	2010 年产能
甘肃银光聚银化工有限公司	甘肃白银	5	10
河北沧州大化 TDI 有限公司	河北沧州	3	3
河北沧州大化 TDI 有限公司	河北黄骅	—	5
太原蓝星 TDI 公司	太原	3	3
辽宁北方锦化聚氨酯有限公司	葫芦岛市	—	5
山东巨力异氰酸酯有限公司	山东莱阳	1	3
BAST 上海聚氨酯有限公司	上海	—	16
Bayer 上海聚氨酯有限公司	上海	—	30
合计		12	75

2.4.2.2 二苯基甲烷二异氰酸酯及其聚合物

二苯基甲烷二异氰酸酯（MDI）及其聚合物（PAPI）的化学结构如下。

（MDI）

$$n = 0、1、2、3、4$$

(PAPI)

PAPI 或粗 MDI 实际上是 MDI 和聚合 MDI 的混合物。

MDI 和 PAPI 是由苯胺与甲醛缩合生成二苯基甲烷二胺（MDA），然后进行光气化制得的。

$$2 \quad \text{苯环}-NH_2 + HCHO \longrightarrow H_2N-\text{苯环}-CH_2-\text{苯环}-NH_2 + H_2O$$

$$H_2N-\text{苯环}-CH_2-\text{苯环}-NH_2 + COCl_2 \longrightarrow OCN-\text{苯环}-CH_2-\text{苯环}-NCO + 4HCl$$

(MDI)

苯胺与甲醛缩合除生成 $4,4'$-MDA 外，尚有少量 $2,4'$-MDA、$2,2'$-MDA 及部分低聚物二胺生成。

($2,4'$-MDA)　　　　　　　($2,2'$-MDA)　　　　　　　(低聚物二胺)

这些二胺的生成数量取决于工艺条件与原料配比。工业上一般采用 MDI 和 PAPI 联产工艺，不将缩合产物分离，而直接进行光气化反应。然后通过蒸馏从光化液中分离部分（约 30%）精品 MDI，剩余物为 PAPI。PAPI 约含有约 50% 的 MDI 和约 25% 的三异氰酸酯，其余为三聚体以上的多异氰酸酯。MDI 精品中仍含少量的 $2,4'$-MDI 和 $2,2'$-MDI 异构体，后者含量极少。$4,4'$-MDI 和 $2,4'$-MDI 两种异构体的沸点和凝固点见表 2-32。

表 2-32　MDI 异构体的沸点和凝固点

异构体	沸点/℃	凝固点/℃	异构体	沸点/℃	凝固点/℃
$4,4'$-MDI	183(4000Pa)	39.5	$2,4'$-MDI	154(173Pa)	19～21

MDI 有自聚倾向，易生成二聚体，室温贮存是不稳定的，应在 15℃ 以下，最好在冷冻条件下（-5～5℃）贮运。MDI 精品保质期与贮运温度的关系为 0℃ 是 3 个月以上，5℃ 时 30 天，20℃ 时 15 天，30℃ 时 4 天，70℃ 时 1 天。添加稳定剂可改善 MDI 的贮存稳定性。表 2-33 列出了烟台万华 MDI 产品牌号和物性指标，表 2-34 列出了 PAPI 的组成和物性，供参考。

表 2-33　烟台万华 MDI 产品牌号和物性指标[①]

项　　　目	Wannate MDI-100	Wannate MDI-100S	Wannate MDI-50
外观	白色晶状固体	白色晶状固体	无色透明液体
纯度/%	≥99.6	≥99.6	≥99.6
熔点(固点)/℃	38～39	≥38.5	≤15
相对密度(d_4^{50})	1.19	—	1.22～1.25
黏度(50℃)/mPa·s	4.7	—	3～5
水解氯/%	≤0.005	0.008～0.0015	≤0.005
环己烷不熔物/%	≤0.3	≤0.3	≤0.3
$2,4'$-异构体/%	≤1.0	0.7～1.0	50～54
色度(APHA)	≤30	≤30	≤30
主要用途	微孔聚氨酯弹性体、TPU、CPU、MPU 等	氨纶、软质自结皮泡沫等	泡沫及非泡聚氨酯弹性体

① MDI-100S 主要用于氨纶生产，MDI-50 含约 50% 的 2,4-MDI，所以常温下为液体，合成的预聚物黏度较小，成胶较慢，便于手工操作和常温操作。

表 2-34　多亚甲基多苯基多异氰酸酯（PAPI）的组成和物性[①]

项　　目	MR	PM-200	S-5005J
外观	深棕色液体	棕色液体	浅棕色液体
NCO 含量/%	30.9	31.1	31.3
酸度(以 HCl 计)/%	0.022	0.017	0.015
水解氯/%	0.15	0.07	0.04
铁含量/(μg/g)	20～30	15	2～8
黏度(25℃)/mPa·s	190	210	225
组成(质量分数)/%			
2,4'-MDI	0.5	6.1	2.3
4,4'-MDI	57.4	45.2	57.3
三官能度 PAPI	29.8	33.1	22.6
四官能度 PAPI	6.8	6.9	7.4
五官能度 PAPI	2.0	3.0	3.4
六官能度及以上 PAPI	3.2	3.4	5.7

[①] MR 是万华公司老牌号 PAPI，PM-200 是现在该公司 PAPI 的标准牌号，S-5005J 是 Humtsman 公司 PAPI 产品牌号。

由于 MDI 常温下为固体，且贮存稳定性差，给使用带来诸多不便。为此开发了多种液化 MDI（L-MDI）。按 MDI 液化的方法可分为三种类型。

（1）掺混 MDI　苯胺与甲醛缩合时，提高产物中 2,4'-MDI 的比例，然后经光气化得到液化 MDI。一般 MDI 为 4,4-MDI 结构，2,4-MDI 异构体很少，当其中 2,4'-MDI 的含量达到 25% 以上时在常温下就成为液体。

（2）氨酯改性 MDI（U-MDI）　一般采用低分子量聚醚（如 PPG-600）或小分子多元醇与大大过量的 MDI 反应生成氨基甲酸酯改性的 MDI，实际上为半预聚物，常温下为液体，一般 NCO 基含量在 20% 以上，常温下黏度为 1000mPa·s 以下。

（3）碳化二亚胺改性 MDI（C-MDI）　MDI 在膦化物存在下，部分缩合脱去 CO_2，生成碳化二亚胺改性的 MDI，同时易生成少量脲酮亚胺，使 C-MDI 的官能度略大于 2。典型的 C-MDI 商品为浅黄色透明液体，NCO 基含量为 28%～30%，25℃下的黏度为 100mPa·s 以下。用 C-MDI 制得的聚氨酯其耐热性、耐水性、阻燃性均得到改善。表 2-35 列出了四家公司的 C-MDI 产品规格，表 2-36 列出了烟台万华 C-MDI 产品规格供参考。

MDI 的用途比 TDI 广泛，聚氨酯硬泡是 MDI 的最大市场，主要使用 PAPI。在聚氨酯硬泡中，PAPI 的平均用量约占 57%，其中层压泡沫和板材中 PAPI 的比例高于 60%。在聚氨酯弹性体中，TPU、MPU 和微孔弹性体几乎全部采用 MDI 和改性 MDI，而不用 TDI。在 CPU 和聚氨酯软泡制品中 MDI 和改性 MDI 的应用也越来越多。

国外生产 MDI 的公司主要是 Bayer、BASF、Huntsman、Dow 化学四大公司。世界 MDI 市场几乎被它们控制。

表 2-35　C-MDI 产品规格[①]

商品牌号	ISonate-143L	Millionate-MTL-S	MDI-LD	MT-145
生产厂家	日本化成厄普姜	日本聚氨酯公司	日本三井日曹	烟台合成革厂
外观	淡黄色液体	淡黄色液体	淡黄色液体	淡黄色液体
相对密度(25℃)	1.22	1.22	1.22	1.21～1.23
黏度(25℃)/mPa·s	25～30	30～70	<60	25～60
NCO 含量/%	28.1～29.6	28.5～29.5	28.5～29.5	28～30
酸度(以 HCl 计)/%	0.02	0.02	0.01	0.04
蒸气压(20℃)/Pa	3.8×10^{-2}			

[①] MT-145 为万华公司老牌号 C-MDI。

表 2-36　烟台万华聚氨酯公司 C-MDI 产品牌号及规格

项目	Wannate MDI-100HL	Wannate MDI-100LL	Wannate MDI-50HL	Wannate MDI-50LL
外观	黄色液体	淡黄色液体	淡黄色液体	淡黄色液体
NCO 含量/%	28.0～30.0	28.0～30.0	28.0～30.0	28.0～30.0
酸度(以 HCl 计)/%	≤0.04	≤0.04	≤0.04	≤0.04
黏度(25℃)/mPa·s	25～60	25～60	25～60	25～60
凝固点/℃	≤15	≤15	≤15	≤15
密度(25℃)/(g/cm³)	1.21～1.23	1.21～1.23	1.21～1.23	1.21～1.23
平均官能度	>2	>2	>2	>2
特性及用途	含高效催化剂,活性高,用于 RIM 成型微孔弹性体	含低效催化剂,贮存较稳定,用于微孔弹性体	高回弹泡沫等	高回弹泡沫等

　　我国原烟台合成革厂从日本聚氨酯公司引进的年产 1 万吨 MDI 和 PAPI 联产装置于 1984 年投产,每年产 3000t MDI(原牌号为 MT)和 7000t PAPI(原牌号为 MR)。经 1995～1996 年改造后年产能力已达到 1.5 万吨,并开发了 C-MDI 等系列产品。之后经过多年攻关现在终于有了自己年产 10 万吨以上 MDI 的核心技术。到 2005 年我国 MDI 产能达到 10 万吨,2010 年一跃上升到 139 万吨,其中烟台万华占 80 万吨,见表 2-37。

表 2-37　2005 年和 2010 年我国 MDI 产能分布　　　　　单位:万吨/年

公司名称	地址	2005 年产能	2010 年产能
山东烟台万华聚氨酯有限公司	烟台	10	20
山东烟台万华聚氨酯有限公司	宁波大榭岛	—	60
BASF 上海聚氨酯有限公司	上海	—	24
Bayer 上海聚氨酯有限公司	上海	—	35
合计		10	139

2.4.2.3　1,5-萘二异氰酸酯

　　1,5-萘二异氰酸酯(NDI)是以萘为基本原料,经硝化后得 1,5-二硝基萘。然后加氢还原得 1,5-萘二胺,再经光气化即可制得 NDI。NDI 是 Bayer 公司开发的,主要用于特殊要求的 CPU 制品。它的预聚物牌号为 Vulkoolan®。这种弹性体具有优异的动态性能和耐热耐油性能。但因 NDI 是一种极活泼的化合物,所以合成的预聚物贮存稳定性不好。近年 Bayer 公司推出了保存期半年的 NDI 预聚物,并通过博雷(Baule)公司在我国销售。目前生产 NDI 只有 Bayer 和日本三井东亚等个别公司。我国南通海迪化工公司也开始生产 NDI。NDI 的物性及质量指标见表 2-38。

表 2-38　NDI 的物性及质量指标

名称	指标	名称	指标
化学结构	OCN〜NCO	凝固点/℃	128～130
		沸点/℃	167(667 Pa)183(1.33kPa)
		NCO 含量/%	40
		折射率(n_D^{130})	1.4253
		蒸气压/Pa	667(167℃)
分子量	210.2	闪点/℃	155
外观	白色至浅黄色片状结晶	总氯含量/%	≤0.1
含量/%	≥99.0	水解氯/%	≤0.01
密度(20℃)/(g/cm³)	1.45	贮存期/月	6

2.4.2.4　对苯二异氰酸酯 (PPDI)

　　对苯二异氰酸酯(PPDI)的化学结构如下:

$$OCN-\!\!\!\boxed{}\!\!\!-NCO$$

早在 1913 年 F. L. Pyman 就合成了对苯二异氰酸酯, 20 世纪 50 年代已经掌握了 PPDI 的中试生产技术, 并用于 TPU 合成。20 世纪 80 年代 AKjo&Nippon PU 公司开展了 PPDI 在 CPU、TPU、复合材料及密封胶领域的开发研究。现在 Du Pont 公司工业生产 PPDI。它是由对苯二胺和光气生产的:

$$H_2N-\!\!\!\boxed{}\!\!\!-NH_2 + 2COCl_2 \longrightarrow OCN-\!\!\!\boxed{}\!\!\!-NCO + 4HCl$$

其商品牌号为 Hylene-P。主要用于聚氨酯弹性体合成 (CPU 和 TPU), 用二醇扩链。该弹性体物理机械性能优良, 回弹性、抗疲劳性、耐热性和耐湿热性、耐溶剂性等比 MDI/BDO 体系及 TDI/MOCA 体系要好得多。动态力学性能比 NDI 型弹性体更佳。但 PPDI 熔点比较高, 而且在熔融状态下 (大于 100℃) 易生成二聚体和三聚体, 所以合成预聚物时不能将 PPDI 加热熔化后加入多元醇中, 而应在氮气保护下将固体 PPDI 加入温度为 70~80℃ 的液体多元醇中, 强烈搅拌将其溶解。PPDI 的物性及质量指标见表 2-39。

表 2-39 PPDI 的物性及质量指标

名　称	指　标	名　称	指　标
分子量	160.1	黏度(100℃)/mPa·s	1.17
外观	白色片状结晶	密度(100℃)/(g/cm³)	1.17
纯度/%	≥99.0	蒸气压(100℃)/Pa	680
NCO 含量/%	52.5	贮存期(氮封装)/月	4
凝固点/℃	94~112(3.3kPa)	氮气保护下熔融稳定时间/h	8~10
沸点/℃	260(101kPa)		

2.4.2.5 六亚甲基二异氰酸酯

六亚甲基二异氰酸酯 (HDI) 属于不黄变的异氰酸酯, 是脂族异氰酸酯中最重要的品种, 由己二胺与光气反应制得。

$$H_2N(CH_2)_6NH_2 + 2COCl_2 \longrightarrow OCN(CH_2)_6NCO + 4HCl$$

HDI 的反应活性比芳族异氰酸酯低得多。主要用于生产聚氨酯涂料和不变黄的鞋用胶黏剂。因其挥发性较大, 毒性也大, 所以 HDI 还常以与水反应生成的缩二脲三异氰酸酯和 HDI 的三聚体作为商品销售。

$$3OCN(CH_2)_6NCO+H_2O \longrightarrow OCN(CH_2)_6N\overset{\displaystyle \overset{O}{\parallel}}{\underset{\displaystyle \underset{O}{\parallel}}{\overset{CNH(CH_2)_6NCO}{CNH(CH_2)_6NCO}}} + CO_2\uparrow$$

(HDI 缩二脲)

$$3OCN(CH_2)_6NCO \xrightarrow[\text{溶剂}]{\text{催化剂}} \text{(环状结构)}$$

(HDI 三聚体)

缩二脲改性的 HDI 多异氰酸酯耐候性好, 可与聚酯或聚丙烯酸酯反应生产高档户外用聚氨酯涂料。1958 年 Bayer 公司率先开发和生产的这种 HDI 缩二脲多异氰酸酯, 有溶剂型和非溶剂型两种，产品牌号分别为 Desmodur® N-75 和 Desmodur® N-100。前者固含量为 75％，以乙酸乙酯为溶剂；后者固含量为 100％，黏度较大，为（9000±2000）mPa·s（25℃）。HDI 三聚体开发较晚，Bayer 公司的商品牌号为 Desmodur® N3300。它的黏度比 HDI 缩二脲低，为（2500±500）mPa·s（25℃），常配成 90％三聚体的乙酸乙酯等溶液出售。HDI 三聚体含稳定的异氰脲酸酯环，不易变质，耐候保光性比 HDI 缩二脲更好，用量与日俱增。HDI、HDI 缩二脲和 HDI 三聚体的物性和质量指标分别列于表 2-40～表 2-43。

表 2-40　HDI 的物性和质量指标

名　称	指　标	名　称	指　标
分子量	168.2	含量/%	≥99.5
外观	透明液体	蒸气压(25℃)/Pa	1.33
相对密度(d_4^{20})	1.05	闪点/℃	140
黏度(20℃)/mPa·s	25	折射率	1.4530(20℃)
凝固点/℃	−67		1.4501(25℃)
总氯量/%	≤0.1	沸点/℃	140～142(2.67kPa)
水解氯/%	≤0.03		120～125(1.33kPa)
色度(APHA)	≤15		

表 2-41　HDI 缩二脲（Desmodur N-75）质量指标

名　称	指　标	名　称	指　标
不挥发分/%	75±1	黏度(25℃)/mPa·s	250±100
胺当量	约 255	色度(APHA)	1
NCO 含量/%	16～17	相对密度	约 1.05
游离单体含量/%	<0.5		

表 2-42　Bayer 公司 Desmodur® N3300（HDI 三聚体）物性和质量指标

名　称	指　标	名　称	指　标
状态	液体	三聚体含量	接近 100%
外观	淡黄色	1,6-HDI 含量/%	<0.2
气味	几乎无味	NCO 含量/%	21.8±0.3
凝固点/℃	约−24	异氰酸酯当量	194
沸点/℃	无法测定(高于分解温度)	黏度(23℃)/mPa·s	约 3000
密度(20℃)/(g/cm³)	约 1.16	着火点/℃	约 460
蒸气压/Pa	<0.0001(20℃)	毒性 LD₅₀/(mg/kg)	>5000

表 2-43　HDI 三聚体 Desmodur® N-3390 质量指标

名　称	指　标	名　称	指　标
不挥发分/%	90	黏度(25℃)/mPa·s	550±150
溶剂(乙酸丁酯：芳烃)	1:1	密度(25℃)/(g/cm³)	1.20
NCO 含量/%	20±1	闪点/℃	41
异氰酸酯当量	约 210	色度(APHA)	<60
游离单体含量	<0.2		

生产上述 HDI 系列产品的公司主要有德国 Bayer（商品牌号 Desmodur®-H）、日本聚氨酯、旭化成和法国 Rhodia 等公司。据报道，我国甘肃银光化工集团已开发生产 HDI，产品质量优良，纯度达 99.81％，打破了西方国家的技术垄断。HDI 已在我国大量用于鞋用胶黏剂和家具涂料等领域。

2.4.2.6　异佛尔酮二异氰酸酯

异佛尔酮二异氰酸酯（IPDI）属于脂环族二异氰酸酯，耐光性同 HDI 一样好，不黄变。

它是由丙酮三聚生成的异佛尔酮，与氢氰酸反应生成氰化异佛尔酮，然后经加氢还原和光气化制得的。

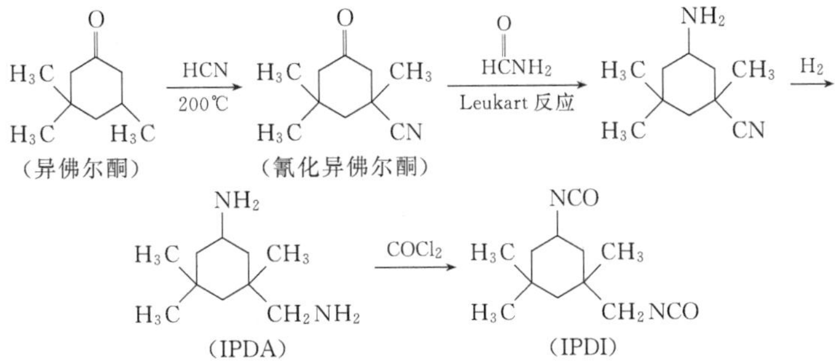

（异佛尔酮）　　　（氰化异佛尔酮）

（IPDA）　　　　（IPDI）

IPDI 的工业产品是含 75％的顺式和 25％的反式异构体的混合物。

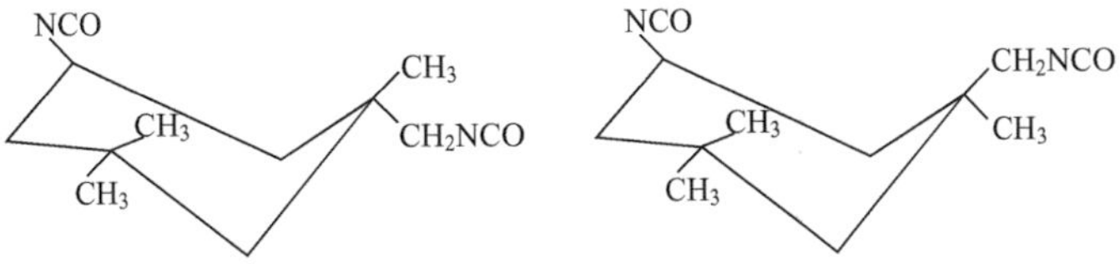

（顺式异构体）　　　　　（反式异构体）

IPDI 的两个 NCO 基活性不同。IPDI 分子中伯 NCO 基受到环己烷环和 α-取代甲基的位阻效应，其活性反而比环上的仲 NCO 低 1.3～2.5 倍。IPDI 蒸气压比 HDI 低，毒性比 HDI 小，与羟基的反应活性也低。IPDI 除作为二异氰酸酯直接销售外，还常与 TMP 反应制成预聚物销售。这种预聚物具有非常好的贮存稳定性，用于聚氨酯涂料和弹性体的制备。IPDI 是制备透明不黄变聚氨酯弹性体的优选原料。IPDI 的物性和质量指标见表 2-44。

表 2-44　IPDI 的物性和质量指标

名　称	指　标	名　称	指　标
分子量	222.3	燃点/℃	430
NCO 含量/％	≥37.5	水解氯/％	≤0.02
纯度/％	≥99.5	总氯量/％	≤0.04
凝固点/℃	—60	热分解温度/℃	<260
沸点/℃	158(1.33kPa)	折射率	1.4844(20℃)
黏度(25℃)/mPa·s	15		1.4829(25℃)
蒸气压(20℃)/Pa	4×10^{-2}	相对密度(d_4^{20})	1.062
闪点/℃	163		

IPDI 的售价比 HDI 高，但比 HMDI 低。德国 Huels AG、Bayer 法国 Rhodia 等公司生产 IPDI，产量在万吨以上，增长较快。

2.4.2.7　苯二亚甲基二异氰酸酯

苯二亚甲基二异氰酸酯（XDI）是由二甲苯（通常为 71％的间二甲苯和 29％的对二甲苯的混合物）与氨氧化制得苯二腈，加氢还原成苯二甲胺，再光气化而成。

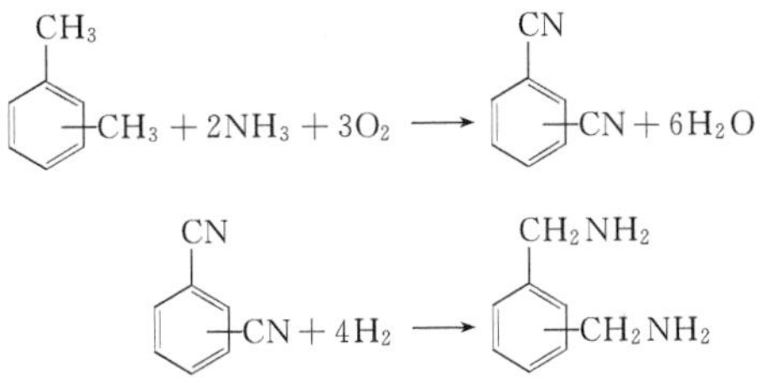

$$CH_3-C_6H_4-CH_3 + 2NH_3 + 3O_2 \longrightarrow CN-C_6H_4-CN + 6H_2O$$

$$CN-C_6H_4-CN + 4H_2 \longrightarrow CH_2NH_2-C_6H_4-CH_2NH_2$$

$$\text{(图：苯二亚甲基二异氰酸酯合成反应)}$$

$$\underset{\text{CH}_2\text{NH}_2}{\bigcirc}\text{—CH}_2\text{NH}_2 + 2\text{COCl}_2 \longrightarrow \underset{\text{CH}_2\text{NCO}}{\bigcirc}\text{—CH}_2\text{NCO} + 4\text{HCl}$$

（苯二亚甲基二异氰酸酯）

由于异氰酸酯基与芳环之间有一个亚甲基，所以耐光性接近脂族异氰酸酯，不易黄变，而反应活性比 HDI 高。

现日本武田药品公司生产 XDI，牌号为 Takenate®-500。XDI 的物性及质量指标见表2-45。

表 2-45　XDI 的物性及质量指标

项　目	间-XDI	对-XDI	工业产品
化学式及组成	$\underset{\text{CH}_2\text{NCO}}{\overset{\text{CH}_2\text{NCO}}{\bigcirc}}$	$\underset{\text{CH}_2\text{NCO}}{\overset{\text{CH}_2\text{NCO}}{\bigcirc}}$	间-XDI 70%～75% 对-XDI 30%～25%
含量/%			≥99.5
NCO/%			44.7
外观			无色透明液体
分子量	188.19	188.19	188.19
凝固点/℃	−7.2	45～46	5.6
沸点/℃	159～162(1.6kPa)	165(1.6kPa)	140(0.27～0.4kPa) 151(0.8kPa)
密度(20℃)/(g/cm³)			1.202
黏度(25℃)/mPa·s			3.6
蒸气压(20℃)/Pa			0.8
表面张力(30℃)/×(10⁻³N/m)			37.4
溶解性	易溶于甲苯、乙酸乙酯、丙酮、氯仿、乙醚等		

2.4.2.8　3,3′-二甲基-4,4′-联苯二异氰酸酯

3,3′-二甲基-4,4′-联苯二异氰酸酯（TODI）分子内两个苯环具有对称结构：

$$\text{OCN}\text{—}\underset{\text{CH}_3}{\bigcirc}\text{—}\underset{\text{CH}_3}{\bigcirc}\text{—NCO}$$

由于邻位侧甲基的位阻效应和电子效应，活性比 MDI 和 TDI 小。TODI 的熔点 68～69℃，沸点 160～170℃（67Pa）。用 TODI 制备的预聚物，用二胺（MOCA）硫化制得的弹性体显示出与 NDI 相似的物性，价格也差不多，但使用比较方便。日本曹达、三菱等公司生产TODI。

2.4.2.9　三苯基甲烷三异氰酸酯

三苯基甲烷三异氰酸酯（TTI）是开发较早的异氰酸酯。早在第二次世界大战期间德国Bayer 公司就以商品名 Desmodur®-R 生产，主要用作金属的表面处理剂，以提高橡胶与金属骨架的粘接强度。该种异氰酸酯以其溶剂型出售，以氯苯、二氯甲烷、二氯乙烷或乙酸乙酯为溶剂。Desmodur®-R 为 20%TTI 的二氯甲烷溶液，外观为棕黄色至红紫色，相对密度1.31～1.32，NCO 含量为 6.8%～7.0%，20℃ 的黏度为 2～4mPa·s。Desmodur® RE为 33%TTI 的乙酸乙酯溶液，NCO 含量 9.3%±0.3%，主要用作鞋用 PU 胶黏剂的交联剂。TTI 也是我国开发最早的异氰酸酯。早在 1956 年大连染料厂和重庆长风化工厂就开

始批量生产，其商品牌号为 JQ-1 胶，又称列克纳，是前苏联该产品名 Leiknonat 的译音。TTI 的化学结构为：

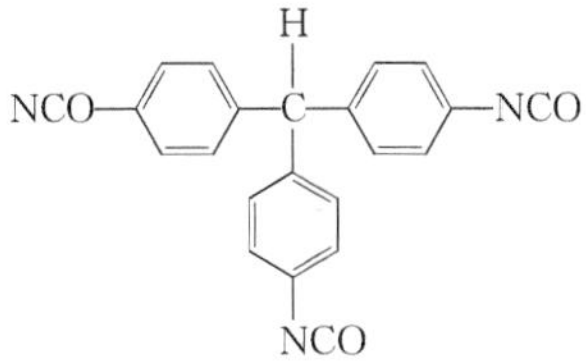

TTI 的分子量 367，熔点 89～90℃，沸点 240℃（100Pa）。

2.4.2.10　4,4′,4″-硫代磷酸三苯基三异氰酸酯

4,4′,4″-硫代磷酸三苯基三异氰酸酯（TPTI）又称 4,4′,4″-三异氰酸三苯基硫代磷酸酯，其化学结构如下：

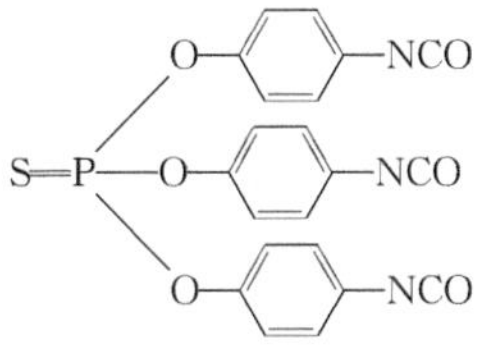

TPTI 的分子量 465.4，熔点 84～86℃，易溶于苯、甲苯、二氯甲烷、乙酸乙酯等溶剂。Bayer 公司的商品牌号为 Desmodur® RFE，是 27% 的乙酸乙酯溶液产品，为无色至浅棕色透明液体，NCO 含量 7.2%±0.2%，黏度约 3mPa·s（23℃），主要用作 PU 胶黏剂等产品的交联剂和金属与橡胶黏结的底涂剂。它的粘接强度与 Desmodur®-RE 相当，但基本无色，可用于无色或浅色制品。我国大连染料厂、重庆长风化工厂等企业曾批量生产 TPTI，其牌号为 JQ-4，溶剂为氯苯或乙酸乙酯。其生产方法是先由硝基苯酚与三氯硫磷在碱性介质中进行缩合反应，其产物经精制，以 RaneyNi 为催化剂于 50～80℃ 和 3.0MPa 压力下进行加氢还原，可得到三氨基三苯基硫代磷酸酯（TPTA），再经光气化制得 TPTI。

2.4.2.11　环己烷二亚甲基二异氰酸酯

环己烷二亚甲基二异氰酸酯又称氢化苯二亚甲基二异氰酸酯，简称氢化 XDI，写成 H_6XDI 或 HXDI。它是为了进一步改善 XDI 的耐黄变性能而开发的。将生产 XDI 的中间体苯二甲胺氢化成环己烷二甲胺，再光气化就可制得氢化 XDI。所以它也和 XDI 一样，是约 70% 的间位和约 30% 对位两种异构体的混合物。

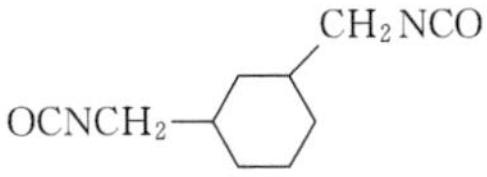

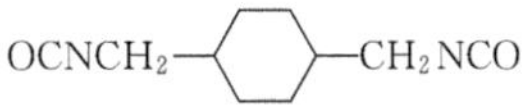

氢化 XDI 不仅光稳定性得到了改进，贮存稳定性也好。它主要用于耐光性聚氨酯涂料、铺装材料和复合膜用黏合剂等。还可望在彩色聚氨酯制品领域得到应用。

氢化 XDI 的分子量 194.2，相对密度（d_4^{25}）1.1，凝固点约 −50℃，黏度 5.8mPa·s（25℃），蒸气压 53Pa（98℃），闪点 150℃。日本三井武田化学生产该产品，其商品牌号为 Takenate®-600。

2.4.2.12　4,4′-二环己基甲烷二异氰酸酯

4,4′-二环己基甲烷二异氰酸酯简称氢化 MDI，简写为 $H_{12}MDI$ 或 HMDI，属于不泛黄的脂环族二异氰酸酯。它是将二氨基二苯甲烷（MDA）用钌作催化剂，经加氢和光气化制得的。由 Du Pont 公司开发生产，商品牌号为 Hylene®-W，现归属 Bayer 公司，其商品牌号为

Desmodur®-W，化学结构为：

$$OCN-\overset{\bigcirc}{}-CH_2-\overset{\bigcirc}{}-NCO$$

氢化 MDI 分子内有两个环己基，是对称性的二异氰酸酯。由于芳环被氢化，它的活性比 MDI 低得多，比 HDI 还低。用它制得的聚氨酯物性良好，用于涂料、弹性体和织物涂层等。但氢化 MDI 有一个缺点，它的蒸气压较高，是最有害的异氰酸酯之一。氢化 MDI 的物性及质量指标见表 2-46。烟台万华已开发和批量生产该产品。

表 2-46　氢化 MDI 的物性及质量指标

名　　称	指标	名　　称	指标
分子量	262	相对密度(d_4^{25})	1.07 ± 0.02
NCO 含量/%	$31.8\sim32.1$	酸度(以 HCl 计)/%	$\leqslant0.005$
胺当量	$\leqslant132$	水解氯/%	$\leqslant0.005$
凝固点/℃	$10\sim15$	色度(APHA)	$\leqslant35$
黏度/mPa·s	$30\pm10(25℃)$	闪点/℃	201
	$12\pm4(50℃)$	蒸气压(25℃)/Pa	0.002

2.4.2.13　3,3′-二甲基-4,4′-二苯基甲烷二异氰酸酯

3,3′-二甲基-4,4′-二苯基甲烷二异氰酸酯（DMMDI）的化学结构如下：

$$OCN-\overset{CH_3}{\underset{}{\bigcirc}}-CH_2-\overset{CH_3}{\underset{}{\bigcirc}}-NCO$$

DMMDI 分子量 278，凝固点 97～98℃，沸点 200～203℃（0.4kPa），相对密度 1.14，由于邻位甲基的位阻效应，它的活性比 MDI 小，主要用于聚氨酯弹性体，由 ACC 公司生产。

此外，生产的小品种多异氰酸酯还有 1,4-环己烷二异氰酸酯（CHDI），2,4,4-三甲基-1,6-六亚甲基二异氰酸酯（TMHDI）等，它们的化学结构如下。

$$OCN\overset{\diagup}{\underset{\diagdown}{\bigcirc}}NCO$$

（CHDI）

TMHDI：由如下两种异构体组成，各占约 50%。为无色或浅黄色液体，有刺激性气味。

$$\underset{|}{OCN(CH_2)_2}\overset{CH_3\ \ CH_3}{\underset{CH_3}{CHCH_2CCH_2}}NCO \qquad \underset{|}{OCN(CH_2)_2}\overset{CH_3\ CH_3}{\underset{CH_3}{CCH_2CHCH_2}}NCO$$

（2,2,4-三甲基六亚甲基二异氰酸酯）　　　（2,4,4-三甲基六亚甲基二异氰酸酯）

2.5　扩链交联剂

扩链交联剂包括扩链剂、扩链交联剂和交联剂三类化合物。顾名思义，扩链是使聚合物分子链进一步延伸，生成分子量更大的线型分子。交联是在聚合物分子之间用化学键连接，形成网状结构。扩链交联是使聚合物分子既扩链又交联，按照设计者的工艺和要求迅速完成化学反应，成型产品的过程。所以扩链交联剂的活性应比较高，反应速率比较快。而交联剂只起交联

作用，不起扩链作用，如 MPU 用的交联剂（或称硫化剂）过氧化物、硫黄和甲醛。对端异氰酸酯预聚物来说，扩链交联剂通常为一些小分子二胺和多元醇。小分子二醇与端异氰酸酯预聚物反应只起扩链作用，称为扩链剂。三元醇（如 TMP、TIPA）与端异氰酸酯预聚物反应不仅起扩链作用，还起交联作用，称为扩链交联剂。小分子二胺，如 MOCA，它有两个氨基，含 4 个活泼氢原子。但氨基上的一个氢反应后，剩下的一个氢活性会显著降低。它与预聚物反应时，随着胺指数（NH_2/NCO）的变化，可产生不同的化学反应。当 $NH_2/NCO \geqslant 1$ 时，在适宜的条件下，NH_2 基与 NCO 基反应生成脲基，只起扩链作用；但当 $NH_2/NCO < 1$ 时，NH_2 基与预聚物中的 NCO 基反应生成脲，起扩链作用。多余的 NCO 基在较高的温度下还能与上述生成的脲基进一步反应，生成缩二脲支化或交联，所以把 MOCA 称为扩链剂或扩链交联剂都可以。过氧化物、硫黄、甲醛等化合物只能与不同结构的生胶分子反应，在生胶分子链之间搭桥，形成三维网状结构，它们只起交联作用，不起扩链作用，称为交联剂或硫化剂。"硫化剂"一词是 1934 年首次发现可用硫黄作为天然橡胶和合成烯烃橡胶的交联剂沿引过来的，该词意着重于交联反应。"固化剂"是使化合物由液态转变为固态的化合物，该词意着重于聚合物物态的转变，而且这种转变常常是在不加热的条件下实现的，即常用的术语"室温固化"或"常温固化"。显然，随着科学技术的不断进步，这些专业术语的含义也在不断引申，扩链、交联和固化常常相伴发生，很难严格区分，所以这些术语有时并无严格区别。此外，在聚氨酯产品生产中还有另外一种情况。某些端羟基聚氨酯，如鞋用聚氨酯胶黏剂，它的理论分子量高达 10 万上下（HDI 型），但是在使用的时候，为了进一步提高耐热性，防止高温开胶，还需添加少量三异氰酸酯（TTI 或 TPDI 或氨酯改性三异氰酸酯），使胶黏剂分子进一步扩链并交联，在这种情况下三异氰酸酯就成了名副其实的扩链交联剂。因前面已经介绍了常用的多异氰酸酯，所以下面只介绍端异氰酸酯预聚物用的扩链交联剂小分子二胺、多元醇和醇胺的相关性质，MPU 的交联剂将在第 3 章讨论。聚氨酯弹性体常用的扩链交联剂参见表 2-47。

表 2-47　聚氨酯弹性体用的扩链交联剂

类　　别	品　　名
扩链剂	1,4-丁二醇、乙二醇、丙二醇、1,6-己二醇、1,4-环己二醇、新戊二醇、氢醌双（β-羟乙基）醚（HQEE）、氢化双酚 A、对苯二甲酸二羟乙基酯（BHET）、间苯二酚二羟乙基醚（HER）、甘油 α-烯丙基醚、TMP 单烯丙基醚
扩链交联剂	MOCA、DD-1604、DMTDA、DETDA、M-CDEA、740M 等二胺，TMP、丙三醇等多元醇 PAPI、TDI 三聚体、HDI 三聚体、C-MDI 等多异氰酸酯，乙醇胺、二乙醇胺、三乙醇胺、三异丙醇胺等醇胺
MPU 交联剂	过氧化二异丙苯等过氧化物、硫黄、甲醛

2.5.1　二胺

　　二胺是 CPU 的重要扩链交联剂，主要适应于 TDI 系列预聚物。脂肪族二胺碱性强，活性高，与异氰酸酯反应十分激烈，成胶速率太快，在 CPU 生产中难以使用，主要用于喷涂聚氨酯/脲、喷涂聚脲和环氧树脂。芳香族二胺的活性比较适中，并能赋予弹性体良好的物理机械性能。芳香族二胺的品种比较多，在聚氨酯弹性体生产中得到应用的主要是芳环上引入了吸电子基或空间位阻基团的芳胺类，以降低氨基的反应活性。其中 3,3′-二氯-4,4′-二氨基二苯甲烷（MOCA）是用量最多的品种，它的消费量一直占绝对优势。除 MOCA 外，20 世纪 70 年代以来还相继开发了一些芳族二胺，可用于 CPU 和 RIM 制品生产，它们没有致癌嫌疑，毒性低，使用更安全。其中已商品化的主要有 Bayer 公司的 DD-1604，美国空气产品公司（Air Products and Chemicals）的 Versalink® 740M，美国乙基公司（Ethyl）的 Ethacure®-100 和 Ethacure®-300，瑞士龙沙公司（Lonza）的 Lonzacure® M-CDEA，日本伊哈拉公司（イハラ）的 CuA-22、CuA-24、CuA-60、CuA-111、CuA-154、CuA-160 等，其中 740M 是唯一获得美国 FDA 认可的二胺类扩链剂，M-CDEA 被欧盟批准可用于食品药品接触场合。尽管人们一直在致力于开发 MOCA 的代用品，但这些新开发出来的二胺品种在价格和物性等综合效果上都难以与 MOCA 竞争。使用受到局限。

2.5.1.1　3,3′-二氯-4,4′-二氨基二苯甲烷

3,3′-二氯-4,4′-二氨基二苯甲烷（MOCA）是 50 多年前由 Do Pont 公司开发的，它是由邻氯苯胺和甲醛缩合而成的。

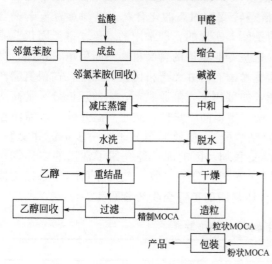

在缩合产物中除了上述反应生成的 4,4′-对位二胺外，还有少量的异构体和三元胺生成，其含量一般在 10％以下，游离一元胺（残留的邻氯苯胺）的含量不超过 1％（行业标准）。实际上 MOCA 熔点范围的大小也反映了 MOCA 纯度的高低。MOCA 的生产工艺过程示意可用图 2-3 表示。

市场上销售的 MOCA 主要有精制品和非精制品两种。经过乙醇重结晶的为精制品，不经乙醇重结晶的为非精制品。后者的售价要低 20％以上。非精制品除熔点稍低外，其他质量指标与精制品相当，完全能满足工程制品的要求，所以国外市场上大量销售和使用的都是非精制品的粒状 MOCA。1997 年我国苏州市湘园特种精细化工有限公司开发并已投产的粒状 MOCA，质量达到国外同类产品先进水平。现在国内生产和普遍使用的基

图 2-3　MOCA 生产工艺过程示意

本上都是非精制的粒状 MOCA，质量都比较好。另外生产 MOCA 的厂家主要还有日本的和歌山公司、我国台湾有郁实业公司、三晃公司等。美国已不生产，但科聚亚公司有产品销售，牌号为 Vibracure® A 133HS。现在我国大陆地区生产 MOCA 的厂家有近 10 家。主要有苏州市湘园特种精细化工有限公司、杭州崇舜化学有限公司、江苏滨海星光化工有限公司、滨海明昇化工有限公司、常熟市永利化工有限公司、安徽祥龙化工有限公司、张家港市金秋聚氨酯有限公司。其中苏州市湘园特种精细化工有限公司已成为国内外规模最大的生产聚氨酯用二胺等扩链剂的企业。除 MOCA 外，近年来又相继开发了 HQEE、HER、液体 MOCA、液体 HQEE、液体 HER、Xylink740M、Xylink 311、XylinkM-CDEA、Xylink-1604、Xylink-P1000 等新型扩链剂。MOCA 系列产品产能达 10000t，HQEE、HER 系列产品产能 500t，其他新品产能500t。产品出口德国、法国、澳大利亚、日本、韩国、印度等国家。该公司 MOCA 已于 2010年 12 月完成欧盟 REACH 注册。产品技术指标见表 2-48，24℃下 MOCA 在几种溶剂中的溶解度见表 2-49。

MOCA 在高温或长时间加热时会氧化，颜色变深，所以规定 MOCA 的加热温度不要超过140℃，MOCA（液体）保持温度以 110～120℃为妥。耐高温 MOCA 在 120℃维持 20～30h，颜色会变深，但不会变黑，还可以用，对性能没有明显影响。

表 2-48　湘园牌 MOCA 物性及质量指标

项　目	Ⅰ型精制 MOCA	Ⅱ型 MOCA	耐高温颗粒 MOCA
外观	白色针状结晶	淡黄色粉末	淡黄色颗粒
分子量	267	267	267
熔点/℃	102～108	≥98	98～102
水分/%	≤0.15	≤0.15	≤0.15
固态密度(24℃)/(g/cm³)	1.44	1.44	1.44
液态密度(107℃)/(g/cm³)	1.26	1.26	1.26
胺值/(mmol/g)	7.4～7.6	7.4～7.6	7.4～7.6
游离苯胺/%	≤0.2	≤0.4	≤0.4
熔融色泽	微黄至无色透亮液体	浅黄色透亮液体	浅黄色透亮液体
丙酮不溶物/%	<0.04	≤0.04	≤0.04
贮存	贮存在避光干燥处		
安全性	LD₅₀(鼠)>5000mg/kg,操作时戴口罩、手套、护目镜		
用途	浅色制品	浇注制品和防水铺装材	浇注制品,特别是浇注机浇注制品须用该品

表 2-49　24℃下 MOCA 在几种溶剂中的溶解度

溶剂	溶解度(质量分数)/%	溶剂	溶解度(质量分数)/%
三氯乙烯	4.2	甲乙酮	51.0
甲苯	7.5	四氢呋喃	55.5
乙氧乙基乙酸酯	34.4	二甲基甲酰胺	61.7
异亚丙基丙酮	43.0	二甲基亚砜	75.0

MOCA 的急性中毒量（LD_{50}）为 5000mg/kg，属于低毒或基本无毒物质。但是 MOCA 的致癌问题一直被人们关注。自 1973 年以来人们对它的安全性产生了怀疑，因为 MOCA 的主要原料邻氯苯胺是致癌物质，认为 MOCA 也有潜在的致癌危险，把它列入有致癌嫌疑的物质。但至今仍无可靠的试验依据，而且长期以来在使用 MOCA 的人群中并未发现癌症多发的实例（苏州市湘园特种精细化工有限公司对从事 MOCA 生产、包装、化验人员进行了 20 年身体健康状况跟踪调查，无一癌症和其他诱变异常病例）。后来美国、日本等发达国家又逐渐放宽了对 MOCA 生产和使用的限制，并允许继续生产和使用 MOCA。所以在 MOCA 问题上只能采取既用又防的方针，即应推广使用粒状 MOCA，以减少装卸和称量 MOCA 时粉尘对人体和环境的污染。同时在使用 MOCA 的过程中必须采取严格的防护措施，尽可能避免 MOCA 粉尘和加热熔化时其蒸气进入体内。

2.5.1.2　3,5-二氨基对氯苯甲酸异丁酯

1969 年 Bayer 公司开发的 3,5-二氨基对氯苯甲酸异丁酯（DD-1604）（即 Baytec®-1604）是一种深褐色粉末，没有致癌性，属实际无毒物质，1972 年开始推广使用。它的化学名称是 3,5-二氨基对氯苯甲酸异丁酯。熔点较低，密度较小，与 NCO 基反应活性较 MOCA 低，加工性能好，能赋予 CPU 弹性体良好的物理机械性能，但制品颜色较深，呈棕色。DD-1604 和湘园牌 Xylink-1604 的化学结构、物性和质量指标见表 2-50。

表 2-50　DD-1604 和 Xylink-1604 的物性和质量指标

项　目	Bayer　DD-1604	湘园牌 Xylink-1604
化学结构式		

项　目	Bayer　DD-1604	湘园牌 Xylink-1604
外观	棕色粉末	黄色至棕色薄片状
分子量	243	243
熔点/℃	85±2	84～88
密度/(g/cm³)	1.140(100℃)	1.159(90℃)
黏度(100℃)/mPa·s	19	19
胺当量	121	121
分解温度/℃	170	170
溶解性	与 MOCA 相似	与 MOCA 相似
贮存期/月	≥12	≥12

2.5.1.3　二乙基甲苯二胺

20 世纪 80 年代初美国 Ethyl 公司开发生产的二乙基甲苯二胺（DETDA），现美国雅宝公司（Albemarle）生产，其商品牌号为 Ethacure®-100。龙沙公司也有产品问世，牌号为 Lonzacure® DETDA80。它是由甲苯二胺和乙烯在三氯化铝催化下进行烷基化反应制得的。由 3,5-二乙基-2,4-甲苯二胺和 3,5-二乙基-2,6-甲苯二胺两种主要异构体组成。

它的标准组成如下：

① 3,5-二乙基-2,4-甲苯二胺 75.5%～81.0%；

② 3,5-二乙基-2,6-甲苯二胺 18.0%～20.0%；

③ 二烷基间苯二胺等化合物 0.3%～0.5%。

DETDA 的主要物性和质量指标见表 2-51。

表 2-51　DETDA 的主要物性和质量指标

名　称	指标	名　称		指标
外观	澄清的琥珀液体①	燃点(TCC 在热导池中)/℃		＞135
分子量	178.28	黏度/mPa·s	20℃	280
相对密度(20℃)	1.022			
凝固点/℃	15		25℃	155

① 暴露于空气中时颜色会逐渐变暗，雅宝和龙沙公司均已推出 DETDA-LC 级产品，即浅色产品。

DETDA 常温下为液体，可在 100℃ 以下使用，广泛用于反应注射成型聚氨酯制品。与 MOCA 相比，它具有反应速率快、脱模时间短、初始强度高和脱模成品率高等优点。同时还能提高脱模剂的连续使用次数，提高制品的力学性能、弹性、耐磨性、耐热性和透明性。杭州崇舜化学有限公司、中国华源集团创富生物科技公司，台湾有郁实业公司也有产品销售。

2.5.1.4　3,5-二甲硫基甲苯二胺

Ethyl 公司后来开发的另一种类似结构的二胺扩链剂叫做 3,5-二甲硫基甲苯二胺（DMTDA 或 DADMT），后由美国 Albemarle 公司生产，其商品牌号为 Ethacure®-300。它是由 3,5-二甲硫基-2,4-甲苯二胺和 3,5-二甲硫基-2,6-甲苯二胺两种异构体组成，比例为 80:20，化学结构如下：

它的物性和质量指标见表 2-52。

表 2-52　DMTDA 的物性和质量指标

名　称		指　标	名　称		指　标
外观		琥珀色液体	燃点(PMCC)/℃		176
分子量		214	黏度/mPa·s	20℃	690
密度/(g/cm³)	20℃	1.208		60℃	22
	60℃	1.18		100℃	5
	100℃	1.15	凝固点/℃		4
沸点(2.23kPa)/℃		200			

DMTDA 也是低毒二胺扩链剂。与预聚物反应的速度比 DETDA 低 5～9 倍，与 MOCA 相比，用于 TDI-100 型预聚物（低反应性），凝胶比 MOCA 快，而用于 TDI-80 型预聚物（高反应性），凝胶比 MOCA 稍慢，具有良好的成胶工艺性能，并赋予弹性体优良的物理机械性能，尤其是耐热老化、回弹、耐油和模压制品的成品率优于 MOCA。由于它是液体，且黏度不大，便于常温下使用和固化，是新开发的二胺类扩链剂中较有推广价值的品种之一。不足之处是它不能用于浅色制品，且售价比 MOCA 高出 1 倍多。现国内生产该产品的企业有淄博辛龙化工公司、浙江衢州中科精细化学公司、杭州崇舜化学有限公司等。

2.5.1.5　4,4′-亚甲基双（3-氯-2,6-二乙基苯胺）

瑞士 Lonza 公司开发的商品牌号为 Lonzacure® M-CDEA 的产品，它的化学名称是 4,4′-亚甲基双（3-氯-2,6-二乙基苯胺）（M-CDEA），其化学结构如下。

因为氨基邻位 C 原子上的氢原子都被乙基取代，所以是一种毒性很低、很安全的二胺扩链剂，已被欧盟批准可用于食品药品接触场合。现苏州市湘园特种精细化工有限公司生产该产品，其商品牌号为 XylinkM-CDEA，物性和质量指标见表 2-53。

表 2-53　Lonzacure® M-CDEA 和 XylinkM-CDEA 的物性和质量指标

项　目	苏州市湘园牌 Xylink M-CDEA	Lonzacure M-CDEA
外观	白色柱状颗粒	米色透明结晶
含量/%	≥98	≥97
熔点/℃	≥87.0	88～90
表观密度/(kg/L)	—	0.61～0.65
水分/%	≤0.15	≤0.15
熔融色泽	微棕色透亮液体	
溶解性	溶于甲苯、二甲苯、DMSO、DMF、正丁醇和苯胺，不溶于水。完全溶于 80℃二缩三乙二醇，50%的 M-CDEA 的二缩三乙醇溶液从 80℃冷却至 40℃，经 48h 无结晶析出	
贮存期	至少一年	
毒性	LD_{50}(鼠)>5000mg/kg，对皮肤无刺激，无致突变性	

M-CDEA 与 MOCA 比较，毒性小，熔点较低，溶解性较好，动态生热较小，可制得硬度更大（同样配方下可比 MOCA 高出 4～5 邵尔 A）、撕裂强度、拉伸强度和耐热性更好的弹性体，用于大型高压轧辊尤其令人瞩目。但售价比 MOCA 高，且釜中寿命较短，在同一配方中用量比 MOCA 多。

2.5.1.6　1,3-丙二醇-双（4-氨基苯甲酸酯）

对氨基苯甲酸酯可通过酯化或酯交换反应等方法制备。苏州市湘园特种精细化工有限公司开发生产的这种二胺产品为 1,3-丙二醇-双（4-氨基苯甲酸酯），其商品牌号为 Xylink740M，化学结构与美国的 Polacure® 740M 和日本的 CuA-4 相同。该结构已通过美国 FDA 认可，为无毒产品，可用于与食品和药品接触的场合。其分子量为 314，外观为白色至浅棕色粉末结晶，熔点为 125～128，化学结构如下。

$$H_2N-\text{C}_6H_4-C(=O)-O-(CH_2)_3-O-C(=O)-\text{C}_6H_4-NH_2$$

1,3-丙二醇-双(4-氨基苯甲酸酯)

2.5.1.7　4,4′-二氨基二苯甲烷与氯化钠的络合物

4,4′-二氨基二苯甲烷（MDA）的活性比 MOCA 高得多，与芳族异氰酸酯的预聚物反应太快，难以控制，但可用作脂族异氰酸酯预聚物的扩链剂。为了延缓 MDA 的反应活性，美国科聚亚（Chemtura）公司推出了一种新的扩链剂——MDA 与氯化钠络合物的分散体，其商品牌号为 Caytur® 31，有效化学成分结构可表示如下。

$$[H_2N-\text{C}_6H_4-CH_2-\text{C}_6H_4-NH_2]_3 \cdot NaCl$$

该络合物游离胺含量很低，分散在酯类增塑剂中，在室温下有一定的流动性，但几乎没有活性。当加热到 120℃（加入催化剂可降至 70～80℃）时这种络合物开始解封，游离出来的二胺迅速与预聚物反应，制得与 MOCA 扩链剂相似性能的弹性体。它的反应起始时间可人为控制，是一种适用于聚氨酯大型和精密浇注制品生产、大面积施工、微波硫化以及无釜中寿命之虞的二胺类扩链剂。由于它的延缓反应性，还特别适用于 MDI 体系。现苏州市湘园特种精细化工有限公司生产这种扩链剂，商品牌号为 XYlink-311，技术指标见表 2-54。

表 2-54　XYlink-311 技术指标

项　目	指　标	项　目	指　标
外观	白色可流动液体	胺当量	250
气味	轻微的氨味	水分/%	≤0.02
氨基氮含量/%	5.60	灰分/%	4.4
游离 MDA 含量/%	≤0.5	解封温度/℃	120(加入催化剂可降至 70～80℃)

2.5.1.8　液体 MOCA（ML-200）

苏州市湘园特种精细化工公司开发生产的 ML-200，其结构类似 MOCA，是由邻氯苯胺和类似结构的芳胺与甲醛缩合制得的二胺混合物。常温下为液体。反应速度比 MOCA 快，毒性比 MOCA 低，可赋予弹性体相似的性能，适于常温固化体系。其技术指标见表 2-55。

表 2-55　液体 MOCA（ML-200）的技术指标

项　目	指　标	项　目	指　标
外观	浅黄色至棕色透明液体	游离胺/%	≤0.5
胺值/(mmol/g)	7.4～7.5	水分/%	≤0.1
黏度(25℃)/mPa·s	2000±100		

除了上述二胺类产品外，1977 年日本伊哈拉报道了三种有前途的二胺类产品 CuA-22、CuA-24 和 CuA-60。后来又相继开发 CuA-111、CuA-154 和 CuA-160 等系列产品。此外还有美国 ACC 公司开发的商品牌号为 Cyanacure® 和 UOP 公司开发的 Unilink® 系列及其他公司开发和生产的二胺类硫化剂，参见表 2-56。

表 2-56 其他芳香族二胺产品

名　称	化学结构	商品牌号	生产厂家
二乙二醇双(4-氨基苯甲酸酯)	H_2N—C$_6$H$_4$—$\overset{O}{C}$—O—(C$_2$H$_4$O)$_2$—$\overset{O}{C}$—C$_6$H$_4$—NH$_2$	CuA-22	イハラ
3,5-二氨基-4-三氟甲基苯乙醚	F$_3$C—（NH$_2$）—O—CH$_2$CH$_3$	CuA-24	イハラ
3,5-二氨基-4-氯苯乙酸异丙酯	Cl—（NH$_2$）—CH$_2$—$\overset{O}{C}$—O—CH(CH$_3$)$_2$	CuA-60	イハラ
3-氨基-4-氯苯甲基-4′-氨基苯甲酸酯	H$_2$N—C$_6$H$_4$—$\overset{O}{C}$—O—CH$_2$—C$_6$H$_3$(NH$_2$)Cl	CuA-111	イハラ
1,4-双(2-氨基苯基硫代乙氧基)苯	—SCH$_2$CH$_2$O—C$_6$H$_4$—OCH$_2$CH$_2$S— (NH$_2$)	CuA-154	イハラ
1,4-双(2-氨基苯基硫代乙基)苯甲酸酯	—SC$_2$H$_4$—O—$\overset{O}{C}$—C$_6$H$_4$—$\overset{O}{C}$—O—C$_2$H$_4$S— (NH$_2$)	CuA-160	イハラ
亚甲基双(4-氨基-3-苯甲酸甲酯)	H$_3$COOC / COOCH$_3$，H$_2$N—CH$_2$—NH$_2$	CuA-A	Bayer
4,4′-亚甲基双(2,6-二异丙基苯胺)	H$_3$CCHCH$_3$ / H$_3$CCHCH$_3$，H$_2$N—CH$_2$—NH$_2$，H$_3$CCHCH$_3$ / H$_3$CCHCH$_3$	Lonzacure (M-DIPA)	瑞士 Lonza, 江苏昆山市 化学原料公司
亚乙基双(2-氨基苯硫醚)	NH$_2$—S—CH$_2$CH$_2$—S—NH$_2$	Cyanacure	美国氰胺公司
4,4′-亚甲基双(2,6-二乙基)苯胺	C$_2$H$_5$ / C$_2$H$_5$，H$_2$N—CH$_2$—NH$_2$，C$_2$H$_5$ / C$_2$H$_5$	LonzacureMDEA M-DEA	瑞士 Lonza, 江苏昆山市 化学原料公司
2,4-二氨基 3-甲硫基-5-丙基甲苯	CH$_3$，H$_3$CH$_2$CH$_2$C—(NH$_2$)(SCH$_3$)—NH$_2$	TX-3	淄博方中化工公司

2.5.2　小分子多元醇和醇胺

　　小分子二醇是合成 MDI、NDI、PPDI 型聚氨酯弹性体的主要扩链剂。常用的脂肪族二醇扩链剂是1,4-丁二醇，其次是乙二醇、丙二醇、甲基丙二醇、二乙二醇、1,4-环己醇、新戊二醇、1,6-己二醇等。有时为了引入双键用甘油 α-烯丙基醚或三羟甲基丙烷单烯丙基醚。芳香族二醇主要有氢醌（β-羟乙基）醚（HQEE）、间苯二酚双（β-羟乙基）醚（HER）、氧化乙烯封端的双酚 A 和对苯二甲酸二羟乙酯（BHET）等。它们的化学结构如下：

$$HO—(CH_2)_4—OH \qquad HO—(CH_2)_2—OH$$

1,4-丁二醇 　　　　　　　　乙二醇

$$HO—CH—CH_2—OH \quad (CH_3) \qquad HO—CH_2CHCH_2—OH \quad (CH_3)$$

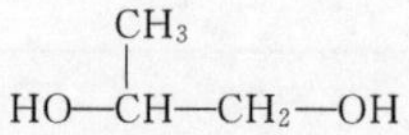

1,2-丙二醇 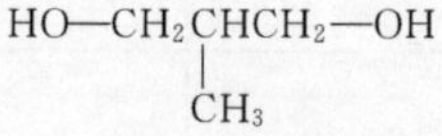 　　　　　　　　甲基丙二醇

$$HO—(CH_2)_6—OH \qquad HO—CH_2CH_2—O—CH_2CH_2—OH$$

1,6-己二醇 　　　　　　　　二乙二醇

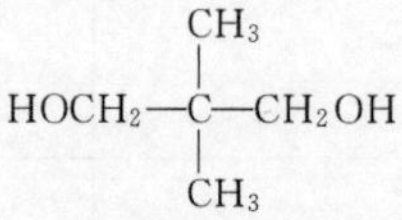

新戊二醇 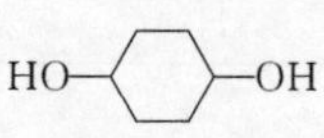 　　　　　　　　1,4-环己二醇

$$HO—(CH_2)_2—O—\bigcirc—O—(CH_2)_2—OH$$

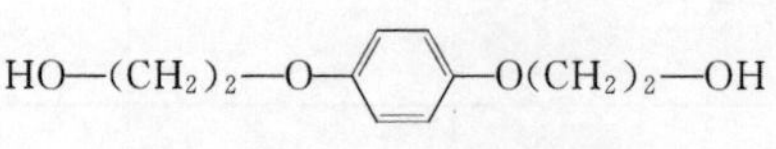

氢醌-双(β-羟乙基)醚(HQEE)

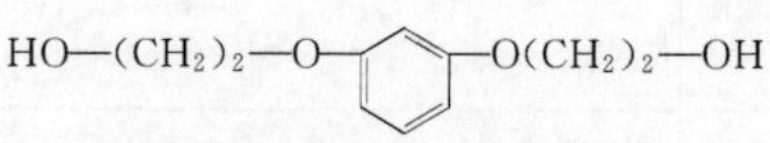

$$HO—(CH_2)_2—O—\bigcirc—O(CH_2)_2—OH$$

间苯二酚双(β-羟乙基)醚(HER)

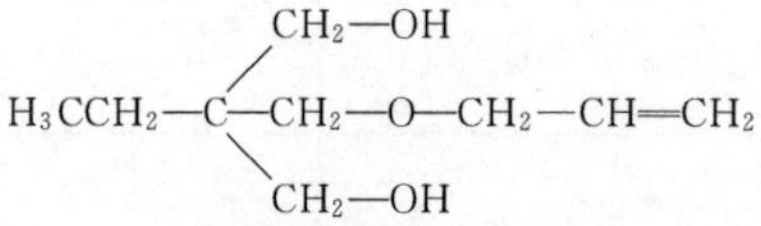

三羟甲基丙烷单烯丙基醚 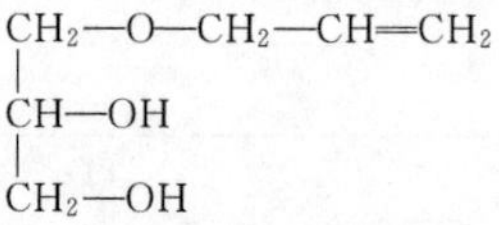 　　　　　甘油 α-烯丙基醚

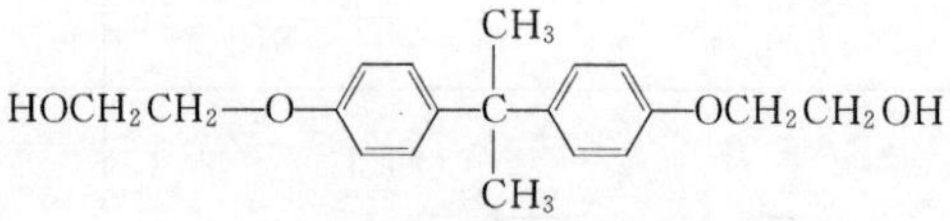

氧化乙烯封端的双酚 A

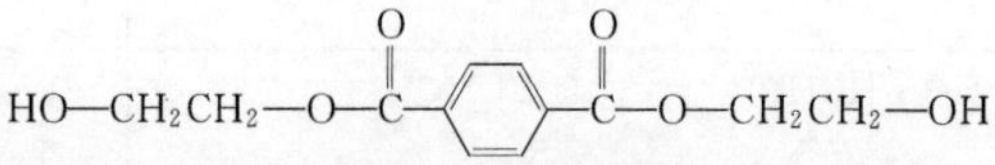

对苯二甲酸二羟乙酯

其中乙二醇、1,2-丙二醇、1,4-丁二醇、新戊二醇的典型物性见表 2-57。苏州市湘园特种精细化工公司生产的芳香族二醇毒性低，能赋予弹性体近似 MOCA 的性能。HQEE、HQEE-L、HER、HER-L 的物性和质量指标见表 2-58。HQEE 和 MOCA 的熔融温度大体相同，但 MOCA 有过冷现象，而 HQEE 没有过冷现象，使用时预聚物的温度必须不低于 110℃，否则 HQEE 加入预聚物中时容易结晶析出。

表 2-57　常用小分子二元醇的典型物性

性　　能	乙二醇	1,2-丙二醇	1,4-丁二醇	新戊二醇
分子量	62.1	76.1	90.1	104.1
外观	无色透明液体	无色黏性液体	无色油状液体	白色结晶固体
黏度(20℃)/mPa·s	17	46	70	—
沸点/℃	196	188	229	208
凝固点/℃	−13	−60	20	104.1
闪点/℃	116	99	155	98(开杯)
密度/(g/cm³)	1.11	1.035	1.017	

表 2-58　HQEE、HER 等产品的物性和质量指标

名　　称		HQEE	HER	HQEE-L	HER-L
外观		灰白色粉末	白色结晶粉末	无色至浅黄色透明液体	无色至浅黄色透明液体
羟值/(mg KOH/g)		535 ± 15	540 ± 15	$480\sim500$	$480\sim500$
分子量		198.2	198.2	$208\sim216$	$208\sim216$
黏度/mPa·s		15(110℃)	13.5(100℃)	950(45℃)	1100(30℃)
密度/(g/cm³)		1.15(110℃)	1.16(100℃)	1.12	1.12
水分/%		$\leqslant0.1$	$\leqslant0.1$	$\leqslant0.1$	$\leqslant0.1$
熔点/℃		$98\sim102$	$\geqslant83$		
溶 解 度 (25℃，质量分 数)/%	水	<1	—		
	丙酮	4	11		
	乙酸乙酯	1	3		
	乙醇	4	13		
	二甲基乙酰胺	$\geqslant1$	$\geqslant1$		

HQEE-L 和 HER-L 常温下均为液体，亦为同分异构体，化学结构如下：

$$\text{HO—CH}_2\text{CH}_2\text{O}\overset{}{\bigcirc}\text{OCH}_2\text{CH}_2\text{—O—CH}_2\text{CH}_2\text{—OH}$$

4-羟乙基氧乙基-1-羟乙基苯二醚（HQEE-L）

$$\text{HO—CH}_2\text{CH}_2\text{O}\overset{}{\bigcirc}\text{OCH}_2\text{CH}_2\text{—O—CH}_2\text{CH}_2\text{—OH}$$

3-羟乙基氧乙基-1-羟乙基苯二醚（HER-L）

HQEE-L 和 HER-L 可用作聚氨酯弹性体扩链剂，适合于中高硬度 MDI 型制品，具有使用方便，易于混合等特点。

作为聚氨酯扩链交联剂的三元醇和醇胺主要有三羟甲基丙烷（TMP）、甘油、乙醇胺、二乙醇胺、三乙醇胺、三异丙醇胺、N,N-双（2-羟丙基）苯胺等。TMP 是 CPU、PU 涂料和胶黏剂常用的原料。在 CPU 配方中，TMP 与 MOCA 并用可调节制品硬度，改善性能。在涂料和胶黏剂中 TMP 常用作氨酯改性异氰酸酯的原料。TMP 的物性和质量指标列入表 2-59。

表 2-59　TMP 的物性和质量指标

名　　称	指　标	名　　称	指　标
分子量	134.2	酸度(以甲酸计)/%	<0.003
外观	白色结晶	熔点/℃	$58\sim59$
水分/%	<0.3	沸点/℃	295
灰分/%	<0.03	溶解性	溶于水和乙醇
OH 含量/%	>36.5		微溶于卤代烃

乙醇胺是由环氧乙烷与氨反应制得的。改变两者的摩尔比，可得到乙醇胺、二乙醇胺和三乙醇胺。

$$\underset{O}{\text{H}_2\text{C—CH}_2}+\text{NH}_3\longrightarrow\underset{(\text{一乙醇胺})}{\text{HO—CH}_2\text{CH}_2\text{—NH}_2}\xrightarrow{\underset{O}{\text{H}_2\text{C—CH}_2}}\underset{(\text{二乙醇胺})}{(\text{HOCH}_2\text{CH}_2)_2\text{NH}}\xrightarrow{\underset{O}{\text{H}_2\text{C—CH}_2}}\underset{(\text{三乙醇胺})}{(\text{HOCH}_2\text{CH}_2)_3\text{N}}$$

这三种醇胺的物性见表 2-60。

三乙醇胺分子中有一个叔氮原子，有催化作用。但因分离不好，市场上的三乙醇胺含量不高，只有 85% 以上。三乙醇胺有吸湿性，使用前要注意脱水。上面三种醇胺在聚氨酯弹性体中可作为扩链交联剂。

表 2-60　醇胺的物性和质量指标

物　质	乙醇胺	二乙醇胺	三乙醇胺
分子量	61	105	149
外观	无色黏稠液体	无色黏稠液体	无色黏稠液体
相对密度(d_4^{20})	1.0179(20℃)	1.0828(40℃)	1.1196(25℃)
凝固点/℃	10.5	28.0	21.2
沸点/℃	171.0	268.8	360
闪点/(开口)/℃	33	66.5	82.5
黏度/mPa·s	24(20℃)	380(30℃)	913(25℃)

　　三异丙醇胺（TIPA）由环氧丙烷与氨反应而成，是白色结晶固体，分子量 191.37，相对密度（d_{20}^{50}）0.9996，熔点 45℃，沸点 305℃，黏度 1.38mPa·s，蒸气压＜1.33Pa（20℃），闪点 160℃，含量不小于 80%，伯胺、仲胺含量分别小于 0.001mol/g 和 0.003mol/g。其结构如下：

$$
\begin{array}{c}
\text{CH}_3 \\
| \\
\text{CH}_2\text{—CH—OH} \\
\\
\text{CH}_3 \\
| \\
\text{N—CH}_2\text{—CH—OH} \\
\\
\text{CH}_2\text{—CH—OH} \\
| \\
\text{CH}_3
\end{array}
$$

　　采用 TIPA 和 TMP 混合扩链交联剂，必要时添加适量增塑剂，可制得低硬度的 CPU 弹性体，这些弹性体具有非常好的特性：压缩永久变形小，耐溶剂，容易机加工。

2.6　配合剂

　　在聚氨酯弹性体生产中有时还需添加配合剂，如催化剂、水解稳定剂、阻燃剂、溶剂、脱模剂、着色剂、填充剂、防霉剂、抗静电剂、抗氧剂、光稳定剂和增塑剂等。国外开发生产聚氨酯配合剂的大公司有美国的气体化工产品公司（Air Product & Chemicals）、威科公司（Witco）和德国的高施米特公司（Goldschmidt）等。

2.6.1　催化剂

　　为了提高异氰酸酯的化学反应速率，一般可从两方面考虑：其一，选择活性较高的原料和提高反应温度；其二，添加催化剂，促进反应按预期的方向和速度进行。

　　异氰酸酯的化学反应多种多样，但最有价值的是异氰酸酯与活泼氢化合物的反应和异氰酸酯的聚合反应。前者是合成聚氨酯的化学基础，后者是合成改性异氰酸酯和碳化二亚胺水解稳定剂的化学基础，也是聚氨酯改性的重要途径之一。

　　异氰酸酯基—N＝C＝O 具有高度的不饱和性。碳原子显示正电性，氮原子和氧原子显示负电性，所以原则上只要有一定亲核或亲电特性，足以使 NCO 基从共振态转变为高能活性态的物质均可作为催化剂。所以酸性和碱性化合物、有机金属化合物都可能是异氰酸酯反应的催化剂。但最有价值的碱性催化剂是叔胺类化合物，最有价值的有机金属化合物是有机锡化合物，除此在聚氨酯非泡制品生产中某些有机酸和锌、汞、钴、铁、铅等金属有机化合物也是常用的催化剂。但是，近些年来欧盟和美国等发达国家对传统的有机锡、汞、铅、钴等催化剂的使用严加限制，促使一些环保型有机金属催化剂陆续开发上市。

　　聚氨酯材料于 20 世纪 50 年代初实现了工业生产，但是直到 50 年代末二丁基锡二月桂酸酯（T-12）和三亚乙基二胺才作为催化剂用于聚氨酯泡沫的合成，并使一步法发泡工艺很快替代了两步法工艺，为聚氨酯工业带来了一场革命，大大促进了聚氨酯工业的发展。70 年代开发的室温固化一步法浇注成型新技术"fast-cast"、低模量常温固化聚氨酯和反应注射模塑（RIM）技术都是在催化剂的基础上开发成功的。

2.6.1.1　叔胺

叔胺（R_3N）是氨（NH_3）的 3 个氢原子被烷基（R）取代的产物。因烷基是推电子基，所以从诱导效应看，胺的碱性大小顺序是：叔胺＞仲胺＞伯胺。但是，烷基具有相当大的体积，烷基的空间位阻效应使叔胺的碱性不易显示出来，使碱性降低，所以从空间效应来看，胺的碱性大小顺序正好相反，即伯胺＞仲胺＞叔胺。烷基的空间效应和诱导效应的作用相互抗衡的结果，胺的碱性大小顺序是：仲胺＞伯胺＞叔胺，所以叔胺的碱性很弱。但是叔胺的催化作用不仅与它的碱性有关，更重要的是受叔氮原子上取代基团的空间效应的影响。叔胺对异氰酸酯与水的反应有强烈的催化作用，故有"发泡催化剂"之称。叔胺催化剂中最重要的品种三亚乙基二胺就是一个很有说服力的例子。表 2-61 中列出了几种不同结构的叔胺催化剂在苯基异氰酸酯与丁醇反应中的催化效果。其中三亚乙基二胺的碱性（pK_a 值）不大，但相对活性却是最高的。

表 2-61　叔胺的碱性和结构对催化活性的影响

叔胺名称	化学结构	pK_a [①]	相对活性
N,N,N',N'-四乙基甲二胺		10.8	0.086
吡啶		5.29	0.25
N-乙基吗啉		7.70	0.68
三乙胺		10.65	3.32
N,N,N',N'-四甲基丙胺		9.8	4.15
三亚乙基二胺		8.6	23.9

① pK_a 为离解常数的负对数，即 $pK_a = -\lg K_a$。

三亚乙基二胺具有一种几乎没有空间位阻的笼式结构，它有两个叔氮原子，而且都裸露在外，所以具有强烈的催化作用，至今仍是聚氨酯发泡最重要的催化剂。它的商品名为 Dabco，也是其化学名重氮双-环（2,2,2）-辛烷的英译名 diazabicyclo（2,2,2）Octane 的缩写，现在已开发出了以 Dabco® 为商品名的一系列催化剂。三亚乙基二胺为白色晶体，熔点 158℃，沸点 174℃，相对密度（d_{20}^{20}）为 1.14，极易潮解，易溶于水、醇、醚等溶剂，室温下易升华，具有类似氨的气味，但毒性很小，通常配成 33% 的二丙二醇溶液使用，并有其相应的商品牌号。美国气体公司的牌号为 Dabco® 33-LV，德国高施米特公司的商品牌号为 Tegoamin® -33，其物理性能见表 2-62。除了三亚乙基二胺外，还开发了不少其他叔胺催化剂，一并列入表 2-63 中供参考。

表 2-62　Tegoamin® -33 的物理性能

性　能	指标	性　能	指标
相对密度(20℃)	1.033±0.005	水分/%	<0.5
沸点范围/℃	206~227	贮存稳定性(原包装)/月	12
闪点/℃	90	水溶性	无限
凝固点/℃	<−24		

表 2-63　常用的叔胺催化剂

化学名称	化学结构	分子量
三亚乙基二胺(Dabco)	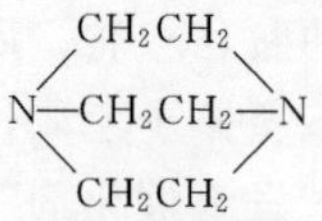 $C_6H_{12}N_2$	112
三乙胺(TEA)	$N(CH_2CH_3)_3$　$C_6H_{15}N$	101
N,N-二甲基环己胺(DMCHA)	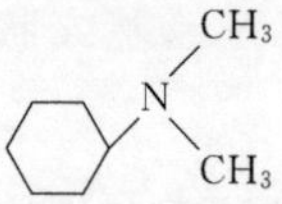 $C_8H_{17}N$	127
N,N-甲基二环己基胺	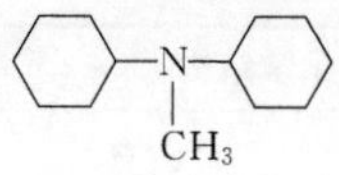 $C_{13}H_{25}N$	195
N-甲基吗啉	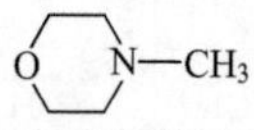 $C_5H_{11}NO$	101
N-乙基吗啉	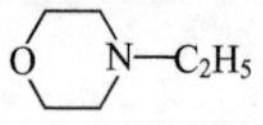 $C_6H_{13}NO$	115
N,N'-二甲基哌嗪	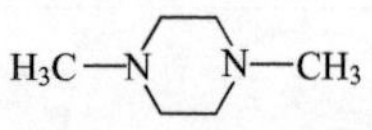 $C_6H_{14}N_2$	114
N,N'-二乙基哌嗪	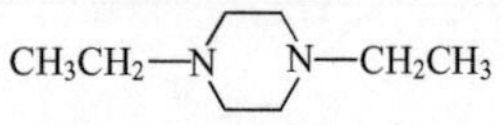 $C_8H_{18}N_2$	142
1,1,3,3-四甲基哌啶	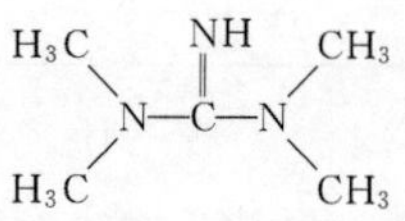 $C_5H_{13}N_3$	115
双(2-二甲氨基乙基)醚	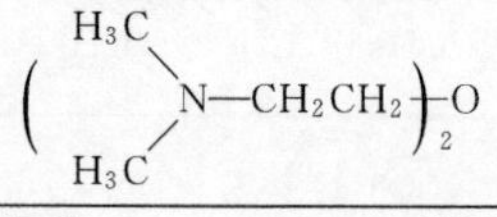 $C_8H_{20}N_2O$	160
四甲基丁二胺(TMBDA)	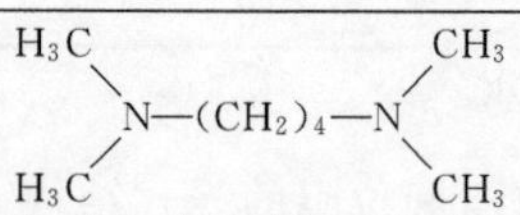 $C_8H_{20}N_2$	144
2,4,6-三(二甲氨基甲基)苯酚	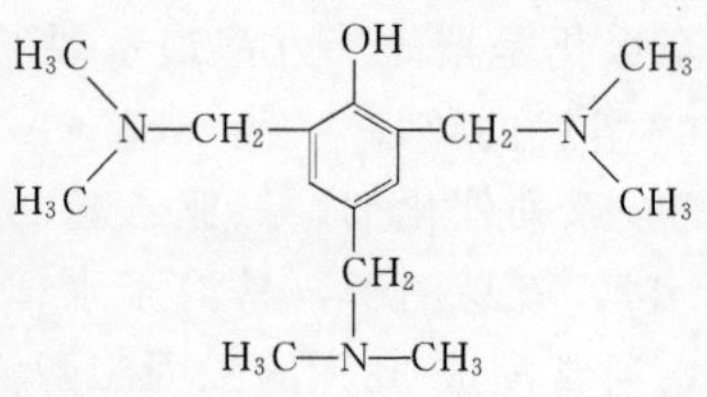 $C_{15}H_{27}N_3O$	165
五甲基二亚丙基三胺	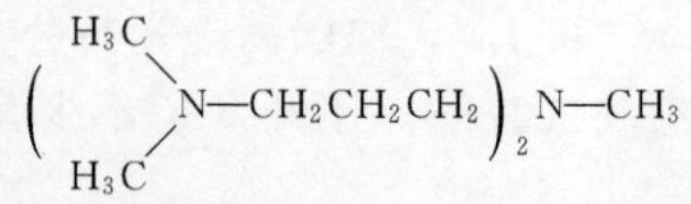 $C_{11}H_{27}N_3$	201

续表

化学名称	化学结构		分子量
三甲基羟乙基亚乙基二胺	H$_3$C $\diagdown$ NCH$_2$CH$_2$—N—CH$_2$CH$_2$—OH H$_3$C $\diagup$ (CH$_3$)	C$_7$H$_{18}$N$_2$O	142
二甲基乙醇胺（DMEA）	H$_3$C $\diagdown$ NCH$_2$CH$_2$—OH H$_3$C $\diagup$	C$_4$H$_{11}$NO	89

2.6.1.2　有机锡

有机锡化合物是异氰酸酯与醇反应的高效催化剂，使聚合物分子量增大，黏度上升，促进凝胶，故有"凝胶催化剂"之称，而对异氰酸酯与水的催化作用相对要低得多。它与三亚乙基二胺搭配使用具有协同作用，可自由调整凝胶反应和发泡反应的速率，使其达到最佳平衡，生产出性能优良的聚氨酯泡沫制品。在有机锡化合物中最重要的成员是辛酸亚锡（T-9）和二丁基锡二月桂酸酯（T-12）。前者是二价的亚锡化合物，催化活性比 T-12 高，毒性较小。后者是烷基取代的正四价锡化合物，毒性较大。高施米特公司的商品牌号分别为 Kosmos$^®$-29 和 Kosmos$^®$-19。其物性见表 2-64。

表 2-64　有机锡化合物的物性

物　　性	辛酸亚锡 Kosmos$^®$-29	二丁基锡二月桂酸酯 Kosmos$^®$-19
化学结构	C$_2$H$_5$ O $\mid$ $\parallel$ (C$_4$H$_9$CH—C—O)$_2$Sn	O $\parallel$ (C$_4$H$_9$)$_2$Sn(O—C—C$_{11}$H$_{23}$)$_2$
分子量	405.1	631.51
外观	淡黄色液体	黄色液体
色度（Gardner）	≤6	≤8
相对密度（d_4^{20}）	1.25±0.02	1.07±0.01
黏度（20℃）/mPa·s	<450	≤80
凝固点/℃	−20	−10
折射率（n_d^{20}）	1.4955±0.0055	1.479±0.009
闪点/℃		约200
锡含量/%	28.55±0.65	18.5±0.5
溶解性	可溶于多元醇及大多数有机溶剂,不溶于水	可溶于多元醇及大多数有机溶剂
贮存稳定性	至少 12 个月,但容器必须密封,存放在干燥处,防止高温和高湿度	
添加量（以多元醇计）/%	0.17～0.4	0.03～0.3

近年来一种毒性比 T-12 小的催化剂二辛基锡二月桂酸酯进入我国市场。高施米特公司的商品牌号为 TIBKAT$^®$ 216，锡含量 15.5%～17%，黏度比 T-12 稍大，催化活性接近 T-12，但价格高得多。另外一种新的有机锡商品已进入我国市场，牌号为 CAT$^®$-680，为淡黄色液体，黏度 100mPa·s，锡含量 16%～16.5%，催化活性很高，且不含二丁基锡、二辛基锡等 8 种被欧盟限制的有毒有机锡化合物，对人体健康影响微小，符合欧盟污染检验标准。

2.6.1.3　其他有机金属化合物

除了上述有机锡化合物外，还开发了非锡类有机金属化合物作催化剂，如异辛酸锌、异辛酸铅、油酸钾、环烷酸锌、环烷酸钴、乙酰丙酮铁、乙酸苯汞、丙酸苯汞等，它们的化学结构如下。

$$(CH_3CH_2CH_2CH_2\underset{\underset{C_2H_5}{|}}{CH}-\overset{\overset{O}{\|}}{C}-O)_2Zn$$

异辛酸锌(2-乙基己酸锌)

$$(CH_3CH_2CH_2CH_2\underset{\underset{C_2H_5}{|}}{CH}-\overset{\overset{O}{\|}}{C}-O)_2Pb$$

异辛酸铅(2-乙基己酸铅)

$$CH_3(CH_2)_7CH=CH(CH_2)_7COOK$$

油酸钾

$$[CH_2-(CH_2)_2-\underset{\underset{CH_2}{|}}{CH}(CH_2)_nCOO]_2Zn$$

环烷酸锌

$$(H_3C\overset{\overset{O}{\|}}{C}-CH-\underset{\underset{CH_3}{|}}{C}-O)_3Fe$$

乙酰丙酮铁

$$[CH_2-(CH_2)_2-\underset{\underset{CH_2}{|}}{CH}(CH_2)_nCOO]_2Co$$

环烷酸钴

乙酸苯汞 (C₆H₅—Hg—O—C(=O)—CH₃)

丙酸苯汞 (C₆H₅—Hg—O—C(=O)—CH₂CH₃)

这些金属有机化合物可用作常温固化聚氨酯的催化剂，其中尤以乙酸苯汞、丙酸苯汞对异氰酸酯与多元醇的反应有较好的催化作用，而对水的反应不敏感，并赋予制品良好的物理机械性能，是制备非泡聚氨酯弹性体的特效催化剂之一，但是这些含汞催化剂毒性很大。有研究表明，汞、铅等重金属有机化合物和原有的有机锡催化剂不仅会造成环境污染，还可导致生物体畸形和慢性中毒，不能用于制备医用及日用聚氨酯制品。此类催化剂已被欧盟等发达国家禁止在上述制品中使用。近年来新开发出一系列非锡催化剂，如环烷酸铋。其合成反应可表示如下：

$$C_nH_{2n-1}COOH+Bi_2O_3\xrightarrow[\Delta]{甲苯}(C_nH_{2n-1}COO)_3Bi+H_2O$$

该催化剂毒性很小，是绿色环保型催化剂，可用于医用和日用聚氨酯制品。与有机锡比较，有较好的耐水解性，但这类催化剂的催化活性不如有机锡。国外有机酸铋及其复合催化剂商品牌号主要有德国 Goldschmidt 公司生产的 TEGOKAT® 722、TEGOKAT® 716。美国领先化学品公司的 BICAT® 8108、BICAT® 8220，Borchi® Kat24、Borchi® Kat0243 等。江苏省化工研究所已试制出环烷酸铋催化剂，填补了国内空白。

2.6.1.4 酸

在合成聚氨酯时原料中铁等金属离子和某些碱性物质的存在会导致生成脲基甲酸酯和缩二脲的反应发生，反应激烈，聚合物黏度迅速上升，甚至很快凝胶。在这种情况下有时添加微量磷酸或苯甲酰氯等酸性物质可抑制上述副反应发生，使反应正常进行。此外，用胺类（如MOCA）作为硫化剂时，可用某些有机酸作为催化剂调节凝胶速度，缩短硫化时间，如油酸、壬二酸、己二酸等，添加量 0.1%～1.0%。用作催化剂的有机酸最好是疏水的，不含羟基和水。

2.6.2 水解稳定剂

聚氨酯结构中含有大量极性基团，从而降低了它的疏水性。同时这些极性基团有的（如酯基）容易发生水解，而且在酸性介质中会加速水解反应，所以聚酯型聚氨酯在潮湿环境下特别是热水中使用，必须添加水解稳定剂。

水进入聚氨酯产品中，在 50℃ 以下基本表现为增塑作用，但是在 50℃ 以上就易发生不可逆的化学作用。聚氨酯结构中的极性基团与水发生化学反应，使分子链断裂而降解。聚氨酯结构中极性基团水解稳定性的顺序如下：

醚基＞脲基≈氨基甲酸酯基＞脲基甲酸酯基≈缩二脲基＞酯基

酯基最容易水解，而醚基耐水解最好。根据试验结果，聚醚型比聚酯型耐水解要强 4 倍。为了提高聚酯型聚氨酯的水解稳定性，曾对 145 种添加剂进行筛选试验，结果表明碳化二亚胺类化合物（Carbodiimide）效果最佳。20 世纪 50 年代初 Bayer 公司开发了该类水解稳定剂，后美国 Mobay 化学公司也开发了类似产品。碳化二亚胺水解稳定剂有单碳化二亚胺和多碳化二亚胺（PCD）两种，由德国莱茵化工厂生产的碳化二亚胺水解稳定剂有两个牌号：Stabaxol®-1 和 Stabaxol®-P，其化学结构如下。

单碳化二亚胺　　　　　　　多碳化二亚胺　($n=1\sim4$)
（Stabaxol®-1）　　　　　　　（Stabaxol®-P）

用普通的异氰酸酯制备碳化二亚胺过程中，生成的碳化二亚胺易进一步与 NCO 基反应生成脲酮亚胺，所以要采用 NCO 基邻位有位阻基团的异氰酸酯为原料，以阻碍脲酮亚胺交联的生成。单碳化二亚胺一般用单异氰酸酯缩合制备。多碳化二亚胺一般用二异氰酸酯缩聚，用单异氰酸酯封端。Stabaxol®-1 为单碳化二亚胺，碳化二亚胺含量≥10.0%，分子量 362，熔程 40～50℃，黏度约 19mPa·s（50℃），可溶于丙酮、氯苯、二氯甲烷等，不溶于水和 1,4-丁二醇。主要以熔融状态用于聚酯型液态聚合物，加工温度不能超过 120℃。Stabaxol®-P 为多碳化二亚胺，它是由 1,3,5-三异丙苯-2,4-二异氰酸酯合成的，用 2,6-二异丙苯单异氰酸酯封端制得，为黄色至棕色片状粉末，分子量 3000 左右，具有较好的耐热和耐迁移性能，主要用于 TPU 和 MPU。由于异丙基的空间位阻效应很大，所以碳化二亚胺产品化学惰性大，贮存稳定，不参与聚氨酯的聚合反应，而且很难或不与硫化促进剂、过氧化物、异氰酸酯反应。但是它易与羧酸，或酯基水解生成的羧酸反应，生成酰脲衍生物。羧酸是水解的促进剂，碳化二亚胺消耗了聚酯中的羧基，就可防止水解蔓延。添加量为 2%～5%，可使水解稳定性提高 2～4 倍。该类水解稳定剂产品系列见表 2-65。

表 2-65　碳化二亚胺水解稳定剂

产品牌号	化学名称	外观	熔程/℃	用途与剂量
Stabaxol®-1	单碳化二亚胺	浅黄色至棕色液体或晶体	40～50	常加入聚酯多元醇中，以液态形式进行加工，加工温度不能超过 120℃，用量约为聚酯多元醇的 1%
Stabaxol®-P（片状）	多碳化二亚胺	黄色至棕色片状晶体	60～90	以熔融态进行加工，如 TPU，剂量为成品的 0.5%～2.5%
Stabaxol®-P（粉状）	含 4%Silciar 的多碳化二亚胺	浅黄色粉末	60～90	以粉末形式与 MPU 橡胶在混炼辊上一起加工，或加入混合器中与 TPU 等颗粒混合后加工制品，剂量为成品的 0.5%～2.5%

为便于使用，可将碳化二亚胺和聚乙酸乙烯混合制成母料出售，并根据用户要求可以配制成液体状、固体状、单体型、聚合型等多种品牌的水解稳定剂。

20 世纪 70 年代后期山西省化工研究研制开发了碳化二亚胺类水解稳定剂。它是以戊环系磷化氧为催化剂，由 TDI 缩聚，用甲醇或乙醇封端而成，其结构如下：

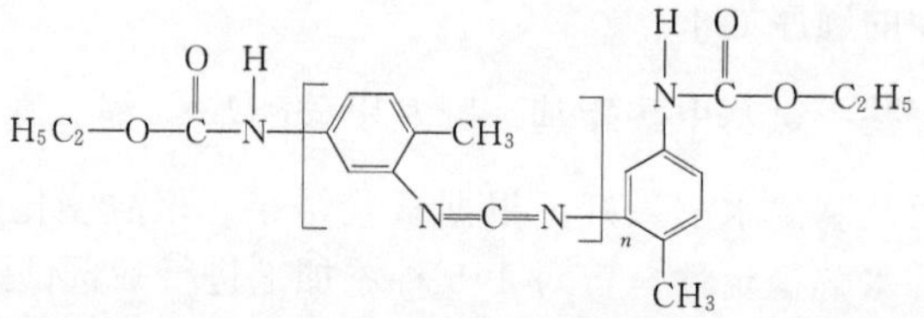

$(n=8\sim15)$

这种 PCD 的物性与 Stabaxol®-P 类似，但由于乙基的空间位阻效应较小，稳定效果差。该产品用作 HA-1 聚酯型混炼胶的水解稳定剂与进口 Stabaxol®-P 比较，添加量均为 4 份，在 93℃ 的热水中浸泡 70h，拉伸强度的保持率分别为 60.4% 和 69.1%，而未加水解稳定剂的配方拉伸强度保持率只有 4.1%，效果虽不及 Stabaxol®-P，但仍很明显。此外，4-叔丁基邻苯二酚、六亚甲基四胺、偶氮二甲酰胺、偶氮二甲酸酯、脂肪酰胺也对抗水解有效。

2.6.3 阻燃剂

关于阻燃标准，国际上通常用氧指数来划分阻燃材料的等级，英国标准 BS 476 对于阻燃材料的要求：

一级阻燃材料	氧指数＞38%
二级阻燃材料	氧指数＞25%

普通聚氨酯的氧指数为 19%～20%，属于可燃物质。用于家具、建筑、汽车、铺地材的聚氨酯必须达到二级阻燃标准（氧指数法）或一级阻燃标准。因此阻燃剂在聚氨酯制品中的应用相当普遍，是用量最大的配合剂，约占聚氨酯配合剂总量的 1/3。阻燃剂是一类能够阻止物质引燃或抑制火焰传播的助剂。按化学组成阻燃剂可分为无机和有机阻燃剂两类。前者多含铝、硼、锌、锑等元素，如氢氧化铝、水合氧化铝（$Al_2O_3 \cdot 3H_2O$）、硼酸盐、氧化锌、三氧化二锑等。无机阻燃剂的阻燃效果好，价格低，不产生烟雾，但为固体物质，密度大，给计量、输送、混合设备提出了更高的要求，不便于使用。有机类阻燃剂含卤素、磷等元素。卤素的阻燃效果是 Br＞Cl＞I＞F。溴的阻燃效果最好，而氟几乎没有阻燃作用。氯化物可抑制聚合物燃烧的基本反应，同时生成的 HCl 气体稀释可燃气体，达到阻燃的目的。但含氯阻燃剂燃烧时产生的烟雾和毒性比含磷阻燃剂大，所以各公司都推荐含磷阻燃剂或同时含磷和氯的阻燃剂。在有机阻燃剂中，开发最早和用量较大的品种是三（2-氯乙基）磷酸酯（TCEP）和三（2-氯异丙基）磷酸酯（TCPP）。

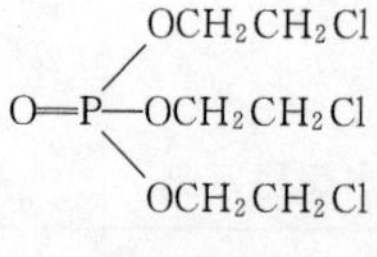

（TCEP） 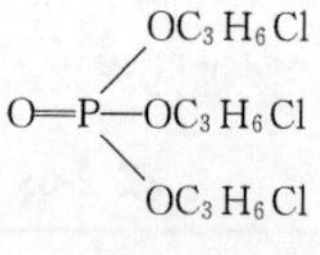　（TCPP）

三（2-氯异丙基）磷酸酯由 3 种异构体组成。考陶尔兹化学公司（Courtaulds）生产的 TCPP 含 82% 的三（2-氯异丙基）磷酸酯、17% 的双（氯异丙基）单（氯正丙基）磷酸酯和 1% 的双（氯正丙基）单（氯异丙基）磷酸酯。

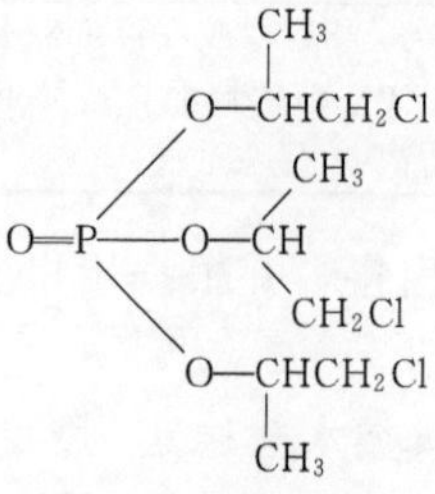

（占82%） 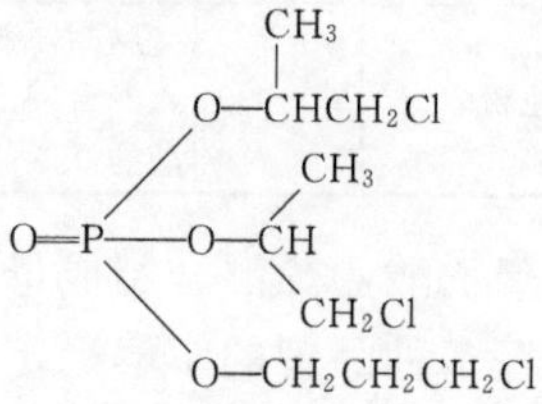　（占17%） 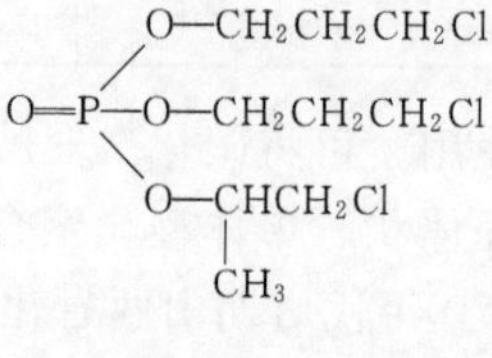　（占1%）

考陶尔兹化学公司生产的 TCEP 和 TCPP 的物性见表 2-66。

表 2-66　考陶尔兹化学公司生产的 TCEP 和 TCPP 的物性指标

物性名称		单位	指　标	
			TCEP	TCPP
外观			低黏性无色液体	
气味			低微芳香气味	低微芳香气味
密度		g/cm³	1.428	1.293
黏度(25℃)		mPa·s	34	61
酸度	≤	mg KOH/g	0.05	0.05
含水量	≤	%	0.1	0.1
蒸气压(20℃)			可忽略	可忽略
分子量			285.5	327.5
水溶性			0.78	0.16
磷含量		%	10.9	9.5
氯含量		%	37.3	32
毒性(LD$_{50}$)		mg/kg	1230	3600
毒性分类			有害	低毒
沸点(101325Pa)		℃	351(200℃以上热降解,100℃以上水解)	341(200℃以上热降解,100℃以上水解)
倾点		℃	—54	—42
闪点		℃	202(产品分解着火)	194(产品分解着火)

除了上述两种阻燃剂外,后来英国奥布赖·威尔逊公司开发了阻燃效果更佳的磷系阻燃剂甲基膦酸二甲酯(TMMP):

$$O = P \begin{array}{l} O - CH_3 \\ CH_3 \\ O - CH_3 \end{array}$$

添加 DMMP 的制品遇到火焰时,DMMP 分解生成磷酸-偏磷酸-聚偏磷酸,形成不挥发保护层覆盖于燃烧面,隔绝了氧气的供给。同时聚偏磷酸能促进高聚物向碳化进行,生成大量水,阻止燃烧蔓延,达到灭火目的。此外,DMMP 燃烧分解生成五氧化二磷、二氧化碳和水,没有毒性气体产生。DMMP 尤其适合于透明和浅色制品,添加量为 3%～15%。20 世纪 90 年代初青岛农药厂开始生产这种高档次阻燃剂,其物性和质量指标见表 2-67 和表 2-68。最近雅宝公司推出了两种聚氨酯专用阻燃剂:Antiblaze® BK-69 和 Antiblaze® FL-76,磷含量 8% 以下。用作聚氨酯有机类阻燃剂的还有磷酸三苯酯、多聚磷酸胺、氯化石蜡等。氯化石蜡主要用于铺装材料。

表 2-67　DMMP 的物性

黏度(25℃)/mPa·s	折射率(n_D^{25})	沸点/℃	闪点/℃	分解温度/℃	凝固点/℃	蒸气压(30℃)/Pa	溶解性
1.75	1.411	180	≥90	≥180	<—15	133.32	与水及有机溶剂混溶

表 2-68　DMMP 的质量指标

外观	酸值/(mg KOH/g)	水分/%	密度/(g/cm³)	P 含量/%
无色或淡黄色透明液体	≤1.0	≤0.05	1.160±0.025	25

2.6.4　溶剂

有时为了调节反应速度,降低胶料黏度,或使某些固体成分溶解成液体,需要添加合适的溶剂。选择溶剂时必须考虑以下几点:

① 不含与异氰酸酯反应的物质或含量很低；

② 对异氰酸酯化学反应的影响，对环境的危害；

③ 溶剂的沸点及挥发速率；

④ 稀释效果及成本。

溶剂中都不同程度含有微量水分。除了水与异氰酸酯反应直接影响配方的准确性外，同时反应生成脲会降低端异氰酸酯组分的贮存稳定性，生成的 CO_2 易导致制品产生气泡。所以如何降低溶剂中水分就成了至关重要的问题。溶剂中的水含量究竟低到什么程度才合适，需要根据试验结果来确定，这里要用"异氰酸酯当量"作为标准来衡量。它的定义是与 1mol 异氰酸酯基（NCO）完全反应所需的溶剂质量（g）。这个数值当然也包括了溶剂中与 NCO 基反应的其他一切物质。该值越大，溶剂中含水等活泼氢化合物含量越低。聚氨酯常用溶剂一般不含其他活泼氢化合物，所以"异氰酸酯当量"的大小主要反映溶剂中水分的多少。按聚氨酯涂料技术的要求，低于 2500g 的溶剂不能用于聚氨酯涂料，实践中聚氨酯溶剂的一般要求在 3000g 以上，尤其是在有机溶剂中聚合时对溶剂含水量要求更高。达到此数值的溶剂称为"氨酯级"溶剂。其试验方法是将定量的溶剂和过量的苯基异氰酸酯完全反应后，用二正丁胺法分析溶剂中剩余的苯基异氰酸酯质量，然后按下式计算：

$$SIE = \frac{\dfrac{W_1}{W_2 - W_3}}{EPIE}$$

式中　SIE——被测溶剂的异氰酸酯当量，g/mol；

　　　W_1——被测溶剂取样质量，g；

　　　W_2——加入苯基异氰酸酯的质量，g；

　　　W_3——剩余苯基异氰酸酯的质量，g；

　　　EPIE——苯基异氰酸酯当量（其值为 119）。

聚氨酯常用的溶剂有甲苯、二甲苯、乙酸乙酯、乙酸丁酯、丙酮、丁酮、二甲基甲酰胺等。表 2-69 列出了部分溶剂的异氰酸酯当量及相当的水含量供参考。

表 2-69　某些溶剂的异氰酸酯当量及相当的水含量[①]

溶剂名称	异氰酸酯当量/(g/mol)	相当于溶剂中含水量/%	溶剂名称	异氰酸酯当量/(g/mol)	相当于溶剂中含水量/%
乙酸乙酯	5600	0.16	二甲苯	>10000	0.09
乙酸丁酯	3000	0.30	甲基异丁酮	5700	0.16
丁酮	3800	0.24	二乙二醇乙醚	5000	0.18
甲苯	>10000	0.09			

① 与苯基异氰酸酯反应的物质全部以水计。反应至生成脲为止。

甲苯、二甲苯和氯苯不溶于水，所以含水量都很低（≤0.05%），超过氨酯级标准。但丙酮、丁酮、乙酸乙酯、醋酸丁酯等溶剂与水都有一定的混溶性（表 2-70）。工业品级的上述溶剂含水量较高，但现在国内外大企业生产的丁酮、乙酸乙酯、乙酸丁酯的含水量标准都不超过 0.05%，远高于"氨酯级"水平。丙酮为 0.3%。如达不到氨酯级标准，使用前需要脱水精制。溶剂除了起稀释作用外，对异氰酸酯的化学反应也有很大影响。溶剂的极性越大，则 NCO 基与 OH 基的反应越慢。酯类和酮类的极性比甲苯、二甲苯大得多，所以反应速率也慢得多。如丁酮与甲苯相比反应速率相差 24 倍，这是因为溶剂分子极性越大，越易与 OH 基形成氢键缔合，从而降低了 OH 基与 NCO 基的反应活性。

此外，溶剂的表面张力对气泡消除有影响。表面张力小（35×10^{-3}N/m 以下），气泡易消除，表面不易起泡。表 2-71 列出了聚氨酯常用溶剂的物性供参考。

表 2-70　水在溶剂中的溶解度　　　　　　　单位：g 水/100g 溶剂

溶　剂	溶解度/g	溶　剂	溶解度/g	溶　剂	溶解度/g
丙酮	全溶	二乙二醇乙醚	6.5(20℃)	乙酸丁酯	1.37(20℃)
丁酮	35.6(23℃)	乙酸乙酯	3.01(20℃)	苯	0.06(23℃)
环己酮	8.7(20℃)	甲基异丁酮	1.9(25℃)		

表 2-71　聚氨酯常用溶剂的物性[①]

溶剂名称	相对密度 (20℃)	沸点/℃	相对挥发速率	表面张力/ (mN/m)	溶剂名称	相对密度 (20℃)	沸点/℃	相对挥发速率	表面张力/ (mN/m)
丙酮	0.790	56.5	7.2	23.7	甲苯	0.866	110.8	1.95	30
丁酮	0.806	79.6	5.3	24.6	乙酸丁酯	0.882	126.3	1.0(基准)	25.2
乙酸乙酯	0.900	77.1	5.1	27.6	二甲苯	0.897	114.0	0.68	32.8
碳酸二甲酯	1.071	90.3	3.4	28.5	二甲基甲酰胺	0.953	153.0	慢	35.2

① 以乙酸丁酯的挥发速率为 1 比较。

近年一种毒性很低的溶剂碳酸二甲酯进入市场，无色透明，沸点 90.3℃，凝固点 4℃，优级品含水量≤0.05%，价格和甲苯相近，但对聚氨酯的溶解性能比甲苯稍低，已在鞋用聚氨酯胶黏剂中应用。

2.6.5　脱模剂

聚氨酯与金属及极性高分子材料的黏结力强也给制品脱模带来了困难。除了一些非极性高分子材料，如聚四氟乙烯、硅橡胶、聚苯乙烯、聚乙烯、聚丙烯等材料制作的模具可不擦涂脱模剂外，常用的各种金属模具必须擦涂或喷涂脱模剂方可取出制品。常用的脱模剂主要有两大类。一类是有机硅，如硅橡胶、硅脂、硅油及其配制的有机溶液。常用的有机溶剂有二氯甲烷、三氯甲烷、F₁₁、F₁₁₃ 等氯氟烃化合物和火油、汽油等。我国生产有机硅脱模剂的厂家有湖北襄樊航天部 42 所、上海树脂厂、成都晨光化工研究院等。进口的这类脱模剂也很多，如 MCLUBE ASIAPVT 公司生产的牌号为 MA2020E 的脱模剂用于浇注制品，脱模效果很好。另一类脱模剂是润滑油脂，如钡基脂、钙基脂、锂基脂、石蜡、硬脂酸及其盐类等，ICI 公司开发的硬脂酸盐脱模剂可配制成水乳液，用量 40g/m²，可获得满意的脱模效果。喷涂聚四氟乙烯光滑表层的金属模具加工的制品表面质量很好，适于常压浇注成型制品，可多次使用而不需要擦涂脱模剂。用有机溶剂稀释的脱模剂使用时会给环境带来污染，并危害人体健康，所以国外都在致力于水基脱模剂的开发。中国航天工业总公司第四研究院开发的 PRW-105 水基脱模剂具有无毒、无味、不燃、不污染环境等特点，脱模效果良好，其性能接近进口 CTW-126 型热硫化脱模剂。

为了改善 RIM 的脱模效果，还开发了一些内脱模剂。将内脱模剂加入物料中可降低制品与模具的结合强度。与外脱模剂配合使用，可改善脱模效果，提高制品合格率。可作为内脱模剂的化合物如有机硅化合物、脂肪酸酯、高级脂肪酸金属盐（如硬脂酸锌的脂肪酸溶液、硬脂酸锌的脂肪胺溶液）。后者特别适合于二胺类扩链剂的 RIM 制品生产。此外，尺寸较小、几何形状简单的 RIM 制品（如扶手），可用 0.5mm 厚的聚苯乙烯或低压聚乙烯薄膜制成的脱模内衬代替脱模剂。

合适的脱模剂擦涂一次可反复成型数模制品，模具不易结垢，制品表面光洁。但由于聚氨酯的配方和成型工艺不同，究竟何种脱模剂效果最佳，需要根据聚氨酯配方、成型硫化条件、模具材料、表面状况和几何形状等诸多因素考虑，有时还不得不通过试验来选择。

2.6.6　着色剂

聚氨酯弹性体制品的着色一般有两种方式：一种是将颜料等助剂和低聚物多元醇研磨成色浆母液，然后将适量的色浆母液与低聚物多元醇搅拌混合均匀，再经过加热真空脱水，然后与异氰酸酯组分反应等过程生产制品，如 TPU 色粒料和彩色铺装材；另一种方法是将颜料等助剂和低聚物多元醇或增塑剂等研磨成色浆或色膏，经加热真空脱水，封装备用。使用时，将少许色浆加到预聚物中搅拌均匀后再与扩链交联剂反应浇注成型制品。色浆中颜料含量 10%～30%，还添加有紫外线吸收剂等助剂。制品中色浆的添加量一般在 0.1% 以下。色浆应贮存稳定，不结块分层，在预聚物中易分散，不影响真空脱泡和制品性能，同时要求着色制品在热硫化和贮存过程中色彩稳定。常用的色浆为红、黄、绿、蓝、黑、白六种，无机颜料和有机颜料均可使用。常用的颜料有氧化铁（铁红）、硫化镉（镉黄）、炭黑、二氧化钛（钛白粉）、酞菁绿、酞菁蓝等。德国高施米特和莱茵化学等多家公司均生产系列色浆。表 2-72 列出了莱茵化学的聚氨酯色浆规格，供参考。

表 2-72　莱茵化学的聚氨酯色浆规格

MOLTOPREN		BAYLEX		BAYDUR		颜色描述
浆料聚酯	OH 值	浆料聚醚	OH 值	浆料聚醚	OH 值	
深蓝色浆 504027	26	深蓝色浆 502010	17			深蓝色
蓝色浆 BU01[①]	170	蓝色浆 51011	28	蓝色浆 HG	440	蓝色偏红
黄色浆 RU01[①]	170	黄色浆 51005	31	黄色浆 HR	440	黄色偏红
		黄色浆 51043	14			浅黄色偏绿
黄色浆 GUN02/RC	40					黄色偏绿
黄色浆 6GS01[①]	200					黄色偏绿
红色浆 BBS01[①]	200					红色偏蓝
红色浆 BN01[①]	160	红色浆 51002	28	红色浆 B	440	红色偏蓝
		红色浆 51014	28			红色偏黄
红色浆 RU01[①]	170	红色浆 51034	28			红色偏黄
绿色浆 GU01[①]	170	绿色浆 51004	26			绿色偏蓝
粉色浆 504006	30	粉色浆 51016	28			粉色
		粉色浆 502039	30			粉色
紫色浆 504004	30	紫色浆 502082	30			紫色
黑色浆 F[①]	40					黑色偏黄
黑色浆 AU01[①]	160					黑色偏黄
		黑色浆 N[①]/NT01[①]	30/25		470	黑色偏棕
白色浆 RU01[①]	100					中性白
白色浆 RUN01[①]	100					中性白
白色浆 51052	18	白色浆 51044	17			中性白
白色浆 51037	18	白色浆 51009	14	白色浆 KE5086	290	中性白,无磨料
白色浆 RF[①]/RCF	15/18					白色偏蓝
红色浆 51029	16	红色浆 51045	310			氧化铁红
黄色浆 51030	18			黄色浆 RC301015	310	氧化铁黄

① 制造商为 Bayer 公司。

2.6.7　填充剂

为了降低成本，减小固化收缩率和热膨胀系数，或改善聚氨酯的某些性能，有时需添加适量的填充剂（即填料）。除了混炼型聚氨酯橡胶常用大量炭黑等作为填充剂外，在浇注型聚氨酯弹性体某些配方中有时也需添加适量的填充剂，如碳酸钙、石英粉、钛白粉、陶土、重晶石、滑石粉、煤粉、玻璃微珠和玻璃纤维。如运动场地的铺地材料、屋面防水材、密封胶、灌封胶、低硬度胶辊等，在这些弹性体配方中通常采用多元醇为扩链剂，配合量大。常温下为低黏度液体，异氰酸酯多为改性异氰酸酯或半预聚物，黏度也比较小，添加适量的填充剂反而有利于改善加工性能和产品性能，并能降低成本。通常填充剂加入多元醇组分中，经研磨，使其粒度在 40μm 以下，然后经加热真空脱水，封装备用。此外，在 RIM 制品中常用玻璃纤维作为填充剂，有时还用云母片、硅灰石、碳纤维、聚芳酰胺等作为填充剂，以提高 RIM 制品的刚性和模量，降低热膨胀系数和成本。但是在通常的预聚物/MOCA 浇注料配方中不加填充剂，因为预聚物黏度大，MOCA 配合量小，又是固体，且反应速率快，凝胶很快，添加填充剂将给操作带来不便，给浇注机的计量和输送带来麻烦。

2.6.8 防霉剂

聚酯型和聚 ε-己内酯型聚氨酯在湿热和阴暗的环境下容易被微生物侵蚀，即容易生长霉菌，使制品性能下降，很快失去使用价值。霉菌又称真菌，是种类繁多的微生物类群，如黑霉、黄青霉、球毛壳霉等。霉菌生长最适宜的温度为 26～32℃，相对湿度为 85% 以上。材料的防霉等级为 0～4 级。通过实验表明，聚醚型（包括 PPG、PTMG 和共聚醚）聚氨酯的抗霉菌能力强，为 0～1 级，即不长霉菌或基本上不长霉菌。而聚酯型和聚 ε-己内酯型聚氨酯易长霉或严重长霉，为 3～4 级。所以在湿热和阴暗的环境下使用必须添加防霉剂。常用的防霉剂有 8-羟基喹啉、8-羟基喹啉酮、五氯苯酚、四氯 4-（甲基磺酰）吡啶、水杨酰替苯胺、双（三正丁基锡）氧化物、乙酸苯汞等，添加量为 0.1%～1%。选用时除防霉效果外，还必须考虑毒性和价格，土埋后易分解，对反应无影响等。以 8-羟基喹啉酮为例，添加 0.2%，防霉等级可达到 1～2 级，且对制品物理机械性能无明显影响。本品为黄绿色粉末，杀菌力强，对人体毒性低（$LD_{50}=5000～16000mg/kg$），但有着色性。另据报道，钴/板钛型纳米二氧化钛复合物添加在 PU 鞋底原液中（聚酯型），具有优异的防霉抗菌性能。

2.6.9 抗静电剂

聚氨酯与大多数高分子材料一样具有优良的绝缘性能和低吸湿性，这类材料表面摩擦时易产生静电危害，轻则表面易吸附灰尘，重则产生静电火花，甚至引起火灾。纺织胶辊和胶圈、输送物料的特殊管道和胶带、计算机和某些精密仪器设备机房用的胶板等橡胶制品都要求不易产生静电。通常用表面电阻作为衡量材料静电大小的尺度。表面电阻不超过 $10^8\Omega$ 的材料不易产生静电。聚氨酯的表面电阻一般在 $10^{13}\Omega$ 上下，达不到上述要求。实际使用的抗静电剂绝大多数为表面活性剂，而且以离子型表面活性剂为主，如美国 ACC 公司生产的抗静电剂-LS，化学名称为（3-月桂酰胺丙基）三甲基铵硫酸甲酯盐，其商品牌号为 Cyastat®-LS，化学结构为：

$$[H_{23}C_{11}\overset{\overset{\displaystyle O}{\|}}{C}-NH-CH_2CH_2CH_2-\overset{\overset{\displaystyle CH_3}{|}}{\underset{\underset{\displaystyle CH_3}{|}}{N}}-CH_3]^+ \cdot CH_3SO_4^-$$

本品为带有酰胺结构的阳离子表面活性剂，外观为白色结晶粉末，分子量 410，相对密度（d_4^{20}）1.121，熔点 99～103℃，分解温度 235℃。用于聚氨酯去静电效果好，用量 0.5%～2%。另据报道，ICI 公司开发的一种抗静电剂，商品名为 Atmer® 164。该品也是以阳离子化合物为基础的一种合成胺类化合物，添加量软泡为 2%～5%，硬泡为 2%～4%，弹性体为 2%～8%。可显著消除静电，适用于医药卫生、电子仪器和电子通信领域用的聚氨酯制品，而对聚氨酯化学反应和物理机械性能无明显影响。最近高施米特公司开发了一种内抗静电剂，即使用的聚醚带有导电性。其商品名为 Ortegol® AST，外观为无色至浅黄色液体，相对密度（25℃）1.09±0.01，羟值（33±3）mg KOH/g，25℃时黏度为（315±60）mPa·s。当其用量增至聚醚总量的 5% 时，表面电阻由 $10^{13}～10^{14}\Omega$ 降至 $10^9\Omega$。在混炼型聚氨酯橡胶中可加入导电炭黑或乙炔炭黑消除静电。

2.6.10 抗氧剂和光稳定剂

抑制或延缓聚合物在制造、加工和使用过程中氧化降解的物质称为抗氧剂，抑制或延缓光氧化降解的物质称为光稳定剂。在橡胶工业中统称为防老剂。普通聚氨酯耐热氧化性能不是很好，特别是醚键的 α-碳原子上的氢更容易被氧化。MOCA 在加热过程中温度超过140℃，或加热时间过长也会被氧化，使颜色变深，影响制品外观和性能。所以抗氧剂在聚氨酯原料中间体及制品生产中也是常用的助剂之一。常用的抗氧剂有 2,6-二叔丁基-4-甲基苯酚（BHT，简称抗氧剂-264）、四（4-羟基3,5-叔丁基苯基丙酸）季戊四醇酯（简称抗氧剂1010）、3,5-二叔丁基-4-羟基苯丙酸十八酯（简称抗氧剂1076）、双（2,2,6,6-四甲基-4-哌啶）癸二酸酯（Tinuvin770）、亚磷酸三苯酯（TTP）、亚磷酸三（壬基苯酯）（TNP）、酚噻嗪、双（β-3,5-二叔丁基-4-羟基苯基丙酸）己二醇酯等。其中抗氧剂-264是聚氨酯常用的抗氧剂，它与吩噻嗪等配合使用具有协同效应。聚醚、聚酯、MOCA 和聚氨酯中添加抗氧剂可显著提高抗热氧化性能，改善产品的耐热性能和外观，添加量一般在 20×10^{-6} 以下。

光稳定剂主要有紫外吸收剂和受阻胺光稳定剂。户外使用的聚氨酯材料，如运动场地的铺地材、地板材、屋面防水材等，长年累月受阳光照射，而由 TDI、MDI 等芳族异氰酸酯合成聚氨酯，在紫外线的作用下芳香环的二氨基甲酸酯桥键结构会自动氧化生成醌-亚胺键或偶氮化合物，同时伴随制品泛黄和力学性能的下降。其氧化过程可表示如下：

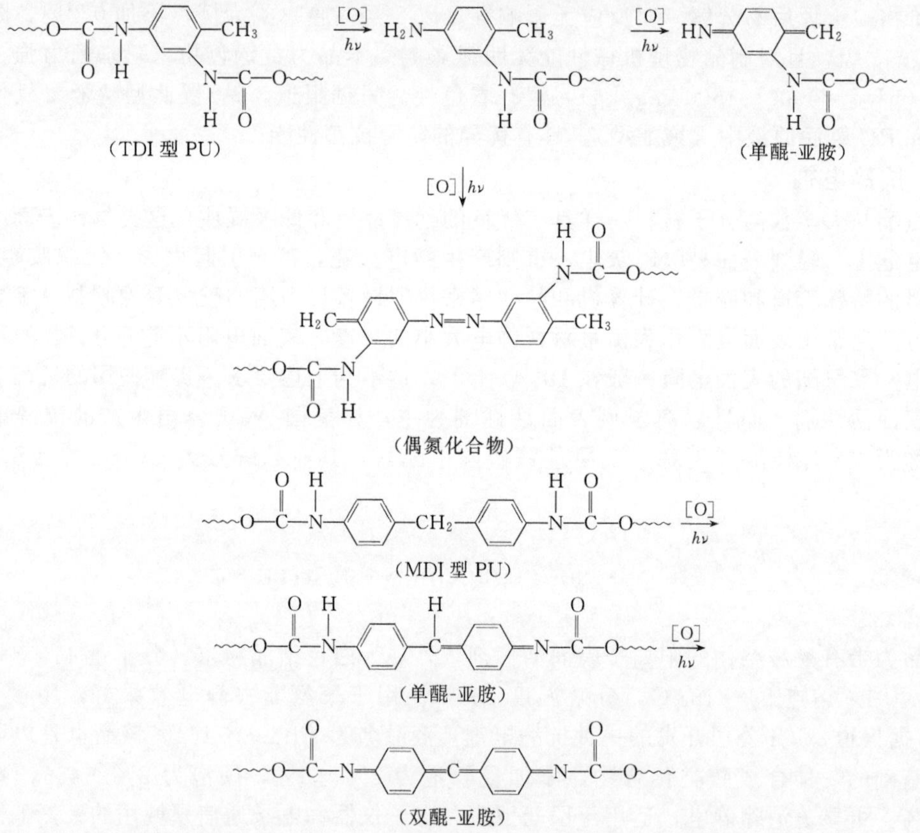

（TDI 型 PU）　　　　　（单醌-亚胺）

（偶氮化合物）

（MDI 型 PU）

（单醌-亚胺）

（双醌-亚胺）

MDI 氧化生成双醌-亚胺，泛黄比 TDI 更严重，所以必须添加光稳定剂。常用的光稳定剂有 2-羟基-4-甲氧基二苯甲酮（UV-9）、2,2′-二羟基-4-甲氧基二苯甲酮（UV-24）、2,2′-二羟基-4,4′-二甲氧基二苯甲酮（UV-49）、2-羟基-4-正辛氧基二苯甲酮（UV-531）、2（2′-羟基-3′,5′-二叔戊基苯基）苯并三唑（UV-328）等。

2.6.11　增塑剂

增塑剂的作用是降低聚合物分子间的静电引力，以降低聚合物的结晶性和硬度。增塑剂必须与聚合物相容性好，不易迁移，环保，价格合适。聚氨酯用增塑剂不多，主要是在制备印刷胶辊时添加适量的增塑剂以降低硬度。在常温施工时有时物料黏度大，不得不添加适量的增塑剂。适合于聚氨酯弹性体用的增塑剂主要有邻苯二甲酸酯类、苯甲酸酯类和脂肪酸酯类。主要品种有邻苯二甲酸二辛酯（DOP）、邻苯二甲酸酯二乙酯（DEP）、邻苯二甲酸二乙二醇酯、邻苯二甲酸二甲氧基乙酯（DMEP）、二丙二醇双苯甲酸酯（DPDB）、2,2,4-三甲基-1,3-戊二醇二异丁酸酯（TXIB）等，主要技术指标见表 2-73。低硬度胶辊用量最多的增塑剂是 DMEP 和 DPDB。使用前增塑剂需经脱水处理，使水含量≤0.03%。

表 2-73 CPU 用主要增塑剂技术指标

名 称	邻苯二甲酸二乙酯（DEP）	邻苯二甲酸二辛酯（DOP）	邻苯二甲酸二甲氧基乙酯（DMEP）	二丙二醇二苯甲酸酯（DPDB）	2,2,4-三甲基-1,3-戊二醇二异丁酸酯（TXIB）
分子式	$C_{12}H_{14}O_4$	$C_{24}H_{38}O_4$	$C_{14}H_{18}O_6$	$C_{16}H_{30}O_4$	$C_{20}H_{22}O_5$
分子量	222	391	282.3	286.41	342.38
黏度(25℃)/mPa·s	9	56	33	215(20℃)	9
沸点/℃	298	384	350	—	280
凝固点/℃	<−50	−55	−40	−40	−70
闪点/℃	161	216	193	>210	113
相对密度	1.12	0.98	1.17	1.12	0.94

2.6.12 其他配合剂

除了上述配合剂外，有时还需要用消泡剂、吸水剂、阻凝剂、橡胶表面处理剂等。

① 端异氰酸酯预聚物的黏度大时，不易脱泡；或为了降低料液的表面张力，消除涂层表面的气泡，添加少量消泡剂常能起到立竿见影的效果。如德国 BYK 化学公司生产的 BYK-060、BYK-070，国内常用消泡硅油 FAG-470、E-8 等

② 多元醇固化剂不可避免仍有微量水存在，与端异氰酸酯预聚物反应时生成 CO_2，易使制品产生气泡，添加少量（约 1%）4A 分子筛吸水剂效果明显。此外噁唑烷化学除水剂也能起到同样的除水效果。

③ 异氰酸酯与低聚物多元醇反应时为延缓反应，抑制生成缩二脲和脲基甲酸酯等副反应，提高端异氰酸酯预聚物的贮存稳定性，必要时可添加微量苯甲酰氯或磷酸。

④ 天然橡胶等非极性高分子材料，常用作鞋底，但与聚氨酯黏合不好。用橡胶表面处理剂三氯异氰脲酸（TCCA）处理橡胶表面，使其充分活化，就可达到极性高分子材料（如PVC）相当的粘接效果。TCCA 为白色结晶小颗粒，熔点 223～225℃，常配成 3%～5% 的乙酸乙酯溶液供使用。适用期 4h，活化时间不少于 10min。TCCA 有腐蚀性和气味，有强烈的消毒和漂白作用，毒性 LD_{50}=720～780mg/kg，应注意防护。TCCA 的化学结构如下。

（TCCA）

参 考 文 献

[1] Saunders J H ，Frish KC. Poyunethanes. Interscience Publishers，1964.

[2] Frish K C. Rubber chemisty and Technogy，1972，45（5）：1442-1466.

[3] 芥子明三等，日本ゴム协会志，1972，45（5）：448-449.

[4] 李汉清，郝解玲等．四氢呋喃-环氧丙烷-环氧乙烷共聚醚聚氨酯橡胶的合成．合成橡胶工业，1979（3）：

213-219.

[5] [英] 海普本 C 著. 聚氨酯弹性体. 闫家宾译. 沈阳. 辽宁科学技术出版社，1985.

[6] 方禹声，朱吕民编著. 聚氨酯泡沫塑料. 北京：化学工业出版社，1984.

[7] 山西省化工研究所编著. 聚氨酯弹性体. 北京：化学工业出版社，1985.

[8] 井上元，岩田敬治. 最新ポリウタン応用技术. 东京：シーェムシー，CMC，1984.

[9] 虞兆年. 涂料工艺：第二分册. 北京：化学工业出版社，1997.

[10] 张阿方，魏柳荷等. 四氢呋喃聚醚生产新工艺及其应用研究. 见：中国聚氨酯工业协会第八次年会论文集，1996.

[11] 李绍雄，刘益等. 聚氨酯胶黏剂. 北京：化学工业出版社，1997.

[12] 崔小明. 聚四氢呋喃的生产技术及国内外市场分析. 见：中国聚氨酯工业协会第十三次年会论文集，上海：[出版者不详]，2006.

[13] 于剑昆. 聚四氢呋喃的经济概况及工艺进展. 见：中国聚氨酯工业协会第十三次年会论文集，上海：[出版者不详]，2006.9.

[14] 刘益军编著. 聚氨酯原料及助剂手册. 北京：化学工业出版社，2006.

[15] 刘晓燕. 无毒、环保型有机铋类催化剂的合成及应用. 见：中国聚氨酯工业协会第十四次年会论文集，上海：[出版者不详]，2008.

[16] 马德强. 有机异氰酸酯的技术进步. 见：中国聚氨酯工业协会第十四次年会论文集. 上海：[出版者不详]，2008.

第3章　聚氨酯化学

刘厚钧

聚氨酯合成是以异氰酸酯的化学反应为基础的。合成聚氨酯过程中最重要的化学反应是异氰酸酯与活泼氢化合物的反应，除此之外还有过氧化物、硫黄、甲醛与聚氨酯生胶的交联反应，异氰酸酯的聚合等反应。

3.1　与活泼氢化合物的反应

异氰酸酯与活泼氢化合物的反应属于氢转移的逐步加成聚合反应，是由活泼氢化合物的亲核中心袭击异氰酸酯基中的正碳离子而引起的。反应在比较活泼的 NCO 基的双键上进行。活泼氢化合物中的氢原子转移到 NCO 基中的 N 原子上，余下的基团和羰基 C 原子结合，生成氨基甲酸酯化合物。合成聚氨酯常用的活泼氢化合物有多元醇、二胺、醇胺，其次还有水、酚、酰胺以及含羧酸基、脲基、氨基甲酸酯等基团的活泼氢化合物。

3.1.1　与醇的反应

多异氰酸酯和多元醇是生产聚氨酯最基本的原料，异氰酸酯基与羟基的反应是合成聚氨酯最基本的化学反应。反应生成以氨基甲酸酯基为特征结构的聚氨酯。以常用的二异氰酸酯和二醇为例，其反应可表示如下：

$$n\text{OCN—R—NCO} + n\text{HO—R}'\text{—OH} \longrightarrow \left[\overset{\overset{O}{\|}}{C}-\overset{\overset{H}{|}}{N}-R-\overset{\overset{H}{|}}{N}-\overset{\overset{O}{\|}}{C}-O-R'-O\right]_n$$
（氨基甲酸酯基）

当二醇过量时，生成端羟基线型聚氨酯：

$$n\text{OCN—R—NCO} + (n+1)\text{HO—R}'\text{—OH} \longrightarrow \text{HO}\left[\text{R}'\text{O}-\overset{\overset{O}{\|}}{C}-\text{NHRNHC}-\text{O}\right]\text{R}'\text{OH}$$

合成 MPU 生胶和全热塑性 TPU 时，通常采用一步法，并在配方设计上使二醇稍稍过量，以生成贮存稳定的端羟基聚氨酯。

当二异氰酸酯过量时，生成端异氰酸酯基的线型聚氨酯：

$$(n+1)\text{OCN—R—NCO} + n\text{HO—R}'\text{—OH} \longrightarrow \text{OCN}\left[\text{R—NHC}-\overset{\overset{O}{\|}}{O}-\text{R}'-\text{O}-\overset{\overset{O}{\|}}{C}-\text{NH}\right]\text{R—NCO}$$

在合成 CPU 时，通常采用两步法，并使二异氰酸酯过量，先合成低分子量端 NCO 基预聚物，然后再与二胺或多元醇进行扩链交联反应，成型制品。

多异氰酸酯与多元醇的反应，在无催化剂场合下，需要在 70～120℃ 的温度下完成。一般来说，若其中一个组分显著过量时，可采用 70～90℃ 的反应温度，如合成 CPU 预聚物。若异氰酸酯与多元醇的当量比（即异氰酸酯指数）接近 1 时，反应后期的温度要提高到 100～120℃，使 NCO 基反应完全，以生成贮存稳定的产品，MPU 生胶和 TPU 就是这种情况。

3.1.2　与胺的反应

TDI 型预聚物常用 MOCA 为扩链剂生产高模量弹性体。有些高模量的 RIM 聚氨酯弹性体也采用二胺（如 DETDA）为扩链剂。脂族胺与芳族异氰酸酯反应的活性太高，凝胶太快，操作困难，在 CPU 生产中难于采用。芳胺的反应活性比较适中，并能赋予弹性体优良的力学性能。异氰酸酯与胺反应生成脲：

$$-R-NCO + R'-NH_2 \longrightarrow R-\boxed{NH-\overset{\overset{\displaystyle O}{\|}}{C}-NH}-R'$$
$$(脲基)$$

3.1.3 与水的反应

生产微孔聚氨酯弹性体常用水作发泡剂。此外，聚酯、聚醚等多元醇以及其他原材料中都难免有微量水存在。所以异氰酸酯与水的反应是经常遇到的。而且该反应在异氰酸酯与多元醇的反应条件下会同时伴随发生。

化学家伍尔兹（Wurtz）认为异氰酸酯与水的反应，先生成不稳定的氨基甲酸，然后很快分解生成胺和二氧化碳。放出的二氧化碳可起发泡作用，生成泡沫体。反应生成的胺在过量异氰酸酯存在下易进一步反应生成脲，起扩链作用。1mol 水与异氰酸酯反应生成脲能产生 22.4L CO_2 气体（标准状态下）。

$$-R-NCO + HOH \overset{慢}{\longrightarrow} [R-NH-\overset{\overset{\displaystyle O}{\|}}{C}-OH] \overset{快}{\longrightarrow} RNH_2 + CO_2\uparrow$$
$$(氨基甲酸)$$

$$RNH_2 + R-NCO \overset{快}{\longrightarrow} -R-NH-\overset{\overset{\displaystyle O}{\|}}{C}-NH-R$$

虽然在微孔聚氨酯弹性体生产中常用水作发泡剂，但在预聚物和非泡聚氨酯弹性体制品生产中，水是十分有害的。水的存在不仅易产生气泡，导致制品报废，而且水与异氰酸酯反应生成脲，会使预聚物的黏度增大。而且脲还可进一步与异氰酸酯反应生成缩二脲支化或交联，使预聚物的贮存稳定性显著降低。所以在生产预聚物时，对多元醇等原材料的含水量和环境湿度都有严格要求。通常需要将启封过的聚酯和聚醚等多元醇先加热真空脱水，使含水量降至 0.05% 以下，并使反应在干燥 N_2 保护下进行，以降低空气湿度的影响。

3.1.4 与酚的反应

酚与异氰酸酯的反应与醇相似，但反应活性较低。这是因为苯基为吸电子基，降低了羟基氧原子的电子云密度。

$$-R-NCO + Ar-OH \longrightarrow -RNH-\overset{\overset{\displaystyle O}{\|}}{C}-OAr$$
$$(氨基甲酸苯酯)$$

该反应生成的氨基甲酸苯酯是合成封闭型异氰酸酯衍生物的一个例子。该生成物在常温下是稳定的，但是加热至 150℃ 时便开始分解成原来的异氰酸酯和酚。封闭的多异氰酸酯常用于单组分聚氨酯黏合剂、涂料，有时也用于弹性体产品。

氨基甲酸苯酯键结合不牢，可被脂族胺或脂族醇所取代：

$$-RNH\overset{\overset{\displaystyle O}{\|}}{C}-OAr + R'-NH_2 \longrightarrow RNH\overset{\overset{\displaystyle O}{\|}}{C}-NHR' + ArOH$$

$$-R-NH\overset{\overset{\displaystyle O}{\|}}{C}-OAr + R'-OH \longrightarrow -RNH\overset{\overset{\displaystyle O}{\|}}{C}-OR' + ArOH$$

3.1.5 与羧酸、酸酐的反应

脂族异氰酸酯与脂族羧酸反应先生成不稳定的酸酐，然后分解生成酰胺和 CO_2。异氰酸酯和羧酸中只要有一种是芳族的，最终生成物是脲、羧酐和 CO_2。

$$-R-NCO + R'-\overset{\overset{\displaystyle O}{\|}}{C}-OH \longrightarrow [RNH\overset{\overset{\displaystyle O}{\|}}{C}-O-\overset{\overset{\displaystyle O}{\|}}{C}-R'] \longrightarrow -RNH\overset{\overset{\displaystyle O}{\|}}{C}-R' + CO_2\uparrow$$
$$(酸酐)$$

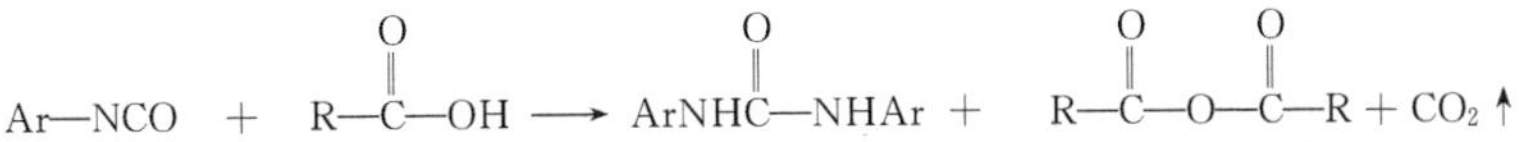

$$Ar—NCO + R—\overset{\overset{O}{\|}}{C}—OH \longrightarrow \underset{(脲)}{ArNH\overset{\overset{O}{\|}}{C}—NHAr} + \underset{(酸酐)}{R—\overset{\overset{O}{\|}}{C}—O—\overset{\overset{O}{\|}}{C}—R} + CO_2\uparrow$$

只有在高温下（约 160℃）酸酐才能与脲反应生成酰胺和 CO_2：

$$R\overset{\overset{O}{\|}}{C}—O—\overset{\overset{O}{\|}}{C}R + ArNH\overset{\overset{O}{\|}}{C}—NHAr \longrightarrow 2ArNH\overset{\overset{O}{\|}}{C}—R + CO_2\uparrow$$

由上述反应可知，羧酸的存在也可能是导致产（制）品产生气泡的一个原因。但是羧酸的活性小于胺、醇、水和脲，而且聚酯的酸值一般在 0.5mg KOH/g 以下，即聚酯分子端基为羧酸基的情况很少。试验表明，在正常的生产条件下聚酯分子中的微量羧酸基很难与异氰酸酯反应。

异氰酸酯也能与酸酐反应，生成酰亚胺。

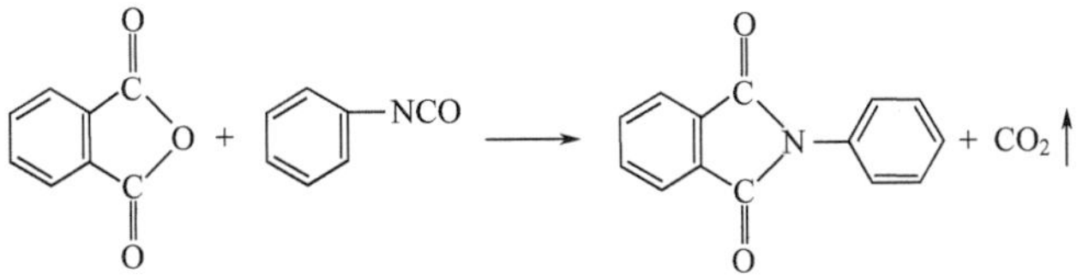

3.1.6　与酰胺的反应

酰胺分子中羰基 $\left(\underset{}{>C=O}\right)$ 双键的 π 电子与氨基 N 原子的未共享电子对共轭，使 N 原子的电子云密度有所降低，从而减弱了酰胺的碱性，而呈弱碱性或中性。所以酰胺与异氰酸酯的反应活性低，一般需要在 100℃ 以上的温度下才能反应，反应生成酰脲。

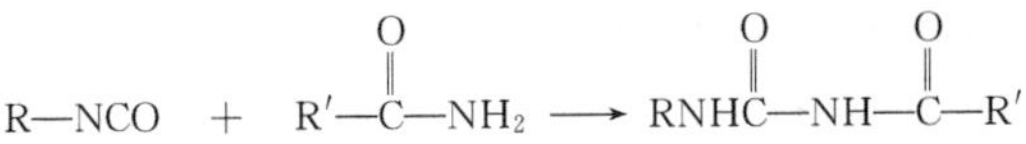

$$R—NCO + R'—\overset{\overset{O}{\|}}{C}—NH_2 \longrightarrow \underset{(酰脲)}{RNH\overset{\overset{O}{\|}}{C}—NH—\overset{\overset{O}{\|}}{C}—R'}$$

3.1.7　与环氧化合物的反应

异氰酸酯与环氧基反应生成噁唑烷：

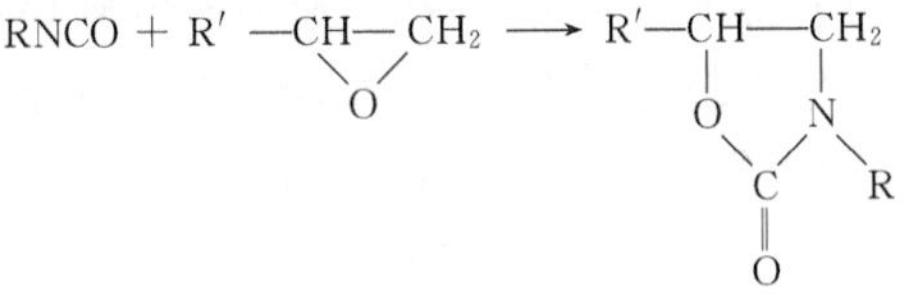

二异氰酸酯与二环氧化合物反应，生成聚噁唑烷酮（polyoxazolidones）。该反应可用于耐热聚氨酯的改性。

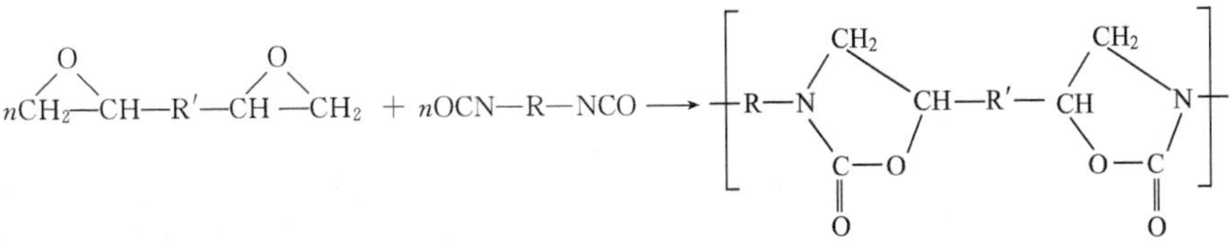

3.1.8　与脲的反应

异氰酸酯与胺、水和羧酸反应都生成脲。在较高温度下，脲基可进一步与异氰酸酯基反应，生成缩二脲支链或交联。

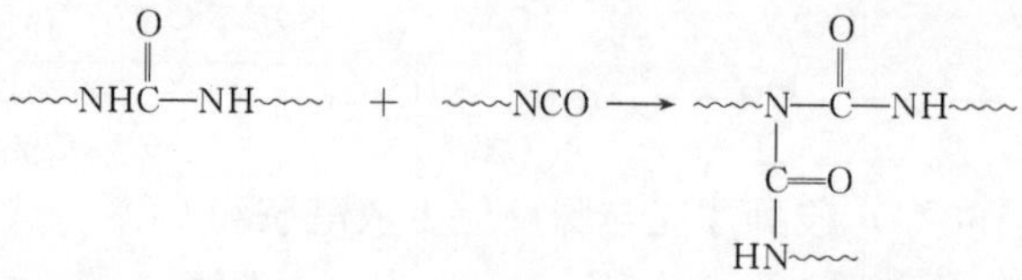

（缩二脲基）

脲具有酰胺的结构，但由于它是由两个氨基连在同一个羰基上，所以脲的碱性比酰胺稍强，与异氰酸酯的反应比酰胺快。在 100℃ 以上就有适中的反应速率。该反应生成缩二脲。在以胺类化合物为硫化剂的聚氨酯浇注制品生产中常会遇到这种情况。

3.1.9　与氨基甲酸酯的反应

异氰酸酯与醇反应生成氨基甲酸酯。在通常的工艺条件下氨基甲酸酯基与 NCO 基的反应是难以进行的，需要在高温或催化剂（如强碱）存在下才有明显的反应速率，反应生成脲基甲酸酯支链或交联。

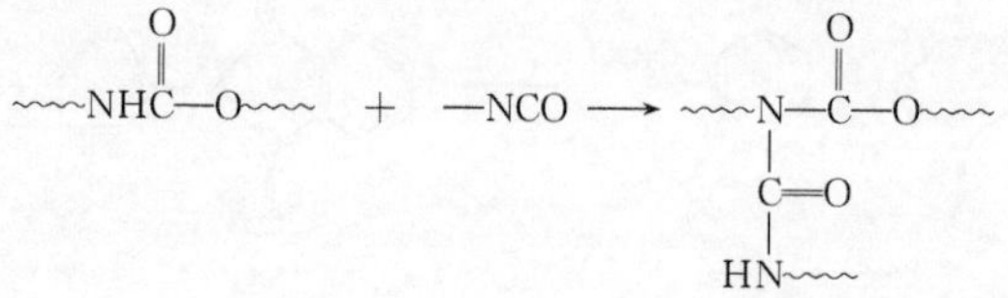

（脲基甲酸酯基）

3.2　交联反应

聚氨酯弹性体要满足使用要求，常常需要在大分子之间形成适度的化学交联。这些交联结构随选用的原料和配方不同而异。不难理解，当多异氰酸酯和多元醇的官能度大于 2 时，NCO 基与 OH 基反应会直接形成氨基甲酸酯交联。在水存在下，水与异氰酸酯反应生成脲，脲再与异氰酸酯反应会生成缩二脲交联。氨基甲酸酯基在苛刻条件下也可与异氰酸酯反应生成脲基甲酸酯交联。上述的这些交联反应都属于异氰酸酯与活泼氢化合物的反应，在前面已经介绍，此处不再赘述。这里主要针对 MPU，介绍以硫黄、过氧化物和甲醛作为硫化剂所发生的交联反应。通常，TDI 型生胶用 TDI 二聚体硫化，MDI 型生胶用过氧化物硫化，含不饱和键的 MDI 型生胶可用硫黄或过氧化物硫化，含酰胺结构的生胶可用甲醛硫化。此外，由于过氧化物和二异氰酸酯相容性好，两者常常并用作为硫化剂。有时还可添加适量二胺（如 MOCA）以提高硫化胶的硬度和机械强度，改善耐水解性能。

3.2.1　硫黄的交联反应

只有含有不饱和键的聚氨酯生胶才能用硫黄硫化，硫化时在不饱和键位置进行加成反应，形成大分子之间的交联，俗称"S_x"桥。

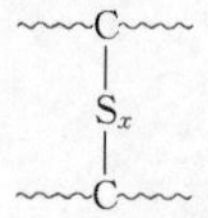

S_x 中的 x 为 1~2，2 个以上 S 原子的硫桥很难生成。在制备聚氨酯生胶时，常采用的不饱和多元醇有甘油 α-烯丙基醚和三羟甲基丙烷单烯丙基醚等。硫黄硫化可采用直接蒸汽加热，是一个主要优点。

3.2.2　过氧化物的交联反应

过氧化物的交联反应是按自由基历程进行的。过氧化物受热分解形成自由基。自由基与生胶大分子碰撞，生胶大分子把一个氢原子转移给自由基，使其活性终止，而生胶大分子活化形成自由基。最容易脱出氢原子的碳原子成为自由基的活性中心。然后就在这些生胶分子的活性中心之间形成 C—C 交联。聚氨酯生胶常用的过氧化物硫化剂是过氧化二异丙苯（DCP）。对于饱和型生胶，C—C 交联在 MDI 的亚甲基之间进行，反应过程如下。

第一步，DCP 在中性或碱性介质中受热分解生成自由基：

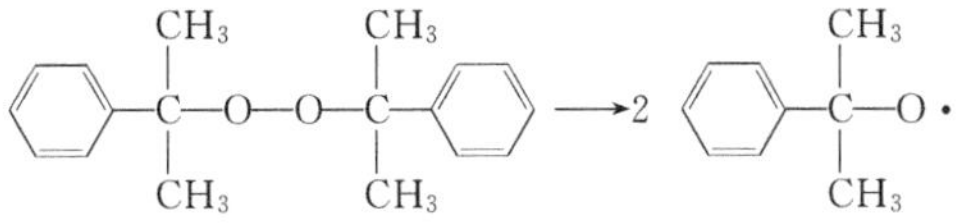

第二步，自由基的活性中心转移给生胶分子，形成新的自由基：

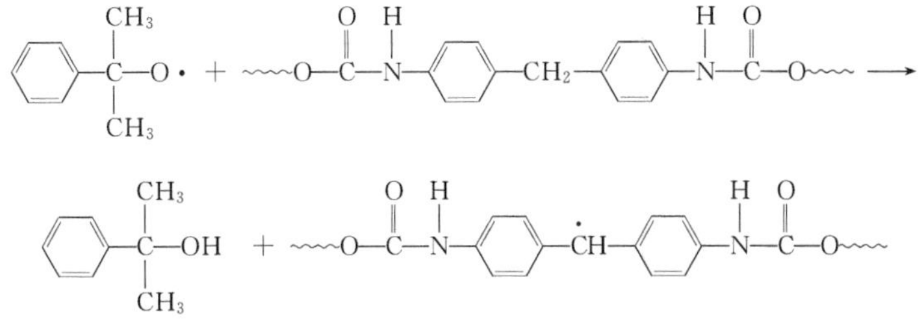

（α,α-二甲基苯甲醇）

第三步，大分子自由基偶联，形成 C—C 键交联：

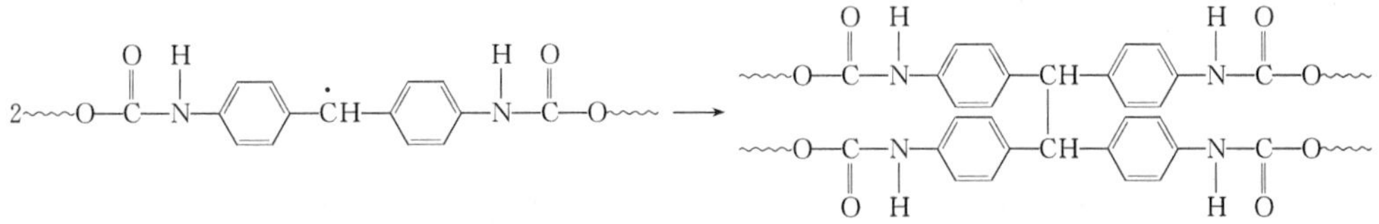

DCP 的自由基还可以进一步分解，生成新的自由基·CH$_3$ 和苯乙酮。自由基·CH$_3$ 同样能使大分子偶联，形成交联网络。

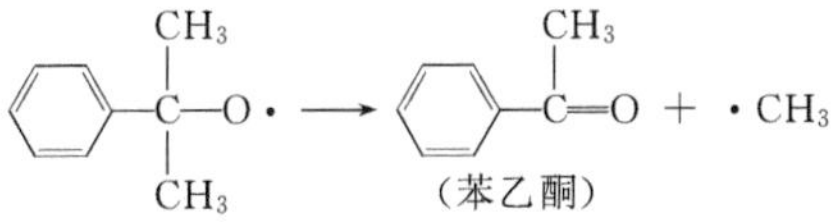

（苯乙酮）

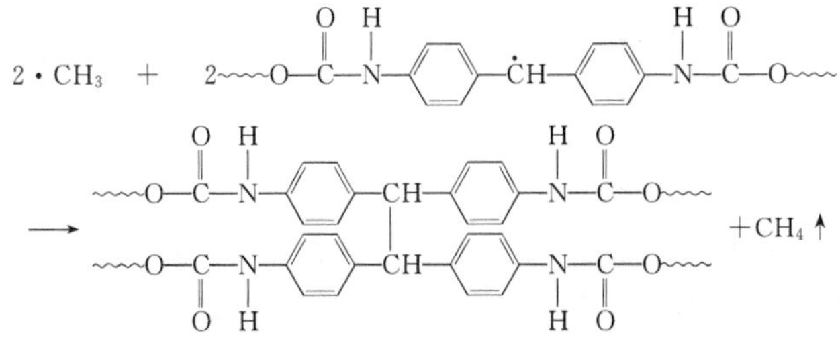

上述反应生成苯乙酮，气味难闻。生成的甲烷容易使制品出现气泡，操作时应注意克服。此外，应特别指出，上述反应是在中性或碱性介质中进行的。如果在酸性介质中，DCP 则不能分解成自由基，所以无法形成 C—C 交联。

对于含有不饱和键的 MDI 型生胶，还可在双键的 α-碳原子之间通过自由基偶联，形成交联。

除 DCP 外，可采用的过氧化物还有异丙苯基叔丁基过氧化物、2,5-双（叔丁基过氧基）-2,5-二甲基己烷、1,4-双（叔丁基过氧异丙基苯）、1,1-二叔丁基过氧基-3,3,5-三甲基环己烷、4,4,4,4-四（叔丁基过氧基）-2,2-二环己基丙烷等。

3.2.3 甲醛的交联反应

含有酰胺结构的聚氨酯生胶可用甲醛硫化。这种交联反应是由甲醛上的亚甲基连接两个酰胺氮原子而实现的。

英国 ICI 公司开发的聚氨酯生胶 Vulcaprene-A，就是由甲苯二异氰酸酯和聚酰胺酯制得的，可采用甲醛硫化。

除上述几种化学键交联外，在聚氨酯弹性体结构中，具有未共享电子对的羰基（ C=O ）氧原子易与极性氢原子形成氢键交联。其中尤以脲基上的氢原子与脲基或氨基甲酸酯基中的羰基氧原子最容易形成氢键（A 或 B），结合最牢固。其次是氨基甲酸酯基之间形成的氢键（C）。

(A)　　　　　　　(B)　　　　　　　(C)

软链段中的酯基或醚基虽然也能与硬链段中的质子给予体（ N—H ）形成氢键，但相比之下要困难些，尤其是醚键中的氧原子。氢键不是化学键，而只是一种很强的静电力。虽然其键能比化学键键能小得多，但是氢键对聚氨酯弹性体，尤其是对热塑性弹性体微相分离影响很大。氢键的形成除受异氰酸酯、低聚物多元醇和扩链剂的结构影响外，还受化学键交联的制约。

3.3　异氰酸酯的聚合反应

3.3.1　加聚反应

芳族异氰酸酯环化成二聚体和三聚体的反应早在 100 多年前化学家霍夫曼就报道过。但是线型聚合物的合成却是 20 世纪 50 年代初期的事。异氰酸酯有强烈的聚合倾向，甚至在常温下就能自聚成环，生成高熔点化合物。目前已开发的异氰酸酯聚合物是二异氰酸酯的二聚体、三聚体，其中特别是 TDI 的二聚体和 TDI、HDI、IPDI 的三聚体最有实用价值。

3.3.1.1　异氰酸酯的二聚反应

脂族异氰酸酯二聚体的合成未见报道。芳族异氰酸酯的二聚反应是不饱和化合物反应的一种特殊情况。反应生成二聚体，化学名称是 1,3-双（3-异氰酸酯基-4-甲基苯基）二氮杂环丁二酮，简称脲二酮（uretidione）。2,4-TDI 因甲基的空间效应，邻位 NCO 基不易发生二聚反应，而对位 NCO 基容易聚合生成二聚体。在催化剂三烷基膦或叔胺（如吡啶）存在下反应更快。但该反应是一个可逆反应。2,4-TDI 二聚体在 150℃开始分解，175℃完全分解，是一个平衡反应。

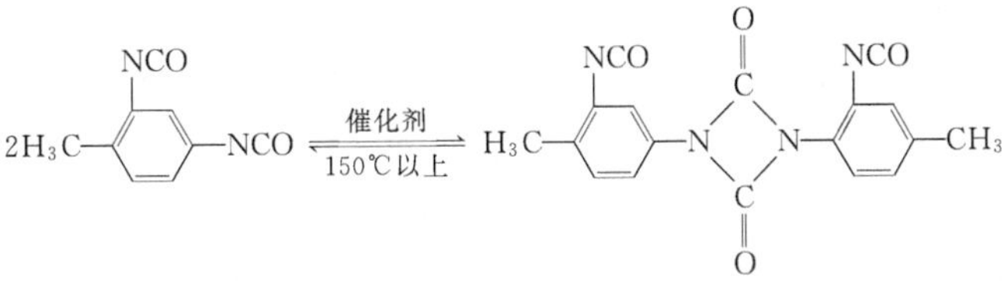

（TDI 二聚体）

　　所以该反应必须在较低的温度下进行，而且也只有采用活性比较高的异氰酸酯才能得到二聚体。2,4-TDI 的二聚体是常用的异氰酸酯硫化剂。德国 Bayer 公司的商品牌号为 DesmodurTT。由于 2,4-TDI 二聚体邻位 NCO 基活性较低，加之其熔点较高，在生胶混炼过程中不易反应，可抑制早期硫化。TDI 二聚体在通常的硫化温度（130～150℃）下有可能分解成两个单体 TDI，但不是主要的。在硫化过程中基本上是以二聚体形式参加扩链和交联反应。

3.3.1.2　异氰酸酯的三聚反应

　　二异氰酸酯的三聚反应生成三聚异氰酸酯，是具有异氰脲酸酯（isocyanurate）结构的多异氰酸酯，具有耐热、耐水解、耐候等特性。以 2,4-TDI 为例，三聚反应如下：

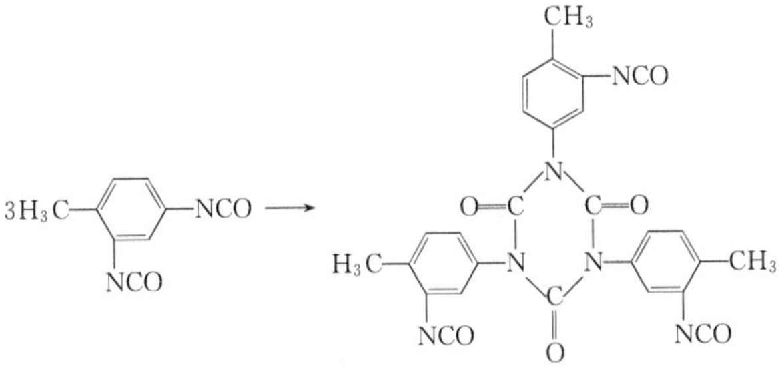

（TDI 三聚体）

　　三聚反应的催化剂有三烷基膦、叔胺和碱性羧酸盐等。该反应是不可逆的。2,4-TDI 三聚体在 150～200℃ 的高温下仍具有很好的稳定性。分解温度达到 480～500℃。而且在结构上形成了三个反应性官能团。这样，不仅为聚氨酯合成提供了支化和交联中心，而且为耐热和阻燃聚氨酯材料的合成提供了新的途径。典型的三聚体商品牌号有 Bayer 公司的 TDI 三聚体 Desmodur1L、HDI 三聚体 Desmodur-3390 和 IPDI 三聚体 Z4370 等。

3.3.1.3　异氰酸酯的线型聚合反应

　　据报道，芳族单异氰酸酯在极性溶剂中（如 DMF）和碱性催化剂存在下可通过阴离子聚合生成线型高分子聚合物——聚酰胺，但是它有解聚倾向，所以未得到实际应用。

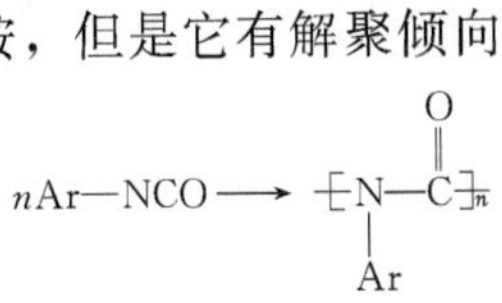

3.3.2　异氰酸酯的缩聚反应

　　二异氰酸酯在戊环系磷化氧（如 1-苯基-3-甲基膦杂环戊烯-1-氧化物）存在下，可缩聚成多碳化二亚胺，并放出二氧化碳。

$$n\text{OCN—R—NCO} \longrightarrow \text{OCN}\!\left[\text{R—N==C==N}\right]_{n-1}\!\text{R—NCO} + 2CO_2 \uparrow$$

碳化二亚胺具有高度不饱和的 —N==C==N— 基团，能发生多种反应。如与水反应生成脲：

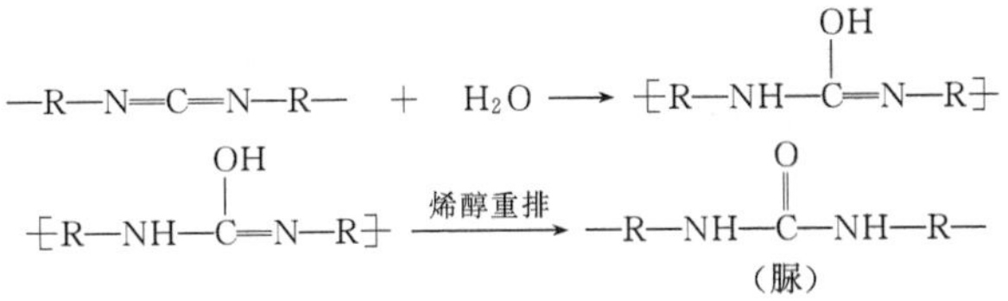

（脲）

但在聚氨酯的发展中，碳化二亚胺的重要价值是作为聚氨酯的水解稳定剂。同时生成碳化二亚胺的这一反应是 MDI 液化改性的有效途径。碳化二亚胺改性的 MDI（C-MDI）已成为 RIM 聚氨酯和高回弹、室温固化聚氨酯的应时原料。

聚酯型聚氨酯常残存着未反应的羧酸基。此外酯基水解也会生成羧酸，而羧酸是聚氨酯水解的促进剂。碳化二亚胺很容易与羧酸反应，生成酰脲，从而提高了聚酯型聚氨酯的耐水解性能。

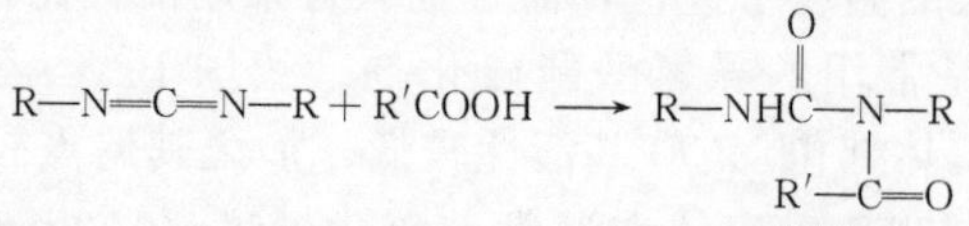

$$R-N=C=N-R + R'COOH \longrightarrow R-NHC-N-R$$

（酰脲）

MDI 与 TDI 相比，不易挥发，毒性小，活性高，能赋予聚氨酯产品更佳的综合性能。但是 MDI 很不稳定，熔点较高，给贮存运输和加工使用带来诸多不便。通过碳化二亚胺改性的液化 MDI，不仅克服了上述弊病，而且能提高反应活性，改善产品的耐水解和阻燃性能。此外，碳化二亚胺结构易与异氰酸酯进一步反应成环，生成脲酮亚胺（uretonimine）结构。通过控制这一反应的程度，便可得到不同官能度的脲酮亚胺改性的多异氰酸酯，使聚氨酯改性和新产品开发有了更多的选择。

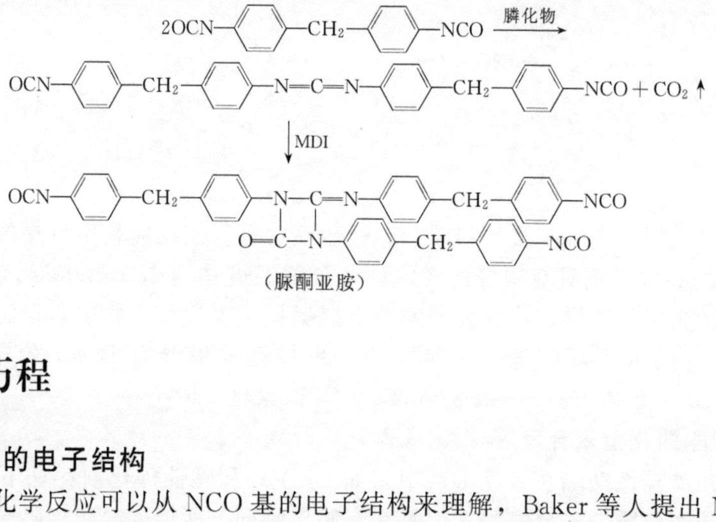

（脲酮亚胺）

3.4 反应历程

3.4.1 NCO 基的电子结构

异氰酸酯的化学反应可以从 NCO 基的电子结构来理解，Baker 等人提出 NCO 基具有如下的电子共振结构：

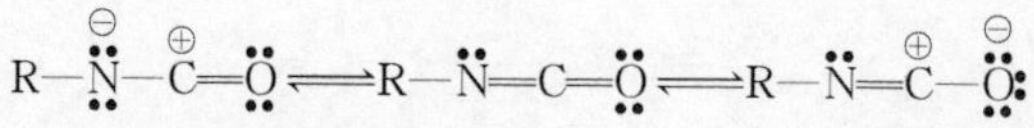

$$R-\overset{\ominus}{N}-\overset{\oplus}{C}-\overset{\cdots}{O} \rightleftharpoons R-N=C=O \rightleftharpoons R-N=\overset{\oplus}{C}-\overset{\ominus}{O}$$

由上述共振结构可知，NCO 基中带正电荷的 C 原子易受亲核试剂攻击，发生亲核加成反应。带负电荷的 N 原子和 O 原子易受亲电试剂攻击，发生亲电加成反应。N 原子的电负性为 3.0，O 原子的电负性为 3.5。但是俄国化学家 J. Entelis 和 O. V. Nestoron 研究其偶极矩得知 NCO 基中 N 原子的电负性比 O 原子更大，这与 NCO 基连接的烃基 R 的化学结构有关。

3.4.2 异氰酸酯与活泼氢化合物的反应

异氰酸酯与活泼氢化合物的反应只是异氰酸酯化学反应的很少一部分，但最有实用价值，是合成聚氨酯的化学基础。这类反应是通过活泼氢化合物分子中亲核中心袭击 NCO 基中亲电中心——正碳离子引起的。生成的聚合物平均分子量随反应温度升高和反应时间的延长而增加，每步都可形成稳定的中间物，是逐步加成聚合反应。以醇为例，在无催化剂存在下，其反应历程可表示如下：

$$R{-}NCO{+}R'{-}OH \rightleftharpoons \left[R{-}\overset{\oplus}{\underset{H{-}\overset{\oplus}{O}{-}R'}{N}}{=}\overset{\ominus}{\underset{:}{C}}{-}\overset{\ominus}{\underset{:}{O}}: \right] \xrightarrow{R'OH} \left[\begin{matrix} H{-}O{-}R' \\ R{-}\overset{..}{N}{-}\overset{\ominus}{\underset{H{-}O{-}R'}{C}}{-}\overset{..}{N}: \end{matrix} \right] \rightarrow R{-}NH{-}\overset{O}{\overset{\|}{C}}{-}OR' \;+\; R'OH$$

由上述反应历程可知，在不存在催化剂的场合下，醇本身就能起到催化剂的作用。即醇首先与异氰酸酯形成活性络合物。然后另外的醇分子靠近 NCO 基敞开的侧面，反应生成氨基甲酸酯。

叔胺的催化反应历程与醇相似。叔胺与异氰酸酯形成活性络合物，然后与醇反应生成氨基甲酸酯。

$$R{-}NCO{+}:NR \longrightarrow R{-}\overset{\overset{\oplus}{NR'_3}}{N}{=}\overset{\ominus}{\underset{\underset{(络合物)}{\ominus}}{C}}{-}\overset{\ominus}{\underset{:}{O}}: \xrightarrow{R''OH} R{-}\overset{\overset{\oplus}{NR'_3}}{N}{-}\overset{}{\underset{H{-}O{-}R''}{C}}{=}\overset{\ominus}{\underset{:}{O}}: \longrightarrow R{-}\overset{O}{\overset{\|}{C}}{-}OR''{+}:NR'_3$$

酸（HA）是电子接受体，其催化历程可表示如下：

$$R{-}NCO{+}HA \longrightarrow \left[R{-}\overset{\oplus}{N}{=}\overset{}{C}{=}\overset{..}{\underset{..}{O}} \longrightarrow H \cdots A \right] \xrightarrow{R'OH} R{-}NH{-}\overset{O}{\overset{\|}{C}}{-}OR'{+}HA$$

$$\underset{(络合物)}{}$$

其他电子接受体，如许多金属有机化合物，亦可催化异氰酸酯与活泼氢化合物的反应，它们的催化历程可表示如下：

$$R{-}N{=}C{=}O{+}MX_2 \longrightarrow R{-}N{=}\overset{\oplus}{\underset{\underset{MX_2}{\ominus}}{C}}{-}O \xrightarrow{R'OH} R{-}N{=}\overset{\oplus}{C}{-}O \longrightarrow R{-}\overset{}{\underset{H}{N}}{-}\overset{}{\underset{OR'}{C}}{=}\overset{\overset{\oplus}{O}}{\underset{}{}}{\cdots}\overset{\ominus}{MX_2} \longrightarrow R{-}\overset{H}{\underset{}{N}}{-}\overset{O}{\overset{\|}{C}}{-}OR'{+}MX_2$$

由上述催化反应历程看出，异氰酸酯与活泼氢化合物的反应都是通过形成络合物实现的，可用一般式表示如下：

$$R{-}NCO{+}催化剂 \longrightarrow 络合物 \xrightarrow{活泼氢化合物} 生成物{+}催化剂$$

催化剂不仅可以和 NCO 基配位形成活性络合物，并可与羟基配位，或两种催化剂（如羧酸与叔胺，羧酸与有机锡）互相配位形成络合物，同时配位络合物的基团还可以交换。混合催化剂的协同作用和酸催化剂的延迟作用（delay action）都是通过形成络合物实现的。

3.5　反应速率

异氰酸酯与醇的反应属于二级反应，反应速率取决于反应物中 NCO 基和 OH 基的浓度，即：

$$\frac{d[NCO]}{dt} = K[NCO][OH]$$

如果出现对二级反应的偏差是由于副反应生成了缩二脲和脲基甲酸酯的缘故，而不能用生成的氨基甲酸酯自身的催化作用来解释。对 MDI 来说，在无催化剂的场合下，偏离二级反应出现的时间取决于[NCO]/[OH]的比例，偏离点的转化率与该比率无关，而随反应温度的改变稍有差异。表 3-1 列出了 MDI 和 1,4-丁二醇在二甲基乙酰胺（DMA）中反应时不同温度和配比对偏离二级反应的时间和转化率的影响。在反应系统无水的场合下，主反应生成氨基甲酸酯的速率常数（K_1）和副反应生成脲基甲酸酯的速度常数（K_2）随反应温度的升高而增大，但有趣的是在不同温度下的 K_1 值约为 K_2 值的 40 倍。表 3-2 列出了 MDI 与正丁醇在 DMA 中反应的试验数据。

表 3-1 MDI 和 1,4-丁二醇的配比及反应温度对偏离二级反应的时间和转化率的影响

$T=10℃$			$T=30℃$			$T=50℃$		
[NCO]/[OH]	时间/s	转化率/%	[NCO]/[OH]	时间/s	转化率/%	[NCO]/[OH]	时间/s	转化率/%
1.08	1030	68.6	1.07	420	69.5	1.07	160	71.0
1.51	900	68.6	1.51	300	69.5	1.51	130	70.9
1.85	820	68.2	1.87	270	69.5	1.87	130	70.9

表 3-2 温度对 MDI 与正丁醇反应速率常数的影响（溶剂 DMA）

反应温度/℃	$K_1/[\times10^{-3}\mathrm{kg/(mol \cdot s)}]$	$K_2/[\times10^{-5}\mathrm{kg/(mol \cdot s)}]$	K_1/K_2
0	1.1	3.7	约 30
10	2.3	6.3	36.5
30	6.9	17.3	40
50	17.5	42.8	40

反应中生成的氨基甲酸酯与脲基甲酸酯之比随 [NCO]/[OH] 的比例和反应温度的升高而增大，表 3-3 列出了两个不同反应温度和配比在反应 4h 后生成的脲基甲酸酯与氨基甲酸酯的比值。

表 3-3 MDI 与正丁醇反应生成脲基甲酸酯与氨基甲酸酯的比值（以 DMA 为溶剂）

$T=10℃$		$T=50℃$	
[NCO]/[OH]	$\frac{脲基甲酸酯}{氨基甲酸酯}\times100$	[NCO]/[OH]	$\frac{脲基甲酸酯}{氨基甲酸酯}\times100$
1.08	1.8	1.07	7.7
1.51	11.2	1.51	21.4
1.85	18.2	1.89	38.0

由此可知，对 MDI 来说，在无催化剂的场合下，生成脲基甲酸酯的副反应是不可避免的。欲减少或避免脲基甲酸酯的生成，可选择合适的催化剂。这种催化剂对副反应有高度的抑制作用，可使对二级反应偏离点的转化率大大提高，基本上避免脲基甲酸酯的生成。

催化剂的活性和选择性与催化剂的种类、性质和浓度有关。在合成预聚物时，可从反应放热升温速率、预聚物的黏度、NCO 基含量分析值与设计值的偏差估计副反应发生的程度或偏离二级反应的程度。必要时可添加少量的酰氯（如苯甲酰氯等）或酸（如 H_3PO_4）等催化剂，以促进主反应，抑制脲基甲酸酯和缩二脲的生成。

3.5.1 化学结构对反应速率的影响

3.5.1.1 活泼氢化合物结构的影响

与异氰酸酯反应的速率主要取决于活泼氢化合物分子中亲核中心的电子云密度和空间效应。

（1）醇结构的影响

① 与 OH 基连接的 R 基如是吸电子基，则降低 OH 基中 O 原子的电子云密度，从而降低 OH 基与 NCO 基的反应活性；如 R 是推电子基，则促进 OH 基与 NCO 基的反应，见表 3-4。

表 3-4　3,3-二硝基五亚甲基二异氰酸酯与二元醇反应的速率常数（溶剂 DMA，反应温度 30℃）

二醇名称	化学结构	反应速率常数 K /[$\times10^{-4}$L/ (mol·s)]	二醇名称	化学结构	反应速率常数 K /[$\times10^{-4}$L/ (mol·s)]
1,3-丙二醇	HO(CH$_2$)$_3$OH	3	2,2-二硝基-1,3-丙二醇	NO$_2$ HO—CHC—CH—OH NO$_2$	0.064
3,3-二硝基-1,5-戊二醇	NO$_2$ HO—CHCHC—CHCH—OH NO$_2$	0.29			

② 醇与异氰酸酯的反应速率为伯醇＞仲醇（R$_2$—OH）＞叔醇（R$_3$—OH），其相对反应速率约为 1.0∶0.3∶（0.03～0.007）。这是 R 基团空间位阻效应的缘故，参见表 3-5。

表 3-5　苯基异氰酸酯与醇的反应活性[①]

醇名称	化学结构	非催化反应 K/[$\times10^{-4}$L/(mol·s)]		活化能 E/(kJ/mol)	催化反应 K/[$\times10^{-4}$L/(mol·s)]		活化能 E/(kJ/mol)
		20℃	30℃		20℃	30℃	
甲醇	CH$_3$OH(伯醇)	0.28	0.48	41.8	34.0	46.5	22.6
乙醇	CH$_3$CH$_2$—OH(伯醇)	0.48	0.85	46	12.7	20.0	32.8
异丙醇	CH$_3$ H$_3$C—CH—OH （仲醇）	0.23	0.40	41.8	0.95	1.87	54.3
叔丁醇	CH$_3$ H$_3$C—C—OH CH$_3$ （叔醇）	0.008	0.013	—	0.015	0.207	54.3

① 原料在丁醚中反应，浓度 0.24mol/L，催化剂为三乙醇胺，浓度 0.03mol/L。

③ 一元醇的反应速率大于二元醇。在二元醇中，一般来说，随着分子量的提高，反应速率降低，但随反应温度的升高差别缩小。此外，反应速率随醇浓度的增加而提高，多元醇的官能度对反应速率影响不大，见表 3-6～表 3-8。

表 3-6　低聚物二醇和蓖麻油与 MDI 反应的速率常数及活化能

多元醇名称	官能度	端羟基	K/[$\times10^{-4}$L/(mol·s)]		活化能 E /(kJ/mol)
			100℃	130℃	
聚己二酸乙二醇酯-2000	2	伯醇	34	106	47.7
聚四氢呋喃-1000	2	伯醇	38	81	32.2
聚丙二醇-424	2	仲醇	8.7	14	20.1
聚丙二醇-1000	2	仲醇	4.2	9.9	35.9
聚丙二醇-2000	2	仲醇	3.5	8.4	38.0
蓖麻油-930	2.7	仲醇	4.8	9.6	28.8

表 3-7　醇结构和浓度对反应速率的影响（苯基异氰酸酯浓度 0.2mol/L，溶剂二氧六环，反应温度 30℃）

醇名称（反应速率常数 ROH 浓度）	K/[$\times10^{-4}$L/(eq·min)]			醇名称（反应速率常数 ROH 浓度）	K/[$\times10^{-4}$L/(eq·min)]		
	0.2eq /L	1.0eq /L	2.0eq /L		0.2eq /L	1.0eq /L	2.0eq /L
C$_2$H$_5$—OH(乙醇)	—	7.74	20.5	HO—(CH$_2$CH$_2$O)$_4$—OH(四乙二醇)	2.84	4.86	6.24
HO—CH$_2$CH$_2$—OH(乙二醇)	1.02	3.78	10.4	HO—(CH$_2$)$_3$—OH(丙二醇)	—	22.1	39.6
HO—(CH$_2$CH$_2$O)$_2$—OH(二乙二醇)	1.56	4.32	9.18	HO—(CH$_2$)$_4$—OH(丁二醇)	—	19.2	37.9
HO—(CH$_2$CH$_2$O)$_3$—OH(三乙二醇)	1.92	3.66	6.84	HO—(CH$_2$)$_5$—OH(戊二醇)	—	9.8	26.3

表 3-8 TDI 与多元醇的反应速率常数（反应温度 60℃）

多元醇	官能度	反应速率常数 $K/[\times 10^{-4} L/(eq \cdot s)]$	多元醇	官能度	反应速率常数 $K/[\times 10^{-4} L/(eq \cdot s)]$
季戊四醇	4	1.68	丙二醇	2	1.73
三羟甲基丙烷	3	1.86	甘油	3	1.59

（2）胺结构的影响 氨基（—NH₂）和羟基一样，与 NCO 基团的反应速率受与之连接的 R 基的影响。如 R 是吸电子基，则降低氨基的反应活性。所以芳胺的活性比脂族胺低得多。此外，R 的位阻效应也会降低氨基的活性。据报道，伯胺、仲胺和叔胺的反应活性之比约为 200：60：1。表 3-9 列出了类似的比较数据，可供参考。

表 3-9 异氰酸酯与胺和醇的相对反应速率

活泼氢化合物	脂族伯氨基	脂族仲氨基	芳族伯氨基	伯羟基	仲羟基
相对反应速率	1000	200~300	1~10	0.5~1.0	0.1~0.5

MOCA 是芳族伯胺的重要成员。氨基邻位 Cl 原子的空间位阻效应和电子诱导效应都使氨基活性降低，所以，MOCA 与 NCO 基的反应活性要比邻位 H 原子未被 Cl 取代的芳胺 MDA 低得多。R 对氨基活性的影响可以从不同结构的芳族二胺与端异氰酸酯基预聚物反应的凝胶时间看出来，见表 3-10。

表 3-10 预聚物用不同结构的胺类固化的凝胶时间

胺类名称	化学结构	凝胶时间/min	温度
对苯二胺	H₂N—⟨⟩—NH₂	1	室温
3,3′-二甲基-4,4′联苯二胺	H₂N—⟨⟩—⟨⟩—NH₂ (CH₃ CH₃)	3	室温(在溶剂中)
多亚甲基多苯胺	[⟨⟩—CH₂]ₙ⟨⟩—CH₂⟨⟩ (NH₂)	0.5	128℃(熔融状态)
4,4′-二氨基二苯甲烷	H₂N—⟨⟩—CH₂—⟨⟩—NH₂	3	室温(在溶剂中)
联苯二胺	H₂N—⟨⟩—⟨⟩—NH₂	5	室温
3,3′-二甲氧基-4,4′-二氨基苯甲烷	H₂N—⟨⟩—⟨⟩—NH₂ (OCH₃ OCH₃)	5	室温
3,3′-二氯-4,4′-二氨基二苯甲烷	H₂N—⟨⟩—OH—⟨⟩—NH₂ (Cl Cl)	15~20	
3,3′-二氯-4,4′-联苯二胺	H₂N—⟨⟩—⟨⟩—NH₂ (Cl Cl)	15~20	

（3）其他活泼氢化合物结构的影响 其他活泼氢化合物主要指水、酚、脲、羧酸、酰胺酯、氨基甲酸酯等。其中氨基甲酸酯的反应活性最小。它们与 NCO 基反应的相对速率见表 3-11。

表 3-11　活泼氢化物与苯基异氰酸酯反应的相对速率[①]

活泼氢化合物	相对反应速率	活泼氢化合物	相对反应速率
$H_5C_6-NHC-OC_4H_9$（苯氨基甲酸丁酯）	1（氨酯）	$H_5C_6-N-C-N-C_6H_5$（二苯脲）	80（芳脲）
$H_5C_6-NHC-C_3H_7$（丁酰苯胺）	16（酰胺酯）	H_2O	90（水）
H_7C_3C-OH（丁酸）	26（羧酸）	C_4H_9-OH（丁醇-参比物）	460（伯醇）

① 反应物的摩尔比 1:1，反应温度 80℃，以二氧六环为溶剂。

如上所述，醇、胺等活泼氢化合物与异氰酸酯的反应活性大致顺序可归纳如下：脂族胺＞芳族胺＞伯醇＞仲醇＞水＞叔醇＞酚醇＞$R-N-C-N-R$（脲）＞RCOOH（羧酸）＞$R-N-C-R'$（酰胺）＞$R-N-C-OR'$（氨基甲酸酯）

Du Pont 公司提供的各种活泼氢化合物与异氰酸酯反应的速率数据可供参考，见表 3-12。

表 3-12　活泼氢化合物与苯基异氰酸酯的反应活性[①]（摘自 Du Pont 公司资料）

氢载体	速率常数 K /[×10⁻⁴L/(mol·s)] 25℃	速率常数 K /[×10⁻⁴L/(mol·s)] 80℃	活化能 /(kcal/mol)	氢载体	速率常数 K /[×10⁻⁴L/(mol·s)] 25℃	速率常数 K /[×10⁻⁴L/(mol·s)] 80℃	活化能 /(kcal/mol)
芳香胺	10～20	—	—	酚	0.01	—	—
伯羟基	2～4	30	8～9	脲	—	2	—
仲羟基	1	15	10	羧酸	—	2	—
叔羟基	0.01	—	—	酰苯胺	—	0.3	—
水	0.4	6	11	苯氨基甲酸酯	—	0.02	16.5
伯硫羟	0.005	—	—				

① 以甲苯为溶剂，100% 的化学计算量。

注：1kcal＝4.18kJ。

3.5.1.2　异氰酸酯结构的影响

异氰酸酯基（NCO）是以亲电中心——正碳离子与活泼氢化合物的亲核中心配位，产生极化导致反应进行的，所以与 NCO 基连接的烃基（R）的电子效应对异氰酸酯活性的影响正好与 R 基对活泼氢化合物活性的影响相反，即 R 是吸电子基（如芳族异氰酸酯）则降低 NCO 基中 C 原子的电子云密度，从而提高 NCO 基的反应活性；若 R 是供电子基（如烷基）则降低 NCO 基的反应活性。异氰酸酯基的反应活性按下列 R 基团的排列顺序递减：

$$O_2N-\bigcirc- > \bigcirc- > H_3C-\bigcirc- > H_3CO-\bigcirc- > 烷基$$

因苯环是吸电子基，烷基是推电子基，所以芳族异氰酸酯的活性比脂族异氰酸酯大得多。就芳族异氰酸酯而言，苯环上引入吸电子基（如—NO_2 等），会使 NCO 基中 C 原子的正电性更强，从而促进它与活泼氢化合物的反应。反之，苯环上引入供电子基（如烷基），则增加 NCO 基中 C 原子的电子云密度，使 NCO 基的活性降低。除了上述苯环上取代基的电子效应外，取代基的位阻效应会降低 NCO 基的活性，特别是邻位取代基的位阻效应影响更大。所以取代基的影响要视上述两种效应的综合结果而定，见表 3-13～表 3-15。

表 3-13　取代基对苯基异氰酸酯与过量 2-乙基己醇反应速率的影响[①]

单取代基	反应速率常数 $K/[\times 10^{-4}\,L/(mol \cdot s)]$	双取代基	反应速率常数 $K/[\times 10^{-4}\,L/(mol \cdot s)]$
无取代基	1.09	间—Cl，对—Cl	1.52
对—NO_2	45.5	间—NHC—OR（O），对 Cl	12.2
间—NO_2	36.3	间—Cl，对—CH_3	3.99
间—CF_3	10.8	间—NHC—OR（O），对 CH_3	2.00
间—Cl	7.65	间—NHC—OR（O），对—CH_3O	0.735
间—Br	7.63	间—CH_3，对—CH_3O	0.700
间—NCO	5.14	间—CH_3，对—CH_3	0.37
对—NCO	3.89		
对—Cl	3.66		
对—NHC—OR（O）	1.56		
对—C_6H_5	1.48		
间—NHC—OR（O）	1.47		
间—CH_3O	1.39		
对—C_4H_9	0.712		
间—CH_3	0.695		
对—CH_3	0.66		
对—CH_3O	0.552		

① 反应温度 28℃，以苯为溶剂。

表 3-14　取代基对苯基异氰酸酯活性的影响

取代基	异氰酸酯结构	相对反应活性	取代基	异氰酸酯结构	相对反应活性
无	⬡—NCO	1（参比标准）	—NHC—OR（O）	RO—C—NH（O）—⬡（NCO）	2
—NO_2	O_2N—⬡—NCO	＞35	—CH_3	H_3C—⬡—NCO	0.5
—NCO	OCN—⬡—NCO	6	—CH_3	⬡—NCO（H_3C）	0.08

表 3-15　邻位取代基对芳族二异氰酸酯反应活性的影响[①]

二异氰酸酯名称	化学结构	反应速率常数 $K/[\times 10^{-4}\,L/(mol \cdot s)]$
4,4′-联苯二异氰酸酯	OCN—⬡—⬡—NCO	1.1（参比对象）
3,3′-二甲氧基-4,4′-联苯二异氰酸酯	H_3CO、OCH_3 OCN—⬡—⬡—NCO	0.063
3,3′-二甲基-4,4′-联苯二异氰酸酯	CH_3、CH_3 OCN—⬡—⬡—NCO	0.130

续表

二异氰酸酯名称	化学结构	反应速率常数 $K/[\times10^{-4}\,L/(mol\cdot s)]$
3,3′-二苯基-4,4′-联苯二异氰酸酯	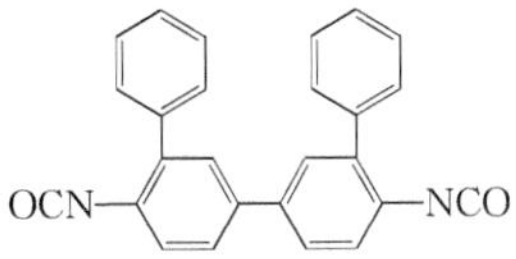 OCN—◯◯—NCO	0.210
3,3′-二氯-4,4′-联苯二异氰酸酯	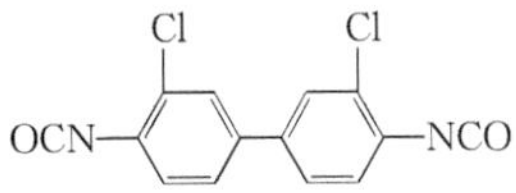 OCN—◯◯—NCO	2.400

① 二异氰酸酯与仲丁醇反应，摩尔比 5:1。

同种二异氰酸酯的不同异构体的反应活性是不同的。如 2,4-TDI 和 2,6-TDI。由于取代甲基空间位阻的影响，2,4-TDI 对位 NCO 基的活性比邻位 NCO 基大得多。所以 2,4-TDI 反应 50% 后，反应速率会显著降低。但这有利于生成分子结构单一、游离二异氰酸酯比较低的端异氰酸酯基预聚物。从表 3-16 可以看出，2,4-TDI 的 2-位和 4-位 NCO 基活性在低温下相差很大。随着温度的提高，分子运动激烈，取代甲基的影响逐渐减小。当反应温度达到 100℃ 时，邻位和对位 NCO 基的反应速率差异就不到 3 倍了。所以用 2,4-TDI 合成预聚物时，反应温度的选择是至关重要的。

表 3-16 2,4-TDI 的 2-位、4-位 NCO 基的活性差异①

项　　目	反应速率常数 $K/[L/(mol\cdot s)]$			
	29~31℃	49~50℃	72~74℃	100~102℃
2-位 NCO	5.7×10^{-6}	1.8×10^{-5}	7.2×10^{-5}	3.2×10^{-4}
4-位 NCO	4.5×10^{-5}	1.2×10^{-4}	3.4×10^{-4}	8.5×10^{-4}
4-位 NCO/2-位 NCO	7.9	6.7	4.7	2.7

① 0.2mol 的聚己二酸二乙二醇酯与 0.02mol 2,4-TDI 在氯苯溶剂中的反应。

2,4-TDI 的 2-位和 4-位 NCO 基的活性差异还可以从 2,4-TDI 与正丁醇反应的速率常数及活化能看出来，见图 3-1 及表 3-17。

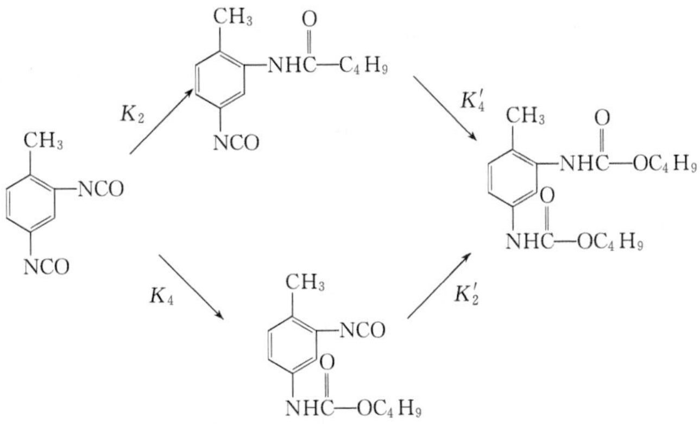

图 3-1 反应过程

表 3-17 2,4-TDI 与正丁醇反应的速率常数和活化能（NCO/OH＝1/1）

反应速率常数 K /[L/(mol·s)]	活化能/(kJ/mol)	反应速率常数 K /[L/(mol·s)]	活化能/(kJ/mol)
$K_4=21.33\times10^{-4}$	16.7	$K_4′=4.16\times10^{-4}$	35.1
$K_2=3.16\times10^{-4}$	30.1	$K_2′=1.18\times10^{-4}$	41.0

从表 3-17 中的数据不难看出，2,4-TDI 分子中的 2 个 NCO 基若 2-位 NCO 基先反应，则 4-位 NCO 基的活性降低十分显著。若 4-位 NCO 基先反应，2-位 NCO 基的活性降低相对较小。其他二异氰酸酯也有类似规律。但结构不同，影响程度不一样，见表 3-18。

表 3-18　三种二异氰酸酯两个 NCO 基的相对反应速率

二异氰酸酯的结构	相对反应速率		二异氰酸酯的结构	相对反应速率	
	K_1	K_2		K_1	K_2
$\begin{array}{c}CH_3\\ \\—NCO\ (2,4\text{-}TDI)\\ \\NCO\end{array}$	400 (4-位 NCO)	33 (2-位 NCO)	OCN—CH$_2$——CH$_2$—NCO （间 -XDI）	27	10
			OCN(CH$_2$)$_6$NCO （HDI）	1	0.5

$$OCN—R—NCO + R'—OH \xrightarrow{K_1} OCN—R—NHC\overset{\displaystyle O}{—}OR'$$

$$OCN—R—NH\overset{\displaystyle O}{C}—OR' + ROH \xrightarrow{K_2} R'O—\overset{\displaystyle O}{C}—NH—R—NH\overset{\displaystyle O}{C}—OR'$$

另据报道，同一芳环上的两个 NCO 基与醇的反应活性相互影响较大。在下列 4 种结构的异氰酸酯中：

（Ⅰ）　　　　（Ⅱ）　　　　（Ⅲ）　　　　（Ⅳ）
（对甲苯异氰酸酯）　（2,4-TDI）　　（2,6-TDI）　（间苯二异氰酸酯）

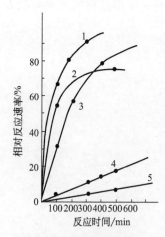

图 3-2　各种异氰酸酯的相对反应速率

1—MDI；2—TDI；3—XDI；
4—HDI，TMDI；5—HMDI，
HTDI，IPDI

因为 NCO 基为吸电子基，所以Ⅱ对位 NCO 基的活性比Ⅰ对位 NCO 基大。因邻位甲基的斥电子和位阻效应，Ⅱ邻位 NCO 的活性约为对位 NCO 基的 1/5。Ⅲ的邻位两个 NCO 基反应一个后，另一个 NCO 基的活性降低 1 倍多，Ⅳ也是这样。

在常用的二异氰酸酯中，MDI 的反应活性比较高，其次是 2,4-TDI。脂族二异氰酸酯（如 HDI）的活性很低，脂环族二异氰酸酯（如 IPDI）的活性更低，如图 3-2 所示。

表 3-19 列出了几种二异氰酸酯与活泼氢化合物在 100℃反应的速率常数与活化能供参考。不难看出，2,4-TDI 与醇和胺的反应比 2,6-TDI 快得多，而与脲的反应却比 2,6-TDI 慢。所以用胺类硫化时，2,6-TDI 体系易生成更多的缩二脲交联。而 HDI 与水、胺、脲的反应比醇慢得多，所以可以用 HDI 制备线性度很高的 TPU。

3.5.2　催化剂对反应速率的影响

用于异氰酸酯反应的催化剂很多。酸、路易斯酸、酰氯、碱和碱性化合物都可作为异氰酸酯反应的催化剂。但是它们的活性和选择性不同。表 3-20～表 3-25 列出了有关数据。

表 3-19　几种异氰酸酯与活泼氢化合物反应的速率常数与活化能

二异氰酸酯名称	反应速率常数 $K/[\times 10^{-4} L/(mol \cdot s)]$					活化能/(kJ/mol)			
	羟基	水	脲[②]	胺[③]	氨基甲酸酯[④]	羟基[①]	水	脲[②]	胺[③]
对-苯二异氰酸酯	36.0	7.8	13.0	17.0	1.8(130℃)	46	71	62.7	29.3
2-氯-1,4-苯二异氰酸酯	38.0	3.6	13.0	23.0	—	31.4	27.2	62.7	14.2
2,4-甲苯二异氰酸酯	21.0	5.8	2.2	36.0	0.7(130℃)	33	41.8	71.1	39.7
2,6-甲苯二异氰酸酯	7.4	4.2	6.3	6.9	—	41.8	50.2	49.3	37.6
1,5-萘二异氰酸酯	4.0	0.7	8.7	7.1	0.6	50.2	32.2	54.3	50.2
1,6-六亚甲基二异氰酸酯	8.3	0.5	1.1	2.4	0.2(130℃)	46	38.5	71	71.1

① 聚己二酸乙二醇酯。

② 二苯脲。

③ 3,3-二氯联苯二胺。

④ 二氨基甲酸丁酯。

表 3-20　异氰酸酯与羟基反应时催化剂的相对活性

催化剂名称	浓度/%	相对活性
无	—	1(参比基准)
四甲基丁二胺(TMBDA)	0.1	56
三亚乙基二胺(DABCO)	0.1	130
四甲基丁二胺(TMBDA)	0.5	160
二丁基锡二月桂酸酯(DBTDL)	0.1	210
三亚乙基二胺(DABCO)	0.2	260
三亚乙基二胺(DABCO)	0.3	330
辛酸亚锡(Sn oct)	0.1	540
二丁基锡二月桂酸酯(DBTDL)	0.5	670
二丁基锡二月桂酸酯＋四甲基丁二胺	0.1＋0.2	700
辛酸亚锡＋四甲基丁二胺	0.1＋0.2	1000
二丁基锡二月桂酸酯＋三亚乙基二胺	0.1＋0.2	1000
辛酸亚锡＋四甲基丁二胺	0.1＋0.5	1410
辛酸亚锡＋三亚乙基二胺	0.1＋0.5	1510
辛酸亚锡(Sn oct)	0.3	3500
辛酸亚锡＋三亚乙基二胺	0.3＋0.3	4250

表 3-21　各种催化剂对二醇与异氰酸酯反应的影响[①]

催化剂种类	转化率50%所需反应时间/h	转化率60%所需反应时间/h	转化率70%所需反应时间/h	转化率80%所需反应时间/h
无	10	20	—	—
邻氯苯甲酰氯	14	28	—	—
甲基吗啉	7	10	17	27
二甲基乙醇胺	5	8	13	21
二乙基环己胺	4	7	10	15
环烷酸钴	1	2	3	5
三亚乙基二胺	2.5	4	7	11

① 反应物为聚己二酸二乙二醇酯和 T-80，催化剂浓度为 T-80 的 5%（摩尔分数），反应温度为 28℃。

表 3-22　异氰酸酯与水反应时催化剂的相对活性（催化剂浓度为 0.1%）

催化剂名称	相对活性	催化剂名称	相对活性
辛酸亚锡	1.0(参比基准)	三乙基胺	1.5
N-乙基吗啉	1.1	N,N,N',N'-四甲基-1,3-丁二胺	1.6
二丁基锡二月桂酸酯	1.3	三亚乙基二胺	2.7

表 3-23　催化剂对苯基异氰酸酯与 PPG-2000、MOCA 反应的影响（NCO 基反应 50％的时间）[①]

单位：min

催化剂名称	MOCA	PPG-2010	MOCA＋PPG-2010	二醇速率/MOCA 速率
无	1260	1600	404	0.79
三亚乙基二胺	43	100	22	0.43
二丁基锡二月桂酸酯	600	46	36	13
辛酸亚锡	70	5	4	14
环烷酸钴	600	31	24	20
环烷酸铅	240	6	5	40

① 溶剂为苯，反应温度 30℃，异氰酸酯浓度为 0.01mol/L，MOCA 和 PPG 浓度为 0.005mol/L，催化剂用量为异氰酸酯质量的 8.4％。

表 3-24　几种叔胺催化剂对 NCO/OH 和 NCO/H$_2$O 催化活性比较[①]

催化剂	NCO∶OH＝1∶1 密封后胶凝时间/min			催化剂	NCO∶OH＝1∶1 密封后胶凝时间/min		
	TDI	XDI	HDI		TDI	XDI	HDI
无催化剂	＞240	＞240	＞240	邻苯基苯酚钠	4	6	3
三乙胺	120	＞240	＞240	油酸钾	10	8	3
三亚乙基二胺	4	80	＞240	三氯化铁	6	0.5	0.5
辛酸亚锡	4	3	4	环烷酸锌	60	6	10
二月桂酸二丁基锡	6	3	3	辛酸钴	12	4	4
辛酸铅	2	1	2				

① 羟基组分为聚丙三醇。

表 3-25　芳族二异氰酸酯化学反应催化剂的选择参考

促进与活泼氢化合物反应的催化剂							三聚反应催化剂	二聚反应催化剂
胺	醇	水	羧酸	脲	氨基甲酸酯	酚		
三亚乙基二胺	Bi 化合物,Pb 化合物	三亚乙基二胺	Co 化合物	Sn 化合物	Pb 化合物	叔胺	强碱或碱性盐	磷化合物
Pb 化合物	Sn 化合物,三亚乙基二胺	叔胺	Fe 化合物	三亚乙基二胺	Co 化合物	ZnCl$_2$	Pb 化合物	叔胺（高浓度）
Sn 化合物	Ti 化合物,Fe 化合物	Sn 化合物	Mn 化合物	Zn 化合物	Zn 化合物	碱性盐	Co 化合物	
Co 化合物	Sb 化合物,U 化合物		三亚乙基二胺		Cu 化合物	AlCl$_3$	Fe 化合物	
Zn 化合物	Cd 化合物,Co 化合物		叔胺		Mn 化合物	酸	Cd 化合物	
脲	Th 化合物,Al 化合物		K$_2$O$_2$CCH$_3$		Fe 化合物		V 化合物	
叔胺	Hg 化合物,Zn 化合物				Cd 化合物		叔胺	
酸	Ni 化合物,叔胺				V 化合物		正醇	
	V 化合物,Ce 化合物							
	MGO,BaO							
	吡咯酮,内酰胺							
	酸							

　　碱和很多可溶性金属化合物是很强的催化剂。虽然酸对异氰酸酯与胺、醇的反应也有温和的催化作用，但必须在酸的浓度比较大的反应体系中。通常是把酸作为异氰酸酯体系的稳定剂，以中和反应物中某些碱性杂质（如合成聚醚的 KOH 催化剂），抑制副反应，防止预聚物凝胶。碱和酸的催化作用及酸的抑制作用（或稳定作用）之间的关系如图 3-3 所示。

　　最有实用价值的催化剂是叔胺和某些金属有机化合物。但叔胺对脂族异氰酸酯的反应不很有效（表 3-24）。在金属有机化合物催化剂中，一般又可分为锡型和非锡型。常用的叔胺催化剂是三亚乙基二胺（DABCO）。常用的有机锡是辛酸亚锡（T-9）和二丁基锡二月桂酸酯（T-12）。非锡型催化剂主要有乙酸苯汞、丙酸苯汞、辛酸苯汞以及锌、钴、铅、铋等金属的辛酸盐和环烷酸盐。叔胺对 NCO 基与 OH 基、水、氨基的反应均有强烈的催化作用，但相对而言，对 NCO 基与醇反应的催化作用要小一些，不如有机锡效果好。所以叔胺很少单独作催化剂，而常与有机锡等金属化合物并用，调节诸反应的平衡。叔胺的用量一般为 0.1%～1%。有机金属化合物对芳族和脂族异氰酸酯与醇的反应都有很强的催化作用，但环烷酸锌对芳香族异氰酸酯的反应催化弱，而对脂肪族异氰酸酯的反应却有很强的催化作用 (3-24)。有机锡对异氰酸酯与醇反应有特殊的催化效果，用量一般为 0.01%～0.1%。但有机锡残留在聚氨酯产品中有促进水解和热老化的作用，而锌、铝、镍的有机化合物对降解几乎无影响。汞、锌、钴、铅、铋等有机化合物对扩链、交联均有良好的催化效果，且有较长的诱导期，掺和性好，固化快，对水分不敏感，且可提高聚氨酯的耐热性能。但有机汞毒性大，须严加防范。

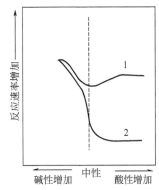

图 3-3　酸碱对异氰
酸酯反应的影响
1—与羟基反应；2—与脲、
氨酯反应，三聚反应

3.5.3　溶剂对反应速率的影响

在溶剂中进行反应时，反应速率一般按照溶剂的极性和溶剂与醇形成氢键的能力的增加而下降。这是因为溶剂的极性越大，越易与醇形成氢键缔合，从而降低了醇与异氰酸酯的反应速率。溶剂对苯基异氰酸酯与甲醇反应速率的影响见表 3-26。

表 3-26　溶剂对苯基异氰酸酯与甲醇反应速率的影响[①]

溶　　剂	反应速率常数 $K/[\times 10^{-4}\text{L/(mol·s)}]$	溶　　剂	反应速率常数 $K/[\times 10^{-4}\text{L/(mol·s)}]$
甲苯	1.2	甲乙酮	0.05
硝基苯	0.45	二氧六环	0.03
乙酸丁酯	0.18	丙烯腈	0.017

① 反应温度 20℃，NCO/OH＝1/1，各自的浓度 0.25 mol/L。

此外，溶剂中不可含伯醇，只可含仲醇和叔醇，以免发生酯交换，使氨酯键断裂降解。

参 考 文 献

[1] Baker J W, Holdsworth J B. J. Chem. Soc., 1947: 713.

[2] Baker J W, Davies M M and Grant J. J. Chem. Soc., 1949 (24).

[3] Baker J W, Grant J. J. Chem. Soc., 1949, 9 (19): 27.

[4] 成都工学院等. 高分子化学及物理学. 北京: 中国工业出版社, 1961.

[5] 李俊贤. 反应注射成型技术及材料（连载二）聚氨酯工业. 1996 (1).

[6] 虞兆年. 涂料工艺. 第二分册第四章. 北京. 化学工业出版社, 1997.

[7] Wright P, Cumming A P C. Solid Polyurethanes Elastomer. London; Maclaren and Sons, 1969.

[8] 山西省化工研究所编著. 聚氨酯弹性体. 北京: 化学工业出版社, 1985: 45-93.

[9] 刘厚钧. 聚氨酯弹性体讲座（连载二）聚氨酯工业. 1988, (1): 47-59.

[10] [德] Gertel 著. 聚氨酯手册. 阎家滨, 吕槊贤译. 北京: 中国石化出版社, 1992.

[11] 刘益军. 聚氨酯原料及助剂手册. 北京: 化学工业出版社, 2005.

[12] 黄茂松, 贾润萍, 张骥红. 我国聚氨酯工业发展评析. 见: 中国聚氨酯工业协会第十五次年会论文集.
上海: [出版者不详], 2010.

第4章 聚氨酯弹性体性能与结构的关系

刘厚钧

4.1 影响性能的结构因素

聚氨酯弹性体的原料种类繁多，其大分子结构中除含有烃基和氨基甲酸酯基（—NH—C(=O)—O—）这一特征结构外，还可能含有酯基（—C(=O)—OR）、醚基（—O—）、脲基（—NH—C(=O)—NH—）、酰氨基（—C(=O)—NH—）、芳香基、缩二脲基、脲基甲酸酯基等结构，而且聚氨酯弹性体的合成方法和加工方法多种多样，这样，就构成了聚氨酯弹性体化学结构的复杂性和物理构象的明显差异，从而导致了聚氨酯弹性体性能的改变。

一般来说，聚氨酯弹性体和其他高聚物一样，其性能与分子量、分子间的作用力（氢键和范德华力）、链段的柔性、结晶倾向、支化和交联，以及取代基的位置、极性和体积大小等因素有着密切的关系。但是，聚氨酯弹性体与烃系高聚物不同，它是由软链段和硬链段嵌段构成的。在其大分子之间，特别是硬链段之间静电力很强，常常有大量的氢键生成。这种强烈的静电力作用，除直接影响力学性能外，还能促进硬链段的聚集，产生微相分离，改善弹性体的力学性能和高低温性能。归结起来，聚氨酯弹性体的性能与结构的关系可以从以下几方面来分析。

4.1.1 分子量和交联点分子量的影响

分子量是决定线型聚合物性能的主要因素，交联点分子量是决定交联型聚合物性能的主要因素。由线型分子组成的热塑性聚氨酯弹性体要呈现高聚物的基本特性，其分子量必须在高分子的最低分子量以上。依据其原料和中间体性质的不同，热塑性聚氨酯弹性体的最低数均分子量应在3万以上。达到最低分子量以上，弹性体的力学性能和玻璃化温度受分子量的影响变小，主要影响其软化温度和溶解性能。此外，分子量的多分散性对弹性体的性能也有一定的影响。低分子级分的比例大时对弹性体的耐热性能和力学性能极为有害；而过高分子量级分的比例大时对加工成型不利。所以，热塑性聚氨酯弹性体的分子量及其分布对其性能和加工成型来说都是至关重要的质量指标。对于交联型聚氨酯弹性体（如浇注胶和混炼胶），在交联以前，聚合物的分子量一般都未达到上述的最低分子量，通常在20000～30000。交联密度一般用交联点分子量或交联点间分子量来表征，聚氨酯弹性体的交联点间分子量一般以3000～8000为宜，而且要考虑交联结构对性能是否有利。

4.1.2 主链分子结构的影响

聚氨酯弹性体的主干链一般由低聚物多元醇（如聚酯和聚醚）和二异氰酸酯聚合而成。有时还加入小分子二醇（如1,4-丁二醇）或芳香二胺（如MOCA）进行扩链反应，提高硬链段的含量。醚基和酯基使聚合物的链节具有柔顺性，而芳基则使聚合物具有刚性。由聚醚和聚酯构成的链段相互作用力是温和的，尤其是聚醚。而氨基甲酸酯基和脲基构成的硬链段，分子间作用力是很大的。各种基团的性质影响分子间的相互作用和产品物性，这可通过这些基团的摩尔内聚能和摩尔体积及对性能的影响加以说明（表4-1）。主干链中软链段和硬链段的性质及比例是根据弹性体的用途来选择的。选择时主要考虑软链段的柔顺性和结晶倾向，硬链段的刚性和体积大小，软链段和硬链段的比例，及主干链中各种基团对热、氧、水、油等环境因素的抵抗能力。

表 4-1　聚氨酯各种基团的内聚能、摩尔体积对性能的影响[①]

基团名称	基团结构	内聚能/(kJ/mol)	摩尔体积/(cm³/mol)	耐候性	硬度	扯断伸长率	拉伸强度	撕裂强度	耐磨性	耐化学品性	耐热性	低温柔顺性
脲基	O‖—NHC—NH—	47.9	—	差	优	差	优	优	可	良	良	差
氨基甲酸酯基	O‖—NHC—OR—	36.3	43.5	优	NK	NK	优	优	优	良	良	良
缩二脲基	O　HN—‖　｜—NHCNH—C=O	—	—	可	可	可	可	可	良	可	差	差
脲基甲酸酯基	O H OR‖ ｜ ｜—NHC—N—C=O	35.5	—	优	可	良	差	良	良	良	差	良
酰氨基	O‖—C—NH—	35.6	36.2	差	良	良	良	良	良	可	可	可
苯基	（苯环）	16.3	83.9	差	优	可	优	良至优	优	良	良	差
酯基	O‖—C—OR	12.1	28.9	NE	差	优	优	优	NE	可	良	差
醚基	—O—	4.2	7.3	良	差	优	可	可	NE	NE	差	优
亚甲基	—CH₂—	2.8	21.8	NK	良	NK	NK	NK	NK	NK	良	良

① NK——未知，NE——无影响。

4.1.3　侧基和交联的影响

分子结构中引入侧链烃基会增加大分子之间的距离，降低分子间的作用力，使大分子不易取向结晶，从而导致弹性体的力学性能下降，溶胀性能变差。侧链烃基对于低温性能的改善也不一定有效，这是因为侧基的存在妨碍软链段自由旋转和微相分离。聚氨酯弹性体的交联通常在硬链段之间进行。化学交联可提高弹性体的定伸应力和耐溶剂性能，降低永久变形。此外，交联结构的性质对物性影响也很大。缩二脲交联和脲基甲酸酯交联对诸多性能效果不佳，对耐热反而有害，而氨基甲酸酯交联对耐热、耐磨、耐候和力学性能有益，所以，在设计交联结构和交联密度时一定要考虑制品的使用环境和诸性能之间的综合平衡。

4.1.4　氢键的影响

在一般的聚氨酯弹性体中有大量的氢键存在，主要是由硬链段中的供氢基团（ ＼NH ）和供电基团（ ＼C＝O ）形成的。聚酯链段中的酯基和聚醚链段中的醚基氧原子虽然电负性小一些，也可能与硬链段中的供氢基团形成少量氢键。硬链段之间的氢键能促进硬链段的取向和有序排列，有利于微相分离。硬链段与软链段之间的氢键会使硬链段混杂于软链段中，影响微相分离。所以，氢键作为一种强的静电力，影响弹性体的力学性能和弹性体的聚集态结构。

4.1.5　物理结构的影响

高聚物的物理结构是指其大分子链的聚集状态及其构象。聚氨酯弹性体分子中软链段（聚酯、聚醚等）均含有 C—O 单键和 C—C 单键。由于单键的内旋转频率很高，并且永不停息，在常温下会形成各种各样的构象。它们的外形弯弯曲曲，像一个杂乱的线团，并不停地变化着。时而卷曲收缩，时而扩张伸展，显得十分柔顺，体现出良好的橡胶弹性，从而对外力的作用表现出很大的适应性。而硬链段由二异氰酸酯和小分子扩链剂组成。分子量小，链段短，含强极性的氨基甲酸酯基，还可能有脲基、苯基等基团。硬链段之间作用力大，彼此靠静电引力缔合在一起，不容易改变自己的构象，显得十分僵硬。软链段和硬链段的这种相反特性越明显，也就是说软链段柔性越大，硬链段刚性越强时，两者的相容性就越差，硬段相和软段相的分离效果就越好，形成如图 4-1 所示的聚集态结构。

图 4-1 聚氨酯弹性体微相结构示意

除了化学结构对微相分离的影响外，聚氨酯弹性体的热历史（包括热处理的方式、温度和时间等）对微相分离也有影响。随着温度上升，两相混杂程度增加。弹性体从高温急速冷却时，就会使这种混杂无定形结构保持下来，降低微相分离程度，有损于弹性体高低温性能和力学性能，这一过程叫做"淬火"。反之，弹性体加热一定时间，然后逐渐降温冷却时，有利于无定形链重新取向，有序地排列起来，形成微相分离结构，从而使弹性体的高低温性能和力学性能得到改善，这一过程叫做"退火"。退火条件一般根据制品的化学组成和使用条件来确定。据报道，用聚四亚甲基二醇、聚己二酸丁二醇酯分别与 MDI 和 1,4-丁二醇合成的热塑性聚氨酯弹性体在 120℃ 以下的温度退火，可使弹性体的热转变温度提高 20～50℃。

4.2 力学性能与结构的关系

聚氨酯弹性体在固体状态下使用，在各种外力作用下所表现的力学性能是其使用性能最重要的指标。力学性能主要取决于化学结构的规整性、大分子链的主价力、分子间的作用力和大分子链的柔顺性。也可以说，取决于聚氨酯弹性体的结晶倾向，特别是软链段的结晶倾向。凡是有利于结晶的因素，如分子的极性大、结构规整、碳原子数为偶数、无侧基支链等，都能提高弹性体的力学性能。但是，作为弹性体是在高弹态下使用的，不希望出现结晶。这样，就需要通过配方和工艺设计，在弹性和强度之间找到平衡，使制备的聚氨酯弹性体在使用温度下不结晶，具有良好的橡胶弹性，而在高度拉伸时能迅速结晶，并且这种结晶的熔化温度在室温上下。当外力解除后，该结晶立即熔化。毫无疑问，这种可逆性的结晶结构对提高弹性体的力学性能是颇为有益的。

聚氨酯弹性体能否有上述可逆性结晶结构，主要取决于软链段的极性、分子量、分子间力和结构的规整性。聚酯的分子极性和分子间力大于聚醚，所以聚酯型聚氨酯弹性体的力学性能大于聚醚型（表 4-2）。聚烯烃（如聚 1,2-丁二烯）型的极性很小，所以强度低。

表 4-2 软段结构对聚氨酯弹性体力学性能的影响[①]

软段结构	聚己二酸丁二醇酯	聚四亚甲基二醇	聚丙二醇	软段结构	聚己二酸丁二醇酯	聚四亚甲基二醇	聚丙二醇
硬度(邵尔 A)	86	88	75	拉伸强度/MPa	61	49	16
100%定伸应力/MPa	4.6	5.9	3.3	扯断伸长率/%	525	560	650
300%定伸应力/MPa	9.4	12	7.0	扯断永久变形/%	7	20	30

① 二醇的分子量为 2000。

软链段中引入侧基，如聚己二酸-1,3-丁二醇酯、聚己二酸-2,4-丁二醇酯、聚己二酸-2,3-丁二醇酯、聚己二酸叔戊二醇酯等，使大分子间的静电引力减弱，妨碍分子定向和结晶，会降低力学性能（表 4-3）。

表 4-3　聚酯结构对聚氨酯弹性体机械强度的影响[①]

聚酯类型	硬度（邵尔 A）	拉伸强度/MPa	扯断伸长率/%	扯断永久变形/%
聚己二酸乙二醇酯	60	48	590	15
聚己二酸-2,4-丁二醇酯	70	42	510	15
聚己二酸-1,3-丁二醇酯	58	22	520	15
聚己二酸-2,3-丁二醇酯	85	24	380	105
聚己二酸-1,5-戊二醇酯	60	44	380	10
聚己二酸叔戊二醇酯	67	18	400	70

① 弹性体由上述聚酯与 MDI、1,4-丁二醇合成，聚酯分子量为 2000。

软段分子量对弹性体的力学性能也有一定影响。聚醚型聚氨酯弹性体的硬度、定伸应力、拉伸强度和撕裂强度随聚醚分子量的升高而下降，见表 4-4 和表 4-5。聚酯型聚氨酯弹性体的硬度和定伸应力也表现上述规律，但拉伸应力却出现了相反的趋势（表 4-6）。这是由于聚酯分子量越大越容易结晶的缘故。

表 4-4　聚丙二醇分子量对聚氨酯弹性体力学性能的影响[①]

性　能	聚丙二醇分子量				性　能	聚丙二醇分子量			
	1000	1250	1578	2000		1000	1250	1578	2000
硬度（邵尔 A）	90	77	65	60	拉伸强度/MPa	35.7	31.3	23.2	8.3
300%定伸应力/MPa	14.5	7.0	3.7	2.8	撕裂强度/(kN/m)	55	42	25	22

① 弹性体由聚丙二醇、2,4-TDI 和 MOCA 为原料用两步法制备，NCO∶OH=2∶1（摩尔比）。

表 4-5　聚四亚甲基二醇分子量对聚氨酯弹性体力学性能的影响[①]

性　能	聚四亚甲基二醇分子量					
	500	900	1350	1650	2000	2350
硬度/BS°	97	94	92	91	85	71
300%定伸应力/MPa	23	8.1	6.5	5.4	3.5	3.0
拉伸强度/MPa	52	41	40	42	24	21
扯断伸长率/%	245	330	375	665	—	610

① 弹性体由 PTMG、2,4-TDI 和 MOCA 等原料用两步法制备，NCO∶OH=2∶1（mol）。

表 4-6　聚酯分子量对聚氨酯弹性体力学性能的影响[①]

性　能	聚酯分子量					性　能	聚酯分子量				
	1180	2160	2670	3500	4680		1180	2160	2670	3500	4680
硬度/BS°	83	86	76	70	63	撕裂强度/(kN/m)	—	180	163	158	158
300%定伸应力/MPa	160	119	98	73	55	扯断伸长率/%	455	726	720	710	770
拉伸强度/MPa	33.1	32.2	38.0	35.0	39.0	回弹/%	63	60	61	70	—

① 弹性体由聚己二酸乙二醇酯与过量 50%（摩尔分数）的 1,5-NDI 制备，用水扩链。

硬链段的结构对聚氨酯弹性体的力学性能也有直接的和间接的影响。聚氨酯弹性体的硬链段由二异氰酸酯和小分子二醇或二胺反应而形成，所以硬链段实质上是低分子量的聚氨酯或聚脲。它们都含强极性的化学结构——氨基甲酸酯基或脲基，不同的就是氨基甲酸酯基和脲基的极性不同，二异氰酸酯和扩链剂的种类不同。由表 4-7 可以看出，聚氨酯弹性体的拉伸强度与二异氰酸酯的结构有很大关系。即芳族二异氰酸酯大于脂族二异氰酸酯，而且芳环体积越大，强度越高。此外，具有对称结构的二异氰酸酯（如 4,4-MDI 和 PPDI）能赋予弹性体更高的硬度、拉伸强度和撕裂强度。

表 4-7　异氰酸酯结构对聚氨酯弹性体力学性能的影响[①]

二异氰酸酯名称	二异氰酸酯结构	拉伸强度/MPa	扯断伸长率/%	撕裂强度/(kN/m)
六亚甲基二异氰酸酯	$OCN(CH_2)_6NCO$	不足取	—	—
2,4-甲苯二异氰酸酯	（2,4-甲苯二异氰酸酯结构式，苯环带 CH_3、两个 NCO 基团）	20～24	730	83
1,5-萘二异氰酸酯	（1,5-萘二异氰酸酯结构式，萘环带两个 NCO 基团）	30	760	166
2,7-芴二异氰酸酯	（2,7-芴二异氰酸酯结构式，OCN—芴—NCO）	43	660	141

①　由分子量 2000 的聚己二酸乙二醇酯和过量 30%（摩尔分数）的二异氰酸酯制备弹性体。

　　扩链剂结构对弹性体力学性能的影响与二异氰酸酯相似。芳族二醇（如 HQEE）和芳族二胺（如 MOCA）与脂族相比，能赋予弹性体高得多的强度和硬度。根据这一规律，可采用多元醇（如 1,4-丁二醇）与 MOCA 并用作为扩链剂，来调节产品的硬度。由表 4-8 中的数据可以看出，随着 MOCA 用量的减少，1,4-丁二醇用量增加，弹性体的硬度和拉伸强度直线下降。

表 4-8　扩链剂对聚氨酯弹性体力学性能的影响[①]

性　能	MOCA/1,4-丁二醇（摩尔比）			性　能	MOCA/1,4-丁二醇（摩尔比）		
	1.0/0	0.8/0.2	0.5/0.5		1.0/0	0.8/0.2	0.5/0.5
硬度(邵尔 A)	85	75	55	扯断伸长率/%	550	500	500
拉伸强度/MPa	18	16	12	回弹/%	25	21	18

①　由 PPG-2000 和 2,4-TDI 合成预聚物，NCO=6.1%～6.4%。MOCA 和 1,4-丁二醇的总用量系数为 0.90。

　　除了化学结构的影响外，填充剂和塑料微区的补强作用却容易被人们所忽视。在制备高聚物时，由于外界因素（主要是应力）的影响，在材料的表面和内部常常会出现微细的裂纹及气泡杂质等。材料受外力作用时，开裂破坏往往从这些薄弱环节开始。这些裂纹用肉眼难以发现，对着光才能看到像细丝般闪闪发光。消除裂纹的重要途径是消除材料的内应力。为此，在弹性体中常常添加粉状填料（如炭黑）。这些填料与材料的亲和性好，填料粒子的活性表面与周围某些大分子形成次价交联结构。当其中一条分子链受到应力时，可通过交联点将应力分散传递到其他分子上。这样就可减少应力集中，延缓断裂过程的发生，提高材料的机械强度。除了外加填料的补强作用外，在微相分离比较好的弹性体中，塑料微区所起的补强作用和外加填料的补强作用相似。塑料微区在外力作用下能发生塑性形变，使应力分散传递，延缓断裂过程的发生，从而达到补强的目的。当填料粒子的细度达到纳米级时，物性等可发生质的改变。

4.3　耐热性能与结构的关系

　　高聚物的耐热性可用其软化温度和热分解温度来衡量。软化温度是指高聚物由弹性态转变成黏流态的温度，即大分子链开始滑动的最低温度。在该温度下产生的形变是不可逆的。软化温度是高聚物能够进行模塑加工的温度，也是高聚物制品使用的温度极限。热分解温度是指高聚物受热发生化学键断裂的最低温度。高聚物制品长期使用的环境温度也不能超过这一温度。热分解温度可能比软化温度高，也可能比软化温度低。就聚氨酯来说，如含有脲基甲酸酯基和缩二脲基，其热分解温度很可能比产品的软化温度低。而且热分解过程又往往与其他降解过程（如氧化、水解等）同时进行，并相互促进。

从化学结构的角度来分析，聚氨酯的软化温度主要取决于化学组成、分子量大小和交联等因素。一般来说，聚氨酯弹性体的分子量提高，硬链段的刚性（如引入苯环）和比例增加，交联密度增大，均有利于提高软化温度。从物理结构角度分析，聚氨酯弹性体的软化温度主要取决于微相分离的程度，或者说取决于硬链段的纯度，并以硬段同系物的熔点为极限。据报道，不发生微相分离的聚氨酯弹性体，软化温度很低，其加工温度只有 70℃左右；而发生微相分离的弹性体，软化温度提高，其加工温度在 130℃以上。

聚氨酯弹性体的热分解温度取决于大分子结构中各种基团的耐热性。由表 4-9 可以看出，聚氨酯弹性体中缩二脲基和脲基甲酸酯基的热分解温度比氨基甲酸酯基和脲基低得多。还有资料报道，缩二脲的热分解温度为 120℃，脲基甲酸酯分解温度只有 106℃，这可能是试验所采用的模型化合物不同的缘故。氨基甲酸酯基的热分解温度与母体化合物的结构有密切关系。脂族异氰酸酯高于芳族异氰酸酯，脂族醇高于芳香醇（如苯酚），下列数据可供参考。

氨基甲酸酯结构	分解温度
芳基—N—C—O—芳基	约 120℃
正烷基—N—C—O—芳基	约 180℃
芳基—N—C—O—正烷基	约 200℃
正烷基—N—C—O—正烷基	约 250℃

表 4-9　各种基团的模型化合物的热分解温度

基团类型	模型化合物	分解温度/℃	基团类型	模型化合物	分解温度/℃
脲基		260	脲基甲酸酯基		146
氨基甲酸酯基		241	缩二脲基		144

就芳族二异氰酸酯而言，耐热性能的顺序是 PPDI＞NDI＞MDI＞TDI。

此外，不同结构的脂肪醇与同一异氰酸酯反应生成的氨基甲酸酯，其热分解温度相差也很大，伯醇最高，叔醇最低，有的 50℃就开始分解。这是由于靠近叔碳原子和季碳原子的键最容易断裂的缘故。

软链段的结构对热分解温度也有影响。由于羰基的热稳定性比较好，而醚基的 α-碳原子上的氢容易被氧化，所以聚酯型耐热空气老化性能比聚醚型好。此外，软链段中如有双键，会降低弹性体的耐热性能，而引入异氰脲酸酯环和无机元素可提高弹性体的耐热性能。

4.4 低温性能与结构的关系

高聚物的低温弹性通常用玻璃化温度和耐寒系数来衡量。玻璃化温度的物理意义就是高聚物分子的链段开始运动的最低温度。高聚物的低温弹性取决于大分子链和链段的柔顺性，即取决于主干链的内旋转、分子间力以及大分子本身的立体效应等。凡是增加分子链僵硬的因素（如分子链中的极性基团，分子转动的势垒，交联点存在等）都会使玻璃化温度升高。大分子链的柔性是主链上单键内旋转的结果。由于相邻碳原子上的氢原子互相排斥，所以 C—C 键旋转的势垒比较大，而醚键自由旋转的阻力比 C—C 键小。醚键将 C—C 键分开就能增加大分子

链的柔顺性。酯基（ $-\overset{\overset{\text{O}}{\|}}{\text{C}}\text{OR}-$ ）中的 C—O—键也能自由旋转。但酯基的极性比醚基大，所以聚醚型聚氨酯弹性体的低温屈挠性比聚酯型好。此外，聚醚和聚酯分子结构的规整性和分子量大小对低温性能也有一定影响。软段结构越规整，分子量越大，越容易结晶。但是，软段与硬段连接之后，由于硬段的位阻效应，软段的结晶受到阻碍。所以，在一定的分子量范围（一般在 2000~3000）内，软段分子量增加，柔性反而增大，微相分离更趋完全。按形态学的观点，聚氨酯弹性体的玻璃化温度就是由软链段的性质和软段相的纯度决定的。当软段相的纯度趋于100％时，聚氨酯弹性体的玻璃化温度应接近于软链段组成物的玻璃化温度。硬段的影响主要表现在硬段结构对微相分离的影响上。表 4-10 列出了几种软段同系物的玻璃化温度可供参考。

表 4-10　软段同系物的玻璃化温度

软段同系物	聚己二酸丁二醇酯(PBA)	聚丙二醇(PPG)	聚四亚甲基二醇(PTMG)
玻璃化温度 $T_g/℃$	−45	−76	−85

4.5 耐水性能与结构的关系

水对聚氨酯弹性体的作用有两个。其一是水的增塑作用，即水分子进入大分子链中，与聚合物分子中的极性基形成氢键，使聚合物分子间的作用力减弱，拉伸强度、撕裂强度和耐磨性能下降。这一过程是可逆的，经干燥脱水，可恢复原来的性能。据报道，当空气的相对湿度在100％以内变化时，聚氨酯弹性体的吸水率在 2％以内变化。相对湿度为50％时，聚酯型和聚醚型聚氨酯弹性体的吸水率约为 0.6％。当相对湿度为 100％时，聚酯型的吸水率上升为1.1％，聚醚型为 1.4％。这时相应的拉伸强度降低率，前者约为 10％，后者约为 20％。并发现不论是 TDI/MOCA 型聚氨酯弹性体，还是 MDI/二醇型聚氨酯弹性体，其吸水率大体相同。其二是水的降解作用，即弹性体发生了化学降解。水解反应是醇酸缩聚的逆反应，可表示如下。

$$\sim\sim O\overset{O}{\overset{\|}{C}}-(CH_2)_4-\overset{O}{\overset{\|}{C}}-O-(CH_2)_2-O-\overset{O}{\overset{\|}{C}}-\overset{H}{\overset{\|}{N}}-R-\overset{H}{\overset{\|}{N}}-\overset{O}{\overset{\|}{C}}-O\sim\sim + H_2O \longrightarrow$$

$$\sim\sim O\overset{O}{\overset{\|}{C}}-(CH_2)_4-\overset{O}{\overset{\|}{C}}-OH + HO-(CH_2)_2-O-\overset{O}{\overset{\|}{C}}-\overset{H}{\overset{\|}{N}}-R-\overset{H}{\overset{\|}{N}}-\overset{O}{\overset{\|}{C}}\sim\sim$$

水解作用导致物性的下降是不可逆的。据报道，聚酯型和聚醚型聚氨酯弹性体在 24℃ 的水中浸泡一年半均未发生明显的水解作用。但是随着水温升高，两者的差异就越来越明显。在50℃的水中浸泡半年，聚酯型弹性体几乎完全水解，而聚醚型弹性体的拉伸强度仍超过28MPa。在 70℃水中浸泡 3 周，聚酯型弹性体就不能测试了，而聚醚型弹性体 8 周后还有10MPa，26 周后还有 3.5MPa 的拉伸强度。在 100℃的水中浸泡 3~4 天，聚酯型弹性体完全

水解，而聚醚型弹性体 21 天后仍保持橡胶状。聚酯型弹性体的水解作用与异氰酸酯的种类（MDI 或 TDI）、硫化剂种类（MOCA 或多元醇）、弹性体的硬度关系不大，只与酯基的浓度有一定关系。酯基之间的碳原子数增加（如聚 ε-己内酯），水解稳定性提高。而对于聚醚型弹性体，脂族异氰酸酯比芳族异氰酸酯耐水解，在芳族异氰酸酯中，MDI 和 NDI 类比 TDI 类耐水解，多元醇硫化比 MOCA 硫化耐水解。而硫黄硫化最差。在聚醚中，PTMG 型比 PPG 型耐水解，尤其是在高温水中。而 PEG（聚乙二醇醚）则不能用于弹性体的合成，因为它的水溶性太大。此外，聚醚分子中引入氧化乙烯结构，也会降低弹性体的耐水性能。在其他低聚物多元醇中，用聚丁二烯多元醇制得的聚氨酯耐水解性能最佳，热水中和 95% 的高湿热条件下，其性能基本不变。此外，聚碳酸酯多元醇与醇酸聚酯比较，耐水解性能得到了改善。

聚酯型和聚醚型聚氨酯弹性体的水解过程是不同的。由于酯基最易水解，所以，聚酯型聚氨酯弹性体的水解作用表现为主链断裂、分子量降低、拉伸强度和扯断伸长率急剧下降。而聚醚型弹性体，由于醚基和氨基甲酸酯基耐水解，所以水解作用表现为交联慢慢断裂，分子量慢慢降低，拉伸强度下降缓慢，扯断伸长率开始增加，然后才下降。综上所述，聚氨酯弹性体结构中各种基团的水解稳定性可归纳为如下顺序：丁二烯＞醚基＞氨基甲酸酯＞脲基＞缩二脲基、脲基甲酸酯基＞酯基。

外界因素对水解的影响是不可忽视的。酸和碱都是水解的促进剂。酯水解生成酸，酸本身就有催化水解的作用。金属有机化合物，如锡盐，催化水解并不亚于胺类。同时锡盐和胺类并用对水解有协同作用。因此，原料中应尽量避免残存的酸和碱，并减少催化剂的用量。聚酯型聚氨酯体系中引入碳化二亚胺（—N=C=N—）结构，可与残存的羧酸反应，改善耐水解性能。碳化二亚胺的用量以 1%～5% 为宜，其效果随水温升高而降低。据报道，对聚酯型聚氨酯弹性体而言，加入碳化二亚胺在沸水中可改善水解性能约 2 倍，在 70℃ 的水中可改善约 3 倍，40℃ 水中约 4 倍。而对聚醚型聚氨酯则没有效果。此外，在缩二脲和脲基甲酸酯交联的聚氨酯弹性体中，加入 3%～5% 的钛白粉，可得到与碳化二亚胺相近的耐水效果。但是钛白粉的效果只有在沸水中表现明显，在 80℃ 水中效果不大，在 70℃ 水中效果就更小了。

4.6　其他性能与结构的关系

4.6.1　耐油性和耐化学药品性

通常所说的聚合物的耐油性是指包含耐溶剂性在内的广义耐油性，原则上适应于 Flory 等人所推出的膨润平衡式。即仅发生膨胀，并且只限于发生膨润平衡的。而耐化学药品或耐化学试剂可理解为对水和无机药品的稳定性。它既包括聚合物的膨胀过程，还包括聚合物与化学药品（通常是无机药品的水溶液）发生化学反应，导致聚合物老化裂解，以及配合剂发生分解、溶解和抽出的过程。

聚氨酯弹性体的耐油脂和耐非极性溶剂的性能很好，并随着大分子中极性基团、交联密度和分子间作用力的增加而提高。所以不难推断，聚酯型的耐油脂性能优于聚醚型。在聚酯型中，酯基浓度增加，耐油性提高。对于同一软段而言，聚氨酯弹性体的耐油脂性又随硬段的刚性和硬段含量的增加而提高，即弹性体的硬度越高耐油性越好。

聚氨酯弹性体的耐化学药品性能也是比较好的，并随弹性体的硬度增加而提高。常温下，在 20% 的乙酸和 50% 的 NaOH 溶液中，聚 ε-己内酯型、PTMG 型和 PPG 型都表现出一定的抗耐能力。但是在 50% 的硫酸和 20% 的硝酸溶液中，以上两种聚醚型都经受不住硫酸和硝酸的侵蚀，唯聚 ε-己内酯型表现出较好的抗耐能力。这是因为醚基的 α-碳原子上的氢易被氧化而发生裂解的缘故。

4.6.2 介电性能

高聚物具有良好的介电性能，广泛用作绝缘材料。表示介电性能的物理量主要有介电常数、介电损耗（tanδ）、体积电阻率（ρ_v）、表面电阻率 ρ_s 和击穿强度（或击穿电压）等。聚氨酯是一种强极性高分子材料，它的介电性能不如非极性高聚物，大体与酚醛树脂相当。它的体积电阻率为 $10^{10} \sim 10^{12}\ \Omega \cdot cm$，表面电阻率为 $10^{11} \sim 10^{13}\ \Omega$，介电常数为 $3 \sim 6$，介电损耗（tanδ）约为 10^{-2}，不适于高频电器使用。但击穿电压较高，常用于电缆护套，电器灌封等。

高聚物的介电性能主要取决于聚合物的极性大小。极性越大，介电常数越高，电阻越小，介电损耗越大，击穿电压越低。

大分子中极性基团所处的位置不同对介电性能的影响也不相同。极性基团直接连接在主链上，由于受到主链构型的影响，活动比较困难，不易旋转定向，所以对介电性能的影响小。如极性基团连接在侧基上，则活动性大，在电场力作用下，可独立旋转定向，所以对介电性能的影响大。

主链上有支链，使高分子呈疏松状态，极性基团较易沿电场方向定向，但由于分子间距增大，单位体积中的极性基团减少，所以，支链对介电性能的影响要视具体情况而定。

大分子交联，形成网状结构，把极性基团束缚起来，妨碍其旋转定向，会使绝缘性能提高。

此外，外界条件对高聚物介电性能的影响也是不可忽视的。高聚物中的微量杂质和水分、环境温度和湿度等，常常会使高聚物的介电性能大幅度降低。聚氨酯是一种强极性材料，对水的亲和力较大，即使在比较干燥（相对湿度 50%）的环境下，聚氨酯弹性体仍有大约 0.6% 的吸水率。所以水分的影响是很难避免的。

4.6.3 回弹性、阻尼性和内生热

高聚物分子的柔曲性是产生高弹性的原因。但是，由于聚氨酯弹性体分子结构中极性基团较多，分子内力和分子间的作用力较大，再加上可能存在的其他妨碍单键自由旋转的因素，使聚氨酯弹性体的应力-应变不能瞬时达到平衡，表现出高聚物的黏弹性质，即高聚物在外力作用下所表现的兼有黏性和弹性的性质。弹性体的这种黏弹性质在固定应力作用下表现为蠕变现象，在固定形变时表现为应力松弛现象，在交变应力作用下表现为滞后现象。聚氨酯弹性体的分子链越柔顺，回弹性越好，阻尼减振性越差，内生热越小。此外，回弹性和黏弹性与使用温度有关，随着使用温度的降低，回弹性下降，黏弹性增加。聚氨酯弹性体还可通过与其他高分子材料共混或采用共聚、互穿网络等方法提高聚氨酯阻尼材料的阻尼温域和损耗因子值。

4.6.4 光稳定性

由芳族异氰酸酯合成的聚氨酯受紫外线照射时容易氧化变黄，这是由于芳族二脲的桥键结构所引起的。在紫外线照射下，它很容易氧化生成发色的醌式结构。以 TDI 和 MDI 为例，其光氧化反应过程如下：

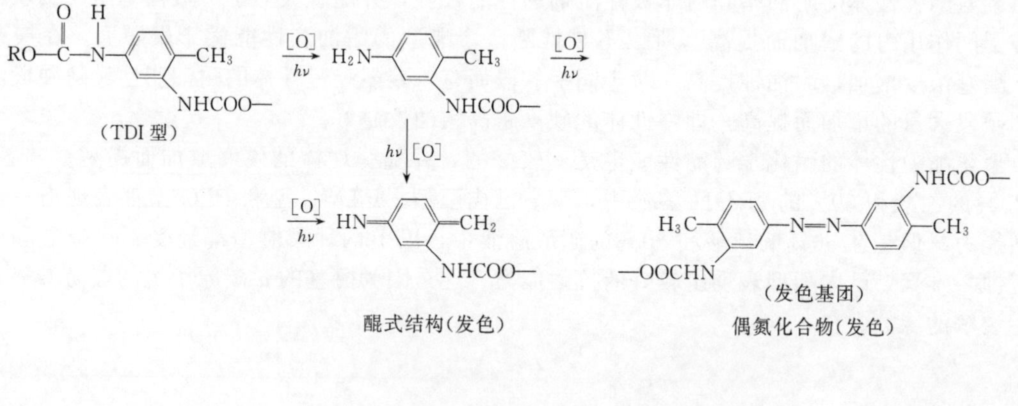

（TDI 型）

醌式结构（发色）

偶氮化合物（发色）

（发色基团）

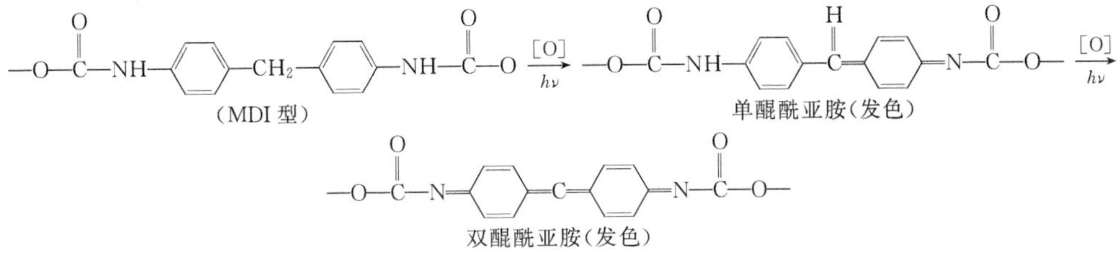

（MDI 型）　　　　　　　　单醌酰亚胺（发色）

双醌酰亚胺（发色）

　　脂族氨酯键比芳族氨酯键稳定，不易被氧化。即使被氧化分解成脂肪胺，也不像芳胺容易变色。因为没有苯环共轭作为助色基团。XDI 虽有苯环，但氨酯不直接连接在芳环上，中间有亚甲基隔开，阻止共轭形成，故也不泛黄。据悉，银光化工公司开发的耐黄变助剂可改善 TDI 的黄变性能，满足涂料用 TDI 的要求。

参 考 文 献

[1] Sanders J T，Frish K C. Polyurethanes. Chemistry and Technology. Part Ⅰ. and Ⅱ 2 Interscience Publishers，1962.

[2] 高松哲也，浦川卓也. 化学工业，1964，15（4）：52-57.

[3] Athey R J. Rubber Age，1965，96（5）：705-712.

[4] 田中武英，横山哲夫. 日本ゴム协会志，1972，45（5）.

[5] 化工部特种合成橡胶科技情报中心编. 国外特种合成橡胶. 北京：燃料化学工业出版社，1974.

[6] [德] 厄特尔 G 编著. 聚氨酯手册. 阎家宾，吕絜贤译. 沈阳：辽宁科学技术出版社，1985.

[7] 山西省化工研究所编著. 聚氨酯弹性体. 北京：化学工业出版社，1985：100-150.

[8] 余学海，耿奎士. 关于聚氨酯的稳定性问题. 聚氨酯工业.1989（1）：2-7.

[9] 朱玉璘. 聚氨酯橡胶. 合成橡胶工业手册. 北京：化学工业出版社，1991：918-965.

[10] 经菊琴. 新型医用聚氨酯水凝胶. 聚氨酯工业. 1995（3）：32-35.

[11] 聚氨酯信息. 中国聚氨酯工业协会，2011（3）.

[12] 刘厚钧. 聚氨酯弹性体讲座（连载三）. 聚氨酯工业，1988（2）：41-49.

第5章　聚氨酯弹性体的聚集态结构

刘树　刘凉冰

热塑性聚氨酯的分子结构是含有多种基团的高分子聚合物，如亚甲基（—CH$_2$—）、酯基（—$\overset{\text{O}}{\overset{\|}{\text{C}}}$—O—）、醚基（—O—）、芳基（—⟨◯⟩—）、氨酯基（—NH—$\overset{\text{O}}{\overset{\|}{\text{C}}}$—O—）、脲基（—NH—$\overset{\text{O}}{\overset{\|}{\text{C}}}$—NH—）等。前三种基团在 TPU 分子链上都是柔性链，如聚酯、聚醚，叫做软段；后三种基团在 TPU 分子链上都是强极性的，是刚性链结构，所以叫做硬段。由于两种嵌段的不相容性，软段和硬段在 TPU 聚合物中分别聚集在一起组成了软段相和硬段相，这就是 TPU 聚合物的二相形态结构。

然而，TPU 的形态结构还不止于此。在软段相中，软段聚酯或聚醚也是聚合物，在分子量较高时，亦可部分结晶形成晶区和非晶区；在硬段相中，硬段氨酯或氨酯-脲，在硬段含量较高时，即硬段分子量较高时，亦可部分结晶形成晶区和非晶区。如此看来，TPU 的形态结构最多可能存在四相，即软段相和硬段相分别有晶相与非晶相。

讨论 TPU 的聚集态结构，目的在于了解其形态特征、形成条件及其与材料性能的关系。以便控制生产条件、获得具有预定结构和性能的材料。决定 TPU 使用性能的主要因素是它的聚集态结构。

本章将讨论如下内容：TPU 的氢键、结晶、取向和聚集态，以及它们的作用。为了说明方便，将有关热塑性聚氨酯及其软段、硬段的名称、结构用一些显而易见的符号表示在表 5-1 中，表中未列出的名称符号在文中另有说明。

表 5-1　热塑性聚氨酯常用的名称、结构及符号

软　段		
类　型	名　称	结　构　简　式
聚酯类（PES）	聚己二酸乙二醇酯（PEA）	—ECH$_2\frac{}{}$$_2$O—$\overset{\text{O}}{\overset{\|}{\text{C}}}$—ECH$_2\frac{}{}$$_4$$\overset{\text{O}}{\overset{\|}{\text{C}}}$—O$\frac{}{}$$_x$
	聚己二酸丁二醇酯（PBA）	—ECH$_2\frac{}{}$$_4$O—$\overset{\text{O}}{\overset{\|}{\text{C}}}$—ECH$_2\frac{}{}$$_4$$\overset{\text{O}}{\overset{\|}{\text{C}}}$—O$\frac{}{}$$_x$
	聚己内酯（PCL）	—ECH$_2\frac{}{}$$_5$O—$\overset{\text{O}}{\overset{\|}{\text{C}}}$$\frac{}{}$$_x$
聚醚类（PET）	聚四亚甲基二醇（PTMG）	—ECH$_2\frac{}{}$$_4O\frac{}{}$$_x$
	环氧丙烷-环氧乙烷共聚醚［P(PO/EO)］	—ECH—CH$_2$—O—ECH$_2\frac{}{}$$_2O\frac{}{}$$_x$ ，其中 CH 上接 CH$_3$
	四氢呋喃-环氧乙烷共聚醚（PTHF/EO）	—ECH$_2\frac{}{}$$_4$O—ECH$_2\frac{}{}$$_2O\frac{}{}$$_x$

续表

硬　段

类　型	名　称	结　构　简　式
氨酯类 (DI-BDO)	2,4-甲苯二异氰酸酯 (2,4-TDI/BDO)	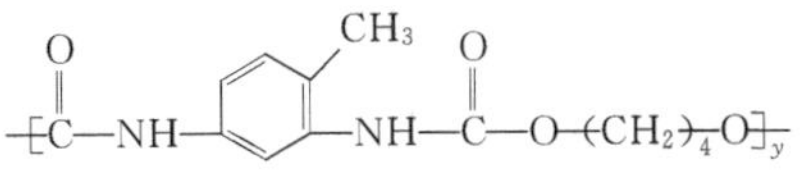 $-C-NH-\bigcirc(CH_3)-NH-C-O+CH_2)_4O\,]_y$ （含两个酯羰基）
	2,6-甲苯二异氰酸酯 (2,6-TDI/BDO)	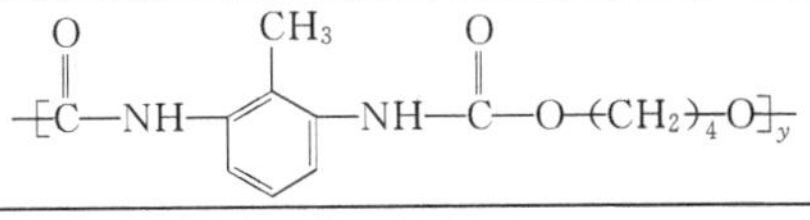 $-C-NH-\bigcirc(CH_3)-NH-C-O+CH_2)_4O\,]_y$
	4,4'-二苯基甲烷二异氰酸酯 (MDI/BDO)	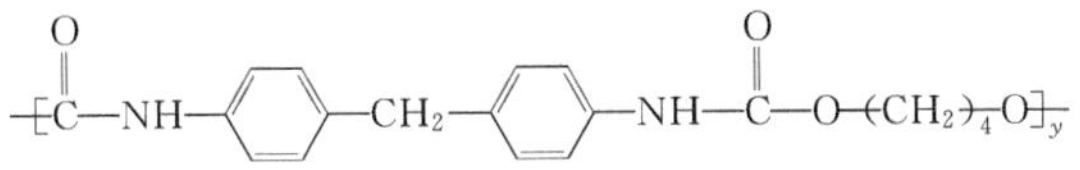 $-C-NH-\bigcirc-CH_2-\bigcirc-NH-C-O+CH_2)_4O\,]_y$
氨酯-脲类 (DI-EDA)	2,4-甲苯二异氰酸酯-脲 (2,4-TDI/EDA)	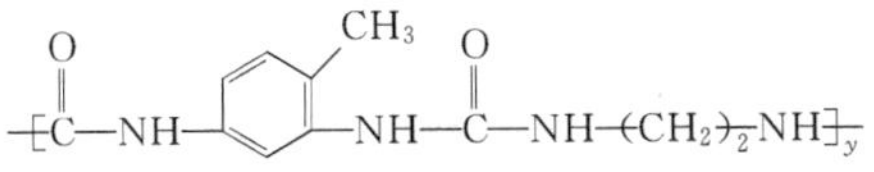 $-C-NH-\bigcirc(CH_3)-NH-C-NH+CH_2)_2NH\,]_y$
	2,6-甲苯二异氰酸酯-脲 (2,6-TDI/EDA)	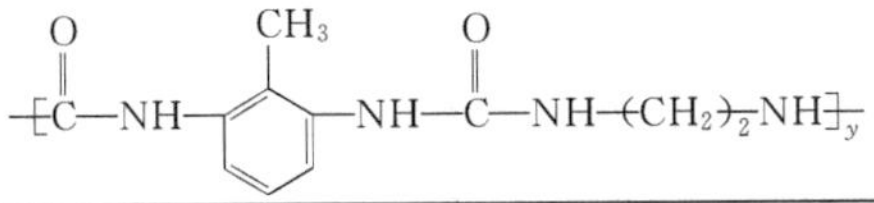 $-C-NH-\bigcirc(CH_3)-NH-C-NH+CH_2)_2NH\,]_y$
	4,4'-二苯基甲烷二异氰酸酯-脲 (MDI/EDA)	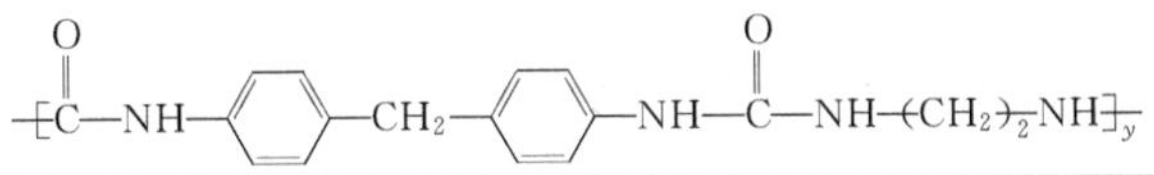 $-C-NH-\bigcirc-CH_2-\bigcirc-NH-C-NH+CH_2)_2NH\,]_y$

热塑性聚氨酯(TPU)

类　型	名　称	结　构　简　式
聚酯型 (PES-TPU)	聚己二酸丁二醇酯-氨酯 (PBA-TPU)	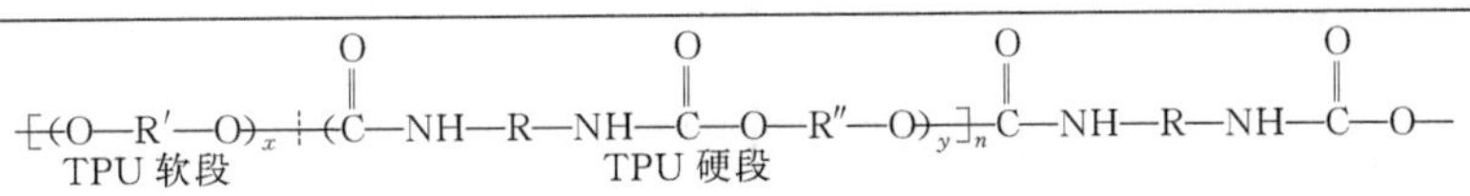 $+(O-R'-O)_x$ TPU软段 $C-NH-R-NH-C-O-R''-O)_y]_n$ TPU硬段 $C-NH-R-NH-C-O-$ (MDI-EDO-PBA)
	聚己二酸丁二醇酯-氨酯-脲 (PBA-TPUr)	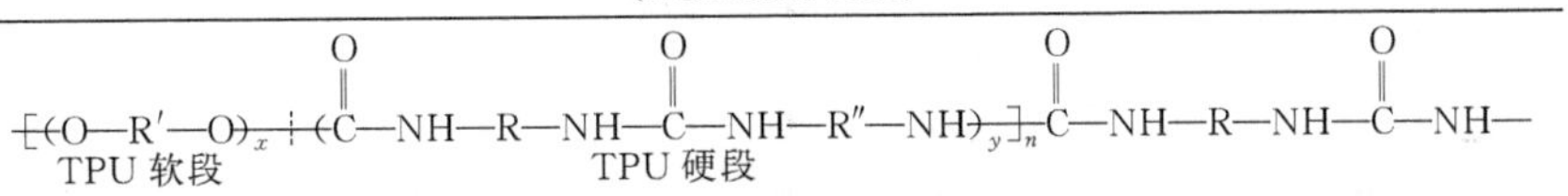 $+(O-R'-O)_x$ TPU软段 $C-NH-R-NH-C-NH-R''-NH)_y]_n$ TPU硬段 $C-NH-R-NH-C-NH-$ (MDI-EDA-PBA)
聚醚型 (PET-TPU)	聚四亚甲基二醇-氨酯 (PTMG-TPU)	(MDI/BDO/PTMG)
	聚四亚甲基二醇-氨酯-脲 (PTMG-TPUr)	(MDI/EDA/PTMG)

R：　$-\bigcirc-CH_2-\bigcirc-$

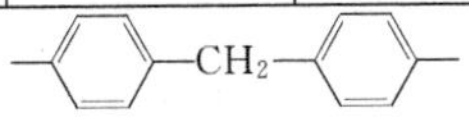

R′：　$+CH_2)_4OCO+CH_2)_4CO-$　或　$+CH_2)_4O-$

R″：　$+CH_2)_2$ 或 $+CH_2)_4$

BDO：　1,4-丁二醇

EDA：　乙二胺

5.1　TPU 的氢键

　　TPU 弹性体含有大量氢键（硬段含量为 $25\%\sim47\%$ 时，氢键浓度为 $2.0\sim3.8\mathrm{mol/L}$），同时又有良好的弹性和扯断伸长率、很高的橡胶态模量和拉伸强度。这就很自然地将这类弹性体的结构-性能关系与氢键的存在联系在一起。

本节拟就 TPU 弹性体氢键的概况、影响因素及其作用进行讨论。

5.1.1 概况

5.1.1.1 结构特点

TPU 弹性体的分子结构有氨酯或氨酯-脲硬段以及聚醚和聚酯软段。两种硬段都存在能提供质子的亚氨基—NH—，氨酯羰基 $-NH-\overset{O}{\underset{}{C}}-O-$ 和脲羰基 $-NH-\overset{O}{\underset{}{C}}-NH-$ 是硬段的质子受体，聚醚的醚氧基—O—和聚酯的酯羰基 $-\overset{O}{\underset{}{C}}-O-$ 是软段的质子受体。因此，可能存在如下四种氢键：

硬段-硬段间

$$N-H\cdots O=\overset{NH-}{\underset{NH-}{C}} \qquad N-H\cdots O=\overset{NH-}{\underset{NH-}{C}}$$

氨酯羰基　　　　　　脲基羰基

硬段-软段间

$$N-H\cdots O=\overset{C-}{\underset{C-}{}} \qquad N-H\cdots O=\overset{C-}{\underset{C-}{}}$$

醚基　　　　　　酯基羰基

此外，酯基上的醚氧基也是质子受体，也有形成氢键的可能性。

5.1.1.2 氢键

TPU 不仅在硬段-硬段间能形成氢键，而且在硬段-软段间也能形成氢键。概括地讲，TPU 中 $\diagup NH$ 基键合 75%～95%，其中与硬段 $\diagup C=O$ 基键合约 60%，其余 15%～35% 的 $\diagup NH$ 基键合到软段的—O—基或 $-\overset{O}{\underset{}{C}}-O-$ 基上。硬段-硬段间的氢键是在氨酯之间、脲之间或氨酯-脲之间形成的。而硬段-软段间的氢键则是：①由于位阻效应阻碍软段相和硬段相的完全分离，从而导致在软段基料上分散着硬段；②硬段相和软段相的界面提供了大量表面积的区域结构，这至少部分地说明硬段-软段间氢键的形成。

不含软段的硬段模型化合物，即二异氰酸酯（DI）与 1,4-丁二醇生成的氨酯，通过红外分析发现 $\diagup NH$ 基全部形成氢键，而氨酯羰基—NH—COO—，仅被键合 73%～90%，其余的 $\diagup NH$ 基据推测键合到烷基氧上，因为除此之外，再没有其他的质子受体。然而，后来用 X 射线衍射研究 4,4′-二苯基甲烷二异氰酸酯与甲醇反应的氨酯单晶表明，氨酯基上的醚氧基没有形成氢键。因此，这一部分 $\diagup NH$ 基究竟键合到哪种受体上，还没有令人满意的解释。

5.1.1.3 氢键的键能

在分子间的相互作用中，氢键的键能占有特殊地位。氨酯的硬段模型化合物 DI/BDO 的氢键解离热函 ΔH 一般为 19.3～35.3kJ/mol $\diagup NH$，其大小由硬段的规整性所决定；在 TPU 中，ΔH 为 11.3～32.8kJ/mol $\diagup NH$，其大小由两相分离程度所决定，两相分离越好，ΔH 越高。这是因为硬段-软段间的氢键较弱，两相分离不好时，这一部分氢键增加，从而降低了 ΔH 值；另一方面，两相分离不好时，在硬段相中可能混进软段，而使其不完善，同样降低 ΔH 值。因此，可将 ΔH 值作为衡量硬段相完善程度的定量指标。

5.1.2 影响因素

5.1.2.1 分子结构

这里讨论软段结构和硬段结构对 TPU 氢键的影响。

(1) 软段结构　氢键度是指键合官能基（$\diagdown$NH）浓度与该基团总浓度之比。在红外分析中，氢键度由游离$\diagdown$NH 基与键合$\diagdown$NH 基的面积求得。在聚醚为软段的 TPU 中，键合$\diagdown$NH 基包括：与$\diagdown$C═O 基键合（硬段-硬段间氢键）和与—O—基键合（硬段-软段间氢键）两种可能性，所以$\diagdown$NH 基的氢键度减去$\diagdown$C═O 基的氢键度即为—O—基的氢键度。而在聚酯为软段的 TPU 中，由于软、硬段的$\diagdown$C═O 基吸收峰重叠，$\diagdown$NH 基的氢键度不能分解成硬段-硬段间和硬段-软段间的氢键度。这种情况，可采用软段玻璃化温度（T_{gs}）的升高来计算硬段-软段间的氢键度，因为硬段溶于软段形成氢键而使 T_{gs} 提高。

软段种类主要影响硬段-软段间的氢键度。一般地讲，聚醚型 TPU 的氢键度低于聚酯型，说明前者在软段基料上混入的硬段少于后者。例如，以聚四亚甲基二醇（PTMG）与聚己二酸丁二醇酯（PBA）为软段的 TPU 进行比较，硬段-软段间的氢键度：前者为 4%～20%；后者为 10%～36%。

软段的分子量对 TPU 氢键度的影响见表 5-2。可见，增加软段分子量，$\diagdown$NH 基的氢键度下降。这是因为提高软段的分子量，改善了微相分离的缘故。两相分离得好，软段相溶解的硬段量大为减少，硬段-软段间的氢键难以形成（PTMG-2000 只有 5%），而硬段-硬段间的氢键度提高（PTMG-2000 达 73%）。总体来看，硬段-软段间的氢键度降低得多，而硬段-硬段间的氢键度增加得少，故$\diagdown$NH 基的氢键度下降。

表 5-2　软段分子量对 TPU 氢键度的影响

软段分子量	硬段含量/%[①]	氢键度/%			软段分子量	硬段含量/%[①]	氢键度/%		
		键合	硬段-硬段间	硬段-软段间			键合	硬段-硬段间	硬段-软段间
PTMG-1000	46.3	82	66	16	PBA-2000	54.0	79	—	—
PTMG-2000	50.0	78	73	5	PBA-5000	54.0	75	—	—
PBA-1000	47.6	84	—	—					

① 硬段为 MDI/BDO。

为了考察软段侧甲基对氢键的影响，采用聚己二酸乙二醇酯（PEA）和聚己二酸-1,2-丙二醇酯（PPA）的混合物（$\overline{M}_n = 2000$）、TDI-80，并以三羟甲基丙烷为交联剂，R（NCO/OH）$= 2.0$，合成弹性体。改变 PPA 比例以增加侧甲基含量，其结果如图 5-1 所示。图 5-1 表明：$\diagdown$NH 基氢键度为 85%，且不随侧甲基含量而变化，即甲基不影响 TPU 的氢键度；说明软段引入侧甲基后，对微相分离不起作用，所以软段相的侧甲基与氢键度无关。

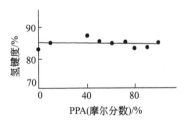

图 5-1　软段侧甲基对
TPU 氢键度的影响

(2) 硬段结构　常用的二异氰酸酯 2,4-TDI、2,6-TDI 和 MDI 制备的 TPU $\diagdown$NH 基氢键度为 82%～91%，但采用 2,4-TDI 时在硬段和软段间的氢键度显著提高（表 5-3）。这是由于 2,4-TDI 的两个异氰酸酯基对甲基的非对称性位置导致重复单元的首-尾异构化，使大量硬段溶于软段相中，从而提高了硬段-软段间的氢键度，降低了硬段-硬段间的氢键度的缘故。2,6-TDI 和 MDI 则不同，它们的结构对称而规整，硬段易于聚集而改善两相分离，从而提高了硬段-硬段间的氢键度，溶于软段相的硬段相对地减少，故而降低了硬段-软段间的氢键度。

现以 BDO 和 EDA 为例，说明扩链剂对 TPU 氢键度的影响。前者形成氨酯硬段，后者为氨酯-脲硬段。红外分析表明：用 EDA 扩链时，$\diagdown$NH 基全部形成氢键，羰基几乎全部形成氢键，且主要是脲 $\diagdown$C=O 基，酯 $\diagdown$C=O 基占 $\diagdown$C=O 基总量的 25%，其中约一半被氢键合（表5-4）。$\diagdown$NH 基与脲 $\diagdown$C=O 基形成三维氢键，每个脲 $\diagdown$C=O 基键合两个 $\diagdown$NH 基。这种三维氢键迅速形成且高度改善相分离，所以只有硬段-硬段间的氢键，没有硬段-软段间的氢键，两相基本上都是纯的。用 BDO 扩链则不然，硬段-软段间存在大量氢键，因为两相分离很不完全，有相当多的硬段溶于软段。

表 5-3 二异氰酸酯结构对 TPU 氢键度的影响[①]

二异氰酸酯	硬段含量/%	氢键度/%		
		键合 $\diagdown$NH	硬段-硬段间	硬段-软段间
2,4-TDI	49	91	48	43
2,6-TDI	49	91	78	13
MDI	47	82	66	16

① 软段为 PTMG-1000，扩链剂为 BDO。

表 5-4 扩链剂结构对 TPU 氢键度的影响[①]

扩链剂	硬段含量/%	氢键度/%		
		键合 $\diagdown$NH	硬段-硬段间	硬段-软段间
BDO	49	91	48	43
EDA	47	100	100	—

① 软段为 PTMG-1000，二异氰酸酯为 2,4-TDI。

硬段含量对 TPU 弹性体氢键度的影响见表5-5。增加硬段含量对硬段-硬段间的氢键度没有明显影响，而键合 $\diagdown$NH 基和硬段-软段间的氢键度略有下降。这种现象可解释如下：TPU 的硬段含量较高时，两相分离得较完全，硬段相较为有序，所以硬段-硬段间的氢键度很少变化；增加硬段含量，实际上增加硬段分子量，长硬段增加，短硬段减少，而溶于软段相的多为短硬段，所以溶于软段相的硬段亦减少，其结果降低了硬段-软段间的氢键度，相应地 $\diagdown$NH 基的氢键度亦随之下降。这种情况在聚酯型 TPU 中更为明显，如 2,6-TDI/BDO/PBA-1000 的样品，硬段含量由 31% 增至 60%，硬段-软段间氢键度由 31% 降至 11%。

表 5-5 硬段含量对 TPU 弹性体氢键度的影响[①]

硬段含量/%	氢键度/%			硬段含量/%	氢键度/%		
	键合 $\diagdown$NH	硬段-硬段间	硬段-软段间		键合 $\diagdown$NH	硬段-硬段间	硬段-软段间
42	95	78	17	55	92	80	12
49	91	78	13	60	86	77	9

① 软段为 PTMG1000，硬段为 2,6-TDI/BDO。

氢键的 ΔH 随硬段含量的变化可进一步证实上述结论（表5-6）。TPU 的 ΔH 包括两部分，即硬段-硬段间的和硬段-软段间的 ΔH。前者较强且是主要的一部分，硬段相存在远程有序或微晶时，它接近硬段模型化合物的 ΔH 值；后者较弱且是次要的一部分。ΔH 与硬段含量的关系较复杂。由 PTMG 合成的 TPU，硬段含量为 25.2%~41.5% 时，ΔH 为 21.8~23.9kJ/mol $\diagdown$NH，与硬段含量无关。这是由于溶于软段相的硬段量，以及硬段-硬段间的氢键度变化不大的缘故。但硬段含量由 41.5% 增至 46.3% 时。ΔH 值由 23.9kJ/mol $\diagdown$NH 增至 32.8kJ/mol $\diagdown$NH，已接近模型硬段化合物 ΔH 值（表5-7），表明硬段相排列较为规整而完善。另一方面，在由 PBA-1000 合成的 TPU 中，随硬段含量的增加，ΔH 值亦增加，这是由于相分离随硬段长度的增加而得到改善，溶于软段相的硬段在减少的缘故，从而进一步说明硬段-软段间的氢键度逐渐降低。

表 5-6　硬段含量对 TPU 氢键 ΔH 的影响[①]

PTMG-1000		PBA-1000		PTMG-1000		PBA-1000	
硬段含量/%	ΔH/(kJ/mol · NH)	硬段含量/%	ΔH/(kJ/mol · NH)	硬段含量/%	ΔH/(kJ/mol · NH)	硬段含量/%	ΔH/(kJ/mol · NH)
46.3	32.8	47.6	25.2	30.9	22.3	30.6	14.3
41.5	23.9	41.0	23.9	25.2	21.8	26.3	11.3
36.6	21.4	37.0	20.2				

① 硬段为 MDI/BDO。

表 5-7 的数据表明：2,4-TDI/BDO 的 ΔH 比 2,6-TDI/BDO 和 MDI/BDO 低得多，这是由于在 2,4-TDI 中的甲基非对称结构，无力形成有序和结晶，从而形成较弱的氢键的缘故；而在 2,6-TDI/BDO 和 MDI/BDO 中，结构对称且规整，可形成强且均匀分布的氢键，而这种氢键存在于有序结晶区。

表 5-7　模型硬段化合物的 ΔH

模型硬段	解离开始温度/℃	ΔH(kJ/mol · NH)	模型硬段	解离开始温度/℃	ΔH(kJ/mol · NH)
2,4-TDI/BDO	100	19.3	MDI/BDO	220	31.5
2,6-TDI/BDO	200	35.3			

5.1.2.2　外界条件

这里讨论应变、温度和退火对 TPU 氢键度的影响。

（1）应变的影响　TPU 弹性体在拉伸状态下测定红外光谱的变化表明，无论是聚醚软段还是聚酯软段，其 TPU 的 $\diagdown$NH 基氢键吸收直到 300% 伸长时基本不变，或轻微降低（图 5-2）；$\diagdown$C=O 基形成的氢键可用氢键指数 R 表示，即键合和游离吸收能力之比。

$$R = \frac{c_b E_b}{c_f E_f}$$

式中　c_b，c_f——键合和游离 $\diagdown$C=O 基浓度；

E_b，E_f——键合和游离 $\diagdown$C=O 基消光系数。

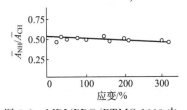

图 5-2　MDI/BDO/PTMG-1000 中 $\diagdown$NH 吸收随应变的变化（硬段含量 46.3%）

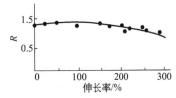

图 5-3　MDI/BDO/PTMG-1000 中，羰基 R 随扯断伸长率的变化（硬段含量 46.3%）

R 值大表明参与氢键的 $\diagdown$C=O 基增加。在一般情况下 $E_b/E_f = 1.0 \sim 1.2$。伸长 200% 以下时 $R \approx 1.55$。用 R 值计算的 $\diagdown$C=O 基氢键度为 56%~61%。实际上样品伸长 300% 时，R 值几乎不变（图 5-3）。由此可见，拉伸似乎对 TPU 弹性体的氢键没有影响，$\diagdown$NH 基和 $\diagdown$C=O

基的氢键度在变形 300％时仍与变形无关。这可由两种机理说明：一种可能是材料拉伸时没有破坏氢键；另一种可能是氢键有选择地断裂，但在比拉伸短得多的时间内重新形成。无论哪种机理，在试验时间内氢键度没有净变化。

（2）温度的影响　氢键与温度的关系十分密切，一般地讲，随温度的升高，氢键度降低。在 TPU 弹性体中，温度在室温以上、硬段玻璃化温度 T_{gh} 以下时，氢键度以缓慢速率随温度的升高而下降（表 5-8 和图 5-4）。其原因可能是，温度在 T_{gh} 以下时，材料没有获得足够的能量破坏受硬段刚性限制的强氢键，所获得的能量只能使较弱的氢键断裂；温度升到 T_{gh} 时，硬段获得足够能量后即开始运动，硬段-硬段远程有序结构的氢键开始解离。继续提高温度，氢键度稳定地下降，在熔融前的任何解离都是较少有序和非晶区弱氢键的断裂；温度达到熔融时（2,6-TDI/BDO，$T_m=200℃$；MDI/BDO，$T_m=220℃$。见表 5-7 和图 5-5），氢键度更快地随温度的升高而下降，这两种模型化合物的 ΔH 相当高，表明强且均匀的氢键存在于有序结晶区。

表 5-8　TPU 弹性体氢键度随温度的变化[①]

温度/℃	氢键度/%		温度/℃	氢键度/%	
	键合 NH	键合 C=O		键合 NH	键合 C=O
29	87.5	60.0	98	65.0	50.0
53	79.0	57.0	126	56.5	45.0
74	76.0	54.5	151	50.0	41.0

① 软段为 PTMG-2000；硬段为 2,6-TDI/BDO，含量 43％。

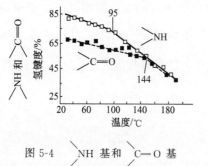

图 5-4　NH 基和 C=O 基的氢键与温度的关系（MDI/BDO/PTMG-1000，硬段含量 46.3％）

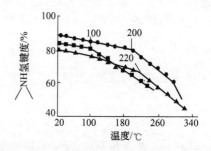

图 5-5　模型硬段化合物 NH 基与温度的关系

● 2,6-TDI-BDO；■ 2,4-TDI-BDO；▲ MDI-BDO

在 TPU 中，即使温度达 200℃，NH 基的氢键度还能保留大约 40％，说明弹性体含有结晶硬段可以加强氨酯的热稳定性。氢键度与温度的关系可解释如下：提高温度时，增加内能，改变了供体-受体复合物的能量分布，分布密度下降，从而导致氢键之间相互作用的平均距离增加，因而引起氢键度的下降。

（3）退火的影响　主要讨论三种模型硬段化合物：2,4-TDI/BDO、2,6-TDI/BDO 和MDI/BDO，以说明退火对 TPU 氢键的影响。在退火之前，三种硬段由于体系结构紊乱，氢键分布宽且任意取向，其形态具有高度非晶性质，所以都有明确的玻璃化温度，$T_g=90\sim100℃$，N—H…O 氢键的键距为 0.284～0.310nm。

三种硬段经 150℃退火 8h 后，其形态和氢键产生明显差别：2,4-TDI/BDO 的形态和氢键性质与退火无关，这是由于结构不对称性而无能力结晶化；然而，2,6-TDI/BDO 和 MDI/BDO 经退火后氢键强度增加，这可能是由于氢键的键距缩短，使链段重新组织，键距的变化改变了氢键的电荷分布，从而改变氢键强度的缘故。换言之，这两种硬段经退火由非晶态变为结晶态，氢键采取有利的长度而缩短（2,6-TDI/BDO 键距为 0.290nm，MDI/BDO 为 0.302nm），因而导致了氢键的均匀分布，并提高了氢键强度。

这种推理亦适用于相应的 TPU，在这里氢键不仅存在于非晶硬段相，也存在于软段相，退火导致硬段结晶化，从而改善了相分离，降低了硬段-软段间的氢键度，增强了硬段-硬段间的氢键度。

（4）淬火的影响　为了研究淬火对氢键的影响，设计了这样的实验：TPU 的软段为聚丙二醇（PPG），分子量为 2000；硬段为 MDI/BDO，含量为 31.6%；弹性体 $T_{gs}=-40$℃，$T_m=110$℃。加热和淬火的温度分四段：①由室温升至 185℃；②在 20s 内快速淬火到-70℃；③由-40℃升至 70℃；④再从 70℃升至 110℃。

嵌段 TPU 在室温下，硬段相分散在软段基料上，形成硬微区，主要是硬段-硬段间的氢键，由于相分离不完全，同时存在相当数量的硬段-软段间的氢键；在 110℃以上时，弹性体处于熔融状态，硬段-硬段间的氢键大部分解离，获得均匀的相混合结构①。迅速淬火到-70℃，远低于 T_{gs}，几乎全部相混合结构被"冻结"②。由于 ＼NH 基分别包围在大量—O—基中（每个软段有 34 个—O—基，每个硬段有 6 个 ＼C＝O 基），又由于软段的柔性使其在空间有利于形成氢键，所以在"冻结"状态下可能存在大量的硬段-软段间的氢键，而 ＼C＝O 基则基本上是游离状态。温度升到-40℃以上时，软段获得足够的活性，硬段-软段间的氢键断裂，排除硬段而出现相分离，硬段-硬段间的氢键开始形成③。温度超过 70℃，硬段-硬段间的氢键减弱，但不一定破坏，直到完全熔融④。因此，由淬火到升温过程，经历相混合状态的硬段-软段间的氢键，转变成相分离状态的硬段-硬段间的氢键，即相混合状态变成相分离状态。

5.1.3　氢键的作用

5.1.3.1　对热行为的作用

用二氮己环（PZ）合成的 TPU（PZ/BDO/PTMG），由于没有活性氢，不可能形成氢键。将其与氢键 TPU 进行比较，可清楚地看出氢键的作用。这里讨论软段相玻璃化温度、硬段相吸热峰、退火吸热作用。

（1）软段相玻璃化温度　TPU 中硬段-软段间含有氢键，明显地提高了 T_{gs}，且随氢键度的增加而增加。例如，PZ/BDO/PTMG 不含氢键，T_{gs} 为-61℃；而 MDI/BDO/PTMG 含 16%的氢键，T_{gs} 为-43℃（表 5-9）。这是因为非氢键 TPU 两相分离较完全，软段相纯度较高，所以 T_{gs} 较低；而氢键 TPU 硬段-硬段不同程度地混入软段中，限制了软段的活动性，从而提高了 T_{gs}。因此，氢键的作用在于降低了软段相的纯度，影响了两相分离。

（2）硬段相吸热峰　曾将氢键 TPU 的 I 峰归为硬段-软段间氢键的断裂，II 峰为硬段-硬段间氢键的解离。然而非氢键 PZ/BDO/PTMG 同样存在这两个吸热峰（表 5-9），这就否定了它们是由于氢键断裂的推论。实际上，I、II、III 峰都是区域形态的紊乱，I 峰是近程有序硬段的紊乱，II 峰是远程有序硬段的紊乱，III 峰是次晶硬段的熔融。

表 5-9　氢键与非氢键 TPU 转变温度的比较①

结构类型	氢键度/%		T_{gs}/℃	硬段相吸热峰/℃		
	硬段-软段间	硬段-硬段间		I	II	III
2,4-TDI/BDO/PTMG	43	48	4	60	160	—
MDI/BDO/PTMG	16	66	-43	73	170	190
PZ/BDO/PTMG	—	—	-61	70	150	—

① 软段分子量为 1000，硬段含量为 46%～51%。

（3）退火吸热作用　氢键和非氢键 TPU 对退火吸热峰的作用不尽相同（表 5-10）。在氢键 MDI/BDO/PBA-1000 样品中，经 150℃退火 4h，Ⅰ峰消失并入Ⅱ峰；退火 4h 以上，Ⅰ峰和Ⅱ峰消失并入Ⅲ峰，并将Ⅲ峰的温度由 185℃提高到 212℃。对非氢键 PZ/BDO/PTMG-1000 样品，只存在 150℃退火 4h 的Ⅰ峰并入Ⅱ峰，不存在Ⅱ峰并入Ⅲ峰的过程，且温度仅为 160℃。这个结果表明：无论氢键 TPU 还是非氢键 TPU，在退火后都存在形态的变化，即有序态向半晶或微晶形态的转变过程；不同的是氢键 TPU 由近程有序（Ⅰ峰）并入远程有序（Ⅱ峰），进而再形成微晶（Ⅲ峰），并将微晶的 T_m 提高近 30℃，达 212℃。而非氢键 TPU 只存在有序（Ⅰ峰）并入半晶态（Ⅱ峰）的过程，半晶的 T_m 提高了 10℃，为 160℃。由此得出结论：氢键的作用在于使 TPU 能够承受更高的温度。红外分析亦证实，氢键在 200℃时，并未完全断裂，仍然保留 40%。

表 5-10　氢键和非氢键 TPU 对退火吸热峰的影响[①]

结构类型	氢键度/%	退化条件	硬段相吸热峰/℃		
			Ⅰ	Ⅱ	Ⅲ
MDI/BDO/PBA	84	未退火	71	160	185
		150℃,4h	—	175	185
		150℃,>4h	—	—	212
PZ/BDO/PTMG		未退火	72	150	—
		150℃,4h		160	

① 软段分子量为 1000，硬段含量为 47%～51%。

5.1.3.2　对力学行为的作用

这里讨论三个问题：TPU 的橡胶态模量、取向和残留取向。

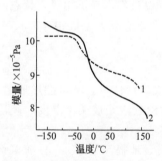

图 5-6　氢键与非氢键 TPU
橡胶台区模量比较
（硬段含量 46%～51%，110Hz）
1—PZ/BDO/PTMG-1000；
2—MDI/BDO/PTMG-1000

（1）橡胶态模量　比较氢键与非氢键 TPU 橡胶台区模量，可以明显看出氢键对力学行为的作用。由图 5-6 看出，氢键 TPU（MDI/BDO/PTMG）的橡胶台区模量低于非氢键 TPU，这表明 TPU 的模量并非氢键贡献，氢键本身既不起物理交联和填充剂作用，也不提高模量。提供 TPU 模量的是它们的软段相和硬段相的聚集态结构。非氢键 TPU 的模量之所以比氢键的高，是由于前者两相分离好，硬段相半晶比较完善的缘故。这两种类型 TPU 在力学上表现的另一个差别是，非氢键 TPU 硬段相半晶在较低温度下熔融，而氢键 TPU 硬段相的次晶则在较高温度下熔融。因此，氢键在 TPU 中的作用在于使其橡胶台区模量能够经受住高温。

（2）取向　氢键与非氢键 TPU 应变时都能取向，但有区别。首先，非氢键 TPU 的应变低于 100% 时，其硬段取向度 f 显示负值，这是由于片晶区作为整体取向成拉伸方向时，硬段排列成垂直于拉伸方向，负 f 值是部分结晶区取向的体现；而氢键 TPU 除某些结晶者外，一般没有负值。所以比较两种 TPU，非氢键 TPU 有较多的结晶。其次，应变大于 100% 时，非氢键 TPU 的 f 值比氢键 TPU 高得多，前者 $f>0.7$，后者 $f<0.4$，其原因是氢键的作用。非氢键 TPU 的硬段相由于缺乏氢键而容易排列成拉伸方向；氢键 TPU 的硬段相在高应变时，因较大的结晶倾向而被加强。因此，氢键 TPU 受阻于链间氢键和强烈的区域间相互作用而显示较低的取向度。

氢键和非氢键 TPU 软段相 f 值都较低，应变 250% 时，两者 f 值为 0.1～0.25，但前者略低。因为软段处于 T_{gs} 和软段熔点 T_{ms} 以上温度，所以施加应力后向无规构型松弛。

（3）残留取向　对 TPU 施加应力而产生形变，其硬段相和软段相同时取向，除去应力后两相都存在残留取向。氢键和非氢键 TPU 的残留取向不尽相同，如图 5-7 所示。可以看出，两种类型 TPU 的两相残留取向随预应变的增加而增加，硬段相的残留取向度 f_R 较高，软段相的 f_R 较低；非氢键 TPU 的 f_R 高于氢键 f_R。事实上，PZ/BDO/PTMG 在高应变下，取向硬段很少松弛，几乎全部成为残留取向；而在低预应变下，硬段不存在负 f_R 值，这是因为硬段相部分结晶区的取向是可逆的，而残留取向主要是非晶硬段的正取向所贡献。在 MDI/BDO/PTMG 中，硬段取向只有轻微恢复，软段取向几乎完全松弛，所以硬段相的 f_R 仍然很高，软段相的 f_R 趋于零。MDI/BDO/PTMG 的硬段相和软段相的 f_R 值，都低于 PZ/BDO/PTMG 的 f_R 值，其原因是除了它们的 f 不同外，可能与氢键在应变时没有断裂有关，由于氢键而导致硬段取向的部分松弛和软段取向的大部分松弛。

对氢键和非氢键 TPU 施加应力后，其硬段相的无规非晶区经历塑性形变，以致除去负荷后硬段相保留大量已产生的变形和伴随的残留取向。这正是 TPU 存在较高永久变形、力学滞后或应力软化的原因所在。在 TPU 中，氢键的作用在于降低了残留取向，因而使永久变形、力学滞后和应力软化有所下降。

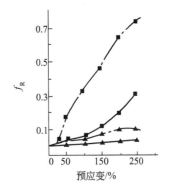

图 5-7　氢键与非氢键 TPU 的 f_R 比较（硬段含量 46％～51％）

— · — PZ-BDO-PTMG-1000
—— MDI-BDO-PTMG-1000
▲—硬段；■—软段

5.2　TPU 的结晶

热塑性聚氨酯弹性体是由软段和硬段组成的。软段和硬段在各自的相中可能是无规和/或有序排列，所以它们的形态存在非晶态、球体和球晶结构。TPU 的结晶直接影响微相的混合与分离，从而对材料的性能有一定影响。因此，讨论 TPU 的结晶行为对了解其结构-性能关系是很重要的。以下将概括讨论 TPU 的软段相和硬段相的结晶行为及其作用。

5.2.1　微相结构

TPU 最多可能形成四相结构，这是因为软段相和硬段相各自又可能存在晶态和非晶态。一般情况下，TPU 是两相或三相结构。在软段相和硬段相所形成的晶区中，结晶是指由晶体和非晶区的基本结构单元形成一种称为球晶的超分子结构。

5.2.1.1　球晶结构

球晶是 TPU 晶态和非晶态的球形对称体。晶粒沿径向原纤排列，各径向原纤有一个共同中心，即原生晶核。如图 5-8 所示是 MDI/BDO/P（PO/EO）TPU 硬段球晶的实例，硬段 MDI/BDO 含量 77％（质量分数，下同）。如图 5-8(a) 所示是表皮球晶的扫描电子显微镜照片（SEM），可以见到波纹状的不规则表面；如图 5-8（b）所示是表面区球晶的光学显微镜照片，可以见到一个个的大球晶。

如图 5-9 所示是 MDI/BDO/PBA-3100 TPU 的软段球晶，软段 PBA 分子量为 3100，硬段含量 10％。这是由径向取向的原纤组成的，相邻原纤的间距为 18～25nm。

5.2.1.2　晶体模型

根据甲醇封端的 MDI 单晶体，提出了 MDI/BDO 链堆积的晶胞投影，如图 5-10 所示。氨酯-A 的 $\diagdown_{NH}$ 氢键链长为 0.289nm；氨酯-B 的 $\diagdown_{NH}$ 氢键链长为 0.296nm，是三斜晶胞。结构为 MDI/BDO/PBA-2000 的 TPU，硬段含量 53％，拉伸 700％时，其硬段 MDI/BDO 的晶胞尺寸为：$a=0.533$nm，$b=0.526$nm，$c=3.868$nm；$\alpha=113.6°$，$\beta=116.0°$，$\gamma=94.4°$。

(a) 表皮球晶SEM照片

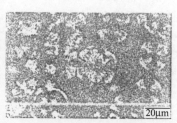

(b) 表面区光学显微镜照片

图 5-8　MDI/BDO/P（PO/EO）-2000 TPU
的硬段球晶

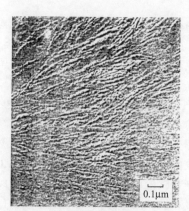

图 5-9　MDI/BDO/PBA-3100 TPU
的软段球晶

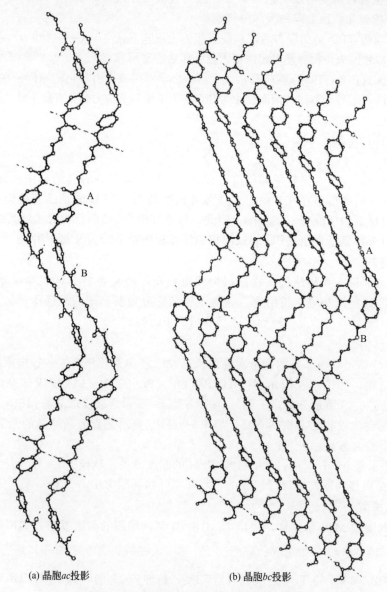

(a) 晶胞ac投影　　　　　　　　　　　(b) 晶胞bc投影

图 5-10　MDI/BDO 硬段链堆积的投影图

5.2.2　软段相的结晶

5.2.2.1　两种结晶形式

TPU 弹性体可能存在 α 型和 β 型两种结晶形式。例如，示差扫描量热计（DSC）检查 MDI/BDO/PBA-7000 的 TPU，拉伸 1100％，并在拉紧状态下于 52℃ 退火 60h，α 型球晶的熔融温度为 58℃，β 型球晶为 49℃（纯 PBA 分别为 65℃ 和 56℃）。前者稳定，后者不稳定。不稳定的球晶在室温下退火，可转变成稳定的 α 型球晶（图 5-11）。图 5-11 中曲线 1 主要是 α 型球晶；曲线 2 是熔融态缓慢冷却时存在 α 型和 β 型共存的混合球晶；曲线 3 是快速冷却时存在 β 型球晶。而 MDI/BDO/PBA-3100 TPU 只存在 β 型球晶，在室温下退火 1 天熔融温度为 45℃，退火 1 年熔融温度为 49℃，晶型未变，这可能是软段分子量低的缘故。

5.2.2.2　室温老化的结晶

TPU 软段玻璃化温度通常在室温以下，具有一定的活性，所以在室温存放时，软段结晶性随时间而变化。MDI/BDO/PBA-3100 用 1,2-二氯乙烷溶液浇注试样说明了这种情况（图 5-12）。室温老化 1 天与 30 天对比表明：后者结晶大且清晰，延长老化时间改进了结晶内部的完善性。实际上，室温老化 30 天后，相邻晶区中心的平均尺寸为 20nm，已趋近极限值。

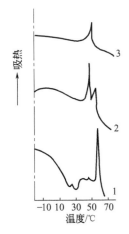

图 5-11　MDI/BDO/PBA-
7000 TPU 的 DSC 图

1—退火后冷却速率 2.5℃/min；2—以 1
条件再次扫描；3—冷却速率 320℃/min

(a) 1天　　　　　　　　(b) 30天

图 5-12　MDI/BDO/PBA-3100
暗场衍射对比电子照片

5.2.2.3　交联 PU 的结晶

PU 化学交联有三种：氨酯、脲基甲酸酯和缩二脲。以缩二脲交联说明 PU 的结晶行为（图 5-13）。2,4-TDI-MOCA，软段是 PTMG，$\overline{M}_n$ 为 650、1000、2000、2900，硬段含量分别为 47％、37％、22％ 和 17％，NH_2/NCO 为 0.95。可见 PTMG-650 PU 和 PTMG-1000 PU 没有软段结晶熔融峰；PTMG-2000 PU 有小的吸热峰，熔融温度 3℃，PTMG-2900 PU 有强吸热峰，熔融温度 13℃。两种低分子量 PTMG 的 PU，由于交联点间分子量低（交联密度高），没有软段结晶；后两种高分子量 PU，交联点间分子量高（交联密度低），出现软段熔融吸热峰。PU 软段的熔融温度，随 PTMG 的 $\overline{M}_n$ 增加而提高，即随交联密度增加而下降。

5.2.2.4　线型 TPU 的结晶

线型 TPU 能否产生结晶，主要决定于软段是否有足够的长度，软段分子量在 1000 以下者不能产生结晶，在 2000 以上者，才可能形成结晶。例如，软段 $\overline{M}_n$ 在 2000 以上时，MDI/BDO/PBA 熔融温度为 30～60℃，MDI/BDO/PTMG 则为 6～20℃。线型 TPU 虽无化学交

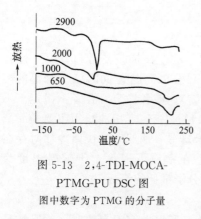

图 5-13 2,4-TDI-MOCA-
PTMG-PU DSC 图
图中数字为 PTMG 的分子量

联，却有以聚集形成的微区（包括晶区和非晶区）为特征的物理交联。实际上，无论哪种交联，软段结晶都取决于软段分子量，所以软段的结晶行为与交联的性质无关。

5.2.2.5 软段结晶的作用

TPU 在存放过程中，软段逐渐分离出来形成结晶软段相，它对杨氏模量和屈服应力有明显影响。例如，MDI/BDO/PBA-3100 TPU 室温老化时间对杨氏模量和屈服应力的影响如图 5-14 所示。考察图 5-14 发现：杨氏模量和屈服应力与室温老化时间的关系是，3d 内两者随时间迅速增加，然后增加速度减缓，约 1 个月达到极限值。事实上，室温冷却或溶剂挥发需要很长时间，才能使软段和硬段分离，形成微区结构。杨氏模量和屈服应力随相分离程度的增加而增加；良好的微区结构是直接导致 TPU 高拉伸强度的主要原因。模压试样的杨氏模量和屈服应力比溶液浇注试样分别提高 10 倍和 1 倍，这是由于溶液浇注试样残留微量溶剂之故。

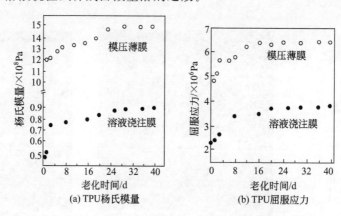

图 5-14 TPU 杨氏模量和屈服应力与室温老化时间的关系

5.2.3 硬段相的结晶

5.2.3.1 三种结晶形式

TPU 硬段可能存在Ⅰ、Ⅱ、Ⅲ型三种结晶形式，以 MDI/BDO/P（PO/EO）-2000 为例说明其特征，硬段含量 77%。

Ⅰ型球晶特征：无双折射，无取向，无明显的结晶区域，片晶尺寸小于 10nm，相当于次晶；＼NH 氢键键长且分布宽，无序，不能堆砌成有规律的晶格；熔融温度 207℃。球晶形成条件：注膜温度 60℃，静止状态（图 5-15）。

Ⅱ型球晶特征：负双折射，择优取向，球晶中心放射出片晶束，带状片晶束断面宽 12nm，长 50～70nm；＼NH 氢键短且分布窄，能量低，紧密堆砌，高度有序，缩短的单体重复，长度（1.70±0.06）nm；熔融温度 224～226℃。球晶成型条件：注膜温度高于 140℃，静止状态（图 5-15）。

Ⅲ型球晶特征：伸展的单体重复，长度为 1.92nm，取向。球晶形成条件：拉伸 500% 于 160℃退火 6h，可以看到变形的球晶（图 5-16）。

5.2.3.2 表面与中心的结晶

模塑 TPU 弹性体的表面和中心，硬段结晶形式是不一致的，与硬段含量有关。以一组硬段含量为43％～77％的 MDI/BDO/P（PO/EO）-2000 TPU 为例说明（图5-17）。如图5-17（a）所示为43％硬段：均匀分布整个模具的球晶，尽管它少且小，但没有体积填充。如图5-17（b）所示为55％硬段：球晶充满整个模具，表皮与中心有轻微差别，中心显示较少双折射，这可能是由于中心有较高浓度的球晶或由于球晶不完全。如图5-17（c）所示为66％硬段：主要是靠近表面的球晶，某些小且分散的球晶扩散到中心。如图5-17（d）所示为77％硬段：靠表面有约 40μm 直径的球晶，尺寸以约 0.4μm 的球晶从表面下降，所以中心区是均相的。这是因为表面区显示两种类型球晶：Ⅰ型球晶尺寸较小，内部扩散；Ⅱ型球晶尺寸较大，

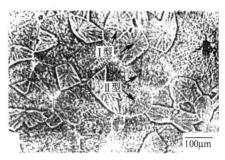

图 5-15　MDI/BDO/P（PO/EO）-
2000 TPU 光学显微镜照片
145℃溶液浇注膜；
箭头指示Ⅰ型和Ⅱ型球晶

具有明显的径向原纤结构。中心区含有极少量的Ⅱ型球晶浸没在连续硬段基料中，主要是Ⅰ型球晶。

图 5-16　MDI/BDO/P（PO/EO）-
2000 TPU 明场显微照片
箭头指示拉伸方向

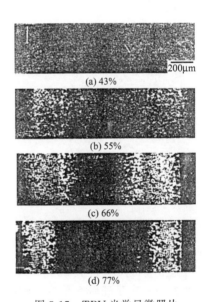

(a) 43%

(b) 55%

(c) 66%

(d) 77%

图 5-17　TPU 光学显微照片

5.2.3.3　反应过程的结晶

在 TPU 合成过程中，从原料聚醚（或聚酯）与扩链剂和二异氰酸酯混合开始，随时间的增加，反应进行中即可出现结晶。以组成为 MDI/BDO/P（PO/EO）-2000 TPU 为例说明：P（PO/EO）-2000 是用 30％聚氧化乙烯封端，官能度为 1.96，$\overline{M}_n = 2000$；MDI/BDO/P（PO/EO）＝3.2/2.2/1.0（摩尔比），硬段含量 31％；催化剂是二月桂酸二丁基锡，用量 0.01％。合成工艺是一步法，三种单体于80℃混合；用光学显微镜观察试样，结果示于图5-18。三组分混合开始时，反应液透明且均匀，说明它们相容；快速搅拌 30s 后，将少量透明反应物在两块玻璃板间压成薄膜，并加热。混合后 100s，开始出现少量且黑色的硬段球晶，反应继续，球晶尺寸增大［图5-18中（a）和（b）］，这可能是由于在尘埃粒子上的异相成核作

用，而这些非均匀晶核，使微相快速增长，并促进结晶化，从而在反应早期出现球晶。约120s后，出现第二种球形结构，即球体，在球晶之后成核，无双折射，由于缺少适宜的晶核，不会结晶化；除非在高温退火后，这些球体由于分子迁移而与邻近的球晶结晶化［图5-18中（c）］。混合后约3min，物料静止，固定［图5-18中（d）和（e）］。

5.2.3.4 硬段结晶度

TPU硬段结晶度取决于硬段含量。以结构为MDI/BDO/PCL的TPU为例说明：硬段含量为23%～76%，软段分子量为830或2000，$r_0 = 1.0$；一步法合成模压试样，结果示于图5-19和表5-11。由此可见，PCL-830软段的TPU，硬段含量为42%时，硬段相基本上没有结晶，只有软段相的微弱结晶。硬段含量在53%～76%时硬段结晶度逐渐增加，由于硬段含量高，也抑制软段结晶。

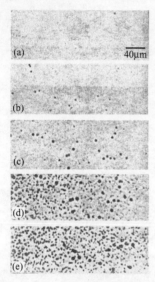

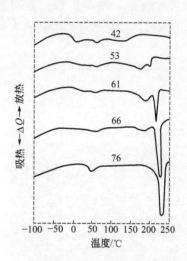

图5-18 TPU不同反应时间的光显照片
三组分混合时间：(a) 100s，(b) 110s，
(c) 120s，(d) 130s，(e) 180s

图5-19 MDI/BDO/PCL-830 TPU的DSC图
图中数字为硬段含量（%）

TPU的MDI/BDO/PCL（摩尔比）= 8/7/1（硬段分子量为2600）时，PCL-830与PCL-2000的结晶度分别为30.7%和24.2%，似乎是软段分子量低，硬段结晶度高。实际上并非软段分子量的作用，而是硬段含量不同所致。PCL-830硬段含量为76%，PCL-2000为57%，所以硬段结晶度前者高于后者（表5-11）。硬段结晶度随其含量的增加而提高，是由于硬段分子量增加，硬段相纯度高，相分离好的缘故。

表5-11 MDI/BDO/PCL TPU的硬段结晶度[1]

PCL-830				PCL-2000			
硬段含量/%	平均每个硬段含MDI/mol	熔融温度/℃	结晶度/%	硬段含量/%	平均每个硬段含MDI/mol	熔融温度/℃	结晶度/%
42	2	—	—	23	2	—	—
53	3	199	9.7	32	3	211	2.3
61	4	210	18.3	45	5	215	11.7
66	5	223	27.0	57	8	228	24.2
76	8	228	30.7	72	15	234	44.5

[1] 以DSC吸热面积计算结晶度，MDI/BDO热容为150.6J/g。

5.2.3.5 硬段结晶的作用

（1）对软段 T_{gs} 的影响 表 5-12 给出了硬段结晶度对软段玻璃化温度 T_{gs} 的影响。TPU 结构是 MDI/BDO/PCL，$r_0 = 1.04$，软段 PCL 的 $\overline{M}_n$ 为 530 和 830，硬段含量为 0、23% 和 43%。零硬段的 TPU，没有扩链剂 BDO，只有 MDI-PCL，摩尔比为 3/2，实际上是预聚物。软段 T_{gs}，加入硬段后明显提高了：PCL-530 提高 9℃，PCL-830 提高了 4℃。然而硬段结晶度在 44% 和 50% 以及 39% 和 40% 时，它们的 T_{gs} 均无变化。这是由于 TPU 含硬段之后，软段相纯度下降了，导致 T_{gs} 提高。但 T_{gs} 不随硬段结晶度而变化，表明硬段结晶度对 T_{gs} 基本没有作用。

表 5-12 硬段结晶度对软段 T_{gs} 的影响

硬段含量/%	PCL-530		PCL-830		硬段含量/%	PCL-530		PCL-830	
	结晶度/%	T_{gs}/℃	结晶度/%	T_{gs}/℃		结晶度/%	T_{gs}/℃	结晶度/%	T_{gs}/℃
0	—	−5	—	−27	43	50	4	40	−23
23	44	4	39	−23					

（2）对硬段熔融温度的影响 表 5-13 给出了结晶 TPU 和非晶 TPU 的硬段结晶度对硬段熔融温度的影响。结晶 TPU 的结构是 MDI/BDO/PCL-2000，非晶 TPU 的结构是 H_{12}MDI/BDO/PCL-2000，$r_0 = 1.0$，一步法合成，模压试样。结晶 TPU 与非晶 TPU 比较：硬段含量两者相同，前者结晶 2.3%～24.2%，熔融温度 211～228℃；后者不结晶，只有 147～157℃ 的有序熔融吸热；硬段结晶提高熔融温度 68～71℃，H_{12}MDI/BDO 硬段存在三种异构体，形成无规硬段结构限制其结晶；而 MDI/BDO 硬段结构规整，易于结晶，且随硬段含量增加，结晶度和熔融温度均增加。这是因为长硬段相分离好，更易结晶，因此结晶度高，熔融温度亦增加。

表 5-13 硬段结晶度对硬段相熔融温度的影响

结晶 TPU			非晶 TPU		
硬段含量/%	结晶度/%	熔融温度/℃	硬段含量/%	结晶度/%	熔融温度/℃
32	2.3	211	33	—	—
45	11.7	215	46	—	147
57	24.2	228	58	—	157

（3）对力学性能的影响 表 5-14 给出了硬段结晶对 TPU 力学性能的影响。结晶 TPU 结构是 MDI/BDO/PCL-830，非晶 TPU 的结构是 H_{12}MDI/BDO/PCL-830。结果显示：硬段含量两者相同，前者结晶度为 9.7%～27.0%，杨氏模量 66～470MPa，拉伸强度 42.2～43.9MPa，扯断伸长率 220%～520%；后者为非晶，分别为 81.4～739MPa，49.5～53.1MPa，150%～330%。非晶 TPU 的杨氏模量、拉伸强度都高于结晶 TPU，而扯断伸长率则低。产生这种现象的原因是：非晶 TPU 的硬段形成小且多的硬段区，该区表面积较结晶 TPU 大，可有效地限制软段基料的变形，并止住裂纹的增长。因此，非晶 TPU 的杨氏模量和拉伸强度都高于结晶 TPU。

表 5-14 硬段结晶对 TPU 力学性能的影响

结晶 TPU					非晶 TPU				
硬段含量/%	结晶度/%	杨氏模量/MPa	拉伸强度/MPa	扯断伸长率/%	硬段含量/%	结晶度/%	杨氏模量/MPa	拉伸强度/MPa	扯断伸长率/%
53	9.7	66	42.8	520	54	—	81.4	52.4	330
61	18.3	170	42.2	280	62	—	403	53.1	200
66	27.0	470	43.9	220	67	—	793	49.5	150

5.3 TPU 的取向行为

TPU 在拉伸应变过程中，软段和硬段分别取向，乃至结晶，从而使弹性体表现出高模量和高强度。为了说明 TPU 弹性体的结构-性能关系，应该了解它的取向行为，这里拟讨论 TPU 弹性体的结构、外界因素对取向行为的影响及其结果。

5.3.1 结构因素的影响

5.3.1.1 两种嵌段的取向

TPU 弹性体的软段和硬段的取向行为明显不同。软段的取向度（f_{CH}）和硬段的取向度（f_{NH}）都随扯断伸长率的增加而增加，但在扯断伸长率相同时，f_{CH} 和 f_{NH} 是有差别的。例如，以 PTMG 为软段、MDI/BDO 为硬段合成的 TPU 弹性体，扯断伸长率为 250% 时，f_{NH} 在 0.4 以上，而 f_{CH} 在 0.2 以下（图 5-20）。f_{CH} 和 f_{NH} 的差别归因于两相结构。软段聚集形成软段相，在非变形弹性体中是无规排列的；硬段聚集形成硬段相，在相邻的硬段之间呈近程有序结构，然而硬段相也是无规排列的。在应变过程中，软段和硬段在各自相对应力的施加与排除，独立地起作用。在试验期间，通过变形诱导排顺的软段分子，大部分能够松弛，而硬段则不能，所以 f_{CH} 小于 f_{NH}。

5.3.1.2 软段结构

TPU 软段结构酯基和醚基对 f_{CH} 和 f_{NH} 没有明显的影响。由聚酯或聚醚合成的相同硬段的两种 TPU 弹性体，其 f_{CH} 和 f_{NH} 均在同一水平上。例如，PBA 和 PTMG 两种软段分别与 MDI/BDO 硬段组成两种 TPU 弹性体（软段 $\overline{M}_n$ 均为 1000，硬段含量为 47%），在扯断伸长率为 250% 时，PBA-TPU 和 PTMG-TPU 的 f_{CH} 都在 0.2 左右，它们的 f_{NH} 为 0.25~0.35。

然而，软段分子量对 TPU 弹性体的取向度却有明显影响，主要表现在 f_{NH} 的差别，而 f_{CH} 与分子量无关。可以聚醚软段为例说明，软段 $\overline{M}_n$ 分别为 2000 和 1000 的 TPU 弹性体（硬段含量 47%~50%），在扯断伸长率为 250% 时，它们的 f_{CH} 均为 0.1~0.2，而 f_{NH} 前者略大于 0.1，后者则在 0.35 以上（图 5-21）。出现这种现象的原因是，PTMG-2000 的 TPU 在硬段相产生硬段微晶，从而使内联性下降，f_{NH} 亦随之下降；PTMG-1000 的 TPU 存在近程有序、远程有序硬段，内联性较好，因而 f_{NH} 较高。

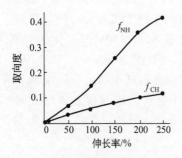

图 5-20 MDI/BDO/PTMG-1000
TPU 取向度-扯断伸长率曲线
（硬段含量 31%）

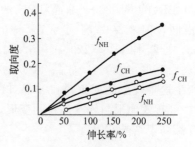

图 5-21 不同软段分子量的
取向度-扯断伸长率曲线
● PTMG-1000；○ PTMG-2000

5.3.1.3 硬段结构

硬段结构对 f_{NH} 影响显著，对 f_{CH} 没有影响。如由甲苯二异氰酸酯和乙二胺生成的氨酯-脲（TDI/EDA）与用 MDI/BDO 合成的 TPU（硬段含量均为 30%，软段为 PTMG-1000）进行比较，在扯断伸长率为 250％时，TDI/EDA 的 f_{NH} 为 0.1，而 MDI/BDO 的 f_{NH} 为 0.4；两者的 f_{CH} 均近于 0.1（图 5-22 和图 5-23）。f_{NH} 不同的原因是 TDI/EDA 硬段相内的氢键强于 MDI/BDO，前者形成三维氢键，后者则无。三维氢键的硬段易于生成微晶，内联性差，所以 f_{NH} 小。

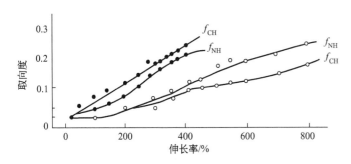

图 5-22　硬段为 TDI/EDA 的 TPU
取向度-扯断伸长率曲线

—●— PTMG-1000；—○— PTMG-2000

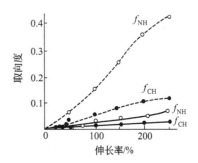

图 5-23　硬段为 MDI/BDO 的 TPU
取向度-扯断伸长率曲线

硬段含量：- - - - 30％；—— 25％

5.3.1.4　硬段含量

　　硬段含量对 TPU 弹性体取向的影响是明显的，主要表现在硬段含量为 25％时的取向度非常低。以 MDI/BDO/PTMG-1000 为例说明：扯断伸长率为 250％时，f_{NH} 和 f_{CH} 都低于 0.1，前者比后者略高。这种低取向度 TPU 弹性体反应在力学性能上也是低水平。取向度和力学性能的低水平归因于这种材料无力形成咬合或内联的区域结构，硬段只是分散在软段基料中。硬段含量从 25％提高到 30％时，两种嵌段的取向度显示很大的变化，30％硬段 TPU 的 f_{NH} 达 0.4 以上，f_{CH} 略高于 0.1（图 5-23）。硬段含量为 31％～47％时，f_{CH} 为 0.1～0.2，f_{NH} 为 0.4 左右（图 5-24），f_{CH} 和 f_{NH} 分别在各自同一水平上。

　　f_{NH} 在硬段含量上的明显差别，反映了硬段相形态的重大变化：硬段含量为 25％时，硬段相只存在近程有序结构；含量在 31％～47％时，不仅存在近程有序，而且还存在远程有序，这就是 TPU 弹性体取向度差别的原因所在。由于硬段含量在 31％～47％时 TPU 弹性体形态没有明显变化，所以取向度在同一水平，即 f_{NH} 在 0.4 左右。

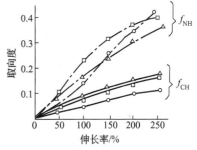

图 5-24　MDI/BDO/PTMG-1000
不同硬段含量时取相度-
扯断伸长率曲线

硬段含量：○31％；□ 37％；△47％

5.3.1.5　氢键作用

　　TPU 弹性体分子间氢键对取向的作用，是与不含氢键的 TPU 进行比较得出的。二氮己环（PZ）与 BDO 组成的硬段，由于不含活性氢，所以是无氢键硬段，它与软段 PTMG-1000 形成无氢键的 PZ/BDO/PTMG-1000 的 TPU。将其与 MDI/BDO/PTMG-1000 进行比较（硬段含量均为 37％，扯断伸长率为 250％），发现前者 f_{NH} 为 0.6，后者为 0.4，两者的 f_{CH} 均为 0.15～0.20（图 5-24 和图 5-25）。无氢键 TPU 的 f_{NH} 大于有氢键者，其原因是前者硬段相易被破坏。在高应变时，TPU 因较大的结晶倾向而被加强，然

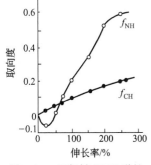

图 5-25　无氢键 TPU 弹性
体的取向度-扯断
伸长率曲线

而，PZ/BDO 嵌段不受阻于链间氢键和强微区间的相互作用，因而显示更大的取向作用；后者受阻于链间氢键的作用，故 f_{NH} 相对较低。所以 TPU 弹性体的氢键降低了 f_{NH}。

5.3.2 外界因素的影响

5.3.2.1 温度

TPU 弹性体的取向行为明显地受温度的影响。结晶性低的 TPU，f_{CH} 和 f_{NH} 均随温度的增加而增加，达到极大值（90℃）后，再增加温度则取向度迅速下降（图 5-26）。取向度的极大值温度接近于硬段玻璃化温度（T_{gh}，75～100℃）。接近于 T_{gh} 时，嵌段因应变容易变形，并较完全地取向于拉伸方向，因而取向度随温度增加。当温度超过 T_{gh} 时，硬段相的非晶部分，经过无规构型的取向之后，因热能提高了嵌段活性而松弛，使取向度下降；硬段相的不完全微晶部分，在 T_{gh} 以上的温度下，由于软段取向而施加给硬段的力，容易破坏小的硬段微晶，所以取向度亦随温度下降。

结晶性高的 TPU 弹性体显著地不同于结晶性低者。在低于 100℃ 时，f_{CH} 随温度的增加而下降，在 50～100℃ 时下降尤为明显。例如扯断伸长率为 250% 时，50℃ 的 f_{CH} 为 0.17，而 100℃ 只有 0.07（MDI/BDO/PBA-5000，硬段含量 54%），这与软段结晶熔点有关，PBA-5000 的熔点为 47℃，在 50℃ 时软段已熔融，由于结晶硬段的负取向，将熔融软段拉向垂直于拉伸方向，故在该温度下取向度明显下降。硬段在 50～75℃ 下，取向度亦有明显变化，在 50℃ 低扯断伸长率时，硬段显示正负取向相结合的特点。在 75℃ 和 100℃，扯断伸长率为 25% 和 50% 时，显示单一的负取向，扯断伸长率达 150% 才成为正取向。扯断伸长率为 50%～150% 时，硬段取向分裂成正和负的成分（图 5-27）。取向分裂的原因是，在 75℃ 以上、低扯断伸长率时，硬段相的非晶部分，由于接近或在它的 T_{gh} 以上，向无规构型松弛；余下的结晶段作为应当取向的主要来源，其取向度是负值；在该温度下扯断伸长率超过 100% 时，结晶区破坏并开始正取向。

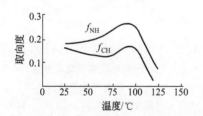

图 5-26　MDI/BDO/PBA-1000
取向度与温度的关系
硬段含量为 47%

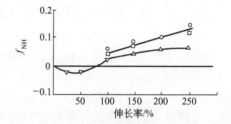

图 5-27　MDI/BDO/PBA-5000 高温下的
f_{NH} 与扯断伸长率的关系
○ 35℃；□ 50℃；△ 75℃；▽ 100℃

5.3.2.2 退火

退火对取向度的影响，取决于硬段含量及退火的温度和时间。一般地讲，硬段含量低于 40%、退火温度在 150℃ 以下、时间 4h 之内时，TPU 弹性体不生成微晶结构，对取向度没有显著影响；反之，则生成微晶结构，退火对取向度的影响类似于结晶 TPU 弹性体。例如，MDI/BDO/PTMG-1000，硬段含量 47%，于 150℃ 退火 4h 以上时，由于生成微晶而类似于同样硬段含量的 MDI/BDO/PTMG-2000 的 TPU，它们分别伸长 250% 时，f_{NH} 为 0.2，f_{CH} 为 0.15。

5.3.2.3 时间

TPU 弹性体施加一定的应变之后，其取向度与时间的关系是，f_{NH} 随时间的增加而增加，

f_{CH} 则下降。这种变化主要发生在 10min 之前，之后不太明显，40min 内取向度的变化不超过 0.1。这是由两种嵌段的黏弹状态决定的：柔性的软段经历迅速取向之后，由熵变引起松弛，所以 f_{CH} 随时间下降；当软段松弛时对硬段施加应力，从而使硬段取向于拉伸方向，故 f_{NH} 随时间而增加。

5.3.2.4　预应变

TPU 弹性体先经预应变，然后再进行取向度与应变关系的实验，是与未经预应变的实验对比进行的，如图 5-28 所示。发现 f_{CH} 与预应变与否无关，而 f_{NH} 则取决于应变历史。在应变低于预应变水平时（200%），f_{NH} 高于未经预应变者；应变达到预应变水平时，f_{NH} 与预应变无关，这是由于软段经预应变的残留取向很少，而硬段保留大量的残留取向的缘故。

5.3.3　取向的结果

5.3.3.1　残留取向

TPU 弹性体经 5min 松弛后保留的取向度叫残留取向度。残留取向度与预应变的关系如图 5-29 所示。MDI/BDO/PBA-1000（硬段含量 47%）中硬段和软段的残留取向度大不相同。硬段的残留取向度大，而软段可恢复到几乎各向同性，因而残留取向度很小。这种差别是由于作用于分离区域的缩回应力不同所致，作用于易流动的软段缩回应力，可使弹性体大部分回缩，因没有同等的恢复力使因取向而重新组织的硬区恢复到各向同性的状态，结果是硬段区保留大量的残留取向和高变形。

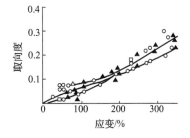

图 5-28　MDI/BDO/PBA-1000 取向度与应变的关系

—▲— 硬段（含量 47%）；—○— 软段；
○　200% 预应变；▲ 未经预应变

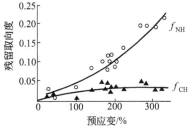

图 5-29　MDI/BDO/PBA-1000 残留取向度与预应变的关系

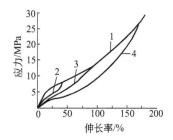

图 5-30　MDI/BDO/PBA-1000 的应力-扯断伸长率曲线
预应变：1—0；2—50%；
3—100%；4—200%

5.3.3.2　应力软化

TPU 弹性体经预应变后，与未经预应变的应力-扯断伸长率曲线比较，其应力有所下降，这种现象叫应力软化。例如 MDI/BDO/PBA-1000（硬段含量 47%）的应力扯断伸长率曲线（图 5-30）即可说明应力软化现象。应力软化有两个特征：首先，对后面的伸长（图 5-30 中 2）来说，在低于先前达到的伸长水平（于图 5-30 中 1 与 2 曲线的交点以下）拉伸时，应力下降；其次，拉伸高于预伸长水平时，预伸长不影响应力水平。产生应力软化的原因是，TPU 弹性体的高度残留取向，预应变水平越高，残留取向越大，应力软化亦越严重。

5.3.3.3　应力滞后

TPU 弹性体通过加荷、卸荷进行应力滞后试验。逐步增加应变水平，当材料显示零应力时为每次循环的终点，用加荷-卸荷曲线所限定的面积与相应的拉伸曲线下的总面积之比计算滞后百分率。从图 5-31 可见，两种硬段含量 TPU 弹性体，在不同的扯断伸长率下，都产生一定的滞后和永久变形，硬段含量为 45% 者，其滞后和永久变形高于硬段含量为 25% 者。这是因为在硬段含量高时，长硬段形成连续相，通过变形，网状构型发生变化，硬段相产生塑性变形而破坏成较小单元，在应力下硬段取向产生不可逆变形，从而导致较大的能量损失、高滞后和高永久变形；在硬段含量低时，由于两相分离得好而形成独立的硬段区，TPU 弹性体的取向度低，能量损失亦低，因而滞后和永久变形都低，这种变形主要来自软段。

5.3.3.4　应力-应变

TPU 弹性体在拉伸过程中，其软段和硬段始终是取向的，并随应变的发展取向度逐渐增加；扯断伸长率达 300％ 以上时，两种嵌段都取向成拉伸方向并产生结晶，直到扯断。可见 TPU 弹性体的高模量是两种嵌段在拉伸过程中取向的结果，高强度是由于软段结晶并使其应力均匀化所致。硬段含量为 25％TPU 弹性体，其模量和强度都远低于硬段含量为 45％ 者（图 5-32），这是由于前者的硬段只是分散在软段基料上形成独立的硬段区，无力形成咬合的区域结构，其取向度和力学性能都低。

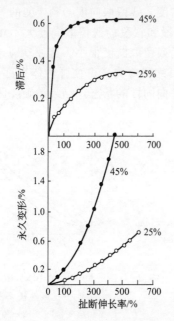

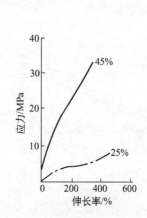

图 5-31　MDI/BDO/PBA-2000 滞后和
永久变形与扯断伸长率的关系
图中数值为硬段含量

图 5-32　MDI/BDO/PTMG-2000
的应力-应变曲线
图中数值为硬段含量

5.3.4　结论

5.3.4.1　结构的影响

TPU 弹性体的结构主要影响 f_{NH}，如提高软段分子量、所含氢键、增加脲键和降低硬段含量在 25％ 以下，都能降低 f_{NH}。上述因素以及软段结构（酯基和醚基）对 f_{CH} 没有明显影响。

5.3.4.2　温度时间预应变的影响

温度在 90℃ 时，两种嵌段取向度都存在极大值：在 90℃ 以下，取向度随温度的增加而增加；在该温度以上，随温度的增加而下降。f_{NH} 随时间的增加而增加，f_{CH} 则下降。预应变对 f_{CH} 无影响；对硬段的影响是，应变低于预应变水平时取向度增加，高时无影响。

5.3.4.3　取向的结果

TPU 弹性体取向的结果是，保留高度的硬段残留取相，从而产生应力软化现象；导致大量的滞后和高永久变形；提高了材料的模量和强度。

5.4 TPU 的聚集态

TPU 分子主链上含有多种基团，归纳起来看，这些基团可分为两种：软段和硬段。通常两者不相容，各自聚集在一起形成软段相和硬段相。这种两相结构是影响材料物理、力学性能的直接因素。因此，讨论 TPU 结构-性能关系，必须了解它的聚集态结构。这里讨论的主要内容有微相结构、硬段相形态、影响因素、形态参数、形态与性能等。

5.4.1 微相结构

TPU 一般呈两相结构，有时也可能是单相、三相甚至四相结构。软段相和硬段相各自又可能是晶态和/或非晶态结构。

5.4.1.1 晶态和非晶态

差示扫描量热法（DSC）和宽角 X 射线衍射（WAXD）是判断结晶态和非晶态的重要手段。

（1）晶态 TPU 软段相和硬段相都可能结晶，条件是软段分子量在 2000 以上，硬段含量应在 40%（硬段分子量为 1300）以上。如图 5-33 和图 5-34 所示是晶态 TPU 的实例，结构是 MDI/BDO/PCL-2000。图 5-33 显示，硬段含量为 23% 和 32% 时，软段存在明显的熔融吸热峰，熔点 50～60℃；硬段含量超过 40% 时，软段结晶消失，这是由于高硬段含量抑制了软段的结晶。同样，硬段含量低于 40%，硬段相无结晶，高于 40% 才明显出现硬段的熔融吸热峰，熔点 215～234℃（硬段结晶度 11.7%～44.5%），硬段含量越高熔点越高。如图 5-34 所示是 MDI/BDO/PCL 的 WAXD 曲线：硬段含量为 32% 的三个衍射峰布拉格间距 d 是 0.375nm、0.415nm 和 0.460nm，这是 PCL-2000 的结晶；硬段含量为 72% 的七个衍射峰的间距见表 5-15，表明 MDI/BDO 硬段结晶。

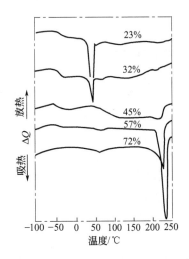

图 5-33 MDI/BDO/PCL 的 DSC 曲线
图中数字：硬段含量

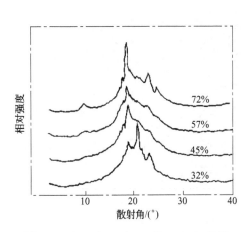

图 5-34 MDI/BDO/PCL 的 WAXD 曲线
图中数字：硬段含量

表 5-15 从 WAXD 计算 MDI/BDO 硬段之布拉格间距

峰位置/(°)	10.2	18.0	18.9	19.6	21.3	23.4	25.2
d/nm	0.867	0.493	0.470	0.453	0.417	0.380	0.353

（2）非晶态　大多数 TPU 的软段相和硬段相是非晶态；软段 $\overline{M}_n$ 小于 1000，软段相不会结晶；$\overline{M}_n=2000$ 时只有在较低硬段含量时才可能结晶。如图 5-35 和图 5-36 所示是非晶态 TPU 的实例，结构是 H_{12}MDI/BDO/PCL-2000。图 5-35 显示，硬段含量为 24％ 时，存在软段相结晶，含量大于 24％ 的 TPU 均无结晶；硬段相的硬段含量 24％～46％ 均无结晶，出现的弱吸热峰，是有序但非晶硬段结构熔融的结果。图 5-36 中的 WAXD 曲线进一步证实软段相和硬段相均为非晶玻璃态，单一漫射峰表明非晶嵌段，非晶 PCL-2000 软段和非晶 H_{12}MDI/BDO 硬段，峰最大值由 20° 移至 18.3°。

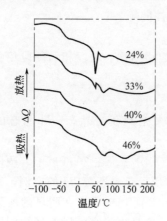

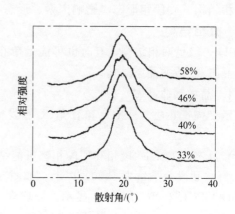

图 5-35　H_{12}MDI/BDO/PCL 的 DSC 曲线
图中数字：硬段含量

图 5-36　H_{12}MDI/BDO/PCL 的 WAXD 曲线
图中数字：硬段含量

5.4.1.2　两相形态

借助透射显微镜法（TEM）可以观察到 TPU 的两相形态。

（1）软段相形态　图 5-37 给出了 MDI/BDO/PBA-3100 软段相的 TEM 明场显微图，硬段含量 10％。黑色区域即为软段聚酯结晶区，片晶厚 30nm，宽 200nm（PBA-3100 计算的平均伸展长度 22.7nm），软段平行于厚度方向，结晶区内没有折叠链。

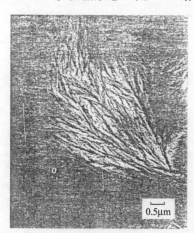

图 5-37　MDI/BDO/PBA-3100 TEM 明场显微图
用四氧化锇染色

（2）硬段相形态　首先用 TEM 观察 TPU 硬段相形态是在 1970 年，如图 5-38 所示。这是 PES-TPU 和 PET-TPU，硬段是 MDI/BDO，含量 51％，软段分别为 PBA-1000 和 PTMG-1000。如图 5-38（a）所示是 PES-TPU，暗色区域表明硬段氨酯微相，平均尺寸 2.0～5.0nm；如图 5-38（b）所示是 PET-TPU，暗色区的尺寸 5.0～10.0nm。MDI/BDO 形成的硬段微相形状从球状到长卷绕螺条，尺寸较小。软段相和硬段相均是连续且互相贯穿或咬合的。

（3）两相形态模型　G. M. Estes 等根据 TEM 图和红外两相色性分析于 1970 年提出 TPU 两相结构的形态模型，如图 5-39 所示。结构为 MDI/BDO/PBA-1000 或 PTMG-1000，硬段含量约 50％。该图是非变形 TPU，粗线部分表示硬段相，细线部分表示软段相；同时给出了一个代表性的分子，它通过许多微区使其路线弯曲起来。在微区界面使软段和硬段连接起来，然而，由于相分离不可能完全，所以氨酯硬段也分散在软段基料中。在非拉伸状态，软段是无规排列的，所以软段相各向同性；氨酯硬段近似地排列成垂直于硬区平面，所以硬区单独各向异性，然而硬区也是无规排列的。

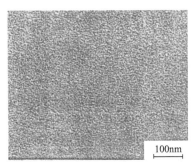
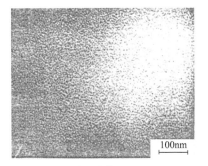

(a) PES-TPU　　　　　　　　　(b) PET-TPU

图 5-38　TPU 膜经溶剂刻蚀过的明场镜像

5.4.2　硬段相形态

TPU 硬段相形态结构比较复杂，它本身亦是多相结构，可能有近程有序、远程有序、非晶硬段区、次晶硬段区和微晶硬段区等。

5.4.2.1　有序结构

R. Bonart 等于 1969 年首先提出 TPU 硬段的有序结构：近程有序和远程有序。

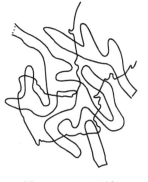

图 5-39　TPU 两相结构的形态模型

（1）近程有序　图 5-40 给出 MDI/BDO-PEA-2000 TPU 近程有序硬段的可能排列，硬段含量为 36.7%。硬段之间近程有序排列可能有四种：A1、A2、A3 和 A4。每一种排列在纸面上出现三个氢键，这只是全部可能形成的氢键的一半，另一半在垂直于纸面上下（未标出），所以它是三维氢键。

（2）远程有序　硬段远程有序排列是以近程有序排列为基础，在统计上择优排列。远程有序是以 A1 与 A2 或 A3 与 A4（图 5-40）排列在一起。在两种情况，所有硬段的重心都位于与水平倾斜约 30°，垂直方向相距 0.92nm，而且在等距和平行的平面上。远程有序排列所形成的氢键与近程有序排列一样，有一半是垂直于纸面上下，同样是三维氢键，硬段在空间上聚集在一起。

（3）有序区模型　图 5-41 给出 TPU 有序区模型。粗线表示硬段，细线表示软段。图 5-41（a）：有序和非晶硬段区。图 5-41（b）：高度有序和结晶硬段区。一般情况，未经高温退火 TPU 处于图 5-41（a）的状态：存在近程有序、远程有序和非晶硬段区；经高温退火之后才可能出现图 5-41（b）的高度有序次晶和结晶区。此外，TPU 硬段区的形态，还取决于软段类型、分子量、硬段类型和含量。

5.4.2.2　球体和球晶

在 TPU 中，硬段聚集的形态除了近程有序、远程有序之外，还可能存在球体和球晶结构。

（1）球体　球体是 TPU 硬段存在的一种新形态，特征是存在于模具的表面，在富含玻璃硬段中处于孤立的小块区域，如图 5-42 所示。结构为 MDI/BDO/P（PO/EO）-2000，含 EO 30%，硬段含量 21%。图中黑色球状区即为球体（HSG），直径约 $10\mu m$；它在低温下既不能结晶，也无可见的双折射，高温退火可形成部分球晶结构。球体的出现，取决于 TPU 的组成，球体的体积分数随硬段含量增加（直到 55%）而增加，然后伴随硬段球晶的增加而急剧下降。

（2）球晶　图 5-43 给出了含有球体、球晶的 TEM 显微图。化学结构与球体相同，只

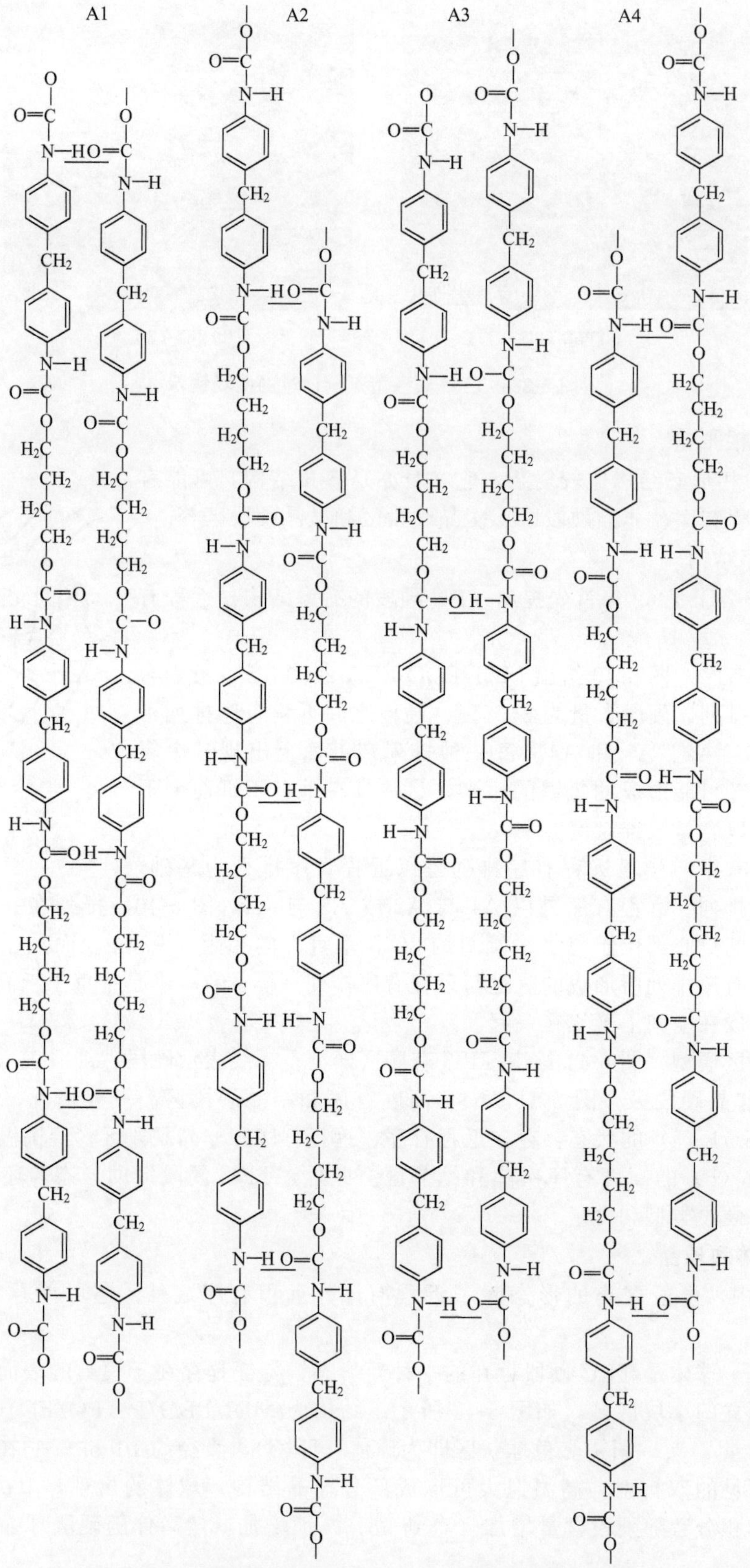

A1　　　A2　　　A3　　　A4

图 5-40　TPU 硬段间相互平行排列的近程有序排列的可能性

(a) 有序和非晶硬段区　　　　　(b) 高度有序和结晶硬段区

图 5-41　TPU 硬段相互排列的远程有序
— 软段；— 硬段

是硬段含量为 43％。在较淡且无特色的基料（SSM）中，含有球体（HSG）和富含硬段的球晶（HSS）。在高温退火后，这种球体由于分子的迁移与邻近球晶合并，而转变成较大的球晶。

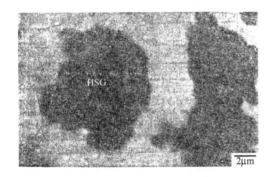 

图 5-42　MDI/BDO/P（PO/EO）
硬段球体 TEM 显微图
HSG—硬段球体

图 5-43　MDI/BDO/P（PO/EO）
硬段球晶 TEM 显微图
HSG—硬段球体；HSS—硬段球晶；SSM—软段基料

　　硬段含量超过 50％的 TPU，模塑制品的表面和中心的形态存在显著差别：表面区主要是球晶；中心区，硬段成为连续的基料，很少或没有球晶。然而 DSC 却指出高硬段含量制品中心区确实存在结晶，这可能是与次晶序结合的结晶尺寸小，使 TEM 微区成像发生困难的缘故。

　　（3）球晶模型　图 5-44 给出球晶硬段结构的模型。这是一个显现原纤结构的简单模型。按照该模型，长周期间距是由横于原纤轴方向交替的硬段区和软段区产生的。横向最小尺寸的原纤只一个或两个这样的结构元素，粗大的原纤含有更多的结构元素。环绕原纤轴可能出现微晶的某些加捻，这种加捻涉及与相邻微晶或原纤的高度协调，即软段层会提供某些解取向。

5.4.3　影响因素

　　TPU 形态受诸多因素的影响，如硬段含量、线型与交联、加工工艺、退火结构和拉伸结构等。

5.4.3.1　硬段含量

　　硬段含量是影响 TPU 形态的主要因素。一般地讲，硬段含量在 40％以下，软段为连续相，硬段分散在软段基料中；在 40％～60％时，软段和硬段都可能成为连续相，形成咬合或连通形态；在 60％以上，出现相的逆转或颠倒，硬段为连续相，软段分散在硬段基料中。硬

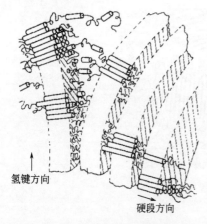

氢键方向

硬段方向

图 5-44　球晶硬段结构模型

段相是由大小不一、疏密不同的小颗粒构成，这些小颗粒形成硬段的基本微区。

（1）透射电镜图　图 5-45 给出 TPU 透射电镜图。化学结构为 MDI/BDO/PTMG-1000，硬段含量分别为 35%、46%、73%。三张图都是高放大倍数（10 万～15 万倍），图 5-45（a）显示微区尺寸比较均一，约 10nm，在软、硬区域交界处，能看到小微区聚集态。图 5-45（b）显示硬段微区不均匀，小微区直径 5～10nm，分散在软段相中；这种小微区密集时呈现更深的颜色，尺寸大小不均，为 5～30nm。图 5-45（c）显示在软段相中分散着许多 4～8nm 的细小颗粒，这些微区密集时出现增加的微区尺寸，为 10～50nm，呈不规则形状。随着硬段含量增加，微区尺寸分布加宽，可能是硬段长度分布变宽之故。因此，小微区是两相分离时基本的硬段微区单元，它们具有不同的大小和形状，这是由于 MDI/BDO 硬段长度不同的结果。长度各异的硬段之间，以及与软段之间形成氢键的能力各异，造成了有疏有密的更大微区聚集态，从而呈现微相分离的多层次性。

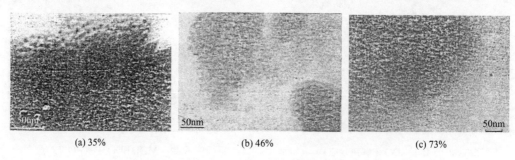

(a) 35%　　　　　　　　(b) 46%　　　　　　　　(c) 73%

图 5-45 MDI/BDO/PTMG 透射电镜图（硬段含量）

（2）形态模型　图 5-46 给出 MDI/BDO/PTMG-2000 TPU 的形态模型，硬段含量：15%、25%、35%、45%。所有四种硬段含量 TPU 都有少量硬段溶于软段相中，其原因是硬段与软段氢键的作用，或者是短硬段在软段相中溶解度较高，尤其是一步法反应硬段分布宽易出现短硬段。图 5-46（a）：硬段含量最低，大多数硬段与软段混合得好，硬段没有周期结构存在。图 5-46（b）：硬段含量增加至 25% 时，有足够硬段形成晶核，并出现相分离的硬段区。图 5-46（c）：硬段含量进一步增至 35% 时，由于硬段长度增加而导致较大的微区，其中一些相互接触形成长且有规律的微区，结果是硬段区尺寸的宽分布。图 5-46（d）：硬段含量最高，增加了硬段相的结晶度，可起补强作用，同时从个别独立的微区向连续相过渡。

5.4.3.2　线型与交联

线型 TPU 与交联 PU 在形态上有一定差别，如图 5-47 所示。纯线型 TPU 软段是 PCL-830（二醇），交联 TPU 是 PCL-900（三醇），硬段均为 MDI/BDO，含量 23%，$r_0 = 1.04$。两种样品的电镜检查都显示不均匀性，即相分离。图 5-47（a）：暗色区是硬段球晶（HSS）嵌在明亮且无色的软段基料（SSM）中。图 5-47（b）：暗色区是硬段球体（HSG）嵌在 SSM 中，球体为非晶；当交联 TPU 含球晶时，球体是部分结晶。两种 TPU 尺寸都是微米级，但交联 TPU 的球体比线型 TPU 平均尺寸小。

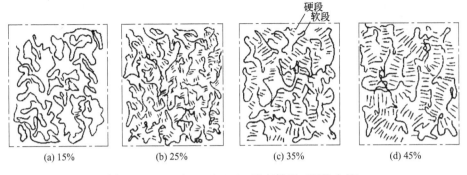

(a) 15%　　　(b) 25%　　　(c) 35%　　　(d) 45%

图 5-46　MDI/BDO/PTMG 形态模型（硬段含量）

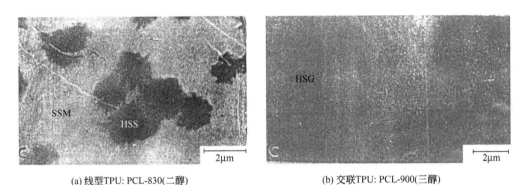

(a) 线型TPU: PCL-830(二醇)　　　(b) 交联TPU: PCL-900(三醇)

图 5-47　线型与交联 TPU 的 TEM 图

SSM—软段基料；HSS—硬段球晶；HSG—硬段球体

5.4.3.3　加工工艺

　　TPU 试样由溶液浇注制成薄膜和由模压切片制成薄膜的形态不一样，如图 5-48 所示。薄膜结构为 MDI/BDO/PTMG-2000，硬段含量为 49.8%，TPU 分子量 39800。如图 5-48（a）所示为溶液浇注膜：TPU 溶于二甲基乙酰胺（DMAc），TPU 含量 0.2%。如图 5-48（b）所示为模压切片膜：TPU 于其熔融温度以上 25℃（175℃），加 30MPa 压力 5min，冷水淬火至室温。图 5-48（a）显示：明暗交替的短条纹分别对应于硬段微区和软段相的层状形态，重复结构的宽度为 13nm，叠层长度为 40～130nm，平均值 55nm；高对比度和明确的微相结构表明相分离相当完全。图 5-48（b）显示：图像对比度低的短片晶或圆柱体是模压膜微观结构的特征。而溶液膜则显示明确但曲折的片晶。形态上的这种差别归因于模压膜比溶液膜存在较高水平的相混合，从而所分离的硬段体积分数较低。模压膜的这种形态类似于低硬段含量的形态。

5.4.3.4　退火结构

　　TPU 退火对形态有一定影响，与退火温度有很大关系，在 200℃ 以下温度退火可引入远程有序硬段区（210℃ 吸热），在 200℃ 以上退火，导致结晶硬段区（249℃ 熔融）并伴随模量惊人的增加。

　　（1）高压电镜图　图 5-49 给出了 125℃ 退火的 TPU 高压电镜图。结构 MDI/BDO/PTMG-2000，硬段含量 49.8%，溶液浇注膜；退火条件是在氮气保护下 125℃ 退火 24h。与图 5-48（a）的非退火样品比较发现，退火之后试样的片晶较长且更有序；叠层加长的原因是退火改进了硬段堆砌而使硬段相纯净，从而进一步改善相分离。实际上，溶液浇注膜的相分离并

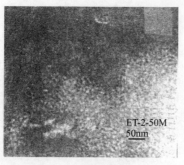

(a) 溶液浇注膜   (b) 模压切片膜

图 5-48   MDI/BDO/PTMG-TPU 高压电镜图

不完全，在 125℃退火温度下，软段、非晶硬段和未分离的硬段都有足够高的活性，由此而使它们本身重排成更有序的结构；又由于该退火温度远低于硬段熔融温度（约 200℃），因此，结晶硬段的物理交联仍然对这种膜提供尺寸的稳定性。显然，在两相边界存在自由表面，因加热而提高了嵌段的活动性，所以增加了溶液浇注膜由于退火而诱导的高水平的微区重排。

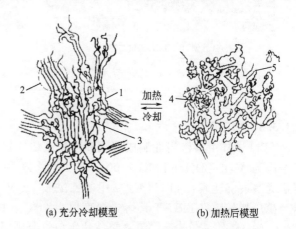

(a) 充分冷却模型   (b) 加热后模型

图 5-49   MDI/BDO/PTMG-TPU   图 5-50   TPU 加热或冷却后图解模型
退火高压电镜图   1—部分伸长软段；2—硬段区；3—硬段；
退火条件：125℃×24h，氮气保护   4—卷曲或松弛软段；5—低有序性硬段区

（2）模型   图 5-50 给出 TPU 加热或冷却之后形态变化的图解模型。图 5-50（a）：充分冷却模型，其中 1 是部分伸长软段，2 是硬段区，3 是硬段。图 5-50（b）：温度在 60℃以上加热模型，其中 4 是卷曲或松弛软段，5 是低有序性硬段区。TPU 在加工温度下短时间加热（如5min），然后淬火，这时软段 T_{gs}、相分离度和模量随淬火后时间的延长而发生变化。这种现象可解释如下：TPU 经充分冷却 ［图 5-50（a）］，由于两相不相容性而发生相分离，因而软段一定局部伸长，硬段聚集形成硬段区，同时有部分短硬段分散在软段相；TPU 经 60℃以上温度加热 ［图 5-50（b）］，部分破坏微区结构，并促进嵌段的混合，这是由于软段缩回熵的应力施加在硬段上，导致硬段区的破坏，并增加了两相混合，因此，软段松弛或缠绕，并形成低有序硬段区。TPU 在室温时，软段是在它的 T_{gs} 以上可能活动，而硬段为玻璃态活动性低；溶于软段相的刚性硬段，对软段活动加以限制，所以软段 T_{gs} 提高了。

5.4.3.5　拉伸结构

TPU 受到拉伸应力时，表面和中心都要遭受变形，甚至破坏。

（1）扫描电镜图　如图 5-51 所示是 TPU 扫描电子显微镜（SEM）的图片。化学结构为 MDI/BDO/P（PO/EO）-2000，EO 30%，硬段含量 77%，$r_0=1.04$。这是 TPU 变形后的图片，变形期间可以看到沿着球晶界面的表皮的破坏，有垂直于应力的表面裂纹；在下面的中心区（CR）已经经历了塑性变形；本来在非变形时［图 5-8（a）］可以见到像多面体波纹的球晶，表面不规则。显然，TPU 的这种表皮/中心形态，对材料的力学性能有意义深远的影响。

（2）模型　图 5-52 给出了 PET-TPU 拉伸 200% 和 500% 的图解模型。粗线表示硬段，细线表示软段。图 5-52（a）：拉伸 200% 图解模型，试样开始拉伸时，软段因张力被拉伸到不同程度，这就给硬段区以张力和扭矩；拉伸至 200% 或 300% 时，硬段区处于横向位置；软段在充分拉伸并取向时，明显地出现结晶。这时，承受极大负荷的软段之间，横向形成固定的交联区（所谓"力束"），对抗进一步伸长。随着宏观上材料伸长的增加，由于交联区剪切力增加，力束将使硬段之间导致滑动过程；越来越多的硬段沿着纵轴转成伸长方向，同时形成新的力束，因此，力束的断裂只是由于交联的重新组织，而与链的破坏无关。图 5-52（b）：显示了 PET-TPU 拉伸 500% 并在该状态下浸在约 80℃ 热水中的图解模型。硬段转成拉伸方向并形成次晶层晶格，而软段伸长诱导的结晶作用已经下降或消失；然而松弛时仍保持大量的硬段取向。这是因为在伸长固定条件下，热水处理引起软段张力的均匀化，承受极大负荷的软缎松弛，所以，尽管宏观伸长不变，但诱导的结晶消失了；充分取向的硬段形成了次晶层晶格的交联区。

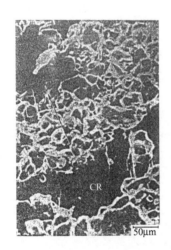

图 5-51　MDI/BDO/P（PO/EO）SEM 图

CR　标记指示中心区的塑性变形，
箭头指示拉伸变形方向

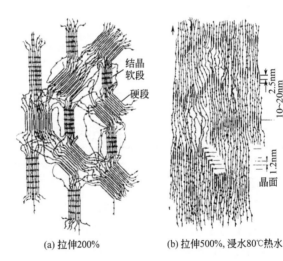

(a)拉伸200%　　(b)拉伸500%，浸水80℃热水

图 5-52　PET-TPU 拉伸的图解模型

粗线为硬段；细线为软段；
·表示溶于硬段相的软段，或溶于软段相的硬段

5.4.4　形态参数

应用小角 X 射线散射（SAXS）研究 TPU 形态，可获得这些信息：微区区间间距、微相界面厚度、相对分离度、微区平均尺寸和微区纯度等。以 MDI/BDO/P（PO/EO）-2000 TPU 为例说明形态参数，EO 30.4%，官能度 1.94，$r_0=1.04$，硬段含量 20%～80%，试样基础数据见表 5-16。

表 5-16 MDI/BDO/P（PO/EO）TPU 基础数据

硬段含量/%	密度/(g/cm³)	硬段平均分子量	每个硬段含 MDI 分子数	硬微相理论体积分数 Φ°_{HS}
20	1.142	500	1.7	0.17
30	1.165	900	2.8	0.26
40	1.192	1400	4.2	0.35
50	1.218	2000	6.2	0.45
60	1.235	3100	9.2	0.55
70	1.270	4800	14.1	0.66
80	1.292	8100	24.0	0.77

5.4.4.1 微区间距

SAXS 散射最大值反映微区平均周期，假设硬段侧向堆积成层状，硬段区是连续的。由相关函数或 Bragg 规则计算区间间距，结果示于表 5-17。硬段含量为 20％的 SAXS 散射强度过低，说明该浓度没有足够的微相分离，故未给出。间距随硬段含量增加而下降至 50％，60％开始上升，此后继续下降，说明硬段含量在 50％～60％时，间距发生不连续性，表明硬段微区形态的变化，这种情况的应力-应变、挠曲模量、热下垂以及动态力学的贮能模量等均发生显著变化。

表 5-17 SAXS 散射计算区间间距   单位：nm

单维层状模型	硬段含量/%						
	20	30	40	50	60	70	80
相关函数	—	11	10	8.9	9.9	8.4	7.2
Bragg 规则	—	11.7	10.4	9.9	10.6	8.8	7.8

5.4.4.2 相间参数

相间参数讨论扩散微相界面厚度和表面对体积的比率。表 5-18 给出了 TPU 的相间参数的数据，界面厚度在硬段含量 50％时达最大值，硬段继续增加界面厚度实际上不变；硬段含量在 50％时的这种行为表明，硬段微区结构从间断到连续的形态变化，这是形态转变的另一种形式。

表 5-18 SAXS 散射计算相间参数

单维层状模型	硬段含量/%					
	30	40	50	60	70	80
微相界面厚度/nm	0.8	1.1	2.2	1.7	1.5	1.4
表面/体积 S/V/(cm²/cm³)	250	320	420	360	370	360

硬段含量为 30％的扩散界面厚度很小，表明侧向微区表面不含交联链，从而导致界面厚度低且界面明显；硬段含量增加，截面厚度增加，至 50％达到最大。这是因为充分伸展链的界面厚度直接正比于硬段长度分布的宽度，而这个宽度随硬段含量的增加而增加，因此，界面厚度单调地随硬段含量的增加而增加，这是伸展链模型所预期的结果。硬段含量超过 50％时，界面厚度下降，部分原因是由于侧向表面积的损失。

观察表面对体积的比率 S/V 显示，S/V 随硬段含量增加直到 50％达最大值，然后随硬段含量逐渐下降，而且直到 80％时 S/V 基本不变，这与微相界面厚度的趋势相同。这个结果再一次证实硬微相连续始于约 50％硬段含量。硬段含量 30％的 S/V 只有 250cm²/cm³，说明硬微区的侧向尺寸很有限；由微区侧向增长可以解释 S/V 增加直到微相连续（50％硬段含量）：提高了微区的纵横尺寸之比，在微相连续开始时，只有有限的侧向聚集是硬微区薄如纸的形态。进一步增加硬段含量，侧向尺寸的增长，趋于充满某些空洞，因此引起 S/V 的下降，这是由于该区侧向表面积损失之故。

5.4.4.3　混合与分离

通过测量试样均方电子密度变化使微相分离度随硬段含量变化的特征表现出来。$\Delta\overline{\rho'^2}$ 和 $\Delta\overline{\rho''^2}$ 是分别对散射背景及扩散微区界面修正的电子密度变化，$\Delta\overline{\rho_c^2}$ 是理论电子密度变化。这些电子密度变化以及微相分离、混合度数据见表 5-19。$\Delta\overline{\rho'^2}/\Delta\overline{\rho_c^2}$ 反映总体微相分离度：如果体系完全分离，则比率达最大值，即硬段含量 60％的 0.37；如果体系内存在微相混合，则小于该值，这里除 60％硬段含量的其他含量，均存在不同程度的微相混合。$\Delta\overline{\rho''^2}/\Delta\overline{\rho'^2}-1$ 是估价扩散微相界面而出现的混合量；$\Delta\overline{\rho_c^2}/\Delta\overline{\rho''^2}-1$，度量微区内混合度（不管扩散界面）。

硬段含量为 60％的微相分离度最大（0.37），主要是由于相内混合度最低（0.95），因为这个浓度的硬微区体积约为 50％，层状模型受填充体积的限制最小。硬段含量为 60％～80％时，由于相内混合的增加，微相分离度下降，就是这种限制的结果。相内混合增加导致 T_{gs} 的增加。同理，硬段含量为 30％～60％时，由于相内混合的增加，微相分离度下降，然而微相组成并没有变化；因为硬段含量低，相应地软段含量就高，需要溶于软段相的硬段总量亦增加，以便保持软段相的组成不变，这种混合的最终结果是降低了低硬段含量试样的微相分离度。由此，硬段含量为 30％～60％的 T_{gs} 实际上是不变的。

表 5-19　SAXS 电子密度变化

硬段含量 /%	均方电子密度变化			总体相分离度	扩散界面混合	相内混合
	$\Delta\overline{\rho_c^2}$	$\Delta\overline{\rho'^2}$	$\Delta\overline{\rho''^2}$	$\Delta\overline{\rho'^2}/\Delta\overline{\rho_c^2}$	$\Delta\overline{\rho''^2}/\Delta\overline{\rho'^2}-1$	$\Delta\overline{\rho_c^2}/\Delta\overline{\rho''^2}-1$
30	2.38	0.47	0.53	0.20	0.14	3.49
40	2.79	0.47	0.58	0.17	0.23	3.84
50	3.10	0.74	1.19	0.24	0.62	1.59
60	3.10	1.15	1.59	0.37	0.38	0.95
70	2.78	0.80	1.12	0.29	0.40	1.48
80	2.27	0.56	0.82	0.25	0.45	1.78

5.4.4.4　硬微区厚度

由单维相关函数估价硬微区厚度，是以单维连续层状模型为基础计算的：

$$T_{HS}=\Phi_{HS}^{\circ}d_{1D}$$

式中　T_{HS}——硬微区厚度；

　　　Φ_{HS}°——硬段理论体积分数；

　　　d_{1D}——单维区间间距。

由 T_{HS}、Φ_{HS}°（表 5-16）和 d_{1D}（表 5-17）计算结果示于表 5-20。硬段含量为 30％～60％的硬微区厚度，随硬段含量增加而增加，硬段含量为 60％～80％的硬微区厚度基本保持不变，临界硬段序列长度亦是同样规律。硬微区厚度直接影响硬段熔融温度。硬段含量由 30％增至 60％时，硬段熔融温度逐渐增加（175～210℃）；含量为 60％～80％的熔融温度达到不变的平衡温度（约 210℃）。

表 5-20　计算的硬段微区参数

硬段微区参数	硬段含量/%					
	30	40	50	60	70	80
硬微区厚度 T_{HS}/nm	2	2.5	4.0	5.4	5.5	5.5
临界硬段 MDI 数量/个	2	2～3	2～4	4	4	4

5.4.4.5　硬段聚集模型

为了解释 TPU 结构-性能关系，提出了多种硬段聚集的模型，主要的有两种：Bonart 伸展链模型（图 5-41）和 Koberstein 卷曲链模型（图 5-53）。在伸展链模型中，作为强氢键相互

图 5-53 Koberstein
卷曲模型

作用的结果，硬段序列像硬棒一样优先取向成侧向有序的硬微区，其厚度是硬段平均分子量。硬段含量在 30％～60％时，硬微区厚度随硬段分子量的增加而增加，临界硬段长度 2～4 MDI（表 5-20）。然而，伸展链模型亦存在一定量的卷曲链。例如伸展的 MDI/BDO 硬段单元长度约 1.5nm，硬段含量为 60％的硬微区厚度应该是 14nm，而 SAXS 侧出的硬微区尺寸（即层状区间间距）只有 9.9nm（表 5-17），所以表观硬微区厚度小于平均硬段序列的伸展长度，这就证明在伸展链中存在一定卷曲链。

扩散界面厚度也反映形态的变化，对伸展链模型来说，界面厚度随硬段含量而增加，这在硬段含量低于 50％时，确实如此（表 5-18），直到 50％含量，硬段是伸展的，但伸展得不充分，有部分卷曲链存在。界面厚度界限值大约是一个 MDI/BDO 重复单元的数值。

硬段含量为 60％～80％时硬微区厚度不变，约 5.5nm，约含 4 个 MDI 的伸展长度，这是伸展链模型不能解释的，只能用卷曲链模型说明。其实伸展链模型忽视了硬段序列长度的分布：硬段序列长度大多数都是短链序列，它们聚集形成硬段微区，长链序列优先按氢键有序排列返回到短序列的微区内，以便有效地填充体积，于是硬段链存在卷曲或折叠构型，所以高硬段含量的微区厚度保持不变。如果硬段链之间只有弱的相互作用，则链的构象接近高斯链；如果存在强相互作用，则硬段序列优先成为较伸展的构象；如果序列可结晶，则可获得折叠片晶。由于片晶的较高引力，使长、短序列聚集在同一微区，该区提供光滑均匀的形态过渡到在半晶 TPU 中所见到的层状球粒形态，例如以 MDI/BDO 为硬段的 TPU，经充分退火而结晶化，并显示层状球晶超结构。在 TPU 中，由于化学结构和相互作用的复杂性，层状模型可能发生各种变化：硬微区像带子一样，显示有限的宽度、波状的厚度、粗糙的表面，以及各种扭曲、弯曲、倾斜等。硬微区厚度是 2～4 个硬段单元，并不按比例线性排列平均硬段等值长度。模型 MDI/BDO 硬段的熔融温度，以每个序列含 3 个 MDI 者熔点最高，高于此数则下降，这是由于存在折叠链，将某些缺陷并入结晶的结果。

5.4.5 形态与性能

TPU 就形态而言，属于两相结构：软段相和硬段相。软段相多数为玻璃态，少数为结晶态；硬段相可能是玻璃态或结晶态，亦可能两者兼有。硬段含量是决定形态的主要因素，硬段含量很低时，如 10％左右，硬段溶于软段相成为单相；硬段含量在 40％以下，硬段分散在软段基料上，软段是连续相，硬段是分散相；硬段含量在 40％～60％时，出现相的逆转或颠倒，两相均可能是连续（连通、咬合）相；硬段含量在 60％以上时，软段分散在硬段基料上，硬段为连续相，软段为分散相。形态与性能的关系：形态决定了 TPU 的性能，而各种性能差异又反映了形态的变化；两相的分离与混合在很大程度上影响着性能。软段相提供给 TPU 低温性能、扯断伸长率和弹性；硬段相提供模量、强度和耐热性能。这里讨论形态给予 TPU 热性能、力学性能和动态力学性能的简要说明。而形态又是由软段和硬段的化学结构决定的，所以性能是以软段结构、软段分子量以及硬段结构、硬段含量为基础，以形态的变化，两相的分离与混合来说明形态与性能的关系。

5.4.5.1 玻璃化转变

在 TPU 中，玻璃化温度一般指软段由玻璃态向高弹态转变的温度（T_{gs}），在非晶硬段相也有这个玻璃化温度（T_{gh}）。

（1）软段结构　软段结构如聚酯、聚醚及其分子量是影响软段相纯度和两相分离程度的基本原因，硬段结构的对称性和规整性是影响其结晶性的基本原因，因此它们直接反映在 T_{gs} 和

T_{gh} 上。表 5-21 给出了软段结构对 T_g（T_{gs} 和 T_{gh}）的影响。软段结构分别为 PTMG-1000 和 PBA-1000，硬段为 2,4-甲苯二异氰酸酯和乙二胺（2,4-TDI/EDA），硬段含量 29%～57%。就 T_{gs} 而言，两种软段都是非晶相，在 29%～57% 硬段含量的 PTMG-1000 T_{gs} 均低于 PBA-1000，相差 23～44℃，这是由于 PTMG-1000 软段相纯度远高于 PBA-1000，前者两相分离较完全，后者溶入较多硬段之故。就 T_{gh} 而言，两种软段 TPU 的硬段区都是非晶，PTMG-1000 TPU 的 T_{gh}，硬段含量为 29%～57% 时为 180～192℃，PBA-1000 为 165～185℃，前者较后者略高。纯 2,4-TDI/EDA 硬段的 T_{gh} 是 203℃，两个 T_{gh} 都与纯硬段 T_{gh} 相差不多，说明硬段相混入的软段不多，尤其 PTMG-1000 TPU 更少；同时，发现硬段区 T_{gh} 与硬段含量无关，表明增加硬段长度不能进一步改善微区结构。

表 5-21　软段结构对 T_g 的影响[①]

硬段含量/%	PTMG-1000		PBA-1000		硬段含量/%	PTMG-1000		PBA-1000	
	T_{gs}/℃	T_{gh}/℃	T_{gs}/℃	T_{gh}/℃		T_{gs}/℃	T_{gh}/℃	T_{gs}/℃	T_{gh}/℃
29	−53	192	−17	165	53	−55	180	−20	182
39	−54	190	−10	166	57	−61	184	−38	177
47	−58	190	−33	185					

① 硬段：2,4-TDI/EDA。

表 5-22 给出了软段分子量对 T_{gs} 的影响。TPU 结构 MDI/BDO/P（PO/EO），EO 30.4%，官能度 1.964，分子量为 1000、2000、3000 和 4000，硬段含量 20%～80%，$r_0 = 1.04$。数据表明，硬段含量在 60% 以下时，T_{gs} 均随软段分子量 $\overline{M}_n$ 增加而降低。这是因为在硬段含量不变时，增加软段 $\overline{M}_n$，必须相应增加硬段长度（分子量），硬段易于结晶而加强两相分离并降低混合；此外，由于软段分子量的增加，链端的自由体积和活动性减少，键合在软段上 MDI 的限制作用下降，所以 T_{gs} 下降。硬段含量为 80% 时，软段 $\overline{M}_n$ 在 2000 以下，软段相混有大量硬段，所以 T_{gs} 很高达 33℃，$\overline{M}_n$ 在 2000 以上，则两相分离相当完全，故 T_{gs} 低至 −58～−55℃。

表 5-22　软段分子量对 T_{gs} 的影响[①]　　　　　　　　单位：℃

硬段含量/%	$\overline{M}_n$				硬段含量/%	$\overline{M}_n$			
	1000	2000	3000	4000		1000	2000	3000	4000
20	−22	−50	−55	−58	60	−23	−53	−54	−62
40	−23	−51	−56	−59	80	33	33	−55	−58

① 结构为 MDI/BDO/P（PO/EO）。

（2）硬段结构　硬段结构如氨酯、氨酯-脲及其含量主要影响硬段相形态，对软段相的两相分离亦有显著影响。表 5-23 显示硬段结构对 T_{gs} 的影响。包括两组硬段。氨酯硬段：芳环（MDI/BDO）和脂环（H$_{12}$MDI/BDO）。氨酯-脲：氨酯（MDI/BDO）和氨酯-脲（MDI/EDA）。软段分别为 PCL-2000 和 PTMG-2000。

表 5-23　硬段结构对 T_{gs} 的影响　　　　　　　　　　单位：℃

硬段含量/%	氨酯硬段[①]		硬段含量/%	氨酯及氨酯-脲硬段[②]	
	MDI/BDO	H$_{12}$MDI/BDO		MDI/BDO	MDI/EDA
24	−39	−51	25	−56	−69
33	−43	−51	35	−58	−74
46	−43	−49	45	−61	−75
58	−45	−45	PTMG-2000	−	−79

① 软段 PCL-2000。

② 软段 PTMG-2000。

首先考察氨酯硬段：芳环硬段是结晶态（结晶度 0～24.2％），T_{gs} 为 -45～$-39℃$；脂环硬段由于构象异构体的混合限制其结晶性，基本是无规非晶态，T_{gs} 为 -51～$-45℃$。不难看出，硬段含量在 46％ 以下时，芳环硬段有较高的 T_{gs}，这是因为它的界面混合度（0.22～0.25）比脂环硬段（0.17～0.22）高，软段相纯度较低之故。其次考察氨酯-脲硬段：氨酯硬段和氨酯-脲硬段的硬段相及软段相都是结晶态，前者 T_{gs} 为 -61～$-56℃$，后者 -75～$-69℃$。显然，氨酯-脲硬段区高度结晶性有利于纯化软段相，此外软段相结晶也有利于两相分离，所以它的 T_{gs} 低得多，接近于纯 PTMG-2000 的 T_{gs}。

再考察硬段含量对 T_{gs} 和比热容（Δc_p）的影响，见表 5-24。TPU 结构是 MDI/BDO/P（PO/EO）-2000。硬段含量在 20％～50％ 时 T_{gs} 相对保持不变（-44～$-41℃$），50％～80％ 时迅速增加（-46～$-41℃$）。表明硬段含量在 50％ 以下，非晶软段相的组成不变，在 50％ 以上出现相的逆转，硬段逐渐成为连续相，软段活动性受到较为严重的限制，故 T_{gs} 随硬段含量增加而快速增加。纯 P（PO/EO）软段 T_{gs} 为 $-68.6℃$，嵌入硬段后的 T_{gs} 都提高了，这有两个原因，其一是接上硬段限制软段活动性；其二是软段相溶入一定量的硬段。比热容（Δc_p）随硬段含量增加线性下降，Δc_p 外推到零时，硬段含量约为 90％（软段含量为 10％），说明在硬段相中混入的软段数量为 10％。

表 5-24 硬段含量对 T_{gs} 和 Δc_p 的影响[①]

热性能	硬段含量/%						
	20	30	40	50	60	70	80
T_{gs}/℃	-43	-44	-43	-41	-36	-20	46
Δc_p/[J/(kg·K)]	540	450	380	330	220	130	90

① 结构为 MDI/BDO/P（PO/EO）-2000。

5.4.5.2 硬段相熔融

TPU 硬段相熔融讨论两个问题：硬段相熔融温度（T_{mh}）和熔融热（ΔH）；影响它们的结构因素主要是软段分子量和硬段含量。

（1）软段分子量 表 5-25 给出了软段分子量对 T_{mh} 的影响，结构是 MDI/BDO/P（PO/EO）。硬段相熔融温度是指 TPU 硬段区结晶的熔融温度，由于硬段区的多晶性，常有多个熔融峰，这里指最高峰温度。由表中数据可知，硬段含量在 30％、50％ 和 70％ 时，T_{mh} 大体上随软段分子量增加而增加，分别为 163～186℃、169～199℃ 和 207～217℃；这是由于在硬段含量相同（长度不变）时，随软段分子量增加，硬段优先分离并聚集成微晶区的结晶度增加之故。

表 5-25 软段分子量对 T_{mh} 的影响[①]　　　　　　　　　　单位：℃

硬段含量/%	$\overline{M}_n$				硬段含量/%	$\overline{M}_n$			
	1000	2000	3000	4000		1000	2000	3000	4000
30	163	176	176	186	70	207	210	212	217
50	169	186	199	193					

① 结构为 MDI/BDO/P（PO/EO）。

（2）硬段含量 表 5-26 给出了硬段含量对硬段相的熔融温度和熔融热的影响，结构是 MDI/BDO/P（PO/EO）-2000。硬段含量在 20％～60％ 时 T_{mh} 随硬段含量增加而增加（150～208℃），这是因为硬段含量增加硬段区厚度增加（2～5.4nm）之故（伸展链模型）。

表 5-26　硬段含量对 T_{mh} 和 ΔH 的影响[①]

热性能	硬段含量/%						
	20	30	40	50	60	70	80
T_{mh}/℃	150	176	178	186	208	210	217
ΔH/(J/g)	2.5	5.4	9.3	11.7	15.7	25.2	23.9

① 结构为 MDI/BDO/P（PO/EO）。

　　硬段含量为 60%～80% 时，T_{mh} 变化较少（208～217℃），这是因为硬段含量达 60% 的硬微区厚度达最大值（约 5.5nm，临界硬段序列长度 4 个 MDI，见表 5-20），过长的硬段卷曲或折叠（卷曲链模型）以达到不变的微区厚度，含 3 个或以下 MDI 的硬段可能混入软段相。

　　硬段熔融热 ΔH 显示随硬段含量增加 ΔH 呈线性增加，外推到 $\Delta H = 0$ 时，硬段含量约为 13%，就是说硬段 MDI/BDO 要结晶必须大于一个硬段单元，或者说在该含量以下的硬段混入软段相。表列 ΔH 普遍较低（含 4 个 MDI 模型硬段的 $\Delta H = 45$J/g），说明这一系列硬段结晶度和微区厚度都是较低的。另有报道称，硬段含量在 50% 以下，ΔH 随硬段含量增加而增加，50% 时最高，为 $\Delta H = 42$J/g；60%～80% 硬段含量的 ΔH 略有下降，这与硬微区厚度不变是一致的。

5.4.5.3　模量-温度关系

　　TPU 弹性体显示异常的黏弹性质：线性非晶的弹性体，在远超过 T_{gs} 的温度下，具有高强度和高模量，这时软段处于黏性液体状态。S. L. Cooper 首先提出两相结构形态，说明其黏弹性，图 5-54 给出聚合物模量-温度曲线。图中 1～3 曲线概括了大多数聚合物的模量-温度曲线，4 和 5 是两种硬段含量为 35% 和 47% 的 MDI/BDO/PBA-1000 TPU。

　　曲线 1 表明典型的线性非晶聚合物通过玻璃化温度 T_g 时，模量的落差为 10^3，橡胶台区模量为 0.1～1.0MPa；曲线 2 表明由于化学交联而使台区模量扩展到高温区；曲线 3 表明半晶聚合物，通常在 T_g 以上温度有很高的台区模量，材料异常坚韧且柔软，在 T_g 和 T_m（结晶熔点）之间的温度，具有良好的冲击强度。曲线 4 和 5 的 TPU 在 T_{gs} 以上显示不寻常的黏弹特性曲线，在 T_{gs} 的橡胶台区模量较一般非晶和交联聚合物高 10 倍以上。产生这种现象的原因是两相形态，软段相提供了低温玻璃化的 T_{gs}，硬段相的非晶区和/或半晶（次晶）区提供了物理交联，于是橡胶台区模量达到很高值。

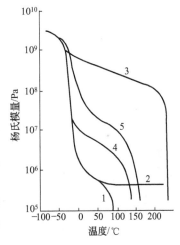

图 5-54　聚合物模量-温度曲线
1—线性非晶聚合物；2—交联聚合物；3—半晶聚合物；4—TPU 硬段含量 35%；5—TPU 硬段含量 47%

5.4.5.4　应力-应变

　　TPU 应力应变性能主要与硬段结构、硬段含量和软段分子量有关。

　　（1）氨酯硬段　以 MDI/BDO 为硬段，PTMG 和 P（PO/EO）为软段说明氨酯硬段的应力-应变性能。

　　① PTMG 软段　图 5-55（a）、（b）分别给出了 MDI/BDO/PTMG 的拉伸强度和扯断伸长率的变化。这里用了三种分子量的软段：PTMG-650，软段含量为 20%～68.3%；PTMG-1000，软段含量 20%～77.5%；PTMG-2000 软段含量 20%～87%，$r_0 = 1.0$，预聚法合成。前两种是三相：软段相为非晶态，硬段相为晶态和非晶态；第三种是四相：软段相和硬段相各有晶态和非晶态。图 5-55（a）显示，软段含量在 40%～50%（硬段含量 60%～50%）时，拉

伸强度达最大值（约 45MPa），这时的两相可能均为连续相，形成咬合结构，所以拉伸强度最高。软段含量在 40％以上（硬段含量在 60％以下），硬微区分散在软段基料上，随软段含量的增加（硬段含量降低），拉伸强度下降，这是由于硬微区降低，软段在高伸长下产生塑性流动之故；软段含量在 40％以下（硬段含量在 60％以上），软段分散在硬段基料上，随软段含量增加（硬段含量下降），拉伸强度增加，换言之，拉伸强度随硬段含量增加而下降。这是由于连续硬段微区微观不完善、存在缺陷或裂缝而易受应力破坏，所以硬段含量增加拉伸强度反而下降。

图 5-55（b）显示，扯断伸长率几乎是随软段含量线性增加；软段含量在 60％以上时，较短软段 1 和 2 产生较大扯断伸长率；软段含量为 40％～50％、拉伸强度最高的扯断伸长率，是 PTMG-650 和 PTMG-2000 曲线。

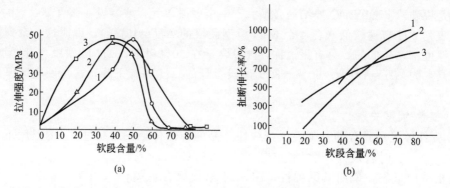

(a)　　　　　　　　　　　　(b)

图 5-55　三种软段 $\overline{M}_n$ 的拉伸强度（a）和三种软段 $\overline{M}_n$ 的扯断伸长率（b）
1—PTMG-650，软段含量 20％～68.3％；2—PTMG-1000，软段含量 20％～77.5％；
3—PTMG-2000，软段含量 20％～87％

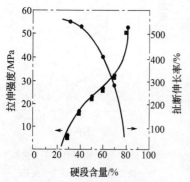

图 5-56　拉伸强度和扯断
伸长率与硬段含量关系

② P（PO/EO）软段　图 5-56 给出了 MDI/BDO/P（PO/EO）-2000 TPU 拉伸强度和扯断伸长率的变化，$r_0 =$ 1.04，一步法合成，室温老化一周。首先考察拉伸强度：拉伸强度随硬段含量增加而增加；硬段含量为 60％时，拉伸强度出现拐点；含量高于此点拉伸强度增加更快，低于此点增加较慢。这个拐点正是两相颠倒、由软段相为连续相转变成硬段相为连续相的含量。此图与图 5-55（a）比较出现了矛盾：在图 5-55（a）于 60％硬段含量时，拉伸强度达最高，之后随硬段含量增加而下降；图 5-56 在 60％浓度之后的拉伸强度上升。出现这种矛盾的原因还不太清楚，可能与合成工艺条件和室温退火有关。

再考察扯断伸长率：扯断伸长率随硬段含量增加而下降，与图 5-55（a）的趋势基本一致。

（2）氨酯-脲硬段　讨论两种氨酯-脲硬段 MDI/EDA 和 2,4-TDI/EDA、软段均为 PTMG、$\overline{M}_n$ 为 1000TPU 和 2000TPU 的应力应变性能。

① MDI/EDA 硬段　表 5-27 给出了 MDI/EDA-PTMG TPU 的应力-应变数据，软段 $\overline{M}_n$ 为 1000 和 2000，硬段含量分别为 25％、36％ 和 46％。PTMG-1000TPU 和 PTMG-2000 TPU，增加硬段含量，杨氏模量、定伸应力和拉伸强度（PTMG-2000、硬段含量 46％例外）均增加，扯断伸长率下降，这是因为增加硬段含量，硬微区体积分数增加，有序性提高的缘故；硬段含量不变，PTMG-1000 与 PTMG-2000 比较，后者的杨氏模量、定伸应力和拉伸强

度均高于前者，扯断伸长率则相反，其原因是 PTMG-2000 TPU 含有更多的脲基，在硬微区形成三维氢键，增加了内聚能密度，有利于形成次晶硬段区，这将导致两相分离得更完全，从而提高了物理交联或填充粒子的作用。

表 5-27　MDI/EDA 硬段的应力-应变

软段 $\overline{M}_n$	硬段含量/%	杨氏模量/MPa	定伸应力/MPa			拉伸强度/MPa	扯断伸长率/%
			100%	200%	300%		
PTMG-1000	25	3.3	1.3	1.7	1.9	7.1	1550
	36	9.3	4.4	5.8	4.7	34.6	580
	46	69.2	11.1	15.1	20.3	43.0	600
PTMG-2000	25	4.3	2.4	3.3	4.2	18.6	1160
	36	42.6	6.9	9.3	12.3	40.1	770
	46	188.5	13.6	17.6	22.3	38.8	570

② 2,4-TDI/EDA 硬段　图 5-57 给出了 2,4-TDI/EDA/PTMG TPU 的应力-应变曲线。

图 5-57 表明：曲线 1 和 3 比较，即 PTMG-1000 样品与 PTMG-2000 样品比较，硬段含量

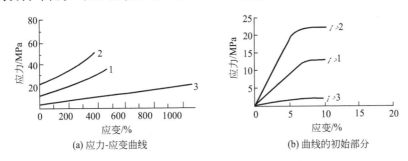

(a) 应力-应变曲线　　　　　(b) 曲线的初始部分

图 5-57　24-TDI/EDA-PTMG 应力-应变曲线

1—PTMG-1000 硬段含量 29%；2—PTMG-1000 硬段含量 53%；3—PTMG-2000 硬段含量 30%

相同，杨氏模量分别为 200MPa 和 20MPa，拉伸强度为 40MPa 和 25MPa，扯断伸长率为 500% 和 1100%；前者杨氏模量、拉伸强度均高于后者，而扯断伸长率低于后者。这是由于 PTMG-1000 样品两相界面混合度大，相容性好，使 T_{gs} 提高而更接近试验温度的缘故；PT-MG-2000 样品两相分离得完全，更能显示各自相的性能，所以前者模量和拉伸强度高于后者，而扯断伸长率则低于后者。曲线 2 与 1 比较，即软段分子量相同，硬段含量分别为 53% 和 29%。前者杨氏模量、拉伸强度分别为 400MPa、50MPa，均高于后者（200MPa 和 40MPa），而扯断伸长率为 400% 略低于后者（500%），原因可能是高硬段含量样品的硬微区的厚度和界面厚度大于后者。

5.4.5.5　挠曲模量

挠曲模量是指在弹性极限内，施加在试样的挠曲应力与最外层相对应的应变之比，是对材料刚性的度量。它与硬段含量和软段分子量有关。

（1）硬段含量　图 5-58 给出了 MDI/BDO/P（PO/EO）-2000 TPU 的挠曲模量，硬段含量 20%~80%。考察曲线显示，硬段含量为 60% 时挠曲模量是 344MPa，硬段含量在 20%~60%，挠曲模量随硬段含量缓慢增加，硬段含量在 60%~80% 的挠曲模量线性增加；这再一次证实硬段含量 60% 出现两相的颠倒。软段相为连续相的扯断伸长率较高，故挠曲模量缓慢增加，硬段相为连续相，扯断伸长率急剧下降，所以挠曲模量线性

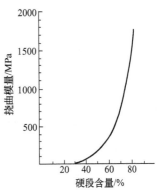

图 5-58　硬段含量与挠曲模量的关系

上升。

（2）软段分子量　表 5-28 给出了 MDI/BDO/P（PO/EO）TPU 不同分子量的挠曲模量，分子量为 1000、2000、3000 和 4000，硬段含量 30%～70%。数据显示，硬段含量固定不变，挠曲模量随软段分子量增加而增加，原因与杨氏模量和分子量的关系类似（表 5-27）。高分子量软段在硬段含量相同时，氨酯基含量高，从而增加物理交联和填充剂作用。

表 5-28　软段分子量对 TPU 挠曲模量（室温）的影响　　　单位：MPa

硬段含量/%	$\overline{M}_n$				硬段含量/%	$\overline{M}_n$			
	1000	2000	3000	4000		1000	2000	3000	4000
30	5	12	14	20	70	630	660	765	800
50	45	85	140	160					

5.4.5.6　弹性回复

弹性回复是表征弹性体所给定的形变在一定时间回复的分数，理想弹性材料的弹性回复为

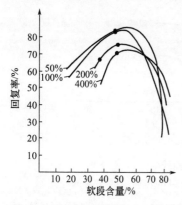

图 5-59　软段含量对 TPU
弹性回复的影响

1，理想塑性材料的弹性回复为 0。TPU 弹性回复如图 5-59 所示，化学结构 MDI/BDO/PTMG-1000，软段含量 20%～77.5%。不难看出，形变 50%、100%、200% 和 400% 的弹性回复，在 50%～60% 软段含量（50%～40% 硬段含量）时为最高值，软段含量高于或低于该值，弹性回复均下降；这是因为软段含量为 50%～60% 时两相颠倒，两相互联、咬合。软段含量低于 50%，连续硬段相不可能有高弹性回复；软段含量高于 60%，软段连续相因高伸长而取向，从而亦产生塑性变形。

软段分子量不同，弹性回复也不同。例如 PTMG-650 和 PTMG-2000（两者未给出弹性回复图）与 PTMG-1000 TPU 比较，同在 60% 软段含量，最短的 PTMG-650 弹性回复最好（80%～95%），PTMG-2000 不如 PTMG-1000（70%～80%）。这可由硬段尺寸和硬微区厚度来解释，软段含量为 60% 时，按 PTMG 分子量由低到高顺序排列的硬段分子量分别为 443、667 和 1333，硬微区厚度随硬段长度增加，厚微区经软相流动是缓慢的，所以弹性回复较低。弹性回复也取决于伸长，大体上伸长低弹性回复好。

5.4.5.7　滞后曲线

TPU 弹性体通过加荷-卸荷试验测量滞后曲线。加荷-卸荷所限定的面积（即椭圆滞后回线面积，等于变成热能损耗的能量）与相应拉伸曲线下的总面积之比计算滞后百分率。

（1）TPU 分子量的影响　图 5-60 给出了 TPU 分子量对滞后曲线的影响，结构是 MDI/BDO/PBA-1100，硬段含量 50%，$r_0 = 1.02$；曲线 1、2、3 对应的分子量分别为 23000、32600 和 49700。这是伸长 30% 的滞后环，可见 TPU 分子量增加滞后下降。可以这样解释：TPU 分子量较高时，分子链活动性下降，高分子量限制分子链取向，并阻止增强模量的硬微区的形成。

（2）软段分子量影响　TPU 软段分子量对滞后的影响如图 5-61 所示，结构 2,4-TDI/EDA/PTMG-1000，硬段含量 29%；PTMG-2000 硬段含量为 30%。两种 TPU 硬段含量相同，PTMG-1000 样品滞后迅速达到 70%，并在 75% 维持不变，与应变无关；PTMG-2000 样品显示低得多的滞后，初期约为 30%，随伸长缓慢增加，直到伸长 1050% 时，增到 65%～70%。

原因是 PTMG-1000 TPU 硬段短（$\overline{M}_n=400$），PTMG-2000 硬段长（$\overline{M}_n=850$），前者两相相容性好，分离差，硬微区容易由应变产生塑性变形，所以滞后高；后者两相分离好，形成独立的硬微区，取向作用小，低伸长变形主要产生于软段变形，所以滞后低。

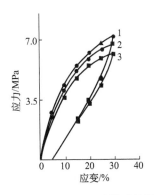

图 5-60　TPU 分子量对滞后的影响
分子量：1—23000；2—32600；3—49700

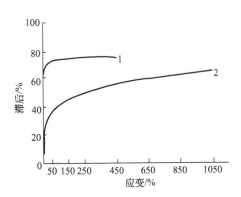

图 5-61　TPU 软段分子量对滞后的影响
1—PTMG-1000；2—PTMG-2000

5.4.5.8　应力松弛

应力松弛是指维持应变恒定，观察维持该应变所需的应力随时间的衰减变化。

(1) 硬段含量影响　表 5-29 给出了硬段含量对应力松弛的影响，化学结构为 MDI/BDO/PTMG-2000，硬段含量：15%、25%、35% 和 45%；材料于室温、拉伸 100%，经 2h 后，分别保留原应力的 56%、69%、75% 和 60%。考察应力衰减发现，硬段含量为 15% 和 45% 的试样，衰减约 44% 和 40%；硬段含量 25% 和 35% 的试样衰减分别 31% 和 25%。后者应力松弛比前者低。应力松弛是由于试样受到连续应力，TPU 分子链相互滑动到不可逆的新位置，所以应力衰减下来。硬段含量为 25% 和 35% 时，硬段在软段基料上形成独立硬段区，限制了硬段松弛，从而衰减得少；硬段含量为 15%，硬段溶于软段相，硬段难以脱混，而硬段含量为 45%，硬微区接近连续相，由于微区结构缺陷，个别硬段在应力下脱离该区而移到新位置，所以这两个硬段含量的应力衰减较高。

表 5-29　硬段含量对应力松弛的影响[①]

应力松弛	硬段含量/%				应力松弛	硬段含量/%			
	15	25	35	45		15	25	35	45
应力/MPa	0.9	3.5	7.5	16	应力保留/%	56	69	75	60
2h 后应力/MPa	0.5	2.4	5.6	9.6					

① MDO-BDO/PTMG-2000，拉伸 100%，室温。

(2) 软段分子量　图 5-62 给出软段分子量对应力松弛的影响，结构 2,4-TDI/EDA/PTMG，PTMG 分子量为 1000 和 2000，硬段含量分别为 29% 和 30%。拉伸 3.5% 小应变，对这种应变可以忽略硬微区和软段相的取向；以初始模量百分率表示的对数模量与 $\lg t$ 作图为线性关系。比较两种分子量 TPU 应力松弛 50% 所需要的时间显示：PTMG-1000 试样 $\lg t$ 为 2.35，相当于 325s；PTMG-2000 试样 $\lg t$ 为 3.95，相当于 8910s，可见后者松弛时间比前者慢 27 倍，至少有数量级的差别。这个结果是由于 PTMG-1000 TPU 溶解的硬段较 PTMG-2000 高的缘故；虽然 PTMG-1000 TPU 初始模量高，但它的松弛也快得多。

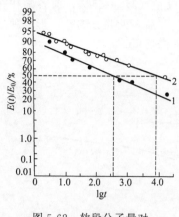

图 5-62 软段分子量对
应力松弛的影响
1—PTMG-1000；2—PTMG-2000

（3）TPU 分子量影响　TPU 分子量对应力松弛的影响如图 5-63 所示。结构是 MDI/BDO/PBA-1099，硬段含量 35%，无规熔融聚合。考察松弛曲线发现：如图 5-63（a）所示是 25℃时的四种 $\overline{M}_w$ 试样随时间增加都发生松弛现象，并且它们大体上平行下降；应力松弛随 $\overline{M}_w$ 增加而降低，松弛 1h 时，$\overline{M}_w$ 最高的（曲线 1）保留初始应力的 74%，最低的（曲线 4）为 68%。提高 TPU 分子量可改善应力松弛的原因是，由于 $\overline{M}_w$ 增加而增加了物理交联（氢键和硬微区）和分子链的缠结，这些趋势减少了聚合物链的活动性，从而降低了应力松弛。如图 5-63（b）所示是 100℃时的四种 $\overline{M}_w$ 试样与松弛时间的关系，类似于图 5-63（a），但比图 5-63（a）松弛得严重，曲线 1 保留初始应力的 60%，曲线 4 为 39%，并且拉开距离，这是由于应力松弛期间加热和应变的双重影响，使聚合物链的有序性和形态发生了变化。

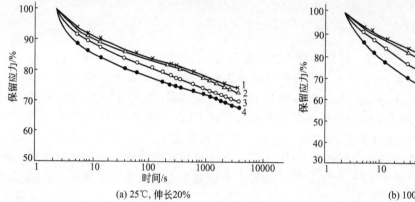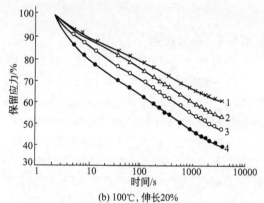

(a) 25℃，伸长20%　　　　　　　　(b) 100℃，伸长20%

图 5-63　TPU 分子量对应力松弛的影响
重均分子量 $\overline{M}_w$：1—366800；2—289100；3—117100；4—47900

5.4.5.9　动态力学

动态力学试验（DMA）是观察聚合物应力或应变（正弦函数）随时间变化的一种试验方法。但为试验方便常用动态力学的温度谱代替频率谱。该试验更接近材料的实际使用条件，如轮胎、传动带、吸振材料和轴承等都是在交变应力作用下使用，所以它是研究聚合物最有效应用、最广的方法。DMA 既能描述材料的模量又能描述力学内耗：储能模量 E' 表示材料在形变过程中由于弹性形变而储存的能量，也叫弹性模量；损耗模量 E'' 表示形变过程中以热量损耗的能量；力学内耗（损耗角正切 $\tan\delta$）为损耗能量与极大储存能量的比值。这里讨论五种 TPU 的动态力学试验。

（1）P（PO/EO）软段　硬段 MDI/BDO、软段 P（PO/EO）的 TPU 的 DMA 试验见表 5-30 和表 5-31，频率 11Hz，加热速率 2℃/min。表 5-30 是硬段含量的影响，P（PO/EO）的 $\overline{M}_n=2000$，硬段含量 20%～80%。考察数据发现：增加硬段含量，20℃和 70℃的弹性模量增加，损耗模量下降，力学内耗的峰值下降，峰温在硬段含量 20%～50%时基本不变，在硬段含量 50%～80%时降低。硬段含量由 20%增至 80%，弹性模量 E' 增加了两个数量级以上，表明该材料由软橡胶经柔韧弹性体到刚性塑料的变化；从 E' 和 $\tan\delta$ 在 60% 硬段含量的变化，反映了形态由软段连续相向硬段连续相的过渡。

表 5-30　硬段含量对 DMA 性能的影响①

硬段含量/%	弹性模量 E'/MPa		损耗模量 E''/MPa	力学内耗 $\tan\delta$	
	20℃	70℃		峰值	峰温/℃
20	3.1	1.6	150	1.1	−27
30	8.0	5.0	120	0.65	−23
40	21	15	100	0.42	−23
50	65	41	98	0.23	−22
60	220	110	80	0.11	−30
70	370	300	70	0.04	−37
80	660	390	20	—	—

① 硬段 MDI/BDO，软段 P/PO/EO-2000。

表 5-31 是软段分子量对 DMA 性能的影响，硬段含量为 50%，软段 $\overline{M}_n$ 为 1000、2000、3000 和 4000。增加软段分子量，弹性模量（20℃和 70℃）增加，损耗模量变化不明显，力学内耗 $\tan\delta$ 峰值和峰温均下降。E' 随 $\overline{M}_n$ 的增加显示了硬段微区的强化作用，力学内耗的下降显示软段纯度提高，两相分离得更完全。

表 5-31　软段分子量对 DMA 性能的影响①

P(PO/EO) 分子量	弹性模量 E'/MPa		损耗模量 E''/MPa	力学内耗 $\tan\delta$	
	20℃	70℃		峰值	峰温/℃
1000	50	20	100	0.35	3
2000	65	41	98	0.23	−22
3000	100	63	98	0.14	−34
4000	130	82	90	0.13	−46

① 硬段 MDI/BDO，浓度 50%。

（2）PTMG 软段　硬段 MDI/BDO、软段 PTMG 的 TPU 的 DMA 试验如图 5-64 所示，频率 110Hz，加热速率 1℃/min。图 5-64（a）表明：增加硬段含量弹性模量提高，力学内耗峰（α_a 是 PTMG 非晶部分的运动）加宽、峰温（T_{gs}）移向较高温度。硬段含量增加，硬微区厚度增加，所以弹性模量提高；α_a 峰加宽，这是由于软段相混入的硬段增加，所以 α_a（−10℃）移向高温（10℃）。在 −100℃ 的 γ 峰，是亚甲基 $-(CH_2)_4-$ 的曲柄运动，该峰的峰值和峰温与硬段含量无关。

如图 5-64（b）所示是软段分子量的影响。PTMG-2000 TPU 与 PTMG-1000TPU 比较，弹性模量提高，α_a 的峰值和峰温下降，并且增加了新松弛峰 α_c 和 δ、δ'。弹性模量的提高是由于两相分离较完全，加强了硬微区；α_a 峰值和峰温的下降是由于较长的软段形成有序且界限分明的微区结构，所以 α_a 温度下降，软段和硬段的结晶使峰值下降；α_c 是软段不完善结晶的熔融温度（DSC 测 T_{gs} 是 10℃），δ 松弛（20～75℃）指定为非晶硬段的微布朗运动，而 δ'（约 200℃）是硬微区结晶熔融的力学分散。

（3）氨酯-脲硬段　软段为 PTMG、硬段为 MDI/EDA TPU 的 DMA 试验如图 5-65（a）、（b）所示，频率 110Hz，加热速率 2℃/min。同时考察两张图发现：增加硬段含量橡胶台区模量（弹性模量）增加，理由同上 [见图 5-64（a）]；−125℃ 损耗峰是 $-(CH_2)_4-$ 基的曲柄运动；−25℃ 和 −58℃ $\tan\delta$ 峰温分别指定为 PTMG-1000 和 PTMG-2000 的 T_{gs}。该峰低温侧三条曲线较垂直且集中，说明软段相较纯，高温侧曲线随硬段含量增加而加宽，峰值下降。加宽是由于两相接触面积随硬段含量增加而增加，软段活动性受到部分影响；峰值下降是由于软段含量下降之故。

值得注意的是贮能模量随温度增加而下降的原因有两个：一是在软段相玻璃化温度 T_{gs}

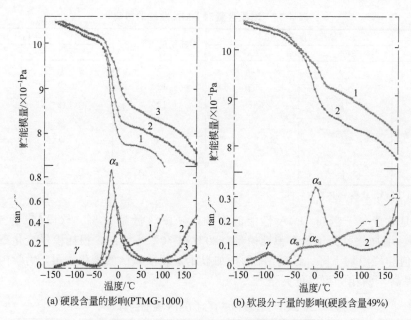

(a) 硬段含量的影响(PTMG-1000)　　(b) 软段分子量的影响(硬段含量49%)

图 5-64　PTMG 软段 TPU 的 DMA 温谱图

硬段含量：1—26%；2—36%；3—47%

软段 $\overline{M}_n$：1—2000；2—1000

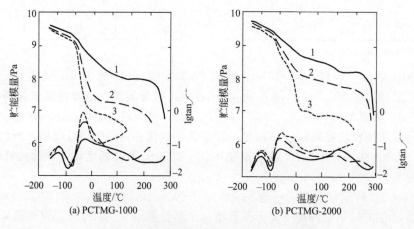

(a) PCTMG-1000　　　　　　　(b) PCTMG-2000

图 5-65　氨酯-脲硬段 TPU 的 DMA 温谱图

硬段含量：1—46%；2—36%；3—26%

处，有 2～3 个数量级的衰减；二是硬段相的熔融流动。氨酯-脲硬段由于形成高熔点次晶硬段区（T_{mh}，超过 250℃），导致硬相纯度高，提高了物理交联或填充粒子的作用。与氨酯硬段比较，氨酯-脲硬段的 TPU 增加了热稳定性。

（4）PBA 软段　硬段 MDI/BDO、软段 PBA-TPU 的 DMA 试验如图 5-66 所示，频率 110Hz，加热速率 1℃/min。

图 5-66（a）表明：增加硬段含量弹性模量增加；力学内耗峰（α_a）是 PBA 非晶部分的运动，峰幅加宽，峰值降低、峰温（T_{gs}）移向较高温度。图的形状与 PTMG-软段类似，只是 α_a 移到 0℃左右，解释的理由已如上述［图 5-64（a）］。

从图 5-66（b）看与 PTMG 软段分子量的影响类似，软段分子量增加，弹性模量提高，峰值和峰温下降，其他峰如 γ、α_c、δ、δ'，与 PTMG 软段基本一样，不再赘述。

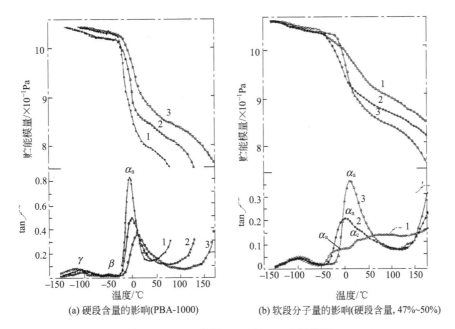

(a) 硬段含量的影响(PBA-1000)　　(b) 软段分子量的影响(硬段含量, 47%~50%)

图 5-66　PBA 软段 TPU 的 DMA 温谱图

硬段含量: 1—24%; 2—35%; 3—47%

软段 $\overline{M}_n$: 1—5000; 2—2000; 3—1000

（5）PCL 软段　硬段 MDI/BDO、软段 PCL-TPU 的 DMA 试验如图 5-67 所示，频率 110Hz，加热速率 2℃/min。

图 5-67 接近相容体系的图形特征，增加硬段含量贮能模量增加；力学内耗峰随硬段含量从 42% 增至 76%，从 5℃ 移至 75℃，然而低温侧仍在约 −40℃，同时松弛峰加宽，直到 120～150℃，这是因为随硬段含量增加，界面混合度增加（0.24～0.35）以及界面厚度增加（2.0～3.6nm）的缘故；−130℃松弛峰是聚己内酯软段亚甲基的微布朗运动。

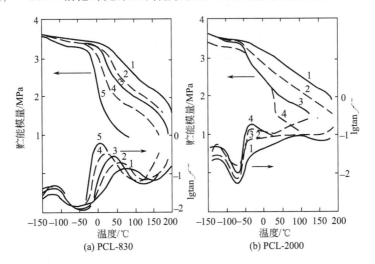

(a) PCL-830　　　　　(b) PCL-2000

图 5-67　PCL 软段 TPU 的 DMA 温谱图

硬段含量: 1—76%; 2—66%; 3—61%; 4—53%; 5—42%

硬段含量: 1—72%; 2—57%; 3—45%; 4—32%

如图 5-67（b）所示，力学内耗峰低温侧始于 −60℃，止于 −30℃，与硬段含量无关，低温侧斜率表明软段相较纯；高温侧加宽至 $40℃$，表明在两相界面有一定程度的混合（界面混合度 0.22～0.28，线性界面厚度 2.7～2.9nm）；峰值随硬段含量增加而下降，是由于软段含量相对降低之故。硬段含量在 72% 和 57% 的试样存在硬微区的玻璃化温度（T_{gh}）分别为 105℃ 和 85℃，主要是硬段分子量高（分别为 5100 和 2700）。增加硬段含量，贮能模量增加，高硬段含量的 1、2 试样，模量随温度通过 T_{gs} 时斜率略有变化，表明硬段为连续相，增加温度，硬段相发生变形。

参 考 文 献

[1] Cooper S L，Tobolsky A V. J Appl. Polym. Sci. ，1966, 10 (12)：1837.

[2] Bonart R. J Macromol. Sci. -Phys. ，1968，B2 (1)：115.

[3] Bonart R，Morbitzer L，Hentze G. J Macromol. Sci. -Phys. ，1969，B3 (2)：337.

[4] Estes G M，Seymour R W. Polym. Eng. Sci. 1969，9 (6)：383.

[5] Koutsky J A，Hien N V，Cooper S L. J Polym. Sci. Polymer Letters，1970，B8 (5)：353.

[6] Huh D S，Cooper S L. Polym. Eng. Sci. ，1971，11 (5)：369.

[7] Ester G M，Seymour R W，Cooper S L. Macromolecules，1971，4 (4)：452.

[8] Seymour R W，Cooper S L. Polymer Letters. 1971，B9 (9)：689.

[9] Schollenberger C S，Dinbergs K. J Elastoplastics，1973，5：222.

[10] Seymour R W，Cooper S L. Macromolecules，1973，6 (1)：48.

[11] Seymour R W，Allegrezza Jr A E. Macromolecules，1973，6 (6)：896.

[12] Wilkes C E，Yusek C S，J Macromol. Sci. -Phys. ，1973，B7 (1)：157.

[13] Allegrezza Jr A E，Seymour R W. Polymer，1974，15 (7)：433.

[14] Schneider N S，Desper C R. J Macromol. Sci. -Phys. ，1975，B11 (4)：527.

[15] Srichatrapimuk V W，Cooper S L. J Macromol. Sci. -Phys. ，1978，B15 (2)：267.

[16] Schollenberger C S，Dinbergs K. J Elastoplastics，1979，11 (1)：58.

[17] Blackwell J，Gardner K H. Polymer，1979，20 (1)：13.

[18] Minke R，Blackwell J. J Macromol. Sci. -Phys. ，1979，B16 (3)：407.

[19] Zdrahala R J，Critchfield F E，Gerkin R M. J Elastoplastics，1980，12 (3)：184.

[20] Paik Sung C S，Hu C B. Macromolecules，1981，14 (1)：212.

[21] Zdrahala R J，Hager S L，Gerkin R M. J Elastoplastics，1980，12 (4)：225.

[22] Paik Sung C S，Hu C B，Wu C S. Macromolecules，1980，13 (1)：111.

[23] Paik Sung C S，Smith T W，Sumg N H. Macromolecules，1980，13 (1)：117.

[24] Hesketh T R，Wan Bogart J W C，Coopper S L. Polym. Eng. Sci. ，1980，20 (3)：190.

[25] Abouzahr S，Wilkes G L，Ophir Z. Polymer，1982，23 (7)：1077.

[26] Chang A L，Briber R M，Thomas E L. Polymer，1982，23 (7)：1060.

[27] Briber R M，Thomas E L. J Macromol. Sci. -Phys. ，1983，B22 (4)：509.

[28] Russo R，Thomas E L. J Macromol. Sci. -Phys. ，1983，B22 (4)：553.

[29] Van Bogart J W C，Gibson P E，Cooper S L. J Polym. Sci. -Phys. ，1983，21 (1)：65.

[30] Wang C B，Cooper S L. Macromolecules，1983，16 (5)：775.

[31] Chen C H Y，et al. Polymer，1983，24 (10)：1333.

[32] Koberstein J T. J Poly. mSci. -Phys. ，1983，21 (8)：1439.

[33] 中国科学技术大学高分子物理教研室. 高聚物的结构与性能. 北京；科学出版社，1983；99-161.

[34] Blackwell J，Lee C D. J Poly. mSci. -Phys. ，1984，22 (4)：759.

[35] Petrovic Z S，et al. Rubber Chem. Tech. ，1985，58 (4)：701.

[36] Leung L M，Koberstein J T. J Polym. Sci. Phys. ，1985，23 (9)：1883.

[37] Briber R M，Thomas E L. J Polym. Sci. Phys. ，1985，23 (9)：1915.

［38］ Chau K W，Geil P H. Polymer，1985，26（4）：490.

［39］ 刘树 . 聚氨酯工业 . 1987，4（1）：2.

［40］ Hartman B，Duffy J V，Lee G F. J Appl. Polym. Sci. ，1988，35（7）：1829.

［41］ 王盈康，黄东耘，盖秀贞 . 高分子学报 . 1988，1（1）：59.

［42］ Li C，Cooper S L. Polymer，1990，31（1）：3.

［43］ Quay J R，Sun Z，Blackwell J. Polymer，1990，31（6）：1003.

［44］ 刘树 . 合成橡胶工业，1991，14（3）：220.

［45］ 刘树 . 合成橡胶工业，1991，14（6）：437.

［46］ 刘树 . 合成橡胶工业，1994，17（6）：376.

第6章 聚氨酯弹性体的特性与应用

刘厚钧

6.1 聚氨酯弹性体的特性

聚氨酯弹性体综合性能出众，其他橡胶和塑料都无与伦比。而且聚氨酯弹性体几乎能用高分子材料的任何一种常规工艺加工，所以应用十分广泛，它的产品几乎遍及所有领域。

聚氨酯弹性体的原材料、配方和成型方法选择空间大，综合性能好，能兼备橡胶、塑料、涂料、胶黏剂、纤维的诸多特性。

① 硬度范围宽，低至邵尔 A0 以下，高至邵尔 D90。而且在高硬度下仍具有良好的橡胶弹性和扯断伸长率，在低硬度下具有较好的力学性能。

② 力学性能好。在橡胶硬度下拉伸强度和撕裂强度比通用橡胶高；在塑料硬度下，它们的冲击强度和弯曲强度又比塑料高得多。

③ 耐磨。享有"耐磨橡胶"的佳称。

④ 耐油。聚酯型聚氨酯弹性体的耐油性能不低于丁腈橡胶，与聚硫橡胶相当。

⑤ 粘接性能好。与金属、木材、陶瓷、极性高分子等材料粘接良好。

⑥ 抗辐射、耐臭氧性能优良。

⑦ 聚醚型聚氨酯耐水、耐霉菌性能好。

表 6-1 和表 6-2 列出了聚氨酯弹性体和通用橡胶及塑料的各种性能对比数据供参考。一般聚氨酯弹性体性能的不足方面是内生热大，耐热性特别是耐湿热性能不好，原材料成本较高。下面详细介绍聚氨酯弹性体的主要特性。

6.1.1 硬度

图 6-1 表示普通橡胶、塑料和混炼、热塑、浇注三种加工类型的聚氨酯弹性体的硬度范围。普通橡胶的硬度范围约为邵尔 A20 至邵尔 A90，而聚氨酯弹性体的硬度范围低至邵尔 A0，高至邵尔 D90，并且不需要填料的帮助。尤其可贵的是，聚氨酯弹性体在塑料硬度下仍具有良好的橡胶弹性和扯断伸长率（表 6-3），而普通橡胶只有靠添加大量填料，并以大幅度降低弹性和延伸率作为代价才能获得较高的硬度。据报道，当硬度高于 75（IRHD）时，其弹性将严重损失，当硬度高于 85（IRHD）时，几乎不像弹性材料了。

6.1.2 力学性能

聚氨酯弹性体的力学性能很好，表现在杨氏模量、拉伸强度、撕裂强度和承载能力等方面。

6.1.2.1 杨氏模量和拉伸强度

在弹性限度内，拉伸应力与形变之比叫做杨氏模量（E）或称为弹性模量。如 Vulcollan 30，硬度为邵尔 D42，2.5％伸长时的拉伸应力为 2.25MPa，则其杨氏模量为：

$$杨氏模量(E) = \frac{拉伸应力}{应变} = \frac{2.25}{2.5\%} = 90(MPa)$$

表 6-1　聚氨酯弹性体性能与硫化橡胶和橡胶状聚合物性能比较

聚合物		天然和异戊二烯橡胶	丁苯橡胶	丁二烯橡胶	丁基橡胶（氯化丁基）	乙丙橡胶	氯丁橡胶
缩写名称(ASTM D1418)		NR/IR	SBR	BR	HR(CIIR)	EPM/EPDM	CR
相对密度		0.93	0.94	0.91～0.93	0.91	0.86	1.23
价格比（相对）		1～1.5	1.0	1.0	1.5	2.0	2.5
硬度范围 IRHD(°BS)（邵尔 A）		30～100	35～100	35～90	40～90	40～95	40～90
拉伸强度/MPa	补强前	28	劣	劣	21	劣	21
	补强后	9～31	7～28	3.5～14	7～17	>21	7～21
扯断伸长率/%	补强前	800	700	500	>1000	>500	800
	补强后	<600	500	>500	<800	500	<600
工作温度/℃		−55～100	−45～100	−70～100	−50～125	−50～150	−20～120
耐热性		良	良	良	可	可至优	可至优
T_{10}/℃		−55	−50	−50	−50	−45	−45
玻璃化温度(T_g)/℃		−75～−70	−60	−85	−79	−58	−50
耐寒性		可	可	优	良	可	良
$\tan\delta$(20℃)		0.08	0.09～0.14		0.06		0.09
$\tan\delta$(70℃)		0.06	0.08～0.10		0.08		0.08
回弹性	20℃	优	可	优	劣	可	可
	100℃	优	可	优	良至优	可	可
弹性		优	优	优	劣	优	可
抗压缩变形		优	优	优	可	优	可
撕裂强度		优	优	优	可	可	可
耐磨性		优	可	可	可	可	优
耐一般老化性		可	优	可	优	优	优
耐日光性		劣	劣	劣	优	优	优
耐臭氧/电晕		劣	劣	劣	可至优	优	中至优
阻燃性		劣	劣	劣	劣	劣	优
耐流体性	脂族烃	劣	劣	劣	劣	劣	中至优
	芳族烃	劣	劣	劣	劣	劣	劣
	矿物油	劣	劣	劣	劣	中至优	中
	动植物油	劣至中	劣至中	劣至中	优	中至优	中至优
	耐气透性	中	中	中	极佳	中	中至优
	水	优	中至优	中至优	优	优	中
耐电性		优	优	优	优	优	中
黏合性		优	优	优	中	中	优
最佳性能		优异的回弹性，拉伸强度、撕裂强度高，屈挠寿命长，硬度范围宽，低温性能好	耐一般老化性能比天然橡胶好	极佳的回弹性，良好的低温性能	耐透气性极佳，耐环境性能和低温性能好	极佳的耐老化性和中等强度	良好的耐环境老化和某些油类，自熄性
受限性能		耐热，耐油，耐天候，耐臭氧，耐燃性由可到劣	耐热，耐油，耐天候，耐臭氧由可到劣，耐撕裂可	耐老化可，撕裂差	强度可，回弹性低	成型黏合性能差	强度中等，性能随时间变化

聚合物		丁腈橡胶	聚硫橡胶	硅橡胶	氯磺化聚乙烯	丙烯酸酯橡胶	聚氨酯
缩写名称(ASTM D1418)		NBR	TR	Q,MQ,PMQ	CSM	ACM	Au-ester Eu-ether
相对密度		1.0	1.34	1.20	1.1	1.1	1.1～1.25
价格比		3.0	6.0	27	2.75	8.5	6.0
硬度范围 IRHD(°BS) (邵尔 A)		45～100	40～90	10～85	45～95	55～90	10～100
拉伸强度/MPa	补强前	劣	劣	劣	>14	10	高达70
	补强后	7～17	3.5～10.0	2～10	>14	10	
扯断伸长率/%	补强前	800	<200	<200	>700	400	500～1000
	补强后	<600	<150	<150	<500	100	无影响
工作温度/℃		-20～120	-50～95	-90～250	-40～125	—	-20～80
耐热性		可至优	劣	极佳	可至优	优	可至优
T_{10}/℃		-20	-30	-60			
玻璃化温度(T_g)/℃		-22	—	-120	-28		
耐寒性		劣	良	优	劣	劣	可
$\tan\delta(20℃)$		0.10～0.18		0.09			
$\tan\delta(70℃)$		0.09～0.11		0.08			
回弹性	20℃	劣至可	劣	优	可	优	劣至可
	100℃	劣至可	劣	优	优	优	劣至可
弹性		可	劣	可	优	优	劣至优
抗压缩变形		可至优	劣	可	可	可	劣至可
撕裂强度		可	劣	极差	可	可	优
耐磨性		可	劣	极差	优	可	极佳
耐一般老化性		优	优	优	极佳	极佳	优
耐日光性		中	中	优	极佳	优	优
耐臭氧/电晕		劣	优	优	极佳	极佳	极佳
聚合物		丁腈橡胶	聚硫橡胶	硅橡胶	氯磺化聚乙烯	丙烯酸酯橡胶	聚氨酯
阻燃性		劣至中	劣	优	极佳	劣	中
耐流体性	脂族烃	优	优	劣	中	中至优	优
	芳族烃	中	优	劣	中	中至优	优
	矿物油	中至优	优	劣	中	优	优
	动植物油	优	优	劣至中	中	优	中
	耐气透性	优	—	中	优	中	
	水	中	中	中	优	中	劣至优
耐电性		中	中	优	中	—	中
黏合性		极佳	中	中	中至优	优	优
最佳性能		非常耐油,耐热	耐油,耐溶剂最佳	耐热,耐寒性最佳	耐老化,耐臭氧,耐化学品性能良好,气透性低	耐热,耐含硫轴承油性能良好,耐候性好	拉伸强度,耐磨,硬度范围极佳,可浇注
受限性能		耐寒性和耐臭氧性差	永久变形大,强度和耐热性差	强度低,永久变形大,价格高	耐寒性差	耐寒,耐湿热差,强度、永久变形及其他橡胶方面性能差	而湿热性差

续表

聚合物		氟橡胶	氯乙醇	环氧丙烷	苯乙烯-丁二烯-苯乙烯①	聚酯①	聚氯乙烯①	聚乙烯①
缩写名称(ASTM D1418)		EPM	CO,ECO	PO	SBS	Hytrel②	PVC	PE
相对密度		1.4～1.85	1.27～1.36	1.01	—	1.17～1.22	—	—
价格比		60	10	10	1～3	6～8	1	1
硬度范围(邵尔 A)		55～90	32～90	40～80	50～90	92～100	40～100	90～100
拉伸强度/MPa	补强前	3.5～17	7～18	劣	14	41	5～9	5～20
	补强后	3.5～17	7～24	7～14	14	41	5～9	5～20
扯断伸长率/%	补强前	100～250	<1000	>300				
	补强后	100～250	<400	<300				
工作温度/℃		−20～250	—	—	—	−40～100	0～50	−10～50
耐热性		极佳	可至优	—	热可塑	热可塑	热可塑	热可塑
T_{10}/℃		—	—	−60				
玻璃化温度(T_g)/℃		−22	−10～−42					
耐寒性		劣	劣至可	可	可	可	劣	劣
$\tan\delta$(20℃)			0.03					
$\tan\delta$(70℃)			0.02					
回弹性	20℃	劣	可	优	可	可	劣	劣
	100℃	优	可	优	可	可	劣	劣
弹性		可	优	优	可	可	劣	劣
抗压缩变形		劣至可	优	优	劣至可	劣	劣	劣
撕裂强度		可	可	可	劣至可	优	劣	劣
耐磨性		可	可	—	优	极佳	优	优
耐一般老化性		极佳	优	—	中	优	优	优
耐日光性		优	优	—	劣至可	中至优	优	优
耐臭氧/电晕		极佳	优	中	劣	优	优	优
阻燃性		极佳	优	劣	劣	劣	优	劣
耐流体性	脂族烃	极佳	优	中	劣		优	优
	芳族烃	极佳	优	劣至中	劣	中	中	中
	矿物油	极佳	优	—	中	中	中	中
	动植物油	优	优	中	劣至可	优	优	优
	耐气透性	极佳	极佳	—	中	中	中	中
	水	优	中	中	中	中	优	优
耐电性		中	中	—	中	中	中	优
黏合性		中	中	优	中	中	—	—
最佳性能		耐热,耐油,耐腐蚀性化学品,耐臭氧和耐环境性能优异	耐流体、油、臭氧,氧化性能良好,气透性极低	优异的回弹性	可热塑加工	可热塑加工,耐一般环境性能好	耐环境性能好,易配合成橡胶,自熄性好	良好的耐环境性能,强度高,可燃
受限性能		耐寒性差,价格昂贵	中等强度,成型黏合性能一般,为使橡胶性能表现充分,必须采用共聚物	一般强度	压缩永久变形不好,热变形	硬度可高,但缺乏一般弹性	蠕变和永久变形大,复原性差,工作温度有限,热可塑	应力龟裂,热可塑

① 是挠性热塑性材料。

② Hytrel 是 Du Pont 商品名。

表 6-2 通用塑料性能

树　　脂	拉伸强度/MPa	相对密度	最高工作温度/℃	热变形温度/℃
长丝缠绕增强环氧树脂	680～1700	1.2～2.2	—	—
织物增强环氧树脂	410～580	—	—	—
未增强环氧树脂	12～80	1.5～2.0	150～220	115～280
织物增强聚酯	17～38	—	—	—
编织品增强聚酯	70～165	—	—	—
未增强聚酯	10～70	1.06～1.46	—	—
玻璃纤维填充尼龙	213	—	150～220	150～280
玻璃纤维填充聚苯乙烯	117	—	85～95	65～110
尼龙	8.6	1.09～1.14	110～150	70～80
聚苯乙烯	5.5	1.14～1.11	60～85	65～110
聚苯乙烯(高冲击)	7.6	—	—	—
丙烯酸树脂	7	1.12～1.19	60～90	65～110
聚苯醚	7	1.06	—	200
聚砜	7	1.24	160	150
缩醛树脂	6.8	1.41～1.43	80～110	125～140
醇酸树脂(模压品)	6.8	2～2.24	150～185	150～220
三聚氰酰胺苯酚甲醛树脂	6.8	1.43～2.00	100～220	145～220
脲醛树脂	6.8	1.47～1.52	—	—
聚碳酸酯	6.8	1.20～1.51	120～135	150～160
苯氧基树脂	6.5	1.17～1.32	75	75
酚醛树脂(浇注)	6.2	1.24～3.0	150～250	130～280
聚氯乙烯	6.2	1.16～1.55	65～75	60～75
丙烯腈-丁二烯-苯乙烯三聚物	5.8	1.01～1.07	80～110	100～130
醋酸纤维素	5.8	1.23～1.34	—	—
聚偏氯乙烯	5.5	1.68～1.75	—	—
丙酸纤维素	5.1	1.18～1.24	—	—
邻苯二甲酸二烯丙基酯树脂	4.8	1.31～1.70	150～250	130～280
乙基纤维素	4.8	1.10～1.16	—	—
乙酸丁酸纤维素	4.7	1.15～1.25	—	—
氯化聚醚	4.1	1.4	—	—
聚三氟氯乙烯	3.9	—	200	80～110
聚丙烯	3.4	0.90～0.91	—	—
聚硅氧烷	3.4	1.6～2.0	350	530
聚乙烯(高密度)	3.0	—	—	—
聚四氟乙烯	2.4	2.1～2.4	280	—
聚乙烯(低密度)	7.16	0.91～0.97	—	—

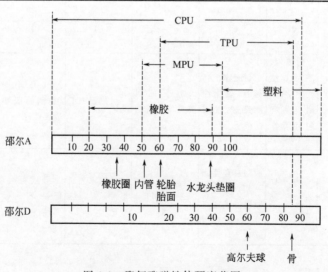

图 6-1　聚氨酯弹性体硬度范围

表 6-3　聚氨酯弹性体的橡塑特性

聚氨酯弹性体	硬度（邵尔）	拉伸强度/MPa	扯断伸长率/%	回弹/%
混炼型（Urepan）	61～96A	19～30	800～350	50～30
浇注型（Adiprene-L）	10～40A	1.7～3.0	1000～400	—
	45～75A	4.2～31	700～430	—
	88～98A	27～35	480～200	48～42
	68～75D	28～56	270～120	—
热塑性（パンデックス-T）	83±3A	32	700	55
	92±2A	40	520	50
	97±2A	40	500	30
	65±3D	45	400	40
	75±5D	45	350	56

　　聚氨酯弹性体和其他弹性体一样，只有在低伸长时才遵循虎克定理。但是它的杨氏模量要比其他弹性体高得多。以德国 Bayer 公司开发的 Vulcollan 聚氨酯弹性体系列产品为例（表 6-4），对于硬度为 65A 的材料，弹性限度下的扯断伸长率约为 5%，杨氏模量约为 5MPa。对于硬度为 70D 的材料，上述数据则分别为 2% 和 600MPa。聚氨酯弹性体的拉伸强度高达 70MPa，橡胶塑料无法相比。但是，拉伸强度超过弹性限度，特别是动载荷，是造成永久变形的原因。据报道，聚氨酯弹性体一般不应在伸长率高于 25% 的状态下使用。

表 6-4　聚氨酯弹性体的硬度与杨氏模量的关系

硬度 邵尔 A	硬度 邵尔 D	材质	杨氏模量/MPa	$\sigma_{0.1}$/MPa	$\varepsilon_{0.1}$/%	$\sigma_{1.0}$/MPa	$\varepsilon_{1.0}$/%	ε_B/%
65	17	Vulcollan18/40	5.0	0.23	4.7	0.5	11	600
80	27	Vulcollan18	20.0	0.68	3.5	1.4	8	650
90	37	Vulcollan25	60.0	1.7	2.7	3.0	6	600
93	42	Vulcollan30	90.0	2.25	2.5	3.8	5	450
95	52	Vulcollan40	200.0	4.4	2.3	7.0	4.5	400
96	57	Vulcollan50	300.0	6.0	2.1	9.2	4.2	400
	64	Vulcollan60	410.0	8.0	2.0	17.5	4.0	350
	68	Vulcollan70	530.0	9.8	1.9	15.0	3.8	250
	70	Vulcollan80	600.0	11.0	1.9	16.5	3.7	150

　　图 6-2 表示各种材料的杨氏模量与拉伸强度。不难看出，聚氨酯弹性体的杨氏模量范围遍

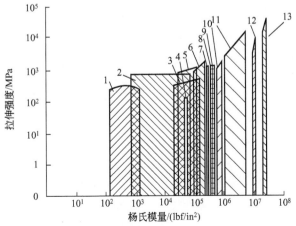

图 6-2　各种材料的杨氏模量与拉伸强度（lbf/in² ＝ 0.006895MPa）

1—橡胶；2—聚氨酯弹性体；3—聚乙烯；4—聚四氟乙烯；5—线型聚氨酯；6—尼龙；7—聚碳酸酯；
8—聚丙烯酸酯；9—硬质聚氯乙烯；10—钢纸板；11—玻璃钢；12—铝合金；13—钢

及橡胶与塑料。范围之宽，其他材料无法与之相比。

6.1.2.2 撕裂强度

聚氨酯弹性体的撕裂强度很高，约为天然橡胶的 2 倍以上，聚氨酯弹性体与其他橡胶和聚合物撕裂强度等性能的比较见表 6-5 和表 6-6。

表 6-5 聚氨酯弹性体的撕裂强度及其比较[①]

性　　能	聚氨酯橡胶（混炼型）	天然橡胶	丁苯橡胶
硬度（邵尔 A）	80～85	71	62
割口撕裂强度/(kN/m)	36～54	14～20	9

① 按 Split 法裁样。通用橡胶按 ASTM D-15-58 配方。

表 6-6　全热塑性聚合物的力学性能

性　　能	聚氯乙烯	乙烯-丙烯酸共聚物	聚酯型聚氨酯	氯化聚乙烯
硬度（邵尔 A）	91	86	85	80
撕裂强度/(kN/m)	84	49	125	49
拉伸强度/MPa	23	9.5	32	6.3
扯断伸长率/%	210	650	415	600
磨耗(Tabber)/(mg/1000r)	83	34	0.5	50

6.1.2.3 承载能力

虽然在低硬度下聚氨酯弹性体的压缩强度不高，承载能力也不大，但聚氨酯弹性体可以在保持橡胶弹性的前提下提高硬度，从而达到很高的承载能力。而且聚氨酯弹性体压缩应力随压缩率增加而增加比丁苯和氯丁橡胶快。表 6-7 中的数据可供参考。

表 6-7　聚氨酯弹性体的承载能力及其比较

指　　标		聚酯型聚氨酯弹性体(multrathane)						丁苯橡胶	氯丁橡胶
硬度	邵尔 A	68～73	83～85	89～91	—	—	—	75	67
	邵尔 D	—	—	—	50～55	55～60	66～69	—	—
压缩强度/MPa	压缩 2%	0.07	0.24	0.76	1.55	2.38	4.48	0.26	0.23
	压缩 4%	0.17	0.55	2.14	3.96	5.28	8.99	0.50	0.40
	压缩 6%	0.30	0.99	3.17	6.21	11.03	—	0.74	0.61
	压缩 8%	0.42	1.23	4.07	8.28	9.58	—	0.98	0.80
	压缩 15%	0.90	2.59	7.03	14.14	17.38	—	1.79	1.38
	压缩 20%	1.31	3.59	9.31	16.90	24.14	—	2.45	1.90
	压缩 25%	1.79	5.52	11.74	22.14	28.69	—	—	—

6.1.2.4 耐磨性能和摩擦系数

聚氨酯弹性体耐磨出众，它的磨耗值一般在 0.03～0.20mm³/m 范围（阿克隆磨耗），比其他高分子材料要小得多，比天然橡胶好 3～8 倍，而实际使用效果往往更佳。聚氨酯弹性体的耐磨性能是由它的分子结构和聚集态结构决定的，表现在聚氨酯弹性体的撕裂强度、弹性模量、拉伸强度都很高，扯断伸长率和弹性较大，而耐磨性能一般可看做是对材料撕裂强度等力学性能的量度。聚氨酯弹性体具有自润滑作用，这可能与它磨蚀下来的细微粉末起到了润滑作用有关，被磨表面不易发毛，越磨越光滑，表现出极佳的耐磨效果。表 6-8 列出了聚氨酯弹性体与其他耐磨材料的磨耗值比较，可供参考。

表 6-8　聚氨酯弹性体与其他耐磨材料的磨耗值比较

材料名称	磨耗值	材料名称	磨耗值
聚氨酯弹性体	1(参比标准)	天然橡胶	7.7
共聚酯/醚	2.4	碳钢	8.3
超高分子量聚合物	4.2	丁苯橡胶	9.1
硬化钢	5.9	聚氯乙烯	13
热塑性聚烯烃	6.2	高密度聚乙烯	20

　　但是聚氨酯弹性体的耐磨性受到表面生热的严重影响。而表面生热又与聚氨酯弹性体的摩擦系数、两个摩擦面的相对移动速度、施加的外力、摩擦面是干燥还是潮湿有关。聚氨酯弹性体的摩擦系数并不低，一般在 0.5 以上，但和硬度一样可调范围很宽，低至 0.2，高至 2～3，主要随硬度而变。硬度越高，摩擦系数越小，硬度越低，摩擦系数越大，这与材料越软，接触面越大有关。摩擦系数随表面温度的升高而上升，约 60℃达到最大值，之后变化不大，或有所下降。聚氨酯弹性体的摩擦系数与表面温度的关系如图 6-3 所示。聚氨酯弹性体的摩擦系数与硬度的关系如图 6-4 所示。

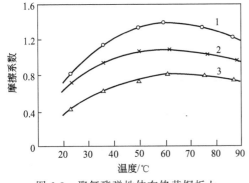

图 6-3　聚氨酯弹性体在铬黄铜板上
的摩擦系数与温度的关系
1—邵尔 A86；2—邵尔 A94；3—邵尔 A50

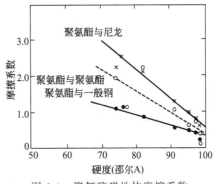

图 6-4　聚氨酯弹性体摩擦系数
与硬度的关系

　　摩擦系数（μ）是表面间摩擦力（F）与作用于其一个表面的垂直力（N）的比值：

$$\mu = \frac{F}{N}$$

　　摩擦系数又可分为静摩擦系数和动摩擦系数。静摩擦系数大，动摩擦系数也大，而且前者大于后者，表明要使物体在平面上移动，启动力要大于保持移动的力。日常生活中这样的例子很多，不难理解。摩擦系数是"一把双刃剑"。有的应用需要摩擦系数小，有的应用需要摩擦系数大。如船舶码头用的橡胶护舷要求摩擦系数要小（如 0.2），以降低磨损。还有传动齿轮、筛板、旋流器、刮板、刮片等制品都要求摩擦系数小好。但是摩擦传动胶轮就要求摩擦系数要大一些，以带动被动轮转动。还有汽车轮胎的摩擦系数也不能小，一般要求 0.7～1.0。特别是湿摩擦系数小了，轮胎容易打滑，紧急情况下刹不住车，会带来安全隐患。在实际应用中，人们既会利用摩擦系数大的好处，也会在需要摩擦系数低的应用中想办法降低摩擦系数，并尽可能避免或降低滑动摩擦的危害。如滚动摩擦传动和齿轮传动就是克服滑动摩擦最好的例子。此外，除了提高硬度降低摩擦系数外，还可添加润滑剂、石墨、二硫化钼、四氟乙烯粉末等方法进一步降低材料的摩擦系数，减少内生热，以取得最佳的使用效果。

6.1.3　耐油和耐药品性能

　　聚氨酯弹性体，特别是聚酯型聚氨酯弹性体，是一种强极性高分子材料。与非极性矿物油的亲和性小，在燃料油（如煤油、汽油）和机械油（如液压油、机油、润滑油等）中几乎不受侵蚀，比通用橡胶好得多，可以与丁腈橡胶媲美（表 6-9 和表 6-10）。但是，在醇、酯、酮类及芳烃中溶胀较大，高温下逐渐破坏。在卤代烃中溶胀显著，有时还发生降解。聚氨酯弹性体浸在无机物溶液中，如果没有催化剂的作用，和浸在水中相似。在弱酸、弱碱溶液中降解比在水中快，而强酸强碱对聚氨酯的侵蚀作用则更大，参见表 6-11 和表 6-12。聚氨酯弹性体在一些主要介质中的稳定性可参考表 6-13。

表 6-9　聚氨酯弹性体与通用橡胶的耐油性[①]

材　料	质量增加/%	拉伸强度保持率/%	材　料	质量增加/%	拉伸强度保持率/%
聚氨酯橡胶 A	12	84	丁苯橡胶	126	8
聚氨酯橡胶 B	16	82	顺丁橡胶	18	21
天然橡胶	176	5			

① 试验条件：润滑油 70℃×70h。

表 6-10　聚酯型 TPU 的耐油性能和耐油橡胶比较[①]

物理性能	ASTM 1# 油			ASTM 3# 油		
	TPU	丁腈橡胶	氯丁橡胶	TPU	丁腈橡胶	氯丁橡胶
硬度变化(HS)	0	+5	−1	−1	−6	−20
拉伸强度变化率/%	+5.5	+20.2	−10.2	−6.5	−5.6	−27.3
伸长变化率/%	+15.3	−21.5	−13.4	−6.8	−17.6	−33.3
体积变化率/%	−0.5	−3.8	+1.5	+3.7	−12.7	+56.2

① 试验条件：100℃×70h。

表 6-11　三种聚氨酯浇注胶的耐油和耐化学品性能

预聚物类型		PCL/TDI	PTMG/TDI	PPG/TDI
NCO 含量/%		6.1	6.4	6.2
硫化剂		MOCA	MOCA	MOCA
硫化剂量[①]		18	19	18
硬度(邵尔 A)		95	95	95
耐溶胀性能(50℃×7d)ΔV/%	ASTM 1# 油	0.2	3	4
	ASTM 3# 油	1	10	5
	ASTM 参考燃油 B	16	28	32
	甲苯	42	62	76
耐药品性能(24℃×7d)ΔV/%	水	1	4	4
	50%硫酸溶液	−4	40	29
	20%乙酸溶液	5	10	8
	50%氢氧化钠溶液	−2	3	−0.8

① 硫化剂用量为 100 份预聚体所用份数（质量）。

表 6-12　聚酯型聚氨酯弹性体（Vulcollan 30）的耐化学品性能（试验温度 20℃）

化学品	浸渍时间/d	拉伸强度/MPa	硬度(IRHD)	质量变化/%
试验前	—	22	92	—
丙酮	6	12	94	39
	12	17	89	39
乙酸戊酯	6	22	93	14
	12	17	89	14
苯	6	32	85	37
	12	26	88	38

续表

化学品	浸渍时间/d	拉伸强度/MPa	硬度(IRHD)	质量变化/%
丁烷气体	6	29	94	0.5
	12	26	92	0.5
氯化钙饱和溶液	6	29	92	0.3
	12	27	91	0.2
二氧化碳	6	27	94	0.4
	12	25	94	0.2
二硫化碳	6	23	90	12
	12	28	92	12
四氯化碳	6	25	92	32
	12	23	92	32
三氯甲烷	6	7	81	250
	12	7	82	1250
煤气饱和大气	6	27	92	1.0
	12	25	92	0.4
硫酸铜饱和溶液	6	26	93	1.5
	12	29	91	1.5
环己醇	6	24	92	5
	12	29	91	7
环己酮	6	13	84	52
	12	10	80	54
乙酸乙酯	6	18	91	38
	12	17	91	38
乙醇(96%)	6	19	92	8
	12	23	90	8
乙酸乙二醇酯	6	13	90	41
	12	18	85	41
Frigen 11/12 推进剂(25℃,压力下)	6	27	94	9
	12	27	93	11
双氧水(10%)	6	20	92	2
	12	14	89	3
喷射燃油 JP4(沸点 97~209℃)	6	26	92	3
	12	29	92	3
工业发动机油	12	29	90	14
氧气(202.65kPa)	6	27	94	0
	12	24	93	0.3
臭氧(空气中浓度 2×10^{-6})	6	27	92	−0.1
	12	28	93	−0.1
石油醚	6	35	94	1.4
	12	30	91	1.8
苯酚(90%)	6	溶解	—	—
海水	6	27	92	1.0
	12	26	94	1.0
氯化钠饱和溶液	6	26	92	1.0
	12	27	89	1.0
次氯酸钠(5g Cl_2/L,0.1g NaOH/L)	6	20	89	4
	12	21	94	3
干燥二氧化硫	6	26	93	7
	12	12	90	8

续表

化学品	浸渍时间/d	拉伸强度/MPa	硬度(IRHD)	质量变化/%
甲苯	6	22	88	26
	12	27	88	26
三氯乙烯	6	15	85	75
	12	26	88	74
蒸馏水	6	26	92	1.0
	12	26	92	1.0
工业大气老化	6	26	94	0.2
	12	23	94	0.1
高山大气老化	6	23	95	0.5
	12	26	90	0.1
海洋大气老化	6	27	95	0.3
	12	22	91	0
松节油	6	25	94	2.5
	12	27	90	3
二甲苯	6	20	91	17
	12	24	90	17

表 6-13　聚氨酯弹性体在主要介质中的稳定性[①]

介质	稳定性	介质	稳定性	介质	稳定性
汽油	A	硼酸	A	水银	A
煤油	A	油酸	B	氨水	A
矿物油	A	棕榈酸	A	肥皂溶液	A
动物油脂	A	柠檬油	A	天然气	B
ASTM 1# 油	A	橄榄油	A	氮气	A
ASTM 参考燃油	A	蓖麻油	A	氢气	A
甲苯	C	棉花籽油	A	氧气	A
丙酮	×	氯化铁	A	臭氧	A
20%氢氧化钠	B	氯化钡	A	二氧化碳	A
稀硫酸	B	硫化钡	A	一氧化碳	A
浓硫酸	×	氯化钙	A	丁烷	A
稀硝酸	C	氯化钾	A	十八烷	A
浓硝酸	×	氯化钠	A	发生炉煤气	A
37%盐酸	×	硫酸铜	A	辐射	A
20%磷酸	A	硝酸钾	A	重铬酸钾	A
45%磷酸	A	硫酸钾	A	氟里昂 12	A
稀硫酸	B	硫酸钠	A	氟里昂 113	B
浓硫酸	×	硝酸铵	×	乙酸	C
硬脂酸	A	硝酸钙	A	葡萄糖	A

　① A——可推荐使用；B——有轻微或中度影响；C——中度至剧烈影响；×——不推荐。

　　聚氨酯弹性体在油中的使用温度为 110℃ 以下，比空气中的使用温度高。但是，在许多工程应用中，油总是要被水污染的。试验表明，只要油中含有 0.02% 的水，水几乎可全部转移到弹性体中，这时，使用效果就会发生显著差异。

6.1.4　耐水性能

　　聚氨酯弹性体在常温下的耐水性能是好的，一两年内不会发生明显水解作用，尤其是聚丁二烯型、聚醚型和聚碳酸酯型。通过强化耐水试验，用外推法得出，在 25℃ 的常温水中，拉伸强度损失一半所需要的时间，聚酯型弹性体（聚己二酸乙二醇丙二醇酯-TDI-MOCA）为 10 年，聚醚型弹性体（PTMG-TDI-MOCA）为 50 年，即聚醚型为聚酯型的 5 倍。表 6-14 列出了上述两种浇注型弹性体的耐水解性能，表 6-15 列出了三种 PU 弹性体水解稳定性比较，表 6-16 列出了两种牌号的己二酸酯系聚氨酯混炼胶在 70℃和 90％的相对湿度下的耐水性能，可供参考。由表 6-15 数据可以看出，聚酯型聚氨酯弹性体的耐水性能是不好的。随着水解的进行，系统中的酸值逐渐升高，酸反过来又促进水解。但是加入碳化二亚胺可使聚酯型弹性体的耐水性能得到明显改善。表 6-17 是以己二酸酯为原料，异氰酸酯硫化的混炼型聚氨酯弹性体及加入 3％多碳化二亚胺后的耐水解性能对比。其中加入碳二亚胺的试样在 40℃的水中浸泡 1 年，物性几乎不变。由此看出，通过聚酯原料的选择和添加防水剂多碳化二亚胺，制备可与醚系聚氨酯耐水性相匹配的酯系聚氨酯已成为可能。

表 6-14　聚氨酯弹性体的耐水性能

硫化剂类型			二胺		多元醇
弹性体配方	PTMG/TDI 预聚物[①]/份		100	—	100
	PEPAG/TDI 预聚物[②]/份		—	100	—
	MOCA/份		12.5	11.1	—
	1,4-丁二醇/份		—	—	3.2
	三羟甲基丙烷		—	—	0.8
硫化条件/(h/℃)			3/100	3/100	16/100
浸水后性能[③]	拉伸强度/MPa	水温 25℃ 浸水前	30	42	—
		6 个月	30	42	—
		12 个月	30	38	—
		18 个月	30	31	—
		水温 50℃ 浸水前	30	40	—
		3 个月	29.5	27.5	—
		6 个月	29	3.5	—
		9 个月	28		—
		水温 70℃ 浸水前	30	40	—
		5 周	16	1.5	—
		10 周	10	—	—
		15 周	7	—	—
		水温 100℃ 浸水前	30	40	—
		5 天	7	1.5	—
		10 天	4	—	—
		15 天	3	—	—
	压缩永久变形/%	70℃×22h 浸水前	26	40	15
		5 周	50	90	15
		10 周	60	100	20
		15 周	65	100	30
	拉伸强度/MPa	70℃,相对湿度 80% 暴露前	30	40	
		5 周	17	1.5	
		10 周	13	—	
		15 周	8	—	
		70℃,ASTM 3# 油,含水和芳烃 浸油前	30	40	
		5 周	26	1.5	
		10 周	18	—	
		15 周	13	—	

① NCO％＝4.2。

② NCO％＝4.0。

③ 浸水后的性能是将经过浸水试验的试样置于 24℃，50％的相对湿度下干燥，达到平衡后测试的。

表 6-15 聚醚型、聚己内酯型、聚酯型聚氨酯弹性体水解稳定性比较

主链多元醇	在 25℃水中,原 100%定伸应力损失 25%所需时间/年		
	醇硫化	胺硫化	硫黄硫化
聚己内酯	4.7	4.1	1.1
聚己内酯+碳化二亚胺	5.5	35.6	—
聚四亚甲基二醇	20.6	49.5	0.5
聚己二酸丁二醇酯	0.7	1.9	0.3

表 6-16 己二酸酯聚氨酯混炼胶的耐潮湿性能[①]

混炼胶牌号	老化天数/天	酸值[②]/(mg KOH/g)	拉伸强度/MPa	扯断伸长率/%	硬度(邵尔 A)	撕裂强度/(kN/m)
	0	0.4	32	770	85	40
	3	0.6	27	765	83	32
	7	1.0	20	770	81	24
	10	1.9	16	700	79	19
Urepan-601	14	3.2	10	600	77	11
	17	5.8	6.0	350	65	6
	21	9.3	3.1	160	—	8
	24	12.0	0.8	50	—	—
	28	15.3	分解	—	—	—
	0	0.45	20.5	800	85	34
	3	1.5	13	750	82	24
Urepan-600	7	3.1	4	310	73	13
	10	4.2	2.8	140	72	9
	14	7.5	1.7	80	65	6
	17	14.4	分解	—	—	—

① 试验条件:70℃,相对湿度 90%。
② 水解产生的氧化物用丙酮等溶剂提取,作为酸值来滴定。随着水解进行,体系酸值不断提高。

表 6-17 酯系混炼型聚氨酯弹性体的耐水性能

性 能		拉伸强度/MPa	扯断伸长率/%	硬度(邵尔 A)	回弹/%
老化前		33	420	83	35
水中	40℃×3 个月	30	480	82	38
	40℃×6 个月	26	520	80	34
	40℃×9 个月	22	530	88	31
	40℃×12 个月	16	500	97	26
加入 3%碳化二亚胺	浸水前	30	430	85	35
	40℃×6 个月	33	370	85	36
	40℃×12 个月	31.5	420	85	36

由聚丁二烯多元醇制得的聚氨酯弹性体具有最佳的耐水解性能,见表 6-18。

表 6-18 聚丁二烯二醇聚氨酯弹性体的耐水解性能

物 性	耐水前	97℃热水		95%湿度	
		7d	17d	21d	42d
硬度(邵尔 A)	87	82	86	86	87
300%定伸应力/MPa	9.8	7.8	6.9	6.9	7.8
拉伸强度/MPa	13.5	10.3	12.4	12.5	12.2
扯断伸长率/%	410	410	460	450	470
撕裂强度/(kN/m)	75	59	60	60	63

6.1.5 耐热和耐氧化性能

聚氨酯弹性体在惰性气体(如氮气)中的耐热性能尚好,常温下耐氧和臭氧性能也很好,

尤其是聚酯型。但是高温和氧的同时作用会加快聚氨酯的老化进程。一般的聚氨酯弹性体在空气中长时间连续使用的温度上限为 80～90℃，短时间使用可达 120℃，对热氧化表现出显著影响的温度约为 130℃。按其品种来说，聚酯型的耐热氧化性能比聚醚型好。在聚酯型中，聚 ε-己内酯或聚己二酸己二醇酯型又好于一般聚酯型。在聚醚型中，PTMG 型又好于 PPG 型，并且均随弹性体硬度的提高而改善。此外一般聚氨酯弹性体在高温环境下强度下降显著。在70～80℃时，其撕裂强度约下降一半。在 110℃时，下降约 80%。拉伸强度和耐磨性能也表现出类似的规律。但是聚 ε-己内酯型弹性体却表现出较好的高温强度，见表 6-19。

表 6-19　Pandex-100E 弹性体的强度随温度的变化[1]

性　能	环境温度/℃					性　能	环境温度/℃				
	25	60	70	80	100		25	60	70	80	100
拉伸强度/MPa	48	35	34	36	25	撕裂强度/(kN/m)	75	69	58	53	40
扯断伸长率/%	372	400	341	350	301						

[1] (PCL/TDI/MOCA) CPU 弹性体。

6.1.6　低温性能

聚氨酯弹性体具有良好的低温性能，主要表现在脆性温度一般都很低（-70～-50℃），有的品种配方（如 PCL-TDI-MOCA）甚至在更低的温度下也不脆化。同时少数品种（如 PT-MG-TDI-MOCA）的低温弹性也很好。-45℃的压缩耐寒系数可达到 0.2～0.5 的水平。但是多数品种，特别是一些大宗品种，如一般聚酯型弹性体，低温结晶倾向比较大，低温弹性不好。作为密封件使用，在 -20℃ 以下容易出现漏油现象。表 6-20 列出了常用的浇注型聚氨酯弹性体的脆性温度及其比较，可供参考。

表 6-20　典型的浇注型聚氨酯弹性体的脆性温度及其比较

材　料	脆性温度/℃	材　料	脆性温度/℃
PPG/TDI/MOCA	-40～-55	PCL/TDI/MOCA	<-70
(THF/PO)共聚醚/TDI/MOCA	<-70	PEA/MDI/1,4-BG	-50～-70
PTMG/TDI/MOCA	<-70	天然橡胶	-56
PEA/TDI/MOCA	-30～-60		

随着温度的下降，聚氨酯弹性体的硬度、拉伸强度、撕裂强度和扭转刚性显著增大，回弹和扯断伸长率下降，见表 6-21。

表 6-21　Adiprene-L-100 性能随温度的变化

性　能	环境温度/℃				性　能	环境温度/℃			
	24	-18	-46	-73		24	-18	-46	-73
硬度(邵尔 D)	43	47	66	90	拉伸强度/MPa	31	38	57	98
100%定伸应力/MPa	7.5	9.0	26	52	扯断伸长率/%	450	300	250	250

6.1.7　吸振性能

聚氨酯弹性体对交变应力的作用表现出明显的滞后现象。在这一过程中外力作用的一部分能量消耗于弹性体分子的内摩擦，转变为热能。这种特性叫做材料的吸振性能，也可称为能量吸收性能或阻尼性能。吸振性能通常用衰减系数（Damping）表示。衰减系数表示发生形变的材料能吸收施加给它的能量百分数。它除了与材料的性质有关外，还与环境温度、振动频率有关。温度越高，衰减系数越低。振动频率越高，吸收能量越大。当频率与大分子的松弛时间相近（同一数量级），吸收的能量最大。室温下聚氨酯弹性体可吸收振动能量的 10%～20%，比丁基橡胶还好。适于在形变幅度小时吸收大的冲击力，而在形变幅度大时吸收小的冲击力。表 6-22 为各种硬度的聚氨酯弹性体（Vulcollan）在 20～100℃下的衰减值。

表 6-22　各种硬度的聚氨酯弹性体在 20～100℃下的衰减系数值（振动频率 100～1000r/s）

单位：%

材　质	温度/℃				材　质	温度/℃			
	20	50	80	100		20	50	80	100
Vulcollan18/40	20	—	8	—	Vulcollan 50	14.5	8.0	4.7	3.0
Vulcollan 18	18	10	4.5	4.5	Vulcollan 60	14	11	8.5	7.0
Vulcollan 30	11.5	6.5	4.5	4.5	Vulcollan 70	16	13	11.5	9.5
Vulcollan 40	14.5	7.5	5.0	4.5	Vulcollan 80	12.5	11.5	11.5	11.5

此外应当指出，滞后现象产生内生热，使弹性体温度升高。由于弹性体温度上升，其回弹性提高，减振性能下降。所以在设计减振件时一定要考虑性能的平衡，如下建议可供参考。

① 减振件的硬度要与静载荷和冲击荷载相匹配。在静荷载下，减振件基本不变形，受冲击荷载时不致因变形而损坏。

② 振动频率影响很大。振动频率小的，减振件的压缩率可以大些；反之，压缩率要小一些。此外，要根据振动频率选择合适的减振件弹性，振动频率高，减振件弹性要好一些，以降低内生热。振动频率小的，减振件的弹性要低一些，如回弹 40% 以下，可多吸收振动能量，提高缓冲减振性能。

③ 为降低弹性体的内生热，聚氨酯弹性体与金属弹簧并用，常常可收到良好效果。并用的设计多种多样，目的是要发挥各自的优点，克服两者的不足。此外，为了降低内生热，改善散热效果，降低成本，用聚氨酯微孔弹性体也是不错的选择，现已广泛用作鞋底、小汽车减振件（如止位块）和高铁减振垫等。

④ 一些安全性舒适性要求很高的缓冲减振件可选用内生热小、动态性能很好的聚氨酯弹性体，如用 NDI、PPDI、CHDI 制备的聚氨酯弹性体，但成本会大大增加。

6.1.8　电性能

聚氨酯弹性体的电绝缘性能在常温下是比较好的，大体相当于氯丁橡胶和酚醛树脂的水平。由于它既可浇注成型，又可热塑成型，故常用作电气元件灌封和电缆护套等材料。聚氨酯弹性体的电性能和各种高分子材料的比较见表 6-23，和常用的液体灌封聚合物比较见表 6-24。

表 6-23　各种高分子材料的电性能

橡胶种类	介电常数（ε）	介电损耗（$\tan\delta$）/%	体积电阻率/$\Omega \cdot cm$	击穿电压(交流)/(MV/m)	击穿电压(直流)/(MV/m)
天然橡胶	3.0～4.0	0.5～2.0	$10^{14} \sim 10^{15}$	20～30	45～60
丁苯橡胶	3.0～4.0	0.5～2.0	$10^{14} \sim 10^{15}$	20～30	45～60
顺丁橡胶	3.0～4.0	0.5～2.0	$10^{14} \sim 10^{15}$	20～30	45～60
丁基橡胶	3.0～4.0	0.4～1.5	$10^{15} \sim 10^{16}$	25～35	55～70
二元乙丙橡胶	2.5～3.5	0.3～1.5	$10^{15} \sim 10^{16}$	35～45	70～100
三元乙丙橡胶	2.5～3.5	0.3～1.5	$10^{15} \sim 10^{16}$	35～45	70～100
氯丁橡胶	5.0～8.0	2～20	$10^{12} \sim 10^{13}$	15～20	—
丁腈橡胶	5.0～12	2～20	$10^{10} \sim 10^{11}$	—	—
海泊隆橡胶	4～6	2～10	$10^{12} \sim 10^{14}$	20～25	—
硅橡胶	3～5	0.5～2.0	$10^{13} \sim 10^{16}$	20～25	—
氯化聚乙烯	4～6	2～10	$10^{12} \sim 10^{14}$	—	—
氟橡胶	3～6	2～10	$10^{12} \sim 10^{14}$	—	—
聚硫橡胶	4～6	2～10	$10^{12} \sim 10^{14}$	15～20	—
聚氯乙烯(参考)	6～8	10～20	$10^{13} \sim 10^{14}$	25～35	—
聚乙烯(参考)	2.2～2.4	0.02～0.04	10^{16} 以上	45～65	—
聚氨酯	3～8	1～5	$10^{9} \sim 10^{13}$	10～24	—

表 6-24　典型的可浇注液体聚合物电性能

电性能	硅橡胶	聚硫化合物	乙烯基塑料	聚氨酯
绝缘电阻/Ω	$10^{13}\sim10^{14}$	$10^8\sim10^{10}$	$10^8\sim10^{10}$	$10^9\sim10^{13}$
体积电阻率/$\Omega\cdot cm$	$10^{12}\sim10^{13}$	$10^9\sim10^{11}$	$2\times10^{10}\sim3\times10^{10}$	$10^9\sim10^{13}$
表面电阻率/Ω	—	$10^9\sim10^{10}$	5×10^{10}	$10^9\sim10^{13}$
介电常数(60Hz)	$3.6\sim4.2$	$7\sim10$	$7\sim8$	$3\sim8$
击穿电压/(MV/m)	$11.8\sim20$	$8\sim10$	$11.8\sim20$	$10\sim24$
介电损耗(60Hz)$\tan\delta$	$0.015\sim0.019$	$0.005\sim0.05$	$0.25\sim0.15$	$0.15\sim0.05$

聚氨酯弹性体由于其分子极性大，对水有亲和性，所以其电性能随环境湿度变化较大，同时也不宜作为高频电气材料使用。环境湿度和测试电频率对聚氨酯弹性体（Vulcollan）的电性能的影响见表 6-25。弹性体化学结构和吸水率对其性能的影响见表 6-26。此外，聚氨酯弹性体的电性能随温度上升而下降，随材料硬度上升而提高（表 6-27）。

表 6-25　环境湿度和电频率对 Vulcollan 弹性体电性能的影响[1]

击 穿 电 压 (50Hz，0.5kV/ s)/(MV/m)	干燥状态	$8.0\sim10.4$	体积电阻率/ $\Omega\cdot cm$	干燥状态	$2\times10^{10}\sim1\times10^{12}$
	在80%相对湿度下 4d	$5.6\sim10.0$		在80%相对湿度下 4d	$2\times10^9\sim8\times10^{10}$
	在水中放置 24h	$4.4\sim8.8$		在水中放置 24h	$2\times10^9\sim2\times10^{10}$
表面电阻/Ω	干燥状态	$4\times10^9\sim6\times10^{11}$	介电常数（在 干燥状态下）	50Hz	$8.5\sim6.3$
	在80%相对湿度下 4d	$2\times10^9\sim4\times10^9$		800Hz	$7.4\sim6.2$
	在水中放置 24h	$7\times10^8\sim2\times10^{10}$		1MHz	$6.9\sim5.6$
绝缘电阻/Ω	干燥状态	$3\times10^{10}\sim7\times10^{10}$	介电损耗 ($\tan\delta$，在干燥 状态下）	50Hz	$0.060\sim0.050$
	在80%相对湿度下 4d	$3\times10^9\sim5\times10^{10}$		800Hz	$0.030\sim0.024$
	在水中放置 24h	$2\times10^9\sim3\times10^{10}$		1MHz	$0.053\sim0.052$

① 电性能范围为不同牌号的 Vulcollan 电性能测试结果，试样厚度 1mm。

表 6-26　化学结构和吸水率对聚氨酯弹性体电性能的影响

性　　能		聚己二酸乙二醇酯聚氨酯	聚己二酸己二醇酯聚氨酯
体积电阻率/$\Omega\cdot cm$	干燥状态下	4×10^{11}	3×10^{12}
	在水中浸泡 24h	1×10^9	8×10^{11}
	吸水率/%	2.1	0.9

表 6-27　聚氨酯弹性体（Adiprene-L）电性能与温度及硬度的关系[1]

温度	硬度(邵尔)	介电常数(ε)	体积电阻率/$\Omega\cdot cm$	介电损耗($\tan\delta$)
24℃	75A	8.2	4.8×10^{12}	0.08
	50D	9.3	3.7×10^{12}	0.075
	70D	7.2	2.4×10^{14}	0.056
70℃	75A	8.4	1.4×10^{11}	0.13
	50D	11.7	2.0×10^{11}	0.067
	70D	8.7	6.1×10^{12}	0.055
100℃	75A	12.7	1.3×10^{10}	—
	50D	12.2	1.1×10^{11}	0.088
	70D	9.3	2.4×10^{12}	0.072

① 测试电频率为 100Hz。

6.1.9　耐辐射性能

在合成高分子材料中，聚氨酯的耐高能射线性能是很好的。在 $10^5\sim10^6$Gy 辐射剂量下仍具有满意的使用性能。但是对于浅色或透明的弹性体，在射线的作用下会出现变色现象，与在热空气或大气老化试验时观察到的现象相似。图 6-5 表示聚氨酯和其他材料的相对耐辐射性能，可供参考。

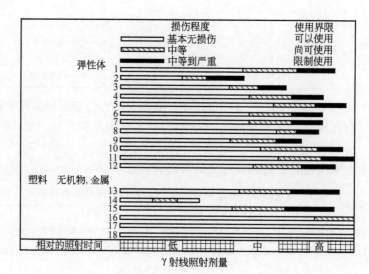

图 6-5　聚氨酯和其他材料的相对耐辐射性能
1—丙烯酸酯橡胶；2—丁基橡胶；3—氟橡胶；4—氯磺化聚乙烯；5—天然橡胶；
6—氯丁橡胶；7—丁腈橡胶；8—聚硫橡胶；9—硅橡胶；10—苯乙烯类橡胶；
11—聚氨酯橡胶；12—乙烯基吡啶；13—聚乙烯；14—氟碳聚合物；
15—聚氯乙烯；16—硅树脂；17—陶瓷；18—金属

6.1.10　耐霉菌性能

聚醚型聚氨酯耐霉菌性能尚好，测试等级为 0～1 级，即不长霉菌或基本不长霉菌。但聚酯型（包括聚己内酯）聚氨酯不耐霉菌，测试结果为严重长霉，不适于热带、亚热带野外使用和在湿热条件下存放。

霉菌生长繁殖的最适宜温度为 26～32℃，相对湿度为 85％以上。聚氨酯产品一定要存放在干燥和通风良好的场所，不要放在地面上。聚酯型聚氨酯弹性体制品如保管不当，一两年后制品表面会发黏、力学性能几乎丧失，甚至完全失去使用价值，这种例子已屡有所见，望能引起保管和使用者高度重视。在野外和湿热环境下使用的聚酯型聚氨酯弹性体，在配方中都要添加防霉剂（如八羟基喹啉酮、BCM 等），一般用量为 0.1％～0.5％，以改善其耐霉菌性能。

6.1.11　生物医学性能

聚氨酯材料具有极好的生物相容性。急慢性毒性试验和动物试验证实，医用聚氨酯材料无毒，无致畸变作用，无过敏反应，无局部刺激性，无致热源性，是最有价值的合成医用高分子材料之一。20 世纪 90 年代初医用聚氨酯材料的用量已达 1.6 万吨/年。

6.2　聚氨酯弹性体的应用

聚氨酯弹性体具有许多宝贵性能，应用领域极广。在应用研究中除了根据使用环境正确选择胶种类型外，还要根据制品在使用中的受力情况选择合适的硬度。图 6-6 表示聚氨酯弹性体硬度与用途的关系，可供参考。

聚氨酯弹性体的五种加工成型方法都有各自的优势和不足，见表 6-28。一般来说，CPU 最大限度地发挥了聚氨酯弹性体的特点，适于生产大中型制品和衬里。TPU 除永久变形较大和耐热性能较差外，其他性能和加工方法也毫不逊色，适于皮革/薄膜、胶黏剂和小制品的大批量生产。MPU 在性能和应用方面的优势则不如 CPU 和 TPU，比较适于中小制品的生产。聚氨酯微孔弹性体主要用于鞋底等吸振制品，水性聚氨酯主要用于涂饰剂和胶黏剂。下面按加工成型方法简要介绍聚氨酯弹性体的应用领域。更详细的应用实例请参看有关章节。

6.2.1 浇注类制品

6.2.1.1 胶辊

主要有印刷胶辊、印染胶辊、造纸胶辊、粮食加工胶辊、金属冷轧用支撑辊、夹送辊、脱脂辊、酸洗辊，纤维工业用送纱辊、捻纱辊、拉丝辊、切割辊等。目前我国已能制造 $\phi 2000mm$ 的特大型冷轧胶辊。

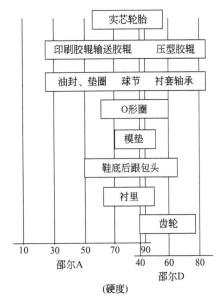

图 6-6 聚氨酯弹性体硬度与用途的关系

表 6-28 聚氨酯弹性体的加工方法和特点

PU 弹性体类型	优　点	缺　点
浇注型	·最大限度地发挥聚氨酯弹性体的特性 ·工艺简单 ·加工设备和模具费低 ·可机械或手工操作	·对于小件制品，材料损耗大，易产生气泡 ·对于管状、线状等尺寸制品成型困难 ·采用敞口模具，制品须再加工 ·要注意原料保存
发泡浇注型（微孔 PUE）	·反应快，生产性好 ·大、中、小型制品均可制作 ·制品吸振性极好	·须精心注意设备的维护和管理，尤其要注意温度调节 ·要注意原料的保存
热塑型（包括溶液型）	·有利于小件制品的生产 ·可利用塑料加工设备和技术成型制品 ·能用于薄膜、皮革生产	·模具费用高 ·耐热性和永久变形差 ·大型制品成型困难
混炼型	·便于中等规模生产 ·可利用橡胶加工设备成型制品 ·低硬度制品性能好	·硬质制品性能不好 ·不适于大型制品生产

6.2.1.2 胶轮

如各种车辆用的实心轮，自动生产线上的导轮、托轮，小推车和可移动设备的脚轮，电梯和电扶梯用轮子，传动齿轮、摩擦轮，纺织机用增速轮，旱冰和溜冰鞋轮，滑板车轮等。

6.2.1.3 防水和铺装材

防水材料主要用于屋面防水，地下工程防水、堵漏。铺装材料主要用于运动场地、游乐场地和街道天桥的弹性路面及道路桥梁的嵌缝等。

6.2.1.4 灌封包覆制品

如电气等元件的灌封固定，设备和管道衬里，各种耐磨部件的外衬，齿轮和搅拌叶轮的包覆，钣金零件的衬垫，金属弹簧的灌封包覆等。

6.2.1.5 胶板和胶片

用浇注离心成型的胶板胶片主要用作刮板、刮刀、刮片、挡泥板、切割板、冲裁垫、弛张筛板等。

6.2.1.6 其他模塑制品

如各种耐油耐高压密封件、轴承、轴套、弹性联轴节、缓冲减振件、大孔筛板、条缝筛板、齿型传动带、翻型模板、旋流器、清管器、保龄球等。一些高档圆形中小制品（如煤矿液压支架密封件）的加工，先浇注成型胶筒或胶棒，然后上程控车床加工，尺寸精确，表面光滑，质量好，效率高。

6.2.2 注射、挤出、模压和压延制品

TPU 粒料和 MPU 胶主要用于挤出、注射、模压成型中小件模塑制品，TPU 更多地用于挤出成型电线电缆护套、胶管、胶条、胶棒，压延成型胶板、胶片等。

6.2.3 涂覆和黏合制品

用 TPU 粒料配制或直接用溶液聚合生产的 TPU 浆料和胶黏剂广泛用于人造革、合成革、薄膜、输送带、燃料贮罐内涂层和鞋用胶黏剂等。喷涂聚脲作为一种不污染的绿色施工技术主要用于混凝土保护、设备防腐、耐磨衬里、建筑防水等领域。

6.2.4 发泡制品

聚氨酯微孔弹性体的密度介于泡沫体与非泡体之间。不仅具有良好的缓冲减振性能，而且内生热较小，也较易散发和成本较低等优势，广泛用作鞋底和汽车的保险杠、挡泥板、止位块、仪表盘等。用 NDI 等原料生产的高档聚氨酯微孔弹性体还用于高铁、城市轨道交通和高档小车的减振件。

6.2.5 聚氨酯弹性纤维——氨纶

用 PTMG 和 MDI 为主要原料生产的氨纶具有强度高、弹性好、易染色、耐水解等特性，是制作紧身内衣和游泳衣的绝佳纤维材料。也可和棉、毛或其他纤维混纺，提高其弹性和耐磨性能。

6.2.6 水性聚氨酯

水性聚氨酯（WPU）主要用于皮革涂饰剂，织物整理剂，鞋用胶黏剂，木材、PVC 等塑料的黏合剂，涂料、乳胶漆、油墨和玻璃纤维的集束剂，纸浸渍处理剂以及其他水性材料的改性等。据最近报道，中国科学院福建物质结构研究所开发成功鞋用水性聚氨酯胶黏剂，与进口胶黏剂相比，可降低成本 20％以上，完全可替代进口。已在福建莆田市中科华宇公司批量生产，填补了国内空白。二期工程扩建后年产量可达到 3 万吨。

参 考 文 献

［1］高松哲夫，浦川卓也. 化学工业，1964，15（4）：52-57.

［2］Athey R J. Rubber Age，1965，96（5）：705-712.

［3］青木恂次郎. ラバーグイジスト，1967，21（60）.

［4］Cumming J H, Wright P. J. of IRI. ，1968，2（1）：29-36.

［5］Sanders J H, Frish K C. Polyurethanes. part Ⅱ，Technology. Johe willay & Sons，1969.

［6］祜田喜洋. 特殊合成ゴム10讲. 日本ゴム协会，1970.

［7］原田英雄弓. 高分子加工，1974，23（9）：45-46，431-434.

［8］西北橡胶工业制品研究所编译. 橡胶参考资料，1975（2）.

［9］山西省化工研究所编. 聚氨酯弹性体. 北京：化学工业出版社，1984.

[10] [英] 海普本 C 著.聚氨酯弹性体.阎家宾译.沈阳:辽宁科学技术出版社,1985.

[11] [德] Oertel 著.聚氨酯手册.阎家滨,吕塑贤译.辽宁科学技术出版社,1992.

[12] 黄微波.喷涂聚脲弹性体技术.北京:化学工业出版社,2005.

[13] 叶青萱.硅氧烷改性聚氨酯水分散液.中国聚氨酯工业协会第十三次年会论文集.上海:[出版者不详],2006.9.

[14] 宫涛,李汾,岳献云,王英.聚氨酯弹性体发展近况.见:中国聚氨酯工业协会第十三次年会论文集.上海:[出版者不详],2006,9.

[15] 刘厚钧,高翔.鞋用聚氨酯胶黏剂聚氨酯工业,2008(3):1-4.

[16] 聚氨酯信息.中国聚氨酯工业协会,2011(2).

[17] 聚氨酯信息.中国聚氨酯工业协会,2011(3).

[18] 刘厚钧.聚氨酯弹性体讲座(连载四)聚氨酯工业,1988(3):38-52.

第7章 聚氨酯化学计算

刘厚钧

聚氨酯的原料种类繁多，涉及的化学反应比较复杂，而且聚氨酯产品的质量主要是通过严格的原料配比来保证的。特别是热塑性聚氨酯等产品对原料配比十分敏感，有时小小差错都会导致分子量的显著差异。所以，从事聚氨酯研究和生产的人员必须正确地理解各个化学量的含义及其相互关系，熟练地掌握不同场合下的配方计算，并精心地进行数学运算和工艺操作。聚氨酯配方计算涉及的数学知识虽然简单，但其化学内容却很丰富。其中最重要的是"等当量反应原理"。它是容量分析的理论基础（$N_1 V_1 = N_2 V_2$），也是推导配方计算公式的理论依据。因为化学反应都遵循等当量反应原理，所以人们才可以通过容量分析这一简便的方法得到聚酯、聚醚等各种端羟基组成物的羟值和 PAPI、L-MDI 等端异氰酸酯基组成物中 NCO 基含量，并运用羟值和 NCO 基的含量计算它们的当量。为便于读者理解和掌握，笔者根据多年的实践和经验，参考有关资料推导和整理有关计算公式，并归纳为化学量计算和配方计算两部分供参考。

7.1 化学量计算

聚氨酯合成涉及的化学量很多，但与配方有关，而且需要通过官能团的分析才能计算出来的化学量，主要是端羟基组成物和端异氰酸酯（基）组成物的当量及分子量。

7.1.1 当量

在聚氨酯配方计算中经常用当量这一化学量。聚氨酯的主要原料多元醇、多异氰酸酯、多元胺，其分子都带有可反应的官能团，它们的当量就是每一个官能团所占有的平均分子量。从分子构成看，一类是由单一分子组成的，如 TDI、MDI、丁二醇和 MOCA，它们的分子量和官能度是不变的。其分子量分别为 174、250、90 和 267，官能度均为 2，所以它们的当量分别为 87、125、45 和 133.5。但是，对于聚酯、聚醚、PAPI、L-MDI 和预聚物，由于它们都是由许多不同分子量的分子组成，而且组成比例不定，官能度有时也难以计算。对于这些组成物的当量可通过容量分析得到聚酯、聚醚等多羟基组成物的羟值及 PAPI、L-MDI 和端异氰酸酯基预聚物中 NCO 基的含量，再运用"由部分求整体"的数学公式计算它们的当量。

7.1.1.1 端异氰酸酯（基）组成物的当量

属于这类组成物的主要有 PAPI、L-MDI 和端异氰酸酯预聚物等。PAPI 是下列结构的一种多异氰酸酯混合物。

$$(n=0、1、2、3\cdots)$$

PAPI 的当量在 131.5～140，NCO 基含量为 30.0%～32.0%，官能度略大于 2，都不是一个确定值。若 PAPI 的 NCO 基含量分析值为 31%，则：

$$PAPI\ 当量 = \frac{42 \times 100}{NCO\%} = \frac{4200}{31} = 135.5$$

碳化二亚胺-脲酮亚胺改性的液化 MDI 也是一种多异氰酸酯混合物，其中除 MDI 外，还含不同比例的碳化二亚胺结构和脲酮亚胺结构的多异氰酸酯。

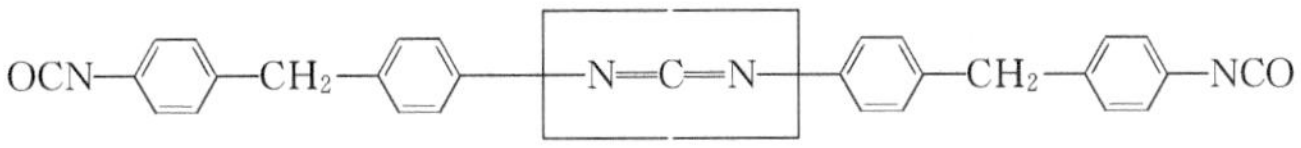

OCN—⬡—CH₂—⬡—[N=C=N]—⬡—CH₂—⬡—NCO

（碳化二亚胺结构）

OCN—⬡—CH₂—⬡—[N—C—N]—⬡—CH₂—⬡—NCO
　　　　　　　　　 |　　|
　　　　　　　　 O=C—N—⬡—CH₂—⬡—NCO

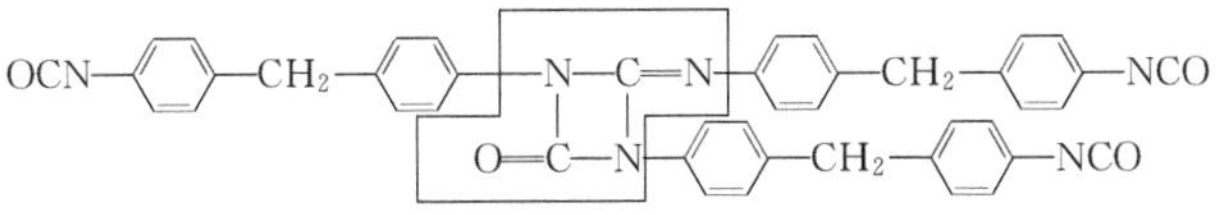

（脲酮亚胺结构）

它们的平均官能度一般在 2.1～2.7 之间，NCO 基含量一般为 24%～31%。其当量也是通过 NCO 基含量分析和上述公式计算得出的。

同样，端异氰酸酯预聚物的当量也可按上述方法求得。计算公式可归纳为：

$$端异氰酸酯组成物当量 = \frac{4200}{NCO\%}$$ (7-1)

如果已知两种端异氰酸酯组成物（如两种端异氰酸酯预聚物）的 NCO 含量（NCO%），要调配另一种 NCO% 的预聚物可按下式计算：

$$NCO\% = \frac{W_1(NCO\%)_1 + W_2(NCO\%)_2}{W_1 + W_2}$$

化解得

$$W_2 = \frac{W_1[(NCO\%)_1 - NCO\%]}{NCO\% - (NCO\%)_2}$$ (7-2)

式中　　W_2——第二种预聚物量（未知）；

　　　　$NCO\%$——两种预聚物混合后的 NCO 基百分含量（设计值，已知）；

　　　　W_1——第一种预聚物用量（已知）；

　　　　$(NCO\%)_1$——第一种预聚物中 NCO 基百分含量（已知）；

　　　　$(NCO\%)_2$——第二种预聚物中 NCO 基百分含量（已知）。

例 1：由聚酯和 2,4-TDI 制备的预聚物，其 NCO%=5，求预聚物的当量？

解：　　　　　　$$预聚物当量 = \frac{4200}{NCO\%} = \frac{4200}{5} = 840$$

例 2：用 1000g NCO%=5 的预聚物和另一种 NCO%=3 的预聚物调配成 NCO%=3.5 的混合预聚物，求另一种预聚物的用量？

解：将已知数据代入式（7-2）得另一种预聚物的用量（W_2）：

$$W_2 = 1000 \times (5\% - 3.5\%) \div (3.5\% - 3\%) = 3000（g）$$

7.1.1.2 端羟基组成物的当量

蓖麻油、各种聚酯和聚醚及各种多元醇的混合物都属于此类。根据羟值的定义［与每克试样中羟基含量相当的 KOH 的质量（mg）］可列出下列公式：

$$端羟基组成物当量 = \frac{56.1 \times 1000}{羟值} = \frac{56100}{羟值}$$ (7-3)

式中　56.1——KOH 的当量，羟值为端羟基组成物的分析羟值（校正）。

如果已知两种多元醇的当量，欲调配另一种当量的混合多元醇，可根据混合多元醇的当量等于混合多元醇的质量除以该混合多元醇中羟基的当量数列出如下公式：

$$N = \frac{W_1 + W_2}{\dfrac{W_1}{N_1} + \dfrac{W_2}{N_2}}$$

化简得：

$$W_2 = \frac{W_1 - \dfrac{NW_1}{N_1}}{\dfrac{N}{N_2} - 1}$$

（7-4）

式中　W_2——第二种多元醇用量（未知）；

　　　W_1——第一种多元醇用量（已知）；

　　　N_1——第一种多元醇当量（已知）；

　　　N_2——第二种多元醇当量（已知）；

　　　N——混合多元醇当量（设计值，已知）。

例1：蓖麻油的分析羟值为163，求其当量？

解：　　　　　　蓖麻油的当量 $= \dfrac{56100}{羟值} = \dfrac{56100}{163} = 344$

例2：用1000g PTMG-1000和BDO调配当量300的混合多元醇，求BDO的用量？

解：将已知数据代入公式（7-4）得

　　　BDO用量（W_2）$= (1000 - 300 \times 1000 \div 500) \div (300/45 - 1) = 70.6$（g）

7.1.1.3　胺当量

胺当量即前面所述的所有端异氰酸酯化合物的当量。因为是采用二正丁胺法分析测定的，所以又称为"胺当量"，即与1mol二正丁胺反应的端异氰酸酯基化合物的质量。所以对异氰酸酯来说，"胺当量"就是异氰酸酯的当量。TDI当量，TDI的NCO基当量，TDI的胺当量是不同场合下的表述，其值相同，都是87。同样，MOCA当量、MOCA的氨基当量和MOCA的胺当量也相同，都是133.5。

7.1.2　胺值

胺值这个术语不常见。其定义是每克胺含氨基（—NH_2）的毫摩尔数（mmol）。胺值可反映该胺化合物的纯度或含量，例如MOCA的理论胺值应为：

$$\frac{2 \times 1000}{267} = 7.49$$

7.1.3　异氰酸酯指数

异氰酸酯指数是指配料时多异氰酸酯的当量（数）与多元醇的当量（数）之比值，即NCO基与OH基的摩尔比：

$$异氰酸酯指数 = \frac{N_{NCO}}{N_{OH}}$$

（7-5）

或用百分数表示为：

$$异氰酸酯指数 = \frac{N_{NCO}}{N_{OH}} \times 100\%$$

（7-6）

同样，也可将预聚物用MOCA硫化的用量指数，即 NH_2/NCO 叫做胺指数。

7.1.4　分子量

对于上述端异氰酸酯基组成物和端羟基组成物，它们的分子量都是平均分子量，称为数均分子量（$\overline{M}_n$），如果其官能度（f）是已知的，则可按下式计算分子量：

$$端异氰酸酯组成物分子量 \overline{M}_{NCO} = \frac{4200 \times f}{NCO\%}$$

（7-7）

$$端羟基组成物分子量 \overline{M}_{OH} = \frac{56100 \times f}{羟值}$$

（7-8）

但对于酸值较高的聚酯，还应考虑酸值对分子量的影响。因为聚酯的酸值是聚酯分子链端极少量未反应的酸基带来的，只有考虑这部分酸基，其平均官能度才与公式中的 f 吻合。这样聚酯的分子量公式可写成：

$$聚酯分子量\overline{M}_{OH}=\frac{56100\times f}{羟值（校正）+酸值} \tag{7-9}$$

高分子量的聚氨酯，如生胶、热塑胶、弹性纤维等，其分子量常在数万以上。它们的分子量除了用物理方法（如黏度法、蒸气压渗透法等）测定外，还可根据原料配比，计算聚氨酯的理论分子量。以二异氰酸酯与二醇合成线型聚氨酯为例，其反应如下：

$$n\text{OCN—R—NCO}+(n+1)\text{HO—R}'\text{—OH}\longrightarrow \text{HO—R}'-\left[-\overset{O}{\underset{}{\text{O—C}}}-\overset{H}{\underset{}{\text{N}}}-\text{R}-\overset{H}{\underset{}{\text{N}}}-\overset{O}{\underset{}{\text{C}}}-\text{O—R}'\right]_n-\text{OH}$$

可列出如下方程：

$$\overline{M}_n=nM_{NCO}+(n+1)M_{OH}$$

等式两边同除以 $(n+1)$ 得：

$$\overline{M}_n=\frac{\frac{n}{n+1}M_{NCO}+M_{OH}}{\frac{1}{n+1}}$$

令 $R=\frac{n}{n+1}$（二异氰酸酯与二元醇的摩尔比），则：

$$\overline{M}_n=\frac{M_{OH}+RM_{NCO}}{1-R} \tag{7-10}$$

若异氰酸酯过量，将 R' 定义为二元醇与二异氰酸酯的摩尔比即可，这样上式变为：

$$\overline{M}_n=\frac{M_{NCO}+R'M_{OH}}{1-R'} \tag{7-11}$$

式中　$\overline{M}_n$——线型聚氨酯的理论分子量；

　M_{OH}——二元醇的分子量；

　M_{NCO}——二异氰酸酯的分子量。

例 1：用 1∶2（摩尔比）的聚酯二醇（分子量为 2000）和 1,4-丁二醇与 MDI 反应制备聚氨酯热塑胶，$R=NCO/OH=0.98$，求热塑胶的理论分子量 $\overline{M}_n$？

解：将有关数据代入公式（7-10）得：

$$\overline{M}_n=\frac{\frac{2000\times1+90\times2}{1+2}+0.98\times250}{1-0.98}=48583$$

例 2：如上例中的 $R=0.97$，求聚氨酯热塑胶的理论分子量 $\overline{M}_n$？

解：

$$\overline{M}_n=\frac{\frac{2000\times1+90\times2}{1+2}+0.97\times250}{1-0.97}=32305$$

例 3：如上例中的 $R=0.99$，求聚氨酯热塑胶的理论分子量 $\overline{M}_n$？

解：

$$\overline{M}_n=\frac{\frac{2000\times1+90\times2}{1+2}+0.99\times250}{1-0.99}=94417$$

由上面三个计算结果可知，R 值越接近 1，R 值的变化对分子量的影响越大。R 值由 0.98

变成 0.97，分子量低了约 1/3；而 R 值由 0.98 变成 0.99，R 值同样只有 0.1 的变化，可分子量增加了近 1 倍，差之毫厘，失之千里，可见 R 值对分子量的影响之大。TPU 和 MPU 与 CPU 不同，是线型分子，分子量是产品质量的关键指标。根据 TPU 和 MPU 分子量的不同要求，前者的 R 值约为 0.97～0.99，后者的 R 值约为 0.95。原料分析的准确性、计算和计量误差、搅拌好坏、环境湿度等诸多因素都很容易使实际的 R 值偏离设计值，这就是生产 TPU，甚至包括 MPU 产品质量难以稳定的主要原因。

7.1.5 交联度

聚合物的交联度可用交联点间分子量 $\overline{M}_c$ 和交联点分子量（$\overline{M}_{cp}$）来表示。交联点间分子量即两个交联点之间分子量的平均值，交联点分子量即每个交联点占有分子量的平均值。

7.1.5.1 三官能团化合物交联

当反应物中含有三官能团化合物，如三羟甲基丙烷，并完全与异氰酸酯反应时，则每个三元醇分子形成 1.5 个分子链和 1 个三官能支化点，所以交联点间分子量为：

$$\overline{M}_c = \frac{2}{3} \times \frac{\text{弹性体质量(g)}}{\text{三元醇的量(mol)}} \tag{7-12}$$

交联点分子量应为交联点间分子量的 3/2 倍，所以：

$$\overline{M}_{cp} = \frac{3}{2} \times \frac{2}{3} \times \frac{\text{弹性体质量(g)}}{\text{三元醇的量(mol)}} = \frac{\text{弹性体质量(g)}}{\text{三元醇的量(mol)}} \tag{7-13}$$

7.1.5.2 四官能团化合物交联

季戊四醇分子有 4 个 OH 基。若全部与 NCO 基反应形成交联时，则每个季戊四醇分子形成 2 个分子链和 1 个四官能支化点，所以 $\overline{M}_c$ 和 $\overline{M}_{cp}$ 的计算公式为：

$$\overline{M}_c = \frac{1}{2} \times \frac{\text{弹性体质量(g)}}{\text{季戊四醇的量(mol)}} \tag{7-14}$$

$$\overline{M}_{cp} = \frac{\text{弹性体质量(g)}}{\text{季戊四醇的量(mol)}} \tag{7-15}$$

7.1.5.3 过量异氰酸酯交联

二异氰酸酯与低聚物二醇反应制备聚氨酯时，若异氰酸酯过量，过量的 NCO 基可与线型分子中的氨酯基反应生成脲基甲酸酯交联。端异氰酸酯预聚物用 MOCA 扩链，当 MOCA 用量小于理论用量时，过量的 NCO 基与线型分子中的脲基反应生成缩二脲交联后，其交联点间分子量和交联点分子量按如下公式计算：

$$\overline{M}_c = \frac{1}{3} \times \frac{\text{弹性体质量(g)}}{m_{NCO} - m_{OH}} \tag{7-16}$$

$$\overline{M}_{cp} = \frac{1}{2} \times \frac{\text{弹性体质量(g)}}{m_{NCO} - m_{OH}} \tag{7-17}$$

或

$$\overline{M}_c = \frac{1}{3} \times \frac{\text{弹性体质量(g)}}{m_{NCO} - m_{NH_2}} \tag{7-18}$$

$$\overline{M}_{cp} = \frac{1}{2} \times \frac{\text{弹性体质量(g)}}{m_{NCO} - m_{NH_2}} \tag{7-19}$$

式中　m_{NCO}——二异氰酸酯的量，mol；

m_{OH}——低聚物二醇的量，mol；

m_{NH_2}——MOCA 的量，mol。

例 1：用 2∶1（摩尔比）的聚酯二醇（分子量 2000）和 TMP 与 MDI 反应制备聚氨酯，当 NCO/OH＝1/1 时，求聚氨酯的交联点间分子量（$\overline{M}_c$）和交联点分子量（$\overline{M}_{cp}$）？

解：将已知数据分别代入式（7-12）和式（7-13）得：

$$\overline{M}_c = \frac{2}{3} \times \frac{2000 \times 2 + 134 \times 1 + 250 \times 3.5}{1} = 3339$$

$$\overline{M}_{cp} = \frac{2000 \times 2 + 134 \times 1 + 250 \times 3.5}{1} = 5009$$

例2：用混合二元醇（平均分子量1000）与MDI反应制备聚氨酯，二元醇的投料量为1.8mol，MDI投料量为2mol，求聚氨酯的交联点间的分子量（$\overline{M}_c$）和交联点分子量（$\overline{M}_{cp}$）？

解：将已知数据分别代入式（7-16）和式（7-17）得：

$$\overline{M}_c = \frac{1}{3} \times \frac{1000 \times 1.8 + 250 \times 2}{2 - 1.8} = 3833$$

$$\overline{M}_{cp} = \frac{1}{2} \times \frac{1000 \times 1.8 + 250 \times 2}{2 - 1.8} = 5750$$

例3：预聚物NCO％＝5，用MOCA硫化，若$NH_2/NCO＝0.9$，求聚氨酯浇注胶的交联点间分子量（$\overline{M}_c$）和交联点分子量（$\overline{M}_{cp}$）？（不考虑MOCA中三胺的含量）

解：

$$\overline{M}_c = \frac{1}{3} \times \frac{\frac{8400}{5} + 267 \times 0.9}{1 - 0.9} = 6401$$

$$\overline{M}_{cp} = \frac{1}{2} \times \frac{\frac{8400}{5} + 267 \times 0.9}{1 - 0.9} = 9601.5$$

7.2　配方计算

这里主要介绍聚酯配方、聚醚配方、预聚物配方和聚氨酯成品胶配方计算公式。

7.2.1　聚酯配方计算

根据聚酯合成反应式：

$$n(\text{HOOC—R—COOH}) + (n+1)\text{HO—R'—OH} \longrightarrow \text{HO—R'—} \left[\text{—O—C}\!\!\underset{\|}{\overset{O}{}}\!\!\text{—R—C}\!\!\underset{\|}{\overset{O}{}}\!\!\text{—OR} \right]_n \!\!\text{—OH} + 2n\text{H}_2\text{O}$$

可列出聚酯分子量与原料配比的关系式：

$$\overline{M}_n = n M_{COOH} + (n+1) M_{OH} - 2n M_{H_2O}$$

化简后得：

$$n = \frac{\overline{M}_n - M_{OH}}{M_{COOH} + M_{OH} - 2M_{H_2O}} \tag{7-20}$$

式中　$\overline{M}_n$——聚酯分子量；

　　M_{COOH}——二元酸的分子量；

　　M_{OH}——二元醇的分子量；

　　M_{H_2O}——水的分子量；

　　n——链节数，或二元酸的量，mol。

对于每一个$\overline{M}_n$设计值，都可求出对应的聚合度n。而$1/n$为醇的过剩率，即过剩二元醇与二元酸的摩尔比。

例1：由己二酸和1,4-丁二醇制备分子量为2000的聚酯，若己二酸的投料量为100kg，求1,4-丁二醇的理论用量。

解：将已知量代入式（7-20）得：

$$n = \frac{\overline{M}_{\mathrm{n}} - M_{\mathrm{OH}}}{M_{\mathrm{COOH}} + M_{\mathrm{OH}} - 2M_{\mathrm{H_2O}}} = \frac{2000 - 90}{146 + 90 - 2 \times 18} = 9.55$$

1,4-丁二醇投料量为：

$$90 \times \frac{100}{146} \times \left(1 + \frac{1}{9.55}\right) = 68.1(\mathrm{kg})$$

例 2：由己二酸与 9∶1（摩尔比）的乙二醇和 1,2-丙二醇制备分子量为 2000 的聚酯。己二酸投料量为 100kg，求乙二醇和丙二醇的理论用量和理论出水量。

解：将已知数据代入式（7-20）得：

$$n = \frac{2000 - \dfrac{62 \times 9 + 76 \times 1}{9 + 1}}{146 + \dfrac{62 \times 9 + 76 \times 1}{9 + 1} - 2 \times 18} = 11.17$$

二醇理论用量：

$$63.4 \times \frac{100}{146} \times \left(1 + \frac{1}{11.17}\right) = 47.31(\mathrm{kg})$$

式中　63.4——二醇的平均分子量。
即

$$\frac{62 \times 9 + 76 \times 1}{9 + 1} = 63.4$$

其中：乙二醇用量为

$$62 \times \frac{47.31}{63.4} \times \frac{9}{10} = 41.64(\mathrm{kg})$$

1,2-丙二醇用量为：

$$76 \times \frac{47.31}{63.4} \times \frac{1}{10} = 5.67 \ (\mathrm{kg})$$

理论出水量为：

$$2 \times 100 / 146 \times 18 = 24.66(\mathrm{kg})$$

因为高温下真空脱水要带出少量小分子二醇，所以二醇的实际用量要比理论用量多，大体多 5% 左右，视二元醇的沸点和生产工艺条件而定。

7.2.2　聚醚和聚内酯配方计算

在起始剂（多元醇或多元胺等）和催化剂存在下，环醚和环酯开环聚合分别生成聚醚和聚内酯。如以二醇作起始剂，环氧丙烷开环聚合生成聚丙二醇为例，反应式如下：

则聚丙二醇的分子量（$\overline{M}_{\mathrm{n}}$）为

$$\overline{M}_{\mathrm{n}} = (a + b)M_1 + M_2$$

式中　M_1、M_2——环氧丙烷和起始剂的分子量。

若环氧丙烷的投料量为 m_1（mol），起始剂为 m_2（mol），则聚丙二醇的分子量为：

$$\overline{M}_{\mathrm{n}} = \frac{M_1 m_1 + M_2 m_2}{m_2} \tag{7-21}$$

如果用 W_1 表示环氧丙烷的投料量，用 W_2 表示起始剂的投料量，则等式右边的 $M_1 m_1 = W_1$，$M_2 m_2 = W_2$，$m_2 = W_2 / M_2$。将它们代入式（7-21），化简后得到更加适用的公式：

$$W_2 = \frac{W_1 M_2}{\overline{M}_{\mathrm{n}} - M_2} \tag{7-22}$$

例：用丙二醇作起始剂，用 10kg 环氧丙烷制备分子量为 2000 的聚丙二醇，求起始剂用量。

解：将已知数据代入式（7-22）中，得起始剂用量为：

$$W_2 = \frac{W_1 M_2}{\overline{M}_n - M_2} = \frac{10 \times 76}{2000 - 76} = 0.395 (\text{kg})$$

欲合成支化的低聚物多元醇，只需根据所要求的官能度，确定起始剂二醇与三醇的摩尔比，然后求出起始剂的平均分子量，代入式（7-22），求出起始剂的用量。最后根据起始剂中二醇和三醇所占的比例，求出各自的投料量。

例：用 1,4-丁二醇和 TMP 为起始剂，用 10kg ε-己内酯合成官能度为 2.35，分子量为 1500 的聚 ε-己内酯多元醇，求起始剂 1,4-丁二醇和 TMP 的用量？

解：因聚 ε-己内酯多元醇的官能度要求为 2.35，所以起始剂中二醇与三醇的摩尔比为 65:35。

起始剂的平均分子量为：

$$M_2 = \frac{90 \times 65 + 134 \times 35}{65 + 35} = 105.4$$

将 M_2 代入式（7-22）得起始剂的总用量：

$$W_2 = \frac{W_1 M_2}{\overline{M}_n - M_2} = \frac{10 \times 105.4}{1500 - 105.4} = 0.756 (\text{kg})$$

其中丁二醇用量（W_2'）为：

$$W_2' = W_2 \frac{M_2' \times 65\%}{M} = 0.756 \times \frac{90 \times 65\%}{105.4} = 0.42 (\text{kg})$$

TMP 用量（W_2''）为：

$$W_2'' = 0.756 \times \frac{134 \times 35\%}{105.4} = 0.336 (\text{kg})$$

如单体和起始剂的含水量较高，将使聚合产物的分子量降低。因为水也是一种起始剂。在这种情况下应考虑脱水，或在公式中考虑水分的影响。如单体不能全部生成聚醚，还应考虑单体的利用系数。

7.2.3 端异氰酸酯（基）预聚物配方计算

浇注胶常用的端异氰酸酯预聚物是由聚酯二醇或聚醚二醇与 TDI（或 MDI 等）反应制备的，其反应可表示如下：

$$n \text{ HO—R—OH} + (n+1)\text{OCN—R'—NCO} \longrightarrow \text{OCN} \left[\text{R'—N—C—O—R—O—C—N} \right]_n \text{R'—NCO}$$

（n 一般等于 1、2）

上述聚酯或聚醚和 TDI 的分子量都是已知数。在过量 TDI 存在下，二元醇全部与 TDI 反应生成氨基甲酸酯后，预聚物中 NCO 基含量用 NCO% 表示，则可列出如下方程：

$$\frac{(X - W_{\text{OH}} \times 174/M_{\text{OH}}) \times 42 \times 2/174 \times 100}{W_{\text{OH}} + X} = \text{NCO}\%$$

式中　X——TDI 投料量；

　　W_{OH}——聚酯或聚醚的投料量；

　　M_{OH}——聚酯或聚醚的分子量；

　　174——TDI 分子量；

　　42——NCO 基的摩尔质量。

化简后得：

$$X = \frac{\left(\dfrac{8400}{M_{OH}} + NCO\%\right) W_{OH}}{48.3 - NCO\%} \tag{7-23}$$

如果聚酯或聚醚的官能度大于 2，可将 N_{OH} 代替式（7-23）中的分子量 M_{OH}，并将 8400 改为 4200，而得到普遍适应的预聚物配方计算公式：

$$X = \frac{\left(\dfrac{4200}{N_{OH}} + NCO\%\right) W_{OH}}{48.3 - NCO\%} \tag{7-24}$$

该公式最重要，必须掌握。

如果用 MDI 代替 TDI 合成预聚物，则式（7-25）中的 48.3 改为 33.6（即 4200/125）即可。

合成端异氰酸酯预聚物后，要分析 NCO 含量。在正常情况下，NCO 的分析值和计算值应基本相符。如果偏差太大，将会影响制品的硬度等性能。这时可考虑补加异氰酸酯或多元醇，但是理论上只有在 NCO/OH＞2 的条件下，补加对预聚物的结构影响不大。补加异氰酸酯的量可按下面公式计算：

$$\frac{W_P B + W_{NCO} \times \dfrac{42}{N_{NCO}}}{W_P + W_{NCO}} = A$$

化简后得：

$$W_{NCO} = \frac{(A-B) W_P}{\dfrac{42}{N_{NCO}} - A} \tag{7-25}$$

式中　W_{NCO}——补加的多异氰酸酯质量；

　　　W_P——原预聚物质量；

　　　N_{NCO}——多异氰酸酯的当量；

　　　A——预聚物中 NCO 含量设计值，g/g；

　　　B——预聚物中 NCO 分析值，g/g。

补加的异氰酸酯全部以游离状态存在，实际上对 TDI 型预聚物的质量是有不良影响的，这一点必须引起注意。补加是万不得已的办法。

补加多元醇时，可按下式计算补加量（W_{OH}）

$$\frac{W_P B - \dfrac{W_{OH}}{N_{OH}} \times 42}{W_P + W_{OH}} = A$$

化简后得：

$$W_{OH} = \frac{(B-A) W_P}{\dfrac{42}{N_{OH}} + A} \tag{7-26}$$

式中，N_{OH} 为多元醇当量；其他符号同前。

补加低聚物多元醇后，需在预聚物合成条件下继续反应完全。也可另外合成 NCO 含量低的预聚物，与 NCO 含量偏高的预聚物掺和使用。

例 1：用 10kg 羟值为 75mg KOH/g 的聚酯与 2,4-TDI 反应制备 NCO％＝4.5 的预聚物，求 2,4-TDI 的投料量（X）

解：将有关数据代入公式（7-24）得：

$$X = \frac{\left(\frac{4200}{56100/75} + \text{NCO}\%\right) W_{\text{OH}}}{48.3 - \text{NCO}\%} = \frac{\left(\frac{4200}{748} + 4.5\right) \times 10}{48.3 - 4.5} = 2.33 \text{(kg)}$$

例 2：5kg 预聚物，其 NCO％的设计值为 5，分析值为 4，欲使 NCO％调整到设计值，需补加多少 TDI？

解：补加 TDI 量（W_{NCO}）为：

$$W_{\text{NCO}} = \frac{(A-B)W_{\text{P}}}{\frac{42}{N_{\text{NCO}}} - A} = \frac{(0.05 - 0.04) \times 5}{0.483 - 0.05} = 0.116 \text{(kg)}$$

例 3：上例中，若 NCO％的设计值为 6，需补加分子量 1000 的聚酯多少千克？

解：补加聚酯量（W_{OH}）为：

$$W_{\text{OH}} = \frac{(B-A)W_{\text{P}}}{\frac{42}{N_{\text{OH}}} + A} = \frac{(0.06 - 0.05) \times 5}{\frac{42}{500} + 0.05} = 0.373 \text{(kg)}$$

TDI 预聚物中 NCO 含量（NCO％）的设计一般应使异氰酸酯指数（NCO/OH）不大于 2，以减少预聚物中游离异氰酸酯的含量。否则在加热操作时 TDI 气味大，并对成胶工艺和制品性能产生不良影响。NCO％与 R 值之间的数学关系如式(7-27) 和式(7-28)所示：

$$\text{NCO}\% = \frac{4200 \times (R-1)}{N_{\text{OH}} + RN_{\text{NCO}}} \tag{7-27}$$

或

$$R = \frac{N_{\text{OH}} \times \text{NCO}\% + 4200}{4200 - N_{\text{NCO}} \times \text{NCO}\%} \tag{7-28}$$

例 4：采用 PTMG-1000 和 TDI 合成预聚物，若 $R=2$，求预聚物中 NCO 基的百分含量？

解：将 R 值等代入公式（7-27），得：

$$\text{NCO}\% = \frac{4200 \times (2-1)}{500 + 2 \times 87} = 6.2$$

例 5：用 PTMG-1500 和 TDI 合成预聚物，若 $R=2$，求预聚物中 NCO 基的百分含量？

解：将 R 值等代入公式（7-27），得：

$$\text{NCO}\% = \frac{4200 \times (2-1)}{750 + 2 \times 87} = 4.5$$

例 6：用 PTMG-2000 和 TDI 合成预聚物，若 $R=2$，求预聚物中 NCO 基的百分含量？

解：将 R 值等代入公式（7-27），得：

$$\text{NCO}\% = \frac{4200 \times (2-1)}{1000 + 2 \times 87} = 3.6$$

以上三例结果表明，当 PTMG 分子量分别为 1000、1500 和 2000，$R=2$ 时，预聚物中 NCO 基的百分含量设计值依次不宜超过 6.2、4.5、3.6。这三个数据很重要，应该记住。如用不易挥发的 MDI 等异氰酸酯合成预聚物则不受此限制。

以上有关预聚物配方计算公式都未考虑低聚物多元醇中水分和多异氰酸酯纯度。未开封的桶装聚酯或聚醚含水量都在 0.05％以下，如果不考虑水分消耗的异氰酸酯，预聚物的 NCO 基含量将比设计值低 0.1％（绝对值）左右。1kg 多元醇若含水 0.05％将消耗 4.83g TDI，可按此计算增加 TDI 的投料量。而异氰酸酯纯度在 99.5％以上对结果影响不大。如低聚物多元醇启封后保存不善，含水量较高，就需要重新脱水，使水分含量降至 0.05％以下。

7.2.4　成品胶配方计算

7.2.4.1　预聚物用扩链剂计算

端异氰酸酯预聚物与 MOCA 发生扩链反应时，MOCA 分子中的 4 个活泼氢只有 2 个与

NCO 基反应，即 NCO/NH$_2$＝1，所以 MOCA 用于扩链反应的理论消耗量为：

$$MOCA 理论用量(kg) = \frac{预聚物质量(kg) \times NCO\% \times 133.5}{42}$$

因为 MOCA 含有 10％以下的三元胺会形成脲基交联，所以 MOCA 的用量系数较高（0.95 上下），一般不希望多生成耐热性能不好的缩二脲交联。MOCA 的实际用量为：

$$W_m = \frac{预聚物质量(kg) \times NCO\% \times 3.18 \times f}{100} \tag{7-29}$$

式中　W_m——MOCA 的实际用量，kg；

　　3.18——3.18＝133.5/42（133.5 为 MOCA 当量）；

　　f——MOCA 用量系数，也可称胺指数（NH$_2$/NCO）。

MDI 型预聚物常采用多元醇扩链，将式中 133.5 换成所用多元醇当量即可。多元醇的平均官能度最好大于 2，以生成适当氨酯键交联。

TDI 型预聚物有时也采用多元醇和 MOCA 混合扩链。在这种情况下首先要根据硬度要求确定两种扩链剂的当量数比和两种扩链剂的总当量数与预聚物中 NCO 基的当量数之比。

例 1：5kg 预聚物，其 NCO％＝5.0，求 MOCA 用量（f 取 0.95）？

解：　　　　$W_{MOCA} = 5 \times 0.05 \times 3.18 \times 0.95 = 0.755(kg)$

例 2：上述预聚物如用 MOCA 和 BDO 扩链，两者的当量数比为 0.65：0.30，总当量数为预聚物中 NCO 基当量数的 95％，求 MOCA 和 BDO 的用量

解：　　　　$W_{MOCO} = 5 \times 0.05 \times 3.18 \times 0.65 = 0.517(kg)$

$$W_{BDO} = 5 \times 0.05 \times 45/42 \times 0.30 = 0.08(kg)$$

例 3：上述预聚物如用 MOCA 和 TMP 扩链交联，两者的当量数比为 0.80：0.20，两者的总当量数和预聚物中 NCO 基当量数相等，则 MOCA 和 TMP 的用量为：

解：　　　　$W_{MOCO} = 5 \times 0.05 \times 3.18 \times 0.80 = 0.636(kg)$

$$W_{TMP} = 5 \times 0.05 \times 44.7/42 \times 0.20 = 0.053(kg)$$

式中　44.7——TMP 的当量。

如用 MOCA、BDO 和 TMP 三种混合扩链交联剂，可按同样的道理计算。

7.2.4.2　一步法配方计算

聚氨酯热塑胶和生胶一般都用一步法合成。另外，有些超低硬度和超高硬度的聚氨酯产品也常用一步法生产。不过，前者采用的是双官能度多元醇和二异氰酸酯（如 MDI），后者用的是平均官能度大于 2 的多元醇和多异氰酸酯（如 PAPI 和 L-MDI）。不论哪种情况，一步法配方都是根据设定的摩尔比（NCO/OH 或 OH/NCO）计算，非常简单，公式如下：

$$W_{NCO} = \frac{W_{OH}}{N_{OH}} \times N_{NCO}R \tag{7-30}$$

式中　W_{NCO}——多异氰酸酯用量；

　　W_{OH}——多元醇的投料量；

　　N_{OH}——多元醇的平均当量；

　　R——摩尔比（NCO/OH），即异氰酸酯指数。

多元醇当量和多异氰酸酯当量的计算，前面都已介绍，在此就不再重复了。

若已知多元醇的羟值和多异氰酸酯中 NCO 基的百分含量，按下式计算多异氰酸酯的用量也很方便：

$$W_{NCO} = \frac{羟值 \times 0.075RW_{OH}}{NCO\%} \tag{7-31}$$

式中　R——NCO/OH（摩尔比），即异氰酸酯指数；

0.075——0.075＝42/561；

　　羟值——校正羟值。

　　例 1：合成热塑胶，混合多元醇的当量为 500，投料量为 110kg，$R＝0.98$，求 MDI 的用量（W_{NCO}）。

　　解：
$$W_{NCO}=\frac{110}{500}\times125\times0.98=27(kg)$$

　　例 2：10kg 羟值为 75 的混合多元醇与 NCO ％ ＝ 31 的 PAPI 反应制备浇注胶。设计 NCO/OH＝0.95，求 PAPI 的用量（W_{NCO}）?

　　解：
$$W_{NCO}=\frac{羟值\times0.075WR}{NCO\%}$$
$$=\frac{75\times0.075\times10\times0.95}{31}=1.72（kg）$$

　　例 3：用羟值为 154 的混合多元醇 4kg 与 NCO％＝33.4 的 MDI 反应制备热塑胶，设计 OH/NCO＝0.99，求 MDI 用量（W_{NCO}）?

　　解：
$$W_{OH}=\frac{154\times0.075\times0.99\times4}{33.4}=1.37(kg)$$

　　此外，还有一种情况，配方按一步法计算，但多元醇先后分两次加入，中间产物不分析，工艺连续完成，以降低胶料黏度，延长可浇注时间。

参 考 文 献

[1] Hepburn C. Polyurethane Elastomers. London：Applied Science Publishers Ltd.，1982，34-48.

第8章 浇注型聚氨酯弹性体

贾林才 赵雨花

8.1 概述

浇注型聚氨酯弹性体（CPUE），简称浇注型聚氨酯（CPU）或聚氨酯浇注胶。顾名思义，"浇注型"是指制品在成型前物料体系为液体，可浇注，反应固化直接成型制品的一种化学加工方法，而且该物料体系中原则上不含挥发性液体。因为成型前该物料体系为液体，而 TPU 和 MPU 制品在成型前为固体，所以也可把 CPU 称为液体橡胶或液体弹性体。与 TPU 和 MPU 相比，CPU 的原材料选择范围更大，产品硬度范围更宽，特别适合于大中型制品的生产，弥补了 TPU 和 MPU 制品加工工艺的局限和不足，可最大限度发挥聚氨酯弹性体的性能优势，拓宽聚氨酯弹性体的应用领域。CPU 弹性体最早出现于德国。20 世纪 50 年代初世界上第一个 CPU 产品在德国拜耳公司实现了批量生产，其商品牌号为 Vulkollan（瓦尔考兰）。20 世纪 50 年代末美国杜邦公司以 PTMG 和 TDI 为主要原料推出了商品牌号为 AdipreneL 的聚醚型 CPU，随后出现了 MDI 型 CPU，为后来聚氨酯弹性体的发展和应用做出了卓越贡献。20 世纪 70 年代后，碳化二亚胺改性的液化 MDI、低不饱和度聚醚、低游离 TDI 预聚物、端氨基聚醚、各种环保型胺类扩链剂等新材料陆续进入市场，反应注射模塑（RIM）和喷涂聚脲弹性体技术相继问世，大大推进了传统 CPU 制品成型技术，拓宽了 CPU 产品的应用领域。

聚氨酯弹性体除了传统的 CPU、TPU 和 MPU 外，还应包括防水涂料和铺装材料、鞋底原液、合成革浆料、氨纶和胶黏剂，因为它们在室温下均处于高弹态（橡胶态）。其中防水和铺装材料、鞋底原液在制品成型前均为液体，不含溶剂，应归属于 CPU。如按此分类统计，2005 年我国聚氨酯弹性体消费量约 87 万吨，接近我国聚氨酯消费总量的 40%。在弹性体中 CPU 消费量 36 万吨，占 41.3%。其中鞋底原液（RIM 产品）20 万吨，占 55%，铺装材料 10 万吨，占 28%，传统的 CPU 6 万吨，占 17%。鞋底原液属于微孔弹性体，将在第 12 章介绍。

8.2 原料及配合剂

CPU 是用低聚物多元醇、多异氰酸酯和扩链交联剂反应制得的。常用的低聚物多元醇是聚酯和聚醚，聚己内酯用得不多，聚丁二烯、聚碳酸酯等多元醇则更少，只用于某些特殊用途。聚酯主要用于耐磨、耐油制品。聚醚中普通聚醚（PPG）主要用于低硬度、低模量制品和室温固化产品，如铺装材、模具胶等。PTMG 主要用于高压密封和耐水、耐磨、耐低温制品。共聚醚主要用于电子元件的灌封。在多异氰酸酯中主要用 TDI 和 MDI，NDI、PPDI、CHDI、TODI 等异氰酸酯因价格很高，用量还很少。发达国家尤其是欧洲在传统 CPU 产品中 MDI 的用量早已超过 TDI，但国内仍以 TDI 为主。其中 T-80 主要用于室温固化产品，如铺装材。T-100 主要用于热硫化模制品。在扩链交联剂中芳族二胺和醇胺主要用于 TDI 预聚物，脂族二胺（如端氨基聚醚）主要用于喷涂聚脲。小分子多元醇主要用于 MDI、NDI、PPDI 等预聚物。除此之外，室温固化体系需要用催化剂（喷涂聚脲例外），户外使用的产品需要添加抗氧剂和紫外线吸收剂，聚酯型聚氨酯在湿热和易滋生霉菌的环境下使用需要添加水解稳定剂和防霉剂等。原料和配合剂详见第 2 章。

8.3　分类

CPU 弹性体是将液体反应混合物浇注到模腔中成型的化学体系。按其所用原料体系和加工工艺的不同而有不同的分类，如图 8-1 所示。

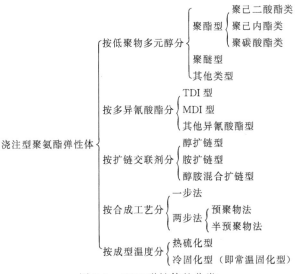

图 8-1　CPU 弹性体的分类

8.4　合成方法

CPU 弹性体按其合成工艺过程可分为一步法和两步法，后者又称做预聚物法，预聚物法又有预聚物法和半预聚物法之分。

8.4.1　预聚物法

预聚物法是先将低聚物多元醇和二异氰酸酯在一定条件下合成预聚物。然后再将预聚物与扩链交联剂混合浇注而成型的方法。TDI 型 CPU 弹性体制品大都采用此法生产（图 8-2），采用预聚物法工艺可得到结构比较规整的 CPU 弹性体。

8.4.2　半预聚物法

在制备预聚物时如果异氰酸酯指数（NCO/OH）大于 2，就会有多余的异氰酸酯单体存在于预聚物中。如果 NCO/OH≫2，得到的产物实际上是端异氰酸酯预聚物和异氰酸酯单体的混合物。这种混合物称为半预聚物。

半预聚物法常用于 MDI 型 CPU 弹性体制品的生产，这是因为通常 MDI 预聚物的黏度较大，常用的扩链剂 1,4-丁二醇等小二醇分子量较小，配合量较少，计量和配比难以准确，且不易混合均匀。为克服这些弊端，在合成预聚物时少加部分低聚物多元醇，先合成黏度较低的半预聚物，然后在第二步扩链反应时把未加的那部分低聚物多元醇（当然也可以另选择低聚物多元醇）和小分子二醇扩链剂一起与半预聚物反应。这样，两个组分的体积比较接近，物料的黏度也比较低，便可大大提高计量和配比的准确性，改善混合效果。另一方面，MDI 的蒸气压低，不易挥发，存在于半预聚物中也不会对环境造成多大危害。这也是 MDI 体系常常采用半预聚物法的原因。然而就制品的物理性能而言，半预聚物法的通常低于预聚物法。TDI 的蒸气压高，易挥发，对环境不利，危害人体健康。所以一般不配制成半预聚物。TDI 型预聚物的黏度较小，常与 MOCA 等芳胺扩链剂配合，分子量和配合量比 1,4-丁二醇大得多，计量和混合效果比较好。

8.4.3　一步法

一步法是将低聚物多元醇、多异氰酸酯、扩链剂，常常还加入催化剂等原料一次混合、浇注、反应成型的方法（图 8-3）。一步法工艺主要用于低模量制品的生产。一步法与预聚物法的比较见表 8-1。

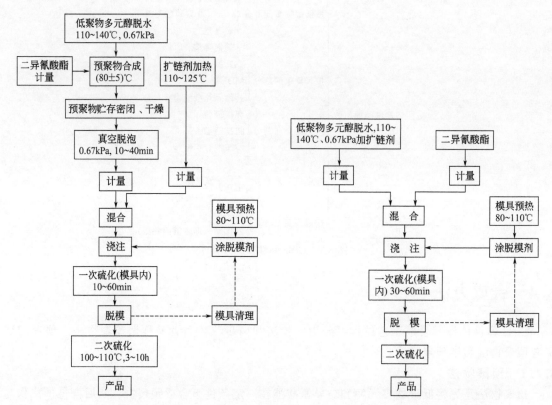

图 8-2　两步法合成预聚物工艺过程　　　　图 8-3　一步法合成工艺过程

表 8-1　一步法与预聚物法的比较

项　目	一步法	预聚物法	项　目	一步法	预聚物法
反应控制	困难	容易	催化剂	必要	可有可无
工艺过程	短	长	性能	差	好
毒性	大	小	选择性(配方)	自由	有限
贮存	易	难	生产效率	高	低
黏度	小	大	成本	低	高
原料	要求严格	略差	反应机理	复杂	简单

8.5　生产工艺

本节主要介绍低聚物多元醇脱水、预聚物或半预聚物合成和 CPU 弹性体制品成型的生产工艺。

8.5.1　低聚物多元醇脱水

无论以何种方式生产 CPU 制品，所用低聚物多元醇的水分含量均应小于 0.05％。如高于该值便要进行脱水作业。最常用的方法有间歇脱水法、连续喷雾脱水法和连续薄膜脱水法。连续脱水法用于大批量多元醇的脱水。

8.5.1.1　间隙脱水法

最好在不锈钢釜中进行，采用框（锚）式搅拌器和端面机械密封，用蒸汽或电加热，脱水温度聚醚 100～110℃，聚酯 110～140℃，在高真空度下一般需 1～4h，反应釜大小不同，时间也有差别。

8.5.1.2　喷雾脱水法

喷雾脱水法是将低聚物多元醇加入预热的贮槽中，加热升温到 90℃，经计量泵以一定的速度送到喷雾干燥室的喷嘴，并将干热空气以一定的速度通入干燥室。液体多元醇以雾状从喷头喷出，并与干热空气接触而干燥。经脱水的多元醇集中在干燥室的底部，然后送去合成预聚物。该方法能连续干燥，并有时间短、脱水效果好等特点。如德国拜耳公司便用此法干燥聚酯。计量泵输送速度为 2.3kg/min，干热空气温度为 155℃，速率为 2.8m³/min，干燥后的聚酯的水分含量可降至 0.05％以下。

8.5.1.3　薄膜脱水法

在真空薄膜干燥器中进行。将低聚物多元醇送入薄膜蒸发塔，由旋转的刮板刮成薄膜，由塔的上部徐徐流下，塔内减压达 106Pa，塔的夹套用 0.39～0.59MPa 的蒸汽加热，塔内温度约 140℃。水汽从塔顶抽出，干燥的多元醇流至塔底，送去合成预聚物。此法的特点是物料受热时间短（几分钟），蒸发面积大，脱水效果好。

8.5.2　预聚物合成

8.5.2.1　配方设计

不同的应用领域对产品性能的要求不尽相同，而产品的性能取决于所用原材料及其配比和加工工艺等。因此，在制作 CPU 制品前，首先要根据使用环境（如温度、受力情况，接触介质等）和使用寿命等选择合格的原材料，再根据设计的硬度选定合适的配比和成型方法。后者包括预聚物的合成工艺、预聚物与扩链交联剂的混合温度、模具温度、硫化及后硫化条件等。

两步法工艺是先合成端异氰酸酯基预聚物，并通过分析确定预聚物中 NCO 基的准确含量（NCO％），然后与计算量的扩链交联剂反应生产制品；或直接用已知 NCO 基含量的商品预聚物与扩链交联剂反应生产制品。因此预聚物中 NCO 基含量是一个关键指标。在实际生产过程中，是以预聚物中 NCO 基含量的设计值和低聚物多元醇的投料量来计算异氰酸酯的投料量的（见本书第 7 章）。低聚物多元醇中水分含量低，异氰酸酯的纯度又很高（≥99.5％），对计算结果影响不大。所以计算异氰酸酯投料时一般可不考虑低聚物多元醇中的微量水和异氰酸酯纯度。预聚物中 NCO 含量是以最后分析结果为准，而不是以设计值计算扩链交联剂用量的。

国外生产 CPU 弹性体制品的企业一般不生产预聚物，而从预聚物供应商直接购买。国内外几个主要生产预聚物公司的品种、牌号、性能将在后面作较为详细的介绍。

8.5.2.2　合成工艺

预聚物的合成工艺可分为实验室法和工业生产法。后者又有手工间歇法和规模生产法。下面将分别加以介绍。

（1）实验室法　实验室法用于新产品配方研究和原材料验证。其方法是将计量的低聚物多元醇加入配有搅拌器、温度计、真空系统和电加热套的三口反应烧瓶中，升温至 100～120℃，高真空下脱水 1～2h, 直至水含量低于 0.05％, 然后冷却至 40～60℃。解除真空, 加入多异氰酸酯中。反应热使体系自然升温, 待自然升温停止后, 缓慢加热升温, 在 80℃±5℃ 下反应 2～3h, 取样分析 NCO 含量, 脱泡后即得预聚物。

该工艺特点是反应装置简单, 操作方便易行。下面举例说明。

例 1: 在三口烧瓶中, 加入 350 份 T-100, 搅拌下加入 1000 份的聚四氢呋喃 ($\overline{M}_n = 1000$), 保温反应 2～3h, 分析 NCO 含量。抽空脱泡, 装桶充干燥氮气封装, 添加稳定剂可提高贮存稳定性。

例 2: 搅拌下向 1000 份 T-100 中加入 2000 份的聚己内酯 (羟值 56mg KOH/g), 保温反应 2～3h, 分析 NCO 含量。将未反应的游离 TDI 用薄膜蒸发器分离回收, 可获得低游离 TDI 含量的 TDI 预聚物。其 NCO 含量为 3.7％, 游离 TDI 含量小于 0.3％。

例 3: 按上述操作要求, 在三口烧瓶中加入 55 份温度为 40℃ 的 MDI-100 和 5 份碳化二亚胺改性的 L-MDI (NCO％＝30), 再加入 37 份聚己二酸丁二醇己二醇酯 (羟值 56mg KOH/g), 缓慢加热使温度不超过 60℃, 反应 2～3h, 制备的预聚物 NCO 含量为 19.0％。

(2) 工业生产法

① 手工间歇法 手工间歇法生产预聚物的操作程序与实验室法相似, 只是将玻璃烧瓶改为大小不等的不锈钢釜而已, 常采用电加热。常用的搅拌器形式为锚式或框式, 转速为 70～100r/min。操作过程同实验室法。为了保证预聚物的质量, 低聚物多元醇脱水和预聚物生产最好不在同一釜中进行, 聚酯型或聚醚型预聚物也不宜在同一釜中进行。同时预聚物的合成反应应在干燥氮气保护下进行。此外加料顺序也很重要, 宜先加异氰酸酯, 后加低聚物多元醇, 低聚物多元醇分次加入更好。这样反应过程平稳, 反应温度容易控制, 合成的预聚物黏度小, 游离单体含量较低, 结构较规整。

② 规模生产法 规模生产预聚物采用更大的反应设备和更完备的生产配套装置。先将液体异氰酸酯泵入反应釜中, 搅拌下将低聚物多元醇经循环泵送入管式热交换器加热后, 经计量泵入反应釜中反应。反应釜的温度用仪表控制, 待反应完成后真空脱泡, 然后将预聚物送入冷却贮罐降温和包装, 整个操作过程由电脑程序控制, 既减轻了工人的劳动强度, 也确保了产品质量。

8.5.2.3 影响预聚物质量的因素

首先必须采用优质原料, 才能合成出性能优良的产品。对于低聚物多元醇, 应控制的指标有羟值、酸值、水分、金属杂质、色度和不饱和度 (PPG) 等。对于多异氰酸酯, 应控制的指标有纯度、酸度、色度、水解氯、TDI 的异构比等。此外反应设备 (如容器材质、搅拌)、反应条件 (反应温度和时间) 和环境湿度, 均对预聚物质量产生重要影响。低聚物多元醇的羟值和异氰酸酯的 NCO 基含量是配方设计和计算的主要依据。下面将主要讨论反应体系水分、酸碱度、金属杂质、PPG 不饱和度、反应温度和时间、搅拌、包装及贮存条件等对预聚物质量的影响。

(1) 水分 水主要影响预聚物的黏度、贮存稳定性和最终产品的性能。水分的来源包括低聚物多元醇中所含的水、反应器具的干燥程度及空气湿度。水可产生两种作用: 生成脲基使预聚物的黏度增大。以脲基为支化点还能进一步与异氰酸酯基反应, 形成缩二脲支链或交联而使预聚物的贮存稳定性降低甚至凝胶。预聚物黏度大, 不易脱泡, 流动性差, 与扩链剂不易混合均匀, 同时也影响制品的性能。水含量对聚丙二醇 (PPG)/甲苯二异氰酸酯预聚物黏度的影响如图 8-4 所示。为了确保预聚物的质量, 必须严格控制低聚物多元醇中的水分含量, 使之低于 0.05％。现在各大公司生产的正规包装的聚酯和聚醚水分都低于 0.05％, 未启封过的都可直接使用。

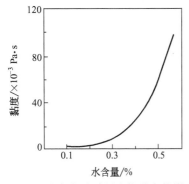

图 8-4　聚醚水含量对预聚物黏度的影响
（$R=1.25$，反应温度 120℃）

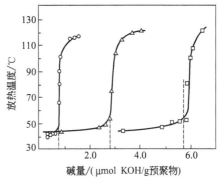

图 8-5　PPG 中碱过量（足够中和 TDI 的酸）时
预聚物出现的最高凝胶温度

（2）酸碱性　无论是预聚物合成反应，还是合成 CPU 的其他各种反应，都与反应体系中的酸、碱性有关。酸碱性杂质主要起催化剂的作用。酸性介质利于扩链反应，生成氨基甲酸酯和脲；碱性介质促进支化交联反应，生成脲基甲酸酯、缩二脲和异氰酸酯的自聚体，从而使预聚物的黏度升高甚至很快凝胶。因此，在制备预聚物时，必须使反应在酸性条件下进行。体系中的酸碱性主要来源于聚酯中的酸值、异氰酸酯中的水解氯和 PPG 中的碱性催化剂如 KOH 等。异氰酸酯是采用光气化法生产的。水解氯是异氰酸酯酸度的主要来源。异氰酸酯的酸度与低聚物多元醇中的酸值起同样的作用，抑制脲基甲酸酯和缩二脲的生成。用 PPG 制备预聚物时，为了避免出现凝胶，使浇注混合物有适当的釜中寿命，必要时可加入微量的酸或酰氯以调节体系的酸度。在酸性状态下合成预聚物，如低聚物多元醇的温度控制在 40～50℃，一般反应放热升温不会超过 70℃，而在碱性状态下反应放热升温可超过 100℃，并很快出现凝胶。如图 8-5 所示为三种不同酸碱度的 PPG-400 与三种不同酸度的 TDI（含有 HCl）制得的三种不同预聚物的放热曲线。由图 8-5 可见，当残留的 KOH 浓度超过 TDI 的酸度时，预聚物的最大放热温度可由 50℃ 剧升至 130℃。这说明预聚物可在广泛变化的酸性范围内合成，但微量的碱即可催化凝胶。表 8-2 列出了 TDI 酸度对预聚物生成的影响，可以看出，异氰酸酯的酸度对预聚物的合成反应起保护作用。

表 8-2　TDI 酸度对预聚物生成的影响[①]

TDI 酸度 /(μmol/g 预聚物)	TDI 水解氯 /$\times10^{-3}$%	预聚物状态	TDI 酸度 /(μmol/g 预聚物)	TDI 水解氯 /$\times10^{-3}$%	预聚物状态
0.00	1.1	凝胶	1.27	8.4	液体
0.00	5.4	凝胶	9.30	17.7	液体
0.05	6.8	凝胶	11.9	16.9	液体
0.04	13.0	凝胶	14.2	13.8	液体

① TDI/PPG-400，NCO/OH=2.0，20℃混合。

表 8-3 列出了 TDI 水解氯对预聚物合成的影响。

表 8-3　TDI 水解氯对预聚物生成的影响[①]

序号	TDI 水解氯/%	加入物	总水解氯/%	结果	序号	TDI 水解氯/%	加入物	总水解氯/%	结果
1	0.01	—	0.01	正常反应	3	0.001	—	0.001	16min 凝胶
2	0.005	—	0.005	43min 凝胶	4	0.001	己二酰氯	0.01	正常反应

① 以 PPG/TDI 为原料，NCO/OH=3/2。

由表 8-3 中数据可知，水解氯含量为 0.01% 时，反应正常，当水解氯含量低于 0.005% 时，反应速率加快，且预聚物容易凝胶。当加入足够的己二酰氯时，总水解氯由 0.001% 增至

0.01%，反应正常进行。异氰酸酯中的水解氯是酸度的主要来源。水解氯并不总是与预聚物的反应活性有关，而酸度却一直起主要作用。综上所述，不论是低聚物多元醇的酸碱度，还是异氰酸酯的酸度（水解氯）对预聚物生成都不起决定性的作用，起决定性作用的是两者的综合效果，即预聚物体系的总酸度。

（3）金属杂质 在低聚物多元醇中，微量的铁离子和铜离子也足以使预聚物出现凝胶。国外一般将这些金属杂质控制在 2×10^{-6} 以下，而我国则一般控制在 5×10^{-6} 以下。在合成预聚物时，除对所用原料进行严格把关外，合成预聚物不宜用铁容器和铜容器。

（4）PPG 不饱和度 以往聚氨酯工业所用的聚丙二醇是用阴离子催化剂 KOH，在多元醇或多元胺起始剂存在下，由环氧丙烷开环聚合而成的。碱不仅能催化环氧丙烷生成多元醇，还会引发环氧丙烷的异构化反应生成烯丙醇，使部分 PPG 分子成为单羟基聚醚，而且随着分子量增大，单羟基聚醚的含量增加，不饱度提高。当羟基当量达到 2000 时，两官能度产物就很难生成。这种单官能度化合物的存在，在 PU 合成过程中起链终止剂的作用，影响聚合物链增长，同时不反应的一端（C＝C 双键）起内增塑作用，使 CPU 的性能下降。不饱和度也影响聚氨酯的耐天候性，因含双键的聚合物对紫外光照射很敏感。在紫外光作用下，多元醇中的不饱和基团产生自由基反应，从而导致交联和裂解。降低 PPG 的不饱和度，可显著缩短脱模时间，提高弹性体的物理机械性能和动态性能。表 8-4 为 PPG（$\overline{M}_n = 4000$）不饱和度对 TDI 型预聚物（NCO％＝6）湿硫化 CPU 弹性体性能的影响。

表 8-4 PPG 不饱和度对 CPU 弹性体（邵尔 A60～65）**性能的影响**

分子量	不饱和值 /(mmol/g)	平均官能度 （计算值）	拉伸强度 /MPa	100％定伸 应力/MPa	割口撕裂 /(kN/m)	扯断伸长 率/％
2000	微量	1.98	9.4	3.25	49.5	849
4000	0.100	1.67	4.7	3.04	40.6	457
4000	0.050	1.82	5.02	3.12	46.0	573
4000	0.015	1.93	7.4	3.95	56.2	731

（5）温度与时间 反应温度与时间对预聚物的生成速率及预聚物的化学结构有明显影响。无催化反应时，100℃以下主要生成氨基甲酸酯，有水存在时还生成脲；在 100℃以上还会生成缩二脲及脲基甲酸酯，产生支化和交联。实践中采用较低温度可制得黏度较低、使用性能和最终产品性能优良的预聚物。图 8-6 表示反应温度和时间对 Pluronic L-31（以氧化乙烯封端的 PPG，分子量 1125）和 TDI 合成预聚物的黏度的影响。图 8-7 表示反应温度和时间对预聚物中 NCO 基含量的影响（TDI/PPG＝2/1）。

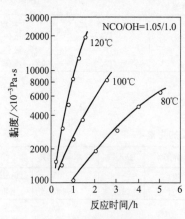

图 8-6 反应温度和时间对预聚物黏度的影响

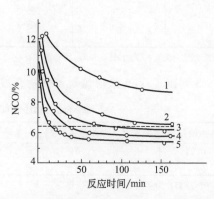

图 8-7 反应温度和时间对预聚物 NCO 基含量的影响

1—51℃；2—83℃；3—105℃；4—118℃；5—143℃

理论上,体系的初始 NCO% = 12.5。随着反应时间的延长,NCO% 最终降至计算值 6.23% 左右。

用 2,4-TDI 合成预聚物时,反应温度对预聚物的结构和弹性体的性能影响更大。这是因为受空间位阻的影响,2,4-TDI 邻对位的两个 NCO 基的活性在较低温度下,差别较大,随着温度的升高,这种差异逐渐缩小,从而导致预聚物结构的不规整性和游离 TDI 单体含量的增加。

(6)搅拌　由于异氰酸酯的密度大于低聚物多元醇,而且两者相溶性不是很好,所以充分的搅拌混合也是很重要的。适宜的搅拌速度和搅拌器型式能使物料混合均匀,反应平稳有序,防止局部过热,不易产生交联。低聚物多元醇和合成的预聚物黏度较大,属于中等偏高的黏性液体,可选用锚式或框式搅拌器,尺寸视反应釜的大小而定,转速 80～100r/min。

(7)包装及贮存条件　预聚物含有活泼的 NCO 基团,易与空气中的水分反应,因此预聚物必须采用干燥的容器并充干燥氮气封装。工业生产上,预聚物一般用马口铁桶包装并充干燥氮气保护。在干燥、低温、避光处保存,保质期一般为半年至一年。

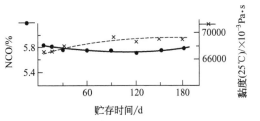

如图 8-8 所示为 Hyprene U-41 的贮存稳定性。表 8-5 为 Hyprene 的贮存时间对弹性体性能的影响。表 8-6 是国产预聚物的贮存稳定性考察数据。

图 8-8　Hyprene U-41 的贮存稳定性

表 8-5　Hyprene U-41 的贮存时间对弹性体性能的影响

性　　能	预聚物贮存天数/d			
	0	30	90	180
配比				
预聚物/份	100	100	100	100
MOCA/份	16.5	16.5	16.5	16.5
釜中寿命/min	5	6	5	6
凝胶时间/min	35	40	38	33
硬度(JIS)	94	94	94	94
100%定伸应力/MPa	16.8	16.2	16.0	16.6
300%定伸应力/MPa	29.0	28.4	28.5	29.3
拉伸强度/MPa	39.5	38.2	38.4	38.6
撕裂强度(JIS)/(kN/m)	101	97.1	97.1	104
回弹性/%	37	36	36	38
扯断伸长率/%	420	390	410	420
压缩永久变形(70℃×22h)/%	30	33	29	28

表 8-6　国产预聚物的贮存稳定性考察数据[①]

性　　能	贮存时间					
	贮存前	1 周	2 周	4 个月	6 个月	一年
NCO 含量/%	5.61	5.65	5.6	5.49	5.55	5.65
硬度(邵尔 A)	94	95	96	96	96	95
拉伸强度/MPa	50	59	55	53	53	55
300%定伸应力/MPa	16	18	17	22	21	17
扯断伸长率/%	570	580	530	500	530	560
撕裂强度/(kN/m)	118	137	117	123	123	139
回弹/%	25	26	27	27	27	28

①　该体系由 PEA/T-100/MOCA 组成,PEA 的分子量为 1250,脱水前加磷酸 0.7mg/kg。预聚物分装于五个密闭的马口铁罐中,每次打开一个分析,制备试片,测试性能。

8.5.3 制品生产

CPU 弹性体制品的加工成型方法很多，要根据制品的形状、质量要求和加工成本加以选择。CPU 制品生产按生产方法分，有手工间歇法和机械连续法两种。按浇注方式分，可分为垂直浇注法、倾斜浇注法、底部压注法、旋转浇注法和喷涂法。还可按制品成型方法分为常压模制法、压力模制法、离心模制法、真空模制法和传递模制法，如图 8-9 所示。

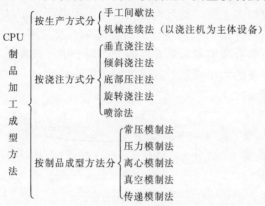

图 8-9　CPU 弹性体制品生产常用的加工成型方法

8.5.3.1 手工间歇法

该方法是试验室和批量生产中较为常用的方法。常用的低聚物多元醇/TDI/MOCA 体系的操作工艺是，用大小适宜的容器称取适量的预聚物，搅拌下加热至 80～90℃后，置入真空干燥器中脱泡 5～20min，而后加入熔化的 MOCA 等扩链剂，搅拌混合均匀（1～2min），必要时需进行二次脱泡（2～3min），随即浇入准备好的模具中，加热硫化或待凝胶时压硫化。对于大型制品，可采用在反应釜内混合、脱泡，然后浇注成型。该法的优点是投资少，缺点是胶料黏度大、可浇注时间短、易夹带气泡、混合不易均匀，生产效率低、劳动强度大，只适用于中小型制品的小规模生产。

8.5.3.2 机械连续法

该法以浇注机为主体设备，预聚物的预热、脱泡，扩链剂（如 MOCA）的熔化，以及预聚物与扩链剂的计量、混合及浇注均在浇注机中连续完成。物料的加热、计量、混合、浇注、清洗及停开车等操作也都可以通过电脑自动控制，能够连续生产 CPU 制品。该方法是聚氨酯工业中广为采用的方法。其优点是产品质量稳定，生产效率高，适于大、中型制品和大批量制品的生产。生产装置如图 8-10 所示。

浇注是将混合的液体胶料浇入模具的过程。为保证产品质量，提高产品正品率，必须采用正确的浇注方法。常用的浇注方法有垂直浇注法、倾斜浇注法、底部压注法和喷涂法等。

8.5.3.3 垂直浇注法

该法是指模具垂直放置，浇注料沿器壁而下的浇注方法。成型胶辊时常采用此方法。依据胶辊辊芯的直径与模具内径差，可采用下述几种方式，如图 8-11 所示。

浇注料从芯轴顶端浇注，胶液缓慢地沿芯轴表面向模具底部流动，直至充满模具为止。如制品高度不大，模具型腔较宽，便于观察，也可从模具底部开始浇注。浇注软管的出口靠近胶面，并随胶面的上升而提升，以防冲起气泡。总之，要根据制品形状和模具合模面分布，考虑浇注前模具是否需要适当倾斜，朝什么方向倾斜，浇注软管出口选在什么位置，是固定好还是逐渐移动好，其目的是要使胶料平稳到达型腔的最低处后逐渐将型腔中的空气往上赶，往有合模面的方向赶，绝不可把空气和气泡赶向死角（气体易朝上或往旁边跑，很难往下方向跑），所以模具设计时合模面的选择极为关键。

8.5.3.4 倾斜浇注法

倾斜浇注法是指模具倾斜，胶液沿模具内壁流下的作业方法。通常用于骨架与型腔有水平面，气泡难于排除的场合。制造胶轮和胶辊一类的产品可采用该浇注法。将模具倾斜，出口管直接向模具上部低端的内壁处浇注，随着浇注水平面的不断提高，逐渐扶正模具，如图 8-12 所示。

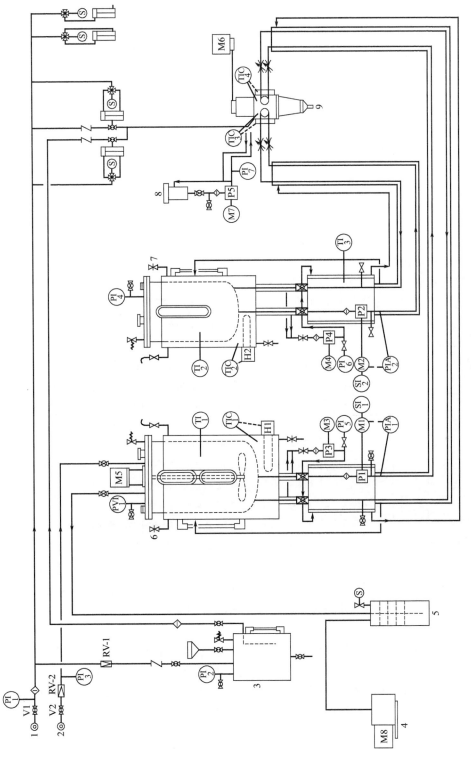

图 8-10　东邦EA型浇注机简图

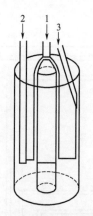

图 8-11　浇注胶辊的三种操作方式
1—从芯轴上方浇注；2—从液面下方浇注；
3—侧壁浇注

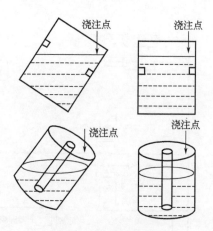

图 8-12　倾斜浇注法

当模具中有突出物或其他障碍物时，也可采用倾斜浇注。若垂直浇注，当浇注物沿壁向下流动遇到障碍物时，正常的连续流动受到破坏，必然会裹入空气。倾斜浇注的操作过程如下：料液沿侧壁下流，遇到障碍物形成的凹坑先将其充满，然后新鲜料液越过障碍物向空腔较低部分流去。随着浇注操作的进行，当物料整体液面越过障碍物后，再逐渐把模具扶正。

8.5.3.5　底部压注法

底部压注法是指胶料从模具的底部压入模腔中的作业。该法适用于制品件壁薄，结构复杂，模具难于充满的场合。该法要求胶料必须黏度较小，凝胶时间长，浇注时间必须控制在凝胶时间之内。电子工业中用聚氨酯橡胶灌封电子元件通常采用此方法。将聚氨酯胶液放入汽缸类的容器中，此容器底部与灌封件的底部用管道连通。浇注时，打开管道上的阀门，用重物、压缩空气或柱塞将胶液压入，如图 8-13 所示。

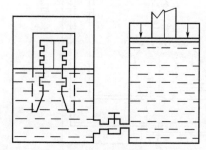

图 8-13　底部压注法

8.5.3.6　旋转浇注法

该法类似于乙烯类树脂糊的成型方法，可制得中空球状物，还可在中空制品内部填充材料增强制品。其操作过程如下：将胶液注入模型中后，使模具沿两轴旋转（一个自转，一个公转），从而在内壁形成均匀的覆盖层直至硬化。成型制品的厚度最高可达 13mm。该法要求胶液的釜中寿命为 8～10min，且不发生黏度剧烈上升的现象，旋转速率以 2～15r/min 为宜。

8.5.3.7　喷涂法

喷涂用聚氨酯弹性体采用一步法工艺完成，在催化剂存在下各组分快速反应成型，而且无需加热被覆物，室温硫化。这一特征与一步法浇注聚氨酯弹性体室温快速硫化相同。也可采用半预聚物法工艺完成。标准配方的聚氨酯喷涂料在数秒至数十秒内即可反应固化。所以在加工中，需采用自动计量-混合-喷涂的双组分或三组分喷涂设备。德国 Hennecks 公司的 HKaos 与 EZ 型设备适于此项操作。HKaos 型设备主要适用于聚酯类的喷涂，它是属于高压柱塞泵式的喷涂装置，喷涂过程中不使用压缩空气，以泵所产生的压力将物料按一定的比例输入混合头中，然后反应混合物以雾状喷涂在基材上。由于聚酯黏度较高和反应速率较快，对聚酯应进行适当处理。首先在 135℃和 800Pa 余压下真空脱水 4h，加入反应催化剂，然后注入喷涂装置用的贮槽中，保持 100℃备用，而扩链剂和液体 MDI 常温使用。

　　EZ 型喷涂设备是低压齿轮泵式的，主要用于聚醚型聚氨酯弹性体的喷涂。聚醚可因加入吸湿剂而不用脱水。由于加入沸石类吸湿剂，柱塞泵不适用，而只能使用齿轮泵。EZ 型设备用压缩空气将聚氨酯低压喷涂在管材上。

　　目前，国外厂家根据喷涂聚氨酯弹性体的特点并结合聚氨酯-聚脲 RIM 技术的设备工作原理，陆续开发出用于喷涂聚脲弹性体的设备，并在不断地改进和提高，后面将详细介绍。

8.5.3.8　常压模制法

　　该法是最为简单和常用的模制方法。此法是将预聚物和扩链剂的混合物浇注到预热至80～120℃并涂有脱模剂的开口模具中，常压硫化达到强度后便可脱模转入后硫化工序。浇注时必须注意不要卷入空气以免使成型物裹有气泡，以浇注机浇注为宜。对尺寸要求严格的制品，成型后还需对产品进行切削加工。模具设计时要考虑弹性体收缩率。若技术熟练采用手工间歇法也可浇注较大的制品。该法的模具强度要求不高，可以采用铝等软金属加工制造，甚至可以用增强塑料加工模具。聚氨酯胶辊、胶轮等产品常用此法生产。

8.5.3.9　压力模制法

　　这种成型操作适于批量生产尺寸要求较为严格或上部通常不是平面的制品，是浇注制品生产中常用的方法。将混合后的胶料注入模具中，停留一段时间，待其凝胶时合模加压成型。此法的关键是凝胶点的掌握。合模加压早了，胶料挤压力不够，难以将内部气泡完全排出；凝胶点后加压，物料交联，弹性大易龟裂。凝胶点应根据具体情况通过经验来确定。达到凝胶点时的物料特征是表面无黏性，但还未完全变硬（可用物触感）。也可以采用凝胶材料加压模制。根据模具大小将凝胶薄片切成适当大小，装于模具中。模具温度或加工温度为 90～120℃，加压硫化时间取决于零件、形状和尺寸。还可用颗粒状凝胶材料加压模制。此法对模具的强度要求较高。

8.5.3.10　离心模制法

　　该法用于制造薄片状和复杂形状的制品，也可层压、被覆和复合制造增强材料，如在模具中衬入布、纤维和钢丝等，即可制造增强片材、管材和各种齿形传动带等。此法是将液体混合物注入模具中央，借离心力使之进入模槽。液体混合物无需脱泡，离心力可产生强制脱泡作用。旋转速度因物料、制品不同而异，一般以 500～2000r/min 为宜。旋转速率、黏度和凝胶速率之间保持平衡，否则，制品易出现不均匀现象。

8.5.3.11　真空模制法

　　此法常用于形状复杂，不允许混入任何气泡的制品的生产，属于开口浇注。成型过程是将模具放入真空箱内，减压至 133.33Pa 余压，开动带有真空浇注器的浇注设备，将常压下的胶料吸入模具型腔。由于是在真空状态下浇注，有利于胶料中气泡的排除，如图 8-14 所示。

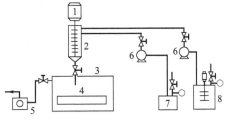

图 8-14　真空浇注设备
1—搅拌电机；2—混合头；3—真空浇注器；
4—真空室和模具；5—真空泵；
6—计量泵；7—扩链剂；8—预聚物贮槽

8.5.3.12　传递模制法

　　该法适于大批量、小型制品的生产。操作过程是将胶料浇注到圆筒形缸体中，物料凝胶后，推动活塞使物料通过主流道和分流道，挤入模具中。浇注混合物在凝胶点时的黏度是很高的，可以凭借闭模压力排除空气，同时又能从缸体注入模具中。也可用凝胶材料进行传递模制。

8.5.4 一步法配方及其制品

一步法所用的原材料主要有：低聚物多元醇、多异氰酸酯、扩链交联剂和催化剂等。其中异氰酸酯还可用 PAPI 和各种改性 MDI，扩链交联剂还常用官能度大于 2 的多元醇。催化剂有辛酸亚锡、二月桂酸二丁基锡、叔胺、有机酸和有机金属盐等。一步法工艺是将低聚物多元醇、扩链交联剂和催化剂混合后脱水（或将低聚物多元醇脱水后与干燥的扩链交联剂和催化剂混合），然后与多异氰酸酯混合、浇注成型产品。一步法浇注弹性体可以加热硫化，也可室温硫化。加热硫化不一定加入催化剂，而室温硫化则必须加入催化剂。一步法制品成型方法可用两步法的所有成型方法，即两步法采用的成型方法一步法均可采用。下面以一步法生产印刷胶辊的生产工艺举例说明。

用明胶或一般橡胶制得的印刷胶辊因其耐油性、耐热性差，强度低而逐步被聚氨酯胶辊所取代。印刷胶辊模量低，硬度仅为邵尔 A 10～40，大部分由乙二醇、丙三醇或三羟甲基丙烷、二乙二醇和己二酸生产的聚酯和甲苯二异氰酸酯制造，不用扩链剂，一般无需添加增塑剂。操作步骤如下：将低聚物多元醇在 130～140℃ 下真空脱水，使水分含量低于 0.05%，降温至 80～90℃，搅拌下加入 T-80 或 T-65，边搅拌边脱泡 5～10min（注意体系温度不超过 90℃），停止搅拌，继续脱泡 1～3min。然后将胶料浇注到约 80℃ 的模具中。在 120℃ 烘箱中硫化 2h 脱模，将制品在此温度下继续硫化 6h 以上。不同配方制品的硬度见表 8-7，聚酯型（PU）印刷胶辊所用原料配方和性能见表 8-8。

表 8-7 不同配方制品的硬度

低聚物多元醇（羟值＝60mg KOH/g）/质量份	T-65	制品硬度（邵尔 A）	低聚物多元醇（羟值＝60mg KOH/g）/质量份	T-65	制品硬度（邵尔 A）
100	6.3	13	100	7.8	25
100	7.0	15	100	8.0	30
100	7.5	20	100	8.3	35

表 8-8 聚氨酯印刷胶辊所用原料配方和性能

配方/质量份		物　性	
聚酯多元醇	100	硬度（邵尔 A）	10～45
T-65 或 T-80	7.0～9.0	拉伸强度/MPa	0.2～1.0
		扯断伸长率/%	500～700

8.5.5 影响产（制）品性能的因素

合成 CPU 弹性体的主要原料有三大类，即低聚物多元醇、多异氰酸酯和扩链交联剂。原料的结构决定产品的性能，原料的结构和分子量不同，必然导致弹性体性能的差异。在原料选定之后，配比和生产工艺也会影响弹性体的性能。此外添加不同的配合剂也可起到改善加工工艺和提高（或降低）产品性能的作用。下面分别加以讨论。

8.5.5.1 低聚物多元醇

合成 CPU 弹性体所用的低聚物多元醇主要有聚酯和聚醚两大类，此外还有聚己内酯（PCL）和聚碳酸酯（PCD）、聚烯烃多元醇等。它们对 CPU 弹性体主要性能的影响见表 8-9。

由表 8-9 所列性能可知，不同结构的软段赋予 CPU 不同的性能。在 PTMG 结构中，醚键之间是 4 个碳原子的直链烃基，偶数碳原子的烃基互相排列紧密，分子间的引力大，所以 PTMG 类 CPU 不仅具有良好的低温弹性和耐水解性能，而且机械强度也很高。此外由 PTMG 制得的预聚物，在加工温度下黏度较低，釜中寿命较长，具有较好的加工成型性能，所以它的应用广泛，是一种高档的 CPU 弹性体。但因 PTMG 价格较贵，其应用受到一定限制。用 PTMG 制得的 CUP 最优秀的性能有动态性能、耐低温、耐水解、耐冲击摩擦和耐霉菌性能。

表 8-9　不同低聚物多元醇对 CPU 弹性体性能的影响[①]

性　能	多元醇类型						
	PTMG	PTMG/PCL	PCD	聚酯	PPG	THF/PO 共聚醚	PCL
拉伸强度	A	A	A	A	B	B	A
撕裂强度	B	B	A	A	C	C	B
扯断伸长率	B	B	B	B	B	B	B
动态性能(低滞后)	A	A	A	B	C	C	A
回弹性	B	B	B	C	C	B	B
低温性能(−50~20℃)	A	A	C	C	C	B	B
耐热性(>60℃)	C	C	B	B	D	D	C
耐磨(冲击)	A	A	B	C	C	C	A
耐磨(滑动)	B	B	A	A	B	B	B
耐水性	B	B	B	C	B	B	B
耐油/溶剂性	D	C	B	B	D	C	C
UV 稳定性	C	C	B	B	C	C	C
耐霉菌性	A	C	C	C	B	B	C
相对密度	B	B	C	C	B	B	C
价格	D	C	C	B	A	A	D

① 性能依 A>B>C>D 次序降低。

聚己内酯二醇具有类似聚酯的结构,其酯基之间碳原子数比一般己二酸聚酯多,即酯基含量比较低,所以其低温弹性、耐水解和耐热性能均得到了改善,基本上兼具了聚酯和 PTMG型 CPU 的优点。但是聚己内酯价格比聚酯高出约一倍,因此其应用也受到价格的制约。

聚碳酸酯二醇分子特征结构是碳酸酯基 ($—O—\overset{\text{O}}{\overset{\|}{C}}—O—$),极性较大,由它制得的 CPU 机械强度同聚酯型相当,并具有较好的耐水解性能、耐热性和动态力学性能,同时也具有良好的吸振、耐磨和耐油、耐溶剂性能。但因其价格是 PTMG 的 2~3 倍,成本较高。且由它合成的预聚物黏度较大,工艺性能较差,使其应用受到极大限制,仅在一些要求特殊性能的场合应用,如纺织加捻用的摩擦盘等。为降低其预聚物的黏度,可采用半预聚物法或与其他低聚物多元醇并用。表 8-10 为不同低聚物多元醇合成的 PU 弹性体的性能比较。如图 8-15~图 8-18 所示为PCD-2000、PTMG-2000 和 PBA-2000 等合成弹性体在 70℃水中浸泡其性能随时间的变化。

表 8-10　不同低聚物多元醇合成的 PU 弹性体的性能比较[①]

性　能	日本大赛璐公司			山西煤化所			
	PCD-220	PTMG-2000	PCL-220	PCDL[②]-1000	PCDL[②]-2000	PTMG-2000	PBAG-2000
硬度(邵尔 A)				94.0	90.0	86	89
回弹性/%				10.0	29.0	47	40
拉伸强度/MPa	45	34.8	41.5	46.5	46.0	27.0	39.8
100%定伸应力/MPa	4.8	3.1	3.0	19.8	11.0	8.0	7.0
300%定伸应力/MPa	28.3	6.7	9.3	37.8	34.0	14	14.0
扯断伸长率/%	400	680	610	326.0	360.0	504	512
撕裂强度/(kN/m)	16.6	13.7	17.0	95.5	90.2	82	95.0
拉伸永久变形/%	62	20	52	20	20	20	20
应力松弛/%	47	62	62				
滞后损耗/%	9	20	13				
弹性恢复性/%	70	80	−10				
耐磨性[③]/(mg/1000r)	64	102	81				

① PCD-220 和 PCL-220 分别为日本大赛璐的聚碳酸酯二醇和聚己内酯二醇的牌号,分子量均为 2000,日本大赛璐和山西煤化所的弹性体组成均为:低聚物多元醇/MDI/BDO。

② PCDL 为日本旭化成公司聚碳酸酯二醇的牌号。

③ Taber 磨耗,质量 1kg,摩擦环 H-22。

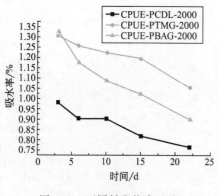

图 8-15 不同低聚物多元醇
PU 弹性体的吸水率

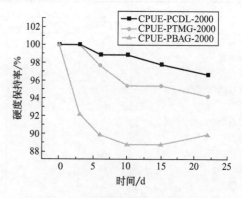

图 8-16 不同低聚物多元醇 PU
弹性体的硬度保持率

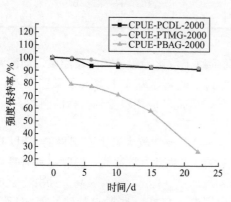

图 8-17 不同低聚物多元醇
弹性体的强度保持率

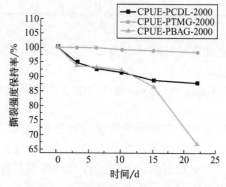

图 8-18 不同低聚物多元醇弹性体
的撕裂强度保持率

聚酯分子特征结构是酯基（$-\overset{\text{O}}{\underset{}{\text{C}}}-\text{O}-$），极性较大，由它制得的 CPU 机械强度高，并具有良好的吸振、耐磨和耐油/溶剂性能，且原料来源广泛，成本相对较低。但其耐水性和低温性能不好，耐霉菌性也差。聚酯型 CPU 弹性体在耐磨、耐油、吸振等许多领域得到了广泛的应用。

聚氧化丙烯多元醇是由环氧丙烷开环聚合制得的。它的原料来源广泛，价格便宜。由于侧甲基的影响，由 PPG 制得的预聚物黏度较低，与扩链剂混合后流动性较好，但由 PPG 制得的 CPU 其机械强度、耐磨、耐油性能不及 PTMG 和聚酯型，它的应用主要是一些低模量的产品，如铺装材、防水材等室温固化产品。

由四氢呋喃和环氧丙烷开环聚合合成的 THF/PO 共聚醚制得的 CPU 弹性体，其性能仅次于 PTMG 型而优于 PPG 型。由于共聚醚的预聚物黏度小，与扩链剂混合后，胶料的流动性很好，釜中寿命比较长，所以常用作灌封材料。该品种具有良好的透声性能、耐水性能、抗霉菌性能，所以多用于声纳元件和电子元器件的灌封保护。

用聚烯烃类多元醇制得的 CPU 弹性体已有十几年的历史，但商品化的并不多见。聚烯烃类多元醇的原料比较广泛，除大量采用丁二烯外，还有丙烯腈、苯乙烯和异戊二烯等。由这些原料可制得均聚物或共聚物多元醇，但市场上的产品主要是丁二烯的均聚多元醇，简称丁羟。

由于这类多元醇不含酯键和醚键，分子极性小，由它制得的 CPU 弹性体的水解稳定性和介电性能非常好。该品种本身强度低，但可以用大量的填料增强，多用作固体燃料的黏合剂。

8.5.5.2　二异氰酸酯

CPU 弹性体最常用的二异氰酸酯有 TDI、MDI 和 NDI。近年来 PPDI、CHDI 和 TODI 作为具有特殊性能的异氰酸酯也用于 CPU 弹性体。二异氰酸酯结构对弹性体性能的影响见表 8-11。

表 8-11　二异氰酸酯结构对弹性体性能的影响

性　能	二异氰酸酯					性　能	二异氰酸酯				
	MDI	TDI	PPDI	NDI	CHDI		MDI	TDI	PPDI	NDI	CHDI
耐热性	C	C	A	A	A	硬度	C	C	B	C	C
不变黄性	D	D	D	D	B	耐磨性	B	C	A	A	A
回弹性	B	D	A	B	B	动态性能	C	D	A	B	B
预聚物黏度	C	B	B	D	D	伸长率	C	D	B	C	B
耐水性	B	C	A	B	A	耐溶剂性	B	C	B	B	C
耐屈挠	C	D	A	D	B	单体价格	B	B	E	E	E
蒸气压	B	C	B	D	B	制品价格	B	B	C	D	D

注：性能依 A、B、C、D、E 次序变差。

由表 8-11 可知，二异氰酸酯结构不同，合成的 CPU 弹性体性能也不同。二异氰酸酯结构对称性越好，其结晶性越强，微相分离程度增大，相应的硬度、强度、耐热性、回弹性及动态性能均提高。

就分子结构而言，MDI 比 TDI 多一个苯环，而且分子结构对称，MDI 苯环上的 NCO 基不像 TDI 的 NCO 基受空间位阻的影响，其反应活性较 TDI 高，且自聚倾向大，易自聚生成二聚体和三聚体，贮存稳定性差，此外，MDI 的蒸气压比 TDI 低，不易挥发，所以其毒害较 TDI 小。

以上特点决定了 MDI 在合成预聚物时，反应较快，生成的预聚物黏度大，结晶性较强，室温下常为固体，胶料流动性差，釜中寿命短。MDI 预聚物多用 1,4-丁二醇扩链，因其分子量较低，与预聚物的配合量少，计量难以准确，分散不易均匀，给手工操作造成诸多不便。因混合胶料强度上升的速率较慢，加工效率变低。所以迄今为止，我国用预聚物法合成 CPU 弹性体仍以 TDI 型为主。

MDI 型 CPU 弹性体具有很好的综合性能，尤其是物理机械性能、屈挠寿命、耐磨性、耐水性、动态性能等均优于 TDI 型，而且 MDI 的毒性小。因此多年来，人们一直在致力于 MDI 型 CPU 产品的开发，市场占有率不断上升。美国的 Mobay 化学公司、聚合物化学公司和 Arco 公司以及法国博雷公司等都开发了 MDI 系列预聚物、半预聚物及其弹性体制品。近几年中国科学院山西煤化所、山西省化工研究所、宁波海安聚氨酯有限公司等针对不同的市场应用要求开发了 MDI 系列预聚物、半预聚物及其弹性体制品。采用半预聚物法可克服 MDI 型预聚物黏度大、不易混合均匀、配比悬殊的缺点。

NDI-聚酯系列产品早在 1950 年由德国拜耳公司开发成功，是以半预聚物法生产的。由于 NDI 活性高，制备的半预聚物贮存时间短，必须在 30min 到几个小时内做成制品。因此，生产商不能供应 NDI 型预聚物，只能就地生产制品，其釜中寿命从 30s 到 5min。硬度可从邵尔 A55 至邵尔 D70，有一系列商品牌号，是特殊的 CPU 弹性体品种。前几年由拜耳公司和法国博雷公司的合资公司在市场上推出了稳定的 NDI 型预聚物，但由于价格较高，应用范围仍然十分有限。NDI 是稠环芳烃衍生物，常用 1,4-丁二醇和三羟甲基丙烷扩链交联，所得弹性体具有如下特点。

① NDI/丁二醇硬段熔点高；NDI/丁二醇硬段 320℃不熔融，而 MDI 和 TDI 与丁二醇的硬段的熔点分别为 230℃和 210℃。

② 在较宽的温度变化范围内，剪切模量不变。

③ 阻尼值很低，以致在高动态负荷下，内生热很小。

④ 撕裂强度高，耐磨性好。

⑤ 压缩永久变形低。

⑥ 尽管用的是低聚物聚酯多元醇，但回弹性很高。

⑦ 优异的耐油性。

NDI 型 CPU 弹性体具有良好的耐磨性能、耐屈挠性能，且只需变化 NDI 和聚酯两种原料的比例即可制得较宽硬度范围的产品。典型的商品牌号是 Vulkollan 系列。直至目前，NDI 用量不大，主要是因为 NDI 价格很贵，加之其活性高，工艺性能不好，手工操作困难。

用 MDI、NDI、TODI 与 TDI 制得的 CPU 弹性体的性能比较见表 8-12 和表 8-13。

表 8-12　MDI、NDI 和 TDI 型 CPU 弹性体的物理性能

预聚物组成 扩链剂 性能	NDI/聚酯	TDI/PTMG	TDI/聚酯	MDI/PTMG	MDI/聚酯
	BD	MOCA	MOCA	BD	BD
硬度(邵尔 A)	90	90	90	90	90
撕裂强度/(kN/m)	129.9	87.2	96.1	90	110
拉伸强度/MPa	46.5	36.6	45.8	41.0	46
扯断伸长率/%	690	400	540	440	630
100%定伸应力/MPa	9.7	7.7	7.1	7.7	8.0
300%定伸应力/MPa	14.1	14.8	13.8	17.9	14.4
压缩永久变形/%	14.9	21	28	—	27
回弹性/%	52	49	32	54	25
磨耗/mg	9.0	45	25.6	28	44mm³

表 8-13　MDI、NDI 和 TODI 型 CPU 弹性体的物理性能

预聚物组成 扩链剂 性能	PCD-220/TODI		PCD-220/MDI		PCD-220/NDI
	BDO	BDO	BDO	BDO	BDO
NCO 含量/%	3.1	4.1	7.0	8.0	3.5
硬度(邵尔 A)	86	93	90	94	95
拉伸强度/MPa	47.8	40.1	46.23	44.83	42.9
扯断伸长率/%	823	376	620	543.5	425
100%定伸应力/MPa	4.5	4.8	8.01	11.7	9.0
300%定伸应力/MPa	7.5	8.7	18.3	20.8	16.6
扯断永久变形/%	10.4	7.5	21.9	36.4	11.2
撕裂强度/(kN/m)	93.3	98.6	95.1	110.31	107.3
回弹性/%	—	20	12	9	37

NDI 和 TDI 结构对弹性体屈挠性能的影响见表 8-14 和表 8-15。

表 8-14　NDI 和 TDI 型弹性体的屈挠实验结果（硬度邵尔 A90）

弹性体组成	能量吸收/(N/mm)				变形/%
	0min	10min	20min	30min	30min 后
TDI/PTMG/MOCA	500	230	230	230	7.5
TDI/聚酯/MOCA	850	破坏	—	—	—
NDI/聚酯/丁二醇	300	180	200	170	4.5

注：试样：圆柱形，高 24mm，直径 20mm。条件：频率 10Hz，预载 1200N，变载 800N 进行压变试验。

表 8-15　NDI 和 TDI 型弹性体的屈挠实验结果（硬度邵尔 A90）

试验温度 屈挠变形 弹性体组成	刚测试后的变形/%		测试后放置100h的变形	
	22℃	80℃	22℃	80℃
TDI/PTMG/MOCA	6.0	14.0	5.5	14.2
TDI/聚酯/MOCA	7.6	13.0	6.7	14.5
NDI/聚酯/BDO	3.7	2.6	3.5	3.3

注：试样：圆柱形，高 24mm，直径 20mm。条件：频率 2Hz，实验 100 万次，在室温和 80℃压缩 20%。

从以上实验结果可以看出，NDI 弹性体的能量吸收比 TDI 类弹性体低得多。压缩 30min 后，TDI/聚酯/MOCA 弹性体早就完全破坏，TDI/PTMG/MOCA 弹性体较好，但不及 NDI/聚酯/丁二醇弹性体。表 8-15 的测试结果也表明了上述类似的结论。其实验刚结束时和 100h 后的变形值清楚地表明，NDI 弹性体具有优异的耐屈挠性能。

美国科聚亚公司（原 Uniroyal 公司）开发了 PPDI 和 CHDI 型 CPU 弹性体。PPDI 和 CHDI 的共同特点是分子结构高度对称，分子量和分子大小比许多二异氰酸酯小得多，在 PU 合成中使用少量的 PPDI 和 CHDI 即可达到卓越的性能。PPDI 和 CHDI 系 CPU 弹性体具有突出的动态性能（屈挠寿命）、耐水性、耐热性和回弹性能，即使在较高温度下（150℃），仍具有突出的韧性、耐磨性和耐割裂性，并能较好地保持其力学性能。在 pH 值为 1～10 的热溶液中浸泡后依然具有优异的物理性能。CHDI 的反应较其他脂肪族异氰酸酯快，PPDI 的反应较其他芳香族二异氰酸酯快。所开发的 CPU 弹性体有 PPDI-PTMG-1000、CHDI-PTMG-1000、PPDI-PCL 和 CHDI-PCL，PPDI-PAG 和 CHDI-PAG。其性能见表 8-16～表 8-20 以及图 8-19 和图 8-20。这些弹性体适于高温、高湿、高动态载荷的应用场合。

表 8-16　PPDI 和 CHDI 型 CPU 弹性体的组成和性能

	预聚物	PTMG-1000[①]/二异氰酸酯＝1/2(摩尔比)		PCL[②]/二异氰酸酯＝1/2(摩尔比)	
	硫化剂	BDO(理论量的 95%)			
组成	二异氰酸酯类别	PPDI	CHDI	PPDI	CHDI
	二异氰酸酯/%	23.1	23.76	19.05	19.62
	NCO 含量/%	6.36	6.34	5.28	5.24
	T-12[③]/%	—	0.0037	—	0.0031
性能	相对密度	1.14	1.21	1.03	1.17
	硬度(邵尔 A)	94	97	91	92
	硬度(邵尔 D)	48	50	41	48
	100%定伸应力/MPa	13.12	12.16	9.08	12.94
	300%定伸应力/MPa	17.31	14.53	16.11	15.82
	拉伸强度/MPa	33.19	22.26	47.69	23.72
	扯断伸长率/%	512	565	565	588
	撕裂强度/(kN/m)				
	直角	98.76	83.35	100.9	88.95
	割口	20.14	37.47	58.3	45.18
	回弹性/%	58	60	50	59
	压缩永久变形/%	31	37	46	38

① PTMG-1000：羟值为 114.5。

② PCL：聚己内酯多元醇（Niax PCP 0230），羟值为 88.3。

③ T-12：二月桂酸二丁基锡。

表 8-17　PPDI 和 CHDI 型 CPU 弹性体的组成和性能

<table>
<tr><td rowspan="2" colspan="2">预聚物</td><td colspan="6">PAG[①]/二异氰酸酯＝1/2(摩尔比)</td></tr>
<tr><td colspan="2">BDO</td><td colspan="2">HQEE</td><td colspan="2">TMP/BDO</td></tr>
<tr><td rowspan="4">组成</td><td>二异氰酸酯类别</td><td>PPDI</td><td>CHDI</td><td>PPDI</td><td>CHDI</td><td>PPDI</td><td>CHDI</td></tr>
<tr><td>二异氰酸酯/%</td><td>13.06</td><td>13.48</td><td>12.51</td><td>12.92</td><td>13.06</td><td>13.48</td></tr>
<tr><td>NCO 含量/%</td><td>3.56</td><td>3.54</td><td>3.56</td><td>3.54</td><td>3.56</td><td>3.54</td></tr>
<tr><td>BABCO 33LV[②]/%</td><td>0.013</td><td>0.025</td><td>0.012</td><td>0.024</td><td>0.025</td><td>0.025</td></tr>
<tr><td rowspan="14">性能</td><td>相对密度</td><td>1.16</td><td>1.13</td><td>1.14</td><td>1.13</td><td>1.11</td><td>1.11</td></tr>
<tr><td>硬度(邵尔 A)</td><td>80</td><td>80</td><td>86</td><td>67</td><td>78</td><td>78</td></tr>
<tr><td>硬度(邵尔 D)</td><td>30</td><td>30</td><td>35</td><td>20</td><td>28</td><td>28</td></tr>
<tr><td>100%定伸应力/MPa</td><td>4.1</td><td>5.83</td><td>7.61</td><td>2.63</td><td>4.4</td><td>4.40</td></tr>
<tr><td>300%定伸应力/MPa</td><td>7.57</td><td>11.15</td><td>15.13</td><td>4.24</td><td>9.27</td><td>9.27</td></tr>
<tr><td>拉伸强度/MPa</td><td>37.21</td><td>29.87</td><td>28.70</td><td>39.68</td><td>38.56</td><td>38.56</td></tr>
<tr><td>扯断伸长率/%</td><td>822</td><td>713</td><td>635</td><td>698</td><td>720</td><td>720</td></tr>
<tr><td>撕裂强度/(kN/m)</td><td></td><td></td><td></td><td></td><td></td><td></td></tr>
<tr><td>　直角</td><td>82.5</td><td>4.6</td><td>93.5</td><td>68.8</td><td>49.0</td><td>78.6</td></tr>
<tr><td>　割口</td><td>60.8</td><td>71.6</td><td>58.7</td><td>47.1</td><td>30.5</td><td>45.4</td></tr>
<tr><td>回弹性/%</td><td>46</td><td>48</td><td>48</td><td>51</td><td>38</td><td>48</td></tr>
<tr><td>压缩永久变形/%</td><td>65</td><td>56</td><td>21</td><td>33</td><td>12</td><td>33</td></tr>
</table>

① PAG：己二酸系聚酯多元醇（MultrathaneR-14），羟值为 56.9；

② DABCO 33LV：33% 的三亚乙基二胺的二丙二醇溶液。

表 8-18　PPDI 和 CHDI 型 CPU 弹性体耐液体性能

<table>
<tr><td>预聚物配比</td><td colspan="2">PTMG-1000/二异氰酸酯＝1/2(摩尔比)</td><td>预聚物配比</td><td colspan="2">PTMG-1000/二异氰酸酯＝1/2(摩尔比)</td></tr>
<tr><td>硫化剂</td><td colspan="2">BDO(理论量的 95%)</td><td>硫化剂</td><td colspan="2">BDO(理论量的 95%)</td></tr>
<tr><td></td><td colspan="2">25℃浸泡一周质量增加/%</td><td></td><td colspan="2">25℃浸泡一周质量增加/%</td></tr>
<tr><td>二异氰酸酯类别</td><td>PPDI</td><td>CHDI</td><td>乙二醇</td><td>18.3</td><td>17.3</td></tr>
<tr><td>硫酸(30%)</td><td>1.2</td><td>0.7</td><td>ASTM Fuel B</td><td>15.2</td><td>14.8</td></tr>
<tr><td>氢氧化钠(10%)</td><td>1.4</td><td>0.9</td><td>ASTM 3[#] 油</td><td>4.7</td><td>8.7</td></tr>
</table>

表 8-19　PPDI 和 CHDI 型 CPU 弹性体的耐油性能

<table>
<tr><td rowspan="3" colspan="2">组成</td><td colspan="4">PTMG-1000/二异氰酸酯＝1/2(摩尔比)</td></tr>
<tr><td colspan="4">硫化剂：BDO(理论量的 95%)</td></tr>
<tr><td colspan="2">PPDI</td><td colspan="2">CHDI</td></tr>
<tr><td rowspan="2"></td><td>硬度(邵尔 D)</td><td colspan="2">48</td><td colspan="2">50</td></tr>
<tr><td></td><td>原始</td><td>ASTM3[#] 油</td><td>原始</td><td>ASTM3[#] 油</td></tr>
<tr><td rowspan="5">性能</td><td>100%定伸应力/MPa</td><td>12.7</td><td>11.2</td><td>12.1</td><td>11.2</td></tr>
<tr><td>300%定伸应力/MPa</td><td>23.2</td><td>18.5</td><td>18.7</td><td>17.3</td></tr>
<tr><td>拉伸强度/MPa</td><td>36.7</td><td>29.7</td><td>21.5</td><td>19.4</td></tr>
<tr><td>扯断伸长率/%</td><td>500</td><td>465</td><td>400</td><td>365</td></tr>
<tr><td>质量增加/%</td><td colspan="2">＋11.6</td><td colspan="2">＋13.3</td></tr>
</table>

表 8-20　TODI 和 NDI 型聚氨酯弹性体的物理性能的比较

<table>
<tr><td>异氰酸酯</td><td colspan="6">TODI</td><td colspan="2">NDI</td></tr>
<tr><td>聚酯类型</td><td colspan="3">ODX-105(己二酸类聚酯)</td><td colspan="3">聚己内酯</td><td colspan="2">ODX-105</td></tr>
<tr><td>聚酯加入量/g</td><td>100</td><td>100</td><td>100</td><td>100</td><td>100</td><td>100</td><td>100</td><td>100</td></tr>
<tr><td>异氰酸酯加入量/g</td><td>25.7</td><td>33.3</td><td>38.5</td><td>25.9</td><td>33.7</td><td>49.3</td><td>25</td><td>18</td></tr>
<tr><td>BDO 加入量/g</td><td>3.6</td><td>5.1</td><td>7.6</td><td>2.9</td><td>5.2</td><td>10.9</td><td>5</td><td>2</td></tr>
<tr><td>催化剂</td><td>无</td><td>无</td><td>无</td><td>无</td><td>无</td><td>Dabco[①]</td><td>NA</td><td>NA</td></tr>
<tr><td>预聚:R(NCO/OH)</td><td>2.0</td><td>2.6</td><td>3.0</td><td>2.0</td><td>2.6</td><td>3.8</td><td>2.5</td><td>1.8</td></tr>
<tr><td>成胶:NCO 指数</td><td>1.1</td><td>1.2</td><td>1.1</td><td>1.2</td><td>1.2</td><td>1.1</td><td>1.1</td><td>1.2</td></tr>
<tr><td>预聚体反应时间/h</td><td>2</td><td>2</td><td>2</td><td>2</td><td>2</td><td>1</td><td>0.07</td><td>0.07</td></tr>
</table>

续表

异氰酸酯	TODI						NDI	
聚酯类型	ODX-105(己二酸类聚酯)			聚己内酯			ODX-105	
凝胶时间/s	1120	300	160	2700	720	95	25	130
第一次硫化(110℃)/h	24	24	24	24	24	24	24	24
第二次硫化/d	10	10	10	10	10	10	10	10
拉伸强度/MPa	19.7	21.0	22.1	19.7	24.0	26.2	16.1	27.2
撕裂强度(割口)/(kN/m)	4.5	6.7	7.1	4.7	6.1	10.0	9.0	7.2
100%定伸应力/MPa	2.48	4.2	5.3	2.1	4.3	7.6	5.9	3.7
扯断伸长率/%	900	820	760	660	590	560	720	800
硬度(邵尔A)	81	88	93	80	88	95	92	83

① 0.3% Dabco (三乙烯二胺)。

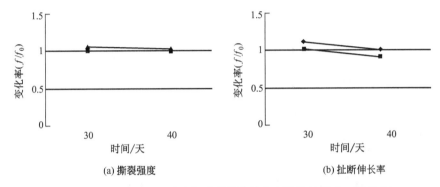

图 8-19　高温老化对三种聚氨酯弹性体的物理性能的影响（耐热性）

变化率$=f/f_0$，f_0为起始值，f为 120℃ 老化后的值

◆ TODI-M-103ES（$R=3.8$，NCO 指数$=1.1$）；■ NDI-ODX-105（$R=2.6$，NCO 指数$=1.2$）

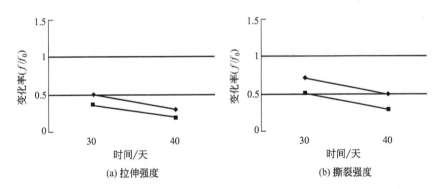

图 8-20　高温、高湿对三种聚氨酯弹性体的物理性能的影响（耐水解性能）

变化率$=f/f_0$，f_0为起始值，f为 100℃、相对湿度 100% 老化后的值

◆ TODI-M-103ES（$R=3.8$，NCO 指数$=1.1$）；■ NDI-ODX-105（$R=2.6$，NCO 指数$=1.2$）

8.5.5.3　预聚物法中 NCO 基含量

NCO/OH 比值或 NCO 基含量是表征预聚物质量的重要指标。不论是 TDI 系列、MDI 系列还是其他系列预聚物，NCO 基含量既是表征预聚物质量的重要指标，也是两步法成型制品时，计算扩链剂用量的重要依据。预聚物中 NCO 含量提高，则预聚物黏度变小，易于脱泡和混合均匀。相应的产品硬度、强度、模量随之提高，但釜中寿命缩短，参见表 8-21。预聚物中 NCO 基含量对弹性体性能的影响见表 8-22。

表 8-21 NCO 基含量和预聚物的釜中寿命[①]

项目	NCO 含量/%	釜中寿命/min			项目	NCO 含量/%	釜中寿命/min		
		TDI-100	TDI-80	TODI[②]			TDI-100	TDI-80	TODI[②]
1-2-3	4.2	5.5	4.5	8.5	10-11-12	6.5	1.5	1.5	
4-5-6	4.7	3.5	3	4	13-14-15	9.3	0.75	0.75	0.75
7-8-9	5.8	2	1.5	2.5					

① 所用预聚物为美国橡胶公司产品，是由聚酯和上述三种异氰酸酯制得。扩链剂为 MOCA。

② TODI 为 3,3′-二甲基-4,4′-联苯二异氰酸酯。

表 8-22 预聚物中 NCO 基含量对弹性体性能的影响[①]

性能	参数						
NCO 含量/%	3.0	3.4	4.6	4.9	5.8	6.3	7.49
扩链剂系数	0.85	0.85	0.85	0.85	0.9	0.9	0.9
硬度(邵尔 A)	78	80	91	92	96	97	98
拉伸强度/MPa	45.4	42.1	44.7	53	49.3	50.8	50.3
300%定伸应力/MPa	5.8	9.6	17.4	16.7	22.0	25.0	32.7
撕裂强度/(kN/m)	60	74.8	98.6	111	108	123.6	124.2
扯断伸长率/%	580	520	420	460	430	420	360
回弹性/%	32	30	34	36	34	34	32

① 弹性体组成：PTMG-1000/TDI/MOCA。

8.5.5.4 预聚物中游离 TDI 含量

所有 TDI 型预聚物都含有一定数量的未反应掉的 TDI 单体，一般的含量范围为 0.2%~5%（质量分数），有的甚至会更高。虽然含有 0.1%游离 TDI 的预聚物在几十年前即已制得，但国外商品预聚物中游离 TDI 含量一般控制在 0.5%以下，而国内并未采取有效措施加以控制。使用低游离 TDI 含量的预聚物对改善加工性能、提高产品质量、降低空气污染、保护员工的身体健康都是十分有益的。

美国科聚亚公司已经推出一种新的高性能的 TDI 预聚物，其游离 TDI 含量为 0.1%以下。这类新产品的商品名为 Adiprene LF 系列。这种 Adiprene LF 系列预聚物，当用典型芳族二胺固化时，所得到的弹性体的硬度范围可从邵尔 A80 到邵尔 D75。商品预聚物中游离 TDI 含量见表 8-23。

表 8-23 商品预聚物中的游离 TDI 含量

常规预聚物	游离 TDI 含量/%	常规预聚物	游离 TDI 含量/%
用于邵尔 D75	1~4	用于邵尔 A80	0.2~1.5
用于邵尔 A95	0.5~3	低游离 TDI 预聚物	<0.5(20 世纪 60 年代)
用于邵尔 A90	0.2~1.5		<0.1(20 世纪 90 年代)

由表 8-23 中数据可以看出，硬度愈高，其游离的 TDI 含量愈高。20 世纪 60 年代推出的低游离 TDI 预聚物，其游离 TDI 含量≤0.5%。90 年代经改进生产技术而生产出的新型 Adiprene LF 预聚物，其游离 TDI 含量已降到 0.1%以下。LF TDI 预聚物的主要优点是：

① 环境污染小；

② 加工性能好，黏度低，釜中寿命延长/脱模时间缩短；

③ 最终弹性体的性能提高（主要指动态力学性能）。

若游离 TDI 含量较高，改变扩链交联剂的组成，也可以使预聚物的釜中寿命延长，但能同时具备上述优点，则非这种低游离 TDI 预聚物莫属。

（1）加工性能比较 见表 8-24 和表 8-25。

表 8-24 游离 TDI 对工艺性能的影响

软段	游离 TDI/%	釜中寿命[①]/min	脱模时间	硬度(邵尔 A)
PPG	3	4	长	92
PTMG	2	6	中等	95
PTMG(LFTDI)	0.1	7	短	95

① 到 10000mPa·s(65℃) 时的时间。

表 8-25 游离 TDI 含量对釜中寿命和脱模时间的影响（弹性体硬度为邵尔 D 75）

预聚物	游离 TDI/%	釜中寿命[①]/min	脱模时间	预聚物	游离 TDI/%	釜中寿命[①]/min	脱模时间
A(L315)	3.0	1.5	短	C(LF750D)	0.1	2.5	短
B(L275)	1.5	3.0	中等				

① 达到 10000mPa·s(65℃) 时的时间。

（2）使用性能比较　众所周知，用 PTMG 系列的预聚物能制得综合性能优良的弹性体，而采用 LFTDI 技术能使其使用性能进一步改善，见表 8-26~表 8-28。

表 8-26 预聚物中游离 TDI 含量对 CPU 弹性体性能的影响
（预聚物 NCO%＝6，用 MOCA 硫化）

性　能	软　段			性　能	软　段		
	PPG	PTMG	PTMG(LFTDI)		PPG	PTMG	PTMG(LFTDI)
游离 TDI/%	3	2	0.1	扯断伸长率/%	350	350	350
硬度(邵尔 A)	92	95	95	割口撕裂/(kN/m)	16	22	24
100%定伸应力/MPa	10	13	15	直角撕裂/(kN/m)	80	90	110
300%定伸应力/MPa	18	28	32	回弹性/%	28	40	44
拉伸强度/MPa	25	40	44	压缩永久变形/%	45	36	36

表 8-27 用低游离 TDI 预聚物（Adiprene LF）制得的 CPU 弹性体物性

性　能	预　聚　物				
	LF75	LF75	LF70	LF95	LF90
固化剂	MOCA	E-300	MOCA	MOCA	MOCA
硬度(邵尔)	73D	72D	70D	95A	90A
100%定伸应力/MPa	34.5	31.1	28.3	15.2	8.0
300%定伸应力/MPa	40.7	38.0	35.8	20.0	10.3
拉伸强度/MPa	46.9	46.9	46.9	44.1	31.2
扯断伸长率/%	250	280	280	350	470
割口撕裂/(kN/m)	28.0	28.0	28.0	24.5	12.8
C 型撕裂/(kN/m)	172	168	152	114	72
压缩永久变形(22h/70℃)/%					
A 法	1	2	1	—	—
B 法				36	23

表 8-28 CPU 弹性体的 Texus 弯曲寿命（组成 PTMG/TDI/MOCA，硬度邵尔 A95）

项　目	游离 TDI/%	Texus 循环弯曲寿命/月	项　目	游离 TDI/%	Texus 循环弯曲寿命/月
常规	3~4	12	常规 LFTDI	0.1	5
设计后	3~4	100	设计后[①]的 LFTDI	0.1	100

① 设计后指对 TDI 的异构体、加料次序作特别设计后的预聚物。

表 8-28 的性能是用 Texus 弯曲计测得的，弯曲寿命是使裂纹扩大到指定大小所需要的循环次数。显然，预聚物设计不同，其弯曲寿命相差很大，而与游离 TDI 的含量无关。

8.5.5.5 TDI 异构比

TDI 有 2,4-甲苯二异氰酸酯和 2,6-甲苯二异氰酸酯两种异构体。用预聚物法合成 CPU 弹性体时常采用纯 2,4-体，即 T-100，一步法中多采用 T-80。2,4-TDI 与 2,6-TDI 之间的区别在于其结构对称性不同。2,6-TDI 有一根对称轴，2,4-TDI 则没有。由 2,6-TDI 制得的 PU 聚合链表现出明显的线型，从而具有较高的结晶性和相分离趋向。此外在合成由两个 TDI 分子封端的预聚物时，2,6-TDI 排列只有一种线型状态，而 2,4-TDI 能以三种方式封端。所得预聚物结构极不规整。无结晶性和微相分离趋向。TDI 中不同 2,6-TDI 含量对 CPU 弹性体性能的影响见表 8-29～表 8-31。

表 8-29　2,6-TDI 含量对 MOCA 硫化的聚酯型 CPU 弹性体性能的影响

性　能	TDI 类型			性　能	TDI 类型		
	2,6-TDI	T-80	T-100		2,6-TDI	T-80	T-100
NCO 含量/%	5.7	5.6	6.0	200%定伸应力/MPa	19.2	17.2	12.4
釜中寿命/min	1	3	3	300%定伸应力/MPa	26.4	33.6	31.2
硬度(邵尔 D)	54	46	40	拉伸强度/MPa	44.5	56.4	59.3
撕裂强度/(kN/m)				扯断伸长率/%	440	360	360
直角	116	98.2	74.4	压缩永久变形/%	33	25	22
割口	76.8	45.9	40.8	回弹性/%	47	37	31
100%定伸应力/MPa	15.5	11.0	6.77				

从表 8-29 可以看出，随着 2,6-TDI 含量的提高，釜中寿命缩短，硬度、撕裂强度、耐裂口增长、回弹性明显提高，100%定伸应力和 200%定伸应力也增大，只是前者比后者增大的更多。

从表 8-30 中数据可以看出，提高 NCO%含量虽然可以提高硬度和撕裂强度，如纯 2,4-TDI 合成的 NCO%分别为 6.1 和 7.5 的两种 CPU，其硬度（邵尔 D）分别为 47 和 63，撕裂强度分别为 84.9kN/m 和 125kN/m，但其耐裂口增长都比 2,6-TDI 的 CPU 低得多。回弹性和扯断伸长率也比 2,6-TDI 低。

表 8-30　2,6-TDI 含量对 MOCA 硫化聚酯型 CPU 弹性体性能的影响（不同硬度的比较）

性　能	TDI 类型					
	2,6-TDI		T-80		T-100	
NCO 含量/%	5.7	6.1	5.6	7.5	6.1	6.0
釜中寿命/min	1	2	3	1	5	3
硬度(邵尔 D)	54	49	46	63	47	40
撕裂强度/(kN/m)	116.4	108.5	98	125	84.9	74.4
耐裂口增长/(kN/m)	77	66.5	45.5	56	43.8	40.3
100%定伸应力/MPa	15.5	11.9	11.0	23.6	9.2	6.8
200%定伸应力/MPa	19.3	17.9	17.2	34.8	17.7	12.5
300%定伸应力/MPa	26.1	32.6	33.1	57.1	41.1	31.2
拉伸强度/MPa	44.5	54.1	56.4	57.1	55.7	59.4
扯断伸长率/%	440	380	365	300	330	360
压缩永久变形/%	33	28	25	56	26	22
回弹性/%	47	35	37	25	32	31

表 8-31　2,6-TDI 含量对聚醚型（PTMG）CPU 弹性体性能的影响

性　　能	TDI 类型			性　　能	TDI 类型		
	2,6-TDI	T-80	T-100		2,6-TDI	T-80	T-100
NCO 含量%	5.7	6.2	6.2	200%定伸应力/MPa	18.7	18.1	19.0
硫化剂	MOCA	MOCA	MOCA	300%定伸应力/MPa	23.5	26.8	30.0
釜中寿命/min	1	2	7	拉伸强度/MPa	40.0	44.4	56.6
硬度(邵尔 D)	52	50	47	扯断伸长率/%	440	395	380
撕裂强度/(kN/m)	97.7	94.3	96.3	压缩永久变形/%	30	37	33
耐裂口增长/(kN/m)	45.3	42.7	40	回弹性/%	53	47	44
100%定伸应力/MPa	15.5	14.3	10.1				

8.5.5.5.6　扩链交联剂

　　CPU 弹性体所用扩链交联剂可分为二胺类、多元醇类和醇胺类。端异氰酸酯预聚物用上述三类扩链交联剂硫化的 CPU 弹性体，因其交联结构不同，其性能各有所长。其中二胺和多元醇扩链交联剂对 CPU 弹性体性能的影响见表 8-32。

表 8-32　扩链交联剂对 CPU 弹性体性能的影响[①]

性　　能	扩链剂						
	1,4-BD	HQEE	HER[②]	TMP[③]	MOCA	ETHACUR E-300	MCDEA
动态性能	B	A	A	E	C	C	B
耐热性	D	C	C	B	B	A	A
压缩永久变形	D	D	E	B	D	D	D
撕裂强度	B	A		E	B	B	A
拉伸强度	C	C		D	A	B	B
釜中寿命	C	E	B	E	D	D	F
耐磨性	B	A		D	B	B	B
回弹性	B	A	A	E	C	C	C
耐水性	D	C	C	C	E	E	E

　　① 性能依 A、B、C、D、E、F、G 次序降低。
　　② HER 为间苯二酚-双（β-羟乙基）醚，是 HQEE 的异构体。
　　③ TMP 一般以较低比例与二官能度的扩链剂一起使用，可改善压缩永久变形、热稳定性和耐溶剂性，而低温性能和撕裂性能变差。

　　比较表 8-32 中的性能可知，动态性能、回弹性和耐水性能以 HQEE、HER 和 1,4-BD 扩链为最好。TMP 则可改善 CPU 弹性体的耐热、耐溶剂和压缩永久变形。二胺类扩链交联剂制得的 CPU 弹性体具有较高的硬度和机械强度。醇类扩链的 CPU 弹性体的耐水性优于胺类。几种常用的扩链交联剂对 CPU 弹性体性能的影响分述如下。

　　（1）二胺类　在 TDI 系预聚物中最常用的扩链剂是 MOCA，MOCA 扩链剂除其熔点较高（107℃）、常温下是固体外，其工艺性能和所制得 CPU 的综合性能均是最好的。由于 MOCA 具有一种类似于有致癌性的邻氯苯胺结构，人们怀疑其有致癌的可能。因此，多年来，人们一直在寻求一种能与 MOCA 相媲美的 MOCA 替代物。现在市场上出现的二胺类扩链剂除 MOCA 之外，还有 DADMT、MCDEA、POLACURE 740M、CYANACURE 和 DD1604 等，其分子结构及名称见第 2 章，下面分别介绍。

　　① MOCA　MOCA 是 TDI 型预聚物的主要扩链剂，由 MOCA 硫化的 CPU 的性能见表 8-33，混合温度对 Adiprene L100-MOCA 体系釜中寿命和物理性能的影响如图 8-21 和图 8-22 所示。

表 8-33　用 MOCA 扩链制得的 CPUE 的性能

性　能	Adiprene L100（聚醚型）			Cyanaprene A8（聚酯型）		
NCO%	4.23			3.0		
NH₂/NCO	0.95			0.95		
混合温度/℃	85	85	85	85	85	85
釜中寿命/min	13			13		
模型硫化/(h/℃)	1/85	1/100	1/115	2/85	2/100	2/115
后硫化/(h/℃)	16/85	16/100	16/100	16/85	16/100	16/100
硬度(IRHD)	93	91	89	85	84	79
100%定伸应力/MPa	9	8.6	7.2	4.8	5.0	3.7
300%定伸应力/MPa	14	14	12	5.9	—	—
拉伸强度/MPa	34	35	38	51	53	48
扯断伸长率/%	470	450	485	690	670	670
撕裂强度/(kN/m)	90	85	82	84	80	65
回弹性/%	58	55	51	55	49	49
压缩永久变形(方法 B)/%	29	26	28	38	37	41

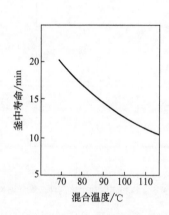

图 8-21　Adiprene L100-MOCA 釜中
寿命与混合温度的关系

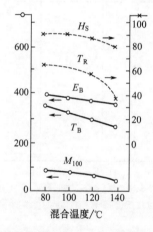

图 8-22　混合温度对 Adiprene L100 弹性体性能的影响
（MOCA 当量 0.83，硫化 100℃×3h）

H_S—硬度（邵尔 A）；T_R—撕裂强度，kgf/cm；

E_B—扯断伸长率，%；T_B—拉伸强度，kgf/cm²；

M_{100}—100%定伸应力，kgf/cm²（1kgf/cm²＝0.0980665MPa）

　　② DADMT（商品牌号 ETHACURE 300 简称 E-300）　E-300 硫化剂是一种单核芳族二胺异构体，与 RIM 硫化剂 DETDA（ETHACURE 100）具有相类似的结构。即用甲硫基替代了乙基。甲硫基使胺的活性显著降低。

　　E-300 在 20℃的黏度为 690mPa·s，与混合温度下的许多商品 TDI 预聚物的黏度相当。无论是在室温还是在预聚物混合温度下，无论是手工操作，还是机械混合，均不存在任何工艺问题，易于脱泡和浇注。没有吸湿性和结晶倾向，甚至可在 0℃贮存。表 8-34～表 8-37 分别列出了聚酯、PTMG 和 PPG 三种类型预聚物用 E-300 和 MOCA 等硫化的 CPU 弹性体的数据供参考。

表 8-34 E-300、MOCA、Cyanacure 三种二胺硫化的聚酯预聚物的物理性能[①]

性 能	硫化剂					
	E-300	MOCA	Cyanacure[②]	E-300	MOCA	Cyanacure
NCO 含量/%	4.0	4.2	4.9	4.9	5.0	6.0
NH₂/NCO	0.97	0.95	0.85	0.97	0.95	0.85
混合温度/℃	90	100	85	90	100	85
釜中寿命/min	4	7	4	3	5	3
凝胶时间/min	5	10	10	4	8	7
后硫化/(h/℃)	16/85	16/100	16/85	16/100	16/100	16/100
硬度(邵尔 A)	93	91	91	—	—	—
硬度(邵尔 D)	—	—	—	49	51	50
拉伸强度/MPa	53.2	45.5	41.4	51.1	48.3	40
100%定伸应力/MPa	7.5	7.0	5.4	10.6	10.6	9.0
300%定伸应力/MPa	11.7	14	9.2	17.8	20.7	14.8
扯断伸长率/%	600	540	600	500	500	520
撕裂强度/(kN/m)	120	110	—	130	130	—
压缩永久变形(方法 B)/%	35	34	34	32	36	30
回弹性/%	32	32	30	35	33	35

① 预聚物由聚己二酸乙二醇酯和 T-80 制得。

② Cyanacure 的化学结构: 。化学名称:亚乙基双(2-氨基苯硫醚)。

表 8-35 E-300 和 MOCA 硫化的 PTMG 预聚物的物理性能

性 能	预聚物类别					
	PTMG-T-80		PTMG-T-80		PTMG-T-80	
NCO 含量/%	4.4	4.2	6.0	6.0	7.6	7.5
硫化剂	E-300	MOCA	E-300	MOCA	E-300	MOCA
NH₂/NCO	0.95	0.95	0.95	0.95	0.95	0.95
混合温度/℃	80	80	80	80	80	80
凝胶时间/min	6	18	2.5	6.5	1.8	3.5
后硫化(18h/100℃)						
硬度(邵尔 A)	89	90	95	95	—	—
硬度(邵尔 D)	—	—	47	46	60	60
拉伸强度/MPa	46.1	42.0	46.5	45.0	52.7	50.0
100%定伸应力/MPa	8.1	7.0	13.6	12.0	21.9	24.0
300%定伸应力/MPa	15.0	13.5	27.7	30.0	48.6	—
扯断伸长率/%	460	450	380	360	320	260
撕裂强度(D-624)/(kN/m)	63.0	63.0	70.0	75.3	105.0	105.0
撕裂强度(D-470)/(kN/m)	17.5	14.0	15.8	22.8	17.5	29.5
压缩永久变形(方法 B)/%	34	30	21	30	—	35
回弹性/%	45	50	45	40	55	35

表 8-36 E-300 和 MOCA 硫化的 PPG 预聚物的物理性能

性 能	预聚物类别			
	PPG-T-80		PPG-T-80	
NCO 含量/%	6.0	6.0	9.3	9.3
硫化剂	E-300	MOCA	E-300	MOCA
NH₂/NCO	0.95	0.95	0.95	0.95
混合温度/℃	50	50	50	50
凝胶时间/min	9.5	4.5	3.2	1.1
后硫化(18h/100℃)				

续表

性　能	预聚物类别			
	PPG-T-80		PPG-T-80	
硬度(邵尔 A)	94	95	—	—
硬度(邵尔 D)	—	—	70	73
拉伸强度/MPa	34.0	30.0	40.0	46.0
100%定伸应力/MPa	12.0	10.0	30.0	33.0
300%定伸应力/MPa	22.0	26.0	—	—
扯断伸长率/%	350	300	260	260
撕裂强度(D-624)/(kN/m)	45.5	47.3	94.0	107
撕裂强度(D-470)/(kN/m)	10.5	12.3	14.8	14.6
压缩永久变形(方法 B)/%	49	32	—	—
回弹性/%	34	33	53	52

表 8-37　热老化性能比较（由 E-300 和 MOCA 制得的硬度为 90A 的弹性体）[①]

性　能	热老化时间(100℃)/d									
	0		5		10		20		30	
硫化剂	E-300	MOCA	E-300	MOCA	E-300	MOCA	E-300	MOCA	E-300	MOCA
拉伸强度/MPa	29	36	40	32	42	32	41	24	41	20
扯断伸长率/%	350	380	460	450	550	500	550	620	580	700
撕裂强度(D-470)/(kN/m)	10	9	19	14	22	16	22	19	22	18
压缩永久变形/%	30	26	32	32	28	32	24	32	22	33

①　聚体物：PTMG+2,4-TDI，$NH_2/NCO=0.95$，后硫化条件 2h/100℃。

由表 8-34～表 8-37 可以看出，在 NH_2/NCO 比和 NCO%含量相近的情况下，由 E-300 硫化的产品与 MOCA 硫化的产品的性能相近。而用 Cyanacure 则需要 NCO 含量较高的预聚物和 NH_2/NCO 较低时，才能得到可比的性能。在聚酯和 PTMG 体系中 E-300 的釜中寿命较 MOCA 短，在 PPG 体系中，E-300 的釜中寿命比 MOCA 长。由表 8-37 可以看出，用 E-300 硫化的弹性体具有较好的热稳定性。试验还发现 E-300 扩链的 CPUE 具有摩擦系数低、压缩永久变形较大的特点。

③ MCDEA［4,4′-亚甲基-双-(3-氯-2,6-二乙基苯胺)］　与 MOCA 比较，由 MCDEA 制得的 CPU 弹性体的硬度、弹性和撕裂强度较高，热稳定性好，色泽浅，透明性好，T_g 值降低，T_m 值提高，见表 8-38。

表 8-38　MOCA 和 MCDEA 硫化的 Adiprene 弹性体性能比较

性　能		Adiprene							
		L100	L100	L167	L167	L200	L200	L325	L325
硫化剂		MOCA	MCDEA	MOCA	MCDEA	MOCA	MCDEA	MOCA	MCDEA
胺/%		13	18.5	20	28.5	22	34	27	41.5
釜中寿命/min		9	8.37	6	2.05	3	2	2.5	1.5
脱模时间/min		60	32	45	16	38	17	24	14
硬度(邵尔 D)		35	45	45	55	58	54	71	73
撕裂强度/(kN/m)	60℃	27	34	38	66	40	101	76	97
	20℃	40	54	57	81	88	105	117	131
回弹性[①]/%		7	21	7	35	19	46	53	57
拉伸强度[②]/MPa		28	28	29	27	30	31	34	38

①　测试方法 DIN-53512。

②　测试方法 DIN-53455。

由于 MCDEA 与预聚物的反应速率较快，工艺性能变得较差，不利于制品生产，所以在生产中推荐其与低游离 TDI 品种的预聚物配合，既有合理的凝胶时间，又具有优异的物理机械性能，见表 8-39。

表 8-39　MCDEA 硫化的低游离 TDI 预聚物的性能

项　目	Airthane® TDI 预聚物					
	聚醚型				聚酯型	
	PET-95A[①]	PET-93A	PET-91A	PET-80A	PST-90[②]	PST-80A
工艺条件						
硫化剂用量(扩链系数 0.95)/质量份	26.6	21.9	17.1	11.2	17.9	12.7
预聚物温度	55	55	80	80	80	85
85℃釜中寿命/min	2	3	4	5	3	3.5
模具温度/℃	100	100	100	100	100	100
脱模时间/min	15	20	30	60	30	60
后硫化条件/(h/℃)	48/130	48/130	48/130	48/130	48/130	48/130
弹性体性能						
硬度						
邵尔 A	—	96	92	85	95	90
邵尔 D	60	49	42	—	45	—
100％定伸应力/MPa	21.5	14.4	8.9	6.3	10.7	8.4
200％定伸应力/MPa	37.9	21.2	10.4	7.7	11.9	10.5
300％定伸应力/MPa	—	—	13.1	14.0	14.5	14
拉伸强度/MPa	47.0	31.7	36.4	25.9	58.0	57.4
扯断伸长率/％	209	258	479	535	566	540
撕裂强度/(kN/m)						
Die C	98.3	80.9	101.9	60.7	137.4	94.5
Split	12.0	9.1	10.0	7.7	26.4	22.7
裤型	—	—	15.0	—	61.3	—
压缩应力/MPa	—	—	—	—	—	—
5％	—	—	2.6		3.7	
10％	—	—	4.3		5.9	
15％	—	—	5.9		7.9	
20％	—	—	7.8		10.5	
25％	—	—	10.2		12.1	
压缩变形/％	25	25	20	17	23	31
回弹/％	59	57	57	70	43	40
NBS 磨耗	280	240	220	260	219	200

① 意大利科意 (Coim) 集团公司 PTMG/TDI 型低游离 TDI 预聚物。

② 意大利科意 (Coim) 集团公司 PEA/TDI 型低游离 TDI 预聚物。

④ Polacure 740M（丙二醇双-对氨基苯甲酸酯）　与 MOCA 比较，Polycure 740M 的分子量和熔点较高，在 NH_2/NCO 比和 NCO％ 含量相同的条件下，POLACURE 740M 的用量较多，且釜中寿命也长得多。在聚醚体系中，POLACURE 740M 硫化的弹性体的拉伸强度较低，扯断伸长率较高，而在聚酯体系中，拉伸强度较高，撕裂强度较低。此外，硫化温度较高（100℃）时，撕裂强度较低，见表 8-40。

⑤ Cyanacure［亚乙基双（2-氨基苯硫醚）］　Cyanacure 二胺硫化剂的工艺性能与 MOCA 相近，但 CPU 弹性体物理性能不如 MOCA 体系，尤其是聚醚型。Cyanacure 硫化剂的熔点比 MOCA 低，合成 CPUE 时预聚物的温度可适当降低，见表 8-41。

表 8-40　在不同温度下用 MOCA 和 Polacure 740M 硫化的两种预聚物的 CPU 弹性体性能

性能	预聚物类别							
	Adiprene L100(聚醚型)				Cyanaprene A8(聚酯型)			
NCO 含量/%	4.23			4.19	3.0			3.1
硫化剂	POLACURE 740M			MOCA	POLACURE 740M			MOCA
NH₂/NCO	0.9			0.95	0.9			0.9
混合温度/℃	70	85	100	70	70	90	100	70
釜中寿命/min	32			15	37			13
模型硫化/(h/℃)	2/70	2/85	2/100	5/70	2/70	2/90	2/100	5/70
后硫化/(h/℃)	16/70	16/85	16/100	15/100	16/70	16/90	16/100	15/100
硬度(IRHD)	93	91	85	90	83	81	75	79
100%定伸应力/MPa	8	7	4	—	4	3	2	—
300%定伸应力/MPa	12	11	9	—	5	5	3	—
拉伸强度/MPa	35	37	38	43	53	48	45	41
扯断伸长率/%	490	510	485	440	720	760	800	650
撕裂强度/(kN/m)	95	94	64	95	68	59	48	76
回弹性/%	55	54	48	—	44	43	39	41
压缩永久变形/%	30	32	31	—	50	62	71	—

表 8-41　在不同温度下用 Cyanacure 硫化的两种弹性体的性能

性能	预聚物类别					
	Adiprene L100(聚醚型)			Cyanacure(聚酯型)		
NCO 含量/%	4.23			3.0		
NH₂/NCO	0.9			0.9		
混合温度/℃	70	85	100	70	85	100
釜中寿命/min	9			12		
模型硫化/(h/℃)	1/70	1/85	1/100	2/70	2/85	2/100
后硫化/(h/℃)	70	85	100	70	85	100
硬度(IRHD)	91	94	87	89	87	85
100%定伸应力/MPa	9	8	5	5	5	4
300%定伸应力/MPa	12	11	9	8	8	7
拉伸强度/MPa	22	22	23	46	47	46
扯断伸长率/%	520	520	520	770	740	730
撕裂强度/(kN/m)	91	91	67	83	82	76
回弹性/%	61	59	57	54	51	47
压缩永久变形/%	61	48	57	62	63	69

⑥ DD1604　在 DD1604 的分子结构中，与氨基相邻的庞大基团起屏蔽作用，使其与异氰酸酯反应活性降低，其加工性能得到改善，与其他商品二胺相比 DD1604 具有最长的浇注时间，见表 8-42。该扩链剂普遍适用于各种系列的预聚物，但由于 DD1604 本身颜色较深，难以加工制造浅色制品。由 DD1604 硫化的 AdipreneL100 和 Cyanaprene A8 的弹性体的性能见表 8-43。其性能均与 MOCA 硫化的弹性体的性能相近。

表 8-42　芳香族二胺的相对活性

名称	相对釜中寿命/min	名称	相对釜中寿命/min
DETDA	2.5	MOCA	42
Cyanacure	34	DD1604	75
Polacure 740M	42		

表 8-43　DD1604 硫化的 AdipreneL100 和 CyanapreneA8 的 CPUE 弹性体的性能

性　能	预聚物类别					
	Adiprene L100（聚醚型）			Cyanaprene A8（聚酯型）		
NCO 含量/%	4.23			3.0		
NH₂/NCO	0.9			0.9		
混合温度/℃	100			100		
釜中寿命/min	17			23		
模型硫化/(h/℃)	1/100	1/115	1/130	2/100	2/115	2/130
后硫化/(h/℃)	16/100					
硬度(IRHD)	92	90		85		82
100%定伸应力/MPa	9	8	7	5	6	5
300%定伸应力/MPa	12	12	12	7	8	8
拉伸强度/MPa	31	33	33	41	50	47
扯断伸长率/%	485	500	450	740	730	670
撕裂强度/(kN/m)	89	89	73	80	91	83
回弹性/%	52	51	50	41	45	48
压缩永久变形/%	40	40	46	31	35	33

（2）多元醇　在 NDI、MDI、PPDI 和 CHDI 系列的预聚物中多用多元醇扩链。常用的多元醇有 1,4-丁二醇（BDO）、乙二醇（EG）、氢醌双（β-羟乙基）醚（HQEE）、间苯二酚双（羟乙基醚）（HER）和三羟甲基丙烷（TMP）等。

① 1,4-丁二醇（BDO）　1,4-丁二醇是 NDI 和 MDI 体系的主要扩链剂，也可用于 TDI 体系调节弹性体的硬度。

② HQEE、HER　HER 是 HQEE 的异构体，HER 的熔点较 HQEE 低，分子结构不对称，用 HER 扩链的弹性体的性能比用 HQEE 扩链的弹性体稍低，尤其是弹性体的硬度较低。考虑到 HER 的工艺性能较好，常常是用 HER 和 HQEE 混合扩链使制得的弹性体的物理性能和工艺性能得到很好的平衡。由 HER 和 HQEE 扩链的聚酯型及聚醚型 MDI 预聚物的性能见表 8-44 和表 8-45，HER 和 HQEE 混合使用的加工性能见表 8-46。

表 8-44　用 HQEE 和 HER 扩链的聚醚型 CPU 弹性体性能

性　能	预聚物牌号（VIBRATHANE）					
	B605	B605	B625	B625	B635	B635
NCO 含量/%	3.02	3.02	6.42	6.42	7.97	7.97
用量/g	100	100	100	100	100	100
硫化剂	HQEE	HER	HQEE	HER	HQEE	HER
NCO/OH	1.05	1.04	1.06	1.06	1.05	1.043
混合温度/℃	120	120	120	120	120	120
釜中寿命(130℃/min)	13	20	8	13	5	11
硬度（邵尔 A）	81	75	93	88	94	94
硬度（邵尔 D）	32	30	45	39	54	50
100%定伸应力/MPa	4.4	3.8	10.2	8.1	13.5	14.1
300%定伸应力/MPa	7.8	6.6	14.5	13.1	22.8	22
拉伸强度/MPa	29.2	30.5	33.1	26.1	32.0	30.9
扯断伸长率/%	661	700	529	622	403	400
扯断永久变形/%	17	17	36	26	14	18
撕裂强度(直角)/(kN/m)	64.2	56.5	84.9	73.3	82.8	87.2
撕裂强度(割口)/(kN/m)	21	27.1	42	41.3	28.4	31.3
回弹性/%	62	64	53	55	44	41
压缩永久变形(方法 B)/%	7	22	23	32	24	26

表 8-45　用 HQEE 和 HER 硫化的聚酯型 CPU 弹性体性能

性　　能		预聚物牌号（VIBRATHANE）				性　　能	预聚物牌号（VIBRATHANE）			
		V6001	V6001	V6012	V6012		V6001	V6001	V6012	V6012
NCO 含量/%		3.33	3.33	6.33	6.33	100%定伸应力/MPa	4.7	4.0	11.9	10.1
用量/g		100	100	100	100	300%定伸应力/MPa	7.5	5.8	22.2	20.8
硫化剂	品名	HQEE	HER	HQEE	HER	拉伸强度/MPa	24.4	19.0	28.0	24.9
	用量/g	7.4	7.4	14.16	14.2	扯断伸长率/%	681	781	404	425
NCO/OH		1.048	1.048	1.046	1.048	扯断永久变形/%	14	16	12	9
釜中寿命(130℃)/min		3	3	6	6	撕裂强度(直角)/(kN/m)	70	85.6	84	83.8
脱模(130℃)/min		60	60	60	60	撕裂强度(割口)/(kN/m)	35	44.8	58.1	49
后硫化(100℃)/h		16	16	16	16	回弹性/%	55	48	38	42
硬度(邵尔 A)		77	76	91	90	压缩永久变形(方法 B)/%	11	24	3	7
硬度(邵尔 D)		31	30	45	41					

表 8-46　用 HQEE 和 HER 混合扩链剂扩链的聚醚/MDI（B625）预聚物[1]的加工性能

项　　目		混合温度						
		130℃	120℃	110℃	100℃	90℃	80℃	70℃
扩链剂组成	100%HER	NCO/OH	1.05	1.07	1.04	1.10	1.04	1.31	
		釜中寿命/min	13.5	18	16	21	28	29	
		结晶性	无	无	无	无	无[2]	无[2]	有
	75%HER 25%HQEE	NCO/OH	1.10	1.01	1.00	1.03	1.04		
		釜中寿命/min	13.5	14.5	15	17	22		
		结晶性	无	无	无	无	无[2]	有	
	25%HER 75%HQEE	NCO/OH	1.09	1.02	1.01	1.04	1.22		
		釜中寿命/min	9	9.5	8	14	12		
		结晶性	无	无	无	无	有		
	50%HER 50%HQEE	NCO/OH	1.08	1.06	1.07	1.04	1.05		
		釜中寿命/min	11	14	13.5	15	17		
		结晶性	无	无	无	无	有		
	100%HQEE	NCO/OH	1.04	1.05	1.05	1.15			
		釜中寿命/min	5	6	6	10			
		结晶性	无	有	有	有			

① 预聚物的 NCO%＝6.42。

② 扩链剂从预聚物中结晶出来，但弹性体无星状结晶。

从表 8-46 中数据可以看出，HQEE 的结晶性很强，预聚物的温度必须达到 130℃，才不会有晶状物析出，而预聚物的温度较高，势必会影响预聚物的质量和弹性体的性能。采用 HER 或 HER 和 HQEE 的混合物可大大改善其工艺性能。

③ 乙二醇（EG）　在 MDI、PPDI、CHDI 系列的弹性体中也有用乙二醇作扩链剂的。用 BDO、HQEE、EG、Vibracure 3095 扩链的聚酯-MDI 体系（Vibrathane 6012，6020）和聚醚-MDI 体系（Vibrathane B625，B635）的弹性体的性能比较见表 8-47 和表 8-48。

表 8-47　用 BDO、EG、HQEE、Vibracure 3095 硫化的聚酯 MDI 弹性体性能比较

预聚物	预聚物牌号	Vibrathane 6012				Vibrathane 6020			
	当量	655±25				640±25			
	用量/g	100				100			
扩链剂	BDO/g	6.71	—	—	—	6.64	—	—	—
	EG/g	—	4.81	—	—	4.7	—	—	—
	HQEE/g	—	—	14.73	—	—	—	14.97	—
	Vibracure 3095[1]/g	—	—	—	14.32	—	—	—	15.02

续表

加工成型工艺	扩链系数	0.95	0.95	0.95	0.95	0.95	0.95	0.95	0.95
	硫化剂温度/℃	60	60	120	120	60	60	120	120
	预聚物温度/℃	93	93	93	93	93	93	93	93
	混合温度/℃	60/93	60/93	120/93	120/93	60/93	60/93	120/93	120/93
	釜中寿命/min	4	6	6	7	8	7	3	7
	硫化(120℃)/min	60	60	60	60	60	60	60	60
	后硫化(120℃)/h	16	16	16	16	16	16	16	16
弹性体性能	硬度(邵尔 A)	97	75	—	76	85	84	97	96
	硬度(邵尔 D)	44	33	50	32	35	35	44	43
	100%定伸应力/MPa	9.8	3.9	13.6	12.6	6.0	6.2	10.8	9.5
	300%定伸应力/MPa	21.0	25.0	19.1	23.0	10.4	11.2	13.8	14.1
	拉伸强度/MPa	49.9	43.1	29.5	32.9	44.4	37.2	29.4	32.3
	扯断伸长率/%	407	336	401	363	555	581	650	526
	撕裂强度/(kN/m)	118.1	64.7	132.3	120.9	95	104.3	131.9	126.8
	回弹性/%	32	12	30	23	37	32	27	34
	压缩永久变形(方法 B)/%	42	21	37	36	40	30	25	29

① Vibracure 3095 即是 HQEE 与 HER 的混合物。

表 8-48　用 BDO、EG、HQEE、Vibrathane 3095 硫化的弹性体的性能比较（聚醚 MDI 体系）

预聚物	预聚物牌号	Vibrathane B625				Vibrathane B635			
	NCO/%	6.4				7.92			
	用量/g	100				100			
扩链剂	BD/g	6.61	—	—	—	8.31	—	—	—
	EG/g	—	4.4	—	—	—	6.24	—	—
	HQEE/g	—	—	13.9	—	—	—	17.93	—
	Vibracure 3095/g	—	—	—	14.32	—	—	—	17.39
	混合温度/℃	60/93	60/93	120/93	120/93	60/93	60/93	120/93	120/93
	釜中寿命/min	8	8~10	6	8~15	7	20	10	10
	硫化(120℃)/min	60	60	60	60	60	60	60	60
	后硫化(120℃)/h	16	16	16	16	16	16	16	16
弹性体性能	硬度(邵尔 A)	85	83	98	96	93	84	—	—
	硬度(邵尔 D)	35	35	40	38	37	31	55	52
	100%定伸应力/MPa	5.7	5.1	11.0	9.7	9.6	7.5	16.8	15.4
	拉伸强度/MPa	37.2	37.0	31.5	31.0	42.2	39.9	23.8	27.6
	扯断伸长率/%	496	462	642	517	338	268	432	466
	撕裂强度/(kN/m)	83.3	80.1	135.4	118.1	103.2	74.0	119.0	115
	回弹性/%	64	63	57	56	39	19	42	35
	压缩永久变形/%	29	18	28	29	24	18	31	29

（3）醇胺类　醇胺类可分为醇胺化合物及醇和胺的混合物两类。

① 醇胺类化合物　狭义地讲醇胺类化合物仅是同时含有羟基和伯氨基的脂肪族和芳香族化合物。如乙醇胺和 p-氨基苯甲醇等，广义地说，在这类化合物分子中除含有伯氨基之外，还含有仲氨基或叔氨基，如二乙醇胺、三乙醇胺等。用于扩链交联剂的主要有乙醇胺和异丙醇胺两个系列。乙醇胺系列主要有单乙醇胺、二乙醇胺和三乙醇胺三个品种，异丙醇胺系列也有单异丙醇胺、二异丙醇胺和三异丙醇胺三个品种。其物理性质参见第 2 章。

前苏联合成橡胶科学研究院卡赞分院 K·M 阿列耶夫等人对以乙醇胺系列衍生物所扩链的浇注型聚氨酯橡胶做了大量研究工作。他们不但将乙醇胺系列产物用于聚酯和聚醚型聚氨酯橡胶，而且还与 MOCA 等扩链剂配合使用。其中乙醇胺和二乙醇胺混合物对聚醚型聚氨酯浇注橡胶力学性能的影响见表 8-49。

表 8-49　乙醇胺和二乙醇胺混合物扩链的聚醚型聚氨酯浇注橡胶的性能[①]

乙醇胺：二乙醇胺	硬度(TM-2)	100%定伸应力/MPa	拉伸强度/MPa	扯断伸长率/%	扯断永久变形/%	回弹性/%
1.0∶0	83	3.6	26.7	392	7	20
0.9∶0.1	81	3.8	28.6	349	5	19
0.7∶0.3	80	4.6	24.5	340	5	18
0.6∶0.4	83	5.8	21.2	306	6	22
0.5∶0.5	84	6.4	21.3	239	8	23
0.4∶0.6	83	6.7	19.5	240	5	26
0.3∶0.7	79	7.0	20.1	272	4	22
0∶1.0	84	8.0	18.7	230	6	23

① 聚四亚甲基醚二醇（$\overline{M}_n=1000$）和 1，4-丁二醇以 75/25 摩尔比混合，其平均分子量为 772，此混合二元醇与 2,4-TDI 以 1/2 摩尔比合成预聚物，NCO%＝7.5。

从表 8-49 中数据可见，随着二乙醇胺比例的提高，100%定伸应力增加，拉伸强度和扯断伸长率下降，硬度、扯断永久变形和回弹性变化趋势不明显。这可能是因为分子链上脲键逐渐减少，而氨酯键逐渐增加的综合效果所致。据文献中介绍，这种预聚物体系，如以相应的多元醇（BDO/TMP）扩链，其硬度、100%定伸应力、拉伸强度和回弹性分别下降 21.6%、55% 和 31%，扯断伸长率增加 29%。这说明乙醇胺系列扩链剂的引入，聚氨酯材料力学性能有较大幅度提高。适当调节扩链剂组成和预聚物配方，可使乙醇胺扩链产品的力学性能接近纯MOCA 的水平。

异丙醇胺系列扩链剂应用最多的是三异丙醇胺。三异丙醇胺扩链的 CPU 的性能，可通过与 TMP 比较加以说明（表 8-50）。

表 8-50　TIPA 和 TMP 扩链聚氨酯弹性体的性能

性能	配方				性能	配方			
	1	2	3	4		1	2	3	4
Vibrathane 8011[①]用量/g	100	100	100	100	拉伸强度/MPa	21	29	30	31
TMP/g	3.34	2.70	1.75	—	扯断伸长率/%	450	480	500	490
TIPA/g	—	0.9	2.26	4.75	撕裂强度/(kN/m)				
醇指数	0.95	0.95	0.95	0.95	Dic(直角)	30	33	33	33
釜中寿命(100℃)/min	60	45	30	5	Split(带割口)	2.6	3.0	3.5	2.8
硬度(邵尔 A)	60	45	30	5	回弹性/%	23	23	23	23
100%定伸应力/MPa	4.7	1.7	1.8	1.7	压缩永久变形/%	13.0	8.0	5.0	1.2
300%定伸应力/MPa	3.7	3.6	3.5	3.7					

① 美国科聚亚公司聚酯型 TDI 预聚物商品牌号，NCO＝3.3%。

由表 8-50 中数据可以看出，随着 TIPA 配合量增加，釜中寿命大幅度下降，拉伸强度、撕裂强度和扯断伸长率有增加趋势，压缩永久变形大幅度下降，这就说明，叔氮原子的内聚能高于叔碳或季碳原子的内聚能。

据报道 TIPA 与 DCB（3,3′-二氯联苯胺）混用，所得聚氨酯材料的性能与单独使用 MO-CA 相比，相差无几。

② 醇、胺混合物　醇、胺混合物即多元醇和二胺混合扩链剂。醇/二胺混合扩链制得CPU 弹性体的性能一般介于两者单独扩链的性能之间。在生产中常用 MOCA/TMP 或 MO-CA/BDO 混合扩链剂来调节产品的硬度等性能。用二胺/二醇混合扩链剂（MOCA/TMP）硫化的 Fomrez P314 的性能见表 8-51。

表 8-51　用 MOCA/TMP 混合扩链剂硫化的 Fomrez P314 的性能

配方与性能	1	2	3	4	配方与性能	1	2	3	4
配方/质量份					硫化时间/h	1	1	1	1
Fomrez	100	100	100	100	性能				
MOCA	8.0	7.0	6.0	5.0	硬度(IRHD)	78	76	74	71
TMP	0.35	0.7	1.0	1.3	拉伸强度/MPa	37	40	41	37
工艺					100%定伸应力/MPa	3	2	2	2
混合温度/℃	100	100	100	100	300%定伸应力/MPa	5	4	4	4
硫化温度/℃	150	150	150	150	扯断伸长率/%	630	610	580	550

Fomrez P314 为 Witco 化学公司的预聚物商品牌号,其组成为:聚酯/TDI/MOCA/TMP,随着 TMP 含量的增大,硬度下降,拉伸强度,100%、300%定伸应力和扯断伸长率在一定配比范围内变化不大。

总之,所选择的预聚物体系和扩链剂种类不同,其操作工艺条件也不同。尤其是两者的混合温度的控制更为重要。随着预聚物和扩链剂混合温度的提高,釜中寿命和凝胶时间缩短。当混合温度超过 120℃时,物理机械性能下降,超过 140℃尤其显著,通常,提高混合温度的影响类似于 MOCA 含量的降低。虽然压缩永久变形有所改善,但拉伸强度和撕裂强度都有所下降。由于提高混合温度,促进了缩二脲交联的形成,使得脲生成反应和缩二脲生成反应竞争,损失了部分主链反应机会,增加了交联密度,缩二脲等交联的增加使体系内残存一部分 MOCA 起增塑剂的作用。假如采用过低的混合温度,一方面固体扩链剂不允许;另一方面虽然有利于釜中寿命延长和提高物理性能,但却不易脱泡和混合均匀。所以一般采用最低温度 70~80℃,最高温度 100~120℃。

化学交联和物理交联是通过原料、配比和工艺条件的选择实现的。二胺硫化可生成缩二脲交联。三元醇硫化生成氨酯交联。在高温和某些金属化合物存在下,可生成脲基甲酸酯交联。化学交联有利于提高拉伸模量、降低压缩永久变形、改善耐溶剂性能,但同时也会降低撕裂强度和耐磨性能。缩二脲和脲基甲酸酯交联还会降低弹性体的热老化性能。硬段之间的物理交联(氢键)可促进微相分离,改善制品的高低温性能,有关数据请参见第 4 章。

8.5.5.7　配合剂

在 CPU 制品生产中,常用的配合剂是脱模剂,其次是着色剂,此外在一步法和室温固化工艺中常用催化剂,在户外产制品中需要添加抗氧剂、紫外线吸收剂和防霉剂等。体育娱乐等场所的铺地材料需要添加阻燃剂和填充剂。某些耐溶剂胶辊添加增塑剂,聚酯型制品在热水中使用需要添加水解稳定剂等。配合剂的选择和质量不仅对成型工艺有影响,而且会影响产制品的性能。请参见第 2 章配合剂部分,这里不再赘述。

8.5.5.8　硫化条件

CPU 制品的硫化条件包括硫化温度、成型压力和硫化时间。CPU 制品的硫化过程可分为成型硫化、后硫化和后熟化三个阶段。成型硫化也叫模型硫化,是制品脱模前在模具中硫化的过程,所以也叫脱模前硫化。成型硫化温度的选择应在产品化学结构不发生热分解的前提下尽可能高一些,以加快扩链交联反应,缩短脱模时间,提高模具和设备利用率。CPU 产品成型硫化的温度以 100~120℃为宜。聚醚型可选择 100~110℃,聚酯型可选择 110~120℃,脱膜时间 10~60min,以制品具备脱模强度、脱模时不发生永久变形为原则。对于形状比较复杂、模腔间隙比较小且不易机加工的中小制品模型硫化还需在压力下进行,其压力为 5~10MPa 即可。后硫化是指制品脱模后继续加热硫化的过程,后硫化温度一般低于模型硫化温度,以 90~110℃为宜。后硫化时间需 10~48h,以使 NCO 基反应完全。后硫化的温度和时间视原料种类和制品厚度而定。一般来说,聚醚型的硫化温度低于聚酯型,TDI 型的硫化温度低于 MDI 型,硫化时间也短一些。此外，降低硫化温度、延长硫化时间有利于制品动态性能的改善。后熟化一般是将后硫化后的制品在室温下或稍高温度下放置一周，使制品的结构和物性达到最佳状态。CPU 弹性体的物性测试和制品使用都需在后熟化后进行。

8.5.6 主要生产设备

CPU 产制品的生产设备和机加工设备较多，下面简要介绍几种主要设备。

8.5.6.1 反应釜

低聚物多元醇脱水和预聚物的合成都在反应釜中完成。反应釜主要由釜体、釜盖搅拌器、夹套、支承及传动装置和轴封装置等组成。反应釜的材质可以是不锈钢（多用 SUS304）和搪瓷（或称搪玻璃）。脱水和预聚物生产均可选用不锈钢釜，低聚物多元醇脱水也可选用搪瓷釜。釜盖上开有搅拌、进料、观察、测温、测压、蒸馏、安全放空等工艺管孔。搅拌器形式多选用锚式或框式。转速也不需要太高，以 60～100r/min 为宜。脱水釜夹套中可通入蒸汽或导热油加热。预聚物釜用蒸汽或热水加热，以便反应激烈时用水冷却。反应釜需要真空作业，所以密封性能要求很高。釜体和釜盖由法兰密封连接，搅拌轴多采用机械端面密封。真空管线上应安装视盅，便于观察脱水和脱泡情况。反应釜属定型产品，在手册上均可查到它的各项参数。温州飞龙机电设备工程有限公司根据聚氨酯弹性体工艺的特点，参考国外设备设计制造的反应釜很适合行业使用，其反应釜的放料阀门属内置型，保温性能好，不易堵，使用起来十分方便。1986 年山西省化工研究所从德国亨内克公司引进了另外形式的预聚物合成装置，称为双反应釜。它由两部分组成：一部分将搅拌器、传动装置、加热筒、釜盖和温控系统组装成一个长方形柜体，搅拌器和釜盖连在一起可手动升降和转向；另一部分是物料容器，即一个约 30L 的薄壁不锈钢桶，投料后置入加热筒中，降下釜盖和搅拌器进行反应，反应结束后，可真空脱泡（该装置配有真空系统），然后取出预聚物。该种双反应釜既可用于预聚物生产，也可配制胶料。它的最大优点是料桶装取十分方便，也便于焚烧清理凝胶，缺点是料桶容积不大，只适合于小批量生产，尤其适于 NDI 型产品的生产。

8.5.6.2 真空泵

真空泵是制作 CPU 必不可少的设备之一。脱水、脱泡都必须在真空下作业。如果水分含量较高，可选用水环（喷射）式真空泵。因为水分太多，会影响真空泵的润滑体系。但是水环（喷射）式真空泵的缺点是极限真空不高。预聚物和胶料的脱泡要求真空度高，抽气速率大。可选用旋片式真空泵，抽气速率的大小以保证几秒内真空度基本达到当地的大气压，以便在 2～3min 将胶料的气泡基本脱除。也可以选用真空机组，如罗茨泵和旋片泵、罗茨泵和往复泵、罗茨泵和水环（喷射）泵等组成的真空机组，抽气量大，极限真空高，可很好地满足工艺的要求。实践证明，罗茨泵和水喷射真空泵组成的真空机组很适合聚氨酯的加工工艺。系统中抽出的水分、二异氰酸酯、低聚物多元醇全部进入循环水中排掉，保护了员工的操作环境，而且该机组只有罗茨泵需用少量润滑油，节约了使用成本，操作、维修和保养也十分简便。该泵的缺点是会随着水温的升高，真空度有下降的趋势，为保证稳定的真空度，必须对水温进行控制。

8.5.6.3 离心成型机

离心成型机分立式和卧式两种。立式离心机用于薄壁胶带的成型如齿形带、平胶带等。卧式离心机用于成型聚氨酯片材，胶片厚度在 0.3～10mm 可调。为保证胶片厚薄均匀，硬度偏差小，表面光洁度高，对卧式离心机的温度控制系统、辊筒的同心度、轴向跳动度、内表面的光洁度提出了严格要求。1986 年山西省化工研究所从德国亨内克购进一台卧式离心机，辊筒内尺寸为 $\phi1000mm \times 1000mm$。沈阳聚氨酯橡胶厂引进日本东邦 ED-450 双辊筒卧式离心机。该离心机有两个辊筒，辊筒内尺寸 $\phi472mm \times 546mm$。下面简要介绍日本东邦机械工业公司制造的 EC-1100 型离心成型机的有关参数。

① 辊筒尺寸　内径 1100mm±1.0mm，进深 600.0mm±1.0mm，内表面抛光加工。

② 辊筒转速　40～500r/min。

③ 辊筒驱动方式　电动发动机。

④ 辊筒加热方式　可蒸汽加热或电加热，辊筒温度 100～150℃，辊筒表面温度差 2～3℃。

⑤ 加热筒　筒内空气温度差±5℃，保温层厚度 110mm。

⑥ 安全装置　门开警报灯、门开放限位开关、安全罩、停止转动装置。

⑦ 控制盘　辊筒转速设定器、辊筒转速显示仪、温度调节器、温度记录仪、成型定时器、电机电流计。

⑧ 配制设施　电源、蒸汽、冷却水。

离心机的辊筒内表面的温度差对制品的性能尤其是对硬度影响很大。辊筒内表面的温度差大，则产品各点的硬度差也大。温度高的部位，硬度较低。因此辊筒内表面的温度差是离心机的一个重要参数，必须严格控制。辊筒的轴向跳动和内表面的光洁度也是离心机的关键参数，它将直接影响胶片厚度的均匀性和胶片的表面质量。一般要求轴向跳动在 0.05mm 之内，内表面的粗糙度 R_a 不大于 $0.2\mu m$。除个别厂家使用进口离心成型机外，大部分厂家还是用的国内生产的。温州飞龙聚氨酯设备工程有限公司和温州市巨龙机电设备厂均生产离心成型机。表8-52 是温州飞龙聚氨酯设备工程有限公司所产离心机的有关参数。

表 8-52　飞龙公司产离心机技术参数

规格	辊筒内径和径深/mm	辊筒转速/(r/min)	驱动功率/kW	加热功率/kW
LX-500	$\phi500\times420$	300～1200	7.5	9
LX-1000	$\phi1000\times650$	200～800	7.5	9
LX-1300	$\phi1300\times1020$	200～800	15	13.5
LX-1410	$\phi1410\times800$	200～800	15	13.5
LX-1410	$\phi1410\times825$	200～800	15	13.5

8.5.6.4　平板硫化机

CPU 制品成型用的平板硫化机和通用橡胶的没有多大区别，只是压力可小一些。一般制品成型压力 5～10MPa 即可，应视模具的大小而定。平板的加热方式有蒸汽、导热油和电热三种。但就温度控制而言，蒸汽加热不像电加热容易精确控制，从温度控制的精度和节能考虑，还是用导热油加热比较好。近年来开发了不少品牌的平板硫化机，技术水平也较以往先进得多。有采用微机自动控制的，也有采用 PC 可编程序控制以及手动控制的。在功能方面有抽真空、模具推出、自动开模等。尤其是热板工作表面温度分布均匀性方面，有长足的进步。热平板表面温度均匀性达到±1℃以内，这对保证制品质量是十分有益的。生产平板硫化机的厂家很多，目前台湾公司在大陆设厂的也有几家，像宁波东毓等台湾公司其产品质量上乘，不但供应大陆市场，也向欧洲等国家销售。随着 CPU 制品加工技术的发展，有些产品有的厂家已不再采用模压工艺，如胶轮、密封件等。所以硫化机的使用也没有以前用得那么多了。

8.5.6.5　加热平台

一些 CPU 制品的成型需要在加热平台上进行，如大型筛板、胶轮、胶板等。加热平台是由厚钢板加工制造的，加热介质可以是导热油或蒸汽，也可采用电直接加热。用循环导热油加热，温度均匀，易于控制。导热油循环系统最高压力应小于贮油罐的允许压力。加热平台应有良好的平整度和表面光洁度，各点温度差在±3℃以内。山西省化工研究所早先使用的加热平台，是从德国 Desma 公司购进的，外形尺寸 1000mm×2000mm，平台高 700mm，采用导热油循环加热，具有表面平整、温度均匀、结构紧凑的特点。我国也可以生产这样的加热平台，只是结构没有进口的那么紧凑，相对占地面积较大，但运行效果不错，维修工作量很小，节能效果明显，目前有很多厂家在使用。

8.5.6.6　浇注机

浇注型聚氨酯弹性体由于具有釜中寿命（或适用期）短、凝胶速度快的化学特性，使手工间歇操作制造高品质的大型制品难以实现。随着聚氨酯工业的发展，加工机械制造业也随之兴起，20 世纪 60 年代后期起步，70 年代发展加快。目前，美国、德国、日本、法国、意大利等国家均有制造浇注机的厂商，国内温州、南昌、沈阳也有生产。尽管其各具特点，但结构、功能大体相似。

（1）东邦 EA 型浇注机　20 世纪 80 年代我国从日本东邦机械株式会社购进多台 EA 型聚氨酯弹性体浇注机，首开我国连续浇注的先河。其结构简图如图 8-23 所示。

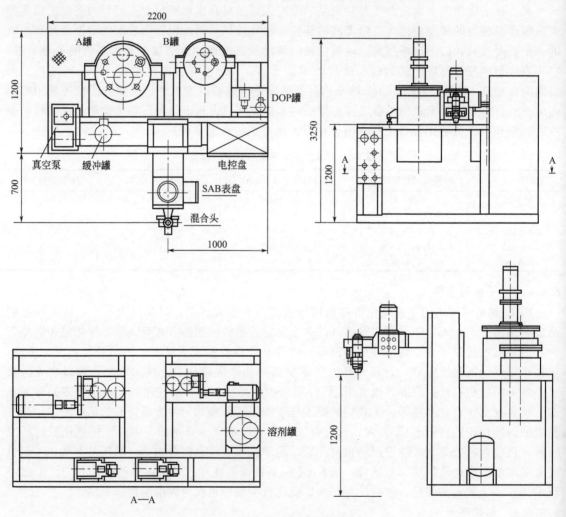

图 8-23　日本东邦 EA 型浇注机

东邦 EA 型浇注机的特点如下。

① 各系统循环方式

a. 物料经原料罐-混合头切换阀-原料罐循环，确保物料温度均一，流量稳定。

b. 原料罐内通入氮气，防止水分混入。物料循环回口设在原料罐底部，不会带入气泡。

c. 通过平衡循环-吐出压力，提高吐出精度，稳定混合比。

② 高精度计量泵

a. 用可调直流电机带动精密齿轮泵，流量准确、稳定。变更流量只需重新设置计量泵速度即可。变更配合比也很容易。

b. 当吐出量较小、黏度低时，则采用高精度柱塞泵。

③ 高效混合头

a. A、B 组分由循环切换到吐出，同步无误差。

b. 可将循环-吐出压力调整到等压力，提高吐出精度（压力用数字显示）。

采用东邦独特的销型旋转器。高黏度液体也能在短时间内混合均匀，且能快速排除搅拌室内的空气，所以以初期混合液的损耗很少。

c. 旋转轴轴封采用独特的机械密封，无逆流。

d. 切换阀是经精密加工的金属密封，无热变形之虑。

e. 清洗搅拌混合室用溶剂、干燥空气是经物料吐出节流孔吐出，因此物料绝不会向溶剂管道逆流。

④ 高精度温控系统。

⑤ 易操作，稳定性好。

⑥ 可根据要求设计。

EA-201 浇注机的主要参数及适用范围：该浇注机的吐出能力 $0.4 \sim 1.0 kg/min$，计量泵用齿轮泵无级变速驱动，适用双组分体系，对物料体系的要求和物料罐技术参数见表 8-53 和表 8-54。

表 8-53 东邦 EA-201 浇注机对物料体系的要求

项目	配合比	吐出量/(g/min)	温度/℃	黏度/mPa·s
预聚物	100	330~910	80	500~2000
扩链剂	10~20	30~166	120	50(最大)

表 8-54 东邦 EA-201 浇注机物料罐技术参数

名称		预聚物	扩链剂	溶剂
体积		100L	20L	20L
耐压	主体	0.19MPa	0.19MPa	0.8
	套管	0.05MPa	0.05MPa	—
材质	主体	不锈钢	不锈钢	不锈钢
	套管	软钢	软钢	—
搅拌		有	无	无

除早先进口的几台 EA 浇注机外，由于日元升值，浇注机价格相对较高，加之国产机的质量在稳步提高，别的国家的浇注机也逐渐登陆国内市场。据了解以后便没有再从日本东邦进口过。日本东邦浇注机采用油加热系统，适用范围相对较广，但也存在许多缺陷。如机头搅拌轴轴封不甚合理，容易向上逆流，导热油易混进空气氧化结垢，影响传热效果等。

(2) 法国博雷（BAULE）UM 型浇注机 近年来，我国安徽淮北橡胶厂、洛阳黎明化工研究院、河南化学所等单位先后购买了法国博雷公司的 UM 浇注机，使用效果良好，该公司生产的浇注机设计合理，结构紧凑，操作方便，其特点如下：

① 加热系统能定时自动停止和启动；

② 混合头能定时自动清洗；

③ 出现故障有警报信号，并自动停机；

④ 可配备物料（组分）自动脱泡和加料装置；

⑤ 直接在混合头处配备 1~3 种色浆加入系统和一种催化剂加入系统。

　　该公司产经济型双组分低压浇注机的侧视图和俯视图如图 8-24 所示，浇注机系列产品的型号和技术参数见表 8-55。其中 UM2E 型浇注机技术参数见表 8-56。

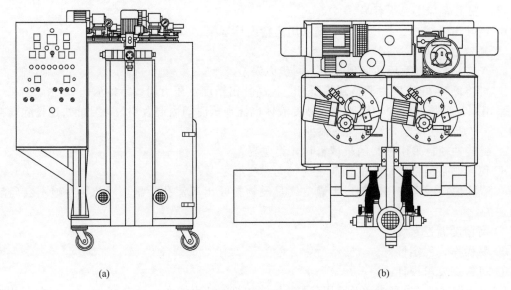

(a)　　　　　　　　　　　　　　　　(b)

图 8-24　经济型双组分低压浇注机的侧视图（a）和俯视图（b）

表 8-55　BAULE 公司低压浇注机型号及技术参数

项　目	型　号							UM2E 举例
	UP2E	UM2E	UG2E	UH2C	UM3E	UH3C/CV	UM4C/CV	
组分数	2	2	2	2	3	3	4	详见 UM2E 型浇注机举例
流量范围/(kg/min)	0.5～1.0	1～6	2～10	＞10	1～5	1～7-10	1～7-10	
	这个流量范围与泵的选择（泵可互换）和采用的物料体系的配比有关,这里提供的数据仅供参考							
配比范围	每个计量泵由一个可变速度的电机来驱动,速度可由 1～10 调节							
物料黏度范围	10～4000mPa·s							
可采用的物料体系	TDI/MOCA 或 MDI/BDO				TDI/MOCA 或 MDI/BDO 或 MDI 半预聚物/多元醇/BDO			
	所有市场上可以提供的扩链交联剂（HQEE、MCDEA 等）,所有类型的预聚物包括以 PCL,PPDI 等为基础的预聚物,只要稳定,都可以在浇注机上使用。NDI 体系因它的极不稳定性,需要另一种不同的技术							
温度调节	烘箱的温度可以调节,直到 100℃,某些组分温度可调节直至 150℃							
自控性能说明	由微型自动控制器控制并带液晶显示 •输入和显示基础数据 •数据显示使用和维护情况 •启动泵并显示泵的速度			由可编程序控制器控制	由微型自助控制器控制并带液晶显示＋8 个配方预编程序		工业 PC 可编程序自动控制 •图像显示终端 •轻触键盘输入数据 •图像屏幕显示 •可预先储存 16 个配方等	

表 8-56　UM2E 型浇注机技术参数

项目	组分 A（预聚物）	组分 B（扩链交链剂）	流量/(kg/min)	
			最小	最大
体系	TDI 型预聚物（如 TT 或 TD 系列）	MOCA		
泵（BAULE 公司型号）	7B	4		
泵的输出量/(mL/r)	20	3		
最小配比	100	4	2.5	5.2
最大配比	100	25	0.7	4.6
黏度范围/mPa·s	30～4400			
工作温度/℃	80～90	20～120		

从这些年的发展看，浇注机的自动化水平愈来愈高，适用的范围也愈来愈宽，功能愈来愈多。如自动脱泡体系、MOCA 快速熔化体系。日本イハラ化学公司开发的 MIC 浇注设备可以间歇浇注，也可以连续浇注。其特点是浇注口朝上，而计量混合的液体向上注入模具中。混合液高压注入模具，中间有一个球形止逆阀，可减少空气夹入。这种方法可快速浇注薄壁制品及形状复杂制品，节省原材料，减少后处理。

（3）国产浇注机　国产聚氨酯弹性体浇注机首先是由温州嘉隆聚氨酯设备厂在参照日本东邦 EA 型浇注机的基础上开发成功的。后经多家浇注机生产单位的不断改进，目前整体水平已接近国外产品，某些方面已超过个别品种的国外产品。主要体现在如下方面。

① 在产品结构上做了重大改进

a. 在外形方面，从原来封闭式结构改进为开放式结构，给使用和维护带来很大便利。

b. 混合装置搅拌轴密封由原来的骨架式密封，改为浮动式机械密封（专利技术），确保混合装置在一定背压下长期使用而不向上串料造成轴承被料凝固的现象，使设备运行更加可靠。

c. 导热油箱由原来开放式改为封闭式结构，增加了膨胀油箱，使设备中的导热油与外部空气隔离开，避免了因导热油在高温情况下与空气长期接触产生积炭而阻塞通道，使系统不能正常加热。

② 在设备的使用性能上有很大提高

a. 采用了特殊结构的回流调压阀（专利技术），大大提高了计量系统的精度，使设备在使用过程中稳定性得到很大提高。

b. 采用多点温度测控装置，使系统温度运行平稳，减少了原液黏度的波动性，从而达到输出流量的稳定性，使制品的合格率大大提高。

c. 采用了集成化设计（如出回料球阀、导热油通道、出料过滤网、计量泵等集成设计），使得设备的故障率降低，维护和操作更为便捷。

③ 增加了设备的使用功能

a. 在原有设备的基础上，增加了色浆系统，从而使改变弹性体制品的颜色简单快捷，节省大量时间和使用成本。

b. 通过改变计量系统的设计，使得设备能添加 5%～20% 的填料，从而可制得不同物性要求的弹性体制品。

自动化闭环控制系统已经在弹性体浇注机中的计量控制装置中开始得到应用，通过采用质量流量计、伺服电机、PLC 触摸屏及电容式液位传感器及压力、温度变送器等，实现了弹性体浇注机 PLC 触摸屏全自动控制，并在 TPU 弹性体浇注机和

图 8-25　温州飞龙最新型号弹性体浇注机

大型造纸胶辊缠绕浇注机上得到应用。如图 8-25 所示为温州飞龙聚氨酯设备工程有限公司最新型号的聚氨酯弹性体浇注机。

8.5.6.7　喷涂机

喷涂型聚氨酯弹性体、聚氨酯/脲弹性体和聚脲弹性体均在数秒至数十秒之内即反应固化。因此在加工中，必须采用具有自动计量-混合-分配功能的双组分或三组分的喷涂设备。喷涂用专业化设备应具有平稳的物料输送系统、精确的物料计量系统、均匀的物料混合系统、良好的物料雾化系统以及方便的物料清洗系统。国外厂家在聚氨酯-聚脲 RIM 设备的工作原理基础上陆续开发出用于喷涂聚氨酯（脲）弹性体的设备。德国 Hennecke 公司的 HKaos 和 EZ 型便适用于喷涂工艺。Hkaos 型设备主要适用于聚酯类的喷涂。喷涂中不使用压缩空气，以高压柱

塞泵将物料按一定比例输入混合头，反应混合物以雾状喷涂在基材上。EZ 型喷涂设备主要用于聚醚类聚氨酯弹性体的喷涂，用低压齿轮泵将物料按比例输入混合头，用压缩空气将混合胶料低压喷涂在基材上。随着喷涂料由聚氨酯向聚氨酯/脲、聚脲弹性体发展，喷涂设备也愈来愈先进。国外生产物料输送、计量设备的厂家和产品型号主要有：Glas-Graft 公司的 MINI Ⅱ 型和 MX 型，Graco 公司的 Bull-Dog 型，Gusmer 公司的 H-2000 型、H-3500 型等，Pro-hydro 公司的 Minimatic 230 型。用于喷涂的混合、雾化和清洗设备有：Binks 公司的 43P 型，Glas-graft 公司的 Proble 型，Graco 公司的 FoamCat 型，Gusmer 公司的 GX-7 型，Isotherm 公司的 SP 300 型，以及 Fec-Mac 公司的 AP/X 型。表 8-57 列出了喷枪（撞击型）的型号及有关参数。

表 8-57　喷枪（撞击型）型号及参数[①]

清理机理	型号（制造厂/国家）	喷嘴连接能力	喷嘴孔口变化能力
空气清理	Proble(Glas-graft/美国)	○	×
	AP/X(Tec-Mac/意大利)	○	○
清理杆清理	GX-7(GusMER/美国)	○	○
	D(GusMER/美国)	×	×
	SP-300(ISotherm/瑞士)	×	×
溶剂清理	♯43P(BINKS/美国)	○	○
	低输出喷头(TOHO Mochinery/日本)	○	○

① ○为良，×为差，I 为异氰酸酯，R 为树脂。

下面简要介绍美国固瑞克公司的产品。随着 SPUA 技术的进步，应用的拓广，设备的需求量也愈来愈大。美国固瑞克公司利用其长期开发喷涂设备的经验和优势，于 2003 年上半年成功推出了具有全新概念的新一代喷涂聚脲弹性体成套设备。2005 年 2 月美国固瑞克公司成功收购美国 Gusmer 公司，将原 Gusmer 公司的所有产品纳入旗下，成为北美乃至全球最大的聚脲、发泡喷涂设备供应商。同年，固瑞克公司又收购了 Liquid Control 公司的股份。在收购了这两家拥有 40 多年经营历史的公司之后，固瑞克根据公司情况将它们做了全新的整合。Gusmer 公司的产品主要以喷涂机和高压 RIM 机为主，Liquid Control 公司则以低压 RIM 机为主。因此，固瑞克将 Gusmer 的高压 RIM 机业务和 Liquid Control 的低压 RIM 机业务合并后推出了 Gusmer/Decker 品牌。同时将 Gusmer 的喷涂设备业务和固瑞克的喷涂设备业务合并成为 Graco/Gusmer 品牌。固瑞克-卡士马（Graco-Gusmer）公司是国外反应喷射成型技术的开拓者之一，它最早与材料厂家（如 Huntsman 和 Futura 等）合作共同开发此项技术，是欧美各国弹性体和刚性体喷涂设备的独家供应商。Gusmer 喷涂设备在北美、欧洲、澳大利亚和东南亚地区占有 95％以上的市场份额，在国内亦占有相同的市场份额。Graco-Gusmer 弹性体和刚性体喷涂设备有 E-XP1、E-XP2、H-XP2 和 H35 pro 四种型号，它们是 Gusmer 专门设计，用于喷涂聚脲、聚氨酯和聚氨酯/聚脲弹性体、刚性聚氨酯及其他多组分涂层的设备。该设备有一个平稳的物料输送系统，精确的物料计量系统和物料混合系统，良好的物料雾化系统，方便的物料清洗系统。H35 pro 是 Graco-Gusmer 设备的主力机型，采用液压驱动，输出量大（达 10.8kg/min），工作压力高（可达 24.1MPa），压力波动小，电加热功率大（达 12kW 或 18kW）、温度控制准确，原料计量精度高，可喷涂高质量涂层。可用于严寒冬季野外施工。

（1）主要技术参数

① 最大输出量　10.8kg/min。

② 最小输出量　1kg/min。

③ 最大工作压力　24.1MPa。

④ 原料黏度　250～1500mPa·s。

⑤ 电源　60A，3×220V，50Hz；38A，3×380V，50Hz。

⑥ 整机质量　260kg。

（2）物料输送系统　H35 物料输送系统配备 2 个 2：1 气动上料泵，向主机以适当压力平稳供料。它们分别插于 A 料和 R 料的 200L 大桶中，用螺纹连接，并用密封圈可靠密封。上料泵亦可用于小包装的料桶。A 料对湿气很敏感，遇湿气形成结晶，沾染比例泵、滤网、软管和枪。H35 可选配空气干燥器，气管连接在大桶上，向料桶供给带压干燥空气（露点−45℃）。在高湿度条件下最好用氮气。两个料桶的气体是连通的，可使两料桶有相同的初始压力。注意初始压力应小于桶的安全压力（通常不超过 $0.4×10^5$Pa）。R 料可用气动或电动搅拌器使颜料、填料与聚醚混合均匀。搅拌器转速不可过高，以免将湿气混入料中。为防止严寒冬季原料黏度过大影响供料，在料桶上可装 Gusmer 带鼓加热器及在上料泵和主机之间装预加热棒，给原料加温。供料最低温度 20℃，温度过低会增加上料泵和比例泵的负载，并在泵中形成空穴。如配 2×330L 带循环加热的贮料罐则最佳。也可将设备原料装于保温车上。

（3）物料计量系统（H35 pro 主机）　H35 pro 主机的作用是对物料进行精确计量和温度控制，并为混合系统提供所要求的、稳定的高压物流。

① H35 pro 主机为液压驱动，采用高档 Rexroth 液压泵。计量泵为一字排列、对置活塞泵，使 A、R 两个比例泵产生相同的高压力，使液压缸两边压力平衡，消除不对称负荷。H35 的最大工作压力为 24.1MPa。喷涂时的工作压力增加，涂层的物理性质也随之提高，同时雾化效果更好，表面质量更高。喷涂聚脲弹性体时的动压力一般在 14～19.5MPa 之间。工作的静压力在 17.2～20.7MPa 之间。上料泵和比例泵之间有球阀密封装置（泵座），保证比例泵活塞左右移动时有等量的物料输出。单向阀不在比例泵内，单向阀开停时引起的压力波动较小，同时不需拆卸比例泵即可维修单向阀。液压缸筒内壁和活塞杆镀硬铬，以延长使用寿命。A 料对潮气非常敏感，Gusmer 采取两项措施保护 A 料密封。A 料比例泵右边有一个循环油封系统，使泵轴密封浸泡于润滑剂的漂洗之中，防止异氰酸酯固结在泵轴上，从而大大延长密封寿命。采用缩进式结构，每次停机时，A 料泵轴完全缩回缸内，避免接触潮气。

② H35 配备两个 6kW 或 9kW 主加热器及自动温度控制系统，经过计量泵精确计量的高压、高速液流，流经主加热器，将其加热到设定温度，以适应各种不同的工艺要求。H35 物料的温度可最高加热至 77℃。弹性体喷涂时，随着原料喷涂温度的增加，则涂层的物理性质及表面质量也随之提高。聚脲弹性体的工作温度在 65～75℃ 之间。聚氨酯弹性体和刚性聚氨酯工作温度太高时，发泡倾向会增加，故其温度略低，在 60～70℃ 之间。H35 配有保温加热软管，对流经管道的物料进行加温和温度自动控制，温度传感器靠近喷枪，保证到达喷枪的物料在设定温度。软管加热系统采用安全电压，确保人身安全。Gusmer 设备的标准软管长18.3m，可根据用户要求加长，最长为 94m。H35 的软管加热系统，确保其在严寒冬季，在−28℃ 的低温，也可进行野外施工。

（4）物料的混合雾化系统　弹性体喷涂需采用 Graco-Gusmer 专利的无气撞击内混合、机械自清洁喷枪，Graco-Gusmer 有 GX7-400、GX8、GX7-DI 和 Fusion MP 四种型号的喷枪供用户选用（图 8-26～图 8-29）。

图 8-26　GX7-400 喷枪　　图 8-27　GX8 喷枪　　图 8-28　GX7-DI 喷枪　　图 8-29　Fusion MP 喷枪

GX7-400 喷枪输出量 1.6～3.6kg/min，最大工作压力 24.1MPa，适于较厚涂层的弹性体和刚性体喷涂。

GX8 喷枪输出量 0.45～1.8kg/min，最大工作压力 24.1MPa，适于较薄涂层的弹性体和刚性体喷涂（最薄可达 0.127mm），以及较小面积的喷涂。

GX7-DI 是新型直接撞击式混合喷枪，可获得最佳涂层质量。输出量 1.8～9.5kg/min，最大工作压力 24.1MPa，适用于的弹性体和刚性体喷涂及聚氨酯发泡。

Fusion MP 喷枪输出量 0.4～22.7kg/min，最大工作压力 24MPa，适用于聚氨酯发泡与聚脲喷涂。

喷涂时扣动扳机，汽缸拉动开停阀杆退出混合室，来自主机的 A、R 两股高压高温物流从混合室周边的小孔中冲入容积很小的混合室（只有 0.0125cm³），产生撞击高速湍流，瞬间实现均匀混合，且从混合室到喷嘴距离极短，混合物料在枪内反应时间很短，几乎同时被喷涂在底材上。这种结构对于凝胶时间小于 5s 的聚脲弹性体喷涂是极为合适的。

停止喷涂时，松开扳机，阀杆立即复位，进入混合室，将 A、R 料完全隔绝，停止了两种料的混合，同时阀杆把混合室内残留的料全部推出，完成自清洁，不需用溶剂清洗。Graco-Gusmer 的机械自清洁枪在弹性体喷涂中的优势是气冲式喷枪无法比拟的。

枪出口处配有不同模式控制盘（PCD，亦叫喷嘴），通过改变混合室和 PCD 型号，可实现扇形喷涂、圆形喷涂，以及改变输出量，以获得最佳的混合和喷涂效果。弹性体和刚性体喷涂的雾化主要通过主机产生的高压来实现，同时混合料从适合的喷嘴喷出，开启气帽辅助雾化，以获得均匀的涂层。

GAP 枪是气冲式喷枪（图 8-30），其输出量为 1.7～17.5kg/min，最大工作压力 21MPa，不需要溶剂清洗。适用于保温硬泡的喷涂和灌注。GAP 枪和其他气冲式喷枪一样，虽然也能喷涂弹性体涂层，但因其关枪时靠压缩空气来清洗枪头，压缩空气中的气、水、油会夹杂于涂层之中，影响涂层质量。另外 GAP 枪混合室只有一对大的出料孔，而 GX7-400、GX8 和 GX7-DI 枪都有多对小的出料孔，后者比前者混合效果好得多。故 Gusmer 设备采用 GX7-400、GX8 和 GX7-DI 机械自清洗枪喷弹性体涂层，而不用 GAP 气冲式喷枪。

图 8-30　气冲式 GAP 喷枪

（5）物料清洗系统　如上所述 Gusmer 的机械自清洁枪，在操作间隙的短暂停机（如 30min），是不需用溶剂清洗的。对较长时间的停机（如吃饭、过夜、周末等），只需用专用的便携式不锈钢清洗罐或清洗壶，用少量溶剂进行彻底清洗，不需要拆卸枪体。

8.5.6.8　机加工设备

聚氨酯弹性体制品不论是板材或棒材，除了不能刨削以外（但可用木工刨刨削），可进行各种机械加工。各种车、铣、磨、钻、锯等机械加工设备均可用于聚氨酯弹性体制品的加工，只是在加工工艺上与普通金属加工有所差异。

（1）车削和镗削较硬的聚氨酯弹性体，最小切削速度以 25～240m/min 为宜，可采用带 5°～10°后角的高速钢刀具。如材料硬度低，后角应加大。高硬度的聚氨酯弹性体（如硬度为邵尔 D79）则可用成型刀具加工。

（2）铣适用于各种硬度等级，最小厚度 10mm，用锋利单面飞刀，带 10°后角。硬度低，后角加大。如刀具直径为 80mm 时，切削速度以 600m/min 为宜。

（3）钻孔适用于各种硬度，最大加工速度 600～800r/min，采用高速钢钻头，顶角 90°或更大，最小直径 10mm，小于 10mm 时，必须用钢板夹紧。

（4）锯切适用于各种硬度等级，锯切速度可根据材料的硬度而定，如邵尔 A80，为 550m/min，邵尔 A70 为 270m/min。带锯锯齿距约 6mm，锯齿应有左右偏角。

（5）磨削采用与磨削钢件一样的进给量和工艺。

机械加工时最好采用乳化液冷却。机械加工设备品种繁多，只要能满足上述要求，均可选择使用，在此不再详细介绍。

8.5.7　典型产（制）品

8.5.7.1　胶辊

胶辊一般指中间是金属芯，外包有橡胶，长径比较大的圆柱型制品。根据用途分为冶金、造纸、纺织、粮食加工、印刷胶辊等。聚氨酯胶辊与普通橡胶胶辊相比，具有机械强度高、耐油耐磨性好、抗压缩性突出、硬度范围广、机械加工性能优越、表面光洁度高以及与金属芯的粘接强度高等特点，比较适合于高线速度和高线压力下使用。近年来，在各行各业已大量用这种胶辊代替了通用橡胶胶辊。

PU 胶辊的配方千差万别，但其浇注成型工艺大致相当。CPU 胶辊成型方法可采用常压浇注成型、真空无应力浇注成型、旋转浇注成型、浇注模压成型，最常用的方法是常压浇注成型。

PU 胶辊的模具应根据胶辊外形尺寸、浇注方法、产品结构复杂程度而设计。一般来说，外形尺寸大、胶层薄、生产量大、几何形状复杂的胶辊，多采用哈夫模具，相反则采用整体模具。设计模具时，还应根据不同硬度胶辊的收缩率和精加工量，留有适当的加工余量。

CPU 与金属芯的粘接以及 CPU 中气泡的多少是衡量 CPU 胶辊质量的重要指标。CPU 与金属芯的黏合见后面 CPU 与金属的黏合。如何克服胶层中的气泡，必须在实践中不断探索和研究。一般采用浇注机作业，正品率要高得多。如果浇注操作技术相当熟练，对用胶量较小、胶层较厚的胶辊，也可采用间歇手工作业。

加工工艺对胶辊质量的影响相当明显，对胶辊外观的影响尤其。因此应注意以下几点。

① 模具结构合理，装配到位，无漏胶现象。

② 入模胶料温度、胶辊模具和辊芯温度应保持适当的平衡，即模具、辊芯和胶料的温度应基本相同。模具各部位的温度基本相同。

③ 浇注时，浇注点可以在辊芯，也可在模具的边缘，但应保持固定，防止裹进气泡。模具可适当倾斜使胶料沿壁而下。

④ 胶辊在不具备脱模强度以前，不应随便移动模具，防止产生龟裂现象。

⑤ 在装配模具和辊芯时，尤其应注意防止涂过胶黏剂的辊芯碰着模具内壁，影响胶辊的粘接质量。

⑥ 硫化后的胶辊，须进行表面切削和磨光等机械精加工，以保证辊面的粗糙度和同心度。

8.5.7.2 胶轮

PU 胶轮充分地发挥了 PU 承载能力高、耐磨、扭曲模量高，与金属黏合性能好等特点。PU 胶轮有的中间有金属和非金属芯，有的则没有，根据使用情况而定，加工成型方法可以常压浇注成型，也可以模压成型，大批量生产胶轮一般用常压浇注法，然后进行机械加工，加工工艺中应注意的问题与加工 PU 胶辊相类似。

8.5.7.3 板（片）材

板材和片材的差别在于厚度和外形尺寸的区别。PU 板（片）材的加工一般采用模压、非模压成型和离心成型。离心成型的厚度一般在 10mm 左右。10mm 以下的板（片）材，如果要求精度高，硬度均匀，面积较大，一般均采用离心成型。厚质板材，采用模制成型。

上述模制成型和离心成型的方法显然限制了要生产的（片）板尺寸，随之开发了板（片）材生产的其他方法。例如，采用带式刀具，在一个圆柱胶体上剥离成片。该方法主要适合于厚度 1～3mm 的制品，如果制作的 PU 圆柱体没有气泡，利用剥片可以生产很长、质量很好的片材。

8.5.7.4 衬里

CPU 作为管道、设备的衬里应用比较多，例如泥浆输送管道衬里、抛光机衬里、水泵衬里、旋流器衬里、球磨机衬里等。衬里的加工一般是以被衬的物件为外模，浇注而成。与胶接触的表面必须很好地处理，才能与衬里粘接好（见 CPU 与金属的黏合）。就收缩而言，衬里的收缩与胶辊、胶轮正好相反，这样不仅增加了脱模的难度，而且稍有不慎，便会出现胶层剥离现象。脱模前硫化时间可适当延长一些，加工温度适当地低一点。衬里的加工也采用离心成型的方法，采用这种方法加工的产品不论是表面质量还是粘接质量都较好。

8.5.7.5 灌封及包覆制品

CPU 由于具有黏度低、流动性好等特性，可在常温下固化，在一些领域逐渐取代发脆的环氧树脂和强度低、黏合差的硅橡胶。如洗衣机电路板的灌封便是采用 CPU 灌封，其加工工艺是制作一个简易模具，模具材料可以是金属，也可以是非金属，把要灌封的电器元件放置在模具中（为了达到灌封的产品无缺陷和气泡，电器元件在灌封之前要在一定的温度下预热），预聚物和 MOCA 混合，脱泡后浇注，室温硫化一段时间即可脱模，由于电器元件所耐的温度一般在 80℃ 以下，所以 CPU 灌封材料应能低温或室温固化。CPU 也是一种很理想的包覆材料，如叶片包覆、互感器包覆等均采用模具浇注成型。

8.5.7.6 模压制品

CPU 制品中，品种类型最多的是模压制品。一般模压制品形状复杂，不易机加工，而要求的尺寸相对精确，内在质量要求也很高，如液压系统用密封件、弹性联轴节等。模压制品的形状多种多样，应用的范围也十分广泛。配方更是各有差异。如何提高模压制品的成品率，需不断总结经验，提高操作水平。这里指出两点：一是模具的结构必须精心考虑，既要考虑到制品的成品率，又要考虑操作的便利和模具的制造成本；二是合模时刻的把握必须准确，否则会导致废品。不同配方合模时间的把握也不尽相同。必须根据具体情况而定，并需要在实践中不断摸索，积累经验。

8.5.7.7 铺装材

1961 年美国明尼苏达采矿制造公司即"3M"公司首先用聚氨酯材料铺设了一条 200m 长的赛马道，1963 年铺设了田径跑道。由于使用效果较好，受到各国的重视。1965 年德国（原联邦德国）正式生产塑胶跑道。国际大型运动会的采用始于 1967 年在加拿大召开的泛美运动会。1968 年在墨西哥召开的第 19 届奥林匹克运动会上被正式采用，称为"塔当"跑道，得到国际奥委会的承认。此后国际奥委会就正式把塑胶跑道定为国际比赛的必备条件之一，世界各国竞相铺设。我国于 1979 年 9 月首次铺设了北京体育馆室内田径场，面积 $4500m^2$。到 1996年年底，我国国内总铺设面积约达 95 万平方米。近几年塑胶跑道的发展更加迅速，铺设量逐年增加，范围已由原先的体委系统，扩大到大、中、小学以及幼儿园等教育系统，专业场地铺设厂家由原来的 3 家已发展到 60 多家，施工队 100 多个，原料年产能力 20 余万吨，可供铺设田径场约 2 千万平方米。聚氨酯铺装材料除用于塑胶跑道外，还可用于室内地板、甲板、人工草坪、幼儿园的游乐场地、公园道路和天桥地面等设施。

聚氨酯运动场地具有弹性好、强度高、耐磨、防滑、耐低温、硬度适中、施工方便、美观大方、防震隔音、粘接力强、定活两便、经久耐用等特点。以不同的方式进行分类，可分类如下。

① 按用途可分为塑胶跑道（田径运动场）、网球场、篮球场、排球场、羽毛球场、乒乓球场、体操运动场垫、游泳池池底、手球场、赛马场等。

② 按照生产工艺不同来分，可分为现场浇注型和预制粘贴型两种。

③ 按照结构不同来分，可分为全塑型、混合型、复合型、透气型等。

④ 按照场地形式来分，可分为固定式和活动式两种。

聚氨酯塑胶跑道的结构示意如图 8-31 所示。

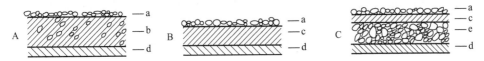

图 8-31　聚氨酯塑胶跑道的结构示意
A—混合型；B—全胶型；C—双层型
a—聚氨酯或颗粒；b—聚氨酯胶与黑胶粒；c—聚氨酯胶；d—沥青混凝土基层；e—聚氨酯胶与黑胶粒

聚氨酯塑胶跑道所用的主要材料包括以下几类。

① 双组分聚氨酯胶料——主要用于全塑型塑胶跑道、混合型塑胶跑道、复合型塑胶跑道。

② 单组分聚氨酯胶水——主要用于复合型塑胶跑道、透气型塑胶跑道、EPDM（三元乙丙胶）塑胶跑道。

③ PU 颗粒、EPDM 颗粒、黑色废轮胎颗粒等。

双组分聚氨酯胶料属于双组分室温固化的半预聚物法聚氨酯体系，单组分聚氨酯胶水属于单组分湿固化聚氨酯体系。前者配方体系的改进主要体现在异氰酸酯和催化剂的品种上。起初只使用 T-80，因 T-80 蒸气压高，影响施工现场的空气质量，而逐步向 MDI-100、MDI-50 过渡。原先使用的催化剂是以有机汞/铅或有机汞/锌复合催化剂为主的重金属催化剂，因危害人体，污染环境，逐步过渡到铅/锌低毒的催化剂或更为环保的铋/锌等复合催化剂。单组分聚氨酯胶水是 2000 年随透气型塑胶跑道的引进而发展起来的，实际上单组分聚氨酯胶水就是由聚醚和异氰酸酯制备的预聚物。起初就是聚丙二醇（PPG）和 T-80 合成的预聚物。出于环保考虑，用 MDI-50 逐步取代 T-80。

聚氨酯运动场地都采用双组分 PU 胶料。有醇扩链、胺扩链和醇胺混合扩链三种。聚醚多元醇是聚丙二醇和聚丙三醇，异氰酸酯多采用 T-80 和 T-65，有的也采用 MDI-50，后者施工时公害少，胶面层的物理性能也较好。但由 MDI-50 合成的预聚物黏度相对较大，尤其是气温较低时，黏度变得更大，影响施工。双组分铺装材的大致配方举例如下，供参考。

配方 1（质量份）

A 组分：聚丙二醇（$\overline{M}_n$＝2025）51.5，白炭黑 0.5，一氧化铅 0.1，煅烧黏土 46.53，2-

乙基己酸钙 0.1，2,6-二叔丁基对甲酚 1.0，复合催化剂 0.2，乙二醇单-N-丁基醚 1。

B 组分：T-80 86.7，三羟甲基丙烷-环氧丙烷聚合物（$\overline{M}_n = 440$）6.0，三羟甲基丙烷 7.3。

使用时，按 A：B＝92：8 的比例配制（即 NCO/OH＝1/1）。

配方 2（质量份）

A 组分：聚丙三醇（$\overline{M}_n = 3000$）14，聚丙二醇（$\overline{M}_n = 2000$）38，MOCA 5，陶土 31.4，铁红 5，白炭黑 2，邻苯二甲酸二（2-乙基己）酯 3，复合催化剂 0.3，2-乙基己酸铅 0.3，UV-327 0.5，抗氧剂 1010 0.5。

B 组分：聚丙三醇（$\overline{M}_n = 3000$）30，T-80 11.1。

使用时，按 A：B＝90：40（NCO/OH＝1.02～1.05）的比例配制。

配方 3（质量份）

A 组分：胺醚 N403 0.5～1.0，聚醚 N330 5～15，氯化石蜡 52 50～60，DOP 15～25，MOCA 5～8，BDO 0.2～0.5，高岭土 120～140，颜料 3～5，蒙脱土 0.1～0.2，气相白炭黑 2～3，八羟基喹啉铜 0.10～0.15，UV-9 0.10～0.15，抗氧剂 1010 0.10～0.15，异辛酸钙 4～6。

B 组分：MDI-50 60～80，聚醚 N2020 90～110，苯甲酰氯 0.1～0.5，NCO%≈12.0%。

使用时按 A：B＝（8～9）：1 配制。

我国塑胶跑道标准（GB/T 14833—1993）和上述配方的性能见表 8-58。

表 8-58   塑胶跑道的性能

项　目	国标(塑胶跑道实样)	配方 1	配方 2(纯胶)	配方 3	多孔铺面层性能
硬度(邵尔 A)	45～60	57	56	55	56
拉伸强度/MPa	≥0.7	1.0	2.4	0.9	1.2
扯断伸长率/%	≥90	122	400	118	96
回弹性/%	≥20	26	40	24	35
压缩复原率/%	≥95	98		97	99
阻燃性/级	1	1		1	1

山东东大一诺威聚氨酯有限公司是我国最大的铺装材原材料供应商和场地施工企业之一，其产品牌号和性能见表 8-59～表 8-61。

表 8-59   塑胶跑道和球场料

A 组分	型号	DP1260-5AD	DP1260-4AM	DP1270-3AQ	DP1270-3AP	DQ1201-A
	外观	黏稠着色液体				稀释着色液体
	黏度(25℃)/mPa·s	8000±500	6000±500	5000±500	5000±500	600±100
B 组分	型号	DP1275-B			DP1295-B	DQ1201-B
	外观	无色或淡黄色透明液体				
	黏度(25℃)/mPa·s	2500±200			3000±200	600±100
用途		塑胶球场、跑道底层	球场底层，跑道刮涂面层	球场面层	跑道面层喷涂	球场面层增强层
料比 A：B(质量比)		5：1	4：1	3：1	3：1	1：1
操作温度/℃		15～35	15～35	15～35	15～35	10～35
适用时间(25℃)/min		约 30	约 30	约 30	约 30	约 120
成品胶物理性能						
硬度(邵尔 A)		55±5	60±5	70±5	60±5	70±5
拉伸强度/MPa		2.0±0.5	3±1	3.5±1.0	5±1	20±1
扯断伸长率/%		≥400	≥300	≥300	≥300	≥150
撕裂强度/(kN/m)		≥12	≥15	≥15	≥25	≥45
回弹/%		25±5	35±10	35±10	35±10	30±5

表 8-60　自结纹跑道料

A 组分	型号	DZ1260-3A	适用时间(25℃)/min	约 30
	外观	黏稠着色液体	成品胶物理性能	
B 组分	型号	DZ1280-B	硬度(邵尔 A)	60±5
	外观	无色或淡黄色透明液体	拉伸强度/MPa	5±1
	黏度(30℃)/mPa·s	3000±200	扯断伸长率/%	≥300
料比 A∶B(质量比)		3∶1	撕裂强度/(kN/m)	≥20
操作温度/℃		15～35	回弹/%	35±10

表 8-61　硅 PU 球场料

1. 封底胶			撕裂强度/(kN/m)		≥20
型号		DSPU-101	回弹/%		35±10
用途		基础封底	3. 面漆层		
20℃时的物态		无色或淡黄色透明液体	A 组分	型号	DQ1201-A
黏度(25℃)/mPa·s		500±100		外观	稀释着色液体
操作温度/℃		15～30		黏度(25℃)/mPa·s	600±100
用量/(kg/m²)		0.2	B 组分	型号	DQ1201-B
适用期/h		1～3		外观	
固化时间/h		24		黏度(30℃)/mPa·s	600±100
2. 弹性层			用途		球场面层增强层
型号		DSPU-201	料比 A∶B(质量比)		1∶1
用途		硅 PU 球场弹性层	操作温度/℃		10～35
外观		着色黏稠液体	适用时间(25℃)/min		约 120
黏度(25℃)/mPa·s		6000±500	成品胶物理性能		
操作温度/℃		15～35	硬度(邵尔 A)		70±5
适用时间(25℃)/min		约 30	拉伸强度/MPa		20±1
成品胶物理性能			扯断伸长率/%		≥150
硬度(邵尔 A)		70±5	撕裂强度/(kN/m)		≥45
拉伸强度/MPa		4±1	回弹/%		30±5
扯断伸长率/%		≥300			

聚氨酯塑胶跑道的施工有机械化铺设和手工铺设两种,胶层铺设一般有 3 道工序,总厚度 13～15mm。先在沥青地基上铺 PU 胶和橡胶颗粒的混合层(8～10mm),再在上面铺 2～3mm 的纯胶,随即洒上胶粒,最后在胶粒上面喷一层薄薄的 PU 胶使胶粒不易脱落。也可将胶液和胶粒混合后一次喷涂完成。如地基为混凝土可先喷涂 0.3～0.5mm 厚的 PU 底胶以隔断地基水分,防止鼓泡。采用何种方法铺设视铺设的面积等情况选择。面积在 2000m² 以下,一般多采用手工铺设。

① 机械化铺设　机械化铺设是将 A 与 B 组分贮槽装在一辆运货卡车上,通过计量泵进入螺旋混合头,然后与废轮胎胶粒一起进入叶轮式水泥混合机内混合均匀,由射槽浇注在沥青或水泥混凝土的基层上,车上还装有整平架,将胶面层自动摊平。2.5m 宽的跑道每小时可铺 45m,一般经 12～24h 固化后可供使用。也有的铺设机械设备上装有胶粒真空除气泡的装置,以便减少胶面层的气泡。

② 手工铺设　手工铺设比较适合于小面积场地的铺设。除了胶料的混合采用机械搅拌外,在基层上铺设整平全是人工进行施工。胶料的黏度一般为 12Pa·s 左右,可操作时间为 30～60min,指触时间为 3～6h,可步行时间为 4～24h,1～7 日后方可使用。

8.5.7.8　防水材

土木建筑工程中采用机械化进行混凝土施工已相当普遍,随之而来的因收缩而发生裂缝的现象也愈来愈多,加之建筑物趋于高层化、装配化,对新型建筑防水材料的要求也日益严格和迫切，富有弹性的 PU 嵌缝材料、PU 无缝薄膜以及 PU 与沥青组成的防水涂层被认为是建筑防水材料中最有发展前途的防水材料之一。

PU 涂膜防水材（简称 PU 防水材）是 20 世纪 60 年代发展起来的一种新型高分子防水材料。PU 防水材现已自成体系，可分为单组分型和双组分型，双组分型又有非焦油型和焦油型两种。单组分防水材有湿固化型和空气氧化型两种，又各有溶剂型和非溶剂型之分，它是借助空气中的水分和氧作用固化的。双组分型防水材由基剂（预聚物）和固化剂（多元醇或多元胺）组成。目前使用较为普遍的为双组分型，焦油型因煤焦油的毒性和所造成的环境污染，已趋于淘汰。

PU 防水材料的分类如图 8-32 所示。

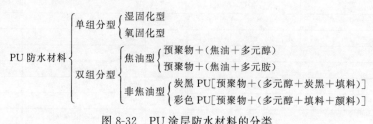

图 8-32　PU 涂层防水材料的分类

PU 防水材料的特点如下。

① 涂膜具有良好的延伸性和柔性，低温不脆裂，高温不流淌，抗裂性能好，对基层裂缝有很好的适应性。

② 耐候性、耐水性、耐酸碱、耐腐蚀性优良，与基底粘接力强。

③ 使用寿命在 15 年以上，较沥青长得多。

④ 质量轻，能减轻屋面负荷，适宜各种类型的屋面。

⑤ 施工方便，容易维修，无需加热，操作安全，减少公害。

⑥ 除屋面防水外，还用于地下工程、水利工程、船舶工程等其他防水领域。

日本 PU 防水材料和我国防水材料的主要性能指标见表 8-62 和表 8-63。

表 8-62　日本 PU 防水材料的主要性能

项　目			外露用	非外露用
常温性能	拉伸强度/MPa	≥	2.45	1.94
	扯断伸长率/%	≥	450	450
	撕裂强度/(kN/m)	≥	14.7	12.8
高低温性能	拉伸强度变化率[①]/%			
	-20℃	≥	100~300	100~300
	60℃	≥	60	35
	扯断伸长率/%			
	-20℃	≥	250	300
	60℃	≥	200	200
	加热伸缩率/%		-4~+1	-4~1

① 以常温拉伸强度为基准。

表 8-63　我国 PU 防水材料主要性能

项　目	指　标	项　目	指　标
拉伸强度/MPa	≥2.45	不透水性	0.3MPa,30min 不渗漏
扯断伸长率/%	≥450	固含量/%	≥94
低温柔性	-35℃无裂纹		

（1）单组分聚氨酯防水涂料　单组分 PU 防水材包括湿固化型和氧固化型两种，因其具有施工方便、极好的附着力和粘接力、贮存时间长等优点而逐步受到人们的重视。该产品是以异氰酸酯、聚醚为主要原料，配以各种助剂制成的反应型柔性防水涂料。该产品具有良好的物理性能，粘接力强，常温湿气固化。

① 性能特点

a. 产品强度高，延伸率大，固含量高，黏结力强。

b. 渗透性好，能克服基层开裂带来的渗漏。

c. 常温施工，操作简便，无毒无害，耐天候和耐老化性能优良。

d. 施工方便，克服了双组分聚氨酯防水涂料需计量搅拌的缺点，保证了产品质量稳定和工程的防水效果。

② 分类　按反应原理分为湿固化型和氧化固化型。按产品的拉伸性能分为 Ⅰ 型和 Ⅱ 型。

③ 基本配方

配方 1（质量份）：不同官能度聚醚多元醇 84.5～100；异氰酸酯（TDI-80）15.5～20；复合催化剂 0.35～0.5；改性剂 5～8；稳定剂 2～5；填充剂 30～50。

该单组分 PU 防水涂料涂膜性能检测结果见表 8-64。

表 8-64　配方 1 单组分 PU 防水涂料涂膜性能检测结果

外观		乳白色黏稠流体	贮存期	6 个月
固含量		100 %	NCO 质量分数	≤4 %
项　　目			指标	实测值
拉伸强度/MPa	无处理		1.65	3.07
	加热处理		无处理的 80%	90%
断裂伸长率/%	无处理		350	500
	加热处理		200	400
低温柔性	无处理		−30℃无裂纹	合格
	紫外线处理		−25℃无裂纹	合格
不透水性			0.3MPa、30min 不渗漏	合格

配方 2（质量份）：混合聚醚 100～500；TDI-80　50～300；固体填料 20～100；除水剂 0.1～10；煤焦油 200～1000；封闭剂 1～5；稳定剂 0.01～1；防老剂 0.1～4；复合催化剂 0.1～5；助剂 10～100；紫外线吸收剂 0.3～8。

配方 3：NCO/OH 为 4∶1 的 TDI-80；N220/N330（质量比为 9∶1）；填料 TiO_2 质量分数为 25%；复合消泡剂硅油和 CaO 质量分数分别为 0.28%；辛酸亚锡质量分数 0.3%～1.0%。由此配方合成的涂料性能达到了国家标准要求，见表 8-66。

技术指标：执行标准（GB/T 19250—2003）。

④ 施工要求

a. 要求基面平整，干净，无起砂，松动。

b. 施工时应先进行基面验收，确保符合要求，先涂一层底胶，底胶必须均匀。

c. 底胶固化后，进行第二次涂刷，涂刷方向必须与前一次垂直交差，防止漏刮，依次涂刷 3～5 次。

d. 完工后，防水层未固化前，不得上人，不得进行下道工序，以免破坏防水层。

⑤ 运输及贮存

a. 运输按非危险品办理。

b. 聚氨酯防水涂料须贮存在干燥、通风处，贮存期为一年。

（2）双组分聚氨酯防水涂料　双组分聚氨酯防水涂料也称纯 PU 型防水材料，基剂与固化剂分别包装，施工时现场按比例配制，固化后形成具有弹性无接缝的橡胶防水层。该类防水材料的固化剂多采用多元醇，有时也使用芳香胺。彩色型 PU 的固化剂组分由无色填料、改性剂和颜料掺混配制，一般彩色 PU 除可作防水材料使用外，还可作地板材料使用，美观漂亮。

① 产品特点

a. 常温施工，操作简便，无毒无害。

b. 自然流平，延伸性好，能克服基层开裂带来的渗漏。

c. 具有优异的耐候、耐油、耐海水、耐腐蚀性能。

d. 可潮湿施工（无明水），黏附力强，以缩短工期。

② 用途　用于地下室、卫生间、浴室、贮水池、粮库、屋顶、外墙等防水。

③ 技术指标　执行标准 GB/T 19250—2003。

④ 施工要求

a. 要求基面平整、干净、无起砂松动。

b. 将 B 料按比例倒入 A 料中，电动搅拌 5min，一般分 2～3 次涂刷，用刮板涂刷，用力要均匀平稳，一般用 2cm 厚的水泥沙浆作保护层。做立面保护层时，可在最后一道涂料未完全固化时在墙面撒砂，以增强黏结力。

⑤ 包装、运输、贮存

a. 本品贮存在干燥、通风、阴凉处，原装保质期 6 个月。

b. 运输按非危险品办理。

⑥ 配方　双组分 PU 防水材料配方如下（单位：质量份）。

配方 1

甲组分：聚醚二元醇 100～400；聚醚三元醇 100～400；T-80 50～80；PAPI 0～30。

乙组分：煤焦油 200～400；交联剂 8～12；填料 300～600；催化剂 0.3～0.5；防老剂 0.4～0.8；增塑剂 5～10；稀释剂 20～40。

配方 2

甲组分：聚醚 N-220 260～300；聚醚 N-330 20～50；TDI-80 75～85；磷酸 1.2。

乙组分：聚醚 N-330 60～90；聚醚 N-220 20～40；氯化石蜡 50～200；抽出油 30～60；分散剂 2.0～3.0；偶联剂 2.0～3.0；白炭黑 20～30；三氧化二锑 30～50；氢氧化铝 30～50；无机颜料 0～30；绢云母粉 30～50；氧化钙 10～20；辛酸亚锡 1.0～2.0；消泡剂 0.1～0.2；防老剂 1.0～3.0；紫外线吸收剂 0.5～1.0。

甲、乙组分以质量比为 1∶1.5 混合均匀，在聚四氟乙烯板上横、竖涂刮 3 道，涂膜厚 1.5mm，室温下养护 7d，按 GB/T 19250—2003 标准测其性能，见表 8-65。

配方 3

A 组分：聚醚多元醇（二官能团、三官能团）100；MDI 20～24；稳定剂 1。

B 组分：软化剂 25～30；表面处理剂 0.4～0.5；增塑剂 10～15；颜填料 40～50；触变剂 3～5；CO_2 吸收剂 10～15 份；水 6～8 份；催化剂 0.3～0.5 份；防老剂 0.3～0.5 份；其他 10 份。

配比：A∶B＝1∶2。

性能测试结果见表 8-66。

表 8-65 聚氨酯防水涂料性能检测结果

项　目	GB/T 19250—2003 标准要求（Ⅰ型）	实测结果	
		配方 2	配方 3
拉伸强度/MPa	≥1.9	2.62	2.41
断裂伸长率/%	≥450	510	559
撕裂强度/(N/mm)	12	21	—
低温弯折无裂纹/℃	−35	−35	—
不透水性(0.3MPa,30min)	不透水	不透水	不透水
固含量/%	≥92	98	92
表干时间/h	≤8	8	7.5
实干时间/h	≤24	24	12

表 8-66 单组分湿固化聚氨酯涂料的物化性能

检测项目	技术指标Ⅱ型(GB/T 19250 — 2003)	实测值
拉伸强度/MPa	≥2.45	4.36
断裂伸长率/%	≥450	472
低温柔性/℃	≤−40	−40℃不断裂
不透水性(0.3MPa,30min)	不透水	不透水
固含量/%	≥80	≥97.5
表干时间/h	≤12	5.5
实干时间/h	≤24	10

8.5.7.9 无溶剂喷涂材料

大约在 20 世纪 60 年代就开始无溶剂喷涂聚氨酯的研究开发，70 年代出现了无溶剂喷涂聚氨酯材料，主要采用半预聚物或液化 MDI 为 A 组分，多元醇或多元醇/端氨基化合物为 B 组分，借助于催化剂实现快速反应成型。这种喷涂成型过程是生成氨酯或氨酯/脲的化学反应过程，故分别称为喷涂聚氨酯和喷涂聚氨酯/脲。通常喷涂聚氨酯/脲的树脂中氨基化合物的含量至少在 20% 以上。20 世纪 80 年代中期推出了以端氨基聚醚等多胺化合物为 B 组分的喷涂聚脲新技术。与上述的喷涂材料不同，这种端氨基聚醚分子量和黏度与普通聚醚相近，但活性极高，与异氰酸酯的反应速率比水要快得多，不需要催化剂，就能常温施工，快速反应，瞬间成膜，对环境湿度不敏感，涂层不易产生气泡。同时二元端氨基聚醚中可配入少量聚醚三胺，使产品形成适度脲交联，而不是靠缩二脲或脲基甲酸酯交联，所以产品的耐热等性能提高。喷涂聚脲的反应速率不是靠催化剂而是靠 A 组分中的 2,4-MDI 和 B 组分中的多胺扩链剂组成来调节。因为喷涂聚脲的 B 组分中完全不含羟基化合物，喷涂料反应成膜完全是生成脲的化学过程。为了有别于前者，所以叫做喷涂聚脲（spray polyurea elastomer，SPUA）。喷涂聚脲分子结构中的氨酯基是合成半预聚物时生成的，这种含氨酯基和脲基的聚合物与 CPU 在结构及性能方面相似，无本质区别，是同类型材料，只是成型工艺不同而已。因反应速率太快，只有采用高压喷涂才能实现。无溶剂喷涂聚氨酯/脲和聚脲弹性体技术在国外正成为继 RIM 之后的又一极具发展前景的 PU 成型技术，其最大的两个特点是高反应性和无污染性。由于其反应速率极快，不需加热，便于现场施工，可一次喷涂达到所需厚度，无接缝，从而可大大缩短施工周期，受到广泛好评。

我国最早进行该产品研发的是青岛海洋化工研究院，该院 1995 年开展喷涂弹性体技术的前期探索研究，1997 年引进了美国 Gusmer 公司最新设计制造的 H-3500 喷涂机。1998 年开发了我国的第一个具有自主知识产权的聚脲配方体系，2000 年完成第一个聚脲户外工程。2007年 3 月，青岛海洋化工研究院将全套聚脲技术在青岛佳联化工新材料有限公司进行产业化。近年来 SPUA 发展迅速，原材料逐渐配套齐全，从事喷涂聚脲开发和应用的单位也越来越多，只是喷涂机的质量与进口机仍有较大的差距。喷涂聚脲配方的设计要点如下：

① 考虑到对环境的影响，异氰酸酯的蒸气压尽可能的低；

② 组分的黏度控制在 1000mPa·s 或更低，以达到喷涂细密的效果；

③ 两组分黏度的差异控制在 200mPa·s 以内；

④ 两组分有良好的相容性；

⑤ 两反应组分混合体积比最好为 1:1；

⑥ 化学结构设计应使固化反应尽可能少地受施工条件尤其是湿度的影响；

⑦ 同样一个配方应既适合水平面又适合垂直面的施工，室温下凝胶时间在 30s 以下并可调；

⑧ 为了清洗喷头的混合室，凝胶时间应控制在 5s 以上。

下面介绍以上三类的配方、性能和应用。

部分无溶剂喷涂材料配方和性能见表 8-67～表 8-71。

表 8-67　喷涂聚氨酯弹性体的配方和性能

A组分/质量份	二月桂酸二丁基锡	0.2～2.0				
	聚酯	100	100	100	100	100
	1,4-丁二醇	5	7	9	13	17
B组分/质量份	液化 MDI	33	39	45	58	70
物理机械性能						
密度/(g/cm³)		1.15	1.05	1.015	1.07	1.07
拉伸强度[①]/MPa		25.0	23.0	23.0	22.5	25
扯断伸长率/%		550	500	480	390	370
100%定伸应力/MPa		2.1	2.5	3.3	5.7	8.1
300%定伸应力/MPa		4.5	6.0	7.5	14.5	19.0
压缩永久变形/%		5	5	6	10	14
撕裂强度/(kN/m)		24	25	25	40	60
回弹性/%		61	64	81	82	88
硬度(邵尔 A)		38	37	31	27	23
DIN 磨耗/mm³		20	24	21	38	51

① 拉伸性能皆用环状试片测试。

表 8-68　聚酯类喷涂聚氨酯的耐油和耐溶剂性[①]　（室温）

介质	时间/周	稳定性[②]	增量/%	介质	时间/周	稳定性[②]	增量/%
ASTM 1#油	52	□	0.31	四氯化碳	52	△	59
ASTM 2#油	52	□	0.56	全氯乙烯	52	△	—
ASTM 3#油	52	□	2.88	苯	2	×	—
柴油	52	□	4.5	甲苯	2	×	—
变压器油	52	□	1.26	氟里昂	52	□	26.1
丙酮	2	×	—	蒸馏水	52	△	2.29
甲醇	2	×	—	2 海水	52	△	1.29
乙酸乙酯	2	×	—	丙烷	52	□	0.2
乙醇	2	×	—	臭氧 1cm³/m³	52	□	—
二氯甲烷	2	×	—	900cm³/m³	4	△	—
三氯乙烯	12	×	—				

① 测试样品组成中 MDI 占 4 5%，硬度邵尔 A81。

② □代表优秀；△代表良好；×代表不好。

表 8-69 光稳定的喷涂聚氨酯配方及性能[①]（JP02-283711[A]）

配方及性能	样品 1	样品 2	样品 3	样品 4
A: 异氰酸酯	IPDI	TMXDI	H_{12}MDI	HDI
改性剂	DPG	TMP	PPG D-400	PEA D-2000
NCO 含量/%	28	26	22	30
	PPG T-4800EO	PE-8000EO	PPG T-4800EO	PPG T-4800EO
B:	DEG	TMP	BDO	BDO
	AMP	DEOA	DEOA	b4
催化剂	LC1/AC4	LC1/AC1/TC1	LC2/AC3	TC1
NCO 指数	1.05	1.00	1.00	1.00
不黏时间/s	30	40	35	35
脱模时间/s	120	90	120	100
密度/(g/cm³)	0.92	0.83	0.95	0.9
硬度（邵尔 A）	64	61	58	70
拉伸强度/MPa	4	7	6	7
扯断伸长率/%	205	210	250	270
撕裂强度/(N/cm)	290	400	370	390

① 表中 TMXDI 为间或对四甲基二甲苯二异氰酸酯；DPG 为二丙二醇；PEA 为聚醚胺；PPG T-4800EO 为甘油、环氧丙烷、环氧乙烷加成物，羟值 35mg KOH/g，80% 伯羟基；PE-8000EO 为季戊四醇与环氧丙烷、环氧乙烷加成物，羟值 28mg KOH/g，伯羟基 80%；AMP 为 2-胺-2-甲基-1-丙醇；DEOA 为二乙醇胺；b4 为多胺；LC1 为异辛酸铅；AC1 为 1, 8-二氮双环 (5,4,0) 十一烯-7-酚酯；TC1 为二新癸酸二甲基锡；AC3 为辛酸钾；AC4 为酚钠；LC2 为环烷酸铅。

表 8-70 喷涂聚氨酯/脲配方及物性 （JP 61-247721）

配方及性能		样品 1	样品 2	样品 3
A 组分/质量份	液化 MDI	—	1000	1000
	纯 MDI	700		
	PPG 二醇-1000	750		
	阻燃剂		239	
	DOP	190		140
	NCO 含量/%	13.2	23	25
100 份 A 组分用 B 组分				
B 组分/质量份	PPGT-5000EO	72.7	64.2	
	PPGT-7000EO			264
	二乙基甲苯二胺	26.3	57.3	
	M-CDEA	35.0		
	DOP			16.1
	环烷酸铅	1.0	0.8	
	DBTDL			1.5
不粘时间/s		4～5	5	5
密度/(g/cm³)		0.97	0.98	0.97
硬度（邵尔 A）		47	48	47
拉伸强度/MPa		14.5	12.0	13.0
扯断伸长率/%		250	210	150
撕裂强度/(kN/m)		65	55	50

表 8-71 喷涂聚氨酯/脲试验配方和性能

配方 1		配方 2	
组分	质量分数/%	组分	质量分数/%
A 组分（MDI 半预聚物）		A 组分（MDI 半预聚物）	
NCO 含量	14.2	NCO 含量/%	15.5

续表

配方 1		配方 2	
组分	质量分数/%	组分	质量分数/%
B 组分		B 组分	
聚醚多元醇	45～60	聚醚多元醇	40～55
反应性扩链剂	15～30	端氨基聚醚	10～20
位阻性扩链剂	8～14	反应性扩链剂	20～35
有机锡催化剂	0.2～0.5	活性稀释剂	2～5
其他助剂	8～15	有机铋催化剂	0.1～0.4
		其他助剂	8～13
胶层主要性能			
检测项目	配方 1		配方 2
异氰酸酯指数	1.17		1.09
拉伸强度/MPa	14.71		18.85
扯断伸长率/%	340		440
撕裂强度/(kN/m)	66		85

　　上海顺缔聚氨酯有限公司由美国 SWD 聚氨酯公司投资创建，是一家集科研、生产、销售、施工、技术服务于一体的企业。该公司的喷涂聚脲和喷涂聚氨酯/脲产品规格及主要性能见表 8-72。

表 8-72　上海顺缔 SWD 系列产品规格及主要性能

项　　目		喷涂聚脲		喷涂聚氨酯/脲	
		SWD900		SWD951	
外观		A 组分为无色、黄色或棕色透明液体,B 组分为各色液体			
		A 组分	B 组分	A 组分	B 组分
黏度(25℃)/mPa·s		800	650	680	620
NCO/%		15～16		20～24	
固含量/%		100			
A∶B(质量比)		50∶50			
干燥时间(表干)/s	≤	45		25	
硬度(邵尔 A)		90		90	
冲击强度/kg·m	≥	50		50	
拉伸强度/MPa	≥	16～18		14～16	
扯断伸长率/%	≥	400～500		300～400	
撕裂强度/(kN/m)	≥	50～60		40～50	
耐磨(750g/500r)/mg	≤	5		15	
低温柔韧性(−30℃在 10mm 轴 180°弯折)		不开裂		不开裂	
耐透水性(0.3MPa,30min)		不透水		不透水	
耐盐雾性(2000h)		无锈蚀、不起泡、不脱落		无锈蚀、不起泡、不脱落	
耐水性(30d)		无锈蚀、不起泡、不脱落		无锈蚀、不起泡、不脱落	
耐油性(0# 柴油、原油,30d)		无锈蚀、不起泡、不脱落		无锈蚀、不起泡、不脱落	
耐液体介质(10%H₂SO₄、10%HCl、10%NaOH、3%NaCl,30d)		无锈蚀、不起泡、不脱落		无锈蚀、不起泡、不脱落	

　　主要应用领域：
- 石油、石化、化工行业的各类贮罐、围堰、管道的内外防腐；
- 天然气、煤气埋地输气管及贮罐的防腐、防水；
- 高速铁路路基路面、水库大坝、桥梁设施的防水、防腐；
- 重点建筑屋面、地下工程、隧道的防水；
- 发电厂脱盐水罐内外壁防腐；
- 大型污水处理池、水族馆、游泳池的防水防腐及内衬装饰；

- 各类工业、民用地坪的防腐、防水工程；
- 影视道具、人造景观以及各类体育娱乐设施的装饰保护工程；
- 海水淡化大型沉箱防腐工程。

我国聚脲弹性体之所以能得到突飞猛进的发展，得益于我国高速铁路的发展。如在京津高速铁路路基和桥梁桥面防护总面积约 100 万平方米，使用聚脲 2000 多吨。这是聚脲第一次在高速铁路上获得大规模应用，也是当时全球最大的聚脲防水工程。刚刚通车的京沪高铁全线路轨混凝土防护也都采用了该项技术，只是采用的产品性能与聚脲已有了很大的区别。

8.6　预聚物品种规格介绍

自 1950 年世界上第一个 CPU 弹性体产品——Vulkollan 问世以来，经过近 60 余年的发展，许多公司的 CPU 都已自成体系并形成较大的预聚物和产制品生产规模，且不断推出新的产品牌号，拓宽其应用领域。下面主要介绍国内外几家公司，如山西省化工研究所、山东东大一诺威聚氨酯有限公司、日本聚氨酯公司、法国博雷公司、美国科聚亚公司、Mobay 化学公司和 ERA 聚合物公司的预聚物规格、加工成型工艺及其产品的主要性能。

8.6.1　山西省化工研究所

山西省化工研究所是我国最早进行聚氨酯弹性体研究开发的单位之一。率先开发出 HA 聚氨酯混炼胶系列，JA 聚氨酯浇注胶系列，SA 热塑性聚氨酯系列，TA 聚氨酯喷涂胶系列，胶黏剂等。开发的产品涉及几乎除聚氨酯硬泡、软泡之外的聚氨酯的方方面面。表 8-73 和表 8-74 主要介绍了 JA 系列的部分聚氨酯产品。

表 8-73　JA 系列的聚氨酯产品牌号及性能

项　目		型　号					
		JA-7	JA/SB-1	JA/MF-1	JA/BL-1	JA/YM-1	JA/HB-1
A组分	组成	聚醚/TDI	聚醚/TDI	聚醚/TDI	聚醚/MDI	聚醚/TDI	聚醚/TDI
	外观	黑色黏稠液体	浅黄色黏稠液体	浅黄色黏稠液体	淡黄色液体	浅黄色黏稠液体	浅黄色黏稠液体
	NCO含量/%	5.0±2.0	13～14	9.5±2.0	28.5～29.5	9.5～10.5	9.5～10.0
	黏度(30℃)/mPa·s			4500	30(25℃)	3000	1300
B组分	组成	扩链剂+溶剂+助剂	聚醚+扩链剂+助剂	聚醚+扩链剂+助剂	聚醚多元醇+助剂	聚醚+扩链剂+助剂	聚醚+MOCA+助剂
	外观	淡黄色液体	淡黄色液体	琥珀色液体	乳白色液体	淡黄色液体	白色黏稠液体
	黏度(30℃)/mPa·s			600	430(20℃)	1350	1500
A:B比例			1:0.7	1:(0.39～0.42)	100:(78～83)	1:(0.85～0.95)	1:(2.5～3.0)
混合温度/℃		室温	室温	室温	室温	室温	室温
固化时间/(min/℃)		40/室温	3/100	30～40/室温	10/室温	40～50/室温	—
脱模时间/(min/℃)		60～120/室温	5/100		40/室温		
硬度(邵尔A)		70～80		93±2		90±2	>50
硬度(邵尔D)			50～54	—	78～82		
拉伸强度/MPa		≥10	≥20	≥30	≥56	≥20	≥3.0
扯断伸长率/%		>200	>350	>500	≤5	>400	>500
撕裂强度/(kN/m)		>45	>100	>100	≥160	>70	>10
冲击弹性/%		>22	>22			>25	>25
用途		电缆、皮带等现场修补	立体商标等	密封胶	保龄球外皮	硬质模具	环保型防水涂料

表 8-74　JA 系列的聚氨酯产品牌号及性能

型　号		JA-3/4	JA/HTPB	
			60A	80A
A 组 分	组成	聚酯/TDI	改性 MDI	
	外观	淡黄色黏稠液体	淡黄色透明液体	淡黄色透明液体
	NCO 含量/%			
	黏度/mPa·s		25～30	25～30
B 组 分	组成		HTPB+扩链剂	
	外观	淡黄色透明液体	无色透明液体	无色透明液体
	黏度/mPa·s		14200(25℃)	15000(25℃)
			1640(60℃)	1600(60℃)
A∶B 比例			1∶0.211	1∶0.266
混合温度/℃		80～85	60	60
固化时间/(min/℃)		40/100	45/60	35/60
脱模时间/(min/℃)		60/120		
后硫化时间/(h/℃)			25/60	20/60
硬度(邵尔 A)		45～50	58±2	93±2
拉伸强度/MPa		≥12	>4	>10
扯断伸长率/%		>350	>300	>300
撕裂强度/(kN/m)		>45	>20	>40
冲击弹性/%		>20	>36	>35
耐溶剂性能(18h× 25℃)ΔW/%	甲苯	<20		
	乙酸乙酯	<45		
用途		彩涂耐溶剂胶辊	电器元件的绝缘密封	

8.6.2　山东东大一诺威聚氨酯有限公司

山东东大一诺威聚氨酯有限公司成立于 2003 年 12 月,是我国最大的聚氨酯预聚物及组合料生产供应商。不仅供应国内市场,也出口国外。主要产品有:聚氨酯弹性体(预聚物)系列、高回弹组合料系列、塑胶跑道浆料及胶黏剂系列等。其商品牌号、成型工艺和产品性能见表 8-75～表 8-85。

表 8-75　聚酯/T-80 预聚物

性　能	型　号					
	D3221	D3230	D3236	D3240	D3243	D3245
NCO 含量/%	2.1±0.1	3.0±0.1	3.6±0.1	4.0±0.2	4.3±0.2	4.5±0.2
物态(20℃)	白色固体	白色固体	白色固体	白色固体	白色固体	白色固体
100g 预聚物 MOCA 用量/g	6	8.6	10.5	11.7	12.5	13
黏度(85℃)/mPa·s	3800	2500	2000	1800	1400	1300
混合温度(预聚物/MOCA)/℃	90/120	85/120	80/120	80/120	80/120	80/120
凝胶时间/min	9	5	4	4	4	3
后硫化时间(100℃)/h	10	10	10	10	10	10
硬度(邵尔 A)	72±2	80±2	86±2	90±1	92±2	92±2
100%定伸应力/MPa	3	4	5	6	7	7
300%定伸应力/MPa	4	6	9	10	11	12
拉伸强度/MPa	39	45	49	46	48	49
扯断伸长率/%	770	750	690	680	650	600
撕裂强度(直角)/(kN/m)	56	61	88	78	99	100
撕裂强度(裤型)/(kN/m)	21	25	38	36	42	45
回弹/%	47	38	44	49	37	38
密度(25℃)/(g/cm³)	1.25	1.25	1.26	1.22	1.27	1.27
DIN 磨耗/mm³	38	41	44	43	44	50

表 8-76　聚酯/T-100 系列预聚物

性　能	型　号						
	D3125	D3130	D3136	DT3136	D3140	D3143	D3145
NCO 含量/%	2.1±0.1	3.0±0.1	3.6±0.1	3.6±0.2	4.0±0.2	4.3±0.2	4.5±0.2
物态(20℃)	白色固体	白色固体	白色固体	白色固体	白色固体	白色固体	白色固体
100g 预聚物 MOCA 用量/g	7.2	8.6	10.5	10.5	11.7	12.5	13.2
黏度(85℃)/mPa·s	2800	2200	1800	2150	1150	1300	1200
混合温度/℃(预聚物/MOCA)	85/120	85/120	85/120	80/120	80/120	80/120	80/120
凝胶时间/min	16	12	9	10	8	8	7.5
后硫化时间(100℃)/h	10	10	10	10	10	10	10
硬度(邵尔 A)	76±2	80±2	85±2	87±2	90±2	92±2	91±2
100%定伸应力/MPa	3	3.5	4	4.5	5	6	6.5
300%定伸应力/MPa	4	6	7	8	10	11	12
拉伸强度/MPa	40	46	48	49	50	50	52
扯断伸长率/%	700	680	670	650	660	630	610
撕裂强度(直角)/(kN/m)	55	70	75	85	84	105	95
撕裂强度(裤型)/(kN/m)	19	27	34	38	40	43	42
回弹/%	42	38	39	36	34	37	32
密度(25℃)/(g/cm³)	1.25	1.25	1.26	1.26	1.26	1.27	1.27
DIN 磨耗/mm³	33	42	40	40	39	48	53

表 8-77　聚酯/T-100 系列预聚物

性　能	型　号					
	D3150	D3160	D3170	D4336	D4360	D4390
NCO 含量/%	5.0±0.2	6.0±0.2	7.0±0.2	3.6±0.2	6.0±0.2	9.0±0.2
物态(20℃)	白色固体	白色固体	白色固体	PCL 体系产品,白色固体		
100g 预聚物 MOCA 用量/g	14.5	17.2	20.0	10.5	17.5	25.5
黏度(85℃)/mPa·s	1100	900	800	1700	1500	600
混合温度/℃(预聚物/MOCA)	80/120	75/120	75/120	90/120	80/120	70/110
凝胶时间/min	6	5	4.5	8	4.5	2
后硫化时间(100℃)/h	10	10	10	10	10	10
硬度(邵尔 A)	94±2	96±2	97±2	80±2	94±2	—
硬度(邵尔 D)	46±2	54±2	62±2	—	—	75±2
100%定伸应力/MPa	8	11	18	4	—	—
300%定伸应力/MPa	15	21	35	7	—	—
拉伸强度/MPa	53	55	55	50	50	60
扯断伸长率/%	600	530	410	550	400	250
撕裂强度(直角)/(kN/m)	112	124	152	51	95	180
撕裂强度(裤型)/(kN/m)	45	49	50	—	—	—
回弹/%	37	33	33	50	28	40
密度(25℃)/(g/cm³)	1.27	1.29	1.29	1.18	1.20	1.23
DIN 磨耗/mm³	51	57	56	40	54	69

表 8-78　聚醚（PPG)/T-100 系列预聚物

性　能	型　号					
	D1140	D1145	D1155	D1160	D1180	D1185
NCO 含量/%	4.0±0.1	4.5±0.2	5.5±0.2	6.0±0.2	8.0±0.2	8.5±0.2
物态(20℃)	无色透明液体	无色透明液体	无色透明液体	无色透明液体	无色透明液体	无色透明液体
100g 预聚物 MOCA 用量/g	11.5	13.0	16.0	17.5	23	24.0
黏度(85℃)/mPa·s	340	300	250	250	450	400
混合温度/℃(预聚物/MOCA)	80/120	80/120	80/120	80/120	75/110	75/110
凝胶时间/min	10	9.5	9	6	2	2

性　　能	型　号					
	D1140	D1145	D1155	D1160	D1180	D1185
后硫化时间(100℃)/h	10	10	10	10	10	10
硬度(邵尔 A)	78±2	82±2	88±2	92±2	—	—
硬度(邵尔 D)	—	—	—	—	70±2	78±2
100%定伸应力/MPa	4	5	5	6	23	32
300%定伸应力/MPa	8	9	13	20	—	—
拉伸强度/MPa	27	28	32	35	39	42
扯断伸长率/%	550	480	400	350	230	180
撕裂强度(直角)/(kN/m)	46	55	76	78	123	145
撕裂强度(裤型)/(kN/m)	13	14	19	20	25	32
回弹/%	28	24	24	33	40	51
密度(25℃)/(g/cm³)	1.11	1.12	1.14	1.14	1.18	1.18
DIN 磨耗/mm³	148	112	109	141	131	89

表 8-79　聚醚（PPG）/T-80 系列预聚物

性　　能	型　号						
	D1230	D1235	D1240	D1245	D1250	D1262	D1265
NCO 含量/%	3.0±0.1	3.5±0.1	4.0±0.1	4.5±0.2	5.0±0.2	6.2±0.2	6.5±0.2
物态(20℃)	无色透明液体	无色透明液体	无色透明液体	无色透明液体	无色透明液体	无色透明液体	无色透明液体
100g 预聚物 MOCA 用量/g	8.6	10.3	11.5	13	14.5	18	19
黏度(85℃)/mPa・s	200	250	350	400	450	240	300
混合温度/℃(预聚物/MOCA)	85/120	85/120	80/120	80/120	80/120	75/120	75/120
凝胶时间/min	9	5	4.5	4	3.5	3	2.5
后硫化时间(100℃)/h	10	10	10	10	10	10	10
硬度(邵尔 A)	70±2	78±2	84±2	86±2	90±2	94±1	53±2D
100%定伸应力/MPa	2	4	5	5	8	9	15
300%定伸应力/MPa	3	6	10	10	14	16	24
拉伸强度/MPa	7	10	19	21	31	32	35
扯断伸长率/%	600	550	500	480	460	450	440
撕裂强度(直角)/(kN/m)	34	44	53	57	73	78	95
撕裂强度(裤型)/(kN/m)	8	11	15	17	25	26	35
回弹/%	50	48	41	31	30	31	41
密度(25℃)/(g/cm³)	1.08	1.09	1.11	1.13	1.14	1.15	1.16
DIN 磨耗/mm³	163	159	116	157	135	117	143

表 8-80　聚醚（PPG）/MDI 系列预聚物

性　　能	型　号						
	DT1340	D1345	DT1245	DT1250	D1350	D1353	D1360
NCO 含量/%	4.0±0.1	4.5±0.2	4.5±0.2	5.0±0.2	5.0±0.2	5.3±0.2	6.0±0.2
物态(20℃)	无色透明液体	无色透明液体	无色透明液体	无色透明液体	无色透明液体	无色透明液体	无色透明液体
100g 预聚物 MOCA 用量/g	11.5	13.0	13.0	14.5	14.5	15.4	17.5
黏度(85℃)/mPa・s	210	350	280	280	400	400	500
混合温度/℃(预聚物/MOCA)	80/120	80/120	80/120	80/120	80/120	80/120	80/120
凝胶时间/min	4	3.5	4.5	4	3	3	2.5
后硫化时间(100℃)/h	10	10	10	10	10	10	10
硬度(邵尔 A)	82±2	86±2	84±2	88±2	90±2	92±2	51±2D
100%定伸应力/MPa	4	6	5	6	7	8	10
300%定伸应力/MPa	9	13	9	11	11	12	16

续表

性　能	型　号						
	DT1340	D1345	DT1245	DT1250	D1350	D1353	D1360
拉伸强度/MPa	18	27	21	21	32	33	36
扯断伸长率/%	420	450	520	540	530	520	470
撕裂强度(直角)/(kN/m)	44	54	59	61	75	77	82
撕裂强度(裤型)/(kN/m)	9	15	19	24	21	21	35
回弹/%	32	30	27	26	30	31	39
密度(25℃)/(g/cm³)	1.12	1.12	1.13	1.14	1.14	1.14	1.15
DIN 磨耗/mm³	168	123	126	122	107	110	119

表 8-81　PTMG/T-100 系列预聚物

性　能	型　号								
	D2130	D2135	D2142	D2150	DT2155	D2162	D2170	D2186	D2196
NCO 含量/%	3.0±0.1	3.5±0.1	4.2±0.2	5.0±0.2	5.5±0.2	6.2±0.2	7.0±0.2	8.6±0.2	9.65±0.20
物态(20℃)	白色固体	白色固体	白色固体	白色固体	无色透明液体	白色固体	白色固体	白色固体	白色固体
100 预聚物的 MOCA 用量/g	8.8	10	12.1	14.3	16.1	18	20.5	25	27
黏度(85℃)/mPa·s	1200	1200	750	1200	350	480	320	400	350
混合温度/℃(预聚物/MOCA)	90/120	85/120	85/120	80/120	80/120	80/120	75/120	70/110	70/110
凝胶时间/min	12	11	10	8	6	6	4	4	2
后硫化时间(100℃)/h	10	10	10	10	10	10	10	10	10
硬度(邵尔 A)	82±2	85±2	90±2	93±2	92±2	95±2	97±2		
硬度(邵尔 D)	—	—	—	—	—	49±2	56±2	65±2	75±2
100%定伸应力/MPa	4	5	7	9	7	12	18	26	32
300%定伸应力/MPa	7	9	14	17	14	36	42	—	—
拉伸强度/MPa	24	27	33	39	37	48	49	44	54
扯断伸长率/%	610	550	500	440	440	350	320	250	220
撕裂强度(直角)/(kN/m)	55	65	78	88	73	95	111	185	160
撕裂强度(裤型)/(kN/m)	17	21	28	33	18	33	43	43	44
回弹/%	65	61	54	49	36	47	45	41	51
密度(25℃)/(g/cm³)	1.06	1.07	1.09	1.12	1.13	1.13	1.15	1.19	1.18
DIN 磨耗/mm³	50	39	39	45	58	38	52	72	70

表 8-82　MDI 系列预聚物

性　能	型　号					
	D2560	D2575	D2590	D3565	D3575	D3590
NCO 含量/%	6.0±0.2	7.5±0.2	9.0±0.2	6.5±0.2	7.5±0.2	9.0±0.2
物态(20℃)	PTMG 体系,白色固体			聚酯体系,白色固体		
100g 预聚物 BDO 用量/g	6.1	7.8	9.3	6.8	7.8	9.3
黏度(85℃)/mPa·s	1400	1000	750	1400	1200	1000
混合温度(预聚物/1,4-BD)/℃	80/40	80/40	80/40	80/40	80/40	80/40
凝胶时间/min	10	8	7	10	8	7
后硫化时间(110℃)/h	48	48	48	48	48	48
硬度(邵尔 A)	87±2	90±2	95±2	85±2	90±2	95±2
100%定伸应力/MPa	6	9	12	5	8	12
300%定伸应力/MPa	17	16	18	10	19	29
拉伸强度/MPa	44	43	45	50	46	55
扯断伸长率/%	472	683	500	540	580	530
撕裂强度(直角)/(kN/m)	75	110	130	82	117	132
撕裂强度(裤型)/(kN/m)	19	44	51	41	56	57
回弹/%	61	64	55	43	35	39
密度(24℃)/(g/cm³)	1.11	1.11	1.12	1.23	1.26	1.24
DIN 磨耗/mm³	36	44	44	32	35	38

表 8-83 耐溶剂聚氨酯弹性体

性　能	型号(D3242)						
扩链交联剂	增塑剂＋(TMP/BDO)						
100g D3242 用增塑剂/g	0	10	20	30	40	50	60
100g D3242 用(TMP/BDO)/g	4.2	4.2	4.2	4.2	4.2	4.2	4.2
凝胶时间(可调)/h	0.5～2						
硫化时间/(h/℃)	16/100	16/100	16/100	16/100	16/100	16/100	16/100
混合温度[预聚物(TMP/BDO)]/℃	90/90	90/90	90/90	90/90	90/90	90/90	90/90
硬度(邵尔 A)	60±2	55±2	50±2	45±2	40±2	34±2	28±2
拉伸强度/MPa	20	18	15	10	6	5	3
扯断伸长率/%	500～600						
撕裂强度(直角)/(kN/m)	25	23	20	18	15	13	10
回弹(25℃)/%	20	30	40	50	58	60	60
密度(24℃)/(g/cm³)	1.22～1.27						

表 8-84 聚氨酯模具胶

B 组分	型号	DM1295-B			
	外观	无色至淡黄色透明液体			
	黏度(30℃)/mPa·s	1500±150			
A 组分	型号	DM1260-A	DM1270-A	DM1280-A	DM1290-A
	外观	淡黄色液体			
	黏度(30℃)/mPa·s	560±200	650±100	750±100	850±100
料比 A：B(质量比)		1.4：1	1.2：1	1：1	0.7：1
操作温度/℃		25～40			
凝胶时间(30℃)/min		6～15(可调)			
外观		淡黄色弹性体			
硬度(邵尔 A)		60±2	70±2	80±2	90±2
拉伸强度/MPa		6	8	10	12
扯断伸长率/%		500～700			
撕裂强度/(kN/m)		25	30	40	40
回弹/%		60	55	50	48
密度/(g/cm³)		1.07	1.08	1.10	1.11

表 8-85 耐黄变聚氨酯弹性体

B 组分	型号	DB1713-B		DB1717-B
	外观	无色透明液体		无色透明液体
	黏度(30℃)/mPa·s	300±150		300±150
A 组分	型号	DB1785-A	DB1760-A	DB1795-A
	外观	无色透明液体	无色透明液体	无色透明液体
	黏度(30℃)/mPa·s	1000±100	1000±100	700±100
料比 A：B(质量比)		1：2	1：1	1：2
操作温度/℃		25～40	25～40	25～40
凝胶时间(70℃)/min		15～30	15～30	15～30
外观		无色透明弹性体	无色透明弹性体	无色透明弹性体
硬度(邵尔 A)		85±5	60±5	95±5
拉伸强度/MPa		11	2	16
扯断伸长率/%		210	220	180
撕裂强度/(kN/m)		17	7	58
密度/(g/cm³)		1.08	1.06	1.10

8.6.3　日本聚氨酯公司

日本聚氨酯公司的预聚物 Coroneeto 有基于 TDI 的聚酯、聚醚系列和基于 MDI 的聚酯、聚醚系列。其商品牌号如图 8-33 所示，其成型工艺及对应产品性能，见表 8-86～表 8-91。

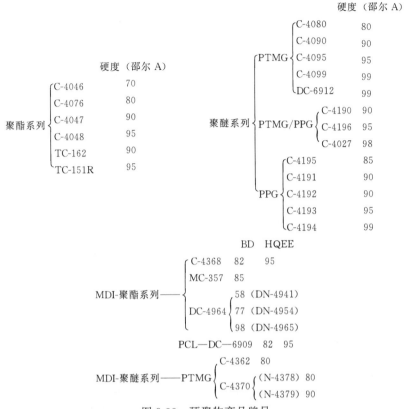

图 8-33　预聚物商品牌号

C-4047、C-4048 也可用 N-4038(1,4-BD/TMP 混合物)扩链，其余均用 MOCA 扩链。

其中 C-4368、MC-357、DC-6909 和 C-4362 用 BD 扩链，C-4368 和 DC-6909 也可用 HQEE 扩链。

表 8-86　TDI-聚酯/PTMG 系列

性　　能	聚酯系列					聚醚系列							
	C-4076	C-4078	C-4047	C-4048	DC-4758	C-4080	TC-306	C-4090	C-4092	C-4093	C-4095	C-4099	DC-6912
NCO 含量/%	2.6	3.8	4.2	6.2	3.6	2.9	3.4	4.2	4.1	4.1	6.3	8.1	7.7
黏度(75℃)/Pa·s	2.6	1.4	1.6	0.9	1.4	2.2	1.6	1.0	1.1	1.0	0.6	0.5	0.4
凝固点/℃	<10	<5	<10	<15	<0	8～9	<10	4～5	<5	<10	9～10	<5	<5
外观	淡黄色黏稠液体,于低温下长时间则凝固,加热则熔融					淡黄色黏稠液体,于低温下长时间则凝固,加热则熔融							
扩链剂	MOCA	MOCA	MOCA	MOCA	MOCA	MOCA	MOCA	MOCA	MOCA	MOCA	MOCA	MOCA	MOCA
100 份 Coroneto 加入量/质量份	7.0	11.2	10.7	15.7	10.9	8.5	10.3	12.7	12.4	12.4	17.5	22.6	21.7
扩链系数	0.85	0.93	0.80	0.80	0.95	0.92	0.95	0.95	0.95	0.95	0.88	0.88	
混合温度(预/扩)/℃	80/120	80/120	80/120	80/120	80/120	80/120	80/120	85/120	85/120	85/120	70/120	70/120	70/120
釜中寿命/min	20	12	8	5.5	—	27	—	14.5	14.5	11.5	7.0	4.0	4.0
脱模时间(120℃)/min	60	45	25	20	—	60	—	40	40	40	30	30	30
后硫化时间(120℃)/h	10	10	6	4	—	10	—	5	5	5	3	3	3
硬度(邵尔 A)[①]	75	85	90	95	76	80	87	90	90	90	95	99	99
硬度(邵尔 D)	—	—	—	48	—	—	—	—	—	—	51	66	57
50%定伸应力/MPa	1.57	4.8	6.0	11.7	2.7	3.5	5.1	5.6	5.1	5.5	12.3	24.4	16.6
100%定伸应力/MPa	3.2	5.3	6.9	13.8	3.2	4.2	6.1	6.6	6.4	6.6	14.9	28.6	19.9
300%定伸应力/MPa	4.5	8.7	11.5	29.5	5.5	7.6	12.1	12.9	18.8	12.1	34.4	—	44.2

性 能	聚酯系列					聚醚系列							
	C-4076	C-4078	C-4047	C-4048	DC-4758	C-4080	TC-306	C-4090	C-4092	C-4093	C-4095	C-4099	DC-6912
拉伸强度/MPa	41.2	51	51	54	35.8	34.0	35.4	43.0	46.0	39.0	48.0	50.0	47.0
扯断伸长率/%	690	640	570	430	590	540	500	470	460	500	350	260	310
撕裂强度(kN/m)	58	85	93	104	45	62	71	78	78	81	90	101	96
回弹性/%	44	39	34	35	42	63	61	53	52	61	51	58	56
压缩永久变形/%													
25℃×22h	8	14	10	17	12	6	9	18	14	11	15	42	56
70℃×22h	16	34	27	58	35	24	29	43	20	27	37	56	34
100℃×22h	87	87	56	84	106	89	92	85	73	44	79	73	37
100℃×70h	112	111	104	103	111	103	110	103	102	98	101	96	72
磨耗[2](Taber)/mg	17	21	67	175	7	67	25	33	40	19	76	128	98
拉伸永久变形/%	0	4	3	11	3	3	3	3	3	4	11	38	23
成型收缩率/%	1.5	1.4	1.4	1.7	1.7	1.8	1.8	1.7	1.9	1.7	1.9	1.5	1.5
密度(25℃)/(g/cm³)	1.24	1.26	1.26	1.29	1.16	1.07	1.07	1.10	1.10	1.08	1.13	1.17	1.15
De Muttia 挠曲/次	20万以上		5070	495		5957		8604			442	120	
体积电阻率/Ω·cm	$5.6×10^{10}$		$4.3×10^{13}$	$9.0×10^{12}$		$6.1×10^{11}$	$1.6×10^{13}$				$2.3×10^{11}$	$3.0×10^{12}$	
耐水性(质量变化)/%													
40℃×7d	19		1.5	1.5		1.1		1.0			0.9	0.2	
70℃×7d	2.2		1.8	1.7		2.0		1.9			1.5	0.9	
耐油性[3](质量变化)/%													
40℃×7d	4.2		2.3	1.1		19.9		10.0			6.4	3.3	
70℃×7d	4.9		3.3	1.4		22.0		111.9			8.2	4.7	
脆性温度/℃	−45		−41	−43		<−70		<−70				<−70	<−70

① JISB 型。

② 磨耗 n-22, 100 回, 1kg。

③ ASTM No.3 oil。

表 8-87　MDI 预聚物的性质及硫化的物理机械性能

性 能	ESTER			PCL			PTMG		
	C-4387			C-4086			C-4362		
NCO 含量/%	6.2			6.7			5.3		
黏度(75℃)/Pa·s	1.6			1.5			2.0		
密度(25℃)/(g/cm³)	1.21			1.31			1.03		
凝固点/℃	0 以下			5 以下			5 以下		
外观	淡黄色黏稠液体			淡黄色黏稠液体			淡黄色黏稠液体		
硫化剂	1,4-BD	N-4038	ON-337	1,4-BD	N-4038	ON-337	1,4-BD	N-4038	ON-337
100 份 Coroneeto 加入硫化剂量/质量份	6.3	6.3	6.3	6.8	6.8	6.8	5.4	5.4	5.4
混合温度(预/扩)/℃	80/25	80/25	80/25	80/25	80/25	80/25	80/25	80/25	80/25
釜中寿命/min		9.0			8.5			15.5	
脱模时间(120℃)	以脱模时制品不毁坏、变形为原则								
后硫化时间(120℃)/h	10	10	10	10	10	10	10	10	10
硬度(JISA)	85	67	65	88	71	65	84	76	68
50%定伸应力/MPa	5.5	2.7	2	5	2.8	2.1	4.8	2.7	2.1
100%定伸应力/MPa	6.4	3.5	2.7	5.8	3.8	2.7	5.7	3.5	3
300%定伸应力/MPa	14	10.6	10.1	11	14.7	18.3	11.5	11.1	—
拉伸强度/MPa	50	56	47	30	43	25	33	20	12
扯断伸长率/%	600	450	380	590	360	330	500	340	290
撕裂强度/(kN/m)	95	45	23	79	36	26	70	36	24
回弹性/%	45	13	7	64	32	22	76	61	53

续表

性　能	ESTER			PCL			PTMG		
	C-4387			C-4086			C-4362		
压缩永久变形/%									
25℃×22h	11	6	5	15	8	6	10	5	3
70℃×22h	37	11	6	33	18	7	22	9	4
100℃×22h	63	24	21	47	33	16	48	20	13
100℃×70h	85	38	35	69	40	27	61	38	37
磨耗(Taber)/mg	23	22	2	30	28	27	23	27	25
拉伸永久变形/%	14	3	0	13	2	0	13	1	0
成型收缩率/%	1.6	2.0	2.1	1.7	2.2	2.3	2.1	2.1	2.3
密度(25℃)/(g/cm³)	1.25	1.25	1.25	1.16	1.16	1.16	1.08	1.08	1.08

表 8-88　MDI（混合聚醚/PPG 系）和弹性体性能

性　能	混合聚醚		PPG 系			
	C-4190	C-4196	TC-217	C-4191	C-4192	C-4193
NCO 含量/%	4.5	5.9	3.7	4.7	4.6	5.6
黏度(75℃)/(×10⁻⁶m²/s)	650	470	260	650	620	420
密度(25℃)/(g/cm³)	1.09	1.05	1.03	1.07	1.07	1.09
凝固点/℃	0 以下	0 以下	0 以下	10 以下	5 以下	5 以下
外观	淡黄色黏稠液体		淡黄色黏稠液体		淡黄色黏稠液体	
硫化剂	MOCA	MOCA	MOCA	MOCA	MOCA	MOCA
100 份 Coroneeto 加入硫化剂量/质量份	12.9	17.5	11.2	13.2	13.2	16.0
混合温度(预/扩)/℃	85/120	70/120	80/120	70/120	70/120	70/120
釜中寿命/min	13.5	9.5		18	7.5	11.5
脱模时间(120℃)/min				40	40	30
硫化时间(120℃)/h	10	10		10	10	10
硬度(JISA)	90	96	70	90	90	95
硬度(邵尔 D)		47				46
50%定伸应力/MPa	6.2	10.7	2	6.3	6.2	8.8
100%定伸应力/MPa	7	12.8	2.3	7.8	7.6	11
300%定伸应力/MPa	12.8	26	4.7	13.8	13.3	20
拉伸强度/MPa	34	38	19.7	31	28	31
扯断伸长率/%	510	420	600	510	530	440
撕裂强度/(kN/m)	72	82	29	67	70	72
回弹性/%	39	49	39	43	47	48
压缩永久变形/%						
25℃×22h	11	29	20	19	19	27
70℃×22h	31	31	66	27	30	35
100℃×22h	47	65	108	72	82	76
100℃×70h	102	92	110	100	107	98
磨耗(Taber)/mg	102	92	110	100	107	98
拉伸永久变形/%	89	169	86	293	169	281
成型收缩率/%	1.7	1.7	2.1	1.7	2.0	1.7
密度(25℃)/(g/cm³)	1.13	1.14	1.09	1.12	1.12	1.14
耐水性(质量变化)/%						
40℃×7d	2.0				2.3	2.2
70℃×7d	2.3				2.5	2.3
耐油性(质量变化)/%						
40℃×7d	8.8				7.7	7.2
70℃×7d	14.0				13.4	12.5

表 8-89　MDIPTMG 系列（非 MOCA 扩链体系）

预聚物牌号		C-4370	
NCO 含量/%		15	
黏度(25℃)/mPa·s		1600	
工艺性能	扩链剂	N-4379	N-4378
	100 份预聚物扩链剂加入量/质量份	70	80
	釜中寿命/min	7	
	脱模时间(40℃)/h	1	
	硫化时间(常温)/d	7	
物理性能	固化温度 70℃		
	硬度(JISA)	90	80
	100%定伸应力/MPa	7.0	5.2
	300%定伸应力/MPa	13.7	9.8
	拉伸强度/MPa	35.4	41.0
	扯断伸长率/%	518	590
	撕裂强度/(kN/m)	89	98
	回弹性/%	56	59
	磨耗/mg	33	30
	室温固化的弹性体物性		
	硬度(JISA)	91	85
	100%定伸应力/MPa	6.5	4.8
	300%定伸应力/MPa	8.4	6.8
	拉伸强度/MPa	20.0	15.2
	撕裂强度/(kN/m)	95	74
	磨耗/mg	100	100

表 8-90　非 MOCA 扩链体系

性能	MC-516	C-4090	MC-518	C-4095
NCO 含量/%	7.5	4.2	9.3	6.3
扩链剂	1,4-BD	MOCA	1,4-BD	MOCA
混合比	100/7.6	100/12.7	100/9.5	100/17.5
扩链系数	0.95	0.95	0.95	0.88
硬度(JISA)	90	90	95	95
100%定伸应力/MPa	7.7	6.6	14.1	14.9
300%定伸应力/MPa	17.9	12.9	25.9	34.4
拉伸强度/MPa	41.0	43.0	43.9	48.0
撕裂强度/(kN/m)	90	78	125	90
扯断伸长率/%	440	470	450	350
回弹性/%	54	53	58	51
磨耗/mg	28	38	—	76
拉伸永久变形/%	15.0	5.0	30	11
热性能(DSC 分析,2℃/min)				
T_g/℃	−10	−14	−12	−10
T_m/℃	175	191	180	203
动态性能(11Hz)				
$E/\times10^5$Pa				
−30℃	6455	3825	6780	
−10℃	1250	1155	2190	
10℃	577	602	1290	
30℃	477	502	1050	
50℃	440	507	927	

续表

性 能	MC-516	C-4090	MC-518	C-4095
70℃	396	540	853	
tanδ				
−30℃	0.24	0.268	0.227	
−10℃	0.449	0.330	0.260	
10℃	0.186	0.213	0.131	
30℃	0.064	0.104	0.075	
50℃	0.028	0.046	0.049	
70℃	0.002	0.024	0.029	
峰温/℃	−12	−14	−21	

表 8-91 特性及用途

TDI/MOCA 体系			MDI/OH 体系		预聚物类型 / 特性	用 途													
聚酯型	PTMG 型	PPG 型	聚酯型	PTMG 型		实心胎	矿用筛	叶轮	轧钢辊	印刷胶辊	粮食胶辊	雪犁	清洗叶片	油封	齿型带	压纸卷筒	给排纸辊	除垃圾辊	耐药品辊	造纸胶辊
C-4076 C-4047 C-4048 C-4099	C-4080 C-4090 C-4095	C-4190 C-4192 C-4193	C-4387 C-4086	C-4362 C-4370																
◎	◎	○	◎	◎	耐磨性	◎	◎	○	◎	◎	◎	○	◎		◎	○	○		◎
◎	○	△	◎	◎	承载能力(静)					○			◎			○		○
◎	○	○	◎	○	承载能力(动)	◎			◎					◎		○	○		◎
△	◎	○	△	◎	耐水性			○	○				◎				◎	○	○
△	○	○	◎	◎	耐寒性		△		○									
◎	○~△	△	◎	○~△	耐油性	△		○		◎				◎				
△~×	△	△	△	○	耐化学药品性		○											◎
◎	○	○~△	◎	○	耐曲挠性	△		○	◎			○					◎
○	◎	△	◎	◎	弹性		○		○									○
○~△	○	△	◎	○~△	吸湿性	△				○							
○~◎	○	△	◎	○	动态性能	◎												
×	×	×	◎	◎	食品卫生			◎										
○	○	△	◎	○	尺寸稳定性						○				◎			
○	◎	◎	◎	○	加工性能		○					◎	○					
◎	○	△	◎	○	耐热老化性	△			○		○							
○	○	○	◎	◎	耐挥发油性									◎				

注：◎代表优，○代表良，△代表差，×代表较差。

8.6.4 法国博雷公司

法国博雷公司创建于 1976 年，在 20 世纪 80 年代逐渐发展成为拥有聚氨酯浇注弹性体设备、聚氨酯弹性体制品和聚氨酯预聚物的公司。2008 年与拜耳材料科技一起组建了合资公司，基本覆盖了整个聚氨酯浇注型弹性体领域。博雷公司是欧洲最大的聚氨酯预聚物的生产商之一，也是法国最大的聚氨酯浇注设备供应商。现将该公司生产的预聚物、CPU 弹性体的加工成型工艺和产品性能列于表 8-92～表 8-104。

表 8-92 聚酯/TDI/MOCA 体系

	组分	TD630	TD636	TD643	TD651	MOCA
性能	NCO 含量/%	3.0±0.2	3.6±0.2	4.2±0.2	5.2±0.2	—
	20℃时物态	固态	固态	固态	固态	固态
	保存期/年	1	1	1	1	
	用前预热条件(200kg 桶装)/(h/℃)	24/60	24/60	24/60	24/60	适时/110～130
	用前是否脱气	是	是	是	是	否
	加工温度/℃	90	90	90	85	120
	加工温度下黏度/mPa·s	4400	3200	2800	1500	
	加工温度下相对密度	1.18	1.19	1.19	1.19	1.25
加工成型工艺	扩链剂	MOCA	MOCA	MOCA	MOCA	
	建议配比(NH₂/NCO)	0.95	0.95	0.95	0.95	
	100 份 TD 用 MOCA/质量份	9.05	10.85	12.7	15.4	
	建议模具温度/℃	100	100	100	100	
	凝胶时间(400g 混合物)/min	9	6	5	3.5	
	脱模时间/min	30	25	15	10	
	后硫化条件/(h/℃)	16/100	16/100	16/100	16/100	
弹性体性能						测试方法
	20℃时硬度(邵尔 A)	80	85	90	95	DIN 53505
	10%定伸应力/MPa	1.70	2.30	3.40	7.20	DIN 53504
	100%定伸应力/MPa	3.70	4.60	6.00	12.30	DIN 53504
	200%定伸应力/MPa	4.90	6.00	8.10	17.40	DIN 53504
	300%定伸应力/MPa	7.60	8.60	12.10	26.00	DIN 53504
	拉伸强度/MPa	50.7	45.00	49.50	52.20	DIN 53504
	扯断伸长率/%	610	560	510	450	DIN 53504
	撕裂强度/(kN/m)					
	无割口	90	106	114	140	DIN 53515
	有割口	35	40	50	69	DIN 53515
	回弹性/%	36	35	29	30	DIN 53512
	磨耗/mm³	19	30	29	30	DIN 53516
	压缩永久变形①/%	28	24	25	30	DIN 53517
	-5℃时硬度(邵尔 A)	85	90	95	98	DIN 53505
	80℃时硬度(邵尔 A)	79	81	87	92	DIN 53505
	相对密度	1.24	1.25	1.26	1.27	

① 测试条件:70℃×22h,压缩率 25%。

表 8-93 MDI 半预聚物的物性及使用要求

性能	牌 号	
	MDQ23165	MTQ25130
体系	聚酯-MDI 半预聚物	PTMG-MDI 半预聚物
20℃物态	固态	固态
用前预热条件(50kg 或 200kg 桶装)/(h/℃)	12/45	12/45
加工温度/℃	45	45
加工温度下相对密度	1.17	1.10

表 8-94 MTQ25130 半预聚物用扩链剂物性及使用要求

性能	扩链剂						
	JT5450	JT5452	JT5452	JT5456	JT5457	T20	BDO
20℃物态	固态	固态	固态	固态	固态	固态	液态
用前预热条件(200kg 桶装)/(h/℃)	12/60	12/60	12/60	12/60	12/60	12/60	12/45
用前是否脱气	是	是	是	是	是	是	否
加工温度/℃	45	45	45	45	45	45	45
加工温度下黏度/mPa·s	850	890	930	1100	1450	1200	70
加工温度下相对密度	0.97	0.97	0.97	0.97	0.97	0.98	1.01

表 8-95　MDQ23165 半预聚物用扩链剂物性及使用要求

性　　能	扩链剂										
	JD 5460	JD 5461	JD 5467	JD 5462	JD 5469	JD 5463	JD 5464	JD 5465	JD 5466	D20	BDO
加工成型工艺　20℃物态	固	固	固	固	固	固	固	固	固	固	液
用前预热条件(200kg桶装)/(h/℃)		12/45	12/45	12/45	12/45	12/45	12/45	12/45	12/45	12/45	12/45
用前是否脱气	是	是	是	是	是	是	是	是	是	是	否
加工温度/℃	45	45	45	45	45	45	45	45	45	60	45
加工温度下黏度/mPa·s	1990	1740	1650	1560	1520	1490	1600	1720	1000	2000	70
加工温度下相对密度	1.15	1.15	1.14	1.14	1.14	1.13	1.13	1.12	1.11	1.15	1.01

表 8-96　PTMG/TDI/MOCA 体系

	组分	TT-129	TT-131	TT-1421	TT-156	TT-163	TT-174	TT-194	TT-1109	MOCA
组分、性能及准备	NCO 含量/%	2.9± 0.1	3.1± 0.1	4.2± 0.2	5.6± 0.2	6.3± 0.2	7.4± 0.2	9.4± 0.2	11.5± 0.2	—
	20℃时物态	固态	固态	固态	液态	液态	液态	液态	液态	固态
	保存期/年	1	1	1	1	1	1	1	1	
	用前预热条件(200kg桶装)/(h/℃)	12/60	12/60	12/60	12/60	12/60	12/60	12/60	12/60	110~130℃
	用前是否脱气	是	是	是	是	是	是	是	是	否
	加工温度/℃	80	80	80	80	80	80	80	80	120
	加工温度下黏度/mPa·s	1800	1500	850	600	350	350	300	300	—
	加工温度下相对密度	1.01	1.01	1.01	1.02	1.03	1.04	1.08	1.09	1.25
加工成型工艺	扩链剂	MOCA	MOCA	MOCA	MOCA	MOCA	MOCA	MOCA	MOCA	
	建议配比(NH₂/NCO)	0.95	0.95	0.95	0.95	0.95	0.95	0.95	0.95	
	100 份 TT 用 MOCA/质量份	9.50	9.10	12.70	16.9	19.00	21.30	27.50	28.4	
	建议模具温度/℃	90	90	95	100	100	100	110	110	
	凝胶时间(400g混合物)/min	12	11	8	6	5	3	1′30″	1	
	脱模时间/min	45	35	30	15	20	12	6	5	
	后硫化条件/(h/℃)	16/90	16/90	16/90	16/90	16/90	16/90	16/90		
										测试方法
弹性体性能	20℃时硬度(邵尔 A)	80	85	90	93	95	97	99	99	DIN 53505
	20℃时硬度(邵尔 D)	—	—	—	50	60	75	80		DIN 53505
	10%定伸应力/MPa	1.90	2.20	3.90	5.50	5.60	8.70	33.60	41.00	DIN 53504
	100%定伸应力/MPa	4.10	4.60	8.10	11.60	12.5	17.10	38.2	45.7	DIN 53504
	200%定伸应力/MPa	5.2	6.10	10.70	14.60	19.30	25.00	49.8	—	DIN 53504
	300%定伸应力/MPa	7.50	8.10	14.20	21.70	30.90	37.00	—	—	DIN 53504
	拉伸强度/MPa	20.20	23.10	30.4	38.4	43.7	44.4	50.3	52.70	DIN 53504
	扯断伸长率/%	530	515	450	420	350	325	205		DIN 53504
	撕裂强度/(kN/m)									
	无割口	80	91	98	119	120	134	200	224	DIN 53515
	有割口	21	25	36	43	53	69	133	133	DIN 53515
	回弹性/%	63	56	52	46	40	38	45	49	DIN 53512
	磨耗/mm³	48	57	56	50	64	76	93	104	DIN 53516
	压缩永久变形[①]/%	27	27	28	30	30	32	50	—	DIN 53517
	−5℃时硬度(邵尔 A)	82	86	91	94	96	98	99	99	DIN 53505
	−5℃时硬度(邵尔 D)	—	—	—	—	—	64	78	82	DIN 53505
	80℃时硬度(邵尔 A)	80	85	90	93	95	97	98	98	DIN 53505
	80℃时硬度(邵尔 D)	—	—	—	—	—	50	62	67	DIN 53505
	相对密度	1.05	1.05	1.08	1.11	1.12	1.14	1.18	1.20	

① 测试条件：70℃×22h，压缩率 25%。

表 8-97　聚酯/MDI/BDO 体系 CPU

	组分	MD-1350	MD-1375	MD-1380	MD-1396	MD-1310	MD-13103	BDO
组分、性能及准备	NCO 含量/%	5.0±0.2	7.6±0.2	8.4±0.2	9.5±0.2	10.1±0.2	10.2±0.5	—
	20℃时物态	固态	固态	固态	固态	固态	液态	液态
	保存期/年	1	1	1	1	1	1	
	用前预热条件(200kg 桶装)/(h/℃)	12/60	12/60	12/60	12/60	12/60	12/60	12/45
	用前是否脱气	是	是	是	是	是	是	否
	加工温度/℃	80	80	80	80	80	80	45
	加工温度下黏度/mPa·s	400	1300	1500	500	900	800	—
	加工温度下相对密度	1.18	1.16	1.15	1.16	1.15	1.01	
加工成型工艺	扩链剂	BDO	BDO	BDO	BDO	BDO	BDO	
	建议配比(NH₂/NCO)	0.95	0.95	0.95	0.95	0.95	0.95	
	100 份 TT 用 MOCA/质量份	5.10	7.70	8.55	9.65	10.27	10.38	
	建议模具温度/℃	120	120	120	120	120	120	
	凝胶时间(400g 混合物)/min	6	4′30″	2′30″	3′20″	2	1′30″	
	脱模时间/min	120	30	25	15	15	10	
	后硫化前室温放置时间/h	5	5	5	5	5	5	
	后硫化条件							
	常规特性/(h/℃)	48/115	48/115	48/115	48/115	48/115	48/115	
	最佳动态性能/周·℃	5～20	5～20	5～20	5～20	5～20	5～20	

								测试方法
弹性体性能	20℃时硬度(邵尔 A)	80	90	90	95	95	97	DIN 53505
	20℃时硬度(邵尔 D)	—	—	—	—	—	55	DIN 53505
	10%定伸应力/MPa	1.3	3.1	2.9	6.3	4.2	7.9	DIN 53504
	100%定伸应力/MPa	4.2	9.0	8.0	14.0	9.7	13.8	DIN 53504
	200%定伸应力/MPa	5.4	14.0	10.9	21.0	13.5	16.9	DIN 53504
	300%定伸应力/MPa	7.3	22	14.4	30	20	21	DIN 53504
	拉伸强度/MPa	40	59	46	57	45	38	DIN 53504
	扯断伸长率/%	610	506	630	520	495	450	DIN 53504
	撕裂强度/(kN/m)							
	无割口	85	145	110	178	154	168	DIN 53515
	有割口	33	84	49	116	77	87	DIN 53515
	回弹性/%	53	20	35	25	35	32	DIN 53512
	磨耗/mm³	41	28	27	33	28	—	DIN 53516
	压缩永久变形①/%	23	29	27	33	25	—	DIN 53517
	−5℃时硬度(邵尔 A)	84	95	93	97	96	99	DIN 53505
	−5℃时硬度(邵尔 D)	—	—	—	60	—	63	DIN 53505
	80℃时硬度(邵尔 A)	79	85	88	92	92	93	DIN 53505
	相对密度	1.20	1.23	1.20	1.23	1.20	1.21	

① 测试条件：70℃×22h，压缩率 25%。

表 8-98 PTMG/MDI 半预聚物体系 CPU

	半预聚物牌号	MTQ25130									
	扩链剂	JT5450	JT5452	JT5454	JT5456	JT5457	T20/BDO				
加工成型工艺	100 份 MTQ25130 用 JT545X 的量/质量份	166	128	90	51	32					
	100 份 MTQ25130 用 JT20 的量/质量份						160	120	80	40	20
	100 份 MTQ25130 用 BDO 的量/质量份						6.13	7.84	9.63	11.40	12.43
	建议模具温度/℃	80	80	80	90	100	80	80	80	90	100
	凝胶时间（400g 混合物）[1]/min	6.75	4.75	4.5	4	2.75	6.75	4.75	4.5	4	2.75
	脱模时间/min	20	15	15	15	10	20	15	15	15	10
	后硫化条件/(h/℃)	24/100	24/100	24/100	24/100	24/100	24/100	24/100	24/100	24/100	24/100
弹性体性能	20℃时硬度（邵尔 A）	60	70	80	90	95	60	70	80	90	95
	10%定伸应力/MPa	0.7	0.9	1.6	2.8	4.1	0.7	0.9	1.6	2.8	4.1
	100%定伸应力/MPa	2.1	3.2	5.0	8.5	8.5	11.4	2.1	3.2	5.0	8.5
	200%定伸应力/MPa	2.8	4.6	7.4	12.1	16.0	2.8	4.6	7.4	12.1	16
	300%定伸应力/MPa	3.8	6.6	10.7	16.5	21.7	3.8	6.6	10.7	16.5	21.7
	拉伸强度/MPa	19	32	28	37	41	19	32	28	37	41
	扯断伸长率/%	560	540	510	500	480	550	540	510	500	480
	撕裂强度/(kN/m)										
	无割口	39	54	75	108	133	39	54	75	108	133
	有割口	29	29	38	55	77	29	29	38	55	77
	回弹性/%	73	73	70	56	39	73	73	70	56	39
	磨耗/mm³	19	20	20	29	40	19	20	20	29	40
	压缩永久变形[2]/%	11	15	24	28	31	11	15	24	28	31
	−5℃时硬度（邵尔 A）	63	70	81	91	95	63	70	81	91	95
	80℃时硬度（邵尔 A）	50	67	79	88	93	50	67	79	88	93
	相对密度	1.05	1.07	1.09	1.11	1.14	1.05	1.07	1.09	1.11	1.14

① 如需缩短凝胶时间，供应商可提供技术支持。

② 测试条件：70℃×22h，压缩率 25%。

表 8-99 聚酯/MDI 半预聚物体系

	半预聚物牌号	MDQ23165								
	扩链剂	JD5460	JD5461	JD5467	JD5462	JD5469	JD5463	JD5464	JD5465	JD5466
加工成型工艺	100 份 MDQ23165 用 JD546X 的量/质量份	265	189	170	150	131	112	93	74	55
	建议模具温度/℃	80	80	80	80	80	80	80	90	100
	凝胶时间(400g 混合物)/min	10	10	10	12	12	10	10	5	5
	脱模时间/min	60	30	45	45	30	30	30	20	15
	室温下放置时间/h	5	5	5	5	5	5	5	5	5
	硫化条件/(h/℃)									
	常规特性/(h/℃)	18/80	18/80	18/80	18/80	18/80	18/80	18/80	18/80	18/80
	最佳动态性能/(h/℃)	72/80	72/80	72/80	72/80	72/80	72/80	72/80	72/80	72/80

续表

弹性体性能	20℃时硬度（邵尔A）	55	60	65	70	75	80	85	90	95
	10%定伸应力/MPa	0.5	0.7	0.7	0.8	1.0	1.7	2.5	3.5	6.5
	100%定伸应力/MPa	1.6	2.4	2.7	3.1	3.8	5.5	7.3	8.8	13.6
	200%定伸应力/MPa	2.0	3.3	3.8	4.4	5.5	7.7	10.1	11.9	17.8
	300%定伸应力/MPa	2.3	4.6	5.2	6.0	7.6	10.7	13.8	16.0	23.5
	拉伸强度/MPa	18	26	32	31	35	41	38	38	38
	扯断伸长率/%	650	545	555	550	560	525	535	555	515
	撕裂强度/(kN/m)									
	无割口	34	52	62	67	82	95	110	126	150
	有割口	28	31	32	33	34	45	48	65	89
	回弹性/%	55	47	46	46	44	44	43	40	37
	磨耗/mm³	15	24	22	22	21	19	21	31	50
	压缩永久变形/%	11	12	15	15	17	19	18	21	26
	−5℃时硬度（邵尔A）	57	62	67	72	77	83	87	93	96
	80℃时硬度（邵尔A）	52	58	63	68	73	78	82	88	92
	相对密度	1.21	1.21	1.21	1.21	1.21	1.21	1.21	1.21	1.21

表 8-100　聚酯/MDI 半预聚物体系

	半预聚物牌号	MDQ23165								
	扩链剂	D20/BDO								
加工成型工艺	100 份 MDQ23165 用 D20 的量/质量份	260	180	160	140	120	100	80	60	40
	100 份 MDQ23165 用 BDO 的量[①]/质量份	5	8.6	9.5	10.4	11.3	12.2	13.1	14.4	14.9
	建议模具温度/℃	80	80	80	80	80	80	80	90	100
	凝胶时间(400g 混合物)[②]/min	12	10.5	8.5	7.5	6	5	3.5	2.75	1.9
	脱模时间/min	40	30	30	18	18	15	15	10	5
	室温下放置时间/h	5	5	5	5	5	5	5	5	5
	硫化条件									
	常规特性(h/℃)	18/80	18/80	18/80	18/80	18/80	18/80	18/80	18/80	18/80
	最佳动态性能(h/℃)	72/80	72/80	72/80	72/80	72/80	72/80	72/80	72/80	72/80
弹性体性能	20℃时硬度（邵尔A）	55	60	65	70	75	80	85	90	95
	10%定伸应力/MPa	0.5	0.7	0.5	0.8	1.0	1.7	2.5	3.5	6.5
	100%定伸应力/MPa	1.6	2.4	2.7	3.1	3.8	5.5	7.3	8.8	13.6
	200%定伸应力/MPa	2.0	3.3	3.8	4.4	5.5	7.7	10.1	11.9	17.8
	300%定伸应力/MPa	2.3	4.6	5.2	6.0	7.6	10.7	13.8	16.0	23.5
	拉伸强度/MPa	18	26	32	31	35	41	38	38	38
	扯断伸长率/%	650	545	555	550	560	525	535	555	515
	撕裂强度/(kN/m)									
	无割口	34	52	62	67	82	95	110	126	150
	有割口	28	31	32	33	34	45	48	65	89
	回弹性/%	55	47	46	46	44	44	43	40	37
	磨耗/mm³	15	24	22	22	21	19	21	31	50
	压缩永久变形[③]/%	11	12	15	15	17	19	18	21	26
	−5℃时硬度（邵尔A）	57	62	67	72	77	83	87	93	96
	80℃时硬度（邵尔A）	52	58	63	68	73	78	82	88	92
	相对密度	1.21	1.21	1.21	1.21	1.21	1.21	1.21	1.21	1.21

① BDO 中含有 1.5% 的 T535（催化剂）。

② 可添加合适的催化剂缩短凝胶时间，可用非汞型催化剂。

③ 测试条件：70℃×22h，压缩率 25%。

　　醇胺混合扩链交联体系由聚己二酸类多元醇和 TDI 合成的预聚物（TD636）与（TMP/TIPA＋MOCA）配制的扩链交联剂组成，可生产出硬度（邵尔 A）58～85 的弹性体并具有非常好的特性：压缩永久变形低、耐溶剂、容易加工。

表 8-101　体系组成的特性及准备

性　能	组　　成		
	TD636	TMP/TIPA	MOCA
NCO 含量/%	3.6±0.2		
20℃物态	固态	固态	固态
使用前预热(200kg 桶装)/(h/℃)	24/60	12/60	110～130℃
是否需要脱气	是	否	否
加工温度/℃	90	90	120
加工温度下黏度/mPa·s	3200	75	—
加工温度下相对密度	1.19	1.05	1.25

表 8-102　CPU 加工及性能

	预聚物	TD636				
	扩链交联剂	TMP/TIPA＋MOCA				
加工成型工艺	100 份 TD 用 TMP/TIPA/质量份	3.93	2.18	1.65	0.48	—
	100 份 TD 用 MOCA/质量份	—	4.80	6.3	9.5	10.85
	建议模具温度/℃	110	110	110	110	110
	凝胶时间(400g 混合物)/min	15	18	14′30″	10	6
	脱模时间/min	50	45	35	20	20
	至少硫化时间/(h/℃)	16/110	16/110	16/110	16/110	16/110
弹性体性能	20℃时硬度(邵尔 A)	58	60	70	80	85
	10%定伸应力/MPa	0.5	0.6	1.1	2.1	2.3
	100%定伸应力/MPa	1.9	2.1	3.0	4.2	4.6
	200%定伸应力/MPa	2.8	3.2	4.4	5.7	6.0
	300%定伸应力/MPa	4.0	4.8	7.0	8.9	8.6
	拉伸强度/MPa	31	44	47	52	45
	扯断伸长率/%	450	450	480	580	560
	撕裂强度/(kN/m)					
	无割口	46	43	60	80	106
	有割口	6	26	39	56	40
	回弹性/%	40	20	27	30	35
	磨耗/mm³	31	29	38	23	30
	压缩永久变形[①]/%	3	4	10	16	24
	−5℃时硬度(邵尔 A)	60	63	73	84	90
	80℃时硬度(邵尔 A)	60	59	67	77	81
	相对密度	1.22	1.23	1.24	1.24	1.25

　　① 测试条件：70℃×22h，压缩率 25%。

　　低硬度 CPU 体系是由聚己二酸多元醇和 TDI 合成的预聚物（TD636）与（TMP/TIPA）配制的扩链交联剂以及增塑剂组成，可生产出硬度（邵尔 A）20～58 的弹性体，并具有非常好的特性：压缩永久变形低、耐溶剂、容易加工。

表 8-103 体系组成的特性及准备

性 能	组 成		
	TD636	TMP/TIPA	增塑剂
NCO 含量/%	3.6±0.2		—
20℃物态	固态	固态	液态
使用前预热(200kg 桶装)/(h/℃)	24/60	12/60	—
是否需要脱气	是	否	否
加工温度/℃	90	90	90
加工温度下黏度/mPa·s	3200	75	10
加工温度下相对密度	1.19	1.05	1.07

表 8-104 CPU 加工及性能

预聚物	TD636							
扩链交联剂	TMP/TIPA+增塑剂							
加工成型工艺 100 份 TD 用 TMP/TIPA/质量份	3.93	3.93	3.93	3.93	3.93	3.93	3.93	3.93
100 份 TD 用增塑剂/质量份	60	52	45	36	27	18	10	0
建议模具温度/℃	100	100	100	100	100	100	100	100
凝胶时间(400g 混合物,有催化剂)[1]/min	15	15	15	15	15	15	15	15
凝胶时间(400g 混合物,无催化剂)[1]/min	50	50	50	50	50	50	50	50
脱模时间/min	45	45	45	45	45	45	45	45
至少硫化时间/(h/℃)	16/100	16/100	16/100	16/100	16/100	16/100	16/100	16/100
弹性体性能 20℃时硬度(邵尔 A)	20	25	30	35	40	45	50	58
10%定伸应力/MPa	0.25	0.3	0.35	0.35	0.4	0.4	0.50	0.55
100%定伸应力/MPa	0.45	0.7	0.8	0.95	1.10	1.30	1.55	1.95
200%定伸应力/MPa	0.70	1	1.20	1.40	1.65	2.0	2.35	2.85
300%定伸应力/MPa	0.95	1.40	1.60	2.0	2.30	2.80	3.40	4
拉伸强度/MPa	3.35	5.50	6.70	8.90	12.20	14.60	17.50	30.90
扯断伸长率/%	550	760	750	700	680	500	480	450
撕裂强度/(kN/m) 无割口	11	16	19	22	24	30	36	45
有割口	2.5	3.0	3.5	3.5	4.0	4.5	5.2	6.6
回弹性/%	25	28	30	30	28	28	30	40
磨耗/mm³		175	155	116	105	52	44	31
压缩永久变形[2]/%	—	3	0	0	0	0.8	2.1	3.2
-5℃时硬度(邵尔 A)	22	27	31	36	42	47	52	60
80℃时硬度(邵尔 A)	22	24	30	34	40	45	50	60
相对密度	1.19	1.19	1.19	1.20	1.21	1.21	1.21	1.22

① 400g 混合物添加 0.015%的催化剂 T535。

② 测试条件:70℃×22h,压缩率 25%。

8.6.5 德国拜耳公司

Vulkollan 是德国拜耳公司最早开发生产的 CPU 商品牌号,由聚酯和 1,5-NDI 合成,是唯一的不稳定预聚物体系。在 Vulkollan 的生产中使用两种聚酯:聚己二酸乙二醇酯(Desmophen 2000)和酯(Desmophen 2001)。扩链剂为 1,4-丁二醇、三羟甲基丙烷、二胺类和水等。典型的 Vulkollan 用水及二醇扩链的配方及其弹性体的物理机械性能见表 8-105。自 20 世纪 50 年代 NDI 型聚氨酯浇注弹性体问世以来,一直是不稳定的加工体系,直到近几年拜耳公司才推出了稳定的 NDI 体系。具体性能见表 8-106。

表 8-105 二醇及水扩链的 Vulkollan 配方（质量份）和物理机械性能

组分及性能	A	B	C	D	E	F	G
Desmophen 2000/质量份	100	100	—	100	—	100	100
Desmophen 2001/质量份	—	—	100	—	100	—	—
1,5-NDI/质量份	18	18	18	30	30	30	18
1,4-丁二醇/质量份	1.38	2	2	7	7	—	—
2,3-丁二醇/质量份	—	—	—	—	—	16	—
三羟甲基丙烷/质量份	0.92	—	—	—	—	3	—
水/质量份	—	—	—	—	—	—	0.6
釜中寿命/min	5	4	4	1	1	1	—
脱模时间/min	45	25	25	10	10	10	—
相对密度	1.26	1.26	1.26	1.26	1.26	1.26	1.26
硬度（邵尔 A）	65	80	85	94	96	98	70
硬度（邵尔 D）	—	—	—	44	46	46	—
拉伸强度/MPa	29	29	24	27	20	37	29
200%定伸应力/MPa	1	1.5	1.5	7	6	14	1
300%定伸应力/MPa	5	7	7	17	14	31	10
扯断伸长率/%	600	650	650	450	500	300	650
撕裂强度(stitch)/(kN/m)	24	56	45	70	56	134	75
graves	64	90	86	112	99	137	111
磨耗/m³	50	40	65	55	61	42	35
压缩永久变形/%							
20℃×70h	12	7	9.5	5	6	23	7
70℃×24h	22	17	22	14	12	41	21
100℃×24h	55	43	47	27	25	56	58
回弹性/%	47	50	55	45	53	33	60

表 8-106 稳定的 NDI 预聚物系列

预聚物特性	ND3927	ND3937	ND3941	预聚物特性	ND3927	ND3937	ND3941
NCO 含量/%	2.7±0.2	3.8±0.2	4.1±0.2	物理机械性能			
黏度(100℃)/mPa·s	2700	2000	1500	硬度（邵尔 A）	87	92	95
密度/(g/cm³)	1.09	1.1	1.1	10%定伸应力/MPa	2.9	5.4	6.3
贮存温度/℃	<30	<30	<30	100%定伸应力/MPa	6.7	11.1	12.5
贮存时间/月	6	6	6	200%定伸应力/MPa	9.9	14.3	15.3
熔化条件/(h/℃)	24/80	24/80	24/80	300%定伸应力/MPa	13.6	18.2	19.1
加工条件				拉伸强度/MPa	40	52	50
预聚物温度/℃	100	100	100	扯断伸长率/%	510	545	560
BDO 温度/℃	45	45	45	撕裂强度(DieC)/(kN/m)	72	93	151
模具温度/℃	110	110	110	撕裂强度(D470)/(kN/m)	30	41	53
扩链系数	0.83	0.88	0.9	回弹/%	70	65	65
凝胶时间/min	6	5	4.3	压缩永久变形(B法)/%	17	22	24
后硫化条件/(h/℃)	24/110	24/110	24/110	密度/(g/cm³)	1.14	1.16	1.17
脱模时间/min	45	30	30				

8.6.6 美国科聚亚公司

美国尤尼罗尔公司是最早生产聚氨酯预聚物的公司。该公司 1995 年并入美国康普顿公司，2005 年康普顿公司和美国大湖公司合并成为美国科聚亚公司。科聚亚公司聚氨酯领域的主要产品有热硫化聚氨酯预聚物、水性聚氨酯和低聚物多元醇。该公司提供 300 余种聚氨酯预聚物，低游离异氰酸酯预聚物和单组分热硫化聚氨酯组合料是其亮点。

该公司生产的预聚物牌号主要有 Adiprene L 和 Vibrathane。Adiprene L 包括 TDI/聚醚系列、TDI/聚醚和聚酯低游离 TDI 系列。Vibrathane 则有 TDI/PTMG、PPG、聚酯和 MDI/PTMG、PPG 及聚酯系列 47 个品种。其性能见表 8-107～表 8-114。表 8-114 为几种新产品的性能。

表 8-107 Adiprene L 系列预聚物品种

项 目	L 42	L 83	L 100	L 167	L 200	L 213	L 275	L 300	L 315	L 325	L 367	L 767	LW 520	LW 570	BL 16	PP 1095	PP 150
NCO含量/%	2.8	3.25	4.1	6.3	7.5	9.3	9.45	4.1	9.45	9.15	6.35	7.8	4.75	7.5	5.55	3.4	6.3
组成①	ETH/TDI	ETH/TDI	ETH/TDI	ETH/TDI	ETH/TDI	ETH/TDI	ETH/TDI	ETH/TDI	ETH/TDI	ETH/TDI	ETH/TDI	ETH/TDI	ALPHTC ETHER	ALPHTC ETHER	BLOKD ETHER	ESR/PPDI	ETH/PP
釜中寿命/min	7	5	10	5	4	2	4	5	1.5	3	3	1	4~6	1.5	—	5	2.5
扩链剂②	MOCA	MOCA	MOCA	MOCA	MOCA	MOCA	MOCA	MOCA	MOCA	MOCA	MOCA	CAYTU	MDA	MDA	MDA	A250	BD
加入量/质量份	8.8	10.3	12.5	19.5	23.2	26.6	25.5	12.4	26.9	26.1	19.2	23.6	10.5	16.8	11.8	3.6	6.48
扩链系数	1.0	1.0	0.95	0.95	0.95	0.90	0.82	0.95	0.90	0.90	0.95	0.95	0.95	0.95	0.90	0.95	0.95
物理状态(25℃)	液	液	液	液	液	液	液	液	液	液	液	液	液	液	液	固	固
硬度(DulemeterA)	85	85	90	95	58	73	74						90	—	95	94-95	98
硬度(DulemeterD)			48	48		73		90	73	72	50	62	75	75	48		50
应用③	1,2	1,2	1	1,3	4	8	1	1	3,4,7	4	1,3	3,7	1	1	5	1,2,3,15	1,7
主要特性④	B,D,P	A,B,D	D,B	A,B,D	B	F	K,F,A	D,G	C,D	D,D	J	E	I	C,I	R,J	A,B,N,R	E,R

① ETH 为醚，ESR 为酯。

② MOCA 为亚甲基-双（邻氯苯胺），MDA 为亚甲基-双苯胺，BD 为 1,4-丁二醇。

③ 1. 各种杂品；2. 矿用产品；3. 浆料加工；4. 衬套；5. 轴承；6. 胶带；7. 胶黏剂；8. 灌封；9. 冲裁；10. 片材；11. 滑轮；12. 仪器的接触件；13. 铁路部件；14. 建筑部件；15. 密封；16. 刮水片；17. 管道衬里；18. 翻模；19. 农机件；20. 模型。

④ 主要性能：A. 高回弹性；B. 高耐磨性；C. 高模量；D. 一般用途；E. 非 MOCA 型；F. 高冲击强度；G. 低成本；H. 低成本；I. 水解稳定性；J. 封端；K. 改善加工性能；L. 低热积累；M. 透明产品；N. 高撕裂强度；O. 耐溶剂/油；P. 低温性能优良；Q. 可用水乳化；R. 动态性能好；S. FDA 许可；T. 低游离 TDI；U. 常温固化；V. 快速熔融。

表 8-108　TDI/聚醚系列

项　目	B685	B602	B600	B835	B696	B615	B601	B839	B614	B604	B844	B628	B809	B892	B820	B621	B627	B813
组成[①]	ETH/TDI													PPG/TDI				
NCO 含量/%	3.09	3.11	3.9~4.3	4.14	4.9	5.0	6.32	6.33	7.44	9.44	3.5	4.21	4.21	4.75	5.25	6.32	6.32	6.32
扩链剂(MOCA)用量/质量份	9.4	9.9	11.8	12.5	14.8	14.3	18.1	18.0	21.6	25.5	10.0	12.0	12.0	13.6	15.0	18.1	18.1	18.1
扩链系数	0.9	1.0	0.90	0.95	0.95	0.90	0.90	0.90	0.90	0.90	0.85	0.90	0.90	0.90	0.90	0.90	0.90	0.90
物理状态(25℃)	固	液	液	液	液	液	液	液	液	液	液	液	液	液	液	液	液	液
釜中寿命/min	5~6	14	10	4~5	3	8	5	3	3	1.5	15	10	10	6	5	4	5	4
硬度(邵尔 A)	85	82	90	90	95	92	95	97	—	—	80	84	85	92	90	92	92	92
硬度(邵尔 D)				50					60	75								
应用[②]	3	2	1,3,10	1	3	3,7	1,10	3,5	1,9	4	1,3	1	1	3	1,18	3	3	3
主要特性[③]	D	A	D,B	D,C	C,R	L	B,D	A,B,R	C	C	D,H	H	M,H	M,H,R	H,M,D	D,H	D,H	D

① PPG 为聚丙二醇。

② 1. 各种杂品；2. 矿用产品，浆料加工；3. 胶轮，轮胎；4. 衬套，轴承；5. 涂层，胶黏剂；6. 胶带；7. 胶辊；8. 灌封；9. 冲裁；10. 片材；11. 滑轮；12. 仪器的接触件；13. 铁路部件；14. 建筑部件；15. 密封，垫圈；16. 刮水片；17. 管道衬里；18. 翻模；19. 农机件；20. 模型。

③ 主要特性：A. 高回弹性；B. 高耐磨性；C. 高模量；D. 一般用途；E. 非 MOCA 型；F. 高冲击强度；G. 低模量；H. 低成本；I. 水解稳定性；J. 封端，热活化剂；K. 改善加工性能；L. 低热积累；M. 透明产品；N. 高撕裂强度；O. 耐溶剂/油；P. 低温性能优良；Q. 可用水乳化；R. 动态性能好；S. FDA 许可；T. 低游离 TDI；U. 常温固化；V. 快速熔融。

表 8-109　MDI/聚醚系列

项　目	B625	B821	B635	B836	B670	23.708	23.710	23.727	23.737
组成[①]	ETH/MDI							PPG/MDI	
NCO 含量/%	6.32	7.38	7.79	8.85	11.2	6.0	8.0	8.0	8.85
扩链剂	BD	BD	BD	BD	BD	BD	BD	BD	BD
扩链剂(BD)用量/质量份	6.4	7.5	7.9	9	11.4	6.1	8.1	8.1	9.0
扩链系数	0.95	0.95	0.95	0.95	0.95	0.95	0.95	0.95	0.95
物理状态(25℃)	液	液	液	液	液	液	液	液	液
釜中寿命/min	6	6~7	5	3~4	5	10	5	—	—
硬度(邵尔 A)	85	90	89	95	—	85	90	92	94
硬度(邵尔 D)	—	—	—	—	53	—	—	—	—
应用[②]	11,13	1,11	1	3	1	3,11	1,11	3,9,11	3,15
主要特性[③]	A,E	A,D,E	D,E	A,B,I,P	D,E,K	A,B,N	A,D,E	D,E,H	D,E,H

① PPG 为聚丙二醇。

② 1. 各种杂品；2. 矿用产品，浆料加工；3. 胶轮，轮胎；4. 衬套，轴承；5. 涂层，胶黏剂；6. 胶带；7. 胶辊；8. 灌封；9. 冲裁；10. 片材；11. 滑轮；12. 仪器的接触件；13. 铁路部件；14. 建筑部件；15. 密封，垫圈；16. 刮水片；17. 管道衬里；18. 翻模；19. 农机件；20. 模型。

③ 主要特性：A. 高回弹性；B. 高耐磨性；C. 高模量；D. 一般用途；E. 非 MOCA 型；F. 高冲击强度；G. 低模量；H. 低成本；I. 水解稳定性；J. 封端，热活化剂；K. 改善加工性能；L. 低热积累；M. 透明产；N. 高撕裂强度；O. 耐溶剂/油；P. 低温性能优良；Q. 可用水乳化；R. 动态性能好；S. FDA 许可；T. 低游离 TDI；U. 常温固化；V. 快速熔融。

表 8-110 TDI/聚酯系列

项目	8070	6008	6005	8080	8080L	8011	8083	6007	8085	8090	8050	8060	6060
组成	EST/TDI											PCL/TDI	
NCO 含量/%	2.5	3.23	3.3	3.3	3.3	3.3	3.45	4.2	4.4	4.55	5.6	5.85	3.36
扩链剂[①]	MOCA	MOCA	TMP/TIPA	MOCA	MOCA	TMP/TIPA	MOCA	TMP/TIPA	MOCA	MOCA	MOCA	MOCA	MOCA
扩链剂用量/质量份	7.1	9.2	3.7	10	10	3.6	10.3	4.63	12.6	13	16.9	17.7	10.3
扩链系数	0.90	0.90	0.95	0.95	0.95	0.95	0.95	0.95	0.95	0.90	0.95	0.95	0.95
					0.95		0.95						
物理状态(25℃)	固	固	固	固	固	固	液	固	液	固	固	固	固
釜中寿命/min	8~10	4	25	8	7~8	45	5~6	45	4	5	3.5	2.5~3	9
硬度(邵尔 A)	72~75	83	57	80	80	53	83~85	57	85	90	—	—	62
硬度(邵尔 D)	—	—	—	—	—	—	—	—	—	—	50	60	—
应用[②]	1,2	2,3	1,7	1,2	1	1,7	1,2,10	1,7	1,10	1,10	3	1,2,3	2
主要特性[③]	B,K,O	A,P	B,D,O	B,N,O	B	B,O	B,D	B,D,O	B,D	D	A,N	O,R	A,B,G

① TMP 为三羟甲基丙烷, TIPA 为三异丙醇胺。

② 1. 各种杂品; 2. 矿用产品, 浆料加工; 3. 胶轮, 轮胎; 4. 衬套, 轴承; 5. 涂层, 胶黏剂; 6. 胶带; 7. 胶辊; 8. 灌封; 9. 冲裁; 10. 片材; 11. 滑轮; 12. 仪器的接触件; 13. 铁路部件; 14. 建筑部件; 15. 密封, 垫圈; 16. 刮水片; 17. 管道衬里; 18. 翻模; 19. 农机件; 20. 模型。

③ 主要特性: A. 高回弹性; B. 高耐磨性; C. 高模量; D. 一般用途; E. 非 MOCA 型; F. 高冲击强度; G. 低模量; H. 低成本; I. 水解稳定性; J. 封端, 热活化剂; K. 改善加工性能; L. 低热积累; M. 透明产品; N. 高撕裂强度; O. 耐溶剂/油; P. 低温性能优良; Q. 可用水乳化; R. 动态性能好; S. FDA 许可; T. 低游离 TDI; U. 常温固化; V. 快速熔融。

表 8-111 Adiprene 的低游离 TDI 系列

品种	LF600D	LF650D	LF700D	LF750D	LF751D	LF800A	LF900A	LF950A
组成	ETH/TDI	ETH/TDI	ETH/TDI	ETH/TDI	ETH/TDI	ETH/TDI	ETH/TDI	ETH/TDI
NCO 含量/%	7.3	7.75	8.2	8.9	9.1	2.9	3.8	6.1
扩链剂(MOCA)用量/质量份	22.0	23.4	24.8	25.4	27.5	9.2	11.5	18.3
扩链系数	0.95	0.95	0.95	0.95	0.95	0.95	0.95	0.95
物理状态	液	液	液	液	液	液	液	液
釜中寿命/min	4.5	4.0	3.5	3.0	1.8	14	9.0	7.0
硬度								
Durometer A	—	—	—	—	—	80	90	95
Durometer D	60~62	65	70	75	73~75	—	—	—
拉伸强度/MPa	46.2	48.3	48.3	48.9	51.7	25	28.3	37.9
100%定伸应力/MPa	24.8	28.3	31.0	36.5	37.9	3.9	6.9	15.2
300%定伸应力/MPa	—	—	—	—	—	5.5	11.7	28.3
撕裂强度(直角)/(kN/m)	105	117	140	158	166	56	64.8	87.6
撕裂强度(割口)/(kN/m)	20.1	20.1	22.8	24.5	25.4	14	11.4	21.9
回弹性/%	40	40	—	—	—	55	50	42
压缩永久变形(方法 B)/%	28	29	—	—	—	45	25	32
压缩模量/MPa								
5%	6.9	9.0	11.4	14.8	15.9	0.8	1.4	3.4
10%	11.4	14.5	17.9	25.5	27.2	1.4	2.4	5.8
15%	15.9	20.0	23.4	32.4	35.2	1.8	3.4	8.3
20%	21.4	26.2	29.0	41.4	45.5	2.6	4.7	11.4
25%	27.6	33.4	35.8	50.0	55.2	3.6	6.5	14.5
扯断伸长率/%	290	260	250	230	230	750	450	350
脆性温度/℃	<−70	<−70	<−70	<−70	<−70	<−70	<−70	<−70

表 8-112 MDI/聚酯系列

品 种	8007	8010	6012	8522	8030	8045
组 成	ESR/MDI	ESR/MDI	ESR/MDI	ESR/MDI	PCL/MDI	PCL/MDI
NCO 含量/%	11.0	9.39	6.57	7.65	6.0	10.0
扩链剂(BD)用量/质量份	11.2	9.7	6.7	7.8	6.1	10.2
扩链系数	0.95	0.95	0.95	0.95	0.95	0.95
物理状态	液	液	固	液	固	固
釜中寿命/min	2.5~3	4	4	6	3~8	3~4
硬度(邵尔 A)	—	96	94	88	80	95
硬度(邵尔 D)	62	52	—	—	—	—
应用①	12	3,7,10	12	1,10,16	16	16
主要特性②	S	D,E	B,N,S	B,N,O	G,O,H	O,P

① 1. 各种杂品；2. 矿用产品，浆料加工；3. 胶轮，轮胎；4. 衬套，轴承；5. 涂层，胶黏剂；6. 胶带；7. 胶辊；8. 灌封；9. 冲裁；10. 片材；11. 滑轮；12. 仪器的接触件；13. 铁路部件；14. 建筑部件；15. 密封，垫圈；16. 刮水片；17. 管道衬里；18. 翻模；19. 农机件；20. 模型。

② 主要特性：A. 高回弹性；B. 高耐磨性；C. 高模量；D. 一般用途；E. 非 MOCA 型；F. 高冲击强度；G. 低模量；H. 低成本；I. 水解稳定性好；J. 封端，热活化剂；K. 改善加工性；L. 低热积累；M. 透明产品；N. 高撕裂强度；O. 耐溶剂/油；P. 低温性能优良；Q. 可用水乳化；R. 动态性能好；S. FDA 许可；T. 低游离 TDI；U. 常温固化；V. 快速熔融。

表 8-113 几种新品种的性能

品 种	AdipreneLFP		Vibrathane	
	X950A	X1950A	8585	8522
组 成	ETH/PPDI	ESR/PPDI	ESR/MDI	ESR/MDI
NCO 含量/%	5.45~5.75	2.8~3.1	6.7	7.5~7.8
外观	无色	无色	透明	浅琥珀色
黏度/mPa·s				
30℃	固体	固体	—	—
70℃	800	6000	2400	—
85℃	500	3100	1400	—
100℃	300	1600	700	700~800
相对密度				
70℃	1.05	1.14	—	—
100℃	1.03	1.12	1.2	—
扩链剂	VIBRACUREA250	VIBRACUREA250	1,4-BD	1,4-BD	BD/TMP(94/6)
扩链系数	0.95	0.95	0.95	0.95	0.95
混合温度(扩链剂/预聚物)/℃	24/(66~100)	24/(85~100)	(25~65)/100	(25~65)/93~99	65/93
模温/℃	127	127	115	110~115	110~115
釜中寿命/min	4	6	6	6	6
脱模时间/min	30	60	60(115℃)	60(115℃)	
后硫化温度(16h)/℃	116~127	116~127	100~115	100	100
硬度(邵尔 A)	95~97	93~95	85	88~89	85
100%定伸应力/MPa	12.7	9.0	4.4	7.7	5.8
300%定伸应力/MPa	15.5	14	12	20.1	20
拉伸强度/MPa	48	48	47.2	40.7	31.1
扯断伸长率/%	570	650	670	390	335
撕裂强度/(kN/m)	23	32	19.2	16.6	9.6
回弹性/%	57	57	30	25	10
压缩永久变形(方法 B 22h)/%					
70℃	38	35	40	30	21
100℃	48	53	—	—	—
相对密度	1.10		1.19	1.24	1.24
压缩模量/MPa					
5%	4.5	2.4	1.1	1.4	0.7
10%	8.6	5.0	1.9	2.8	1.3
15%	12	7.0	2.5	4.0	2.0
20%	16	9.1	3.9	5.3	2.8
25%	20	12	5.0	6.8	3.8

2008 年，科聚亚推出了 Duracast™ 新品系列。该系列具有如下特点：

- 硬度范围广；
- 凝胶时间无限长，脱模时间很短；
- 单体 MDI 含量低，基本无游离的 MDI，无固化剂熔化和粉尘问题；
- 物料浪费少，次品率低；
- 无需浇注机，投资比传统混合设备显著降低；
- 浇注效率高，易于自动化生产；
- 产品的静态和动态性能好；
- 操作难度小，更安全更方便，对员工要求低，培训简单方便。

由于该系列产品具有上述特点，所以更适用于制造结构复杂、单价重量很大的制品。据报道可制的单件重量超过 4.5t 的产品，而无需考虑釜中寿命。该系列产品包括：

- Duracast™ E900（90A 聚醚类）；
- Duracast™ E950（95A 聚醚类）；
- Duracast™ S700（70A 聚酯类）；
- Duracast™ S800（80A 聚酯类）；
- Duracast™ S850（85A 聚酯类）；
- Duracast™ S900（90A 聚酯类）；
- Duracast™ S930（93A 聚酯类）；
- Duracast™ C930（93A 聚己内酯类）。

Duracast™ 系列预聚物是低游离的 MDI 体系，所用扩链剂为 DuracureC3（二苯基甲烷二胺/氯化钠络合物在己二酸二辛酯中的分散物）。表 8-114 列举四个牌号的加工工艺及性能。

表 8-114 Duracast™ 系列性能

预聚物特性	Duracast™			
	C930	E900	E950	S900
NCO％含量	4.35～4.55	2.8～3.1	4.65～5.18	3.35～3.65
黏度/mPa·s				
50℃	4000	5200	2400	12500
70℃	1400	1650	1000	4000
100℃	400	625	320	1200
加工条件				
预聚物温度/℃	85～95	85～95	60～80	85～95
固化剂温度/℃	25	25	25	25
模具温度/℃	127～140	135	135	127～140
扩链剂系数	0.95	0.95	0.95	0.95
釜中寿命/min	10	30	30	10
硫化条件/(min/℃)	10～20	10	10	10～20
后硫化条件/(h/℃)	24/127	24/116	24/116	24/127
物理性质				
硬度（邵尔 A）	93～95	89～91	50～52(D)	88～90
100％定伸应力/MPa	9.1	6.68	11.71	6.2
300％定伸应力/MPa	12.76	9.99	15.5	8.89
拉伸强度/MPa	43.44	34.5	28.94	35.85
扯断伸长率/%	525	600	480	550
撕裂强度（D470)/(kN/m)	24.5	13.13	27.13	21.9
撕裂强度（D1398)/(kN/m)	57.8	21	35	36.8
落球回弹/%	62	67-69	62-64	60-62
回弹/%	56	63-66	55-58	55-58
压缩永久变形（B 法）/%	24	27	28	25

续表

预聚物特性	Duracast™			
	C930	E900	E950	S900
NCO%含量	4.35~4.55	2.8~3.1	4.65~5.18	3.35~3.65
压缩模量/MPa				
5%	1.72	1.83	3.1	0.97
10%	3.24	3.34	8.85	2.34
15%	4.83	4.58	11.47	3.62
20%	5	5.99	14.81	5
25%	6.72	7.75	15.5	6.9
动态性能				
储能模量/×10⁵Pa				
30℃	263	165	342	200
120℃	274	173/130℃	287/130℃	195
tanδ				
30℃	0.04	0.045	0.0431	0.056
120℃	0.026	0.0185	0.015	0.026

8.6.7　意大利科意公司

总部设在意大利的科意集团公司成立于 1962 年，现已成为聚氨酯中间体、衍生物及下游产品的供应商。2009 年该公司旗下的美国全资子公司 Coim USA 收购了美国空气化工的聚氨酯预聚物业务。该业务包括 Airthane 和 Versathane 商标的预聚物产品。依靠设在美国和意大利的研发和技术团队的支持，科意新加坡公司为整个亚太地区生产和供应 Imuthane 系列高性能热浇注聚氨酯预聚物。其规格和性能见表 8-115～表 8-117。

表 8-115　低游离聚酯/TDI 系列

项　　目	PST70A	PST80A	PST85A	PST90A	PST95A
预聚物特性					
NCO 含量/%	2.25	3.1	3.6	4.4	5.1
黏度(50℃)/mPa·s	11750	8000	6800	6750	6550
黏度(70℃)/mPa·s	3600	2300	1950	1850	1750
游离 TDI 含量/%	<0.1	<0.1	<0.1	<0.1	<0.1
加工条件					
预聚物温度/℃	85	85	85	85	85
MOCA 温度/℃	115	115	115	115	115
模具温度/℃	100	100	100	100	100
扩链剂系数	0.95	0.95	0.95	0.95	0.95
凝胶时间/min	23	20	8	7	3~4
硫化条件/(min/℃)	60/100	60/100	60/100	60/100	60/100
后硫化条件/(h/℃)	16/100	16/100	16/100	16/100	16/100
物理性质					
硬度(邵尔 A)	72	80	85	90	95
100%定伸应力/MPa	2.8	4.1	6.9	7.6	10.3
300%定伸应力/MPa	4.1	9.7	12.4	13.8	15.2
拉伸强度/MPa	41.4	56.5	53.8	54.5	62.1
扯断伸长率/%	800	640	580	530	650
撕裂强度(DieC)/(kN/m)	49	75	100	107	114
撕裂强度(D470)/(kN/m)	12	18	22	25	33
巴邵氏回弹/%	40	35	36	25	36
压缩永久变形(B 法)/%	40	25	30	20	35
密度/(g/cm³)	—	1.26	1.26	1.26	—

表 8-116 低游离聚醚/TDI 系列

项　目	PHP70A	PET80A	PET85A	PET90A	PET93A	PET95A	PET60D	PET70D	PET75D	PHP80D
预聚物特性										
NCO 含量/%	2.2	2.6	3.4	3.65	5.2	6.25	7.3	8.3	9.15	11.1
黏度(40℃)/mPa·s	4000	7500	4550	3950	2900	2000	2100	3000	3050	6750
黏度(70℃)/mPa·s	900	2100	1100	1000	650	400	350	525	450	700
游离 TDI 含量/%	<0.1	<0.1	<0.1	<0.1	<0.1	<0.1	<0.1	<0.1	<0.1	<0.1
加工条件										
预聚物温度/℃	70	90	85	80	75	70	70	70	70	70
MOCA 温度/℃	115	115	115	115	115	115	115	115	115	115
模具温度/℃	100	100	100	100	100	100	100	100	100	100
扩链剂系数	0.95	0.95	0.95	0.95	0.95	0.95	0.95	0.95	0.95	0.95
凝胶时间/min	38.5	20	30	11	7	6	5	3	2.5	1.6
硫化条件/(min/℃)	120/100	90/100	60/100	30/100	20/100	15/100	12/100	10/100	10/100	15/100
后硫化条件/(h/℃)	18/100	15/100	15/100	15/100	15/100	15/100	15/100	15/100	15/100	16/100
物理性质										
硬度(邵尔)	70A	80A	85A	89A	93A	95A	60D	70D	75D	80D
100%定伸应力/MPa	2.4	4.1	5.5	7.6	11	16.5	21.4	28.3	44.1	47.4
300%定伸应力/MPa	3.8	8.3	9	9	20	35.2				
拉伸强度/MPa	9	34.5	22.1	20.7	37.9	49.6	60	71.7	65.5	63.9
扯断伸长率/%	650	550	540	530	380	350	280	280	180	176
撕裂强度(DieC)/(kN/m)	35	61	60	79	72	114	154	138	193	194
撕裂强度(D470)/(kN/m)	5.3	12	7	12	14	18	21	19	19	21
巴邵氏回弹/%	60	53	62	59	52	46	50	64	63	66
压缩永久变形(B法)/%	25	17	22	19	25	25	4.8	1.4	1.8	
密度/(g/cm³)		1.07	1.06	1.06	1.11	1.13	1.16	1.18	1.19	

表 8-117 MDI 系列

项　目	聚醚/MDI 系列					聚酯/MDI 系列			
	2M200-63	2M200-74	2M200-89	2M100-112	2M100-125	1M220-67	1M220-81	1M221-95	1M240-77
NCO 含量/%	6.1～6.5	7.2～7.6	8.7～9.1	11.0～11.4	12.3～12.7	6.5～6.9	7.9～8.3	9.3～9.7	7.5～7.9
黏度(100℃)/mPa·s	775	575	450	200	250	700	600	400	800
密度(100℃)/(g/cm³)	1.01	1.01	1.01	1.05	1.05	1.2	1.2	1.15	1.16
加工条件									
预聚物温度/℃	82	82	82	77	82	93	93	93	93
BDO 温度/℃	25	25	25	25	25	25	25	25	25
模具温度/℃	115	115	115	115	115	115	115	115	115
扩链剂系数	0.95	0.90	0.95	0.95	0.95	0.95	0.95	0.95	0.95
凝胶时间/min	8	5	3	3	3	6	5	3.5	6
硫化条件/(min/℃)	60/115	60/115	60/115	60/115	60/115	60/115	60/115	60/115	60/115
后硫化条件/(h/℃)	16/115	16/115	16/115	16/115	16/115	16/115	16/115	16/115	16/115
物理性能									
硬度(邵尔 A)	85	90	95	53D	58D	85	91	95	90
100%定伸应力/MPa	6.2	8.3	9.3	18.3	17.2	5.9	8.3	8.3	7.7
300%定伸应力/MPa	12.8	15.8	18.3	26.2	26.5	12.8	16.5	16.5	13.8
拉伸强度/MPa	29.0	33.8	41.4	41.4	37.3	46.9	46.2	46.2	40
扯断伸长率/%	450	450	475	325	450	575	575	450	400
撕裂强度(DieC)/(kN/m)	61.3	96.3	87.5	96.3	131.3	96.3	113.8	113.8	91.9

续表

项　　目	聚醚/MDI 系列					聚酯/MDI 系列			
	2M200-63	2M200-74	2M200-89	2M100-112	2M100-125	1M220-67	1M220-81	1M221-95	1M240-77
撕裂强度（D470）/(kN/m)	12.3	22.7	28.0	26.3	8.8	21	30.6	30.6	17.5
巴部氏回弹/%	68	62	60	36	45	40	30	29	40
压缩永久变形（B法）/%	25	20	30		30	35	25	30	30
密度/(g/cm³)	1.09	1.10	1.11	1.11	1.11	1.23	1.23	1.21	1.24

8.6.8　美国 Mobay 公司

Multrathane F 和 Code 080　Multrathane F 是美国 Mobay 化学公司于 20 世纪 60 年代初开发的预聚物，属聚氨酯浇注弹性体，共有 4 个胶号，NCO%＝6.5，它是市场上最早出现的 MDI-BDO 体系弹性材料，具有划时代的意义。

合成工艺是先将聚酯多元醇和二苯基甲烷二异氰酸酯合成端异氰酸酯预聚物，然后用多元醇扩链，加热硫化为弹性体。所用多元醇有 BDO、DEG、间或对苯二酚二羟乙基醚（HER、HQEE 或 Multrathane XA）。

Multrathane F 是以多元醇扩链交联制得的弹性体，物理机械强度高，弹性好，具有良好的高低温性能，且在宽广的硬度范围内屈挠性能良好。基本上与 MOCA/TDI 产品性能相当。在某些方面 F66 与 Vulkollan 类似。F200 是低硬度材料，F242 具高撕裂强度。

MDI 系浇注弹性体与 TDI 浇注弹性体相比，成本低，但其加工工艺不甚理想。主要表现为预聚物黏度大，扩链反应时黏度上升快，强度却上升慢；脱模时间长，产品后硫化时间长，生产效率不高，手工操作要求相当熟练，具有一定的难度。F66、F242 硫化后的性能见表 8-118。

表 8-118　Multrathane F 系列 CPUE 物理机械性能

配方及性能	F66			F242
预聚物/质量份	100	100	100	100
硫化剂/质量份	BDO 4.8	BDO 6.5	BDO 16	HQEE 14.3
硬度（邵尔 A）	70～75	78～83	—	90～95
硬度（邵尔 D）	—	—	50～55	—
100%定伸应力/MPa	2.8～3.8	4.9～6.3	16.1～16.8	9.8～11.2
300%定伸应力/MPa	6.3～7.7	12.6～14.0	23.8～26.6	16.8～18.2
拉伸强度/MPa	38.5～49.0	45.5～56.0	35.0～42.0	28.0～35.0
扯断伸长率/%	530～630	550～650	380～480	500～600
撕裂强度/(kN/m)	35～46	35～52.5	105～122.5	52.5～70
压缩永久变形（B法）/%	—	—	—	—

配方及性能	F242			
预聚物/质量份	100	100	100	100
硫化剂/质量份	HER 14.1	HQEE 14.1	HQEE① PDEA 13.3	HQEE② PETT 14.5
硬度（邵尔 A）	90	92	91	90
硬度（邵尔 D）	—	40	47	48
100%定伸应力/MPa	—	10.6	9.2	9.5
300%定伸应力/MPa	—	16.5	15.8	12.9
拉伸强度/MPa	35.0	28.7	43.4	42.9
扯断伸长率/%	570	610	670	635
撕裂强度/(kN/m)	—	40.3	33.3	33.3
压缩永久变形（B法）/%	—	17.5	18.4	21.4

① HQEE/PDEA 为 82.5/17.5（M），PDEA 为苯基二乙醇胺。

② HQEE/PETT 为 90/10（M），PETT 为一种聚醚三醇。

CD 080 是美国聚合物化学公司于 20 世纪 70 年代末开发的预聚物，NCO％＝7.2。该预聚物及其 CPUE 所用原料、合成及加工工艺与 Multrathane F 类似，还可用乙二醇扩链。CD 080 是 MDI 型预聚物，其硫化后的性能见表 8-119。

表 8-119　CD 080 CPUE 的物理机械性能

配方及性能	参数			配方及性能	参数		
预聚物/质量份	100	100	100	撕裂强度/(kN/m)			
扩链剂/质量份	EG 5.1	BDO 7.4	HQEE 16.2	Die C	96.3	92.8	122.5
硬度(邵尔 A)	82	80	89	Split(割口)	30.6	24.5	59.5
拉伸强度/MPa	26.6	27.3	24.5	压缩永久变形(B 法)/%	28.7	25.0	28
100%定伸应力/MPa	4.3	4.9	9.0	T_g/℃	−25	−28	−20
200%定伸应力/MPa	7.0	7.0	10.5	磨耗（H-22 轮，100g，	20	10	60
扯断伸长率/%	500	520	485	1000 转)/mg			

8.6.9　美国 UCC 公司

最早由美国 UCC 公司以乙醛-过氧乙酸氧化环己酮研究了制备 ε-己内酯的方法并第一个投入工业化生产。稍后大日本油墨公司也研究成功了以聚己内酯生产聚氨酯弹性体的工业方法，以 "Pandex" 商品牌号出售。Pandex 是以聚己内酯或以 ε-己内酯为主体的共聚物和 TDI 反应制得的预聚物，大致可分四个系列：100E、200E、300E 和 500E。一些 Pandex 的性质及用 MOCA 扩链的弹性体见表 8-120 和表 8-121。

表 8-120　Pandex 预聚物性质

项　目	100E	101E	500E
外观		淡黄色	
臭味		极微的异氰酸酯味	
保存稳定性		3 个月以上(常温、干燥)	
溶解性		几乎溶于所有的有机溶剂(甲醇、乙酸乙酯、THF、二甲苯、CCL₄、丙酮等)	
异氰酸酯当量	740	830	1316
NCO 含量/%	5.7	5.1	3.2
黏度/mPa·s			
50℃	4100	4600	2500
80℃	600	900	835
100℃	350	380	660

表 8-121　Pandex 弹性体的物理机械性能

项　目	100E	300E	500E
Pandex 用量/质量份	100	100	100
NCO 含量/%	6.5～5.3	5.2～4.7	3.2～3.0
黏度(80℃)/mPa·s	600	780	850
MOCA 用量/质量份	14	13	8.3
混合温度/℃	80	80	90～100
釜中寿命/min	5	5	5
凝胶时间/min	10	15	40
硫化条件/(℃/h)	(110～130)/16	(110～120)/16	(110～120)/16
硬度(邵尔 A)	93	90	72
拉伸强度/MPa	48	40	25
扯断伸长率/%	380	450	650
300%定伸应力/MPa	38	21	8
撕裂强度/(kN/m)	90	75	56
压缩永久变形(70℃×22h，ASTM B 法)/%	19	17	18
回弹性/%	31	28	50
耐磨性(NBS 指数)	379	—	260
脆性温度/℃	<−75	—	—

8.6.10　美国 Conap 公司

美国 Conap 公司制造的商品牌号为 Conathane EN 预聚物,改善了聚氨酯弹性体的水解稳定性以及与其他非极性烃类橡胶的并用性等,是基于聚丁二烯二醇或丁二烯与丙烯腈和苯乙烯的共聚物二醇的聚氨酯弹性体。表 8-122 和表 8-123 列出了用多元醇扩链的该类弹性体(Conathane EN-4)的性能和耐水性。

表 8-122　Conathane EN-4 PUE 性质

性　能	指　标	性　能	指　标
外观	白色透明	抗热冲击(−70~130℃)循环	10
相对密度	0.98	热稳定性(7d/135℃)/增量/%	0.063
硬度(邵尔 A)	88	热导率/[W/(m·K)]	0.23
拉伸强度/MPa	14	吸水性(25℃)/%	
扯断伸长率/%	435	2d	0.38
撕裂强度(Graves)/(kN/m)	47	30d	0.48
线性收缩率/%	1.22	耐菌性(Mil-STD-810B)	无营养物

表 8-123　水对 Conathane EN-4 PUE 性质的影响

性　能	水浸渍			97℃,相对湿度 95%			
	原始	1 周×25℃	1 周×97℃	原始	17d	21d	41d
硬度(邵尔 A)	85	85	82	87	86	86	87
拉伸强度/MPa	14			14	12.5	12.6	12.4
100%定伸应力/MPa	4	5	4	6	4.2	4.5	5
300%定伸应力/MPa	9	12	8	9	7	7.3	7.7
扯断伸长率/%	350	300	410	410	460	450	470
撕裂强度(Graves)/(kN/m)	58	66	59	75	60	61	64

8.7　封闭型聚氨酯

长期以来,PU 胶黏剂、涂料、弹性密封材料多是双组分体系,使用时甲、乙组分需充分混合,一定程度上给用户带来不便,混合后的产物如果一次没有用完,就会固化而造成浪费。若贮存不当,乙组分中的异氰酸酯基团在常温下与大气中的水分等发生反应会使乙组分变质。如将 NCO 封闭起来,使其在室温下失去活性,不与水或其他活性物质发生反应,而当使用时于一定温度下释放出 NCO 基,再与 OH 基组分发生反应,这样既保持了原有聚氨酯特性,又克服了上述缺点,这便是封闭型 PU,其反应机理如下。

端 NCO 基与酚类化合物反应可得到暂时的保护,反应形成的氨酯在常温下是稳定的,可有效地防止醇、水等亲核试剂对它的攻击,其反应式如下。

$$OCN\text{~~~}NCO + 2ArOH \Longleftrightarrow ArO\overset{O}{\overset{\|}{C}}-NH\text{~~~}NH\overset{O}{\overset{\|}{C}}-OAr$$

该反应是可逆反应,升高温度有利于逆反应进行,释放出具有反应活性的 NCO 基。在室温条件下,脂肪族胺类可以与这类氨酯反应。采用多元胺(如胺醚)则可以达到扩链的目的。

$$3n\text{ArOC—NH}\overset{O}{\sim\sim}\text{NH—COAr} + 2n\text{H}_2\text{N—NH}\overset{NH_2}{\underset{}{|}}$$

$$\longrightarrow \begin{cases} \text{NH—C—NH}\overset{O}{\sim\sim}\text{NHC—OAr} \\ \text{NH—C—NH}\overset{O}{\sim\sim}\text{NHC—OAr} \\ \text{NH—C—NH}\overset{O}{\sim\sim}\text{NHC—OAr} \end{cases} \xrightarrow{\text{进一步扩链}} \text{网状结构弹性体}$$

8.7.1 封闭型 PU 的特点

（1）优点　封闭型 PU 与其他类型 PU 相比具有诸多优点。其可制成 100% 的固含量，也可制成非常活泼的产品。加热解封后，硫化时间很短，在 150℃ 下硫化时间短达 1min。可制成透明的，也可用颜（染）料着色。调整配方，可使黏度从几百厘泊上升到十多万厘泊（$1cp=10^{-3}\text{Pa}\cdot\text{s}$）。封闭型 PU 的物性也可进行调整，它可以是非常硬的聚合物，也可以是柔软的弹性体。合理地调整配方可适合于任何特殊的环境，与湿固化聚氨酯相比它的一个最大的优点在于配方中 NCO/OH 比例接近 1∶1，从而消除了聚合物的结构中不希望的脲基基团。

封闭型 PU 可以用所有传统的方法进行施工。如浸蘸、无空气喷涂、静电喷涂、电晕喷涂和流延等。

封闭型 PU 几乎可与任何未经处理的基物形成优异的黏结力，而无需使用底涂剂。在腐蚀环境中，它可作为底涂剂。加入无阻聚作用颜料的封闭型 PU 可用于冰箱、洗衣机、家具和别的金属制品。

（2）缺点　封闭型 PU 必须在 120~190℃ 的温度下进行烘烤，这就使其应用受到限制，只能生产小型物品，大的产品则需要体积巨大、造价昂贵的烘房。它不适合用于制造石油罐、管道或别的大型物品，即使在封闭环境中也无法保证能均匀加热。

8.7.2 封闭型 PU 的制备

封闭型 PU 制备所需要的设备与制备预聚物没有什么区别，加工过程中唯一的不同是加入封闭剂将二异氰酸酯与多元醇反应后所剩余的 NCO 基封闭，也就是封闭预聚物中的 NCO 基。

首先将多元醇和二异氰酸酯加入反应器中保持在 65~80℃ 反应，这取决于所使用的多元醇和是否加入催化剂，有时需加热，但多数情况下需冷却来保持所需温度。

当预聚物体系中 NCO 值达到要求时，加入封闭剂封闭剩余的 NCO 基，封闭所需的时间依赖于反应温度和催化剂。预聚物封闭后，加入别的多元醇以保证理想的比例。所使用的封闭剂的量将取决于两个因素：预聚物的 NCO 值和封闭剂与 NCO 的化学计量比例。多数情况为保证稳定性多加 1%~2% 的封闭剂。封闭剂与二异氰酸酯的比例变化较大，因为封闭剂本身含有的反应基团的量会有变化，必须仔细考虑。

封闭型 PU 的化学计算比较简单，假如要封闭的预聚物的 NCO 基含量为 13.44%，选用苯酚（分子量 94.11）为封闭剂，100kg 预聚物所需要的苯酚量为：

$$\frac{94.11\times13.44}{4200}\times100=30.1\text{(kg)}$$

封闭剂需在一定温度下加入预聚物中（一些封闭剂加入前需用溶剂稀释，一些需熔化），保温反应 1~2h，这主要取决于封闭剂的反应性。一般来说，封闭剂的分子量愈高，反应性愈强，反应时间则愈短。

在氮气保护下，把反应釜温度降到 40℃ 左右加入相对应量的多元醇。通常别的助剂也都在这一阶段加入，如硅烷和黏度为 0.5s 的丁酸酯必须用溶剂溶解后加入，制好的封闭型 PU应像别的 PU 一样包装，只是氮气保护要求不太苛刻，只要能防止多元醇吸湿即可。

8.7.3　封闭剂的选择

就配方而言选择封闭剂与选择二异氰酸酯和多元醇一样重要，因为所有的封闭剂至少有一部分参与反应，它们对最终聚合物性能产生影响。首要的问题是颜色，如果最终的聚合物要求是透明涂料，则不能采用像 DMP（甲基氨甲基苯酚）这样的封闭剂，着色体系中选择的范围则宽一些。最终聚合物所需求的物理、化学和电性能也必须非常仔细地考虑。对于硬度要求非常高的耐化学品聚合物，应使用较低分子量的封闭剂；对于较软的聚合物则使用的封闭剂分子量高一些。如果首先考虑的是耐天候性，那么含胺类封闭剂就不能采用，有许多种化合物可作封闭剂，但要为特定配方选定理想的封闭剂须由大量的实验来确定。

工业上最具开发价值的封闭剂是能在非常低的温度下（如 65℃）解封，或者是在紫外线或红外线下解封。这样将无需烘房，只需在太阳光或人造光的环境下就可使用。

另一种有待开发的封闭剂可与空气中水分反应释放出与多元醇反应的二异氰酸酯。这种封闭剂的研究和开发比前面介绍的要困难得多。由于 NCO 基团对湿气的高反应活性，其必须比NCO 与湿气的反应要快。在湿气与 NCO 反应前就必须已经反应。表 8-124 列出了常用的三种封闭剂的热解封温度。

表 8-124　常用的三种封闭剂热解封温度

封闭剂	间甲氧基苯酚	苯酚	对氯苯酚
热解封温度/℃	105	97~100	88~90

8.7.4　封闭型 PU 的配方设计

封闭型 PU 的配方与其他聚合物的配方无多大区别。由于配方中的每一个组分都会对最终的聚合物性能产生影响，所以任一组分都必须慎重加以考虑。

对底漆而言，尤应注意的是其与基物的粘接力。一般来讲，芳香族二异氰酸酯 PU 与钢和表面非孔材料的粘接力较好。像蓖麻油、聚己内酯多元醇、新戊二醇、丙氧基苯胺等对任何基物都具有优异的粘接力。多数芳香二胺也提供良好的粘接力。

对于面漆配方则应注意的是产品的耐环境性能和物理性能。坚硬、高度交联的聚合物通常耐化学品、耐溶剂等。自然应选择分子量低、官能度高的多元醇和胺。芳香基团可赋予产品良好的高温性能和耐化学品性能，芳香基团和酯基赋予良好的力学性能，如苯酚。

配方设计者要改善聚合物的性能，应清楚哪一个结构基团决定聚合物的哪一种性能，并通过选择二异氰酸酯和多元醇把这些基团最大量地引进来。

耐磨性是通过使用蓖麻油、聚己内酯多元醇、聚丁二烯多元醇而获得的。稍软的聚氨酯耐磨性较佳。

耐天候性的获得是使用脂肪族二异氰酸酯和如丙烯酸羟乙酯、二环戊烯和聚醚。一些酸值低、支化度高的聚酯多元醇也可提供优异的耐候性。

聚合物的反应活性可由多官能度多元醇和催化剂来控制。催化剂可以是芳香胺或者有机金属类。硫化速率和硫化时间则由封闭剂的全部或部分解封来控制。一旦封闭型 PU 热解封，硫化速率则全由多元醇和催化剂决定。

底漆配方中几乎从不选用催化剂和有机硅填料等。这是因为硫化速率稍慢的底漆与基材的粘接力更佳，有机硅对底漆与面漆的黏合不利。在面漆使用前，底漆不硫化，这样更有利于底漆与面漆的黏合。

分散剂、防沉剂、防浮剂等助剂，在面层中使用与否取决于配方的特殊需要。在底漆中，最好不使用添加剂，否则影响粘接。总之，通过选择封闭型聚氨酯配方即可适用于各种环境。

配方举例：

原料名称	质量/g	原料名称	质量/g
TDI	330.6	铬酸锶	450
蓖麻油	340.0	苯酚	262
甲苯	400	三异丙醇胺	155
铬酸锌	450		

该配方的性能如下。

硬度（邵尔 D）	90	热变形温度/℃	32
拉伸强度/MPa	23	脆化温度/℃	−29
扯断伸长率/%	85	硫化时间（210℃）/min	2
撕裂强度/(kN/m)	18		

8.8 CPU 与金属的黏合

在胶辊、实心轮、联轴器、陶瓷模具、衬板、筛板等大部分聚氨酯浇注制品中都涉及 CPU 与金属的黏合，因此生产中必须解决好 CPU 与金属的黏合问题。

在 CPU 和金属之间进行黏合时，如果金属表面处理得当，选用的黏合剂合适，就能获得优异的黏合强度。目前可选用于聚氨酯弹性体与金属过渡黏合剂（底漆）的品种有：NA-1 聚氨酯黏合剂（山西省化工研究所生产）；Chemlock218、213、219（上海洛德化学有限公司）；Conap1146、1146C（Conap 公司）；Thixon422、423、403、404（美国罗门哈斯公司）及英国西邦化工的 Cilbond48C、49 等。聚氨酯弹性体与金属的粘接性能见表 8-125。

表 8-125　聚氨酯弹性体[1]与金属的粘接性能

黏合剂牌号	剥离强度/(kN/m)		黏合剂牌号	剥离强度/(kN/m)		黏合剂牌号	剥离强度/(kN/m)	
	铁片	铝片		铁片	铝片		铁片	铝片
NA-1	15.5	10.4	Thixon-403/Thixon-404	13.5	11.8	Chemlock-213/	23.4	18.4
Thixon-422	18.1	16.9	Chemlock-218	19.6	16.9	Chemlock-219		

[1] 聚氨酯弹性体组成：ODX-218/TDI/MOCA。

为了获得理想的黏结强度，除选择好黏合剂外，还必须对整个黏合过程进行精心操作。先将金属用砂纸打毛或喷砂（丸）处理使表面粗糙，目的是扩大黏合面积和活化表面。再在三氯乙烯或甲苯脱酯槽中脱酯（在三氯乙烯蒸发脱酯槽中脱酯效果更佳）并干燥。接下来按标准的橡胶金属黏合程序或黏合剂生产厂商所推荐的方法进行操作。用毛刷涂覆或喷涂一定厚度的黏合剂，放置干燥，让溶剂充分挥发。金属预热后，再浇入聚氨酯胶料。

要使制品比较容易地从模具中取出需使用脱模剂。脱模剂的使用要格外小心。一般不建议使用硅油，应避免在浇注过程中把脱模剂挤压到金属与 CPU 弹性体的黏合界面上而影响粘接强度。当把 CPU 浇注到金属上以后，随着制品的硫化，CPU 弹性体与金属的黏合强度也随之提高，刚从模具中脱出制品时，粘接强度还是比较低的，所以必须谨慎操作。

就需要黏合的制品而言，有的需要模压加工，有些则不是必需。对模压制品而言，合模时刻的掌握尤其重要，过早，产品中易存气泡；过晚，易把胶压碎或导致飞边太厚，这均不利于黏合。再则制品脱模时，模具温度较高，这时的粘接强度还不高，因此对于胶辊、胶轮类制品，脱模前先将模具温度降低，使胶层收缩后再脱模就容易得多，也不会影响粘接强度，然而会影响生产效率，应根据具体情况而定。模压硫化会增加脱模难度，所以对于胶辊、胶轮等易于机加工的制品一般常采用常压硫化成型工艺。

8.9　CPU 的着色

在聚氨酯浇注弹性体中加入着色剂，可制得色彩艳丽的产品。除了给人们直观上的享受外，对由于使用低聚物多元醇、芳香族二异氰酸酯引起的色质变暗还能起到一定的屏蔽作用。着色剂分散到扩链剂、低聚物多元醇或者预聚物中均可，加入量可从百分之几到万分之五甚至更少，主要取决于着色剂的品种、浓度和品质。为使分散容易，浇注型聚氨酯弹性体所用的着色剂一般加工成膏状色料，有时也称作糊状色料或色浆。色浆主要是以有机颜料、载体和助剂三种成分组成的分散体系。其生产工艺包括浸泡、预分散、砂磨或三辊研磨、过滤和检测等步骤。一般色浆的细度要求在 $10\mu m$ 以下，进口的色浆一般控制在 $2\mu m$ 以下。由于色浆的成分不同，可使制品呈透明状或不透明。制作色浆时选料也相当讲究。用于聚氨酯泡沫的色浆有些则不适合用于浇注型聚氨酯弹性体，它会造成工艺操作困难甚至物性下降，其原因是色浆中含有与异氰酸酯反应的活性基团。

理想的着色剂应具备如下条件。
- 色彩艳丽，着色力强。
- 价格低廉，无毒无臭。
- 分散性好，能够均匀地分散于 CPU 中，不凝聚。
- 对 CPU 的加工性能和物理性能无影响。
- 耐热性好，在 CPU 的加工温度和最高使用温度下有良好的热稳定性，不变色、不分解，而且能够长期耐热。
- 耐溶剂，化学稳定性和光稳定性好。
- 着色剂的贮存稳定性好，如色浆在贮存过程中不聚集和絮凝。

CPU 中使用的着色剂有无机着色剂和有机着色剂等。常用的有：钛白粉、炭黑、氧化铁红、镉汞红、硒化镉、群青红、铬橙双偶氮橙、异吲哚啉酮、铬黄、镉黄、还原黄、氧化铬绿、酞菁绿、锰蓝、酞菁蓝、锰紫和二噁嗪紫等。

通常，色浆都会因受热而变色，只是程度不同而已。因此对于高温硫化的 CPU 体系，色浆宜分散于预聚物中。如用浇注机作业，则可以通过色浆计量系统直接把色浆注入混合室，方便快捷，免去分散之烦，而且分散更为均匀。

8.10　模具设计

加工 CPU 弹性体制品是离不开模具的。对于经常采用的常压浇注和加压模制等加工方法而言，对模具的要求也不尽相同，对于常压敞口浇注成型，由于不需要外部加压，模具材料的强度不是重点考虑的问题，只要尺寸稳定、耐热性合适便可作为模具材料。例如：硅橡胶、环氧树脂、尼龙 66、酚醛树脂、聚四氟乙烯、增强聚丙烯、低熔点合金等均可作为模具材料使用。但是在工业生产中，从耐久性考虑，只有金属模具最为合适。对于加压模制成型，所采用的模具则必须是由金属制造的。但金属模具相对笨重，造价也高，在生产上也应具体问题具体分析。现在常压硫化采用塑料如增强聚丙烯模具的已愈来愈多。

8.10.1 模具设计的要求

CPU 制品的模具设计与其他需外部加压的通用橡胶制品的模具设计一样，需要满足如下几方面的要求。

① 保证产品使用的基本要求，提高产品质量。包括外形尺寸、性能、外观等各项指标必须符合产品设计和使用的要求。这是 PUE 制品的模具设计要考虑的最基本的问题。

在具体设计一副模具时，应考虑的事项是多方面的，从收缩率引起的尺寸变化，排气、定位，到分型面的选择、型腔孔的多少，以及所选用的材质等方面都要认真地加以考虑。

② 脱模、清模容易，操作方便。模具是制造产品所使用的工具。目前，硫化操作还是以手工为主，因此模具的组装、拆卸、浇注以及胶件的脱模都要求尽量方便易行，不能损坏产品，也不能损坏模具，更不能伤害操作人员。操作是否方便，不但影响生产效率，而且关系到工人的劳动强度和人身安全。模具一般很重，手工操作劳动强度较大，如果设计不合理，开启不方便，脱模困难，就会进一步加大劳动强度。因此，在保证模具机械强度的前提下，力求减轻模具的重量，并采用锥形定位，开设启模口，必要时安装手柄和配备专用卸模装置，以方便使用。

③ 制造容易，成本低廉。加工模具是一件十分细致、复杂的工作。不但要求所使用的加工设备精良，工人师傅也应具有丰富的经验和扎实的基本功。模具的加工一般需要较长的时间，因而价格也较贵。所以模具的结构设计要求简单，应充分考虑到加工的难易程度。

总之模具设计，要兼顾产品质量、制品生产操作和模具加工制造这三方面的要求。

8.10.2 模具材料

8.10.2.1 对材料的基本要求

根据模具的结构和使用要求，合理选用模具材料，是模具设计工作的重要环节之一。模具所采用的钢材，基本上要具备下列性能。

① 加工性能好，热处理变形小，尤以后者最为重要。为方便机械和钳工加工，模具零件调质后的硬度以 30HRC 为宜。

② 抛光性能好。对胶件的最基本要求便是表面状况良好。而 CPU 弹性体与钢材有很强的粘接力，所以模腔必须很好地抛光，所选用的钢材不应有粗糙的杂质和气孔等。

③ 耐磨性良好。胶件表面的光洁度与模具的尺寸精度和表面耐磨性有直接关系，模具表面的耐磨性与模具的表面硬度又直接相关。

④ 芯部强度高。除表面硬度外，选用的钢材应有足够的芯部强度。

⑤ 耐腐蚀性能良好。

⑥ 导热性良好。

8.10.2.2 常用材料及主要性能

选择模具材料时，要考虑材料的来源、价格以及产品批量的大小。产品批量大，要选用高质量的材料；批量小的模具材质可以稍差一些。

实际上用得较多的模具材料有碳素工具钢、碳素结构钢、合金结构钢、合金工具钢和铝等。

(1) 碳素结构钢　碳素结构钢中，应用最广的是 45# 钢。这种钢的优点是：具有良好的切削性能，淬火硬度可达 48～55HRC。缺点是：热处理后变形较大。15# 钢和 20# 钢经渗碳和淬火可制造导柱、导套和其他一些耐磨性零件。

(2) 碳素工具钢　碳素工具钢分为优质钢和高级优质钢。常选用的优质钢有：T7、T8、T10、T12 等牌号。常用的高级优质钢有：T7A、T8A、T10A、T12A 等牌号。碳素工具钢中的 T8、T10 经常用来制造导柱和导套。有时也用来制造简单的成型零件，这类钢的缺点是：热处理后变形大。所以，凡是采用这类钢制成的零件，热处理后必须经磨削加工。

（3）合金结构钢　合金钢的种类很多，经常用来制造模具的有铬钢（40Cr）、铬锰钛钢（18CrMnTi）、铬钼钢（12CrMo）、铬钼铝钢（38CrMoAlA）等。其中 12CrMo 和 38CrMoAlA 应用较多。可制造以生产凸模凹模为主要零件的模具。对于一些形状简单而又大型的制品，产品批量不大时，可以使用铸铁，甚至是低熔点合金来制造模具。

（4）常压浇注制品　可采用铝或铝合金制造模具以减轻模具质量。

（5）收缩率　收缩率的定义是：模具型腔的尺寸与胶件成品相应部位尺寸之差与模具型腔尺寸之比，用公式表示如下。

$$K=\frac{D'-D}{D'}$$

式中　K——胶料收缩率；

　　　D'——模具型腔尺寸；

　　　D——胶件尺寸。

实际设计过程中，因胶件尺寸是已知的，为了计算方便，把收缩率公式改为：

$$K=\frac{D'-D}{D}$$

用胶件尺寸代替了分母中的型腔尺寸，误差是很小的。这样，模具型腔尺寸为：$D'=D(1+K)$，其中 K 值叫做计算收缩率。在模具设计时，大多数情况下使用计算收缩率。

浇注制品的尺寸收缩主要基于以下两个原因。

① 浇注材料由液态转变为固态时，分子内聚力增大，使制品尺寸变小。

② 浇注材料的热膨胀系数比模具材料大。由此产生的尺寸收缩随模制成型温度的升高而增大，即成型硫化温度越高，尺寸收缩越大。室温固化制品尺寸收缩最小。

此外收缩率与制品的形状和尺寸、制品的硬度也有关系。制品不同方向的收缩率也不尽相同，硬制品收缩一般比软制品稍大。有金属骨架的制品收缩小，且朝金属方向收缩。收缩率与诸多因素有关，其中成型硫化温度最易被忽视。常常发现同一模具成型的制品尺寸差异较大，多半是由成型硫化温度的波动造成的。除此之外根据笔者多年的实践，硫化时间的长短、热脱模和冷脱模、常压硫化、加压硫化等也会影响制品的收缩。所以对于尺寸要求很严格的制品，除了必须严格控制成型硫化温度外，其他操作也要规范化。

CPU 弹性体模制品的收缩率一般为 1%～2%。可先按 1.5%～1.7%设计，并在模具关键尺寸部位留有一定的修改余量。此外，还可适当改变硫化成型温度（如 100～120℃），在一定范围内调节制品的收缩率。

8.10.3　分型面的选择

分型面的选择，是各种模具结构设计的关键。分型面选择得是否合理，直接关系到产品质量，装模、卸模是否方便和模具加工的成本。分型面选择的要求如下。

① 分型面的选择应不影响制品的外观质量。分型面应选择在制品的非工作面，使分型面的飞边容易清除。

② 分型面应使胶料排气容易，不存留空气。由于浇注 PU 是液态的，模具中的死角很容易存留空气。只有合理地设计分型面，才能排除滞留在模腔中的空气，提高正品率。

③ 分型面应尽量简单且不应妨碍胶件的脱模。

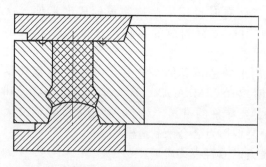

图 8-34　CPU 弹性体 Y 形
密封圈模具典型示意

④ 分型面的选择应考虑到模具拆卸、装配容易。

⑤ 分型面的选择应尽量避开锐角锋口，这样不易使模具损伤和磨损。

⑥ 分型面的选择应考虑模具承压面积与高度的比例，尽量不要过高，以保证模具导热性良好，温度均匀。

⑦ 分型面的选择应考虑制品的精度，对同心度要求高的模腔，应尽可能设在同一模板上加工，这样模具制造容易，精度也易保证。

如图 8-34 所示是 CPU 弹性体 Y 形密封圈模具典型示意图。此密封圈为双唇口，将分型面设在尖角处，这样内外唇口没有飞边，制品尺寸精度得到保证。与混炼型模具不同之处是唇口转下，气泡不会滞留在工作面上，正品率高。

参 考 文 献

[1] CHIOU B S, SCHOEN P E. Effects of Crosslinking on Thermal and Mechanical Properties of Polyurethanes. Journal of Applied Polymer Science，2002，83（1）：212-223.

[2] Skowron R S, Bala A. An overview of developments in poly（urethane-isocyanurates）elastomers. Polym. Adv. Technol，2002，13：653-662.

[3] DA-KONG LEE, HONG-BING TSAI. Properties of Segmented Polyurethanes Derived from Different Diisocyanates. Journal of Applied Polymer Science，2000，75：167-174.

[4] Gunter Festela, Claus D Eisenbach. Thermal stability of molecularly uniform oligourehtanes based on 1,5-naphthalene diisocyanate and 1,4-butanediol. Die Angewandte Makromolekulare Chemie，1998，256：89-93.

[5] Biemond G J E, Brasspenning K, Gaymans R J. Synthesis and Selected Properties of Polyurethanes with Monodisperse Hard Segments Based on Hexane Diisocyanate and Three Types of Chain Extenders. Journal of Applied Polymer Science，2012，124：1302-1315.

[6] Rosthauser J W, Haider K W, steinlein C, Eisenbach C D. Mechanical and dynamic mechanical properties of polyurethane and polyurethane/polyurea elastomers based on 4,4′-diisocyanatodicyclohexyl methane. Journal of applied polymer science，1997，64（5）：957-970.

[7] Xie R, Lakrout H, Mueller G. Cast polyurethane elastomers with improved dynamic fatigue resistance. Journal of Applied Polymer Science，2012，125：584-594.

[8] Harris R F, Joseph M D, Davidson C, Deporter C D, Dais V A. Polyurethane elastomers based on molecular weight advanced poly（ethylene ether carbonate）diols. Ⅱ. Effects of variations in hard segment concentration. Journal of Applied Polymer Science，1990，41：509-525.

[9] Harris R F, Joseph M D, Davidson C, Deporter C D, Dais V A. Polyurethane elastomers based on molecular weight advanced poly（ethylene ether carbonate）diols. Ⅰ. Comparison to commercial diols. Journal of Applied Polymer Science，1990，41：487-507.

[10] Raghunath J, Georgiou G, Armitage D, Nazhat S N, Sales K M, Butler P E, Seifalian. A M. Degradation studies on biodegradable nanocomposite based on polycaprolactone/polycarbonate（80：20%）polyhedral oligomeric silsesquioxane. Journal of biomedical materials Research Part A，2009，91（3）：834-844.

[11] Balas A, Palka G, Foks J, Janik H. Properties of cast urethane elastomers prepared from poly（ε-caprolactone）s. Journal of Applied Polymer Science，1984，29：2261-2270.

[12] Chang W L Baranowski T, Karalis T. Role of functionality in MDI-based elastomer preparation. Journal of

Applied Polymer Science，1994，51（6）：1077-1085.

[13] XiuMin Qin，JiaWen Xiong，XiaoHui Yang，XinLing Wang，Zhen Zheng. Preparation，Morphology，and Properties of Polyurethane-Urea Elastomers Derived from Sulphone-Containing Aromatic Diamine. Journal of Applied Polymer Science，2007，104：3554-3561 .

[14] Hill D J T，Killeen M I，O′Donnell J H，Pomery P J，St John D，Whittaker A K. Laboratory wear testing of polyurethane elastomers. Wear，1997，208：155-160.

[15] Schuur M V，Noordover B，Gaymans R J. Polyurethane elastomers with amide chain extenders of uniform length. Polymer，2006，47：1091-1100.

[16] 山西省化工研究所 . 聚氨酯弹性体 . 北京：化学工业出版社，1985.

[17] ［英］C. 海普本著 . 聚氨酯弹性体 . 闫家宾译 . 沈阳：辽宁科学技术出版社，1985.

[18] 秦志燕 . 浇注聚氨酯弹性体制品生产中的气泡问题，聚氨酯工业，1995，（2）：36.

[19] 陈永杰，陈煜，李文，关瑾 . 二甲硫基甲苯二胺的合成及分析 . 聚氨酯工业，1995，（1）：17-19.

[20] 刘益军，刘焱 . 聚氨酯弹性体进展浅介 . 聚氨酯工业，1997，（4）：7-10.

[21] 杨宇润，陈酒姜，王宝柱，黄微波 .100％固含量喷涂聚氨酯（脲）弹性体技术 . 聚氨酯工业，1998，（4）：7-11.

[22] 姜远禄，张强，姜劲松 . 室温施工和固化的聚氨酯弹性体 . 聚氨酯工业，1998，（3）：42-44.

[23] 刘德春，徐红岩，闻一芬 . 阻燃聚氨酯铺装材料的制备 . 聚氨酯工业，1998，（4）：30-33.

[24] 黄微波，杨宇润，王宝柱 .SPUA-102 喷涂聚脲弹性体耐磨材料的研制 . 聚氨酯工业，1999，14（4）：19-23.

[25] 孙青峰，陈海良，张芳，朱孔秀 .MDI 型双组分聚氨酯塑胶跑道浆料的研制 . 聚氨酯工业，2003，18（3）：22-24.

[26] 范兆荣，刘运学，谷亚新，张晴 . 新型单组分聚氨酯防水涂料的研制 . 辽宁化工，2004，33（4）：187-188.

[27] 黄微波 . 喷涂聚脲弹性体技术 ［M］. 北京：化学工业出版社，2005.

[28] 张晓静 .MDI 型聚氨酯塑胶跑道铺装材料的研制 . 聚氨酯工业，2007，22（2）：36-38.

[29] 褚建军，康杰分，沈春林 . 用 MDI 替代 FDI 研制聚氨酯防水涂料 . 中国建筑防水，2007，12：8-11.

[30] 刘成楼 . 无溶剂阻燃型彩色聚氨酯防水涂料的研究 . 化学建材，2008，24（2）：26-28.

[31] 周文英，韦永继，姚庆伦，张永，张利军，李平 . 聚脲喷涂弹性体的研制 . 化学推进剂与高分子材料，2009，7（2）：45-47.

[32] 汪家铭 . 聚脲弹性体的发展概况与前景 . 化学工业，2009，27（10）：17-21.

[33] 杨保国，李海波，吴光晨 . 喷涂聚脲弹性体技术的研发 . 煤炭科技，2010，（1）：49-51.

第9章　混炼型聚氨酯弹性体

李公民　郁为民

"混炼型聚氨酯弹性体"这一命名，清楚地表示出这种聚氨酯与天然橡胶和许多合成橡胶在外观形态上的相似性及加工工艺的相同性。因而较早地获得了工业化生产和广泛应用。

混炼型聚氨酯可以制作邵尔 A 硬度 50～95 的制品，但硬度 55～75（邵尔 A）的弹性体性能较好。适合用传统的橡胶加工工艺制作小型模压制品，可用乙酸乙酯等作溶剂配制胶浆来制作涂布制品，也适宜制作薄壁或薄膜制品。目前其产量远小于浇注型和热塑性弹性体，发展还有放慢的趋势。

混炼型聚氨酯弹性体的合成步骤与预聚物法浇注型弹性体相似，但第一步合成的是羟基封端的黏弹状准高分子材料——生胶，而不是异氰酸酯基封端的预聚物，而且分子量要比预聚物高得多。第二步生胶需加入硫化剂反应生成体型结构的弹性体，而不是在液体状态下进行扩链反应生成体型结构弹性体。第一步合成的生胶贮存稳定性好，适合于混炼加工。第二步在开放式炼胶机或密炼机中将其与添加剂——补强性填料、硫化剂、硫化促进剂、水解稳定剂等混合加工，最后成型硫化成具有弹性体基本物理化学性能的聚氨酯弹性体。

9.1　生胶的合成

生胶分子必须以羟基封端，保证其在贮存和加工过程中的化学稳定性，分子链上必须含有一定数量的可供硫化时产生横向交联的化学基团或不饱和键，生胶还需具备适合于混炼、压延和挤出等加工工艺的可塑性。通常不用分子量作为聚氨酯生胶的特性指数，而采用与通用橡胶一样的方法，用门尼黏度作为聚氨酯生胶加工的特性指数。

9.1.1　主要原材料

合成聚氨酯生胶的主要原材料有低聚物二醇和二异氰酸酯，有些牌号还用小分子二醇作为扩链剂。扩链剂常采用乙二醇或 1,4-丁二醇。合成用异氰酸酯硫化的生胶有时用二胺作扩链剂，合成用硫黄硫化的生胶要用三羟甲基丙烷单烯丙基醚或甘油 α-烯丙基醚这样的含有不饱和双键的小分子二醇作扩链剂，给生胶分子提供硫化时的交联点。

低聚物二醇有聚酯二醇和聚醚二醇。聚醚二醇多采用聚四亚甲基二醇，个别牌号用聚四氢呋喃和环氧丙烷共聚醚二醇。在选用聚酯二醇时要着重考虑弹性体因低温软段结晶的变硬现象。当温度由 20℃降到 -25℃时聚氨酯弹性体的拉伸强度、撕裂强度、扭转刚性和硬度都会升高，而回弹和扯断伸长率有所下降。当温度继续下降至 -30～-40℃时会出现一个突变点。在低温下使用聚氨酯时出现另一种现象，弹性体在一个适当低的温度下会出现结晶现象。这两种现象对于硬度在 50～75（邵尔 A）的混炼型聚氨酯弹性体来说又是不可避免的。只能采用改变低聚物二醇分子结构的办法，将低温变硬的突变点和结晶温度向更低的温度推移，并降低其影响程度。

采用混合小分子二醇来制备聚酯二醇，增加内聚能低的基团如亚甲基、醚基、酯基等来改善聚酯二醇的柔顺性，尤其是采用醚基含量较多的聚酯二醇，如烟台华大生产的 MX-706 或 MX-2016，或采用两种结构不同的聚酯混合改善弹性体的低温变硬和结晶程度都是有效的。

合成生胶一般采用的二异氰酸酯是 MDI 和 2,4-TDI，特殊用途的生胶用 HDI 或 TODI。

9.1.2　生胶的合成方法

聚氨酯生胶的合成方法有预聚物法和一步法两种。预聚物法是将二异氰酸酯和脱过水的低聚物二醇反应生成异氰酸酯封端的预聚物，再加入小分子二醇或二胺扩链，反应后得到黏流状物料，放入浅盘中在烘箱中继续反应成黏弹状生胶。一步法是在脱水后的低聚物二醇和小分子二醇混合物中加入二异氰酸酯反应后得到黏流状物料，放入浅盘中送入烘箱继续反应成黏弹状生胶。一步法工艺过程简单，有利于连续化生产，有取代预聚物法的趋势。

为了制得贮存稳定、加工性能良好的生胶，生胶分子应是羟基封端，所以合成生胶时二异氰酸酯和二醇的摩尔比应略小于 1。根据低聚物二醇的结构，小分子二醇和二异氰酸酯种类及不同的硫化体系来确定异氰酸酯和二醇的摩尔比。下列实例是不同硫化体系用生胶的典型配方。

例 1： 用硫黄或过氧化物硫化体系

| 分子量 2000 的聚己二酸乙二醇酯 | 1.0mol | 2,4-甲苯二异氰酸酯（T-100） | 1.46mol |
| 甘油 α-烯丙基醚 | 0.5mol | $R=1.46/1.5=0.9733$ | |

例 2： 过氧化物硫化体系

| 分子量 2000 的聚己二酸乙二醇丙二醇酯 | 1.0mol | 4,4'-二苯基甲烷二异氰酸酯（MDI） | 0.96mol |
| | | $R=0.96/1.0=0.96$ | |

例 3： 异氰酸酯硫化体系

| 分子量 2400 的聚己二酸乙二醇二乙二醇酯 | 1.0mol | 甲苯二异氰酸酯（T-65） | 1.8mol |
| 1,4-丁二醇 | 1.0mol | $R=1.8/2.0=0.90$ | |

三个配方的异氰酸酯指数依次是 0.973、0.96、0.90，例 3 配方的异氰酸酯指数比例 1 和例 2 配方低得很多，这是因为聚氨酯生胶炼胶时生热量很大，即便是加强冷却，抱辊后胶料温度也较高，而用异氰酸酯作为硫化剂时极易引起胶料焦烧，严重时胶料报废。所以例 3 配方不但采用了含有醚键的低聚物二醇，而且还采用了较低的异氰酸酯指数，以生成分子量较小、黏度偏低的生胶，确保混炼时不发生焦烧现象。异氰酸酯硫化用生胶的门尼黏度［ML(1+4) 120℃］20 左右为宜。

合成生胶的主反应是羟基和异氰酸酯基之间的加成聚合反应，是放热反应，在常温下即可进行。温度升高反应速率加快，70℃时即有较快的反应速率。合成生胶时低聚物二醇在 65～70℃时加入熔化的异氰酸酯为宜。

在工业生产中所用的低聚物二醇或小分子二醇中皆含有微量水。低聚物二醇的水分含量应在 0.05% 以下，这一微量水也会给生胶合成和加工带来麻烦。因为水与异氰酸酯反应生成脲，在较高温度下脲可进一步与异氰酸酯反应产生缩二脲支化或交联。此外低聚物二醇中铁等金属离子含量超标或存在碱性物质时氨基甲酸酯也可与异氰酸酯反应生成脲基甲酸酯产生支化或交联。从而使得生胶合成时物料黏度增加很快，釜中寿命很短，生胶中凝胶含量过多，影响加工和制品性能。在低聚物二醇中加入适量的苯甲酰氯或磷酸可抑制这些副反应的发生，会收到很好的效果。

低聚物二醇和小分子二醇中含有的微量水，在合成生胶时水一定要消耗异氰酸酯，而且这点微量水消耗的异氰酸酯远比想象的要大得多。如果按照设计的异氰酸酯指数（R）计算异氰酸酯用量时不考虑水分消耗的异氰酸酯，结果生产出来的生胶分子量会大大低于预期。为了说明问题，可以上述三个典型配方为例，按照二醇不含水和二醇含水分别为 0.03% 和 0.05% 三种情况计算的实际异氰酸酯指数和生胶理论分子量，见表 9-1。不难看出，由于微量水消耗了异氰酸酯使原设计的异氰酸酯指数变小了，生胶的理论分子量显著降低，异氰酸酯指数越大（例 1 配方），水分对生胶分子量的影响越大。

表 9-1 二醇中微量水对异氰酸酯指数和生胶分子量的影响

配方编号	不考虑二醇含水		考虑二醇含水 0.03%		考虑二醇含水 0.05%	
	异氰酸酯指数	生胶理论分子量	异氰酸酯指数	生胶理论分子量	异氰酸酯指数	生胶理论分子量
例 1	0.9733	57940	0.9518	31386	0.9379	24005
例 2	0.96	56000	0.9293	30671	0.9099	23563
例 3	0.9	14017	0.8820	11640	0.8703	10450

间歇一步法合成生胶是在 65～75℃的脱过水的低聚物二醇和小分子二醇中，加入其质量 $(10～20) \times 10^{-6}$ 的磷酸，搅拌均匀，然后加入熔化的二异氰酸酯，反应放热，约 40min 内当温度升到 90℃时启动真空系统，缓慢地提高真空度，脱除物料中的气泡。解除真空后将黏流状物料放入浅盘中，送入 120～130℃的烘箱中继续反应 6～8h，制得黏弹状生胶。此时生胶中还可能含有极微量的异氰酸酯基，需在炼胶时加入链终止剂。常用的链终止剂是 1,3-丁二醇。

9.1.3 合成工艺

生胶合成有间歇法和连续法两种工艺。间歇法工艺的缺点是生胶反应釜过大时，物料不易混合均匀，反应热也不易及时排出，批次之间质量会有差异。连续生产的关键是二醇和二异氰酸酯的准确计量，要有高效的混合反应设备，所有物料的输送管线、阀门和计量泵都需保温以确保配方准确、混合均匀、反应达到所需程度。连续法一次性投资和维持费用远大于间歇法。两种方法生产的生胶制得的弹性体物性稍有差异。表 9-2 列出了前苏联用两种工艺生产的 CKУ-8 生胶制得的弹性体的物性比较，供参考。

表 9-2 连续法和间歇法生产的 CKУ-8 生胶制得的弹性体的物性比较

性 能	连续法	间歇法	性 能	连续法	间歇法
100%定伸应力/MPa	10	6.0	扯断永久变形/%	18	20
300%定伸应力/MPa	24	28	硬度(邵尔 A)	94	90
拉伸强度/MPa	27	29	Karrer 可塑度	0.6	0.4～0.6
扯断伸长率/%	410	330	残存 NCO 含量/%	0.12	0.10

9.1.4 生胶的贮存

聚氨酯生胶在贮存过程中会吸收空气中的水分。特别是在湿热的环境下贮存，严重时水分含量会达到生胶质量的 2%。聚酯型生胶长时间裸露在湿热环境下，表面会产生水解而发黏，甚至会变成黏流状。聚醚型生胶吸水后不易水解，但对弹性体制作工艺有一定影响。所以生胶一定要密封包装，贮存于通风干燥的环境中。如有较严重吸水现象，使用前需在 30～40℃的烘房中烘 4～10h。

9.2 加工成型工艺

混炼型聚氨酯橡胶能适应通用橡胶的各种加工工艺，这里仅谈一些要注意的事项。

① 聚氨酯橡胶的内聚能远远大于通用橡胶，在塑炼、混炼和热炼等加工时投料量要比通用橡胶少些，一般以设备额定投料量的 2/3 为宜。否则可能因负荷过大而停车，甚至发生设备损坏事故。同时投料时应将胶料切成小块在大辊距间通过几次，胶料发热后再抱辊。一定要避免将大块胶料直接投入炼胶机等加工设备中。

② 胶料在手工成型前需热炼，并趁热裁片成型，否则硫化后制品有分层现象。如果制品较厚、重量较大，采用递模法或注射模压法硫化也是有效的。模压硫化面积较大的薄壁制品时，压力随制品的厚度减小而增大。硫化 2mm 厚的制品需 6MPa，硫化同样面积厚度为 0.5mm 的制品时就需 13MPa 压力。聚酯型胶料不适宜采用蒸汽直接硫化，采用热空气硫化

时，热空气的压力保持在 0.41～0.62MPa。脱模剂可采用硅脂或硅油，聚酯型胶料用钡基或锂基干性润滑脂效果也很好。模压硫化制品的收缩率主要取决于硫化温度，150℃硫化时制品的收缩率在 1.8%～2.4%之间。

9.3　混炼型聚氨酯弹性体硫化体系

混炼型聚氨酯的"硫化"一词是借用通用橡胶加工工艺的专用术语，指的是借助交联剂使基本线型结构的生胶分子之间交联，形成体型结构的过程。由于合成生胶时配方的差异和弹性体的不同应用要求，混炼型聚氨酯弹性体主要有异氰酸酯硫化、过氧化物硫化和硫黄硫化三种硫化体系。

9.3.1　异氰酸酯硫化体系

用于异氰酸酯硫化体系的生胶为了在混炼、热炼等加工过程中不发生焦烧现象（早期硫化），异氰酸酯指数设计比较低，大约在 0.9。所以生胶的分子量比另外两种硫化体系的生胶分子量要低很多。

异氰酸酯硫化过程的化学反应理论上有异氰酸酯与生胶分子的端羟基反应，使生胶分子扩链，分子量继续增大；有异氰酸酯与生胶分子链上的脲基反应生成缩二脲支链或横向交联；还有异氰酸酯与生胶分子链上的氨基甲酸酯基反应生成脲基甲酸酯支链或横向交联，不过这一反应需在高温或强碱性催化剂存在时才有较快的反应速率。实验证明用不含水分的低聚物二醇生产的生胶，也就是生胶分子链上不含有脲基的生胶，用异氰酸酯硫化时得不到满意的交联效果，这也说明在通常条件下脲基甲酸酯支化或交联形式不是主要的。

9.3.1.1　硫化用异氰酸酯

常用的异氰酸酯硫化剂是 2,4-甲苯二异氰酸酯的二聚体，商品名称为 Desmodur TT，为白色结晶粉末，熔点约 145℃。它的两个异氰酸酯基团处于原 2,4-TDI 甲基的邻位上，活性比对位的异氰酸酯基低。对位上的异氰酸酯基形成脲二酮环后，邻位上的异氰酸酯基活性还会有所降低。加之在混炼过程中它是以粉末状分散在胶料中，熔点比较高，表现出化学惰性，所以胶料不容易焦烧。2,4-TDI 二聚体中的脲二酮环在 150℃开始分解，175℃时分解完全。裂解后产生的两个异氰酸酯基是非常活泼的。但在硫化温度（130～135℃）下不会分解，对混炼加工和贮存不构成威胁。

9.3.1.2　硫化剂的用量

异氰酸酯硫化的配方中 TDI 二聚体的用量可分两部分来考虑：一部分是用于与生胶分子中的羟基反应起扩链作用；另一部分是作为硫化剂与生胶分子链中的脲基和生胶所含水分起反应生成支链及交联。例如表 9-1 例 3 配方中低聚物二醇和小分子二醇含水 0.05%时生胶理论分子量是 10400，用于同 100 份生胶中羟基起扩链反应的 TDI 二聚体约为 3.35 份，真正用作硫化剂生成支化和交联结构的那一部分还需 4～6 份。它的基本配方是：

Urepan 600	100	TDI 二聚体	8～10

可以在混炼配方中加入补强性填料制得不同硬度的制品，也可以在基本配方的基础上加入 TDI 二聚体和等物质的量的对苯二酚二羟乙基醚（HQEE）制得不含填料的、较高硬度的弹性体。配方中含有补强性填料在混炼时会使胶料温度升高，尤以高耐磨炭黑为甚。所以配方中补强性填料不宜太多，以不超过 30 份为宜。混炼好的胶料置于凉爽干燥的条件下贮存几天是可以的。若在 0℃以下贮存可达两周。

9.3.1.3　硫化条件

确定硫化温度既要考虑采用较高温度可缩短硫化时间，又要考虑高分子结构中各种基团的耐热程度。聚氨酯弹性体分子中脲基和氨基甲酸酯基的热分解温度都在 200℃ 以上，而脲基甲酸酯基和缩二脲基的热分解温度大约在 145℃，所以聚氨酯橡胶采用 TDI 二聚体作硫化剂时适宜的硫化条件为 135℃×30min（指 2mm 胶片）。

实验发现为了改善弹性体的性能，异氰酸酯硫化的弹性体需要后硫化，即制品硫化脱模后，在一定温度的烘箱中继续常压硫化一段时间，也可以在室温下放置一段时间。表 9-3 给出了不同硫化条件 Urepan 600 弹性体的物理性能。

表 9-3　不同硫化条件 Urepan 600 弹性体的物理性能①

物理性能	132℃硫化 10min，当天测试	132℃硫化 10min，室温停放 8 天测试	132℃硫化 10min，110℃烘箱中停放 2h，当天测试
硬度（邵尔 A）	77	80	81
拉伸应力/MPa	13	21	22
扯断伸长率/%	950	860	860
扯断永久变形/%	70	45	45
撕裂强度/(kN/m)	54	74	74

① 配方（质量份）：Urepan 600　　100　　　　TDI 二聚体　　　　　　　10
　　　　　　　　　白炭黑　　　20　　　　有机铅盐促进剂　　　0.3

9.3.1.4　几点注意事项

（1）混炼温度。虽然用于异氰酸酯硫化的生胶分子量较低，炼胶时流动性较好，硫化剂是有一定化学惰性的 TDI 二聚体，但胶料在混炼过程中仍有产生焦烧的可能，所以在混炼、热炼、压延等加工过程中要控制胶料温度在 60℃ 以下。

（2）水分的影响。合成生胶时低聚物二醇和小分子二醇中所含微量水分对合成工艺所产生的副反应可通过加入交联反应抑制剂得到解决。微量水分在合成生胶时与二异氰酸酯反应生成脲，而脲基是异氰酸酯硫化时主要的交联点。从这一点来看合成生胶时低聚物二醇和小分子二醇中的水又是不可或缺的。此外生胶贮存过程中也会吸收空气中的水分。如生胶含水量在 0.3%~0.7% 的范围内是可以接受的，水分过多会使弹性体发泡或欠硫。

（3）既然脲基是异氰酸酯硫化体系主要的交联点，那么给生胶分子链上引入与脲基相似的基团就是合理的。Buist 和他的同事们用不含任何水分的聚酯和含有一定酰胺的聚酯分别制备了用异氰酸酯硫化的生胶，进而研究其弹性体的变化，其结果列在表 9-4 中。数据表明用不含酰胺基团的聚氨酯胶料无法得到充分硫化的试样，而生胶分子中引入了酰胺结构的胶料可得到充分硫化的弹性体。酰胺的引入量和作为硫化剂的二异氰酸酯有关。

表 9-4　酰胺量对二异氰酸酯硫化聚酯型聚氨酯混炼胶的影响

每 10000 分子结构单元中的酰胺量/份	作为硫化剂用的二异氰酸酯	150℃下的硫化时间/min	脱模 15 天后测试的物理性能				定性估计弹性体的好坏
			拉伸强度/MPa	300%定伸应力/MPa	扯断伸长率/%	压缩永久变形/%	
5.8	1,5-萘二异氰酸酯		胶料早期硫化得不到合格试样				
2.9	1,5-萘二异氰酸酯	20	22.7	5.3	650	10	好
1.45	1,5-萘二异氰酸酯	20	35.1	2.8	830	25	好
0(聚酯)	1,5-萘二异氰酸酯	40	胶片在模压时没有硫化，不易脱模				
5.8	3,3'-二甲基联苯-4,4'-二异氰酸酯	20	13.8	4.7	510		好
2.9	3,3'-二甲基联苯-4,4'-二异氰酸酯	20	43.4	4.5	710	10	稍有早期硫化
1.45	3,3'-二甲基联苯-4,4'-二异氰酸酯	20	38.6	3.2	770	40	好
0(聚酯)	3,3'-二甲基联苯-4,4'-二异氰酸酯	20	胶片在模压时没有硫化，不易脱模				
5.8	六亚甲基二异氰酸酯	20	29.3	39.3	620	10	好
2.9	六亚甲基二异氰酸酯	40	胶片欠硫未作测试				
1.4	六亚甲基二异氰酸酯	40	胶片没有交联				
0(聚酯)	六亚甲基二异氰酸酯	40	胶片没有交联				

（4）混炼时加料顺序是生胶-硬脂酸-填料-HQEE-TDI 二聚体-促进剂。应尽可能地降低辊温，以免产生焦烧现象。异氰酸酯硫化胶料不适用于要求较好流动性的加工工艺，例如压延和涂布制品。

9.3.2　过氧化物硫化体系

过氧化物硫化的生胶由低聚物二醇和 MDI 合成，异氰酸酯指数在 0.96～0.98 之间。异氰酸酯硫化时通过强极性的缩二脲或脲基甲酸酯在生胶分子之间形成交联。而过氧化物硫化是在生胶分子中原 MDI 的亚甲基之间形成 C—C 键交联。所以 MDI 两个苯环之间的亚甲基是过氧化物硫化的交联点。对于缺少强化学键交联的聚氨酯来说这些 C—C 横向交联是非常有价值的，它把许多生胶分子通过交联形成一个整体。当给过氧化物硫化的弹性体施加一个外力时，由于化学键交联阻碍了分子链之间的滑动，使得弹性体的扯断永久变形和压缩永久变形得到了很好的改善。

异氰酸酯硫化的聚氨酯适合制作较硬的弹性体，要制得硬度在 75（邵尔 A）以下又具有良好的物理性能的弹性体则不太容易。而过氧化物硫化体系制备硬度 50～75（邵尔 A）、综合性能较好的弹性体比较容易。

过氧化物硫化的胶料早期硫化现象很少，但在混炼时易产生过氧化物挥发，使配方计量不准。可通过少加补强性填料，一次投料量控制在设备额定投料量的 2/3 以下，混炼时加强冷却等办法加以解决。

烷基芳烷基过氧化物、二芳烷基过氧化物或二烷基过氧化物都可以作为饱和型聚氨酯混炼胶的硫化剂。用得最多的是二异丙苯过氧化物和异丙苯基叔丁基过氧化物。过氧化物硫化胶料配方比较简单，基本配方如下（质量份）。

混炼型聚氨酯生胶	100	硬脂酸	0.2～0.5
多碳化二亚胺	2～3	过氧化物	1.5～7.0
补强性填料	变量	异氰脲酸三烯丙酯	0～1.0

二异丙苯过氧化物（DCP）只有在碱性介质中才能分解成两个氧代异丙苯自由基，所以配方中的填料应是碱性的。为了确保二异丙苯过氧化物在碱性环境中分解，工业上常将其分散在轻质碳酸钙中，含量为 40%。

9.3.2.1　过氧化物用量

过氧化物的最佳用量在一定程度上取决于制品所需要的性能。过氧化物用量太多时，会增加交联密度，提高弹性体硬度和定伸应力，曲挠性能和撕裂强度下降。过氧化物减少时弹性体的压缩永久变形变大，这样的制品在动态条件下工作容易因生热过多而损坏。表 9-5 给出了过氧化物硫化的 Vibrathane 5004 的物理性能。

表 9-5　过氧化物硫化的 Vibrathane 5004 的物理性能

配方和性能	配方编号				
	1	2	3	4	5
Vibrathane 5004/质量份	100	100	100	100	100
硬脂酸/质量份	0.25	0.25	0.25	0.25	0.25
高耐磨炭黑/质量份	20	20	20	20	20
过氧化物（DCP）/质量份[①]	3	4	5	6	8
硫化条件	150℃×45min				
拉伸强度/MPa	27.8	29.0	26.2	23.4	19.3
扯断伸长率/%	570	400	310	260	210
300%定伸应力/MPa	11.9	19.0	24.1	—	—
撕裂强度/(kN/m)	109.9	106.9	115.8	105.0	73.6
硬度(邵尔 A)	66	66	68	69	70

① DCP 分散在碳酸钙中，含量 40%。

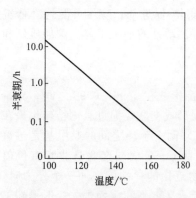

图 9-1 二异丙苯基过氧化物在溶
液中分解速率与温度的关系

混炼配方用填料品种不同，过氧化物的用量也有一定差别。Genthane S 和 HA-5 不含填料的混炼配方中 DCP 只用 1.8～2.0 份，而配方中以沉淀法白炭黑作补强剂时 DCP 用量就应在 4 份以上。用异氰脲酸三烯丙基酯作促进剂往往能增强横向交联并减少过氧化物用量。

9.3.2.2　硫化温度

二异丙苯过氧化物分解成氧代异丙苯自由基的速率取决于温度。图 9-1 给出了二异丙苯过氧化物的温度和半衰期的关系。氧代异丙苯自由基夺取生胶分子上 MDI 亚甲基上氢原子速率和失去氢原子后形成的生胶自由基之间形成 C—C 交联的速率都是非常迅速的。所以硫化温度仅取决于过氧化物的热分解速率。不同温度和相应的硫化时间制得的弹性体的物理性能是非常相似的。这个结论已由在 150℃、170℃ 和 204℃ 硫化的 Vibrathane 5004 得到了证实，见表 9-6。

表 9-6　过氧化物硫化 Vibrathane 5004 的温度效应

配方和性能	配方编号				
	1	2	3	4	5
Vibrathane 5004/质量份	100	100	100	100	100
硬脂酸/质量份	0.25	0.25	0.25	0.25	0.25
高耐磨炭黑/质量份	20	20	20	20	20
过氧化物(DCP)/质量份[①]	4	3	4	3	4
硫化温度/℃	150	177	177	204	204
硫化时间/min	45	3	3	2	2
拉伸强度/MPa	29.0	29.0	29.0	29.0	30.0
扯断伸长率/%	400	660	470	560	450
300%定伸应力/MPa	20.0	10.3	15.7	12.6	16.6
撕裂强度/(kN/m)	96	87.	96.	100	96
硬度(邵尔 A)	88	68	70	65	70

① 二异丙苯基过氧化物分散在碳酸钙中，含量40%。

从表 9-6 中数据可以看出，过氧化物硫化可以在高温短时间内完成，而在较低温度下过氧化物又分解较慢，这样就给用注射模压法生产较大而又难以预成型的制品提供了可能性。可以将注射口和注射缸温度由 60℃ 提高到 90℃，模具温度从 150℃ 提到 180℃，来缩短模压硫化周期。而一般模压制品硫化温度控制在 150～160℃。

9.3.2.3　填充剂效果

炭黑和白炭黑（二氧化硅）是过氧化物硫化聚氨酯混炼胶常用的补强性填充剂，用量在 10～50 份，而用量在 20～30 份时制得的弹性体综合性能较好。半补强炭黑能赋予弹性体好的冲击弹性和低的压缩永久变形。高耐磨炭黑能提高聚氨酯弹性体的耐磨性能。补强性填料应是碱性或中性的，否则弹性体会出现欠硫现象，严重时制品表面会出现许多小气泡。

9.3.2.4　过氧化物和异氰酸酯共硫化体系

过氧化物和异氰酸酯对聚氨酯混炼胶硫化有协同作用。两者并用硫化制得的弹性体比单独采用过氧化物硫化在拉伸强度、300%定伸应力和硬度方面都有所提高，耐水解性能也有所改善。表 9-7 列出了美国通用轮胎和橡胶公司生产的 Genthane SR 生胶用过氧化物和二异氰酸酯并用硫化的弹性体的物理性能。

表 9-7 过氧化物和二异氰酸酯并用硫化的 Genthane SR 的物理性能

配方与性能	配方编号			配方与性能	配方编号		
	1	2	3		1	2	3
Genthane SR/质量份	100	100	100	硬度(邵尔 A)	56	71	77
硬脂酸/质量份	0.2	0.2	0.2	压缩永久变形/%			
快压出炭黑/质量份	25	25	25	70℃×22h	—	13	14
TDI 二聚体/质量份	0	2	4	100℃×70h	—	34	45
过氧化物(DCP)/质量份	4	4	4	120℃×70h	52	70	80
硫化温度/℃	160	160	160	在沸水中 70h 后			
硫化时间/min	20	20	20	拉伸强度/MPa	一点强度	没有强度	10
后硫化温度/℃	150	150	150		也没有		
后硫化时间/h	24	24	24	扯断伸长率/%	完全降解	降解	350
拉伸强度/MPa	18.8	23.6	21.9	硬度(邵尔 A)	—	26	64
扯断伸长率/%	610	400	330				
300%定伸应力/MPa	8.6	16.4	20.3				

9.3.3 硫黄硫化体系

聚氨酯生胶在合成时引入不饱和双键才可以用硫黄硫化。硫加成到两个不饱和键之间形成 S_x 桥，S_x 中的 x 一般为 $1\sim2$，x 为 3 的"硫桥"难以形成。通用橡胶中含有较多的不饱和键，可使混炼配方有较大的变动，弹性体的交联密度可以在较宽的范围内调整。而硫黄硫化的聚氨酯生胶分子结构中不饱和键含量需维持在一定的范围内，不饱和键太多或太少都会影响弹性体的性能。实践证明，合成生胶时所用不饱和组分的含量应达到二醇总重量的 $4\%\sim6\%$。

硫黄硫化聚氨酯橡胶的配方大体上与二烯类橡胶的混炼配方相同。但是聚氨酯生胶不饱和键偏少，配方中的硫化促进剂要多一些。目前可供选择的配方不是很多。不同配方制得的弹性体的性能列于表 9-8 中。表 9-8 中的混炼胶 A 是由聚己二酸乙二醇丙二醇酯、甲苯二异氰酸酯和甘油单烯丙基醚合成的生胶。混炼胶 B 是由聚己二酸乙二醇丁二醇酯、4,4'-二苯基甲烷二异氰酸酯及不饱和化合物合成的。这一不饱和化合物是双氯甲酸酯和丁二醇与丙烯基二羟乙基胺反应的产物。

表 9-8 不同配方硫化聚氨酯弹性体的物理性能

配方及性能	配方编号					
	1	2	3	4	5	6
混炼胶 A/质量份	100	100	—	—	—	—
混炼胶 B/质量份	—	—	100	100	100	100
硬脂酸/质量份	—	—	0.5	0.5	0.5	0.5
高耐磨炭黑/质量份	30	30	30	30	30	30
氧化锌/质量份	—	—	—	—	1	1
硬脂酸镉/质量份	0.5	0.5	0.5	0.5	—	—
多碳化二亚胺/质量份	—	3	—	—	—	—
苯并噻唑二硫化物(MBTS)/质量份	4	4	4	4	—	—
氢硫基苯并噻唑(MBT)/质量份	2	2	2	2	—	—
四甲基秋兰姆二硫化物(TMTD)/质量份	—	—	—	—	1	1
N-环己基-乙苯并噻唑硫胺/质量份	—	—	—	—	4	4
二苯并噻唑二硫醚络合物/质量份	—	—	—	—	2	2
EnCl₂-MBTS 络合物/质量份	1	1	1	—	—	—
N-乙苯基二硫代氨基甲酸锌/质量份	—	—	—	1	—	—
硫黄/质量份	2	2	2	2	0.3	0.6
硫化时间(151℃)/min	20	20	30	30	30	30
硬度(邵尔 A)	68	70	63	63	66	69
拉伸强度/MPa	28.4	27.4	20.6	18.6	14.7	16.7

配方及性能	配方编号					
	1	2	3	4	5	6
扯断伸长率/%	530	490	590	570	500	460
撕裂强度/(kN/m)	66.6	63.7	49.0	47.0	37.2	32.3
压缩永久变形(125℃×24h)/%	38	35	70	92	59	45
125℃下老化两周后性能						
硬度(邵尔 A)	64	70	66	66	82	84
拉伸强度/MPa	13.0	20.6	16.7	17.2	20.1	21.6
扯断伸长率/%	268	350	175	170	205	200

三种硫化体系制得的弹性体物理性能上的突出差别是硬度范围和压缩永久变形。表 9-9 列出了三种硫化体系制得的弹性体硬度范围和压缩永久变形，可供参考。

表 9-9　三种硫化体系弹性体物性比较

物理性能	硫化体系			物理性能	硫化体系		
	硫黄硫化	异氰酸酯硫化	过氧化物硫化		硫黄硫化	异氰酸酯硫化	过氧化物硫化
硬度(邵尔 A)	约 50①	约 70③	约 50①·③	70℃×24h	25～40	40	8～15
	50～80②	80～97④	50～75③·④	100℃×24h	70	—	20～30
压缩永久变形/%				125℃×24h	—	—	50～70
20℃×24h	20～40	15～20	5～10				

① 无填料或添加增塑剂。

② 根据填料种类和用量而异。

③ 无填料。

④ 无或有填料，补加异氰酸酯和扩链剂。

9.4　影响 MPU 性能的因素

9.4.1　低聚物多元醇结构及分子量的影响

9.4.1.1　低聚物多元醇结构的影响

用于合成聚氨酯混炼胶的低聚物多元醇可以是聚酯多元醇、聚醚多元醇、聚 ε-己内酯多元醇等。低聚物多元醇结构不同，混炼胶的性能有差异，聚酯型混炼胶的机械强度较高，耐溶剂、耐油性能也较好，但不耐水解和霉菌；聚醚型混炼胶的低温屈挠性能及耐水解、耐霉菌性能好，但耐热、耐油性能不如聚酯型；聚 ε-己内酯型聚氨酯混炼胶基本上具有以上两类混炼胶的特点，同时耐热性能较好，但不耐霉菌。三类混炼胶的主要性能见表 9-10。

表 9-10　聚酯型、聚醚型、聚 ε-己内酯型 MPU 主要性能的比较

混炼胶的性能	聚酯型	聚醚型	聚己内酯型	混炼胶的性能	聚酯型	聚醚型	聚己内酯型
硬度(邵尔 A)	68	71	68	耐油性能(100℃,70h)			
拉伸强度/MPa	31.5	27.3	28.2	ASTM 1# 油(体积膨胀)/%	0	2	0
100%定伸应力/MPa	2.9	4.8	2.8	ASTM 3# 油(体积膨胀)/%	5	29	13
300%定伸应力/MPa	12.9	25.2	15.4	燃油料 B(体积膨胀)/%	45	29	16
撕裂强度/(kN/m)	31.4	40.2	40.2	耐水解性能			
回弹性/%	40	47	45	25℃水中拉伸强度降低 25%的时间/年	0.3	0.5	1

9.4.1.2　低聚物多元醇分子量的影响

聚氨酯橡胶的大分子是由柔性链段和刚性链段镶嵌而成的，低聚物多元醇组成柔性链段。低聚物多元醇的分子量越大，弹性体的柔性越好，并使大分子中柔性链段和刚性链段的比例发生变化，从而直接影响弹性体的力学性能和低温性能。以聚 ε-己内酯为例，当聚 ε-己内酯的分子量由 1000 增加到 2000 时，弹性体的各项性能都有明显好转，而当分子量继续增加到 4000 时，除了弹性体的硬度、撕裂强度会有所提高外，其他性能均有所下降。表 9-11 列出聚 ε-己内酯分子量对弹性体性能的影响。

表 9-11 聚 ε-己内酯分子量对弹性体性能的影响

物理性能	聚 ε-己内酯分子量			物理性能	聚 ε-己内酯分子量		
	1012	2006	4100		1012	2006	4100
硬度(邵尔 A)	76	84	97	300%定伸应力/MPa	15.9	17.5	12.7
拉伸强度/MPa	28.2	30.6	14.0	撕裂强度/(kN/m)	29.4	60.8	87.3
拉断伸长率/%	460	500	450	回弹性/%	15	33	46
100%定伸应力/MPa	4.2	4.7	8.4	压缩永久变形/%	48	31	77

9.4.2 异氰酸酯结构和用量的影响

合成聚氨酯混炼胶过程中所使用的异氰酸酯主要有 MDI、TDI、HDI、NDI。对于聚酯型和聚醚型混炼胶来说，采用芳香族二异氰酸酯所合成的弹性体具有较高的硬度和强度，而采用脂肪族二异氰酸酯所合成的弹性体则具有较大的伸长率和较好的低温曲挠性。表 9-12 列出二异氰酸酯对聚酯型混炼胶拉伸强度和伸长率的影响。

表 9-12 二异氰酸酯结构对 MPU 性能的影响[①]

二异氰酸酯	性 能		二异氰酸酯	性 能	
	拉伸强度/MPa	扯断伸长率/%		拉伸强度/MPa	扯断伸长率/%
HDI	结晶	变硬	NDI	30	765
TDI	20~23	730	氢化 MDI	23	1000

① 低聚物多元醇为聚己二酸乙二醇酯

聚 ε-己内酯采用不同异氰酸酯合成混炼胶的性能的比较见表 9-13。

表 9-13 聚 ε-己内酯采用不同异氰酸酯合成混炼胶性能的比较

物理性能	二异氰酸酯			
	TDI-80	HDI	TDI-100	MDI
硬度(邵尔 A)	76	62	72	76
拉伸强度/MPa	28	19	20	28
扯断伸长率/%	460	860	500	300
100%定伸应力/MPa	4.2	1.4	3.1	5.0
300%定伸应力/MPa	2	5	10	23
撕裂强度/(kN/m)	29	39	29	28
回弹性/%	15	51	—	—
压缩永久变形/%	48	52	30	28

由表 9-13 中数据可知，聚 ε-己内酯型混炼胶采用 TDI-80 时，综合性能稍好一些，用 HDI 制得的弹性体有极好的弹性。

9.4.3 异氰酸酯指数的影响

为了制备贮存稳定和加工性能良好的生胶，在设计配方时，必须防止异氰酸酯过量，即异氰酸酯指数 (R) 小于 1。另一方面，为了获得分子量大一些的生胶，又要求异氰酸酯指数不能太小，一般控制在 0.90~0.95。异氰酸酯指数超过 1，生胶贮存变硬，不能加工或无法加工。异氰酸酯指数是生胶分子量的决定因素，严重影响生胶的质量和加工性能，而对硫化胶物性的影响相对要小一些。

不同配比对生胶加工及制品性能的影响见表 9-14。

表 9-14 不同配比（R）对生胶对加工及制品性能的影响①

R(NCO/OH)	拉伸强度/MPa	扯断伸长率/%	300%定伸应力/MPa	永久变形/%	撕裂强度/(kN/m)	回弹性/%	硬度（邵尔 A）	脆性温度/℃	加工情况
1.0	27	406	24	0			76	−57	不分层,但加工较困难
0.95	32	380	27	2	62	46	52	−57.5	加工尚好
0.93	31	370	29	0	66	54	64	−59	加工好
0.90	31	375	27	0	48	48	62	−56	加工良好
0.88	40	590	—		45	54	46	−60	加工良好
0.85	37	460		2	64	50	65	−61	加工良好

① 加工配方：生胶 100 份，喷雾炭黑 50 份，DCP 3 份。硫化条件：151℃×40min。

9.4.4 扩链剂的影响

制备聚氨酯混炼胶所采用的扩链剂有二醇、二胺、醇胺等，二醇类扩链剂又分饱和型和不饱和型两种。表 9-15 列出几种二醇扩链剂对聚 ε-己内酯型混炼胶物性的影响。二乙二醇和三羟甲基丙烷单烯丙基醚扩链的综合性能比较好，硫二甘醇扩链的撕裂强度很低。

表 9-15 扩链剂对聚 ε-己内酯型混炼胶物理性能的影响

物理性能	扩链剂			
	二乙二醇	硫二甘醇	1,5-戊二醇	三羟甲基丙烷单烯丙基醚
硬度(邵尔 A)	78	79	76	74
拉伸强度/MPa	27	24	21	22
拉断伸长率/%	420	300	380	310
100%定伸应力/MPa	4.5	4.4	4.4	4.5
300%定伸应力/MPa	17	—	17	21
撕裂强度/(kN/m)	42	18	35	38
回弹性/%	9	8	10	7
压缩永久变形/%	12	19	25	10

9.4.5 硫化点位置的影响

硫化交联点可以在柔性链段上，也可以在刚性链段上，还可以两者兼有。当硫化点在刚性链段上时，可赋予混炼胶较低的压缩永久变形和较高的撕裂强度。柔性链段和刚性链段上都有硫化点时，压缩变形进一步改善，伸长率会有一定程度的降低。表 9-16 指出硫化点位置对混炼胶性能的影响。

表 9-16 硫化点位置对混炼胶性能的影响

硫化点的位置	物理性能		
	扯断伸长率/%	撕裂强度/(kN/m)	压缩永久变形/%
在柔性链段上	460	29	48
在刚性链段上	420	42	12
两种链段上都有	310	37	10

9.4.6 硫化体系的影响

异氰酸酯、过氧化物、硫黄三种硫化体系对聚氨酯混炼胶的加工性能和物性等方面的影响都很大。现将各种硫化体系以及与天然橡胶的硫黄硫化体系的比较列于表 9-17。

表 9-17 聚氨酯混炼胶三种硫化体系与天然橡胶硫化体系的比较

硫化体系	聚氨酯混炼胶（聚酯系）			天然橡胶
	异氰酸酯	过氧化物	硫黄	硫黄
配方可调范围	一般	狭窄	狭窄	非常广
生胶加硫化剂后的贮存稳定性	坏	良	良	非常好
焦烧危险性	有	不过分	不过分	无
用促进剂调整硫化时间	有限度	不能	有限度	自由调整
用硫化温度调整硫化时间	有限度	不能	有限度	可以

硫化体系	聚氨酯混炼胶(聚酯系)			天然橡胶
	异氰酸酯	过氧化物	硫黄	硫黄
硫化温度范围	130~150℃	150~210℃	140~160℃	室温~200℃
热风硫化制品的表面	良	硫化不足	良	良
硬度范围(伸长和回弹都好的场合下)	邵尔 75A~70D	邵尔 50A~85A	邵尔 60A~90A	邵尔 25A~75A
撕裂强度	非常好	较差	较大	较好
高温压缩永久变形	较大	一般非常小	大	较小

　　三种不同硫化体系的聚氨酯混炼胶有不同的交联结构。由于交联结构的性质、位置和热稳定性的差别，对于弹性体的各项性能必然产生重要影响。

　　Adiprene C 可用硫黄硫化，也可用过氧化物硫化。用硫黄硫化的胶在拉伸强度、撕裂强度、模量上都稍高一些。

　　美国通用轮胎公司生产的 Genthane S 胶可以用异氰酸酯硫化，也可用过氧化物硫化，其物理性能有差异。表 9-18 列出了两种硫化体系对物理性能的影响。

　　总之，对于同一种生胶，在选择其硫化体系和配方时，不仅要考虑硫化胶的物理性能，而且要考虑胶的加工性能。

表 9-18　过氧化物和异氰酸酯硫化 Genthane S 胶性能的比较

配方与性能		异氰酸酯硫化	过氧化物硫化	配方与性能		异氰酸酯硫化	过氧化物硫化
配方/质量份	Genthane S 生胶	100	100	性能	扯断伸长率/%	515	500
	炭黑	30	30		扯断永久变形/%	15	3
	过氧化二异丙烯	—	3		撕裂强度/(kN/m)	46	42
	PAPI	5	—		硬度(邵尔 A)	72	60
性能	拉伸强度/MPa	26	30		回弹性/%	57	61
	300%强度/MPa	12	13		压缩变形(B法)/%	62	18

9.4.7　填充剂的影响

　　与通用橡胶相似，在聚氨酯混炼胶中加入填充剂可以提高混炼胶的抗张强度、撕裂强度和硬度，同时可降低混炼胶制品的成本。填充剂的加入量一般在 20~40 份之间，超过 40 份的情况很少，这是因为聚氨酯混炼胶本身的内生热就很大，加大填充剂量会使炼胶时生热更大，有焦烧的危险。另外，填充剂用量过大时，混炼胶的性能也会降低。

　　最常用的填充剂是炭黑，硅化合物也能用。Urepan 640 用炭黑和硅石作为填料的性能比较列于表 9-19。

表 9-19　Urepan 640 用炭黑和硅石作填充剂的性能比较

配方/质量份	1	2	性能	1	2
Urepan 640	100	100	硬度(邵尔 A)	62	65
标准结构高耐磨炭黑	20	—	拉伸强度/MPa	28	27
			扯断伸长率/%	380	450
高强度硅石	—	20	撕裂强度/(kN/m)	23	20
三烷基异氰脲酸酯	1	1	回弹性/%	43	37
			压缩变形/%		
			70℃×24h	12	18
			100℃×24h	25	50

　　由表 9-19 看出，以炭黑作填充剂时胶的性能稍好一些。

9.5　MPU 的主要特性及应用

　　MPU 的主要特性如下。

① 采用通用橡胶的加工设备生产制品，特别适合于小件制品生产。

② 与通用橡胶相比，耐磨耐油性能优良，力学性能好。

③ 较低硬度（邵尔 A55～75）制品最能体现 MPU 的性能和加工优势。

在 MPU 中，可以添加炭黑、白炭黑等填充剂，以达到提高制品硬度和补强的效果。采用硬脂酸作润滑剂可防止生胶在混炼过程中与辊筒的粘连；需要提高混炼胶制品的耐曲挠性和降低其摩擦系数时，可使用 MOS_2 等无机润滑剂；聚酯型混炼胶为防止水解每 100 份生胶可加入 1～3 份碳化二亚胺水解稳定剂。

小型挤压制品及胶管、胶布制品，用浇注法制作很困难乃至不可能，而采用混炼胶制作则很方便。

混炼胶既可挤出成型，也可注射成型。假如考虑到热塑胶的硬度范围是邵尔 A75 以上，那么用注射成型生产软制品则是混炼胶的重要加工方法。用硫黄硫化的混炼胶即使用直接蒸汽硫化，也可得到表面美观的制品，而且与其他种类的混炼胶有相容性。

混炼胶通常采用本体聚合法生产。应用领域集中在耐油密封制品、缓冲减震制品及传动耐磨制品方面。主要用来制作薄壁制品、膜制品、汽车防尘罩、传动带、油封、曲杆泵活塞、农机橡胶配件等，还可用于坦克履带板挂胶及其他军品配件。

MPU 在整个聚氨酯弹性体中占的比例很小，虽然其产量小，综合性能也不及浇注胶和热塑胶，但由于其加工成型方法的通用性，因此它的市场需求是比较稳定的。我国大部分地区处于温带，天然橡胶产量较少，每年需从东南亚、南美洲等地用大量外汇购买天然橡胶。近年来，天然橡胶涨价且来源不稳定，为了满足经济日益增长对各类橡胶制品的数量和质量要求，适度开发 MPU 新品种并不断提高质量和扩大应用范围是十分必要的。

9.6　MPU 品种牌号介绍

9.6.1　Urepan

德国 Bayer 公司 1950 年投产的聚氨酯混炼胶 Urepan 有四个牌号：Urepan 600、601、640、641。前两个牌号是用异氰酸酯硫化的，后两个牌号用过氧化物硫化。Urepan 由聚己二酸二乙二醇酯和 TDI 反应而成。为了加工方便和防止在加工过程中产生过热现象，生胶的分子量控制在 20000 以下。此种生胶相当稳定，贮存期可以超过一年。

Urepan 600 的物理性能见表 9-20。

表 9-20　Urepan 600 的物理性能

配方/质量份	1	2	3	4	配方/质量份	1	2	3	4
生胶	100	100	100	100	后硫化	110℃×15h			
硬脂酸	0.5	0.5	0.5	0.5	性能				
标准结构高耐磨炭黑	20	—	—	20	硬度（邵尔 A）	84	92	96	84
氢醌二乙醇醚	—	12.5	29.3	—	硬度（邵尔 D）	—	45	65	—
TDI 二聚体	10	30	50	10	拉伸强度/MPa	24	24	28	22
促进剂	0.5	0.3	0.3	0.5	扯断伸长率/%	650	450	310	680
多碳化二亚胺	—	—	—	3	撕裂强度/(kN/m)	49	43	78	44
硫化					压缩永久性变形(70℃×24h)	35	40	—	35
硫化温度/℃	150	130	130	130	回弹性/%	45	37	36	45
硫化时间/min	5	10	10	10					

Urepan 601 实质上类似于 Urepan 600，但它的耐水解性能更好。Urepan 601 是以聚己二酸己二醇酯作为聚合物的主要成分。这种聚酯显示很大的结晶倾向，其结果是使聚合物表现出

很高的拉伸强度，但结晶倾向却有损于低温性能。添加剂的作用不可忽视，如加入抗氧剂和水解稳定剂（多碳化二亚胺）就能成倍地延长 Urepan 产品的使用寿命。多碳化二亚胺与水解产物羧酸反应，减少羧酸催化水解的可能性。多碳化二亚胺的加入量为 100 份 Urepan 生胶加 2 份。这类水解稳定剂不局限于异氰酸酯硫化体系，同样也适用于过氧化物和硫黄硫化体系。Urepan 601 的物理性能见表 9-21 和表 9-22。

表 9-21　**Urepan 601 的物理性能**

配方与性能		1	2	3	4	配方与性能		1	2	3	4
配方/质量份	Urepan 601	100	100	100	100	性能	硬度(邵尔 A)	74	95	96	83
	标准结构耐磨炭黑	—	—	20	20		硬度(邵尔 D)	—	51	60	—
	氢醌二己醇醚	—	12.5	12.5	—		拉伸强度/MPa	31	41	31	32
	TDI 二聚体	8	30	30	10		扯断伸长率/%	480	400	400	420
	硬脂酸	0.5	0.5	0.5	0.5		撕裂强度(kN/m)	8	7	6	6

表 9-22　**Urepan 601 的老化性能**

老化		老化							
		温度/℃	时间/月						
			开始	3	6	9	12	18	24
			拉伸强度/MPa						
水	化合物 4 在水中①	40	32		29.3		23	10	2
	化合物 4 加 3 份多碳化二亚胺	40	32		29.3		25	24	24
95%湿度	化合物 4	70	32	18					
	化合物 4 加 3 份多碳化二亚胺	70	32	16					
	化合物 2①	70	41	35					
	化合物 2 加 3 份多碳化二亚胺	70	41						
空气	化合物 2	125	41	29					
	化合物 2 加 3 份多碳化二亚胺	125	41		20	16			

① 表 9-21 中配方 2、4。

9.6.2　Genthane S、SR

　　Genthane S、SR 是美国通用轮胎和橡胶公司开发的聚氨酯混炼胶。这种混炼胶由己二酸与 80/20（质量比）乙二醇丙二醇聚酯，与 MDI 反应制得。可用过氧化物硫化，也可用异氰酸酯硫化。

　　Genthane S 一般采用过氧化物硫化，因为用过氧化物硫化比用二异氰酸酯硫化更加稳定，焦烧的危险性小。最有效的硫化剂是 DCP，其合适的硫化条件是：100 份生胶，DCP1.5～1.75 份，在 154℃下硫化45min。而当硫化温度升到 160℃时，发现聚合物有些降解。当 100 份生胶中配入 3 份 DCP 时，其拉伸强度、撕裂强度随着炭黑用量的增加而增加。在炭黑用量不变的情况下，模量和硬度随着过氧化物量的增加而增加，而压缩永久变形则随之减少。这一点从图 9-2 中可以看出。图中曲线为压缩永久变形的变化，左边直线为模量

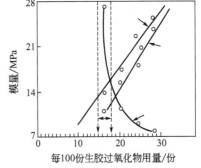

图 9-2　过氧化物用量对 Genthane S 胶性能的影响

的变化，右边直线为硬度的变化。Genthane SR 用过氧化物和 TDI 二聚体共硫化，其耐水解性能和耐热性能均较好。

9.6.3　Vibrathane

　　由美国橡胶公司开发的 Vibrathane 混炼胶是聚氨酯/脲弹性体。它是由聚己二酸乙二醇丙

二醇酯和 MDI 反应，用六亚甲基二胺扩链而成。生胶用 DCP 或 2，5-二甲基-2，5-二叔丁基过氧化己烷硫化。合适的硫化条件分别为：152℃×45min，177℃×3min，204℃×2min。其配方和性能见表 9-23。

表 9-23　Vibrathane 的配方及物理性能

配　方	用量/质量份	性　能	指标
生胶	100	300%定伸强度/MPa	20
过氧化二异丙苯	4	拉伸强度/MPa	29
标准结构高耐磨炭黑	20	扯断伸长率/%	400
硬脂酸	0.25	撕裂强度(C 法)/(kN/m)	91
硫化 152℃×45min		硬度(邵尔 A)	65

氨基甲酸酯/脲弹性体的应力和伸长之间的关系与一般的聚氨基甲酸酯弹性体的比较，如图 9-3 所示。

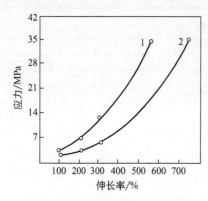

图 9-3　两种弹性体的应力-应变曲线
1—氨基甲酸酯-脲弹性体；
2—氨基甲酸酯弹性体

图 9-3 所列的弹性体皆由聚己二酸乙二醇丙二醇酯与 MDI 反应，用 DCP 硫化制备。硫化条件为 177℃×3min。氨基甲酸酯/脲弹性体在硫化前则是用胺扩链的。

9.6.4　Elastothane

由美国 Thiokol 化学公司开发的聚氨酯混炼胶 Elastothane 是聚酯型混炼胶，有五个牌号：Elastothane 455、625、640、651M、2R625。既可以用硫黄硫化，也可用过氧化物硫化。

Elastothane 的硬度范围为邵尔 A45～95，一般的物理机械性能都较好。其中 Elastothane 455 的贮存稳定性、加工性能较好，耐曲挠、耐老化性能也很好。Elastothane 640 耐热老化、耐油性能更好一些。Elastothane 651 具有优异的低温性能和耐水解性能。Elastothane 2R 625、651M 有近似聚醚型胶的水解稳定性及良好的耐油和耐热性能。

Elastothane 640 的配方和物理机械性能列于表 9-24，热老化性能及耐油性能列于表 9-25 和表 9-26。

表 9-24　Elastothane 640 的配方和物理机械性能

配方/质量份	1	2	性　能	1	2
生胶	100	100	硬度(邵尔 A)	77	72
SAF 炭黑	30	30	拉伸强度/MPa	37	34
促进剂 DM	4	—	200%定伸应力/MPa	11	10
促进剂 M	2	—	扯断伸长率/%	490	320
活化剂 2C-456	1	—	撕裂强度/(kN/m)	60	44
硬脂酸镉	0.5	—	压缩永久变形(70℃×22h)/%	16	7
DCP	—	2			
硫黄	1.5	—			

注：硫化条件：配方 1，142℃×45min；配方 2，154℃×20min。

表 9-25　Elastothane 640 的热老化性能

物理性能	老化条件		物理性能	老化条件	
	100℃×70h	121℃×70h		100℃×70h	121℃×70h
拉伸强度/MPa	38.4	32.2	硬度(邵尔 A)	81	83
扯断伸长率/%	370	300	撕裂强度/(kN/m)	44	41
200%强度/MPa	16	16			

表 9-26　Elastothane 640 的耐油性能

性　能	ASTM1# 油 100℃×70h	ASTM3# 油 100℃×70h	性　能	ASTM1# 油 100℃×70h	ASTM3# 油 100℃×70h
拉伸强度/MPa	33.3	35.3	硬度(邵尔 A)	82	79
扯断伸长率/%	370	300	体积增加/%	0	4
200%定伸应力/MPa	15.3	13.9	撕裂强度/(kN/m)	45.1	53.9

9.6.5　Adiprene C、CM

Adiprene C、CM 是美国杜邦公司开发的聚醚型聚氨酯混炼胶,由聚四氢呋喃醚二醇、α-烯丙基甘油醚与 TDI 合成,既可用硫黄硫化,也可用过氧化物硫化,其物性比较见表 9-27。

表 9-27　Adiprene C 用过氧化物或硫黄硫化物性的比较

配方及硫化	1	2	性　能	1	2
Adiprene C/质量份	100	100	硬度(邵尔 A)	64	62
标准结构高耐磨炭黑/质量份	30	30	拉伸强度/MPa	36	22
氧茚树脂/质量份	10	—	300%定伸应力/MPa	17	12
辛酸丁酯/质量份	—	10	扯断伸长率/%	540	450
硫黄/质量份	0.75	—	撕裂强度/(kN/m)	67	44
苯基噻唑二硫化物/质量份	4	—	压缩永久变形/%		
硫基苯并噻唑/质量份	1	—	70℃×22h	21	21
氯化锌和 MBTS 的络合物/质量份	0.35	—	100℃×70h	86	59
过氧化二异丙苯/质量份	—	0.25	回弹性/%	57	56
硫化温度/℃	153	153			
硫化时间/min	45	45			

Adiprene C 比一般的聚己二酸乙二醇酯为基础的弹性体有更好的低温性能,与天然橡胶的低温性能比较见表 9-28。

表 9-28　Adiprene C 与天然橡胶低温性能的比较

类　别	模量达 68.65MPa 的最低温度/℃	脆性温度/℃	类　别	模量达 68.65MPa 的最低温度/℃	脆性温度/℃
天然橡胶	−50	−62	Adiprene 加 15 份增塑剂	−44	−62
没有增塑剂的 Adiprene	−32	−62			

Adiprene C 硫化胶具有一些特殊性能,其中最主要的是比其他聚氨酯混炼胶的耐磨性更好。它的高耐磨性和抗结晶性,优良的耐老化、耐臭氧性以及好的耐油性相结合,确保了 Adiprene C 在工业上的广泛应用。

如图 9-4 所示为 Adiprene C 硫化胶的应力-应变曲线,由这条曲线可以看出,这种胶在伸长率特别大时具有高应力的特性,这会使 Adiprene C 具有很高的拉伸强度。如图 9-5 所示为 Adiprene 与丁苯橡胶在各种温度下撕裂强度。

从图 9-5 对比曲线可以看出 Adiprene C 有很高的撕裂强度,但是随着温度的升高撕裂强度下降比丁苯橡胶快。

Adiprene C 具有特殊的耐汽车润滑油和航空油的性能,还有良好的耐脂肪族、脂环族碳氢化合物的性能,广泛应用于输送带覆盖胶、衬垫及密封垫等制品的生产。

Adiprene CM 是在 Adiprene C 基础上进一步开发的新胶型,基本上与 Adiprene C 相似,但在物理机械性能和加工性能方面略好些,如耐磨、耐撕裂、耐化学药品、耐候和耐臭氧性能。此外成本较低,制品硬度范围为邵尔 A45~90。Adiprene C 和 Adiprene CM 的物理机械性能比较见表 9-29。

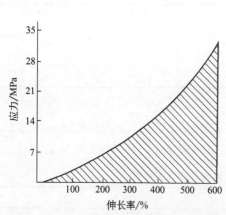

图 9-4 Adiprene C 硫化胶的应力-应变曲线

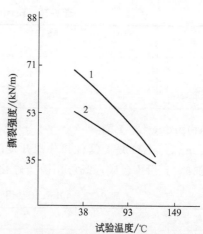

图 9-5 Adiprene C 与丁苯橡胶在各种温度下的撕裂强度
1—Adiprene C；2—丁苯橡胶

表 9-29 **Adiprene C、CM 的物理机械性能**

性能	硫黄(C)	过氧化物(C)	硫黄(CM)	性能	硫黄(C)	过氧化物(C)	硫黄(CM)
硬度(邵尔 A)	71	69	65～68	压缩永久变形/%			
300%强度/MPa	21	21	11～15	70℃×22h	20	18	19～32
拉伸强度/MPa	34	36	30～33	100℃×22h	30	45	—
扯断伸长率/%	450	450	460～570	磨耗指数(NBS)	—	—	250～380
回弹性/%	70	—	—				

　　2002 年美国 TSE 公司从康普顿公司购买了 Vibrathane、Adiprene 的 MPU 产品技术，包括生产设备和客户名单，这两个产品系列包括八个产品，分别是 Adiprene CM、FM、F 和 TP，Vibrathane 5004、5004SP、5008 和 Cayture4。目前，西方国家幸存下来的 MPU 生产厂家只有 Uniroyal、TSE 和拜尔公司，其中，拜尔公司逐步将它遍布全球的聚氨酯橡胶机构都集中到了 Rhein Chemie 分部。该分部经多年的研发已基本上解决了 MPU 生产与加工过程中存在的四个问题：①生胶性能的均一性较差；②加工困难；③使用温度范围窄；④聚酯型水解稳定性不佳。

9.6.6 HA-1

　　国产 HA-1 聚氨酯混炼胶是在 20 世纪 60 年代中期由山西省化工研究所研制开发的类似美国 Genthane-S 聚氨酯橡胶。主要原料为己二酸、乙二醇、丙二醇、MDI，用过氧化物硫化，也可以用异氰酸酯硫化或两者并用。从结构上看，属于饱和聚酯型聚氨酯混炼胶。

　　由表 9-30 数据可知，恰当的配比（R）应在 0.85～0.95 范围。当聚酯分子量高时，配比应相应稍低些。聚酯分子量为 3000 时，配比以 0.85～0.90 为宜，当聚酯分子量为 2000 时，配比以 0.90～0.95 为好。

表 9-30 **不同聚酯分子量的异氰酸酯指数（R）范围**

聚酯分子量 M	R(NCO/OH)	聚酯分子量 M	R(NCO/OH)
2000	0.95	3400	0.84
2400	0.95	3500	0.83
2900	0.90	3600	0.80
3300	0.85		

　　HA-1 胶的物化性能与 Genthane-S 的比较见表 9-31。

表 9-31　HA-1 胶的物化性能与 Genthane-S 的比较

物化性能	HA-1 胶	Genthane-S 胶
水分(70℃×3h)/%	0.24	0.55
灰分/%	0.05	0.033
相对密度	1.207	1.19
pH 值(蒸馏水 5.2)	5.38	4.73
门尼黏度(100℃)	64	50±10
生胶外观	琥珀色透明,质硬	琥珀色透明,质软
威廉可塑性	0.43	
黏均分子量	49000	67000
红外光谱分析	HA-1 胶红外光谱与 Genthane-S 基本相似	

　　HA-1 胶物理机械性能、电性能、耐油性能与 Genthane-S 胶性能的比较见表 9-32。

表 9-32　HA-1 胶与美国 Genthane-S 胶性能对比

配方及性能	HA-1	Genthane-S	配方及性能	HA-1	Genthane-S
国产 HA-1/质量份	100	—	回弹性/%	23	28.5
美国 Genthane-S 胶/质量份	—	100	脆性温度/℃	$-47\sim-48$	$-60\sim-64$
硬脂酸/质量份	0.2	0.2	表面电阻/Ω	2.7×10^{12}	2.2×10^{10}
半补强炭黑/质量份	10	10	体积电阻率/Ω·cm	1.75×10^{10}	9.33×10^{10}
40%DCP 混合物(CaCO₃)/质量份	8	8	介质损耗角正切 tanδ	0.00989	0.0935
硫化条件	151℃×40min	151℃×40min	介电常数	7.00	7.68
拉伸强度/MPa	36	28	击穿电压/(kN/mm)	18.2	18.74
扯断伸长率/%	547	506	70#汽油(常温×48h)浸泡质量变化/g	9.06	9.94
扯断永久变形/%	0~7	2	乙醇(常温×48h)浸泡质量变化/g	12.8	13.51
硬度(邵尔 A)	60	57			

9.6.7　HA-5

　　HA-5 混炼型聚氨酯橡胶是在山西省化工研究所 HA-1 胶的基础上开发的新产品。采用混合聚酯（聚己二酸乙二醇丙二醇酯和聚己二酸乙二醇丁二醇酯混合）和 MDI 合成生胶，一般用过氧化物硫化。配方工艺合理，生胶贮存稳定，加工性能好，硫化胶的力学性能和低温性能优良。自 1991 年批量生产以来，用户普遍反映良好。HA-5 胶的基本配方和性能见表 9-33，HA-5 胶的力学性能与德国 Bayer 公司生产的 Urepan 640 比较见表 9-34。

表 9-33　HA-5 聚氨酯橡胶基本配方和性能

配方和性能		配方编号		
		1	2	3
配方/质量份	HA-5 生胶	100	100	100
	硬脂酸	0.3	0.3	0.3
	高耐磨炭黑	30	30	30
	DCP	3	5	7
硫化条件		151℃×30min	151℃×30min	151℃×30min
性能	硬度(邵尔 A)	64	67	70
	回弹性/%	36	40	43
	300%定伸应力/MPa	18	23	25(200%)
	拉伸强度/MPa	26	31	33
	扯断伸长率/%	420	360	280
	撕裂强度/(kN/m)	68	64	56
	脆性温度/℃	$-60\sim-65$	$-57\sim-58$	$-57\sim-58$
	压缩 20%耐寒系数(−30℃)	0.45~0.47	—	—
	压缩 20%永久变形/%			
	25℃×22h	6~7		
	70℃×22h	16~17		

表 9-34 HA-5 与 Urepan 640 实测数据比较

性　能	HA-5	Urepan 640	性　能	HA-5	Urepan 640
硬度(邵尔 A)	66	68	扯断伸长率/%	390	360
回弹性/%	33	30	撕裂强度/(kN/m)	48	47
拉伸强/MPa	32	37			

9.6.8 南京-S 胶

南京-S 胶是不饱和聚酯型混炼胶，聚酯由己二酸、乙二醇、丙二醇合成，分子量为 1800～2200；生胶由聚酯、TDI、烯丙基甘油醚合成，外观为浅棕色透明块状物。由于在其支链上引进了一个丙烯氧基（—O—CH$_2$—CH＝CH$_2$），它不仅可以用过氧化物和异氰酸酯硫化，还可以用硫黄硫化。S 型混炼胶的标准配方、硫化条件及性能指标如下。

标准配方（质量份）：

S 型生胶	100	活性剂 NH-1	1
硫黄	2	HAF 炭黑	30
促进剂 M	2	硫化条件：(150±1)℃×(15～30) min	
促进剂 DM	2	平板压力：12MPa	
硬脂酸镉	1		

性能指标见表 9-35。

表 9-35 S 型聚氨酯混炼胶的质量指标

项　目	指标			项　目	指标		
	一级品	二级品	涂布专用品		一级品	二级品	涂布专用品
扯断强度/MPa	＞27	＞25	＞20	可塑性(威廉氏)	0.25～0.55	0.1～0.7	＞0.7
扯断伸长率/%	＞450	＞400	＞400	灰分/%	＜1	＜1	＜1
扯断永久变形/%	＜30	＜35	＜35	游离 NCO 基含量/%	＜0.1	＜0.2	＜0.3

不同牌号 S 型聚氨酯混炼胶的主要性能指标及用途见表 9-36。

表 9-36 不同牌号的 S 型聚氨酯混炼胶的主要性能

项　目	牌　号						
	8501	8601	8703	8801	8804	8901	8902
扯断强度/MPa	23	23	23	22	25	15	25
扯断伸长率/%	500	450	350	250	400	450	100
扯断永久变形/% ≤	35	40	40	40	35	35	40
老化系数(70℃×72h) ≥	0.8	0.8	0.8	0.8	0.8	0.8	0.8
硬度(邵尔 A)	50～60	60～70	70～80	78～87	85～95	＞90	≥95
用途	低硬度耐油制品	低硬度耐油制品	中硬度油制品	钻采制品	纺织制品	高硬度耐油制品	高硬度不运转制品

9.6.9 广州 UR101

该胶是由广州华工百川科技股份有限公司于 2007 年自主开发的一种不饱和聚醚型聚氨酯混炼胶。基本原料采用 PTMG 和 MDI，加入少量含烯丙基醚的小分子醇合成生胶。外观呈无色或浅黄色透明块状固体，生胶密度 1.05～1.10g/cm^3。既可采用过氧化物硫化，也可以采用硫黄硫化，可以根据制品的性能要求和应用场合，选择不同类型的补强材料制得各类黑色或浅色制品。表 9-37 列出该胶的主要力学性能。

表 9-37　**UR101 型 MPU 的力学性能**

性能	配方编号								
	1	2	3	4	5	6	7	8	9
硬度(邵尔 A)	67	72	88	91	50	72	78	90	95
300％定伸应力/MPa	13	18	30	30	2.6	8	15	23	28
扯断伸长率/％	537	526	382	335	750	550	539	520	465
拉伸强度/MPa	32	36	31	31	23	40	43	37	33
扯断永久变形/％	4	8	6	6	8	4	8	12	12
回弹/％	50	46	35	30	53	48	43	34	25

参 考 文 献

[1] Wright P，Cumming A P C. Solid Polyurethane Elastomers. Maclaren and Sons，1969.

[2] 山西省化工研究所编. 聚氨酯弹性体. 北京：化学工业出版社. 1985.

[3] 李绍雄，朱吕民. 聚氨酯树脂. 南京：江苏科学技术出版社，1992.

[4] [英] 海普本著 C. 聚氨酯弹性体. 闫家宾等译. 沈阳：辽宁科学技术出版社，1985：233-257.

[5] 日本ゴム协会. 特种合成ゴム（中译本）. 北京：燃料化学工业出版社，1974.

[6] 岩田. 日本ゴム协会志，1995，48（2）：73.

[7] 岩田敬治著. 聚氨基甲酸乙酯塑胶. 台北：台湾文源书局，1984.

[8] [德] 厄特尔 编著 G. 聚氨酯手册. 闫家宾，吕塑贤译. 沈阳：辽宁科学技术出版社，1985.299-320.

第 10 章　热塑性聚氨酯弹性体

刘　树　刘凉冰

10.1　绪论

热塑性聚氨酯（TPU）是一类加热可以塑化、溶剂可以溶解的聚氨酯。与混炼型和浇注型聚氨酯比较，化学结构上没有或很少有化学交联，其分子基本上是线型的，然而却存在一定量的物理交联，因此，这类聚氨酯称为热塑性聚氨酯。

1958 年，C. S. Schollenberger 首先提出物理交联（实质上交联）的理论。所谓物理交联是指在线型聚氨酯分子链之间，存在着遇热或溶剂呈可逆性的"连接点"，它实际上不是化学交联，但起化学交联的作用。由于这种物理交联的作用，聚氨酯形成了多相形态结构理论。聚氨酯的氢键对其形态起了强化作用，并使其耐受更高的温度。正是由于物理交联理论，使得市场上出现了除浇注和混炼之外的另一类聚氨酯的品种——热塑性聚氨酯。

TPU 有如下特点：像浇注型聚氨酯（液体）和混炼性聚氨酯（固体）一样，具有高模量、高强度、高伸长和高弹性，优良的耐磨、耐油、耐低温、耐老化性能。

TPU 加工工艺有熔融法和溶液法。熔融加工是用塑料工业常用的工艺，如混炼、压延、挤出、吹塑和模塑［包括注射、压缩、传递和离心（粉末）等］。溶液加工是粒料溶于溶剂或直接在溶剂中聚合而制成溶液再进行涂覆、纺丝等。TPU 制成最终产品，一般不需要进行硫化交联反应，可以缩短生产周期，废弃物料能够回收重新加以利用。TPU 可以广泛使用助剂和填料，以便改善某些物理性能、加工性能，或是降低成本，并可在合成过程加入。TPU 可以制成透明、浅色和纯度很高的制品，以满足要求美观，或要求无毒副作用的食品和医疗行业。

TPU 适合生产小件但数量可观的制品，大型制品成型困难，模具价格高；其不足之处在于制品耐热性和压缩永久变形较差。

TPU 可按不同标准进行分类。按软段结构可分为聚酯型、聚醚型和丁二烯型，它们分别含有酯基、醚基或丁烯基；按硬段结构分为氨酯型和氨酯脲型，它们分别由二醇扩链或二胺扩链获得。

按有无交联可分为纯热塑性和半热塑性。前者是纯线型结构，无化学交联键；后者含有少量脲基甲酸酯等交联键。

按合成工艺分为本体聚合和溶液聚合。在本体聚合中，又可按有无预反应分为预聚法和一步法。预聚法是将二异氰酸酯与低聚物二醇先行反应一定时间，再加入扩链剂生产 TPU；一步法是将低聚物二醇、二异氰酸酯和扩链剂同时混合反应成 TPU。溶液聚合一般是将二异氰酸酯先溶于溶剂中，再加入低聚物二醇令其反应一定时间，最后加入扩链剂生成 TPU 溶液。

按加工工艺分为熔融加工和溶液加工，已如上述。按制成品用途可分为异型件（各种机械零件）、管材（护套、棒型材）、薄膜（薄片、薄板）以及胶黏剂、涂料和纤维等。

1958 年美国 B·F Goodrich 化学公司首次登记 TPU 商品牌号 Estane，50 余年来全世界约有 20 余个商品牌号问世，每一个牌号都有几个系列产品。主要生产厂家有：美国 Lubrizol 公司的 Estane、Pellethane，美国 Huntsman 公司的 Irogran；德国 Bayer 公司的 Desmopan、

Texin，德国 BASF 公司的 Elastollan；西班牙麦金莎公司的 Pearlthane；中国烟台万华公司的 Wht 等。山西省化工研究所于 1973 年开展 TPU 研制工作，天津聚氨酯塑料制品厂于 1985 年首先生产 TPU 弹性体供应市场。

2009 年 TPU 全球消费量（千吨）：北美 62.1（其中：美国 59，墨西哥 3.1）；中南美洲 5.5；欧洲、中东、非洲 85（其中：西欧 70，中东欧 10，中东和非洲 5）；亚洲 213.2（其中：中国 148，日本 14.2，韩国 16，中国台湾 18，印度 2，其他亚洲国家 15）；大洋洲 2.5。总计：368.3。中国（不包括中国台湾）消费量占全球 40%。

2009～2014 年 TPU 预计年均增长率（%）：北美 4.0（其中：美国 3.8；墨西哥 7.3）；中美洲 6.4；西欧 4.7；中东欧 5.4；中东及非洲 7.0；亚洲 6.0（其中日本 3.7，中国 6.2，韩国 6.6，其他 5.9）；大洋洲 3.7。总计 5.4。

美国历年 TPU 消费情况见表 10-1。可见 TPU 应用领域十分广泛，主要有：工业领域的膜及片材、电子产品、软管及管材、轮子等；汽车及航空业；医用、机械、服装、鞋材等。

表 10-1　美国历年 TPU 消费情况简表　　　　　　　　单位：kt

年份	膜及片材[①]	电子产品[②]	软管及管材	轮子	其他[③]	汽车业[④]	非汽车业[⑤]	医用[⑥]	机械	鞋材[⑦]	其他[⑧]
1996 年	—	2.7	3.2	2.3	13.1	9.1	1.8	1.4	0.9	2.7	8.2
1998 年	—	3.2	2.7	2.3	10	9.5	2.3	2.3	0.9	3.2	10.5
2000 年	—	3.6	4.1	1.8	13.1	10.9	1.8	1.8	1.4	3.6	6.8
2001 年	—	3.2	3.6	1.8	11.8	9.5	1.8	1.8	1.4	3.6	5.9
2002 年	7.3	2.3	2.7	1.8	9.1	10.4	1.4	1.4	1.8	3.6	3.1
2004 年	10.0	5.0	3.2	1.8	12.2	12.7	2.7	3.2	2.3	2.7	4.1
2006 年	19.1	4.5	4.1	3.0	3.6	18.2	4.5	3.6	3.4	2.0	2.3
2008 年	27.2	5.4	6.4	2.7	2.3	3.6	1.8	3.6	3.2	2.3	4.5
2009 年	28.0	4.8	5.6	2.4	2.0	2.8	1.5	3.2	2.7	2.0	4.0
2014 年(预计)	36.0	5.6	6.5	2.7	2.3	3.2	1.7	3.8	3.0	1.6	4.6

① 以前膜及片材属于特殊用途的产品。

② 包括绝缘电线、电缆。

③ 包括机制品，如垫片、密封件、传送带、轴衬、齿轮。

④ 包括侧模压、侧板、散热器护栅板、减震部件（有些是玻璃纤维增强的），不包括膜和片材的挡风玻璃板。

⑤ 包括飞机座舱盖和乘客漂浮救生衣。

⑥ 包括套管导管、镶配件、绷带、冷包和外科用产品。

⑦ 包括运动鞋气囊。

⑧ 包括涂料、胶黏剂。

TPU 新的应用领域在不断开发中，在薄膜薄片方面将有较大发展，主要用于安全玻璃和飞机窗户等，这些是脂肪族二异氰酸酯系列 TPU；最近薄膜更多地用于暖房来代替使用寿命短的聚乙烯薄膜，这种薄膜是以氢化 MDI 为基础的 TPU；透水汽性强的 TPU 薄膜用于建筑行业作为房顶内衬材料的薄膜层压板，预测可能成为一个很大的行业，TPU 透水汽性取决于多元醇的选择，以 C_3/C_4，甚至 C_2 为原料。

近 10 年来 TPU 弹性体获得了长足的发展，TPU 的新功能、新品种、新应用层出不穷，概括起来，有如下几方面。

（1）新型化学助剂　瑞士汽巴精化公司推出的光稳定剂 TinuvinPUR866，其特点是提高了 TPU 的耐候性，特别适用于透明和浅色制品；Lubrizol 公司发明一种不含卤素的阻燃型热塑性聚氨酯产品，用亚磷酸酯、二亚磷酸酯或/和低聚物二季戊四醇、滑石、三聚氰胺衍生物等成分来代替含卤素的阻燃剂，可以显著提高产品的阻燃性能，并抑制燃烧时热塑性产品所产生的滴火现象。

（2）新太阳能电池材料　一种商品名为 VISTASOLAR 的耐光热塑性聚氨酯薄膜，具有很好的透明性，熔点高，将其用作太阳能电池材料代替传统的 EVA 薄膜，大大提高了太阳能电池的效率。

（3）软油箱　Lubrizol 公司推出 2 个新型热塑性聚氨酯（TPU）牌号材料，即 Estane™ X-1351 和 Estane™ X-1352，专门为 E85（含有 85％乙醇和 15％汽油的汽车燃料）开发。X-1351 是一种邵尔 A 硬度为 95 的酯基 TPU，与类似的酯基 TPU 相比，它可减少 80％的 E85 的渗漏能力；X-1352 是一种邵尔 D 硬度为 62 的酯基 TPU，它可减少 95％的 E85 的渗透能力。Estane 系列 TPU 对于像折叠式燃料箱、燃料软管、二次电容器、浮箱、箱内衬及传感器等应用是十分理想的，它们与传统材料如 PVC 材料相比，具有优异的耐磨性、抗撕裂性和抗穿刺性等。

（4）植物生物基醚型 TPU　Merquinsa 公司开发出系列 Pearlthan® ECO 植物生物基醚型 TPU，可替代石油基的聚氨酯和热塑性弹性体，具有优良的力学性能、耐磨性、抗划伤性、加工性能和再循环性。其中，注塑级 TPU 60％以上由可再生资源如植物油和脂肪酸制成硬度范围从邵尔 A85 至邵尔 D60 的产品，用于消费电子产品、运动用品、鞋类，具有与传统 TPU 相当或更好的性能。

（5）高耐热性系列 TPU 材料　BASF 公司推出了新型超韧、无卤、高耐热性系列 TPU 材料，在 DIN 测试标准下，均具有优异的耐磨损性、韧性、耐低温性、水解稳定性和防菌性，主要用于对韧度、防划伤、化学耐受性、低温柔软性和水稳定性有具体要求的场合，包括硬管、软管、电线电缆外皮、高尔夫球、轨道垫板、选矿筛和家具脚轮等。

本章主要介绍 TPU 的合成工艺、TPU 性能、加工工艺、应用和品种牌号等。

10.2　TPU 的合成工艺

关于 TPU 的合成工艺讨论如下内容：合成 TPU 的原料、合成的基础反应、TPU 的结构参数、TPU 配方的计算、TPU 的合成方法。

10.2.1　合成 TPU 的原料

为组成 TPU 的线型长链，TPU 弹性体配方要求原料是双官能的反应物。制取 TPU 所用原料类型见表 10-2。几乎所有 TPU 原料室温下都是液体或低熔点固体，这样有利于运输、计量和混合。表 10-2 中的 R、R′ 和 R″ 在表 10-3 和表 10-4 中是明确具体的。

表 10-2　合成 TPU 的原料类型

原料类型	结构形式	原料类型	结构形式
二异氰酸酯	OCN—R—NCO	扩链剂(小分子二醇)	HO—R″—OH
低聚物二醇	HO—R′—OH		

10.2.1.1　二异氰酸酯

二异氰酸酯是较小的分子，分子量为 150～250，在 TPU 中它的功能有两个。首先，它作为偶联剂连接低聚物二醇，生成含稀疏氨酯基的软段 $\left(CONHR-NH-CO-O-R'-O\right)_x$；还作为偶联剂连接小分子二醇扩链剂，生成含稠密氨酯基的硬段 $\left(CONHR-NH-CO-O-R''-O\right)$；又作为偶联剂连接软段和硬段，组成 TPU 链 $\left[\left(CONH-R-NHCO-O-R'-O\right)_x\left(CONH-R-NHCO-O-R''-O\right)_y\right]_n$。

二异氰酸酯的第二个功能是对 TPU 物理性能的结构贡献，是在硬段中的最大结果。

表 10-3 给出适宜 TPU 弹性体的部分商品二异氰酸酯。虽然有很多二异氰酸酯可供选择，

但生产 TPU 通常选那些环状的、紧密的、对称的核。由这些二异氰酸酯产生的氨酯基和硬段互相之间明显地聚集得密实，因此加强了 TPU 的物理性能。脂族二异氰酸酯合成 TPU 的色稳定性优于芳基二异氰酸酯。

表 10-3 适宜 TPU 弹性体的部分二异氰酸酯

缩写	化学名称	结构
MDI	二苯基甲烷二异氰酸酯	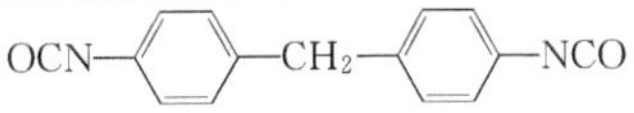 OCN—⬡—CH₂—⬡—NCO
H₁₂MDI	二环己基甲烷二异氰酸酯	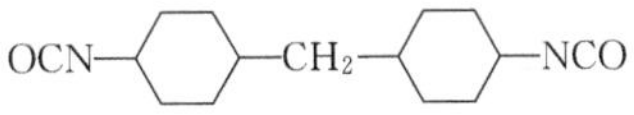 OCN—⬡—CH₂—⬡—NCO
PPDI	对苯二异氰酸酯	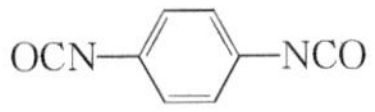 OCN—⬡—NCO
NDI	1,5-萘二异氰酸酯	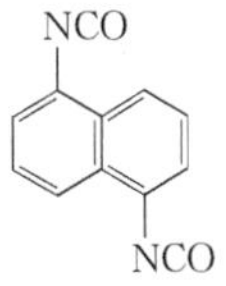 (结构)
XDI	苯二亚甲基二异氰酸酯	 OCN—CH₂—⬡—CH₂—NCO

10.2.1.2 低聚物二醇

TPU 中低聚物二醇分子量较高，为 $500\sim4000$（通常 $1000\sim2000$），一定要双官能才能形成线型 TPU 长链，在 TPU 弹性体中含量通常为 $50\%\sim80\%$，因此对 TPU 物理和化学性能有相当影响。如果低聚物二醇链结构均一且无取代基，则有利于在 TPU 中低聚物二醇的聚集，因而有较高的物理性能；相反，若低聚物二醇链不规整且有取代基，则有利于形成无定形 TPU，因而有较低的物理性能。

表 10-4 给出适合 TPU 弹性体的部分商品低聚物二醇，它们分成聚酯和聚醚两类。

表 10-4 适合 TPU 弹性体的部分低聚物二醇

缩写	化学名称	结构
PBA	聚己二酸丁二醇酯二醇	$H\!-\!\![O\!-\!CH_2\!]_4\!-\!O\!-\!C(\!=\!\!O)\!-\!\![CH_2]_4\!-\!C(\!=\!\!O)\!]_n\!-\!O\!-\![CH_2]_4\!-\!OH$
PCL	聚 ε-己内酯二醇	$H\!-\!\![O\!-\!(CH_2)_5\!-\!C(\!=\!\!O)]_m\!-\!O\!-\!R\!-\!O\!-\![C(\!=\!\!O)\!-\!O\!-\!(CH_2)_5]_n\!-\!OH$
PTMG	聚四亚甲基二醇	$H\!-\!\![O\!-\!(CH_2)_4]_n\!-\!OH$
PPG	聚丙二醇	$H\!-\!\![O\!-\!CH(CH_3)\!-\!CH_2\!-\!O]_n\!-\!CH_2\!-\!CH(CH_3)\!-\!OH$
P(PO/EO)	环氧丙烷-环氧乙烷共聚醚	$H\!-\!\![O\!-\!CH(CH_3)\!-\!CH_2\!-\!O\!-\!CH_2\!-\!CH_2]_n\!-\!OH$

10.2.1.3 扩链剂

TPU 弹性体的扩链剂，也是分子量较低的二元醇，为 $100\sim350$。在 TPU 聚合时，扩链剂与二异氰酸酯反应产生富含氨酯基的硬段，在 TPU 中，该硬段形成强氢键的微区。分子量小且无取代基的扩链剂有利于硬段和氨酯基的聚集，所以含有紧密、对称、环状的核可获得硬度和模量较高的 TPU。表 10-5 给出适于 TPU 弹性体的部分扩链剂。

表 10-5　适于 TPU 弹性体的部分扩链剂

缩　写	化　学　名　称	结　构
BDO	1,4-丁二醇	HO—CH₂CH₂CH₂CH₂—OH
CHDM	1,4-环己烷二甲醇	HO—CH₂⟨环⟩CH₂—OH
PXG	p-亚苯基二甲基二醇	HO—CH₂⟨苯⟩CH₂—OH
HQEE	1,4-双(2-羟乙氧基)苯	HO—(CH₂)₂—O—⟨苯⟩—O—(CH₂)₂—OH

10.2.2　合成 TPU 的基础反应

合成 TPU 的化学反应是异氰酸酯与活性氢化物的反应。主要是低聚物二醇和小分子二醇与二异氰酸酯生成氨酯基的反应，此外在一定的条件下还能生成脲、缩二脲和脲基甲酸酯。

10.2.2.1　生成氨酯基的反应

合成 TPU 最基本的化学反应是生成氨酯基。这个反应始终伴随着有机异氰酸酯基与羟基的反应，见式（10-1）。

$$R\!-\!NCO + R'\!-\!OH \rightleftharpoons R\!-\!NH\!-\!\overset{\overset{O}{\|}}{C}\!-\!O\!-\!R' + \Delta H \tag{10-1}$$

异氰酸酯　　醇　　　　　　氨酯基　　　　热

由式（10-1）可见，氨酯的生成是可逆平衡反应。在常温下平衡状态处于右侧，氨酯的解离反应可以忽略；然而，随温度的提高，解离增加，逆反应确实存在。

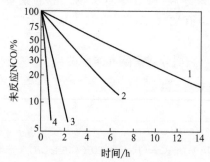

图 10-1　MDI 与 PDEA 在氯苯
中的未反应 NCO 与时间关系
1—30℃；2—50℃；3—74℃；4—100℃

氨酯的热稳定性很大程度上取决于它的结构。例如，由叔醇合成的氨酯，在 50℃ 这样的低温下容易分解；相反，由伯醇和仲醇合成的氨酯，在 150～200℃，只经历轻微的变化。其他反应物和催化剂的存在都可能影响氨酯的稳定性。

六亚甲基二异氰酸酯（HDI）与 1,4-丁二醇（BDO）反应的反应热是 -218kJ/mol；HDI 与聚乙二醇己二酸酯（PEA）反应，在 100℃ 的反应速率常数为 $8.3×10^{-4}\text{L/(mol·s)}$，活化能为 46.0kJ/mol。MDI 与聚己二酸二乙二醇酯（PDEA）在氯苯中的反应速率常数为 0.34（30℃）$×10^{-4}\text{L/(mol·s)}$、0.94（50℃）$×10^{-4}\text{L/(mol·s)}$、3.6（74℃）$×10^{-4}\text{L/(mol·s)}$、9.1（100℃）$×10^{-4}\text{L/(mol·s)}$，活化能为 43.9kJ/mol，MDI 未反应的 NCO% 与时间的关系如图 10-1 所示。对苯二异氰酸酯（PPDI）与几种二元醇反应的速率常数（100℃）为：与 PEA $36×10^{-4}\text{L/(mol·s)}$，与 PTMG（10～32）$×10^{-4}\text{L/(mol·s)}$ 与 1,4-BDO $9.0×10^{-4}\text{L/(mol·s)}$。

10.2.2.2　生成脲基的反应

异氰酸酯基与羧基反应生成脲基，如式（10-2）所示。由于在通常生产 TPU 的聚合方法中，该体系缺少羧基，所以通过异氰酸酯-羧基反应生成脲基的可能性小。

$$2R\!-\!NCO + 2R'\!-\!\overset{\overset{O}{\|}}{C}\!-\!OH \longrightarrow R\!-\!NH\!-\!\overset{\overset{O}{\|}}{C}\!-\!NH\!-\!R + R'\!-\!\overset{\overset{O}{\|}}{C}\!-\!O\!-\!\overset{\overset{O}{\|}}{C}\!-\!R' + CO_2 \tag{10-2}$$

异氰酸酯　　　酸　　　　　　　　二取代脲　　　　　　　酸酐

异氰酸酯基与水反应生成脲基，如式（10-3）所示。由于 TPU 生产中，严格控制水分含量，故实际上这种反应也是微乎其微的。

$$2R—NCO+HOH \longrightarrow R—NH—\overset{\overset{\displaystyle O}{\|}}{C}—NH—R \ +CO_2 \tag{10-3}$$

$\qquad\qquad$ 异氰酸酯$\qquad$水$\qquad\qquad\qquad$二取代脲·

在聚合反应中尽量减少水分含量，原因是：首先，水的分子量只有 18，在 TPU 聚合期间含少量水，将大量消耗异氰酸酯，并对产品性能产生重要的影响；其次，异氰酸酯-水反应生成二氧化碳气体，这是 TPU 产品所不希望存在的。

异氰酸酯基与胺的反应也生成脲基，如式（10-4）所示，溶液聚合生产氨纶就是基于这种反应。

$$R—NCO+R'—NH_2 \longrightarrow R—NH—\overset{\overset{\displaystyle O}{\|}}{C}—NH—R' \tag{10-4}$$

$\qquad\qquad$ 异氰酸酯$\qquad$胺$\qquad\qquad\qquad$脲

10.2.2.3　生成脲基甲酸酯基的反应

异氰酸酯基与氨酯基反应生成脲基甲酸酯基，如式（10-5）所示。生成脲基甲酸酯的反应是一种平衡反应，并且脲基甲酸酯基是热不稳定结构。在 106℃ 及其以上的温度下，它解离成异氰酸酯和氨酯基，据报道其速率是可观的。

$$R—NCO+ \ R'—NH—\overset{\overset{\displaystyle O}{\|}}{C}—O—R'' \longrightarrow R'—\underset{\underset{\displaystyle HN—R}{\underset{\displaystyle |}{\overset{\displaystyle C=O}{\overset{\displaystyle |}{}}}}}{\overset{\overset{\displaystyle O}{\|}}{N}}—\overset{\displaystyle C}{}—O—R'' \tag{10-5}$$

$\qquad$ 异氰酸酯$\qquad\qquad$氨酯基$\qquad\qquad\qquad\qquad$脲基甲酸酯

脲基甲酸酯基在 TPU 中产生支链和/或交联，它们影响低聚物特性和加工选择，例如溶液应用。因此通常需要避免。然而，有时将脲基甲酸酯基引入 TPU，提供化学交联产品，以便改善 TPU 的某些性能。

10.2.2.4　生成缩二脲基的反应

异氰酸酯基与脲基反应形成缩二脲基，如式（10-6）所示。缩二脲的生成是另一种热可逆的反应。在 TPU 合成时可能遇到这种反应，例如通过式（10-2）和/或式（10-3）的反应。在化学交联聚氨酯浇注制品中，它是设计的反应，但在 TPU 中，缩二脲是要避免的，理由与脲基甲酸酯相同。缩二脲的解离在 120℃ 是明显的。

$$R—NCO+ \ R'—NH—\overset{\overset{\displaystyle O}{\|}}{C}—NH—R'' \longrightarrow R'—\underset{\underset{\displaystyle HN—R}{\underset{\displaystyle |}{\overset{\displaystyle C=O}{\overset{\displaystyle |}{}}}}}{N}—\overset{\overset{\displaystyle O}{\|}}{C}—NH—R'' \tag{10-6}$$

$\qquad$ 异氰酸酯$\qquad\qquad$脲$\qquad\qquad\qquad\qquad$缩二脲

10.2.2.5　TPU 的聚合反应

制取 TPU 基本上有两种聚合方法：两步法（预聚物法）和一步法（一次法）。前者先反应生成较低分子量线型、端异氰酸酯的预聚物［式(10-7a)］，然后再扩链成高分子量的线型低聚物［式(10-7b)］。

$$n\text{OCN}—R—\text{NCO} + \text{HO}—R'—\text{OH}\longrightarrow$$
二异氰酸酯　　　低聚物二醇

$$\text{OCN}—R\underbrace{(\text{NH}—\overset{\displaystyle O}{\overset{\|}{C}}—O—R'—O—\overset{\displaystyle O}{\overset{\|}{C}}—\text{NH})}_{\text{预聚物}}R—\text{NCO}+(n-2)\text{OCN}—R—\text{NCO} \tag{10-7a}$$

未反应的二异氰酸酯
$(n-1)\text{HO}—R''—\text{OH}$ (扩链剂)

$$[\underbrace{(\text{NH}—\overset{\displaystyle O}{\overset{\|}{C}}—O—R'—O—\overset{\displaystyle O}{\overset{\|}{C}}—\text{NH}—R}_{\text{稀疏氨酯基软段}})\underbrace{(\text{NH}—\overset{\displaystyle O}{\overset{\|}{C}}—O—R''—O—\overset{\displaystyle O}{\overset{\|}{C}}—\text{NH})_{n-1}}_{\text{稠密氨酯基硬段}}]_x \tag{10-7b}$$

在第一步[式(10-7a)]中，低聚物二醇和过量二异氰酸酯反应生成氨酯键[式(10-1)]，从而形成端异氰酸酯基的线型链，其分子量和熔融黏度较低，便于与随后的扩链剂混合。二异氰酸酯-低聚物二醇链段构成 TPU 链中稀疏氨酯基的软段。

在第二步[式(10-7b)]中，加入的扩链剂与端异氰酸酯基预聚物反应，进一步使预聚物分子结合成氨酯键，（含稠密氨酯基的硬段），从而产生高分子量的 TPU 弹性体。

如果增加初始二异氰酸酯/低聚物二醇摩尔比至＞2/1，或补加二异氰酸酯到预生成的预聚物中，则式（10-7a）的预聚物含有游离的二异氰酸酯组分，叫做半预聚物。再与等当量的扩链剂反应[式(10-7b)]，由于增加了富含氨酯基的硬段，所以产生硬度和模量均较高的 TPU 弹性体。

预聚物异氰酸酯含量和扩链剂羟基含量为等当量，或后者略高时，式（10-7b）将产生线型 TPU。实际上，这个过程产生了线型聚氨酯链，也就是$+AB\frac{}{n}$结构，直到所需要的任何程度。

然而，如果加入的扩链剂略低于预聚物所要求的当量，则预聚物过量的异氰酸酯最终将与 TPU 链的氨酯基反应，形成脲基甲酸酯键[式（10-5）]，在 TPU 链的氨酯基之间提供支链或化学交联。需要时，可利用这个规则生产化学交联的 TPU。

式（10-7b）中改变异氰酸酯基/羟基的比值即可确定 TPU 产品的结构，NCO/OH≤1.0 时，TPU 是线型结构；NCO/OH＞1.0 时，TPU 是脲基甲酸酯支化和/或交联结构。

将所有 TPU 组分同时在一起混合，称为一步法聚合，即无规熔融聚合。这里，软段和硬段交替地通过氨酯键首-尾连接[式（10-8）]。

$$n\text{OCN}—R—\text{NCO} + \text{HO}—R'—\text{OH} + (n-1)\text{HO}—R''—\text{OH} \longrightarrow$$
二异氰酸酯　　　低聚物二醇　　　扩链剂

$$[\underbrace{(\text{NH}—\overset{\displaystyle O}{\overset{\|}{C}}—O—R'—O—\overset{\displaystyle O}{\overset{\|}{C}}—\text{NH}—R}_{\text{稀疏氨酯基软段}})\underbrace{(\text{NH}—\overset{\displaystyle O}{\overset{\|}{C}}—O—R''—O—\overset{\displaystyle O}{\overset{\|}{C}}—\text{NH})_{n-1}}_{\text{稠密氨酯基硬段}}]_x \tag{10-8}$$

10.2.3　TPU 的结构参数

为使 TPU 满足要求的物理性能，要对 TPU 进行分子设计。根据已了解的 TPU 分子结构和物理性能之间的关系，合成出具有特定化学结构的材料。TPU 分子的结构参数确定了，材料的物理性能基本上也确定了。

合成 TPU 通常需要低聚物二醇、扩链剂和二异氰酸酯三种原料，在 TPU 分子中形成硬段和软段两种嵌段。低聚物二醇提供软段，扩链剂和二异氰酸酯反应生成的氨酯基提供硬段。TPU 分子的结构参数包括：软段分子量、软段含量、硬段分子量、硬段含量、异氰酸酯指数、TPU 分子的聚合度（分子量）。

10.2.3.1　软段的分子量和软段含量

组成 TPU 软段的低聚物二醇是聚酯二醇或聚醚二醇，其分子量为 500～4000 不等，最常用的分子量是 1000～2000。低聚物二醇软段分子量大，两相分离好，扯断伸长率、低温性能和弹性等性能较高。所以在设计 TPU 分子结构时，先要根据要求确定软段分子量。

软段含量是指软段在 TPU 中的质量分数，它与硬段含量加起来是 TPU 的质量。例如，软段含量 30％，硬段含量即为 70％，加起来是 100％的 TPU 质量。增加软段含量，TPU 的硬度、模量、撕裂强度等均下降，所以改变软段含量是调整 TPU 物理性能的重要结构参数。TPU 软段含量范围很宽可达 30％～90％。

10.2.3.2　硬段的含量和分子量

硬段含量是指硬段在 TPU 中的质量分数，是 TPU 分子设计的另一个重要的结构参数，是根据它与物理性能之间的关系设定的。硬段含量的高低决定着 TPU 软段相和硬段相两相分离或混合的程度，决定着硬段相的有序和结晶的程度，从而影响 TPU 的物理机械性能。一般地讲，硬段含量高，TPU 的硬度，模量和撕裂强度增加，扯断伸长率下降。在 TPU 中硬段含量的控制范围在 10％～70％。

硬段分子量与硬段含量有着直接的关系，确定了硬段含量和软段分子量，可以计算出硬段分子量。进一步可以计算出二异氰酸酯、扩链剂和低聚物二醇的摩尔比，当然，必须先知道三种原料的结构。硬段含量增加，硬段分子量亦增加，而且比含量增加得快。硬段分子量的大小，与硬段含量一样，决定着 TPU 的形态结构，从而影响 TPU 的物理和力学性能。硬段分子量增加，对 TPU 力学性能影响的趋势，与硬段含量影响的趋势一样。硬段分子量在 TPU 中可达到 500～5000。

10.2.3.3　异氰酸酯指数

异氰酸酯指数 r_0 是指二异氰酸酯当量数与低聚物二醇和小分子二醇当量数之和之比，即 NCO/OH 之比；如果这三种原料都是双关能团，则 NCO/OH 是摩尔比。例如，MDI/BDO/PTMG-1000 的 TPU，其摩尔比为 3.0/2.0/1.0，则 NCO/OH＝1.0[3.0/(2.0+1.0)]＝1.0。

在理论上，NCO/OH＝1.0 时，其 TPU 的分子量是无限大，事实上这是不可能的，因为异氰酸酯基与羟基的反应是可逆反应，反应程度不可能是 1.0；况且，TPU 分子量没有必要太高，太高给熔融加工或溶解加工带来困难，甚至无法加工。然而，在制备 TPU 时，NCO/OH 比率对控制分子量起重要作用。当 NCO/OH≤1.0 时，TPU 初始分子量随 NCO/OH 比率增加，到 NCO/OH＝1.0 时，TPU 分子量达到最高；再继续增加 NCO/OH 比率，NCO/OH＞1.0 时，同样会使 TPU 分子量急速下降（图 10-2），但 NCO 基和 OH 基不同，过量异氰酸酯基能与湿气、脲基和氨酯继续反应分别生成脲、缩二脲和脲基甲酸酯，使产品支化和交联，导致产品难以热塑加工。

NCO/OH 在 0.95～1.0 之间，TPU 模量、扯断伸长率、拉伸强度、撕裂强度，随 NCO/OH 比率增加而增加；NCO/OH 在 1.0～1.05 时，这些性能趋于平稳，变化不大。值得注意的是 TPU 硬度与 NCO/OH 比率无关。

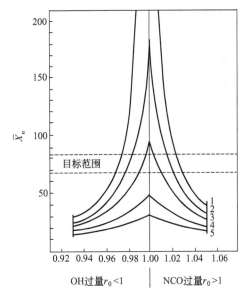

图 10-2　TPU 聚合度与异氰酸酯
指数关系（MDI/BDO/PEA）
反应程度 a：1—1.00；2—0.995；
3—0.99；4—0.98；5—0.97

10.2.3.4 TPU 的聚合度

TPU 的分子结构较为复杂，软段和硬段都是低聚物，其本身各自有聚合度，软段和硬段通过二异氰酸酯偶联起来构成 TPU 大分子。例如，MDI/BDO/PTMG-TPU 和 MDI/BDO/PBA -TPU，如式（10-9）式（10-10）所示。其中软段和硬段的聚合度分别为 X_y 和 X_x，TPU 聚合度是 X_n。

MDI/BDO/PTMG-TPU：

$$\text{⟨O⟩(CH}_2\text{)}_4\text{O⟩}_y \mid \text{C—NH—R—NH—C—O⟨(CH}_2\text{)}_4\text{O⟩}_x\text{C—NH—R—NH—C⟩}_n \tag{10-9}$$

TPU软软段　　　　　　　　　TPU软硬段

MDI/BDO/PBA-TPU：

$$\text{⟨O—C—(CH}_2\text{)}_4\text{—C—O—(CH}_2\text{)}_4\text{—O⟩}_y \mid \text{C—NH—R—NH—C—O—(CH}_2\text{)}_4\text{—O⟩}_x\text{C—NH—R—NH—C⟩}_n \tag{10-10}$$

TPU软软段　　　　　　　　　　　TPU软硬段

式中，R：OCN—⟨⟩—CH₂—⟨⟩—NCO 。

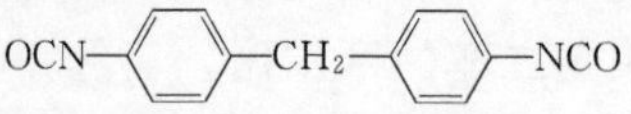

按照 FLORY 理论，NCO 对 OH 基的摩尔比，即 NCO/OH＝r_0，决定反应期间和完成反应期间的聚合度 $\overline{X}_n$，如式（10-11）所示。

$$\overline{X}_n = \frac{1+r_0}{r_0 - 2ar_0 + 1} \tag{10-11}$$

式中　r_0——$c_{NCO} \leqslant c_{OH}$ 的异氰酸酯指数，$r_0 \leqslant 1$；

　　　$1/r_0$——$c_{NCO} > c_{OH}$ 的异氰酸酯指数，$r_0 \geqslant 1$；

　　　a——反应程度；

　　　$\overline{X}_n$——数均聚合度；

c_{NCO}，c_{OH}——NCO 和 OH 的初始浓度，mol/kg。

在 MDI/BDO/PEBA TPU 中，TPU 聚合度 $\overline{X}_n$、异氰酸酯指数 r_0 和反应程度 a，验证了式（10-11），如图 10-2 所示。图 10-2 中的 1～5 为反应程度 $a = 1.0$、0.995、0.99、0.98、0.97；常压熔融聚合；目标范围是指定的聚合度界限，$\overline{X}_n$ 在 75～85。

TPU 聚合度 $\overline{X}_n$ 的大小，亦即分子量的大小，对 TPU 力学性能有明显的影响。TPU 分子量增加，密度、模量、拉伸强度、耐磨性增加，在 $\overline{M}_n = 3.5$ 万～4.0 万时这些性能趋于平稳。

综上所述，TPU 的结构参数（包括软段分子量、硬段含量、异氰酸酯指数和 TPU 的聚合度）是 TPU 分子设计的基础。有了这些参数，TPU 的结构、形态大体上固定了，因此，TPU 的物理和力学性能亦可预测了。

10.2.4 TPU 配方的计算

了解了 TPU 结构参数之后，即可根据对 TPU 物理和力学性能的要求，以及对 TPU 其他性能如低温性能、耐水性能、耐油性能等的要求，进行原料的选择。例如，要求力学性能高，如硬度、模量、拉伸强度等可选聚酯作为软段；要求低温性能、弹性、水解稳定性好的 TPU 可选聚醚作为软段。

10.2.4.1 软段分子量的确定

在二异氰酸酯、扩链剂和低聚物二醇摩尔比固定情况下，软段分子量 2000 与 1000 比较，扯断伸长率增加约 70%，弹性增加约 25%，玻璃化转变温度 T_g 下降约 20℃。这说明软段分子量对性能的影响，需要扯断伸长率高、低温柔性好时选用较高分子量的软段；然而，就 100%定伸应力、300%定伸应力和硬度而言，前者要下降 40%～60%；两种软段分子量 TPU 的拉伸强度相差无几。可见在确定软段分子量时，综合考虑对 TPU 性能的要求是很必要的。

10.2.4.2　硬段含量的确定

在确定了 TPU 软段分子量之后，就可考虑硬段含量如何确定下来。硬段含量对 TPU 的力学性能十分重要，硬度、100% 定伸应力、300% 定伸应力、压缩应力、密度、撕裂强度和 T_g 等，都随硬段浓度的增加而增加，扯断伸长率、回弹则下降。作为弹性体，一般只提供硬度的要求，这是因为硬段与许多力学性能存在相关性，有了硬度，其他力学性能即可基本确定。所以根据硬段含量与硬度之间的关系，确定满足 TPU 硬度要求所需要的硬段含量。同时，应注意到软段类型和分子量、硬段类型和分子量差别的影响。

10.2.4.3　异氰酸酯指数的确定

在一般情况下，NCO/OH 指数可控制在 $0.95 \sim 1.05$，实际上通常控制在 NCO/OH $=0.98 \sim 1.02$ 之间。NCO/OH < 1.0 时，反应生成纯线型氨酯；NCO/OH > 1.0 时，反应除生成线型氨酯外，多余异氰酸酯基与氨酯基反应生成脲基甲酸酯键，见式（10-5），形成交联。

纯线型 TPU 叫热塑性 TPU，含有少量脲基甲酸酯交联的 TPU 叫半热塑或热塑-热固性 TPU。热塑性 TPU 可熔融、可溶解，因此可熔融加工，如注射、挤出、压延等；也可溶液加工，如溶于甲乙酮、丙酮等作黏合剂，溶于二甲基甲酰胺（DMF）、四氢呋喃（THF）、二甲亚砜等作为涂料、合成革等的原料。半热塑性 TPU 可熔融，但不溶解，所以只能熔融加工。

就 TPU 性能而言，热塑性和半热塑性有一些差别。热塑性 TPU 压缩永久变形或伸长永久变形较大，耐溶剂性能差，而半热塑性 TPU 永久变形和耐溶剂性能都优于热塑性。TPU 的力学性能，热塑和半热塑性无显著差别。

可见确定 TPU 异氰酸酯指数，要根据对 TPU 加工和性能的要求而定。要求溶液加工，NCO/OH < 1.0，要求 TPU 耐溶剂和永久变形低时，NCO/OH > 1.0。

10.2.4.4　TPU 配方的计算

在确定了软段分子量、硬段含量和异氰酸酯指数之后，可以进行 TPU 合成时所用原料低聚物二醇、扩链剂（小分子二醇）和二异氰酸酯用量的计算，这就是 TPU 的配方计算。

在选定低聚物二醇分子量和硬段含量条件下，按硬段含量计算小分子二醇和二异氰酸酯的用量。硬段含量的定义是，硬段在 TPU 中所占的质量分数，即硬段质量除以 TPU 的质量；硬段质量是小分子二醇质量与二异氰酸酯质量之和。

（1）小分子二醇用量的计算　按式（10-12）计算小分子二醇的用量，以 100g 低聚物二醇为基础计算，异氰酸酯指数 r_0 为 1.0。

$$C_h = \frac{\text{硬段质量}}{\text{TPU 质量}} = \frac{W_i + W_d}{W_i + W_d + W_g}$$

即

$$C_h = \frac{M_i \left(\dfrac{W_g}{M_g} + \dfrac{W_d}{M_d} \right) r_0 + W_d}{W_g + M_i \left(\dfrac{W_g}{M_g} + \dfrac{W_d}{M_d} \right) r_0 + W_d} \tag{10-12}$$

式中　W_i，W_d，W_g——二异氰酸酯、小分子二醇、低聚物二醇的质量；

　　　　M_i，M_d，M_g——二异氰酸酯、小分子二醇、低聚物二醇的分子量；

　　　　C_h——硬段含量。

假设合成的 TPU 是 MDI/BDO/PBA。其硬段是 MDI/BDO，软段是 PBA。二异氰酸酯是 MDI，分子量 $M_i = 250$，小分子二醇是 BDO，分子量 $M_d = 90$，低聚物二醇是 PBA，选定分子量 $\overline{M}_g = 849$，根据 TPU 硬度要求，选定硬段含量 $C_h = 36.8\%$。将这些已知数据代入式（10-12）：

$$\frac{250\times\left(\frac{100}{849}+\frac{W_d}{90}\right)\times 1+W_d}{100+250\times\left(\frac{100}{849}+\frac{W_d}{90}\right)\times 1+W_d}=36.8\%$$

解方程得 $W_d(BDO)=7.62g$。

(2) 二异氰酸酯用量的计算　由已知的小分子二醇 W_d 计算二异氰酸酯用量 W_i，按式 (10-13) 计算：

$$W_i=M_i\left(\frac{W_g}{M_g}+\frac{W_d}{M_d}\right)r_0 \tag{10-13}$$

将数据代入，求出 MDI 用量：

$$W_i=250\times\left(\frac{100}{849}+\frac{7.62}{90}\right)\times 1=50.61$$

(3) 硬段分子量的计算　由设定的硬段含量 C_h 和软段分子量 $\overline{M}_{ns}$（即 M_g），按式 (10-14) 计算硬段分子量 $\overline{M}_{nh}$。

$$\overline{M}_{nh}=\overline{M}_{ns}\frac{C_h}{C_s} \tag{10-14}$$

式中　$\overline{M}_{nh}$，$\overline{M}_{ns}$——硬段和软段的分子量；
　　　　C_s——软段含量，$C_s=1-C_h$。

将 $\overline{M}_g=849$、$C_h=36.8\%$ 代入方程：

$$\overline{M}_{nh}=849\times\frac{0.368}{0.632}=494.4$$

解得 $\overline{M}_{nh}=494.4$，即硬段分子量。

(4) 二异氰酸酯物质的量的计算　由硬段分子量计算二异氰酸酯的物质的量，设软段物质的量 N_g 是 1.0。按式 (10-15) 计算二异氰酸酯物质的量 N_i。

$$N_i=\frac{\overline{M}_{nh}+M_d}{\overline{M}_i+M_d} \tag{10-15}$$

将 $M_i=250$、$M_d=90$，$\overline{M}_{nh}=494.4$ 代入方程，得 $N_i=1.72mol$，即 MDI 的物质的量。

(5) 小分子二醇扩链剂物质的量的计算　由二异氰酸酯物质的量和低聚物二醇物质的量，按式 (10-16) 计算小分子二醇物质的量 N_d。

$$N_d=N_i-1 \tag{10-16}$$

将 $N_i=1.72$ 代入方程：$N_d=1.72-1=0.72$，得到 $N_d=0.72\ mol$，即 BDO 物质的量。

(6) TPU 的配方　由上述计算结果得出 TPU（MDI/BDO/PBA）的配方如下。

PBA 质量	100g	硬段含量	$C_h=36.8\%$
BDO 质量	7.62g	硬段分子量	$\overline{M}_{nh}=494.4$
MDI 质量	50.58g	软段分子量	$\overline{M}_{ns}(\overline{M}_g)=849$
MDI/BDO/PBA 摩尔比为	1.72/0.72/1.0	软段含量　$C_s=1-C_h=1-36.8\%=63.2\%$	
$r_0=$ NCO/OH $=1.72/(1.0+0.72)=1.0$			

10.2.5　TPU 的合成方法

TPU 的合成方法，按有无溶剂分类有两种：无溶剂的本体聚合法和有溶剂的溶液聚合法。本体聚合按是否进行预反应分类又有预聚法和一步法。前者预先将低聚物二醇与二异氰酸酯反应生成端异氰酸酯基的预聚物，再与扩链剂反应生成 TPU；后者将低聚物二醇、小分子二醇（扩链剂）和二异氰酸酯同时混合，无规熔融聚合成 TPU。工业生产方法主要采用一步法。

按生产的连续性分类，TPU 的合成方法分为间断合成工艺和连续反应合成工艺。连续反应合成 TPU 的工艺是较先进的合成方法。

10.2.5.1　TPU 的本体合成

本体聚合是合成 TPU 弹性体、塑料的主要方法。在间断合成法中，可分为手工计量、混合和机械计量、混合两种。手工计量适合小批量生产，TPU 产品的加工性能和力学性能不稳定，但设备、工艺和操作都简单；机械混合适合大批量生产，计量准确，混合均匀，TPU 产品的加工性能和力学性能比较稳定，但设备投资高，操作复杂。在连续合成法中，合成 TPU 原料的计量、混合、反应、造粒是在浇注机、双螺杆反应挤出机和切粒机中连续不断地进行，一次完成的。它适合大量生产，生产效率高，计量精确，产品美观，质量稳定，TPU 的加工性能和力学性能均可靠，然而投资高，操作复杂。下面分别讨论这些合成法的配方、工艺条件和生产流程。

（1）间歇合成 TPU

① 手工计量法　手工计量法是最简单的合成 TPU 的方法。合成 TPU 一般包括原料的称量、混合、注盘、硫化、造粒。设备有不锈钢反应釜、电动搅拌器、物料盘和破碎机。下面给出几种 TPU 合成的配方和工艺条件，以及它的力学性能。

实例 1　配方（质量份）

| PBA（$\overline{M}_g=849$） | 1443 | MDI | 730 |
| PBO | 109.8 | | |

将脱过水的 PBA 和 BDO 加入 4L 的反应釜中，用加热套加热，并于 110℃搅拌 10min 后，加入 MDI，强烈搅拌 1min 后，倾入料盘（涂过脱模剂），放入 140℃烘箱（有氮气保护）烘 3.5h，使聚合反应完全。冷却，取出弹性体。产品经破碎机粉碎后，即可模塑、注射或挤出成型。TPU 弹性体硬度邵尔 A85，可溶于 DMF 中。

实例 2　配方（质量份）

| PEA（$\overline{M}_g=2200$） | 1000 | 水 | 10 |
| TDI | 174 | | |

在反应釜中加入 PEA 和 TDI，于 120～130℃加热并搅拌 20min，制成预聚物。降温到 100～110℃，预聚物在剧烈搅拌下加入水，反应伴随放出二氧化碳，数秒后，将黏稠的熔融物倾入料盘中，于 90℃加热 24h。生成的 TPU 弹性体，经破碎机粉碎成颗粒，于 150℃模塑成试片，透明，其力学性能为：

硬度（邵尔 A）	62	扯断伸长率/%	655
300%定伸应力/MPa	1.5	扯断永久变形/%	4
拉伸强度/MPa	26.2	回弹/%	39

实例 3　配方（质量份）

PCL-2080	1000	MDI	400
PCL-535	131.5	碳化二亚胺	17
BDO	70		

称取 PCL-2080 于反应釜中，120℃脱水 2h，加入 30℃的 PCL-535，再加入碳化二亚胺水解稳定剂，搅拌下加入 BDO，温度控制在 110℃，搅拌 30s，然后加入 MDI，搅拌 1.5min，仍是流体，倾入料盘中。在 125℃的热流道上烘 13min，熔融料固化。取出 TPU 弹性体板，冷却至室温，然后在密闭容器里（以防接触空气水分）停留 2 天，经破碎机造粒，不规则颗粒再于室温贮存 8 天，最后在挤出机上牵引切粒。其圆柱状颗粒，经注塑机注成透明试片，测试物理机械性能如下：

密度(g/cm³)	1.15	拉伸强度/MPa	51.1
硬度(邵尔 A)	75	扯断伸长率/%	640
100%定伸应力/MPa	3.0	冲击弹性/%	43
300%定伸应力/MPa	5.0	磨耗/mm³	36

实例 4 配方（质量份）

PCL-2000	1000	HQEE(对苯二酚二乙二醇醚)	189
MDI	450	TMP(三羟甲基丙烷)	3

称取 PCL-2000 投入反应釜中脱水后，于 110℃加入 MDI，数秒后在 100℃下加入 HQEE 和 TMP，剧烈搅拌，物料仍为液态，倾入预热过的金属盘中。于 150℃烘 10min，再于室温贮存 48h。然后经破碎造粒、注射、挤出或压延加工得到最终制品，制品要达到理想的性能，需在 80℃退火 3 天，或在室温下贮存 6 周。其物理机械性能如下。

密度/(g/cm³)	1.18	冲击弹性/%	37
硬度(邵尔 A)	92	压缩永久变形/%	
100%定伸应力/MPa	7.8	室温×24h	10.2
300%定伸应力/MPa	16.2	70℃×24h	24.0
拉伸强度/MPa	48.3	磨耗/mm³	56
扯断伸长率/%	470		

② 机械计量法 机械计量法是采用一种 TPU 用的浇注机来完成原料的计量与混合。该机将原料组分分别用齿轮泵打入高速旋转的混合头，混合均匀的物料浇注到带有加热系统的输送带上，加热温度 120℃，停留时间 15min，TPU 板经破碎后，再由挤出机切粒即为成品。下面给出几种机械计量合成 TPU 的配方、工艺条件及其力学性能。

实例 1 配方（质量份）

PHA-971	100	EDO	7.02
MDI	54.1		

将三种原料分别在各自的贮罐中加热，PHA 温度 90℃，MDI 70℃，EDO 40℃。经计量泵分别打入混合头，高速旋转的转子将其混合均匀，注在输送带上，通过烘道的 TPU 液体已经固化成板片；再将板片破碎或切粒，送到挤出机上于 141℃挤出二次造粒。其力学性能和加工温度为：

硬度(邵尔 A)	77	扯断伸长率/%	550
300%定伸应力/MPa	13.6	扯断永久变形/%	5
拉伸强度/MPa	49.1	挤出温度/℃	141

该 TPU 弹性体扯断永久变形很低，只有 5%，是其他配方 TPU 难以达到的，适合于弹性纤维用（纤维要求扯断永久变形不高于 15%）。

实例 2 配方（质量份）

PBA-1030	100	r_0	1.0
MDI	48.6	硬段含量/%	36.4
BDO	8.7		

工艺过程与例 1 相同，TPU 的力学性能和挤出温度如下：

硬度(邵尔 A)	87	扯断伸长率/%	570
300%定伸应力/MPa	9.5	扯断永久变形/%	47
拉伸强度/MPa	56.3	挤出温度/℃	132

这种 TPU 可以挤出、注射、压延，成型各种形状的注射件、软管和薄膜等。

实例 3　配方（质量份）

PPG-425	102	TMP	3.6
PPG-1000	102	80/20-TDI	365.2
PPG-3000（含甘油）	38.4	r_0	1.02
叔丁基酚	0.18	硬段含量/%	83.3
二丙二醇	234		

将 PPG-425、PPG-1000、PPG-3000 和叔丁基酚混合作为低聚物二醇组分，二丙二醇和 TMP 作为扩链剂组分，80/20-TDI 作为一个组分，分别加热至 90℃、60℃ 和 20℃。由齿轮泵打入混合头混合，倾入盘中，放在输送带上，于 145℃ 烘 30min，取出 TPU 冷却至室温，这时反应尚未完全，破碎后的 TPU 在氮气保护的烘箱中继续在 110℃ 反应 18h，即为成品。其颗粒可在 143～182℃ 挤出，也可在 157℃、28MPa 下模压试片。它无色透明，在 DMF 中溶胀，但可热射，并能注射，挤出和压延。力学性能如下：

硬度（邵尔 A）	83	冲击强度（缺口）/(kJ/m)	27.5
扭力强度/MPa	52.5		

（2）连续合成 TPU　连续合成 TPU 法是将原料的计量、输送、混合、反应以及熔融 TPU 的造粒等工序形成一条流水作业线，连续进行的聚合工艺。这种工艺包括四个部分：保持一定温度的原料贮罐（化料罐）、浇注机（计量、输送和初混）、双螺杆反应挤出机（物料输送、混合和化学反应）和高压水流切粒机（离心干燥、分级筛和自动包装）。TPU 连续聚合工艺流程如图 10-3 所示。

双螺杆连续反应挤出机是较理想的 TPU 反应装置。它具有许多特点：①在高温高压下进行反应，温度 140～250℃、压力 4～7MPa，可确保副反应降到最低限度，高压几乎完全抑制带有气体的分解反应；②低分子量低聚物（约 1500g/mol）的质量分数降到最低，如溶液聚合 TPU 的低聚物为 3.0%，溶液聚合除去溶剂后再挤出为 1.38%，而用双螺杆连续反应产生的低聚物仅为 0.36%；③在双螺杆里可达到 2000s^{-1} 以上的速度梯度，捏合次数可达 7～15 次/s，这样可防止在杆轴和筒壁上黏结反应物，因停留时间过长，该物产生硬节。这种硬节使挤出加工的产品表面不光滑。

双螺杆连续反应挤出机生产的 TPU

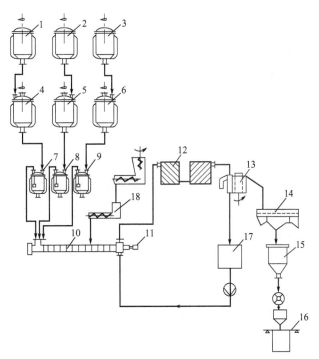

图 10-3　TPU 连续聚合工艺流程

1—聚酯化料罐；2—MDI 化料罐；3—丁二醇化料罐；
4—聚酯高位槽；5—MDI 高位槽；
6—丁二醇高位槽；7—聚酯计量罐；8—MDI 计量罐；
9—丁二醇计量罐；10—双螺杆挤出机；
11—水下切粒机；12—冷水塔；13—离心干燥机；
14—分级筛；15—贮料罐；16—自动包装机；
17—贮水槽；18—侧喂料机

质量高，这是间歇法无法相比的。它生产的 TPU 可用于涂料、黏合剂、弹性体、塑料和纤维等方面。以下给出若干实例的配方、工艺条件和力学性能。

实例 1 配方（质量份）

(PEA＋PBA)-2000	27.6	粒状聚甲醛	417
BDO	26.2	r_0	1.04
双硬酯酰胺	2.7	硬段含量/%	33.4
MDI	112		

将前三种原料预混并加热到 100℃，MDI 加热到 60℃，用浇注机计量混合送入双螺杆挤出机，在第 2 段～第 6 段控制温度为 110～200℃。另外在捏合区送入聚甲醛。生产的粒料注射试片，其力学性能为：

硬度(邵尔 A)	65	扯断伸长率/%	522
100%定伸应力/MPa	27.4	冲击弹性/%	45
拉伸强度/MPa	30.2	磨耗/%(天然胶的)	50

这是一个合成 TPU 同时与聚甲醛共混的工艺，其特点是模量、扯断伸长率和弹性都较高。

实例 2

① 预聚物配方（质量份）

PPG-2000	50	MDI	1700
(PPG＋TMP)-2000	50	2,2′,6,6′-四异丙基二苯基碳化二亚胺	15

上述原料混合加热至 95℃反应 0.5h，即是预聚物。

② 二醇混合物配方（质量份）

PEA-2000	1000	炭黑	20
BDO	50	硬脂酸甲酯	20

将预聚物加热到 90～95℃，二醇混合物加热到 70～80℃，用浇注机计量和混合送入双螺杆挤出机，两组分流量分别为 24.65kg/h 和 13.9kg/h。挤出机进料区温度 95～105℃，中段 180～260℃，末段 100～180℃。挤出颗粒再注射成型试片，力学性能为：

硬度(邵尔 D)	50	撕裂强度/(kN/m)	97
拉伸强度/MPa	32.5	磨耗/mm³	50
扯断伸长率/%	312		

颗粒挤出的薄片表面光亮，非常均匀。

实例 3 配方（质量份）

PEA-2000	100	抗氧剂 1010	0.3
BDO	15.8	r_0	1.01
MDI	56.5	硬段含量/%	42

将 PEA-2000、BDO 和 MDI 分别加热至 90℃、50℃和 80℃，用浇注机计量、混合后送入双螺杆挤出机。温度控制在 100～250℃，经高压水流切成透明或半透明珠状颗粒，注塑试片的力学性能为：

密度/(g/cm³)	1.22	拉伸强度/MPa	40
硬度(邵尔 A)	90	扯断伸长率/%	550

| 100%定伸应力/MPa | 9.0 | 扯断永久变形/% | 40 |
| 300%定伸应力/MPa | 12.0 | 冲击弹性/% | 20 |

实例 4 配方（质量份）

PTMG-1000	100	r_0	1.0
BDO	8.3	硬段含量/%	35.9
MDI	47.9		

将 PTMG-1000、BDO 和 MDI 分别加热至 76℃、46℃ 和 70℃，用浇注机计量混合按比例分别送入双螺杆挤出机。温度控制在 90～230℃，经高压水流切成透明珠状颗粒，注射试片，测试力学性能为：

密度/(g/cm³)	1.11	拉伸强度/MPa	30
硬度(邵尔 A)	80	扯断伸长率/%	650
100%定伸应力/MPa	4.0	扯断永久变形/%	30
300%定伸应力/MPa	7.0	冲击弹性/%	40

10.2.5.2 TPU 的溶液聚合

溶液聚合生产 TPU 是在溶剂中进行反应。特点是反应缓慢、均匀、平稳，容易控制，副反应少，能获得全线型结构的产品；产品的力学性能、加工性能和溶解性能均较好。但它对溶剂要求严格，需要溶剂处理及回收设备，成本高；同时溶剂易挥发，可能造成污染环境。

溶液聚合 TPU 所用溶剂：二甲基甲酰胺（DMF）、二甲基乙酰胺（DMA）、二氧六环、四氢呋喃（THF）、甲基异丁酮、二甲基亚砜、甲苯等。溶液聚合需要加入适量的催化剂，主要用锡类和叔胺类催化剂。

溶液聚合所需设备比较简单，主要是聚合釜。其 TPU 产品可以是溶液型或除去溶剂后成为固体，也可用专门搅拌破碎机生产粉末 TPU。这些产品可用各种加工方法进一步加工成纤维、合成革、涂料、黏合剂、薄膜和其他 TPU 制品。以下讨论溶液聚合的配方、工艺条件和力学性能，并以实例说明。

（1）TPU 颗粒和溶液的制取 TPU 颗粒和本体聚合生产方法一样，将除去溶剂的块状或板状 TPU 经破碎成不规则粒料或再挤出切成圆柱状颗粒，而溶液即可直接送去进一步加工。

实例 1 配方（质量份）

PBA-715	100	二氧六环	286
MDI	41.7	r_0	1.01
双羟丙基己二酸酯	7.32	硬段含量/%	32.9

PBA-715 于 120℃ 真空脱水之后，加入熔化的 MDI 使其反应；另将双（羟丙基）已二酸酯溶于二氧六环加到低聚物中。于 100℃ 反应 5h 后，PU 溶液投入水中使二氧六环溶解出来，余下的 TPU 弹性体呈块状，破碎成粒料后于 130℃ 干燥 5～6h，注塑试片的力学性能为：

| 硬度(邵尔 A) | 70 | 扯断伸长率/% | 600 |
| 拉伸强度/MPa | 35 | 扯断永久变形/% | 22 |

实例 2 配方（质量份）

PTMG-1100	595	N-甲基二乙醇胺	17.9
EDO	37.2	二氯二丁基锡	0.52
MDI	313	DMF	3190

将 PTMG、EDO 和 MDI 投入聚合釜中，于 35℃ 连续搅拌，加入 N-甲基二乙醇胺；另将

二氯二丁基锡溶于 DMF 中，并投入聚合釜。反应 7h 后，获得黏度为 92Pa·s 的 TPU 低聚物溶液。如将这种溶液移入 200℃ 的空气塔，即可干式纺丝得到弹力丝，断裂强度 9.26cN/tex，扯断伸长率 980%，熔点 210℃。这种弹力丝具有特别优异的染色性、耐光性和耐洗涤性能，经紫外线照射 40h，几乎不变黄。

　　（2）TPU 粉末的制取　TPU 粉末较本体聚合（间歇法）具有分子量分布窄、低聚物少等优点，这就使其溶液用于黏合剂、薄膜和湿法纺丝克服了操作上的困难；同时这种粉末还有溶解时间短溶解性好的优点。制取 TPU 粉末的设备是一种专用的类似捏合机的粉碎混合机。下面举几个实例的配方和工艺条件进行说明。

　　实例 3　配方（质量份）

PE/PA-1934	958	含 18% 三乙胺的 THF 溶液	100
BDO	180	r_0	1.07
MDI	670	硬段含量/%	47
THF	1200		

　　将 PE/PA（乙二醇/丙二醇摩尔比为 9/1）聚酯、BDO 和 MDI 以及 THF（溶剂）一起投入粉碎混合机中，于室温搅拌 20min，直到完全均一溶解，加入三乙胺催化剂溶液，于 50℃ 进行加热反应。加入催化剂后 2.5h，开始粉碎操作，在粉末状态下继续搅拌 2h，之后在 50℃ 减压（24kPa）除去挥发物，制得粉末状 TPU。熔点 190～192℃。该粉末溶于 DMF 即可用于生产合成革。

　　实例 4　配方（质量份）

PE/PA-2015	2015	三乙胺	32.4
EDO	148.8	甲基异丁酮	2200
MDI	1000	r_0	1.0
N-甲基二乙醇胺	71.4	硬段含量/%	37.7

　　将 PE/PA-2015（乙二醇/丙二醇摩尔比为 9/1）聚酯、EDO、MDI、N-甲基二乙醇胺、三乙胺和甲基异丁酮投入粉碎混合机，连续搅拌。蒸汽加热使物料保持在 110℃，5h 后生成白色高黏度的含有甲基异丁酮的 TPU 树脂，再经 0.5h 粉碎化，粉碎机连续运转 2h。于 70℃、2.7kPa 压力下抽空除去甲基异丁酮，获得熔点为 230℃ 的 TPU 粉末。它溶于 DMF 即可湿法纺丝。

　　实例 5　配方（质量份）

PPG-1025	102.5	二氧六环	100
80/20-TDI	43.5	r_0	1.0
EDO	9.3	硬段含量/%	34
三乙胺	1.5		

　　把 PPG、80/20-TDI、EDO、三乙胺和二氧六环投入专用粉碎混合机内，于 120℃ 反应 2h，以下操作同例 4。得到熔点为 130℃ 的粉末 TPU。也可溶于 DMF 湿法纺丝。

10.3　TPU 的性能

　　TPU 作为弹性体是介于橡胶和塑料之间的一种材料，这可从它的刚性看出来，TPU 的刚性可由其弹性模量来度量。橡胶的弹性模量通常在 1～10MPa、TPU 在 10～1000MPa、塑料（尼龙、ABS、聚碳酸酯、聚甲醛）在 1000～10000MPa。TPU 的硬度范围相当宽，从邵尔

A60 至邵尔 D80，并且在整个硬度范围内具有高弹性；TPU 在很宽的温度内（−40～120℃）具有柔性，而不需要增塑剂；TPU 对油类（矿物油、动植物油脂和润滑油）和许多溶剂有良好的抵抗能力；TPU 还有良好的耐天候性，极优的耐高能射线型能。众所周知的耐磨性、抗撕裂性、挠曲强度都是优良的；拉伸强度高、扯断伸长率大长期压缩永变率低等都是 TPU 的显著优点。

这里介绍的 TPU 性能包括三个方面：力学性能、物理性能和环境介质性能。

10.3.1　力学性能

TPU 弹性体的力学性能主要包括：硬度、拉伸强度、压缩性能、撕裂强度、回弹性和耐磨性能、耐屈挠性等，而 TPU 弹性塑料的力学性能，除这些性能外，还有较高剪切强度和冲击功等。

10.3.1.1　硬度

硬度是材料抵抗变形、刻痕和划伤能力的一种指标。TPU 硬度通常用邵尔 A 型和邵尔 D 型硬度计测定，邵尔 A 用于较软的 TPU，邵尔 D 用于较硬的 TPU。由于嵌段共聚物 TPU 性质决定了它的范围很宽，在邵尔 A60 至邵尔 D80 之间，跨越了橡胶和塑料的硬度。

TPU 的硬度与许多性能有关，随硬度的增加，TPU 的如下性能发生变化。

拉伸模量和撕裂强度增加，刚性和压缩应力（负荷能力）增加，扯断伸长率降低，密度和动态生热增加，耐环境性能增加。

（1）邵尔 A 与邵尔 D 的相关性　邵尔 A 硬度与邵尔 D 硬度之间的关系见表 10-6，这是在 23℃、50％相对湿度下测定的，只是一个大致的参考表。

表 10-6　邵尔 A 硬度与邵尔 D 硬度之间的关系

邵尔 A	33	38	42	45	49	52	55	57	60	62	64	66	68	70	72	73
邵尔 D	10	11	12	13	14	15	16	17	18	19	20	21	22	23	24	25
邵尔 A	75	76	77	79	80	81	82	83	84	85	86	87	88	88	89	90
邵尔 D	26	27	28	29	30	31	32	33	34	35	36	37	38	39	40	41
邵尔 A	91	91	92	92	93	94	94	95	95	96	96	97	97	97	98	98
邵尔 D	42	43	44	45	46	47	48	49	50	51	52	53	54	55	56	57
邵尔 A	98	99	99	99	100	100	100	100	100	100	100	100	100	100	100	100
邵尔 D	58	58	59	60	61	62	63	64	65	66	67	68	69	70	73	75

（2）TPU 硬度与温度的关系　表 10-7(a) 和（b）分别给出 TPU 在 25～−26℃和 −18～149℃范围变化时硬度的变化。表 10-7(a) 说明，从室温冷却降温至突变温度（−4～−12℃），硬度无明显变化；在突变温度下，TPU 硬度突然增加而变得很硬并失去弹性，这是由于软段结晶作用的结果。

表 10-7(a)　TPU 硬度与温度的关系

TPU 弹性体[①]	硬度（邵尔）	温度/℃							硬度突变温度/℃
		25	7	2	−4	−12	−18	−26	
MDI/BOD/PTMG-1000	D	55	56	49	52	54	65	71	−12
MDI/BDO/PTMG-2000	D	31	40	32	33	37	39	49	−9
MDI/BDO/PCL-1250	D	45	46	47	46	47	66	70	−12
MDI/BDO/PCL-2000	D	33	34	37	32	49	45	65	−4
MDI/BDO/PBA-1000	D	62	67	63	66	67	78	82	−9
MDI/BDO/PBA-2000	D	40	48	39	42	50	61	62	−7

① MDI/BDO/低聚物二醇摩尔比为 3/2/1，r_0＝0.95，两步法。

表 10-7(b) 表明，六种 TPU 在 6～93℃时硬度变化不大，尤其是 PPDI 型-TPU，说明在这个温度范围形态无明显改变；在－18℃全部配方 TPU 的硬度基本相同，这是由于软段结晶之故；在 149℃ TPU 硬度大幅下降，尤其 MDI 型-TPU 下降更甚，这是由于硬段的有序结构遭到破坏的结果；PPDI 型-TPU 从－18～149℃的大跨度温度，硬度变化不大，说明它的耐热和耐低温性能均佳。

表 10-7(b)　TPU 硬度与温度的关系

TPU 弹性体	硬度（邵尔）	温 度/℃				
		－18	6	21	93	149
MDI/BDO/PTMG-2000	A	97	88	83	80	58
PPDI/BDO/PTMG-2000[①]	A	97	93	92	90	86
MDI/BDO/PTMG-2900	A	96	90	71	65	30
MDI/BDO/PTMG-2900	A	98	90	78	70	34
PPDI/BDO/PTMG-2900[①]	A	96	93	86	85	78
PPDI/BDO/PTMG-2900[①]	A	98	94	91	90	89

① 对苯二异氰酸酯。

（3）TPU 与橡胶载荷能力的比较　这个试验是在同样尺寸和相同变形的 TPU 轮和橡胶轮上进行的，目的是比较两种弹性体的载荷能力，结果见表 10-8。硬度是邵尔 D15～D70，由橡胶和弹性体的压缩模量计算"当量载荷指数"，即相对载荷能力。例如用邵尔 40D 的 TPU 轮取代邵尔 62A（20D）的橡胶轮，在相同变形时，TPU 的载荷能力是橡胶的 4.4 倍，当然用邵尔 40D 的橡胶轮亦可达到 TPU 的载荷，但它不具有 40D TPU 的其他性能如扯断伸长率、弹性等。

表 10-8　TPU 轮与橡胶载荷能力的比较

模量/MPa	橡胶硬度		TPU 轮硬度（邵尔 A/ D）						
	邵尔 A	邵尔 D	52/15	62/20	78/30	90/40	95/50	60D	70D
			比率 $E_u/E_r = W_u/W_r$[①]						
5.3	52	15	1	1.3	2.9	5.9	12	37	48
7.0	62	20		1	2.2	4.4	9.0	28	36
15.4	78	30			1	20	4.1	13	16
30.8	90	40				1	2.0	6.4	8.2
63.0	95	50					1	3.1	4.0
196.0	—	60						1	1.3
252.0	—	70							1

① E_u、E_r 分别为橡胶和氨酯的杨氏模量（由压缩测量）；W_u、W_r 分别为橡胶和氨酯在轮上的负荷。

（4）硬度与定伸应力和扯断伸长率的关系　表 10-9 给出 TPU 硬度与定伸应力、扯断伸长率的关系，其结构是 MDI/BDO/P(PO/EO)-2000，含 EO 30.4%（质量分数），伯羟基 83%。可见随 TPU 硬度增加，100%定伸应力、300%定伸应力迅速增加，扯断伸长率下降，这是由于硬度的增加主要是硬段含量增加的结果。硬段含量越高，其所形成的硬段相越易形成次晶或结晶结构，增加了物理交联的数量而限制材料变形，若使材料变形必须提高应力，从而提高了定伸应力，同时扯断伸长率下降。

表 10-9　硬度与模量和扯断伸长率的关系[①]

性 能	硬度（邵尔 A 或 D）						
	54A	77A	42D	50D	64D	74D	77D
100%定伸应力/MPa	0.85	2.6	6.6	12.2	20.4	31.0	—
300%定伸应力/MPa	1.1	5.4	10.4	17.0	22.7	—	—
扯断伸长率/%	570	550	535	478	407	287	50

① MDI/BDO/P(PO/EO)-2000，含 EO 30.4%（质量分数），伯羟基 83%。

（5）硬度与撕裂强度的关系　表 10-10 给出 TPU 硬度与撕裂强度的关系，这两种 TPU 硬段相同，软段不同。一种是聚己内酯二醇、另一种是乙氧、丙氧共聚醚二醇。结果表明，与定伸应力相似，即随硬度增加，撕裂强度迅速增加，其理由也与定伸应力的解释相同。

表 10-10　TPU 硬度与撕裂强度的关系

不同 TPU 结构的撕裂强度	硬度（邵尔 A 或 D）							
	54A	67A	77A	86A	45D	50D	56D	64D	74D
MDI/BDO/PCL-2000/(kN/m)	—	50.4	—	88.2	99	131	189	—	—
MDI/BDO/P(PO/EO)-2000/(kN/m)	14.7	—	46.9	—	—	106	—	162	217

10.3.1.2　拉伸性能

拉伸性能是指单向拉伸，即应力-应变性能。从 TPU 的应力-应变曲线可以获得这些信息：拉伸强度、扯断伸长率（简称伸长率）、拉伸强度、定伸应力（杨氏模量）、扯断永久变形和韧性等。

（1）应力-应变曲线　典型的 TPU 应力-应变曲线如图 10-4 所示。TPU 结构是 MDI/BDO/P(PO/EO)-2000，端基是 EO，含量 30%（质量分数），官能度 1.96，$r_0=1.04$，硬段含量 10%～77%（质量分数）。该图曲线有三种类型：曲线 Ⅰ 和 Ⅱ 的初始模量很低（0.7～5.5MPa），伸长率很高（700%～800%），属软橡胶；曲线 Ⅲ～Ⅴ 初始模量较高（3.4～260MPa），伸长率特高（700%～1400%），是弹性体；曲线 Ⅵ 和 Ⅶ 初始模量相当高（520～

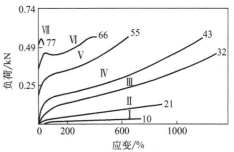

图 10-4　MDI/BDO-P(PO/EO)-2000 应力-应变曲线

1400MPa），而伸长率很低（40%～400%），是 TPU 弹性塑料。由此可见：TPU 的应力-应变曲线显示了软橡胶、弹性体和弹性塑料的典型特性。

（2）应力-应变与温度的关系　图 10-5(a) 和（b）示出了商品 TPU 应力-应变曲线与温度的关系。这是 Texin 480AR 商品，如图 10-5（a）和（b）所示分别为高温（23～121℃）和低温（0～-50℃）拉伸应力-应变曲线。不难看出，Texin 480AR 在室温 23℃ 时是弹性体，在 121℃ 时成为软橡胶，在-50℃ 又呈现弹性塑料。在固定应变的情况下，拉伸应力随温度的增加而下降。这是由于 TPU 硬段微区随温度增加逐渐软化以及硬段、软段混合度的增加导致拉伸应力下降。

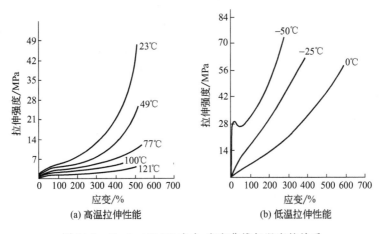

(a) 高温拉伸性能　　　　(b) 低温拉伸性能

图 10-5　Texin 480AR 应力-应变曲线与温度的关系

（3）应力-应变与拉伸速度的关系　图 10-6 示出的是商品 Roylar 863 聚醚型 TPU，硬度

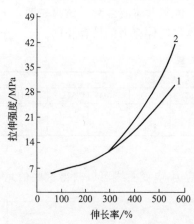

图 10-6　Roylar 863 聚醚 TPU 应力-应变曲线

邵尔 A85 的应力-应变曲线，曲线 1 的拉伸速度是 500mm/min，曲线的拉伸速度 2 是 50mm/min。拉伸速度不同，应力-应变曲线的斜率不同，尤其扯断伸长率 300% 以上时。扯断伸长率固定时，拉伸速度慢的曲线 2 比快的曲线 1 有较高的模量，拉伸强度亦较高，这是由于拉伸过程硬段和软段重新取向，而取向需要足够的时间，所以拉伸速度慢使 TPU 有充分时间取向，TPU 的取向使其模量和强度增加。

（4）拉伸强度和扯断伸长率　这里讨论的拉伸强度和扯断伸长率有 TPU 弹性体与其他材料的比较、后硫化的影响、吸湿的影响、化学交联的影响、TPU 分子量的影响以及一步法与预聚法的比较等。

① TPU 弹性体与其他材料的比较　表 10-11 给出了它们的拉伸强度和扯断伸长率。可见聚醚型 TPU 的拉伸强度和扯断伸长率远优于聚氯乙烯（PVC）塑料和橡胶，此外 TPU 在加工过程中不加或加入很少助剂，能满足食品工业要求，这也是其他材料如 PVC、橡胶等难以办到的。

表 10-11　TPU 其他材料拉伸强度的比较

性　能	PET-TPU		PVC		丁腈橡胶	氯丁橡胶	天然橡胶
	95A	85A	85	80			
硬度（邵尔 A）	96	90	94	87	78	70	77
拉伸强度/MPa	34.3	25.3	16.0	16.3	11.6	10.3	16.3
扯断伸长率/%	700	570	308	350	400	400	574

② 后硫化的影响　TPU 的性能强烈地受到微区形态的影响。在加热或处理 TPU 期间，发生相混合，而在快速冷却时，出现相分离。TPU 的分离过程（脱混过程），由于其高黏度，决定于时间；而 TPU 的力学性能又强烈地关系到与时间有关的微区形态。因此，为了获得最佳性能，TPU 应进行后硫化。后硫化条件随 TPU 材料变化，TPU 达到最优性能可在室温贮存一周或高温下硫化以便缩短时间周期。图 10-7(a)、(b)给出两种硬度的 Texin 的拉伸强度与硫化时间的关系。如图 10-7(a) 所示是邵尔硬度 D55TPU，可见 Texin 355DR 在 110℃ 或 181℃需 25h，在 140℃需 5h 达到最高拉伸强度；如图 10-7(b) 所示是邵尔硬度 A91TPU，Texin 591AR 在 70～120℃硫化需 3d，在 135℃只需 3h 达最佳性能。

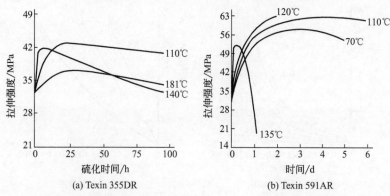

(a) Texin 355DR　　　　(b) Texin 591AR

图 10-7　两种硬度的 Texin 产品拉伸强度与硫化时间的关系

③ 吸湿的影响　TPU 在空气中吸收水分，其速率如图 10-8(a)、(b)所示。聚醚型 TPU 比聚酯型 TPU 的吸湿速度快，且含量高达 1.5％。这种水使 TPU 加工时产生气泡，所以必须干燥除去，同时，它还使 TPU 的拉伸强度和扯断伸长率下降，见表 10-12。可见吸湿量达 0.182％时拉伸强度下降约 30％，不过这种吸收的水没有引起降解，只是增塑作用，故加热可以除去，并恢复性能。

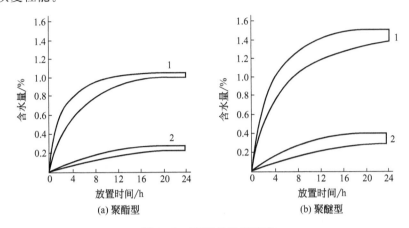

图 10-8　TPU 的吸湿速度

1—相对湿度 92％，温度 40℃；2—相对湿度 50％，温度 40℃

表 10-12　Texin 192A 吸湿量对拉伸性能的影响

性　能	吸湿量(质量分数)/％		保留/％	性　能	吸湿量(质量分数)/％		保留/％
	0.033	0.182			0.033	0.182	
拉伸强度/MPa	40.1	27.4	68.3	扯断伸长率/％	604	555	92

④ 化学交联的影响　TPU 物理交联（V）和化学交联（C）的比较是以 MDI/BDO/PBA-1000、硬段含量 26％、$r_0=1.0$ 为基础的物理交联 TPU（V）进行的；化学交联是将该 TPU 加 2％有机过氧化物混炼制得 TPU（C），其拉伸性能示于图 10-9。TPU(C)和 TPU(V)的拉伸强度分别为 25.2MPa 和 25.9MPa，扯断伸长率为 350％ 和 820％。这表明增加化学交联并没有提供拉伸强度，却大幅降低了扯断伸长率。

⑤ TPU 分子量的影响　表 10-13 给出 TPU 数均分子量 $\overline{M}_n$ 与拉伸强度和扯断伸长率的关系。TPU 结构是 MDI/BDO/PBA-1110，硬段含量 50％，$r_0=1.02$；溶液聚合，溶剂为二甲基甲酰胺（DMF），浓度 30％，温度 85℃。拉伸强度和扯断伸长率分别在 25℃ 及 100℃ 测得的数据表明，在 25℃ 时拉伸强度随 TPU $\overline{M}_n$ 的增加而增加，$\overline{M}_n$ 达 36000～40000 时趋于平衡，扯断伸长率则略有下降；在 100℃ 的拉伸强度也有类似趋势，扯断伸长率是 $\overline{M}_n$ 在 33000～36000 时达最大值。这是因

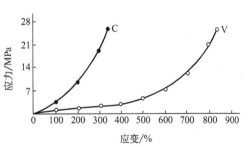

图 10-9　TPU 物理交联与化学交联的比较

C—化学交联；V—物理交联（25℃）

为 $\overline{M}_n$ 的增加，增加了 TPU 物理交联的网状结构和 PU 链的缠结，从而使 TPU 链的网状结构的刚性增加，扯断伸长率下降。无规熔融聚合 TPU 亦存在类似的趋势。

（5）弹性模量与定伸应力　弹性模量是指材料在比例限度内，张应力与相应的应变之比，即杨氏模量。TPU 的弹性模量、100％定伸应力和 300％定伸应力见表 10-14。这是 MDI/BDO/PTMG-1000 和 MDI/BDO/PBA-1000 TPU 弹性体，硬段含量不同。可见弹性模量和定

伸应力，两类 TPU 都随硬段含量增加而增加。这是由于硬段含量增加，其体积分数增加，形成硬段相的球体和球晶分数增加，分散在软段基料上的硬段分散微区逐渐连通而接近连续相，从而提高了模量。

表 10-13 TPU 分子量与拉伸性能关系

TPU $\overline{M}_n$	25℃		100℃		TPU $\overline{M}_n$	25℃		100℃	
	拉伸强度/MPa	扯断伸长率/%	拉伸强度/MPa	扯断伸长率/%		拉伸强度/MPa	扯断伸长率/%	拉伸强度/MPa	扯断伸长率/%
23000	34.3	480	9.1	600	36100	42.7	460	21.0	830
31400	40.6	480	17.5	750	40900	43.4	450	25.2	680
32600	44.1	490	21.0	790	49700	42.7	450	23.1	730
33600	48.3	490	21.7	790					

表 10-14 TPU 的弹性模量与定伸应力

TPU	硬段含量/%	弹性模量/MPa	定伸应力/MPa	
			100%	300%
MDI/BDO/PTMG-1000	47.3	39.9	10.0	27.3
	42.1	27.9	6.3	16.2
	39.7	16.9	4.4	8.7
MDI/BDO/PBA-1000	46.3	51.4	10.1	43.8
	37.1	20.3	5.0	15.6
	26.0	8.8	1.8	3.3

（6）TPU 的韧性 韧性是使材料断裂所需要的能量，等于应力-应变曲线下的面积。TPU 的韧性见表 10-15。其结构是 MDI/BDO/P（PO/EO）-2000 TPU，含 EO 30%，官能度 1.96，$r_0 = 1.04$。TPU 硬段含量在 10% 和 21% 时是软橡胶，韧性较低，只有 $0.83 \times 10^8 J/m^3$ 和 $3.30 \times 10^8 J/m^3$。硬段呈孤立的、直径 $10 \mu m$ 的球体形态，弹性模量低，尽管软段扯断伸长率较高，韧性也是低的；硬段含量在 32%～55% 的三个样品是弹性体，韧性最高，为 17×10^8～$26 \times 10^8 J/m^3$，硬段呈现球体、球体和球晶以及球晶形态，硬段由分散相过渡到连续相，弹性模量较高，硬段熔化热亦高，软段扯断伸长率最高，所以韧性最高；硬段含量在 66% 和 77% 的两个样品是弹性塑料，韧性也较低，分别为 $1.6 \times 10^8 J/m^3$ 和 $12 \times 10^8 J/m^3$，硬段呈均匀的连续相，软段分散其间，弹性模量最高，然而由于伸长率过低，韧性亦较低。

表 10-15 MDI/BDO/P(PO/EO)-2000-TPU 的韧性

硬段含量/%	弹性模量/MPa	扯断伸长率/%	韧性/(J/m³)	熔化热/(J/g)	
				聚合物	硬段
10	0.7	700	0.83×10^8	约 0	约 0
21	5.5	800	3.30×10^8	10.0	47.3
32	3.4	1400	21.0×10^8	15.9	49.0
43	130	1200	26.0×10^8	25.1	57.3
55	260	700	17.0×10^8	42.7	77.4
66	520	400	12.0×10^8	39.3	59.4
77	1400	40	1.60×10^8	36.8	47.7

（7）TPU 的滞后和永久变形 图 10-10 示出 MDI/BDO/PTMG-2000 TPU 的滞后和永久变形与扯断伸长率的关系，硬段含量为 15% 和 35%。可见两个硬段浓度的 TPU 在不同扯断伸长率下都产生一定的滞后和永久变形，且数值接近。这是因为硬段含量高（35%）时，长硬段形成连续相，通过变形，网状构型发生变化，硬段相产生塑性变形而破坏成较小单元，在应力下硬段取向并产生不可逆变形，导致较大的能量损失，从而产生高滞后和高永久变形。在硬段

含量低（15％）时，由于两相混合得好而形成单一的软段相。拉伸变形基本上是软段提供的，由于很少或没有区域结构，低聚物链出现滑动，所以也产生较高的滞后和永久变形。

（8）TPU 的应力松弛和蠕变　关于应力松弛的定义见第 5 章。蠕变是指在弹性极限内，长期施加应力所产生的永久变形，即应力恒定，材料形变随时间的变化。TPU 的蠕变性能反映了它的尺寸稳定性。

① 应力松弛　表 10-16 给出 MDI/BDO/PBA-1000 TPU 的应力松弛，硬段含量 26％，$r_0 = 1.0$。做了两种应力松弛实验：TPU 于 25℃拉伸 20％测得应力随时间的保留百分率，以及于 25℃贮存 7 个月后拉伸 20％测得应力随时间保留的百分率。数据表明，前者在样品上施加应力变形 20％，经 1h 应力衰减 51％，说明由硬段聚集所形成的硬段微区（这种微区构成了物理交联网）遭到了破坏，其中某些硬段由于应力而离开微区，滑到物理交联网中稳定的新位置，而这种滑脱移动是不可逆的，因为位移的硬段已形成新的交联网，无力恢复原来的位置。后者在 25℃老化 7 个月后的应力松弛表明，松弛 1h 保留应力 64％，与未经老化的前者比较，提高了 15 个百分点，经老化后应力的增加是由于有充分的时间，形成较为完善的应力微区，也就是加强了物理交联网，从而改善了应力松弛，这种改善并不是由于 TPU 分子量的增加所致。

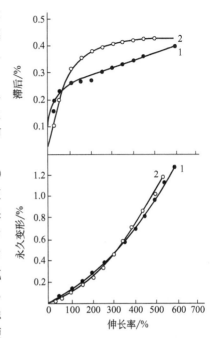

图 10-10　MDI/BDO/PTMG-2000 滞后和永久变形与伸长的关系
硬段浓度：1—15％；2—35％

表 10-16　MDI/BDO/PBA-1000 的 TPU 应力松弛

松弛时间/s	25℃拉伸 20％的应力		25℃贮存 7 个月拉伸 20％的应力	
	应力/MPa	保留应力/％	应力/MPa	保留应力/％
0	7.84	100	11.48	100
3	6.72	86	10.29	90
12	6.23	79	9.73	85
36	5.81	74	9.31	81
60	5.60	71	9.03	79
180	5.25	67	8.61	75
600	4.83	62	8.12	71
1800	4.48	57	7.70	67
3600	3.85	49	7.35	64

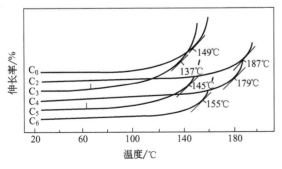

图 10-11　TPU 的蠕变

② 蠕变　TPU 的蠕变是在一定的温度、湿度和应力持续作用下，形变随时间的逐渐发展最后达到平衡。由于蠕变随时间的变化有时很慢，为缩短时间可以提高温度，由于时间-温度等效且可转换，故往往用伸长-温度关系研究 TPU 的蠕变行为。图 10-11 给出了 TPU 的这种蠕变曲线。这是以聚酯或聚醚为软缎，以 MDI 和二胺为硬段的 TPU，二胺的结构是 $H_2N \leftarrow CH_2 \xrightarrow{}_n NH_2$，$n = 2 \sim 5$。由图 10-11 可见在一定温度范围内（20～

130℃）样品长度几乎不变，然后就像交联开始破坏一样，伸长急剧增加，这类曲线提供了 TPU 物理交联稳定性的初步信息。另外还可看到扩链剂二胺的碳链 n 为偶数的变形温度比奇数高，如 $n=2$ 和 4 时，热变形温度分别为 187℃ 和 179℃；而 $n=3$ 和 5 时，分别为 137℃ 和 145℃，偶数碳链扩链剂所生成的 TPU 其热变形温度之所以高于奇数是因为偶数提供对称中心，每个 MDI 形成四个氢键，而奇数无对称中心，且只有三个氢键。

10.3.1.3　压缩性能

TPU 压缩性能主要介绍压缩应力应变曲线，包括压缩模量与硬度的关系，压缩负荷与变形、不同变形的压缩应力、压缩模量与温度的关系、应变能密度、压缩滞后及压缩永久变形等。

（1）压缩模量与硬度关系　　压缩模量是在弹性限度内压缩应力与压缩应变之比，理论上等于拉伸应力-应变的弹性模量，即杨氏模量。TPU 的压缩模量取决于它的硬度，硬度越高压缩模量亦越高。图 10-12 给出了压缩模量与硬度的关系。由该图可以估计各种硬度 TPU 的压缩模量。

（2）负荷-挠曲曲线　　由邵尔 D 硬度 25～76 的 TPU 所测定并经理论计算而获得的负荷-挠曲曲线如图 10-13 所示。TPU 理论计算所需压缩模量是由图 10-13 估计的，所有试样的面积都相等。由图 10-13 可看出，实验值和理论值非常一致。这个结果预示有了不同物理性能聚氨酯和其他弹性体的负荷特性。

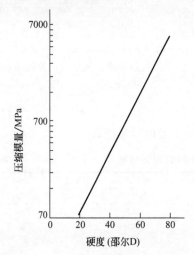

图 10-12　TPU 压缩模量与硬度关系

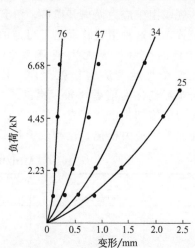

图 10-13　TPU 负荷-挠曲曲线（数字为邵尔 D 硬度）

（3）压缩 25% 和 50% 的应力　　表 10-17 给出了压缩 25% 和 50%TPU 的应力，该 TPU 软段为 PTMG、PCL 和 PBA，$\overline{M}_n$ 分别为 1000 和 2000，硬段为 MDI/BDO，硬段含量分别为 48.2%（PCL-1250 为 42.7%）和 31.7%，$r_0=1.05$，预聚法合成工艺。不难看出，三种类型软段（PTMG、PCL、PBA）合成的 TPU，无论是压缩 25% 还是 50%，其压缩应力随硬度增加而增加，而硬度随硬段含量增加而增加。

表 10-17　MDI/BDO 硬段 TPU 的压缩应力

软段		硬段含量/%	硬度（邵尔 D）	压缩应力/MPa	
结构	$\overline{M}_n$			挠曲 25%	挠曲 50%
PTMG	1000	48.2	55	15.4	31.9
	2000	31.4	31	7.0	16.1
PCL	1250	42.7	45	9.1	20.3
	2000	31.7	33	4.9	13.0
PBA	1000	48.2	62	23.8	42.0
	2000	31.7	40	7.0	15.8

（4）不同温度的压缩挠曲　表 10-18 是－40～82℃、压缩 25％的压缩应力。TPU 结构及参数同表 10-16。表 10-18 的数据显示：挠曲 25％的压缩应力与温度的关系是 TPU 被冷却时（ 25～82℃），多数弹性体的压缩应力基本保持常数，尤其是 $\overline{M}_n$ 为 2000 的软段，直到软段开始结晶，其压缩应力很快增加，从分子量 2000 软段制取的 TPU 显现的这种变化最明显。因为这些弹性体在较高温度的压缩应力很接近，只在较低温度（－40～－7℃）下才明显地察觉到软段压缩应力的差别。PTMG-软段的 TPU 弹性体，在－40～82℃范围内的压缩应力变化最少，可见这种 TPU 能够适用很宽的温度范围。

表 10-18　不同温度下压缩 25％的应力

软段结构	25％挠曲压缩应力/MPa					
	82℃	67℃	25℃	－7℃	－29℃	－40℃
PTMG-1000	10.5	12.3	15.4	19.6	32.2	44.1
PTMG-2000	5.6	6.3	7.0	7.0	9.8	13.3
PCL-1250	6.3	7.7	9.1	16.1	39.2	57.4[①]
PCL-2000	4.9	5.3	4.9	—	17.5	24.5
PBA-1000	15.1	16.8	23.8	37.1	65.8	91.0[①]
PBA-2000	5.3	6.3	7.0	8.4	19.6	29.3

① 屈服点≈15％挠曲。

（5）应变能密度和损耗能密度　图 10-14 说明应变能密度和损耗能密度。压缩应变能密度定义为：压缩样品时，单位体积所做的功，单位是 J/m^3，即图 10-14 中压缩应力-应变曲线下的面积 $O'ABO'$；损耗能密度是由于压缩而散失的能量，图 10-14 中加荷和卸荷曲线之间的面积 $O'AO''O'$。损耗能与应变能之比叫静损耗因数（SLF），即 $O'AO''O'$ 与 $O'ABO'$ 两者之比。静损耗因数与压缩瞬时永久变形呈线型关系，SLF 高意味着 TPU 能量损失大，压缩瞬时永久变形高，即 $O'O''$ 大，然而压缩循环次数较多时，SLF 接近于常数，压缩瞬时永久变形趋于不变。

（6）预聚物单位质量的影响　两步法本体聚合先将二异氰酸酯与低聚物二醇反应成预聚物，再与扩链剂反应生成 TPU 弹性体。预聚物单位质量的大小，实际上反映了硬段含量的高低，单位质量越高，硬度含量就越低。预聚物单位质量与 TPU 压缩应力、应变能密度、静损耗因数和压缩瞬时永久变形的关系，体现了硬段含量对 TPU 压缩的一般特性。现举两个例子进行说明。

① 丁二醇扩链 TPU　图 10-15（a）、（b）显示预聚物单位质量与 TPU 压缩特性的关系。该 TPU 弹性体是 MDI/BDO/PTMG-1000，预聚物单位质量为 400～600g/mol，相当硬段含量57％～45.7％，r_0＝1.0。表明降低预聚物单位质量（增加硬段含量），压缩应力、应变能密度、静损耗因数和压缩瞬时永久变形均增加。这些影响是由于

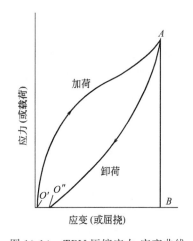

图 10-14　TPU 压缩应力-应变曲线

硬段含量增加而增加了 TPU 硬段区的极性和氢键，因而提供了更大刚性的结果。

② HQEE 扩链 TPU　图 10-16(a)、(b)显示预聚物单位质量与 TPU 压缩特性的关系。该 TPU 弹性体是由 MDI/HQEE/PTMG-1000 组成的，预聚物单位质量为 400～600g/mol，r_0＝1.0。表明的趋势与 BDO 扩链 TPU 相同，只不过是压缩应力，应变能密度、静损耗因数和压缩瞬时永久变形，都高于 BDO 扩链 TPU，原因是 HQEE［对苯二酚双（β-羟乙基）醚］含有芳基，增加了硬段的刚性。

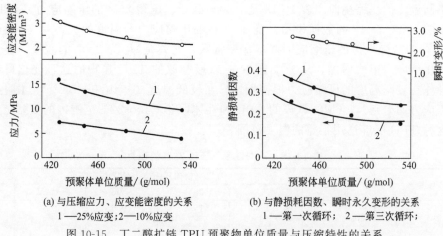

(a) 与压缩应力、应变能密度的关系
1—25%应变；2—10%应变

(b) 与静损耗因数、瞬时永久变形的关系
1—第一次循环；2—第三次循环；

图 10-15 丁二醇扩链 TPU 预聚物单位质量与压缩特性的关系

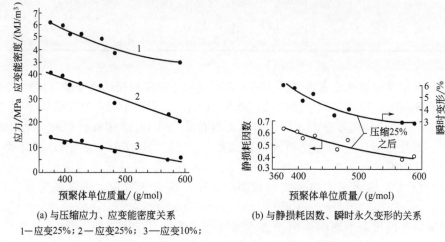

(a) 与压缩应力、应变能密度关系
1—应变25%；2—应变25%；3—应变10%；

(b) 与静损耗因数、瞬时永久变形的关系

图 10-16 HQEE 扩链 TPU 预聚物单位质量与压缩特性的关系

BDO 和 HQEE 扩链的 TPU，都随硬段含量增加而增加了瞬时永久变形，就是降低了 TPU 变形后的恢复速度，这是由于在压缩过程 TPU 形成大量新的极性和氢键，组成新的硬段区所形成的构型。

（7）TPU 的压缩永久变形 表 10-19 给出几种软段 TPU 的压缩永久变形。它们的硬段同是 MDI/BDO，软段有 PEA、PBA、PCL、PTMG 和 P（TO/EO）[四氢呋喃/环氧乙烷共聚物，EO 占 50%（摩尔分数）]。软段分子量为 1000 和 2000，硬段含量分别是 40%～44% 和 31%～32%（质量分数），r_0=1.05。结果表明，无论是 $\overline{M}_n$=1000 软段，还是 $\overline{M}_n$=2000 软段，只有 P（TO/EO）软段的压缩永久变形最低，分别为 28% 和 16%，其余四种软段在 50%～69% 之间。

表 10-19 几种软段-TPU 的压缩永久变形（硬段 MDI/BDO）

项　　目	$\overline{M}_n$=1000（软段）				
	PEA	PBA	PCL	PTMG	P(TO/EO)
硬段含量/%	40.2	40.6	44.1	42.1	43.4
硬度（邵尔 A）	86	87	86	88	86
压缩永久变形[①]/%	57	52	69	57	28
项　　目	$\overline{M}_n$=2000（软段）				
硬段含量/%	31.6	31.3	31.9	31.7	32.5
硬度（邵尔 A）	83	84	84	83	83
压缩永久变形[①]/%	52	50	58	55	16

① 压缩 25%，70℃×22h。

10.3.1.4　撕裂性能

弹性体在应用时，由于产生裂口扩大而使之破坏（断裂）叫做撕裂，所谓撕裂性能就是材料抵抗撕裂作用的能力。TPU 的耐撕裂性，很大程度上受这些因素影响：受应力时的物理结构、应力分布、应变速率和样品尺寸等。

下面介绍与撕裂性能有关的几个因素：TPU 与其他材料的比较、后硫化的影响、吸湿量的影响、TPU 分子量、化学交联和硬段含量的影响等。

（1）TPU 与其他材料撕裂的比较　表 10-20 给出 TPU 与 PVC、丁腈橡胶、氯丁橡胶和天然橡胶撕裂性能的比较。该表显示，TPU 的耐撕裂性能是优良的。无论是直角撕裂还是割口撕裂，都优于 PVC 塑料，更优于合成橡胶和天然橡胶。TPU 的这种优越性是其应用广泛的原因之一。

表 10-20　TPU 与其他材料撕裂性能的比较

性　能	PET-TPU		PVC		丁腈橡胶	氯丁橡胶	天然橡胶
	95A	85A	85	80			
硬度（邵尔 A）	96	90	94	87	78	70	77
撕裂强度/(kN/m)							
直角无割口	129	80	70	70	37	36	65
有割口	137	63	38	48	19	25	40

（2）后硫化的影响　图 10-17(a)、(b) 显示了 Texin 355DR 和 591AR 的后硫化与撕裂强度的关系。后硫化的温度和时间均能影响 TPU 的撕裂强度，而且与 TPU 的硬度有关。如图 10-17(a) 所示的 Texin 355DR TPU 硫化时间在 15h 以下时，撕裂强度最低，此后随硫化温度和时间的增加而迅速提高；如图 10-17 (b) 所示的 Texin 591AR 硫化时间在 12h 以下时撕裂强度最高，此后随硫化温度和时间增加而迅速下降，且温度越高下降越快。撕裂强度随硫化温度和时间的变化，恰与拉伸强度的变化相反，后硫化不能兼得高拉伸强度和高撕裂强度，两者只能取其一。

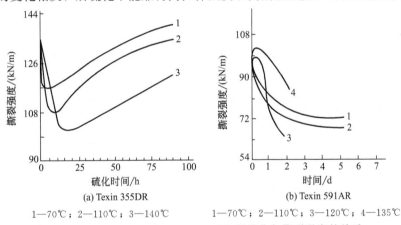

1—70℃；2—110℃；3—140℃　　1—70℃；2—110℃；3—120℃；4—135℃

图 10-17　Texin 355DR 和 Texin 591AR 后硫化与撕裂强度的关系

（3）吸湿量的影响　表 10-21 给出 Texin 192A TPU 吸湿量对撕裂强度的影响。可见 TPU 在空气中吸收 0.18％的水分，其撕裂强度即可下降约 15％。然而，吸收的这种水分是可逆的，经干燥可以除去，恢复原来的撕裂强度。

表 10-21　Texin 192A 吸湿量对撕裂强度性能的影响

性　能	吸湿量（质量分数）/%		保留/%
	0.033	0.182	
撕裂强度(kN/m)	105	89	84.4

（4）TPU 分子量的影响　图 10-18 给出 TPU 分子量与撕裂强度的关系。曲线显示，MDI/BDO/PBA/1099 TPU 的重均分子量 $\overline{M}_w$ 在 100000 以下时，撕裂强度随分子量增加迅速下降；$\overline{M}_w$ 在 100000～280000 之间，撕裂强度无明显变化；$\overline{M}_w$ 在 280000 以上时撕裂强度缓慢下降。TPU 撕裂强度随 $\overline{M}_w$ 增加而下降，是由于 TPU 物理交联使其自由体积减少的缘故，TPU 分子链的高度缠绕和物理交联的增加降低了它们的内部流动性，不可能像低分子量 TPU 那样容易使分子链重排以减轻所施加的应力。

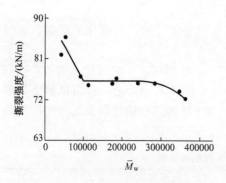

图 10-18　TPU 分子量与撕裂强度的关系

（5）化学交联的影响　表 10-22 给出了 TPU 物理交联（V）和化学交联（C）对撕裂强度的影响。TPU 是 MDI/BDO/PBA-1000，硬段含量 26%，r_0=1.0，即 TPU（V），在 TPU（V）上加 2% 有机过氧化物混炼而得 TPU（C）。数据显示，在 25℃ 时 TPU（V）的撕裂强度高于 TPU（C），这是由于在 TPU 中增加化学交联，降低分子链的流动性，使样品内部有较大的应力集中，容易断裂，所以化学交联 TPU 的撕裂强度较低。然而在 100℃ 下，化学交联 TPU 的撕裂强度仍然保留 25℃ 的 30%，表明化学交联热稳定性好；物理交联 TPU 在该温下已经熔化了。

表 10-22　TPU 物理交联和化学交联撕裂强度的比较

性　能	TPU		性　能	TPU	
	物理交联（V）	化学交联（C）		物理交联（V）	化学交联（C）
撕裂强度/(kN/m) 25℃	30.1	25.9	100℃	样品熔化	7.6

（6）硬段含量的影响　表 10-23 给出了硬段含量对 TPU 撕裂强度的影响。TPU 软段为 PEPA-980（PG 丙二醇 10%，质量分数）和 PCL-1050，硬段为 MDI/1,3-PDO，r_0=0.98。数据显示，两种聚酯软段的 TPU，其撕裂强度都随硬段含量增加而显著提高；其实，不仅聚酯软段，聚醚软段亦有同样的规律。

表 10-23　硬段含量对 TPU 撕裂强度的影响

TPU 弹性体	PEPA-TPU			PCL-TPU		
	硬段含量（质量分数）/%			硬段含量（质量分数）/%		
	34	37	43	35	41	46
硬度（邵尔 A）	72	77	88	77	81	87
撕裂强度/(kN/m)	66.8	87.3	100.8	67.5	82.8	106.2

10.3.1.5　回弹性

TPU 的回弹性是指形变应力解除后迅速恢复其原状的程度，用恢复能表示，即形变回缩功与产生形变所需要的功之比。它是弹性体动态模量和内摩擦的函数，并对温度非常敏感。下面讨论温度与弹性、硬度与弹性、硬段含量与弹性、软段分子量与弹性、软段含量与弹性回复的关系等。

（1）温度与弹性的关系　表 10-24 示出 TPU 回弹性与室温以下不同温度的关系。TPU 软段为 PTMG、PCL、PBA，分子量分别为 1000 和 2000；硬段均为 MDI/BDO，硬段含量分别为 48.2%（PCL-1250 为 42.7%）和 31.7%，r_0=1.05，预聚法合成。正如所预期的那样，回弹随温度的下降而降低，直到某一温度，弹性又迅速增加。这个温度是软段结晶温度，取决于低聚物二醇的结构，聚醚型 TPU 较聚酯型 TPU 低。在结晶温度以下的温度，弹性体变得很硬且失去了它的弹性，因此，回弹性不再是弹性的回弹，而是类似于离开硬金属表面的反弹。

表 10-24　TPU 回弹性与室温以下温度的关系

软段结构	硬度（邵尔 D）	在室温以下温度的回弹性/%							弹性最低温度/℃
		25℃	7℃	2℃	−4℃	−12℃	−18℃	−26℃	
PTMG-1000	55	48	39	33	33	33	36	38	−9
PTMG-2000	31	65	58	56	42	42	35	37	−18
PCL-1250	45	38	27	24	28	31	41	48	−12
PCL-2000	33	50	40	32	26	31	33	33	−4
PBA-1000	62	42	38	37	29	38	42	42	−9
PBA-2000	40	45	35	33	32	37	37	38	−7

表 10-25 示出了宽阔温度范围的 TPU 回弹性。TPU 的组成是：软段 PTMG-2000 和 PT-MG-2900，硬段为 MDI/BDO 和 PPDI/BDO（PPDI，对苯二异氰酸酯），MDI/BDO/PTMG-2900 的两个样品 $r_0 = 1.0$，其余 r_0 均为 1.05。这一组数据表明，全部样品的回弹性都随温度的提高而增加，直到大约 93℃；在 149℃ 回弹性略有下降，可能是硬段相的有序结构有所破坏的缘故，然而，PPDI/BDO 的 TPU 在该温度保持较高的弹性，说明该硬段的形态热稳定性高于 MDI/BDO 型 TPU。

表 10-25　TPU 回弹性与宽阔温度的关系

TPU 结构		硬度（邵尔 A）	不同温度的回弹性/%				
硬段	软段		−18℃	6℃	21℃	93℃	149℃
MDO/BDO	PTMG-2000	83	27	63	81	87	75
	PTMG-2900	71	48	58	85	84	69
	PTMG-2900	78	49	57	81	78	61
PPDI/BDO	PTMG-2000	92	49	65	72	80	78
	PTMG-2900	86	51	66	79	81	75
	PTMG-2900	91	52	63	78	81	78

（2）TPU 的弹性回复　弹性回复是指在高应变时的回弹性应变，通常有 50%、100%、200%、300% 和 400%，回复时间有瞬间和延迟 1min 两种。表 10-26 给出软段含量对 TPU 弹性回复的影响。TPU 的结构是 MDI/PDA/PTMG（PDA 为 1,3 丙二胺），$r_0 = 1.0$，溶液聚合。300% 伸长和 400% 伸长的弹性回复与 TPU 软段含量密切相关。软段含量大于 65%，TPU 的瞬间弹性回复和延迟弹性回复分别保持在 95% 和 97% 的常数；软段含量在 55%～65% 时，瞬间弹性回复显著降低，且随软段含量的下降而下降。这种现象的解释是，TPU 的两相结构，在约 60% 软段时产生相的颠倒，低于 60% 的软段含量，硬段成为连续相，在高伸长时产生塑性形变，所以弹性回复大幅下降。

表 10-26　TPU 的弹性回复

软段含量/%	300% 伸长的弹性回复/%		400% 伸长的弹性回复/%	
	瞬间	1min 后	瞬间	1min 后
70.8	96.1	96.4	94.9	96.0
69.1	95.6	96.3	94.4	96.0
67.4	95.3	96.9	94.6	96.0
65.8	95.9	97.5	95.1	97.0
61.6	91.7	97.3	91.0	96.6
54.9	72.3	90.4	70.8	88.3

（3）软段 $\overline{M}_n$ 和含量与弹性的关系　TPU 的弹性主要取决于硬段与软段的比例，软段分子量 $\overline{M}_n$ 影响较小。图 10-19 给出了 MDI/BDO/PTMG 结构的 TPU 软段 $\overline{M}_n$ 和含量对弹性的影响。由图 10-19 可见，软段含量越高，TPU 弹性越好；PTMG 分子量在 1000 以下时，TPU 弹性较低，

分子量在 1800 左右时，TPU 的弹性达到稳定的最佳值；分子量在 1800～3000，软段含量 49%～73%，无明显影响。PTMG 分子量分布对 TPU 弹性影响不大。

（4）硬段含量与弹性的关系　图 10-20 给出 TPU 硬段含量与冲击弹性的关系。这是 MDI/BDO（EDO）/PTMG-1000 的 TPU 弹性体，扩链剂为丁二醇（BDO）和乙二醇（EDO），$r_0 = 1.0$，硬段含量 30%～56%。数据显示，随硬段含量增加，两种扩链剂的 TPU 冲击弹性均下降。

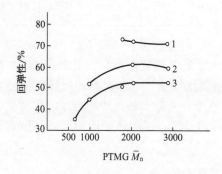 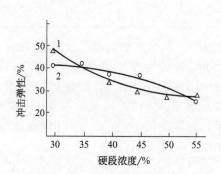

图 10-19　PTMG 含量和 $\overline{M}_n$ 对弹性的影响

PTMG 含量：1—73%；2—63.5%；3—49%

图 10-20　TPU 硬段含量与冲击弹性的关系

1—丁二醇扩链；2—乙二醇扩链

（5）硬度与弹性的关系　硬度与弹性的关系，实际上是硬段含量与硬度、弹性的关系。因为硬段含量增加，TPU 硬度增加，弹性下降，所以 TPU 硬度与弹性的相关性是硬度增加，弹性下降。MDI/BDO（EDO）/PTMG-1000 TPU 的实验结果说明了这个问题（图 10-20）。硬度增加弹性下降的原因是由于硬段含量的增加，硬段由分散相过渡到连续相，TPU 吸收能量消耗在内摩擦的比例增加，所以弹性下降。

10.3.1.6　耐磨性能

　　TPU 的耐磨性能是指材料经受摩擦、刮磨、侵蚀等机械作用的能力，这种机械作用引起材料表面逐步磨耗。TPU 显示极优的耐磨性能。然而，TPU 磨耗在很大程度上受到试验期间热积累的影响，而热积累关系到摩擦系数、应力载荷、接触面积等因素。在某些条件下加入润滑剂如硅酮（聚硅氧烷）、硫化钼等可以改善磨耗性能，可能是由于降低摩擦系数而减少了内生热。下面讨论 TPU 与其他材料的比较、TPU 分子量的影响、TPU 化学交联的影响等。

　　（1）TPU 与其他材料的比较　表 10-27 给出了 TPU 与橡胶和塑料耐磨性的比较。试验是 Taber 法，用 CS-17 轮，加荷 1000g 质量，23℃运转 5000 次。数据说明，TPU 的耐磨性能远优于橡胶和塑料，其耐磨性较橡胶提高 15～90 倍，尼龙 5～122 倍，聚氯乙烯 40～62 倍，聚乙烯 9～23 倍，聚苯乙烯（PS）108～181 倍，聚酯 6 倍，ABS（苯乙烯-丁二烯-丙烯腈）91 倍。

表 10-27　TPU 与橡胶和塑料耐磨性的比较

橡　胶		尼　龙		聚氯乙烯		聚乙烯		其他塑料	
品种	磨耗/mg	品种	磨耗/mg	品种	磨耗/mg	品种	磨耗/mg	品种	磨耗/mg
TPU	0.5～3.5	TPU	0.5～3.5	TPU	0.5～3.5	TPU	0.5～3.5	TPU	0.5～3.5
丁腈	44	尼龙 6	366	普通	160	高密度	29	PS[①]	324
丁苯	177	尼龙 66	49	增塑	187	低密度	70	PBE[②]	545
丁基	205	尼龙 610	16	高冲击	122			聚酯	18
氯丁	280	尼龙 11	24			ABS	275		
天然	146								

①　聚苯乙烯。

②　高冲击聚苯乙烯。

（2）TPU 分子量的影响　图 10-21 给出了一组 $\overline{M}_n$ 在 23000～49700 TPU 的耐磨试验数据。TPU 的结构是 MDI/BDO/PBA-1110，硬段含量 49.9%（质量分数），$r_0=1.02$，溶液聚合。试验用两种方法：Taber 法，用 h-18 轮，1000g 负荷，运转 2000 次的磨耗；Pico 法，是以一种高性能橡胶轮胎面胶为对照物，指数为 100，TPU 高于 100 意味着耐磨比对照物好，反之是坏。结果表明，两种方法的耐磨性能都随 TPU 分子量的增加有显著提高；$\overline{M}_n$ 在 36000 以下，耐磨性能提高得快，在 36000 以上，随分子量增加，耐磨性能趋缓。本体聚合 TPU 亦有类似趋势。

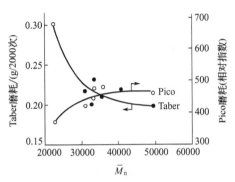

（3）TPU 化学交联的影响　表 10-28 给出了 TPU 化学交联（C）与物理交联（V）耐磨性能的比较。TPU 结构是 MDI/BDO/PBA-1000，硬段含量 26%（质量分数），$r_0=1.0$，在物理交联上加 2% 有机过氧化物混炼而成 TPU（C）。试验结果出现了矛盾，两种方法的耐磨性能得到相反的结果；Taber 试验化学交联 TPU 比物理交联 TPU 的磨蚀高 30%，而在 Pico 试验中却低 48%。其原因可能是 Pico 试验由于连续增加试验次数所产生的摩擦热使样品软化，从而使其物理交联，TPU 耐磨性能恶化，这是化学交联 TPU 耐磨性好的重要因素。这一组数据表明两种试验方法获得的耐磨性能都不理想。

图 10-21　TPU 分子量对耐磨性能的影响

表 10-28　化学交联与物理交联耐磨性能比较

TPU 交联类型	Taber 法/(mg/5000 次)	Pico 法磨耗指数/%		TPU 交联类型	Taber 法/(mg/5000 次)	Pico 法磨耗指数/%	
		80 次	240 次			80 次	240 次
物理交联(V)	136	71	54	化学交联(C)	179	82	80

10.3.1.7　耐屈挠性能

屈挠性能是指弹性体在重复的周期性应力作用下产生断裂所需的形变周期数。它与应变大小、交联密度、软段分子量和硬段含量等有关。TPU 耐屈挠性能讨论如下内容：与橡胶和塑料的比较、TPU 分子量的影响、TPU 化学交联的影响、低聚物二醇的影响等。

（1）与橡胶和塑料的比较　PET-TPU 与橡胶和塑料耐屈挠性能的比较见表 10-29。这是用 Ross 屈挠试验的结果，将材料先刺成 2.5mm 裂缝，屈挠 90°，测定裂缝增至 5 倍 12.5mm 的周期数。数据表明 TPU 85A 的耐屈挠性最好，经受 300 万次屈挠裂缝没有扩大，TPU 95A 的 192 万次，硬度较低的 TPU 耐屈挠性较好。丁腈橡胶和天然橡胶最差，分别只有 10 万次和 25 万次。

表 10-29　PET-TPU 与橡胶和塑料耐屈挠性的比较

性　能	PET-TPU		PVC		丁腈橡胶	氯丁橡胶	天然橡胶
	95A	85A	85	80			
硬度(邵尔 A)	96	90	94	87	78	70	77
屈挠周期/万次	192	300①	165	300①	10	300①	25

① TPU 85A 经受 300 万次屈挠裂缝无增长，PVC 80 和氯丁橡胶经受 300 万次裂缝增至 3 倍。

（2）TPU 分子量的影响　TPU 分子量 $\overline{M}_n$ 对耐屈挠性能的影响见表 10-30 和图 10-22。TPU 结构是 MDI/BDO/PBA-1110，结构参数和合成方法见 10.3.1.2、（4）、⑤。试验用 De-mattia 法，将试样用刀刺穿 2mm 裂口，于 27℃进行屈挠试验，记录裂口扩展 10 倍 20mm 的屈挠次数。结果与预料的相反：TPU 的 $\overline{M}_n$ 在 31500 以上时，耐屈挠性随 $\overline{M}_n$ 的增加有巨大的下降，这是以溶液聚合、数均分子量 $\overline{M}_n$ 测定的；同样以本体聚合、重均分子量 $\overline{M}_w$ 测定的结果与此类似。产生这种现象的原因是随分子量的增加，形成物理交联和缠绕的机会增加，每个分子参与更广泛的交联网，所以分子链的活动性下降。其结果是 $\overline{M}_n$ 大于 31500 时，增加了 TPU 链松弛时间，在屈挠试验速度下，TPU 链来不及松弛，导致较多 TPU 链的断裂。

表 10-30   TPU 分子量对其耐屈挠性断裂性的影响

$\overline{M}_n$	23000	31400	32600	33600	36100	40900	49700
屈挠断裂/万次	70	70	20	1.0	1.0	0.3	0.75

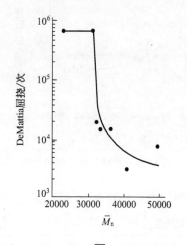

图 10-22   TPU 的 $\overline{M}_n$ 对其耐屈挠断裂性的影响

(3) 化学交联的影响   TPU 化学交联与物理交联比较的耐屈挠性见表 10-31。TPU 的结构是 MDI/BDO/PBA-1000，结构参数和合成工艺见 10.3.1.2、(4)、⑤。用 De-mattia 法试验 27℃ 的抗断裂增长。结果表明，物理交联的 TPU 只有尚好的耐屈挠性能，但仍比化学交联 TPU 好得多。解释这种差异的理由是 TPU 的物理交联网对所施加的应力，有较高的能力使其松弛，因此降低了应力集中和伴随的交联网的破坏。由此可推测，降低化学交联网的密度，将会改善其 TPU 的耐屈挠性能。

表 10-31   化学交联和物理交联耐屈挠性的比较

屈 挠 断 裂	物理交联 TPU	化学交联 TPU
2mm 到 20mm/次	10000	500①

① 样品完全破坏。

(4) 聚酯类型的影响   MDI/BDO/PES 的 TPU 的耐屈挠性能见表 10-32。TPU 的组成：硬段是改性 MDI/BDO，软段为 PEBA-2000（聚己二酸乙二醇/丁二醇酯，$\overline{M}_n$=2000）、PDA（聚己二酸二乙二醇酯，$\overline{M}_n$ 是 2500 和 3100），微孔弹性体，密度 0.6g/cm³。结果显示：PEBA-TPU 的耐屈挠性能在 −18℃ 和 −29℃ 均较高；而为 PDA-TPU 时，$\overline{M}_n$=2500 的最差，高分子量 PDA 耐屈挠性要好得多。

表 10-32   不同聚酯 TPU 的耐屈挠断裂性能

Ross 屈挠 (裂口增长 9 倍)	PEBA-TPU	PDA-TPU		Ross 屈挠 (裂口增长 9 倍)	PEBA-TPU	PDA-TPU	
	2000	2500	3100		2000	2500	3100
屈挠/次				−29℃	4000	100	1200
−18℃	10000	600	10000				

10.3.2   物理性能

TPU 弹性体的物理性能包括密度、线膨胀系数、摩擦系数、气体扩散系数、传热系数、玻璃化温度、熔点、熔化热、比热容和特性黏度等。

10.3.2.1   密度

TPU 的密度在 $1.05\sim1.25g/cm^3$ 之间，在同等硬度时聚醚型 TPU 密度比聚酯型 TPU 低。TPU 密度取决于软段种类、分子量、硬段或软段含量以及 TPU 的聚集态。这一部分讨论 TPU 与橡胶和塑料的比较、软段类型的影响、TPU 分子量的影响、软段品种的影响、软段（硬段）含量的影响。

(1) 与橡胶和塑料的比较   TPU 密度与橡胶和塑料的比较见表 10-33。由此可见 TPU 的密度与其他橡胶和塑料无显著差异。

表 10-33　TPU 与橡胶和塑料密度的比较

性能	TPU	热塑橡胶	聚酯弹性体	软乙烯塑料	氯丁橡胶	尼龙
硬度(邵尔 A)	75A~75D	65A~90A	90A~70D	40A~90A	20A~90A	60R~115R
密度/(g/cm³)	1.05~1.25	0.83~1.20	1.17~1.22	1.2~1.4	1.23	1.0~1.15

（2）聚酯型 TPU 与聚醚型的比较　表 10-34 给出 4 种牌号 TPU 弹性体的硬度与密度的比较。聚酯型 TPU 硬度为 62A~75D 的密度在 1.15~1.25g/cm³ 之间，聚醚型 TPU 硬度在 77A~74D 的密度是 1.05~1.20g/cm³，平均相差 0.05g/cm³。这说明在同等体积时，聚醚型 TPU 的质量稍轻，而销售是以质量计算不是体积，所以在设计、购买和生产时，要考虑这个重要的密度差别。

表 10-34　聚酯型与聚醚型 TPU 密度的比较

商品牌号	聚酯型 TPU		聚醚型 TPU	
	硬度(邵尔)	密度(g/cm³)	硬度(邵尔)	密度(g/cm³)
Estane	80A~70D	1.18~1.24	80A~60D	1.10~1.17
Pellethane	77A~65D	1.17~1.22	72A~65D	1.06~1.17
Elastollan	62A~75D	1.15~1.25	75A~74D	1.11~1.20
Desmopan	85A~98A	1.20~1.25	77A~95A	1.11~1.21

（3）TPU 分子量的影响　TPU 分子量对密度的影响如图 10-23 所示。TPU 结构是 MDI/BDO/PBA-1099，硬段含量 34.9%，通过 $r_0=$ NCO/OH 之比调整 TPU 分子量，无规熔融聚合工艺。TPU 分子量与密度关系的实验误差相当大，故数据较分散。尽管如此，分子量与密度关系也是明显的，TPU 密度随分子量（$\overline{M}_w$）增加而加大，并且 $\overline{M}_w$ 在 180000 时出现拐点，$\overline{M}_w$ 超过该点，影响消失了。密度的这种变化反映了高分子量 TPU 的链端减少，因而自由体积减少，$\overline{M}_w$ 在 180000 以上这种影响消失了。溶液聚合的 TPU 亦看到同样的趋势。

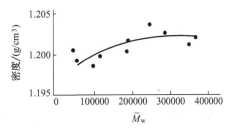

图 10-23　分子量对 TPU 密度的影响

（4）软段品种的影响　软段低聚物二醇品种不同，硬段均为 MDI/BDO 的 TPU 对密度的影响见表 10-35。TPU 的结构参数：软段 $\overline{M}_n$ 均为 2000，硬段含量 49%，$r_0=1.02$。数据说明，TPU 的硬度大体相同，在 47D~50D 之间，密度是 PEA>PBA>PCL>PTMG；聚壬二酸酯只有在二醇碳链较长时 PHZ-TPU 的密度较低，为 1.12g/cm³，其余都是 1.18g/cm³。

表 10-35　软段品种对 TPU 密度的影响

性能	聚己二酸酯		PCL	PTMG	聚壬二酸酯[①]			
	PEA	PBA			PEZ	PBZ	PDZ	PHZ
硬度(邵尔 A)	48	49	49	48	47	50	48	47
密度/(g/cm³)	1.26	1.20	1.16	1.12	1.18	1.18	1.18	1.12

① TPU PEZ、PBZ、PDZ、PHZ 分别是乙二醇、丁二醇、二乙二醇、己二醇与壬二酸合成的聚酯。

（5）软段（硬段）含量的影响　软段含量对 TPU 密度的影响如图 10-24 所示。TPU 的结构是 MDI/BDO/PTMG，软段分子 $\overline{M}_n$ 为 A=650、B=1000、C=2000，软段含量分别为 20%~68.3%、20%~77.5%、20%~87%，$r_0=1.0$。TPU 样品制备后 2 周的密度数据高度分散，6 个月后才接近平衡状态，图 10-24 就是在接近平衡时测得的。密度随软段含量、两相结晶度、相分离度而变化。软段含量低（硬段含量高）的三个系列样品的密度比较接近，显示

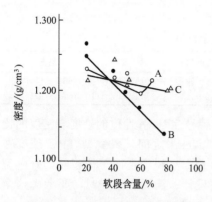

图 10-24 PTMG-TPU 软段含量
对密度的影响

PTMG $\overline{M}_n$: A—650; B—1000; C—2000

密度是由硬段相决定的，这种密度的差别反映样品制备完善性的差别。软段含量高（硬段含量低）时的密度，A 较高可能是软段分子量低，两相相互作用强所致，C 较高是由于软段结晶，而 B 较低是由于两相分离较好的结果。

10.3.2.2 线性膨胀系数

线性膨胀系数 α_L 是指温度变化 1℃，材料长度的相应变化。TPU 的 α_L 通常在 $(100\sim200)\times10^{-6}℃^{-1}$ 之间，它的变化反映了 TPU 弹性体的分子有序性或结晶性的变化。α_L 值越低，分子有序性越高；软段在其熔点以下（45℃）对 α_L 发挥主要的影响；增加硬段含量，α_L 值通常下降。如下讨论 Pellethane 的 α_L 值、α_L 与温度的关系、交联的影响、硬段含量的影响、软段结构的影响等。

（1）Pellethane TPU 的 α_L 值　　Pellethane 牌号的 TPU 按照硬度的不同测得的 α_L 值见表 10-36。大体上讲，α_L 值随硬度的增加而下降。

表 10-36　Pellethane TPU 的线性膨胀系数

性　能	PES-TPU						
硬度	77A	84A	86A	94A	94A	58D	65D
$\alpha_L/\times10^{-6}℃^{-1}$	171	157.8	159	150	151	135	119.8
性　能	PET-TPU						
硬度	72A	82A	86A	88A	92A	55D	64D
$\alpha_L/\times10^{-6}℃^{-1}$	174.6	167.7	165.7	169	151.8	130.1	130.9

（2）α_L 与温度的关系　　TPU 的 α_L 与温度关系见表 10-37。这里比较了三种 TPU，软段相同，都是 PBA-2000，硬段有 MDI/EDO（乙二醇）、MDI/BDO、MDI/HQEE（1,4-双羟乙基对苯二酚），$r_0=1.0$。在 40℃和 100℃的 α_L，三种 TPU 表现不同，EDO 和 HQEE 扩链的 TPU 与 40℃比较，100℃ 时 α_L 明显下降，而 BDO 的则略有增加，可能与扩链剂结构有关。

表 10-37　TPU 的 α_L 与温度的影响

TPU 结构	硬段含量 /%	$\alpha_L/\times10^{-6}℃^{-1}$		TPU 结构	硬段含量 /%	$\alpha_L/\times10^{-6}℃^{-1}$	
		40℃	100℃			40℃	100℃
MDI/EDO/PBA-2000	41.8	237	190	MDI/HQEE/PBA-2000	49.4	183	138
MDI/BDO/PBA-2000	43.5	201	205				

（3）化学交联的影响　　表 10-38 给出化学交联对 TPU α_L 的影响。这是在 MDI/BDO/PEA-2000 的配方中，用三羟甲基丙烷（TMP）按等当量取代 1,4-丁二醇（BDO）以增加化学交联的比例。数据显示，增加 TMP 量即增加化学交联密度，25℃ 的 TPU α_L 增加。这种现象可解释为交联密度增加，TPU 分子之间的嵌合缺乏而引起 α_L 值增加；而 BDO 比例增加可形成较多的分子有序结构，故 α_L 值下降。BDO/TMP 为 25/75 时，α_L 值最大，这种现象难以解释。

表 10-38　化学交联对 TPU α_L 的影响

1,4-丁二醇/%	三羟甲基丙烷/%	$\alpha_L(25℃)/\times10^{-6}℃^{-1}$	1,4-丁二醇/%	三羟甲基丙烷/%	$\alpha_L(25℃)/\times10^{-6}℃^{-1}$
0	100	292	90	10	220
25	75	484	100	0	200
80	20	251			

（4）硬段含量的影响　硬段含量对 TPU α_L 的影响见表 10-39。TPU 结构是 MDI/BDO/PBA-2000，硬段含量 32.3%～54.1%，$r_0=1.0$。硬段含量增加，在 40℃时 TPU α_L 值下降，而在 100℃则变化不明显。在 40℃时 α_L 值随硬段含量增加而下降的原因是硬段分子间的有序结构增加；在 100℃时 α_L 值变化不明显可能是由于温度的提高，软段与硬段之间氢键增加而适度混合，使硬段间的有序性下降的结果。

表 10-39　硬段含量对 TPUα_L 值的影响

硬段含量	$\alpha_L/\times10^{-6}℃^{-1}$		硬段含量	$\alpha_L/\times10^{-6}℃^{-1}$	
/%	40℃	100℃	/%	40℃	100℃
32.3	279	218	51.1	190	199
43.5	201	205	54.1	131	203

（5）软段结构的影响　对两种不同软段的 TPU 比较了它们的线型膨胀系数 α_L，即 PBA-2000 和 PTMG-2000，硬段均为 MDI/BDO，硬段含量分别为 43.5% 和 51.1%，$r_0=1.0$，其 α_L 值见表 10-40。在 40℃时，两种软段 TPU 的 α_L 值是聚酯型均高于聚醚型，反映了后者两相分离好于前者，而且随硬段含量增加，α_L 值低得更多，分离得更好，聚醚型软段相和硬段相都是高度有序，所以 α_L 值较低；在 100℃，情况复杂一些，硬段含量 43.5% 时聚醚型 α_L 值高于聚酯型，说明它的有序结构在高温易于脱序而提高了 α_L 值；硬段含量 51.1% 的 α_L 值，两种 TPU 是相同的，表明硬段的增加，改善了它们的有序性，尤其是聚醚型 TPU 更为明显。

表 10-40　软段结构对 TPU α_L 值的影响

TPU 结构		$\alpha_L/\times10^{-6}℃^{-1}$		TPU 结构		$\alpha_L/\times10^{-6}℃^{-1}$	
硬段含量/%	软段	40℃	100℃	硬段含量/%	软段	40℃	100℃
43.5	PBA-2000	201	205	51.1	PBA-2000	190	199
	PTMG-2000	179	250		PTMG-2000	80	199

10.3.2.3　气体扩散系数

气体扩散系数（透气性）（Q）是指在一定的温度和压力下，气体透过试样规定面积的扩散速率，以每单位时间、压力、面积透过一定厚度隔膜的气体体积表示，即 $[m^2/(s\cdot Pa)]\times10^{-18}$。不同气体的渗透率 Q 差别较大，TPU 对空气的 Q 值一般为 $(3\sim14)\times10^{-18}m^2/(s\cdot Pa)$。这里讨论影响 Q 值的一些因素，包括温度、TPU 软段类型、硬度等，另外还讨论 TPU 的透水汽性。

（1）温度的影响　Desmopan 在 25℃、60℃的空气、氮气、氧气和二氧化碳气体的扩散系数 Q 值见表 10-41，这是用 $100\mu m$ 膜测得的数据。不难看出扩散系数在 60℃时比 25℃增加数倍。

表 10-41　温度对扩散系数的影响

温　度/℃	扩散系数 $Q/[10^{-18}m^2/(s\cdot Pa)]$			
	空气	氮气	氧气	二氧化碳
25	5～12	4～6	10～18	41～101
60	—	22～43	54～113	78～324

（2）聚酯型与聚醚型 TPU 的比较　Elastollan TPU 弹性体聚酯型与聚醚型扩散系数的比较见表 10-42。对空气、氮、氧和二氧化碳四种气体的 Q 值，聚酯型 TPU 普遍低于聚醚型。

表 10-42　聚酯型与聚醚型 TPU 的扩散系数的比较

TPU	扩散系数 $Q/[\times10^{-18}m^2/(s\cdot Pa)]$			
软段	空气	氮气	氧气	二氧化碳
聚酯型	3～2	1～4	4～14	20～200
聚醚型	6～14	3～6	8～21	90～230

（3）TPU 硬度的影响　Elastollan TPU 弹性体硬度对扩散系数的影响见表 10-43。四种气体的扩散系数都随硬度增加而减少，可能是 TPU Q 值主要取决于软段的含量和性质，软段含量增加，透气性增加。

表 10-43　TPU 硬度对扩散系数的影响

TPU 硬度	扩散系数 $Q/[\times 10^{-18}m^2(s \cdot Pa)]$			
	空气	氮气	氧气	二氧化碳
80A	14	6	21	230
85A	9	5	16	180
90A	7	4	12	130
95A	6	3	8	90

（4）TPU 透水汽性　透水汽性是指每平方米面积 24h 透过水汽的质量数，即 $g/(m^2 \cdot 24h)$。Desmopan TPU 在 23℃和 38℃的透水汽性见表 10-44，这是用 $40\mu m$ 膜测试的数据。TPU 透水汽性是比较高的，是 PVC 的 6.2 倍、丙烯酸乙烯共聚物的 8.2 倍、氯化聚乙烯的 13 倍。

表 10-44　Desmopan TPU 透水汽性 （$40\mu m$）

温　度/℃	相对湿度/%	透水汽性/$[g/(m^2 \cdot 24h)]$	温　度/℃	相对湿度/%	透水汽性/$[g/(m^2 \cdot 24h)]$
23	85	200～300	38	90	500～800

10.3.2.4　摩擦系数

摩擦系数分为静摩擦系数和动摩擦系数。前者是最大静摩擦力与接触面上的正压力之比；后者是维持移动所需平均力与接触面上的正压力之比。摩擦系数的大小主要取决于接触面的材料种类、光洁程度、干湿度和相对运动的速度等，通常与接触面的大小无关。关于摩擦系数讨论的内容有：与橡胶和塑料的比较、Desmopan TPU 弹性体的摩擦系数、Estane 电缆料的摩擦系数。

（1）TPU 与橡胶和塑料的比较　表 10-45 给出了两种硬度 PTMG-TPU 与 PVC、丁腈橡胶、氯丁橡胶及天然橡胶静态及动态摩擦系数的比较。从表 10-45 中数据观察，TPU 弹性体与某些橡胶和塑料的摩擦系数比较，摩擦系数偏低；静态摩擦系数普遍高于动态，但 95A TPU 相反。

表 10-45　摩擦系数与橡胶和塑料的比较

性　能	PET-TPU		PVC		丁腈橡胶	氯丁橡胶	天然橡胶
	95A	85A	85	80			
硬度(邵尔 A)	96	90	94	87	78	70	77
摩擦系数							
静态	0.47	0.43	1.01	0.57	0.62	0.76	0.45
动态	0.61	0.28	0.54	0.33	0.45	0.44	0.40

（2）Desmopan 的摩擦系数　Desmopan TPU 在光滑钢板及粗糙钢板上的静态及动态摩擦系数见表 10-46。无论是动态或静态的摩擦系数都是在光滑钢板上高于粗糙钢板。

表 10-46　Desmopan TPU 的摩擦系数

摩擦系数	TPU 硬度（邵尔 A）	摩擦系数		摩擦系数	TPU 硬度（邵尔 A）	摩擦系数	
		光滑钢板	粗糙钢板			光滑钢板	粗糙钢板
静态	96	0.42	0.33	动态	96	0.35	0.32
	97	0.50	0.29		97	0.37	0.27

（3）Estane TPU 的摩擦系数　表 10-47 列举了 Estane TPU 用于电缆包封的 3 个牌号。

它们的硬度均为邵尔 85A，聚醚型软段，黑色。考察这一组数据发现，三种牌号无论哪一种的静态摩擦系数，都比动态的高；TPU 与 TPU 之间的摩擦系数都 比 TPU 与金属之间的高。

表 10-47　Estane TPU 的摩擦系数

Estane 牌号	摩擦系数			
	静　态		动　态	
	TPU-金属	TPU-TPU	TPU-金属	TPU-TPU
T-5089	0.89	1.28	0.61	1.20
58214	0.23	0.26	0.21	0.24
58311	1.05	4.13	1.00	3.66

10.3.2.5　传热系数

传热系数是指温度梯度垂直于单位面积时，通过该面积的传热速率，可表示为单位时间内，两个物面温差为 1K 时，流过材料单位体积的热量，单位为 $W/(m^2 \cdot K)$。Desmopan TPU 在 20℃和 80℃的传热系数见表 10-48。

表 10-48　Desmopan TPU 的传热系数　　　　单位：$W/(m^2 \cdot K)$

20℃	20～25	80℃	17～20

10.3.2.6　玻璃化温度

玻璃化温度是指 TPU 非晶态或结晶态 TPU 中的非晶部分从玻璃态到高弹态的温度（T_g）。TPU 是两相结构，软段相存在玻璃化温度（T_{gs}）。通常讲的 TPU T_g 就是指的 T_{gs}；硬段相在硬段分子量足够大时也存在玻璃化温度（T_{gh}）。TPU T_{gs} 在－32～－71℃，与软段结构和分子量有关，也与硬段结构和硬段含量有关。

（1）Pellethane TPU 的 T_g　表 10-49 显示了 Pellethane TPU 的玻璃化温度 T_g。聚酯型 TPU 的 T_g，无论硬度高低，普遍高于聚醚型 TPU，表明后者耐低温性能优于前者。硬度越高，T_g 越高。

表 10-49　Pellethane TPU 的 T_g

性　能	PES-TPU						
硬度	77A	84A	86A	94A	94A	58D	65D
T_g/℃	－39	－40	－37	－26	－20	—	—
性　能	PET-TPU						
硬度	72A	82A	86A	88A	92A	55D	64D
T_g/℃	－69	－40	－42	－38	－25	—	—

（2）软段结构的影响　TPU 的玻璃化温度与软段结构密切相关，表 10-50 给出了几种典型软段的影响。软段分子量 $\overline{M}_n = 2000$，硬段是 MDI/BDO，含量 40%～60%。显而易见，聚醚软段 T_g 低于聚酯软段，这是由于聚醚软段所含的醚基（—O—）柔性大于聚酯软段的酯基（—CO—O—）之故；从 TPU 的形态观察，聚醚软段相的纯度较高，溶于其中的硬段较少，聚酯软段则不同，它的纯度低，溶解的硬段较多，所以聚醚软段 T_g 低于聚酯软段。

表 10-50　软段结构对 TPU T_g 的影响

聚醚软段	T_g/℃	聚醚、聚酯软段	T_g/℃	聚酯软段	T_g/℃
PTMG	－71	P(PO/EO)	－51	PBA	－46
P(TO/EO)	－61	PCL	－48	PEA	－32

（3）软段分子量的影响　表 10-51 显示了软段分子量对 TPU T_g 的影响，硬段为 MDI/

BDO，含量 $16\%\sim54\%$。显然，无论是聚酯还是聚醚软段，分子量是影响 TPU T_g 的主要因素，分子量越高，T_g 越低。软段分子量增加，对其所连接的硬段的作用下降，此外较长的软段有利于两相的分离，故 T_g 下降。

表 10-51 软段分子量对 TPU T_g 的影响

软段	TPU T_g/℃		软段	TPU T_g/℃	
$\overline{M}_n$	PTMG	PBA	$\overline{M}_n$	PTMG	PBA
650	−43	—	2000	−75	−34
1000	−62	−26	5000	—	−45

（4）硬段含量的影响　讨论硬段含量的影响，实际上是讨论硬段分子量的影响，表 10-52 给出硬段含量对 TPU T_g 的影响，该 TPU 软段为 PBA-1000 和 PTMG-1000，硬段均为 MDI/BDO。PBA 软段分子量为 1000 时，其 TPU 的 T_g 随硬段含量增加而提高，这是因为 PBA-1000 极性较大，有大量硬段溶于软段相，且随硬段含量的增加而增加，从而导致 T_g 的提高。PTMG-1000 TPU 的 T_g 则与硬段含量无关，这是由于 PTMG 软段极性较小，微相分离好，尽管硬段浓度增加，它也难以混入软段相，所以 T_g 基本不变。然而，这只有在硬段含量低于 60% 时才如此，硬段含量高于 60% 时，其 T_g 也随硬段含量的增加而提高。例如硬段含量为 66% 时，其 T_g 是 $-18℃$。这可能是硬段含量在 60% 以上时，出现了相的逆转，即硬段相成为连续相，短硬段不可避免地溶于软段相中，从而使软段相的 T_g 提高。

表 10-52 硬段含量对 TPU T_g 的影响　　　　　　　　单位：℃

软段	硬段含量（质量分数）/%				
	26	31	37	41	47
PBA-1000	−30	−32	−25	−19	−10
PTMG-1000	−43	−44	−44	−43	−39

（5）硬段相玻璃化转变温度 T_{gh}　一般情况下，TPU 只存在软段相玻璃化转变，所以只有 T_{gs}；但在一些特殊情况下，TPU 也可存在硬段相的玻璃化温度 T_{gh}。例如结构为 MDI/BDO/PTMG-2000 TPU，硬段含量在 80%，并经淬火的样品，清楚地观察到硬段 T_{gh} 是 77℃；硬段结构变化也可存在 T_{gh}，如 2,4-TDI/BDO/PBA-1000 的 TPU，硬段含量在 $30\%\sim60\%$ 时，其 T_{gh} 在 $40\sim80℃$，其原因是 2,4-TDI 中的甲基和二异氰酸酯基的不对称性，使硬段相存在大量的相混合，硬段本身不规整，难以形成结晶，所以有硬段相 T_{gh} 存在。

10.3.2.7　TPU 熔融温度

TPU 弹性体的熔融温度 T_m 可能存在两种，即硬段相的 T_{mh} 和软段相的 T_{ms}。通常指的 TPU 熔点就是 T_{mh}，软段相的熔点 T_{ms} 只有在软段分子量足够大、相分离较好时才可能存在。硬段相的熔点往往不止一个，温度范围很宽，T_{mh} 在 $160\sim230℃$，软段相 T_{ms} 为 $10\sim50℃$。T_{mh} 主要取决于硬段含量和分子量；T_{ms} 也是如此，另外 T_{ms} 还与软段结构有关。

（1）软段分子量的影响　在硬段含量固定不变时，软段分子量对 TPU 的影响见表 10-53。TPU 结构是两种软段 PTMG 和 PBA，硬段 MDI/BDO，硬段含量 52%，$r_0=1.0$。软段熔点 T_{ms} 只有 PTMG-2000 存在，为 10℃，PTMG-1000 没有 T_{ms}；PBA-5000 的 T_{ms} 是 47℃，PBA-1000 和 PBA-2000 TPU 也不存在 T_{ms}。表明软段分子量必须达到足够大时，其 TPU 的软段才可能结晶，存在 T_{ms}。TPU 硬段相的熔点 T_{mh}，在两种软段中都是随 $\overline{M}_n$ 增加而提高，这是由于 T_{mh} 主要取决于硬段的分子量和含量。由于软段分子量的增加，在硬段含量固定条件下，硬段分子量也相应增加，硬段长度增加，结晶尺寸加大，故 T_{mh} 提高。

表 10-53　软段分子量对 TPU T_m 的影响

软段 $\overline{M}_n$	软段熔点 T_{ms}/℃		硬段熔点 T_{mh}/℃	
	PTMG	PBA	PTMG	PBA
1000	—	—	188	190
2000	10	—	214	194
5000	—	47	—	232

（2）硬段含量的影响　在软段分子量固定不变时，硬段含量对 TPU 硬段相熔点的影响见表 10-54，TPU 结构是 MDI/BDO/PTMG，PTMG 的 $\overline{M}_n$ 为 650 和 2000。显然，在两种软段分子量情况下，TPU 硬段熔点都随硬段含量增加而提高，原因是硬段分子量增加了。例如，PTMG-2000 TPU 硬段含量 40%～80% 的硬段分子量分别是 1333、2000、3000 和 8000。PT-MG-650 的 TPU，硬段含量 40%，不存在 T_{mh}，这是由于硬段分子量太小，只有 433，不足以形成结晶，当然不会有 T_{mh}。

表 10-54　硬段含量对 TPU T_{mh} 的影响　　　　　单位：℃

软段 $\overline{M}_n$	硬段含量/%			
	40	50	60	80
650	—	135	170	188
2000	188	208	204	226

（3）硬段相的熔融吸热温度　TPU 硬段相不仅存在熔点 T_{mh}，还存在另两种熔融吸热 T_1 和 T_2。T_1 是硬段相中近程有序结构瓦解的温度；T_2 是硬段相中远程有序结构的破坏温度，这就反映了硬段相结构的多样性。因此硬段相往往存在不止一个熔点的现象就不难理解了。表 10-55 给出了这样一组数据，它们的结构参数见 10.3.2.7、（1）。在结构为 MDI/BDO/PTMG-1000 和分子量为 2000 时，PTMG-1000 的 $T_1 = 62$℃，$T_2 = 160$℃；PTMG-2000 的 $T_1 = 85$℃（实际不是硬段的近程有序结构破坏了，而是硬段相中非晶部分的玻璃化温度 T_{gh}），$T_2 = 178$℃。PBA-1000 和 PBA-2000 的 TPU 的 T_1 和 T_2 温度类似于 PTMG-TPU。

表 10-55　TPU 硬段相的熔融吸热温度　　　　　单位：℃

软段 $\overline{M}_n$	PTMG			PBA		
	T_1	T_2	T_{mh}	T_1	T_2	T_{mh}
1000	62	160	188	60	170	190
2000	85[①]	178	214	75	166	194

① 硬段 T_{gh}。

10.3.2.8　TPU 的熔融热

TPU 弹性体的熔融热 ΔH 主要指硬段相结晶、次晶、有序结构熔化所吸收的热量，以 J/g 表示。ΔH 的大小取决于硬段的含量、长度和 TPU 热力史，软段分子量也有一定影响。TPU 的 ΔH 为 2.0～25J/g。

（1）硬段扩链剂的影响　TPU 软段为 PBA-2000，硬段分别为 MDI/EDO、MDI/BDO、MDI/HQEE，$r_0 = 1.0$，三种二醇扩链剂对其熔融热 ΔH 的影响见表 10-56。可以看出，扩链剂分子量增加，TPU 的熔融热也增加，这可能是硬段微晶尺寸增加的结果。

表 10-56　扩链剂对 TPU 熔融热的影响

硬段扩链剂	硬段含量/%	TPU 熔融热/(J/g)	硬段扩链剂	硬段含量/%	TPU 熔融热/(J/g)
EDO	41.8	5.01	HQEE	49.4	14.10
BDO	43.5	8.20			

（2）硬段含量的影响　硬段含量是影响 TPU 熔融热 ΔH 的主要因素，MDI/BDO/P(PO/EO)-2000 的 TPU 可说明这种影响，见表 10-57。P(PO/EO)-2000 含 EO 基 15％，$r_0 = 1.04$。TPU 熔融热随硬段含量呈线性增加，ΔH 外推到零时，硬段为 13％，表明需要大于 1 的 MDI 单元才能结晶，或者表明某些硬段混于软段相中。完全结晶共聚物的理论熔融热估计为 147J/g，结晶度约为 23％。

表 10-57　硬段含量对 TPU 硬段熔融热的影响

熔融转变	硬段含量/%						
	20	30	40	50	60	70	80
熔点/℃	150	176	178	186	208	210	217
ΔH/(J/g)	2.5	5.4	9.3	11.7	15.7	25.2	23.9

（3）TPU ΔH 与硬段 ΔH 的比较　TPU 熔融热与其硬段熔融热不同，TPU 聚合物熔融热 ΔH 低于硬段的 ΔH，以 MDI/BDO/P(PO/EO)-2000 TPU 说明，见表 10-58。封端的 EO 为 30％，$r_0 = 1.04$。TPU 聚合物和硬段在含量 55％时 ΔH 达最大值，再增加硬段含量熔融热则下降。硬段含量由 21％增至 77％时，硬段 ΔH 普遍高于 TPU ΔH，且随硬段含量增加差距缩小。

表 10-58　TPU ΔH 与硬段 ΔH 的比较

熔融热 ΔH/(J/g)	硬段含量/%						
	10	21	32	43	55	66	77
TPU	约 0	10.0	15.8	25.1	42.6	39.4	36.8
硬段	约 0	47.3	48.9	57.3	77.4	59.4	47.6

（4）软段分子量的影响　TPU 软段分子量对硬段相熔融热的影响可由表 10-59 说明，TPU 结构为 MDI/BDO/P(PO/EO)，P(PO/EO) $\overline{M}_n$ 分别为 1000、2000、3000 和 4000，其他结构参数见 10.3.2.8。软段分子量的增加，硬段相的熔化热在 30％～50％硬段含量时稳定增加。这一方面是由于软段 $\overline{M}_n$ 增加，有利于两相分离，从而使硬段相纯度增加；另一方面是硬段含量固定不变时，随软段分子量的增加，硬段分子量也增加，从而使硬段相结晶度增加，因此硬段相的熔融热提高。

表 10-59　软段分子量对 TPU 熔化热 ΔH 的影响　　　单位：J/g

硬段含量/%	软段 $\overline{M}_n$			
	1000	2000	3000	4000
30	2.0	5.4	6.3	12.1
50	b①	11.7	15.7	16.3
70	14.5	25.2	24.1	21.1

① 宽且难以限定的峰。

（5）TPU 退火的影响　TPU 在不同温度下退火一定时间，可以改善它的有序结构，增加次晶或结晶度，表 10-60 说明了这种情况。TPU 硬段是 MDI/BDO，软段是 PBA-2000 和 PBA-5000、PTMG-2000，硬段含量均为 51.7％，$r_0 = 1.0$。结果表明，三种 TPU 经高温退火后，熔化热 ΔH 均有很大增加，反映了退火改善了硬段相的形态，结晶度增加。

表 10-60　退火对 TPU 硬段熔融热的影响

TPU	退火前 ΔH/(J/g)	退火条件	退火后 ΔH/(J/g)
MDI/BDO/PBA-2000	3.8	175℃×4h	13.8
MDI/BDO/PTMG-2000	5.0	200℃×4h	14.2
MDI/BDO/PBA-5000	16.7	200℃×4h	26.8

10.3.2.9　TPU 的比热容

比热容是指 1kg TPU 温度上升 1K 所需吸收的热量，单位是 J/(kg·K)。TPU 的比热容在 $(1.67\sim1.92)\times10^3$ J/(kg·K)。TPU 软段相 T_{gs} 下的比热容 Δc_p 取决于硬段含量，表 10-61 给出这些数据。TPU 结构是 MDI/BDO/P（PO/EO），参数见 10.3.2.8。数据显示，在 T_{gs} 下的 TPU 比热容 Δc_p 随硬段含量增加稳定地线性下降，将 Δc_p 外推到零时，硬段含量约为 90%，软段含量约 10%，这可表示在硬段相中混入软段的数量为 10%。

表 10-61　硬段含量对比热 Δc_p 的影响　　　单位：$\times10^3$ J/(kg·K)

软段	硬段含量/%						
$\overline{M}_n$	20	30	40	50	60	70	80
2000	0.54	0.45	0.38	0.33	0.22	0.13	0.09
4000	0.50	0.42	0.33	0.29	0.22	0.13	0.09

10.3.2.10　TPU 特性黏度

特性黏度也叫特性黏数，在恒定温度下测定不同浓度溶液的比浓黏度和固有黏度，将这些数值与对应的浓度作图，得到两条曲线会合于溶质浓度为零的一点上，此点即测定温度下在该溶剂中低聚物的特性黏度 $[\eta]$，单位是 dL/g，表示单位质量高分子在溶液中所占流体力学体积的相对大小。$[\eta]$ 与 TPU 分子量密切相关，由 $[\eta]$ 可估计 TPU 的分子量。

（1）特性黏度与分子量的关系　这里讨论溶液聚合法合成 TPU 和无规熔融聚合法合成 TPU 的特性黏度与分子量的关系。

① 溶液聚合　TPU 特性黏度 $[\eta]$ 与数均分子量 $\overline{M}_n$ 的关系见表 10-62 和图 10-25。TPU 结构是 MDI/BDO/PBA-1110，结构参数见 10.3.1.2，用 30% 二甲基甲酰胺溶液于 85℃ 聚合，加入 0.5% 正丙醇溶液，终止反应，以控制 $\overline{M}_n$，加入 0.05% 正碘丙烷溶液防止黏度下降。同时给出旋转黏度以供参考，它是于 25℃、含 25%（质量分数）TPU 的 DMF 溶液中测定的。数据和曲线都显示特性黏度随 $\overline{M}_n$ 增加而增加，$\overline{M}_n$ 在 41000 以下增加明显，超过则增加平缓。

表 10-62　溶液聚合 TPU 特性黏度与分子量的关系

数均分子量 $\overline{M}_n$	特性黏度 $[\eta]$/(dL/g)	旋转黏度/Pa·s	数均分子量 $\overline{M}_n$	特性黏度 $[\eta]$/(dL/g)	旋转黏度/Pa·s
23000	0.79	5.4	36100	1.18	76.0
31400	0.99	22.0	40900	1.28	180.0
32600	1.02	37.6	49700	1.30	200.0
33600	1.07	76.8			

② 无规熔融聚合　无规熔融聚合 TPU 的结构是 MDI/BDO/PBA-1099，MDI/BDO/PBA 摩尔比为 2.0/1.0/1.0，硬段含量 34.9%；通过调整异氰酸酯指数（r_0 = NCO/OH 之比）来调整 TPU 分子量，r_0 = 1.0 的 TPU 分子量最高，常产生脲基甲酸酯交联，且不溶于 DMF；反应物在 160℃ 混合，注盘，于氮气下 120℃ 烘 3h。结果见表 10-63 和图 10-26。特性黏度与 $\overline{M}_w$ 的关系：在 $\overline{M}_w$ = 300000 以下时，其规律与溶液聚合类似；而超过时，黏度随分子量迅速增加，与溶液聚合的关系显著不同。这是由于无规熔融聚合时，分子量高，分子量分散性（$\overline{M}_w/\overline{M}_n$）过宽导致的结果，如表中最后两组数据的 $\overline{M}_w/\overline{M}_n$ 分别为 26.12 和 66.83，有 3% 的

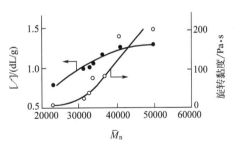

图 10-25　TPU $\overline{M}_n$ 与特性黏度的关系

凝胶。其实，无规熔融聚合的分子量分布除了过宽之外，其余 $\overline{M}_w/\overline{M}_n$ 也在 6.0～17.0 之间，也是相当宽的，表明 TPU 存在支化或交联。

表 10-63　TPU 特性黏度与重均分子量的关系

异氰酸酯指数 r_0	特性黏度 $[\eta]/(dL/g)$	重均分子量 $\overline{M}_w$	数均分子量 $\overline{M}_n$	分子量分布 $\overline{M}_w/\overline{M}_n$
0.92	0.590	47900	7300	6.60
0.94	0.713	60100	10000	5.99
0.96	1.028	100200	14000	7.17
0.97	1.102	117100	13000	9.01
0.98	1.455	182800	13200	13.87
0.99	1.521	190500	19800	9.63
1.00	1.816	243700	14600	17.08
1.00	1.979	289100	31000	9.31
1.00	2.522①	351200	13400	26.12
1.00	2.797①	366800	5500	66.38

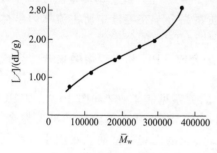

图 10-26　TPU 特性黏度与重均分子量的关系

（2）计算分子量的经验公式　由特性黏度计算分子量的经验公式是马克-霍温克（Mark-Houwink）方程：$[\eta]=KM^\alpha$ 求出 K、α 值即可计算分子量。例如 MDI/1,5-PDO/PCL-2040 TPU，摩尔比为 5.85/5.0/1.0，$r_0=0.975$ 硬段含量 49.3%；于 180℃将三组分强烈搅拌，并在该温度下硫化 1h，再于室温后硫化 1 周。该 TPU 的特性黏度和重均分子量见表 10-64，其对数值如图 10-27 所示。沉淀和特性黏度是在 30℃ 的 DMF 中获得的数据。求得的特性黏度 $[\eta]$ 与重均分子量的关系式：

$$[\eta]=6.80\times10^{-5}\overline{M}_w^{0.68}$$

表 10-64　TPU 弹性体分级沉淀的结果和分子量

聚合物分级	分级数量(质量分数)/%	$[\eta]/(dL/g)$	$\overline{M}_w/\times10^4$	聚合物分级	分级数量(质量分数)/%	$[\eta]/(dL/g)$	$\overline{M}_w/\times10^4$
1	0.64	1.33	10.10	7	7.90	0.69	4.31
2	4.30	1.07	9.00	8	14.19	0.54	3.38
3	10.35	1.11	8.0	9	15.78	0.39	2.08
4	9.50	1.01	7.22	10	2.55	0.19	1.20
5	12.96	0.92	6.68	未分级		0.75	5.60
6	10.13	0.78	5.99	聚合物			

10.3.3　环境介质性能

TPU 的环境介质性能包括：耐水汽性能、耐矿物油及油脂性能、耐化学药品性能、耐微生物性能以及老化性能、高低温性能、放射线和电学性能等。

10.3.3.1　耐水汽性能

TPU 弹性体的耐水和水汽（湿气）性能一直是备受关注的问题，因为通常认为 TPU 是不耐水的材料。其实也不尽然，从下面讨论的几个关于 TPU 耐水性的问题可以看出一些 TPU 耐水性较差，另一些还是相当不错的。其中包括与橡胶、塑料的耐水性能的比较、

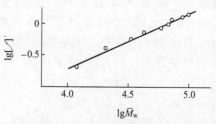

图 10-27　TPU 特性黏度与分子量关系

水的增塑作用、水的化学降解、聚酯与聚醚型 TPU 的比较、温度的影响、酸值的影响和稳定剂的作用等。

（1）与橡胶和塑料的比较　TPU 弹性体耐水汽性能与橡胶和塑料的比较见表 10-65。TPU 是聚醚型，在 100℃烘箱中，相对湿度（RH）为 95％，经 44 天后测量硬度和拉伸强度变化。不难看出，TPU 耐 100℃水汽性能相当不错，硬度的变化不大，拉伸强度经 44 天还能保留 50％～60％，就是保留的这个拉伸强度，仍然相当或高于橡胶未经水汽老化的拉伸强度，而橡胶经老化后损失了 95％以上。

表 10-65　TPU 与橡胶、塑料耐水汽性能的比较

性　能	PET-TPU		PVC		丁腈 橡胶	氯丁 橡胶	天然 橡胶
	95A	85A	85	80			
硬度（邵尔 A）　对照	96	90	94	87	78	70	77
100℃/95％相对湿度							
44d	97	85	92	87	86	94	70
保留	101	94	98	100	110	134	91
拉伸强度/MPa　对照	34.2	25.3	16.0	16.3	11.6	10.3	16.3
100℃/95％ 相对湿度							
44d	21.0	13.0	16.8	17.9	0.4	0.4	0.4
保留	61	51	105	110	3	4	2

（2）水的增塑作用　TPU 在湿空气中吸收水分，PES-TPU 为 0.5％～1.2％，PET-TPU 为 1.2％～1.5％，浸水吸收大致也是这个数值。吸收后 TPU 的拉伸强度：前者下降 10％，后者下降 20％；被吸收的水在 TPU 中，类似于增塑剂所起的增塑作用，所以使其拉伸强度下降；若将 TPU 充分干燥，所吸收的水能够从 TPU 中移出，故拉伸强度仍能恢复到未吸水前的水平。

PET-TPU 浸水于 23℃、49℃和 70℃经 28 天力学性能的变化见表 10-66。数据显示 70℃、28 天浸水后硬度下降 4％、300％定伸应力下降 25％、拉伸强度下降 42％、扯断伸长率增加了 32％，而经 100℃充分干燥后其性能基本上恢复了，拉伸强度下降最大也只有 6％。有人经试验后推算聚酯型 TPU 在 25℃水浸泡 10 年，拉伸强度下降 50％，聚醚型 TPU 则要 50 年，由此可见，TPU 耐常温水没有问题。

表 10-66　TPU 浸水对力学性能的影响[①]

力学性能	对照样	浸水温度/℃			70℃试样充分干燥[②]	
		23	49	70	数值	恢复/％
硬度（邵尔 A）	80	80	78	75	80	100
300％定伸应力/MPa	7.4	5.6	6.0	5.6	7.0	95
拉伸强度/MPa	35.2	20.4	20.4	20.4	33.0	94
扯断伸长率/％	600	650	670	790	650	108
质量变化率/％	—	—	1.8	1.8	2.3	—
体积变化率/％	—	—	1.5	1.6	2.3	—

① 浸蒸馏水 28d。

② 100℃干燥后与对照样之比。

（3）水的降解作用　TPU 吸收水分不仅可能有增塑作用，这个过程是可逆的；而且在一定条件下，还可能有降解作用，这个过程是不可逆的。TPU 水降解主要取决于软段结构，这主要表现在 PES-TPU，可由反应式（10-17）说明：

$$\sim O-\overset{O}{\overset{\|}{C}}-(CH_2)_4-\overset{O}{\overset{\|}{C}} \overset{\mid}{\longmapsto} O-(CH_2)_2-O-\overset{O}{\overset{\|}{C}}-NH-R-NH-\overset{O}{\overset{\|}{C}}-O\sim + H_2O \longrightarrow$$

$$(10\text{-}17)$$

$$\sim O-\overset{O}{\overset{\|}{C}}-(CH_2)_4-\overset{O}{\overset{\|}{C}}-OH + HO-(CH_2)_2-O-\overset{O}{\overset{\|}{C}}-NH-R-NH-\overset{O}{\overset{\|}{C}}-O\sim$$

其中划双横线者为软段的酯基，划单横线者为硬段的氨酯基。水解断键可能在酯基或氨酯基上，由于前者不如后者耐水解，故 PES-TPU 断键在酯基上。TPU 断键后生成两个短链：一个是端羟基（—OH）；另一个是端羧基（—COOH），该羧基是酸性，可进一步催化酯基的水解反应，从而加速降解，所以酯基一旦水解，就形成自动催化反应。改善聚酯型 TPU 的聚酯软段水解稳定性可以考虑：增加聚酯二醇的碳链长度，即亚甲基含量；在聚酯二醇结构上增加刚性脂环结构，如 1,4-环己基二亚甲基二醇；降低聚酯二醇酸值在 0.1mg KOH/g 以下。

关于聚醚型 TPU 的水降解反应按式（10-18）进行：

$$\sim[\underline{\underline{O}}\!-\!(CH_2)_4]_n\,O\!-\!\!\underset{\displaystyle \underset{O}{\|}}{C}\!-\!NH\!-\!R\!-\!NH\!-\!\underset{\displaystyle \underset{O}{\|}}{C}\!-\!O\sim\ +\ H_2O\ \longrightarrow$$

$$\sim[\underline{\underline{O}}\!-\!(CH_2)_4]_n\,OH\ +\ NH_2\!-\!R\!-\!NH\!-\!\underset{\displaystyle \underset{O}{\|}}{C}\!-\!O\sim\ +\ CO_2$$

(10-18)

其中划双横线者为软段的醚基，划单横线者为硬段的氨酯基。水解断键可能在醚基或氨酯基上，由于醚键很耐水解，故 PET-TPU 断键在氨酯基上。断键后生成两个短链：一个是端羟基（—OH）；另一个是端氨基（—NH$_2$）。这两种端基没有一个能够催化 PET-TPU 的水降解反应。

TPU 所含基团的水解稳定性是醚基＞氨酯基＞酯基，所以 PET-TPU 比 PES-TPU 耐水解。

（4）聚酯结构的影响　聚酯结构包括己二酸的乙二醇酯（PEA）、丁二醇酯（PBA）、己二醇酯（PHA）和 1,4-环己基二亚甲基二醇（PCHDA，HO—CH$_2$—CH$\underset{CH_2-CH_2}{\overset{CH_2-CH_2}{\big|\quad\big|}}$CH—CH$_2$—OH ）酯，分子量 980～1190，酸值 0.6～0.75mg KOH/g，这是软段；硬段是 MDI/BDO，摩尔比 MDI/BDO/PES=2.0/1.0/1.0，无规熔融聚合。浸水条件是 70℃，3 周，实验结果见表 10-67。拉伸强度显示得最清楚，保留原强度的百分比：PEA 40％，PBA 60％，PHA 70％，PCHDA 100％，说明碳链长度增加，水解稳定性增加，含刚性脂环结构最好。

表 10-67　聚酯结构对 TPU 水解稳定性的影响

聚酯结构	硬度（邵尔）	TPU 性能（70℃浸水 3 周）							
		特性黏度/(dL/g)		拉伸强度/MPa		300％定伸应力/MPa		扯断伸长率/%	
		原值	保留/%	原值	保留/%	原值	保留/%	原值	保留/%
PEA	88A	1.351	44	49.7	40	7.7	100	650	119
PBA	85A	1.233	—	63.7	60	8.4	83	458	147
PHA	89A	1.160	73	61.6	70	7.0	110	515	123
PCHDA	60D	0.697	90	39.2	100	33.6	79	355	107

（5）聚酯酸值的影响　聚酯酸值对 TPU 水解稳定性的影响见表 10-68。TPU 结构是 MDI/BDO/PBA，PBA 的 $\overline{M}_n$ 为 989～1110，MDI/BDO/PBA＝2.0/1.0/1.0。PBA 酸值从 3.66mg KOH/g 降至 0 显示：特性黏度、拉伸强度、300％定伸应力等性能保留率都是增加的趋势，说明酸值高对水解有显著影响，酸值在 0.1mg KOH/g 以下，性能基本稳定。其他聚酯如 PEA、PHA 也存在同样规律。

表 10-68　聚酯酸值对 TPU 水解稳定性的影响

PBA 酸值	硬度（邵尔 A）	TPU 性能（70℃浸水 3 周）							
		特性黏度/(dL/g)		拉伸强度/MPa		300%定伸应力/MPa		扯断伸长率/%	
		原值	保留/%	原值	保留/%	原值	保留/%	原值	保留/%
3.66	88	0.904	31	58.8	7	9.1	68	550	35
2.50	90	1.032	30	56.0	11	8.4	58	550	119
0.6	85	1.233	—	63.7	60	8.4	83	485	147
0.00	92	1.501	75	67.9	76	9.1	84	490	115
0.10	87	1.136	88	65.8	90	12.6	100	475	119

（6）水解稳定剂的作用　PES-TPU 加入聚碳化二亚胺（PCD）可以改善其耐水性能。其机理是与端羧基反应生成 N-酰基芳基脲，见式（10-19）。

$$\left[\underset{\text{聚碳化二亚胺}}{\text{R'}\text{—}\overset{\text{R'}}{\underset{\text{R'}}{\bigcirc}}\text{—N=C=N—}}\right]_n + \underset{\text{羧基}}{R\overset{O}{\underset{\|}{C}}\text{—OH}} \longrightarrow \left[\underset{\text{N-酰基芳基脲}}{\text{R'}\text{—}\overset{\text{R'}}{\underset{\text{R'}}{\bigcirc}}\text{—NH—}\overset{\text{O}}{\underset{\text{COR}}{N}}\text{—N—}}\right]_n \qquad (10\text{-}19)$$

式中，R,R' 为低级烷基。

由式（10-19）反应可知，聚酯所含羧基和水解所产生的羧基都可被 PCD 中和而清除掉，使羧基的自动催化作用中止；又由于每个 PCD 分子含有多个碳化二亚氨基，它能够将断了的端羧基低聚物重新连接起来，从而起到修补断链的作用。

加入水解稳定剂对 TPU 水解稳定性的影响，可从表 10-69 明显地看出来。TPU 结构是 MDI/BDO/PBA-1000，摩尔比 2.0/1.0/1.0，PBA 酸值为 2.50 mg KOH/g 和 0.10 mg KOH/g。从表 10-69 中看出，无论高酸值 PBA 还是低酸值 PBA，加入水解稳定剂 PCD，特性黏度、拉伸强度的水解性能均能得到改善；其他性能如 300%定伸应力、扯断伸长率等也同样得到改善。

表 10-69　聚碳化二亚胺对 TPU 水解稳定性的作用

TPU 性能	PBA 酸值 2.50 mg KOH/g		PBA 酸值 0.10 mg KOH/g	
	对照样	加 PCD 2.0%	对照样	加 PCD 2.0%
硬度(邵尔 A)	90	—	87	—
特性黏度/(dL/g)				
原值	1.032	1.085	1.136	1.108
70℃水 3 周保留/%	30	88	88	95
70℃水 6 周保留/%	16	87	68	92
70℃水 9 周保留/%	11	79	36	85
拉伸强度/MPa				
原值	56.0	63.7	65.8	67.2
70℃水 3 周保留/%	11	96	90	87
70℃水 6 周保留/%	5	93	73	86
70℃水 9 周保留/%	0	84	15	89

（7）聚醚型 TPU 的耐水性　PET-TPU 不像 PES-TPU 易于水解，这是因为醚键比酯基稳定得多，已如上述。现举两例进一步说明，见表 10-70。TPU 结构：MDI/BDO/PTMG-963，MDI/BDO/PPG-1005（聚丙二醇醚二醇），摩尔比均为 2.0/1.0/1.0。浸水条件：70℃，3 周。数据显示，软段为 PTMG 的 TPU 浸水 3 周拉伸强度保留 92%；实际上 9 周还能保留 78%，至 12 周为 73%，一直到 21 周不变。软段为 PPG-TPU 浸水 3 周保留 88%，特性黏度、300%定伸应力、扯断伸长率变化都很小。

表 10-70　聚醚型 TPU 70℃浸水 3 周的水解稳定性

TPU 性能	PTMG-963		PPG-1005	
	对照样	保留/%	对照样	保留/%
硬度(邵尔 A)	89	—	76	—
特性黏度/(dL/g)	—	—	0.874	97
拉伸强度/MPa	57.4	92	29.4	88
300%定伸应力/MPa	8.1	—	5.6	100
扯断伸长率/%	550	—	640	112

10.3.3.2　耐油和燃料性能

TPU 的耐油性能包括：ASTM 1#油、2#油、3#油，汽油、煤油，润滑油、传动油和电机油等；耐燃料性能包括：ASTM No. A、No. B、No. C 燃料和喷射燃料。下面讨论 TPU 与某些塑料和橡胶耐油性能的比较，聚酯型 TPU 与聚醚型 TPU 的比较以及 TPU 耐各种油和燃料性能。

(1) TPU 与某些塑料和橡胶的耐油性能比较　表 10-71 给出 PET-TPU 与聚氯乙烯（PVC）和聚乙烯（PE）耐轻蜡油性能的比较，实验条件是 70℃×24h。结果表明，TPU 的耐油性能远超过聚乙烯和聚氯乙烯。表 10-72 给出 TPU 与丁腈橡胶（NBR）和氯丁橡胶（CR）耐 ASTM 1#油和 3#油的比较。试验条件是 100℃×70h，TPU 是聚酯型、硬度 90（邵尔 A）。结果显示，PES-TPU 耐 ASTM 1#油和 3#油优于丁腈橡胶，更优于氯丁橡胶。

表 10-71　PET-TPU 与塑料耐油性能的比较

性　能	PET-TPU			PVC			PE		
	对照	浸油	保留/%	对照	浸油	保留/%	对照	浸油	保留/%
拉伸强度/MPa	40.0	47.5	119	21.7	19.8	91	15.1	7.8	52
扯断伸长率/%	520	600	115	330	240	73	610	120	20
质量变化/%	—	5.4	—	—	0.5	—	—	26.0	—

表 10-72　PES-TPU 与橡胶耐油性能的比较

性　能	ASTM 1#油			ASTM 3#油		
	TPU	NBR	CR	TPU	NBR	CR
硬度变化(邵尔 A)	0	+15	−2	−1	−6	−20
拉伸强度变化/%	+5.5	+20.2	−10.2	−6.5	−5.6	−27.3
扯断伸长率变化/%	+15.5	−21.5	−13.2	−6.8	−17.6	−33.3
体积变化/%	−0.5	−3.8	+1.5	+3.7	−12.7	+56.2

(2) PES-TPU 与 PET-TPU 的比较　两种 TPU 耐油性能的比较见表 10-73。聚酯型和聚醚型 TPU 浸于 ASTM 2#油和 3#油中，23℃×6 个月，其拉伸强度和扯断伸长率均有增加，说明它们的耐油性能都很好，从体积变化和质量变化看，PET-TPU 较高，说明聚酯型 TPU 优于聚醚型 TPU。

表 10-73　PES-TPU 与 PET-TPU 耐油性能的比较

性　能	PES-TPU (92A)					PET-TPU (82A)				
	对照	ASTM 2#油		ASTM 3#油		对照	ASTM 2#油		ASTM 3#油	
		数值	保留/%	数值	保留/%		数值	保留/%	数值	保留/%
拉伸强度变化/%	59.5	60.2	101	61.6	104	45.5	51.1	112	46.9	103
扯断伸长率变化/%	410	420	102	450	110	570	600	105	610	107
体积变化/%	—	0		+1		—	+4		+10	
质量变化/%	—	+1		+2		—	+5		+11	

(3) 化学交联的影响　TPU 物理交联和化学交联对耐油和燃料的影响见表 10-74。结构是

MDI/BDO/PBA-1000，硬段含量 26%，$r_0=1.0$；以该 TPU 加 2% 有机过氧化物混炼制得化学交联 TPU。25℃浸泡 7 天的体积和质量增加表明：化学交联 TPU 比物理交联耐油性能好，例如就体积增加而言，化学交联浸泡的四种油品分别是物理交联的 33%、16%、56% 和 83%。

表 10-74　TPU 化学交联和物理交联耐油性能的比较

浸泡油品	物理交联 TPU		化学交联 TPU	
	体积增加/%	质量增加/%	体积增加/%	质量增加/%
ASTM 1# 油	0.87	0.77	0.29	0.25
ASTM 3# 油	7.49	5.16	1.21	0.96
JP4 喷射燃料	5.08	3.49	2.85	1.84
汽油(Sunoco200)	19.31	13.40	16.08	11.14

（4）软段品种的影响　表 10-75 给出了几种软段 $\overline{M}_n=1000$ 和 2000 的溶胀性能，硬段同是 MDI/BDO，含量分别为 40%~44% 和 31%~32%（质量分数），$r_0=1.05$。软段为 PEA、PBA、PCL、PTMG 和 PTHF/EO（四氢呋喃/环氧乙烷共聚醚，EO 占 50%，摩尔分数），TPU 浸泡在 ASTM 2# 油中 1 周，其温度分别为室温和 60℃。结果显示，聚酯型 TPU $\overline{M}_n$ 为 1000 和 2000 的溶胀为 2.0%~4.5%；聚醚型 TPU 为 3.0%~15%。说明聚醚型 TPU 耐油性能较差，尤其 PTMG-TPU 更差，$\overline{M}_n=2000$ 的 PTMG-TPU 在 60℃的溶胀分别是 PEA-TPU 的 6 倍、PBA 的 3.7 倍和 PCL 的 3.3 倍。

表 10-75　软段品种对 TPU 耐油溶胀的影响

参数和性能	$\overline{M}_n=1000$ 软段的 TPU				
	PEA	PBA	PCL	PTMG	P(TO/EO)
硬段含量/%	40.2	40.6	44.1	42.1	43.4
硬度(邵尔 A)	86	87	86	88	86
溶胀①/%					
室温	2.5	2.8	2.9	3.5	3.0
60℃	2.0	2.5	2.5	7.1	3.5

参数和性能	$\overline{M}_n=2000$ 软段的 TPU				
	PEA	PBA	PCL	PTMG	P(TO/EO)
硬段含量/%	31.6	31.3	31.9	31.7	32.5
硬度(邵尔 A)	83	84	84	83	83
溶胀①/%					
室温	2.8	3.1	3.5	8.4	4.0
60℃	2.5	4.1	4.5	15	5.8

① 在 ASTM 2# 油中，1 周。

（5）浸油时间的影响　TPU 浸油时间对力学性能的影响见表 10-76。TPU 结构是 MDI/BDO/PEA，预聚物 NCO 为 6.6%，$r_0=1.03$。浸油试验分别在自动化传动液、汽油和电机润滑油中进行，时间分为 5 周、15 周和 55 周。结果显示，与初始值比较，TPU 在传动液、汽油和润滑油中分别浸泡 5 周、15 周和 55 周后，其定伸应力、拉伸强度、扯断伸长率略有增加；拉伸永久变形在汽油中略有增加，而在传动液和润滑油中略有下降。总之，TPU 在三种油品中浸泡后的力学性能随时间延长没有显著变化。

（6）温度变化的影响　PES-TPU 在 20℃和 70℃浸泡润滑油对力学性能、质量变化和体积变化的影响见表 10-77。PES-TPU 硬度（邵尔 A）为 82 和 96，润滑油有 ASTM 1# 油和 ASTM 3# 油。结果表明：就 82A PES-TPU 而言，在两种润滑油中，与初始值比较，20℃× 17d 和 70℃×7d 的硬度下降分别是 11~13 和 4，质量和体积下降分别是 0.1%~0.2% 和 0.1%~0.8%；100% 定伸应力、拉伸强度和扯断伸长率，只有 70℃×7d 前两者分别下降 11% 和 2%，其余均有不同程度的增加。总之，尽管在 20℃和 70℃浸油对性能影响不同，然而差别并不显著；硬度 96（邵尔 A）的 PES-TPU，趋势相同。

表 10-76　浸油时间对 TPU 力学性能的影响

浸油品种	时间/周	定伸应力/MPa			拉伸强度/MPa	扯断伸长率/%	拉伸永久变形/%
		100%	200%	300%			
初始值	—	9.9	13.2	17.4	35.4	580	40
传动液	5	10.9	14.3	18.6	36.8	600	40
	15	10.2	13.9	17.2	33.9	600	35
	55	10.4	14.8	19.3	39.8	580	30
汽油	5	9.2	12.3	16.2	35.4	590	50
	15	8.8	11.4	15.1	37.6	630	55
	55	9.0	11.6	15.6	38.7	610	45
润滑油	5	10.2	13.8	18.1	39.6	600	40
	15	10.2	13.7	18.3	37.2	590	30
	55	10.2	13.7	18.1	40.8	600	35

表 10-77　温度对 PES-TPU 耐润滑油的影响

润滑油	PES-TPU[硬度 82（邵尔 A）]					
	硬度（邵尔 A）	100%定伸应力/MPa	拉伸强度/MPa	扯断伸长率/%	质量变化/%	体积变化/%
初始值	82	4.3	50.0	600	—	—
ASTM 1# 油						
20℃×17d	71	4.7	50.7	600	−0.1	−0.2
70℃×7d	78	4.5	55.5	660	−0.7	−0.1
ASTM 3# 油						
20℃×17d	69	4.6	55.1	610	−0.1	−0.1
70℃×7d	78	3.8	48.9	650	−0.6	−0.8

润滑油	PES-TPU［硬度 96（邵尔 A）]					
	硬度（邵尔 A）	100%定伸应力/MPa	拉伸强度/MPa	扯断伸长率/%	质量变化/%	体积变化/%
初始值	96	12.0	65.0	440	—	—
ASTM 1# 油						
20℃×7d	95	11.9	56.0	420	+0.2	+0.2
70℃×7d	95	15.1	62.1	440	−0.6	−0.8
ASTM 3# 油						
20℃×7d	95	11.1	56.7	420	+0.2	+0.3
70℃×7d	95	14.4	42.1	390	−0.3	−0.4

（7）TPU 耐燃料性能　PET-TPU（Estane 58311）耐 ASTM 燃料 A、B、C 的数据见表 10-78。PET-TPU 硬度是 85（邵尔 A），浸泡燃料 70h，2 周和 4 周，温度是室温。结果表明，聚醚型 TPU 耐燃料 A 最好，拉伸强度和质量、体积变化都很小；耐燃料 B 次之；而耐燃料 C 最差，定伸应力下降 12.6%~14.5%，拉伸强度下降 43.1%，扯断伸长率下降 1.8%，体积和质量溶胀最大，分别为 44.6% 和 33.3%。

表 10-78　PET-TPU 耐燃料性能

ASTM 燃料	PET-TPU 耐燃料性能					
	100%定伸应力/MPa	300%定伸强度/MPa	拉伸应力/MPa	扯断伸长率/%	质量变化/%	体积变化/%
初始值	6.2	10.3	45.5	560	—	—
燃料 A(室温)						
70h	6.2	10.3	43.8	560	+4.46	+9.77
2 周	6.2	10.3	43.1	550	+4.27	+7.19
4 周	6.2	10.3	47.9	570	+3.97	+6.94
燃料 B(室温)						
70h	5.5	9.7	29.7	550	+20.44	+28.51

续表

ASTM 燃料	PET-TPU 耐燃料性能					
	100%定伸 应力/MPa	300%定伸 强度/MPa	拉伸 应力/MPa	扯断伸 长率/%	质量变 化/%	体积变 化/%
燃料 B(室温)						
2 周	5.5	9.3	29.7	560	+19.75	+27.89
4 周	5.5	9.0	28.5	580	+20.10	+28.00
燃料 C(室温)						
70h	5.3	9.0	28.5	580	+33.5	+44.63
2 周	5.5	9.0	25.9	560	+33.29	+43.68
4 周	5.5	9.0	26.9	550	+32.44	+43.61

10.3.3.3　耐油脂性能

油脂是指植物油和动物脂肪。作为一种材料的 TPU 弹性体，其耐油脂性能如何是取决能否用于接触食品的重要指标。TPU 耐植物油和动物脂肪性能是这里讨论的内容。

(1) 耐植物油性能　表 10-79 给出了 PET-TPU 浸泡在植物油中 70℃×42d，硬度和拉伸强度的变化，并与某些塑料和橡胶进行了比较。结果显示，与初始值比较，PET-TPU 浸泡植物油后，两种 TPU 硬度有增有减，邵尔 A 硬度 95 增加 2%，邵尔 A 硬度 85 下降 4%；PVC 和丁腈橡胶都有增加，而氯丁橡胶和天然橡胶分别下降了 57% 和 100%。拉伸强度与初始值比较，PET-TPU 增加 57%；PVC 也有增加，丁腈橡胶、氯丁橡胶和天然橡胶浸泡植物油后大幅下降，分别为 55%、89% 和 99%。可见 TPU 耐植物油是相当好的。

表 10-79　TPU 耐植物油性能与塑料橡胶的比较

性　能	PET-TPU		PVC		丁腈 橡胶	氯丁 橡胶	天然 橡胶
	95A	85A	85	80			
硬度(邵尔 A)							
初始值	96	90	94	87	78	70	77
浸泡后[①]	98	86	99	98	82	30	0
变化/%	102	96	105	113	105	43	0
拉伸强度/MPa							
初始值	34.3	25.3	16.0	16.3	11.6	10.3	16.3
浸泡后[①]	53.7	39.9	21.9	20.2	5.2	2.1	0.2
变化/%	157	158	137	124	45	20	1

① 70℃×42d。

(2) 耐动物脂肪性能　表 10-80 给出了 PET-TPU 浸泡在动物脂肪中 70℃×42d，硬度和拉伸强度的变化，并与某些塑料和橡胶进行了比较。结果显示，与初始值比较，PET-TPU 浸泡动物脂肪后，邵尔 A 硬度 95 的增加 1%，邵尔 A 硬度 85 的下降 7%；PVC 和丁腈橡胶也增加，而氯丁橡胶和天然橡胶分别下降了 70% 和 100%。与初始值比较的拉伸强度，两种硬度的 PET-TPU 分别增加 27% 和 40%；PVC 增加 23%，而丁腈橡胶、氯丁橡胶和天然橡胶分别下降了 11%、53% 和 99%。可见 TPU 耐动物油脂性能也是相当好的。

表 10-80　TPU 耐动物脂肪性能与塑料橡胶的比较

性　能	PET-TPU		PVC		丁腈 橡胶	氯丁 橡胶	天然 橡胶
	95A	85A	85	80			
硬度(邵尔 A)							
初始值	96	90	94	87	78	70	77
浸泡后[①]	97	84	99	98	83	21	0
变化/%	101	93	105	113	106	30	0
拉伸强度/MPa							
初始值	34.3	25.3	16.0	16.3	11.6	10.3	16.3
浸泡后[①]	43.7	35.5	19.6	20.1	10.3	4.8	0.2
变化/%	127	140	123	123	89	47	1

① 70℃×42d。

10.3.3.4 耐化学药品性能

TPU 耐化学药品性能包括无机的酸碱盐和有机溶剂，后者有化学交联和浸泡时间的影响，以及聚酯与聚醚 TPU 的比较。

（1）耐酸碱盐性能　PES-TPU 耐酸碱盐性能见表 10-81。PES-PTU 的硬度（邵尔 A）为 82 和 96，浸泡条件：82（邵尔 A）是 20℃×17d，96（邵尔 A）是 20℃×7d。结果表明，PES-TPU 无论是硬度高低，分别浸泡酸碱盐之后，硬度、定伸应力、拉伸强度、扯断伸长率以及质量和体积的变化，均有所增减。在 82（邵尔 A）时 TPU 为 2%～18% 属于有较小影响或影响不大，而在 96（邵尔 A）时，TPU 为 2%～8% 属于没有影响或影响很小。可见在这些酸碱盐中使用没有什么问题。

表 10-81　PES-TPU 耐酸碱盐性能

| 酸碱盐 | PES-TPU(硬度为邵尔 82A) | | | | | |
	硬度 （邵尔 A）	100%定伸 应力/MPa	拉伸 强度/MPa	扯断伸 长率/%	质量变 化/%	体积变 化/%
20℃×17d						
初始值	82	4.3	50.0	600	—	—
30%硫酸	83	4.1	53.1	640	0	0
10%氢氧化钠	83	3.9	40.9	566	−0.1	−0.1
饱和食盐溶液	84	3.7	51.6	630	+0.1	+0.2
饱和氯化钙溶液	84	4.4	53.9	600	−0.4	−0.6
酸碱盐	PES-TPU(硬度为邵尔 96A)					
	硬度 （邵尔 A）	100%定伸 应力/MPa	拉伸 强度/MPa	扯断伸 长率/%	质量变 化/%	体积变 化/%
20℃×7d						
初始值	96	12.0	65.0	440	—	—
30%硫酸	94	11.0	61.6	450	+0.3	+0.3
10%氢氧化钠	94	10.5	55.7	430	+0.4	+0.5
饱和食盐溶液	95	11.3	60.6	440	+0.4	+0.4
饱和氯化钙溶液	96	12.8	63.9	430	−0.3	−0.3

（2）化学交联的影响　TPU 物理交联和化学交联对有机溶剂的影响见表 10-82。TPU 结构是 MDI/BDO/PBA-1000，硬段含量 26%，r_0=1.0；以该 TPU 加 2% 有机过氧化物混炼制得化学交联 TPU，浸泡条件是 25℃×7d。数据显示：物理交联和化学交联的 TPU 在芳环类溶剂中和过氯乙烯中都有严重的体积和质量溶胀，溶胀范围在 27%～237%，然而化学交联溶胀低于物理交联 TPU；在甲醇中有中度溶胀，溶胀范围在 15%～25%，在乙二醇中溶胀很小；在二氯甲烷、硝基甲烷、甲乙酮、环己酮、乙酸乙酯和四氢呋喃中，物理交联 TPU 均溶解，而化学交联 TPU 都有严重的溶胀现象。可见化学交联 TPU 耐溶剂性能优于物理交联的 TPU。

表 10-82　化学交联对 TPU 耐有机溶剂的影响

| 浸泡化合物
25℃×7d | | 物理交联 TPU | | 化学交联 TPU | |
		体积增加/%	质量增加/%	体积增加/%	质量增加/%
芳环类	苯	169	126	101	74
	二甲苯	64	47	51	37
	氯化苯	273	255	135	125
醇类	甲醇	24.85	16.60	22.41	15.02
	乙二醇	1.96	1.82	0.78	0.82
溶剂	过氯乙烯	30.12	41.92	26.67	37.17
	二氯甲烷	溶解	溶解	259	295
	硝基甲烷	溶解	溶解	121	115
	甲乙酮	溶解	溶解	171	116
	环己酮	溶解	溶解	261	205
	乙酸乙酯	溶解	溶解	125	94
	四氢呋喃	溶解	溶解	247	183

（3）浸泡时间的影响　　TPU 浸泡溶剂的时间对其力学性能的影响见表 10-83。TPU 结构是 MDI/BDO/PEA，预聚物异氰酸酯基含量是 6.6%，$r_0 = 1.03$。浸泡溶剂试验分别在酞酸二辛酯、丙酮、异丙醇、二氯甲烷和甲苯中进行，时间分为 5 周、9 周、15 周、19 周和 55 周。结果显示，PES-TPU 的定伸应力、拉伸强度、扯断伸长率和拉伸永久变形：在酞酸二辛酯中浸泡 5 周基本达到平衡，至 55 周变化不大，虽然力学性能略有增减，大体在 5%～10%，可以认为没有影响或影响其微；在异丙醇中浸泡 5 周达到平衡，定伸应力和拉伸强度下降 10%～28%，扯断伸长率和拉伸永久变形分别增加 7%～50%，直到 19 周虽有增减但变化不大，属于轻微至中等程度的影响；在甲苯、二氯甲烷和丙酮中，定伸应力和拉伸强度随浸泡时间的延长下降，分别为 35%～57%和 35%～62%，扯断伸长率和拉伸永久变形浸泡 5 周已达到平衡，延长时间变化不明显，前者下降 5%～10%，后者增加 50%～100%，表明这些溶剂对 TPU 有严重影响。

表 10-83　浸泡时间的影响

溶剂品种	时间/周	定伸应力/MPa			拉伸强度/MPa	扯断伸长率/%	拉伸永久变形/%
		100%	200%	300%			
初始值	—	9.9	13.2	17.4	35.4	580	40
酞酸二辛酯	5	9.8	13.1	17.4	37.6	600	40
	15	9.8	13.0	16.9	38.9	610	35
	55	10.1	13.2	17.1	33.3	590	35
丙酮	5	5.0	6.6	8.6	16.9	530	70
	9	4.9	6.2	8.4	18.8	540	70
	15	4.4	5.7	7.6	16.0	530	70
	19	4.6	6.0	8.3	17.8	560	75
异丙醇	5	7.5	9.9	13.4	33.2	580	60
	9	7.7	10.1	14.0	33.1	590	60
	15	7.7	10.1	13.3	31.9	610	75
	19	7.5	9.7	12.6	34.1	620	60
二氯甲烷	5	5.6	7.7	10.1	19.2	520	60
	9	6.0	8.1	10.7	26.3	620	80
	15	5.0	6.3	8.2	13.6	480	60
	19	4.5	5.8	7.5	13.4	500	65
甲苯	5	6.9	8.9	11.6	22.9	570	80
	9	7.1	9.5	13.1	28.5	570	70
	15	6.8	8.6	11.5	23.0	550	70
	19	6.4	8.3	11.0	24.9	580	70

（4）聚酯型 TPU 与聚醚型 TPU 的比较　　聚酯型 TPU 与聚醚型 TPU 对溶剂溶胀性能的比较见表 10-84。聚酯型软段有 PEA、PBA、PCL，聚醚型软段有 PTMG 和 PTHF/EO（THF/EO 中 EO 占 50%，摩尔分数），硬段同是 MDI/BDO；$\overline{M}_n = 1000$ 的软段，TPU 硬段含量为 40%～44%，$\overline{M}_n = 2000$ 的为 31%～32%，$r_0 = 1.05$。TPU 在溶剂中浸泡条件是室温、1 周，考察溶胀变化。数据表明：PES-TPU 在过氯乙烯和异丙醇中，两种分子量的溶胀都低于 PET-TPU，前者认为是轻度或中度溶胀，后者是严重的溶胀；在甲乙酮中两类 TPU 都是严重的溶胀。

表 10-84　聚酯与聚醚 TPU 的比较

分子量溶剂	PES-TPU 溶胀/%						PET-TPU 溶胀/%			
	PEA		PBA		PCL		PTMG		PTHF/EO	
$\overline{M}_n$	1000	2000	1000	2000	1000	2000	1000	2000	1000	2000
过氯乙烯	6.3	21.3	21.5	30.8	25.6	39.8	52.1	85.8	36.3	54.8
异丙醇	11.9	13.7	15.3	19.1	15.3	22.1	30.8	38.7	25.3	29.2
甲乙酮	85.8	130	79.2	128	119	160	104	121	84.2	99.5

10.3.3.5 耐洗涤剂性能

PET-TPU 耐洗涤剂性能包括碱性洗涤剂、碱性氯洗涤剂和酸性氯洗涤剂。

（1）耐碱性洗涤剂性能 表 10-85 给出 PET-TPU 在碱性洗涤剂中，对硬度和拉伸强度的影响，并与某些塑料和橡胶进行了比较，浸泡条件是 70℃×42d。PET-TPU 在碱性洗涤剂中浸泡后，硬度下降 1%～6%，拉伸强度增加 27%～29%，可以认为没有影响或影响很小；PCV 的影响也很小；橡胶则影响严重，硬度下降 3%～81%，拉伸强度下降 47%～98%。

表 10-85　PET-TPU 耐碱性洗涤剂性能

性　能	PET-TPU		PVC		丁腈	氯丁	天然
	95A	85A	85A	80A	橡胶	橡胶	橡胶
硬度（邵尔 A）							
初始值	96	90	94	87	78	70	77
浸泡后①	95	85	92	89	76	66	15
变化/%	99	94	98	102	97	94	19
拉伸强度/MPa							
初始值	34.3	25.3	16.0	16.3	11.6	10.3	16.3
浸泡后①	43.7	32.6	17.8	17.7	6.2	7.5	0.3
变化/%	127	129	111	109	53	73	2

① 70℃×42d。

（2）耐碱性氯洗涤剂性能 表 10-86 给出 PET-TPU 对碱性氯洗涤剂的抵抗能力。PET-TPU 经 70℃浸泡 42d 后，硬度最大下降 6%，拉伸强度增加 19%～27%，属于没有影响或影响轻微；PCV 也如此；而橡胶影响相当大，硬度最高增加 36%，拉伸强度下降 30%～82%。

表 10-86　PET-TPU 耐碱性氯洗涤剂性能

性　能	PET-TPU		PVC		丁腈	氯丁	天然
	95A	85A	85A	80A	橡胶	橡胶	橡胶
硬度（邵尔 A）							
初始值	96	90	94	87	78	70	77
浸泡后①	97	85	90	85	85	95	73
变化/%	101	94	96	98	109	136	95
拉伸强度/MPa							
初始值	34.3	25.3	6.0	16.3	11.6	10.3	16.3
浸泡后①	43.3	30.1	16.0	12.9	8.1	6.6	2.9
变化/%	127	119	100	79	70	64	18

① 70℃×42d。

（3）耐酸性氯洗涤剂性能 表 10-87 给出 PET-TPU 对酸性氯洗涤剂的抵抗能力。结果显示，在酸性氯洗涤剂中浸泡 42 天（70℃）后，PET-TPU 的硬度最高下降 6%，拉伸强度增加 27%～42%，可看作没有影响或影响轻微；PVC 也如此；而橡胶有严重影响，硬度变化有增有减，属于中度，拉伸强度下降 47%～90%。

表 10-87　PET-TPU 耐酸性氯洗涤剂性能

性　能	PET-TPU		PVC		丁腈	氯丁	天然
	95A	85A	85A	80A	橡胶	橡胶	橡胶
硬度（邵尔 A）							
初始值	96	90	94	87	78	70	77
浸泡后①	96	85	88	87	77	86	63
变化/%	100	94	94	100	99	123	82
拉伸强度/MPa							
初始值	34.3	25.3	16.0	16.3	11.6	10.3	16.3
浸泡后①	43.7	35.8	16.7	17.1	6.2	4.7	1.6
变化/%	127	142	104	105	53	46	10

① 70℃×42d。

　　PET-TPU 在三种洗涤剂中于较高温度长期浸泡后，其性能下降变化不显著，有很强的抵抗能力，PCV 类似 TPU，而橡胶性能下降较多，不耐洗涤剂。

10.3.3.6　TPU 的热稳定性

　　TPU 热稳定性是指在隔绝氧和光条件下受热所引起的降解。在 TPU 结构中除了软段之外，还含有硬段，它们的热稳定性依次是：

$$—NH—\overset{O}{\underset{}{C}}—NH— \quad > \quad —NH—\overset{O}{\underset{}{C}}—O— \quad > \quad —N—\overset{O}{\underset{}{C}}—NH— \quad > \quad —N—\overset{O}{\underset{}{C}}—O—$$

脲　　　　　　　氨酯　　　　　　　缩二脲　　　　　　脲基甲酸酯

　　脲基甲酸酯的初始降解温度为 $100 \sim 120℃$，缩二脲初始降解温度为 $115 \sim 125℃$，这两者完全离解的温度是 $160 \sim 170℃$。由于 TPU 主要含氨酯基，且它先于脲基降解，故下面讨论氨酯基的降解。

　　（1）可逆热降解反应　许多异氰酸酯与伯醇和仲醇反应所生成的氨酯，初始降解温度为 $150 \sim 200℃$，在 $200 \sim 250℃$ 之间降解速率达到可以测量的程度，然而从叔醇得到的氨酯，降解温度很低。氨酯的降解反应是可逆的。

$$—R—NH—\overset{O}{\underset{}{C}}—O—R'— \rightleftharpoons —R—NCO + R'—OH \tag{10-20}$$

氨酯　　　　　　　　　　异氰酸酯　　　多元醇

　　分解的结果仍为异氰酸酯和多元醇，只要异氰酸酯不发生副反应，NCO 基没有损失，还能恢复生成氨酯。然而实际上反应要复杂得多。

　　（2）不可逆热降解反应　氨酯的热降解反应，通常是式（10-20）结合式（10-21）同时进行：

$$\tag{10-21}$$

氨酯　　　　　　　　　　伯胺　　　　二氧化碳

　　式（10-21）是不可逆反应，生成伯胺、二氧化碳和烯烃。所生成的多元醇与 CO_2 的相对比率取决于专门的取代基和产生热解的条件。在 N 上的取代基 R 如果是芳基，几乎全部按式（10-21）来进行反应。然而氨酯的降解也可按式（10-22）进行：

$$—R—NH—\overset{O}{\underset{}{C}}—O—CH_2—R' \longrightarrow —R—NH—CH_2—R'— + CO_2 \tag{10-22}$$

氨酯　　　　　　　　　　　仲胺　　　　　二氧化碳

生成仲胺和二氧化碳。因此，热降解反应无论是按式（10-21）或式（10-22）反应都生成胺类和二氧化碳，而 CO_2 是气体要损失掉，所以它们是不可逆反应。

10.3.3.7　TPU 的热氧稳定性

　　TPU 热氧稳定性是指受热和氧作用所引起的降解。TPU 软段易受热氧攻击，聚酯软段远比聚醚软段稳定，所以下面主要讨论聚醚软段的热氧降解。

　　（1）热氧降解反应　TPU 聚醚软段经过复杂的自由基反应在醚键附近的碳原子生成氢过氧化物，脱去一个 ·OH 自由基，形成一个新的自由基 $—R—\overset{\cdot O}{\underset{}{CH}}—OR$，该自由基可能在碳-碳键之间断开，生成甲酸酯，也可能在碳-氧键之间断开，生成醛，如式（10-23）～式（10-25）

所示。

$$-R-CH-O-R \xrightarrow{O_2} -R-CHO-R \longrightarrow -R-CH-OR + \cdot OH \tag{10-23}$$

聚醚　　　　　　　氢过氧化物　　　　　自由基　　　　　自由基

$$-R-CH-OR \xrightarrow{断开} -R\cdot + R-C-OH \tag{10-24}$$

自由基　　　　　　自由基　　　　甲酸酯

$$-R-CH-OR \xrightarrow{断开} \cdot OR- + -R-C-H \tag{10-25}$$

自由基　　　　　　自由基　　　　醛

氢过氧化物引发的反应过程在约 80℃ 开始，在高于 100℃ 时加速。聚醚热氧化的稳定性随聚醚结构的差异而不同，其稳定性按如下顺序下降：

$$+CH_2+_4O+CH_2+_4 > +CH_2+_2O+CH_2+_2 > +CH-CH_2+O+CH-CH_2+$$

聚氧四亚甲基二醇　　　聚氧亚乙基二醇　　　　　聚氧亚丙基二醇

由聚氧亚丙基二醇合成的 TPU，因其含仲碳原子，最易受氧攻击，最终导致断裂，所以它最不稳定。

为了防止 PET-TPU 热氧化降解，必须加入自由基链终止剂以清除过氧化基。BHT（2,6-二叔丁基-4-甲基苯酚，即抗氧剂 264）是最常用的一种抗氧剂，它的稳定作用机理按式（10-26）进行：

$$\cdot R \xrightarrow{O_2} ROO \xrightarrow{BHT} \tag{10-26}$$

自由基　　　过氧化基　　　稳定产物

稳定产物是环己二烯酮过氧化物，但它的稳定性也是有限的。

（2）70℃ 热氧老化的力学性能　表 10-88 给出 70℃ 热氧老化 TPU 的力学性能，并与某些橡胶和塑料进行比较。经 70℃、35d 的老化结果显示，TPU 的拉伸强度和扯断伸长率不仅没有损失，反而有提高，硬度也未增加（未给出）；PVC 的性能次于 TPU；氯丁橡胶和丁腈橡胶扯断伸长率损失约 50%，而天然橡胶的拉伸强度损失 60% 以上。

表 10-88　70℃ 热氧老化 TPU 力学性能

性　能	PET-TPU		PVC		丁腈橡胶	氯丁橡胶	天然橡胶
	95A	85A	85	80			
硬度（邵尔 A）							
初始值	34.3	25.3	16.0	16.3	11.6	10.3	16.3
老化后[①]	51.3	42.4	14.6	18.1	9.8	9.6	5.6
变化/%	150	168	91	111	85	93	34
拉伸强度/MPa							
初始值	700	517	308	350	400	400	450
老化后[①]	460	600	213	238	188	238	450
变化/%	66	116	69	68	47	60	0

① 70℃×35d。

（3）100℃ 热氧老化的力学性能　表 10-89 给出 100℃ 下老化 72h TPU 的力学性能。TPU

结构是 MDI/BDO/PBA 和 MDI/BDO/PTMG，经热氧老化后的数据显示，PES-TPU 和 PET-TPU 的 300％定伸应力和扯断伸长率基本没有损失，拉伸强度略有损失；PES-TPU 与 PET-TPU 老化后性能比较无显著差异。

表 10-89　TPU 100℃热氧老化的力学性能

力学性能	PES-TPU		PET-TPU	
	92A	60D	97A	60D
300％定伸应力/MPa				
初始值	14.4	22.5	24.4	—
老化后①	16.6	22.3	23.2	—
变化/％	115	99	95	—
拉伸强度/MPa				
初始值	45.5	41.3	30.4	36.9
老化后①	34.6	33.9	25.2	38.7
变化/％	76	82	83	105
扯断伸长率/％				
初始值	560	480	360	310
老化后①	638	590	331	381
变化/％	114	123	92	123

① 100℃×72h。

（4）120℃热氧老化的力学性能　表 10-90 给出 PTMG-TPU 120℃热氧老化的力学性能。未加任何助剂的 TPU 老化 72h，加抗氧剂（DNP）和炭黑的 TPU 老化 10d。结果表明：未加任何助剂的 TPU 拉伸强度损失 62％，拉伸永久变形增加了 2 倍以上；加了 DNP 抗氧剂的 TPU，虽经 120℃老化 10d，前者损失只有 11％，后者增加近 1 倍，说明抗氧剂的作用明显；加了 DNP 又加了色素炭黑的 TPU，前者损失只有 4％，后者增加只有 23％，说明稳定剂对高温老化有明显效果。看来为避免 TPU 在加工期间力学性能的损失，抗氧剂是必不可少的。

表 10-90　TPU120℃热氧老化的力学性能

力学性能	TPU	加 DNPTPU①	加炭黑 TPU②
	120℃×72h	120℃×10d	120℃×10d
拉伸强度/MPa			
初始值	43.9	38.9	31.7
老化后①	16.8	34.6	30.5
变化/％	38	89	96
扯断伸长率/％			
初始值	524	570	690
老化后①	590	640	744
变化/％	113	112	108
拉伸永久变形/％			
初始值	38	34	70
老化后	120	70	86
变化/％	316	206	123

① 0.3％份 DNP/100 份 TPU（DNP 为 N, N'-二-β-萘基对苯二胺）。

② 0.3％份 DNP/100 份 TPU，另加 0.5 份色素炭黑。

10.3.3.8　TPU 光氧化的稳定性

TPU 光氧化稳定性是指受光和氧作用所引起的降解。除了可见光之外，主要是指紫外线（波长 190～350nm）的照射，来自于太阳照射的这种能量，会引起含芳基的 TPU 自动氧化降解，使 TPU 广泛地产生化学交联、变脆和不溶解，并使颜色由黄色变到棕色。脂肪氨酯是色稳定的。这里讨论光氧化降解的化学反应、人工老化实验、稳定剂的作用、炭黑屏蔽作用、TPU 户外老化的力学性能等。

（1）光氧化降解的化学反应　光氧化反应有两种不同的理论，一种是氨酯自动氧化生成醌亚胺结构，如式（10-27）所示。

$$\text{（氨酯结构）} \xrightarrow[\text{[O]}]{h\nu} \text{（中间体）} \xrightarrow[\text{[O]}]{h\nu} \text{（醌亚胺结构）} + 2H_2O \tag{10-27}$$

由于这种结构使 TPU 变色并交联。

光降解的另一种理论是自由基反应，氨酯基受紫外线照射可能在 C—N 键断裂产生自由基，也可能在 C—O 键断裂产生自由基。

① C—N 键断裂的降解反应　C—N 键断裂产生的自由基和最终产物见式（10-28）～式（10-31）。可见最终产物有二氧化碳、偶氮化物、胺、烯烃和醛等。

$$-R_1NH\!-\!\overset{\displaystyle O}{\overset{\|}{C}}\!-\!OCH_2CH_2R- \xrightarrow{h\nu} R_1\dot{N}H + \cdot CH_2CH_2-R- + CO_2 \tag{10-28}$$
氨酯　　　　　　　　　　　　自由基　　　自由基　　二氧化碳

$$-R_1\dot{N}H + \dot{N}HR_1- \xrightarrow{2RO\cdot} -R_1N=NR_1- + 2ROH \tag{10-29}$$
自由基　　自由基　　　　　　　偶氮基　　　　　醇

$$-R_1\dot{N}H + \cdot CH_2CH_2R- \longrightarrow -R_1NH_2 + CH_2=CH-R- \tag{10-30}$$
自由基　　　自由基　　　　　　　　胺　　　　　烯烃

$$\cdot CH_2CH_2-R- \xrightarrow{O_2} -R-CH_2CHO + \cdot OH \tag{10-31}$$
自由基　　　　　　　　　　　　醛　　　　　自由基

② C—O 键断裂的降解反应　C—O 键断裂产生的自由基和最终产物见式（10-32）～式（10-35）。可见最终产物有一氧化碳、异氰酸酯、醇、碳化二亚胺和二氧化碳等。

$$-R_1NH\!-\!\overset{\displaystyle O}{\overset{\|}{C}}\!-\!OCH_2CH_2R- \xrightarrow{h\nu} -R_1-NH-\overset{\displaystyle O}{\overset{\|}{C}}\cdot + \cdot OCH_2CH_2R- \tag{10-32}$$
氨酯　　　　　　　　　　　　　　　自由基　　　　　自由基

$$-R_1NH\!-\!\overset{\displaystyle O}{\overset{\|}{C}}\cdot \longrightarrow -R_1\dot{N}H + CO \tag{10-33}$$
自由基　　　　　　　　自由基　　一氧化碳

$$-RNH\!-\!\overset{\displaystyle O}{\overset{\|}{C}}\cdot + \cdot OCH_2CH_2R- \longrightarrow -R_1NCO + HO-CH_2CH_2R- \tag{10-34}$$
自由基　　　　　　自由基　　　　　　　　异氰酸酯　　　　醇

$$-R_1NCO + R_1NCO- \longrightarrow -R_1N=C=NR_1- + CO_2 \tag{10-35}$$
异氰酸酯　　异氰酸酯　　　　　　碳化二亚胺　　　　二氧化碳

（2）人工老化实验　人工老化实验是由天候老化实验仪模拟日光照射 TPU 所进行的老化实验，实验温度约为 60℃。TPU 结构有两种：MDI/BDO/PBA-1028 和 H_{12}MDI/BDO/PBA-1028，前者是芳环二异氰酸酯，硬度 55D，后者是脂环二异氰酸酯（氢化 MDI），硬度 43D，硬段含量均为 48%，$r_0=1.0$，无规熔融聚合。经不同时间照射后，测量 TPU 的透光性、凝胶含量和力学性能，以判断材料耐紫外线照射的程度。

① TPU 的透光性能　表 10-91 给出了 MDI-TPU 和 H_{12}MDI-TPU，经历 0.5～154h 紫外

线照射的透光性能。结果表明，MDI-TPU 透光基准是 81，经紫外线照射随时间延长，透光性迅速下降，到 154h 只保留 28%，这是由于 TPU 颜色逐渐加深的结果；H_{12}MDI-TPU 透光基准是 88，经 154h 照射后，透光性仍保留 98%，说明脂环二异氰酸酯所形成的氨酯硬段，颜色基本未变，它是光稳定的异氰酸酯。

表 10-91　老化时间对 TPU 透光性的影响

透光性	老化时间/h						
	0	0.5	1.0	2.0	12	42	154
MDI/BDO/PBA-1028							
透光基准	81	—	—	—	—	—	—
透光保留/%	100	96	95	88	55	45	28
H_{12}MDI/BDO/PBA-1028							
透光基准	88	—	—	—	—	—	—
透光保留/%	100	100	100	100	100	100	98

② TPU 的凝胶含量　两种 TPU 在溶液中的凝胶与人工老化时间的关系见表 10-92。凝胶含量是在 25℃、100mL 二甲基乙酰胺（DMA）中加 0.4g TPU 测定的。数据显示，MDI-TPU 经 0.5~154h 紫外线照射后，凝胶含量随时间稳定增加，最后达 69%，说明 TPU 交联度相当严重；H_{12}MDI-TPU 经同样条件照射，凝胶含量增加缓慢，至 154h 只有 34%，说明该 TPU 交联度较轻。然而氢化 MDI-TPU 未经照射凝胶就已含 25%，这可能是 TPU 压缩模制后线型分子量太大的缘故，因为高分子量 H_{12}MDI-TPU 不溶于 DMF。

表 10-92　老化时间对 TPU 凝胶含量的影响

凝胶含量	老化时间/h						
	0	0.5	1.0	2.0	12	42	154
MDI/BDO/PBA-1028 凝胶[①]/%	0	9	17	20	40	48	69
H_{12}MDI/BDO/PBA-1028 凝胶[①]/%	25	26	21	18	24	33	34

① 25℃，100mL DMA 中 0.4g TPU。

③ TPU 力学性能　两种 TPU 力学性能与人工老化时间的关系见表 10-93，试样厚度 0.64mm。MDI-TPU 随照射时间的延长，拉伸强度和扯断伸长率逐渐下降，至 154h 分别损失 78% 和 77%；而 300% 定伸应力照射 12h 增加了 36%，这是紫外线照射使 TPU 产生了高度交联，即凝胶含量增加的结果。H_{12}MDI-TPU 经同样条件照射后，其拉伸强度、扯断伸长率和 300% 定伸应力，与 MDI-TPU 比较可以认为基本不变，可见氢化 MDI-TPU 是耐紫外线照射的材料。

表 10-93　老化时间对 TPU 拉伸性能的影响[①]

性能	老化时间/h				
	0	2	12	42	154
MDI/BDO/PBA-1028					
300% 定伸应力/MPa	30.8				
保留/%		100	136	—	—
拉伸强度/MPa	63				
保留/%		83	51	33	22
扯断伸长率/%	540				
保留/%		77	56	44	23
H_{12}MDI/BDO/PBA-1028					
300% 定伸应力/MPa	21.7				

续表

性　　能	老化时间/h				
	0	2	12	42	154
保留/%		94	110	106	97
拉伸强度/MPa	26.6				
保留/%		84	118	126	111
扯断伸长率/%	410				
保留/%		82	107	121	107

① 0.64mm 试样。

④ 长时间老化的力学性能　表 10-94 示出 TPU 经长达 500h 人工老化对力学性能的影响。为了加速老化，除了延长照射时间之外，还将试样厚度减薄到 0.1mm。结果显示，MDI-TPU 样品未经照射的拉伸强度和 300% 定伸应力空前地高，分别达到 70MPa 和 60MPa，这是由于试样减薄后，其表面对体积的比例增加之故，这是低聚物的普遍现象。经历 100~500h 紫外线照射后，TPU 拉伸强度保留 50%，而扯断伸长率损失殆尽，这是因为薄试样表面积/体积之比大，紫外线照射可深入试样内部，从而使 TPU 的自动氧化过程扩展到整个样品的厚度，被氧化过的表皮降低了空气的渗透性，所以保留的拉伸强度提高了，扯断伸长率几乎没有了。H_{12}MDI-TPU 经相同条件的照射后，与 0.64mm 厚的试样比较，其拉伸强度、扯断伸长率和 300% 定伸应力确实下降了，即使如此，经 500h 照射仍分别保留初始值的 39%、60% 和 78%（300h）。

表 10-94　长时间老化对 TPU 拉伸性能的影响①

性　　能	老化时间/h					
	0	100	200	300	400	500
MDI/BDO/PBA-1028						
300% 定伸应力/MPa	60.2					
保留/%		—	—	—	—	—
拉伸强度/MPa	70					
保留/%		38	43	46	46	50
扯断伸长率/%	300					
保留/%		11	8	3	1	3
H_{12}MDI/BDO/PBA-1028						
300% 定伸应力/MPa	33.6					
保留/%		93	87	78	—	—
拉伸强度/MPa	55.3					
保留/%		76	64	55	44	39
扯断伸长率/%	430					
保留/%		92	84	84	68	60

① 0.10mm 试样。

综上所述，二异氰酸酯组分是 TPU 经受紫外线照射后变色和力学性能稳定性的关键因素，MDI 是不稳定的，脂环的 H_{12}MDI 是较稳定的。其实，脂肪族或芳香族二异氰酸酯，只要能避免自动氧化成醌亚胺发色团的结构，都能改善 TPU 的变色性，如二甲基二苯甲烷二异氰酸酯（DM-MDI）、间苯二异氰酸酯（M-PDI）等，都是抗醌型的结构，所以它们的色稳定性都较好。

（3）稳定剂的作用　为提高 TPU 耐紫外线照射性能，在 TPU 中加入两种稳定剂：一种是紫外线吸收剂 UV-328；另一种是抗氧剂 1010，其用量均为 TPU 的 1%，混炼时加入。TPU 的结构与上述的相同，即：MDI/BDO/PBA-1028 和 H_{12}MDI/BDO/PBA-1028，结构参数也无变化。由天候老化实验仪模拟日光照射 TPU 进行老化实验。考察稳定剂对 TPU 性能的影响，测量老化前后透光性和力学性能的变化。

① TPU 加稳定剂的力学性能 表 10-95 给出了 TPU 加与不加稳定剂的力学性能比较。两种 TPU 加稳定剂之后，除 300% 定伸应力（MDI-TPU）较低外，其他性能均无显著变化，说明加稳定剂对力学性能没有影响。未加稳定剂的 H_{12}MDI-TPU 含 25% 凝胶，MDI-TPU 则没有。这可能是由于 H_{12}MDI-TPU 在聚合期间加入的催化剂，在压缩模制试片时，进一步促进反应，生成更高的线型分子量物质而部分不溶于 DMA。

表 10-95　加稳定剂 TPU 的力学性能[①]

性　能	未加稳定剂		加稳定剂	
	MDI-TPU	H_{12}MDI-TPU	MDI-TPU	H_{12}MDI-TPU
凝胶含量/%	0	25	—	—
硬度(邵尔 A)	55D	43D	94A	95A
300%定伸应力/MPa	30.8	21.7	24.5	21.7
拉伸强度/MPa	63.0	26.6	60.9	30.8
扯断伸长率/%	540	410	445	450

① 0.64mm 试样。

② 老化时间对透光性的影响 图 10-28 和图 10-29 分别给出了 MDI-TPU 和 H_{12}MDI-TPU 透光性随时间的变化。由图 10-28 可见，未加稳定剂的 MDI-TPU（U）老化 0.9h，迅速变色，损失初始透光的 5%，老化 154h，损失 72%，颜色从无色透明变成琥珀-褐色透明。加入紫外线稳定剂的 MDI-TPU（S），有显著改进。损失 5% 的透光性，已由 0.9h 推迟到 15h，照射 500h 透光性损失为 54%，在 200h 以后，低聚物是黄色透明的。

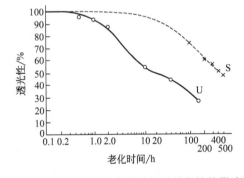

图 10-28　MDI-TPU 老化时间对透光性的影响
S—稳定过的；U—未经稳定过

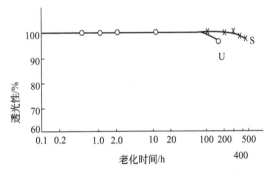

图 10-29　H_{12}MDI-TPU 老化时间对透光性的影响
S—稳定过的；U—未经稳定过

由图 10-29 可见，未加稳定剂的 H_{12}MDI-TPU(U) 具有显著的色稳定剂，照射 154h 之后，它还是无色透明的，这是由于其结构本质上属于非醌型脂环 TPU。加入紫外线稳定剂的 H_{12}MDI-TPU(S)，照射 500h 仍是无色透明的；虽然加稳定剂对该 TPU 有一些色稳定的作用，但不是必需的。

③ 老化时间对拉伸性能的影响 图 10-30 和图 10-31 示出两种 TPU 老化时间对拉伸性能的影响。首先分析图 10-30：未加稳定剂的 MDI-TPU（U），仅照射 24h，其扯断伸长率损失初始值的 50%，拉伸强度损失初始值的 58%；这些损失伴随着低聚物凝胶含量的增加（见 10.3.3.8、(2) 人工老化实验②）。然而，加稳定剂的 MDI-TPU（S）照射 24h，其拉伸强度和扯断伸长率损失很少，即使 500h 后前者仍能保留初始值的 45%，后者保留 70%。

再分析图 10-31：未加稳定剂的 H_{12}MDI-TPU(U)，照射 40h 其拉伸强度和扯断伸长率明显增加，然后开始下降。照射 154h 后其拉伸强度和扯断伸长率分别是初始值的 111% 和 107%，力学性能的提高可能是照射期间产生了交联或 TPU 形态的变化。加入稳定剂的 H$_{12}$MDI-TPU(S)，具有明显的稳定性。在照射 500h 后，拉伸强度和扯断伸长率分别为初始值的 111% 和 97%。

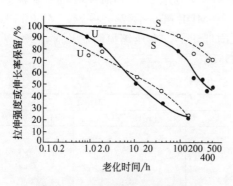

图 10-30　MDI-TPU 老化时间对
拉伸强度的影响

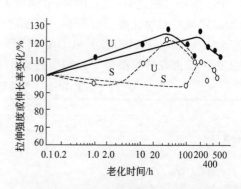

图 10-31　H$_{12}$MDI-TPU 老化时间
对拉伸强度的影响

S—稳定；U—非稳定；　-----扯断伸长率；　——拉伸强度　　S—稳定；U—非稳定；　-----扯断伸长率；　——拉伸强度

（4）户外天候老化实验　人工老化实验模拟自然界的环境，虽然强化了试验条件，但是仍有一定差距。在户外进行较长时间的自然条件试验，才是最符合实际最可靠的。下面介绍户外老化实验的结果，包括加与不加炭黑的 TPU 户外老化实验和不同地区户外老化实验。

①炭黑的屏蔽作用　聚酯型 TPU 在户外老化 1 年力学性能的变化见表 10-96。TPU 结构是 MDI/BDO/PBA，分为空白、加 1% 或 10%EPC 炭黑三种情况。试验数据表明，经 1 年老化，不加炭黑和加炭黑多少，都不影响扯断伸长率，300% 定伸应力亦无明显变化。拉伸强度则变化明显，空白试验老化 1 个月下降了 50%，老化 12 个月下降了 57%，表明户外老化主要在头 1 个月影响显著，以后影响缓慢；加 1% 炭黑明显改善了老化性能，经历 12 个月拉伸强度只损失 20%，而加 10% 炭黑，强度不仅没有损失甚至提高了。未加炭黑 TPU 的降解是由于紫外线引发的氨酯自动氧化过程。未经保护的 TPU 在空气和日光下，最后脆化且不溶于强溶剂，在试样的表面及其以下部分均不溶解，但在表面以下并不变脆。这种现象可解释如下：入射线的能量在低聚物链上引发自由基，表面的自由基与空气中的氧接触生成氢过氧化物，该氢过氧化物分解产生广泛交联的表面，它较脆、不溶，而且透空气性较老化前减少 5 倍；然而这种表面仍能透过紫外线，让低聚物表面以下在绝氧条件下生成自由基链；这样的自由基链相互终止，产生一种比表面疏松、柔软而有韧性的网。

表 10-96　加炭黑 PES-TPU 户外老化性能

力学性能	初始值	1 个月		12 个月	
		数值	变化/%	数值	变化/%
300% 定伸应力/MPa					
空白	10.2	12.1	119	11.9	117
1% 炭黑	10.5	10.2	97	9.9	94
10% 炭黑	17.5	21.2	121	19.6	112
拉伸强度/MPa					
空白	56.0	28.0	50	23.8	43
1% 炭黑	56.0	45.5	81	44.5	80
10% 炭黑	57.4	58.8	102	58.5	102
扯断伸长率/%					
空白	450	450	100	450	100
1% 炭黑	520	520	100	520	100
10% 炭黑	480	480	100	480	100

聚合物经老化拉伸强度的损失，很可能是由于表面的脆化。连续老化使样品脆化得更深，进一步减弱而破坏，这是由于连续紧密交联的表面降低了空气的渗透性。

含 1%EPC 炭黑的 PES-TPU，经老化虽然能保留较高的拉伸性能，但由表面存在裂纹可以看出表面的脆化并未消除；然而，含 10%炭黑的 PES-TPU 在同样环境下并未产生裂纹。含有炭黑的 TPU 对天候老化过程的稳定性，部分原因是炭黑对射线能的屏蔽作用。也可这样解释：高能射线在低聚物中产生自由基，这种基共价结合到自由边缘的"活性中心"或结合到含炭粒子的芳环上，不是降解，而是被照射的含炭基料结合在一起。

② 老化 3 年的力学性能　表 10-97 给出了 TPU 在户外老化 3 年的力学性能。这是在美国俄亥俄州、亚利桑那州和佛罗里达州进行的试验，有聚酯型和聚醚型两种，并且都含炭黑。首先考察 PES-TPU：在俄亥俄州和亚利桑那经 3 年户外老化后，硬度、100%定伸应力和扯断伸长率损失较少，为 2%～8%，300%定伸应力损失分别为 38%和 42%，拉伸强度损失 66%和 70%；在佛罗里达州则试样损坏，无法测试性能。再考察 PET-TPU：在三个州，硬度、100%定伸应力、300%定伸应力和扯断伸长率，基本无损失，有的还有一定提高；对于拉伸强度，在亚利桑那州损失 37%，在佛罗里达州损失 33%。由此可见户外长期老化，聚醚型 TPU 优于聚酯型 TPU。

表 10-97　TPU 户外老化 3 年的力学性能

力学性能	初始值	PES-TPU(黑色)					
		俄亥俄州		亚利桑那州		佛罗里达州	
		数值	保留/%	数值	保留/%	数值	保留/%
硬度(邵尔 A)	97	91	94	89	92	损坏	—
100%定伸应力/MPa	11.2	10.7	96	10.9	97	损坏	—
300%定伸应力/MPa	26.7	16.5	62	15.5	58	损坏	—
拉伸强度/MPa	71.0	24.3	34	21.4	30	损坏	—
扯断伸长率/%	460	430	94	450	98	损坏	—

力学性能	初始值	PET-TPU(黑色)					
		俄亥俄州		亚利桑那州		佛罗里达州	
		数值	保留/%	数值	保留/%	数值	保留/%
硬度(邵尔 A)	89	86	97	86	97	81	91
100%定伸应力/MPa	4.9	4.9	100	4.9	100	5.1	104
300%定伸应力/MPa	7.0	7.7	110	7.7	100	7.5	107
拉伸强度/MPa	37.0	35.2	95	23.2	63	24.6	67
扯断伸长率/%	630	740	118	700	111	760	121

10.3.3.9　TPU 的耐温性能

这里的耐温性能是指 TPU 耐高温和低温性能。上述的 TPU 热稳定性、热氧稳定性和光氧稳定性，是讨论 TPU 在热、氧和/或光作用下，分子结构的变化，即发生化学降解的情况，这种化学降解反应一般是不可逆的；TPU 耐温性能则是讨论在高温或低温下形态结构的变化，这种变化是可逆的、物理的变化。正是由于 TPU 可逆的形态变化，才能在高温下熔融加工成型，室温下恢复形态，再显示较完善的力学性能。以下分别讨论 TPU 的高低温性能。

（1）耐高温性能　TPU 形态基本不变，力学性能无明显下降的温度，即是使用 TPU 的高温界限。这个温度在 TPU 形态上就是近程有序结构遭到破坏的熔融温度。

TPU 本体的流动温度：将 TPU 尺寸为 0.6mm×6.0mm×152mmTPU 试样，绕在 3mm 钢棒上，悬在空气流通的烘箱内，以 2℃/min 速率升温，定期观察并测量其长度变化。对结构为 MDI/BDO/PBA-1000 TPU、硬段含量 26%、$r_0=1.0$ 来说，当温度在 85℃时，开始观察到长度增加，89℃增加 0.5cm，97℃增加 2cm，102℃增加 5cm，104℃ 熔化，从支架上落下。

表明，85℃是该弹性体的开始流动温度，即耐高温温度。这个温度与硬段含量有关，硬段含量增加，耐温提高。一般 PES-TPU 耐温在 130℃ 以下，PET-TPU 在 80℃ 以下。

从老化性能也可看出 TPU 的耐温性能：PET-TPU 弹性体 70℃ 老化 35 天，力学性能没有下降，100℃ 老化 3 天，拉伸强度下降不足 20%，而 120℃ 老化 3 天下降 62%〔见 10.3.3.7，(2) ～ (4)〕。在 100℃ 和 120℃ 时力学性能的下降，实际上是热氧化降解导致的结果，并不是近程有序的熔融。70℃ 的老化，拉伸强度不仅未降反而增加，表明近程有序结构经 70℃ 退火，移向高温，从而使两相分离完全，增加了强度。

(2) 耐低温性能　TPU 的耐低温性能，可以用软段的玻璃化温度 T_{gs} 来表征，这已在物理性能部分 (10.3.2.6) 讨论过。在工程上还有两种方法考察弹性体的低温性能：Clash-Berg 法和 Gehman 法。Clash-Berg 法规定两个温度 T_f 和 T_4。T_f 是弹性体刚性模量 G 达到 311MPa（弹性模量 $E=911$MPa）时的温度，该温度被认为是弹性体柔顺性的终点；T_4 是 $G=23$MPa（$E=69$MPa）的温度，该温度是柔顺性的起点。Gehman 法是用 T_n 值表示，T 表示温度（℃），n 表示在 T 温度下弹性体刚性模量，与 25℃ 刚性模量比较的倍数，T_n 有四个等级 T_2、T_5、T_{10} 和 T_{100}。

① 聚酯与聚醚 TPU 的 T_f 和 T_4 值　表 10-98 给出一组聚酯型 TPU 和聚醚型 TPU 的低温行为。TPU 结构：硬段 MDI/BDO；软段分别为 PBA、PCL 和 PTMG，$\overline{M}_n$ 分别为 1000（PCL 1250）和 2000。参数：MDI/BDO/软段 = 3/2/1，$r_0=1.05$。数据表明，T_f 和 T_4 值 PTMG<PCL<PBA，$\overline{M}_n$ 2000<1000，说明 PTMG 软段的 TPU 低温柔顺性能最好，分子量 2000 优于分子量 1000。

表 10-98　PES 与 PET-TPU 的低温性能

温　度	TPU 的软段[①]					
	PBA $\overline{M}_n$		PCL $\overline{M}_n$		PTMG $\overline{M}_n$	
	1000	2000	1250	2000	1000	2000
T_f/℃	−27.5	−44	−34	−47	−47	−73
T_4/℃	15	−29	−14	−35	−10	−57

① 硬段 MDI/BDO。

② 硬段含量的影响　图 10-32 给出 PTMG-TPU 硬段含量对低温柔性的影响。TPU 结构是 MDI/BDO/PTMG-1000，$r_0=1.05$，弹性体硬度（邵尔 A）分别是 86 和 96。增加硬段含量，低温柔性下降，硬段含量为 37.6% 的 PET-TPU，T_f 和 T_4 值分别为 −55℃ 和 −33℃，而硬段含量增加到 48.5% 时，为 −47℃ 和 −10℃。这是因为硬段含量增加，溶于软段相的硬段增加，使 T_{gs} 上升，所以低温柔性下降。

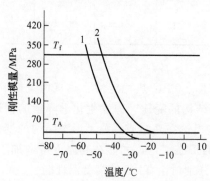

图 10-32　不同硬段含量 TPU 的低温性能
硬段含量：1—36.7%；2—48.5%

③ 化学交联的影响　表 10-99 给出化学交联和物理交联对 TPU 低温柔性的影响。TPU 的结构是 MDI/BDO/PBA-1000，硬段含量 26%，$r_0=1.0$。显然，TPU 刚性模量与 25℃ 比较的倍数在 2～100 倍的温度表明，物理交联 TPU 的低温柔性比化学交联好，这是由于化学交联施加在物理交联网上，限制 TPU 软段的分子活动，降低了柔性的结果。在 −10～−35℃ 之间，两种交联网的柔性类似，在 −35℃ 及其以下温度，物理交联网对 TPU 链的柔性起支配作用，这可能是因为 TPU 主要组分软段聚酯的玻璃化温度低的缘故。

表 10-99　化学交联对 TPU 低温柔性的影响

交联类型	温度/℃			
	T_2	T_5	T_{10}	T_{100}
物理交联	−22	−28	−30	−35
化学交联	−10	−19	−21	−28

10.3.3.10　TPU 抗微生物性能

TPU 抗微生物生长性能，与软段结构密切相关。聚酯软段不抗微生物，聚醚软段则有极强的抵抗能力。这里讨论 TPU 抗微生物生长与橡胶和塑料的比较，以及微生物对力学性能的影响。

（1）TPU 与橡胶和塑料的比较　PET-TPU 与 PVC 塑料、丁腈橡胶、氯丁橡胶和天然橡胶抗微生物生长性能见表 10-100。试验的微生物有青霉素、曲霉素、短梗霉素、混合芽孢以及其他微生物。结果表明，PET-TPU 和氯丁橡胶、丁腈橡胶没有微生物生长；天然橡胶有，但不严重；PVC 最严重，对上述微生物的生长至少超过 30%，多则 60% 甚至 100%。可见 PET-TPU 抗微生物性能相当好。

表 10-100　TPU 抗微生物生长性能　　　　单位：%

微生物	PET-TPU		PVC		丁腈橡胶	氯丁橡胶	天然橡胶
	95A	85A	85	80			
青霉属	0	0	>30	>60	0	0	<10
曲霉属	0	0	>30	>30	0	0	>10
短梗霉属	0	0	>30	>60	0	0	>10
混合芽孢	0	0	>60	>30	0	0	0
其他微生物	0	0	>60	>60	0	0	<10

（2）微生物对力学性能的影响　Estane TPU 电缆护套曾被埋入地下 3 年，以考察它抵抗微生物和菌类的能力，地点在美国的俄亥俄州、亚利桑那州、佛罗里达州，结果见表 10-101。数据充分显示，埋入泥土里 3 年的 3 个州，虽然条件不同，但 PET-TPU 的硬度、100% 定伸应力和 300% 定伸应力、拉伸强度和扯断伸长率等力学性能没有下降，甚至还有所增加；而 PES-TPU 除在俄亥俄州力学性能损失不足 20% 之外，在亚利桑那州，拉伸强度和扯断伸长率分别损失 69% 和 76%，在佛罗里达州则分别损失 74% 和 93%。由此可见，PET-TPU 在微生物环境下保存初始力学性能的能力比 PES-TPU 优良得多。

长期进行 TPU 抗微生物试验成本昂贵而且费时，一种快捷的方法是测定它的皂化值，皂化值是指 1g TPU 皂化所消耗的 KOH 的量（mg）。符合标准的 TPU 皂化值必须低于 200，PET-TPU 一般在 30～50 之间，而 PES-TPU 在 200～300 之间。

表 10-101　TPU 地下 3 年抗微生物的力学性能

力学性能	初始值	PES-TPU(黑色)					
		俄亥俄州		亚利桑那州		佛罗里达州	
		数值	保留/%	数值	保留/%	数值	保留/%
硬度(邵尔 A)	97	87	90	88	91	90	93
100% 定伸应力/MPa	11.2	11.9	106	10.5	94	—	—
300% 定伸应力/MPa	26.6	23.5	88	—	—	—	—
拉伸强度/MPa	38.2	38.9	102	11.9	31	9.8	26
扯断伸长率/%	460	390	85	110	24	30	7

力学性能	初始值	PET-TPU(黑色)					
		俄亥俄州		亚利桑那州		佛罗里达州	
		数值	保留/%	数值	保留/%	数值	保留/%
硬度(邵尔 A)	85	83	98	81	95	83	98
100% 定伸应力/MPa	4.8	5.5	114	5.5	115	5.4	113
300% 定伸应力/MPa	5.6	6.6	118	6.5	116	6.4	114
拉伸强度/MPa	40.3	44.3	110	45.5	113	46.3	115
扯断伸长率/%	635	685	108	655	103	685	108

10.3.3.11 TPU 抗放射线和臭氧性能

TPU 耐放射线的性能在同等照射剂量下一般优于其他低聚物。TPU 耐放射线性能与塑料、橡胶的比较，以及国产 TPU 的耐放射线性能介绍如下。

(1) TPU 与橡胶塑料的比较　TPU 与橡胶塑料耐放射线型能的比较见表 10-102。从表列数据看出，拉伸强度和扯断伸长率，TPU 在照射量 $5 \times 10^5 Gy$ 时分别增加 10% 和下降 24%，氯磺化聚乙烯可与之相比，其余橡胶和塑料均不如 TPU。

表 10-102　TPU 与橡胶塑料受放射线影响的比较

弹　性　体	照射量/Gy	性能变化率/%			
		硬度	拉伸强度	扯断伸长率	质量
TPU	5×10^5	—	+10	−24	—
丁腈橡胶	5×10^5	+7.0	−35.1	−34.6	+0.18
氯丁橡胶	5×10^5	−5.1	−5.8	−75.2	+0.14
丁苯橡胶	5×10^5	−1.4	+6.4	−12.3	+0.08
丙烯基橡胶	5×10^5	+3.0	−61.8	−66.5	−0.5
溴丁基橡胶	5×10^5	−19.2	−79.3	−12.8	+0.44
硅橡胶	5×10^5	+36	−8.8	−68.2	−0.13
氯磺化聚乙烯	5×10^5	−2.6	+32.5	−35.9	−0.61
聚四氟乙烯	5×10^5	—	−40.8	−93.2	0

(2) 放射线对国产 TPU 力学性能的影响　表 10-103 给出了国产 PET-TPU 耐放射线的数据，TPU 结构是 MDI/BDO/PTMG-1000，参数：硬段含量 37%，$r_0 = 0.98$。未加稳定剂的 PET-TPU，在 $5 \times 10^5 Gy$ 时，拉伸强度和拉伸永久变形都增加，扯断扯断伸长率下降，随放射线照射剂量增加，拉伸强度、扯断伸长率和拉伸永久变形均下降；含稳定剂 PET-TPU 也有同样规律，但拉伸强度下降的变化缓慢，说明稳定剂的作用。产生这种变化的原因可能是经放射线照射，TPU 分子产生化学交联网，所以在 $5 \times 10^5 Gy$ 剂量时拉伸强度增加，扯断伸长率和拉伸永久变形下降，随剂量增加可能还有降解反应，故拉伸强度等下降。

表 10-103　放射线的国产 TPU 力学性能的影响

力学性能	初始值	PET-TPU 吸收剂量/Gy					
		5×10^5		1×10^6		2×10^6	
		数值	保留/%	数值	保留/%	数值	保留/%
拉伸强度/MPa	40.3	44.5	110	23.7	59	19.5	48
扯断伸长率/%	690	527	76	272	39	145	21
拉伸永久变形/%	20	62	310	23	115	10	50

力学性能	初始值	含稳定剂 PET-TPU[①] 吸收剂量/Gy					
		5×10^5		1×10^6		2×10^6	
		数值	保留/%	数值	保留/%	数值	保留/%
拉伸强度/MPa	27.9	42.8	153	29.0	104	19.5	70
扯断伸长率/%	670	550	82	245	38	150	22
拉伸永久变形/%	80	47	59	39	49	13	16

① 炭黑 0.5%，DNP 0.3%，防霉剂 0.1%。

(3) 臭氧老化对力学性能的影响　表 10-104 给出了 TPU 对臭氧的抵抗能力。这是 PET-TPU 暴露在浓度为 2×10^{-6} 的臭氧中，于 100℃ 最多 2000h 得到的力学性能。显而易见，硬度、100% 定伸应力、拉伸强度和撕裂强度基本没有变化，说明它有优异的耐臭氧性能。PES-TPU 也如是。

表 10-104　臭氧老化时间对 TPU 力学性能的影响

力学性能	老化时间/h					
	0	400	800	1200	1600	2000
硬度(邵尔 A)	89	86	88	91	91	91
100%定伸应力/MPa	10.9	10.9	10.9	10.9	10.9	10.9
拉伸强度/MPa	38.9	49.3	49.2	49.4	49.2	49.2
撕裂强度/(kN/m)	30.0	30.0	29.9	30.0	29.0	25.2

10.3.3.12　TPU 的电性能

由于 TPU 是强极性低聚物，介电损耗较大，体积电阻率和表面电阻率均不高，不适合高频场合应用。下面介绍 Texin 和国产 TPU 的典型电性能。

(1) TPU 的典型电性能　Texin TPU 的电性能见表 10-105(a) 和表 10-105(b)。

表 10-105(a)　TPU 的典型电性能

性能	单位	数值	性能	单位	数值
介电强度	kV/mm	13.2～18.4	表面电阻率	$10^{12}\,\Omega$	3.0～120
体积电阻率	$10^{12}\,\Omega\cdot cm$	2.0～50			

表 10-105(b)　TPU 的典型电性能

性能	频率/Hz			性能	频率/Hz		
	60	10^3	10^6		60	10^3	10^6
介电常数	5.75～6.50	5.35～6.20	4.90～5.15	损耗因子	0.125～0.224	0.116～0.161	0.223～0.326
功率因数	0.0196～0.0354	0.0191～0.0259	0.0493～0.0652	电容/pF	64.9～70.5	61.3～68.9	52.1～56.8

(2) 国产 TPU 的电性能　国产 PET-TPU 的电性能见表 10-106。可见在浸水 24h 后体积电阻率下降一个数量级，表面电阻率下降二次方；在高湿度下，前者变化不明显，后者则又下降二次方，可见 TPU 的亲水性是较强的。

表 10-106　国产 PET-TPU 的电性能

性能	干燥状态	浸水,24h	25℃,95%相对湿度,4d	性能	干燥状态	浸水,24h	25℃,95%相对湿度,4d
体积电阻率/Ω·cm	1.15×10^{12}	3.43×10^{11}	4.31×10^{11}	介电损耗(10^6 Hz)	7.99×10^{-2}	—	—
表面电阻率/Ω	6.53×10^{14}	6.25×10^{12}	2.86×10^{10}	介电强度/(kV/mm)	29	—	—
介电常数(10^6 Hz)	8.98	—	—				

10.3.3.13　TPU 耐食品沾污性能

当 TPU 制成品（如管道和输送带、服装等）与食品或其添加剂接触时，是否被沾污，会涉及美学问题，为评价 TPU 抵抗沾污的能力，将 PET-TPU 浸入高污染食品 24h，以观察沾污的情况。表 10-107 给出了这个试验的结果，同时与 PVC 和一些橡胶进行比较。实验的食品包括胡萝卜屑、混合甜饮料、青色浆果和番茄酱。显然，只有 PET-TPU 未发现沾污，其余聚合物受污染程度的顺序是：丁腈橡胶＞氯丁橡胶＞天然橡胶＞PVC 85 级＞PVC 80 级。

表 10-107　TPU 耐食品染色性能

性能	PET-TPU		PVC		丁腈橡胶	氯丁橡胶	天然橡胶
	95A	85A	85	80			
胡萝卜屑	0	0	3	1	3	3	0
混合甜饮料	0	0	0	0	4	5	4
青色浆果	0	0	0	0	3	3	3
番茄酱	0	0	3	1	3	3	3

注：0.未沾污，1.几乎未沾污，2.轻微沾污，3.中度沾污，4.重度沾污，5.严重沾污。

10.4 TPU 的加工工艺

热塑性聚氨酯的特点是可熔可溶，所以能较便宜地加工成半成品和成品。可以采用多种方法将 TPU 加工成型：熔融加工是重要的方法之一，其中包括注塑模塑、挤出成型、熔涂工艺和压延工艺等；溶液加工是另一类重要的加工方法，其中包括涂刷、喷涂和浸渍工艺等。

10.4.1 TPU 颗粒的熔融加工

10.4.1.1 颗粒的干燥处理

TPU 暴露在大气中，很快吸收水分，致使 TPU 在成型加工之前必须进行干燥处理。吸湿的速率和数量与空气的相对湿度（RH）及暴露的时间密切相关。相对湿度为 95％和 50％时，硬度为邵 A 85 的 TPU 在空气中暴露 10min，前者吸水 0.117％，后者 0.064％（图 10-33）；吸水达到基本平衡的时间，前者为 36h，后者为 16h（图 10-34）。

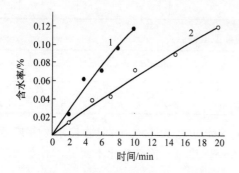 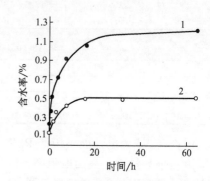

图 10-33　在相对湿度 95％和 50％时 TPU 的吸湿性（Texin480AR 硬度邵尔 A 85）
1—95％相对湿度；2—50％相对湿度

图 10-34　在相对湿度 95％和 50％时 TPU 的吸收湿平衡（Texin480AR 硬度邵尔 A 85）
1—95％相对湿度；2—50％相对湿度

TPU 湿含量大将导致模塑和挤出困难。例如，起泡、流线、喷嘴流料、类似泡沫的熔料、黏结、制品表面质量差和物理性能差等，是 TPU 模塑操作的典型问题；在挤出加工期间，可观察到气泡、波形、涌浪、表面差和降解等现象。这些影响在 TPU 湿含量超过 0.08％时，已经得到证实。因此，TPU 在加工期间湿含量应低于 0.07％，超过这个界限，加工之前必须进行适当的干燥处理。粒料水含量最好不高于 0.02％。

TPU 的干燥处理：将 TPU 放在 25mm 以下的浅盘中入烘箱干燥，通常温度应控制在 95～110℃，时间 1～3h。干燥温度视 TPU 硬度而异，较软的 TPU 应采用的温度较低，时间较长，以免过热结块，同时又确保干燥合乎要求。Elastollan TPU 干燥条件是：邵尔 A 硬度 85 以下时，80～90℃，6h；邵尔 A 硬度 85 以上时 100～110℃，3～5h。图 10-35 示出 TPU 干燥时间在不同温度下与残留水的关系。表明干燥温度 90℃ 时，TPU 水含量不能满足要求，必须延长时间，然而，干燥时间超过 12h，TPU 颗粒轻微变黄。TPU 虽经浅盘干燥过，但应避免过量加入挤出机或注射机料斗，以免再度吸湿。大规模生产时，应该采用料斗式干燥器，它能提供合格的预干燥和预热物料，还能降低挤出机的能耗。干燥器内的温度和干度由入口空气调整，物料至少有 2h 干燥时间，最好为 3～4h，温度仍在 95～110℃。TPU 边角料再次利用，加入着色剂时，在与干燥过的新 TPU 混合之前，也可进行预干燥。

10.4.1.2 注射成型

TPU 模塑成型工艺有多种方法：包括有注射模塑（简称注塑）、吹塑模塑（简称吹塑）、压缩模塑、挤出模塑、传递模塑、离心（粉末）模塑等，其中以注射模塑最为常用。注射模塑的功能是将 TPU 加工成所要求的制件，分成塑炼、注射和顶出三个阶段的不连续过程。注射机分柱塞式和螺杆式两种，推荐用螺杆式注射机，因为它能提供均匀的速度、塑化和熔融。以下讨论螺杆式注射机的注射模塑。

（1）注射机设计　注射机料筒衬以铜铝合金，螺杆镀铬防止磨损。往复式螺杆长径比 $L/D=16\sim20$ 为好，至少 15；压缩比（2.5/1）～（3.0/1）。给料段长度 $0.5L$，压缩段 $0.3L$，计量段 $0.2L$。应将止逆环装在靠近螺杆顶端的地方，防止反流并保持最大压力。

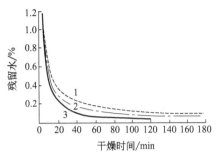

图 10-35　Elastollan 的干燥
1—90℃空气干燥；2—110℃空气干燥；
3—110℃真空干燥

加工 TPU 宜用自流喷嘴，出口为倒锥形，喷嘴口径 4mm 以上，小于主流道套环入口 0.68mm，喷嘴应装有可控加热带以防止材料凝固。

从经济角度考虑，注射量应为额定量的 40%～80%。螺杆转速 20～50r/min。

（2）模具设计　模具设计应注意以下几点。

① 模塑 TPU 制件的收缩率　收缩受原料的硬度、制件的厚度、形状、成型温度和模具温度等模塑条件的影响。通常收缩率范围为 0.005～0.020cm/cm。例如，100mm×10mm×2mm 的长方形试片，在长度方向浇口，流动方向上收缩，邵尔硬度 75A 比 60D 大 2～3 倍。TPU 硬度、制件厚度对收缩率的影响如图 10-36 所示。可见 TPU 邵尔硬度在 78～90 之间时，制件收缩率随厚度增加而下降；邵尔硬度在 95A～74D 时制件收缩率随厚度增加而略有增加。

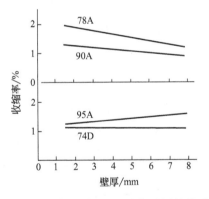

图 10-36　TPU 制件收缩率与壁厚的关系

② 流道和冷料穴　主流道是模具中连接注射机喷嘴至分流道或型腔的一段通道，直径应向内扩大，呈 2°以上的角度，以便于流道赘物脱模。分流道是多槽模中连接主流道和各个型腔的通道，在塑模上的排列应呈对称和等距分布。流道可为圆形、半圆形、长方形，直径以 6～9mm 为宜。流道表面必须像模腔一样抛光，以减少流动阻力，并提供较快的充模速度。

冷料穴是设在主流道末端的一个空穴，用以捕集喷嘴端部两次注射之间所产生的冷料，从而防止分流道或浇口堵塞。冷料混入型腔，制品容易产生内应力。冷料穴直径 8～10mm，深度约 6mm。

③ 浇口和排气口　浇口是接通主流道或分流道与型腔的通道。其截面积通常小于流道，是流道系统中最小的部分，长度宜短；浇口形状为矩形或圆形，尺寸随制品厚度增加。制品厚度 4mm 以下，直径 1mm；4～8mm，直径 1.4mm；8mm 以上，直径 2.0～2.7mm。浇口位置一般选在制品最厚而又不影响外观和使用的地方，与模具壁成直角，以防止缩孔，避免旋纹。

排气口是在模具中开设的一种槽形出气口，用以防止进入模具的熔料卷入气体，将型腔的气体排出模具。否则将会使制品带有气孔、熔接不良、充模不满，甚至因空气受压缩产生高温而将制品烧伤，制件产生内应力等。排气口可设在型腔内熔料流动的尽头或在塑模分型面上，尺寸为 0.15mm 深、6mm 宽的浅槽。

必须注意模具温度尽量控制均匀，以免制件翘曲和扭变。

（3）模塑条件　TPU 最重要的模塑条件是影响塑化流动和冷却的温度、压力和时间。这些参数将影响 TPU 制件的外观和性能。良好的加工条件应能获得均匀的白色至米色的制件。

① 温度　模塑 TPU 过程需要控制的温度有料桶温度、喷嘴温度和模具温度。前两种温度主要影响 TPU 的塑化和流动，后一种温度影响 TPU 的流动和冷却。

a. 料筒温度　料筒温度的选择与 TPU 的硬度有关。硬度高的 TPU 熔融温度高，料筒末端的最高温度也高。例如，Elastollan 的熔融温度与硬度的关系：

硬度（邵尔）	76A～85A	85A～95A	50D～74D
熔融温度/℃	185～205	195～220	210～230

加工 TPU 所用料筒温度范围是 177～232℃。料筒温度的分布一般是从料斗一侧（后端）至喷嘴（前端）止，逐渐升高，以使 TPU 温度平稳地上升达到均匀塑化的目的。

b. 喷嘴温度　喷嘴温度通常略低于料筒的最高温度，以防止熔料在直通式喷嘴可能发生的流延现象。如果为杜绝流延而采用自锁式的喷嘴，则喷嘴温度也可控制在料筒的最高温度范围。

c. 模具温度　模具温度对 TPU 制品内在性能和表观质量影响很大。它的高低取决于 TPU 的结晶性和制品的尺寸等许多因素。模具温度通常通过恒温的冷却介质如水来控制，TPU 硬度高，结晶度高，模具温度也高。例如 Texin 480AR，模具温度 20～30℃；591AR，30～50℃；355D，40～65℃。TPU 制品模具温度一般在 10～60℃。模具温度低，熔料过早冻结而产生流线，并且不利于球晶的增长，使制品中结晶度低，会出现后期结晶过程，从而引起制品的后收缩和性能的变化。

② 压力　注塑模塑过程的压力包括塑化压力（背压）和注射压力。螺杆后退时，其顶部熔料所受到的压力即为背压，通过溢流阀来调节。增加背压会提高熔体温度，减低塑化速率，使熔体温度均匀，色料混合均匀，并排出熔体气体，但会延长模塑周期。TPU 的背压通常在 0.3～4MPa。

注射压力是螺杆顶部对 TPU 所施的压力，它的作用是克服 TPU 从料筒流向型腔的流动阻力，给熔料充模的速率，并对熔料压实。TPU 流动阻力和充模速率与熔料黏度密切相关，而熔料黏度又与 TPU 硬度和熔料温度直接相关，即熔料黏度不仅取决于温度和压力，还取决于 TPU 硬度和形变速率。图 10-37 给出不同硬度 TPU 的黏度与剪切速率的关系。剪切速率越高、黏度越低；剪切速率不变，TPU 硬度越高，黏度越大。图 10-38 给出不同硬度 Texin 的黏度与温度的关系。

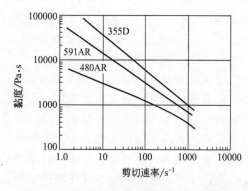

图 10-37　不同硬度 Texin 黏度与剪切速率
的关系（204℃）

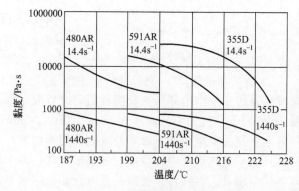

图 10-38　不同 Texin 的黏度与
温度的关系

可见在剪切速率不变条件下，黏度随温度增加而下降，但在高剪切速率下，黏度受温度的影响不像低剪切速率那样大。TPU 的注射压力一般为 20～110MPa，保压或称模塑压力大约为注射压力的一半；背压应在 1.4MPa 以下，以使 TPU 塑化均匀。

③ 时间　完成一次注射模塑过程所需时间称为成型周期或模塑周期。模塑周期包括充模时间、保压时间、冷却时间和其他时间（开模、脱模、闭模等），直接影响劳动生产率和设备利用率。TPU 的模塑周期通常取决于 TPU 硬度、制件厚度和构型：TPU 硬度高周期短，制件厚周期长，制件构型复杂周期长，模塑周期还与模具温度有关。TPU 模塑周期一般在 20～60s 之间。

④ 注射速度　注射速度主要取决于 TPU 制件的构型。端面厚的制件需要较低的注射速度，端面薄则注射速度较快。

⑤ 螺杆速度　加工 TPU 制件通常需要低剪切速率，因而以较低螺杆转速为宜。TPU 的螺杆转速一般为 20～80r/min，择优选 20～40 r/min。

⑥ Estane 58206 注塑模塑条件见表 10-108。

表 10-108　Estane 58206TPU 注塑模塑条件（邵尔 A 硬度 85）

条件	参数	条件	参数	条件	参数
料筒温度/℃		喷嘴	204	背压/MPa	0.345
后部	177	熔料温度/℃	204	注射压力/MPa	20.7～55.1
中部	188	模具温度/℃	10～32	模塑压力/MPa	13.8～34.5
前部	199	螺杆转速/(r/min)	20～50	制品收缩/(cm/cm)	0.012

（4）停机处理　由于 TPU 高温下延长时间可能发生降解，故在关机后，应该用聚苯乙烯、聚乙烯、丙烯酸酯类塑料或 ABS 清洗；停机超过 1h，应该关闭加热。

（5）模塑缺陷、原因及处理　见表 10-109。

（6）制品后处理　由于 TPU 在料筒内塑化不均匀或在模腔内冷却速率不同，常会产生不均匀的结晶、取向和收缩，因此致使制品存在内应力，这在厚壁制品或带有金属嵌件的制品中更为突出。存在内应力的制件在贮存和使用中常会发生力学性能下降，表面有银纹甚至变形开裂。生产中解决这些问题的方法是对制件进行退火处理。退火温度视 TPU 制品的硬度而定，硬度高的制品退火温度也较高，硬度低温度也低；温度过高可能使制品发生翘曲或变形，过低达不到消除内应力的目的。TPU 的退火宜用低温长时间，硬度较低的制品室温放置数周即可达到最佳性能。硬度在邵尔 A85 以下退火 80℃×20h，邵尔 A85 以上者 100℃×20h 即可。退火可在热风烘箱中进行，注意放置位置不要局部过热而使制品变形。

退火不仅可以消除内应力，还可提高力学性能。由于 TPU 是两相形态，TPU 热加工期间发生相的混合，在迅速冷却时，由于 TPU 黏度高，相分离（即脱混过程）很慢，必须有足够的时间使其分离，形成微区，从而获得最佳性能。

后硫化对制品拉伸强度和撕裂强度的影响实例，参见图 10-7(a)、(b)和图 10-17(a)、(b)。

（7）镶嵌模塑　为了满足装配和使用强度的需要，TPU 制件内需嵌入金属嵌件。金属嵌件先放入模具内的预定位置，然后注射模塑成一个整体的制件。有嵌件的 TPU 制件由于金属嵌件与 TPU 热性能和收缩率差别较大，导致嵌件与 TPU 粘接不牢。解决的办法是对金属嵌件进行预热处理，因为预热后的嵌件减少了熔料的温度差，从而在模塑过程中可使嵌件周围的熔料冷却较慢，收缩比较均匀，发生一定的热料补缩作用，防止嵌件周围产生过大的内应力。TPU 镶嵌成型比较容易，嵌物形状不受限制，只要在嵌件脱脂后，将其在 200～230℃ 加热处理 1.5～2min，剥离强度可达 6～9kg/25mm。欲获得更牢的粘接，可在嵌件上涂 Chemlok 218 黏合剂，然后于 120℃加热，再行模塑。此外，应该注意所用 TPU 不能含润滑剂。

（8）回收料的再利用　在 TPU 加工过程中，主流道、分流道、不合格的制品等废料，可以回收再利用。从实验结果看，100% 回收料不掺和新料，力学性能下降也不太严重，完全可以利用，但为保持物理机械性能和模塑条件在最佳水平，推荐回收料比例在 25%～30% 为好。

表 10-109　模塑缺陷、原因和处理

模塑缺陷	产生的原因	解决办法	模塑缺陷	产生的原因	解决办法
气泡	背压低 材料潮湿 螺杆后退速度过快 材料过热 注射速度过快	增加背压 彻底干燥 降低螺杆后退速度 降低料筒温度 降低注射速度	翘曲	注射压力太低 材料过热 模具温度太高 树脂缓冲过度	增加注射压力 降低料筒温度 降低模具温度 降低树脂缓冲
焦斑	注射压力太高 注射速度太快 材料过热 模具排气不当	降低注射压力 降低注射速度 降低料筒温度 增加排气口	制品凹陷	注射速度快 注射时间短 背压过高 注射压力低 合模压力不足 熔料温度高 凹陷部位排气不良	降低注射速度 增加注射时间 降低背压 提高注射压力 提高合模压力 降低料筒温度 凹陷部位设排气口
毛边	材料过热 注射压力太高 模具紧固压力低	降低料筒温度 压降低注射力 提高紧固压力			
制件粘模	注射压力太高 保压时间太长 冷却不充分 模温太高或太低 注射时间太长 模具表面镀铬或高度抛光 熔融温度太高	降低注射压力 降低保压时间 增加冷却或循环时间 调整模温 降低注射时间 改变模具表面 降低熔料温度	接合线	注射压力、时间不足 熔料温度低 浇口尺寸小、位置不当	增加注射压力、时间 提高料筒温度 增加浇口尺寸、改变位置
			表面线纹	熔料温度太高 注射速度快 浇口尺寸过小 材料干燥不足	降低料筒温度 降低注射速度 加大浇口尺寸 彻底干燥材料
韧性降低	材料潮湿 回收料比率太大 熔融温度太高或太低 浇口太小 浇口接合区太长 模具温度太低	彻底干燥 降低回收料比率 调整熔融温度 增加浇口尺寸 降低浇口接合区长度 提高熔融温度	螺杆打滑	料斗进料部位故障 料筒后部温度过高 螺杆退后速度过快 料筒没清净 材料干燥不充分 材料颗粒过大	排除进料部位障碍 降低该处温度 降低退后速度 用其他树脂清洗料筒 再行干燥材料 降低颗粒尺寸
麻孔，气泡或缩皱纹	注射压力太低 材料过热 模具温度太低 给料不足 浇口定位不当	增加注射压力 降低料筒温度 提高模具温度 调整给料 调整浇口位置	螺杆无法转动	熔料温度低 背压过高 材料欠润滑	提高料筒温度 降低背压 添加适当润滑剂
			喷嘴流料	熔料温度过高 喷嘴温度过高 背压过大 主流道冷料断脱时间早	降低料筒温度 降低喷嘴温度 降低背压 延迟冷料断脱时间
注料量不足	给料不足 过早凝固 料筒温度太低 注射压力太低 注射时间短 喷嘴孔、流道或浇口尺寸不足	调整给料 提高模具温度 提高料筒温度 增加注射压力 增加注射时间 调整喷嘴、流道和浇口尺寸	材料未熔尽	熔料温度低 背压过低 料斗下部过冷 模塑周期太短 材料干燥不足	提高料筒温度 增加背压 关闭料斗下部冷却系统 增加模塑周期 彻底干燥材料

表 10-110 示出 Pellethene2102-90A 回收料比例和模塑次数对力学性能的影响。

表 10-110　回收料比例和模塑次数对力学性能的影响（Pellethene2102-90A）

力学性能	100%回收料		变化/%	50%回收料		变化/%	25%回收料		变化/%
	1次	5次		1次	5次		1次	5次	
硬度（邵尔 A）	90	91	+1.1	91	90	-1.1	89	91	+2.2
拉伸强度/MPa	46.2	42.1	-8.8	43.4	46.2	+6.4	47.6	43.5	-8.6
扯断伸长率/%	465	550	+18.2	490	520	+6.1	485	500	+3.1
拉伸永久变形/%	40	75	+87.5	50	45	-10.0	41	50	+21.9
100%定伸应力/MPa	9.8	10.2	+4.1	10.2	9.9	-2.9	10.5	10.3	-1.9

续表

力学性能	100％回收料		变化/％	50％回收料		变化/％	25％回收料		变化/％
	1次	5次		1次	5次		1次	5次	
300％定伸应力/MPa	21.8	19.7	−9.6	21.9	21.1	−3.7	23.0	21.4	−6.9
压缩永久变形[①]/％	37.5	39	+4.0	23.5	32.5	+38.2	37.9	30.9	−18.5
直角撕裂强度/(kN/m)	182	173	−4.9	174	176	+1.1	168	174	+3.6

① 70℃×22h。

应该注意的是回收料与新料的品种规格最好相同，已污染的或已退火的回收料应避免使用，回收料不要贮存太久，最好马上造粒，干燥后使用。回收料的熔融黏度一般要下降，模塑条件要进行调整。

10.4.1.3　压缩模塑

压缩模塑又称模压成型。它是先将 TPU 粉料或颗粒放入成型温度下的模腔中，然后闭模加压使其成型。再将模具冷却使其固化，定形后脱模成为制品。

压缩模塑的主要设备是液压机和模具。对加工含有润滑剂的 TPU，材料温度要有所调整。润滑剂可能影响 TPU 的湿含量和流动温度。例如，Estane 5740X1 在 177℃压缩模塑时，用硬脂酸钡润滑，如果用硬脂酸铅润滑在同样温度下模塑，由于水分的释放和蒸发，制品变成多孔状。然而，模塑温度降到 162℃时，含硬脂酸铅润滑剂的 TPU 也易于模塑成无孔的制品。模塑温度的下降表明，加入润滑剂很大程度上改变了流动性能。这一点已由 TPU 的熔融指数所证实。加入 1％润滑剂的 TPU，在给定温度下的挤出速度增加 1 倍。表 10-111 给出 Estane5740X1 和 5740X7 压缩模塑的工艺条件。

表 10-111　Estane5740X1 和 5740X7 压缩模塑工艺条件

控制项目	5740X1[①]	5740X7[①]	控制项目	5740X1[①]	5740X7[①]
材料温度/℃	177	182	周期/min		
模具温度/℃			预热	5	5
			模具加热	5	5
初始	177	182	在加压下冷却	5	5
最后	38	38	模具压力/MPa	3.5~10.5	3.5~10.5

① 用 1％硬脂酸钡润滑。

10.4.1.4　挤出成型

挤出成型在 TPU 加工领域是一种变化众多、用途广泛、比重很大的加工方法。挤出成型的产品有管材、棒材、型材、板材，还有薄膜、包覆、涂层制品等，它们都是连续生产的。挤出成型的过程分为两段：第一段是使 TPU 加热塑化变成黏性流体，并在加压下使其通过专门的口模而被挤出成为连续体；第二段是用适当的处理方法，如冷却使该连续体失去塑性状态而变为固体即所需的制品。以下简单介绍 TPU 用塑化熔融设备即单螺杆挤出机设计特点以及挤出管材、电缆包覆、型材、熔涂、薄膜和吹膜等生产工艺。

（1）挤出机设计　挤出机的主要部件是料筒和螺杆。

① 料筒　TPU 的塑化和加压在料筒中进行，压力可达 55 MPa，工作温度 150~230℃。料筒上既要加热又要冷却，加热是为塑化 TPU，冷却是为移去由剪切产生的多余热量，以便控制料筒温度。料筒前部装多孔板，孔径 3~6mm，支撑滤网，滤网由 20-40-60-40-20 目组成，也有用 300 目滤网的，效果也好。多孔板和滤网的作用是使 TPU 由旋转流动变为平直流动，沿螺杆方向形成压力，增大塑化的均匀性，同时过滤 TPU 中的杂质并阻止未塑化的 TPU 进入机头。

② 螺杆　螺杆是挤出机的关键部件，通过它的移动使料筒内的 TPU 向前移动并增压。螺

杆应为硬铬抛光表面，长径比 $L/D=(20/1)\sim(30/1)$，压缩比 $(2.0/1)\sim(3.0/1)$。螺杆通常分为三段：送料段（喂料段），$0.2L\sim0.3L$，其作用是使 TPU 颗粒受热向前移，等距、等深、螺槽容积不变；熔化段（压缩段），在螺杆的中部，其作用是使 TPU 固体颗粒逐渐压实并软化为连续状的熔体，并排出送料段夹带的空气，螺槽逐渐缩小，取决于压缩比，有利于 TPU 的升温、熔化和制品质量，长度为 $0.3L\sim0.4L$；计量段（均化段），是螺杆的最后一段，其作用是使 TPU 熔体进一步塑化均匀，并使料流定量、定压由机头流道均匀挤出，长度为 $0.4L\sim0.5L$。螺杆与料筒间隙为 $0.08\sim0.13$mm。适合于 EstaneTPU 的螺杆设计见表10-112。

表 10-112　适合于 EstaneTPU 的螺杆设计

项目	参数			
螺杆直径/mm	38	64	89	114
长径比/(L/D)	24/1	24/1	24/1	24/1
螺杆螺距/mm	38	64	89	114
送料段长度	0.21L	0.21 L	0.21 L	0.21 L
送料段螺纹深度/mm	6.8	9.1	11.4	13.3
压缩段长度	0.38 L	0.38 L	0.38 L	0.38 L
计量段长度	0.41 L	0.41 L	0.41 L	0.41 L
计量段螺纹深度/mm	2.29	3.05	3.81	4.45
压缩比	3.0/1	3.0/1	3.0/1	3.0/1

③ 挤出机　挤出机示意如图 10-39 所示。

（2）管件挤出　挤出 TPU 管材所用的设备有挤出机、机头、口模（模头）、定型装置、冷却槽、牵引设备和切断设备等。挤出机已如上述。

① 机头和口模　挤出机挤出的 TPU 熔融料进入机头由芯棒和口模外套所构成的环隙通道流出后即成管状物。芯棒和口模外套按要求给出相应尺寸。单螺杆挤出机机头和口模示意如图 10-40 所示。口模应用好工具钢制成，以便在挤出高硬度 TPU 时不变形，内表面镀硬质铬、抛光、无针孔；由加热带加热，温度应与挤出机前段相同，较熔料低 $5\sim6℃$；口模成型段应是模口尺寸的 $15\sim20$ 倍，模口应制成比实际尺寸大 $20\%\sim30\%$，以适应拉伸熔融物引起的牵伸。

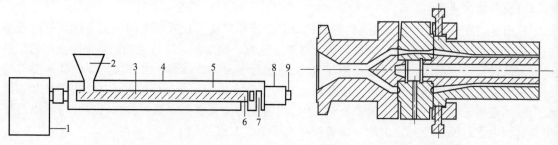

图 10-39　挤出机示意
1—驱力机；2—喂料；3—螺杆；
4—机筒（带式加热器）；5—机筒衬里；6—滤网；
7—多孔板；8—机头；9—模头

图 10-40　单螺杆挤出机机头和模头示意

② 冷却和牵引　TPU 管材通常采用浸水并喷淋的方式冷却，由牵引辊或履带式牵引装置拉过冷却槽。由于 TPU 熔料柔软而难以定形，可用改进的真空定径系统，如在熔料进入真空槽前装预冷装置，用于管件的定径。

③ 工艺条件　Estane58206 和 58092 挤出管材的工艺条件见表10-113。

表 10-113　　Estane58206 和 58092 挤出管材的工艺条件

控 制 项 目	58206	58092	控 制 项 目	58206	58092
料斗式干燥器温度/℃	105	105	4 段	183	180
最初干燥时间/h	2	2	机头(连接段)温度/℃	183	180
送料口冷却方式	水冷	水冷	口模温度/℃	183	180
加热段温度/℃			熔料温度/℃	188	185
1 段(尾部)	166	174	滤网层数/目	20/40/20	20/40/20
2 段	172	168	螺杆冷却方式	自然	自然
3 段	177	174			

④ 管材挤出流程示意　如图 10-41 所示。

（3）电线电缆护套　电线电缆护套的生产工艺与管件生产相似，所不同的是将 TPU 挤在导线的外面形成护套。TPU 在挤出机料筒被挤压并熔融，熔料由机头挤出时流动方向改变了 90°。来自放线盘的导线经预热后进入直角机头，

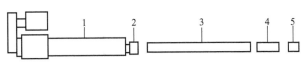

图 10-41　管材挤出流程示意
1—挤出机；2—口模接套；3—冷却槽；
4—牵引装置；5—切割装置

与熔融的 TPU 接触，在直角机头上装有导向管和电线口模。导向管使导线居中于熔融的物料，适当的导线口模将有效地控制最终产品的壁厚。牵引装置拉着热护套电缆经过冷却水槽和高压电火花检验装置，经牵引而卷取。口模、牵引速度和螺杆转速均随电缆护套的直径而变化。挤出电缆护套工艺流程示意如图 10-42 所示。

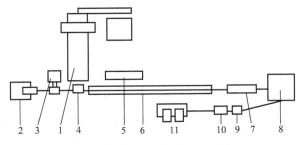

图 10-42　挤出电缆护套工艺流程示意
1—挤出机；2—开卷装置；
3—预热装置；4—十字机头；
5—控制仪；6—冷却水槽；
7—电火花测试仪；8—牵引装置；
9—直径控制；10—线速度计量；11—卷取

① 开卷和预热

a. 开卷　对很细的导线一般采用将线盘穿在静止的轴上，然后拉动导线使其高速转动（1219m/min）；对较粗或不允许绞在一起的多股导线，通常采用能旋转的轴将导线放开。开卷轴成对安装，一个备用，以便换卷时不用停车。

b. 预热　预热导线的目的是防止由于冷导线使护套内壁先冷却而产生内应力。较细的导线可在直角机头前安装两个绝缘金属辊，在两辊之间用低压电阻直接加热裸线。较粗的导线或二次挤护套，可用燃气火焰或带水冷却的石英预热器加热。

② 口模　口模有压力式和管式两种基本结构，都是导线通过导向管引入模口，为了保证对中性，导线与导向管之间的间隙应控制在最小。为了尽量减少导线与导向管内壁的磨损，导向管由高硬度碳化钨硬质合金制成。在图 10-43 中的压力口模，塑化的 TPU 在口模内与导线接触时，承受一定压力，导线出口模时，表面已经包覆。如图 10-44 所示的管式口模则以通过的导线为中心挤出塑性 TPU 管，然后从后面抽空使它贴在导线上，抽空与导线为同一通道。

③ 冷却与卷取　包 TPU 护套的电线，为了防止护套变形，浸入冷却水槽，充分冷却。卷取：经冷却的电线或较细的电缆用牵引盘沿直线方向牵引，而较粗的电缆采用履带式牵引装置，卷取在成品辊上。

④ 工艺条件　Estane 58300 挤电缆护套工艺条件（管式模口）见表 10-114。

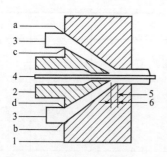

图 10-43　压力口模

1—口模；2—连接头

（接管内径约比导线外径大 0.025mm）；

3—熔体流；4—导线；5—成型段（等于挤出外径）；

6—接头空隙（接头空隙不小于壁厚）

a～b—口模倾角；c～d—连接头倾角

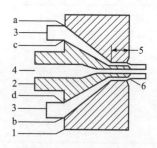

图 10-44　管式口模

1—口模；2—连接头；3—熔体流；

4—空气（或导线）通道；

5—口模成型段；

6—接头成型段外壁

a～b—口模倾角；c～d—连接头倾角

表 10-114　Estane 58300 挤电缆护套工艺条件（挤出机 $D=64mm$，$L/D=24/1$）

控 制 项 目	58300	控 制 项 目	58300	控 制 项 目	58300
料斗式干燥器温度/℃	105	2 段	188	熔料温度/℃	205
最初干燥时间/h	2	3 段	193	滤网目数/目	20/40/80/40/20
送料口冷却方式	水冷却	4 段	199	螺杆冷却	自然
加热段温度/℃		十字机头温度/℃	199	螺杆转速/(r/min)	25
1 段（尾部）	182	口模温度/℃	199		

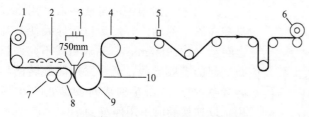

图 10-45　TPU 熔涂工艺流程示意

1—基布开卷；2—加热器；3—挤膜口模；

4—300mm 直径；5—切割刀；6—卷取；

7—铝辊（水冷却）；8—硅橡胶压力辊；

9—400mm 直径；10—镀铬光面辊（冷却辊 26～38℃）

（4）挤出熔涂　挤出熔涂工艺是将熔融的 TPU 贴合在基材上的一种生产工艺。TPU 粒料在挤出机料筒中经挤压并熔融，通过一个板式口模向下压挤出到两个辊筒之间，同时牵引基材入熔融塑化的物料与橡胶加压辊之间。控制加压辊的压力，将塑化的 TPU 物料与基材贴合在一起，热胶布通过金属辊冷却后，裁边，卷取。图 10-45 示出 TPU 熔涂工艺流程示意。

① 口模　口模分柔性唇挤板口模和带限流排的柔性挤板口模，如图 10-46 和图 10-47。口模应使熔料具有良好的熔涂流动性和横向滴流性。中心进料口模的可加热连接套将熔融塑化的物料由挤出机头送至模口。为了使挤出效果最佳，口模连接套与口模应保持相同的温度。口模用电阻丝加热筒加热，以避免局部过热，从而保证熔料良好的流动性。模唇制成 V 形，以尽量减少口模与辊之间的缝隙。

② 开卷及卷取　在开卷及卷取之间，通常安装一套精密的拉伸、定位及对中设备，以确保高速生产时产品能平稳地通过辊子。快速拼接装置保证生产线长期高速连续进行。

③ 预热与贴合　基材预热可改善涂层黏合效果。可用明火或带式加热器进行预热，用金属加热鼓预热最好。转鼓内用

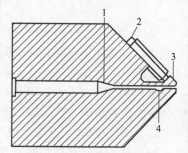

图 10-46　柔性唇挤板口模

1—集料管；2—模唇调节螺丝；

3—柔性上唇；4—二次集料管

电或蒸汽加热，温度达到 177℃。一般的聚氨酯黏合剂均可将 TPU 涂层黏合到各种基材上。

④ 压力辊和冷却辊 预热的基材被牵引上压力辊与口模流下来的熔融物料相遇，使基材与熔融的物料在辊隙中进行贴合，黏合力和外观由橡胶压力辊的硬度控制。压力辊由气压或液压驱动，辊内部通高速循环水冷却，并在辊的后沿装一个水冷却的铝辊作为散热装置。冷却辊将熔融的物料快速冷却在基材上，辊内有一套精密的水冷却系统。冷却辊的转速取决着涂层厚度和综合熔涂效率，辊表面的光洁度取决着涂层表面的效果。

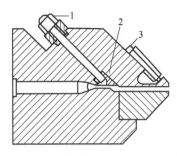

图 10-47 带限流排的柔性挤板口模
1—限流排调节螺母；
2—限流排；3—模唇调节螺丝

⑤ 工艺条件 表 10-115 给出三种 Estane 牌号 TPU 的熔涂工艺条件。首先调整挤出机的位置，确定挤出条件，模唇调整适当位置，以提供稳定的熔料，唇口及熔料温度为 188～204℃。其次基料以低速移动调整挤出线，使熔涂线迅速达到预定的线速度和熔涂重量。冷却辊温度为 27～38℃，预热系统温度 71～93℃。再就是调整预热条件、口模至辊的间隙、辊的压力等可以调整基材的黏合性。线速度的调整可以控制熔涂重量。

表 10-115 EstaneTPU 挤出熔涂的工艺条件

项目	Estane 混合料		
	58092	58094	58630
基材	18kg 牛皮纸	0.38mm PVC 片	120.72 尼龙纤维
涂层厚度/mm	0.008～0.025	0.13	0.01
挤出机温度/℃			
1 段	138	149	149
2 段	142	168	168
3 段	166	185	177
4 段	174	194	183
连接套温度/℃	177	183	183
模唇设置/mm	0.25	0.25	0.25
口模温度/℃			
1 段	183	177	183
2 段	183	177	183
3 段	183	177	183
螺杆转速/(r/min)	21	28	28
螺杆冷却	自然	自然	自然
机头压力/MPa	24.1	13.8	13.8
滤网目数/目	50/60/80/100	20/120/120/120	40/60/80/100
温度/℃	183	183	183
驱动电流/A	14	13	15
基材预热温度/℃	低 71	中 83	高 93
冷却辊温度/℃	26～32	38	38
线速度/(m/min)	40	40	41

(5) 薄膜和片材的挤出 习惯上将 0.25mm 以下的 TPU 薄片称为薄膜，0.25mm 以上的薄片称为片材。粒状 TPU 在挤出机料筒中被挤压并熔融，高黏性熔料经水平挤板口模，冷却的薄片缠绕在有温控的抛光辊上，然后根据需要卷到贮存辊上。其工艺流程示意如图 10-48 所示。

① 口模 挤出 TPU 薄膜用柔性唇口模（图 10-46），较厚的片材（可达到 23mm）采用带有可调节限流排的柔性唇挤板口模（图 10-47）。用电阻丝加热筒加热挤板口模，加热器装在

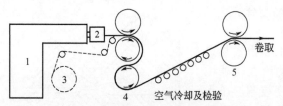

图 10-48　薄片和片材挤出流程示意

（虚线表示可进行基布层压）

1—挤出机；2—口模；3—织物放出；

4—冷却辊；5—橡胶牵引辊

选定位置的孔中，以避免局部过热，保证熔料良好的流动性。

② 工艺条件　Estane 58630TPU 挤板材的工艺条件见表 10-116。

（6）吹塑薄膜的挤出　吹塑膜是生产量不大的新工艺。吹塑薄膜必须用料斗或干燥器干燥 TPU 颗粒，并应保证物料在干燥器内滞留 4h，以使 TPU 充分干燥。不同 TPU 干燥温度在 82～121℃。挤出机并无特殊要求，像前述表 10-110 的螺杆即可。口模可从侧向或底部进料，有旋转式和固定式两种，旋转式口模能尽量减少口模品种数而优先选用。另外，传统上用于其他树脂薄膜的膜泡冷却及牵引装置同样适用于 TPU 薄膜的生产。图 10-49 和图 10-50 分别给出 TPU 吹塑薄膜的工艺流程示意和口模示意。

表 10-116　Estane 58630TPU 挤板材的工艺条件

控 制 项 目	58630	控 制 项 目	58630	控 制 项 目	58630
料斗式干燥器温度/℃	105	3 段	172	滤网目数/目	20/40/20
最初干燥时间/h	2	4 段	177	螺杆冷却	自然
送料口冷却方式	水冷却	口模接套温度/℃	177	辊子系统/℃	
加热段温度/℃		模唇温度/℃	177	上辊温度	72
1 段（尾部）	177	模口设置/mm	0.5	中辊温度	60
2 段	166	熔料温度/℃	183	底辊温度	38

不含有添加剂的线型 TPU 具有较高的摩擦系数，因硬度不同，黏度可能很高，因而给生产带来困难，为了克服这种困难，可采用脱膜性能良好的混合料，同时薄膜与生产设备间的接触应保持在最小。

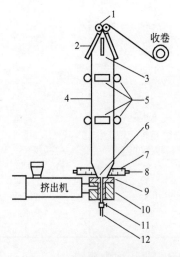

图 10-49　TPU 吹塑薄膜的工艺流程示意

1—夹辊；2—加模板；3—边折板；

4—吹管；5—导轮；6—模芯；

7—冷风环；8—空气进口；9—模头调节段；

10—模头；11—阀门；12—供气管

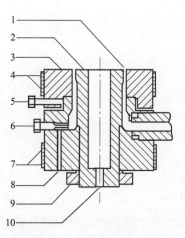

图 10-50　TPU 吹塑口模示意

1—模口；2—模芯；3—可调节套筒；

4—加热器；5—模头调节螺栓（3～4 个）；

6—渗料模塞；7—加热器；8—渗料出口；

9—锁定螺母；10—空气入口

（7）挤塑成型的缺陷、原因及处理办法　见表 10-117。

表 10-117　挤出成型的缺陷、原因及处理办法

挤出缺陷	产生的原因	解决办法	挤出缺陷	产生的原因	解决办法
气泡	材料潮湿 挤塑温度过高 降解 计量段螺槽浅	彻底干燥 调整挤塑温度 调整挤塑温度和螺杆速度 降低螺杆压缩比	口模线	口模孔粗糙 口模悬挂硬粒 冷聚合物 挤塑温度太低	整修口模表面 清理口模 检查机头死点、调整料筒和机头温度防止凝固 调整挤塑温度
表面粗糙	材料潮湿 口模温度太低 口模表面粗糙 材料有杂质 挤出机速度过快 料筒温度低 口模成型面太长	彻底干燥 调整口模温度 磨光口模表面 清洗挤出机 降低挤出速度 提高料筒温度 降低成型段长度	带色条纹	挤出机脏 先前生产之后未清理加料斗 挤出机积存变色材料 挤出温度不正确 混合不良 材料过热	清理挤出机 彻底清理加料斗 改变螺杆设计、消除死点 调整挤出温度 改变螺杆设计 降低料温
浪涌	料筒温度不准 螺杆速度太快或太慢 材料潮湿 材料有杂质 过滤网堵塞 加料斗架桥 背压低	调整料筒温度 调整螺杆速度 彻底干燥 清洗料筒 换过滤网 冷却送料段 增加过滤网	表面麻点	在输送带上挤出物仍在加热 材料有杂质 材料潮湿	改善冷却 小心处理材料并清洗挤出机 彻底干燥
			过热	螺杆设计不合理 限制流动 料筒温度低	降低螺杆压缩比 检查口模阻流 增加料筒温度

10.4.1.5　压延成型

压延成型是将加热塑化的 TPU 通过两个以上相向旋转的辊筒间隙，使其成为规定尺寸的连续片状材料的成型方法。压延过程分为两段：前段包括配料、塑化和向压延机供料；后段包括压延、牵引、冷却、卷取和切割，是压延成型的主要阶段。

一般地讲，由密炼机或由塑料或橡胶开炼机塑炼 TPU 以准备压延，塑炼时材料温度应在 140～170℃。然而在塑炼期间由于产生高摩擦热，能使塑炼设备温度有所降低，为 100～120℃；应用 1% 以上润滑剂时，需要略高的设备温度，压延辊的温度通常为 120～150℃，取决于薄片的厚度和助剂。生产 TPU 薄膜或片材，通常采用四辊压延机。

压延成型的 TPU 薄片和片材的厚度为 0.08～1.52mm。压延薄膜时必须精细地控制辊筒温度和材料温度，而在生产厚度均一的片材时，稳定的给料和材料温度是重要的。表 10-118 给出典型的 TPU 在"倒 L"型四辊压延机压延时所用的工艺条件。

表 10-118　压延典型 TPU 的工艺条件

工艺	参数	工艺	参数	工艺	参数
材料温度/℃		压延辊温度/℃ 旁辊	124	中辊	135
密炼机	168～177	压延辊温度/℃		下辊	140
开炼机	171	上辊	130		

10.4.1.6　润滑与着色

（1）润滑　TPU 在加工时一般都需加润滑剂，目的是改善 TPU 的加工性能，例如降低剪切生热、降低转矩和物料压力，增加挤出速率和降低粘连，不粘辊和易脱模等；然而润滑（包括脱膜剂）不能过度，过度则辊筒、螺杆打滑，反而降低产率。常用的润滑剂有粉末状聚烯烃（例如低分子量聚乙烯）、合成蜡（如硬脂酰胺、亚乙基双硬脂酰胺）、脂肪酸酯类（如硬脂酸甲酯、丁酯等）以及天然蜡（如蜂蜡等）。润滑剂用量通常为 TPU 量的 0.3%～5%。

（2）着色　TPU着色可加入纯颜料、色糊或浓色母粒料。色糊和浓色料比纯颜料容易处理，因为它们不留下麻烦的残余物。然而色糊或浓色料着色TPU用料比纯颜料多。可用聚乙烯、乙烯-乙酸乙酯共聚物、聚苯乙烯或聚氨酯为基料生产浓色料。在为TPU制备浓色料时，应避免使用通常的硬脂酸金属盐类或硬脂酸，因为它们在加工条件下将会急剧降解。

10.4.1.7　制品收缩率

TPU制品收缩率是个较复杂的问题，它与许多因素有关。例如：TPU的类型、弹性体的硬度、制品的厚度、受力方向以及操作条件（熔融温度、注射压力、保持压力、模温）等。因此，正确预测收缩率是相当困难的。

（1）收缩率与制品厚度关系　以Elastollan TPU为例说明收缩率与制品厚度的关系参见图10-36。

（2）收缩率与浇口受力方向的关系　以Pellethane TPU弹性体进行说明，见表10-119。

表 10-119　制品收缩率与浇口力学方向的关系

牌号		软段类型	模塑收缩率(1.6mm 厚度板)/%	
			受力方向	横向
2102	25A～65D	PES,PCL 型	0.4～0.8	0.2～0.9
2103	72A～65D	PTMG 型	0.4～1.0	0～0.9
2345	45D～65D	PES,PCL 型	0.5～0.8	0.7
2355	76A～95A	PES 型	0.4～1.0	0.1～0.9
2363	80A～75D	PTMG 型	0.4～0.9	0～0.9

10.4.2　TPU 的溶液加工

TPU溶液加工是将TPU溶于适当溶剂中，采用涂刷、喷涂或浸渍工艺进行加工的方法。溶解TPU的溶剂和稀释剂有酮类、酯类、芳香类和环醚、酰胺、氯化烃等。TPU溶液主要用于涂料、黏合剂、人造革和合成革。

在TPU溶剂中，可加入其他低聚物以改变TPU某些性能，如聚氯乙烯、苯氧基树脂、硝酸纤维素或醋酸纤维素等可以提高模量、拉伸强度和撕裂强度。

在TPU溶液中还可以加入过氧化物、多异氰酸酯、环氧化物以及某些胺类，加入这些物质，需进行硫化，如此可提高耐温性能，改善永久变形、耐溶剂性能、结块和黏合性能。

制备TPU溶液，可在密闭的罐中进行，溶剂和TPU在搅拌下，缓慢溶解，完全溶解所需的时间少则1h，多则1d，取决于TPU的种类、温度、总固体含量、所用溶剂以及搅拌期间的剪切速率。一般讲溶解速率正比于温度、溶剂的效率和搅拌速率。如果在TPU溶液中加入其他低聚物，则应先将其用溶剂溶解后，再加入TPU溶液中。

10.4.2.1　TPU 用溶剂

TPU溶液所用溶剂的选择要考虑它的价格、毒性、挥发速率以及所配溶液的黏度。有时几种溶剂混合使用。Estane TPU使用的溶剂、稀释剂见表10-120和表10-121。

表 10-120　Estane TPU 溶液的黏度和干燥速率

溶剂	5702F2		5701F1		5707F1		5710F1	
	黏度[1]/mPa·s	干燥速率[2]	黏度[1]/mPa·s	干燥速率[2]	黏度[1]/mPa·s	干燥速率[2]	黏度[1]/mPa·s	干燥速率[2]
丙酮	400	很快						
甲乙酮	500	快						
四氢呋喃	800	很快			4000	很快	900	很快
二甲基甲酰胺	1000	很慢	4000	很慢	7500	很慢	1400	很慢
二氧六环	3500	慢						
二甲基亚砜	5000	很慢	1400	很慢	10000	很慢	8200	很慢

① 黏度用15％固含量（质量）溶液测定。

② 干燥速率很慢者，要加热干燥。

表 10-121　混合溶剂的 Estane-TPU 溶液黏度和干燥速度

混合溶剂[1]	5702F2[2]		5701F1		5707F1		5710F1	
	黏度[3]/mPa·s	干燥速率[4]	黏度[3]/mPa·s	干燥速率[4]	黏度[3]/mPa·s	干燥速率[4]	黏度[3]/mPa·s	干燥速率[4]
丙酮/甲乙酮(D/S)	500	快						
丙酮/四氢呋喃(D/S)	800	很快	500	很快				
丙酮/二甲基甲酰胺(D/S)	900	很慢	700	很慢	1000	很慢	700	很慢
丙酮/二氧六环(D/S)	1000	慢						
丙酮/二甲基亚砜(D/S)	200	很慢	2500	很慢	1500	很慢		

① 两种溶剂之比为 50/50，D 为稀释剂，S 为溶剂。
② 5702F2 的 D/S 均为溶剂。
③ 溶液黏度用 15% 固含量溶液测得。
④ 干燥速率很慢者，需加热干燥。

10.4.2.2　可溶液加工 Estane

Estane 溶液加工用于黏合剂、磁带、人造毛皮、胶合织物、涂料、皮革衣料等。它的力学性能及动态挤压点见表 10-122。

表 10-122　可溶液加工 Estane 的力学性能和动态挤压点

Estane 牌号	硬度(邵尔)	拉伸强度/MPa	100%定伸应力/MPa	300%定伸应力/MPa	扯断伸长率/%	动态挤压点[2]/℃
5702F2	70A	30.4	2.0	3.2	700	±80
5710F1	74A	49.0	—	9.3	525	140
5714F1[1]	80A	35.3	3.9	7.4	560	135
5708F4	85A	47.1	4.9	11.8	500	150
5701F1	88A	45.1	5.7	14.5	430	133
5722	90A	84.6	11.6	31.4	500	192
5715	97A/52D	55.0	9.2	24.4	450	95
5740×714	80D	36.3	27.4	—	120	±145
5711	95A	19.6	—	6.4	790	78
5712F-30	95A	39.2	4.9	7.4	640	80
5716	95A	47.1	3.9	6.9	610	100
5730	40D	39.3	5.0	8.5	570	96

① PET-TPU。
② 在 5.0MPa 下 TPU 开始流动的温度。

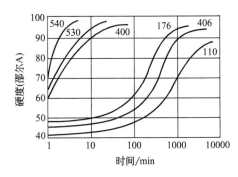

图 10-51　Desmocoll TPU 硬度-时间关系

10.4.2.3　TPU 的结晶速率

TPU 用于黏合剂时，结晶速率的快慢，涉及黏合工艺的选择。结晶速率快的 TPU，剥离强度迅速增加，固化时间短，需采用热活化工艺；而结晶速率慢至中等的 TPU，固化时间长，强度增加也慢，适合触压法粘接，无需热活化。TPU 结晶速率快慢可由硬度随时间的变化来确定，如图 10-51 所示是 Desmocoll TPU 黏合剂几个牌号的硬度-时间关系。不难看出 Desmocoll TPU 400、530、540 硬度达最高值的时间只有 10min 左右，而 Desmocoll 406、176、110 则需 1000min 以上，前者结晶速率比后者快百倍。

10.4.2.4　涂刷涂料的配方

涂刷涂料是用刷子、刮刀、辊筒或空气叶片涂刷器等工艺涂刷 TPU 溶液。表 10-123 给出涂刷涂料的几种配方。

表 10-123　涂刷涂料的几种配方（空气干燥）　　　　　单位：质量份

材　料	A	B	C	D	E	F	G
Estane							
5701					20		
5702	20	20	15	30		20	20
聚氯乙烯							5
苯氧基树脂						5	
甲乙酮	80			60		75	
丙酮		40	37		40		75
四氢呋喃			48		40		
甲苯		40					
乙醇				10			
黏度①(23℃)/mPa·s	3000	3500	800	5000	3000	2300	3700

① 黏度用 15％固含量（质量分数）溶液测定。

10.4.2.5　浸渍涂料的配方

浸渍涂料应选择适当的溶剂或混合溶剂，以便控制干燥速率。表 10-124 给出的浸渍涂料配方中，配方 A 和 B 主要是为浸渍多孔材料而设计的，配方 C 和 D 是为光滑无孔材料设计的。这些配方可将流延降到最低。经多次浸渍而不易干时，需要吹风或加热强化干燥。

表 10-124　浸渍涂料的配方（空气干燥）　　　　　单位：质量份

材料	A	B	C	D	材料	A	B	C	D
Estane					四氢呋喃		40	40	40
5701F1		15			1,4-二氧六环	15	20	25	25
5702F2	20				环己烷			10	
5710F1			15		醋酸纤维素			10	
5707F1	15				二甲基甲酰胺				20
甲乙酮	40				黏度①(23℃)/mPa·s	3000	3000	2000	2600
丙酮	25								

① 黏度用 15％固含量（质量分数）溶液测定。

10.4.2.6　喷射涂料的配方

TPU 溶液的黏度通常较高，不适合喷涂，所以这种溶液的总固体量应在 10％以下，以便于喷射。多组分溶液尤其含有聚氯乙烯的涂料，在总固含量较高时选好溶剂以达到黏度较低，适于喷射。其供料装置可用空吸或加压的办法，因这两者对黏度的变化和溶剂挥发速率不敏感。表 10-125 给出压力加料的喷射涂料配方。

表 10-125　喷射涂料配方　　　　　单位：质量份

材料	A	B	C	D	E	材料	A	B	C	D	E
Estane						甲乙酮		40			38
5707F1	8					环己烷			52	50	
5702F2		10			6	四氢呋喃	44		42	40	
5701F1			6	5		二甲基甲酰胺	48				
聚氯乙烯				5		醋酸纤维素		50			50
苯氧基树脂					6	黏度(23℃)/mPa·s	70	90	60	110	85

无论哪一种涂料工艺所获得的薄膜都可用空气和/或加热干燥。工艺的选择取决于溶剂挥发性、涂层厚度和 TPU 的种类。设备选择也取决于溶剂和干燥方法。

TPU 独特的物理性能，溶液的广泛适用期和易加工性，使 TPU 作为涂料获得了大量应用。

10.5　TPU 的应用

TPU 的弹性模量在 10～5000MPa 之间，跨越橡胶和塑料，因此它既有橡胶的柔性，又有塑料的刚性，这种特性取决了 TPU 具有广泛的应用领域。TPU 的承载能力、吸收能量、抗切割性、耐磨性、低温柔性、低温冲击性以及耐油性、耐溶剂性、耐天候老化等性能都是优异的，所以在工业方面、医疗卫生、体育用品、生活用品和军用物资等行业的应用都取得了很大的成功。

TPU 作为一种新型原材料，应用时需要加工成各种制品或配成溶液，TPU 制品概括起来可分为三类：模塑的杂品、管材和棒材、薄膜和片材。TPU 溶液主要用于胶黏剂和涂料，合成革和纤维。

10.5.1　工业方面

工业方面主要包括汽车运输、地质采矿、电子通信、石油化工、农牧食品、航空航天和核能船舶等。

10.5.1.1　汽车运输机械配件

（1）轴衬、轴瓦、轴套类　这类配件利用 TPU 减振、韧性和耐磨性能，例如，变速叉轴导向套、导套、变速轴套、轴衬、拖拉机轴衬、轴承半衬套、扭杆轴承、卡车用板簧轴承、轴承顶盖和齿条环等。

（2）护套类　TPU 用于这类配件具有弹性、弯曲性，且耐疲劳、耐油脂等特性，例如变速杆连接件护套、变速杆护套以及带油槽的护套等。

（3）垫圈、垫片、垫板　TPU 用于这类配件具有显著的密封功能和良好的弹性，抗切割性，柔性和耐油性。例如密封垫、密封圈、减振器缓冲件、减振垫圈和门窗的封条等。

（4）连接件、制动件　TPU 制这类配件具有韧性、耐磨和耐油性。例如万向器连接件、变速杆万向连接器和离合器制动件。

（5）汽车外部配件　玻璃纤维增强 TPU 制的底梁和侧面镶嵌件，具有尺寸稳定、冲击强度高、良好的涂漆特性；TPU 制的雪链（防滑链）提供汽车行进的安全性，避免交通事故；气囊、保险杠等在低温不破碎、耐冲击，是重要的安全件。

（6）汽车其他配件　汽车门楔、椅背扶手、视屏以及液压管等都可用 TPU 制造，它们适用于各种不同环境的要求。

10.5.1.2　地质采矿和工程配件

（1）电缆护套、插头和连接　TPU 挤出电缆护套提供了耐撕裂、耐磨和耐弯曲的特性，这些特性在 -40℃ 仍然保持，此外也有耐油、耐化学品、耐水解和抗微生物分解的优点。例如，TPU 勘探电缆护套、铁矿高频电缆、拖缆、电焊机电缆、地球物理电缆等；用 TPU 管保护敏感的电缆线束，保持探测器和地震的测量，这种管透明、耐海水和微生物的侵蚀；TPU 制的端子和配件，结合紧密且防水，耐冲击并耐磨。

（2）矿用耐磨构件　由于 TPU 具有优异的耐磨和耐冲击性能，广泛用于磷矿、铜矿、煤矿等过滤器材。例如，流料槽的衬垫、耐磨条、耐磨板、楔子、提升机顶部配件等，矿用粗眼筛网构件。TPU 筛网筛分矿石，经济效益优于金属。

（3）传动带、运输带　TPU 的耐磨性、韧性、柔性、耐油性等特性，给它作为传动带、运输带的应用提供了可能性。例如 TPU 传动带，不仅具有抗蠕变特性，还易于熔接。运输矿石、岩石和砂子的运输带，只要涂以 0.075～0.5mm 的 TPU，即可大大延长运输带的寿命，并可在现场修理或翻新。

10.5.1.3 电子、通信

（1）电线、电缆和护套　在电子通信、自动化和计算机等领域 TPU 制品的应用主要是电线、电缆及护套。例如，通信导线、耳机导线，计算机电线电缆，摄像机、照相机电线，地下电缆、光导纤维内外护套等。有一种 TPU 螺旋形电缆护套，具有极佳的原形记忆回复性以及耐磨、耐撕裂性能。

（2）气动管和打印带　TPU 制的自动装置气动管用于控制系统，确保可靠的操作，可承受特大弯曲。TPU 打印带具有耐磨、耐油脂、耐撕裂等性能。

10.5.1.4 石油化工

TPU 或其复合材料包装容器具有柔性，可折叠，耐燃料和油脂，耐强刺穿。透气性低，与低密度聚乙烯比较，渗透空气为聚乙烯的 0.8%，渗透氧气为 4.7%。适合于包装润滑脂、油类和溶剂等产品。

贮罐的防潮层，钻机护套、各种石油机械的配件，以及各种软管等，都可用 TPU 加工制造。

10.5.1.5 农牧食品

（1）农牧业　TPU 制软管用于农业灌溉，柔软耐大气老化；农用机械的配件有耐用特点。动物身份标签有柔软、耐用、耐大气老化的性能。

（2）食品工业　TPU 良好的综合性能，如与其他的天然橡胶、合成橡胶、PVC 和弹性体比较，除了优异的力学性能外，TPU 的耐植物油、动物脂肪、酸性或碱性洗涤剂以及耐微生物增长、耐沾污等大都是优良的。因此 TPU 制食品输送带具有使用寿命长、易安装、易清理、抗静电、耐溶剂的性能，食品输送管道和食品手推车轮等优于其他材料。

10.5.1.6 航空航天

TPU 在航空航天领域的应用有燃料罐、气象探测气球、氢气球，还有除冰器罩，雨、冰雹、沙的防护装置，卫星窗口的封条，航空器内部部件有扶手、地板轨道垫物等。

10.5.1.7 其他领域

（1）电缆及护套　核辐射电缆护套、声学用电缆和导线、低温电缆护套、喷雾器电缆和船舶电缆等。

（2）软管类　TPU 具有良好的抗撕裂性、耐磨性、高低温柔曲性和耐微生物侵蚀性，因此被广泛用于制作各种高低压软管。例如，高度柔软且耐用的 TPU 制作的管道，适合于输送研磨的固体材料；消防水龙带也是常用的 TPU 复合软管。

10.5.2　医疗卫生

TPU 在医疗卫生方面的应用取得了很大的进展，这是由于在许多性能上能满足医疗上的特殊要求：良好的生物相容性和血液相容性，抗血凝，无毒，不致癌等；同时还有优异的力学性能，其拉伸强度为 10～50MPa，扯断伸长率为 400%～900%。

TPU 在医疗卫生上的应用主要有三大类，即导管类、薄膜片材类和医用异型件类。

10.5.2.1　导管类

TPU 在导管上的应用很多。例如，胃镜软管，用 TPU 制作既无毒，又有足够的柔性和弹性。TPU 可制成抗血凝输血管、食管，其制成的气管套管外形美观，光洁柔软，富于弹性，对机体无毒、无炎症、无排异和刺激反应，尤其可贵的是能防御放射线的损害。TPU 排液管用于对伤口手术处理，透明，高弹性，可确保插入人体的排液管不被拉出来。

10.5.2.2　薄膜、片材类

TPU 用于人工心脏及其辅助装置如隔膜、反博气囊、血袋等有很好的生物相容性、血液相容性和耐久性；TPU 薄膜也用于颅面和颌面的移植和修复，以及渗析膜、软气管固定包络膜等。

TPU 膜制作医用防护片，用于垫子不渗液体，但能渗透水汽。医用手套用 TPU 制作只有乳胶的 1/4～1/10 厚，有比较高的强度和耐久性，这种手套柔软、透气性和手感均很好。此外也可制作外科用帘布、手术大单、卫生床、可处理的手巾等。

坐垫是 TPU 膜片应用的另一方面。如医用充气垫子、降温垫子、能抑制褥疮的垫子、轮椅垫子等，具有轻便、稳定、回弹好的优点。

10.5.2.3　异型件类

TPU 制作牙科衬套、吸收冲击的齿根埋入件、假牙和医用的多管件。另外还有假肢、乳房植入物、吸球和医院用于手推车轮等。

10.5.3　体育用品

TPU 的耐磨性、柔软性、低温柔性和缓冲性能等特性，比较适宜于制作体育用品。TPU 用在体育方面主要有三类：运动鞋类、运动器材类和其他类。

10.5.3.1　运动鞋类

TPU 可用于不同要求的运动鞋，如用 TPU 制作足球鞋底和高尔夫球鞋底，可在很宽的温度范围保持柔软性，且耐磨，设计可多样化。空气垫跑鞋，用 TPU 空气垫能满足特殊减振要求。攀登鞋，不仅柔软、耐磨，而且具有不打滑的性能。滑雪板长靴则在低温下柔软且耐冲击。TPU 制作鞋后跟底部，耐磨、耐撕裂和耐油脂。

10.5.3.2　运动器材类

TPU 熔融贴合尼龙纤维布制作救生筏和充气船具有良好耐水解、耐磨和耐久性，而且比橡胶薄得多。TPU 薄膜热贴合在尼龙布上制作救生衣，黏合性好，薄膜厚度只有 $25\mu m$，重量极轻，用时充气，不用时放气便于存放。此外，还有足球、高尔夫球的包皮、衬料，旱冰鞋、滑冰鞋滚轮、滑板滚轮等均可用 TPU 制造。

10.5.3.3　其他类

TPU 包胶高尔夫球棍和箱子，耐磨、耐折断性好。TPU 衬于雪橇端部则降低了伤害的危险。TPU 也可制作滑雪杆插片、滑雪面罩、挡风板、脚罩等。另外，游泳池衬里、游泳池旋转清洁器构件采用 TPU，耐水解、不擦伤、柔软。

10.5.4　生活用品

TPU 在日常生活中的应用主要有室内装饰、箱包衣料等。

10.5.4.1　室内装饰

室内装饰包括家具装饰面层、墙壁覆盖层和地板涂层。TPU 和它的复合材料用于家具装置面层，厚度是 0.025～0.075mm，用于垫子的表面层，手感、弹性和耐磨均很好；墙壁覆面用 TPU 溶液或薄膜，厚度 0.0125mm；而硬质墙壁组合板用 TPU 防护的厚度 0.0125～0.05mm。TPU 作为地板涂层主要是耐磨、耐油，厚度 0.05～0.125mm，可印花纹，不易污染，也很美观。

10.5.4.2　箱包衣料

作为箱包和衣料的 TPU 是通过制成人造革或合成革假皮的形式实现的，其 TPU 厚度在 0.125～0.2mm 不等。这些革类可以制成外衣、雨衣、手提包、皮箱、球类、鞋类等。TPU 制作的表带，美观耐用。

10.5.5　军用物资

用 TPU 制作的军用物资有防毒面具、斗篷、电线电缆、输油管道及可折叠式贮罐。美国军方

普遍使用的折叠式油罐的容积从 $400dm^3$ 至 $800m^3$，这种罐可用于贮水、牛奶、柴油、汽油等。在越南战争期间，美军从 150m 高处投下 1.8m 长的水袋给战士提供饮水，该水袋即用 TPU 薄膜制作的。

10.5.6 其他行业

与应用 TPU 有关的行业不止上述几类，还有如沥青铺面、堵缝、软锤头、无声齿轮，喷砂器软垫、洒水车挡板、印刷胶辊、印花辊筒、空气减振器等，几乎涉及国民经济、日常生活的各个领域。

10.6 TPU 的品种牌号

TPU 主要生产厂家和品牌有：美国 Lubrizol 公司的 Estane、Pellethane，美国 Huntsman 公司的 Irogran；德国 Bayer 公司的 Desmopan、Texin，德国 BASF 公司的 Elastollan；西班牙麦金莎公司的 Pearlthane；中国烟台万华公司的 WHT 等；本节选择部分牌号介绍。

10.6.1 Estane

美国 Lubrizol 公司的 Estane® 牌号 TPU 选择 4 类品级：聚醚型、聚酯型、聚己内酯型和阻燃型。以下分别介绍它们的品级、力学和加工性能。

① Estane® 聚醚型-TPU 品级、力学和加工性能，见表 10-126。

表 10-126 Estane® 聚醚型-TPU 的品级、力学和加工性能

性能		58300	58309	58311	58315	58630	58810	58863	58881
密度/(kg/m³)		1104	1130	1130	1120	1130	1130	1120	1130
硬度(邵尔 A)		82	85	85	85	82	90	85	80
100%定伸应力/MPa		4.8	6.2	6.2	6.2	5.2	9	6.9	4.8
300%定伸应力/MPa		7.6	11	11.7	10.3	7.6	17.2	11	6.8
拉伸强度/MPa		37.9	44.8	45.5	48.3	41.4	38.3	40.7	23.4
扯断伸长率/%		650	570	520	570	640	525	600	710
撕裂强度/(kN/m)		70	78.8	68.3	85.8	70	59.5	66.5	55.2
撕裂强度(裤形)/(kN/m)		22.8	22.8	21	26.3	22.8	17.9	22.8	17.5
磨耗/mg		22	21	—	37	60	41	4.5	3
玻璃化温度/℃		−50	−46	−49	−50	−50	−44	−50	−52
加工	注塑	○			○				
	挤出	○	○	○	○	○	○	○	○

注：○代表可选用，下同。

② Estane® 聚酯型-TPU 品级、力学和加工性能，见表 10-127。

表 10-127 Estane® 聚酯型-TPU 的品级、力学和加工性能

性能		58130	58133	58134	58137	58206	58271	58277
密度/(kg/m³)		1230	1240	1220	1250	1200	1210	1220
硬度(邵尔)		50D	55D	45D	65D	85A	85A	92A
100%定伸应力/MPa		11	15	9	21	5.5	5.5	9.7
300%定伸应力/MPa		24	27	20	31	10.4	9.7	29
拉伸强度/MPa		41	41	40	41	48.3	51.7	62.1
扯断伸长率/%		450	450	500	430	550	540	450
撕裂强度/(kN/m)		138.3	158	129	210	87.6	78.8	113.8
撕裂强度(裤形)/(kN/m)		42	42	36.8	50.8	22.8	22.8	33.3
磨耗/mg		62	34	62	41	20	34	50
玻璃化温度/℃		−40	−30	−46	−15	−32	−25	−20
加工	注塑	○	○	○	○	○	○	○
	挤出	○	○	○	○	○	○	○
	吹塑						○	○

③ Estane® 聚己内酯型-TPU 品级、力学和加工性能，见表 10-128。

表 10-128　Estane® 聚己内酯型-TPU 的品级、力学和加工性能

性能	54351	54353	58149	性能	54351	54353	58149
密度/(kg/m³)	1160	1170	1210	冲击弹性/%	39	22	27
硬度(邵尔 A/D)	84A	90A	96A	压缩永久变形/%			
100%定伸应力/MPa	5.0	7.7	15.0	22℃×70h	25	28	18
300%定伸应力/MPa	7.5	13.0	25.0	70℃×24h	60	61	23
拉伸强度/MPa	42	55	26	磨耗/mm³	30	40	40
扯断伸长率/%	530	590	370	维卡软化点/℃	66	88	146
撕裂强度/(kN/m)	65	80	114	加工　注塑	○	○	○
撕裂强度(裤形)/(kN/m)	92	112	127				

④ Estane® 阻燃型-TPU 品级、力学和加工性能，见表 10-129。

表 10-129　Estane® 阻燃型-TPU 的品级、力学和加工性能

性　能	聚酯	聚醚			性　能	聚酯	聚醚		
	58360	58370	58866	58202		58360	58370	58866	58202
密度/(kg/m³)	1340	1180	1170	1240	撕裂强度/(kN/m)	85	40	54	45
硬度(邵尔 A/D)	97D	83A	83A	88A	磨耗/mm³	130	105	55	105
100%定伸应力/MPa	8.9	6.4	4.9	5.1	维卡软化点/℃	65	56	66	61
300%定伸应力/MPa	19	10.2	7.3	8.1	氧指数/%	30	25	30	30
拉伸强度/MPa	40	38	35	33	垂直燃烧试验	V0	V2	V0	V0
扯断伸长率/%	480	660	750	585					

10.6.2　Pellethane

美国 Lubrizol 公司的 Pellethane® 牌号 TPU 选择 3 类品级：聚酯型、聚醚型和阻燃型。这里介绍它们的性能。

① Pellethane® 聚酯型-TPU 品级、力学和加工性能，见表 10-130。

表 10-130　Pellethane® 聚酯型-TPU 的品级、力学和加工性能

性能	2355-75A	2355-80AE	2355-85ABR	2355-95AE	性能	2355-75A	2355-80AE	2355-85ABR	2355-95AE
密度/(kg/m³)	1190	1180	1180	1220	70℃×22h	30	75	75	80
硬度(邵尔 A/D)	83A	85A	87A	94A	弯曲模量/MPa	—	—	—	89.6
100%定伸应力/MPa	4.9	6.2	5.9	9.7	磨耗/mg	28	10	15	4
300%定伸应力/MPa	10.5	15.2	9.0	21.4	玻璃化转变温度/℃	−42	−37	−36	−15
拉伸强度/MPa	35.3	39.2	31	38.9	维卡软化点/℃	77.2	92.7	76.1	80.6
扯断伸长率/%	525	550	630	450	成型条件/℃				
扯断永久变形/%	30	60	80	60	注射温度	188~204	193~204	171~182	182~199
撕裂强度/(kN/m)	78.8	126	78.8	105	模具温度	16~60	16~60	16~60	16~60
压缩永久变形/%					挤出温度	177~199	188~204	166~182	—
25℃×22h	25	25	30	30					

② Pellethane® 聚醚型-TPU 品级、力学和加工性能，见表 10-131。

表 10-131　Pellethane® 聚醚型-TPU 的品级、力学和加工性能

性　能	2103-70A	2103-80A	2103-85A	2103-90A	2103-55D	2103-55DE	2103-65D
密度/(g/cm³)	1.06	1.13	1.14	1.14	1.15	1.16	1.17
硬度(邵尔 A/D)	70A	80A	85A	90A	55D	55D	65D
100%定伸应力/MPa	3.5	5.9	8.1	10.7	18.2	17.5	17.5
300%定伸应力/MPa	5.6	11.7	12.6	24.0	35.0	30.8	21.0

性　能		2103-70A	2103-80A	2103-85A	2103-90A	2103-55D	2103-55DE	2103-65D
拉伸强度/MPa		24.5	42.0	35.0	43.8	45.5	42.0	45.5
扯断伸长率/%		700	550	600	475	425	390	420
加工	挤出		○	○	○		○	
	注塑	○	○	○	○	○		○
	吹塑		○		○			

③ Pellethane® 聚己内酯型-TPU 品级、力学和加工性能，见表 10-132。

表 10-132　Pellethane® 聚己内酯型-TPU 的品级、力学和加工性能

性　能	2012-75A	2102-80A	2102-90A	2102-55D	2102-65D
密度/(kg/m³)	1170	1180	1200	1210	1220
硬度(邵尔 A/D)	77A	84A	94A	58D	65D
100%定伸应力/MPa	4.7	5.5	11	16.2	20
300%定伸应力/MPa	9.7	13.1	27.6	35.8	31
拉伸强度/MPa	37.2	40	44.8	49.5	44.1
扯断伸长率/%	535	575	440	415	390
扯断永久变形	30	50	30%	30	110
撕裂强度/(kN/m)	87.6	105	145	179	263
压缩永久变形/%					
25℃×22h	25	28	25	25	30
70℃×22h	28	28	29	27	40
弯曲模量/MPa	—	—	82.7	172	255
磨耗/mg	20	10	10	60	120
玻璃化温度/℃	−39	−40	−26	—	—
维卡软化点/℃	81.6	85	117	118	142
成型条件/℃					
注射温度	199~216	199~216	204~221	204~221	210~221
模具温度	—	—	—	—	—
挤出温度	188~204	—	—	—	—

10.6.3　Irogran

Huntsman 公司的 Irogran® 选择 3 个系列品级：E-系列（聚酯）、H-系列（聚酯）、P-系列（聚醚型），以下分别介绍它们的品级、力学和加工性能。

① E-系列（聚酯型）-TPU 的品级、力学和加工性能，见表 10-133。

表 10-133　Irogran® E-系列（聚酯型）-TPU 的品级、力学和加工性能

性　能		A 70 E 4675	A 78 E 4723	A 85 E 4613	A 92 E 4372	A 95 E 4813	A 98 E 4066	D 60 E 4024
密度/(kg/m³)		1150	1200	1200	1210	1220	1220	1240
硬度(邵尔 A/D)		70A	80A	85A	92A	95A	52D	60D
100%定伸应力/MPa		4	3.8	6	8	13	14	22
300%定伸应力/MPa		7	8	10	25	26	25	31
拉伸强度/MPa		30	45	45	55	45	50	45
扯断伸长率/%		600	650	650	550	450	450	350
撕裂强度/(kN/m)		45	60	60	105	125	135	180
压缩永久变形/%								
23℃×72h		35	25	25	25	30	30	40
70℃×24h		45	40	40	40	45	45	55
磨耗/mm³		70	30	35	30	35	35	35
加工温度/℃		125~190	—	—	144~195	170~200	—	—
加工	注塑	○	○	○	○	○	○	○
	挤出	○	○	○	○	○	○	○

② H-系列（聚酯型)-TPU 的品级、力学和加工性能，见表 10-134。

表 10-134 Irogran® H-系列（聚酯型)-TPU 的品级、力学和加工性能

性　能	A 70 H 4673	A 85 H 4696	A 92 H 4656	A 95 H 4678	A 98 H 4661
密度/(kg/m³)	1180	1200	1220	1230	1230
硬度(邵尔 A/D)	70A	85A	92A	95A	54D
100%定伸应力/MPa	3.5	6	9	13	17
300%定伸应力/MPa	7	14	21	26	33
拉伸强度/MPa	35	45	45	50	55
扯断伸长率/%	750	600	500	500	450
撕裂强度/(kN/m)	50	70	120	120	155
压缩永久变形/%					
23℃×72h	34	25	25	25	35
70℃×24h	48	40	40	40	40
磨耗/mm³	40	25	35	30	30
加工温度/℃	125～170	136～190	144～195	145～200	149～200
加工　注塑	○	○	○	○	○

③ P-系列（聚醚型)-TPU 的品级、力学和加工性能，见表 10-135。

表 10-135 Irogran® P-系列（聚醚型)-TPU 的品级、力学和加工性能

性　能		A 75 P 4655	A 78 P 4766	A 85 P 4394	A 92 P 4207	A 98 P 4535
密度/(kg/m³)		1120	1100	1120	1140	1170
硬度(邵尔 A/D)		75A	80A	85A	92A	52D
100%定伸应力/MPa		5.8	3.9	6	10	17
300%定伸应力/MPa		9.0	8.0	12	17	27
拉伸强度/MPa		35	30	45	45	45
扯断伸长率/%		700	800	550	450	400
撕裂强度/(kN/m)		45	40	70	65	135
压缩永久变形/%						
23℃×72h		23	30	25	25	32
70℃×24h		39	50	45	40	40
磨耗/mm³		45	50	35	35	30
加工温度/℃		—	127～80	—	—	14～200
加工	注塑	○	○	○	○	○
	挤出		○	○	○	○

10.6.4　Desmopan

德国 Bayer 公司的 Desmopan® TPU 牌号选择 4 个品级：100 系列（聚酯型）、300 系列（聚酯型）、400 系列（聚酯型）、900 系列（聚醚型）。以下分别介绍它们的品级、力学和加工性能。

① Desmopan® 100 系列（聚酯型)-TPU 品级、力学和加工性能，见表 10-136。

表 10-136　Desmopan® 100 系列（聚酯型）-TPU 的品级、力学和加工性能

性　能	DP1060A	DP1485A	192	150	性　能		DP1060A	DP1485A	192	150
密度/(kg/m³)	1198	1216	1230	1240	刚性模量/MPa					
硬度(邵尔 A/D)	60A	86A	94A	50D	−20℃		20	63	280	458
100%定伸应力/MPa	2.9	5	9	15	23℃		7	10	30	62
300%定伸应力/MPa	15	9	18	31	70℃		4	7	15	26
拉伸强度/MPa	15	46	50	50	磨耗/mm³		60	19	30	30
扯断伸长率/%	850	630	520	420	成型条件/℃					
撕裂强度/(kN/m)	33	78	100	120	注射温度		160～200	200～220	210～225	210～230
冲击弹性/%	55	46	30	30	模具温度		20	20	20～40	20～40
压缩永久变形/%					挤出温度		—	180～200	—	—
23℃×72h	30	11	25	25		注塑	○	○	○	○
70℃×24h	55	36	60	50	加工	挤出		○		
弯曲模量/MPa	—	—	—	130		吹塑		○		

② Desmopan® 300 系列（聚酯型）-TPU 品级、力学和加工性能，见表 10-137。

表 10-137　Desmopan® 300 系列（聚酯型）-TPU 的品级、力学和加工性能

性　能	385E	392	345	355	359	365	372
密度/(kg/m³)	1200	1210	1220	1200	1230	1230	1240
硬度(邵尔 A/D)	85A	92A	95A	56D	59D	65D	73D
100%定伸应力/MPa	6	9	12	15	20	25	35
300%定伸应力/MPa	13	22	27	35	40	40	
拉伸强度/MPa	50	45	52	60	50	50	70
扯断伸长率/%	500	450	450	430	400	400	250
撕裂强度/(kN/m)	70	80	100	130	160	180	220
冲击弹性/%	42	33	35	35	35	40	42
压缩永久变形/%							
23℃×72h	25	25	25	30	30	30	—
70℃×24h	50	41	42	45	60	50	—
弯曲模量/MPa			70	150	180	350	650
刚性模量/MPa	32	115	230	505	555	632	1000
−20℃	12	24	47	66	105	160	354
23℃	8.7	15	22	24	38	52	68
70℃	—	—	—	—	—	—	—
磨耗/mm³	30	25	30	35	35	30	30
成型条件/℃							
注射温度	210～230	210～230	210～235	220～235	220～240	220～245	220～245
模具温度	20～40	20～40	20～40	20～40	20～40	20～40	20～40
挤出温度	200～220	200～220	—	—	—	—	—
加工　注塑	○	○	○	○	○	○	○
挤出	○	○					

③ Desmopan® 400 系列（聚酯型）-TPU 品级、力学和加工性能，见表 10-138。

表 10-138　Desmopan® 400 系列（聚酯型）-TPU 的品级、力学和加工性能

性　能	481	487	445	453	460
密度/(kg/m³)	1200	1210	1220	1230	1220
硬度(邵尔 A/D)	80A	86A	93A	97A	97A
100%定伸应力/MPa	5	6	8	17	21
300%定伸应力/MPa	9	14	20	29	33
拉伸强度/MPa	30	35	38	38	35
扯断伸长率/%	600	500	500	475	350
撕裂强度/(kN/m)	45	70	95	180	150

续表

性　能	481	487	445	453	460
冲击弹性/%	48	45	35	30	35
压缩永久变形/%					
23℃×72h	22	15	15	25	—
70℃×24h	35	30	35	27	35
弯曲模量/MPa	—	—	—	—	170
刚性模量/MPa					
−20℃	17	46	280	448	710
23℃	7.2	13	25	53	128
70℃	6.7	9.6	16	24	43
磨耗/mm³	25	20	25	32	40
成型条件/℃					
注射温度	225～235	230～240	210～235	220～240	235～245
模具温度	20～40	20～40	20～40	20～40	20～40
挤出温度	—	—	—	—	—
加工　注塑	○	○	○	○	○

④ Desmopan® 900 系列（聚醚型）-TPU 品级、力学和加工性能，见表 10-139。

表 10-139　Desmopan® 900 系列（聚醚型）-TPU 的品级、力学和加工性能

性　能	DP 9370A/AU	DP 9380A	9385	DP 9392A/AU	DP 9095AU	DP 9665DU
密度/(kg/m³)	1060	1110	1120	1150	1149	1175
硬度(邵尔 A/D)	70A	82A	86A	92A	95A	65D
100%定伸应力/MPa	2.4	5.0	6.0	8.5	18	26
300%定伸应力/MPa	4.3	9.0	13	17	30	55
拉伸强度/MPa	25	40	48	50	65	55
扯断伸长率/%	800	500	600	500	370	350
撕裂强度/(kN/m)	39	50	65	85	129	208
冲击弹性/%	63	50	40	32	33	40
压缩永久变形/%						
23℃×72h	22	25	25	20	30	—
70℃×24h	49	42	43	40	77	—
弯曲模量/MPa	37	14	29	104	275	1440
刚性模量/MPa						
−20℃	4.5	8.3	12	22	40	440
23℃	3.2	6.3	7.9	13	19	110
70℃						
磨耗/mm³	69	20	25	20	18	19
成型条件/℃						
注射温度	190～210	205～225	205～225	210～230	200～220	220～235
模具温度	20～40	20～40	20～40	20～40	20	40～60
挤出温度	175～215	195～215	195～215	195～215	200～220	—
加工　注塑	○	○	○	○	○	○
挤出	○	○	○	○		○

10.6.5　Texin

德国 Bayer 公司的 Texin® TPU 牌号选择 2 个品级：Texin 200 系列（聚酯型）、900 系列（聚醚型）。以下分别介绍它们的品级、力学和加工性能。

① Texin® 200 系列（聚酯型）-TPU 品级、力学和加工性能，见表 10-140。

表 10-140　Texin® 200 系列（聚酯型）-TPU 的品级、力学和加工性能

性　能		285	245	250	255	260	270
密度/(kg/m³)		1200	1210	1220	1210	1220	1240
硬度(邵尔 A/D)		85A	45D	52D	55D	60D	70D
100%定伸应力/MPa		5.3	9	11	13.8	20.7	29.6
300%定伸应力/MPa		11.7	19.3	24.1	27.6	29.6	39.3
拉伸强度/MPa		34.5	41.4	41.4	48.3	41.4	41.4
扯断伸长率/%		500	500	450	500	400	250
撕裂强度/(kN/m)		67.6	122.6	136	157.6	175	228
压缩永久变形/%							
23℃×72h		16	18	20	20	27	50
70℃×24h		65	43	75	65	55	85
弯曲模量/MPa		27.6	68.9	83	138	296	724
磨耗/mm³		35	70	70	50	50	90
玻璃化温度/℃		−24	−46	−20	−26	−15	0
维卡软化点/℃		91	148	115	169	190	158
成型条件/℃							
注射温度		195～205	210～220	210～220	210～220	210～220	220～240
模具温度		15～40	15～40	15～40	16～43	15～40	15～40
挤出温度		190～205	—	190～250	—	—	—
加工	注塑	○	○	○	○	○	○
	挤出	○		○			
	吹塑	○		○			

② Texin® 900 系列（聚醚型）-TPU 品级、力学和加工性能，见表 10-141。

表 10-141　Texin® 900 系列（聚醚型）-TPU 的品级、力学和加工性能

性　能		985	985U	990R	945	950	970U
密度/(kg/m³)		1120	1120	1130	1140	1150	1180
硬度(邵尔 A/D)		85A	85A	90A	45D	50D	70D
100%定伸应力/MPa		5.5	5.5	7.6	11	13.8	22.1
300%定伸应力/MPa		8.3	8.3	13.8	24.1	27.6	37.2
拉伸强度/MPa		37.9	37.9	34.5	41.4	41.4	37.9
扯断伸长率/%		500	500	450	400	400	250
撕裂强度/(kN/m)		kN/m	87.6	87.6	96.3	127	131.3
压缩永久变形/%							
23℃×72h		80	80	75	75	70	74
70℃×24h		19	19	20	22	20	40
弯曲模量/MPa		26.9	26.9	41.4	103.4	113.8	538
磨耗/mm³		30	30	25	60	75	75
玻璃化温度/℃		−46	−46	−44	−40	−27	0
维卡软化点/℃		80	80	106	116	128	140
成型条件/℃							
注射温度		193～210	196～210	193～210	195～205	195～216	218～241
模具温度		16～43	16～38	16～38	15～40	16～43	16～43
挤出温度		190～205	190～205	202～216	190～205	191～210	210～227
加工	注塑	○	○	○	○	○	○
	挤出	○	○	○	○	○	○
	吹塑	○	○	○	○	○	○

10.6.6　Elastollan

德国 BASF 公司的 Elastollan® TPU 牌号选择 4 个品级：Elastollan® 1100 系列（聚醚型）、Elastollan® C 系列（聚酯型）、Elastollan® B 系列（聚酯型）、Elastollan® S 系列（聚酯型）。以下分别介绍它们的品级、力学和加工性能。

① Elastollan® 1100 系列（聚醚型）-TPU 品级、力学和加工性能，见表 10-142。

表 10-142　Elastollan® 1100 系列（聚醚型）-TPU 的品级、力学和加工性能

性能		1180A	1185A	1190A	1198A	1160D	1164D	1174D
密度/(kg/m³)		1110	1120	1140	1160	1180	1180	1200
硬度(邵尔 A/D)		80A	87A	92A	52D	60D	64D	73D
100%定伸应力/MPa		4.5	6	8.5	15	19	25	30
300%定伸应力/MPa		8	10	16	28	41	45	45
拉伸强度/MPa		45	45	50	50	50	50	50
扯断伸长率/%		650	600	550	450	400	350	300
撕裂强度/(kN/m)		55	70	85	125	170	190	220
压缩永久变形/%								
23℃×72h		25	25	25	35	40	40	50
70℃×24h		45	45	45	50	50	50	55
磨耗/mm³		30	25	25	25	20	20	20
加工	注塑	○	○	○	○	○	○	○
	挤出	○	○	○	○	○	○	○
	吹塑		○					

② Elastollan® C 系列（聚酯型）-TPU 品级、力学和加工性能，见表 10-143。

表 10-143　Elastollan® C 系列（聚酯型）-TPU 的品级、力学和加工性能

性能		C80A	C85A	C90A	C95A	C60D	C64D	C74D
密度/(kg/m³)		1190	1190	1200	1210	1230	1240	1250
硬度(邵尔 A/D)		82A	87A	93A	96A	60D	63D	73D
100%定伸应力/MPa		4.5	5.5	9	11	20	24	30
300%定伸应力/MPa		8,5	9.5	15	22	35	35	35
拉伸强度/MPa		50	50	55	55	50	45	45
扯断伸长率/%		650	650	550	550	450	400	350
撕裂强度/(kN/m)		65	70	95	120	180	200	240
压缩永久变形/%								
23℃×72h		25	25	25	30	40	40	40
70℃×24h		35	35	40	45	50	55	60
磨耗/mm³		30	30	25	25	20	20	20
加工	注塑	○	○	○	○	○	○	○
	挤出	○	○	○	○			
	吹塑			○	○			

③ Elastollan® B 系列（聚酯型）-TPU 品级、力学和加工性能，见表 10-144。

表 10-144　Elastollan® B 系列（聚酯型）-TPU 的品级、力学和加工性能

性能		B80A	B85A	B90A	B95A	B98A	B60D	B64D
密度/(kg/m³)		1190	1200	1210	1220	1220	1230	1240
硬度(邵尔 A/D)		82A	83A	91A	96A	50D	60D	64D
100%定伸应力/MPa		5	4	7	10	12	16	19
300%定伸应力/MPa		14.5	15	20	22	30	30	35
拉伸强度/MPa		50	55	55	55	55	55	55
扯断伸长率/%		600	600	550	550	500	500	450
撕裂强度/(kN/m)		85	75	90	100	130	150	180
压缩永久变形/%								
23℃×72h		20	25	25	30	35	35	35
70℃×24h		30	35	40	40	45	45	50
磨耗/mm³		35	35	30	30	25	25	25
加工	注塑	○	○	○	○	○	○	○
	挤出		○	○	○	○	○	

④ Elastollan® S 系列（聚酯型）-TPU 品级、力学和加工性能，见表 10-145。

表 10-145 Elastollan® S 系列（聚酯型)-TPU 的品级、力学和加工性能

性能	S80A	S85A	S90A	S95A	S98A	S60D	S74D
密度/(kg/m³)	1220	1230	1240	1240	1250	1250	1260
硬度(邵尔 A/D)	81A	85A	93A	96A	55D	60D	75D
100%定伸应力/MPa	4	5	9	11	16	18	30
300%定伸应力/MPa	8	8	13	20	23	34	40
拉伸强度/MPa	50	55	55	50	45	45	40
扯断伸长率/%	750	650	600	550	500	500	300
撕裂强度/(kN/m)	60	70	95	120	150	170	240
压缩永久变形/%							
23℃×72h	25	25	25	25	30	40	55
70℃×24h	35	35	45	45	45	50	60
磨耗/mm³	40	35	30	30	25	25	25
加工 注塑	○	○	○	○	○	○	○
加工 挤出	○	○	○		○		
加工 吹塑			○		○		

10.6.7 Pearlthane

西班牙麦金莎公司的 Pearlthane® TPU 牌号选择 3 个品级：Pearlthane® 聚酯型-TPU、Pearlthane® 聚醚型-TPU、Pearlthane® 聚己内酯型-TPU。以下分别介绍它们的品级、力学和加工性能。

① Pearlthane® 聚酯型-TPU 品级、力学和加工性能，见表 10-146。

表 10-146 Pearlthane® 聚酯型-TPU 的品级、力学和加工性能

性能	12F75UV	12K85A	12K92A	12T92E	性能		12F75UV	12K85A	12K92A	12T92E
密度/(kg/m³)	1150	1200	1220	1200	压缩永久变形/%					
硬度(邵尔 A/D)	78A	85A	94A	91A	23℃×70h		30	—	—	26
拉伸强度/MPa	30	30	35	39.5	70℃×24h		55	—	—	40
扯断伸长率/%	620	540	500	500	玻璃化温度/℃		—30	—30	—14	—40
100%定伸应力/MPa	5	5	11	8		挤出	○	○	○	○
300%定伸应力/MPa	6.5	9	22	16.6	加工	吹塑		○	○	
撕裂强度/(kN/m)	155	75	120	112		共混	○			
磨耗/mm³	35	25	25	30						

② Pearlthane® 聚醚型-TPU 品级、力学和加工性能，见表 10-147。

表 10-147 Pearlthane® 聚醚型-TPU 的品级、力学和加工性能

性能	16N80	16N85UV	D16N90UV	16N95UV	D16N60D
密度/(kg/m³)	1090	1120	1150	1170	1160
硬度(邵尔 A/D)	81A	87A	90A	94A	60D
拉伸强度/MPa	35	34	45	40	40
扯断伸长率/%	760	590	450	575	400
100%定伸应力/MPa	5	7	8	11	19
300%定伸应力/MPa	8	13	20	16	34
撕裂强度/(kN/m)	80	105	—	130	190
磨耗/mm³	20	25	40	40	45
压缩永久变形/%					
23℃×70h	30	24	—	30	—
70℃×24h	42	35	—	44	—
玻璃化温度/℃	—47	—48	—	—31	—
加工 注塑	○	○	○	○	○
加工 挤出	○	○	○	○	○

③ Pearlthane® 聚己内酯型-TPU 品级、力学和加工性能，见表 10-148。

表 10-148　Pearlthane® 聚己内酯型-TPU 的品级、力学和加工性能

性　能	11T85	11T93	11T98	11T60D	11T65D
密度/(kg/m³)	1160	1160	1190	1190	1200
硬度(邵尔 A/D)	86 A	93 A	52D	58D	64D
拉伸强度/MPa	40	40	40	40	35
扯断伸长率/%	640	500	470	480	440
100%定伸应力/MPa	6	9	16	15	25
300%定伸应力/MPa	10	17	29	28	31
撕裂强度/(kN/m)	90	120	175	170	210
磨耗/mm³	20	25	25	25	25
压缩永久变形/%					
23℃×70h	25	25	35	35	35
70℃×24h	35	34	42	—	50
玻璃化温度/℃	−45	−47	−30	−24	−23
加工　注塑	○	○	○	○	○
挤出			○		

10.6.8　WHT

中国烟台万华公司的 WHT TPU 牌号选择 3 个品级：聚醚型 WHT-81 系列 TPU、聚酯型 WHT-11 系列 TPU、聚己内酯型 WHT-21 系列 TPU。以下分别介绍它们的品级、力学和加工性能。

① 聚醚型 WHT-81 系列 TPU 品级、力学和加工性能，见表 10-149。

表 10-149　聚醚型 WHT-81 系列 TPU 的品级、力学和加工性能

性　能	WHT-8170	WHT-8185	WHT-8190	WHT-8195	WHT-8198	WHT-8280	WHT-8290
密度/(kg/m³)	1100	1110	1120	1130	1140	1100	1120
硬度(邵尔 A/D)	70A	85A	90A	95A	98A	82A	90A
拉伸强度/MPa	25	26	28	30	32	23	28
扯断伸长率/%	650	500	4540	400	390	600	400
100%定伸应力/MPa	3	7	10	13	20	6	10
300%定伸应力/MPa	7	12	25	28	30	10	25
撕裂强度/(kN/m)	60	80	100	110	120	75	100
玻璃化温度/℃	−60	−45	−40	−40	−38	−50	−42
加工温度/℃	180~220	180~195	185~200	190~210	195~215	175~190	185~200
加工　注塑	○	○	○	○	○	○	○
挤出	○	○	○	○	○		
压延	○	○	○	○	○		
共混	○	○	○	○	○		

② 聚酯型 WHT-11 系列 TPU 品级、力学和加工性能，见表 10-150。

表 10-150　聚酯型 WHT-11 系列 TPU 的品级、力学和加工性能

性　能	WHT-1180	WHT-1185	WHT-1190	WHT-1195	WHT-1198	WHT-1164	WHT-1172
密度/(kg/m³)	1180	1190	1190	1200	1210	1210	1220
硬度(邵尔 A/D)	80A	85A	90A	95A	98A	64D	72D
拉伸强度/MPa	33	40	36	39	40	42	43
扯断伸长率/%	590	520	440	400	430	370	350
100%定伸应力/MPa	5	6	9	11	17	21	28
300%定伸应力/MPa	9	12	20	29	32	36	37

续表

性　能	WHT-1180	WHT-1185	WHT-1190	WHT-1195	WHT-1198	WHT-1164	WHT-1172
撕裂强度/(kN/m)	87	110	115	120	170	193	220
磨耗/mm³	—	—	—	—	—	45	42
加工温度/℃	180～200	185～205	190～210	195～215	195～215	200～220	200～220
加工 注塑	○	○	○	○	○	○	○
挤出	○	○	○	○	○	○	○
压延	○	○	○	○	○	○	○
吹塑	○	○	○	○	○	○	○

③ 聚己内酯型 WHT-21 系列 TPU 品级、力学和加工性能，见表 10-151。

表 10-151　聚己内酯型 WHT-21 系列 TPU 的品级、力学和加工性能

性　能	WHT-2180	WHT-2185	WHT-2190	WHT-2195	WHT-2198
密度/(kg/m³)	1180	1190	1200	1200	1210
硬度(邵尔 A/D)	80A	85A	90A	95A	98A
拉伸强度/MPa	24	26	29	31	32
扯断伸长率/%	560	520	500	490	480
100%定伸应力/MPa	4	6	8	10	12
300%定伸应力/MPa	8	9	14	19	27
撕裂强度/(kN/m)	100	110	120	125	135
加工温度/℃	180～200	185～205	190～210	195～215	195～215
加工 注射	○	○	○	○	○
挤出	○	○	○	○	○

参 考 文 献

[1] Schollenberger C S, Scott H, More G R. Rubber world, 1958, 137: 549.

[2] Waugaman C A, Jennings G B. Rubber world, 1961, 144 (4): 72.

[3] Saunders J H, Frisch K C. Polyurethanes Part Ⅰ Chemistry. New York: John Wiley. Sons, 1962: 129-211.

[4] 公開特許公報. 昭 39-8700 (1964).

[5] Rausch Jr K W, Sayigh A A R. I&EC, 1965, 4 (2): 92.

[6] Stetz T T, Smith J F. Rubber Age, 1965, 97 (2): 74.

[7] Athey R J. Rubber Age, 1965, 96 (5): 705.

[8] U S P. 166692. 1966.

[9] 田中大作. 日本橡胶协会志, 1966, 39: 12.

[10] B P 1 025 970. 1966.

[11] 公開特許公報. 昭 42-18358 (1967).

[12] 公開特許公報. 昭 42-18359 (1967).

[13] 公開特許公報. 昭 43-17594 (1968).

[14] Schollenberger C S. In Polyurethane Technology. New York: Wiley-Interscience, 1969: 197-214.

[15] B P 1 149 771. 1969.

[16] 公開特許公報. 昭 44-25600 (1969).

[17] Huh D S, Cooper S L. Polym. Eng. Sci. , 1971, 11 (5): 369.

[18] Miller G W. J Appl. Polym. Sci. , 1971, 15: 39.

[19] Critchfield F E, Koleske J V, Dunleavy R A. Rubber World. , 1971, 164 (5): 61.

[20] B P 1 256900. 1971.

[21] Schollengerber, C S. Advance in Urethane Science and Technology, 1971, 1: 65.

[22] 中山克郎. 高分子, 1972, 21 (238): 25.

［23］ Ferguson J，Pasavoudis D. European Polymer J，1972，8：385.

［24］ Schollenberger C S，Slewar F D. J Elastoplastics，1972,4：294.

［25］ Schael G W，et al. J Elastoplastics，1972,4（1）：10.

［26］ Seymour R W，Cooper S L. Macromolecules，1973，6（1）：48.

［27］ Seymour R W，Allagrezza Jr A E，Cooper S L. Macromolecules，1973，6（6）：896.

［28］ Schollenberger C S，Dinbergs K. J Elastoplastics，1973，5：222.

［29］ Rustad N E，Krawiec R G. Rubber Age，1973，105（11）：45.

［30］ Rustad N E，Krawiec R G. Rubber Age，1973，105（12）：45.

［31］ Rustad N E，Krawiec R G. J Appl. Polym. Sci. ，1974，18（2）：401.

［32］ Dieter J A，Frisch K C. Rubber Age，1974，106（7）：49.

［33］ Schollenberger C S，Dinbergs K. J Elastoplastics，1975，7（1）：65.

［34］ 岩田敬治，船越皎司. 工业材料，1976，24（12）：39.

［35］ Schollenberger C S，Stewart F D. Advance in Urethane Science and Technology，1976，4：68.

［36］ Fabris H J. Advance in Urethane Science and Technology，1976，4：89.

［37］ U S P 3963679. 1977.

［38］ Schollenberger C S，Dinbergs K. J Elastoplastics，1979，11：58.

［39］ Bonart R. Polymer，1979，20：1389.

［40］ Liaonitkul A，Cooper S L. Advances in Urethane Science and Technology，1979，7：163.

［41］ Minke R，Blackweel J. J Macromol. Sci. -Phys，1979，16（3）：407.

［42］ Wolkenbreit S. Thermoplastic polyurethane elestomers In：Walker B M. Hand Book of Thermoplastic Elestomer，New York：Van Nostrand Reinhold Company，1979：216-246 .

［43］ Zdrahala R J，Critchfield F E，Gerkin R M. J Elastoplastics，1980，12：184.

［44］ Zdrahala R J，Hager S L，Gerkin R M. J Elastoplastics，1980，12：225.

［45］ Pechhold E，Pruckmayr G，Roonbins I M. Rubber Chem Tchnol，1980，53：1032.

［46］ Seefrird Jr C G，Koleske J V，Critchfield F E. J Polym. Sci. -Phys，1980，18：817.

［47］ 谭人骏. 传输线技术，1980，2：36.

［48］ Pechhold E，Druckmayr G. Rubber Chem. Tech. ，1982 55（1）：76.

［49］ Chamg A L，Briber R M，Thomas E L. Polymer，1982，23：1060.

［50］ Schollenberger C S，Dinbergs K，Stewart D. Rubber Chem. Tech，1982，55（1）：137.

［51］ Russo R，Thomas E L. J Macromol. Sci. -Phys. ，1983，B22（4）：553.

［52］ Rains R C，Bailey R J. J Elastoplastics. ，1983，15（2）：124.

［53］ 刘树，张玉海，闵素芝. 合成橡胶工业，1983，6（6）：454.

［54］ Rek V，Bravar M. J Elastoplastics，1984，16：256.

［55］ Petrovic Z S，et al. Rubber Chem. Tech. ，1985，58（4）：685.

［56］ Briber R M，Thomas E L. J Polym. Sci. -Phys. ，1985，23：191.

［57］ Mendlsohn M A，Navish Jr F W，Kin D. Rubber Chem. Tech. ，1985，58（5）：997.

［58］ Liang T M，Yerter R P. J Elastoplastics，1985，17：63.

［59］ Ulrich H. J Elastoplastics，1986，18：147.

［60］ 朱玉磷等. 聚氨酯及其弹性体，1987，5：32 .

［61］ 张菁译. 橡胶参考资料，1987，6：25.

［62］ 刘树. 聚氨酯工业，1987，4（1）：2.

［63］ Hartman B，Duffy J V，Lee G F. J Appl. Polym. Sci. ，1988，35（7）：1829.

［64］ Demarest C. Rubber world，1988，198（6）：22.

［65］ Ma E C. Thermoplastic polyurethane elastomer In：Walker B M，Rader C P. Handbook of Thermoplastic Elastomers. 2nd ed. New York：Van Nostrand Reinhold Company Inc，1988：224-257.

［66］ Schollenberger C S，Thermoplastic polyurethane plastomers In：Bhowmick A K，Stephens H L. Handbook of Elastomers. New York: Marcel Dekker Inc, 1988: 375-409.

[67] Robert D C, Raymond P. J Elastoplastics, 1989, 121 (12): 19.

[68] Rotermund U. J Elastoplastics, 1989, 21 (2): 122.

[69] 苏学位. 塑料技术, 1989, 2: 19.

[70] 刘树. 合成橡胶工业, 1989, 12 (6): 411.

[71] Li C, Cooper S L. Polymer, 1990, 31 (1): 3.

[72] Gajewski V. Rubber World, 1990, 202 (6): 15.

[73] 刘树. 合成橡胶工业, 1991, 14 (6): 437.

[74] 苏学位. 工程塑料应用, 1993, 21 (4): 25.

[75] The TPU Committee, Polyurethame Division. The Society of the Plastics Industry. Inc. Polyurethane, 1995, 9: 26-29.

第 11 章　水性聚氨酯

李汉清　赵雨花

11.1　概述

水性聚氨酯（WPU）或称聚氨酯乳液，通常是离子型聚氨酯在水中的分散液，所以它和离子型聚氨酯的关系非常密切。离子型聚氨酯，聚氨酯离子（polyurethane ionomer）均属同一概念。其定义是大分子链中除含有多个氨基甲酸酯基外，还含有多个离子基团的化合物。这些离子基团较均匀或无规分布在大分子链上，它是一类新型的聚氨酯。和普通的聚氨酯一样，也属于（AB）$_n$ 型的嵌段聚合物。其大分子链之间除了存在氢键相互作用外，还存在强烈的库仑力（静电力）的作用。无论是线型的还是交联型的离子型聚氨酯，其物理机械性能都可超过普通的同类型的非离子型聚氨酯。由于这类材料独特的化学和物理结构，它们有极其重要的科学和应用价值。

水性聚氨酯是相对于溶剂型聚氨酯而言的，它是聚氨酯粒子分散在连续相（水）中的二元胶体体系。粒子尺寸可从 $0.01\mu m$ 到几微米。粒子直径大于 $1\mu m$ 的分散液通常不稳定，容易沉淀。粒子平均直径小于 $0.5\mu m$ 时，得到稳定的分散液。按照分散粒子是否带电，可分为离子型水性聚氨酯和非离子型水性聚氨酯。和许多聚氨酯材料一样，通常的聚氨酯和水是不相容的，因此需要进行特殊的处理或改性才能分散在水中。现在最常用的方法是把离子基团引入聚氨酯大分子链中，这种特殊的嵌段聚氨酯就是离子型聚氨酯。因为离子基团是天然亲水的并起着内乳化剂的作用，所以离子型聚氨酯能自发地分散在水中，在适当的条件下不用高剪切混合或外加乳化剂就能形成稳定的水分散液。按照大分子带电的性质，离子型水性聚氨酯又可分为阳离子型、阴离子型和两性离子型（zwitterionic）。阳离子型水性聚氨酯目前还未得到广泛应用，两性离子型正处于研究和开发阶段，阴离子型水性聚氨酯在皮革涂饰等方面得到了广泛应用。按照酸的结构，阴离子型水性聚氨酯又分为羧酸型、磺酸型和磷酸型三类。应用最多的是羧酸型，其次是磺酸型的，磷酸型的还处于研究开发阶段。另一类水性聚氨酯是把亲水的聚醚链段（分子量 200～4000 的聚乙二醇）引入聚氨酯的大分子链中以利于聚氨酯在水中的分散，这样得到的水性聚氨酯是非离子型的。按照分散粒子的尺寸，聚氨酯水分散液分为溶液（粒径小于 $0.001\mu m$）、乳液（粒径在 $0.001\sim0.05\mu m$ 之间）和悬浮液（粒径大于 $0.05\mu m$）三种。聚氨酯分散液中，最重要的是离子型聚氨酯在水中的分散液，其中以乳液最常用。水性聚氨酯是 20 世纪 60 年代末期进入市场的。水性聚氨酯因其无毒和不燃，黏合性和成膜性很好，膜的物理机械性能极佳。加之近年来对环境保护的呼声越来越高，水性聚氨酯的研究与开发越来越为人们所重视。到目前为止，已经发表了几千篇专利文献和研究报告，已经有不少水性聚氨酯产品得到越来越广泛的应用。其中包括柔软底物涂饰、工业产品涂饰、木制品涂饰、玻璃纤维表面涂饰。此外，水性聚氨酯还可用于多种材料的粘接和黏结。在我国水性聚氨酯在皮革涂饰剂方面得到了广泛应用，在鞋用胶黏剂和真空吸塑方面的应用也在逐年增长，今后几年我国水性聚氨酯胶黏剂的消费量年增长率将超过 10%，中国市场正面临着良好的发展机遇。水性聚氨酯将在木材、建筑、织物、合成革、乳胶涂层、PVC 等材料黏结、玻璃纤维集束、柔性包装、印刷材料黏结等方面得到广泛应用。

11.2　原料

　　合成水性聚氨酯的原料包括低聚物二醇或三醇（分子量650～3000），芳香族或脂肪族二异氰酸酯，小分子二醇或二胺扩链剂（如含羧基、磺酸基或叔氮原子的小分子二醇或三醇，普通的二醇或三醇，以及含磺酸基的二胺和普通的二胺或三胺），中和剂（即成盐剂），溶剂（包括去离子水）以及其他辅助材料。

11.2.1　软段

　　水性聚氨酯的软段指低聚物二醇，其中包括聚酯和聚醚。常用的聚酯包括聚己二酸系聚酯如聚己二酸丁二醇酯、聚己二酸己二醇酯、聚己二酸新戊二醇酯和聚己内酯二醇等。常用的聚醚有聚丙二醇、聚四亚甲基二醇等。为了满足一些特殊的需求，还可以用聚碳酸酯二醇或聚硅氧烷二醇和少量的三醇（如聚丙三醇）。常用低聚二醇的分子量范围为1000～3000。软段主要控制水性聚氨酯胶膜的弹性、低温性能和耐水解性能。在制备水性聚氨酯分散液时可根据不同的性能和应用要求选择不同的品种及规格。各公司的产品牌号和技术指标详见第2章。

11.2.2　硬段

　　和其他类型的聚氨酯一样，水性聚氨酯的硬段也是由二异氰酸酯和小分子扩链剂构成。用来合成水性聚氨酯的二异氰酸酯有芳香族、脂肪族、脂环族及芳脂族二异氰酸酯。常用的有TDI、MDI、HDI、IPDI、H_{12}MDI、XDI等。用来合成水性聚氨酯的小分子扩链剂分为含亲水基团的扩链剂和不含亲水基团的扩链剂。含亲水基团的扩链剂有含羧基的二醇、含磺酸基的二醇、含叔氮原子的二醇、含磺酸基的二胺等。常用的有二羟甲基丙酸（DMPA）、二羟甲基丁酸（DMBA）、二羟基半酯、N-甲基二乙醇胺、N-乙基二乙醇胺等。不含亲水基团的扩链剂即通常用到的多元醇或多元胺，如二乙烯三胺（DTA）、三乙烯四胺（TETA）、丁二醇、乙二醇、二乙二醇、三羟甲基丙烷等。硬段主要控制水性聚氨酯胶膜的硬度、模量、撕裂强度、耐磨性和耐溶剂等性能。同样在制备水性聚氨酯分散液时可根据不同的性能和应用要求选择不同结构的二异氰酸酯，产品牌号和技术指标详见第2章。

11.2.3　中和剂

　　和普通聚氨酯所不同的是水性聚氨酯用的扩链剂含有酸性或碱性的基团，在形成大分子后，需要用碱性或酸性化合物中和成盐。通常用胺如三甲胺、三乙胺、三丙胺、氢氧化钠和氨水等中和酸（即阴离子型水性聚氨酯），用酸或酸性氯化物如乙酸、草酸、乙醇酸和氯甲基苯等中和碱（即阳离子型聚氨酯）。

11.2.4　溶剂

　　去离子水是水性聚氨酯的主要溶剂。采用去离子水是为了防止自来水中的Ca^{2+}、Mg^{2+}等杂质对阴离子型水性聚氨酯稳定性的影响。为了得到分散性好的水性聚氨酯，还需用少量的溶剂，如丙酮、甲乙酮、二甲基甲酰胺、N-甲基吡咯烷酮等。

11.2.5　其他辅助材料

　　其他辅助材料有供水性聚氨酯增稠用的增稠剂，如聚乙烯基吡咯烷酮、羟乙基纤维素、稀酸或稀碱等。还有用于提高水性聚氨酯耐水性和耐热性而添加的交联剂，包括：①环氧化物，如双酚A型环氧树脂、乙二醇二缩水甘油醚、山梨醇多缩水甘油醚、甘油多缩水甘油醚、三羟甲基丙烷多缩水甘油醚等；②多元胺，如乙二胺、多亚乙基多胺、哌嗪等；③氨基树脂，如三聚氰胺甲醛树脂、脲醛树脂等；④多异氰酸酯，包括亲水性和疏水性两类；⑤氮丙啶，如氮杂环丙烷，氮丙啶化合物在室温下能与羧基和羟基反应，具有多个氮丙啶环的化合物适合于作为羧酸型水性聚氨酯的交联剂；⑥聚碳化二亚胺，聚碳化二亚胺可作为羧酸型水性聚氨酯的交联剂，它可在 PU 乳液中稳定存在，其交联反应由酸催化进行；⑦环氧硅烷等。某些填料和颜料也可以加到水性聚氨酯中。表 11-1 为合成水性聚氨酯分散液所用到的特殊原料的名称和主要生产商。

表 11-1　合成水性聚氨酯分散液所用到的特殊原料的名称和主要生产商

英文缩写	化学名称	主要供应商
异氰酸酯类		
CHDI	1,4-环己烷二异氰酸酯	美国杜邦公司
C$_{12}$DDI	1,12-十二亚甲基二异氰酸酯	美国杜邦公司
MPMDI	2-甲基戊二异氰酸酯	美国杜邦公司
TMXDI	$\alpha,\alpha,\alpha',\alpha'$-四甲基间苯二甲基二异氰酸酯	美国氰胺公司
TMHDI	2,4,4′-三甲基己二异氰酸酯	Curbolabs
扩链剂		
DMPA	二羟甲基丙酸	Trimet Tech. Inc.，山东东营赛美克化工公司等
DMBA	二羟甲基丁酸	日本化成株式会社
MDEA	N-甲基二乙醇胺	Aldrich 化学公司
BHBA	双-2-羟乙基苯甲胺	Aldrich 化学公司
BHPA	双-2-羟丙基苯甲胺	Up John 公司
EDA	乙二胺	
—	哌嗪	
—	联肼	
DTA	二乙烯三胺	上海染化十四厂
TETA	三乙烯四胺	
CHDA	1,4-环己二胺	美国杜邦公司
BDO	1,4-丁二醇	德国 BASF 公司，日本三菱化学
HD	1,6-己二醇	日本宇部
TMP	三羟甲基丙烷	德国 BASF 公司，日本三菱化学
DEG	二乙二醇	北京燕山石化总公司
PG	1,2-丙二醇	上海高桥化工厂
磺化剂		
DMSP	硫酸二甲酯	上海硫酸厂
—	丙磺内酯	Aldrich 公司
SIPM	间苯二甲酸二甲酯-5-磺酸钠	靖江市长江化工厂，山东金盛新材料科技有限公司
SIPA	间苯二甲酸-5-磺酸钠	靖江市长江化工厂
—	乙二氨基乙磺酸钠	台湾聚合公司
—	二氨基苯磺酸钠	南通市红星化工厂
—	1,4-丁二醇磺酸钠	
中和剂		
DMCA	二甲基环己胺	Atochem
TEA	三乙胺	Eastman chem. Co.
TPA	三丙胺	Atochem
DMEA	二甲基乙基胺	Atochem
TBA	三丁胺	Atochem
O-DCX	邻二氯甲基甲苯	Aldrich 公司
P-DCX	对二氯甲基甲苯	Aldrich 公司
CHM	一氯甲烷	北京市农药二厂
BC	氯甲基苯	Aldrich 公司
—	乙酸	上海石化总厂二分厂
—	羟基乙酸	Aldrich 公司
OA	草酸	上海大丰化工厂

简称或英文缩写	化学名称	主要供应商
溶剂		
—	去离子水	
DMF	二甲基甲酰胺	Aldrich 公司
MEK	甲乙酮	Aldrich 公司
NMP	N-甲基吡咯烷酮	Aldrich 公司
—	丙酮	上海溶剂厂
—	二氧六环	Aldrich 公司
催化剂		
T-9	辛酸亚锡	M&T Chem. Co.
T-12	二月桂酸二丁基锡	M&T Chem. Co.
增稠剂		
PVP	聚乙烯基吡咯烷酮	上海维酮材料科技有限公司
HPMC	羟丙基甲基纤维素	河北兴泰纤维素有限公司
HEC	羟乙基纤维素	河北兴泰纤维素有限公司
L75N	增稠剂	Bayer
交联剂		
Desmodur DA	脂肪族多异氰酸酯	德国 Bayer
Desmodur DN	脂肪族多异氰酸酯	德国 Bayer
Desmodur XP-7007	脂肪族多异氰酸酯	德国 Bayer
Desmodur XO-671	芳香族多异氰酸酯	德国 Bayer
Desmodur XO-672	脂肪族多异氰酸酯	德国 Bayer
Bayhydur XP-7063	亲水改性 HDI 三聚体	德国 Bayer
CR-60N	脂肪族多异氰酸酯	日本 DIC 公司

11.3 合成方法

水性聚氨酯或离子型水性聚氨酯通常用预聚物法合成，以便于过程的控制。合成步骤大致如下：

① 低聚物二醇和二异氰酸酯反应生成端异氰酸酯基预聚物；

② 端异氰酸酯基预聚物和小分子扩链剂反应生成中等分子量（2000～10000）的中间体。为了降低反应化合物的黏度，可适当加入溶剂；

③ 加入中和剂（酸或碱）进行中和；

④ 在剧烈搅拌下，将中间体溶液加入水中或把水加到中间体中进行乳化；

⑤ 脱溶剂并加水稀释，得成品。

非离子型水性聚氨酯的合成方法和普通聚氨酯的合成方法几乎没有区别，只是必须用亲水性的聚醚多元醇，如聚乙二醇或环氧丙烷和环氧乙烷的嵌段共聚物。

众所周知，聚氨酯是憎水性的高分子化合物，用作聚氨酯原料的二异氰酸酯很容易和水反应，因此不能像聚烯烃那样，用乳液聚合法得到水分散液。人们对聚氨酯的乳化进行了许多研究。

最早使用高剪切外加乳化剂的强制乳化法制得分散液。分散粒子的颗粒较大，分散液不稳定，该法早已被淘汰。目前制备水性聚氨酯的方法称为自发分散法，即通过化学反应将亲水基团引入聚氨酯的大分子链中，以便聚氨酯溶解或分散在水中，从而得到稳定的水性聚氨酯。

按照分散过程的特点和溶剂量的多少，自发分散法又可分为溶液法（丙酮法）、预聚物混合法、熔体分散缩合法和酮亚胺-酮连氮（ketazine）法。按照聚氨酯分散过程的顺序，还可分为直接分散法和倒相分散法。下面分别进行讨论。

11.3.1　溶液法

所谓溶液法（丙酮法）是在低沸点的、能和水混合的惰性溶剂（如丙酮、甲乙酮或四氢呋喃）中，制得含亲水基团的高分子量的聚氨酯溶液。然后，用水将该溶液稀释，先形成油包水的溶剂为连续相的乳液。然后，再加入大量的水，发生相倒转，水变成连续相并形成分散液。脱去溶剂后得到无溶剂的高分子量聚氨酯-脲的水分散液。该法操作简单，重复性好。因为聚合物的生成是在均匀的溶液中完成的，该法只限于含亲水基团的线型聚氨酯的分散。另外由于溶液的浓度较低，反应器的容积较大，大量溶剂需要回收。

现在简要地叙述用丙酮法制备阳离子型水性聚氨酯的过程。首先让己二酸己二醇丙二醇聚酯和 HDI 反应生成高黏度的端异氰酸酯基预聚物。加入丙酮降低黏度后，加入计算量的叔胺二醇，反应物的黏度明显上升。多加一些丙酮将反应混合物稀释，再加入硫酸二甲酯进行季铵化。这时，由于生成离子型聚氨酯而使黏度进一步增加。当把水加到这种离子型聚氨酯的溶液中时就出现了一些有趣的现象。当加入第一份水时，由于简单的稀释作用，溶液黏度降低，此时溶液透明，离子型聚氨酯呈分子分散状态。当加入更多的水时，虽然聚合物的浓度降低，但溶液黏度反而增加，这好像是丙酮的浓度降低所致。其实是由于聚合物的憎水链段溶剂化程度降低，憎水链段整齐排列所致。这表明开始出现相分离。随着水的进一步加入，溶液变浑浊，这表明分散相开始形成。从一相变成两相的过程是连续的，要说明单相体系什么时候结束，两相体系何时完成是不可能的。继续加水，黏度降低，离子型聚氨酯分散成微球状，水为分散相。真空脱除丙酮后，憎水链段回缩，得到低黏度的水性聚氨酯。

分散液的物理性能依赖于化学组成、离子基团的种类和数量、硬段含量、聚合物的分子量以及制备的方法。常见的水性聚氨酯分散液的粒径在 $0.01 \sim 0.5 \mu m$ 之间；外观为半透明的溶胶和/或奶白色的乳液。溶液法制备水性聚氨酯的常用溶剂是丙酮，故该法又称为丙酮法。

11.3.2　预聚物混合法

预聚物混合法避免了溶液法中所必需的大量溶剂。预聚物混合法的要点是先让聚醚或聚酯和二异氰酸酯反应生成端异氰酸酯基预聚物。用少量溶剂稀释后再用双羟甲基丙酸或 N-甲基二乙醇胺等扩链得到黏度和分子量较低的中间体（平均分子量 $2000 \sim 5000$）溶液。然后将该溶液加入水中或含多胺扩链剂（如二乙烯三胺或三乙烯四胺）的水中，在乳化的同时继续扩链，而制得水性聚氨酯。该法的优点是溶剂的耗量少，能得到含支化大分子的乳液。乳液的稳定性很好，适用于各种组成的含各种亲水基团的聚氨酯的乳化，是目前最广泛使用的方法。但是必须严格控制预聚物的黏度，否则，分散很困难，甚至不可能分散。

11.3.3　熔体分散缩合法

熔体分散缩合法是无溶剂制备水性聚氨酯的方法。它把异氰酸酯基与氨基和/或羟基的加聚反应紧密地结合起来。反应的第一步是合成含亲水基团的端异氰酸酯基预聚物，然后，在高温下（130℃）该预聚物和过量的脲反应生成缩二脲。该产品分散在水中之后，再和甲醛反应生成甲醇基，通过降低 pH 值可促进缩聚反应，进行扩链和交联。另外，交联反应也可以在成膜期间或成膜之后用加热的方法完成。这种水性聚氨酯的生成需要特别强烈的搅拌。因为，即使在 100℃ 左右的温度下，预聚物的黏度也很高。用该法制得的水性聚氨酯通常是支化的和较低分子量的，乳液中残存的甲醛的臭味比较大，该法的要点如下。

将聚酯或聚醚二醇，二异氰酸酯和含潜在离子基团的二醇扩链剂反应制得预聚物，控制 NCO/OH（摩尔比）为 $1.2 \sim 1.8$，这种端异氰酸酯基预聚物和过量的尿素反应得到端基为双缩二脲的中间体。这种双缩二脲型的聚氨酯有足够的亲水性，可分散在水中，然后用甲醛甲醇化并通过降低 pH 值的方法进行缩聚得到水性聚氨酯。

11.3.4 酮亚胺-酮连氮法

酮亚胺法和预聚物混合法相类似，不同的是酮亚胺法用封闭型的二胺（酮亚胺）作潜在的扩链剂，它可以加到亲水的端异氰酸酯基预聚物中而不发生反应。当水加入该混合物中时，酮亚胺发生水解，水解的速率比异氰酸酯基与水的反应速率快得多，释放出的二胺和聚合物的分散粒子反应得到扩链后的聚氨酯/脲。在这个过程中，分散和扩链同时进行。混合物的黏度逐渐增加，直到发生相倒转。所以，分散时需要强烈的搅拌或少量的溶剂。

酮亚胺法的另一变化是用酮连氮作潜在的扩链剂。在这种情况下，酮连氮水解生成肼。和酮亚胺相比，水解速率稍慢一些。对于芳香族异氰酸酯预聚物来说，这倒是一个优点。

11.3.5 直接分散法和倒相分散法

直接分散法是把含有亲水基团的聚合物直接加入水中，在强烈搅拌下，得到水性聚氨酯。而倒相分散法是把水加入含亲水基团的聚合物溶液中，先生成所谓油包水的乳液，继续加水倒相生成水包油的聚氨酯分散液。用倒相分散法制得的乳液的粒子尺寸比较小，粒子尺寸的分布比较均匀。

11.3.6 阳离子型水性聚氨酯的合成

阳离子型聚氨酯通常是把叔胺官能团引入聚氨酯的大分子中制得的。通常用含叔胺基的二醇作扩链剂。用烷基化剂或合适的酸完成季铵化并得到离子基团。另外也可以用含叔胺基的二胺或双羟烷基化硫化物代替氨基二醇。有代表性的反应方程式如图 11-1 所示。

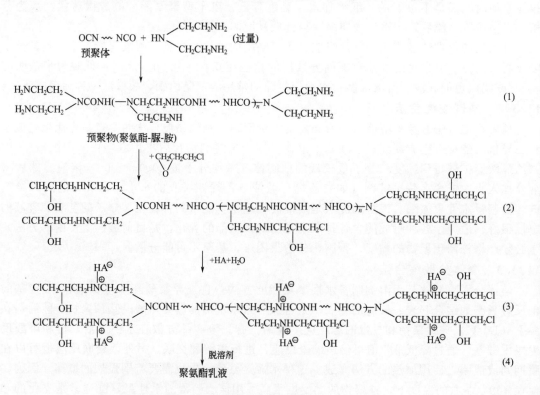

图 11-1　阳离子型水性聚氨酯的合成示意

下面举例说明阳离子型聚氨酯及其分散液的合成。

例：在一个装有搅拌器、温度计和回流冷凝器的 1000mL 四口烧瓶中，在氮气保护下，把 204.7g PTMG（羟值 54.8mg KOH/g）和 102.6g 甲乙酮加入 34.8gTDI 中。该混合物在 80℃

搅拌反应 3h 得到端异氰酸酯基预聚物溶液（NCO 的含量：理论值 2.46%；分析值为 2.45%）。该溶液的固含量为 70%。在另一个 2000mL 的四口烧瓶中，加入 262g 甲乙酮 （MEK）和 4.73g 二乙烯三胺（DTA）。该混合物在室温下静置 1h。然后在室温下，在 2h 内，把 133.9g 上述预聚物溶液滴加到 DTA-MEK 的混合物中。当混合物的黏度达 300~400mPa·s 时，升温到 50℃，保温 10min，得到分子量 10000~15000 的中间体溶液。然后，把 36.6g 水和 5.05g 环氧氯丙烷加到 366.1g 上述中间体溶液中，该混合物在 50℃反应 1h。用 5.8g 羟基乙酸将混合物的 pH 值调到 7.0 后再加入 300g 水。最后在 50℃和约 6.7kPa 的余压下脱除溶剂和未反应的环氧氯丙烷，加水将固含量调到 30%，得到 314g 阳离子型水性聚氨酯。其他一些制备阳离子型聚氨酯的配方见表 11-2。

表 11-2　阳离子型聚氨酯的配方

代号	低聚物二醇		二异氰酸酯		扩链剂		中和剂		溶剂	
	简称	质量/g	简称	质量/g	简称	质量/g	简称	质量/g	简称	质量/g
CA-1	PPG-2000	1000	TDI	152	MDEA	40	盐酸	35	丙酮	2240
CA-2	PPG-2000	1000	MDI	174	MDEA	20	CHM	50	丙酮	3780
CA-3	PHNA-2000	1000	HDI	268	MDEA	20	DMSP	16	丙酮	1710
CA-4	PHNA-2000	250	HDI	38.6	MDEA	2.23	DMSP	2.2	丙酮	400
CA-5	PTMG-2000	200	TDI	34.8	DTA	2.52	HAc	1.5	丙酮	740
CA-6	PTMG-2000	327	TDI	55.7	DTA	19	PL	13.3	MEk	1210
CA-7	PPG-210	708	TDI	414	DTA	167.5	PL	118	MEK	4040

11.3.7　阴离子型水性聚氨酯的合成

反应方程式如图 11-2 所示。

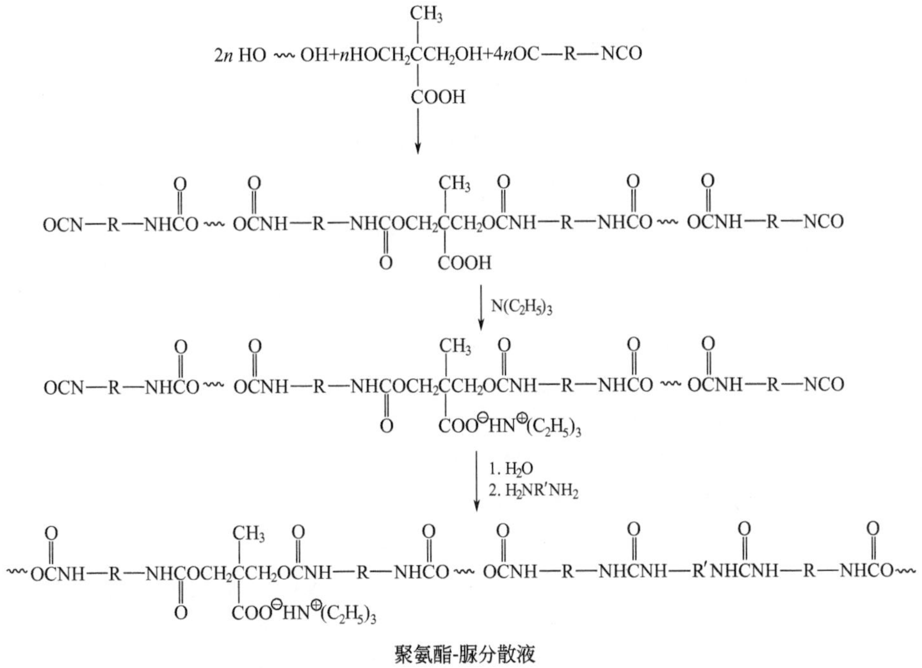

聚氨酯-脲分散液

图 11-2　阴离子型水性聚氨酯的合成示意

阴离子型水性聚氨酯的配方见表 11-3。

表 11-3　阴离子型水性聚氨酯的配方

代号	低聚物二醇		二异氰酸酯		扩链剂		中和剂		溶剂	
	简称	质量/g	简称	质量/g	简称	质量/g	简称	质量/g	简称	质量/g
AA-1	PPG-210	184	TDI	64	DMPA	11.4	TEA	8.2	丙酮	80
AA-2	PPG-210	140	TDI	90	DMPA+DEG	18.4+6	TEA	13.2	丙酮	80
AA-3	PTA-2000	331.2	IPDI	87.5	DMPA+TETA	15.75+7.01	TEA	13.12	DMF	22.07
AA-4	PCL-2000	331.2	IPDI	87.5	DMPA+TETA	15.75+7.01	TDA	13.12	DMF	22.07
AA-5	PTA-600	186	IPDI	124.5	DMPA+TETA	19.3+11.8	TEA	16	DMF	17.1
AA-6	PTA-1000	208	IPDI	100.9	DMPA+TETA	19.3+11.8	TEA	16	DMF	17.1
AA-7	PTAD-1500	222	IPDI	86.8	DMPA+TETA	19.3+11.8	TEA	16	DMF	17.1
AA-8	PTMG-2000	201.6	CHDI	58.1	DMPA+CHDA	20.1+11.4	TEA	16.7	NMP	77
AA-9	PTMG-2000	201.6	H_{12}MDI	81.7	DMPA+CHDA	20.1+11.4	TEA	16.7	NMP	82.9
AA-10	PTMG-2000	201.6	IPDI	77.7	DMPA+CHDA	20.1+11.4	TEA	16.7	NMP	81.8

下面举例说明阴离子型水性聚氨酯的合成。

例 1：在一个装有搅拌器、温度计和回流冷凝器的 500mL 三口烧瓶中加入 PPG-210 150g，在 120℃、266.6～399.9Pa 下脱水 30min。降温到 40℃加入 2.7g DEG，搅拌均匀后加入 75gTDI，逐渐升温到 80℃恒温反应 2h。取样分析 NCO 含量为 9.38%（理论值为 9.43%）。降温到 60℃以下，加入 80g 丙酮，继续搅拌降温至 40℃。加入 13.5g DMPA 和 15g DMF 的溶液，在 55℃继续搅拌反应 2.5h，得中间体溶液。在强烈搅拌下，将该溶液倾入 700g 去离子水中。再在 50℃和低真空下脱去丙酮得到固含量约 25%的半透明的聚氨酯乳液。

例 2：在一个设有搅拌器、温度计和氮气进出口管的 1000mL 的三口瓶中，加入 78.83 MDI 和 40g MEK，在氮气保护和缓慢搅拌下加入 200g PPG-2000。然后在 75℃反应直到 NCO 含量达到理论值为止。加入 400g MEK，降温到 40℃，加入 12.7g DMPA 和 10.8g BD，在 75℃反应直到红外光谱的 NCO 峰（2270cm^{-1}）消失为止。降温到 60℃，加入 TEA11.5g 继续反应 30min，得到中间体溶液。然后在强烈搅拌下，把无离子水加到该中间体溶液中，直到溶液黏度达到 10mPa·s 为止。用旋转式蒸发器脱除丙酮后得到固含量为 30%的水性聚氨酯。

例 3：在一个装有搅拌器、温度计、氮气进出口管和加热套的反应釜中，将 DMPA 溶解在 NMP（N-甲基吡咯烷酮）中，DMPA：NMP（质量比）=1:1。在搅拌下加入 PPG-2000 和 TDI。反应在 70～75℃和干燥氮气保护下进行，直到 NCO 含量达到设计值为止。在 50℃用 TEA 中和。然后将反应混合物冷却到 5～10℃进行分散和进一步扩链。

例 4：在装有搅拌器、温度计、回流冷凝器的三口烧瓶中，投入已经脱水的聚己二酸己二醇酯（$\overline{M}_n$=2000）50g，DMPA 2.5g，缓慢升温到 120℃，恒温约 1h 左右使 DMPA 完全溶解。然后缓慢降温到 50℃左右，加入 IPDI 16g，DEG 1.3g，TMP 0.4g，以及辛酸亚锡 2 滴，丁酮适量，再缓慢升温至 80～90℃恒温反应 2～3h。根据体系黏度加入适量溶剂丙酮，当 NCO 基含量达到理论值后降温即得预聚物。然后用 TEA 中和后加水 180g 进行高速乳化，得到白色乳液。减压蒸馏脱除溶剂后即得交联型水性聚氨酯。

11.3.8　两性离子型水性聚氨酯的合成

合成方法如下：先将聚醚（PTMG-1000）和 MDI 分别溶解在 N,N-二甲基乙酰胺（DMA）中制成 20%～30%（质量/体积）的溶液。在 PTMG 的溶液中，加入少量（0.15%）的辛酸亚锡作催化剂。按照 MDI/PTMG（摩尔比）=3/1，在搅拌和 60～70℃下，把 PTMG-DMA 溶液分几次加到 MDI-DMA 的溶液中。反应 1h 后，按照 PTMG/MDEA（摩尔比）=1/2，加入 MDEA（N-甲基二乙醇胺），在同样的温度和搅拌下继续反应 1h。当聚合物分子量达最大时，加水沉淀析出聚氨酯。然后将这种聚氨酯溶于 THF（四氢呋喃）中得到 10%的聚氨酯-THF 溶液。在 65℃和搅拌下，加入计算量的 γ-丙磺内酯继续反应 2h，即可得到两性离子型聚氨酯。反应方程式如图 11-3 所示。

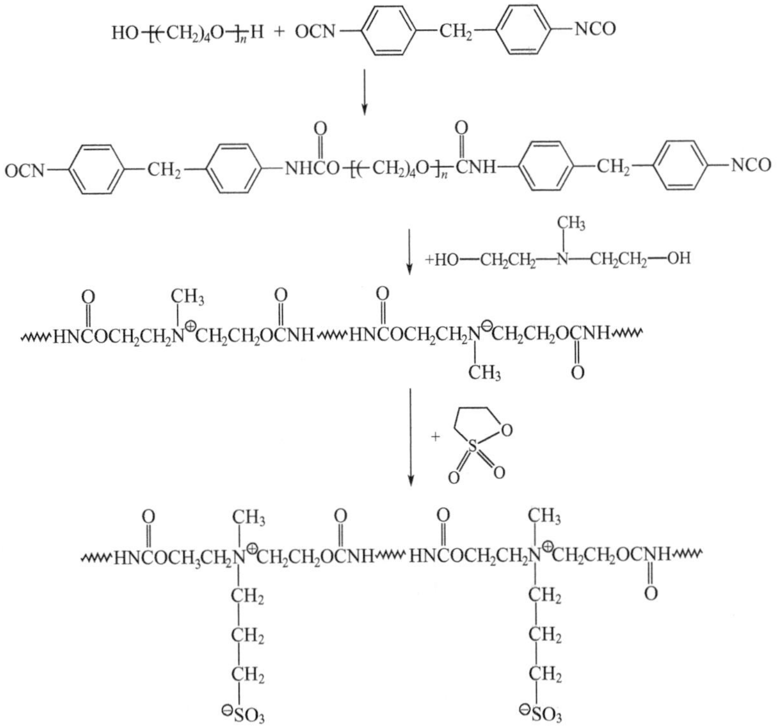

图 11-3　两性离子型水性聚氨酯的合成示意

11.3.9　非离子型水性聚氨酯的合成

　　非离子型水性聚氨酯也分为外乳化法和内乳化法。外乳化法是将加有外乳化剂的聚氨酯溶液或聚氨酯预聚物在高剪切力作用下分散于水中；内乳化法是预聚物分子结构中含有非离子性的亲水基团，其制备方法与离子型的基本相同。

　　和离子型的水性聚氨酯相比，非离子型水性聚氨酯的亲水基团、亲水链段一般是中低分子量（分子量 200～20000）的聚乙二醇醚（PEG）或聚乙二丙二醇醚等亲水性的多元醇和亲水性的分子量高于 10^4 的聚氧化乙烯（PEO）。用这些亲水性的低聚物二醇或扩链剂制得的聚氨酯也能自发地分散在水中，得到水性聚氨酯乳液。合成工艺条件和合成其他的水性聚氨酯乳液几乎一样。但胶膜的力学性能和耐水性能较差，实际应用价值不大。且聚氧化乙烯和聚乙二醇醚的性质也很不相同，见表 11-4。

表 11-4　聚氧化乙烯和聚乙二醇醚的性质

性　　质	聚乙二醇醚（PEG）	聚氧化乙烯（PEO）
结构式	$HO+CH_2CH_2O\,{\rightarrow}_n H$	$+CH_2CH_2{\rightarrow}_n$　$n>300$
外观	无色透明黏稠液体到白色蜡状固体	白色粉末,无特殊气味
分子量	200～20000	$>10^4$
密度(20℃)/(g/cm³)	1.12～1.15	1.21
表观密度/(g/cm³)	—	0.2～0.5
熔点/℃	20～62(随分子量不同而变)	63～67
脆性温度/℃	<−70	−50
溶解性	溶于甲醇、乙醇、丙酮、乙酸乙酯、苯、甲苯、二氯乙烷、三氯乙烯等,不溶于脂肪烃。吸湿性大	完全溶于水,也可溶于 CH_2Cl_2、二氯乙烷、三氯甲烷、三氯乙烷、四氢呋喃、甲醇、甲乙酮等。浓度小于 10% 的水溶液很黏稠但有弹性;浓度大于 20% 时溶液是非黏性的不可逆弹性凝胶

11.3.10 水性聚氨酯的交联

虽然目前有许多方法能制得多种性能优良的水性聚氨酯，但是没有一种能达到双组分溶剂型聚氨酯的性能水平。其原因是现在工业上用的大多数水性聚氨酯通常是线型热塑性聚氨酯在水中的分散液。它们的分子量和交联密度比双组分溶剂型聚氨酯低得多。由水性聚氨酯得到的胶膜的耐热和耐溶剂的性能也比较差。因此很多水性聚氨酯产品在应用时一般或多或少地要添加交联剂进行反应，以获得良好的性能。交联可分为内交联和外交联。内交联是 WPU 中已引入交联剂，在一定的使用条件下产生交联。外交联是 WPU 在使用时加入交联剂进行交联。

11.3.10.1 内交联

（1）采用部分三官能度的聚醚或聚酯多元醇或扩链交联剂：可以在制备聚氨酯预聚物时，以低聚物二醇及少量低聚物三醇为原料，制得少量支化交联的水性聚氨酯。如在制备预聚物时，可加入少量小分子三醇（如三羟甲基丙烷、三乙醇胺等）或含亲水基团的交联剂，或在刚乳化的水分散液中加入少量多元胺（如多亚乙基多胺）等方法引入内交联。然而在乳化前采用三官能度原料引入内交联的方法只能制备轻度支化交联的水性聚氨酯。交联度增大，预聚物黏度明显增大，导致乳化困难。

（2）胶膜在成膜及热处理时反应交联：有些水性聚氨酯含反应性基团，经热处理即能形成交联的胶膜。如阳离子型水性聚氨酯合成中引入氨基及氯醇基团，胶膜在加热固化时，氯丙醇基（环氧基）与氨基等基团反应形成交联，如下式所示。

$$\text{\sim\sim\sim}H_2C\text{—}CH\text{—}CHCl + \text{\sim\sim\sim}NH\text{—}\overset{\displaystyle O}{\overset{\displaystyle \|}{C}}\text{\sim\sim\sim} \xrightarrow{\triangle} \text{\sim\sim\sim}H_2C\text{—}CH\text{—}CH_2\text{—}N\text{—}\overset{\displaystyle O}{\overset{\displaystyle \|}{C}}\text{\sim\sim\sim}$$

（3）引入硅氧烷交联。

（4）在聚氨酯分子中引入不饱和双键，乳液成膜后利用氧或辐射进行交联。

11.3.10.2 外交联

把能提供交联的水溶性树脂加入水性聚氨酯中就能改进水性聚氨酯的耐水和耐溶剂性能。烷氧基化的马来酰胺/甲醛树脂就是这样的一种水溶性树脂。在高温下，甲氧基化的马来酰胺/甲醛树脂和聚氨酯中的脲基与氨基甲酸酯基反应而发生交联。许多阴离子型聚氨酯中的羧基可与多氮丙烷（polyaziridine）反应而发生交联。交联的温度也比较低。在水性交联剂方面比较新的进展是亲水性的多异氰酸酯，能与乳液很好地混合，在成膜过程中或在一定温度下进行交联。上面这些水性交联剂通常作为一个单独的组分在使用前加入水性聚氨酯中。这些交联型的水性聚氨酯可称为双组分交联型水性聚氨酯。即在使用前添加交联剂组分于水性聚氨酯主剂中，在加热成膜过程中反应交联。与内交联法相比，所得乳液性能好，并且可根据不同的交联剂品种及用量，调节胶膜的性能。缺点是需在使用前配制，且有适用期限制。外交联的交联剂品种包括以下几类。

（1）环氧化物　如双酚 A 型环氧树脂、乙二醇二缩水甘油醚、山梨醇多缩水甘油醚、甘油多缩水甘油醚、三羟甲基丙烷多缩水甘油醚等。

（2）多元胺　如乙二胺、多亚乙基多胺、哌嗪等。

（3）氨基树脂　如三聚氰胺甲醛树脂、脲醛树脂等。

（4）多异氰酸酯　包括亲水性和疏水性两类；疏水性异氰酸酯必须在高剪切力下分散。经亲水改性的多异氰酸酯在水中很容易分散。典型的亲水性多异氰酸酯交联剂的产品有德国 Bayer 公司的 Desmodur DA（脂肪族）、Desmodur XP-7007（脂肪族）、Bayhydur XP-7063（亲水改性 HDI 三聚体）、Desmodur XO-671（脂肪族）、Desmodur XO-672（芳香族），日本 DIC 公司的 CR-60N（脂肪族），日本聚氨酯公司的 Aquanate 系列，Rhodia 公司的 Rhodocoat

WT2000（脂肪族）等。表 11-5 列出了几种水分散型多异氰酸酯交联剂的性质，供参考。

表 11-5　亲水改性的水分散型多异氰酸酯交联剂的性质

交联剂	NCO 质量分数/%	黏度/mPa·s	分散液粒径/nm
Desmodur DA	约 19	约 4000	1210
Desmodur XO-671	约 17	3000	70
Desmodur XO-672	约 25	约 600	1200

（5）氮丙啶　如氮杂环丙烷。氮丙啶化合物在室温下能与羧基和羟基反应，具有多个氮丙啶环的化合物适合于作为羧酸型水性聚氨酯的交联剂；德国 Bayer、荷兰 Stahl 等公司均有商品出售，一般为 5%～10% 的溶液。二或三氮丙啶用量一般为聚氨酯固体分的 3%～5%。与水性聚氨酯混合后应在 24h 内用完。但氮丙啶化合物有毒，有氨臭味且价格高。氮丙啶与羧基的反应如下式。

（6）聚碳化二亚胺　聚碳化二亚胺可作为羧酸型水性聚氨酯的交联剂，它可在 PU 乳液中稳定存在，其交联反应在酸催化下进行。

（7）环氧硅烷　环氧硅烷是一种室温固化交联剂，其分子链一端为环氧基；另一端为烷氧基硅烷，烷氧基硅烷在水中可水解而发生自身的交联，环氧基则可与水性聚氨酯的羧基或氨基反应，其适用期可长达 10 天。其胶膜的耐水性、耐溶剂性甚至比环氧交联剂还要好。Witco 公司的产品牌号 CoatOSiL 1770 即为此类交联剂。

其中最常用的外交联剂为环氧树脂类、三聚氰胺类、多异氰酸酯类。三种水性聚氨酯交联剂的种类及特征见表 11-6。

表 11-6　三种水性聚氨酯交联剂的种类及特征

交联剂种类	环氧树脂类		三聚氰胺类		多异氰酸酯类
适用期	中等		长		短
热处理温度	室温至中温		120℃ 以上		室温，可中温
交联物性					
软硬度	中等		硬		中等至硬
耐热性	良好		优良		优异
耐溶剂性	良好		良好		优异
耐水性	优良		良好		优异
粘接性	良好		良好		优异
DIC 公司产品实例			Dicfine Beckamine		
	CR-5L	EM-60	J-101	PM-N	CR-60N
组成	脂肪族	双酚 A	N-羟甲基衍生物		脂肪族
官能团数	约 4	2	6	3	3
不挥发分/%	>98	60	约 71	约 78	100
添加量/%	1～5	1～5	2～20	2～20	2～20
反应活性	较快	较慢	常温下很慢,高温及催化剂下快		很快

20 世纪 80 年代末到 90 年代初发表了一些专利和研究报告。这些学者用脂肪族二异氰酸

酯、聚酯或聚醚、双羟甲基丙酸为主要原料，同时加入少量的聚乙二醇醚作亲水基团制得能在水中分散的中间体（预聚物）。在少量溶剂和充分搅拌下，以一定的速度把含多胺（官能度从 2.2～4）的水加到上述中间体中就能制得贮存稳定的交联型水性聚氨酯。这些交联型水性聚氨酯即使在室温下也有优良的成膜性能。有代表性的是 Mobay 化学公司的产品，其商品牌号为 XW-110 和 XW-104。XW-110 的基本性能如下。

固含量/%	35	冷冻冲击稳定性(5 个周期)	通过
黏度(25℃)/mPa·s	130	高温贮存稳定性(50℃)/d	30
pH 值	8.3	带电性	阴离子
胶膜性能			
外观	透明	杨氏模量/MPa	399
拉伸强度/MPa	46.2	100%定伸应力/MPa	36.4
扯断伸长率/%	170	硬度(邵尔 D)	55

11.4　生产工艺

11.4.1　生产工艺流程

水性聚氨酯分散液的生产工艺流程示意如图 11-4 所示。

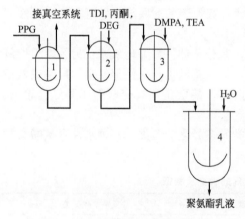

图 11-4　水性聚氨酯分散液的生产
工艺流程示意
1—脱水釜；2—预聚体釜；
3—中间体釜；4—乳化釜

11.4.2　水性聚氨酯的合成工艺

低聚物二醇（如 PPG）加到脱水釜 1 中，在 1.34～2.68kPa 的压力下，在 120～130℃脱水 1～2h。待水分含量合格（<0.05%）后，将物料加入预聚物釜 2 中。加入 TDI 和小分子二醇（如 DEG），在 80～90℃反应 2～3h，得预聚物。将预聚物移入中间体釜 3 中，降温到 55～60℃，用丙酮稀释后，加入 DMPA，在 50～55℃反应 2.5h，得到中间体溶液。降温至 45℃，加入 TEA 进行中和。然后，将计量的水加到乳化釜 4 中，在强烈搅拌下，将中间体溶液徐徐加入乳化釜中。乳化 1h，得到半透明至乳白色的聚氨酯乳液。

11.4.3　影响因素

合成水性聚氨酯的工艺主要包括合成方法、加料顺序、分散方法、反应温度、反应时间和搅拌速率等，合成工艺的选择和控制对水性聚氨酯分散液的性质和胶膜的性能均有一定的影响，下面将分别讨论。

11.4.3.1　预聚物的合成方法

预聚物的合成有一步法和两步法之分。一步法是将低聚物多元醇和 DMPA 同时加入反应器中，在 80～90℃下反应 4～5h。两步法是先将低聚物多元醇和二异氰酸酯加入反应容器中反应 1～2h 后，加入 DMPA 再继续反应 2～3h。Kim 等和 Tapani Harjunalanen 等均对一步法及两步法进行了研究，并得出一致结论。一般而言，一步法合成的预聚物的分散液具有较小的平均粒度，较高的拉伸强度、扯断伸长率和硬度，并具有较高的软段区熔融温度（T_m），但一步法和两步法的 M_w 基本相同。这是因为一步法分子链中 DMPA 含量更高，且 DMPA 分布更均匀，有利于分散。

11.4.3.2　预聚物中和方法

预聚物的中和可分为前中和与后中和。前中和是将 TEA 先加入预聚物中反应 30min 再分散；后中和是将 TEA 加入水中，然后将预聚物分散在水中。前中和在分散之前所有的羧基均已离子化，结果使 PU 有效和均匀地分散于水中，不会有未反应的羧基存在。因此样品具有较小的粒度，较高的拉伸强度和硬度，较低的扯断伸长率和较低的软段区熔融温度（T_{gs}）。而后中和过程中，扩链剂也可能会参与与羧基的中和反应。叔胺的存在会催化 NCO 基与水的反应，从而使 NCO 基与扩链剂的反应程度减小，NCO 基与水的反应又导致脲键的形成，所有这些因素均会影响离子的形态。由表 11-7 的 T_{gs} 和 T_{gh} 值可以推测，前中和具有较高的微相分离程度，而后中和则具有较高的相混杂。在乳化过程中，中和剂一般用 NaOH、KOH、三乙胺、氨水等。不同中和剂对 WPU 性能的影响见表 11-8。中和剂在参与中和反应的同时，对树脂的反应有催化作用。因此加入中和剂后，树脂随着反应的进行，黏度渐渐增大，因此要控制好中和剂成盐反应的时间。如果树脂黏度较小，中和反应的时间可适当延长，待树脂黏度较大时再加水。如果树脂黏度较大，则中和时间不能长，否则黏度太大，高速搅拌时物料会沿搅拌轴飞出。

表 11-7　中和方法对 WPU 性能的影响

中和方法	粒径/nm	黏度/Pa·s	拉伸强度/MPa	扯断伸长率/%	T_{gs}[①]/℃	T_{gh}[②]/℃
前中和	57	0.38	50	314	-52	78
后中和	171	0.37	35	369	-40	40

① T_{gs} 为软段的玻璃化温度。

② T_{gh} 为硬段的玻璃化温度。

表 11-8　不同中和剂对 WPU 性能的影响

对离子	粒径/nm	黏度/Pa·s	拉伸强度/MPa	扯断伸长率/%	T_{gs}[①]/℃	T_{gh}[②]/℃
Na^+	101	0.26	37	275	-45	35
K^+	123	0.41	32	352	-44	35
Et_3NH^+	171	0.37	35	369	-40	40
NH_4^+	156	0.02	42	300	-46	63

① T_{gs} 为软段的玻璃化温度。

② T_{gh} 为硬段的玻璃化温度。

由表 11-8 可以看出，粒径依次增大的顺序为 $Na^+ < K^+ < Et_3NH^+ < NH_4^+$，$NH_4^+$ 具有较高的微相分离程度，因此具有较高的力学性能。

11.4.3.3　扩链剂加入方法

在水性聚氨酯的合成过程中扩链剂的加入也可分为一步法和两步法。一步法是指在预聚物分散之前先将扩链剂加入水中；两步法是将预聚物分散一定时间后再加入扩链剂。一步法有利于 NCO 基与扩链剂的反应，分子间氢键力较强，因此具有较小的粒度，较高的拉伸强度、扯断伸长率、硬度和较高的软段区熔融温度（T_m）。两步法则会导致水与扩链剂的竞争反应，过量的扩链剂会影响胶膜物理机械性能。扩链剂加入法对 WPU 性能的影响见表 11-9。

表 11-9　扩链剂加入法对 WPU 性能的影响

扩链方法	粒径/nm	黏度/mPa·s	拉伸强度/MPa	扯断伸长率/%	铅笔硬度	T_m[①]/℃
一步法	70	32	8.0	357	49	78~79
两步法	84	30	3.9	203	37	72~73

① T_m 为软段区的熔融温度，由 DMA 测得。

11.4.3.4　分散方法

分散方法包括将预聚物分散在水中和将水加入预聚物中两种。后者受加水速率和预聚物温度的影响。将水加入预聚物中，存在油包水向水包油的倒相过程。水的加入速度和预聚物的温度均有明显的影响，见表 11-10 和表 11-11。加水速度越快，混合效果越差。从而形成较大的粒子。将预聚物加入水中可获得较好的分散。且在油包水的较早阶段可避免出现黏度增大，有利于选择较宽范围的原材料。

<table>
<tr><td colspan="5">表 11-10 加水速率的影响</td></tr>
<tr><td>加水速率/(mL/min)</td><td>16.8</td><td>22.7</td><td>30.2</td><td>42.3</td></tr>
<tr><td>黏度/mPa·s</td><td>230</td><td>224</td><td>214</td><td>180</td></tr>
<tr><td>平均粒径/nm</td><td>95</td><td>154</td><td>272</td><td>262</td></tr>
</table>

<table>
<tr><td colspan="4">表 11-11 预聚物温度的影响</td></tr>
<tr><td>预聚物温度/℃</td><td>60</td><td>40</td><td>20</td></tr>
<tr><td>平均粒径/nm</td><td>95</td><td>103</td><td>92</td></tr>
<tr><td>黏度/mPa·s</td><td>230</td><td>184</td><td>104</td></tr>
</table>

11.4.3.5 扩链反应温度和乳化温度

在一步法或两步法制备羧酸型预聚物的反应中，含羧基二醇扩链剂上的 OH 及 COOH 都可与 NCO 基团反应，但 COOH 的活性及反应速率比 OH 弱得多。在较低温度（70~80℃）下进行扩链反应既能保证 OH 与 NCO 的反应，又能抑制副反应的发生。在同样条件下，控制反应在较低温度乳化，一般有利于制得粒径细小的稳定乳液。温度升高时刚乳化的粒子表面较黏，在碰撞中粘连，形成较粗的粒子，甚至产生沉淀。

11.4.3.6 搅拌速率和剪切力

乳化时搅拌速率或剪切力大小对于乳液的稳定性有一定的影响。乳化前的预聚物黏度较大，应利用高功率搅拌的机械力将其切碎成微细颗粒。试验证明，加快搅拌速率，混合体系受到强的剪切力，有利于得到微细的乳液，因此优良的乳化设备也是制备优质水性聚氨酯的关键之一。

11.5 水性聚氨酯分散液的物理化学

11.5.1 分散液的形成、粒子尺寸和分散液的稳定性

在制备聚氨酯分散液或乳液时，可以把聚氨酯溶液加到水中，也可以把水加到聚氨酯中。前者适用于黏度比较低（即聚氨酯分子量比较低）、离子基团的含量比较高的溶液。后者可用于高黏度的、离子基团含量比较低的溶液。当把聚氨酯溶液倾入水中进行乳化时，在溶剂脱去的同时，溶液中的大分子亲水链段迅速向水中转移，憎水链段迅速回缩，使聚合物的大分子凝聚形成分散粒子。这个过程进行得很快而难以控制，乳液的粒子尺寸分布不均匀。而把水以一定的速度加入聚氨酯溶液中时，情况则不一样。

在离子型聚氨酯中，软段（聚醚或聚酯）是憎水链段。硬段因含有成盐离子基团，是亲水链段。由于软段和硬段之间的极性相差很大，离子型聚氨酯通常是高度相分离的。在非水性介质中，含有成盐基团的链段是非溶剂化的。由于静电力的作用聚集在一起形成微离子晶体（图11-5）而使大分子缔合在一起。这种缔合物的分子量比原有大分子的分子量大许多倍。在几秒钟之内，可使溶液黏度增加上千倍。把少量的水加入这样的体系中，缔合立即降低或消除。在含水的有机介质（水/丙酮＝20/80）中，聚氨酯离子完全溶剂化，如图11-6所示。再加入少量的水时，随着水的加入，软段失去溶剂化外壳，憎水链段发生缔合。和含盐链段的缔合一样，形成超大分子效应，黏度又开始增加（图11-7）。随着水的进一步加入，溶剂的浓度降低。由于大量的水合离子基团的亲和作用和失去溶剂化的憎水链段的收缩作用，憎水链段的缔合物重排，形成球状胶体（图11-8）。溶液变浑浊，黏度大大降低并得到低黏度的水溶胶。以上就是乳液形成的大致过程，即油包水的乳液倒相分散成水包油乳液的过程。

分散粒子的尺寸主要由链段的化学结构，链段的亲水性，亲水基团的含量，溶液的黏度

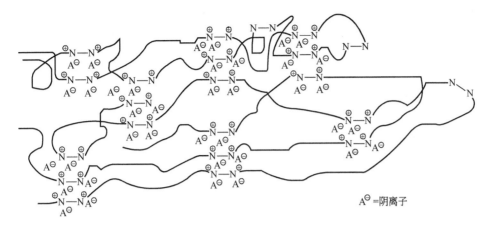

$A^{\ominus}$=阴离子

图 11-5　聚氨酯离子聚合物中的离子链段在非水有机溶液中的链间缔合

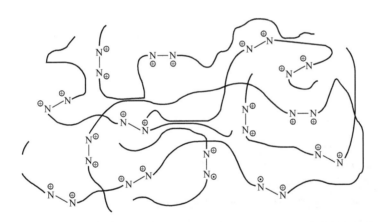

ˇ=水　　×=溶剂

图 11-6　离子型聚氨酯在丙酮/水（约 80/20）中的溶剂化

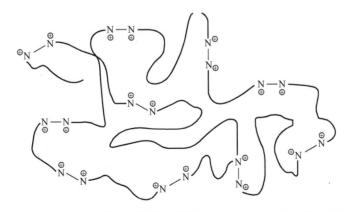

图 11-7　离子型聚氨酯的憎水链段在丙酮/水（约 60/40）中的链间缔合

图 11-8　离子型聚氨酯的憎水链段在丙酮/水（40/60）中重排形成球状胶体

决定。当离子型聚氨酯的化学结构大致相同时，链段的亲水性越强，亲水基团的含量越高，黏度越低，分散粒子的尺寸越小。搅拌速率、乳化温度和反离子的性质对分散粒子的尺寸也稍有影响。乳化时，搅拌速率越高，剪切力越大，粒子尺寸越小。乳化温度对粒子尺寸的影响比较复杂。温度低，用于乳化的中间体的黏度高，不容易分散，粒子直径大。但在高速、高剪切搅拌的情况下，乳化温度稍低些，有利于憎水链段收缩，粒子尺寸小。

乳液的稳定性主要由分散粒子的尺寸决定。分散粒子的尺寸越小，乳液越稳定。通过乳液的外观也可以粗略地判断乳液中粒子尺寸的大小。粒径越小，乳液越透明。粒径小于 $0.001\mu m$ 时，水性聚氨酯为浅黄色透明的水溶液；当粒径为 $0.001\sim0.1\mu m$ 时，为带蓝光的半透明乳液；当粒径大于 $0.1\mu m$，为白色乳液。

11.5.2 产品组成的统计分布

用于分散的离子型聚氨酯通常用两步法制得。第一步是低聚物二醇和二异氰酸酯反应生成预聚物，第二步是预聚物和含潜在离子基团的扩链剂反应生成端 NCO 基的中间体。文献报道 Lorenz 及其同事从统计的观点对离子型聚氨酯进行了研究，采用的配方见表 11-12。表中的数据表明，粒子的平均直径很小，并随着离子基团含量的增加而降低。

第一步反应生成的预聚物的理想结构为：

$$\begin{matrix} & O & & O & \\ & \| & & \| & \\ OCN-(CH_2)_6NHCO & \sim\!\sim\!\sim & OCHN(CH_2)_6-NCO \end{matrix}$$

因为二异氰酸酯过量，在这样的预聚物体系中，除了上述由三个单体（一个聚酯，两个 HDI）组成的理想结构（简称为三聚体）以外，还有五聚体、七聚体等。同时，还有大量的未反应的单体 HDI（称为一聚体）。用弗洛利（Flory）的非等摩尔比缩聚反应的公式，可以估算预聚物的各种组成的分子量及其分布。

$$n_x = n_0 r^{\frac{x-1}{2}} \frac{(1-r)^2}{1+r}$$

式中 n_x —— 由 x 个单体组成的预聚物的物质的量；

$\quad\quad n_0$ —— 参加反应的单体的起始物质的量；

$\quad\quad r$ —— 聚酯/HDI（摩尔比）；

$\quad\quad x$ —— 构成预聚物的单体的个数。

对表 11-12 中的配方 2 进行计算，结果见表 11-13。

对于第二步反应中生成的含离子基团的中间体也可以用上述方法实施同样的计算，计算结果见表 11-13。

表 11-12 分散液的配方和粒子的平均直径　　　　　　　　单位：mol

缩写	名　称	配方 1	配方 2	配方 3
PE	聚己二酸-1,6-己二醇/新戊二醇酯 $\overline{M}_n=2000$	1	1	1
HDI	1,6-己二异氰酸酯	2.05	2.21	2.37
DDBA	N,N-二甲基-2,2-二羟甲基-1-丁胺	0.4	0.544	0.70
HCl	盐酸	0.38	0.49	0.665
DT	粒径(用浊度法测定)/μm	0.180	0.093	0.068

上面的计算只是近似值，因为在实际的反应条件下，有可能发生支化等副反应。从上面的计算中可以看出，得到的离子型聚氨酯的丙酮溶液中含有许多不含离子基团的预聚物。当一定量的水加入这样的体系中时，由于憎水链段逐渐丧失溶剂化效应，不含离子基团的分子先沉淀，并形成微粒。由于憎水链段之间相互作用，这些微粒的表面吸附离子聚合物的分子形成更

大的微粒。再加入水时，憎水链段收缩形成中心是亲水链段、外壳是憎水链段的球状粒子。加入大量水时，发生相倒转，形成中心是憎水链段、外壳是亲水链段的球状粒子的分散液。在分散过程中，少量 NCO 基能和水反应。在分散液形成后，剩下的 NCO 基在粒子内和水、脲或氨基甲酸酯基反应。不过这些反应并不能改变分散粒子的结构。

表 11-13　预聚物和离子型聚合物的分子量分布[①]

项目	预 聚 体				离子型聚氨酯			
	n_{x_1}	M_{x_1}	m_{x_1}	w_{x_1}	n_{x_2}	M_{x_2}	m_{x_2}	w_{x_2}
1	0.662	168.1	0.548	0.047	0.369	1960	0.665	0.294
3	0.30	2336	0.248	0.295	0.166	4081	0.299	0.275
5	0.136	4504	0.112	0.258	0.075	6202	0.135	0.188
7	0.031	6672	0.051	0.173	0.034	8324	0.060	0.113
9	0.028	8841	0.023	0.104	0.015	10445	0.027	0.064
11	0.013	11009	0.010	0.058	0.007	12566	0.012	0.035
13	0.006	13177	0.005	0.032	0.003	14687	0.005	0.018
15	0.003	15345	0.002	0.017	0.001	16809	0.002	0.009
17	0.001	17513	0.001	0.009	0.001	18930	0.001	0.005
19	0.001	19681	—	0.004	—	21051	—	0.002
21	—	21849	—	0.002	—	23172	—	0.001
23	—	24017	—	0.001	—	25294	—	0.001
25	—	26185	—	0.001	—	27415	—	
27	—	28363	—		—	29536	—	
29	—	30522	—	—	0.55	31657	—	
30	1.21		1.000	1.000			0.992	1.006

① M_x、m_x、w_x 分别为 x 预聚物的分子量、摩尔分数和 Z 质量分数，下标 1、2 分别指预聚物和离子型聚氨酯。对预聚物，$n_0=3.21$，$r=1/2.21$；对离子型聚氨酯，$n_0=1.754$，$r=0.544/1.21$。

11.5.3　离子浓度对粒子数目的影响

非常明显，分散液中离子基团的浓度越高，粒子越小，粒子越多。粒子数 N 可以用浊度法测出的平均粒径 DT 进行计算。因为粒子尺寸不是单分散的，N 的计算值小于实际值。如果所研究的分散液具有同样的分散性，计算值也是很有代表性的。N 对磺离子或铵离子作图得到不通过原点的直线：$N=a(I-I_{min})$。

对于磺酸型分散液：$a=1.0×10^{16}\text{mmol}^{-1}$，$I_{min}=0.06\text{mmol/g}$。

对于铵型分散液：$a=4.8×10^{16}\text{mmol}^{-1}$，$I_{min}=0.15\text{mmol/g}$。

斜率 a 表示分散液形成过程中离子基团的有效性，I_{min} 表示形成分散液所需的最低离子浓度。当离子浓度低于 I_{min} 时，生成不稳定的分散液，甚至在分散时发生凝聚。

11.5.4　离子型水性聚氨酯中分散粒子的结构和边界层

在水性聚氨酯分散液中，分散粒子的中心为憎水链段，外壳为亲水链段（离子）。外壳离子吸附大量的水，越往外，水含量越高，形成很宽的边界层。随着离子浓度的提高，分散液的浊度降低，分散液变得几乎完全透明。由于这种含边界层的粒子之间的强烈相互作用，分散液变得非常稳定。由于分散粒子的这种结构，聚酯型聚氨酯的分散液在很长的时间内也不发生水解。

Lorenz 用 $AgNO_3$ 电导滴定阳离子型聚氨酯分散液中的反离子 Cl^- 的方法简单可靠地测定了离子基团的含量，结果见表 11-14。结果表明：测定值和计算值很好地一致。这说明在水性聚氨酯中离子位于粒子的表面。

表 11-14　阳离子型聚氨酯水分散液中离子基团($[NHR_3]^+Cl^-$)的测定

分散液	测定值	计算值	分散液	测定值	计算值	分散液	测定值	计算值
1C	0.160	0.157	5C	0.199	0.198	10C	0.263	0.262

11.6　WPU 的结构与性能的关系

与热塑性聚氨酯一样，离子型聚氨酯的大分子链也是由化学性质明显不同的软段和硬段组成的，不相容的软段和硬段之间的微相分离对离子型聚氨酯的独特性能做出了很大的贡献。硬段微区起着热力学上不稳定的物理交联点的作用以及对软段橡胶基区的填料粒子的补强作用。微区生成的推动力是氨基甲酸酯基以及脲基之间的氢键、离子基团之间的静电相互作用（库仑力）以及硬段和软段结晶。聚氨酯或聚氨酯/脲的形态学和性能取决于软、硬链段的化学结构和组成的改变、嵌段的长度以及氨基甲酸酯基、脲基和离子基团的含量。与热塑性聚氨酯结构和性能关系的研究一样，用来研究离子型聚氨酯结构和性能关系的主要方法是 DSC（差热扫描量热），动态力学谱的测量和应力应变性能的测定。下面分别进行讨论。

11.6.1　WPU 的结构

11.6.1.1　化学结构

构成离子型聚氨酯软段的化学结构也和热塑性聚氨酯大致相同，都是由聚醚、聚酯等组成。但是在生产热塑性聚氨酯时，很少用的聚丙二醇在生产离子型聚氨酯乳液时就得到了广泛应用。离子型聚氨酯的硬段和热塑性聚氨酯的硬段不同，除了用普通的小分子二醇或二胺作扩链剂外还必须用含潜在离子基团的小分子二醇或多胺作扩链剂。在热塑性聚氨酯中，最常用的二异氰酸酯是芳香族二异氰酸酯。但是，近年来，离子型水性聚氨酯分散液中越来越广泛使用脂肪族或脂环族二异氰酸酯，以改进离子型聚氨酯的光稳定性。

各种类型的离子型聚氨酯的有代表性的单个大分子结构如图 11-9 所示。

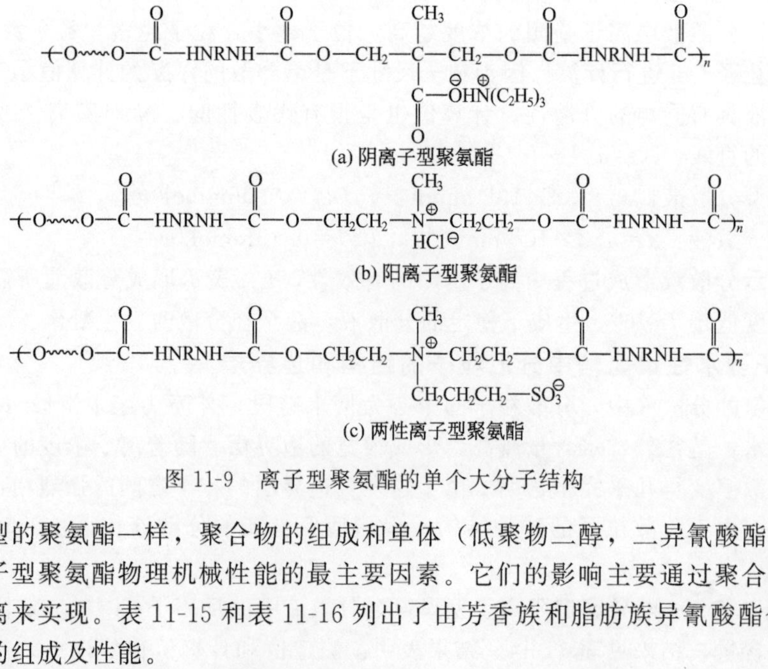

(a) 阴离子型聚氨酯

(b) 阳离子型聚氨酯

(c) 两性离子型聚氨酯

图 11-9　离子型聚氨酯的单个大分子结构

与其他类型的聚氨酯一样，聚合物的组成和单体（低聚物二醇，二异氰酸酯和扩链剂）的结构是影响离子型聚氨酯物理机械性能的最主要因素。它们的影响主要通过聚合物材料的物理结构和微相分离来实现。表 11-15 和表 11-16 列出了由芳香族和脂肪族异氰酸酯合成的阴离子型水性聚氨酯的组成及性能。

表 11-15 阴离子型水性聚氨酯的组成[①]及性能

项目	A1	A2	A3	A4	B1	B2	B3	B4
聚合物的合成								
NCO/OH	1.5	1.5	1.5	1.5	1.2	1.5	1.7	2.0
DMPA/PPG2000	0.6	0.8	1.0	1.2	1.0	1.0	1.0	1.0
硬段含量/%	21.5	24.0	26.4	28.6	22.3	26.4	28.8	32.2
COOH 含量/%	1.06	1.37	1.66	1.92	1.74	1.66	1.60	1.53
分散液性能								
黏度/mPa·s	15	20	15	15	15	20	15	15
pH 值	8.9	9.1	9.1	9.0	9.0	9.1	9.0	8.9
固含量/%	25	25	25	25	25	25	25	25
粒径/μm	0.43	0.27	0.14	0.83	0.12	0.14	0.15	0.30
胶膜的能								
拉伸强度/MPa	1.79	5.59	7.45	9.93	2.76	7.45	11.8	16.2
100%定伸应力/MPa	1.03	1.72	1.72	1.72	1.45	1.72	3.86	6.41
扯断伸长率/%	960	900	800	700	600	800	700	600
T_g[②]/℃	−49	−46	−45	−39	−41	−46	−47	−48
T_m/℃	159	167	169	182	163	169	202	215

① 阴离子型聚氨酯由聚丙二醇（PPG，$\overline{M}_n$=2000）、甲苯二异氰酸酯（TDI）、二羟甲基丙酸（DMPA）和乙二胺制得。
② 由动态力学性能（DMA）测得。

表 11-16 脂肪族二异氰酸酯为基的阴离子型水性聚氨酯的配方和性能

牌号		HT140	CT140	HDT140	DT140	THT140	TXT140	TT140	MT140
二异氰酸酯		H_{12}MDI	CHDI	HDI	C_{12}DDI	TMHDI	TMXDI	IPDI	MPMDI
多元醇	简写	PTMG	PTMG	PTMG	PTMG	PTMG	PTMG	PTMG	PTMG
	分子量	2016	2016	2016	2016	2016	2016	2016	2016
NCO/OH		1.4	1.4	1.4	1.4	1.4	1.4	1.4	1.4
DMPA/多元醇		1.5	1.5	1.5	1.5	1.5	1.5	1.5	1.5
扩链剂		CHDA	CHDA	CHDA	CHDA	CHDA	CHDA	CHDA	CHDA
中和剂		TEA	TEA	TEA	TEA	TEA	TEA	TEA	TEA
乳液性能									
固含量/%		30	30	30	30	30	30	30	30
pH 值		7.6	8.0	7.9	7.7	8.0	7.6	7.7	7.5
黏度(25℃)/mPa·s		77	315	163	55	235	65	81	75
粒度(室温)/nm		30	78	51	55	55	30	30	44
胶膜的力学性能									
拉伸强度/MPa		36.9	34.0	27.5	35.2	19.5	34.1	35.0	30.3
100%定伸应力/MPa		10.5	8.7	4.5	5.7	2.8	4.0	9.5	3.6
300%定伸应力/MPa		22.7	21.7	9.5	12.2	5.7	8.9	22.1	7.8
扯断伸长率/%		480	440	708	682	715	687	488	683
180°剥离强度/(kN/m)		1.4	1.8	1.9	2.2	1.2	1.9	2.5	5.0
吸水率/%		>160	>160	>160	>160	>160	>160	>160	>160
冲击试验(−40℃)/kgf·cm		>184	>184	>184	>184	>184	>184	>184	>184

注：1kgf=9.8N。

11.6.1.2 物理结构和微相分离

在讨论离子型聚氨酯的结构和性能关系之前先回顾一下热塑性聚氨酯弹性体的结构及性能关系的基本知识。

热塑性聚氨酯弹性体是线型的（AB）$_n$ 型的嵌段聚合物。A、B 这两个不同的嵌段分别称为软段和硬段。软段由聚酯、聚醚、聚烯烃等组成，分子量范围在 500～5000 之间。它们的玻璃化温度低于室温，在使用温度下，它们呈橡胶态或黏流态，为聚合物提供弹性。硬段通常由芳香族二异氰酸酯和小分子扩链剂组成，分子量范围在 300～3000 之间。它们的玻璃化温度高于室温，在使用温度下，它们呈玻璃态或半结晶状态。因为硬段由高极性的氨基甲酸酯基所组成，它们之间存在氢键的相互作用而发生相分离形成硬段微区。这些微区起着填料粒子的补强作用和多功能的交联作用。由这些硬段和软段所组成的材料是热塑性的，因为当加热到高于硬段的玻璃化温度或熔点时，该材料能流动，可以热塑加工。由于软段和硬段的组成及化学结构多种多样，大分子堆砌的形态也多种多样。所以热塑性聚氨酯的性能范围很宽。

近 30 年来，对于嵌段型聚氨酯的结构和性能关系进行了广泛的研究。氨基甲酸酯硬段相分离形成微区的现象甚至在硬段长度很短的情况下也能观察到。硬段和软段相分离的推动力是这两类链段的不相容性。通常氨基甲酸酯链段的极性比聚醚或聚酯链段大得多。相分离的另一个推动力是氨基甲酸酯基团之间容易形成氢键。其他一些影响相分离的因素是链段的长度、链段的结晶性、软段和硬段之间形成氢键的能力、样品的组成、样品经历过的力学和热学处理的过程以及样品的制备方法。实验数据表明，嵌段型聚氨酯不是完全相分离的，而是有一定程度的相混杂。改变相分离程度的最简单的方法之一就是使用不同的软段。软段类型的变化常引起软段极性的变化和软段、硬段间形成氢键的能力。聚酯型聚氨酯的相分离程度往往低于聚醚型聚氨酯，这是因为酯基的极性比醚基大，酯基和氨基甲酸酯基形成氢键的能力比醚基大。而在不同的醚之间，含氧量高的醚比较容易和氨基甲酸酯基形成氢键，相分离程度较低。聚烯烃类软段因为不含氧，不能和氨基甲酸酯基形成氢键；用它制得的聚氨酯材料的相分离程度最大，几乎是完全相分离的。

影响相分离程度的另一个更有效的方法就是将离子基团引入硬段中得到离子型聚氨酯。在离子型聚氨酯的大分子之间，除了原有的范德华力和氢键的相互作用以外还有离子之间的静电相互作用。这不仅提高了相分离程度，而且还能改善硬段微区的凝聚力。相分离程度的提高和硬段微区凝聚力的加强是离子型聚氨酯具有优良物理机械性能的关键因素。

11.6.2 WPU 的性能

11.6.2.1 热性能

所谓热性能（热转变）是指在一定的温度范围内使样品受热或冷却时，伴随着高分子及其链段和某些结构单元的运动状态的改变而出现的各种热效应。其中最重要的是玻璃化转变和熔融转变。玻璃化转变是链段从相对静止的玻璃态转化为剧烈运动的橡胶态。出现玻璃化转变的温度称玻璃化温度。熔融转变是指整个大分子从相对静止转化为能发生迁移的黏流态。出现熔融转变的温度称为熔融温度或熔点。测定热转变的最重要的手段是差热扫描量热（DSC）和动态力学谱。

差示扫描量热曲线通常称为 DSC 曲线，是一种确定聚合物热转变的有效方法。它是用差示扫描量热计测得的。即在被测定物与参比材料处于控制加热或冷却速率相同的条件下记录下的在被测定物和参比材料之间建立零温差所需的热量随时间或温度的变化。热量发生变化的温度称为转变温度。最明显的转变温度就是玻璃化温度。均聚物和无规共聚物有唯一的玻璃化温度。通常热转变都是在一定的温度范围内出现的，这个范围称为转变区。转变区的温度差称为转变区的宽度。在转变区的温度范围内涉及的热量的变化用转变前后的热容差 Δc_p 表示。聚合物发生玻璃化转变的温度（即玻璃化温度，用 T_g 表示），转变区的宽度以及 Δc_p 和聚合物的微相结构密切相关。玻璃化温度反映聚合物大分子链段的运动状态。温度低于玻璃化温度时，大分子链段处于相对静止或冻结的状态，称为玻璃态。温度高于玻璃化温度时，大分子链段处于相对运动的状态，聚合物能伸长，富有弹性，称为橡胶态或高弹态。纯的无定形聚合物的玻璃化转变区的宽度很窄。Δc_p 反映了转变前后运动状态变化的剧烈程度。这和大分子间力的相互作用有着密切的联系。

无规共聚物的玻璃化温度用 Gordon-Taylor 方程表示：

$$T_g = T_{g_1} + \frac{KW_2(T_{g_2} - T_{g_1})}{W_1}$$

式中　T_g——无规共聚物的玻璃化温度；
T_{g_1}，T_{g_2}——纯组分的玻璃化温度；
W_1，W_2——纯组分的质量分数；
　　K——纯组分热膨胀系数差的比。

嵌段共聚物的玻璃化温度不遵从 Gordon-Taylor 方程。完全相分离的嵌段共聚物的玻璃化温度接近或等于软段的玻璃化温度。相分离不完全的嵌段共聚物的玻璃化温度在纯软段的玻璃化温度和把它当作无规共聚物而用 Gordon-Taylor 方程计算的玻璃化温度之间。

嵌段共聚物的玻璃化转变是判断相分离的重要手段。转变区的宽度是相均匀性的定性测量。玻璃化温度值反映微相分离的程度。对于 $(AB)_n$ 型嵌段共聚物的聚氨酯来说，构成聚氨酯的软段和硬段会发生相混杂，也就是说，作为分散相的硬段将部分溶解在软段连续相中。当相混杂发生时，差热扫描曲线的玻璃化转变区加宽，玻璃化转变温度升高。嵌段聚氨酯的玻璃化温度越接近纯软段的玻璃化温度表明相分离程度越高。用 Gorgon-Taylor 方程，根据实验测定的玻璃化温度可以算出溶解在软段相中的硬段的质量分数。在离子型聚氨酯中，离子基团的引入增加了硬段和软段之间的极性差，因而增加了相分离的推动力。随着离子基团的引入，由于离子间库仑力的影响使硬段间的相互作用大大增强，从而使相分离的程度明显提高。

下面用文献中报道的数据来说明把离子基团引入热塑性聚氨酯后引起的玻璃化温度的变化。

用来进行研究的材料的组成见表 11-17。表 11-17 中的材料 PTMG-20 是 PTMG-MDI 的共聚物，PTMG 的分子量为 2000，PTMG/MDI（摩尔比）＝1/1，用熔融本体聚合法制得。PTMG-38 是热塑性聚氨酯，PTMG 的分子量为 2000，PTMG/BD/MDI（摩尔比）＝1/2/3，用传统的预聚物法制得。含磺酸基的阴离子型聚氨酯是通过氨基甲酸酯基的双分子亲核置换反应制得。

代号（如 PTMG-20-0.8）前面的 PTMG 代表聚四亚甲基二醇，中间的数字（20）表示聚醚的分子量为 2000，最后面的数字（0.8）表示离子基团的含量（质量分数）。

PTMG-20 系列材料的 DSC 数据见图 11-10 和表 11-18。压缩成型的试样（对比物）以 20℃/min 的速率加热到 230℃，然后淬火冷却并重新加热。随着离子基团含量的增加，该系列材料的热学行为发生急剧变化。非离子化的 PTMG-20 试样有很尖锐的玻璃化转变区，而且不受淬火的影响，是典型的单相材料。PTMG-20-0.8 试样（离子基团的含量很低，只有 0.8%）的玻璃化转变在稍低一些的温度下发生，热熔的变化（Δc_p）很小，这表明开始出现相分离。离子基团的含量增加到 4.5%，玻璃化转变在更低的温度出现，转变区加宽，Δc_p 更小。当离子基团的含量进一步增加（试样 PTMG-20-

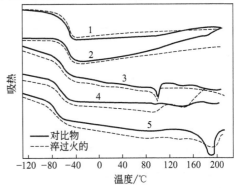

图 11-10　PTMG-20 系列聚氨酯的 DSC 数据
1—PTMG-20；2—PTMG-20-0.8；
3—PTMG-20-4.5；4—PTMG-20-10.3；
5—PTMG-20-12.1
———对比物；-----淬过火的

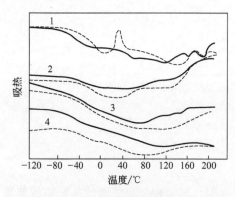

图 11-11 PTMG -38 系列聚氨酯的 DSC 数据
1—PTMG-38; 2—PTMG-38-1.3;
3—PTMG-38-3.3; 4—PTMG-38-6.5;
——对比物; -----淬过火的

10.3 和 PTMG-20-12.1），软段的玻璃化温度继续降低，转变区变窄，这表明相分离程度提高。随着离子基团含量的增加，Δc_p 减小，表明物理交联增加，软段的运动受到阻碍；随着离子基团含量的增加，比较有序的硬段组合的吸热向高温移动，这表明硬段微区的内聚力增加。

PTMG-38 系列的 DSC 数据见图 11-11 和表 11-18。非离子型的 PTMG-38 是聚四亚甲基二醇型热塑性聚氨酯，其本身就表现出相分离的 MDI-BD 型聚氨酯的热转变行为。将少量离子基团引入该材料（即 PTMG-38-1.3 和 PTMG-38-3.3）之后，软段的玻璃化温度升高，这表明相分离的程度降低。当离子基团的含量增加到 6.5%（PTMG-38-6.5）时，玻璃化温度变得和原来的 PTMG-38 一样。

表 11-17 PTMG-20 和 PTMG-38 材料的组成

试样	组成			硬段的质量分数/%	取代了的氨基甲酸酯的氢的质量分数[1]/%	NaSO₃ 的质量分数/%	
	MDI	BD	PTMG			计算值[2]	测定值[3]
PTMG-20	1	0	1	20	—	0	—
PTMG-20-0.8	1	0	1	20	5	0.8	0.8
PTMG-20-4.5	1	0	1	20	29	4.5	4.5
PTMG-20-10.3	1	0	1	20	70	10.3	10.3
PTMG-20-12.1	1	0	1	20	85	12.1	12.1
PTMG-38	3	2	1	48	—	0	—
PTMG-38-1.3	3	2	1	48	4	1.3	—
PTMG-38-3.3	3	2	1	48	11	3.3	—
PTMG-38-6.5	3	2	1	48	22	6.5	—

① 根据合成时加入的 MDI 和 Na 的量进行计算。

② 根据合成时加入的 SO₃ 和 Na 的量进行计算。

③ 据测定的 Na 的质量%进行计算。

表 11-18 PTMG-20 和 PTMG-38 材料的 DSC 数据

样品	T_g/℃	转变区的宽度/℃	Δc_p/[J/(kg·℃)]	样品	T_g/℃	转变区的宽度/℃	Δc_p/[J/(kg·℃)]
PTMG-20	−55	16	602.9	PTMG-38	−44	34	414.5
PTMG-20-0.8	−57	17	540.1	PTMG-38-1.3	−31	47	276.3
PTMG-20-4.5	−62	26	515	PTMG-38-3.3	−30	47	389.4
PTMG-20-10.3	−68	22	489.8	PTMG-38-6.5	−45	43	301.4
PTMG-20-12.1	−73	18	452.2				

以上结果说明，对于玻璃化转变来说，引进离子基团对于原来没有相分离的或相分离程度低的材料是非常有利的。而对于原来相分离程度较高的材料，引进离子基团还可能有不利的影响。

11.6.2.2 动态力学性能

PTMG-20 和 PTMG-38 材料的动态力学试验的结果分别如图 11-12、图 11-13 和表 11-19 所示。图中的数据表明，在玻璃化转变之后，不出现橡胶平台区。离子化后，形成平台区。随着离子化程度的提高，平台模量增加。这表明相分离程度提高，物理交联和填料的作用加强。

随着离子化程度的提高，平台区延伸并向高温转移，这表明硬段微区的内聚力增加。由损耗模量峰 E'' 的位置（表 11-19 中的 β_{max}）确定的软段玻璃化温度的变化趋势与 DSC 的结果相一致。对于材料 PTMG-38-1.3 和 PTMG-38-3.3 来说，由 E'' 的位置确定的软段玻璃化转变的趋势也与 DSC 的数据相一致。与材料 PTMG-38 比较，PTMG-38-1.3 和 PTMG-38-3.3 有较高的平台模量应首先归咎于玻璃化温度的升高。PTMG-38-6.5 的贮能模量明显增加，这可能是形态学或硬段微区的结构发生了变化。在比较有序的 PTMG-38 的样品中没有观测到的离子化样品损耗模量曲线上的高温玻璃化转变（表 11-19 的 β'_{max}）是硬段的玻璃化转变。在这以后继续受热时，这些材料失去了硬段微区所提供的尺寸稳定性，贮存模量迅速下降，并限制了这些材料在高温下使用。

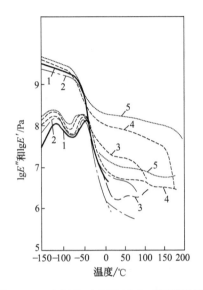

图 11-12　离子化对 PTMG-20 系列聚氨酯
动态力学性能的影响

1—PTMG-20；2—PTMG-20-0.8；

3—PTMG-20-4.5；4—PTMG-20-10.3；

5—PTMG-20-12.1

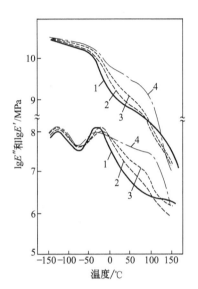

图 11-13　离子化对 PTMG-38 系列聚氨酯
的动态力学性能的影响

1—PTMG-38；2—PTMG-38-1.3；

3—PTMG-38-3.3；

4—PTMG-38-6.5

表 11-19　PTMG-20 和 PTMG-38 材料的动态力学数据

样　品	$\beta_{max}(T_g)$/℃	β'_{max}/℃	平 台 区/℃		
			开　始	结　束	宽　度
PTMG-20	−35	—	—	—	—
PTMG-20-0.8	−47	—	−10	68	78
PTMG-20-4.5	−50	53	−16	75	91
PTMG-20-10.3	−54	81	−22	155	177
PTMG-20-12.1	−63	100	−26	180	206
PTMG-38	−32	—	0	109	109
PTMG-38-1.3	−21	96	8	87	69
PTMG-38-3.3	−20	95	21	87	66
PTMG-38-6.5	−32	100	−3	95	98

11.6.2.3　应力-应变性能

图 11-14、图 11-15 和表 11-20 为 PTMG-20、PTMG-38 系列聚氨酯的应力-应变曲线和 PTMG-20、PTMG-38 材料的应力-应变性能。

PTMG-20 和 PTMG-38 系列材料的应力-应变性能分别如图 11-14 和图 11-15 所示，拉伸性能汇总于表 11-20。非离子型的 PTMG-20 样品太软，强度太差，以至于在室温下不能测试。图和表中的结果表明：离子化的这些材料的强度和伸长率明显改进，甚至离子化程度很低的样品（PTMG-20-0.8）也是如此。这归咎于两相形态学的形成。在离子化程度高时，这些材料的性质更像塑料，有很高的模量和很低的断裂扯断伸长率。

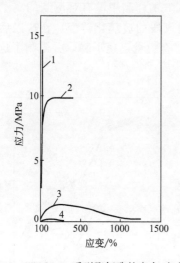

图 11-14　PTMG-20 系列聚氨酯的应力-应变曲线
1—PTMG-20-12.1；2—PTMG-20-10.3；
3—PTMG-20-4.5；4—PTMG-20-0.8

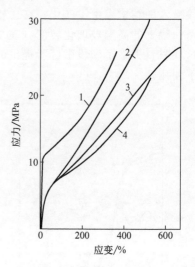

图 11-15　PTMG-38 系列聚氨酯的应力-应变性能
1—PTMG-38-6.5；2—PTMG-38-3.3；
3—PTMG-38-1.3；4—PTMG-38

PTMG-38 是常见的拉伸强度高的热塑性弹性体。引进少量的离子基团（PTMG-38-1.3）不能使模量提得很高，而和动态力学性能的结果相一致。当离子化程度（PTMG-38-3.3）稍微增加，则断裂应力增加，伸长下降。离子基团含量高的样品（PTMG-38-6.5）有很高的模量。

表 11-20　PTMG-20 和 PTMG-38 材料的应力-应变性能

样　品	杨氏模量/MPa	拉伸强度/MPa	扯断伸长率/%	样　品	杨氏模量/MPa	拉伸强度/MPa	扯断伸长率/%
PTMG-20	0.014	—	—	PTMG-38	49	23.0	535
PTMG-20-0.8	5.4	—	300	PTMG-38-1.3	53	27	660
PTMG-20-4.5	5.4	0.07	1250	PTMG-38-3.3	110	32	580
PTMG-20-10.3	84	10.0	400	PTMG-38-6.5	—	27	375
PTMG-20-12.1	42	14.0	30				

11.6.3　影响 WPU 性能的因素

11.6.3.1　影响 PU 离子体性能的因素

主要包括：离子基含量、硬段/软段的摩尔比、异氰酸酯指数 R（NCO/OH 比）、低聚物二醇的结构和分子量、异氰酸酯结构、扩链剂类型和扩链程度、离子基的中和程度或离子对的性质、溶剂含量。

（1）离子基含量　离子基含量直接影响 PU 离子体在水中的分散和所制得乳液的贮存稳定性。一般情况下，离子基含量太低，很难得到稳定的分散液。离子基含量较高，会使所合成预聚物的黏度增大，分散液的粒度减小，分散液的贮存稳定性较好，同样会使胶膜的硬度、模量、拉伸强度和玻璃化温度提高，但分子量和扯断伸长率降低，耐水性和耐热性较差。但离子基含量太高，由于分子间强的库仑力会导致分散粒度增大，使其稳定性变差。因此在能满足很好的分散和贮存稳定的情况下离子基含量要尽可能低（表 11-21）。

表 11-21　DMPA 用量对 WPU 胶黏剂性能的影响

W(DMPA)/%	乳液外观	乳液稳定性	表观黏度/mPa·s	剥离强度/(N/cm)	耐水性
1.2	乳白	不稳定	22	6.8	好
1.5	乳白	不稳定	35	7.3	好
1.8	乳白有蓝光	稳定	54	7.9	好
2.1	半透明	稳定	74	8.0	差
2.4	半透明	不稳定	131	7.7	差

注：表中数据为安徽大学刘都宝等人的研究结果。

Han Do Kim 详细研究了 DMPA 用量对分散液稳定性、胶膜的物理机械性能、不同基材粘接性能的影响。研究结果见表 11-22～表 11-24。

表 11-22　WBPU 样品的组成和乳液稳定性

样品名称	组成/mol					DMPA（摩尔分数）/%	硬段含量/%	稳定性
	IPDI	PTAD	DMPA	EDA	TEA			
D-0.5	3.0	1.7	0.5	0.8	0.5	8.3	18.7	不稳定
D-0.6	3.1	1.7	0.6	0.8	0.6	9.7	19.4	不稳定
D-0.7	3.2	1.7	0.7	0.8	0.7	10.9	20.1	稳定
D-0.8	3.3	1.7	0.8	0.8	0.8	12.1	20.7	稳定
D-0.9	3.4	1.7	0.9	0.8	0.9	13.2	21.4	稳定
D-1.0	3.5	1.7	1.0	0.8	1.0	14.3	22.0	稳定
D-1.1	3.6	1.7	1.1	0.8	1.1	15.5	22.6	稳定

注：样品的固含量为 40%，pH 值为 8～9，PTAD 的分子量为 2000。

表 11-23　WBPU 膜的物理机械性能

样品名称	拉伸强度/MPa	杨氏模量/MPa	扯断伸长率/%	样品名称	拉伸强度/MPa	杨氏模量/MPa	扯断伸长率/%
D-0.7	13.0	19.9	1027	D-1.0	17.7	36.2	914
D-0.8	14.4	25.4	962	D-1.1	19.1	50.8	844
D-0.9	15.5	30.7	926				

表 11-24　WBPU 样品对各种基材的粘接强度

样品名称	粘接强度/(kgf/cm²)			
	CR[①]/CR	CR/PU 泡沫[②]	CR/EVA 泡沫[③]	TPO 片/PP 泡沫[④]
D-0.7	7.7	7.7	2.9	1.8
D-0.8	7.9	8.0	3.1	2.2
D-0.9	7.8	7.9	3.0	1.8
D-1.0	7.8	7.8	3.0	1.7
D-1.1	7.8	7.8	3.0	1.8

① CR 橡胶表面的断裂强度：7.5～8.0kgf/cm²。
② PU 泡沫表面的断裂强度：7.5～8.0kgf/cm²。
③ EVA 泡沫表面的断裂强度：2.5～3.2kgf/cm²。
④ PP 泡沫表面的断裂强度：1.8～2.2kgf/cm²。
注：1kgf/cm²=0.098MPa。

（2）硬段/软段的摩尔比　硬段/软段的摩尔比主要会影响胶膜的力学性能和分散液的稳定性。较高的硬段含量具有较强的分子间作用力和氢键力，从而使胶膜的硬度、拉伸强度、模量、撕裂强度以及耐热性提高，扯断伸长率降低。同时随着硬段含量的提高，乳液的表观黏度降低，平均粒径增大，粘接强度提高，见表 11-25。

表 11-25　软/硬段比例对 PUA 体系性能的影响[①]

$m_{软}:m_{硬}$	固含量/%	表观黏度/mPa·s	平均粒径/nm	剥离强度/(N/cm)	
				初始	最终
4.74:1	49.92	324	83.8	38.4	106.9
4.30:1	49.96	296	86.6	65.4	113.2
3.87:1	50.04	242	93.7	87.2	126.3
3.40:1	50.01	206	98.7	98.7	136.5
2.96:1	50.08	143	146.0	118.6	156.3
2.50:1	49.98	131	172.0	106.3	125.3
2.02:1	50.06	112	196.0	85.6	103.6
1.53:1	50.02	67	290.0	36.5	86.3

① 原料组成：PBA-2000/IPDI/HDI/乙二氨基乙磺酸钠/乙二胺/BDO。基材：软质 PVC 片，表中数据为华南理工大学化学与化工学院宁蕾等人的研究结果。

（3）异氰酸酯指数 R（NCO/OH）　这里所说的异氰酸酯指数是指分散前所合成预聚物的异氰酸酯当量数和羟基或氨基的总当量数之比。与溶剂型聚氨酯不一样，水性聚氨酯在乳化时水分子会参与扩链生成脲键。生成脲键的多少与异氰酸酯残留量，也就是与异氰酸酯指数有关系。当 R 值较大时，预聚物平均分子量相对减小，黏度降低，但较高的 NCO 含量在分散过程中的活性也较高，容易产生凝胶。而当 R 值比较低时，预聚物平均分子量相对较大，黏度增大，需要用较多的溶剂稀释才可分散。但随着 R 增大，会使胶膜的硬度、模量、拉伸强度和玻璃化温度提高，扯断伸长率降低。所以在丙酮法合成水性聚氨酯工艺中，R 一般控制在 1.1～1.4 之间，在预聚物法中，R 一般控制在 1.3～1.8 之间。对于芳香族体系，由于水和异氰酸酯基反应速率较快，过高的 R 值会导致乳化困难，甚至导致乳化失败。而对于脂肪族体系，尽管水和异氰酸酯基反应速率相对较慢，但过高的 R 值会使分散黏度增大，分散粒度较大，贮存稳定性变差。表 11-26 数据为丙酮法的试验结果。M. G. Lu 等研究了预聚物 R 和DMPA 含量对乳液粒度和胶膜力学性能的影响，见表 11-26 和表 11-27。

表 11-26　异氰酸酯指数（R 值）对水性聚氨酯性能的影响

n_{NCO}/n_{OH}	乳液外观	乳液黏度/mPa·s	拉伸强度/MPa	扯断伸长率/%	硬度（邵尔 A）	稳定性
1.1	半透明	150	15	650	55	1 年以上
1.2	微透明	65	222	510	60	1 年以上
1.3	乳白色	35	27	380	75	5 个月后分层
1.4	白色	30	32	120	87	3 个月后分层

表 11-27　R 值和 DMPA 含量对乳液粒径和胶膜力学性能的影响

NCO/OH	DMPA 含量（质量分数）/%	硬段含量（质量分数）/%	平均粒径/nm	拉伸强度/MPa	100%定伸应力/MPa	300%定伸应力/MPa	杨氏模量/MPa	扯断伸长率/%	$\tan\delta$	E''
1.3	6	30.4	33.7	4.6	2.2	2.5	14	820	-79.5	-79.4
1.5	6	34.2	55.5	6.9	2.1	2.6	6.5	770	-70.4	-80.3
1.8	6	39.6	31.7	27	6.6	16	23	390	-77.3	-83.4
1.5	2	21.7	88	—	—	—	—	—	—	—
1.5	4	27.9	22.3	1.7	1.3	1.5	3.2	1080	-67.7	-79.6
1.5	8	40.5	49.1	6.7	2.8	2.9	9.8	720	-72.7	-80.5

（4）低聚物二醇结构和分子量　低聚物二醇的结构和分子量不仅影响胶膜的力学性能，还直接影响水性聚氨酯的初黏性。低聚物二醇的分子结构愈规整，分子量愈高，则结晶性愈强。由于酯基比醚基的极性大，分子间作用力大，所以聚酯型一般比聚醚型结晶性好。特别是

PPG 聚醚因其分子结构中的侧甲基会阻碍分子链段的规整排列，结晶性较差。结晶性聚酯一般是指由二元酸（己二酸、癸二酸、对苯二甲酸等）和二元醇（丁二醇、己二醇等）合成的聚酯。在聚氨酯胶黏剂中，结晶性聚酯含量愈高，其结晶性愈强，结晶速率也愈快。但随着结晶性聚酯量的增加会降低透湿率，因此重要的是把握其平衡。将结晶性聚酯与含磺酸盐基聚酯或含羧酸盐基聚酯并用。由于离子间强的库仑力和分子间作用力及高度的结晶性，会减少分子链间的相互缠绕，有利于聚合物的微相分离，使乳胶数目增加，粒径相应减小，胶膜的初始模量几乎呈线性增大，拉伸强度也提高。因此由其制得的水性聚氨酯胶黏剂具有更快的结晶速率、更高的初黏强度和终黏强度，并赋予很好的耐热和耐溶剂性能。低聚物二醇结构和分子量对分散液和胶膜性能的影响见表 11-28 和表 11-29，对结晶性的影响如图 11-16 和图 11-17 所示。

表 11-28　低聚物二醇结构对胶膜力学性能和结晶性的影响

性　　能	PCL	PCD	PHA	PBA
硬度（邵尔 A）	70	75	91	91
扯断伸长率/%	838	570	528	519
拉伸强度/MPa	15.9	24.4	21.0	19.5
100%定伸应力/MPa	2.2	2.4	5.93	5.75
300%定伸应力/MPa	3.9	4.4	8.75	9.53
撕裂强度/(kN/m)	33.5	40.1	114.6	80.3
吸水率（自来水,室温）/%	7.17	5.38	9.32	13.4
黏度/mPa·s	100	550	130	170
T_m/℃	64.34	46.0	49.3	43.6
吸热/(J/g)	−20.4	−3.25	−53.2	−50.9
初黏力/(N/25mm)	72	68	105	86

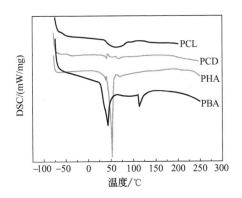

图 11-16　低聚物二醇结构对结晶性的影响

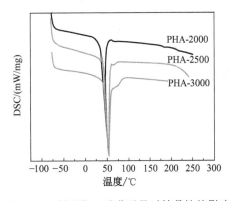

图 11-17　低聚物二醇分子量对结晶性的影响

表 11-29　低聚物二醇分子量对胶膜物理机械性能和结晶性的影响

性　　能	PHA-2000	PHA-2500	PHA-3000	性　　能	PHA-2000	PHA-2500	PHA-3000
硬度（邵尔 A）	91	96	95	吸水率（自来水,室温）/%	9.32	4.67	3.31
扯断伸长率/%	528	540	608	黏度/mPa·s	130	200	1340
拉伸强度/MPa	21.0	14.1	9.9	T_m/℃	49.3	52	54.7
100%定伸应力/MPa	5.93	8.7	7.5	吸热/(J/g)	−53.2	−76.3	−102.0
300%定伸应力/MPa	8.75	9.9	8.7	初黏力/(N/25mm)	105	119	170
撕裂强度/(kN/m)	114.6	89.3	85.5				

（5）异氰酸酯结构　异氰酸酯结构对 WPU 分散液和胶膜性能的影响见表 11-30。

表 11-30 异氰酸酯结构对 WPU 分散液和胶膜性能的影响

异氰酸酯类型	粒径/nm	黏度/Pa·s	pH 值	拉伸强度/MPa	扯断伸长率/%	T_{gs}[①]/℃
IPDI	57	0.38	8.2	50	314	−52
TMXDI	36	0.05	8.2	6.1	457	−19.1
$H_{12}MDI$	41	0.44	8.9	10.8	187	−41
HDI/IPDI	62	0.11	8.7	23.2	269	−47

① T_{gs} 为软段的玻璃化温度。

可见，不同结构的异氰酸酯对 WPU 分散液和胶膜性能有较大影响。软段 T_g 增大的次序为 IPDI＜HDI/IPDI＜$H_{12}MDI$＜TMXDI。显然，分子结构的规整性顺序为 $H_{12}MDI$＞HDI/IPDI＞IPDI＞TMXDI。尽管 HDI 具有较高的结构规整性，有利于硬段的结晶，但 HDI/IPDI 混合，硬段结晶受到 IPDI 的阻碍。同理，$H_{12}MDI$ 具有较高的结构规整性，有利于硬段结晶和相分离，但 $H_{12}MDI$ 异构体的存在同样会阻碍软段和硬段的结晶，形成一定程度的相混合。因此 HDI/IPDI 和 $H_{12}MDI$ 均表现出较高的 T_g。TMXDI 因其 α-甲基的位阻效应和不对称结构而赋予 WPU 独特的性能。它一般不容易形成脲基甲酸酯、缩二脲和三聚体，从而导致其硬段不易规整排列形成结晶和相分离。因此由它合成的 WPU 具有较小的粒径、较低的黏度和较高的 T_g。相比较而言，IPDI 则表现出较好的综合性能。

（6）扩链剂类型和扩链程度

① 不含亲水基团的扩链剂 表 11-31 为不同扩链剂对 WPU 性能的影响。由于胺类扩链剂具有较高的反应活性，一般在分散之后加入，与水形成竞争反应，可提高胶膜的硬度和强度。其扩链程度一般控制在 90%～95%。醇类扩链剂可在分散之前加入，对预聚物进行一定程度的扩链。为了控制分散前预聚物黏度，其扩链程度一般控制在 50% 左右。

表 11-31 不同扩链剂对 WPU 性能的影响[①]

扩链剂类型	软化点/℃	剥离强度/(N/cm)	成膜时间/min	结晶性
乙二醇	90～94	7.2	12	膜很白
一缩二乙二醇	80～86	7.4	16	膜发白
乙二胺	101～105	7.8	13	膜微黄很不透明

① 25℃成膜，倒入成膜板，乳液厚度 1mm，表中数据为安徽大学刘都宝等人的研究结果。

② 含亲水基团的扩链剂 D. J. Hourston 等人研究了 DMPA、DMBA 和 SDA 扩链的 WPU 乳液的性能及胶膜的力学性能，见表 11-32。

表 11-32 不同亲水基团扩链剂对 WPU 性能的影响

扩链剂类型	粒径/nm	黏度/Pa·s	拉伸强度/MPa	扯断伸长率/%	T_{gs}[③]/℃	T_{gh}[④]/℃
DMPA	57	0.34	50	314	−52	78
DMBA[①]	36	0.31	41	407	−45	75
SDA[②]	55	0.41	22	471	−40	30

① DMBA 为二羟甲基丁酸。

② SDA 为含磺酸基的二醇（sulphonate diol）。

③ T_{gs} 为软段的玻璃化温度。

④ T_{gh} 为硬段的玻璃化温度。

从表 11-32 的数据可以看出，由 DMBA 扩链的 WPU 的粒径较 DMPA 小，而 DMPA 则与 SDA 很接近。这可能是由于 DMBA 在预聚物中具有较好的溶解性，使离子基团更均匀地分散，从而得到较好的分散液稳定性。DMPA 和 DMBA 的强度明显高于 SDA 是因为 DMPA 和 DMBA 属于硬段，而 SDA 属于软段。从 DMA 分析的 T_{gs} 和 T_{gh} 数据也可看出 SDA 扩链的

WPU 具有更高程度的相混杂。

（7）离子基的中和程度或离子对的性质 离子基的中和程度主要影响分散液的性质和贮存稳定性。对于阴离子型水性聚氨酯，其 pH 值一般控制在 8～9 之间，乳液比较稳定。对于阳离子型水性聚氨酯则 pH 值一般控制在 5～6 之间，乳液比较稳定。在离子基含量适当的情况下，一般均采用 100% 中和。表 11-33 为离子基的中和程度对 WPU 性能的影响。

表 11-33 离子基的中和程度对 WPU 性能的影响

项目	中和程度			
	40%	60%	80%	100%
中和剂	NaOH	NaOH	NaOH	NaOH
粒径/nm	132	104	76	63
黏度/mPa·s	7.2	8.5	12.7	15.3
pH 值	7.2	7.8	8.1	8.3
拉伸强度/MPa	44	46	49	50
扯断伸长率/%	243	271	317	294
T_{gs}/℃	−40	−40	−41	−43
吸水率/%	187	291	372	405

（8）溶剂量 反应过程中加丙酮的主要目的是控制釜内树脂的黏度。随着反应的进行，树脂黏度渐渐增大，加入一定量的丙酮后，树脂黏度降低。反应过程中加丙酮的量是根据黏度大小来决定的。丙酮量不够，易造成最终产品颗粒较大，影响产品质量。丙酮加入量对 WPU 性能的影响见表 11-34。

表 11-34 丙酮加入量对 WPU 性能的影响

性能	丙酮加入量(质量分数)[①]/%				性能	丙酮加入量(质量分数)[①]/%			
	0	12	24	30		0	12	24	30
粒径[②]/μm	0.08	0.10	2.11	8.61	$\overline{M}_w/\times10^4$	2.13	1.94	1.76	1.68
σ_g[③]	1.27	1.30	1.34	1.25	$\overline{M}_w/\overline{M}_n$	3.62	2.98	2.22	2.90

① 丙酮的加入量是基于总 PUD 的量。
② 为去除丙酮 1 天后 PU 乳液的几何公称直径。
③ $\sigma_g = \exp[\sum n_i(\ln d_i - \ln d_g)^2/(N-1)]^{1/2}$，$d_g = \exp[\sum(n_i\ln d_i)/N]$。$n_i$ 是直径为 d_i 粒子 i 的粒子数，$N = \sum n_i$（总粒子数）。

11.6.3.2 影响使用性能的因素

水性聚氨酯的应用既要求其具有良好的物理机械性能，同时还要求其具有良好的加工使用性能。

水性聚氨酯的使用性能主要包括与基材的润湿性、涂刷性能、成膜性能、结晶速率、热活化温度、初黏强度、终黏强度、耐水性、耐热性、耐黄变性等。

（1）水性聚氨酯分散液的结晶速率 无论是溶剂型还是水性聚氨酯胶黏剂，结晶速率高，则胶黏剂的干燥速率快，成膜性好，初黏力大，粘接强度高。影响分散液的结晶速率的因素主要是低聚物二醇的结构、组成和分子量以及硬段的结构与组成。低聚物二醇结构和分子量的影响在前面已讨论，在此主要讨论硬段结构和组成的影响。表 11-35 和表 11-36 是 Youlu Duan &. el 用磺化聚酯多元醇、HDI/TMXDI 以及乙二胺/乙醇胺以不同的 HDI/TMXDI 之比和不同的乙二胺/乙醇胺之比合成的水性聚氨酯经 DSC 分析的结果。

表 11-35　HDI/TMXDI 之比对结晶速率的影响

TMXDI/HDI(Molar)	C_{first}/(cal/g)	C_{second}(cal/g)	结晶速率/%	TMXDI/HDI(Molar)	C_{first}/(cal/g)	C_{second}(cal/g)	结晶速率/%
1/0	12.6	0	0	0/1	10.5	8.5	80.1
0.8/0.2	17.4	0.4	2.3	NP-4041	11.5	0	0
0.5/0.5	10.79	6.15	57.0	KA-8464	13.7	10.1	73.7
0.4/0.6	15.9	9.95	62.6		16.5	11.4	69.1
0.33/0.66	11.4	8.4	73.7				

注：结晶速率$=C_{first}/C_{second}$，其中 C_{first} 和 C_{second} 分别由 DSC 测得。C_{first} 是指用 DSC 测试样品是第一次样品从$-40\sim$140℃，以 10℃/min 的速率升温得到的吸热量，单位为 cal/g；C_{second} 是指将第一次的测试样品急冷后再用 DSC 以 10℃/min 的速率升温测试得到的吸热量，单位为 cal/g。1cal=4.18J。

TMXDI/HDI 型 WPU 基于聚己二酸丁二醇酯 和 EDA/EA/DETA（二乙烯三胺）扩链剂。

KA-8464 和 NP-4041 基于 HDI/IPDI 和聚酯多元醇。

表 11-36　EDA/EA 之比对结晶速率的影响

配方及结晶速率	PUD 样品			配方及结晶速率	PUD 样品		
	#4133-7	#4133-8	#4133-9		#4133-7	#4133-8	#4133-9
配方/质量份				HDI	11.44	11.57	11.71
Rucoflex 105-55	64.38	65.59	66.41	EA	4.59	2.36	0.43
DMPA	4.35	4.39	4.45	EDA	0	1.16	1.88
TEA	6.22	6.29	6.37	结晶速率/%	64.64	75.96	84.18
TMXDI	8.54	8.64	8.75				

采用的聚酯为聚己二酸己二醇酯，当量 996。

（2）热活化和初黏强度　在热活化过程中，将聚氨酯分散液涂于基材上，在水完全挥发后，黏合层经热活化转变为粘接状态，高性能的胶黏剂应表现出低的活化温度和高的初黏强度。一般情况下，具有高结晶速率的胶黏剂应具有低的热活化温度和高的初黏强度。如 Bayer 公司的几个牌号的技术指标（表 11-37）。

表 11-37　拜耳公司 Dispercoll U 系列产品指标

商品牌号	固含量/%	黏度/mPa·s	pH 值	粒径/nm	活化温度/℃	软化点/℃
U42	50±1	150~800	6.0~9.0	300	>100	>100
U53	40±1	50~600	6.0~9.0	100	45~55	60
U54	50±1	40~400	6.0~9.0	200	45~55	60
U56	50±1	<1000	6.0~9.0	200	40~50	50
VPKA8755	45±1	<1000	6.0~9.0	200	80~100	100
VPKA8758	40±1	<1000	6.0~9.0	200	80~100	100

已经报道的许多水性聚氨酯胶黏剂的最大缺点是活化温度太高，以至于常常使被粘基材损坏。如用现有的水性聚氨酯胶黏剂粘接热塑性橡胶鞋底，由于活化温度高常常会使鞋底变形。

为了降低活化温度，常采用加入溶剂、增塑剂或其他树脂的办法。但这些方法又常常会损失聚氨酯胶黏剂的耐热性。Wolgang Henning，Kuerten&.el 报道了聚氨酯链上含有羧基和/或磺酸基的水性聚氨酯胶黏剂的制备，并指出基于 HDI/IPDI 混合二异氰酸酯的水性聚氨酯胶黏剂的活化温度可低于 45℃并具有较高的耐热性，见表 11-38。

表 11-38　HDI/IPDI 比例对热活化的影响

样品编号	异氰酸酯	摩尔比/%	聚酯类型	活化温度/℃	成膜性	耐热性/℃
1	HDI/IPDI	66/34	I	45	均匀	80.5
1a	TDI/IPDI	34/66	I	60	均匀	89.5
1b	HDI/IPDI	34/66	I	60	不均匀	78.0
1c	IPDI	100	I	65	均匀	63.5

续表

样品编号	异氰酸酯	摩尔比/%	聚酯类型	活化温度/℃	成膜性	耐热性/℃
1d	HDI	100	Ⅰ	45	不均匀	75.0
1e	TDI	100	Ⅰ	65	均匀	60.0
1f	HDI/IPDI	50/50	Ⅱ	>80	均匀	<40.0
2	HDI/IPDI	66/34	Ⅰ	40	均匀	89.5
3	HDI/IPDI	90/10	Ⅰ	40	均匀	79.5
4	HDI/IPDI	10/90	Ⅰ	45	均匀	90.0

注：Ⅰ=己二酸1,4-丁二醇聚酯；Ⅱ=己二酸己二醇-2,2-二羟甲基丙酸-1,3-聚酯。

Youlu Duan，Minneapolis 的研究发现，基于 HDI 与其他二异氰酸酯的混合物所合成聚氨酯胶黏剂并不一定具有低的活化温度和高的初黏强度，它不仅取决于结晶速率，而且还取决于聚氨酯的分子量。并指出基于 HDI/TMXDI 的摩尔比大于 2/1 的聚氨酯胶黏剂具有较高的结晶速率，却具有不同的热活化温度，见表 11-39。

表 11-39 HDI/TMXDI 比例对结晶速率和热活化的影响

HDI/TMXDI（摩尔比）	EDA/EA（摩尔比）	结晶速率/%	热剥离(T-Peel)/kg				膜脆性[①]
			52℃	65℃	80℃	93℃	
0/100	50/50	0	1.3	3.5	4.8	6.2	3
67/33	50/50	54	0.3	0.2	0.4	0.3	4
67/33	50/50	56	0.3	0.3	0.4	0.4	4
67/33	EA/Taurine	60	0.4	0.4	2.2	5.3	3
67/33	0/100	65	0	0	0	0	5
83/17	100/0	66	0.4	3.3	9.3	10.5	2
83/17	80/20	75	5.9	7.7	11.8	11.9	1
67/33	50/50	76	0	0	0	0	5

① 膜脆性：1→5 为低→高。

（3）乳液的成膜性能　乳液的成膜性能是指乳液涂刷到底物上干涸后在底物的表面形成均匀胶膜的能力。聚氨酯乳液的成膜性和固体聚氨酯的分子量、乳液中残存溶剂的种类和数量、粒子的平均直径和乳液的黏度等密切相关，还和乳液的固化速率密切相关。若易挥发溶剂的残存量较大时，乳液的固化速率很快。固化后的膜容易产生气泡，收缩，起皱。若在这种乳液中加入少量的高沸点溶剂，既不影响固化速率，而且能得到平展均匀及无气泡的胶膜。粒子平均直径的大小主要影响固化速率。直径愈小，固化速率愈慢，但成膜性愈好，固化后得到的胶膜的物理机械性能也愈好。对乳液黏度的要求取决于具体的应用。若在垂直面上涂布就需要黏度较大而且具有触变性的乳液。

（4）耐水性能　水性聚氨酯的耐水性能包括水分散液中的大分子在贮存过程中发生水解以及分散液成膜后，在使用过程中和水或湿气接触时吸水膨胀或水解。聚氨酯大分子即使是聚酯型的，在分散液中的水解稳定性也很好。这是由分散粒子本身的结构决定的。成膜后，胶膜的水解稳定性和普通的聚氨酯一样，即聚醚型的比聚酯型的好。

离子型聚氨酯的平衡吸水率比类似的热塑性聚氨酯高，这是由于离子型聚氨酯硬段的极性较大。在离子型聚氨酯中进行比较时，离子基团含量愈高，吸水率愈高。另外，二异氰酸酯的结构对吸水性也有影响。通常，脂肪族二异氰酸酯的吸水率比芳香族二异氰酸酯的高；结构不对称的二异氰酸酯的比对称的二异氰酸酯吸水率高。

（5）耐热性　水性聚氨酯的耐热性包括水分散液的热稳定性和胶膜的耐热性。水分散液的贮存温度一般应控制在室温以上，60℃以下。温度低于0℃会出现冻结；温度高于60℃，会导致其贮存稳定性变差。胶膜的耐热性类似于热塑性聚氨酯，由于所合成水性聚氨酯的平均分子量一般比热塑性聚氨酯的分子量低，其耐热性甚至比热塑性聚氨酯的更差。但在合成水性聚氨酯时引入一定程度的交联，或在使用过程中加入适量的交联剂可改善其耐热性。

（6）胶膜的物理机械性能　水性聚氨酯在成膜后，胶膜的物理机械性能比同类型的非离子型聚氨酯的胶膜好多。离子型聚氨酯胶膜的拉伸强度比同类型非离子型聚氨酯胶膜的拉伸强度高几倍甚至几十倍。当然不同的应用场合会对胶膜的物理机械性能有不同的要求。采用不同结构的原料和不同的加工工艺均会对胶膜的物理机械性能产生影响。前面已详细介绍，在此不再讨论。

（7）低的 pH 值稳定性　通常阳离子型和非离子型聚氨酯分散液具有较低的 pH 值（低于 7）稳定性，而阴离子型聚氨酯分散液只有当 pH 值较高（高于 7）时才是稳定的。许多专利报道用磺化的聚氨酯分散液具有低的 pH 值（5～7）稳定性。在聚氨酯分子结构中引入磺酸盐基有如下几种方法。

① 采用含磺酸盐基团的扩链剂　磺酸盐是强酸强碱盐，在水中可自由解离，DMPA 的羧基用叔胺中和后形成季铵羧酸盐，是弱酸弱碱盐，在水中离解后与水反应分别形成氢氧化铵和羧酸，这样由 DMPA 合成的 WPU 的离解程度和离解效率低于磺酸盐。磺酸盐的解离和强的静电作用会强烈影响 WPU 分散液及胶膜的性能。常用的含磺酸盐基团的扩链剂有氨基烷基磺酸盐（如乙二氨基乙磺酸钠）、不饱和二元酸与亚硫酸氢钠的加成物（如 2-磺酸钠-1,4-丁二醇）、2,4-二氨基苯磺酸钠等。Wolgang Henning，Kuerten&. el 报道用 N-2-氨基乙基-2-氨基乙烷磺酸钠作为扩链剂制得的磺化聚氨酯分散液在 pH 值为 5～7 时是稳定的。但在加磺化的二胺扩链剂之前，需加大量的丙酮以稀释非磺化的预聚物。因为磺化的二胺与二异氰酸酯的反应活性很高。当用 DMPA 和磺化二胺一起制备 WPU 时，DMPA 在预聚物合成一步加入，磺化二胺在扩链一步加入，磺化二胺无法取代 DMPA。当用磺化的聚酯（或聚醚）与 DMPA 一起制备 WPU 时，磺化的聚酯（或聚醚）可取代不同量的 DMPA 制得不同性能的 WPU。

② 用磺化的聚醚二醇制备磺化的端异氰酸酯预聚物　许多专利报道了磺化聚醚二醇的制备以及由磺化聚醚二醇制得的端异氰酸酯预聚物经分散、扩链而制得稳定的水性聚氨酯。但这些含醚键的磺化二醇会降低最终水性聚氨酯的结晶性。

③ 用磺化的聚酯二醇制备磺化的端异氰酸酯预聚物　磺化的聚酯多元醇可由二元酸、二元醇和磺化的二元酸、二元醇经酯交换反应制得。常用的磺化剂有间苯二甲酸单钠盐、二甲基磺化间苯二甲酸单钠盐等。用芳族的磺化剂还可赋予聚氨酯分散液高的结晶性和耐热性，但应适当控制磺酸离子在聚氨酯分散液中的浓度［一般为总固体量的 0.1%～6%（质量分数）］。太高会使水性聚氨酯的热活化温度提高，太低则会使水性聚氨酯的稳定性降低，甚至难于分散制得稳定的分散液。

由磺化聚酯二醇制得的磺化水性聚氨酯分散液具有低的 pH 值（5～7）稳定性，高结晶速率和低的热活化温度，同时与其他的水性聚合物（如乙酸乙烯乳液等）和交联剂（Desmodur DA）具有很好的相容性。

用磺化的聚酯二醇制得磺化的端异氰酸酯预聚物，用含羧基的扩链剂制得兼具磺酸盐基和羧酸盐基的聚氨酯分散液。

该水性聚氨酯的软、硬段均含有离子基团，使制得的分散液的粒度更细、更稳定，且因其结构中具有很强的氢键和库仑力作用，因此这些聚合物具有强的分子间作用力和高度的结晶性，具有很好的耐热、耐溶剂性和粘接性。

（8）黏度及固含量　预聚物的黏度随着离子基团的增加而增大。磺化聚氨酯预聚物的黏度一般较含羧基的聚氨酯预聚物的黏度大。为便于分散，常需向反应体系加入 10%～30% 的高沸点溶剂如 N-甲基吡咯烷酮等。由于磺化软段的聚氨酯在水中的分散性更好，所制得的水性聚氨酯的固含量可高达 60%，而黏度一般在几十至几百厘泊（$1cP=10^{-3}Pa \cdot s$）。提高固含量可改善其干燥性。高固含量、低黏度的水性聚氨酯具有良好的干燥成膜及涂覆加工性能。

（9）配胶助剂　要制得高性能的水性聚氨酯胶黏剂除合成高性能的水性聚氨酯外，配胶助剂的选择和应用也很重要。

如在要求薄层涂胶场合，为降低表面张力，改善对基材的润湿，添加表面活性剂，润湿剂可达到此目的。表面活性剂以含氟活性剂为佳，如美国气体公司的表面活性剂 Safnol。

为适应厚层涂胶防止流失，可通过添加水溶性增稠剂以提高水性聚氨酯的黏度。常用的增稠剂有 Borchers 公司的 Borchigel L75 和 DIC 公司的增稠剂 Voncoat HV。

因含有表面活性剂的涂层易起泡，还应加入消泡剂。

11.7　WPU 的品种牌号和性能

水性聚氨酯自 20 世纪 60 年代末期进入市场以来，经过近 50 多年的发展，许多公司根据不同的应用需求开发出不同系列、不同品种牌号的水性聚氨酯达几十种，现在仍以惊人的速度不断推出新的品种牌号以拓宽其应用领域。下面主要介绍国外几家公司，如美国 Wyandotte 化学公司、德国 Bayer 公司、大日本油墨及我国合肥安大科招精细化工厂等生产的水性聚氨酯的品种、牌号、主要技术指标及其胶膜的物理机械性能，详见表 11-40～表 11-48。

表 11-40　美国 Wyandotte 水聚氨酯的品种牌号及性能

性能	牌号			
	X-1034	E-206	X-1017	X-1018
	非离子型		阴离子型	
乳液性能				
固含量/%	50	50	50	50
黏度（25℃）/mPa·s	60～300	60～300	25～50	25～50
pH 值	6.5～8	6.5～8	7.0～8.5	7.0～8.5
表面张力/Pa	40	～60	40～60	33～36
33～36 机械稳定性/s	>1200	>1200	>1200	>1200
成膜性	良～优	良～优	良	良
粒子尺寸/μm	0.2～5	0.2～5	0.2～1	0.2～1
乳液相对密度	1.01～1.07	1.01～1.07	1.01～1.02	1.01～1.02
膜的物理机械性能				
硬度（邵尔 A）	95	55	50	40
拉伸强度/MPa	31.5	33.6	16.1	5.6
100%模量/MPa	13.3	1.54	1.4	7
300%模量/MPa	27.3	3.5	3.5	1.75
扯断伸长率/%	325	580	700	600
扯断永变/%	50	8	12	5
撕裂强度（割口）/(kN/m)	63.7	15.1	9.1	2.0

表 11-41　美国 Wyandotte 的其他聚氨酯乳液的性能

项 目	牌 号				
	E-502	E-503	E-204A	X-1033	P-102A
类别	非离子型	非离子型	非离子型	非离子型	非离子型
拉伸强度/MPa	5.5	15	28	14.5	42
扯断伸长率/%	650	750	750	500	400
硬度（邵尔 A）	40	55	60	65	95

表 11-42　德国 Bayer 公司乳液性能及特征

牌　号 Dispercoll 系列	固含量/%	黏度/mPa·s	pH 值	最低活化温度/℃	特　征
U42	50±2	150～800	7.5±1.5	80～100	阴离子型分散体、高分子量、无定形聚氨酯,适于织物的湿黏结
U53	40±1	50～600	7.5±1.5	45～55	阴离子型分散体、高分子量、结晶型、热活化型聚氨酯黏合剂,可用于家具、汽车工业
U54	50±1	40～600	7.5±1.5	45～55	阴离子型分散体、高分子量、结晶型、热活化型聚氨酯黏合剂,特别适用于制鞋工业
U56	50±1	50～900	7.5±1.5	40～50	阴离子型分散体、高分子量、结晶型聚氨酯黏合剂,特别适用于家具及汽车工业中低温活化的黏合
VPKA8481	40±1	10～50	7.5±1.5	80～100	阴离子型分散体、高分子量、结晶型聚氨酯黏合剂,特别适用于活化温度高于 80℃ 以赋予黏合剂较高的耐热性(甚至不含交联剂时)
VPKA8755	45±1	<1000	7.5±1.5	80～100	
VPKA8758	40±1	<1000	7.5±1.5	80～100]	阴离子型分散体、高分子量、无定形聚氨酯,特别适用于活化温度高于80℃或与其他聚氨酯分散体混合使用。具有相对较好的耐水解性
XP2643	40±1	<1000	7.5±1.5	>室温	阴离子型分散体、高分子量、非结晶型聚氨酯,特别适用于低温至中温下的黏合(甚至在室温下)
XP2682	50±1	<1000	7.5±1.5	40～50	阴离子型分散体、低分子量、结晶型聚氨酯,特别是低温、低熔体黏度及好的润湿性能使之成为汽车及软包装中薄膜复合的理想选择
XP2710	45±1	<1000	7.5±1.5	45～55	阴离子型分散体、高分子量、结晶型聚氨酯,特别适用于鞋材黏合(较高的初黏力和耐热性)。该产品同样适用于热活化黏合中,如汽车内饰件,包括其他要求高初黏力和耐热的所有应用

表 11-43　德国 Bayer 公司的聚氨酯乳液的牌号及性能

牌　号	离子基团	黄变性	固含量/%	拉伸强度/MPa	扯断伸长率/%	硬度(邵尔 A)
Impranil DLN	SO_3^-	无	40	25	600～800	60～62
Impranil DLS	SO_3^-	无	50	24	600～700	63
Impranil DLH	SO_3^-	无	40	42	600～800	93
Impranil 43037	SO_3^-	有	45	6	350～400	35
Impranil 43056	SO_3^-	无	40	48	380～400	96
Baydem VorgradPK	N^+	无	30	—	—	—
BaybondPU014	SO_3^-	无	40	35	500～700	70
RCK05～0534	SO_3^-	无	40～50	10～38	500～700	50～90
RCK0542	N^+	无	30	10	400	76
DesmocollKA 8066	SO_3^-	有	40	37	900	90
Desmocoll KA 8065	SO_3^-	无	49	15	820	45
Desmocoll KA 8064	—	无	40	30	700	—
Desmocoll KA 8481	—	无	40	18	450	—
DisperedKAU42	—	无	50	14	800	—
Desmocoll U53	SO_3^-	无	40	11.8	600	—
Desmocoll U54	SO_3^-	无	50	14.4	800	95
Desmocoll U56	SO_3^-	无	50	—	—	—
Badur	SO_3^-	无	40	22	600～700	60

表 11-44 大日本油墨株式会社的水性聚氨酯的性能

性能	牌 号		
	Hydran HW	Hydran AP	Vonic
离子性质	阴离子	阴离子	非离子
乳化剂	无	无	有
乳液粒子尺寸/μm	1～50	0.1～0.2	0.001～0.2
胶膜的物性、光泽及透明性	中低	优	优
耐水性	中至良	良	良至优
耐热性	良至优	良	良
粘接性	中低	优	优
主要用途	纤维处理	PVC 金属、玻璃粘接	PET、金属、PVC 粘接

表 11-45 安大科招水性聚氨酯的主要技术指标[①]

类型	牌号	外观	固含量/%	pH 值	胶膜的硬性	胶膜的扯断伸长率/%
芳香族	PU-F	白色乳液	20±1	6.5～7.5	—	
	PU-P	白色乳液	22±1	6.5～7.5	特软	.>1000
	PU-102	白色乳液	25±1	6.5～7.5	软	>800
	PU-302	白色乳液	20±1	6.5～7.5	中硬	500～600
	PU-502	白色乳液	18±1	6.5～7.5	特硬	250～350
	PU-T	白色乳液	18±1	6.5～7.5	特硬	250～350
	PUW-102	白色乳液	25±1	6.5～7.5	软	>800
	PUW-302	白色乳液	20±1	6.5～7.5	中硬	500～600
交联型	PU-103	白色乳液	20±1	6.5～7.5	软	>800
	PU-303	白色乳液	20±1	6.5～7.5	硬	500～600
脂肪族	PU-9402	白色乳液	23±1	6.5～7.5	软	>800
	PU-9403	白色乳液	20±1	6.5～7.5	中硬	>600
	PU-9404	白色乳液	18±1	6.5～7.5	硬	500～600

① 合肥安大科招精细化工厂的产品，主要用作皮革涂饰剂。

表 11-46 东莞市宏达聚氨酯有限公司水性聚氨酯的牌号及性能

牌号	外观	固含量/%	pH 值	胶膜的硬性	T_g/℃	100%模量/MPa	拉伸强度/MPa	扯断伸长率/%
HD-522	蓝色半透明乳液	35	7.0～8.0	特硬	—	5～8	≥30	≥300
HD-523	蓝色半透明乳液	25	7.0～8.0	中软	—	1～4	≥25	≥500
HD-526B	蓝色半透明乳液	25	7.0～8.0	软	—	—	≥20	≥600
HD-526	蓝色半透明乳液	35	7.0～8.0	硬	−41.5	3～6	≥20	≥500
HD-532	蓝色半透明乳液	25	7.0～8.0	特软	−54	—	≥5	≥1000
HD-533	蓝色半透明乳液	25	7.0～8.0	软	−68.9	0.5～2.5	≥15	≥1000
HD-535	蓝色半透明乳液	25	7.0～8.0	中软	−68.1	0.5～3	≥15	≥1000
HD-537	蓝色半透明乳液	35	7.0～8.0	硬	−68.6	1～4	≥25	≥500
HD-562	蓝色半透明乳液	25	7.0～8.0	特软	−31.3	—	—	≥1500
HD-565	蓝色半透明乳液	25	7.0～8.0	中软	−64.3	1～3	≥15	≥500
HD-566	蓝色半透明乳液	30	7.0～8.0	中硬	—	—	—	—
HD-567	蓝色半透明乳液	30	7.0～8.0	中硬	—	—	—	—
HD-572	蓝色半透明乳液	35	7.0～8.0		—	—	—	—

表 11-47 国内、外各种型号的水性聚氨酯浆料胶膜的物性对照

公司	牌号	pH 值	固含量/%	黏度/Pa·s	拉伸强度/MPa	扯断伸长率/%	模量/MPa
意大利	LG41	7～9	35	0.2～0.6	50	300	
Cesalpinia	D8	7.5～8.5	35	0.05～0.1	27	510	
Chemicals	N54	7.5～8.5	30	0.05～0.1	15	600	

公司	牌号	pH 值	固含量/%	黏度/Pa·s	拉伸强度/MPa	扯断伸长率/%	模量/MPa
韩国东城化学	D-ACE515		29~31	60~80			0.2~0.5
	D-ACE684ks		49~51	40~60			1~2.5
	D-ACE3111		29~31	60~80			4.5~5.5
国产水性	HY150	7~9	30	3	45	300	15~18
	HY258	7~9	30	3	40	410	6~8
	HY201	7~9	30	3	37	670	3~5
	HY202	7~9	30	3	29	710	2~4
溶剂型	DBW-90		30		40	400	9
	DBW-50		30		40	600	5
	DBW-30		30		35	640	3
	DBW-20		30		25	700	2

表 11-48　安大华泰 AH-0201 系列真空吸塑胶的主要性质

项　　目	AH-021-01	AH-0201A	AH-0201B	AH-0201C
乳液外观	乳白色	乳白色	乳白色	乳白色
固含量/%	36±2	40±2	50±1	45±1
黏度(20℃)/mPa·s	400~500	>800	1000	1200
pH 值	7±1	7±1	7~8	5~7
密度/(g/cm³)			1.05	1.05
贮存时间			约 6 个月	约 6 个月
固化剂			A01	A01
固化剂配量/%			2~5	2~5
有效时间			约 8h	约 8h
干燥时间			常温下 20~40min,根据基材、涂胶量而定	常温下 30~60min,根据基材、涂胶量而定
活化温度/℃	80	60~80	60~70,根据基材而定	55~70,根据基材而定
封边温度/℃			60~75	60~75
耐热性			80~100℃,根据基材和固化剂用量而定	80~100℃,根据基材和固化剂用量而定
耐寒性			0℃ 以下无法使用	0℃ 以下无法使用

11.8　水性聚氨酯的改性

11.8.1　共混改性

　　水性聚氨酯可以与离子性和酸碱性相似的乳液共混,方便地获得改性效果。最为常见的是与 PA 乳液共混改善 PU 的初黏力和附着力,同时共混树脂的强力等指标也有所提高。研究表明,水性聚氨酯也可以与聚乙烯醇、聚乙酸乙烯、环氧树脂、丁苯橡胶、聚硅氧烷等树脂的乳液共混来获得功能化产品。

11.8.2　共聚改性

　　聚氨酯化学性质较为活泼,在催化剂作用下氨基甲酸酯中—NH—基团可与丙烯酸酯类单体共聚,形成聚氨酯/丙烯酸酯共聚物 (PUA)。产品物理性能较聚氨酯或聚氨酯/丙烯酸酯共混产物有很大提高。这类改性产品在国外已经普及。水性聚氨酯还可以与环氧树脂、乙烯基树脂、聚硅氧烷等树脂实现共聚改性。环氧树脂具有优异的强度、模量和粘接性能,通过 PU 体系改性可获得良好的强韧性。国外已有 VER 改性聚氨酯弹性体用于高抗冲击材料的报道。Y.C.Lai 等采用膨胀型聚硅氧烷甲基丙烯酸酯代替部分聚氨酯预聚物,得到的水基聚氨酯具有较高的透气性，同时具有较低的模量和良好的撕裂强度。国内关于水性聚氨酯与丙烯酸酯共聚改性研究，与环氧树脂的共聚或互穿网络的改性研究，以及与硅氧烷的共聚改性研究也有许多报道，但工业化产品比较少见。

11.8.2.1 丙烯酸酯改性

水性聚氨酯具有良好的物理机械性能，优异的耐寒性、耐碱性、弹性及软硬度随温度变化不大等优点，但耐热性、耐水性不佳。而聚丙烯酸酯乳液（PA）具有较好的耐水性、耐候性，但硬度大、不耐溶剂。用丙烯酸树脂对水性聚氨酯进行改性，可以使两者优异的性能有机地结合起来，从而使聚氨酯乳胶膜的性能得到明显改善。

许克文和赵石林以丙烯酸羟乙酯作为封端剂，采用自由基聚合法合成了稳定性良好、综合性能优异的丙烯酸共聚改性水性聚氨酯乳液（以下简称水性 PUA）。并考察了甲基丙烯酸甲酯（MMA）、二羟甲基丙酸（DMPA）对水性 PUA 吸水率和黏度的影响，见表 11-49 和表 11-50。

表 11-49 **DMPA 含量对水性 PUA 性能的影响**

DMPA 含量/%	吸水率/%	黏度/mPa·s	铅笔硬度	乳液外观
4.0	22	110	2B	乳白色不透明
5.0	34	208	HB	乳白色不透明
6.0	40	277	H	半透明泛蓝光
7.0	46	305	2H	半透明泛蓝光
7.5	55	316	2H	溶液状泛红光

表 11-50 **MMA 用量对水性 PUA 性能的影响**

MMA 含量/%	吸水率/%	黏度/mPa·s	铅笔硬度	乳液外观
0	62	142	3B	溶液状透明
10	51	133	2B	浅褐色半透明
20	46	124	H	乳液泛蓝光
30	40	110	H	乳液泛蓝光
40	38	80	2H	浑浊

11.8.2.2 环氧树脂改性

水性聚氨酯胶黏剂成膜性非常好，膜的物理机械性能也很好，涂层耐寒、耐磨、富有弹性。但将其应用于金属防腐方面还有以下缺点：涂膜耐水性和耐溶剂性不及溶剂型，且硬度较低，表面光泽度不高。环氧树脂的结构具有羟基醚键和环氧端基，极性强又不易水解，用环氧树脂对聚氨酯进行改性可大大提高涂膜对基材的黏合力，提高涂层的耐水性、耐热性、耐溶剂性和耐化学品性。常用的环氧树脂为 E-42、E-44、E-51 等，均为双酚 A 型多羟基化合物。一方面，环氧基和羟基通过反应将交联点引入聚氨酯主链，提高了聚氨酯的交联密度；另一方面，其所含的双酚 A 结构大大增加了聚氨酯刚性。随着环氧树脂用量的增加，改性后的聚氨酯的交联度增大，聚氨酯分子链上苯环的数量也增加，这些因素都导致胶膜的模量和拉伸强度增加，同时胶膜的弹性和扯断伸长率下降。随着环氧树脂含量增大，使聚氨酯的交联密度提高，而亲水性基团的数量不变，这样就降低了聚氨酯分子的亲水性，从而使分散颗粒变大，乳液稳定性下降。当环氧树脂的用量超过一定范围时，乳液极不稳定，胶膜的力学性能也变差。国内华南理工大学陈焕钦、安徽大学许戈文、中北大学吴晓青等人均进行了这方面的研究。

环氧树脂的改性方法可分为共聚法和共混法。共聚法是在合成预聚物时将多元醇、二异氰酸酯和环氧树脂一起加入，合成端 NCO 基预聚物，然后再依次进行扩链、中和分散，制得水性聚氨酯。共混法则是先将多元醇、二异氰酸酯进行反应合成端 NCO 基预聚物，然后将亲水扩链剂和环氧树脂同时加入，反应一定时间后，再中和、分散、扩链制得水性聚氨酯。环氧树脂改性水性聚氨酯稳定性和力学性能的影响因素主要包括：预聚物的 NCO/OH 比，亲水扩链剂 DMPA 的含量，环氧树脂的种类，环氧树脂的加入顺序，环氧树脂的加入量，扩链剂的扩链程度（扩链系数），中和剂的中和程度等。

综合各单位的研究得出如下结论：

① 预聚物的 NCO/OH 比一般控制在 1.2～1.8 之间；

② 亲水扩链剂的含量应控制在 6%；

③ 环氧树脂的种类为 E-44、E-51；

④ 环氧树脂的加入次序，分为共聚法和共混法，相比较而言，共聚法的综合性能优于共混法；

⑤ 环氧树脂的加入量在 4%～8%，一般为 6%；

⑥ 扩链剂的扩链程度（扩链系数）一般为 85%～100%；

⑦ 中和剂的中和程度一般为 85%～100%。

环氧树脂种类及其添加量对性能的影响见表 11-51～表 11-54。表 11-51 为在相同的 NCO/OH 比例下添加相同质量不同环氧值的环氧树脂，合成水性聚氨酯的性能。

表 11-51　环氧树脂种类对性能的影响[①]

性能	环氧树脂种类		
	E-42	E-44	E-51
乳液外观	带蓝光半透明乳液	带蓝光半透明乳液	带蓝光半透明乳液
固含量/%	31	31	31
胶膜硬度（邵尔 A）	90	96	92
扯断伸长率/%	270	290	340
拉伸强度/MPa	15.27	27.26	18.26
撕裂强度/(kN/m)	70.13	74.25	57.10
吸水率/%	19.18	8.38	8.00
耐碱性(3%NaOH 溶液中,30 天)	失色	无变化	轻微起泡

① 表中 NCO/OH=1.55, W(EP)=4.2%, W(EDA)=4.87%, W(DMPA)=6.8%。

表 11-52～表 11-54 是采用 E-44 环氧树脂改性水性聚氨酯，研究环氧树脂的添加量对水性聚氨酯乳液和胶膜性能以及粘接性能的影响。

表 11-52　环氧树脂添加量对性能的影响

性能	E-44 含量（质量分数）/%				
	0	4	6	8	14
乳液外观	半透明琥珀色液体	半透明琥珀色液体	带蓝光半透明乳液	带蓝光半透明乳液	白色乳液
胶膜硬度（邵尔 A）	84	86	96	92	90
扯断伸长率/%	300	290	290	270	330
拉伸强度/MPa	11.01	14.32	27	13.7	21.48
撕裂强度/(kN/m)	41.07	38.10	75	41.56	36.46

表 11-53　环氧树脂用量对乳液性能的影响[①]

E-44 含量（质量分数）/%	黏度/mPa·s	粒径/nm	稳定期/月	固含量/%	WPU 乳液外观
0	45	79.5	12	26.28	蓝色半透明微黄
4.0	48	96.2	10	32.5	蓝色半透明
6.0	53	156	10	38.04	蓝色半透明
8.0	112	232	6	41.35	乳白
10.0	178	—	2	43.21	放置 7 天后出现沉淀
12.0	—	—	—	—	在乳化过程中出现凝胶

① 表中 NCO/OH=2.5, W(DMPA)=5.0%。

表 11-54 环氧树脂用量对乳液粘接性能的影响

E-44 含量（质量分数）/%	T-Peel strength/(N/m)					
	CPP/OPP	CPP/PET	CPP/VMPET	PE/OPP	PE/PET	PE/VMPET
0	68	72	83	102	89	101
2.79	114	119	141	170	150	169
5.65	151	147	185	208	208	198
7.39	65	76	70	88	72	87

11.8.3 有机硅改性

有机硅化合物表面能低，具有耐低温、耐老化、憎水、耐有机溶剂、耐辐射及透气性好等许多优异性能，还能赋予涂层突出的柔韧性和爽滑丝绸手感。因此，在水性聚氨酯迅猛发展中，利用有机硅改善水性聚氨酯的耐热性能和耐湿擦性能。通常采用化学合成方法将聚氨酯-有机硅烷结合起来，发挥聚氨酯和有机硅两者的优点。一种方法是利用硅氧烷（如硅烷偶联剂 KH560）的水解缩合，使聚氨酯实现交联反应，而获得性能优良的涂层。另一种方法是将羟基硅油乳液与聚氨酯乳液共混。当阴离子水性聚氨酯对有机硅乳液共混改性时不增加有机硅乳液中乳化剂用量以避免由于乳化剂的存在，促进羟基硅油的迁移而导致共混乳液与基质（织物、皮革等）的粘接力降低。

11.8.4 纳米改性

纳米粒子具有特殊的表面效应、体积效应、量子尺寸效应及宏观量子隧道效应，与高分子之间可产生强烈的物理作用和化学作用，在高分子材料强韧化改性方面应用很广，用于聚氨酯改性方面也有很多报道。常用的纳米粒子有碳纳米管、气相二氧化硅、经季铵盐处理的纳米蒙脱土等。黄国波等将纳米二氧化硅经预分散后加入聚氨酯反应体系进行原位聚合，结果表明添加适量的纳米材料可以全面提高聚氨酯的力学性能。

11.9 WPU 的应用

水性聚氨酯的应用主要是涂料和黏合剂两大领域。

水性聚氨酯涂料的应用领域主要包括：①木器漆及木地板漆；②纸张涂层；③建筑涂料；④皮革涂饰剂；⑤织物涂层剂，其中用量最多的是建筑涂料。据统计，我国建筑涂料的年需求量在 250 万吨左右，其中可由水性聚氨酯涂料替代的达 120 万吨，油墨光油年需求量约为 12 万吨左右，水性木器漆年需求量约为 12 万吨左右。

水性聚氨酯胶黏剂已在制鞋业、复合软包装业、织物层压制品、玻纤集束、油墨胶黏剂、汽车内饰、真空吸塑、家具制造业、PVC 贴膜等行业得到应用。前几年我国一些三资鞋厂已开始使用水性 PU 胶。目前每年单从我国出口到国外的 4 大名牌（Nike 等）所用的水性 PU 胶就达到 2 万吨。由于国产水性 PU 胶在固化速率、初黏性、耐热性等方面均不及溶剂型胶，因此国内市场上的鞋用水性 PU 基本上为进口产品。

11.9.1 鞋用胶黏剂

鞋用胶黏剂的应用要求：

① 黏结强度高（初黏强度≥2N/mm，终黏强度≥4N/mm）；

② 涂刷、成膜性能好；

③ 耐热和耐水解，不黄变；

④ 产品稳定，气味小。

鞋用聚氨酯胶黏剂的发展正在由溶剂型逐步向水性型和热熔胶过渡。鞋子不同部位的粘接要求不同，其中鞋帮与鞋底的粘接要替代传统的缝制工艺，要求粘接强度很高，唯有聚氨酯胶黏剂能担当此任。现国内已普遍采用溶剂型 HDI 聚氨酯胶黏剂，主要生产厂家分布在广东，如南光树脂、霸力树脂等公司。水性聚氨酯占的比例还很小，而且基本依赖进口。

鞋用水性聚氨酯在国外胶黏剂开发较早，如 Bayer 公司、BASF 公司、ICI 公司等。Bayer 公司研发的磺酸盐基型水性聚氨酯如 DispercollU54、VPKA8755 具有高固含量（约 50%）、低活化温度等优点已在国际知名运动鞋品牌上使用多年。对 PVC、PU、TPR、橡胶和皮革等鞋材均有良好的粘接性。配以合适的处理剂，粘接强度与溶剂型相当甚至更高。Fuller Licensing & Financing, Inc 公司以一种带磺酸盐基团的聚酯与 IPDI、HDI 两种二异氰酸酯为主要原料，配以各种试剂、添加剂，分别合成了双组分水性聚氨酯和丙烯酸酯改性的水性聚氨酯，具有良好的耐水性，其产品不仅可用作鞋用胶黏剂，还可以用作鞋面涂饰剂。

近年来国内不少单位在研制鞋用水性聚氨酯胶黏剂，其中福建蒲田中科华宇科技公司，广东南海南兴树脂公司、广东顺德东方树脂公司等自主开发的鞋水性聚氨酯胶黏剂，使用效果良好，将逐渐取代进口产品。

11.9.2 真空吸塑胶黏剂

真空吸塑工艺广泛应用于电脑桌、音箱板、橱柜、门和家具制造中，并大量应用于汽车内饰件的加工制造，如汽车硬质基材和软质基材的粘接以及车门板、仪表盘和杂物箱等汽车内饰件的粘接。这种工艺最大的特点是不需要再喷涂涂料，是一种免漆工艺。此外它还可以包覆凹凸槽、曲面边、镂空雕刻件，是其他工艺不能比拟的。用于真空吸塑的胶黏剂是真空吸塑胶，它以水性聚氨酯胶为主并混以其他树脂，原则上也可以选用热熔胶、溶剂型胶，但水性胶无毒、无气味、价格适中，适宜于机械化操作。真空吸塑加工发展很快。日本 45% 的中密度纤维板使用真空吸塑覆膜；我国 PVC 复合加工的中密度纤维板已达 3000 万平方米，并且每年以 8% 以上的速率递增。

真空吸塑采用喷涂施工，因此要求真空吸塑胶黏剂的黏度适中，能适应冬夏天气的变化，能够实现喷雾雾化，此外真空吸塑胶还要具备以下特点。

① 流展性好，吸塑后表面洁净无麻点。

② 固含量高，快干。

③ 初黏性好，在凹槽处和边缘处特别要求吸塑胶的初黏性要好。

④ 耐热老化性能好，至少在 60℃时，24h 烘烤后胶膜不卷边、不缩边、不起泡。

⑤ 活化温度低，使用水性聚氨酯胶必须有一个活化温度，活化温度要求在 55～65℃范围内，温度太高，PVC 膜易穿孔。

目前使用国产水性聚氨酯存在的主要问题是：黏度不稳定，丙酮气味大，复配后残余粒子较多，活化温度偏高，干膜的拉伸强度较低，与其他胶的共混性能不如国外产品，耐热性有待提高。

国外应用在真空吸塑胶的水性聚氨酯见表 11-55。

表 11-55 国外应用于真空吸塑胶的水性聚氨酯牌号

厂 商	牌 号	特 征	厂 商	牌 号	特 征
美国 Wynodotte	X-1034 E-207A	阴离子型	Zeneca Resins	NeoRez R-563	阴离子型
美国 Rucopolymer	Rvcothane Latex 152	阴离子聚酯型	西班牙 Morguinse	Qurlestice 144 系列	阴离子型
德国 Bayer	Dispercoll U 系列	脂肪族阴离子聚酯型	日本光洋公司	KR	阴离子型
德国 Bayer	Baydern Vorarud	PK 阳离子型	大日本油墨化工公司	Hydra HW	阴离子型

11.9.3　复膜用胶黏剂

层压复合膜在食品包装、药品包装、彩印行业等有着广泛的应用。层压复合膜是将塑料和其他材料用胶黏剂粘接在一起制成的。当前的复合膜胶黏剂以溶剂型聚氨酯胶黏剂为主，由于环保的压力（目前要求残留溶剂含量$<3mg/m^2$），水性和无溶剂型胶黏剂是今后市场的主力。据统计，我国食品复合软包装袋每年需用胶黏剂 5 万吨左右，其中溶剂型聚氨酯胶黏剂占 90%，无溶剂型和水性胶黏剂不到 10%。

复合薄膜的生产方法主要是挤出复合和干法复合两种。干法复合工艺适用于各种薄膜基材的复合。目前，世界各国干法复合使用的胶黏剂都是聚氨酯胶黏剂，可制得满足耐热、耐寒、耐油、耐酸、耐药品、阻气、透明、耐磨以及耐穿刺等性能要求的软包装复合薄膜。干法复合工艺中，胶黏剂是影响复合薄膜品质的关键因素，因此食品包装复合薄膜用胶黏剂应具备下述性能。

（1）黏合性　复合包装薄膜使用的基材有塑料、铝箔等。而塑料又分很多种类，要将这些表面特性不同的薄膜粘接在一起，要求胶黏剂必须具有同时能黏合两种不同薄膜材料的性能。

（2）柔软性　以塑料为主的复合材料，又称软性包装材料，其受欢迎的主要原因就是其轻柔性。这除了本身要柔软、可折叠外，胶黏剂本身也要具备这种性能。如果胶膜坚硬、性脆、不可折叠，则失去了包装的意义。

（3）耐热性　许多食品包装在制造加工操作中要经受高温（180～220℃），例如，热封制袋，对包装好的食品经高温杀菌以及蒸煮食品等，这就不仅仅要求各种基材薄膜要经受起高温的考验，所用的胶黏剂也要经受得起高温的考验。否则，经高温处理后的薄膜分层剥离，就不是复合包装薄膜了。这一点必须在选用胶黏剂时慎重考虑。

11.9.4　在纺织工业的应用

水性聚氨酯具有优良的柔韧性，胶层柔软，可作为植绒黏合剂，还可用作涂料印花的低温黏合剂、无纺布黏合剂、织物层压黏合剂、织物上浆剂、织物表面涂层剂、羊毛织物防缩整理剂、抗静电整理剂、抗起毛起球整理剂等。Bayer 公司的 U52 和 U54 系列可用作植绒黏合剂，U42 和 VPKA8758 用作层压黏合剂可湿贴合，胶层弹性好，透气性好。

11.9.5　在 PVC 手套生产中的应用

无粉 PVC 手套是国内迅速发展的领域。除东南亚外，中国是世界上 PVC 生产和出口大国。PVC 手套具有耐化学腐蚀、阻燃、强度高和易于加工等优点，普遍受到人们的青睐。由于生产中加入大量增塑剂，不经表面处理的 PVC 手套脱模难，且穿戴性能差。传统的方法是在手套表面涂覆滑石粉或淀粉等润滑材料，以增加手套表面滑爽感。然而粉体材料会造成生产过程和使用过程的污染，特别是有 10% 左右的人在穿戴有粉 PVC 手套后过敏。过敏不是粉体材料本身，过敏源是天然乳胶中的异型蛋白。未经粉体处理的天然乳胶材料一般不会造成皮肤过敏，原因是过敏源与皮肤真皮层直接接触可能性极小。但粉体材料处理后的天然乳胶材料很易造成皮肤过敏，其原因是涂覆在乳胶表面的粉体粒子受到过敏源的污染，脱落后进入皮肤毛孔形成过敏。粉体材料实质上是过敏物质的传递中介。近年西方发达国家已禁止有粉 PVC 手套的生产和销售。目前美国、荷兰、中国台湾采用 WPU 涂饰剂在 PVC 手套表面涂覆形成涂层，解决了手套难以穿戴的问题。

目前国内 PVC 手套主要供应商有台湾弼钰企业有限公司，台湾钜超兴业股份有限公司，台湾大一同有限公司，台湾彰扬企业有限公司，国外有荷兰专业化学制品公司等。进入水性聚氨酯乳胶手套处理剂开发与生产的国内企业不多，基本上是以进口产品为主。然而国内发展也十分迅速，北京林氏精细化工公司数年前进入此领域，2004 年水性聚氨酯实际产量超过 6000t。

11.9.6　在皮革涂饰剂方面的应用

由于用水性聚氨酯涂饰的皮革具有涂层薄、手感柔软、丰满、粒面平细、滑爽、光泽自然、真皮感强的特点，并且能改善革面的耐干湿擦、耐屈挠、耐溶剂、耐天候等性能，在皮革涂饰方面得到愈来愈广泛的应用。水性聚氨酯皮革涂饰剂是国内水性聚氨酯发展的突破口，也是国内水性聚氨酯市场的核心。中国是皮革生产大国，目前皮革加工量维持在 1 亿张（折合牛皮）/年，需要树脂涂饰剂 10 万吨/年。市场的分配基本是丙烯酸树脂和聚氨酯树脂各占 50% 左右，聚氨酯树脂中进口和国产各占约 50%。估计国内水性聚氨酯皮革涂饰剂市场为 2 万吨/年。表 11-56 为用于皮革涂饰剂的国外几家公司的水性聚氨酯产品牌号。

表 11-56 国外几家公司的水性聚氨酯产品牌号

公司名称	产品	公司名称	产品
德国 BASF 公司	Astacin Finish PUD 系列	香港 J&T 公司	HD2209,2101,4664 HYDROPOL205,532
德国 Bayer 公司	Bayderm 系列	意大利 GALSTAFF 公司	540,555,655,755,777,863
荷兰 Stahl 公司	RU3904,4385,2518,2519,3506,3986,9611	英国 Avecia 树脂公司	NeoRez 系列
意大利 Fenice 公司	UW 系列	日本 Takeda 公司	W-615、W-635

11.10 发展现状及趋势

11.10.1 国内水性聚氨酯生产企业简况及市场消费情况统计

据初步统计，国内水性聚氨酯的科研和生产单位已有上百家，水性聚氨酯的生产厂家主要分布在浙江和广东等区域，比较大的有北京林氏、温州寰宇、淄博奥德美以及黄山美帮胶液、合肥安大科招精细化工厂等。国内水性聚氨酯的年生产能力在 30000t 以上，产量超过 10000t；产品质量稳步提高。安徽大学许戈文教授对我国水性聚氨酯生产企业概况和水性聚氨酯胶黏剂的市场情况统计数据见表 11-57 和表 11-58。

表 11-57 我国水性聚氨酯生产企业简况

品牌	公司名	所在城市	产品牌号	产能(值)	主要用途
北京林氏	北京林氏精化新材料有限公司	北京	LSPU-500，LSPU-518,PU80 系列等	8000t/a	PVC 手套、皮革、纺织胶
SPACE	温州市寰宇高分子材料有限公司	浙江温州	UR 系列和 UR-G 系列	3 亿元/a	合成革，织物涂层，皮革涂饰，玻纤上浆，手套
奥德美	奥德美(淄博)高分子材料有限公司	山东淄博	ADM-F108，207，209，227，706；ADM-Z108,207,209,706	3600t/a	纸张包装，油墨，纺织印花，皮革涂饰，真空吸塑，导电胶等
泰戈	安徽安大华泰新材料有限公司	安徽合肥	AH-0201 系列	2000t/a	真空吸塑，木材拼接，薄膜复合
得力粘胶	广东东方树脂有限公司	广东佛山	Deli 系列,WB01	2000t/a	鞋用、真空吸塑胶水、水性木漆器、汽车内饰胶、纺织涂层胶
Megabond	美邦(黄山)胶业有限公司	安徽黄山	JF1138 双组分的水溶性聚氨酯胶黏剂	5000t/a	适用于 PET、BOPP、CPP、PE、镀铝膜、铝箔等材料的复合
思沃化学	上海思盛聚合物材料有限公司	上海	U 系列和 PUD 系列	1000t/a	PVC 真空吸塑、磁卡制造、家具制造、皮革、纺织品布类、汽车内饰件、植绒贴合和鞋材等
吉力	无锡市万力黏合材料有限公司	江苏无锡	XS 系列和 RXS 系列	1000t/a	汽车内饰、门板、顶棚等的黏结。各类板材用真空吸塑胶以及热转印、烫金
大谷 DUCHY	温州大宝树脂有限公司	浙江温州	DB-699 系列	2000t/a	人造革贴合、植绒、转移烫金
华阳	运城市华阳工贸有限公司	山西运城	WD6、HY6 系列	2000 万元/a	磁卡层压、真空吸塑、静电植绒、皮革涂饰、织物处理等领域

表 11-58　我国水性聚氨酯胶黏剂市场情况

应用领域	来源	市场划分	价格/(元/kg)	表观消费量/(t/a)
真空吸塑胶	国产/进口	华东	20～50	10000
汽车内饰胶	进口/国产	华东、华南	30～50	5000
薄膜复合胶	国产/进口	华东、华南	15～40	15000
木材集成胶	进口/国产	华北、华南	7～20	20000
鞋用胶	进口/国产	华东、华南、华北	40～60	25000
织物复合胶	国产/进口	华东	15～30	10000
油墨连接料	进口/国产	华东、华南	20～60	1000
静电植绒胶	进口/国产	华东、华南	30～60	500
丝网连接胶	国产/进口	华东、华北	10～20	300
手套用连接胶	国产/进口	华北、华东	10～20	1000
合成革复合胶	国产/进口	华东、华南	10～30	1000

11.10.2　发展趋势

国外对水性聚氨酯和离子型聚氨酯进行了深入和广泛的研究。在过去 40 多年间发表的有关水性聚氨酯的制备和应用的专利和文献已有几千篇。目前的研究向以下几个方面发展：

① 采用最新研究手段进一步探讨离子型聚氨酯结构和性能的关系；

② 采用最新电子显微技术，研究水性聚氨酯中分散粒子的结构和粒子的尺寸；

③ 开发性能优良、固含量高的水性聚氨酯新品种，以满足涂料和胶黏剂方面的应用要求；

④ 开发能满足不同应用要求的配胶助剂。

国内许多大学和科研院所均已开展对不同类型的水性聚氨酯分散液的研究开发。但相关的配胶助剂却研究甚少。在这方面国外则既全面又系统。

水性聚氨酯是相对于溶剂型聚氨酯而言的。因为聚氨酯的特殊性能，能溶解聚氨酯的溶剂的品种是非常有限的。即使是比较常用的溶剂，如 DMF、二甲基亚砜、四氢呋喃，不仅价格较贵，而且有毒，易燃。和溶剂型聚氨酯相比较，水性聚氨酯则安全很多。从环境保护的观点出发，水性聚合物涂料是 21 世纪最有发展前途的聚合物应用形式。水性聚氨酯是水性聚合物中的重要成员，加之聚氨酯的高强度、高弹性、高耐磨、耐非极性溶剂等杰出性能，水性聚氨酯将成为 21 世纪不可替代的产品。在工业和日常生活等各方面必将得到更加广泛的应用。

参 考 文 献

[1] Xiao H X，Frisch K C，Yang S. 聚氨酯中国国际会议论文集，1995：231.

[2] Hyung Kyu Kim，Tae Kyoon Kim. J. Appl. Polym. Sci.，1991，43：393.

[3] Egboh H S，Ghaffar A，George M H，Barrie J A. Polymer，1982，23：1167.

[4] Jong Cheol Lee，Byung Kyu Kim. J. Polym. Sci. Part A：Polym. Chem.，1994，32：1983.

[5] Young Min Lee，Jong Cheol Lee and Byung Kyu Kim. Polymer，1994，35：1095.

[6] Kakati D K，Gosain R，George M H. Polymer，1994，35：398.

[7] Hua Bao，Zhiping Zhang，Shengkang Ying. Polymer，1996，37：2751.

[8] Young Min Lee，Tae Kyoon Kim，Byung Kyu Kim. Polym. International，1992，28：157.

[9] Show. An Chen and Jen Sung Hsu. Polymer，1993，34：2769.

[10] Hsu S L，Xiao H X，Szmant H H，Frisch K C. J. Appl. Polym. Sci.，1984，29：2467.

[11] Show An Chen，Jen Sung Hsu. Polymer.，1993，34：2776.

[12] Yun Chen，Yueh Liang Chen. J. Appl. Polym. Sci.，1992，46：435.

[13] Chang Kee Kim，Byung Kyu Kim. J. Appl. Polym. Sci.，1991，43：2295.

[14] Salah H A AL，Frisch K C，Xiao H X，McLean J A，Jr. J. Polym. Sci. Part A：Polym. Chem.，1987，25：2127.

［15］ Dieterich D，Keberle W，Witt H. Angew. Chem. Internat，1970，9：40.

［16］ McClellan J M，MacGugan I C. Rubber Age，1968，100：66.

［17］ Stuart Suskind P J. Appl. Polym. Sci. ，1965，9：2461.

［18］ Dieterich D，Reiff H. Adv. Urethane. Sci and Tech. ，1976，4：112.

［19］ Kazuo Matsuda, Hidemasa Ohmura, Yoshiaki Tanaka, and Takeyo Sakai. J. Appl. Polym. Sci. ，1979，23：141.

［20］ Kazuo Matsuda, Hidemasa Ohmura, Yoshiaki Tanaka and Takeyo Sakai. J. Appl. Polym. Sci. ，1979，23：1461.

［21］ John C. Tsirovasiles and Albert S. Tyskwicz. J. Coated Fabrics，1986，16：114.

［22］ Miller J A，Hwang K K S，Yang C Z，Cooper S L. J. Elastoplastcs，1983，15：174.

［23］ Miller J A，Hwang K K S，Yang C Z，Cooper S L. J. Macromol. Sci. Phy. ，1983，B22：321.

［24］ Hwang K K S，Speckhard T A，Cooper S L. J. Macromol. Sci. Phys. ，1984，B23：153.

［25］ Speckhard T A，Hwang K K S，Yang C Z，Laupan W R，Cooper S L. J. Macromol. Sci. Phys. ，1984，B23：175.

［26］ Dieterich D，Prog. Org，Coat. ，1981，9：281.

［27］ M. angeles Perez-liminana，Francisca Aran-Ais International Journal of Adhesive & Adhesives 2005，25：507-517.

［28］ Tapani Harjunalanen，Mika Lahtinen Eurpean Polymer Journal 2003，39：817-824.

［29］ Ajaya K. Nanda，Douglas A. Wicks Polymer，2006，47：1805-1811.

［30］ Yong Sil Kwak，Eun Young Kim，Byung Ha Yoo，Han Do Kim Journal of Applied Polymer science，2004，94：1743-1751.

［31］ Da-Kong Lee，Hong-Bing Tsai，Hsine-Hsyan Wang，Ruey-Shi Tsai，Journal of Applied Polymer science，2004，94：1723-1729.

［32］ Charoen ChinWanitcharoen，Shigeyoshi Kanoh，Toshiro Yamada Shuni-chi Hayashi，Shunji Sugano，Journal of Applied Polymer science，2004，91：3455-3461.

［33］ M. G. Lu，J. Y. Lee，M. J. Shim，S. W. Kim ，Journal of Applied Polymer science，2002，86：3461-3465.

［34］ D. J. Hourston，G. Williams，R. Satguru，J. D. Padget，D. Pears，Journal of Applied Polymer science，1997，66：2035-2042.

［35］ Hsun-Tsing Lee，Sheng-Yen Wu，Ru-Jong Jeng ，Colloids an Surfaces A：Physicochem. Eng. Aspects，2006，276：176-185.

［36］ Mohammad M. Rahman，Han-Do Kim，Journal of Applied Polymer science，2006，102：5684-5691.

［37］ 李绍雄，刘益军 . 聚氨酯树脂及其应用 . 北京：化学工业出版社，2002：559.

［38］ 许戈文 . 水性聚氨酯胶黏剂在中国发展现状 . 涂料技术与文摘 . 2010，(6) .

［39］ 刘都宝，纪学顺，张文荣，许戈文 . 印染助剂，2008，25 (10)：25-27.

［40］ 吴晓青，卫晓利，邱圣军 . 应用基础与工程科学学报，2006，14 (2)：153-159.

［41］ 王春会，李树材 . 聚氨酯工业，2005，20 (6)：20-23 .

［42］ 黄先威，肖鑫，刘方，孔毅 . 聚氨酯工业，2005，20 (2)：20-23.

［43］ 邓艳文，傅和青，张小平，黄洪，陈焕钦 . 中国胶黏剂，2006，15 (5)：18-20 .

［44］ 谢伟，许戈文，周海峰，纪学顺 . 中国胶黏剂 . 2007，16 (6)：5-7.

［45］ 徐克文，赵石林 . 新型建筑材料，2006，7：38-40.

第 12 章　微孔聚氨酯弹性体

宫涛　李汾　张旭琴

12.1　概述

微孔聚氨酯弹性体也称发泡聚氨酯弹性体（简称微孔 PUE）。其密度介于非泡聚氨酯弹性体和软泡之间，且大多微孔弹性体的体积分数大于气孔的体积分数。孔径较小（0.1～10μm），泡孔大小分布均匀且较窄。在主要的物理性能方面，聚氨酯微孔弹性体超过了所有其他相同密度的微孔弹性体。

微孔聚氨酯为嵌段聚合物，每个大分子由 10～20 个交替的软段和硬段组成。与其他典型的嵌段聚氨酯一样，分子中有两个主要温度过渡区，即软段相的玻璃化温度和硬段相的熔化温度，为两相结构。

与非泡聚氨酯弹性体相比，微孔聚氨酯弹性体质轻、易形变、密度低、耐折性好、抗冲击、易模塑、缓冲性能好，是一种弹性较好、吸能的多孔材料，可承受较高的负载。广泛用于汽车、制鞋、石油、家具、建筑密封等行业。

微孔聚氨酯弹性体在实际应用中，除具有某些特殊的应用性能外，还可降低成本。降低成本的最大潜力是使其密度降低到最低限度，在保持微孔聚氨酯功能的同时，寻求结构性能的最优化。

12.1.1　加工方法分类

微孔聚氨酯弹性体可通过选择不同的原材料来制得最终性能各异的产品。但其原材料的选择又要考虑到加工方法的不同。通常有三种加工方法。

（1）混炼型　混炼型微孔聚氨酯弹性体由聚酯多元醇和二异氰酸酯（通常为甲苯二异氰酸酯）反应生成中等分子量的聚合物，再加入一定量的发泡剂（如水合肼、二亚硝基偶氮二异丁腈）、硫化剂、增强剂及其他配合剂，通过橡胶加工工艺进行混炼、充模、硫化、交联固化，制得微孔弹性体。

（2）浇注型　浇注型微孔聚氨酯弹性体的成型工艺较多，典型的有 RIM、聚氨酯鞋底模塑和手工模塑法。RIM-PU 和 PU 鞋底模塑工艺在本章作为重点介绍。

手工模塑有一步法、半预聚物法和预聚物法三种。在手工浇注工艺中，常采用预聚物法。首先由聚酯或聚醚多元醇与异氰酸酯如 MDI 或 TDI，制得分子量中等的预聚物，然后加入匀泡剂、水或物理发泡剂、二醇或二胺扩链剂等配合剂制得高分子量微孔 PUE。该工艺的缺点是预聚物黏度在室温下较高，有时甚至为固体，因此加工温度也较高，制备大型制件时成型周期较长。

（3）热塑型　热塑型微孔聚氨酯弹性体是在模塑过程中，加入氮气等惰性气体或有机发泡剂等添加剂，采用 TPU 工艺模塑而成。

12.1.2　微孔弹性体的性能

微孔聚氨酯弹性体兼具 PU 弹性体良好的物理机械性能和 PU 泡沫的舒适性。在合成微孔聚氨酯弹性体时，所用原料不同，制得的弹性体的性能也不同。聚酯型微孔弹性体的许多性能如拉伸强度、撕裂强度以及耐磨性能等方面明显优于聚醚型，但聚酯型也有明显的缺点，如易水解和生物降解，耐霉变性差，不能在湿热的环境下长期使用。而聚醚型有良好的耐低温、耐水解和耐霉变性能，并且动态屈挠性优异，但力学性能较差。聚（酯-醚）型微孔聚氨酯弹性体是在催化剂的作用下，通过烷氧基化反应，在聚酯分子上嵌入醚键合成。聚（酯-醚）多元醇具有不饱和度低、分子量高、分子量分布窄等优点，并且官能度更接近理论值。由此合成的聚（酯-醚）微孔材料兼具了聚酯型和聚醚型微孔 PU 弹性体的优点，保持了聚酯型的力学性能的同时，耐水解性能也明显提高。表 12-1 列出了聚酯、聚醚和聚（酯-醚）型微孔聚氨酯弹性体性能的对比数据，可供参考。

表 12-1　聚氨酯微孔弹性体的性能比较[①]

性　　能	聚酯型	聚醚型	聚(酯-醚)	性　　能	聚酯型	聚醚型	聚(酯-醚)
密度/(g/cm³)	0.62	0.58	0.60	扯断伸长率/%	600	400	450
硬度(邵尔 A)	75	50	65	磨耗(Schopper)/mm³	50	450	135
拉伸强度/MPa	7.0	3.5	5.0	NCO 指数变化范围	98~112	95~115	95~120

　① 聚酯型预聚物的 NCO 含量为 19.2%，聚醚型预聚物的 NCO 含量为 21.0%。异氰酸酯为 MDI。

12.1.3　微孔弹性体的应用

微孔聚氨酯弹性体具有良好的力学性能（特别是填料增强后的性能），优异的承重性能和减震性能，而且性能具有广泛的可调性。主要用于鞋类、减振材料、密封、轮胎、过滤等方面，如鞋底材料、高铁轨道减震垫、大型船舶的护舷、实芯轮胎、小汽车的止推块、空气弹簧、空气滤清器等。2009 年我国微孔聚氨酯弹性体的消耗量约为 25 万吨，预计到 2014 年达到 32 万吨，2009~2014 年五年间将以年均 5.1% 的速度增长。

12.2　RIM 聚氨酯

12.2.1　定义

反应注射成型（reaction injection molding，RIM）是直接用低黏度的单体或低聚物制造复杂制品的一种工艺技术。这些单体或低聚物在注入模腔前瞬间碰撞混合，相互活化，在模腔中通过交联反应或相分离快速固化，形成固体聚合物制品。

RIM 材料中有几个意义不同的术语，分别指不同的工艺过程或材料。RIM 是指无增强材料的工艺过程或材料；RRIM 或增强 RIM 表示增强反应注射成型，是指将各种相对短的增强体，如有机无机纤维、片状增强材料等，混于反应料液之一后与另一组分反应制得的材料或工艺过程；SRIM 或铺垫 RIM（structure RIM）表示结构反应注射成型，是指将连续长纤维垫预置于模腔中，然后将反应料液注入模腔渗入纤维垫反应的工艺过程或材料。近年来，德国Bayer 公司开发了 MC-RIM，它指多组分反应注射成型，也称夹芯 RIM。首先将反应性的聚氨酯混合物（皮层组分）注入膜腔，然后注射第二个组分（核层组分），并将皮层组分压制到模制品的边缘，完全充模。若以气体做核层组分，则叫 GRIM。该工艺可生产中空、厚壁模制品，可节省约 30% 的原料。在鞋底生产中，中空气体的可压缩性又可给予鞋底特殊的跑动性能。RIRIM（rotary injection RIM）是 20 世纪 80 年代末问世的一种加工工艺，称为旋转反应注射成型。该成型技术的特点是对物料黏度没有限制，清洗不用溶剂而采用刮子刮，物料为层流注模。注射方式有两种，一种是以小孔为注射口的旋转注射混合方式；另一种为以缝隙为注射口的旋转平面射流混合方式。

12.2.2　发展沿革

RIM 技术是在聚氨酯硬泡制备家具等工艺的基础上发展起来的。20 世纪 50 年代人们用低压机使料液回转混合制备聚氨酯弹性体和聚氨酯泡沫塑料。1967 年德国 Bayer 公司的 Baydur 问世。1969 年首次报道用高压碰撞混合生产聚氨酯泡沫塑料，出现了第一台具有自清洁和循环混合头的 RIM 设备。1974 年美国大量采用 RIM 工艺生产大型 PU 制件。1979 年用玻璃纤维增强的 RIM 工艺生产 PU 汽车挡泥板和车体板。1980 年玻璃纤维增强的 SRIM 问世。1983 年尼龙 RIM 开始小批量生产。1984 年聚脲 RIM 开发成功。除 RIM-PU 以外，80 年代初先后报道了聚双环戊二烯 RIM、丙烯酸酯 RIM、环氧 RIM、酚醛 RIM 和不饱和聚酯 RIM 等的开发应用。

RIM-PU 的开发应用现已进入第四代。第一代 RIM-PU 为伯羟基聚醚多元醇、二异氰酸酯、低分子多元醇扩链剂、催化剂和外脱模剂体系，成型周期为 7min。第二代为以芳香二胺为扩链剂的 PU-聚脲 RIM。第三代是在第二代的基础上增加了内脱模剂，成型周期减到 90s 左右，大大提高了生产效率。第四代是用特殊的端氨基聚醚为原料，活性提高，使成型周期减到 60s，脱模时间减到 10s。

RIM-PU 在汽车业中的应用包括挡泥板、门饰、仪表盘、汽车后挡板、轿车防擦装饰条、汽车箱体、保险杠增强刮皮板、内外装饰、阻流板、导风板、调节窗，另外还有拖拉机零部件、雪地汽车防护罩、游乐车和家具，并且还用于工业机械和装备。

薄壁技术用于 RIM-PU 模塑产品具有良好的物理性能和涂覆性能，新技术使 RIM-PU 在替代钢材采用模压技术制造汽车车身面板的呼声很强。

美国 RIM 类 PUE 消费量从 2006 年的 7.3 万吨下降到 2009 年的 3.1 万吨，2006～2009 年间，年均下降率达 25%。1996～1998 年，汽车工业消费量占 RIM 类 PUE 消费量的 74%～77%。到 2004 年，其所占百分比下降到 64%～65%，2008～2009 年再下降至 55%～58%。由于经济衰退的原因，2009 年 RIM 类 PUE 总的消费量下降超过 21%，预计 2009～2014 年期间，消费量年均增长率为 3.0%，2014 年消费量将达 3.6 万吨，但仍低于 2008 年的水平。

2009 年，美国用于车窗密封、汽车仪表盘、保险杠装饰和刮皮板、汽车内部装潢用衬垫、镶嵌体、挡泥板、车门面板、卡车后板、载重车厢的量占全部汽车用 RIM-PU 消费量的 59%。车顶内饰、方向盘、装饰/门板等，占全部汽车 RIM-PU 消费量的 41%。

12.2.3 RIM 技术特点

RIM-PU 技术具有以下优点。

① RIM 配方中所用原材料为低黏度液体，黏度在 10000mPa·s 以下，循环和脱模压力相对较低。

② 快速反应性。原料活性较高，瞬间碰撞混合均匀。

③ 自清洁混合头。

④ 准确的高压计量系统，具有良好的混合和工艺可控性。

⑤ 配方可调范围大，可设计生产不同结构和性能的 RIM-PU 制品（表 12-2）。

⑥ 产品多样化。

用 RIM 工艺可生产固体 PU 弹性体、微孔 PU 弹性体（密度 0.2～1.2g/cm³）和用作结构或装饰材料的软质、硬质和半硬质自结皮 PU 泡沫塑料（密度在 0.2g/cm³ 以上）。固体 PU 弹性体主要为相对薄壁的产品如滑冰鞋等。微孔 PU 弹性体用于生产高性能、薄壁的微孔产品。

⑦ 生产效率高，可大批量生产大尺寸制件。由于内脱模剂和模内涂漆技术的应用，RIM 的脱模时间从 60s 缩短至约 10s，成型周期从约 320s 降至约 60s，生产大批量、大尺寸的制件较为经济。

表 12-2　Mobay 公司 RIM 聚氨酯弹性体的性能

性能	指　　标					
密度/(g/cm³)	1.07～1.1	1.03～1.07	1.07～1.1	1.07～1.1	1.07～1.1	1.07～1.1
硬度(邵尔)	88A	32D	50D	50D	63D	74D
拉伸强度/MPa	17	14	21	21	29	34
扯断伸长率/%	500	350	250	190	85	65
撕裂强度/(kN/m)	74	70	74	72	70	
弯曲模量(24℃)/MPa	38	83	165	220	860	172

12.2.4　原材料

RIM 工艺以碰撞混合为特点，一方面要求组分的黏度要小，反应过程中物料的黏度增长要慢，在模中流动性好；另一方面要求固化速率快，物料的反应活性大，成型周期短，因此原料和助剂的选择是很重要的。

RIM 化学体系的基本反应如下：

① 二异氰酸酯同多元醇及二醇扩链剂反应生成氨基甲酸酯；

② 二异氰酸酯同多元醇、二胺扩链剂生成氨基甲酸酯/脲；

③ 二异氰酸酯同端氨基聚醚、二胺扩链剂生成脲；

④ 异氰酸酯三聚生成异氰脲酸酯。

有水存在时生成脲放出 CO_2。还可能发生下列副反应，生成交联结构。

① 在较高温度下或有适宜催化剂存在下，异氰酸酯同氨基甲酸酯基团反应生成脲基甲酸酯。

② 异氰酸酯同脲反应生成缩二脲。

12.2.4.1　异氰酸酯

异氰酸酯多用改性或液化 MDI。由于 MDI 常温下为固体，不适合 RIM 工艺要求，因此常用半预聚物改性或碳化二亚胺等改性的液化 MDI 产品。半预聚物型有 MDI 与二丙二醇或三丙二醇的加合物和 MDI 与聚酯的加合物等，见表 12-3。TDI 由于邻位上的 NCO 基活性较低等原因，一般不采用。

表 12-3　改性 MDI 系列产品特性

类　别	官能度	用　途	备　注
氨基甲酸酯改性 MDI(U-MDI)	2.0	微孔弹性体	
碳化二亚胺改性 MDI(C-MDI)	略大于 2.0	微孔弹性体	黏度低于 30mPa·s
二氮环丁酮亚胺改性 MDI	2.2	微孔弹性体	
聚 MDI 掺混的改性 MDI	≤2.7		

U-MDI 和 C-MDI 制成的 RIM 材料性能见表 12-4。

表 12-4　U-MDI 和 C-MDI 制成的 RIM 材料性能的影响

异氰酸酯	初始强度	膜内流动性	模量	拉伸强度	扯断伸长率	热臂下垂	撕裂强度
U-MDI	大	小	大	高	大(劣)	高	大
C-MDI	小	大	小	低	小(良)	低	小

改性型 MDI 的 NCO 含量在 22.5%～29.0% 之间，改性程度的不同，其性能也不同。表 12-5 为 U-MDI 改性程度对性能的影响。

表 12-5　U-MDI 的改性程度对 RIM 材料性能的影响

性能	NCO/%				
	23	24	25	26	27
初始强度/s[①]	150	240	300	405	600
硬度(邵尔 A)	62	61	60	59	58
50%定伸应力/MPa	14.4	14.2	13.4	12.7	12.5
拉伸强度/MPa	23.8	25.0	24.8	24.4	23.9
扯断伸长率/%	229	243	250	257	258
撕裂强度/(kN/m)	102	115	105	113	105
弯曲模量/MPa	272	272	263	243	220
热臂下垂(120℃/1h)/mm	20.2	27.3	16.2	15.3	14.0
脆化温度/℃	-44	-46	-46	-50	-50

① 达到脱模所需的初始强度的时间。

12.2.4.2　低聚物多元醇

应用于 RIM-PU 体系的多元醇多为聚醚多元醇，很少使用聚酯多元醇，因为聚酯多元醇的黏度较大，一般不适合碰撞混合。

聚醚多元醇归纳起来主要有如下几种。

① 高分子量高活性聚醚多元醇。RIM-PU 微孔弹性体常用的分子量为 4000～7000，官能度为 2～3，端基应为伯羟基。伯羟基含量越多，反应速率越快，RIM 的生产效率越高。

② 聚合物接枝聚醚多元醇，官能度 2～3，分子量 3000 以上。

③ 聚脲分散体聚醚多元醇（PHD），官能度 2～3，分子量 3000～7000。

④ 聚丁二烯多元醇。

⑤ 氨基代替部分端羟基的聚醚，如端氨基环氧丙烷聚醚，其中以伯氨基与异氰酸酯的反应最快。为适应 RIM 工艺要求，ICI 公司开发了酮亚胺聚醚，BASF 公司开发了酮亚胺聚醚和仲酮胺聚醚，这种聚醚的反应活性比端羟基聚醚有所降低，有利于充模。

聚醚多元醇的官能度和分子量是影响 RIM 材料性能的主要因素。官能度增大，聚合物的交联密度增加，初始强度、拉伸强度及模量均增大，但料液的流动性下降，三官能度聚醚多元醇制成的材料的物理机械性能优于二官能度聚醚多元醇的材料。分子量增大，促进了聚合物的微相分离，有利于提高弯曲模量。表 12-6 为聚醚多元醇的分子量、官能度对 RIM-PU 制备工艺及制件物理性能的影响。

表 12-6　低聚物多元醇的官能度和分子量对 RIM 性能的影响

性　能	初始强度	膜腔中流动性	脱模周期	模量	扯断伸长率	拉伸强度	耐温性能	脆化点下降程度
官能度增加	↗	↘	↗	↗	↘	↗	↗	—
分子量增加	↘	↘	↘	↗	↗	↗	↗	↗

在聚醚多元醇中，不饱和度和氧化乙烯链节的多少对聚醚多元醇的活性和制品的性能也有影响。不饱和度影响材料的拉伸强度和耐热性能。由含氧化乙烯链节大约 15% 的聚醚多元醇制备的材料性能最佳，含端氧化乙烯链节大于 15% 的材料性能基本不改变。氧化乙烯链节以无规或嵌段存在时制备的材料的物理机械性能比端氧化乙烯的差。当聚醚多元醇中含有机填料时，有机填料具有增强作用，可提高制件的模量。

12.2.4.3　扩链剂

RIM 常用的扩链剂是小分子多元醇和二胺。二醇如乙二醇、二乙二醇、1,4-丁二醇、1,6-己二醇，二胺如二乙基甲苯二胺，三元醇如三羟甲基丙烷、丙三醇、三乙醇胺、三异丙醇胺。脂肪族胺的活性过高，反应不易控制，在 RIM 工艺中一般不采用。芳香族胺苯环上可带有各种取代基，使活性下降，便于工艺控制，芳香族二胺扩链剂用于特殊场合的品种见表 12-7。

与浇注型聚氨酯弹性体不同的是，RIM 要求扩链剂的反应速率要快，固化时间短。常用二乙基甲苯二胺（DETDA）作为扩链剂，因为它具有适宜的工艺性能和良好的制品性能，是目前使用最广泛的扩链剂。Mobay 化学公司在 RIM 体系中采用了 1,3,5-三乙基-2,6-二氨基苯（TEMPDA）作为扩链剂，尽管 TEMPDA 的空间位阻大，理论上分析扩链反应速率慢，但用量在 RIM 体系中可提高到 25%。两者的使用性能比较见表 12-8。

表 12-7　常用聚氨酯扩链剂及其同异氰酸酯的反应速率

二胺	MOCA[①]	2,3-甲苯二胺	2,6-甲苯二胺	DETDA	（结构式）	四甲基二苯亚甲基二胺
相对反应速率	1	154	105	31	23	17

二胺	四乙基二苯亚甲基二胺	四异丙基二苯亚甲基二胺	3,3'-二异丙基-5,5'-二甲基二苯亚甲基二胺	（结构式）	
相对反应速率	9	18	18	11	

二胺	3,3'-二叔丁基-5,5'-二甲基二苯基亚甲基二胺	（结构式）	
相对反应速率	1.5	0.75	

① MOCA，即 3,3'-二氯-4,4'-二氨基二苯甲烷。

表 12-8　DETDA 和 TEMPDA 扩链的 RIM 材料性能[①]

组成和性能	指标			组成和性能	指标		
多元醇/质量份	76.9	75.1	71.1	撕裂强度/(kN/m)	84	90	114
异氰酸酯/质量份	59	58.1	65.7	拉伸强度/MPa	22	23	28
DETDA/质量份	23.0	—	—	扯断伸长率/%	200	230	240
TEMPDA/质量份	—	24.8	28.8	弯曲模量/MPa			
催化剂 DBTDL/质量份	0.1	0.1	0.1	25℃	336	366	486
密度/(g/cm³)	1.0	1.0	1.01	30℃	1238	1254	1149
硬度(邵尔 D)	57	59	62	65℃	345	256	342

① 低聚物多元醇是以甘油为起始剂的聚醚多元醇，环氧乙烷与环氧丙烷单体之比为 7:1。异氰酸酯为改性 MDI，NCO 含量为 23%。

使用中，为了获得较好的工艺性能、物理机械性能和脱模性能，可选用混合扩链剂，如 DETDA 与间二异丙基苯二胺的混合物和环己基二甲醇与 DETDA 的混合物等。

12.2.4.4　其他

RIM-PU 所用助剂还有催化剂、发泡剂、内脱模剂、匀泡剂、着色剂和增强材料等。

（1）催化剂　RIM-PU 常采用催化剂来加快体系的反应速率，广泛使用的催化剂是三亚乙基二胺（DABCO33LV）和二月桂酸二丁基锡（DBTDL），可分别使用或者混合使用。RIM 中催化剂的用量比浇注弹性体的多一些，胺催化剂的用量为 0.6%～1.0%，金属催化剂为 0.01%～0.05%。

（2）发泡剂　与 PU 泡沫相似，发泡剂有两类；一类是物理发泡剂，如 CFC、HCFC 系列；另一类是化学发泡剂，如 H_2O、Nitrosan。物理发泡剂中，一种常温下为液体，如 CFC-11、HCFC-123、HCFC-141b 等，当体系进行反应时，液体发泡剂气化为气体；另一种为 N_2

或空气。把 N_2 或空气强制地溶解或分散在原材料中来发泡,这种方法多用于均匀细孔的 RIM 材料。但是由于 CFC-11 破坏大气臭氧层,蒙特利尔公约决定在 2015 年将全部禁用。化学发泡剂是通过化学反应生成气体产物进行发泡,如水同异氰酸酯反应生成 CO_2。在全水发泡体系中发泡剂的加入量为 $2\%\sim6\%$。

(3)内脱模剂 内脱模剂(IMR)的开发并与外脱模剂(EMR)配合在 RIM 工艺中应用大大缩短了模塑周期,提高了生产效率,改善了制品外观和涂饰性。作为 RIM-PU 的内脱模剂,一般分子由(硅酮聚硅氧烷)与有机活性基两部分构成,其中硅酮分子朝向模具表面,在 PU 模具界面取向排列,而有机基团朝向模制品,形成一个保护层。有机部分中的活性基团与 PU 中的异氰酸酯反应,并将 IMR 固定于 PU 体系中。分子结构排列方式有如下几种:

有机基团-硅酮   A-B 型

有机基团-硅酮-有机基团   A-B-A 型

硅酮- 硅酮- 硅酮   悬挂型
| | |
有机基团 有机基团 有机基团

除硅氧烷化合物外,还有高级脂肪酸的金属盐、液化聚丁二烯、脂肪族、芳香族羧酸及金属极性化合物的混合物、金属皂和硬脂酸盐、油酸、有机亚磷酸酯、硅酮油和蜡等。

(4)匀泡剂 RIM 所用匀泡剂也称泡沫稳定剂,常为硅酮油或乳化剂、有机硅氧烷。RIM 要求匀泡剂不仅反应控制好泡孔,使之稳定,而且应降低表面张力,有助于液体流动性的改善。另外,RIM 原料中的聚醚组分是多种组分的混合物,要求匀泡剂本身具有耐水性,且贮存稳定。

(5)着色剂 RIM-PU 制品的着色性,一般都是由颜料与聚醚多元醇先研磨成色浆,再根据制品的色泽要求配合使用。

(6)增强材料 RIM 材料增强的目的是改善制品的刚性,提高耐热性,降低热膨胀系数和生产成本。常用的增强材料有锤磨玻璃纤维、片状玻璃纤维、云母片、短切玻璃纤维及硅灰石,见表 12-9。其增强效果见表 12-10,几种增强材料对 RRIM 材料性能的影响如图 12-1 所示。

表 12-9 RIM-PU 用增强材料

增强材料	说 明	尺 寸
切断玻璃纤维	将玻璃纤维切断成一定长度	长 1.5mm、3.0mm、6mm 等,直径 $10\sim20\mu m$
锤磨玻璃纤维	用锤磨机粉碎的玻璃丝	长 $0.1\sim0.3mm$ 等,直径 $10\sim20\mu m$
片状玻璃	薄的玻璃大泡打碎筛分制成	大小 $0.3\sim3.2mm$(48 目、150 目、325 目),厚 $33\sim37\mu m$
云母片	天然云母片($K_2O_3 \cdot 3Al_2O_3 \cdot 6SiO_2 \cdot 2H_2O$)筛分	大小 $74\mu m$(200 目)
硅灰石	天然矿物,针状结晶($CaSiO_3$)	长径比为 10:1
玻璃微珠	不同粒径	中心粒径 $17\mu m$、$18\mu m$、$30\mu m$、$45\mu m$ 等
中空玻璃珠	不同直径的玻璃球	平均粒径 $60\mu m$、$65\mu m$、$75\mu m$

表 12-10 几种增强材料的性能

材 料	密度/(g/cm³)	长度① /μm	长径比②	添加量③/%	黏度④/mPa·s
多元醇	1.0	—	—	—	200
锤磨玻璃纤维(1.6mm)	2.54	50	5	38	50000
片状玻璃纤维(0.4mm)	2.54	200	约 40	38	600000
云母片(200 目)	2.9	约 100	约 40	38	50000
混合玻璃纤维⑤	2.54	1500	88	28	2500000⑥
硅灰石	2.8	约 100	10	38	—

① 纤维的平均长度或片状材料的平均直径。

② 纤维的平均长度同直径的比值或片状材料的平均直径同厚度的比值。

③ 加到多元醇中的增强材料的质量分数(%)。

④ 在室温、低剪切速率下测得布洛克菲尔德黏度。

⑤ 多元醇中含 9.3% 切断玻璃纤维和 18.7% 锤磨玻璃纤维。

⑥ 高剪切速率下变稀,黏度下降。

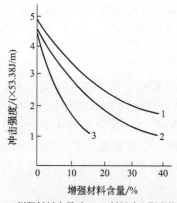

(a) 增强材料含量对RRIM材料冲击强度的影响
1—1.6mm锤磨玻璃纤维；2—硅灰石；3—云母

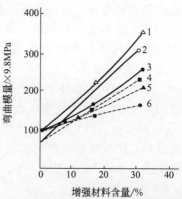

(b) 增强材料用量对RRIM材料弯曲模量的影响
1—硅灰石(平行方向)；2—16.7%锤磨玻璃纤维
+13.3%云母(平行方向)；3—锤磨玻璃纤维(平行方向)；
4—16.7%锤磨玻璃纤维+13.3%云母(垂直方向)；
5—硅灰石(垂直方向)；6—锤磨玻璃纤维(垂直方向)

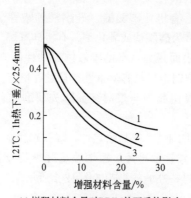

(c) 增强材料含量对RRIM热下垂的影响
1—硅灰石；2—1.6mm锤磨玻璃纤维；
3—6.4mm锤磨玻璃纤维

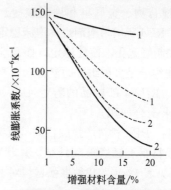

(d) 玻璃增强材料含量对RRIM热膨胀系数的影响
—— 玻璃纤维；------ 片状玻璃
1—垂直方向；2—平行方向

图 12-1　增强材料用量对 RRIM 材料性能的影响

12.2.5　RIM 工艺及特性

12.2.5.1　生产工艺

RIM 为一步法浇注新工艺，简易工艺流程如图 12-2 所示。

RIM 原料液一般配制成 A、B 两组分。A 组分为异氰酸酯，B 组分为多元醇组分，B 组分还含有扩链剂、催化剂、发泡剂、匀泡剂等其他配合剂。

由图 12-2 可知，注模以后，还有脱模、成品修饰等工序。各工序操作和注意事项如下。

(1) 原材料的贮存　在 RIM 过程中，A、B 组分在使用之前分别贮存在贮罐中。A 组分为异氰酸酯组分，贮罐为不锈钢或内壁涂覆一层塑料树脂的不锈钢材料，为防止 MDI 或改性 MDI 体系受湿气或其他污染，温度一般控制在熔融状态。B 组分为反应活性高的低聚物多元醇组分，常温下为低黏度液体，贮罐为低碳钢制罐，物料温度一般控制在 30～65℃，根据使用情况，温度控制应精确在 ±2℃ 以内。在原料贮存期间，用干燥空气或氮气等介质加压保护，以防空气中的水分参与反应。

(2) 计量系统　在 RIM 工艺中，将原料从贮罐中输送到混合头的关键部件为计量系统，计量系统的核心为计量泵。RIM 过程包括低压循环计量和循环系统、高压循环计量和循环系统两部分。低压计量及循环系统的目的是控制物料温度，使物料均一化，防止分层，并有效地通过控制温度来控制原料的黏度，保持物料达到稳定状态。高压循环和计量系统的目的是在可控高压条件下将温度均匀的原料精确地输送到混合头。整个计量和循环过程是：低压循环阀门关闭，高压计量泵开始工作，建立稳定的系统压力；待两组分压力平衡时，开启混合头进行注射；注射完毕后，混合室关闭，在延续短时间的高压循环后，重新回到低压循环状态。

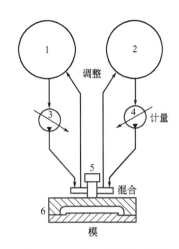

图 12-2　RIM 工艺简易流程
1—A 组分贮槽；2—B 组分贮槽；
3, 4—高压计量泵；5—混合头；6—模具

（3）混合　RIM 技术的第二个关键部件是高压、撞击式、自清洗混合头。混合头的作用是使各组分在混合头内瞬间充分混合，混合物以静态层流状平稳地注入模腔。混合头对混合质量起决定性的作用。在实际操作中，混合头的选择应考虑原料的黏度和流动特性。

（4）模塑　在 RIM 中，混合物的黏度为 $100\sim1000\text{mPa}\cdot\text{s}$，只需 10Pa 的压力即可充模成型。混合头中混合均一的物料通过浇道直接注入模腔，从浇注开始于 $5\sim10\text{s}$ 内物料在模腔中聚合凝胶制得最终产品。模塑过程主要包括模具的准备、充模、固化。在此过程中，充模时间的控制是非常重要的，因为在 RIM 反应过程中，反应料液初始黏度约为 $200\text{mPa}\cdot\text{s}$，在很短的时间内，黏度迅速增加，一方面发生交联凝胶；另一方面氨酯或脲硬段形成微区。二醇扩链的氨酯微区可发生结晶，微区起刚性粒子的作用，导致反应料液黏度快速上升，迅速发生凝胶。

对制备带孔的 RIM-PU，如自结皮软质 RIM 材料，原料液中含有约 8% 完全溶解的空气或氮气等的成核气体。反应料液注入模腔后，料液中溶解的气体扩散，经过一段时间，反应料液开始从排气孔中排出，并发生凝胶，流动停止。

（5）后处理　后处理包括脱膜、返模、制品的修饰整理等。

脱模是 RIM 模塑制件的最后一道工序。脱模时，制件应具有足够的初始强度以承受弯曲应力，对可精确控制计量比、配方反应性和固化过程的体系，当制件表面的反应转化率达到 90% 时，制件的撕裂强度可以满足脱模的需要。对软质微孔制件，由于弹性体是非常柔软的，并具有一定的可压缩性，所以根据制件的形状，允许在一定范围内进行锁模。

返模过程中，主要操作是模具的清理和脱模剂的涂覆。RIM 工艺中，由于采用了内脱模剂，脱模次数越多，模具的清理次数就越少，生产效率就越高。当用水基石蜡脱模剂时，需采用高强力洗涤剂洗涤清理，再用去离子水洗净。当用溶剂型、水溶型石蜡时，则采用脱蜡、再洗涤方法处理。

制品的修饰整理有以下几种：①清除飞边、浇道、浇口；②表面脱膜剂的清理；③涂漆，涂漆不仅可起到装饰的作用，还可延长制品的使用寿命和使制品获得多种功能如杀菌、夜光等；④后硫化，RIM-PU 制件经过适宜的后硫化，硬段微区的连续有序化程度增加，有利于改善材料的性能，如乙二醇扩链的 RIM-PU，后固化后模量提高 15%，耐温性得到改善。

在生产过程中，RIM 工艺的每个工序都有要求，见表 12-11。

RIM 制件生产的工艺参数随所用的多元醇、异氰酸酯、填料种类以及厂商的不同而异，表 12-12 是陶氏化学公司生产 RIM 制品的工艺参数范围。

表 12-11　RIM 工艺要求

工艺过程	要　　求
原料供应	稳定供应期≥7d；液体状温度 t≤150℃（高温机组）或 t≤60℃（一般机组）；可用泵输送；搅拌后稳定 24h；有填料时，填料稳定，能用泵输送；气体可分散在原料液中
计量	双组分；理论配比误差±0.5%
混合	黏度 η＜1000mPa·s；相容；雷诺数 Re＞200，最好约 300；绝热凝胶时间 $t_{g.ad}$＞0.1s
充模	$t_{g.ad}$＜充模时间 t_f＞1s；黏度 η 为 10～100mPa·s；防止夹带空气
固化	模温 t_w＜100℃或 t_w＜200℃（高模温）；t_w＜（t_{deg}－Δt_{ad}）。式中，t_{deg} 为分解温度；Δt_{ad} 为绝热温升。控制副产物的生成；补偿聚合物引起的收缩
脱模	t_w＜熔点或相混合温度；t_w＜玻璃化温度（析出温度）；脱模时间 t_d＜3min（有足够的初始强度），高效生产中 t_d＜45s，易脱模
修整	几乎无废料；极少后固化；可涂漆

表 12-12　陶氏化学公司生产 RIM 制件的工艺参数

工艺参数	指标	工艺参数	指标
料温/℃		乙二醇扩链	40～60
多元醇组分	41～49	聚氨酯/脲	25～35
异氰酸酯组分	32～43	聚脲	10～25
模温/℃	60～82	脱模周期/s	
浇注速度/(kg/s)	0.9～8	乙二醇扩链	180（手工）
浇注压力/MPa	12.4～13.8	聚氨酯/脲	110（手工），60（自动）
异氰酸酯指数	103	聚脲	90（手工），40（自动）
固化时间/s		后固化条件	121℃，1h

12.2.5.2　RIM-PU 的基本特性

RIM-PU 有两个基本特性影响最终制件的性能。

（1）收缩率　RIM 制件的收缩率与化学体系有关，一般在 1.3%～3%。玻璃纤维增强材料可降低 RIM-PU 的收缩率。当添加 30% 的锤磨玻璃纤维时，收缩率从 1.1% 下降至 0.2%。

收缩率的大小对模具设计及制品的制备操作极为重要。硬泡的收缩率在 0.5%～1.0% 之间，软泡在 1.0%～1.5% 之间，低密度自结皮 RIM-PU 的收缩率为 2%～3%。由于收缩率不仅与制品的密度、部位有关，而且与全部的加工过程如原材料温度、模塑温度、充模时间、后硫化条件（如着色、涂漆）等也有关，所以并不是一个确定的值，操作者必须按系统和样品的生产周期进行试验，以确定精确的收缩率。

Bayflex RIM 弹性体，模具用镍钢板制件，板厚为 3.8mm，横向密度在 1.0g/cm³，充模时间 1～2min，脱模之后即后硫化。一般收缩率如下：1,4-丁二醇扩链时，为 1.0%～1.3%；乙二醇扩链时，为 1.3%～2.0%。

（2）热膨胀系数　RIM-PU 的热膨胀系数为（9～18）×10^{-5}℃$^{-1}$，大约是钢的 15 倍。在许多应用领域，膨胀系数并不显得重要。但是，对大型 RIM-PU 制件装配到金属结构材料中的应用而言，如柔软仪表板装到车体上，因两者的膨胀系数相差较大，装配很难。当用 1.6mm 的锤磨玻璃纤维增强 RIM-PU，用量达到 40% 时，聚合物的热膨胀系数降至 14×10^{-6}℃$^{-1}$，接近钢的膨胀系数。

12.2.6　RIM 材料的性能

12.2.6.1　高模量 RIM 弹性体

RIM 弹性体最初的应用是汽车部件的模塑，仅要求柔性，但需有一定的刚性。随着原材料的选择，现可生产弯曲模量高到 1700MPa 且仍具有弹性的材料。Mobay 化学公司、联碳（Union Carbide）、Jefferson Chemical 公司开发的产品性能见表 12-13。

提高弯曲模量的目的就是制品在受到冲击时有足够的回弹性而不受损害，并具有极好的耐高温性，可用在汽车烤漆、烘干的场合。

表 12-13　高模量 RIM-PU 弹性体

性　　能	Mobay Chemical Bayflex 130-125	Union Carbide RIM 125	Jefferson Chemical J-Thane 63-B
密度/(g/cm³)	1.0	1.0	1.0
弯曲模量/×10³MPa			
40℃	830	850	700
88℃	310	276	331
−11℃	1516	1586	1337
弯曲模量因子(−11℃/88℃)	4.9	5.7	4.0
拉伸强度/MPa	29	29	30
Diec 撕裂强度/(kN/m)	74	145	70
扯断伸长率/%	85	105	75
热臂下垂(139℃,1h)/mm	9.0	12.7	12.7
硬度(邵尔 D)	65	70	72

Bayflex 110-100 RIM 聚氨酯的模量可达约 700MPa，而扯断伸长率在 150%～200%，性能见表 12-14。

表 12-14　Bayflex 110-100 高模量体系的性能

性　　能	指　标	性　　能	指　标
密度/(g/cm³)	1.04	弯曲模量/MPa	
拉伸强度/MPa	37.9	−30℃	1665
20%定伸应力/MPa	27.6	22℃	731
50%定伸应力/MPa	28.4	65℃	380
100%定伸应力/MPa	31.6	弯曲模量因子(−30℃/65℃)	4.35
扯断伸长率/%	150	热臂下垂(悬臂 100mm 120℃,1h)/mm	3.3
伸长永久变形/%	85		

12.2.6.2　低密度 RIM-PU 弹性体

密度 0.2～0.6g/cm³，包括芯心为开孔及闭孔的自结皮 RIM 材料，具有坚韧弹性。制备工艺：原料液温度 20～25℃，模温 30～45℃，模内反应物料停留时间 2～4min。

配方（质量份）：

多元醇	100	交联剂	0～8
发泡剂	8～30	叔胺催化剂	0～1.5
表面活性剂	0～1	水	0.15～0.25
扩链剂（乙二醇或 1,4-丁二醇）	0～30		

异氰酸酯指数 90～110。多元醇一般选用分子量 4000～6000 的三官能聚醚。

低密度 RIM-PU 的性能见表 12-15。

表 12-15　低密度 RIM-PU 的性能

总密度 /(g/cm³)	芯心性能					皮层性能		
	密度 /(g/cm³)	拉伸强度/kPa	扯断伸长率/%	40%下的压缩强度/kPa	压缩变形/%	拉伸强度/kPa	扯断伸长率/%	撕裂强度/(kN/m)
约 0.25	0.13	400	120	35	≤10	2200	120	4.5
0.3	0.175	500	125	50	≤10	3500	120	5.5

常用此 RIM 材料制作汽车内饰件，如方向盘、头枕、扶手，其特点是耐磨、坚韧、手感舒适。

12.2.6.3 中高密度 RIM-PU 弹性体

中高密度 RIM-PU 弹性体包括密度 0.7g/cm³ 坚韧自结皮 RIM 和微孔弹性体 RIM，弯曲模量 50~800MPa。以分子量为 4000~6000 的氧化乙烯封端的聚醚二醇或三醇为主要原料，以小分子二醇为扩链剂与改性 MDI 反应制得。弯曲模量＜100MPa 的 RIM 材料一般用 1,4-丁二醇扩链，若要求弯曲模量＞200MPa 时可用乙二醇代替 1,4-丁二醇，见表 12-16。

表 12-16 二醇扩链的 RIM-PU 弹性体[①]

密度 /(g/cm³)	拉伸强度/kPa	扯断伸长率/%	撕裂强度/(kN/m)	Izod 冲击强度/(J/m)	硬度(邵尔 D)	弯曲模量/MPa			热臂下垂(悬臂 100mm,120℃,1h) /mm
						70℃	24℃	−23℃	
0.99	29	105	145	270	70	276	855	1586	12.7

① 配方（质量份）：聚合物接枝多元醇（$M=6000$）70，1,4-丁二醇/乙二醇 30，二丙二醇改性 Isonate143L/CFC-11 98/2，异氰酸酯指数 107。工艺条件：多元醇温度 49~55℃，异氰酸酯温度 24℃，$t<10s$，模温 66~71℃，脱模时间 1min。

12.2.6.4 RIM 聚氨酯/脲

RIM 聚氨酯/脲配方的组成范围见表 12-17。

表 12-17 RIM 聚氨酯/脲配方的组成范围

组　分	用量/质量份	说　明
多元醇	70~90	一般为氧化乙烯封端的、M 为 3000~6000 的聚醚
扩链剂	10~30	位阻芳二胺，常用 DETDA
交联剂	0~10	$M<400$ 的多官能度多元醇，有时用二元醇
胺催化剂	0.01~0.2	常用三亚乙基二胺
金属催化剂	0.01~0.2	常用有机锡
二异氰酸酯	稍大于理论量	常用二醇改性 MDI

所用扩链剂为位阻芳香二胺，如二乙基甲苯二胺（DETDA）。DETDA 与 MDI 的反应活性比乙二醇与 MDI 的反应活性高约 20 倍，PU-脲反应料液浇注后约 30s 即可脱模，没有"后膨胀"现象。

已商品化 RIM 聚氨酯/脲材料的性能见表 12-18。

表 12-18 RIM 聚氨酯/脲材料的性能[①]

密度 /(g/cm³)	拉伸强度/kPa	扯断伸长率/%	撕裂强度/(kN/m)	弯曲模量/MPa		剪切模量/MPa			热臂下垂(悬臂 100mm,160℃,1h)/mm
				室温	120℃	65℃	20℃	−30℃	
1.1	28	230	75	350	170	80	130	130	66

① 配方（质量份）：聚醚多元醇 57.3，DETDA12，氨酯改性 MDI（当量为 178）30.4，DBTDL0.15，三亚乙基二胺 0.1。

12.2.6.5 RIM 聚脲

RIM 聚脲是以端氨基聚醚、位阻芳二胺、二异氰酸酯为原料制成的材料。聚醚为三官能度，分子量在 4000~6000，扩链剂常用 DETDA，异氰酸酯为氨酯改性 MDI 或碳化二亚胺改性 MDI。聚醚料温 40~65℃，异氰酸酯料温 35~55℃，模温 60~150℃，模塑周期 40~60s。RIM 聚脲与 RIM-PU、RIM-聚氨酯/脲相比，具有耐温、尺寸稳定、吸水率低、耐化学品及溶剂、容易涂漆、脱模性能好的特点。特别适合制作在线上涂漆时间要求短的（约 1h）、耐温 200℃的汽车配件。表 12-19 为汽车用未增强 RIM 聚脲材料的性能。

表 12-19　汽车用未增强 RIM 聚脲材料的性能

性　　能	防护板	保险杠	车体板	高模量材料
弯曲模量/MPa	55～250	250～600	＞600	＞1200
拉伸强度/MPa	16～21	21～26	＞26	—
扯断伸长率/%	200～240	—	50～150	—
热下垂/mm	7～8	6～7	＜6	—
硬度(邵尔 D)	50～60	60～65	＞65	—
冲击强度/(J/m)				
室温	＞90	85～95	＜85	—
低温	80～90	65～80	＜65	—
注料时间/s	2.0～2.5	1.5～2.0	1.0～1.5	≤1.0
模温/℃	65	65	75～95	120
脱模时间/s	30～45	30	15～30	15～30
材料硬段含量/%	＜35	35～45		

RIM-PU 材料的密度不同其应用领域也不同，表 12-20 为不同密度 RIM 材料的应用范围。

表 12-20　RIM 制件的密度范围

应用领域	密度/(g/cm³)	应用领域	密度/(g/cm³)
汽车安全和舒适衬垫及座椅外罩	0.2～0.3	汽车保险杠,承受 5m/h 冲击的挡泥板和结构件	0.9
自行车和摩托车坐垫	0.3～0.5	柔性车体(挡泥板)及汽车前部和尾部的柔性件	1.0～1.1
汽车外部的缓冲条和摩擦块	0.7		

表 12-21 为 RIM-PU、RRIM-PU 和 S-RIM 材料的应用市场。

表 12-21　RIM-PU、RRIM-PU 和 S-RIM 材料的应用市场

材　　料	应用领域	密度范围/(g/cm³)
高密度微孔弹性体	汽车保险杠,软挡泥板,阻流板,挡泥板	0.9～1.2
低密度微孔弹性体	汽车方向盘,仪表箱,臂靠,头枕,鞋底	0.7～0.9
结构泡沫	汽车、飞机的椅子,门框	0.2～0.7
硬质聚氨酯 RIM	电器设备,办公用品,建筑,运动,娱乐,汽车	0.35～0.8

12.2.6.6　硬质自结皮 RIM 材料

硬质自结皮 RIM 材料有两类：一类是多孔（中密度）材料；另一类是微孔材料。原料为官能度 3～4、分子量 250～800 的聚醚多元醇与 PAPI 或其改性物 MDI 加适量的发泡剂制备，多为闭孔结构，密度 0.4～1.45g/cm³。生产硬质 RIM-PU 的工艺参数见表 12-22。

表 12-22　生产硬质 RIM-PU 的工艺参数

参　　数	微孔硬质 RIM	多孔硬质 RIM	参　　数	微孔硬质 RIM	多孔硬质 RIM
原料液黏度/Pa·s	0.5～1.5	0.5～1.5	注射压力/MPa	10～20	10～20
原料液温度/℃	40～65	40～60	注射时间/s	0.5～1.5	1.0～1.5
模内压力/MPa	1～3	0.3～0.5			

多孔（中密度）和微孔硬质 RIM-PU 的性能见表 12-23 和表 12-24。

表 12-23　多孔（中密度）硬质 RIM-PU 的性能

密度/(g/cm³)	板厚度/mm	收缩率/%	热变形温度/℃	弯曲模量/MPa	弯曲强度/MPa	扯断伸长率/%	冲击强度/(kJ/m²)	硬度(邵尔 D)
0.5	12.7	0.3～0.4	74	7	23	6	7	—
0.6	12.7	0.3～0.4	74	9	31	5	9	—
0.65	12.4	0.5～0.7	64	15.9	31.6	9	15.9	75

表 12-24 硬质微孔 RIM-PU 的性能

材料	密度 /(kg/m³)	拉伸强度/MPa	3.5%应变下弯曲强度/MPa	扯断伸长率/%	弯曲模量/MPa	冲击强度/(kJ/m²)	
						无缺口	缺口
普通型	1050~1150	53	58	13	1800~2100	57	7~10
阻燃型	1050~1150	43	53	15	1700~2100	40	4~6

材料	CLTE①/×10⁻⁶℃⁻¹		维卡软化温度/℃	热变形温度/℃		吸水率(24h室温)/%	硬度(邵尔D)	阻燃级别(UL级)
	室温	60℃		1.81MPa	0.45MPa			
普通型	90	105	135	75	100	0.6	76~78	
阻燃型	70	93	120	71	95	—	76~78	V-0~5V

① 线性热膨胀系数。

12.2.6.7 增强 RIM 弹性材料

未增强 RIM-PU 材料有一个明显的缺点，即其线性热膨胀系数比基材金属材料大得多，所以增强材料的开发是显而易见的。添加增强材料的目的是改善材料的尺寸稳定性，提高材料的物理机械性能，即：提高刚性（弯曲模量）、降低线性热膨胀系数和降低高温下垂。

12.3 聚氨酯鞋底

12.3.1 概述

鞋底是 PU 微孔弹性体最重要的应用领域。微孔 PU 鞋底强度高、弹性好、质轻、耐磨、舒适、防滑、手感柔软，穿着舒适、保暖，对地面的冲击具有缓冲作用。还有一个特点就是可制成多种颜色、多硬度鞋底，加工成型比较简单，因此发展越来越快。主要产品有皮鞋、越野滑雪鞋、高档时装鞋、凉鞋、拖鞋、工作鞋、运动鞋、旅游鞋和抗静电、耐燃油的安全鞋等。

微孔聚氨酯弹性体用作鞋底料于 20 世纪 60 年代在欧洲实现工业化，70 年代进入北美，80 年代在全球得到快速发展。我国微孔聚氨酯鞋底料在 2000 年之后得到快速发展。2009 年全球聚氨酯鞋底料的消费量达 53 万吨，其中中国的消费量达 22 万吨，中国将继续成为全球最大的聚氨酯鞋材的生产和消费国。作为鞋底的 PU 微孔弹性体的密度在 0.6g/cm³ 以下，比传统的密度为 1.2~1.4g/cm³ 的橡胶和 PVC 的密度要低许多，国外可以制得密度为 0.2~0.25g/cm³ 的低密度微孔 PU 鞋底。微孔泡沫的泡孔大小分布均匀，提供了特殊的拉伸强度、模量和冲击强度，作为鞋底经久耐用。加之微孔 PU 弹性体的热导率为 0.04W/(m·K)，而橡胶为 0.17W/(m·K)、PVC 为 0.12W/(m·K)，微孔橡胶为 0.08W/(m·K)。由此可知，PU 微孔弹性体鞋底穿着会更舒适。此外 PU 鞋底在成型加工过程中，比传统的 EVA 和 PVC 树脂鞋底的粘接性和加工性都好。

以微泡鞋底料为主的鞋材产品的 PU 弹性体消费量超过全球消费量 1/3。鞋内衬、鞋涂层和面料中，TPU 占的比例较小。表 12-25 是 2009 年一些国家和地区的制鞋工业中 PUE 的消费情况。

表 12-25 2009 年一些国家和地区的制鞋工业中 PUE 的消费情况　　单位：kt

国家或地区	消费量	国家或地区	消费量	国家或地区	消费量
美国	7	西欧	77	中国	220
墨西哥	9	中东欧	25	其他亚洲地区	65
中南美洲	35	中东及非洲	98	总计	536

中国制鞋业规模最大，在 2008 年约有 100 亿双鞋的产量，约占世界总产量的 50%和出口量的 70%以上，中国已成为全球最大 PUE 鞋材生产和消费国。尽管制鞋工业向亚太地区迁

移，中东、欧洲、非洲的 PU 鞋材需求量仍保持在 20 万吨的范围。未来几年，西欧需求量将下降，而中东欧（包括俄罗斯/独联体）、中东及非洲预计需求量将保持适当的增长率，分别为 4.6% 和 2%～3%。

12.3.2 原材料

PU 鞋底为发泡 PU 弹性体，原材料的选择和合成工艺直接影响鞋底原液和鞋底的性能。

12.3.2.1 异氰酸酯

异氰酸酯多为纯 MDI 或液化 MDI 和耐黄变的 HDI，TDI 因不能赋予鞋底足够的挠曲性而不常用。

12.3.2.2 低聚物多元醇

主要有聚酯二醇和聚醚二醇。最早开发的为 PPG 体系，国内生产多为全水发泡聚酯体系。聚酯二醇可赋予鞋底高强度、耐磨、与鞋面黏合力强的特性，分子量在 1500～2000 之间。聚醚型鞋底原液克服了聚酯型鞋底耐水性差、低温弹性差的缺点，耐水解性能好、抗霉变性能优，且成型较好，赋予鞋底优异的低温柔顺性和弹性。在低密度条件下，聚酯型的尺寸稳定性差，产品会发生收缩，而聚醚型在同样的密度下，虽尺寸稳定性好，但机械强度低，因此在水发泡体系中，可在聚醚二醇中混入部分聚酯二醇的方法来提高制品的机械强度和耐磨性能。

聚醚型聚氨酯鞋底的力学性能比聚酯型鞋底稍低，一方面是由其本身结构的差异造成的，聚酯分子含有羰基，极性较大，易与氨酯基形成氢键，增加了内聚能；另一方面是聚醚的合成工艺和质量的影响，端不饱和键的生成影响分子链的增长，使性能下降。近年来聚醚的生产工艺和质量已有很大改善，低不饱和度、高活性的聚醚越来越多地用于鞋底料中。随着人们对户外运动的重视，有良好耐水解稳定性的聚醚型 PU 鞋底成为关注点，尤其在恶劣气候的环境中，聚醚型 PU 鞋底具有聚酯型无法替代的优势。另外，聚醚型聚氨酯鞋底原液常温下为液体，黏度低，操作方便，发泡范围宽，便于操作控制，成本低，原料易得。表 12-26 是高活性低不饱和度聚醚多元醇合成的聚醚型鞋底料与普通高活性聚醚型和聚酯型的鞋底料的物理性能的比较。

表 12-26 高活性低不饱和度聚醚型鞋底料与普通高活性聚醚型和聚酯型的鞋底料的物性比较

性能	低不饱和度聚醚型	普通高活性聚醚型	聚酯型	性能	低不饱和度聚醚型	普通高活性聚醚型	聚酯型
密度/(g/cm³)	0.25	0.25	0.25	拉伸强度/MPa	2.0	0.8	2.5
硬度(邵尔 A)	20	21	20	撕裂强度/(N/mm)	12.5	8.0	13.5
扯断伸长率/%	240	140	300				

12.3.2.3 扩链剂

扩链剂有小分子二醇和二胺两类，由于 —NH_2 与 —NCO 反应太快，鞋底原液用二胺扩链时，成型过程中凝胶速率和发泡速率难以平衡，不易充满模腔。另外，二胺扩链的 PU 分子链中含有极性较强的脲基，导致微孔弹性体硬度偏高，不适于作鞋底。因此扩链剂多用二醇，如乙二醇、二乙二醇、1,4-丁二醇等。

12.3.2.4 其他

（1）发泡剂 水发泡体系的反应如下。

① 多元醇与异氰酸酯反应生成氨基甲酸酯——凝胶反应。

② 异氰酸酯与水反应生成脲和二氧化碳——发泡反应。

在 PU 泡沫中，这两步反应几乎是同时进行的，每一步都直接影响泡沫的生成过程和泡沫的结构。只有当生成氨基甲酸酯和脲的反应达到平衡时，才能生成稳定的 PU 泡沫结构。前者主要生成含氨酯基硬段的聚合物软段，而后者生成聚合物的硬段。在低密度下，泡孔的闭孔率高，则支撑泡孔的强度不够，产品易收缩。表 12-27 是水发泡剂用量对微孔 PU 弹性体性能的影响。

表 12-27　水发泡剂用量对微孔 PU 弹性体性能的影响

发泡剂用量[①]/份	硬度（邵尔 A）	拉伸强度/MPa	扯断伸长率/%	扯断永久变形/%	回弹性/%	泡沫密度/(g/cm³)
0.1	84	16.3	465	9.8	37	1.03
0.2	82	13.4	435	9.0	40	0.98
0.3	79	11.8	400	9.0	43	0.92
0.4	75	9.6	355	8.2	45	0.85

① 每 100 份多元醇中添加水的份数。

（2）催化剂　催化剂在凝胶和发泡反应中起着重要的控制和平衡作用。此外，催化剂对交联反应如生成脲基甲酸酯、缩二脲、异氰脲酸酯等的催化活性对最终泡沫性能和发泡特性的影响也应引起重视。在发泡过程中，如果催化剂的活性太高，因物料的可流动时间短，不易充满模具，次品率高。反之，成品的初始强度差，脱模时间长，导致生产效率低。在 PU 鞋底料中，常用叔胺和有机金属催化剂。前者的作用主要在发泡反应上，后者在凝胶反应上，两者配合使用，发挥"协同效应"，使凝胶速率和发泡速率保持良好的平衡。在催化剂总量不变的情况下，改变催化剂的组成比例，微孔 PU 弹性体的性能有所变化，见表 12-28。

表 12-28　催化剂对微孔 PU 弹性体性能的影响

催化剂组成[①]/份		硬度（邵尔 A）	拉伸强度/MPa	扯断伸长率/%	扯断永久变形/%	回弹性/%	泡沫密度/(g/cm³)
叔胺	有机锡						
0	0.08	82	14.3	450	9.5	40	0.99
0.02	0.06	82	13.4	435	9.0	40	0.98
0.04	0.04	80	12.8	430	8.5	42	0.98
0.06	0.02	80	12.3	410	8.5	42	0.97
0.08	0	80	11.0	385	8.8	45	0.96

① 每 100 份预聚体中所用份数。

在鞋底生产中，常用三亚乙基二胺 Dabco 33LV 催化剂，其中含有 33% 的三亚乙基二胺和 67% 的二丙二醇。催化剂的生产厂家有：美国气体化工（牌号 Dabco）、美国亨斯迈（Jef-fcat TD-100）、德国莱茵（莱脑）化学（牌号 RC Catalyst 104）、江苏雅克化工等公司。美国气体产品公司的部分催化剂参见表 12-29。

催化剂的活性还与反应温度有关。催化剂的热活性和热敏性对泡沫，尤其是自结皮泡沫的生成有很大关系。

（3）匀泡剂　匀泡剂也称泡沫稳定剂，在 PU 鞋底料中多用有机硅类高分子表面活性剂作为匀泡剂。匀泡剂使体系中各种亲油组分均匀地和水乳化混合，并在发泡时能起到稳定泡沫和调节泡孔结构的作用，使泡孔均匀，提高尺寸稳定性和泡沫表面质量，如美国气体公司的 Dabco DC193、日本的 SH-193、江苏省化工研究所的 JSY-168 等，美国气体产品公司的部分匀泡剂见表 12-29。

表 12-29　美国气体产品公司的匀泡剂和催化剂

类型	匀泡剂	性能特点
硅类	Dabco® DC193	鞋底通用型硅油
硅类	Dabco® DC3041	冰冻点低，开孔性好，提高流动性和尺寸稳定性
硅类	Dabco® DC3042	通过均细泡孔结构提高表面质量
硅类	Dabco® DC3043	开孔结构，提高尺寸稳定性
硅类	Dabco® DC2525	均匀泡孔并使泡沫开孔
硅类	LK® -221	提高双密度鞋底的黏结性能

续表

类型	催化剂	性能特点
平衡催化剂	Dabco® XD102	提高泡沫的流动性，减少成品的次品率
延迟催化剂	Dabco® KTM60	凝胶型催化剂，可改善熟化性能，缩短脱模时间
延迟催化剂	Dabco® 1027	非酸封闭型催化剂，控制反应速率，缩短脱模时间
延迟催化剂	Dabco® 1028	非酸封闭型催化剂，控制反应速率，缩短脱模时间
铋类催化剂	Dabco® MB20	在要求无锡的配方中替代锡类催化剂

（4）其他助剂　在微孔聚氨酯弹性体中，还常用其他一些助剂，对制品起到稳定性能、延长制品使用寿命的作用，并保持制品良好的外观。受阻胺光稳定剂、抗氧剂、紫外光吸收剂可以降低日光照射对制品性能的影响，如抗氧剂 264（BHT）、抗氧剂 1010，Cyasorb UV-531、UV-9、UV-P、UV-328、SUV。将这些助剂复配组合使用，发挥协同作用，抗黄变、老化效果更好。抗静电剂可以消除静电荷的作用，使鞋底保持持久的抗静电性能。表 12-30 是不同配方合成的微孔 PU 弹性体制品在强光照射前后的物理机械性能对比。

表 12-30　微孔 PU 弹性体制品在强光照射前后的物理机械性能对比

编号	稳定剂	拉伸强度/MPa		撕裂强度/(kN/m)		扯断伸长率/%		扯断永久变形/%	
		老化前	老化后	老化前	老化后	老化前	老化后	老化前	老化后
1	无	7.06	3.14	31	22	450	330	8	18
2	BHT	7.11	4.70	32	23	460	360	8	16
3	UV-531	7.50	5.49	32	25	480	380	8	14
4	UV-9	7.46	5.31	33	26	470	380	8	14
5	UV-P	7.31	5.88	32	28	460	390	8	13
6	BHT+UV531	7.23	6.37	33	30	450	400	8	11
7	BHT+UV-9	7.31	6.95	33	31	470	440	8	10
8	BHT+UV-P	7.40	7.36	33	32	460	440	8	10

12.3.3　生产工艺

PU 鞋底生产工艺包括 PU 鞋底原液的生产和鞋底成型工艺两部分。

12.3.3.1　原液的生产

PU 鞋底原液可分为聚酯型和聚醚型两种，因聚酯和聚醚的性能不同，所以制备方法也不同。

聚酯型 PU 鞋底原液多采用预聚物法或半预聚物法。一般聚酯型原液制成 A、B、C 三个组分，A 组分由部分聚酯、扩链剂、匀泡剂、发泡剂等组分组成，组分在 40～70℃充分混合后，静止脱气而制得。在全水发泡聚酯体系中，发泡剂为水，A 组分中的水量需测定，一般水分含量在 0.4% 左右。B 组分为预聚物组分，即部分聚酯多元醇与异氰酸酯反应制得的端异氰酸酯预聚物。合成预聚物的聚酯是分子量为 2000 左右的聚己二酸乙二醇二乙二醇酯，耐寒性鞋底和旅游鞋鞋底原液所用聚酯为分子量 2000 左右的聚己二酸乙二醇丁二醇酯。异氰酸酯中，纯 MDI 与液化 MDI 的比例为 95% 比 5%。在制备过程中，体系中加约 0.01‰ 的副反应抑制剂磷酸。反应温度在 60～80℃，保温时间为 2h，其中游离异氰酸酯基的含量在 18%～19%。C 组分为催化剂组分。

三液体系特别适宜于双色、低硬度的运动鞋和低密度的凉鞋。使用时，先将 A 组分与 C 组分混合均匀，再与 B 组分混合。三液体系的特点是：

① 原液存放和加热溶解时，黏度和反应性的降低很小；

② 成型稳定性好；

③ 成品的硬度、尺寸变化小。

聚醚型原液的制备多采用一步法。其中 A 组分直接由聚醚多元醇、催化剂、发泡剂、匀泡剂、扩链剂等在混合器中充分混匀制得；B组分为改性异氰酸酯或液化 MDI。

12.3.3.2 成型工艺

在制鞋工业中，PU 鞋底有单元鞋底、全聚氨酯靴鞋、鞋帮直接注底、硬鞋跟、鞋底中间层等整鞋和组合鞋底的模塑。全聚氨酯靴鞋的鞋底、鞋面或鞋帮均由 PU 制成，其中由微孔 PU 弹性体制得的全聚氨酯鞋，靴统柔软，鞋底耐磨、耐油和耐化学品，整鞋轻便，又具有保暖性、舒适性。PU 鞋底是市场上量大面广的产品。

PU 鞋底一般采用低压浇注成型或高压浇注成型，少数也用注射模压。PU 鞋底成型工艺流程如图 12-3 所示。

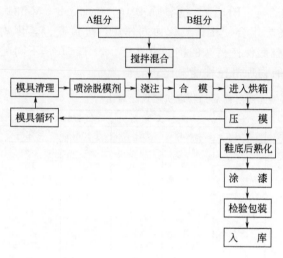

图 12-3　PU 鞋底成型工艺流程

成型设备为鞋底浇注机。用于聚酯型 PU 成型的常压浇注设备主要由浇注机或转台烘道等装置组成。在 PU 鞋底原液中，由于 A、B 组分均为液体，混合反应剧烈，所以在成型过程中，设备的准确计量和组分的混合均匀是两个重要因素，直接影响产品的性能。

对双色鞋底，用双色浇注机模塑，一般采用外加中间板的模具，并且进行二次浇注和加热固化。

12.3.4　产品与性能

12.3.4.1　国外产品与性能

表 12-31 为日本花王公司（Kao. co）开发的低密度 PU 鞋底体系的加工性能，其中 AS-6-08u 为聚酯型全水发泡体系，用于 PU 中底的生产，其防震缓冲性、粘接性和加工性均优于 EVA 中底。AS-6-96 为该公司开发的较低密度的中底体系，中底密度为 0.3～0.32g/cm³。

表 12-31　低密度 PU 体系的加工性能

性　能	AS-6-96	AS-6-08u	规定指标	性　能	AS-6-96	AS-6-08u	规定指标
密度/(g/cm³)	0.3	0.3	0.3～0.31	撕裂强度/(kN/m)	14.2	12.9	>12
拉伸强度/MPa	2.1	2.0	>1.6	割口撕裂/(kN/m)	2.8	2.6	>2.5
扯断伸长率/%	400	385	>300				

表 12-32 为 ICI 公司开发的全水发泡的聚醚型预聚物 PBA2393 的特性及其性能。

表 12-32　PBA2393 的特性及其性能

性能	指标	性能	指标
外观	浅色至微黄色液体	凝固点/℃	<15
异氰酸酯组分	MDI	热稳定性(80℃,24h)	
NCO 含量/%	19	NCO 含量变化/%	−0.05
黏度(25℃)/mPa·s	1350	黏度变化/mPa·s	115

双密度聚醚型 PU PBA2393 的物理性能	PBA2393		聚酯	双密度聚醚型 PU PBA2393 的物理性能	PBA2393		聚酯
	中底	外底			中底	外底	
密度/(g/cm³)	0.44	1.0	1.0	撕裂强度/(N/m)	7.0	25.0	20.2
硬度(邵尔 A)	53	72	65	磨耗/mg	未知	221	120
拉伸强度/MPa	3.70	10.8	16.9	粘接强度/(N/m)	组合鞋底 7.2(100%破坏)		
扯断伸长率/%	385	750	550				

ICI PU 集团开发了 Suprasec 2433 和 Suprasec 2533 两种预聚物体系。Suprasec 2433 用于聚酯或聚醚型制鞋系统，特性与成品性能见表 12-33。Suprasec 2533 是一种改良的预聚物，适用于制低密度中底。

表 12-33 Suprasec2433 的特性及成品性能

性 能	指 标	性 能	指 标
外 观	透明至浅黄色液体	凝固点/℃	<15
NCO 含量/%	19.1	热稳定性(80℃/24h)	
加工温度/℃	25～40	NCO 含量变化/%	<-0.05
黏度(25℃)/mPa·s	359	黏度变化/mPa·s	<115

物理性能	单元鞋底	直接注塑鞋底	中底
加工设备	DESMA ds2020	DESMA PSA91	DESMA ds2020
密度范围/(g/cm³)	0.5～0.6	0.4～0.6	0.25～0.32
硬度(邵尔 A)	45～70	45～65	—
拉伸强度/MPa	2.5～4.5	2.5～4.2	—
扯断伸长率/%	350～400	350～400	300
撕裂强度/(9.8N/cm)	3.0～4.5	2.8～4.5	不适用
低温 Ross 挠曲性(>100000 次挠曲循环)/℃	—35	—35	—35
PEI 挠曲性(裂口生长,100000 次挠曲循环)/%	0	0	0
V 带挠曲(循环至产生裂纹)/转	50000	50000	50000

Mobay 公司开发了 Bayflex 435 中底 PU 体系和 Bayflex291 鞋底外底 PU 体系，见表 12-34。Bayflex 435 的密度为 0.35g/cm³，比传统的鞋底低，性能接近于 EVA，突出特点是稳定性得到了明显的改善。Bayflex 291 为鞋底的外底预聚物，它可改善外底的耐磨性，并可制造透明鞋底，性能优于橡胶。

表 12-34 Bayflex435 与 EVA 鞋底的物理性能比较

性 能	Bayflex435	EVA	性 能	Bayflex435	EVA
密度/(g/cm³)	0.35	0.22	扯断伸长率/%	429	200
硬度(邵尔 A)	54	40	撕裂强度/(kN/m)	13.1	—
拉伸强度/MPa	3.0	3.0	割口撕裂强度/(kN/m)	2.8	2.5

Dow 化学公司开发的无 CFC 发泡的聚醚型微孔 PU 鞋底体系可生产高密度和中密度休闲鞋底及低密度凉鞋、拖鞋等鞋底，其户外性能、耐磨、耐疲劳性好。主要原料为 ISONATE M-125 异氰酸酯。预聚物 NCO% 为 16.8～18.5。它在非常低的温度下（如—50℃以下）仍具有良好的物理机械性能。它比传统的聚酯、聚醚体系在耐磨性、伸长和回弹性等性能方面要优越得多，耐水解和耐霉菌性也超过了前者。

此外，阿科化学公司也开发了聚醚型低密度鞋底，预聚物稳定，且具有良好的水解稳定性和加工性。性能见表 12-35。

表 12-35 阿科化学公司聚醚型 PU 鞋底的性能

性 能	指 标			性 能	指 标		
密度/(g/cm³)	0.3	0.4	0.55	扯断伸长率/%	320	371	236
回弹率/%	38	38	46	割口撕裂强度/(kN/m)	2.7	3.3	4.2
拉伸强度/MPa	1.8	2.2	3.7				

12.3.4.2 国内产品与性能

国内聚氨酯鞋底的生产厂家不少，主要有烟台华大 PU 有限公司、温州华峰集团有限公司、无锡双象、中山花王、宇田树脂公司等，见表 12-36。

表 12-36　国内主要鞋底原液生产厂家产能统计　　　　　　单位：万吨

生产厂家	2005 年	生产厂家	2005 年
温州华峰集团有限公司	10	东莞金诚聚氨酯公司	1.5
温州宇田树脂有限公司	6	南海义哲	1
温州德泰树脂有限公司	2	烟台华大化学工业有限公司	2
温州市登达化工有限公司	2.6	青岛市宇田化工有限公司	1
温州昌泰	1	无锡双象化学工业有限公司	6
温州竟帆	1	江苏宇田昆山化工有限公司	2
温州市隆丰化学工业有限公司	2	盐城德鸿树脂有限公司	0.5
温州东方精细化工有限公司	0.45	江苏常隆化工有限公司	0.5
佛山市业晟聚氨酯有限公司	2.4	晋江泰兴达橡塑有限公司	2
中山花王	1.9	晋江华福化工有限公司	1
东莞宝建	1.8	成都意泰利聚氨酯实业有限公司	0.4
台州珠光	1.5	山东吉昌化工有限公司	5
广州市东成化工有限公司	1.6		

表 12-37～表 12-41 是国内一些原液供应厂商的牌号、成型条件及产品的物性。

表 12-37　华峰集团公司聚酯型鞋底原液

项目	牌号		项目	牌号	
	JF-P-4755	JF-I-4718		JF-P-4755	JF-I-4718
外观(40℃)	液体状	透明液体	性能		
黏度(40℃)/mPa·s	1000～1600	300～700	鞋底成型密度/(g/cm³)	0.55～0.60	
密度(40℃)/(g/cm³)	1.17～1.19	1.18～1.20	硬度		
包装/kg	18	20	JIS A	—	
成型条件			JIS C	50～55	
参考配比(P+C)/I(质量比)	100/(65～67)		拉伸强度/MPa	4.2～6.2	
使用温度/℃	40～45		扯断伸长率/%	550～750	
乳白时间/s	4～6		撕裂强度/(kN/m)	15.0～25.0	
升起时间/s	25～35		脆化温度/℃	—	
自由泡密度/(g/cm³)	0.26～0.33		耐折性(−10℃)	无裂痕	
金属模具温度/℃	45～55		NBS 耐磨/%	—	
脱模时间/min	5～7				

表 12-38　华峰集团公司聚酯型鞋底原液

项目	牌号		项目	牌号	
	JF-P-4170	JF-I-4118		JF-P-4170	JF-I-4118
外观(40℃)	液状或蜡状	透明液体	性能		
黏度(40℃)/mPa·s	1000～18000	200～500	鞋底成型密度/(g/cm³)	0.70～0.75	0.55～0.60
密度(40℃)/(g/cm³)	1.17～1.19	1.18～1.20	硬度		
包装/kg	18	20	JIS A	58～64	45～50
成型条件	大底	中底	JIS C	70～75	65～70
参考配比(P+C)/I(质量比)	100/(86～88)	100/(90～92)	拉伸强度/MPa	8.0～12.0	5.0～7.0
使用温度/℃	(40～45)/(35～40)	(38～42)/(38～42)	扯断伸长率/%	500～600	450～550
乳白时间/s	5～7	5～7	撕裂强度/(kN/m)	30.0～40.0	20.0～30.0
升起时间/s	25～35	25～35	脆化温度/℃	−28～−20	—
自由泡密度/(g/cm³)	0.40～0.50	0.26～0.32	耐折性(−10℃)	预割口未见增长	—
金属模具温度/℃	50～55	45～55	NBS 耐磨/%	≥30	—
脱模时间/min	3～5	5～7			

表 12-39 华峰集团公司聚醚型鞋底原液

项目	牌号		项目	牌号	
	JF-P-501	JF-I-601		JF-P-501	JF-I-601
外观(40℃)	乳白色液体	微黄、透明液体	金属模具温度/℃	45～55	
黏度(40℃)/mPa·s	300～700	100～300	脱模时间/min	5～7	
密度(40℃)/(g/cm³)	1.00～1.02	1.12～1.14	制品性能		
包装/kg	18	19	鞋底成型密度/(g/cm³)	0.32～0.36	
成型条件			硬度(JIS C)	25～35	
参考配比(P+C)/I(质量比)	100/(49～51)		拉伸强度/MPa	0.90～1.50	
使用温度/℃	34～38,38～42		扯断伸长率/%	300～400	
乳白时间/s	8～12		撕裂强度/(kN/m)	3.0～4.0	
升起时间/s	40～50		脆化温度/℃	—	
自由泡密度/(g/cm³)	0.14～0.18				

表 12-40 青岛宇田聚氨酯鞋底料中底

项目	牌号		项目	牌号	
	A-8315	B-2400		A-8315	B-2400
成分	多元醇混合物	预聚物	上升时间/s	55～65	
外观	液体	蜡状或淡黄色透明液体	自由泡密度/(g/cm³)	0.15～0.17	
			模具温度/℃	45～55	
黏度(40℃)/mPa·s	1600～2000	800～1200	脱模时间/min	6～8	
密度(40℃)/(g/cm³)	1.01～1.02	1.08～1.20	制品性能		
包装/kg	18	20	鞋底成型密度/(g/cm³)	0.38～0.42	
成型条件			硬度(JIS C)	60～70	
参考配比(A+C)/B(质量比)	100/(78～80)		拉伸强度/MPa	3.5～5.0	
使用温度/℃	40～45,38～42		扯断伸长率/%	350～460	
乳白时间/s	6～8		撕裂强度/(kN/m)	18～24	

表 12-41 温州登达化工有限公司鞋底原液

项目	牌号		项目	牌号	
	DD-P-6006	DD-I-2680		DD-P-6006	DD-I-2680
外观(40℃)	液状或蜡状	透明液体无异物	脱模时间/min	5～7	
黏度(40℃)/mPa·s	1200～2400	200～500	制品性能		
密度(40℃)/(g/cm³)	1.15～1.17	1.18～1.20	鞋底成型密度/(g/cm³)	0.50～0.60	
包装/kg	18	20	硬度(C 型)	65～70	
成型条件			拉伸强度/MPa	6.0～8.0	
参考配比(P+C)/I(质量比)	100/70～72		扯断伸长率/%	500～600	
使用温度/℃	(45～50)/(45～50)		撕裂强度/(kN/m)	25.0～35.0	
乳白时间/s	7～10		脆化温度/℃	-45～-35	
升起时间/s	30～40		耐折性(23℃,裂口长度 mm)	无裂痕	
自由泡密度/(g/cm³)	0.25～0.30		NBS 耐磨(预除表皮后数据)/%	≥30	
金属模具温度/℃	45～55				

12.4 其他典型制品

12.4.1 减震制品

12.4.1.1 轨道枕垫

随着高速铁路、地铁、城市轨道交通的发展，微孔聚氨酯弹性体材料大量被应用，如聚氨酯枕木（玻璃纤维增强硬质微孔聚氨酯弹性体）、PU 轨枕垫板、PU 轨枕垫等，以缓冲和减少车辆通过时产生的高速冲击震动，并降低噪声。微孔聚氨酯弹性体材料由于缓冲应力低、减震平稳、力响应时间短，具有优良的弹性、能发挥减震缓冲作用及良好的电气绝缘性能，保证对铁路信号系统良好的绝缘，适应温热潮湿的气候，耐腐蚀、耐油、耐冲击，通过了行驶速率为360km/h 的试验段检验，被铁道部选定为客运专线使用材料。奥地利百瑞扣件系统有限公司（昆山）生产的高铁用 PU 缓冲减振件硬度约 52 邵尔 A，回弹约 55％，相对密度约 0.83。2010 年 8 月国家铁道部发布实施了《WJ-7 型和 WJ-8 型扣件弹性垫层制造验收暂行技术条件》，其物理机械性能指标见表 12-42 。

表 12-42　弹性垫板的物理机械性能

序号	项目		单位	指标
1	拉伸强度	老化前	MPa	≥2.0
		老化后	MPa	≥1.8
2	扯断伸长率	老化前	％	≥150
		老化后	％	≥120
3	压缩永久变形		％	≤10
4	工作电阻		Ω	≥$1×10^8$
5	耐油性体积膨胀率(46$^\#$机油,72h 后)		％	≤10
6	静刚度		kN/mm	A 类:30～40 B 类:20～26
7	动静刚度比		—	≤1.35
8	疲劳性能(垫板经 300 万次疲劳试验后) 　永久变形 　静刚度变化率 　节点刚度变化率		％ ％ ％	≤10 ≤25 ≤25

12.4.1.2　护舷、小汽车止推块、空气弹簧等减震件

采用两组分三原液的方法合成。A 组分为低聚物多元醇、扩链剂、发泡剂、匀泡剂等，黏度（常温）＜2000mPa·s，密度约 1.1g/cm^3；B 组分为 MDI 半预聚物，黏度（35～40℃）＜1500mPa·s，密度约 1.2g/cm^3；C 组分为催化剂。A、B、C 的混合比为 100：（60～90）：（0.1～0.2）。

制品物性：

自由泡密度	0.3～0.4g/cm^3	拉伸强度	8～9MPa
整体密度	0.5～0.6g/cm^3	撕裂强度	30kN/m
硬度（邵尔 A）	50～60	扯断伸长率	400％～500％

高性能车用止推块等减震缓冲件可用 NDI 型聚氨酯微孔弹性体制作。

采用预聚物法，先由聚酯多元醇和 NDI 制成预聚物，再和水基交联剂反应为制品。A 组分为 NDI 预聚物，在 90℃时黏度＜3000mPa·s，密度约 1.1g/cm^3；B 组分为水基交联剂，在 45℃时黏度＜50mPa·s，密度约 1g/cm^3。A、B 组分混合比 100：（3～5）。

制品物性：

自由泡体密度	0.4g/cm^3	拉伸强度	40MPa
整体密度	0.6g/cm^3	撕裂强度	45～54kN/m
硬度（邵尔 A）	60～70	扯断伸长率	800％

如需要耐水解和耐霉菌可用聚醚替代上述聚酯多元醇。

12.4.2　空气滤清器

空气滤清器是汽车、轮船、施工力学、发电机组等内燃力学的三滤之一。随着我国汽车工业的快速发展，其需求量越来越大。空气滤清器芯端盖的密封材料采用聚醚型低密度聚氨酯微孔弹性体，可自身成型与滤材合成一体，取代钢板端盖和密封圈，可常温固化，无毒快干，使

用不受气候和环境的影响。

　　采用表面自结皮、芯部密度稍低的具有较高强度和弹性的两组分聚醚型组合料，A 组分为聚醚多元醇组合料，羟值 100～120mg KOH/g，黏度（20℃）＜1000mPa·s，密度（20℃）1.05g/cm³。B 组分为异氰酸酯，液化 MDI，NCO 含量为 31%，黏度（20℃）50～150mPa·s，密度（20℃）1.22 g/cm³。A、B 组分混合比为 100∶（30～35）。

　　参考配方（质量份）：

聚醚多元醇	100	催化剂	0.2～1.0
扩链剂	2～5	水	＜0.1
表面活性剂	1～2	液化 MDI（异氰酸指数 R）	约 1.05

制品物性：

整体密度	0.15～0.2g/cm³	抗压强度	0.02～0.2MPa
硬度（邵尔 A）	20～46	扯断伸长率	≥100%
拉伸强度	≥0.7MPa	40%压缩变定	＜10%

12.4.3　自结皮实芯轮胎

　　用于生产低速运行的轻型胎，如自行车胎或力车胎，高尔夫球车轮胎等。常用两组分，A 组分为聚醚多元醇组合料，在常温时黏度 800～1200mPa·s，密度约 1.05g/cm³；B 组分为改性 MDI，在常温时黏度 200～500mPa·s，密度约 1.2g/cm³。A、B 组分混合比 100∶（80～120）。

制品物性：

整体密度	0.4～0.6g/cm³	表皮撕裂强度	3～12kN/m
（表皮/芯）密度	(0.9/0.4) g/cm³	泡沫拉伸强度	1～1.5MPa
表皮硬度（邵尔 A）	60～80	扯断伸长率	100%～200%

12.4.4　低密度密封条

　　采用两组分合成，A 组分为聚醚多元醇组合料，在常温时黏度 300～3000mPa·s，密度约 1.1g/cm³；B 组分为改性 MDI，在常温时黏度 200～300mPa·s，密度约 1.1g/cm³。A、B 组分混合比 100∶20。

制品物性：

自由泡体密度	0.15～0.25g/cm³	扯断伸长率	100%
硬度（邵尔 A）	10～30	抗压强度	0.02～0.2MPa
拉伸强度	＞0.7 MPa	耐温	−40～100℃

参 考 文 献

[1] 朱吕民等．聚氨酯泡沫塑料．第 2 版．北京：化学工业出版社，1994.

[2] 李俊贤．反应注射成型技术及材料（连载）．聚氨酯工业．1995（4）-1997（4）．

[3] Leung L M，Koberstein J T. Macromolecules，1986，19（3）：706-713.

[4] 赫普伯恩著 C．聚氨酯弹性体．高景晨等译．北京：烃加工出版社，1987.

[5] Wong S W，Frisch K C. Polym. Sci. Polym. Chem. Ed.，1986，（24）：2867.

[6] 查刘生等．聚（醚-酯）型 PU 微孔弹性体鞋底材料．合成橡胶工业．1987，21（4）：233-235.

[7] Saunders H，Frisch K C. Polyurethanes. Chemistry and Technology·Part Ⅱ. New York：Interscience Publishers，1962.

[8] Buist M，Gudgeon H. Advances in Polyurethane Technology. New York：John Wiley and sons，1968.

[9] Galan R J. Narayan T ，Markovs R A. J. Elast. Plast，1990（22）：22-31.

[10] Lisowska R，Balas A. Cell. Polym，1983（2）：177-189.

[11] Kurt，C. Frisch．聚氨酯的最新技术进展．第一届 PU 中国 95 国际会议论文集，1995.

［12］Mitsuru Sakai 等．低密度 PU 鞋底体系．第一届 PU 中国 95 国际会议论文集，1995.

［13］C 海普本著．聚氨酯手册．闫家宾等译．沈阳：辽宁科技出版社，1985.

［14］冯月兰，殷宁，亢茂青，王心葵．微孔聚氨酯弹性体耐候性的研究．化工新材料．2006，34（7）：48-50.

［15］宫涛，李汾，岳献云．聚氨酯弹性体发展动态及趋势．中国聚氨酯工业协会第十四次年会论文集．上海：中国聚氨酯工业协会，2008：31-37.

［16］孙清峰，徐业峰，于鹏程等．高活性低不（饱和度聚）醚型鞋垫料的研制．聚氨酯工业．2008，23（2）：23-25.

［17］陈鑫实．聚氨酯微孔弹性体的生产工艺和设备．中国聚氨酯工业协会弹性体专业委员会 2009 年年会论文集．南昌：中国聚氨酯工业协会弹性体专业委员会，2009：251-261.

［18］宫涛，李汾，刘菁．聚氨酯弹性体的进展．中国聚氨酯工业协会第十五次年会论文集．上海：中国聚氨酯工业协会，2010：9-32.

［19］周文英，陈战有，张利军等．高性能聚氨酯弹性垫板的研制．中国聚氨酯工业协会弹性体专业委员会 2011 年年会论文集．福州：中国聚氨酯工业协会弹性体专业委员会，2011：226-231.

［20］宫涛，李汾，刘菁．聚氨酯弹性体的新进展．中国聚氨酯工业协会弹性体专业委员会 2011 年年会论文集．福州：中国聚氨酯工业协会弹性体专业委员会，2011，1-31.

第13章 主要原料、预聚物和弹性体的分析

李振柱　郑凤云

13.1 概述

聚氨酯弹性体所用的原料主要有三大类：异氰酸酯、低聚物多元醇和扩链交联剂。合成 PU 产品可用的原料种类繁多，其中用量大而普遍采用的主要原料是异氰酸酯、聚醚多元醇和聚酯多元醇。有关 PU 原料和产品的分析方法已有很多报道。我国在制定国家标准和采用国外先进标准方面已取得不少成果。现在 PU 主要原料的一些分析项目已制定了国家标准或化工行业标准。这些标准试验方法是检验 PU 原料质量的依据，并可促进分析检测工作标准化。为此将在所述的分析方法中引用我国现行标准和有关国际标准、国外先进标准。所述分析方法除另有说明外，均应使用分析纯试剂和符合 GB/T 6682 中三级水或相应规格的分析用水。以下将叙述和讨论 PU 主要原料和预聚物的常用分析方法，并扼要介绍有关 PU 的鉴定和分析方法，以便于理解和应用。

13.2 异氰酸酯

约有 95% 的 PU 是用甲苯二异氰酸酯（TDI）和二苯基甲烷二异氰酸酯（MDI）系列产品制造的。PU 工业中常用如下异氰酸酯：精制的异氰酸酯如 2,4-TDI、2,4-TDI 和 2,6-TDI 异构混合物、4,4'-MDI 及其预聚物；未精制的异氰酸酯如多亚甲基多苯基异氰酸酯（PAPI）；改性异氰酸酯如脲酮亚胺改性的液化 MDI 等。

大多数异氰酸酯是由光气化法生产的，如果在最终精制阶段没能除净光气，就可能残存游离光气，经水解后计入水解氯的测定，而部分包括在酸度分析中。水解氯主要来源于氨基甲酰氯和溶解的光气。总氯与水解氯含量之差用来测量邻二氯苯或其他环上被氯取代的产物。异氰酸酯中所存在的游离酸能起到温和的催化作用，可以中和异氰酸酯与多元醇反应中所使用的碱性催化剂，但也能促进聚酯型 PU 中酯键的水解而影响其稳定性。

异氰酸酯异构比与其反应活性、制品物性和应用有着密切的关系。因此异氰酸酯纯度与 NCO 含量、水解氯、酸度和异构体含量是控制产品质量的重要分析项目。

GB/T 13941 规定了 MDI 的技术指标、试验方法和检验规则等要求。

13.2.1 纯度与 NCO 含量

GB/T 13941 中附录 A 规定了 MDI 含量的测定方法。GB/T 12009.4 规定了两种电位滴定法测定多亚甲基多苯基异氰酸酯中 NCO 含量的方法。ISO 14896 中 A 法主要适用于精制 TDI、MDI 及其预聚物中异氰酸酯基含量的分析。ISO NCO 14896 中 B 法适用于精制、未精制或由 TDI、MDI 和多亚甲基多苯基异氰酸酯衍生的改性异氰酸酯的异氰酸酯基含量的测定。其他芳族异氰酸酯如果采取修正措施可用该方法。但该法不适用于封端异氰酸酯。

（1）原理　过量伯、仲胺与异氰酸酯在适宜的惰性溶剂中定量反应生成相应的脲，然后用盐酸标准滴定溶液滴定剩余的胺，以二正丁胺为例其反应如下：

$$RNCO + (C_4H_9)_2NH \longrightarrow RNHCON(C_4H_9)_2$$

$$(C_4H_9)_2NH + HCl \longrightarrow (C_4H_9)_2NH_2^+Cl^-$$

（2）分析步骤　GB/T 13941 附录 A 规定了 MDI 含量的测定方法，分析步骤如下。

准确称取 1g 试样，置于 300mL 具塞锥形瓶中，用移液管加入 10mL 经氯化钙充分脱水的氯苯溶解。准确加入 25mL 0.5mol/L 二正丁胺氯苯溶液，盖上瓶塞摇匀，静置冷却 10min。再加入 80mL 甲醇和 2～3 滴溴酚蓝指示液，用 50mL 酸式滴定管和 0.5mol/L 盐酸标准滴定溶液滴定至溶液由蓝紫色变成黄绿色为终点，同时做空白试验（溴酚蓝指示液：将 1g 溴酚蓝和 1.5mL 氢氧化钠溶液[c(NaOH)＝1.000mol/L]放入研钵中研磨，再加 20mL 甲醇和 10mL 水溶解）。

异氰酸酯的纯度（或含量）用 $I\%$ 表示，计算如下：

$$I\% = (V_0 - V_1)cE/10m$$

式中　　V_0——空白滴定消耗盐酸标准溶液的体积，mL；

　　　　V_1——试样滴定消耗盐酸标准溶液的体积，mL；

　　　　　c——盐酸标准溶液的浓度，mol/L；

　　　　　E——异氰酸酯的当量（TDI，E＝87.08；MDI，E＝125.13）；

　　　　　m——试料的质量，g。

平行测定结果的相对偏差应小于或等于 0.15%，结果以算术平均值表示，并保留四位有效数字。异氰酸酯基含量（NCO%）用下式计算：

$$NCO\% = (V_0 - V_1)c \times 4.202/m$$

式中，4.202＝(42.02×100)/1000（42.02 为 NCO 基的摩尔质量）。

GB/T 12009.4 中方法 A 规定了测定 PAPI 中 NCO 基含量的仲裁方法，分析步骤如下。

称取 2.5～3.0g 试样，精确至 0.01g，置于 400mL 烧杯中，加入 50mL 无水甲苯溶解，准确加入 25mL 2mol/L 二正丁胺甲苯溶液，摇匀。细心启动磁力搅拌器，用 10mL 无水甲苯淋洗杯壁，盖上烧杯，继续搅拌混合 20min。将烧杯置于加热板上，在试样中放入温度计，在 3.5～4.5min 内将试样加热至 95～100℃，迅速从加热板上取下烧杯，盖上表面皿，静置冷却至室温。加入 225mL 异丙醇，淋洗后取出温度计，浸入甘汞电极和玻璃电极（电位仪用 pH 值为 4.0 的标准缓冲溶液校准过），用 1mol/L 盐酸标准滴定溶液进行电位滴定，直至 pH 为 4.2～4.5 时发生突变为止。同时做空白试验。

GB/T 12009.4 中方法 B 分析操作简便，在我国 PU 行业应用较为普遍，分析步骤如下。

准确称取 0.2～0.3g 试样，置于 300mL 烧杯中，加入 10mL 三氯甲烷溶解至试样透明，准确加入 20mL 0.2mol/L 六氢吡啶氯苯溶液，摇匀，并静置 15～20min。向杯内加入 150mL 乙醇，浸入甘汞电极和玻璃电极（电位仪用 pH 值为 4.0 标准缓冲溶液校准过），用 0.1mol/L 盐酸标准滴定溶液进行电位滴定，直至在 pH 值为 4.1～4.5 发生突变为止，同时做空白试验。

两个平行样试验结果的绝对误差不大于 0.2%。

分析实践表明，A、B 两法在进行电位滴定时，终点突跃均很明显，滴定终点判断比用指示剂法客观准确；同一样品测定结果相近，方法 B 略有偏高，标准偏差不大。而我国 TDI 生产厂家对 TDI 纯度的分析是采用毛细管柱气相色谱法。

异氰酸酯中残存的光气、氨基甲酰氯、氯化氢及其他酸性或碱性化合物会对分析有干扰。酸性氯化物会使异氰酸酯的表观 NCO 含量或纯度提高。从理论上讲，有些酸性氯化物在分析反应中可消耗 2mol 的二正丁胺：

$$RCl + (C_4H_9)_2NH \longrightarrow RN(C_4H_9)_2 + HCl$$

$$HCl + (C_4H_9)_2NH \longrightarrow (C_4H_9)_2NH_2^+Cl^-$$

显而易见，这个反应的进行将取决于受检材料中所存在的较易置换的氯化物。酸性高的氯化物与二正丁胺反应较快。精制异氰酸酯中水解氯和酸度在 0.001%～0.01% 范围内，对分析结果影响不大，可以忽略不计。未精制或改性异氰酸酯的酸度一般控制在 0.05% 以下，但当未精制或改性异氰酸酯的酸度约达 0.3% 时，NCO 含量应指出校正或未校正酸度。

一般来说，聚合 MDI 产品所含二聚体的浓度比纯 MDI 或改性 MDI 产品要高。聚合 MDI 的二聚体含量通常为 1%～2%，而纯 MDI 产品往往低于 1%。二正丁胺与二聚体的反应取决于试验方法。加热法比不加热法能使二正丁胺与二聚体更为有效的反应，并为有关分析研究所证实。

13.2.2　总氯

异氰酸酯总氯含量可用氧瓶燃烧法和氧弹燃烧法测定。适当调整取样量也可适用于多种有机化合物。

GB/T 12009.1 规定了用氧瓶燃烧分解试样，以电位滴定法测定异氰酸酯中总氯含量的方法。

制作铂丝螺旋圆筒时，可将铂丝绕在直径 8～10mm 的金属或塑料管（棒）上成圆筒形，将筒底铂丝的一头编成十字，另一头留下长约 20mm 的铂丝烧结在燃烧瓶塞上。这样制成的铂丝网筒，简便易行，可重复绕制，使用方便。

氧燃烧瓶在试样燃烧时，瓶内压力往往会突然升高，有爆炸的可能性，因此应选用耐腐蚀、耐高温的高硼硅酸盐玻璃燃烧瓶。

取样量取决于试样中总氯含量，取样量过多可能导致试样燃烧分解不完全或爆炸现象，对未知总氯含量范围的样品要适当控制取样量。

为保证试样燃烧分解完全，吸附试样的脱脂棉切勿填压太紧，试样在氧瓶中燃烧时应缓缓燃尽，中途不能发生脱落现象。试样燃烧分解后，应静置 30min 以上至白烟消失，以使无机氯化物充分被碳酸钠溶液吸收，静置时间过短结果偏低。

转移吸收液时，应仔细用 10g/L 碳酸钠溶液冲洗瓶塞、瓶壁和铂丝，淋洗液太少氯离子转移不完全，淋洗液过多滴定溶液体积增大，氯离子浓度低，电位滴定终点不明显，因此，控制总体积不超过 50mL。

13.2.3　水解氯

GB/T 12009.2 规定了用电位滴定法测定异氰酸酯中水解氯含量的方法。

测定 MDI、PAPI 中水解氯含量时，直接加入甲醇容易结块产生包藏现象，不易操作，所得结果偏低，复现性差。为此分析 MDI、PAPI 和改性异氰酸酯时，选用适宜的水解溶剂如丙酮、苯或甲苯等先将试样完全溶解后，再加入甲醇和水进行水解。实践表明，在不同的试验条件下，测定结果会有所不同，因此应严格按规定进行分析操作。

先加入丙酮溶解试样，再加入甲醇和水进行水解，适用范围得以扩展。采用甲醇和水进行水解效果好，有利于电位滴定终点的判断，但毒性较大。常规分析可用乙醇代替甲醇，对比试验表明对水解氯较高的样品如国产 PAPI 的测定结果是一致的，但对水解氯含量较低的样品如 TDI 和 MDI 的电位变化不够明显、终点难以判断和偏差大一些。因此仲裁分析或样品中水解氯含量小于 0.05% 时，须用甲醇。TDI 和 MDI 由于水解氯含量很低，电位滴定时电位变化不明显，因此采用标准加入法，即在电位滴定前加入 2.0mL 的氯化钠标准溶液，同时做空白试验。

13.2.4　酸度

GB/T 12009.5 规定了用电位滴定法测定异氰酸酯酸度的方法。

电位滴定之前加入 2mL 0.01mol/L 盐酸溶液，有利于电位滴定终点的判断。

异氰酸酯由于溶解度的问题，TDI 与 MDI、PAPI 酸度的分析方法有所不同。分析未精制或改性异氰酸酯中酸度时，为使试样完全溶解，确保在生成氨基甲酸酯前后让所有酸性物质完全释放出来，选择溶剂体系是重要的。为解决酸度分析中所遇到的一些困难，也曾选用苯-异丙醇-甲醇（1+1+1）混合物和甲苯-异丙醇（1+1）混合物为溶剂。采用苯-异丙醇-甲醇等体积混合物时的分析步骤是取约 1g 试样，加入 200mL 混合溶剂，搅拌 25min，用氢氧化钾甲醇标准滴定溶液滴定之前，加入 15mL 煮沸过的蒸馏水，可获得敏锐的滴定终点。

13.2.5 异构比

13.2.5.1 红外光谱法测定 TDI 异构体含量

（1）原理　红外光谱法测定 TDI 异构比是基于苯环 C—H 面外变形振动吸收谱带的定量分析方法。苯环上取代基位置不同，其吸收谱带的波长也有所不同。

（2）仪器与试剂　红外光谱仪；0.1mm 密闭液体吸收池；25mL 容量瓶；光谱纯环己烷。

（3）A 法　适用于 2,6-异构体大于 10％ 的样品。

分析时以选用 0.12mm 液体吸收池为好。如使用其他光路长度液体池时，可按下式调整样品量：样品量（g）= 0.24/液体池光路长度（mm）。用分析天平称取适量样品，精确至 0.01g，置入 25mL 容量瓶，用环己烷稀释至刻度，摇匀。用环己烷冲洗液体池三次，然后再充满液体池，仪器调至高中分辨率进行扫描。液体池放入光谱仪中，扫描 13.0～12.0μm 区域的光谱三次。取出液体池倒掉环己烷，用样品溶液冲洗三次，再充满液体池。重复扫描 13.0～12.0μm 区域光谱三次，样品溶液与溶剂光谱图重叠。倒掉液体池中的样品溶液，依次用环己烷、无水丙酮清洗，然后氮气吹干。测量环己烷基线上在 12.35μm 和 12.80μm 处的吸光度。

计算两种异构体的浓度：

$$2,4\text{-异构体浓度} = c_1 = \frac{A_{12.35} - 0.226}{0.00372} + 55.0$$

$$2,6\text{-异构体浓度} = c_2 = \frac{A_{12.80} - 0.150}{0.0120} + 11.6$$

式中　A——在下标分析波长处的吸光度。

计算 2,4-异构体/2,6-异构体异构比：2,4/2,6 = c_1/c_2。

用归一化法计算两种异构体的浓度百分数：

$$\text{实际 2,4-异构体浓度（％）} = \frac{c_1}{c_1 + c_2} \times 100$$

$$\text{实际 2,6-异构体浓度（％）} = \frac{c_2}{c_1 + c_2} \times 100$$

c_1 和 c_2 两式中校正系数是用如下方法确定的。视所需分析范围（如含有约 20％～35％ 的 2,6-异构体混合物），用纯 2,4-TDI 和 2,6-TDI 配制系列已知浓度的标准混合物，按上述分析步骤进行光谱分析。用每种异构体在分析波长处测得的吸光度为纵坐标，浓度为横坐标，绘制工作曲线。然后分别确定 x 轴截距（55.0、11.6，异构体％）、与 x 轴截距相对应的 y 轴截距（0.226、0.150，吸光度）和斜率（0.00372、0.0120）。

（4）B 法适用于 2,6-异构体小于 10％ 的样品　选用已知光路长度在 0.04～0.11mm 间的液体吸收池，以接近 0.1mm 为宜。用未稀释的样品清洗液体池三次，然后充满液体池，将光谱仪调至中高分辨率进行扫描。液体池放入光谱仪中，并在 12.0～13.5μm 区域扫描光谱三次。倒掉液体池内样品，并依次用环己烷和无水丙酮清洗，氮气吹干。用标准基线法确定 2,6-异构体在 12.70μm 处谱带的吸光度，并以吸光度值计算归一化吸光度（C），然后再计算样品中 2,6-和 2,4-异构体的浓度百分数：

$$C = \frac{A_{12.70}}{t}$$

$$2,6\text{-异构体浓度}(\%) = C \times 0.75570 + 0.0372$$

$$2,4\text{-异构体浓度}(\%) = 100 - C \times 0.75570 - 0.0372$$

式中　A——在 $12.70\mu m$ 处测得的吸光度；

　　　t——液体池光路长度，mm；

0.75570——工作曲线的斜率；

　0.0372——工作曲线的截距。

按上述分析步骤，视所需浓度范围分析纯异构体混合物，并以 $12.70\mu m$ 处归一化吸光度对 2,6-异构体浓度绘制工作曲线。用最小二乘法计算并确定工作曲线回归方程，求得斜率和截距。

上述方法精密度为 $\pm 0.2\%$，结果表示应精确至 0.1%。另外，建议每天用干涉波纹法校准液体池的光路长度。为得到较精确和可再现的结果，对吸光度要作归一化处理。

2,4-TDI 和 2,6-TDI 纯品的物理常数：

	凝固点/℃	折射率(n_D^{20})	相对密度(d_4^{20})
2,4-TDI	21.95	1.56781	1.2186
2,6-TDI	18.15	1.57111	1.2270

凝固点对确定 TDI 混合物的异构比是有价值的，但样品必须不含二聚体、脲等副反应产物，因为这些副反应产物会降低混合物凝固点，而使结果产生偏差。

测定 TDI 介电常数的方法易为连续生产控制所采用。TDI 在 23.1℃ 时的介电常数为：2,4-TDI 8.27，2,6-TDI 5.21。但该法所需样品量大，要求精密的温度控制，样品中以离子状态存在的各种杂质对测定结果有显著影响，这些是其不足之处。

13.2.5.2　液相色谱法测定 TDI 异构体含量

据报道，用液相色谱法测定 TDI 异构比，准确、快速、简单。

(1) 仪器和试剂　SY5000 液相色谱仪，UV-100 检测器，HP-3390 积分仪。2,4- 和 2,6-甲苯二氨基甲酸乙酯（TDAME）标准样品是用纯 2,4-TDI、纯 2,6-TDI 和无水乙醇合成后精制而成。无水乙醇和甲醇均为分析纯。

(2) 衍生反应和标准溶液　将被测的 TDI 样品配成浓度为 1mg/mL 的无水乙醇溶液，置于超声波浴反应 50min，使反应完全，温升勿超过 50℃，然后冷却至室温。

标准溶液：分别称取一定量的 2,4-TDAME 和 2,6-TDAME 标准物质配成的无水乙醇溶液，其总浓度应相当于 $1.592 \times$ 被测 TDI 样品浓度（1.592 为 TDAME 和 TDI 的换算因子），而 2,4-TDAME 和 2,6-TDAME 的比例应与被测 TDI 中 2,4-TDI 和 2,6-TDI 的比例尽量相近。

(3) 色谱条件

① 色谱柱　YWG200×4.00mm（10μm）。

② 流动相　甲醇＋水＝55＋45（体积）。

③ 流速　1mL/min。

④ 柱温　40℃。

⑤ 检测波长　UV（218±2）nm。

(4) 结果和讨论　试验表明，2,4-TDI 和 2,6-TDI 混合物得到的重结晶 2,4-TDAME 和 2,6-TDAME 混合标样，其异构体与原来合成原料 TDI 不同，且异构比分布不均匀；TDI 转变为 TDAME 衍生物在 40℃ 经 40min 反应已全部完成。为了减小测定误差，在近 218nm 处，2,4-异构体和 2,6 异构体的校正因子为 1，峰高比等于异构体含量比。

测定结果如下。

对 2,6-TDAME，峰高与浓度的线型方程：$A=6.385$；$B=961.0$；$r=0.9999$。

对 2,4-TDAME，峰高与浓度的线型方程：$A=39.43$；$B=4009.7$；$r=0.9996$。

用 2,4-TDAME 和 2,6-TDAME 标样配制成不同比例的标样，测定其异构比，10 个结果的相对标准偏差为 0.12%。对实际工业 TDI 异构比测定，10 个结果的相对标准偏差为 0.19%。

13.2.5.3　MDI 异构体含量的测定

MDI 通常含有少量 2,4′-异构体和痕量 2,2′-异构体，由于干扰红外法并非满意，而气相色谱法对测定 MDI 中异构体含量和挥发性杂质是有价值的。

(1) 气相色谱分析条件

① 色谱柱　2.44m×6.4mm 外径，填充柱。

② 柱填料　15%DC 硅酮（聚硅氧烷）高真空润滑脂 Chromosorb W HP 80～100 目。

③ 温度　气化室 300℃；色谱柱 260℃；检测器 270℃。

④ 载气与流速　氦，50mL/min。

(2) 分析步骤　无水苯用共沸蒸馏法制得，并添加 5A 分子筛贮存。试样经熔融充分混合。量取 1mL 试样置于预先校准过的管形瓶中，加入 1mL 苯，盖好瓶塞并摇匀。向气相色谱仪注射适量等分试样溶液。洗提顺序和大约的保留时间如下：

溶剂	1.0min	2,4′-MDI	9.2min
2,2′-MDI(在所有试样中均未检出)	7.8min	4,4′-MDI	12.2min

各组分的浓度由相应组分的峰面积除以所有峰总面积计算。

某些脂族二异氰酸酯异构体含量也可用气相色谱法分析。

13.2.6　其他分析项目

MDI 凝固点采用 GB/T 7533 中规定的方法进行测定，GB/T 13941 中 4.3 对主温度计、辅助温度计、结晶管和外套管做了规定。MDI 中环己烷不溶物采用 GB/T 13941 中附录 B 规定的方法进行测定。MDI 色度采用 GB/T 3143 中规定的方法进行测定。未经冷冻的液体 MDI 劣化试验采用 GB/T 13941 中附录 C 规定的方法进行试验。该试验不适用于包装冷冻后的 MDI。多亚甲基多苯基异氰酸酯黏度采用 GB/T 12009.3 标准测定。

13.3　聚醚多元醇

PUE 常用的聚醚多元醇（PET）主要有聚四亚甲基二醇（PTMG）、聚丙二醇（PPG）、四氢呋喃与环氧丙烷、环氧乙烷的二元或三元共聚醚二醇等。

在 PET 生产过程中，可能会带入和产生一些杂质。PET 应尽量避免残存碱性杂质，因为在 PU 合成中它可以促进许多难以预计的副反应，所以通常是显微酸性的。若酸性过大也会影响与异氰酸酯反应的活性。测量 pH 值可以快速检定 PET 酸性或碱性沾污的大致程度。因此，应严格控制 PET 中酸性、碱性和金属杂质含量。

GB/T 12008.1 规定了 PET 命名系统并适用于 PU 材料用 PET 的命名。

GB/T 12008.2 规定了 113E、210、220、220X、330E、348H、330、330X、360H、310、403、6305、8305 等聚醚（PET）的试验方法、检验规则及标志、包装、运输、贮存等要求，并适用于由多元醇与环氧丙烷，多元醇与环氧丙烷、环氧乙烷在催化剂作用下开环聚合制得的上述 PET。

PET 按 GB/T 6678 和 GB/T 6680 规定的方法进行取样。

PET 的有关分析项目可参考如下所述方法进行测定。

13.3.1　酸值

（1）范围　GB/T 12008.5 规定了用于测定 PET 中酸性成分的试验方法，结果以酸值表示。典型的酸值以消耗的 KOH 量计，范围为 0～0.1mg/g。

（2）定义　中和 1g 试样中的酸性物质所需氢氧化钾的质量（mg）。

（3）原理　试样溶解于异丙醇中，以酚酞为指示剂，在室温下用 0.02mol/L 氢氧化钾-甲醇标准滴定溶液滴定至颜色变化的终点（浅红色）。

（4）试剂

① 试剂纯度　氢氧化钾为优级纯，异丙醇、甲醇为分析纯。

② 氢氧化钾-甲醇标准滴定溶液　$c(KOH)=0.02mol/L$，每 1000mL 甲醇溶液含 1.32g 氢氧化钾（85%），用基准邻苯二甲酸氢钾标定。

③ 酚酞指示液　1g 酚酞溶于 100mL 甲醇中。

（5）分析步骤　向锥形瓶中加入（100±20）mL 异丙醇和 1mL 酚酞指示液。用 0.02mol/L 氢氧化钾-甲醇标准滴定溶液滴至浅红色，并保持 30s。称取 50～60g 试样置于上述锥形瓶中，记录试料的质量，精确至 0.1g。搅拌或摇动锥形瓶中的溶液至试料完全溶解。用 0.02mol/L 氢氧化钾-甲醇标准滴定溶液滴定至浅红色，保持 30s 为终点。记录耗用的体积。

（6）计算　试样酸值 C，以消耗的 KOH 量计，单位为 mg/g，按下式计算：

$$C=\frac{AN\times56.1}{W}$$

式中　A——滴定试料消耗的氢氧化钾-甲醇标准滴定溶液的体积，mL；

N——氢氧化钾-甲醇标准滴定溶液的浓度，mol/L；

56.1——KOH 的摩尔质量；

W——试料质量，g。

结果准确至 0.001mg/g。该标准暂无相关的精密度数据。

13.3.2　羟值

测定羟基含量的方法很多。分析 PET 羟值普遍采用的方法是邻苯二甲酸酐-吡啶酰化法。邻苯二甲酸酐-吡啶酰化法适用于含有伯、仲羟基及其混合物的聚醚多元醇羟值的测定。该法不受酚和醛干扰，不易挥发是其优点。样品中水分含量超过 0.2% 会破坏酰化剂而有干扰，分析前应充分脱水。伯、仲胺和高级脂肪酸与试剂反应生成稳定的化合物，对分析结果有影响。

GB/T 12008.3 规定了两种 PET 羟值的测定方法，以方法 A 为仲裁法。方法 A 为邻苯二甲酸酐法，推荐用于 PET、聚合物多元醇和以胺为起始剂的多元醇。但对有位阻效应的多元醇结果会偏低；如果能采取修正措施，其他多元醇也可应用该法。方法 B 规定了用近红外光谱法测定 PET 羟值，描述了样品的选择、数据采集、建立和验证模型的步骤。

13.3.2.1　邻苯二甲酸酐法

（1）定义　与每克试样中羟基含量相当的氢氧化钾的质量（mg）。

（2）原理　在 115℃ 回流条件下，试样中羟基与邻苯二甲酸酐在吡啶溶液中被酯化，反应用咪唑作催化剂。过量的酸酐用水水解，生成的邻苯二甲酸用氢氧化钠标准滴定溶液滴定。通过试样和空白滴定的差值计算羟值。

（3）试剂

① 邻苯二甲酸酐酰化剂　称取 116g 邻苯二甲酸酐置于 1L 棕色瓶中，加入 700mL 吡啶，并剧烈摇荡至其完全溶解，加入 16g 咪唑并小心摇动至溶解，溶液在使用前应静置过夜。避免长期暴露于空气中吸潮，当颜色变深试剂应弃去。进行空白滴定时，25mL 该溶液应消耗

0.5mol/L 氢氧化钠标准滴定溶液 95～100mL。

② 盐酸标准滴定溶液 c(HCl)＝0.1mol/L，按 GB/T 601 配制和标定。受检样品按 GB/T 12008.5 测定酸值的溶液呈碱性需要校正羟值时才用该溶液。

③ 氢氧化钠标准滴定溶液 c(NaOH)＝0.5mol/L，按 GB/T 601 配制和标定。

④ 酚酞指示液 10g/L 1g 酚酞溶于 100mL 吡啶中。

(4) 仪器 电位滴定仪或 pH 计：精度不低于 0.1mV，配一对电极或玻璃-甘汞复合电极，一支容量 100mL 具塞滴定管或能自动回填的滴定管。

(5) 分析步骤 用注射器或其他合适的取样器具，取样到 300mL 锥形瓶中，试样质量 m（g）应尽量接近 561/估计羟值，记录试样质量，准确至毫克。

向每个试样和空白锥形瓶中准确移取 25mL 邻苯二甲酸酐酰化剂。摇动使试样溶解。每个锥形瓶装上空气冷凝管，放在 （115±2）℃油浴里加热 30min。将装置从油浴中取出并冷却至室温，用 30mL 吡啶冲洗冷凝管。将溶液定量转移到 250mL 烧杯中，用 20mL 吡啶冲洗锥形瓶，并用如下方法之一滴定杯中溶液。

① 电位滴定法 烧杯放在自动滴定仪上，用磁力搅拌器搅拌，将滴定仪电极浸入溶液中，用 0.5mol/L 氢氧化钠标准滴定溶液滴定至终点。

② 显色滴定法 加入 0.5mL 指示液和磁力搅拌棒，在搅拌下用 0.5mol/L 氢氧化钠标准滴定溶液滴定至淡红色并保持 15s 为终点。

在上述两种滴定方法中，如果滴定试料所消耗的氢氧化钠标准滴定溶液体积小于空白体积的 80%，则试料质量偏大，应减少试料质量，重新测定。

按 GB/T 12008.5 测定酸值 C 时，如果试料溶液呈粉红色，用如下步骤测定碱值 L。

用 0.1mol/L 盐酸标准滴定溶液，进行电位滴定并滴至终点（或用显色法滴定至粉红色消失）。再过量 1.0mL，记录总量，用 0.1 mol/L 氢氧化钠标准滴定溶液回滴至终点（或用显色法滴定至粉红色至少保持 15s）。

不加试样，加入与上述总量相同的 0.1 mol/L 盐酸标准滴定溶液，做空白试验。

碱值 L，以每克试样消耗的氢氧化钾的质量 （mg） 表示，按下式计算：

$$L = \frac{(V_2 - V_1)c_1 \times 56.1}{W}$$

式中 V_1——滴定试料消耗的氢氧化钠标准滴定溶液的体积，mL；

$\quad\quad V_2$——滴定空白消耗的氢氧化钠标准滴定溶液的体积，mL；

$\quad\quad c_1$——氢氧化钠标准滴定溶液的浓度，mol/L；

$\quad\quad W$——试料质量，g。

(6) 计算 羟值 （OHV），以每克试样消耗氢氧化钾的质量 （mg） 表示，按下式计算：

$$\text{OHV} = \frac{(V_4 - V_3)\, c \times 56.1}{m}$$

式中 V_3——滴定试料消耗氢氧化钠标准滴定溶液的体积，mL；

$\quad\quad V_4$——滴定空白消耗氢氧化钠标准滴定溶液的体积，mL；

$\quad\quad c$——氢氧化钠标准滴定溶液的浓度，mol/L；

$\quad\quad m$——试料质量，g。

如果样品按 GB/T 12008.5 检测含游离酸或游离碱，结果按下式校正。

$$\text{OHV}_c = \text{OHV} + C$$

或$$\quad\quad\quad\quad\quad \text{OHV}_c = \text{OHV} - L$$

检测结果，校正羟值为平行样的平均值，准确至 0.1。

该法取样量有可能接近方法允许的最大值，因此取样量应尽量接近或稍低于 561/估计羟值。

一些实验室更偏向油浴温度维持在（100±2）℃。如果能证明特殊产品可以完成定量反应则这一温度是可以的。

方法研究表明，采用上述邻苯二甲酸酐-咪唑-吡啶酰化剂和（98±2）℃加热条件下，仅含伯羟基的 PET 5min 内反应完全，仲醇则需 10～15min，一般含有伯、仲羟基的 PET 15min 可定量反应，但反应时间 20～25min 所得分析结果较为稳定可靠。含有悬浮稳定的聚丙烯腈或丙烯腈-苯乙烯共聚物的聚合物多元醇反应时间以 30min 为宜。含有高悬浮密度的聚丙烯聚合物多元醇是一个例外，则需 1h 才能定量反应。这些聚合物多元醇大多因其黏度较高，而需要较长的反应时间。含有聚苯乙烯的聚合物多元醇取样量较大时易形成凝胶，以取 10g 试样为宜。

13.3.2.2 乙酸酐-对甲苯磺酸-乙酸丁酯乙酰化法

据报道乙酸酐-对甲苯磺酸-乙酸丁酯乙酰化反应体系建立了一种快速、简便的羟值分析方法，在 PET 的生产和应用中具有较高的实用价值。

（1）原理 试样中的羟基与过量乙酸酐在乙酸丁酯溶剂和对苯磺酸的催化作用下，进行乙酰化反应，用吡啶水溶液水解剩余乙酸酐，生成的乙酸用碱标准滴定溶液进行自动电位滴定，由空白和试样滴定的差值计算羟值。

（2）试剂和仪器

① 乙酰化液 100mL 乙酸酐加入 300mL 乙酸丁酯中，混匀，再加入 20g 对甲苯磺酸，溶解完全后，滤至棕色具塞试剂瓶中贮存备用。

② 水解液 250mL 吡啶加入 750mL 水中，混匀，置于具塞试剂瓶中备用。

自动电位滴定仪；231 玻璃电极；232 甘汞电极；磁力搅拌器；250mL 烧杯；5mL 移液管；50mL 或 100mL 量筒。

（3）分析步骤 准确称取 1～2g PET 样品于 250mL 烧杯中，用移液管加入 5.0mL 乙酰化液，混匀，在不低于 20℃的室温下静置反应 5min。用量筒加入 30mL 水解液，将烧杯置于磁力搅拌器上，搅拌 3min。反应混合物中浸入电极，用 0.5mol/L 氢氧化钠标准滴定溶液进行自动电位滴定，滴定至预置 pH=10 为终点，同时做空白试验。

（4）方法讨论 该酰化反应体系具有高反应活性，在不低于 20℃的室温下与 PET 中羟基酰化反应可在 5min 内完成。对乙酸酐的酰化反应有明显的协同催化，缺一不可。室温低于 20℃时，酰化反应时间要适当延长，最好采用调节室温的办法满足试验的要求。催化剂浓度为 50g/L 时可以满足方法要求，增加浓度不利于催化剂溶解。水解时，加入一定量的吡啶可以促进乙酸酐的水解，该法中将原本需要 10min 水解的过程缩短为 3min。在该法确定的条件下，样品和空白滴定曲线差异很小，曲线上存在明显的电位突跃区，在突跃区内选取 pH=10 作为滴定终点。该法采用的乙酸丁酯和大部分 PET 样品不溶于水，形成油水两相，无法进行正常的电位滴定操作，试验表明，加入吡啶后使溶液乳化，电极响应正常稳定，只需要增加滴定溶剂量至 30mL，水解液和滴定溶剂合二为一，便于操作。该法对 6 种 PET 的测定结果与标准试验方法进行了比较，测定数据波动较小。

13.3.2.3 近红外光谱法

（1）原理 近红外光谱主要是由于分子振动的非谐振性使分子振动从基态向高能级跃迁时产生的。近红外光谱记录的是分子中单个化学键的基频振动的倍频和合频信息，它常常受含氢基团 X—H（X=C、N、O）的倍频和合频的重叠主导。所以在近红外光谱范围内，测量的主要是含氢基团 X—H 振动的倍频和合频吸收。根据比尔定律：物质的吸光度与物质的浓度成线性关系（即分析模型），通过测定样品光谱的吸光度即可测得 PET 羟值。

（2）应用　该法适用于科研、质量控制、性能测试和过程控制。

GB/T 12008.3 中 5.2～5.6 规定和描述了该法有关仪器、应用局限性、校正样品的选择、测定步骤和结果表示。

13.3.3　过氧化物

（1）方法提要　试样中的过氧化物与碘化钾在乙酸存在下反应，释放出游离碘的量与过氧化物含量成正比。游离碘用硫代硫酸钠标准滴定溶液滴定，然后计算过氧化物含量。

（2）试剂与仪器　0.01mL/L 硫代硫酸钠标准滴定溶液；100g/L 碘化钾溶液；冰乙酸；250mL 碘量瓶；10mL 刻度移液管；100～150mL 量筒。

（3）分析步骤　分别向两个 250mL 碘量瓶中加入 100mL 冰乙酸。其中一个碘量瓶，不加试样做空白试验。称取 25g 试样，精确至 0.1g，置于另一个碘量瓶中，充分混匀。用移液管向每个瓶中加入 2mL 碘化钾溶液（100g/L），充分混匀后，放于暗处静置 15min。用 0.01mol/L 硫代硫酸钠标准滴定溶液滴定至无色为终点。不用指示剂，先滴定空白，然后滴定试样至相同的终点。过氧化物含量按下式计算：

$$X = \frac{[(V-V_0)c \times 0.017 \times 10^6]}{m}$$

式中　X——以过氧化氢计的过氧化物含量，10^{-4} %；

V——滴定试样消耗硫代硫酸钠标准滴定溶液的体积，mL；

V_0——空白试验消耗硫代硫酸钠标准滴定溶液的体积，mL；

c——硫代硫酸钠标准滴定溶液的浓度，mol/L；

0.017——与 1.00mL（c $Na_2S_2O_3 = 1.000$mol/L）相当的以克表示的过氧化氢的质量；

10^6——将克换算成微克的系数；

m——试样质量，g。

13.3.4　其他分析项目

水分采用 GB/T 22313 中规定的方法进行测定。国内外已有卡尔·费休滴定与库仑滴定相结合的水分测定仪出售。这种类型的仪器克服了卡尔·费休法操作烦琐的缺点，并适于痕量水分分析。由于仪器采用大电解电流及其自动控制，实现数字直接显示样品中水的质量（μg），设计了自动扣除空白电流功能，具有分析时间短、操作简便、精确度高的特点，从而成为高效率、全自动的水分测定仪。样品中水分与试剂溶液混合后，所含碘离子经电解在阳极上生成碘，再使其与水反应，根据法拉第定律按下式所生成的碘与电量成正比：

$$2I^- - 2e \longrightarrow I_2$$

从化学计量关系上看，1mol 碘与 1mol 水反应，因此，1mg 水就相当于 10.71C 的电量。利用这个原理，就可以直接由电解所需要的库仑量计算样品中的水分含量。

钠和钾采用 GB/T 12008.4 中规定的方法进行测定。不饱和度采用 GB/T 12008.6 中规定的方法进行测定，以方法 A 为仲裁法。色度（铂-钴色号）采用 GB/T 605 中规定的方法进行测定，加德纳色度采用 GB/T 22295 中规定的方法进行测定。pH 值按 GB/T 12008.2 附录 B 中规定的方法进行测定。黏度采用 GB/T 12008.7 中规定的方法进行测定，以方法 A 为仲裁法。外观（目测）按 GB/T 12008.2 中 5.1 规定的试验方法进行测定。

13.4　聚酯多元醇（PES）

合成 PES 所用的二元羧酸有己二酸、酞酸和丁二酸等，以己二酸最常用。最常用的 PES

是由己二酸与多元醇经缩聚反应而制得的。PUE 所用的 PES 平均官能度通常为 2 或稍大于 2,分子量在 500～3000 范围,常用分子量为 1000～2000。

PES 酸值、羟值的定义和分析意义 PET 相同。酸值除用于校正羟值和计算数均分子量外,还可表明酸反应程度和产品批次间的均匀性。化学组成相同的 PES 由于原料质量、合成工艺条件、其他痕量杂质尤其是残存痕量催化剂的影响,其反应活性和水解稳定性可能会有差异。因此,通常采用标准活性的二异氰酸酯检验 PES 的活性,通过经验性水解试验评价 PES 的水解稳定性。

HG/T 2706 规定了己二酸系 PES 根据所用原料种类、特征性能、主要用途进行命名的组成及表示方法,并适用于 PU 用饱和 PES。

HG/T 2707 规定了 PES 的理化性能、试验方法、检验规则等有关要求,并适用于己二酸与低分子多元醇经缩聚反应制得的 PES。羟值、酸值、水分、色度、反应指数均为出厂检验项目。

PES 采样单元数按照 GB/T 6678 中表 2 的规定,采样单元以包装桶计。采样方法按 GB/T 6680 中规定的方法进行,取样量不少于 1kg。固体 PES 熔化后进行取样,熔化温度 70～80℃。将所取样品仔细混匀,分装于两个清洁干燥的玻璃磨口瓶中密封。分析取样时,将固体 PES 样品瓶置于烘箱中,在 70～80℃下使样品完全熔化。

13.4.1　酸值

PES 采用 HG/T 2708 中规定的方法进行测定。

(1) 试剂　氢氧化钾乙醇标准滴定溶液　$c(KOH)=0.1mol/L$,每两周标定一次。参照 GB/T 601 中 4.1.1 规定的方法配制,称取 7g 氢氧化钾,溶于 20mL 水中,用乙醇稀释至 1000mL,放置一周,取上层清液使用。按照 GB/T 601 中 4.1.2 规定的方法标定。

甲苯-乙醇混合液:2+1(体积)。

酚酞指示液:10g/L 乙醇溶液。

(2) 分析步骤　准确称取适量试样,取样量(g)约为 5/估计酸值,置于锥形瓶中,加入 20～30mL 甲苯-乙醇混合液,旋摇使试样完全溶解,适当温热。加 10 滴酚酞指示剂,用氢氧化钾乙醇标准滴定溶液滴定至微红色并保持 30s 不褪色为终点。同时做空白试验。

(3) 计算　酸值 X 按下式计算:

$$X=\frac{(V_1-V_2)c\times 56.10}{m}$$

式中　X——酸值,mg KOH/g;

V_1——滴定试样消耗氢氧化钾乙醇标准滴定溶液的体积,mL;

V_2——空白试验消耗氢氧化钾乙醇标准滴定溶液的体积,mL;

c——氢氧化钾乙醇标准滴定溶液的浓度,mol/L;

m——试样质量,g;

56.10——氢氧化钾的摩尔质量。

测定结果用平行样的算术平均值表示,保留两位有效数字。

(4) 允许差　平行测定两个结果之差不大于以下要求。

酸值/(mg KOH/g)	允许差/(mg KOH/g)	酸值/(mg KOH/g)	允许差/(mg KOH/g)
≤1	0.05	>1	0.10

测定非水溶性羧酸时,以醇为溶剂终点比在水中敏锐清晰,其部分原因是由于弱酸盐的醇解比水解慢,并且酚酞在乙醇中的变色范围与水溶液相近。同时,醇与苯、甲苯等的混合溶剂要比单用醇为好,酚酞终点较为清晰。因此,国内外测定 PES 酸值的标准试验方法选用甲苯-乙醇或苯-乙醇混合液作为溶剂。

有关方法验证工作表明：丙酮毒性较小，溶解性尚可，但其本身酸碱性变化较大，滴定终点不够稳定。氢氧化钾-乙醇溶液为滴定剂比水溶液的滴定终点清晰，无浑浊现象，平行测定结果误差小，适用于仲裁分析，但浓度易变化，每星期标定一次为好。

采用甲苯-乙醇（2+1）混合液作为 PES 酸值测定的溶剂，10g 试样取 30mL 溶剂足以充分溶解。对于酸值较大，取样量较少的样品，可在 20～30mL 之间加以选择。黏稠的样品可在常温下旋摇溶解，必要时可温热至 50～70℃旋摇溶解，冷却至室温后再滴定。

13.4.2　羟值

乙酸酐-吡啶酰化法是测定 PES 羟值的一种标准方法，已为国内外所采用。吡啶在该乙酰化反应中是良好的溶剂和催化剂，其酰化机理与形成乙酰基吡啶离子中间体的亲核催化有关。吡啶在乙酰化反应中虽然具有催化作用，但其效果并非理想，在回流温度下一般需要反应 1h，同时所配制的乙酰化试剂稳定性有限。

乙酸酐在乙酸乙酯溶液中较为稳定，用高氯酸为催化剂进行乙酰化时，只要试样立即溶解，伯、仲醇在室温下 5min 就可以反应完全，但乙酰化时不应加热，并发现酰化含有醚键的样品 10min 内无降解，随着反应时间的延长发生降解，30min 后总降解量近 8%。乙酸酐-高氯酸-乙酸乙酯酰化剂配制时需冷却至 5℃，高氯酸浓度以 0.15mol/L 为宜，并在两周内是稳定的。用吡啶配制乙酸酐-高氯酸酰化剂不足之处是仲醇、受阻醇酰化反应时间较长，而且稳定性较差，必须临用现配。用 1,2-二氯乙烷代替乙酸乙酯配制乙酸酐-高氯酸酰化剂不需冷却，试剂至少在两个月内是稳定的。

乙酸酐-对甲苯磺酸-乙酸乙酯酰化剂在 50℃进行乙酰化反应较为安全，含有醚键的样品不会降解，但需要时间长一些才能反应完全的聚醚样品也有降解的可能。2,4-二硝基苯磺酸也可作为乙酰化的催化剂代替对甲苯磺酸。

N-甲基咪唑（NMIM）是乙酸酐酰化法的一种有效催化剂，其催化活性比吡啶约大 400 倍。乙酸酐在 N,N-二甲基甲酰胺（DMF）溶液中，用 NMIM 作催化剂，伯、仲醇的典型反应时间在 45℃时为 7～10min，但 DMF 被认为有致畸形病变作用。因此，孕妇从事实验工作时，一定要采取一些必要的防范措施。

咪唑作为乙酸酐-吡啶乙酰化法的催化剂，已被 ISO 14900A 法采用。

13.4.2.1　乙酸酐-吡啶酰化法

PES 羟值采用 HG/T 2709 中规定的方法进行测定。

（1）试剂　正丁醇；乙酸酐-吡啶溶液，1+23（V/V），临用现配，配制的溶液摇匀后贮于棕色瓶中。

氢氧化钾乙醇标准滴定溶液：$c(KOH)=0.5mol/L$，每两周标定一次。参照 GB/T 601 规定的方法配制，称取 36g 氢氧化钾溶于 20mL 水中，用乙醇稀释至 1000mL，放置一周，取上层清液使用。按 GB/T 601 中 4.1.2 规定的方法标定。

酚酞指示液：10g/L 乙醇溶液。

（2）仪器　回流装置：250mL 锥形瓶（自带磨口冷凝管，冷凝管长度大于 60cm）；115℃±5℃恒温油浴；50mL 碱式滴定管；25mL 移液管；感量 0.1mg 分析天平。

（3）分析步骤　准确称取适量试样，取样量（g）约 240/估计羟值，置于锥形瓶中，加入 25mL 乙酸酐吡啶溶液，迅速安装好回流冷凝管，慢慢摇动锥形瓶，使试样完全溶解。将锥形瓶浸到油浴中，使试样液面低于油浴的油面，于 115℃±5℃恒温回流 1h。将锥形瓶提出油面，从冷凝管顶部加入 10mL 水，然后再将锥形瓶浸到油浴中反应 10min，并不断摇动。取出回流装置，冷至室温，再从冷凝管顶部加入 15mL 正丁醇冲洗冷凝管内壁和锥形瓶，加 10 滴酚酞指示液，用氢氧化钾乙醇标准滴定溶液滴定至微红色并保持 30s 不褪色为终点。同时做空白试验，要求试样所消耗的标准滴定溶液体积大于空白试验所消耗溶液体积的 3/4。

（4）计算　羟值 X_1 按下式计算：

$$X_1 = \frac{(V_1-V_2)c\times 56.10}{m} + X_2$$

式中　X_1——羟值，mg KOH/g；

V_1——空白试验时氢氧化钾乙醇标准滴定溶液用量，mL；

V_2——滴定试样时氢氧化钾乙醇标准滴定溶液用量，mL；

c——氢氧化钾-乙醇标准滴定溶液的浓度，mol/L；

m——试样质量，g；

56.10——氢氧化钾的摩尔质量；

X_2——试样的酸值，mg KOH/g。

测定结果以平行测定两个结果的算术平均值表示，精确到小数点后第二位；羟值大于 80mg KOH/g 时，精确到小数点后第一位。

（5）允许差　平行测定两个结果之差不大于 0.5mg KOH/g。

乙酸酐-吡啶酰化法适用于伯、仲羟基的 PES。试样中水分过高会破坏乙酰化剂，超过 0.2％时测定前应脱水。伯胺、仲胺和长链脂肪酸与乙酰化剂形成稳定的化合物而计入分析结果，硫醇、环氧化物和叔醇不能酰化完全，低分子量的醛也将起反应，因此对测定有干扰。

乙酸酐-吡啶酰化剂的浓度曾有许多不同的建议，按体积比（1+3）混合的酰化剂也被 PES 羟值的快速测定方法所采用。乙酸酐-吡啶酰化剂（1+3）在 100℃ 与醇反应时，仅含有伯醇的试样乙酰化时间可以缩短到 15min，仲醇 15min 有 60％~70％起反应，叔醇有 1％~3％起反应，大部分伯、仲醇可在加热 45min 内乙酰化完全。为了缩小取用酰化剂的误差和有利于试样溶解，适当降低酰化剂的浓度和增加试剂用量是可取的。

乙酰化通常在耐压瓶和带有冷凝管的回流装置中进行，采用回流法时反应温度比耐压瓶法稍高，恒温油浴加热可满足试验要求，又可防止水分对分析的影响。乙酸酐易挥发，分析时应注意检查回流装置磨口或连接部位的严密性，以防泄漏。滴定前加入正丁醇可使溶液均匀，便于观察终点。

新配制的乙酸酐-吡啶酰化剂（1+3）所得分析结果较接近理论值，但存放 4 天以上其分析结果偏低，因此不宜久存以临用现配为好。

配制乙酸酐-吡啶酰化剂（1+3）时，吡啶水分含量对分析结果有影响。吡啶水分含量低于 0.3％时，加热时间过长，将有树脂生成。吡啶水分含量在 0.5％以上时，将减缓乙酰化反应，甚至不能酰化完全。为了防止乙酸酐与吡啶间的树脂生成，同时又使乙酰化反应完全，吡啶水分含量应控制在 0.3％~0.5％范围内。

13.4.2.2　乙酸酐-高氯酸-乙酸乙酯酰化法

该法可用于含有伯、仲羟基的 PES 羟值分析。酚、胺和硫醇将定量起乙酰化反应，烯醇、亚胺、酰肼和肟有不同程度的反应，高级脂肪酸、醛、酮、双键和呋喃有干扰。

（1）试剂

① 酰化剂　量取 150mL 乙酸乙酯置于 250mL 具塞棕色瓶中，加入 4g（2.35mL）72％高氯酸，摇匀。精确量入 8.0mL 乙酸酐摇匀，于室温下至少放置 30min。然后冷却至 5℃，再加入 42mL 预先冷却的乙酸酐，摇匀并于 5℃冷却 1h，使其回升至室温即可。该酰化剂应避光、密封贮存，两周内仍可使用，放置时间过长颜色呈橙黄色，对终点确定有影响。

② 吡啶水溶液　3+1（体积）；0.55mol/L 氢氧化钠水溶液或醇标准滴定溶液。

③ 酚酞指示液　10g/L 吡啶或乙醇溶液。

（2）分析步骤 准确称取适量试样，取样量（g）约 196/估计羟值，置于 150mL 具塞锥形瓶中，用移液管精确加入 5.0mL 酰化剂，盖好瓶塞，旋摇至试样完全溶解，于室温下静置 5～10min，以确保反应完全。加入 2mL 蒸馏水，摇匀。再加入 10mL 吡啶水溶液，静置 5min。然后加入 10 滴酚酞指示液，用氢氧化钠标准滴定溶液滴定至微红色为终点。同时做空白试验。

羟值的计算与校正同乙酸酐-吡啶酰化法。

在高氯酸存在下，乙酰化时不应加热。试样和空白试验在滴定完毕后应及时处理。

难溶样品可适当降低取样量。该法常用甲酚红-百里酚蓝混合指示剂指示终点。深色试样可用电位滴定滴至 pH=9.8。

用乙酸酐-高氯酸-乙酸乙酯法、乙酸酐-吡啶回流法，分别对分子量为 1100～12000 的 PES 进行了羟值测定，并用蒸气压渗透法和析出物溶解重滴法进行了核对。结果表明乙酸-高氯酸-乙酸乙酯法对于分子量小于 5000 的 PES 是适用的，而高分子量的 PES 则必须用乙酸酐-吡啶回流法，才能获得满意的结果。

13.4.3 反应指数

PES 反应指数采用 HG/T 2707 附录 A 中规定的方法进行测定。

（1）方法提要 在试验规定的条件下，在 PES 中加入 MDI 反应 10min 后，从此时开始计算其反应物黏度增加至 2000 Pa·s 时所用的时间。

（2）仪器与试剂 旋转黏度计；2 个 80.0℃±0.2℃ 恒温油浴；500mL 四口烧瓶；直径约 45mm、高约 155mm 的玻璃杯；0～150℃、分度值 0.1℃ 的玻璃温度计；50mL 烧杯；感量 0.1g、0.5g 药物天平各一个；100r/min 电动搅拌器；氮气；二甲基甲酰胺（水分不大于 0.03%）。

（3）分析步骤 PES 与 MDI 的反应装置由备有电动搅拌器、玻璃温度计、氮气进出口、橡皮塞的四口烧瓶和油浴组成。称取 PES 试样，试样量为 0.1×56100×2/（羟值＋酸值），精确至 0.5g，置于四口烧瓶内，再称取 PES 质量 10% 的二甲基甲酰胺（精确至 0.1g）加入四口烧瓶内。将四口烧瓶置于 80℃±2℃ 的油浴中，烧瓶内通入氮气，流速约为 10mL/min。当烧瓶内温度达到 80℃ 时，用烧杯在托盘天平上称取 26.5g 预热至 80℃ 熔融 MDI 加入烧瓶内，同时开动搅拌器使其在搅拌下反应 10min。将烧瓶内的试样迅速移入另一个油浴内预热至 80℃±2℃ 的玻璃杯中，并继续保持玻璃杯温度在 80℃±2℃。在试样移入玻璃杯后的 1h 内，每 10min 测定一次杯中溶液的黏度。在其后的 2h 内，每 20min 测定一次黏度，直至黏度达到 2000Pa·s。

（4）分析结果的表述 用半对数坐标纸的纵轴表示黏度、横轴表示反应时间作图，由图上找出黏度达到 2000Pa·s 时的时间（min）并记录反应最高温度、所用 PES 和 MDI 批号。

13.4.4 水解稳定性

PES 水解稳定性不尽相同，这种变化就会在 PU 水解稳定性上反应出来。往往通过 PES 水解试验就可大致估计与其密切相关的 PU 制品水解稳定性。试验方法之一是 PES 用 100℃ 的氢氧化钠溶液进行水解。

将约 5g PES 加入 100℃ 的 150g 0.1mol/L 氢氧化钠溶液中进行水解。取出一部分该混合物试样，称量并用水冷却，以酚酞为指示剂，用盐酸标准滴定溶液滴定所余的碱。然后绘制氢氧化钠含量与水解时间关系图进行对照。

13.4.5 其他分析项目

水分与 PET 水分的测定方法相同，采用 GB/T 22313 中规定的方法进行测定。色度按 HG/T 2707 中 5.5 规定，采用 GB/T 605 中规定的方法进行测定。

13.5　端异氰酸酯预聚物

HG/T 2409 规定了 PU 预聚物或中间产物中异氰酸酯基（NCO）含量的测定方法。

13.5.1　异氰酸酯基含量

（1）原理　PU 预聚物中的异氰酸酯基与过量二正丁胺在甲苯溶液中反应，生成相应的取代脲，用盐酸标准滴定溶液滴定剩余的二正丁胺。

（2）试剂配制

① 0.1mol/L 二正丁胺甲苯溶液：量取 16.6mL(12.9g) 二正丁胺溶于甲苯并稀释至 1L；

② 0.1mol/L 盐酸标准滴定溶液（用溴酚蓝作指示剂标定）。

③ 1g/L 溴酚蓝指示液：0.1g 溴酚蓝溶于 1.5mL 0.1mol/L NaOH 溶液中，用蒸馏水稀释至 100mL。

（3）分析步骤　用 250mL 具塞锥形瓶准确称取适量试样，取样量（g）约为 4.62/估计 NCO%，加入 25mL 无水甲苯，盖上瓶塞，旋摇使试样完全溶解，也可在加热板上温热加速溶解。如试样不溶可再加入 10mL 无水丙酮溶解。用移液管加入 25mL 0.1mol/L 二正丁胺甲苯溶液，盖上瓶塞继续旋摇 15min。然后加入 100mL 异丙醇和 4~6 滴溴酚蓝指示液，用 0.1mol/L 盐酸标准滴定溶液滴定至溶液由蓝色变成黄色为终点。同时做空白试验。

（4）异氰酸酯基含量（NCO%）　由下式计算：

$$NCO\% = \frac{(V_1 - V_2)\ c \times 4.2}{m}$$

式中　V_1——空白试验消耗盐酸标准滴定溶液的体积，mL；

　　　V_2——试样消耗盐酸标准滴定溶液的体积，mL；

　　　c——盐酸标准滴定溶液的浓度，mol/L；

　　　m——试样质量，g；

　　　4.2——0.0420×100；

　0.0420——NCO 基的毫摩尔质量，g。

所得结果应表示至两位小数。

（5）允许差　平行样结果之差≤0.11%（绝对值）。

附：山西省化工研究所从实际出发，经过考察对比，制定了如下分析方法。经过长期实践证明，该方法准确可靠，简单适用，可供参考。该方法可大大节省试剂用量，减少废水排放，降低分析成本。而分析结果和平行误差和上述方法相当，完全可以满足产品质量要求。

（1）试剂配制

① 0.2mol/L 二正丁胺氯苯溶液：25.8g 试剂二正丁胺溶于氯苯并稀释至 1L（可用甲苯代替氯苯，但氯苯溶解较快，毒性较小）。

② 0.1mol/L 盐酸标准溶液（用溴甲酚绿作指示剂标定）。

③ 1% 的溴甲酚绿指示液：0.5g 溴甲酚绿溶于 50mL 医用酒精。

（2）分析步骤　准确称取适量（约 0.3g）预聚物（双份），用移液管加入 10mL 二正丁胺氯苯溶液，摇动使其全部溶解和反应完全（必要时可微热促溶解）。然后加入 50mL 医用酒精（约 95% 含量）和 4~5 滴溴甲酚绿指示液，用上述盐酸标准溶液滴定至由蓝色变黄色 15s 内不消失为终点。同时做空白滴定试验。

（3）NCO 含量（NCO%）　计算公式同上。

（4）允许差　平行样允许差≤0.1%（绝对值）。

13.5.2　游离异氰酸酯含量

在报道过的一些测定预聚物游离异氰酸酯含量的方法中，气液色谱（GLC）法和高效液相色谱（HPLC）法有采用价值。GLC法测定PU预聚物时，为使游离异氰酸酯完全回收和蒸发，气化室和色谱柱需要较高的温度，可能导致降解而使测定结果偏高。HPLC法试样不必气化，可直接配成溶液进柱分析，操作简便、快捷，克服了GLC法和其他一些方法的不足。

13.5.2.1　预聚物中游离 TDI 的测定

（1）仪器和测定条件　高效液相色谱仪；长500mm、内径2.1mm的色谱柱（不锈钢柱）；固定相，Hitachi Gel 3010（多孔苯乙烯/二乙烯基共聚物），用甲醇溶胀，高压匀浆装柱；流动相，甲醇，流速1.0mL/min；检测器为254nm紫外检测器。

（2）标准物溶液的制备　纯2,4-甲苯二氨基甲酸甲酯（2,4-TMU）由2,4-TDI和甲醇反应制得。称取一定量的2,4-TMU溶于甲醇制成浓度为（$2 \times 10^{-4} \sim 3.5 \times 10^{-2}$）mol/L标准溶液，并对这些标准溶液进行HPLC分析。

（3）预聚物和封端预聚物的制备　重蒸2,4-TDI与脱过水的PPG按不同摩尔比于80℃充氮搅拌下反应制得端NCO基预聚物。端NCO基预聚物与甲醇在40℃反应，直至NCO基完全转变为氨基甲酸甲酯。封端后的预聚物于40℃真空下干燥至恒重。

（4）封端预聚物中2,4-TMU的分析　准确称取0.1g封端预聚物溶于2mL甲醇中，并稀释到与标准工作曲线相应的浓度范围，用微量注射器进样3.0μL，每个样品重复测定5次。测量2,4-TMU色谱峰的峰高，然后由标准工作曲线来确定与其峰高相对应的封端预聚物中2,4-TMU的浓度。

（5）计算　预聚物中2,4-TDI的百分含量由下式计算：

$$\text{TDI}(\%) = \frac{c_{\text{TMU}} \dfrac{M_{2,4\text{-TDI}}}{M_{2,4\text{-TMU}}}}{c \dfrac{1}{1 + 32.0 c_{\text{NCO}}}} \times 100$$

式中　c_{NCO}——预聚物中NCO基的浓度（由胺当量法测得），mol/g；

　　　c——样品（封端预聚物溶液）的浓度，g/mL；

　　　c_{TMU}——由标准工作曲线确定的样品中2,4-TMU浓度，g/mL；

　　$M_{2,4\text{-TDI}}$——2,4-TDI的分子量；

　　$M_{2,4\text{-TMU}}$——2,4-TMU的分子量。

封端预聚物的典型色谱图有两个较大的峰，通过比较两峰的保留时间来鉴别，2,4-TMU出峰早，TDI/PPG预聚物在其后。该法以甲醇作流动相两峰的分离度为1.0～1.5。低分离度时，2,4-TMU浓度的测定以采用峰高定量法为好。

2,4-TMU标准工作曲线在0～1800ng范围内呈线性，并通过零点。标准样品5次测得的峰高基本一致。每次进样3μL，在300～1800ng范围内，2,4-TMU在标准工作曲线上的偏差为±0.3%。在所述的测定条件下，2,4-TMU检测限为80ng，即游离TDI检测限为59ng，0.1g封端预聚物中游离TDI的检测限为1.9μg。

为了确定该法的重复性，对特定的封端预聚物（NCO与OH摩尔比为2.03，80℃，45min）样品中TMU重复测定15次，测得NCO基TDI/PPG预聚物中游离2,4-TDI浓度范围（3.290～3.332）$\times 10^{-4}$mol/g，平均值为3.31$\times 10^{-4}$mol/g，标准偏差为1.65$\times 10^{-6}$mol/g（约为平均值的0.5%）。封端预聚物中加入已知量的2,4-TMU和测定2,4-TMU总浓度的检验结果表明该法具有足够的再现性，并对封端预聚物中低浓度2,4-TMU的测定是可取的。

该法简便并适用于其他芳族异氰酸酯预聚物中游离异氰酸酯的测定，用折光检测器也可测定脂族异氰酸酯。

13.5.2.2　预聚物中游离 MDI 的测定

（1）仪器和测定条件　高效液相色谱仪（备有紫外检测器）；长 250mm、内径 4.6mm 色谱柱（不锈钢柱）。固定相：YWG-C18（10μm），匀浆装柱。流动相：甲醇＋水＝100＋30（溶剂 A），甲醇＋水＝100＋20（溶剂 B），梯度洗脱，流速 1.0mL/min，室温。

（2）标准物溶液的制备　将约 1g 固体 MDI 置于圆底烧瓶中，加入 100mL 乙醇，加热回流 15min，冷却并经蒸发除去过量的乙醇。产物于 60℃ 干燥，并在水和乙醇中重结晶，得 4,4′-二苯基甲烷二氨基甲酸乙酯（MEU）标样。称取一定量标样溶于乙醇，并制成（$4 \times 10^{-2} \sim 2 \times 10^{-1}$）mg/mL 标准物溶液。

（3）预聚物样品的色谱分析　精确称取 0.1g（称准至 0.001g）预聚物样品，溶于 20mL乙醇中，加热回流 20min，冷却并稀释至校正曲线覆盖的浓度范围。如冷却后有沉淀析出，是存在难溶于乙醇的三聚物所致，可补加三氯甲烷使其溶解。然后将此溶液进行 HPLC 分析。由校正曲线确定与其峰面积相对应的 MEU 溶液的浓度。

（4）预聚物中游离 MDI 含量　按下式计算：

$$MDI\% = (c' \times 250/342/c) \times 100$$

式中　c——样品配制的浓度，g/mL；

$\quad\quad$ c'——由校正曲线确定的样品中 MEU 浓度，g/mL；

$\quad\quad$ 250——MDI 的分子量；

$\quad\quad$ 342——MEU 的分子量。

该法用于（MDI/PES）预聚物中游离 MDI 的测定。预聚物与乙醇在加热回流条件下反应，游离 MDI 可迅速而完全地转变为 MEU，其结构为核磁共振、红外光谱和元素分析所验证。甲醇/水不同体积比（100＋30）～（100＋45）的三种恒组成流动相进行洗脱条件试验的分离效果不理想。采用阶式梯度洗脱法以增加甲醇含量来改变洗脱过程中的极性可得到满意的分离效果。

曾报道过采用甲醇/水（80＋20）作流动相可使 TDI/PPG 预聚物与甲醇反应后的封端预聚物中 2,4-TMU 与 TDI/PPG 预聚物得到满意的分离，随着甲醇相中水含量的增加两峰分离度降低。

13.6　聚氨酯弹性体

分析 PU 的方法视需要而定。简单的初步检验、点滴试验和比色试验可用很少的时间和仪器就能得到一般分类的信息。分析含有多种添加剂的复杂 PU 就要用较多的时间、完善的检测手段和必要的分析技术，以获取更多的信息。系统鉴定 PU 材料普遍采用的方法是将聚合物进行水解，分离水解产物，然后分别鉴定各组分。

13.6.1　初步检验和试验

PU 可通过初步检验和试验而得以确认，并能得到一些有关分类的信息。虽然所得信息有限，但有助于进一步鉴定和分析。

13.6.1.1　感官检验

PU 合成材料由原料化学结构、加工方法和应用的不同，其制品种类繁多。首先应凭经验判断待检样品是属于哪一类应用的制品，然后再通过观察和手感仔细辨别其具体类别。对于PUE 样品可以裁下一小条试其伸长率和拉伸强度的大致情况，手感可以预测样品的弹性和硬度。聚醚型比聚酯型 PUE 弹性高，而密度低，蓖麻油的制品弹性低。聚己内酯、蓖麻油制得的制品往往带有特殊气味。注意观察 PUE 在存放过程中的颜色变化，会对判断所用异氰酸酯有些启发，因为用芳族异氰酸酯制得的制品将由浅黄色逐渐变成棕黄色。TDI 与 MDI 所制得的常规 PUE，一般前者较为透明，后者不很透明，但对一些特殊应用的中、低硬度的制品却并非如此。

微孔 PUE 和泡沫制品通过观察、手感和测试仪器对密度、回弹性、结皮状况、刻痕性、泡孔尺寸与结构等进行判断，就会得到较多有关应用分类的信息。高填充嵌缝材料、密封剂和含有溶剂的产品，有时通过初步检验和试验也可进行分类。

13.6.1.2 点滴试验

点滴试验可用来检定未知试样中异氰酸酯或氨基甲酸酯的存在，鉴别所用异氰酸酯的种类，并适用于大多数 PU。

（1）确认异氰酸酯或氨基甲酸酯的存在　将液体或固体样品溶于 5～10mL 冰乙酸中，必要时可加热。如不溶于冰乙酸，可加入少量间甲酚、二甲基亚砜或二甲基乙酰胺使其溶解。加入约 0.1g 对-二甲氨基苯甲醛，若有异氰酸酯或氨基甲酸酯存在，在室温下过几分钟就会出现亮黄色。

（2）鉴别 PU 中异氰酸酯种类　用含约 1% 氟硼酸的对硝基苯重氮盐水溶液或甲醇溶液将滤纸条润湿。将一根玻璃棒加热至红热后与聚合物接触。润湿的滤纸条放在聚合物和玻璃棒的上方，使产生的烟雾与试纸接触，随即显现特征颜色：红棕色为 TDI 或 TDI 二聚体，黄色为 MDI，紫色为 NDI。

13.6.1.3 比色试验

比色试验可以区别聚醚型或聚酯型 PU。该试验原理是基于酯与盐酸羟胺在碱性条件下反应生成氧肟酸盐，酸化后大多数聚酯的氧肟酸与铁离子能形成一种紫色或红紫色水溶性内络盐，其反应如下：

$$RCOOR' + NH_2OH \cdot HCl + 2KOH \longrightarrow RCONHOK + KCl + 2H_2O + R'OH$$

$$RCONHOK + HCl \longrightarrow RCONHOH + KCl$$

$$RCONHOH + \frac{1}{3}Fe^{3+} \longrightarrow R-C\underset{\overset{|}{N}}{\overset{O}{\|}}\cdots Fe/3 + H^+$$

式中，R 和 R′ 为二或多官能基。氨基甲酸酯生成时可能形成的官能团在上述试验条件下对显色反应无干扰。醚类不产生特有的显色反应。

先在 2mol/L 氢氧化钾-甲醇溶液中加入酚酞指示液，呈现深粉红色。取约 50mg 聚合物切成或研磨成小块，加入 3 滴 2mol/L 氢氧化钾-甲醇溶液与其反应，混合物应保持碱性。加入 3 滴盐酸羟胺甲醇饱和溶液反应 1min，或将混合物在几秒钟内加热至 50℃，高交联聚合物则需加热 20～40s。用 1mol/L 盐酸溶液酸化试液，再加入 1 滴 2%～3% 三氯化铁水溶液。若有酯类存在，将立即呈现特有的紫色。蓖麻油或二聚脂肪酸制得的聚酯则出现浅棕-紫色，而有别于三氯化铁的黄-棕色。鉴别软泡时，可按上述顺序直接在泡沫体上加入试剂进行试验。

13.6.2 红外光谱分析

异氰酸酯与含活泼氢化合物反应可生成各种化学结构的反应产物。因为每一种化合物都有自己独特的红外吸收光谱，像人的指纹一样具有极高的特征性，所以物质结构的定性分析是红外光谱（IR）分析的优势，并可用于定量分析。红外光谱分析具有简便易行、测试速率快、提供结构信息多和准确度高等优点，而成为物质结构有效的检测手段。

　　红外光是一种电磁波，其波长比可见光长，分近、中、远三个区域。其中中红外光区的波长范围为 $2.5 \sim 25\mu m$，相当于波数 $400 \sim 4000 cm^{-1}$，是分子结构分析最有用的区域，也是目前国内外常用红外光谱仪的光谱范围。红外光谱频率一般用波数来表示，波数的定义是单位厘米长度所含辐射光波的数目。

　　红外光谱测定有种种制样方法，通常有 KBr 制片法和 ATR 制片法，后者适用于不透明的试样和难于加工成薄膜的样品。对于聚氨酯弹性体可用手术刀切取薄片，厚度 $0.05 \sim 0.2mm$。也可将样品用合适的溶剂（如 DMF）溶解，浇注在盐片上，干燥制成薄膜进行测试。

13.6.2.1　定性分析

　　物质的分子都含有各种不同特征结构单元。就聚氨酯来说，其分子中常存在氨酯基、烃基、苯基、酯基、醚基、羟基、异氰酸酯基、脲基、酰氨基，还可能有少量的缩二脲基、脲基甲酸酯基、脲二酮环（如 TDI 二聚体）、异氰脲酸酯环（如 TDI 三聚体）、碳化二亚胺等结构。这些基团多数不是由单一的结构元素组成，如酯基含 C＝O 和 C—O—C 结构，氨酯基含 N—H,C＝O 和 C—O—C 三种结构，羟基含 O—H 和羟基与碳原子相连接的 C—O 结构，同时还要受相邻结构的影响。而且即便是单一结构，分子中的原子和原子团还有不同的振动形式（伸缩振动和变形振动亦称弯曲振动），所以谱图上会在多处出现吸收峰，有些吸收峰常有重叠和互相干扰的情况而难于识别。但在聚氨酯中有些结构的吸收峰干扰不大，较好识别。如聚醚型 PU 分子中的醚基（—O—）在波数 $1100 cm^{-1}$ 附近有清晰的强吸收峰，而且 PPG 醚基氧邻位碳原子上的甲基对该吸收峰的位置没有明显影响。聚酯型 PU（包括聚己内酯型）中酯基上的—O—基加上氨酯基中的—O—基和羟基与 C 原子相连接的 C—O 基，在 $1150 \sim 1270\ cm^{-1}$ 区域合并出现宽而强的吸收峰。而聚醚型 PU 在 $1220 cm^{-1}$ 的吸收峰相对较窄，与醚基的吸收峰分离。在 $2270 cm^{-1}$ 附近出现明晰的吸收峰表示聚合物中含 NCO 基，是异氰酸酯和端异氰酸酯预聚物最有效的特征峰。$2900 cm^{-1}$ 附近的宽大的吸收峰代表大量烃基存在，此外在 $1260 \sim 1460 cm^{-1}$ 还有烃基的吸收峰。苯环（如芳族异氰酸酯）在 $3000 \sim 3100 cm^{-1}$、$1500 cm^{-1}$ 和 $1600 cm^{-1}$ 附近、$650 \sim 900 cm^{-1}$ 多处有吸收峰，其中 $1600 cm^{-1}$ 附近的吸收峰干扰较少。另外，亚氨基（N—H）在 $3250 \sim 3500 cm^{-1}$ 有吸收峰，羟基在 $3400 \sim 3500 cm^{-1}$ 区域也有吸收峰，如果两种基团都存在，互相有干扰。但在聚氨酯产品中羟基很少，此区域的吸收峰主要是大量亚氨基（N—H）产生的吸收。此外，亚氨基在 $1500 \sim 1600 cm^{-1}$ 还有吸收峰，羟基的吸收峰还出现在 $1300 \sim 1500 cm^{-1}$ 等区域。聚氨酯中氨酯基、脲基、缩二脲基、酯基、酰氨基、脲基甲酸酯基、脲二酮环（如 TDI 二聚体）、异氰脲酸酯环（如 TDI 三聚体）都含有羰基（C＝O），吸收峰都在 $1640 \sim 1780 cm^{-1}$ 区域，难以鉴别。但聚氨酯试样一定含有大量的氨酯基，所以此处的吸收很强，可视为聚氨酯的特征吸收峰，如果是聚酯型则更为明显。$2120 cm^{-1}$ 为碳化二亚胺的吸收峰，但该结构只出现在添加碳化二亚胺防水剂的 PU 产品中。此外，在 TDI 的光谱中，$816 cm^{-1}$ 和 $785 cm^{-1}$ 两个吸收峰具有对 2,4-TD 和 2,6-TDI 异构体定性的重要作用。$816 cm^{-1}$ 吸收峰表明为 2,4-TDI，$785 cm^{-1}$ 吸收峰表明为 2,6-TDI。

　　分子内各种基团的振动不是孤立的，除受分子其他部分的影响外，还受到氢键、试样状态等外部因素的影响，使吸收峰的位置发生一定的偏移。如试样中含有异氰酸酯二聚体或三聚体结构时因环的张力吸收峰会向高波数方向偏移，而氢键的形成和试样成熔体状时会使吸收峰向低波数方向偏移。所以鉴别时要善于分析比较。表 13-1 列出了聚氨酯的主要特征吸收峰，可供参考。

　　如图 13-1～图 13-12 所示是笔者收集和测试的聚氨酯弹性体主要产品的 IR 谱图，可供对照识别参考。

表 13-1　聚氨酯的主要特征吸收峰

特征吸收带 (波数)/cm⁻¹	结构归属	特征吸收带 (波数)/cm⁻¹	结构归属
3400~3500	多元醇中的羟基(OH)	1720~1750	脲基甲酸酯基中的羰基(C=O)
3200~3500	亚氨基(NH)	1640~1690	脲基中的羰基(C=O)
3000~3100	苯基	1610~1640	酰胺中的羰基(C=O)
2900 附近	烃基(CH₂,CH₃)	1520~1560	亚氨基(N—H)
2270 附近	异氰酸酯基(—N=C=O)	1500;1600	苯基
2120	碳化二亚胺(—N=C=N—)	1300~1500	羟基(OH)
1760~1780	脲二酮环中的羰基(C=O)	1150~1270	酯基中的(C—O)基,OH 与 C 连接的 C—O 基
1715~1750	酯基、酰氨基中的羰基(C=O)	1060~1150	脂族醚基(—O—)
1690~1740	氨酯基、缩二脲基、异氰脲酸酯环中的羰基(C=O)	650~900	苯基;羟基(OH)

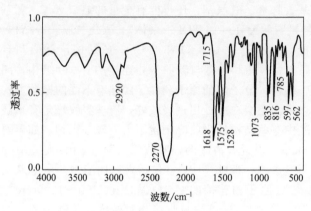

图 13-1　TDI 红外光谱图

仔细观察上述谱图可获得如下信息。

① 图 13-1 在 2270cm⁻¹ 处有表征 NCO 基的强吸收峰,在 1528~1618cm⁻¹ 区域和 3100cm⁻¹ 有表征苯基的较强吸收峰,816cm⁻¹ 处的吸收峰表征为 2,4-TDI,而 785cm⁻¹ 处的峰很小,说明 2,6-TDI 含量很低。

② 图 13-2 表征醚基的吸收峰 (1100cm⁻¹ 处) 和表征烃基的吸收峰 (2900cm⁻¹ 附近) 都很强,表征羟基的吸收峰 (3400~3500cm⁻¹,1300~1500cm⁻¹) 也很清楚。

③ 图 13-3 在 1175cm⁻¹ 附近出现酯羟基的强吸收峰,在 1730cm⁻¹ 处有酯羰基的强吸收峰,其他和聚醚类似 (图 13-4~图 13-9)。

④ 在 1700cm⁻¹ 附近均出现强吸收峰,表明大量羰基 (C=O) 存在,但聚醚型 (PT-MG) 弹性体含羰基比聚酯型弹性体要少得多,所以在此处的吸收强度要小得多 (图 13-10)。

⑤ 所有谱图在 2900cm⁻¹ 附近均出现强吸收峰,表明均存在大量烃基,但 TDI 的烃基不多。

⑥ 所有预聚物的谱图在 2270cm⁻¹ 附近均出现强吸收峰,表明大量 NCO 基存在,而生胶和 TPU、CPU 弹性体不出现,表明没有 NCO 基。

⑦ 聚酯型 PU 在 1200cm⁻¹ 附近均出现强而宽的吸收峰,聚醚型 PU 在 1100cm⁻¹ 附近出现强吸收峰,同时在 1200cm⁻¹ 附近也会出现较强的 C—O 基的吸收峰。

⑧ 用 MOCA 硫化的 CPU 含较多亚氨基 (N—H),所以在 3250~3500cm⁻¹ 区域的吸收峰较强,而 TPU 是用醇扩链,在此处的吸收很弱 (图 13-12)。

⑨ HDI 型 TPU 不含苯基,所以在 1620cm⁻¹ 和 3000~3100cm⁻¹ 处没有出现吸收峰,在 1540cm⁻¹ 附近的吸收应

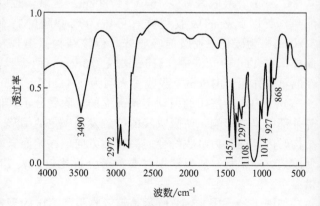

图 13-2　聚醚多元醇红外光谱图

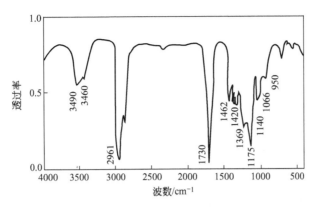

图 13-3　聚酯多元醇红外光谱图

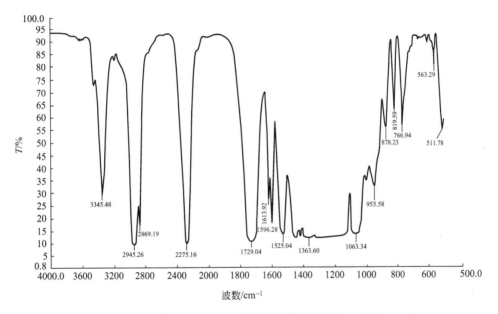

图 13-4　（聚酯-2000/T-100）预聚物红外光谱图（NCO％＝3.3）

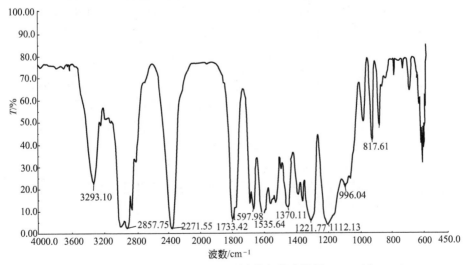

图 13-5　（PTMG-1000/T-100）预聚物红外光谱图（NCO％＝5.2）

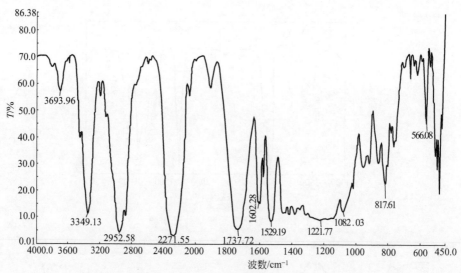

图 13-6 （聚酯-2000/MDI）预聚物红外光谱图（NCO％＝7.5）

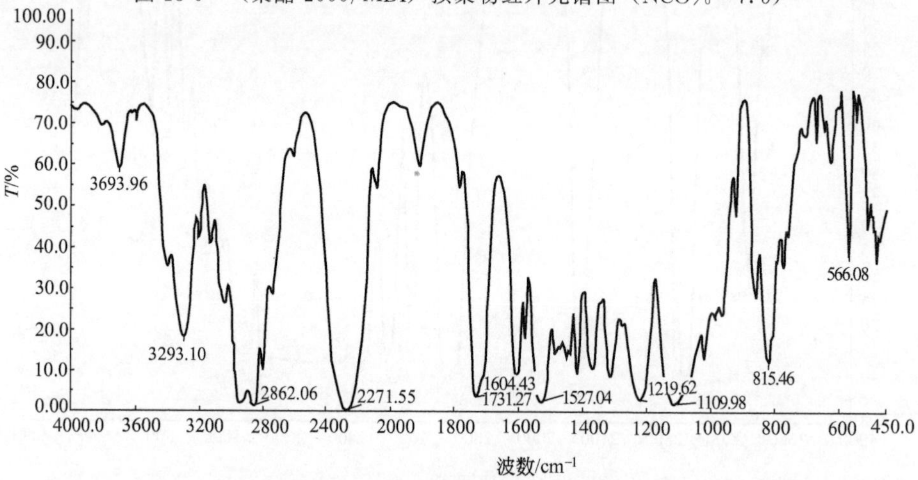

图 13-7 （PTMG-1000/MDI）预聚物红外光谱图（NCO％＝11.3）

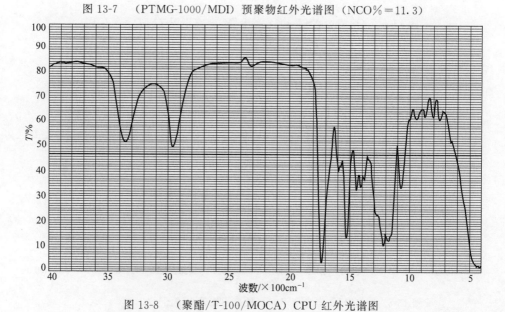

图 13-8 （聚酯/T-100/MOCA）CPU 红外光谱图

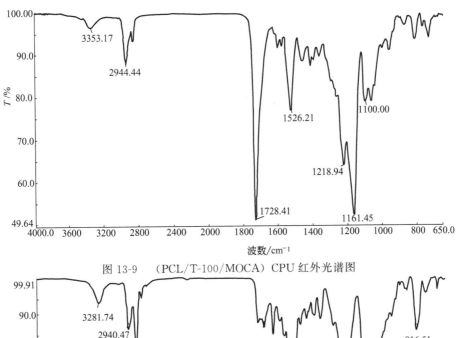

图 13-9　（PCL/T-100/MOCA）CPU 红外光谱图

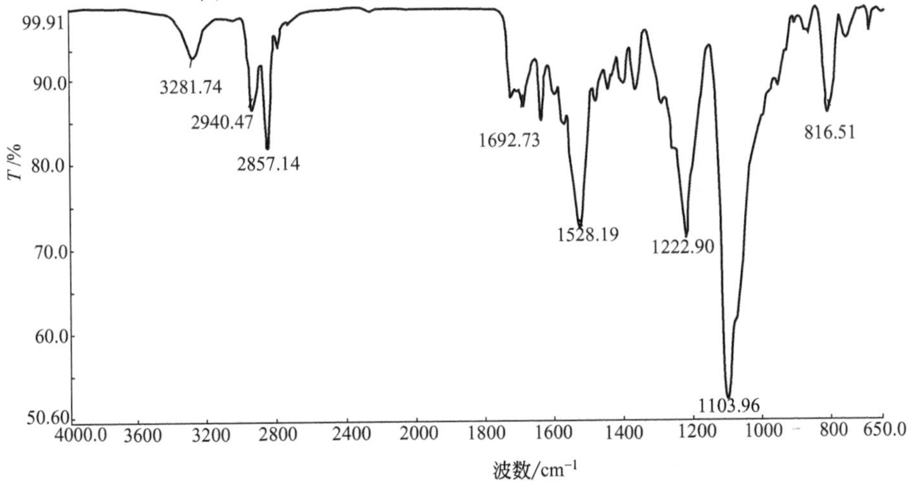

图 13-10　（PTMG/T-100/MOCA）CPU 红外光谱图

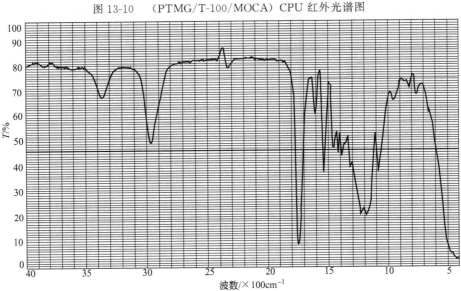

图 13-11　（聚酯/MDI）生胶红外光谱图

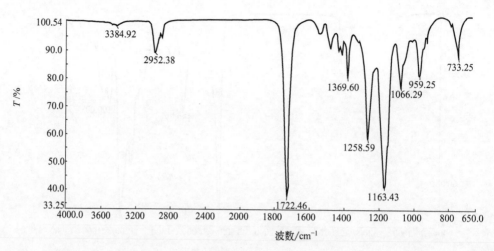

图 13-12 （聚酯/HDI/小分子多元醇）TPU（鞋用胶黏剂）红外光谱图

该是 N—H 基的变形振动产生的。MDI 型 PU 生胶在 1600cm^{-1} 和 1530cm^{-1} 附近的吸收峰表明有较多苯基存在。

红外谱图的解析采用肯定法和否定法相结合的方式。研究者可以根据红外吸收峰的位置、形状和强度决定其分子的大致情况。如果是聚氨酯在 1700～1800cm^{-1} 必有强的吸收峰。如果此区域不出现吸收峰，就可否定既不是聚氨酯，而且也不含聚酯成分。在 2270cm^{-1} 有吸收峰就可能是异氰酸酯，或端异氰酸酯基预聚物，或残留 NCO 基的聚合物。酯基，既要考虑羰基C＝O），又要考虑—O—。前者的吸收峰在聚氨酯产品中因混杂干扰不易识别。主要靠后者在 1150～1270cm^{-1} 的吸收峰来识别。无论是已知化合物的验证还是未知化合物的鉴定，除了凭长期工作实践的经验初步识别外，必要时都需要用纯物质的标准光谱图作最后校验。美国"萨特勒"（SADTLER）标准谱图收集的谱图最多。

13.6.2.2 PU 中未反应 NCO 基的测定

制备聚氨酯时，作为控制产品质量和衡量扩链与交联反应是否完全的一种手段，测定末反应的 NCO 基含量无疑是重要的。该测定常用来确定与时间、温度和制品厚度有关的硫化工艺条件。

测定时选择 2240～2270cm^{-1} 处 NCO 吸收谱带，须用待测异氰酸酯在 NCO 含量为 0.001%～0.050% 范围内绘制工作曲线。用研钵和研杵将按一定比例混合的干燥溴化钾和异氰酸酯研细后压制成常规的圆片。然后测量并记录圆片的厚度和质量。用基线法测量于选定分析波数（如 2270cm^{-1}）NCO 吸收带的吸光度。

试样吸光度 A_0 与圆片厚度 t_0 有如下关系：

$$A_0 = Ec_0t_0$$

式中　E——摩尔吸收系数；

　　　c_0——NCO 的浓度。

对不同圆片厚度与浓度也有如下关系：

$$A_1 = Ec_1t_1$$

而且　　　　　　　　　　$A_0/A = Ec_0t_0/Ec_1t_1$

而 $c_0 = c_1$

所以　　　　　　　　　　$A_0/A = t_0/t_1$

若 A_0 为厚度 t_0（0.1cm）时校正吸光度，而 A 为圆片厚度 t_1 时测得的吸光度，则：

$$A_0 = 0.1 \frac{A_1}{t_1}$$

然后以吸光度的函数对计算出的 NCO 的量作曲线，并发现遵循比尔定律。

该法也可用于 PU 泡沫和其他 PU 样品，但试样须经液氮冷冻再于玛瑙研钵中研磨后制成压片。每个压片需 3～13mg 泡沫体试样，其用量视估计 NCO%而定。

测定 PUE 中 NCO 基浓度的另一种半定量方法是切取成型 PUE 制品的薄片，利用 NCO 不对称伸缩振动与 CH 伸缩振动吸光度比值法定量，消除了由于薄膜厚度所引起的偏差，分析较简便快速，但方法准确度较差（绝对误差为±0.1%），并需要按每种聚合物体系用含有相同母体化合物分别绘制校正曲线。

从待分析的聚合物上切取截面约 5mm×2mm、厚度为 0.05～0.2mm 的薄片，将其放在微型池架的光栅上，用聚光器得到最大透射能，在 1818～5000cm^{-1} 区域扫描聚合物红外光谱，测量 2283cm^{-1} 处 NCO 吸光度和 2941cm^{-1} 处 CH 吸光度，计算 NCO 吸光度与 CH 吸光度的比值，由校正曲线求得相应的 NCO%。校正曲线由 NCO/CH 吸光度比值对已知游离 NCO 含量作图而得。校正标准中的 NCO 含量可由聚合物溶液与二正丁胺反应后用酸返滴所余胺来测定。在切取薄片和分析过程中，待检 PUE 切片应尽量避免吸湿。

该法特别适用于难研磨不易制成透明溴化钾压片、质地坚硬且表面不平、与 ATR 或 FMIR 板接触不好和需要测定离表面特定距离处残存 NCO 含量的聚合物样品。

13.6.3　色谱法

气相色谱（GC）法在预聚物中游离异氰酸酯和 PU 萃取物、水解产物、裂解产物的分离分析中已有很多应用。PU 裂解方法之一是与无水碳酸钾共热，异氰酸酯转变为相应的二胺，然后用气液色谱（GLC）法鉴定热裂解产物乙醇溶液中的甲苯二胺（TDA）和二苯基甲烷二胺（MDA），从而确定异氰酸酯组分。

凝胶渗透色谱（GPC）法可根据样品分子量分布情况和要求的分离度，合理选用不同渗透极限和孔径分布的柱子，用于 PU 液体产品的组分分析，也可测定氨基甲酸酯预聚物、聚合物的分子量分布。

薄层色谱（TLC）可用于 PU 水解产物中二元羧酸、多元醇和胺组分的分离。

纸色谱法可用于一些二元醇与多元醇混合物、聚酯多元醇水解产物中醇组分的分离和鉴定。

高效液相色谱（HPLC）法在分离分析技术和应用方面有很多特点，弥补了经典液相色谱法、GC 法的局限性和不足。HPLC 法的特点之一是样品不必气化，可直接制成溶液进柱分析，而适用于分析 GC 法难以分离分析的一些化合物，如无机化合物，离子化合物，高沸点、大分子和热不稳定性化合物等，因此应用范围广。预聚物中游离异氰酸酯的测定采用 HPLC 法显然比 GC 法更为可取，但异氰酸酯对水分极为敏感，应注意控制流动相中水分含量，也可先将异氰酸酯转变为稳定的氨基甲酸酯或脲衍生物后再用 HPLC 法测定。

13.6.4　热分析

在热分析技术中，差热分析（DTA）、热重分析（TGA）、差示扫描量热分析（DSC）和热机械分析（TMA）适用于研究 PU 热性能。

PET、MDI 和脂肪族二胺扩链剂制得的 PUE，DTA 表明在 150℃和 205℃有两个很小的吸热变化，205℃为软化温度。聚合物在 200℃软化，并在 280℃和 325℃分两步失重。

PES、MDI 和芳族二胺扩链剂制得的 PUE，DTA 观测到两个小的吸热变化，一个在 100℃可能是湿气所致；另一个为 250℃即聚合物软化温度。TGA 表明聚合物在 310℃和

365℃分两步分解。

TDI 制得的聚氨酯在 320℃失重，且只有一个明显的分解温度。这些热分析研究结果表明 MDI 系聚合物的热稳定性稍好于 TDI 系聚氨酯。

DSC 可作为 PUE 鉴定的有效分析手段，并用于区别（聚酯/MDI）PUE（Vibrathane 5003）和 MOCA 硫化的（聚醚/TDI）PUE（Adiprene L-100）。不同聚合物所观测到的放热曲线有明显差别。MOCA 硫化的 PUE 在 207℃另有一个归因于 MOCA 扩链剂的放热峰。

13.6.5 核磁共振谱分析

核磁共振（NMR）是以待测试样分子结构中有些原子核有磁性（如^{1}H 和^{13}C），在外磁场作用下可以吸收一定波长的电磁波而发生共振吸收为基础的。核磁共振分析对于有机聚合物构型和构象的分析、立体异构体的鉴定、共聚物组成的定性定量以及序列结构测定有独特的长处。

对未知物进行核磁共振分析时，必须选择合适的溶剂将样品溶解。聚氨酯试样常用氘代二甲亚砜（DMSO-d6）、氘代二甲基甲酰胺（DMF-d6）以及三氟乙酸（TFA-d1）等为溶剂。将试样溶解后进行^{1}H-NMR 和^{13}C-NMR 测试，将所得谱图与模型化合物的化学位移对照，进行峰形归属分析，最后根据特征吸收峰的指认来推断试样的化学结构和组成。

13.6.5.1 PUE 中氨基甲酸酯、脲、缩二脲和脲基甲酸酯基团的鉴定

早期 PUE 结构的分析曾利用模型化合物的 NH 共振来鉴别上述四种基团。这些模型化合物是由聚丙二醇（PPG）、MDI 或 TDI 预聚物与 MOCA 扩链剂反应制得的 PUE。在二甲基亚砜（DMSO）、N，N'-二甲基乙酰胺（DMA）等极性溶剂中，模型化合物四种基团的 NH 质子峰有不同的化学位移，如在 DMSO、DMA 中，以四甲基硅烷（TMS）为标准物质，40℃测得四种基团的化学位移（δ，$\times 10^{-6}$）范围如下：

基团	DMSO 中	DMA 中
氨基甲酸酯	8.60~9.70	8.57~9.88
脲	5.70~8.58	5.93~8.77
缩二脲	9.60~10.25	9.85~10.55
脲基甲酸酯	10.62~10.67	10.70~10.87

在 DMA 溶剂中，这些化学位移值稍高一些。将预聚物制成（200~300）g/L 的 DMA 溶液，检定几种预聚物的 NMR 谱会得到如下结果。

MDI/PPG 预聚物仅在化学位移 9.47×10^{-6} 处观测到氨基甲酸酯的 NH 质子峰，并与 MDI/PPG 摩尔比无关。若在制备预聚物过程中加入水，则显示出 9.47×10^{-6} 氨基甲酸酯谱带和 8.53×10^{-6} 脲的 NH 质子峰。2,4-TDI/PPG 预聚物一般有三个 NH 峰，两个归于 2,4-二氨基甲酸酯 NH 质子（9.43×10^{-6} 和 8.55×10^{-6}），第三个在 9.60×10^{-6} 处是 4-氨基甲酸酯 NH 质子。即使在 2mol 2,4-TDI 与 1mol PPG 反应的条件下，不仅 4-异氰酸酯基还有部分 2-异氰酸酯基也会形成氨基甲酸酯键。

2,4-TDI 和 2,6-TDI 异构混合物/PPG 预聚物通常有五个 NH 峰，其中三个与 2,4-TDI/PPG 预聚物完全相同，另外两个（8.92×10^{-6} 和 8.72×10^{-6}）归于 2,6-异构体的 2-氨基甲酸酯 NH 质子。

13.6.5.2 PUE 中脲基甲酸酯和缩二脲基团的分析

利用脲基甲酸酯和缩二脲键在 DMSO 中能与正丁胺室温瞬间发生裂解反应的性质来分析这两种基团。模型化合物乙基-α，γ-二苯基脲基甲酸酯裂解生成氨基甲酸酯和脲。

$$\underset{a}{\underset{\displaystyle \overset{\displaystyle \bigcirc\!\!-N(COOC_2H_5)}{|}}{CONH-\bigcirc}} \xrightarrow{C_4H_9NH_2} \underset{b}{\bigcirc\!\!-NHCOOC_2H_5} + \underset{c\quad d}{\bigcirc\!\!-NHCONHC_4H_9}$$

1,3,5-缩二脲裂解按如下两种不同途径生成脲。

$$\underset{\underset{R_3}{|}}{R_1NHCONCONHR_2} + C_4H_9NH_2 \underset{\longrightarrow}{\overset{\longrightarrow}{}} \begin{array}{l} R_1NHCONHC_4H_9 + R_3NHCONHR_2 \\ R_2NHCONHC_4H_9 + R_1NHCONHR_3 \end{array}$$

1,3,5-三芳基缩二脲

除对称取代的 1,3,5-三芳基缩二脲情况外，裂解通过两种途径生成脲的混合产物，如下例所示。

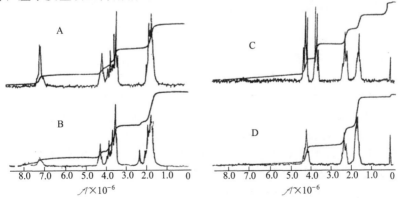

各种裂解产物的 NH 质子有不同的化学位移（δ）值，如乙基-α，γ-二苯基脲基甲酸酯在 DMSO 中，以 TMS 为标准物质，10.67×10^{-6} 处存在 a 峰，加入正丁胺反应后 a 峰消失，b 峰（9.46×10^{-6}）、c 峰（8.32×10^{-6}）和 d 峰（6.07×10^{-6}）形成。PPG/MDI 预聚物与 MOCA 或乙二醇反应制得的 PUE 在 DMA 中与正丁胺反应后，利用这些模型化合物所得到的信息，根据裂解产物 NMR 谱图中 NH 共振可对脲基甲酸酯或缩二脲基含量进行半定量分析，准确度为 $10\% \sim 20\%$。

13.6.5.3　PUE 组分的鉴定

常用 PUE 的 NMR 谱图对组分的鉴定和分析很有价值。PUE 样品可用试剂级三氯化砷溶解，制成浓度约 150g/L 的样品溶液，倾入充分干燥的、标准外径 5mm 精密玻璃样品管中，插入 60MHz NMR 仪的样品管座，用温度可变装置调至 $100 \sim 110℃$，在扫描速率 1Hz/s、扫描范围 500Hz 和 TMS 为内标准的条件下，测得各种 PUE 的 NMR 谱图。所有谱图和数据均选定 TMS 化学位移（δ）为 0.00，谱图中左边较低磁场所示共振峰的 δ 值为正。

各种 PUE 在三氯化砷中缓慢降解，但新制备的溶液有足够的重现性，两三天内谱图无显著变化，因此可得到优质高分辨谱图。六甲基二硅氧烷（HMDS）也可作内标准，但在热三氯化砷中降解，应于发生明显降解前进行测定。三氟乙酸为溶剂也可得到较好的 PU 谱图。

图 13-13　PU 的 NMR 谱图和积分线（60MHz，100℃，AsCl$_3$ 溶液）

A—（PTMG/MDI）PUE；B—（PTMG/TDI）PUE；C—（PDEA/TDI）PUE；D—（PBA/TDI）PUE

图 13-13 示出了 (PTMG/MDI) PUE、(PTMG/TDI) PUE、(PDEA/TDI) PUE 和 (PBA/TDI) PUE 的谱图和积分线。表 13-2 综合了分别由 MDI、TDI 制备的四种聚醚型 PUE 和六种聚酯型 PUE 的十一种结构不同类型质子的化学位移数据，可用来解释常用 PUE 的 NMR 图谱。

表 13-2 不同类型 PU 的化学位移数据

	结构	基团	化学位移/$\times 10^{-6}$
聚醚	$-O(CHCH_2O)_n-$ $\quad\quad\mid$ $\quad\quad CH_3$	CH_3 CH_2 CH	1.15 3.64 3.6~3.8
	$-O(CH_2CH_2CH_2CH_2-O)_n-$ (a)(b)	$CH_2(a)$ $CH_2(b)$	1.62 3.6
聚酯	$-OCCH_2CH_2CH_2CH_2CO-$ (a)(b)	$CH_2(a)$ $CH_2(b)$	1.62 2.30
	$-COCH_2CH_2OC-$ (a)(b)	CH_2	4.19
	$-C-OCHCH_2OC-$ $\quad\quad\quad\mid$ $\quad\quad\quad CH_3$	CH_3 CH_2 CH	1.20 4.23 4.8~5.2
	$-C-OCH_2CH_2CH_2CH_2O-C-$ (a)(b)	$CH_2(a)$ $CH_2(b)$	1.69 4.0~4.3
	$-C-OCH_2CH_2OCH_2CH_2O-C-$ (a)(b)	$CH_2(a)$ $CH_2(b)$	3.62 4.13
聚氨酯	$-NCOCH_2CH_2OCN-$	CH_2	4.30
	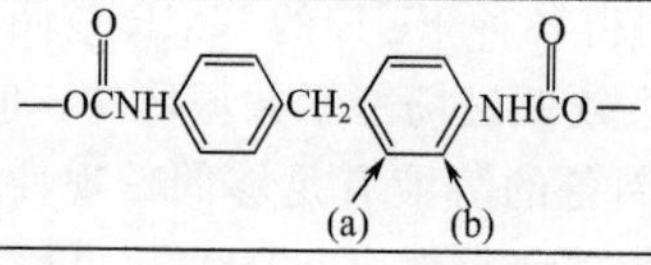 $-OCNH-\langle\rangle CH_2 \langle\rangle NHCO-$ (a) (b)	CH_2 $CH(a)$ $CH(b)$	3.88 7.07 7.25
	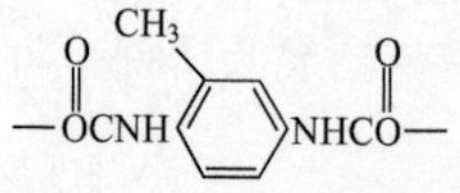 CH_3 $-OCNH-\langle\rangle NHCO-$	CH_3	2.13
	$NCOCH_2CH_2CH_2CH_2OCN$ (a) (b)	$CH_2(a)$ $CH_2(b)$	1.68 4.10

有些特征共振峰频繁地出现在所示谱图中。虽然许多亚甲基是化学等价的，但其质子却是磁不等价，并由于强烈偶合产生复杂的多重峰。在 PTMG、1,4-丁二醇 (BD) 和己二酸 (AA) 中出现的 $XCH_2CH_2CH_2CH_2X$ 结构就是一例。右边较高磁场多重峰归于该结构内的亚甲基，其化学位移受 X 代表的基团类型的影响要比相邻的亚甲基小。例如，在 PTMG 和聚酯主链的 AA、BD 部分中，该结构内的亚甲基化学位移分别为 1.62×10^{-6}、1.62×10^{-6} 和 1.69×10^{-6}，而 X 为氨基甲酸酯基的氧原子时则为 1.68×10^{-6}。然而，在这些情况下与 X 连接的亚甲基化学位移分别为 3.6×10^{-6}、2.30×10^{-6}、$(4.0～4.3)\times 10^{-6}$ 和 4.10×10^{-6}。

二乙二醇部分的（—OCH$_2$CH$_2$OCH$_2$CH$_2$O—）产生一种 XCH$_2$CH$_2$Y 谱线（X=—O—

和 Y= $-\overset{\overset{\displaystyle O}{\|}}{O}C-$ ，其多重峰集中于 3.62×10^{-6} 和 4.13×10^{-6}，如图 13-13C 所示。

PUE 中二异氰酸酯部分也可用 NMR 分析来鉴别。MDI 产生的特征共振谱线集中于 7.16×10^{-6}，并在 3.88×10^{-6} 处有 CH$_2$ 共振，如图 13-13A 所示。TDI 在 $(7.0 \sim 8.0) \times 10^{-6}$ 间产生特征苯环芳氢共振，而甲基共振峰出现在 2.13×10^{-6}，如图 13-13B 所示。

利用已分辨出的基团共振峰积分强度可对 PUE 组分进行定量分析。

13.6.6　PU 水解及其水解产物的分离和鉴定

初步检验和直接用各种仪器分析虽可提供有用的信息，但要明确样品的组成仍需将 PU 水解，并检定水解产物中各种组分。

13.6.6.1　PU 的水解

PU 在酸性条件下进行水解不完全，并易发生副反应。碱性水解可使 PU 完全降解而无副反应，但在玻璃容器中易生成对分析有干扰的硅酸盐，因此宜用镀镍钢或不锈钢容器。碱性水解是在玻璃、不锈钢容器和帕尔弹中，采用不同的强碱溶液、不同的温度和时间把 PU 降解成各种组分。

（1）聚酯型 PU 的水解

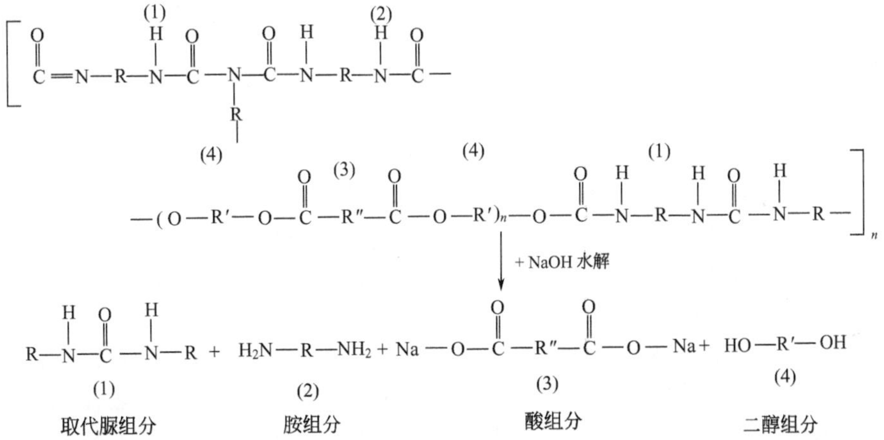

（2）聚醚型 PU 的水解

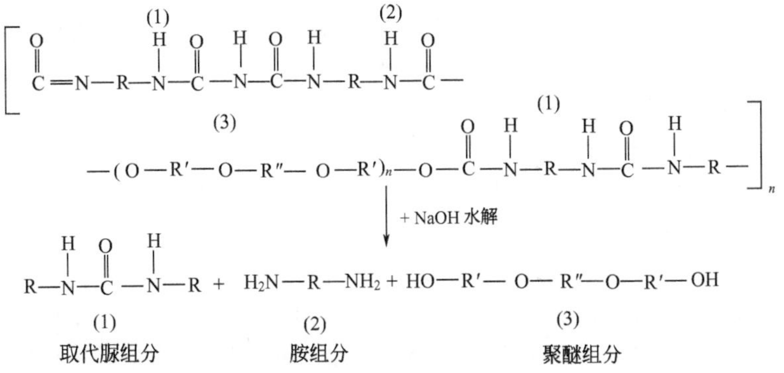

聚醚型 PU 的水解仅在氨基甲酸酯键发生断裂，式中 R′ 和 R″ 可以相同。

（3）水解方法　PU 水解方法之一是取约 1g PU 切成碎片，放入 125mL 锥形瓶中，加入足量 40% 氢氧化钠水溶液浸没试样，缓慢加热，回流 30min，冷至室温，如有沉淀则需过滤，沉淀物一般为取代脲。

上述方法可用于聚酯型和聚醚型 PU，不过在聚醚的情况下仅在氨基甲酸酯键发生断裂，而得不到能直接检验的原材料。因此原料二醇或聚醚的光谱图常常要参考标准光谱图才能做出可靠的鉴定。若以二胺为硫化剂则水解产物中将有两种二胺。

13.6.6.2　PU 水解产物的分离和鉴定

PU 水解产物可用多次乙醚萃取或离子交换色谱法分离。分离步骤视原始样品所示红外光谱是聚酯型还是聚醚型而定。分离后的各种组分可用有效分析手段鉴定。

(1) 聚酯型 PU 水解产物的分离和鉴定　若分离 PU 的二胺组分，每次用 25mL 乙醚萃取水解液数次，合并萃取液，除去乙醚，可参考标准红外光谱图和相关图表鉴定二胺光谱。然后将水溶液用硝酸或盐酸中和再稍酸化，并要用汽馏法回收留在聚酯型 PU 皂化后溶液中的二醇组分。酸组分将以结晶沉淀留下来，经水洗、干燥后，与胺、醇组分一样用红外光谱法鉴定。有关水解产物水溶液中酸、醇、胺组分的分离步骤和鉴定方法略述如下。

水解产物水溶液经酸化后，乙醚萃取三次，干燥萃取液，除去乙醚，并用 IR、NMR、TLC 或 GC 法鉴定二元羧酸。若谱图表明酸性萃取液混杂醇组分，可将乙醚萃取液通过一个装有 20～50 目阴离子交换树脂如 Dowex 50-X12 的 15mm×20cm 柱子，二元羧酸被留在柱上，而醇组分可用水-甲醇（1+1）洗脱并以 IR、NMR、GC、TLC 或纸色谱法鉴定。接着再用盐酸水溶液（1+1）-甲醇（1+1）洗脱柱上的酸组分。在聚己内酯型 PU 的情况下，6-羟基己酸在蒸发洗脱液时有水解重新形成聚己内酯的倾向，可在稀碱和加热回流条件下分离，再酸化并用乙醚萃取。除以己二酸、酞酸、丁二酸等为原料的聚酯外，有些 PU 产品的配方中还普遍使用脂肪油类原料。在脂肪油类型 PU 水解混合物酸性萃取液中的脂肪酸组分，通常可转化为其甲酯后再用气相色谱法分析，如分离出的脂肪酸组分经鉴定以蓖麻醇酸为主，则配方中很可能有蓖麻油。

萃取后的酸性母液用氢氧化钠溶液中和至碱性，再用乙醚萃取以分离出水解液中的胺组分，并用 NMR、IR、TLC 和 GC 法鉴定。碱性萃取液有时也会混杂二醇。为除去二醇可使碱性萃取液通过一个装有 20～50 目阳离子交换树脂如 Dowex 2-X4 的 15mm×20cm 柱子，并用甲醇-水（1+1）洗脱二醇。然后用 4mol/L 盐酸溶液洗脱脂族胺，再用浓盐酸-甲醇（1+1）洗脱芳族胺。将胺洗脱液蒸发至干，直接分析胺的二盐酸化物或用碱处理后再分析游离胺。

脂族胺往往难从水中萃取，因此有必要在碱性水溶液条件下连续用乙醚萃取 24～48h，也可将少部分碱水层通过上述阳离子交换树脂柱洗脱分离。此外，脂族二胺有与二氧化碳成盐的倾向，通常可以油状胺中形成白色固体物为证，而使谱图难以解析。胺分离后立即测定谱图可缓解这个问题。若已与二氧化碳成盐，可将胺溶于水中，仔细加入盐酸直至不再放出二氧化碳为止，然后用乙醚重新萃取游离胺。醚层经干燥、蒸发后，可直接夹在盐片间得到红外光谱。芳族胺容易从碱性水解混合物中萃取。

为了分离多元醇组分可将萃取后的碱水层用盐酸中和，并连续用乙醚萃取 24～48h。若酸化过的水解混合物水溶液或上述酸、碱萃取步骤中的分离物直接用气相色谱法分析就能鉴定醇组分，可不必用这个步骤。

(2) 聚醚型 PU 水解产物的分离和鉴定　将含有水解产物的水溶液用盐酸中和并稍酸化，连续用乙醚萃取 24～48h 分离出聚醚，除去乙醚，并用 IR、NMR 和裂解 GC 法鉴定。即使水解液是微酸性的，乙醚萃取液也常混杂胺组分。痕量二胺一般不干扰聚醚的鉴定。若胺组分有干扰，可用阳离子交换色谱法或胺与溴化氢反应成盐后滤出的方法除去。在聚醚/聚酯型 PU 的情况下，聚醚组分也会混杂二元羧酸组分，可用阴离子交换色谱法或稀碱溶液洗涤乙醚萃取液的方法除去酸。

萃取聚醚后的酸性母液用氢氧化钠中和至碱性，用乙醚萃取可分离出胺组分，并接着用

IR、NMR、TLC 和 GC 法鉴定。

　　二胺组分的另一种鉴定方法是用乙醚萃取水解产物水溶液，萃取液将含有二胺和聚醚。待乙醚蒸发后，将萃取物溶于适当溶剂制成约 100g/L 溶液。点样并用薄层色谱法分析试样溶液，同时以已知胺溶液作对照。然后比较 R_f 值和/或相对比移值可得到鉴定。

13.6.7　溶剂和添加剂的分析

13.6.7.1　溶剂

　　溶液型 PU 产品若不需要鉴定溶剂的含量和种类，一般应在检验样品前除去溶剂。若鉴定溶剂，往往直接通过样品溶液的 NMR 或 IR 光谱就可以得到解析，但样品蒸出溶剂后再单独进行鉴定为好。为了避免氨基甲酸酯组分分解一般应保持尽可能低的蒸馏温度，并充分冷却接收器以防止溶剂体系中挥发组分的损失。然后用 NMR、IR、GC 或综合分析手段鉴定溶剂。

　　溶液型 PU 产品中固体物含量可参考如下方法测定。将 $12.7cm \times 17.8cm$ 衬有聚四氟乙烯的铝皿于 80℃烘箱内干燥，冷却，称量准至毫克。用 2mL 注射器吸取试样，擦去外壁多余部分，称量注射器准至毫克。取约 1g 试样加入盛有 3mL 无水乙酸乙酯的铝皿中，倾斜试皿混匀并使液层流延均匀。重新称量注射器确定取样量。试皿置于 80℃和低于 133.322Pa 的真空干燥箱中保持 4h，取出冷却，称量。将试皿放回真空干燥箱，每隔 1h 再取出称量至减量小于 3mg 恒重为止。然后由取样量和减量计算试验条件下的固体物含量。

13.6.7.2　添加剂

　　鉴定聚合物中添加剂时，含有溶剂的样品应先取适量样品在约 80℃真空干燥箱中加热除去溶剂。为便于取出固体残留物以选用衬有聚四氟乙烯的试皿为好。

　　鉴定聚合物中添加剂的方法视待检样品和添加剂的类别而定。有些样品溶于三氯化砷或适宜的氘化溶剂通常可以得到有价值的 NMR 谱。有时原始聚合物溶液涂在盐片上再经加热灯干燥的薄膜也常可得到包括有机或无机添加剂特征谱带的有用红外谱图。

　　交联聚合物中有机添加剂可在萃取器中用丙酮或乙醚萃取出来。线型聚合物如 PUE 则用甲苯萃取。PUE 以甲苯为溶剂，通常萃取液中低分子量 PU 级分溶解物较少，可不必进一步纯化。在真空下除去萃取溶剂后，再用适当分析手段鉴定所得萃取物。通常 IR 和 NMR 谱图是最容易得到的，并在大多数情况下能适应鉴定要求。萃取物需要进一步分离时，低分子量添加剂采用气相色谱法操作方便，色谱-质谱（GC-MS）联用也可作为有效分离和鉴定的手段。薄层色谱法对高分子量添加剂的分离和鉴定是有价值的。

　　聚合物配方中抗氧剂、紫外线吸收剂和有机锡化合物用如下方法鉴定。称取两份 5g 试样（A 和 B），每份试样在萃取器中用丙酮、乙醚或甲苯为溶剂萃取 8h。在真空下除去溶剂，各加入 5mL 乙醇，静置 10min，定量过滤萃取液以滤出沉淀聚合物。试样 A 蒸发至干，用 2～3mL 氯仿溶解，移入 5mL 容量瓶并以乙醇稀释至刻线，用于测定抗氧剂和紫外线吸收剂。试样 B 经蒸发浓缩后用于测定有机锡化合物。参考标准物的稀溶液制备方法如下：取三块硅胶 GF 板，两块板上用溶液 A 各点样 $2\mu L$，第三块板上用溶液 B 点样 $2\mu L$，同时在每块板上用已知化合物的标准溶液点样作对照。通过适当选择已知物的浓度，根据未知物的斑点大小和色度对添加剂进行半定量分析。

　　① 抗氧剂　苯-乙酸乙酯-丙酮（100＋5＋2）为溶剂体系，待分离后用 2g/L 的 2,6-二氯-对-苯醌-4-氯亚胺乙醇溶液喷射，干燥后将板放入层析缸内用碘蒸气显色 5min。

　　② 紫外线吸收剂　氯仿-正己烷（2＋1）为溶剂体系，待分离后先用 20g/L 硼砂乙醇溶液（1＋1）喷射，再用 2g/L 2,6-二氯-对-苯醌-4-氯亚胺乙醇溶液喷射，然后干燥。

　　③ 有机锡化合物　正丁醇-冰乙酸（97＋3）为溶剂体系，待分离后用 1g/L 邻苯二酚紫-乙醇溶液喷板，紫外线照射 10min，然后再用 1g/L 邻苯二酚紫乙醇溶液喷射。

有些 PU 产品中增塑剂和填料含量较高，对分析会有干扰。例如一些填料和硬脂酸盐的红外吸收范围：二氧化钛 810～650cm^{-1}，二氧化硅 1100～800cm^{-1}，黏土 1040cm^{-1}，硬脂酸锌在 1040cm^{-1} 有强吸收。

增塑剂的鉴定可以取 1～2g PU 样品，在萃取器中用丙酮萃取，蒸去丙酮，并用残留物涂在盐片上形成液膜的方法就很容易测得残留物的红外光谱。然后再与通用增塑剂的红外光谱作比较。

填料、颜料和无机添加剂的鉴定可以取一定量的 PU 样品在适当温度下灰化，并得到光谱分析或湿法化学分析用的灰分。然后由试样和灰分的质量计算填料的含量。通常红外光谱法就可以鉴定硅酸盐、硫酸盐和一些其他通用无机填料。适用的无机化合物谱图可用如下方法得到。用研钵和研杵将其研磨成细粉，均匀地涂在两个盐片之间，一个盐片盖在另一个盐片上缓慢地移动直至试样在盐片间达到良好接触，并准确地置于分光光度计的光束中进行红外扫描。湿法化学点滴试验可以确认金属离子和阴离子。完成定性分析后，再用原子吸收光谱法进行定量分析为好。

聚合物中痕量金属往往是由于制造中间体、最终产品时残存的催化剂或加工过程中混入杂质所致，因此也有必要鉴定。分析聚合物中痕量金属通常采用湿法灰化或干法灰化。灰化后的残渣用有效溶剂溶解后，再用原子吸收、比色、极谱或发射光谱法测定。许多样品不经灰化就能制成合适的溶液，可直接用原子吸收光谱法分析。对于难溶或溶解后溶液黏度太大不能吸入原子化装置燃烧的聚合物，可经水解、热解使其部分降解或溶剂萃取常可有效地缓解这些困难。

参 考 文 献

[1] GB/T 601—2002.
[2] GB/T 602—2002.
[3] GB/T 605—2006.
[4] GB/T 3143—1982.
[5] GB/T 6678—2003.
[6] GB/T 6680—2003.
[7] GB/T 6682—2008.
[8] GB/T 7533—1993.
[9] GB/T 12008.1—2009.
[10] GB/T 12008.2—2010.
[11] GB/T 12008.3—2009.
[12] GB/T 12008.4—2009.
[13] GB/T 12008.5—2010.
[14] GB/T 12008.6—2010.
[15] GB/T 12008.7—2010.
[16] GB/T 12009.1—1989.
[17] GB/T 12009.2—1989.
[18] GB/T 12009.3—2009.
[19] GB/T 12009.4—1989.
[20] GB/T 12009.5—1992.
[21] GB/T T 13941—1992.
[22] GB/T 22295—2008.
[23] GB/T 22313—2008.

［24］ HG/T 2409—1992.

［25］ HG/T 2706—1995.

［26］ HG/T 2707—1995.

［27］ HG/T 2708—1995.

［28］ HG/T 2709—1995.

［29］ ISO 14896：2009.

［30］ ISO 14900：2001.

［31］ ASTM D 2572—91.

［32］ Fritz J S，Schenk G H. Acid catalyzed acetylation of organic hydroxyl groups. Anal Chem，1959，31 (11)：1808-1812.

［33］ Jordan D E. Hydroxyl group determination in high molecular weight alcohols and complex organic mixtures. J Am Oil Chem Soc，1964，41 (7)：500-502.

［34］ Slade P E Jr，Jenkins L T. Thermal analysis of polyurethanes. J Polymer Sci：Part C，1964，6：27-32.

［35］ Sumi M，Chokki Y，Nakai Y. Studies on the structure of Polyurethane elastomers. I. NMR Spectra of the model Compounds and Some Linear Polyurethanes. Mokromol Chem. 1964，78：146-156 .

［36］ Magnuson J A，Cerri R J. 1，2-Dichloroethane as a Solvent for Perchloric Acid Catalyzed Acetylation. Anal Chem，1966，38 (8)：1088.

［37］ Okuto H. Studies on the structure of polyurethane elastomers. II High resolution NMR spectroscopic determination of allophanate and biuret linkages in the cured polyurethane elastomer：Degradation by amine. Makromol Chem，1966，98：148-163.

［38］ Brame E G Jr，Ferguson R C，Thomas G J Jr. Identification of polyurethanes by high resolution nuclear magnetic resonance spectrometry . Anal Chem，1967，39 (4)：517-521.

［39］ David D J. Staley H B. High Polymers Vol X VI：Analytical Chemistry of the Polyurethanes. New York：Interscience Publishers，1969.

［40］ Simpson D，Currell B R. The determination of certain antioxidants，ultraviolet absorbers and stabilizers in plastics formulations by thin-layer chromatography. Analyst，1971，96：515-521.

［41］ David D J. Isocyanic Acid Esters //Snell F D，Ettre L S. ed. Encyclopedia of Industrial Chemical Analysis：Vol 15. New York：Interscience Publishers，1972.

［42］ Sircar A K，Lamond T G. Identification of elastomers by thermal analysis . Rubber Chem and Technol，1972,45：329-345.

［43］ Sandridge R L，Bargiband R F. Urethane Polymers//Snell F D，Ettre L S. ed. Encyclopedia of Industrial Chemical Analysis：Vol19. New York：Interscience Publishers，1974.

［44］ Bagon D A，Hardy H L. Determination of free monmeric toluene diisocyanate (TDI) and 4，4'-diisocyanatodiphenyl methane (MDI) in TDI and MDI prepolymers，respectively，by high-performance liquid-chromatography. J Chromatog，1978，152 (2)：560-564.

［45］ Connors K A，Pandit N K. N-methylimidazole as a Catalyst for analytical acetylations of hydroxyl compounds. Anal Chem，1978，50 (11)：1542-1545.

［46］ Furukawa M，Yokoyama T. Determination of free toluene diisocyanate in polyurethane prepolymer by high-performance liquid-chroma tography. J. Chromatog，1980，198 (2)：212-216.

［47］ Wellons S L，Carey M A，Elder D K. Determination of hydroxyl content of polyurethane polyols and other alcohols. Anal Chem，1980，52 (8)：1374-1376.

［48］ Hepburn C. Polyurethane Elastomers. London and New York：Applied Science Publishers，1982.

［49］ 徐宏宏，王国勤. 聚氨酯预聚物中游离二苯基甲烷二异氰酸酯（MDI）的液相色谱分析. 聚氨酯工业，1989，(3)：36-38.

［50］ PURAC. Determination of NCO Content of Aromatic Isocyanates. J Cell Plast，1991，27 (5)：459-483.

［51］ 周自清. 国家标准（GB 12009.1）异氰酸酯中总氯含量测定方法主要技术条件的依据. 聚氨酯工业，

1993，（2）：40-41，50.

[52] 周自清．浅谈国家标准（GB 12009.4）多亚甲基多苯基异氰酸酯中异氰酸根含量的测定．聚氨酯工业，1994（1）：41-42.

[53] 徐妙玲．聚酯多元醇中酸值的测定．聚氨酯工业，1994（2）：38-40.

[54] 曾曼玲，陈兆莲．聚酯多元醇中羟值的测定条件的选择．聚氨酯工业，1995（2）：41-42，47.

[55] 俞晓薇等．不同分子量聚酯的羟值分析方法．聚氨酯工业，1997（1）：44-46.

[56] 顾宗巨，杨润宁．用液相色谱法测定甲苯二异氰酸酯异构体含量．火炸药学报，2000（1）：71-72.

[57] 吴励行．红外光谱在聚氨酯研究和生产中的应用（一）．聚氨酯工业，2000（1）：48-52.

[58] 吴励行．红外光谱在聚氨酯研究和生产中的应用（二）．聚氨酯工业，2000（2）：50-52.

[59] 姜林．聚醚羟基含量及其分子量的自动电位滴定快速测定．化学工程师，2003，96（3）：25-26，28.

[60] 翁微．聚氨酯组成结构分析．中国聚氨酯工业协会第十五次年会论文集．上海：[出版者不详]，2010.

第 14 章　防护与环境

刘厚钧

聚氨酯产品无毒，对人体、大气、水质和土壤几乎没有危害和污染。聚氨酯弹性体生产过程中化学反应也不直接产生有害气体、废液和废渣。它的主要原料低聚物多元醇（如聚酯、聚醚）及小分子多元醇（如乙二醇、丙二醇、丁二醇、三羟甲基丙烷）也是无毒或低毒物质，在室温下不挥发，因此不构成吸入性毒害。那么在聚氨酯弹性体生产中着重要防护的是什么？是异氰酸酯。

14.1　异氰酸酯的防护

虽然异氰酸酯从白鼠急性口服至半数死亡的剂量（LD_{50}）来看，常用异氰酸酯的口服毒性也不大，属于低毒或基本无毒的物质。但是那些易挥发的异氰酸酯，如 TDI 和 HDI，蒸气压较高，尤其在加热时更容易挥发到空气中来。长期接触皮肤，吸入呼吸系统，日积月累会对人体健康产生严重危害。因为经皮肤和黏膜侵入的毒物及经过呼吸道吸入的毒物与口服毒物不同，前者不经过消化系统，不经过肝脏的解毒作用直接进入血液，布满全身。表现为对眼睛、皮肤和呼吸道黏膜有刺激作用，并引起哮喘。还有个别人对异氰酸酯皮肤过敏，眼睛发炎。MDI、NDI 和 PPDI 等异氰酸酯常温下为固体，蒸气压很低，不易对人体构成危害。但在加热熔化后，它的蒸气和 TDI 一样危害人体健康。所以必须采取有效措施加以防护，千万不可麻痹大意。空气中异氰酸酯的浓度的监测方法可参考本章文献 1 和 2。常用异氰酸酯的挥发性见表 14-1。空气中不同异氰酸酯浓度下人体的反应见表 14-2。异氰酸酯在不同温度下的蒸气压和饱和蒸气浓度见表 14-3。空气中异氰酸酯的允许浓度见表 14-4。聚氨酯常用异氰酸酯等化合物的毒性（LD_{50}）见表 14-5。毒性分级（LD_{50}）见表 14-6，可供参考。

表 14-1　常用二异氰酸酯的相对挥发性

名　称	挥发性	名　称	挥发性
甲苯二异氰酸酯(TDI)	较易挥发	六亚甲基二异氰酸酯(HDI)	较易挥发
二苯基甲烷二异氰酸酯(MDI)	低挥发性	异佛尔酮二异氰酸酯(IPDI)	低挥发性
1,5-萘二异氰酸酯(NDI)	只有粉尘危害		

表 14-2　接触 TDI 的人体反应

空气中 TDI 蒸气浓度/(cm³/m³)	人体反应	空气中 TDI 蒸气浓度/(cm³/m³)	人体反应
0.01	无味	0.1	眼鼻偶尔出现分泌物
0.05	有明显气味	0.5	眼鼻连续出现分泌物
0.05~0.1	对眼鼻有轻微刺激		

表 14-3　几种异氰酸酯的蒸气压和饱和蒸气浓度

品名	蒸气压/Pa					饱和蒸气浓度/(mg/m³)	
	20℃	25℃	30℃	92~96℃	130℃	20℃	50℃
TDI	1.3	2.7	7.46	16(45℃)	2000	142	—
MDI	—	1.3×10^{-3}	1.3×10^{-2}(43℃)	5.5×10^{-2}(80℃)	2.6(100℃)	0.8	—
HDI	1.3	—	8.7	133	1330	47.7	—
XDI	0.8	—	1.6				

续表

品名	蒸气压/Pa					饱和蒸气浓度/(mg/m³)	
	20℃	25℃	30℃	92～96℃	130℃	20℃	50℃
IPDI	0.04	0.12	0.9(50℃)	—	—	3.1	—
HXDI	—	—	—	53(98℃)	—	—	—
H₁₂MDI	—	0.093	—	53	—	3.5	—
NDI	<0.001	—	—	—	667(167℃)	—	—
PPDI	—	—	—	680(100℃)	—	—	—

表 14-4 作场所空气中异氰酸酯的允许浓度（TLV 值）

异氰酸酯名称	TLV 值/(cm³/m³)	异氰酸酯名称	TLV 值/(cm³/m³)
甲苯二异氰酸酯(TDI)	0.02	六亚甲基二异氰酸酯(HDI)	0.01
4,4-二苯基甲烷二异氰酸酯(MDI)	0.02	异氟尔酮二异氰酸酯(IPDI)	0.01

表 14-5 聚氨酯弹性体常用化合物的急性毒性（LD₅₀）

（白鼠一次口服致 50%死亡的剂量）

原材料名称		LD₅₀/(mg/kg)	原材料名称	LD₅₀/(mg/kg)
乙二醇		14560	乙酸甲酯(MAc)	5430
1,2-丙二醇		24900	甲苯	1000
1,4-丁二醇		15250	二甲苯	5000
1,6-己二醇		3750	氯苯	2290
二乙二醇		27960	碳酸二甲酯	12900
三羟甲基丙烷		14700	己二酸	1900
三乙醇胺		8000	MOCA	5000
三异丙醇胺		4730	M-CDEA	>5000
甘油		基本无毒	TDI	5800
聚丙二醇	M_n425	2410	MDI	15000
	M_n1025	2150	NDI	15000
	M_n1500	1630	HDI	4130
	M_n3025	36000	H₆XDI	570(兔)
	M_n4025	57000	IPDI	4750
四氢呋喃均聚醚(PTMG)	M_n1000	18800	H₁₂XDI	11000
	M_n2000	>34000	三亚乙基二胺	2000
二氯甲烷		1600～2000	二丁基锡二月桂酸酯	243
三氯乙烯		2402	辛酸亚锡	3400
丙酮		5800	乙酸苯汞	22
丁酮		3400	二正丁胺	220
四氢呋喃		2816	六氢吡啶	50
乙酸乙酯		5620	二甲基甲酰胺	4000
乙酸丁酯		13100	三氯异氰尿酸(TCCA)	720～780

表 14-6 急性毒性分级（LD₅₀）

LD₅₀/(mg/kg)	毒性分级	LD₅₀/(mg/kg)	毒性分级
<1	剧毒	500～5000	低毒
1～50	高毒	5000～15000	基本无毒
50～500	中等毒性	>15000	基本无毒

口服的毒物进入肠道，主要在小肠内吸收，一部分经肝脏解毒变成毒性小的或无毒物质，一部分随粪便排出。经皮肤和黏膜侵入的毒物和经过呼吸道吸入的毒物，不经过肝脏的解毒作用直接被人体吸收进入血液，布满全身，异氰酸酯和有机溶剂对人体的毒害常常是这种情况。所以，LD₅₀数据并不能完全反映有毒物质对人体的危害。

我国浇注型聚氨酯弹性体和防水铺装材仍大部分以 TDI 为原料，生产过程中要接触大量 TDI。另外，用 TDI 型预聚物加工制品，如果预聚物中游离 TDI 的含量不超过 0.5％，常温下不会产生蒸气，危害人体健康。国外生产的低游离 TDI 预聚物中游离 TDI 的含量 20 世纪 60 年代的标准是不超过 0.5％，90 年代降到 0.1％。我国 2004 年 6 月 1 日开始实施的《鞋和箱包用胶黏剂》国家标准（GB 19340—2003）规定胶黏剂中游离 TDI 含量为≤ 1.0％。但现在市场上销售的国产 TDI 型预聚物没有经过分离处理，TDI 的含量比较高，国家标准都难已达到，更不要说低游离 TDI 预聚物标准了。这样的预聚物在加热操作时 TDI 的气味比较大，危害人体健康。因此对于 TDI 和 TDI 型预聚物都需要采取如下措施，加以防护。

① 聚氨酯生产车间必须安装抽风排气设备，抽风口重点朝向预聚物生产釜、浇注机、硫化烘箱、配料工作台。抽出去的含异氰酸酯蒸气的气体最好通过碳酸钠溶液喷淋塔，然后排入大气中。

② 称量、配料、混合等操作必须在通风良好的场所进行，特别是在加热、喷涂或有异氰酸酯危害的情况下。

③ 清洗浇注机混合头常用二氯甲烷或三氯乙烯溶剂，应将清洗的残留液吹入专用的容器或口袋中，不要直接吹洒在空气中。

④ 接触异氰酸酯及其预聚物等有毒物质时必须佩戴手套、口罩、护目镜等防护器具，防止皮肤接触和吸入体内。

⑤ 大生产时液体异氰酸酯可通过真空吸入容器，尽量避免用敞口容器称量和投料。

⑥ 用完的异氰酸酯空桶应及时清洗。可加入 5％浓度的碳酸钠水溶液，敞口放置约 24h，水与异氰酸酯反应生成脲和 CO_2，后者从开口逸出，然后将废水做排污处理。预聚物用完后的玻璃容器和不锈钢容器用上述碳酸钠水溶液煮沸数小时后，生成的固体胶容易从器壁上清除，尽量不要用溶剂清洗。滴洒的异氰酸酯液体可用配制的清洗液清洗，清洗液由 45％水、50％工业酒精和 5％的氨水组成。

⑦ 当异氰酸酯不慎溅到人体上时，应立刻采取如下措施救护。

眼睛：用大量蒸馏水冲洗。

皮肤：用肥皂或洗洁剂和自来水清洗。

14.2 其他有害物质的防护

14.2.1 二胺

二胺化合物是对人体有害或有潜在危险的物质。二胺严重损害眼睛，个别人对二胺的蒸气过敏，引起皮炎或气喘。TDI 型聚氨酯浇注胶常用 MOCA 作扩链剂。MOCA 的口服毒性虽然不大（LD_{50} 为 5000mg/kg），属于低毒至基本无毒物质，但有潜在性致癌之嫌，至今没有定论。因此建议采用如下措施加以防护，做到有备无患。

称量和配料时防止 MOCA 粉尘和蒸气进入体内。MOCA 加热熔化最好在专用的烘箱或碗式电炉中进行，这样四周加热均匀，不会局部过热，冒烟。外部加热温度不宜超过 140℃，并注意观察。当全部熔化后，要降低加热温度，使 MOCA 温度维持在 110～120℃。普通 MOCA 在 120℃保温 10 多小时后颜色会逐渐变深，时间长了甚至会变黑，应尽量避免。一般耐高温 MOCA 在 120℃保温 20～30h 颜色变深，但不会变黑。对产品质量没有明显影响。20 世纪 70 年代后相继开发了一些新的芳族二胺扩链剂，如 DD-1604、Ethacure-100、Ethacure-300、M-CDEA 等。这些二胺毒性比 MOCA 低，无致癌之嫌。

14.2.2 有机溶剂

聚氨酯人造革、合成革、涂料和胶黏剂等产品的生产都需用大量的有机溶剂，如甲苯、丙酮、丁酮、乙酸乙酯、二甲基甲酰胺等。其中甲苯的毒性比较大，国家标准（GB 19340—2003）规定，每千克胶黏剂产品中甲苯、二甲苯的总含量不能超过 200g。每升胶黏剂中溶剂总量不能超过 750克。这些溶剂一般没有回收，使用时全部蒸发，排入大气中。不仅直接危害操作人员的健康，而且污染环境。我国是制鞋大国，世界上大部分的鞋都是我国生产的，每年达 100 亿双以上。现在鞋帮与鞋底的黏合基本上采用 HDI 型聚氨酯胶黏剂，其中溶剂均没有回收，刷胶和干燥过程中溶剂全部蒸发到空气中，估计每年在 20 万吨以上。这些溶剂挥发到空气中，严重危害人体健康，当浓度达到表 14-7 中的极限时还会发生爆炸。所以生产车间必须安装抽风排气设备，特别是刷胶和烘干岗位。此外，接触有机溶剂等易燃品的设备、管道必须接地，防止静电起火。

表 14-7　常用有机溶剂在空气中的爆炸极限及空气中的允许浓度（TLV 值）

溶剂名称	爆炸极限(体积分数)/%	TLV 值/(cm³/m³)	溶剂名称	爆炸极限(体积分数)/%	TLV 值/(cm³/m³)
丙酮	2.5～13.0	1000	1,2-环氧丙烷	2.8～37	100
丁酮(甲乙酮)	1.7～11.4	200	苯	1.2～8.0	10(25)
环己酮	1.1～9.4	50	甲苯	1.2～7.0	200
乙酸乙酯	2.0～11.5	400	二甲苯	1.0～7.0	100(200)
乙酸丁酯	1.2～7.5	150	氯苯	1.3～9.6	75
二氯甲烷	12～19	500	二甲基甲酰胺(DMF)	2.2～15.2	10
三氯乙烯	12.5～90.0	100(200)	汽油	1.3～6.0	300
四氢呋喃	1.5～12.4	200	氟里昂(F₁₁)		5
环氧乙烷	3.0～100	1	碳酸二甲酯(DMC)	3.8～21.3	

14.2.3 重金属

所谓重金属是指密度大于 $5g/cm^3$ 的金属。近几年国外对家具、鞋、汽车等与人体接触较多的制品中重金属的含量要求越来越严格。T-12 是异氰酸酯与多元醇反应的高效催化剂，是生产微孔聚氨酯弹性体和 HDI 型聚氨酯胶黏剂等产品常用的催化剂。现在欧盟对鞋用聚氨酯胶黏剂中催化剂 T-12 的残存锡含量要求不能超过 0.05mg/kg，二辛基锡的锡含量不能超过 1mg/kg。禁止使用汞、铅等重金属催化剂。为此，近年来新开发出一些新的环保型催化剂，如铋的羧酸盐、有机铋锌复合催化剂、有机锌铝复合催化剂等。此外还有一种韩国产环保型有机锡催化剂 CAT-680 也已进入我国市场。CAT-680 催化活性比 T-12 高，不含二丁基锡、三丁基锡、单丁基锡、四丁基锡、三苯基锡、二辛基锡、单辛基锡、三辛基锡八种有毒锡化合物，符合欧盟污染检验标准。不过价格要比 T-12 贵几倍。

14.3　聚氨酯弹性体废品及边角料

聚氨酯弹性体废品和边角料自身无毒，对人体无害。可集中起来破碎成粒料，掺入适量的胶黏剂，压制成地面铺装材。其中也可掺混一些其他橡胶粒子（如废轮胎粒子）压制。但是聚酯型聚氨酯弹性体不耐霉菌，需要添加适量防霉剂。聚氨酯废料抛弃于野外或土埋会慢慢分解，产生有害物质。可采用焚烧的办法处理，但焚烧时除了冒出浓烈的黑烟之外，还会产生有毒气体，如 CO 和 HCN，对大气构成危害。所以应在焚烧炉中焚烧，该装置可吸收自身排放了烟雾。从聚氨酯废料中回收多元醇的技术早有报道，但国内还没有进入实施阶段。

参 考 文 献

[1] Keller J，Dunlop K L，Sandridge R. Analytical Chemistry，1974，46：1845.

[2] Dunlop K，Sandridge R L，Keller J. Analytical Chemistry，1976，48：497.

[3] [英] 海普本 C 著. 聚氨酯弹性体. 阎家宾译. 沈阳：辽宁科学技术出版社，1985.

[4] 傅明源，孙酣经编著. 聚氨酯弹性体及其应用. 北京：化学工业出版社，1994.

[5] 刘晓燕. 无毒、环保型有机铋类催化剂的合成及应用. 见：中国聚氨酯工业协会第十四次年会论文集. 北京：[出版者不详]，2008.

附　　录

刘厚钧

附录 1　常用分析测试方法标准号

（1）部分聚氨酯原料、中间体产品分析方法标准号

名　称	标准号
聚酯多元醇命名	HG/T 2706—1995
聚酯多元醇规格	HG/T 2707—1995
聚酯多元醇中羟值的测定	HG/T 2709—1995
聚酯多元醇中酸值的测定	HG/T 2708—1995
聚醚多元醇命名	GB/T 12008.1—2009
聚醚多元醇规格	GB/T 12008.2—2010
聚醚多元醇中羟值测定方法	GB/T 12008.3—2009
聚醚多元醇中钾和钠测定方法	GB/T 12008.4—2009
聚醚多元醇中酸值测定方法	GB/T 12008.5—2010
聚醚多元醇中水分含量测定方法	B/T 12008.6—2010
聚醚多元醇不饱和度的测定	GB/T 12008.7—2010
聚醚多元醇的黏度测定	GB/T 12008.8—1992
异氰酸酯中总氯含量测定方法	GB/T 12009.1—1989
异氰酸酯中水解氯含量测定方法	GB/T 12009.2—1989
塑料　多亚甲基多苯基多异氰酸酯　第3部分　黏度的测定	GB/T 12009.3—2009
多亚甲基多苯基多异氰酸酯中异氰酸根含量测定方法	GB/T 12009.4—1989
异氰酸酯中酸度的测定	GB/T 12009.5—1992
聚氨酯预聚物中异氰酸酯基含量的测定	HG/T 2409—1992
用于聚氨酯的多元醇水含量的测定	GB/T 22313—2008

（2）橡胶及其制品主要物性测试方法标准号

名　称	标准号
硫化橡胶和热塑性橡胶　压入硬度试验方法　第1部分：邵氏硬度计（邵尔硬度）	GB/T 531.1—2008
硫化橡胶和热塑性橡胶　压入硬度试验方法　第2部分：便携式橡胶国际硬度计法	GB/T 531.2—2008
硫化橡胶或热塑性橡胶拉伸应力应变性能的测定	GB/T 528—2009
硫化橡胶或热塑性弹性体撕裂强度的测定（裤形、直角形和新月形试样）	GB/T 529—2008
硫化橡胶或热塑性橡胶与织物黏合强度的测定	GB/T 532—2008
硫化橡胶或热塑性橡胶密度的测定	GB/T 533—2008
硫化橡胶门尼黏度的测定	GB/T 1232—2000
硫化橡胶回弹性的测定	GB/T 1681—2009
硫化橡胶低温脆性的测定（单试样法）	GB/T 1682—1994
硫化橡胶耐磨性能的测定（用阿克隆磨耗机）	GB/T 1689—1998
硫化橡胶或热塑性橡胶耐磨性能的测定（旋转辊筒式磨耗机法）	GB/T 9867—2008
硫化橡胶耐液体试验方法	GB/T 1690—2006
硫化橡胶绝缘电阻率测定	GB/T 1692—2008
硫化橡胶工频介电常数和介质损耗角正切值的测定方法	GB/T 1693—2007
硫化橡胶介电常数和介质损耗角正切值的测定方法	GB/T 1694—2007
硫化橡胶工频击穿介电常数强度和耐电压的测定方法	GB/T 1695—2005
硬质橡胶硬度的测定	GB/T 1698—2003
硫化橡胶成热塑性橡胶耐候性	GB/T 3511—2008

名　称	标准号
硫化橡胶、热塑性橡胶　常温、高温和低温下压缩永久变形的测定	GB/T 7759—1996
硫化橡胶或热塑性橡胶与硬质板材聚合强度的测定 90°剥离法	GB/T 7760—2003
橡胶燃烧性能测定	GB/T 10707—2008
硫化橡胶或热塑性橡胶热空气加速老化耐热试验	GB/T 3512—2001
硫化橡胶与金属粘接拉伸剪切强度测定方法	GB/T 13936—1992
硫化橡胶与金属粘接 180°剥离试验	GB/T 15254—1994
合成材料跑道面层	GB/T 14833—2011
鞋和箱包用胶黏剂	GB 19340—2003

附录 2　硫化橡胶主要物性测试方法要点（整理）

项　目	邵尔 A 硬度	拉伸应力应变	撕裂强度	回　弹
国标号	GB/T 531.1—2008	GB/T 528—2009	GB/T 529—2008	GB/T 1681—2009
环境条件	温度 23±2℃，RH＝(50%±5%)×3h 以上	温度 23±2℃，RH＝(50%±5%)×3h 以上	温度 23±2℃，RH＝(50%±5%)×3h 以上	温度 23±2℃，RH＝(50%±5%)×3h 以上
试样尺寸	厚度≥6mm，底下垫 5mm 玻璃板或硬金属板。面积要满足测量体 3 个点的间距要求	试样(2.0±0.2)mm，哑铃形裁刀裁取，有 1 型、2 型、3 型、4 型四种裁刀[4 型裁刀适用于片厚(1.0±0.1)mm]。狭窄部分宽度分别为 6.0mm、4.0mm、4.0mm 和 2.0mm，标线距分别为 25.0mm、20.0mm、10.0mm 和 10.0mm，试样不少于 5 个	试样厚(2.0±0.2)mm，试样不少于 5 个。试样形状有直角形(同 ASTM D 624 Die C)、裤形(同 Die T)、和新月形(同 Die B)三种。直角型如要求割口，割口深度(1.0±0.2)mm；新月型割口深度(1.0±0.2)mm；裤型割口深度(40.0±0.5)mm	试样厚(12.5±0.5)mm 试样 φ：(29.0±0.5)mm 最大 φ≤53 mm 试样数 2 个
测试要点	邵尔 A 硬度计只适用于 20～90A 硬度的测定。测量 3 个点，点间距≥6mm，测量点距边缘≥12mm，两平面接触后 1s 内读	试样厚度测两标线和中间 3 点，取中位数，拉伸速度 500mm/min。取中位数为报告结果	拉伸速度：500mm/min。[裤型撕裂的拉伸速度为(100±10)mm/min]。直角撕裂有不割口和割口之分，新月型和裤型试样只有割口撕裂	每个试样先试冲击 3～7 次，然后冲击 3 次，取中位数
测试结果	取 3 点硬度的中位数为报告结果	拉伸强度、扯断伸长率、定伸应力(模量)均取中位数为报告结果	以中位数、最大值和最小值为报告结果	取两个试样中位数的平均值作为报告结果

附录 3　部分常用计量单位与 SI 单位换算关系

计量名称	原用单位	SI 单位	换算关系
拉伸强度	kgf/cm² psi(磅每平方英寸)	MPa(兆帕)	1 kgf/cm²＝0.0981MPa 1psi＝0.006895MPa
撕裂强度	kgf/cm pli(或 pi 或 lb/in)(磅每英寸长)	N/m kN/m	1 kgf/cm＝981N/m＝0.981kN/m 1pli＝1lb/in＝175N/m＝0.175kN/m
剥离强度	kgf/2.5cm kgf/cm	N/25 mm，N/m，kN/m	1 kgf/2.5cm＝9.81N/25mm ＝0.392kN/m

计量名称	原用单位	SI 单位	换算关系
动力黏度	cP(厘泊)， P(泊)	mPa・s(毫帕・秒) Pa・s(帕・秒)	1 cP＝1 mPa・s＝10^{-3} Pa・s 1 P＝100cP＝100 mPa・s＝10^{-1}Pa・s
压力、 应力	kgf/cm² mmHg(汞柱) mmH₂O(水柱)	MPa(兆帕) Pa(巴)	1 kgf/cm²＝98100Pa＝0.0981MPa 1 mmHg＝133.32Pa 1 mmH₂O＝9.81Pa
温度	℉(华氏温度)	℃(摄氏温度)	1℃＝(℉－32)×5/9
阿克隆磨耗	cm³/1.61km	mm³/m	1cm³/1.61km＝0.6211mm³/m
体积电阻率	Ω・cm(欧姆・厘米)	Ω・m	1 Ω・cm＝0.01Ω・m
击穿电压	kV/mm V/mil(密耳)	V/m,MV/m	1 kV/mm＝1×10^{6}V/m＝1MV/m 1V/mil＝39.4×10^{3}V/m ＝39.4×10^{-3}MV/m

附录4　聚氨酯文献常用英文略语

AA	己二酸
Ac	丙酮
ADI	脂族二异氰酸酯
AEW	胺当量
APHA	铂钴比色法
ASTM	美国材料试验学会
ATPE	端氨基聚醚
BDO(或 BD,BG)	1,4-丁二醇
BHT	2,6-二叔丁基-4-甲基苯酚,即抗氧剂-264
CAS	①蓖麻油;②化学文摘社(美国)
CASE(或 C. A. S. E)	指涂料、黏合剂、密封胶、灌封胶领域,泛指非泡聚氨酯材料
CFC	碳氟化合物
CFC-11(或 F-11)	一氟三氯甲烷或氟里昂
CHDI	1,4-环己烷二异氰酸酯
C-MDI	碳化二亚胺改性 MDI
COD	化学耗氧量
CP(s)	厘泊
CPU	浇注型聚氨酯
CPUE	浇注型聚氨酯弹性体
CR	氯丁橡胶
DABCO(TEDA)	三亚乙基二胺
DBA	二丁胺
DBTDL(DBTL,T-12)	二丁基锡二月桂酸酯
DCB	3,3'-二氯-4,4'-联苯二胺
DCP	过氧化二异丙苯
DEG	一缩二乙二醇或二乙二醇,双甘醇
DETDA	3,5-二乙基甲苯二胺
DMA	二甲基乙酰胺
DMC	①碳酸二甲酯;②双金属氰化物
DMEP	邻苯二甲酸二甲氧基乙酯
DMF	二甲基甲酰胺

DMMP	甲基膦酸二甲酯
DMPA	2,2-二羟甲基丙酸
DOP	邻苯二甲酸二辛酯或邻苯二甲酸二(2-乙基己酯)
DSC	差热扫描量热法
DTA	差热分析
Eb	扯断伸长率
EDA	乙二胺
EEP	乙氧乙基丙酸酯
EG(或 EDO)	乙二醇
EO	环氧乙烷或氧化乙烯
EPR	乙丙橡胶
EtAc	乙酸乙酯
GLY	甘油或丙三醇
HAF	高耐磨炭黑
HDI	六亚甲基二异氰酸酯
$H_{12}MDI$(或 HMDI)	氢化 MDI
HPPO	过氧化氢氧化丙烯制环氧丙烷
HQEE(或 BHEB)	氢醌羟乙基醚或 1,4-双(2-羟乙氧基)苯,1,4-双羟乙基对苯二酚
HR	高回弹
HS	硬度
HTBN	端羟基丁二烯-丙烯腈共聚物,简称丁腈羟
HTPB	端羟基聚丁二烯,简称丁羟
HTBS	端羟基丁二烯-苯乙烯共聚物,简称丁苯羟
H_6XDI(或 HXDI)	氢化苯二甲基二异氰酸酯
IPDI	异佛尔酮二异氰酸酯
IPN	互穿聚合物网络
IR	①红外分析;②异戊二烯橡胶
IRHD	国际橡胶硬度标度
JIS	日本工业标准
LD_{50}	白鼠急性口服致半数死亡的剂量,单位:mg/kg
LFTDI	低游离 TDI(预聚物)
LIM	液体注射成型
L-MDI	液化 MDI
LRM	液体反应模塑
LRMR	增强液体反应模塑
MC	二氯甲烷
M-CDEA	4,4′-亚甲基双(3-氯 2,6-二乙基)苯胺
MDA	4,4′-二氨基二苯甲烷
MDI	二苯(基)甲烷二异氰酸酯
MEK	甲乙酮或丁酮
MOCA(或 MBOCA,MBCA)	3,3′-二氯-4,4′-二氨基二苯甲烷
$mPa·s$	毫帕·秒
MPa	兆帕
MPU	混炼型聚氨酯(橡胶)
MWD	分子量分布
M_{100}	100%伸长模量或 100%定伸应力

NBR	丁腈橡胶
NDI	1,5-萘二异氰酸酯
NE	无影响
NK	未知
NMP	N-甲基吡咯烷酮
NMR	核磁共振
NR	天然橡胶
OA	办公自动化(设备)
PAPI	多苯基多亚甲基多异氰酸酯,或多苯基甲烷多异氰酸酯
PBA(G)	聚己二酸丁二醇酯(二醇)
Pbw	质量分数
PC	聚1,6-己二醇碳酸酯二醇
PCD	①多碳化二亚胺;②聚碳酸酯二醇
PCDL(PCD)	聚碳酸酯二醇
PCL	聚己内酯或聚己内酯多元醇
PDEA	聚己二酸二乙二醇酯
PDI	苯二异氰酸酯
PEDA	聚己二酸乙二醇二乙二醇酯
PEPA	聚己二酸乙二醇-1,2-丙二醇酯
PES(PE$_s$)	聚酯
PET	聚醚
PEA(G)	聚己二酸乙二醇酯(二醇)
PG(或 PDO)	丙二醇
PHA	聚己二酸己二醇酯
PHCD(或 PHG,PHMCD)	聚六亚甲基碳酸酯二醇
Phr	每百份树脂中的份数
PIR	聚异氰脲酸酯
PO	环氧丙烷,或氧化丙烯
POP	聚合物多元醇,或接枝聚醚;共聚物多元醇
PPDI	对苯二异氰酸酯
PPG	聚丙二醇或聚氧化丙烯醚二醇
psi	磅每平方英寸(磅/英寸^2)
PTMG(或 PTG,PTMEG,POTMD,POTM, PTHF,PBG)	聚四亚甲基二醇,或聚四亚甲基醚二醇(PTMEG),聚氧四亚甲基二醇(POTMD POTM ,POTM),聚四呋喃(PTHF),聚丁二醇(PBG)
PU	聚氨酯
PUD	聚氨酯水分散液
PUR	聚氨酯橡胶
PUU	聚氨酯脲
R	回弹(性)
RH	相对湿度
RIM	反应注射模塑
r/min	转每分(转/分)
RRIM	(玻璃纤维)增强反应注射模塑
RSM	反应喷涂成型
RTV	室温硫化或室温熟化
SMP	形状记忆聚合物

SPUA	喷涂聚脲弹性体
SRIM	结构反应注射成型
TB(或 Tb)	拉伸强度
TCCA	三氯异氰尿酸
TCE	三氯乙烯
TCEP	三氯乙基磷酸酯
TDI	甲苯二异氰酸酯
TEA	三乙醇胺
T_g	玻璃化温度
TGA(或 TG)	热失重分析
THF	四氢呋喃
TIPA	三异丙醇胺
TLV	毒性反应最低极限值(即空气中允许浓度)
TMP	三羟甲基丙烷
TPP	亚磷酸三苯酯
TPTI	硫代磷酸三苯基三异氰酸酯
TPU	热塑性聚氨酯
TS	拉伸强度
TR	撕裂强度
TTI	三苯基甲烷三异氰酸酯
XIB	2,2,4-三甲基-1,3-戊二醇二异丁酸酯
U-MDI	氨酯改性 MDI
VOC	挥发性有机化合物
WAXD	广角 X 射线衍射
WPU	水性聚氨酯
X	二甲苯
XDI	苯二亚甲基二异氰酸酯

附录 5 聚氨酯文献常用专业英语词汇

acid number	酸值
abrasion	磨耗
acylurea	酰(基)脲
angle tear strength	(直)角撕裂强度
aqueous polyurethane	水溶性聚氨酯
allophanate	脲基甲酸酯
amine equivalent	胺当量
amine value	胺值
amine-terminated polyether	端氨基聚醚
3,3′-dimethyl-4,4′-biphenylene diisocyanate(TODI)	3,3′-二甲基 4,4′-联苯二异氰酸酯
anti-foaming agent	消泡剂
biuret	缩二脲
caprolactone polyester	己内酯型聚酯或聚己内酯
carbodiimide	碳化二亚胺
caster oil	蓖麻油
casting molding machine	浇注成型机(浇注机)

casting PU(CPU)	浇注型聚氨酯
casting table	浇注平台
castor	小脚轮
centrifugal casting	离心浇注
chain extender	扩链剂
coherence energy	内聚能
compression moulding	加压模塑成型或模压成型
compression set	压缩变形
cream time	乳白时间
crosslinking agent	交联剂
cyclohexyl diisocyanate(CHDI)	环己烷二异氰酸酯
demould time	脱模时间
3,5-diamino-p-chlorois obutylbenzoate(baytec-1604)	3,5-二氨基对氯苯甲酸异丁酯
1,4-diazobicyclo-2,2,2-octane(DABCO)	1,4-二氮杂-(2,2,2)-双环辛烷或
(triethylene diamine)	三亚乙基二胺
dibutyltin dilaurate(DBTDL;T-12)	二丁基锡二月桂酸酯
3,3′-dichloro-4,4′-diaminodiphenyl methane(MOCA)	3,3′-二氯-4,4′-二氨基二苯甲烷
4,4′-methylene bis(orthoChloro-aniline)(MBCA;MBOCA,即 MOCA)	4,4′-亚甲基双邻氯苯胺
Die pad	冲裁垫
Dicyclohexyl methane 4,4′-diisocyanate	二环己基甲烷二异氰酸酯或氢化 MDI
dihydromethyl propionic acid(DMPA)	二羟甲基丙酸
dimethyl carbonate(DMC)	碳酸二甲酯
dimethyl methyl phosphonate(DMMP)	甲基膦酸二甲酯
3,5-dimetylthio toluene diamine (DMTDA)	3,5-二甲硫基甲苯二胺
4,4′-diphenylmethane diisocyanate (MDI)	4,4′-二苯(基)甲烷二异氰酸酯
domain	微区
domain structure	微区结构
dynamic properties	动态力学性能
Elongation at break(E_b)	扯断伸长率
Extrusion moulding	挤出成型
extrusion moulding machine	挤出机
fine mesh sieve screen	条缝筛
flexible PU foam	软质聚氨酯泡沫或聚氨酯软泡
glycerin α-monoallylether	甘油 α-单烯丙基醚
gel time	凝胶时间
graves tear strength	(直角)撕裂强度
hard segment domains	硬段微区
hardness(HS)(shore A)	硬度(邵尔 A)
1,6-hexamethylene diisocyanate(HDI)	1,6-六亚甲基二异氰酸酯
high pressure impingement mixing(HPIM)	高压碰撞混合
horizontal centrifruge with one sprindle	单轴卧式离心机
hydrogen bond	氢键
hydroquinore dihydroxyethylether	氢醌二羟乙基醚
hydroxyl number	羟值
hydroxyl-terminated polybutadiene	端羟基聚丁二烯
imitation leather	人造革

ingredient	配合剂
injection moulding	注射成型
injection moulding machine	注塑机
integral skin foam	自结皮泡沫或整皮泡沫
isocyanurate	异氰脲酸酯
isocyanate index	异氰酸酯指数
isophoronediisocyanate(IPDI)	异佛尔酮二异氰酸酯
3-isocyanatomethyl-3,5,5-trimethy cyclohexyl isocyanate	3-异氰酸酯基亚甲基-3,5,5-三甲基环己基异氰酸酯,即异佛尔酮二异氰酸酯
liquid injection moulding	液体注射成型
liquid PU	液体聚氨酯
low-free TDI prepolymer	低游离 TDI 预聚物
low-monol polypropylene glycol	低一元醇聚丙二醇
microcellular PUE	微孔聚氨酯弹性体
micro phase separate	微相分离
millable PU(MPU)	混炼型聚氨酯
modulus 300%(or 300%modulus, M_{300})	300%模量或300%定伸应力
morphological structure	形态学结构
1,5-naphalene diisocyanate(NDI)	1,5-萘二异氰酸酯
number average molecular weight	数均分子量
papa-phenylene diisocyanate(PPDI)	对苯二异氰酸酯
paracrystalline	次晶
percent free NCO (in prepolymer)	(预聚物中)游离 NCO 基百分含量
perment set	永久变形
phenyl mercury acetate	乙酸苯汞
phenyl mercury propionate	丙酸苯汞
polybutadiene glycol	聚丁二烯二醇或端羟基聚丁二烯
polybutadiene-acrylonitrile copolymer glycol	聚丁二烯-丙烯腈共聚物二醇
polybutylene adipate(glycol)	聚己二酸丁二醇酯(二醇)
polybutylene glycol(PBG)	聚丁二醇
polycaprolactone(glycol)	聚己内酯(二醇)
polyetheramine	端氨基聚醚或聚醚多胺
ployether PU	聚醚型聚氨酯
polyethylene propylene adipate (Glycol)	聚己二酸乙二(醇)丙二(醇)酯(二醇)
polyisocyanurate(PIR)	聚异氰脲酸酯
polymeric glycol	低聚物二醇
polymer polyol(grafted polyether polyol copolymer polyo) ployol	聚合物多元醇(或接枝聚醚多元醇;共聚多元醇)多元醇
polytetramethylene(ether)glycol (polyoxytetramethylene glycol)	聚四亚甲基(醚)二醇 (聚氧四亚甲基二醇)
(polytetrahydrofran) (glycol)	(聚四氢呋喃)(二醇)
[poly(oxy)butylene glycol](PBG)	(聚丁二醇)
polyphenylmethane polyisocyanate(polyarylmethane polyisocyanate) polypropylene oxide glycol	多苯基甲烷多异氰酸酯 聚氧化丙烯二醇
polyurethane(PU)	聚氨基甲酸酯,简称聚氨酯
pounds per linear inch	磅每英寸长或磅每英寸

pounds per square inch	磅每平方英寸
post cure	后硫化或熟化
post life	贮存期
pot life	釜中寿命或适用期,可操作时间
prepolymer	预聚物或预聚体
primer	底漆
PU adhesive	聚氨酯黏合剂
PU coating	聚氨酯涂料
PU elastomer	聚氨酯弹性体
PU fiber	聚氨酯纤维
PU foam	聚氨酯泡沫
PU ionomers	聚氨酯离聚体或离子型聚氨酯
PU plastic	聚氨酯塑料
PU rubber	聚氨酯橡胶
p-xylylene Diisocyanate(XDI)	对苯二亚甲基二异氰酸酯
quasi-prepolymer	半预聚物或半预聚体
reaction injection moulding(RIM)	反应注射模塑或反应注射成型
release agent	脱模剂
rebound resilience	回弹(性)
rigid block	硬(嵌)段
rigid PU foam	硬质聚氨酯泡沫或聚氨酯硬泡
rigid Segment	硬链段
rise time	发起时间
rotary injection reaction	旋转注射反应
rotary table	旋转平台
rotational casting	回转浇注
sand blast	喷砂
scream printing squeegee	筛网印刷刮板
segmented PU	嵌段聚氨酯
semi-flexible(or semirigid) foam	半硬泡
set time	固化时间
shelf life	保存期(限)
split tear strength	(割口)撕裂强度
spray coating	喷涂
spray polyurea elastomer	喷涂聚脲弹性体
stannous octoate(T-9)	辛酸亚锡
tack-free time	不粘手时间
tear resistance	抗撕裂性,撕裂强度
tear strength(D470)	撕裂强度(割口,电线电缆撕裂测试标准)
tear strength(D624 ,Die C)	撕裂强度(直角)
tear strength(Dic B)	撕裂强度(新月形割口)
tensile strength(TS)	拉伸强度
tensioning screen	张力筛
tensioning screen with square	方孔张力筛
tear strength	撕裂强度
thermoplastic PU(TPU)	热塑性聚氨酯

3,3′-tolidine-4,4′-diisocyanate(TODI) (3,3′-dimethyl-4,4′-diphenydiisocyanate)	3,3′-二甲基联苯-4,4′-二异氰酸酯, (3,3′-二甲基-4,4′-联苯二异氰酸酯)
toluene diisocyanate（TDI）	甲苯二异氰酸酯
trichloroisocyanuric aci（TCCA）	三氯异氰尿酸
triethylene diamine(DABCO)	三亚乙基二胺
trimethylolpropane（TMP）	三羟甲基丙烷
monoallylether	单烯丙基醚
tripropanol amine	三异丙醇胺
two-component low pressure dispensing machine	双组分低压浇注机
two-component spraying machine	双组分喷涂机
urethane	氨基甲酸酯,简称氨酯
urethane bond	氨基甲酸酯键,简称氨酯键
urethane link(urethane group)	氨基甲酸酯基,简称氨酯基
urethane-urea	氨酯-脲
uretidione-ring	脲二酮环
uretonimine	二氮杂环丁酮亚胺,简称脲酮亚胺
water-blown PU	水发泡聚氨酯
water dispersed PU（WPU）	水性聚氨酯
weight average molecular weight	重均分子量